TRAITÉ

DES MOTEURS

PARIS. — IMPRIMERIE DE J. CLAYE, RUE SAINT-BENOIT, 7.

TRAITÉ

THÉORIQUE ET PRATIQUE

DES

MOTEURS A VAPEUR

COMPRENANT

LES NOTIONS PRÉLIMINAIRES DE PHYSIQUE ET DE MÉCANIQUE APPLIQUÉES A L'ÉTUDE DE LA VAPEUR D'EAU,
UN APERÇU HISTORIQUE DE L'INVENTION DES MACHINES A VAPEUR,
LES DOCUMENTS RELATIFS A L'ÉTABLISSEMENT DES GÉNÉRATEURS ET DE LEURS APPAREILS DE SURETÉ,
L'ÉTUDE COMPLÈTE D'UN MOTEUR A VAPEUR ET DE SES ORGANES PRINCIPAUX,
LES DIVERS MODES DE DISTRIBUTION, D'APPAREILS ALIMENTAIRES ET DE CONDENSATION,
LA DESCRIPTION DE TOUS LES SYSTÈMES DE MACHINES A VAPEUR, VERTICALES, HORIZONTALES,
A BALANCIER, A DEUX ET A TROIS CYLINDRES, DES LOCOMOBILES, DES LOCOMOTIVES,
DES APPAREILS DE NAVIGATION, ETC., ETC.

PAR ARMENGAUD AINÉ

INGÉNIEUR, ANCIEN PROFESSEUR AU CONSERVATOIRE IMPÉRIAL DES ARTS ET MÉTIERS

TOME DEUXIÈME

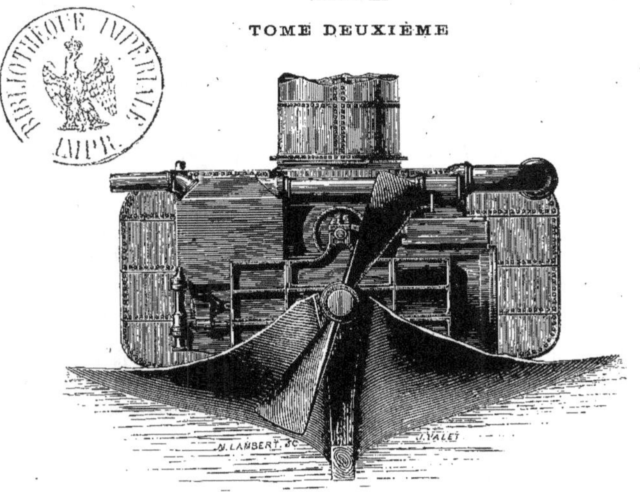

PARIS

CHEZ L'AUTEUR, RUE SAINT-SÉBASTIEN, 45

1862

bonne marche, de la grande régularité qu'elles donnent, quand elles sont bien entretenues. Aussi ne serait-ce que pour la machine à deux cylindres, qu'il importe d'étudier avec soin, nous sommes tenu de décrire le système à balancier qui, d'ailleurs, est également appliqué dans les *machines dites à simple effet* que l'on voit exécutées sur de grandes dimensions, soit pour effectuer des élévations d'eau, soit pour opérer des épuisements.

Nous croyons, du reste, que lorsqu'on étudie les machines à vapeur, il est indispensable de bien connaître celle de l'illustre constructeur qui lui a apporté les premiers perfectionnements, et, sous ce point de vue, nous aurions dû commencer par cette machine, qui a été pendant longtemps le type de toutes celles établies en France, en Angleterre et ailleurs; mais, comme nous venons de le dire, elle est d'un mécanisme plus compliqué, et par suite elle aurait été, selon nous, comprise moins facilement que la machine horizontale que nous avons choisie pour exemple des principes exposés.

Après avoir lu les explications données dans notre 1er volume, la description de la machine de Watt devient évidemment beaucoup plus intelligible; les élèves la concevront mieux, et par suite verront plus facilement les fonctions des machines à deux cylindres. Nous avons, pour les mêmes motifs, reporté après celles-ci l'étude de la machine à simple effet, qui aurait également dû précéder, comme étant la plus ancienne, mais qui eût été peut-être encore moins bien comprise, et plus difficilement expliquée.

Comme bon système de machine primitive à basse pression et à condensation, qui est toujours connu sous le nom de Watt, nous ne pouvons mieux choisir que la belle et grande machine de Saint-Ouen, qui, quoique datant de 1828, est encore sans contredit le meilleur spécimen que l'on puisse offrir en ce genre.

Lorsque la Compagnie Ardouin conçut, vers 1827, le projet d'établir sur le bord de la Seine, au port Saint-Ouen, un grand bassin, afin d'y garer les bateaux chargés de marchandises, on lui proposa divers projets pour élever l'eau du fleuve au-dessus de son niveau le plus élevé; c'est le système de M. Gengembre fils qui prévalut alors; seulement, au lieu d'actionner des pompes élévatoires, le moteur fut disposé pour faire marcher une grande roue à palettes, mobile dans un coursier circulaire, laquelle monte l'eau dans le bassin en toute saison, quelle que soit d'ailleurs la différence de niveau de la Seine.

Tout l'appareil, établi dans de bonnes conditions, répondit parfaitement aux résultats que l'on en attendait; aussi de nombreux visiteurs allèrent voir cet établissement, qui, pour l'époque, était considéré comme très-remarquable sous le rapport mécanique.

La machine, construite par l'importante maison Hick et Rothwell, de Bolton, ne se distingue pas seulement par un intérêt historique, mais encore et surtout par l'exécution et le bon agencement de toutes ses parties essentielles. Livrée pour la force nominale de 40 chevaux, elle peut aisément en faire 50 et plus. Si donc nous ne la donnons pas pour un modèle à suivre actuellement, comme moteur à vapeur, cela tient, non au mode de construction, loin de là, mais bien au système en lui-même, c'est-à-dire à l'application de la *basse pression, sans détente*, qui, comme on sait, a le grave inconvénient de consommer beaucoup de combustible, et qui, par suite, malgré l'avantage de la régularité du mouvement, ne peut être employé aujourd'hui dans la plupart de nos contrées industrielles, à côté de moteurs d'un système plus économique ou moins compliqué.

Qu'on le remarque bien, au reste, supposons que l'on applique à cet appareil une pression plus élevée et l'expansion ou la détente variable, on aura un fort bon moteur qui réunira les meilleures conditions d'économie, de marche, de solidité et de durée. Or, d'après ce qui a été vu précédemment, et ce que nous avons encore à dire sur le mode d'emploi de la vapeur d'eau comme force motrice, il n'est pas difficile de reconnaître qu'avec de tels modèles, nos jeunes ingénieurs seront parfaitement en mesure de projeter et d'exécuter de très-bonnes machines à vapeur, selon les circonstances, selon les localités ou les demandes des manufacturiers.

Il faut bien le répéter, la machine à balancier bien entendue, bien construite, sera toujours regardée comme une sorte de monument qui, dans une usine, occupe la meilleure place, et se trouve en tête de tout le matériel qu'elle doit actionner. C'est surtout dans les grandes puissances qu'elle est d'un bon aspect, qu'elle *représente* réellement, et forme un coup d'œil monumental.

MACHINE A BALANCIER A BASSE PRESSION, DOUBLE EFFET ET CONDENSATION

Construite par MM. HICK et BOTHWELL, de Bolton

(PLANCHE 26)

ENSEMBLE DE LA CONSTRUCTION

La fig. 1re représente la partie principale de la machine, le cylindre à vapeur en coupe verticale et le mécanisme en vue extérieure. Toute la partie située au-dessous du sol, comprenant les pompes et le condenseur, n'a pas été reproduite sur ce dessin, ayant déjà été décrite précédemment (1er vol.), avec les divers systèmes d'appareils d'alimentation et de condensation.

La fig. 2 est une section perpendiculaire à la première, et faite devant le cylindre, du côté de la distribution.

Cette machine à balancier est composée d'un cylindre moteur A, monté verticalement sur un socle en fonte B, qui est fixé directement sur un fort massif en maçonnerie. Le piston C, qui s'y meut, est relié par sa tige *a* au balancier D, par l'intermédiaire d'un mécanisme spécial appelé *parallélogramme*, ayant pour objet de compenser le mouvement en arc de cercle du balancier, comme nous le décrirons plus loin avec tous les détails nécessaires.

Le balancier est une forte pièce de fonte méplate, munie en son milieu d'un tourillon b, par lequel il repose sur deux paliers fixés latéralement sur un entablement en fonte E, qui est d'abord appuyé sur deux colonnes F, et relié ensuite avec les murs en maçonnerie qui forment le local de la machine.

A l'autre extrémité du balancier est assemblée, par articulation, la bielle G, qui commande la manivelle H, montée sur l'arbre moteur I.

Ce dernier porte, comme à l'ordinaire, l'excentrique qui actionne le tiroir de distribution, et le volant régulateur J, ainsi qu'un fort pignon d'engrenage correspondant à une grande couronne à denture intérieure, rapportée sur les bras de la roue élévatoire que la machine est appelée à mettre en mouvement.

A part le balancier, qui doit être considéré ici comme organe nouveau, on remarquera que la bielle est d'une forme toute spéciale qui est généralement conservée encore aujourd'hui pour toutes les machines fixes dites à balancier. Au lieu d'être en fer, cylindrique ou méplate, comme celles que nous avons eu l'occasion de montrer, celle-ci est en fonte, d'une seule pièce, composée de trois parties distinctes que l'on peut désigner par : les deux têtes et le corps. La tête supérieure est une fourche analogue à ce que l'on a pu voir précédemment, et qui s'assemble sur l'axe à deux tourillons dont le balancier est muni à cet effet. Celle inférieure présente une masse évidée pour l'ajustement des coussinets et le passage du bouton de la manivelle ; elle est surmontée d'une partie méplate en vue de sa juxta-position devant la manivelle au moment du point mort inférieur. Enfin, l'intervalle de ces deux parties ou le corps présente quatre nervures en croix, renflées et reliées transversalement par de forts congés.

Si l'on cherche à se rendre compte de cette forme particulièrement préférée pour les machines à balancier dans le but d'obtenir une grande rigidité et d'éviter les vibrations, on remarque que dans ce système la bielle est relativement plus longue que dans les autres, ce qui conduit déjà à lui donner une forme spéciale, capable d'empêcher sa flexion : les quatre nervures du corps atteignent parfaitement ce but tout en ménageant le poids total de la pièce ; et puis (pourquoi ne pas le dire ?), cette forme qui est inhérente à l'espèce de matière, c'est-à-dire au mode de fabrication de la fonte, est d'un aspect tellement heureux et se marie si bien à celle du balancier, que l'on aurait beaucoup de peine à en adopter une autre, bien que cela fût possible, à la rigueur.

Pour revenir à la disposition générale de la machine, nous dirons que le balancier est le point d'application de tous les mouvements nécessaires aux appareils de service, et présente en cela une facilité que l'on ne possède pas au même degré avec les machines à mouvement direct, verticales ou horizontales. Toutefois, le tiroir de distribution conserve, comme on l'a fait remarquer, son organe spécial de commande, à cause de ses mouvements qui sont croisés par rapport à la marche du piston.

La seconde tige K, parallèle à la première a, commande le piston de la pompe à air de l'appareil de condensation. Cette tige est rattachée au balancier par l'intermédiaire du parallélogramme comme celle du piston moteur et reçoit, comme elle, une marche rectiligne. Suspendue au milieu de la distance du tourillon b et du point d'attache du piston à vapeur, elle n'effectue que la moitié de la course de ce dernier.

La troisième tige L, qui vient après, commande la pompe alimentaire, celle même qui a été représentée pl. 13, fig. 9. Son point de suspension est au quart du rayon du balancier, d'où sa course est dans le même rapport avec celle du piston à vapeur.

Une quatrième tige M, suspendue à l'autre bras du balancier, commande la pompe à eau, ou *pompe de puits*, destinée à fournir l'eau employée à la condensation. Cette tige est dirigée en ligne croite par un parallélogramme, comme celle de la pompe à air.

Pour terminer ce premier exposé de l'ensemble de la machine, il reste à décrire la disposition des tiroirs de distribution qui diffère presque complétement de ce qui a été décrit jusqu'ici, si ce n'est le tiroir de Watt (t. 1er, p. 378), dont ils sont le perfectionnement.

En se reportant aux fig. 1 et 2 de la planche 26, on reconnaît que tout l'appareil de distribution est renfermé dans une sorte de bâti décoratif, d'ordre dorique, composé d'un fronton, et de deux colonnes qui semblent s'appuyer sur un socle dépendant de celui B qui supporte le cylindre. Le fronton renferme une première boîte à vapeur N, en communication, par un petit canal c, avec la partie supérieure du cylindre, et le tiroir d correspondant. Une seconde boîte N′, d'une construction semblable, se trouve ménagée à la partie inférieure pour le bas du cylindre ; le tiroir d' qu'elle renferme est rattaché au premier par une tige e, passant dans un canon creux f qui joint les deux boîtes, et ce second tiroir est lui-même relié intérieurement au mouvement de l'excentrique par un mécanisme que nous allons expliquer tout à l'heure.

En se rappelant ce qui a été dit à propos du tiroir de Watt, on comprendra aisément comment ceux-ci fonctionnent.

Chacun des tiroirs d et d', représentant exactement les extrémités du premier système, se compose, en effet, d'une bande plate fondue avec une cloison et une partie demi-cylindrique qui glisse dans une garniture d'étoupe disposée à l'intérieur de la boîte. Cette garniture, tout en retenant le tiroir, a surtout pour effet de séparer nettement les deux parties de la boîte, qui correspondent alors respectivement à l'entrée et à la sortie de la vapeur.

Celle-ci est amenée directement des générateurs dans la double enveloppe du cylindre à l'aide d'un conduit g, fig. 2, assemblé avec une tubulure fondue avec la chemise A′ du cylindre. Après avoir circulé dans cet intervalle, elle pénètre par un orifice spécial h, dans la boîte supérieure N, fig. 1, au-dessous du tiroir, autrement dit, dans la partie inférieure, par rapport à la garniture ; mais cette partie est en relation permanente avec la partie supérieure de la deuxième boîte N′ par l'une des colonnes, celle O, qui est creuse et constitue un tuyau de conduite pour la répartition uniforme de la vapeur dans les deux boîtes.

Il résulte de cette disposition que, comme dans celle adoptée par Watt, la vapeur est distribuée par *les bords intérieurs* du tiroir (considérant les deux d et d' comme n'en faisant qu'un), tandis que la sortie s'effectue par les arêtes extérieures. Mais ici on trouve comme perfectionnement important que le tiroir n'est plus disposé pour former conduit à l'échappement, lequel s'effectue par un passage tout à fait indépendant, c'est-à-dire par la seconde colonne O′, qui est creuse comme la première, et met les parties extrêmes des boîtes N et N′ en communication entre elles, et avec le condenseur, par un tuyau O², qui s'adapte à une tubulure ménagée à la partie inférieure du coffre N′.

Prenant pour exemple la position adoptée sur la pl. 26, le piston monte, poussé par la vapeur qui est introduite dans le cylindre par l'orifice c′. La vapeur du coup précédent s'échappe en passant par l'orifice c qui la laisse arriver dans la partie supérieure de la boîte N, d'où elle se rend au condenseur par la colonne O′.

Ces deux tiroirs, qui fonctionnent réellement comme un seul, sont complétement solidaires avec la tige e, à laquelle le canon f forme seulement un passage libre qui établit la communication d'une boîte à l'autre, en évitant des boîtes à étoupe. Le canon creux est bien assemblé par une garniture avec la boîte inférieure N′; mais c'est un assemblage immobile, et qui a tout simplement pour but de compenser les effets de la dilatation.

La tige e, dépassant d'une certaine quantité le tiroir inférieur d′, est assemblée, par articulation, avec une autre tige e′ qui traverse un canon ou douille creuse i, fixée avec la boîte N′. Au delà, la tige e′ est boulonnée avec un autre canon creux j, qui reçoit le mouvement de va-et-vient fourni par l'excentrique, et se déplace en glissant par une garniture d'étoupe sur le canon fixe i. Cette disposition, que nous retrouverons encore, est très-ingénieuse, et peut être justifiée en quelques mots :

Elle permet d'éviter une garniture fixe *renversée*, qui serait nécessaire sans cela, à cause de la commande en dessous.

Le canon mobile j porte latéralement deux tourillons par lesquels il est relié, au moyen de deux petites bielles k (fig. 2), avec deux bras de levier l, solidaires d'un axe horizontal P, qui porte extérieurement, et d'équerre avec les précédents, un bras de levier sur lequel la barre de l'excentrique vient agir. C'est une disposition que nous avons déjà rencontrée, et qui peut être comprise sans s'y étendre davantage. Faisons remarquer seulement que l'arbre P est muni d'un bras à contrepoids P′, pour équilibrer le poids des tiroirs et de leur équipage.

Le canon j, quoique enlevé par les bielles k qui compensent l'oscillation de l'arbre P et des leviers l, est guidé très-exactement dans son mouvement rectiligne par une boîte à coussinets j′, fixée près du socle du cylindre.

Quoique cette machine ne fût pas destinée à faire un travail demandant une très-grande régularité de vitesse, elle n'en a pas moins été munie d'un modérateur à force centrifuge ou pendule conique Q, qui reçoit directement son mouvement de l'arbre principal à l'aide d'une paire de roues d'angle. Il est, à cet effet, monté sur un bâti en chevalet Q′, posé à cheval sur cet arbre tout près de son premier palier. Ce régulateur, par un mécanisme de renvoi, que nous détaillons plus loin, agit sur un papillon ordinaire, placé à l'ouverture du canal *h* qui fait communiquer l'enveloppe avec les boîtes de distribution (1).

DÉTAILS DE CONSTRUCTION

CYLINDRE A VAPEUR. — Il est composé d'un corps principal A, ajusté à l'intérieur d'une chemise A'. Sa partie supérieure est munie d'un cordon en saillie joignant sur une partie correspondante ménagée à l'enveloppe; sa partie inférieure est garnie d'une bride par laquelle il repose sur le socle, et qui sert également de repos à cette enveloppe, dont le bord inférieur porte une bride semblable. Sa partie supérieure en est également munie pour fixer le couvercle A².

Le socle B forme le fond du cylindre, et porte le canal inférieur *c'* d'introduction. Le canal supérieur *c* appartient à l'enveloppe, mais il est continué par une forte échancrure dans le couvercle A². Ce dernier présente une masse évidée, pour diminuer le refroidissement. Plus tard des constructeurs, et principalement M. Farcot, adoptant la même disposition, ont chauffé le couvercle en y faisant arriver de la vapeur.

Le piston C, qui se meut dans le cylindre, est d'une construction qui n'est plus admise aujourd'hui, mais que l'emploi de la vapeur à basse pression permettait d'appliquer. Il est formé d'un disque en fonte à la circonférence duquel est ménagée une gorge que l'on garnissait de tresses de chanvre. Néanmoins, la lèvre supérieure de cette gorge est formée d'une couronne mobile, que l'on fait descendre à volonté, au moyen de boulons, pour donner du serrage à l'étoupe, après quelque temps de marche. Cette opération se répète plusieurs fois, après quoi il faut renouveler entièrement la garniture.

Ce système, favorable à la conservation du cylindre, ne peut tenir avec de la vapeur à haute pression, dont la température est suffisante pour brûler, ou au moins dessécher le chanvre. En supposant que l'on voulût encore établir une machine à basse pression, on n'en remplacerait pas moins le chanvre par une garniture métallique, élastique, qui n'exige pas autant d'entretien ni de visites aussi fréquentes.

L'assemblage du disque, ou corps du piston, avec la tige *a* se fait sur une partie conique lisse, ménagée à la tige, au moyen d'une clavette pour laquelle une sorte de moyeu saillant est réservé au piston. Ce moyeu ne peut être vu sur le dessin, attendu qu'il est dissimulé par la bague mobile formant presse-étoupe à la garniture.

Faisons remarquer que l'enveloppe est munie d'un manomètre à mercure et à air libre *m*, du système décrit t. 1ᵉʳ, p. 256, fig. 39. Comme elle reçoit directement la vapeur de la chaudière, pour la distribuer ensuite au cylindre, c'est une excellente précaution pour savoir à tout instant si la pression s'est conservée dans le parcours qu'elle effectue de sa source au récepteur.

---

(1) Le sens de la rotation de la machine, qui est indiqué sur le dessin par des flèches exactement en relation les unes avec les autres, est contraire à ce qui a lieu à Saint-Ouen, la disposition de la commande ayant exigé que la machine tournât : le volant rabattant sur le cylindre.

Distribution. — Le jeu de cette partie de la machine ayant été expliqué plus haut, il ne reste que quelques détails à faire connaître.

On a déjà remarqué que les deux tiroirs d et d' sont, non-seulement guidés, mais que la garniture circulaire qui les retient doit aussi servir à étancher les deux parties de la boîte affectées respectivement à l'entrée et à la sortie de la vapeur.

Cette garniture étant faite avec de l'étoupe, qu'il faut pouvoir serrer à volonté, est retenue entre un rebord fondu avec la boîte N et un segment métallique mince que l'on fait appuyer de l'extérieur au moyen de tiges taraudées e^2.

La tige e, qui réunit les deux tiroirs, est terminée à son extrémité supérieure par une embase et une partie taraudée pour recevoir l'écrou au moyen duquel le tiroir d est fixé. Mais son extrémité opposée devant rester lisse, pour la possibilité de l'emmanchement, elle est clavetée avec une douille e^3, laquelle porte alors une embase contre laquelle le tiroir d' est serré par un boulon, qui est aussi claveté avec cette douille, et auquel la tige e' est assemblée à charnière.

L'excentrique, dont la construction est analogue à ce que l'on a pu voir dans les exemples précédents, a pour bielle ou *barre* une espèce de châssis triangulaire, composé de deux côtés en fer méplat, réunis intérieurement par des croisillons cintrés pour en assurer la rigidité. L'extrémité de ce châssis se termine par une chappe d'accrochage qui peut être facilement dégagée du manneton appartenant à l'axe P, attendu que les tiroirs doivent être mis en mouvement à la main pour mettre la machine en marche. Pour cela, le même axe est muni d'un levier à poignée par lequel on le fait osciller afin de déplacer les tiroirs.

Faisons observer que cette disposition se rencontre rarement dans les machines fixes modernes; on met en train à l'aide d'un simple robinet ou d'une valve d'introduction, le piston dans une position intermédiaire, soit qu'on ait pris soin de l'y arrêter, soit qu'on l'y amène en agissant sur le volant, à la main ou à l'aide d'un treuil, suivant la dimension du mécanisme.

Balancier. — Le balancier doit présenter une très-grande solidité et se trouver surtout parfaitement en rapport avec les efforts qu'il est appelé à transmettre; la rupture de cet organe est un accident à la fois très-possible et très-grave : il est possible parce qu'il est soumis à une résistance transversale qui peut se multiplier beaucoup par un choc; il est grave, parce qu'il peut entraîner la destruction de plusieurs autres pièces de la machine.

Le balancier est formé d'un panneau, relativement mince, mais armé sur ses bords et au milieu de sa largeur de nervures qui augmentent notablement sa résistance. La partie centrale, où s'ajuste l'axe b par lequel il repose sur ses supports, est garnie de chaque côté d'un moyeu ou mamelon saillant de façon à rendre son assiette suffisante sur cet axe, et qu'il ne déverse pas. Celui-ci est en fonte de fer, à huit pans dans la partie qui s'ajuste dans le balancier, et conique aux parties extérieures, qui se terminent par des tourillons.

L'effort pris pour mesure de la résistance du balancier est la pression de la vapeur sur le piston, effort qui s'exerce, en effet, à l'une de ses extrémités, suivant les deux sens du mouvement, tandis que l'autre extrémité surmonte une résistance égale, opposée par le travail à accomplir, et aussi dans deux directions alternativement contraires.

Cet organe ayant alors pour point d'appui le milieu de sa longueur, et supportant des efforts parallèles et égaux par ses deux extrémités, est considéré comme un solide encastré, soumis à une charge transversale qui s'exerce à une certaine distance du point d'encastrement. La forme qui lui est attribuée est dite, d'après cela, d'*égale résistance*, l'effort maximum s'exerçant sur la section transversale à l'endroit du tourillon, section qui possède aussi le maximum de largeur.

En donnant, vers la fin de cet ouvrage, des notions sur la résistance des matériaux qui concernent les principaux organes des moteurs à vapeur, nous démontrerons facilement qu'une pièce disposée comme un balancier résiste bien davantage par sa dimension parallèle à la direction des efforts que par celle perpendiculaire, ce qui explique pourquoi on donne beaucoup de largeur au balancier et peu d'épaisseur, relativement, par économie du poids de la matière employée.

Les nervures qui bordent les deux rives du balancier viennent se raccorder à chacune des extrémités, où, par la réduction de la largeur, la pièce devient complétement ronde, se terminant par une embase circulaire et par un tourillon longitudinal dont nous allons expliquer les motifs.

Chacune des extrémités du balancier doit être munie de deux tourillons n pour la suspension du piston et de la bielle. Souvent ces tourillons sont formés d'un simple bout d'arbre passé au travers du balancier, qui est, à cet effet, terminé par un mamelon cylindrique, semblable à celui dans lequel est ajusté l'axe central b. Mais ici, par un louable excès de précaution de la part des constructeurs, chaque tourillon n est formé d'un anneau, ou virole en fer forgé, qui porte alors les deux collets latéraux et s'emmanche librement sur le tourillon longitudinal par lequel le balancier est terminé; il est ensuite retenu par une embase sphérique n', fixée elle-même par un boulon à tête noyée et affleurée, lequel est claveté dans le balancier.

Le mérite de ce mode d'assemblage est de laisser chacun des tourillons doubles libre de s'équilibrer, ou plutôt de se niveler, par rapport aux pièces qu'ils supportent, puisque chaque virole dont ils font partie peut céder en tournant sur le bout du balancier. On a quelquefois mieux fait encore, en remplaçant la partie cylindrique du balancier par un fort boulon en fer que l'on y introduit longitudinalement; l'embase n' en forme alors la tête, et on le retient solidement par une clavette transversale.

Ces deux dispositions étant dispendieuses, on les remplace souvent par un simple bout d'arbre introduit transversalement, et, avec du soin, on parvient encore à construire dans de bonnes conditions.

C'est suivant ce dernier mode que sont montés les tourillons o, o' et o^2, des tiges K, L et M.

PARALLÉLOGRAMME. — Le nom attribué à ce mécanisme, qui permet à la tige du piston de conserver sa direction verticale, nonobstant l'arc de cercle engendré par le balancier, vient de ce qu'en effet il est composé, théoriquement, de quatre pièces

II.   2

articulées, égales de longueur deux à deux et conservant leur parallélisme dans toutes les positions qu'elles occupent.

La tige du piston est terminée à sa partie supérieure par une douille rapportée p, dans laquelle est emmanchée, d'équerre avec la tige, une traverse q, dont les extrémités sont terminées par des tourillons qui correspondent, comme écartement, à ceux n du balancier. Cette traverse se trouve suspendue à ce dernier par deux pièces latérales R, que l'on appelle *liens*, et qui sont composées chacune d'une bride en fer fermée dans laquelle sont ajustés des coussinets pour recevoir les tourillons de la traverse et du balancier; l'écartement de ces coussinets est maintenu par des entretoises serrées par une clavette et deux mentonnets.

Les tourillons o, de l'axe situé au milieu du même bras du balancier, sont assemblés de la même façon avec deux autres liens R$'$, d'égale longueur, que nous appellerons *liens postérieurs*, qui sont d'abord réunis par une première traverse q', pour la suspension de la tige K de la pompe à air, et ensuite, à leurs extrémités inférieures, par une seconde traverse r, dont le milieu forme un anneau allongé afin de laisser passer cette tige.

Les deux liens R, et ceux postérieurs R$'$ rattachés aux tourillons o, forment les deux petits côtés du parallélogramme; le balancier représente l'un des deux grands côtés, l'autre est constitué par deux tringles S qui réunissent la traverse r avec celle q du piston.

Les quatre angles de ce parallélogramme étant articulés, il faut, pour que celui représenté par la traverse q se maintienne sur la verticale engendrée par le mouvement du piston, que celui formé par la traverse r, soit dirigé convenablement à cet effet. Or, le tracé géométrique démontre que, pour obtenir ce résultat, le centre d'articulation de la traverse doit décrire un arc de cercle semblable à celui engendré par le centre du tourillon o, dans son mouvement avec le balancier.

Comme nous le montrons plus loin, cet effet est obtenu en reliant la traverse r avec deux guides T qui ont pour points fixes deux supports s appartenant à l'entablement E, et pour longueur la distance des tourillons b et o du balancier.

Résumant les fonctions de ces divers organes, nous disons :

Les tourillons n et o, qui constituent deux des angles du parallélogramme, décrivent des arcs de cercle;

La traverse q, le troisième angle, se meut en ligne droite;

La traverse r décrit un arc de cercle semblable à celui du tourillon o, mais en sens contraire; cet arc est à la fois une conséquence du mouvement général, et se trouve forcément accompli par l'oscillation des liens T, dont le point central d'oscillation est fixe, et indépendant des autres pièces en mouvement.

Remarquons encore que le point choisi sur les deux liens postérieurs, pour placer la traverse q', n'est pas indifférent. Il est placé justement sur une ligne qui passe par le centre d'oscillation b du balancier et celui de la traverse q du piston, ce qui fait qu'il se meut aussi en ligne droite.

Les fonctions de ces différentes parties du parallélogramme seront bien comprises à l'aide du tracé géométrique fig. 85, page 13.

D'un point o, pris sur une droite horizontale oa', on trace un arc de cercle avec la demi-longueur du balancier, ou, plus exactement, avec la longueur du bras qui correspond au piston à vapeur, si les deux bras n'étaient pas égaux.

Traçant ensuite deux parallèles à oa' de chaque côté de cet axe, et à une distance égale à la demi-course de piston, l'arc de cercle se trouve limité aux points a et a^2, et les droites oa et oa^2 correspondent aux positions extrêmes du balancier, comme celle oa' correspond à sa position moyenne.

La première chose à déterminer est la ligne d'axe du piston, laquelle doit être placée sur la verticale MM', passant par le milieu de la flèche de l'arc $aa'a^2$. Il en est de même de l'axe vertical passant par le centre de l'arbre moteur qui se trouve habituellement à l'autre extrémité, et des autres organes qui prennent également leur mouvement sur le balancier.

Ceci fait, supposons le balancier à la partie supérieure de son amplitude, son axe en oa; les deux liens R sont représentés par une seule ligne droite ac, qui joint le point a et le milieu c de la flèche de l'arc, lequel point c est alors la projection de l'axe de la traverse q de la tige du piston.

Le plus ordinairement, pour une machine à un seul cylindre, on prend pour centre des deux liens postérieurs R' le milieu du rayon du balancier, soit le point b, par lequel on trace alors une parallèle bd à ac, pour avoir la position correspondante de ces deux liens; puis, par le point c, on trace, parallèlement à la ligne d'axe ao, une droite cd qui complète le parallélogramme pour la position supérieure du piston, et correspond aux deux tringles S (voir pl. 26).

Cette première position déterminée, on obtient facilement les deux autres principales, celle moyenne et celle extrême inférieure; il suffit de remarquer que le sommet a du parallélogramme reste constamment sur l'arc de cercle du balancier et parvient en a' et a^2, tandis que celui c ne doit pas quitter la verticale MM' du mouvement. On trouve alors les positions successives $a'c'$ et a^2c^2 du premier lien ac, en décrivant des points a' et a^2, comme centres, des axes de cercle avec ac pour rayon; ces arcs coupant la droite MM' aux points c' et c^2, on mène par ces deux points des parallèles $c'd'$ et c^2d^2 aux positions correspondantes oa' et oa^2 du balancier; enfin, par les points b' et b^2, qui indiquent le déplacement du point b sur l'arc bb^2 décrit du même centre d'oscillation o, on trace les droites $b'd'$ et b^2d^2 respectivement parallèles à $a'c'$ et à a^2c^2, et le parallélogramme est complétement déterminé pour les trois positions principales.

Cette détermination a surtout pour but de trouver le rayon du guide T (pl. 26), qui doit, en résumé, forcer le mécanisme à produire son effet, en maintenant le sommet c sur la ligne d'axe MM'.

Pour trouver ce rayon, il suffit de remarquer que l'arc de cercle qu'il doit décrire passe par les points d, d' et d^2, et de plus, par la position symétrique de ces points, que le centre fixe d'oscillation de ce rayon sera situé sur la droite $d'c'$, menée parallèlement à oa'. On joint alors d avec d', ou d' avec d^2, par une droite, et la perpendiculaire élevée sur le milieu de cette droite rencontre la ligne $c'd'$ en un point qui est le centre cherché.

Le point d'attache *b* des liens postérieurs étant pris sur le milieu du rayon du balancier, le centre d'oscillation qui vient d'être déterminé est précisément le point *c'*, sur la verticale MM', qui représente déjà la traverse du piston au milieu de la course. Les positions principales du guide T sont alors *c'd*, *c'd'* et *c'd²*.

Si le point *b* eût été choisi plus près du centre *o*, le point fixe du guide T se fût trouvé reporté en dedans de la verticale MM'; si ce point *b* eût été, au contraire, plus rapproché de l'extrémité du balancier, celui du guide T fût tombé en dehors, attendu que :

La longueur c'd, *du guide à centre fixe, est égale à la distance* ob *comprise entre le centre* o *d'oscillation du balancier et celui* b, *choisi pour point d'attache des guides postérieurs.*

Il ne faudrait pas conclure de là que la position du point *b* est absolument indifférente; il est, au contraire, urgent que *o b* ne soit pas *moindre* que la moitié du rayon *o a* du balancier, et cela, parce que, tout satisfaisant que soit le résultat du mécanisme, il n'est pas *rigoureusement* exact en théorie, et qu'il s'en rapprochera d'autant plus que l'arc *b b' b²* différera moins de *a a' a²*.

Mais en plaçant *b* au milieu de *o a*, la rectitude requise pour le mouvement de la tige du piston est tout à fait suffisante pour la pratique. Tel est tout le mécanisme du parallélogramme de Watt.

Examinons maintenant une autre propriété très-utile qu'il possède.

Si l'on dispose un ou plusieurs liens entre ceux *a c* et *b d*, en les articulant au balancier et au guide *c d*, de façon qu'ils se meuvent avec l'ensemble du parallélogramme, les points de ces liens, déterminés par l'intersection d'une droite joignant le point d'attache *c* du piston à vapeur, dans n'importe quelle position, avec le centre *o* du balancier, *se meuvent aussi en ligne droite.*

Soit, par exemple, un lien additionnel *b³ d³*, placé entre les deux premiers, le point *f*, résultant de l'intersection de *b³ d³* avec *o c*, jouit de la même propriété que celui *c*; et si on y attachait une tige, elle serait dirigée en ligne droite, suivant *f f' f²*.

Par la même raison, l'intersection de cette ligne *o c* avec les liens postérieurs *b d* fournit un point *e* qui se meut encore en ligne droite : c'est celui choisi pour la traverse *q'* (pl. 26), à laquelle est suspendue la tige de la pompe à air, et, par ce fait particulier que *b* est le milieu de *o a*, *e* est aussi le milieu de *b d*.

Cette propriété est particulièrement utilisée pour les machines à deux cylindres et à balancier, dans lesquelles un lien central est ajouté pour y suspendre la tige de l'un des deux cylindres, qui sont placés à côté l'un de l'autre. Prenant le même tracé pour exemple, s'il s'agissait d'une machine à deux cylindres, le premier serait rattaché en *c* et aurait *c c²* pour course, comme pour la machine actuelle, tandis que le second aurait sa traverse en *f* et pour course *f f²* : c'est ce que nous aurons amplement l'occasion de démontrer plus loin.

Pour terminer ce qui regarde la machine de Saint-Ouen, on remarquera que la tige M de sa pompe à eau (pl. 26) est aussi reliée à un parallélogramme analogue au précédent, mais plus simple, puisqu'il n'a que cette tige à diriger. Il n'est, en effet, composé que des deux liens postérieurs R³ auxquels est assemblée la traverse q^2 de la tige M, et des deux guides T' rattachés à la traverse à anneau r'. Cette addition d'un parallélogramme spécial pour la pompe à eau ne se rencontre pas ordinairement; elle permet ici d'éviter un guide spécial pour la tige, et supprime une articulation. La pompe à eau se trouve tout à fait isolée des autres organes de la machine, qui n'a pas non plus de plaque de fondation générale.

Fig. 85.

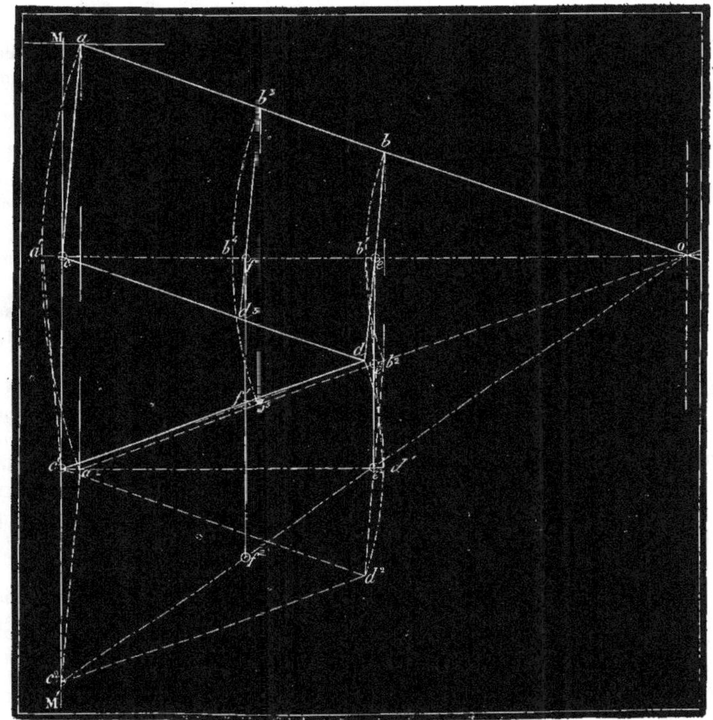

APPAREIL DE CONDENSATION, POMPES A EAU FROIDE ET ALIMENTAIRE. — L'appareil de condensation appliqué à cette machine peut être complétement expliqué à l'aide des exemples qui ont été donnés précédemment (pl. 14).

Cet appareil se trouve logé au-dessous du sol de la machine, dans un vide réservé au massif, entre les colonnes F et le cylindre moteur; il est composé d'un corps de pompe et du récipient condensateur, tous deux séparés et plongés dans une caisse constamment remplie d'eau. L'eau injectée dans le condenseur est aspirée direc-

tement à l'aide d'un tuyau qui plonge dans la Seine, dont le niveau est à peu de
hauteur; un second tuyau semblable, également muni d'un robinet, permet aussi
de prendre directement l'eau d'injection dans celle maintenue dans la bâche,
qui a d'ailleurs pour objet de noyer les joints et de conserver plus de fraîcheur à
l'appareil.

La pompe alimentaire (représentée en détail, pl. 13), est commandée par la tige
ou bielle L, dont l'extrémité supérieure est rattachée au balancier, tandis que celle
opposée est assemblée, par articulation, avec la tige du piston de la pompe. Celle-ci
est fixée à la bâche où se trouve plongé l'appareil de condensation, et prend son
eau dans une cuvette spéciale qui reçoit l'eau tiède élevée par la pompe à air. On a
vu que l'eau élevée par la pompe alimentaire est dirigée sur un appareil automoteur (pl. 13, fig. 8) établi sur chacun des corps de chaudière.

La pompe élévatoire, destinée à fournir l'eau qui remplit constamment la bâche
où sont plongés le condenseur et la pompe à air, est appliquée à toutes les machines
à condensation dans lesquelles l'eau froide ne peut parvenir directement. Ainsi,
lorsque le niveau du bassin ou du réservoir d'eau n'est pas à plus de 4 à 5 mètres de
profondeur, le condenseur peut s'alimenter par un simple tuyau. Quand, au
contraire, la profondeur dépasse 5 à 6 mètres, il est utile d'appliquer une pompe
spéciale.

Mécanisme du régulateur. — Comme cela se fait encore généralement, le régulateur à force centrifuge Q est appelé à agir sur un papillon placé sur l'ouverture
du canal *h*, au point même de sa communication avec la boîte de distribution.

L'axe vertical de ce régulateur est monté sur un chevalet en fonte Q', dont les
pieds embrassent l'arbre moteur qui, pour le commander, porte une couronne
dentée en deux parties. Le rapport entre cette roue et le pignon d'angle avec lequel
elle engrène, est calculé de façon que l'axe du régulateur effectue 34 révolutions
par minute, tandis que l'arbre de la machine n'en exécute que 18 dans le même
temps, à l'état normal. Cette augmentation de vitesse est justifiée par ce fait que
les branches du régulateur, déjà très-grandes pour 34 tours, deviendraient
réellement en dehors de la pratique à 18.

La mobilité du manchon *t*, sous l'influence des variations de vitesse de la machine,
et par suite du régulateur, est transmise à la valve d'introduction par un système
de tringles articulées, dont l'une *u* traverse l'axe même du régulateur qui forme un
canon creux dans sa partie supérieure.

Cette tringle est assemblée à rappel avec une petite virole qui peut glisser dans
l'arbre creux et se trouve liée, par une clavette, avec le manchon extérieur *t*. Une
rainure longitudinale, pratiquée dans cet axe pour le passage de la clavette, permet
au manchon *t*, en s'élevant ou en s'abaissant avec les branches à boulets, d'entraîner
avec lui la virole intérieure, qui, à son tour, fait mouvoir la tige *u*, laquelle peut se
déplacer verticalement avec cette virole, mais sans la suivre dans le mouvement
de rotation qu'elle partage avec le manchon extérieur *t*.

La tige *u*, suivant qu'elle s'élève ou s'abaisse, fait osciller un axe *v*, monté sur des
supports fixés à l'entablement, et qui porte à cet effet un petit levier horizontal *w'*,

auquel la même tige u est assemblée par articulation. Cet axe v est muni à son extrémité opposée d'un levier semblable v', qui, oscillant avec lui, fait mouvoir la tige verticale x, dont l'extrémité inférieure est reliée à une petite manivelle montée sur l'axe du papillon ou de la valve qui règle l'introduction de la vapeur.

Tout ce mouvement est équilibré par un levier à contre-poids v^2, appliqué sur l'axe v. De plus, les deux tiges verticales sont munies de masses pesantes u^2 et x^2 pour en maintenir la rigidité.

Ensemble du montage. — L'établissement général d'une machine à balancier est assez différent des autres systèmes pour mériter une mention spéciale.

Le plus souvent ces machines ont pour point d'appui une base unique : c'est une excellente condition que l'on doit chercher à remplir autant que possible, et dont nous donnerons des exemples. Mais, le développement très-étendu de ce système oblige parfois à disperser en quelque sorte les points d'appui, en les confiant à la stabilité plus ou moins parfaite du bâtiment. Celle qui nous occupe en est un exemple.

Ainsi l'ensemble du cylindre et de la distribution forme une masse qui a pour base un massif en maçonnerie, très-solide du reste, mais qui est néanmoins isolé de celui sur lequel s'appuient les colonnes F, à cause de la fosse qu'il faut réserver pour l'appareil de condensation. Ce dernier est en effet détaché des autres parties, et n'en devient solidaire que par la liaison des différentes masses de maçonnerie qui les supportent.

De toute façon, le cylindre doit être parfaitement assis sur sa base et assujetti par des boulons, dits de fondation, qui s'enfoncent profondément dans les pierres de taille où ils sont arrêtés par un très-fort clavetage.

L'entablement E, sur lequel sont posés les paliers du balancier, a pour points d'appui principaux les deux colonnes creuses en fonte F, par l'intermédiaire d'un contre-entablement transversal E', dont les extrémités vont se sceller dans les murs; les colonnes sont elles-mêmes appuyées sur le massif en maçonnerie. Cet entablement, qui représente un cadre ouvert pour le passage du balancier, est muni, à chaque extrémité, de branches E², qui vont se sceller dans les murs, de façon à concourir, avec la traverse E', à prévenir les déplacements horizontaux.

L'entablement principal E est relié avec la traverse E' par des boulons y, pour lesquels des bossages, avec empatement nervé, ont été réservés à la traverse. Les colonnes F sont réunies à cette dernière par de gros boulons courts, clavetés dans chacune des pièces qu'ils assemblent.

Les deux colonnes F sont rondes dans toute leur hauteur, excepté leur base, qui forme un socle carré, ouvert latéralement, et en partie ajusté dans des semelles de fonte F', à moitié encastrées dans le massif en maçonnerie. Ces plaques sont entaillées pour recevoir de longues clavettes en fer qui, chassées entre elles et le plan inférieur du socle, tendent à soulever les colonnes, et par suite tous le système qu'elles supportent. Enfin, de longs boulons de fondation z réunissent à la fois les colonnes et leurs semelles avec l'assise de pierre sur laquelle elles sont appuyées.

L'arbre moteur I a encore ses points d'appui à part; ainsi le premier palier V est ajusté sur une plaque de fondation partielle V', appuyée directement sur la maçonnerie, et destinée à augmenter l'étendue du point d'appui ; le deuxième palier est évidemment placé sur le mur, au delà de la fosse réservée au volant.

En voyant ces divers supports isolés, du cylindre à vapeur, des colonnes, de l'entablement, et de l'arbre moteur, il est aisé de comprendre quel degré de solidité doivent atteindre les maçonneries, et combien leur liaison doit être intime, pour que ces divers points d'appui conservent leur rapport, et que toutes les parties du mécanisme de la machine se maintiennent dans la position rigoureuse qu'elles doivent avoir. Aussi n'est-il pas rare de voir des machines à balancier se détraquer par suite des tassements du massif; et cependant il est indispensable que le parallélogramme reste rigoureusement bien réglé pour que la machine n'éprouve pas de chocs, ce qui ne peut avoir lieu qu'autant que le rapport du cylindre avec le balancier est parfaitement conservé.

DIMENSIONS ET CONDITIONS DE MARCHE DE LA MACHINE DE SAINT-OUEN

La mention relative aux conditions de marche de cette machine nous fournit l'occasion d'exposer plus loin, d'une manière succincte et pour n'y plus revenir, les bases adoptées par Watt pour les machines à basse pression.

Voici d'abord les dimensions principales de la machine établie à Saint-Ouen :

Diamètre du piston à vapeur	0^m 856
Superficie correspondante	$57^{d.q.}$ 55
Course	1^m 846
Volume engendré pour un coup simple	$1^{m.c.}$ 062
Nombre de coups doubles par minute	18
Vitesse linéaire moyenne du piston par seconde	1^m 108
Pression de la vapeur dans la chaudière	$1^{atm.}$ 20
Diamètre du piston de la pompe à air	0^m 600
Superficie correspondante	$28^{d.q.}$ 27
Course	0^m 923
Volume engendré pour un coup simple	$0^{m.c.}$ 261
Volume du condenseur	$0^{m.c.}$ 323
Contre-pression dans le condenseur	$0^{atm.}$ 15
Diamètre du piston de la pompe alimentaire	0^m 103
Superficie correspondante	$0^{d.q.}$ 83
Course	0^m 540
Volume engendré pour un coup simple	$0^{m.c.}$ 004
Poids de la jante du volant	5184 kilogr.
Diamètre des tourillons de l'arbre moteur (en fonte)	0^m 255
Puissance nominale de la machine	40 chevaux.

Si, d'après ces données, nous calculons la puissance théorique à l'aide de la formule A′ (t. 1er, p. 333), c'est-à-dire la puissance développée directement par la vapeur sur le piston, en lui suposant la pression qu'elle possède dans le générateur, et en tenant compte de ce qu'il n'y a pas de détente, on trouve, pour le travail d'un coup double ou d'une révolution de l'arbre moteur :

$$T = 2d\,(p - p')\,10333$$

$$T = 2 \times 1^{\text{m.c.}}062\,(1^{\text{atm.}}20 - 0^{\text{atm.}}15)\,10333 = 23045 \text{ kilogrammètres.}$$

Soit, par seconde et en chevaux-vapeur :

$$\frac{23045 \times 18}{60 \times 75} = 92,18 \text{ chevaux.}$$

Si l'on rapportait ce résultat théorique à la force nominale pour laquelle la machine a été livrée, on en déduirait que son rendement est très-faible et inférieur à 50 p. 0/0. Mais raisonner ainsi serait une erreur, attendu qu'en marchant dans les conditions indiquées, cette machine a produit un travail supérieur à sa puissance nominale, travail qui équivaut, d'après le calcul effectué directement pour la quantité d'eau élevée, à 48 chevaux environ.

Par conséquent, comme d'un côté la roue élévatoire absorbe une portion de la puissance pour le frottement de ses tourillons et de son engrenage de commande, et comme, d'un autre côté, la quantité d'eau mesurée n'équivaut pas exactement, par suite des pertes, à celle qui a été réellement élevée, on doit être près de la vérité en disant que le travail disponible sur l'arbre moteur n'est pas inférieur à 54 chevaux, dans les conditions précitées.

L'effet utile calculé d'après la pression de la vapeur dans la chaudière, c'est-à-dire sans perte de pression, s'élève alors à :

$$\frac{54}{92,18} = 0,585.$$

Le rendement ne serait donc pas loin de 60 p. 0/0.

Il est néanmoins permis de supposer que ce chiffre est trop élevé, car des expériences faites avec soin sur d'autres machines semblables et de puissance analogue, n'ont généralement révélé qu'un rendement moyen de 0,56, pour un bon état d'entretien.

ÉTABLISSEMENT DES MACHINES A BASSE PRESSION A DOUBLE EFFET

DIMENSIONS DU CYLINDRE. — Pour fixer les dimensions du cylindre d'après la puissance à obtenir, on établissait le produit de la pression effective de la vapeur sur le piston par sa vitesse moyenne linéaire à l'unité de temps, bien entendu, pour des machines agissant sans détente, comme celle de Saint-Ouen.

La pression effective de la vapeur était celle qui devait agir réellement comme force motrice utile sur le piston, c'est-à-dire celle mesurée au manomètre sur la chaudière, rapportée à l'unité de surface, moins les différentes pertes dues aux causes principales suivantes : le refroidissement, le mouvement dans les conduits du générateur au cylindre, le frottement du piston, l'effort pour faire mouvoir la pompe du condenseur, le frottement des axes divers, etc.

Ces différentes pertes, estimées pratiquement ou par le calcul, étaient évaluées aux 0,37 environ de l'effet théorique direct de la vapeur, d'après la pression mano-métrique dans la chaudière, qui ne s'élevait pas à plus de 90 centimètres de mer-cure : soit 1,18 atmosphère.

Enfin, déduisant encore la contre-pression par le condenseur, qui était estimée à $0^{atm}.13$, la pression utile sur le piston était comptée à :

$$1^{atm}.18 \ (1 - 0,37) - 0^{atm}.13 = 0^{atm}.61.$$

Soit en kilogrammes, par centimètre carré :

$$1^k 0333 \times 0,61 = 0^k 63.$$

Ceci revient à dire que l'effet utilisable, mesuré directement sur l'arbre du volant, pouvait être environ 63 p. 0/0 de la quantité de travail théorique que l'on déduirait, au moyen du calcul, de la vapeur agissant sur le piston avec toute sa pression.

Mais, en réalité, l'effet utile n'est pas aussi élevé; les diverses pertes qui tendent à l'amoindrir sont plus fortes généralement que celles prévues.

Ainsi, la machine de Saint-Ouen, pourtant très-bien construite et bien entrete-nue, donne 58 à 59 p. 0/0, comme on vient de le voir, et ce rendement, comparé à ceux trouvés pour d'autres machines semblables, est encore un des plus élevés.

Quant à la vitesse du piston, sans entrer dans l'explication du principe inexact qui la faisait regarder comme dépendant spécialement de sa course plus ou moins grande, nous dirons qu'elle était moyennement de 1 mètre par 1″, sans s'éloigner beaucoup de cette limite. Cependant une table, donnée par Tredgold et traduite en mesures françaises, montre que de 1 à 200 chevaux, cette vitesse pouvait varier de $0^m 50$ à $1^m 50$, et cela s'explique, si l'on remarque que, pour conserver une vitesse uniforme, il faudrait donner aux faibles machines une très-grande vitesse de rotation comparée à celle des plus puissantes.

Suivant la même table, la vitesse de 1 mètre correspondrait aux machines de 25 chevaux environ, et la vitesse de la machine de Saint-Ouen, qui est de $1^m 108$ par 1″ (voir ci-dessus), est attribuée, dans la même table, aux machines de 35 à 40 chevaux.

D'après ce qui précède, il ne resterait plus, pour fixer les conditions du cylindre, qu'à déterminer le rapport du diamètre à la course. Tredgold établit que le rapport, donnant au cylindre le minimum de surface exposée au refroidissement, est celui de 2 : 1, entre la course et le diamètre, et conclut à l'adoption de ce rapport pour fixer les dimensions cherchées.

Sans insister sur ce principe, dont les conséquences ne sont certainement pas sérieuses, on remarque néanmoins qu'il était adopté généralement, comme éta-blissant des relations convenables, en pratique, entre les différentes parties de la machine et sa vitesse de rotation. Le cylindre de la machine de Saint-Ouen a 0,856 de diamètre, et le piston 1,846 de course, ce qui s'éloigne peu du rapport précité.

Enfin, si l'on coordonne ces relations, qui faisaient des machines à basse pression et à balancier des appareils à peu près semblables, sur l'échelle des différentes forces, on trouve que l'unité de puissance pouvait être ramenée à l'unité de dimension et de quantité d'eau vaporisée, ce qui n'est possible qu'à la condition rare de se rapporter encore à un système particulier, établi constamment sur les mêmes données.

Ainsi, en prenant la vitesse de 1 mètre par 1″, et la pression utile de 0^k63 par centimètre carré, la surface du piston par cheval devient :

$$\frac{75^{k\cdot m.}}{0,63 \times 1^m} = 119 \text{ centimètres carrés,}$$

superficie qui, pour les petites machines, devait être portée à 180, d'abord parce que la vitesse du piston était moindre, et ensuite parce que les résistances passives et les pertes de toute nature étant plus que proportionnelles, la pression utile de la vapeur devait plutôt atteindre 0^k50 que 0,63. Autrement dit, le rendement est évidemment plus élevé avec les grandes machines, quel que soit d'ailleurs leur système, en prenant toujours pour point de départ la dépense de vapeur, suivant son mode d'emploi et sa pression dans le générateur.

En rapprochant ces données des dimensions de la machine de Saint-Ouen, dont la puissance réelle est environ de 50 chevaux, on trouve les relations suivantes :

La superficie du piston étant égale à 57,55 décimètres carrés, on a par force de cheval :

$$\frac{57,55}{50} = 1^{d\cdot q}.15 = 115 \text{ centimètres carrés.}$$

En livrant la machine pour 40 chevaux, les constructeurs avaient pris pour base :

$$\frac{57,55}{40} = 1,438;$$

soit 144 centim. carrés par cheval, avec la vitesse moyenne du piston égale à 1^m108 par seconde.

A l'égard des grandes machines, dont la vitesse du piston pouvait s'élever à 1^m50 par 1″, cette superficie élémentaire devenait 76 à 80 centim. carrés par cheval.

Les quantités de vapeur à dépenser et celles de charbon correspondantes suivaient une progression analogue.

Pour 1 mètre de vitesse et $119^{c\cdot c.}$ de superficie, le volume de vapeur correspondant égale :

$$119 \times 100 = 11900^{c\cdot q} \text{ ou } 12 \text{ décimètres cubes,}$$

dont le poids, à la pression de $1^{atm}20$, égale (t. 1er, p. 64) :

$$0^{m\cdot c}012 \times 0^k693 = 0^k008316.$$

En ramenant à la durée d'une heure, on trouve :

$$0,08316 \times 3600 = 30 \text{ kilogrammes}$$

d'eau vaporisée par force de cheval et par heure ;

Pour une telle consommation il faut brûler, en moyenne, 5 kilogrammes de houille.

C'est ce même chiffre, d'ailleurs variable suivant la puissance relative de la machine, que l'on est parvenu à abaisser aujourd'hui à moins de 2 kilogrammes, même avec des moteurs de moyenne puissance, par l'emploi de hautes pressions et de détentes très-prolongées. Cette réduction dans la dépense de combustible peut être en partie attribuée aussi à la construction perfectionnée des générateurs qui permettent généralement de produire plus de 6 kilogrammes de vapeur par kilogramme de houille, même de qualité ordinaire.

DIMENSIONS DU CONDENSEUR ET DE LA POMPE A AIR. — En recherchant avec quelque soin quelles sont les quantités d'air qui se dégagent de l'eau d'injection, et en y ajoutant cette eau et celle provenant de la vapeur condensée, Tredgold a trouvé que la pompe à air appliquée au condenseur devait extraire, pour chaque coup du piston à vapeur, un volume total de gaz et d'eau égal à 1/18 de celui qu'il engendre. La pompe à air étant à simple effet et ne travaillant qu'une fois pour deux coups du piston moteur, il s'ensuit que le volume qu'elle engendre en serait le 1/9.

Watt admettait 1/8, et donnait à peu près le même volume au condenseur.

On a pu remarquer que, dans les machines à condensation représentées dans le 1er volume de cet ouvrage, le rapport de 1/8 est généralement conservé, mais qu'il est de fait réduit à moitié, puisqu'il s'agit de pompes à air à double effet, d'où il résulte que leur puissance est double des anciennes. On peut y constater aussi que la capacité du condenseur est de même bien supérieure à 1/8 du volume engendré par le piston à vapeur, et s'élève souvent à 1/4 (1).

DIMENSIONS DU BALANCIER ET DE LA BIELLE. — On sait que les dimensions longitudinales de ces deux pièces ont surtout pour base le degré d'exactitude à obtenir dans la transformation du mouvement.

Pour que le parallélogramme rende bien son effet, Watt donnait au balancier environ 3 fois la course du piston, rapport déjà indiqué (t. 1er, p. 351).

Dans la machine de Saint-Ouen, la course égale 1ᵐ846, et la longueur du balancier, mesurée du centre au centre des tourillons extrêmes, est de 5ᵐ488.

On a donc, pour le rapport de ces deux dimensions :

$$\frac{5,488}{1,846} = 2,97.$$

La bielle, que l'on doit faire aussi longue que possible, peut atteindre, avec le

(1) La vapeur étant employée à une plus haute pression, exige évidemment plus d'eau pour être condensée ; mais aussi, à puissance égale, les volumes de vapeur dépensés sont moindres. Il y a même plus : puisque la dépense de combustible a diminué, il est vraisemblable de dire que la quantité de chaleur à recueillir ou à prendre à la vapeur devrait être moindre, et partant, le volume d'eau à injecter. Il n'en est pas moins vrai que l'on augmente aujourd'hui la puissance de l'appareil de condensation.

système à balancier, 6 fois le rayon de la manivelle, soit la même longueur que le balancier.

Ici ce rayon étant 0^{m}92ε, la longueur de la bielle égale 5,070, et se trouve un peu moindre que celle du balancier.

On trouve pour son rapport avec la manivelle :

$$\frac{5,070}{0,923} = 5,5.$$

Cette dimension est peut-être difficile à dépasser lorsque l'arbre moteur est placé à la même hauteur que la base du cylindre, qu'il faut même surélever pour cela, au moyen d'un socle. Mais souvent l'arbre pouvant être établi à une certaine distance au-dessous de la plaque de fondation, la bielle peut alors être facilement allongée.

MACHINE A BALANCIER À DÉTENTE VARIABLE ET A CONDENSATION

Par M. **FARCOT** et ses fils

(PLANCHE 27)

Nous avons choisi une machine construite par la maison Farcot pour exemple du type à balancier établi sur un bâti qui rend toutes les pièces solidaires les unes des autres, en évitant ainsi les points d'appui dispersés. Il est vrai de dire que cette excellente condition est plus facilement réalisable pour les moyennes puissances que pour les grandes, qui conduiraient à des bâtis d'un développement considérable. Mais, lorsqu'on peut l'adopter on obtient tout à la fois la rigidité de l'ensemble et la possibilité d'augmenter un peu la vitesse de rotation.

En jetant les yeux sur le dessin de cette machine, on reconnaît que les organes principaux affectent des dispositions qui ont été vues précédemment dans plusieurs appareils des mêmes constructeurs, ce qui nous dispense d'y revenir. Ainsi l'ensemble du cylindre et de la distribution est particulièrement conforme à celui de la machine verticale qui a été donnée pl. 17. De même, le mécanisme de leur régulateur est semblable à celui qui a été décrit avec détail, à propos de la même machine et de celles représentées sur les pl. 22 et 23.

En dehors de la disposition générale appropriée au mécanisme proprement dit du balancier, il est entendu que la réglementation de la machine que nous donnons pl. 27, est la même que pour les autres, en ce qui concerne la pression de la vapeur et la détente : il n'est plus question, toutefois, du système à basse pression.

Nous ne nous attacherons donc, dans cette description, qu'à faire ressortir les particularités que cette machine présente dans sa construction générale.

ENSEMBLE DE LA CONSTRUCTION

La fig. 1re de la pl. 27 représente cette machine, en coupe longitudinale faite par l'axe du cylindre et de la condensation, les pièces du mécanisme de transmission conservées en vue extérieure;

La fig. 2 en est une coupe transversale passant par l'axe d'oscillation du balancier, en regardant le cylindre.

Ses dimensions générales correspondent à une puissance nominale de 20 chevaux avec 30 tours par minute, la détente réglée à 4/5 de la course, et la pression de la vapeur dans la chaudière à 4, 5 atmosphères.

L'ensemble du cylindre à vapeur A et de ses enveloppes repose sur une plaque de fondation B, qui reçoit les supports de toutes les pièces mobiles, excepté l'appareil de condensation et la pompe alimentaire, qui n'exigent pas non plus la même précision dans la relation de leur commande. Cette plaque repose sur deux massifs en maçonnerie entre lesquels se trouve ménagée une galerie pour y placer ces appareils qui s'appuient directement sur un sol très-solide.

La plaque B reçoit deux chevalets en fonte C, terminés à la partie supérieure par les paliers qui servent d'appui à l'axe oscillatoire du balancier D, dont la position, par rapport au cylindre, est de cette façon invariable. Pour rendre la solidarité complète, le premier palier de l'arbre moteur fait partie d'un appendice en forme de console B′, fixée à la plaque par des boulons et un clavetage, et néanmoins soutenue particulièrement par la maçonnerie qui en épouse la forme. On comprend de suite que cet abaissement du centre de l'arbre moteur, dont le palier eût très-bien pu reposer directement sur le dessus de la plaque, n'a d'autre objet que d'augmenter la longueur de la bielle E, sans élever démesurément les supports du balancier ni allonger davantage la tige du piston ou surélever le cylindre.

La plaque principale se termine réellement à cette console; mais au delà elle est continuée par une sorte de socle évidé a, ayant pour but d'encadrer la bielle et de fermer l'intervalle des deux massifs avec lesquels il se raccorde à la hauteur du sol environnant.

Les deux chevalets C, déjà solidement boulonnés sur la plaque, et réunis à leur partie supérieure par l'axe du balancier, sont encore reliés par deux croix de Saint-André en fonte, C′ et C², dont l'une sert en même temps de guide à l'axe du régulateur, et, en outre, par deux entretoises simples en fer h et h′.

La liaison du balancier avec la tige du piston est opérée de même que dans la machine précédente. On a vu que le parallélogramme exige deux points fixes indépendants, pour l'oscillation de deux guides U qui déterminent les fonctions de ce mécanisme. Ces points fixes, qui appartenaient à un entablement que la machine actuelle ne possède pas, sont pris sur deux tiges horizontales b qui sont reliées, d'une part, avec l'une des entretoises h, réunissant les chevalets C, et, d'autre part, avec une traverse c, fixée sur le sommet d'une colonne d, solidement réunie au cylindre à vapeur. Cette disposition offre l'avantage d'établir un degré de solidarité de plus entre les supports du balancier et le cylindre, et d'éloigner toute chance de désorganisation entre les pièces du parallélogramme, qui en opère la liaison.

Ce mécanisme est à peu près le même pour toutes les machines à balancier à un seul cylindre; nous aurons néanmoins à signaler quelques points de détail qui diffèrent de la machine précédente. Déjà on remarque que la traverse *e*, par laquelle il est relié à la tige du piston, présente pour l'assemblage un renflement sphérique au lieu d'être une douille cylindrique, et que la réunion des deux pièces est effectuée par un écrou en place d'un clavetage. La suspension de la tige *f* de la pompe à air I est opérée de la même façon; mais ici un clavetage était nécessaire à cause du peu d'espace existant entre le bout de la tige et le balancier.

La tige *g* dé la pompe alimentaire J est rattachée au balancier par un tourillon qui n'existe que d'un seul côté, ce qui excentre un peu la pompe, mais évite de terminer la tige par une fourche. Il est remarquable que cette tige n'est point *brisée*, et qu'elle doit fléchir entre la pompe et son tourillon sous l'influence du léger arc de cercle qu'il décrit. Cette flexion est d'autant moins grande que la tige est très-longue, et plus même qu'elle n'est indiquée, attendu que la disposition du dessin nous obligeait de relever le sol qui reçoit la pompe alimentaire et le condenseur. Les cotes permettent d'en faire la rectification.

Sans entrer, quant à présent, dans le détail des particularités qui distinguent ici la bielle et le balancier, nous ferons observer que ce dernier possède relativement plus de force que celui de la machine de Saint-Ouen, et que sa section transversale est plus grande comparée à la longueur des bras. Cette augmentation est nécessitée par l'emploi de la détente qui fait que la pression sur le piston au commencement de la course, dans les deux sens, est beaucoup au-dessus de sa valeur moyenne, et vient agir, pendant quelques instants, sur les organes de transmission avec une très-grande intensité relative.

Il ne faudrait pas croire que cet excès de charge sur le balancier est atténué par le volant qui régularise les effets de la machine, car, en réagissant par son inertie pour l'empêcher de s'emporter sous l'excès de pression, avant la détente, il *pèse* en quelque sorte avec un même excès sur le balancier, dont les deux extrémités sont ainsi chargées également dans la même direction. C'est, du reste, une chose jugée par tous les constructeurs, que les machines à détente exigent un mécanisme relativement très-résistant.

La commande du tiroir consiste dans un excentrique circulaire ordinaire K, monté sur l'arbre du volant, et qui actionne, par sa barre, une manivelle L fixée à l'extrémité d'un arbre M placé horizontalement au-dessous du cylindre à vapeur. Cet arbre porte deux autres manivelles N, disposées perpendiculairement à la précédente, et rattachées à deux bielles verticales O, qui commandent le tiroir de distribution P, suivant la même disposition que pour la machine représentée pl. 17.

L'établissement de l'arbre M est dans les conditions voulues pour qu'il reste complétement solidaire de tout le mécanisme. Il est clair que cet arbre ne doit aucunement varier de hauteur, sous peine de voir le tiroir de distribution se déranger. Les paliers qui le supportent font partie de deux consoles en fonte Q, fixées directement après la plaque de fondation, auprès de la nervure circulaire où repose le cylindre. Ceci assure évidemment l'invariabilité de la hauteur de centre; mais ces consoles ont une faible assise, et pour empêcher l'arbre de vibrer horizontalement elles sont clavetées à la partie inférieure, entre des ergots appartenant à une plaque de fonte R, fixée sur la maçonnerie, et qui porte en outre un palier pour soutenir l'arbre auprès de la manivelle L. Cette disposition doit empêcher toute dislocation du mécanisme, et maintenir les axes à leur place, dans toutes les directions.

On voit que l'appareil de condensation est à peu près conforme au système dit de Maudslay, et représenté en détail fig. 1re, pl. 14. Le corps extérieur I', qui constitue le condenseur proprement dit, repose par son fond sur le sol établi entre les massifs principaux; il est surmonté d'une cuvette de fonte I² dans laquelle se projette l'eau élevée par le piston de la pompe. La vapeur échappée du cylindre parvient au condenseur par un conduit coudé i qui vient se raccorder avec une tubulure i', ajustée au fond de la chemise du cylindre, et qui établit la continuation d'un canal latéral ménagé à cette dernière (disposition analogue à celle de la pl. 17).

La vapeur pénètre dans le condenseur aussi près que possible du robinet j, par lequel se fait l'injection d'eau froide qui arrive, suivant la localité, d'un puits ou réservoir supérieur, par la tubulure k, à laquelle se joint un conduit qui n'a pu être figuré sur le dessin. On règle l'ouverture du robinet d'injection de l'extérieur, en agissant sur une poignée à aiguille l, dont l'axe vertical traverse un support en balustre l' fixé sur la plaque de fondation; au-dessous de celle-ci l'axe porte un petit bras de levier assemblé avec une tringle l², dont l'extrémité opposée est rattachée de même avec un levier semblable monté sur la tige j' de la clef du robinet, qui est prolongée à cet effet et retenue par une bague boulonnée après la cuvette. D'après cela, on comprend comment, en tournant la poignée l, ce mouvement est transmis à la clef du robinet par la tringle et les deux petits leviers qui forment ensemble un parallélogramme.

La pompe alimentaire J ne présente rien de particulier à signaler; elle puise dans la cuvette du condenseur par un conduit m, lequel porte un robinet m' qui permet, au besoin, de suspendre l'alimentation; l'eau est ensuite refoulée au générateur par le conduit m², dont la direction dépend des localités.

Pour compléter la description d'ensemble, disons quelques mots de l'installation du régulateur S, dont on connaît bien le principe et la construction.

L'axe mobile n de ce régulateur est situé au centre des deux chevalets et sur la verticale passant par le tourillon du balancier; guidé par une douille garnie de bronze ménagée au centre de l'entretoise C², il vient reposer, par un pivot, sur une crapaudine appartenant à la traverse en fonte o placée en travers des maçonneries, à une certaine distance de la plaque de fondation. Cet axe porte une roue d'angle p commandée par une semblable p', appartenant à un axe horizontal q, dont l'un des supports fait partie de la traverse o, et qui reçoit son mouvement de l'arbre moteur au moyen de deux poulies réunies par une courroie.

On a vu, par la description des machines représentées pl. 22 et 23, comment les variations de vitesse de la machine, et, par suite, du régulateur, font jouer les cônes n', d'où résulte de la part de l'axe horizontal n^2 un mouvement de rotation qui se communique, par la tige n^3, à la camme de détente. En somme, à l'exception de la forme des boules qui sont lenticulaires au lieu d'être sphériques, ce régulateur est semblable à celui déjà décrit des mêmes constructeurs.

Sur le dessin, pl. 27, la position attribuée à la machine est celle qui correspond *au piston montant*, et aux 2/3 environ de sa course ascendante. La direction de chaque pièce en mouvement s'y trouve indiquée par des flèches. La détente ayant commencé, les orifices du tiroir sont recouverts par la glissière.

Cependant, pour se figurer la machine en marche, il faudrait observer la position des clapets de la pompe à air, ce qui n'a pas été fait. Les clapets k' et k^3 devraient être levés en ce moment, et celui du piston fermé.

DÉTAILS DE CONSTRUCTION

CYLINDRE A VAPEUR. — Nous avons décrit un semblable cylindre (pl. 17), composé du corps principal A, d'une première enveloppe A′ où la vapeur se rend directement avant d'être distribuée, et d'une chemise extérieure A² servant à la fois d'ornementation et de garde contre les pertes de chaleur.

L'enveloppe A′, qui constitue le corps extérieur du cylindre, repose par un rebord sur une saillie circulaire ménagée à la plaque et renforcée en dessous par une forte nervure. La partie supérieure étant parfaitement dressée, ainsi que la bride de l'enveloppe, l'assise du cylindre est précise et assurée.

L'enveloppe n'est percée au fond que d'un trou d'une faible dimension, fermé par un bouchon r scellé au mastic de fonte. Ce bouchon porte une tubulure r' pour y adapter un conduit avec robinet purgeur, qui n'a pas été figuré.

A l'extérieur du bouchon, le fond présente deux tubulures s et i' pour l'introduction et l'échappement de la vapeur. La dernière, i', dont nous avons expliqué les fonctions, est en rapport avec un canal spécial fondu avec l'enveloppe. La première, s, qui amène la vapeur, débouche en plein dans le vide de l'enveloppe, mais elle est prolongée intérieurement par un bout d'ajutage s' saillant, dans le but d'empêcher la vapeur condensée de faire retour à la chaudière, ou, au moins, de pénétrer dans le conduit s^2 qui y communique. On voit que ces tubulures sont rapportées au moyen d'un joint au mastic ferrugineux.

Une autre ouverture, fermée de même par un tampon t, a été ménagée au fond de l'enveloppe pour permettre de faire le joint à l'endroit du raccord du canal de distribution avec l'enveloppe. Autant que l'exiguïté du dessin le permet, on peut reconnaître que ce joint est opéré en bourrant d'abord du mastic de fonte, puis en introduisant une plaque de fer percée qui donne la facilité de mastiquer extérieurement, sans craindre d'obstruer l'orifice du canal.

La figure indique encore le robinet t, destiné à laisser pénétrer de l'huile pour lubrifier le piston, ce qui n'avait pas été représenté sur le cylindre analogue, pl. 17.

CONDENSEUR ET POMPE A AIR. — Le condenseur est tout simplement un corps cylindrique I' terminé en haut par un rebord intérieur et en bas par un fond plein. Le rebord supérieur reçoit le corps de pompe I et la cuvette I². Cette dernière est fondue avec deux tubulures : l'une pour la pompe alimentaire, et l'autre, qui n'est pas figurée, pour le trop-plein.

Le robinet d'injection j est remarquable par la simplicité de sa construction. Son boisseau est venu de fonte avec le condenseur; mais il est garni intérieurement d'un cône en bronze pour l'ajustement de la clef. Celle-ci est percée d'un vide à angle droit pour correspondre à l'ouverture de la tubulure k, et déboucher verticalement dans le condenseur. Dans cette position, le robinet est toujours recouvert d'eau.

Le clapet supérieur k' est disposé pour s'enlever avec la tige du piston, comme nous en avons déjà montré. Il est d'une seule pièce et d'une forme conique très-prononcée, ainsi que celui $k²$ du piston, ce qui facilite singulièrement la sortie de l'eau et diminue le choc au moment de sa chute. La levée de celui du piston est limitée par une embase ménagée à la tige; comme elle se trouve au-dessous du plan supérieur du clapet, elle ne peut être apparente que dans la coupe.

Il reste à dire quelques mots du clapet de fond $k³$, dont la forme diffère de tout ce qui a été décrit précédemment. C'est un disque circulaire portant un rebord pour son repos sur le siége, et deux ou trois portées saillantes qui servent en même temps de guides dans l'ouverture, et à fixer une rondelle de tôle débordant pour limiter la course. Ceci est simple et peu délicat. Mais lorsque cela est possible, on évite maintenant de renfermer ainsi des clapets; car si, par une cause quelconque, ce clapet venait à se fixer dans son ouverture, il faudrait évidemment vider la pompe et la démonter entièrement, opération qui peut exiger environ un tiers de journée de travail et d'arrêt.

MM. Farcot l'évitent soigneusement dans les machines qu'ils exécutent aujourd'hui, comme on a pu le voir par celles représentées pl. 22 et 23.

BALANCIER. — Il diffère seulement de celui de la machine de Saint-Ouen par l'ajustement des tourillons extrèmes, qui est celui adopté par M. Edwards pour la machine à deux cylindres que cet ingénieur a fait établir, il y a environ vingt-cinq ans, aux ateliers du chemin de fer de Saint-Germáin.

Ces tourillons sont forgés de la même pièce qu'un mamelon sphérique u, monté sur un fort boulon en fer u', qui pénètre longitudinalement dans le balancier et s'y trouve assujetti par une clavette serrant entre deux mentonnets. Nous avons dit que ce mode d'ajustement était coûteux, mais excellent, en ce qu'il permet aux deux tourillons de chaque extrémité du balancier de se niveler d'eux-mêmes par rapport aux pièces qui s'y trouvent assemblées, sous l'influence des efforts transmis. Le boulon en fer est aussi plus résistant, à diamètre égal, qu'une portée en fonte.

Dans la machine précédente, l'axe du balancier est en fonte et ajusté à huit pans, tandis que dans celle-ci il est en fer, cylindrique et claveté; un ajustement cylindrique avec clavettes est plus facile à faire, et suffit d'autant mieux que l'axe du balancier ne transmet pas d'effort et doit résister seulement au frottement développé par ses tourillons sous la charge qui pèse sur eux, de façon que le roulement se fasse exclusivement sur les coussinets des supports. Nous verrons, dans l'étude relative à la résistance des pièces, que cette charge est égale au double de la pression maximum sur le piston, plus, le poids propre du balancier pendant la descente du piston.

PARALLÉLOGRAMME. — Ce mécanisme ne diffère de celui décrit dans la machine précédente, que par la construction des deux liens antérieurs T qui ne comportent qu'un clavetage pour l'assemblage de la traverse *e* du piston.

Ils se composent chacun d'une bride de fer, en forme d'U, à l'intérieur de laquelle est ajustée une pièce pleine qui sert d'entretoise aux coussinets placés aux deux extrémités pour les tourillons du balancier et pour ceux de la traverse *e*. Une clavette avec clef à talons, pour maintenir l'écartement des branches de la bride, suffit pour serrer l'ensemble des deux paires de coussinets et de la cale-entretoise.

BIELLE ET MANIVELLE. — La bielle, d'une construction analogue à celle de la machine précédente, diffère seulement par l'ajustement de la tête inférieure, dont la disposition est motivée par la forme spéciale du bouton de la manivelle.

La manivelle est en fonte ; le bouton est en fer, rapporté et fixé au moyen d'un écrou, et muni d'un rebord ou collet pour maintenir les coussinets qui doivent y être placés avant leur introduction dans la tête de bielle. Celle-ci étant mise en place, le coussinet de dessus porte une rainure dans laquelle la clef de serrage pénètre et maintient latéralement l'assemblage.

BATIS ET PLAQUE DE FONDATION. — Chaque chevalet C constitue une seule pièce de fonte formée d'un panneau découpé et renforcé de nervures. Bien souvent, pour les machines à balancier ainsi établies sur un bâti isolé, ces chevalets sont remplacés par quatre colonnes réunies deux à deux par les paliers du balancier qui présentent alors la structure d'un entablement. Souvent aussi on applique des chevalets inclinés, de façon à diminuer la longueur de l'axe du balancier.

Il nous reste à faire remarquer que la plaque de fondation présente généralement une surface plate en dessous, sans nervures, excepté sous le cylindre à vapeur où cette partie est isolée. Mais aux pieds des chevalets, où la maçonnerie règne en plein, la plaque n'est réellement qu'un intermédiaire sans fatigue.

Cette plaque est percée, entre les chevalets, d'ouvertures circulaires qui permettent de visiter le mécanisme inférieur, et qui sont recouvertes de panneaux minces, percés seulement pour le passage des tiges.

VOLANT. — Le volant est composé de deux parties comprenant chacune, de la même pièce, quatre bras et la moitié de la circonférence de la jante ; les deux moitiés sont rassemblées entre des plateaux dont l'un porte un moyeu par lequel l'ensemble du volant est claveté sur l'arbre moteur. Nous aurons l'occasion de donner quelques détails sur ce système de construction en parlant spécialement des volants.

Pour compléter la description de cette machine, nous allons en résumer les dimensions principales et examiner ses conditions de marche.

DIMENSIONS ET CONDITIONS DE MARCHE

Cette machine a les dimensions principales suivantes :

Diamètre du piston à vapeur	0^m 400
Superficie correspondante	$12^{d.q.}57$
Course	0^m 900
Volume engendré pour un coup simple	$113^{d.c.}130$
Diamètre du piston de la pompe à air	0^m 225
Superficie correspondante	$3^{d.q.}98$
Course	0^m 450
Volume engendré pour un coup simple	$17^{d.c.}910$
Rapport de ce volume à celui du cylindre à vapeur..	1/6,3
Volume du condenseur, y compris le conduit qui communique avec le cylindre.	$60^{d.c.}000$
Rapport de ce volume à celui du cylindre à vapeur..	1/1,9
Diamètre du piston de la pompe alimentaire	0^m 035
Superficie correspondante	$0^{d.c.}096$
Course	0^m 390
Volume engendré pour un coup simple	$0^{d.c.}374$
Diamètre des tourillons de l'arbre moteur.	0^m 130
Longueur du balancier	3^m 000
Rapport de cette longueur au rayon de la manivelle..	6, 67
Longueur de la bielle	3^m 052
Rapport de cette longueur au rayon de la manivelle.	6, 78

Sans dépasser les limites convenables pour une machine à balancier, celle-ci peut marcher à la vitesse de 35 tours par minute, ce qui ne donne encore au piston qu'une vitesse moyenne, par $1''$, égale à

$$\frac{900 \times 2 \times 35}{60} = 1^m 05.$$

Supposons la détente réglée à la durée des 4/5 de la course, la vapeur à $4^{at.}5$ dans le générateur et la contre-pression dans le condenseur égale à $0^{at.}1$, nous trouvons, pour la puissance théorique développée dans un coup double ou pour un tour de la manivelle (t. Ier, p. 333) :

$$T = 2 (dtp - 10333 \, Dp')$$

$$T = 2 (0,0226 \times 26964 \times 4,5 - 10333 \times 0,113 \times 0,1) = 5250 \text{ kilogrammètres.}$$

Soit, pour la puissance théorique par seconde et en chevaux-vapeur :

$$T' = \frac{5250 \times 35}{60 \times 75} = 40,8 \text{ chevaux.}$$

Pouvant compter, d'après le bon état de construction de la machine, sur un rendement minimum de 50 p. 0/0 d'effet utile mesuré sur l'arbre moteur, on trouve pour la puissance nominale effective :

$$40,8 \times 0,5 = 20,4 \text{ chevaux.}$$

L'arbre moteur, dont les tourillons portent 130 millimètres de diamètre, suffit pour transmettre toute cette puissance avec sécurité, en marchant à la vitesse de 35 tours par 1'. Nous croyons savoir que M. Farcot n'avait construit cette machine que pour la force nominale de 16 chevaux. Elle est donc dans des conditions favorables.

MACHINES A BALANCIER DE DISPOSITIONS DIVERSES

Comme les machines à mouvement direct, les machines à balancier sont susceptibles de bien des variations dans la composition du bâti et de tout le mécanisme, ces modifications étant d'ailleurs dépendantes, le plus ordinairement, de la dimension même du moteur et de l'emplacement qu'il doit occuper.

Lorsqu'on atteint de fortes proportions, il devient difficile, ainsi que nous l'avons expliqué, de rassembler toutes les parties du mécanisme sur une base unique, et, par conséquent, de composer un bâti pour ainsi dire d'une seule pièce : c'est surtout en cela que les machines horizontales offrent un grand avantage, quelle que soit d'ailleurs leur puissance.

Dans les dimensions moyennes, au contraire, la réunion de toutes les parties de la machine à balancier sur une même base est facile, mais le bâti peut être de différents systèmes. On pourrait déjà distinguer à ce sujet l'emploi des châssis ou chevalets comme précédemment celui des colonnes avec entablement, etc.

De plus, il existe aussi des différences dans la composition du parallélogramme que bien des constructeurs ont cherché à modifier, soit pour en diminuer le prix d'établissement, soit pour d'autres raisons. Enfin l'application du condenseur donne également matière à plusieurs dispositions que l'on a proposées, soit en vue de simplifier cet appareil, soit pour le rattacher directement à l'ensemble de la machine.

Pour donner une juste idée de ce qui a été fait touchant ces divers points, nous allons en donner quelques exemples.

MACHINE A BALANCIER A UN SEUL CYLINDRE

Par M. NILLUS, constructeur au Havre

M. Nillus, bien connu pour la construction des machines marines, s'est également occupé de machines fixes dans lesquelles on reconnaît tout le soin et la précision que l'on remarque peut-être plus particulièrement dans les appareils de navigation. Avant d'en arriver à ce genre de moteurs, qui par leur importance forme un chapitre à part dans ce *Traité*, et ce qui nous fournira l'occasion de montrer plus amplement les travaux exécutés par M. Nillus, nous allons dire quelques mots d'une belle machine fixe à balancier qu'il a montée dans son établissement.

Cette machine diffère des précédentes en bien des points; elle est surtout remarquable par la disposition du parallélogramme et des chevalets ou supports de l'axe du balancier, comme on peut le voir sur la fig. 86, dessinée à l'échelle de 1/20. Un tel système étant souvent adopté par des constructeurs de machines à balancier, nous avons dû nous attacher à le faire connaître.

Fig. 86.

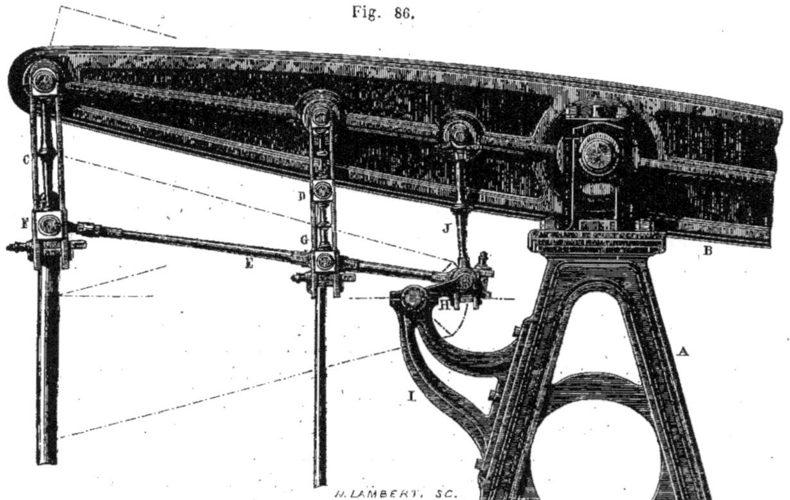

L'ensemble de cette machine repose sur une plaque de fondation qui reçoit le cylindre à vapeur, le condenseur, deux pompes alimentaires et les deux chevalets ou grands châssis de fonte à nervures A qui supportent les paliers de l'axe du balancier B.

L'idée de relier directement le condenseur à la plaque de fondation est très-importante, ainsi que nous l'avons fait remarquer tout à l'heure, et nous en rencontrerons plus loin des exemples; voyons, quant à présent, la disposition particulière du parallélogramme de la machine actuelle.

Ce mécanisme est composé de quatre liens C et D, parallèles entre eux comme dans le parallélogramme de Watt, et maintenus par un seul guide E, parallèle à l'axe du balancier; ce guide est terminé auprès de la tige du piston par deux têtes jumelles qui le relient à la traverse F du piston. A l'endroit des liens postérieurs D, le guide E présente un anneau pour le passage de la tige de la pompe à air, et deux tourillons pour son assemblage avec les mêmes liens D. On a vu que, pour forcer la traverse F de la tige du piston à rester sur la verticale, la traverse opposée G, formée par les tourillons du guide E, devait être reliée à deux autres guides à centre fixe décrivant un arc de cercle égal à celui qui correspond au point d'attache du lien D sur le balancier. Dans l'appareil qui nous occupe, ce procédé est remplacé par un mécanisme particulier. Le guide, ou lien horizontal E, est prolongé en arrière des liens D et vient s'assembler avec un petit arbre coudé H, monté sur des supports en console I, boulonnés aux chevalets A. La partie coudée de cet arbre est aussi reliée au balancier par deux autres liens J, qui doivent être parallèles aux précédents pour que le déplacement par articulation de tout l'ensemble puisse avoir lieu.

Il résulte de cette disposition que les liens J font décrire à la manivelle H un arc de cercle invariable, et dont la corde est égale à celle de leur point d'attache sur le balancier. Or, si l'on effectue les mêmes opérations que pour trouver la marche des guides à centre fixe (p. 14) dans la disposition ordinaire, on reconnaît facilement que l'oscillation de l'arbre à manivelle H a pour effet, par l'arc qu'il engendre, de maintenir l'extrémité opposée du lien ou guide E, ainsi que la traverse F, sur la verticale qu'elle ne doit pas quitter.

Voici, d'ailleurs, le procédé simple à employer pour déterminer les conditions de ce mécanisme, dont la fig. 87 représente le tracé géométrique.

Fig. 87.

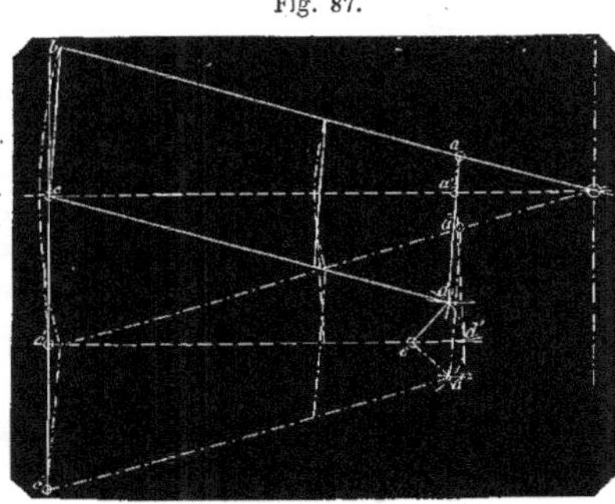

Après avoir déterminé, comme à l'ordinaire, les trois positions principales du parallélogramme, on prend un point a sur le balancier pour le troisième double lien J (ici au quart du rayon du balancier); puis, ayant tracé l'arc a, a', a^2, que ce point décrit, on trace, des points a, a' et a^2, comme centres, trois arcs de cercle indéfinis avec la longueur commune ba des liens C, D et J pour rayon. Ensuite, des trois points c, c' et c^2, que la traverse du piston doit occuper sur l'axe de son mouvement, et avec la distance cb des liens C et J pour rayon, on trace trois arcs indéfinis qui viennent se rencontrer avec les précédents et déterminent trois points d, d' et d^2 par lesquels on fait passer un cercle qui donne alors à la fois le rayon de et le centre e de la manivelle H. Il est évident que ce centre est d'ailleurs situé à la même hauteur que la position moyenne c' de la traverse F.

Ce mécanisme jouit donc des mêmes propriétés que le parallélogramme de Watt dont il n'est, après tout, qu'un dérivé. Cependant, si l'on considère la légère inexactitude inhérente à ce dernier, il est juste de dire qu'elle doit plutôt augmenter ici, sans néanmoins devenir préjudiciable en pratique, par la grande disproportion des angles opposés décrits par la manivelle H et le guide E. Mais hâtons-nous de faire remarquer que la disposition actuelle n'a pas pour objet de corriger un mécanisme, d'ailleurs excellent; elle a pour but très-important de reporter le point fixe, nécessaire au mouvement du parallélogramme, près des bâtis du balancier, en évitant de lui en créer exprès au-dessus du cylindre à vapeur, comme précédemment pl. 27, ou sur un entablement, qui n'existe pas ici.

MACHINE A BALANCIER MONTÉE SUR UNE COLONNE

Construite par **M. CARTIER**

Nous donnons cette machine, dont la construction est déjà un peu ancienne, comme type d'un montage particulier, et comme exemple d'un mécanisme tout spécial pour diriger la marche du piston. De telles dispositions ayant été appliquées, soit ensemble, soit séparément par divers constructeurs, en France et en Angleterre, il nous a paru utile de les faire connaître, d'autant mieux qu'elles sont applicables aux machines de petites et de moyennes puissances.

La fig. 88 représente cette machine en coupe verticale faite par l'axe du cylindre à vapeur et de la pompe à air, à l'échelle de 1/40 de l'exécution.

L'ensemble comprend une plaque de fondation unique recevant le cylindre, le condenseur, le palier de l'arbre moteur et la base d'une forte colonne en fonte A qui supporte les deux tourillons du balancier. La colonne, qui est seule et comme isolée, doit être reliée à sa partie supérieure avec une forte pièce de charpente B, fixée dans les murs latéraux. Cette disposition peut être présentée comme économique de construction; mais elle exige une certaine stabilité de la part des maçonneries dont le tassement pourrait rejeter la pièce de bois hors de l'axe que la colonne ne doit pas quitter : il faut donc chercher à l'éviter autant que possible.

La colonne A se compose d'un socle carré surmonté d'un fût toscan ordinaire; puis, au-dessus du chapiteau, de deux flasques verticaux et parallèles entre lesquels on place le balancier. Les deux flasques étant fondus de la même pièce qu'un patin qui les relie par leur sommet, pour la réunion avec la longrine en charpente B, il est évident que l'axe du balancier ne peut être mis à sa place que lorsque ce dernier a été introduit à la sienne, ce qui est ne se fait pas dans la construction moderne.

Sur la figure, l'un des deux flasques est supposé cassé pour laisser voir le mécanisme du parallélogramme qui présente une particularité remarquable. Ainsi
que dans la machine précédente, les guides à centre fixe sont évités, et comme
la tige de la pompe à air n'est pas conduite par le parallélogramme, il n'existe
même pas ici de guide horizontal à déplacement parallèle.

On a tout simplement relié la traverse du piston au balancier par les liens G, et
on l'a rattachée à deux bielles semblables C, dont les extrémités opposées sont
assemblées avec deux manivelles D montées, en dehors des deux flasques, sur un
axe horizontal placé au-dessous du tourillon du balancier.

Fig. 88.

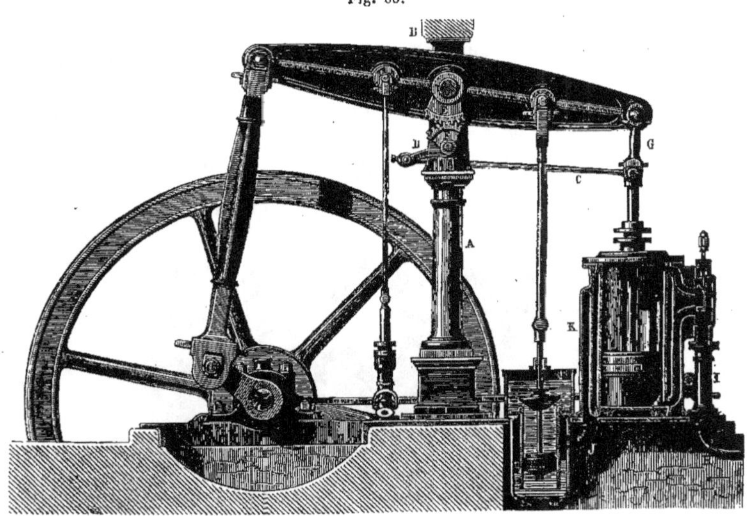

Si l'on veut bien se reporter au mécanisme précédemment décrit, on comprendra que pour obtenir l'effet voulu, il faut *commander* l'oscillation des manivelles D, et les obliger à décrire un angle d'une amplitude déterminée.

Le procédé imaginé à cet effet par le constructeur consiste à placer sur l'un des
côtés du balancier et sur l'axe des manivelles D, deux secteurs dentés E et F, de
façon que l'oscillation même du balancier engendre celle de l'axe à manivelles,
et donne le résultat demandé, moyennant que les rayons des deux segments
aient été convenablement fixés.

La vapeur arrive de la chaudière par un conduit H, qui vient aboutir à une petite
colonne creuse en fonte I, ajustée sur la plaque et communiquant avec la boîte de
distribution. Pour éviter la dislocation du joint entre le conduit H et la colonne I,
celle-ci doit traverser la plaque pour recevoir directement la bride du conduit.

L'appareil de condensation est du système dont nous avons déjà montré plusieurs exemples pl. 14. Il forme un ensemble qui repose tout d'une pièce sur la plaque de fondation par la cuvette supérieure, laquelle déborde le corps cylindrique et porte quatre oreilles pour y placer des boulons.

La communication avec le cylindre est établie par un coude J, de peu de développement, qui s'ajuste sous la plaque et correspond à un canal vertical K, fondu avec la chemise du cylindre; ce canal forme lui-même la continuation d'un conduit entourant à moitié la chemise et venant aboutir à l'orifice d'échappement.

La vérité nous oblige à signaler l'inconvénient de ce mode de communication par le coudé J, lorsque la plaque de fondation est interposée dans le joint. Il est évident que si la masse du cylindre éprouve un ébranlement quelconque, ce joint peut s'ouvrir au-dessus de la plaque et laisser l'air rentrer au condenseur. Il eût été bien préférable de prolonger le canal K sous forme de tubulure au-dessous de la plaque, afin d'en rendre le joint indépendant. Mais on en peut déjà reconnaître la difficulté par l'exhaussement du condenseur qui ne permet pas de donner à ce conduit un très-grand développement.

La fig. 89 représente le tracé géométrique de ce mécanisme, suivant les axes des pièces en mouvement.

Fig. 89.

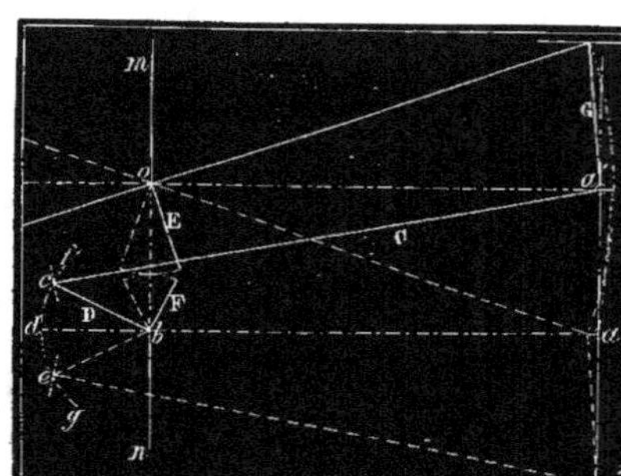

Après avoir tracé, comme d'ordinaire, les trois positions principales du balancier et celles du lien qui le relie à la traverse du piston, on mène une droite horizontale par le point *a* représentant la position de la traverse en rapport avec le milieu de la course du piston; l'intersection *b* de cette ligne avec l'axe vertical *mn* du tourillon du balancier est le centre des manivelles guides D, dont il faut fixer le rayon *bc* et déterminer l'amplitude du mouvement.

Le rayon *bc* est théoriquement arbitraire, et devrait être aussi grand que possible pour que le résultat fût parfait, ainsi que cela a été dit pour un cas analogue. Il doit avoir au moins le quart de celui du balancier, ce dernier étant le triple de la manivelle motrice; admettons ce rapport, et traçons du centre *b* un arc indéfini *fdg*. La bielle C, qui relie la manivelle guide D avec la traverse du piston, devant avoir l'une de ses extrémités constamment sur la verticale $a'\,a^2$ et l'autre sur cet arc de cercle, vient aussi se confondre sur l'horizontale ab avec cette manivelle, quand la traverse du piston est au milieu de sa course en a.

Par conséquent, la bielle C a pour longueur invariable ad, c'est-à-dire la distance des lignes d'axe de la tige du piston et du balancier, plus le rayon bd de la manivelle guide.

En décrivant, des points extrêmes a' et a^2 de la course, des arcs indéfinis avec ad pour rayon, ces arcs coupent celui *fdg* en deux points c et e, qui marquent alors l'amplitude du mouvement oscillatoire cde de l'arbre à manivelles D, correspondant à la marche en ligne droite de la traverse du piston.

Mais, pour que ce mouvement s'effectue dans ces conditions, il faut que les rayons des secteurs dentés soient calculés de façon que le balancier, par l'angle particulier qu'il décrit, fasse engendrer aux manivelles D l'angle cbe déduit du tracé.

Or, on sait que deux cercles mobiles autour de leurs centres, et qui possèdent une même vitesse circonférencielle, *engendrent des angles inversement proportionnels à leurs rayons respectifs*; par cela même, les rayons des secteurs doivent être *inversement proportionnels aux angles décrits par le balancier et par les manivelles D*.

La somme des rayons est déterminée, puisque c'est la distance des centres b et o qui n'est autre chose que le rayon de la manivelle motrice de la machine. C'est alors cette distance bo que l'on doit couper en deux parties qui soient entre elles dans le rapport inverse ci-dessus.

Pour la machine actuelle, l'angle décrit par le balancier est de 38 degrés, celui cbe des manivelles guides égale 54°5, et la distance bo est de 420 millimètres.

On trouve alors pour le rayon x de l'un des deux secteurs :

$$\frac{38^\circ + 54,5}{54,5} = \frac{420}{x} \;;\; \text{d'où} : x = \frac{420 \times 54,5}{38^\circ + 54,5} = 247^{\text{mill.}}4.$$

La somme des deux rayons étant 420, le deuxième égale :

$$420 - 247,4 = 172,6.$$

Le secteur du plus grand rayon doit être monté évidemment sur l'axe du balancier qui décrit le plus petit angle, ce qu'indiquent, en effet, la vue d'ensemble (fig. 88) et le tracé géométrique (fig. 89).

Ce mécanisme est simple, ingénieux, fonctionne depuis déjà bien des années, et pourtant il n'est pas exempt de défauts. Les dentures des secteurs s'usent, prennent du jeu, ce qui altère la précision du fonctionnement, d'autant plus que le mouvement étant alternatif, les temps perdus, par suite du jeu, se manifestent à chaque oscillation. Si, pour une machine dont la force ne dépasserait pas dix à douze chevaux, comme celle représentée fig. 88, un constructeur croyait devoir adopter un tel mode de direction à cause de sa simplicité, il devrait au moins établir les secteurs dentés en fer, et employer le mode à développante qui permet de faire la denture fine et allongée.

CONCLUSION SUR LES MACHINES A BALANCIER

A UN SEUL CYLINDRE ET A DOUBLE EFFET

La machine à balancier a été pendant longtemps, comme nous l'avons dit, le système le plus en vogue parmi les différents genres de moteurs à vapeur. D'une construction élégante, présentant un aspect monumental et marchant avec une grande régularité, elle a dû plaire généralement aux manufacturiers qui désirent avant tout avoir en tête de leur usine un bon moteur sur lequel ils puissent compter avec toute sécurité.

Aujourd'hui, ce système n'est pas en aussi grande faveur; d'une exécution plus difficile et plus dispendieuse, la machine à balancier à un seul cylindre laisse peu de latitude, dans les applications industrielles; elle demande plus de soins, plus de précautions, dans certaines parties de sa construction, plus de temps et d'attention dans son montage; elle exige, en outre, pour une même puissance nominale des fondations plus profondes et plus solides que les machines horizontales.

Ce sont des considérations que l'on ne peut méconnaître, et que l'on ne manque pas de faire valoir toutes les fois qu'il s'agit d'acquérir un moteur à vapeur.

Déjà, ce système ne permet pas d'augmenter la vitesse du piston dans de grandes limites, sans craindre des accidents qui peuvent être plus ou moins graves. Le célèbre Watt l'avait bien compris et avait le soin de construire toutes ses machines pour une vitesse déterminée que l'on ne dépassait pas; c'est ainsi que l'on était arrivé, pour leur établissement, à une règle uniforme et très-simple, dont nous avons fait connaître plus haut les éléments.

De plus, l'application d'une détente prolongée, qui permet aujourd'hui de réaliser de notables économies de combustible, est impraticable avec les machines à balancier, à un seul cylindre. Lorsque l'expansion de la vapeur doit, en effet, s'effectuer dans un seul et même cylindre, on sait que la charge sur le piston est extrêmement variable, et que la pression, très-grande au commencement de la course, diminue successivement, au point de devenir à peu près nulle vers la fin. Il en résulte que tous les organes que le piston met en mouvement doivent nécessairement avoir des proportions correspondantes à l'effort maximum qu'ils reçoivent au moment de l'admission entière; le balancier, particulièrement, pour lequel il y a le plus à craindre, doit posséder des dimensions considérables par rapport au travail moyen du piston et à la force nominale de la machine.

C'est par l'emploi des machines à deux cylindres, dont nous allons nous occuper maintenant, que l'on parvient à éviter ce dernier inconvénient, tout en profitant du mode à balancier pour ses avantages particuliers.

FIN DU CHAPITRE SEPTIÈME.

CHAPITRE VIII

MACHINES A VAPEUR A DEUX CYLINDRES DU SYSTÈME DE WOOLF

PRINCIPE DE L'EMPLOI DES DEUX CYLINDRES

On désigne sous le nom de *machines à deux cylindres*, celles qui comprennent en effet deux cylindres complets, de volume très-différent, dont l'un, le plus grand, sert en quelque sorte de milieu d'échappement au plus petit, duquel il reçoit la vapeur et recueille la puissance qu'elle est encore capable de développer après avoir agi dans celui-ci à pleine pression.

Ce système a été imaginé en vue de la meilleure réalisation du principe d'expansion ou de *détente*, car c'est exactement l'effet produit par l'action de la vapeur en passant du cylindre de moindre dimension dans celui du volume le plus considérable. Nous devons dire que ce procédé, pour faire travailler la vapeur avec détente, est de beaucoup préférable à celui d'un seul cylindre. La raison en est bien facile à saisir : en effet, remarquons que, dans ce dernier cas, la puissance éprouve, comme nous l'avons déjà dit, des variations très-sensibles, du commencement à la fin de la course du piston, et conduit d'abord à donner aux divers organes de la transmission des dimensions relativement plus fortes, et ensuite donne lieu à une irrégularité de vitesse qui peut être à peine atténuée au moyen d'un volant très-puissant.

Par l'emploi de deux cylindres dont les pistons fonctionnent simultanément avec des pressions différentes, l'irrégularité des efforts n'est sans doute pas évitée complétement, mais elle est beaucoup moindre, et il est alors plus facile de produire sans inconvénient des détentes très-prolongées, condition importante pour économiser le combustible.

Cette magnifique invention de la machine à deux cylindres a été proposée dès 1781 par un ingénieur anglais, Hornblower (*Hist.*, t. 1er, p. 106), réalisée en 1804 par Woolf, qui y a attaché son nom, et perfectionnée plus tard en France par Edwards, dont les dispositions particulières sont généralement conservées aujourd'hui par la plupart des mécaniciens qui construisent ce genre de moteurs, et que dans bien des localités on préfère encore à tout autre, malgré son prix plus élevé. Partout en effet où l'on a besoin d'une puissance constante, considérable, qui, en même temps, doit être produite économiquement, tout en satisfaisant au coup d'œil, on adopte la machine à deux cylindres, à balancier, désignée le plus souvent sous le nom de *machine de Woolf*.

Avant de montrer des exemples des plus récents spécimens de ce système, nous allons essayer d'en expliquer, en peu de mots, les fonctions générales.

Pour rendre plus sensibles aux yeux les mouvements de la vapeur dans les machines à deux cylindres, nous sommes obligé de supposer, ce qui n'a pas lieu en pratique, que le canal d'échappement du petit cylindre *le contourne* et vienne aboutir directement à la boîte de distribution du grand.

Soit A (fig. 90), le premier cylindre dans lequel la vapeur arrivant du générateur y fait jouer le piston sous les mêmes conditions que pour une machine dans laquelle ce cylindre fonctionnerait isolément, que cette vapeur soit d'ailleurs admise à pleine pression pendant la course entière, ou qu'elle éprouve un commencement de détente; ceci peut avoir lieu, comme on sait, soit au moyen d'un système ordinaire de distribution séparée et disposée à cet effet, lorsqu'on veut rendre la détente variable, soit par le recouvrement des bandes du tiroir, quand on se contente d'une détente fixe.

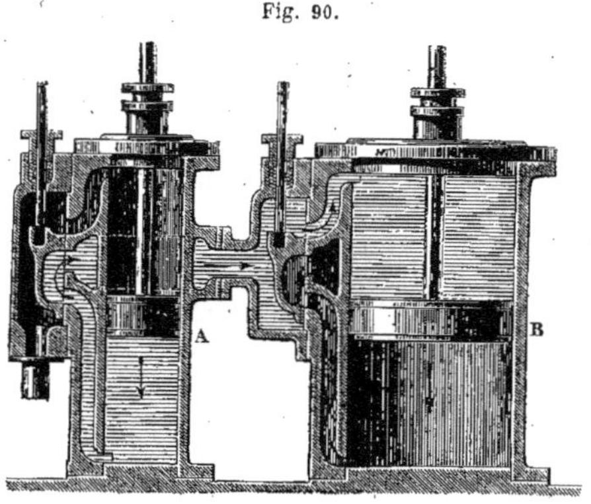

Fig. 90.

La course du piston achevée, dans un sens ou dans l'autre, la vapeur, au lieu de s'échapper dans l'atmosphère ou dans un condenseur, parvient à la boîte de distribution d'un second cylindre B, d'une plus grande capacité que le premier A, et exerce sa pression simultanément contre les deux pistons, celui qu'elle semble fuir et celui qu'elle vient pousser.

Les deux pistons étant reliés au même mécanisme, comme on le verra plus loin, accomplissent leurs courses simultanément, de telle sorte que toute la vapeur du petit cylindre passe dans le grand. Par conséquent, en admettant d'abord, pour plus de simplicité, que la vapeur ait été admise à pleine pression pendant la course entière du petit piston, on dira qu'elle s'est détendue *dans le rapport des volumes engendrés par les deux pistons,* et que ce rapport marque le degré de détente auquel la vapeur a été employée.

A la pulsation suivante, ce même effet se produit, mais en sens inverse; la vapeur dont on vient de suivre la marche s'échappe alors du grand cylindre et se rend dans un condenseur, suivant les conditions ordinaires.

Sur la figure, les deux pistons sont supposés *descendre*; la vapeur du générateur arrive *au-dessus* du petit piston, tandis que celle du dessous, et qui l'avait élevé au coup précédent, passe *du dessous du petit piston au-dessus du grand;* la partie inférieure du cylindre B est en ce moment en communication avec le condenseur dans lequel se précipite la vapeur qui avait élevé le grand piston, en passant *du dessus* du petit piston au-dessous du grand.

C'est ici le moment de faire une observation sur les directions différentes qui peuvent être données à la vapeur se rendant d'un cylindre à l'autre.

Dans la plupart des machines à deux cylindres, surtout celles à balancier, les deux pistons *marchent dans le même sens.* Les passages de vapeur doivent alors être *croisés*, c'est-à-dire que la vapeur passe *du dessous* du petit piston sur *le dessus* du grand, *et vice versa.*

Mais, pour des motifs que nous ferons connaître, on construit des machines dans lesquelles les pistons ont une marche *croisée :* les passages de vapeur sont alors *directs*, c'est-à-dire qu'en sortant du petit cylindre, par l'une ou l'autre de ses extrémités, elle passe directement dans le bout correspondant du grand cylindre.

Ces divergences n'ayant aucun effet, quant au principe en lui-même, il n'y a pas lieu d'en tenir compte dans l'examen du travail théorique produit, qui est le même dans les deux cas. On pourrait aussi considérer que les courses ou les superficies des deux pistons peuvent être égales ou inégales; mais il suffira de nous arrêter, quant à présent, à ce point essentiel :

Qu'ils doivent engendrer des volumes différents.

Il est intéressant de mettre en évidence ce fait de la parfaite égalité entre le travail développé par un même volume de vapeur, que l'on fasse usage, pour obtenir le même degré de détente, d'une machine à un seul cylindre ou d'une machine à deux cylindres. Nous prendrons, pour le démontrer, un moyen très-simple indiqué par M. Poncelet dans son excellent *Traité de mécanique élémentaire.*

Nous avons montré plusieurs fois que la quantité absolue de travail, engendrée par un certain volume de vapeur qui se détend, est mesurée par l'augmentation de volume qu'on lui fait acquérir, et par la pression initiale, celle possédée par la vapeur avant la détente. Ceci étant exact pour l'augmentation totale de volume et pour la quantité totale de travail, ne l'est pas moins pour chaque augmentation partielle de volume, qui développe une quantité partielle de travail dont la mesure serait encore cette augmentation de volume, et la pression moyenne au moment où elle a lieu.

Soient alors les deux cylindres A et B, fig. 91, dans lesquels nous considérons les deux pistons pour examiner ce qui se passe, lorsqu'ils s'avancent simultanément d'une certaine quantité.

Si l'on prend un instant où la vapeur est confinée dans les espaces C et D, et qu'en passant de C en D les pistons s'avancent chacun respectivement de quantités infiniment petites h et h', la vapeur développe, dans le même temps, sur le grand piston une certaine quantité de travail, laquelle doit être diminuée de celle engendrée, comme résistance, pour avoir l'expression du travail réellement utilisable : le travail développé dans les deux cas a évidemment pour valeur le produit de la superficie du piston par son avancement et par la pression de la vapeur, qui est la même dans chaque moment de la détente pour les deux cylindres, puisqu'ils communiquent exactement entre eux.

Appelant alors :

S la superficie du grand piston ;
h' l'étendue rectiligne de son mouvement ;
s la superficie du petit piston ;
h l'étendue rectiligne de son mouvement ;
p la pression commune et moyenne, par unité de surface, pendant cet avancement infiniment petit des deux pistons ;

la quantité de travail développée, pendant cet avancement des deux pistons, a pour valeur :

$$(p \times S \times h') - (p \times s \times h) = p\,(S\,h' - sh)$$

Fig. 91.

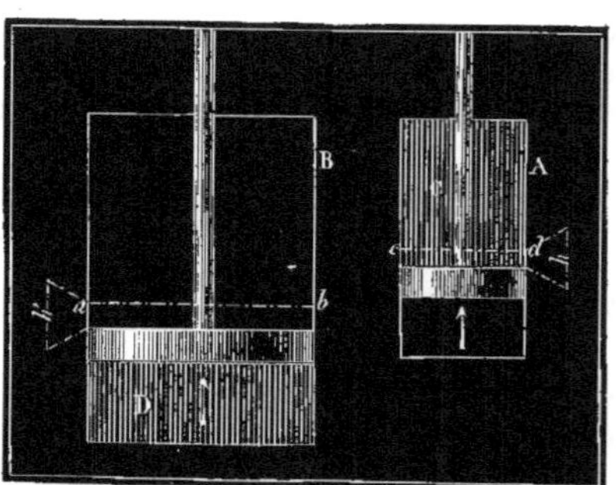

Or, le facteur $S\,h' = sh$ exprime précisément l'accroissement du volume de la vapeur au moment considéré ; par conséquent, chaque quantité partielle de travail développée par la vapeur est bien proportionnelle à son accroissement partiel de volume, ce qu'on s'est proposé de démontrer.

Donc, que l'on fasse usage de deux cylindres ou d'un seul, la quantité de travail sera la même *lorsqu'on aura fait subir à la vapeur un même accroissement de volume*, la pression initiale étant, bien entendu, la même dans les deux cas.

Ceci, comme on peut le remarquer très-bien, est indépendant des courses ou des diamètres des deux pistons qui peuvent être égaux ou différents, pourvu que les volumes engendrés produisent finalement une augmentation du volume de vapeur échappé.

Sans entrer pour l'instant dans de plus longs développements, on peut résumer ainsi les dimensions des cylindres pour une machine de Woolf, en les comparant à celui d'une machine simple d'un même effet final :

Le volume engendré par le grand piston est égal à celui de la machine simple;

Le volume engendré par le petit piston est égal à celui de la vapeur avant la détente, si celle-ci s'effectue complétement dans le grand cylindre.

En d'autres termes, le rapport des volumes engendrés par les deux pistons n'est autre chose que le degré de détente adopté, si cette détente ne doit pas commencer dans le premier cylindre; dans ce dernier cas, le rapport de ces deux volumes devient le quotient du chiffre de la détente totale divisé par l'accroissement initial dans le premier cylindre, mais le volume du grand cylindre est INVARIABLE, que la détente s'y effectue complétement ou qu'elle commence dans le petit cylindre, lequel supporte exclusivement la modification résultant de cette dernière condition.

On peut encore examiner les effets qui résultent de la contre-pression suivant l'emploi d'un ou de deux cylindres.

A valeur égale, la contre-pression fait naître un travail résistant mesuré par le volume engendré par le piston contre lequel elle agit. Or, puisque le grand piston d'une machine à deux cylindres engendre précisément le même volume total que celui d'une machine à un seul cylindre, capable du même degré de détente, la contre-pression s'exerçant sur l'un ou sur l'autre engendre la même quantité de travail résistant.

Le calcul des machines à deux cylindres a, par conséquent, la plus parfaite similitude avec celui des machines à détente ordinaires à un seul cylindre, et ne présente aucune difficulté. On en verra plus loin de nombreux exemples en lisant la description des machines mêmes, et les notions relatives aux proportions générales des machines à vapeur.

Plusieurs contrées manufacturières de la France, et notamment la Normandie, le Nord et l'Alsace, ont généralement adopté les machines à vapeur à deux cylindres de préférence aux autres systèmes, malgré leur prix de revient plus élevé. Cela s'explique surtout par le grand nombre d'établissements qui ont besoin d'une puissance constante, régulière, telles que les filatures, les tissages mécaniques, les impressions sur étoffes, etc. Aussi, dans chacune de ces régions industrielles, des constructeurs spéciaux se sont adonnés à ce genre de machines, et y ont acquis une réputation justement méritée.

Il nous suffirait de citer, à ce sujet, les maisons de MM. Powell, Scott, Windsor, Lacroix, Houdouart, etc., de Rouen; celles de M. Nillus, du Havre, de M. Boyer, à Lille; les maisons de MM. Kœchlin et Cᵉ, de Mulhouse, Stehelin et Cᵉ, à Bitschwiller, etc.; celle de MM. Farcot, à Paris, et beaucoup d'autres qui, quoique moins anciennes, se distinguent également par les soins qu'elles apportent dans la construction.

Nous nous plaisons à constater que si pendant longtemps on avait des tendances à aller en Angleterre pour y faire choix d'un moteur à vapeur, que l'on croyait établi dans de meilleures conditions que partout ailleurs, il n'en est plus de même aujourd'hui, car on reconnaît maintenant que nos mécaniciens ne le cèdent en rien à leurs concurrents anglais, soit sur le rapport de l'exécution, soit sous le rapport du prix de revient et surtout de la consommation du combustible.

Nous ajouterons même que, sous ce dernier point de vue, les machines françaises sont, en général, supérieures aux machines anglaises. Le charbon nous revenant, en effet, beaucoup plus cher que chez nos voisins, nos constructeurs ont dû s'appliquer constamment à rechercher les procédés les plus propres à réduire la consommation. Toutes leurs études, tous leurs perfectionnements se sont portés vers ce but.

L'illustre Watt lui-même serait sans doute bien surpris de voir actuellement des machines qui consomment à peine le quart du combustible que l'on brûlait de son temps pour la même force obtenue.

MACHINES ACCOUPLÉES A DEUX CYLINDRES ET A BALANCIER

(DU SYSTÈME DE WOOLF)

Construite par M. T. POWELL, à Rouen

(PLANCHE 28)

La première machine que nous donnons comme modèle du système de Woolf est l'une des deux machines jumelles exécutées tout récemment, pour la nouvelle et grande filature de coton de M. Levavasseur, par M. Th. Powell, ancien associé de la maison Hall, Powell et Scott, de Rouen.

Ces deux machines, d'une force collective nominale de 140 chevaux-vapeur, sont remarquables par la simplicité de leur construction, relativement à leur système propre; leur arbre de couche commun porte un volant énergique dont la jante forme un engrenage qui transmet directement leur puissance réunie. Ce dernier mode de transmission, qui commence à se répandre généralement, offre le double avantage de supprimer une paire de roues ou *un harnais*, et de diminuer peut-être les chances d'accidents par le volant qui ressent ainsi plus directement les variations de résistances entre le moteur et les mécanismes commandés, sans les faire supporter aussi fortement à l'arbre sur lequel il est monté.

La détente est opérée presque exclusivement par le grand cylindre, car il n'y a qu'un léger commencement d'expansion dans le petit cylindre au moyen d'un tiroir à recouvrement.

ENSEMBLE DE LA CONSTRUCTION

(FIG. 1 ET 2, PL. 28)

La disposition générale de cette machine a la plus complète analogie avec la première à balancier à un seul cylindre, dont nous avons montré précédemment un spécimen. L'ensemble de son montage consiste de même dans l'application d'un entablement en fonte élevé sur deux colonnes qui reposent elles-mêmes sur un massif en maçonnerie. Ce dernier est séparé en deux parties pour laisser passer le volant qui se trouve entre les deux machines semblables; l'arbre moteur qui le porte est placé un peu en contre-bas, afin de conserver aux bielles une longueur convenable sans exagérer la hauteur des colonnes-supports et la longueur des tiges de piston.

La fig. 1 de la pl. 28, qui représente l'une des machines de face et vue en éléva-tion, est une coupe faite entre les deux machines, et en arrière du volant qui n'est indiqué qu'en lignes ponctuées pour ne pas masquer des parties essentielles du mécanisme; il était, du reste, supprimé de fait, attendu que la coupe s'avance jus-qu'au massif même pour laisser voir la condensation.

La fig. 2 est une vue extérieure de bout de la même machine, regardée du côté des cylindres. Par cette similitude de forme qui existe entre les machines à balan-cier à un seul ou à deux cylindres, nous pouvons nous attacher exclusivement à ce caractère distinctif de celle-ci.

Les deux cylindres A et B, représentés en détail (fig. 1 à 4, pl. 29), sont montés l'un près de l'autre dans une enveloppe en fonte A' qui repose directement sur une plaque de fondation, la même qui reçoit aussi les deux colonnes C. Contrairement à ce que l'on a vu précédemment pour d'autres machines, les deux cylindres sont fondus avec leurs canaux de distribution qui viennent se terminer extérieurement sur une partie dressée. Cette dernière, à l'aide d'un ajustement qui sera complète-ment décrit plus loin, vient aboutir hors de l'enveloppe pour recevoir une tête E' ou F' formant le prolongement des canaux et terminée par la table sur laquelle glisse le tiroir. Cette table reçoit, comme à l'ordinaire, la boîte à vapeur D pour le petit cylindre, et celle D' pour le grand. Les deux tables de distribution, comme est boîtes à vapeur, sont semblables et correspondantes quant à leurs dimensions ver-ticales, afin que les deux tiroirs aient une même course et soient commandés simul-tanément par le même mécanisme.

Les deux têtes de canaux rapportées semblent être supportées par deux colonnes en fonte E et F, qui ont réellement une autre fonction. La première E, appartenant au petit cylindre, forme un conduit dans une partie de sa hauteur pour faire commu-niquer la boîte à vapeur D avec l'intérieur de l'enveloppe qui reçoit directement la vapeur du générateur. L'autre colonne F est le commencement du conduit d'échap-pement G qui dirige la vapeur sortie du grand cylindre au condenseur H.

Les tiges des deux tiroirs qui sont, comme nous venons de le dire, symétriques dans le sens vertical, sont attachées à une traverse supérieure en fer a, qui constitue la tête d'un châssis composé de deux tringles verticales b et d'une autre traverse inférieure c. Celle-ci est clavetée avec un bout de tige verticale faisant partie d'un cadre d, à l'intérieur duquel se meut la camme curviligne e, dont les fonctions ont été complétement démontrées en parlant des mécanismes de distribution (t. 1er, p. 374).

Cette camme est montée à l'extrémité d'un axe horizontal f, qui reçoit de l'arbre moteur, au moyen de la paire de roues d'angle g, un mouvement de rotation con-tinu, lequel donne au cadre d un mouvement rectiligne alternatif qui est transmis aux deux tiroirs par le châssis vertical *a b c;* les côtés *b* de ce dernier sont d'ailleurs maintenus dans leur déplacement par des guides ménagés à la plaque de fondation et par deux paliers *h*, à chapeaux mobiles, disposés à la partie supérieure des boîtes de distribution.

Il est indispensable de donner à la traverse *a* une grande résistance, en ce sens que les efforts qu'elle supporte s'exercent à ses extrémités, tandis qu'elle est prise vers le milieu de sa longueur par les tringles qui la commandent. Il est également important d'estimer la résistance que chacun des deux tiroirs oppose, afin d'observer une espèce d'équilibre entre les deux résistances par rapport au point où l'effort s'exerce, effort qui a évidemment pour centre d'action le milieu de la distance entre les deux côtés *b*. La position de ce centre est à inégale distance des extrémités de la traverse *a*, qui forme un levier dont le plus grand bras est situé du côté du grand tiroir. Il faut donc que ce dernier oppose une résistance moindre que l'autre, malgré sa plus grande surface et son poids plus considérable; ceci doit être en effet, puisqu'il n'est pressé que par la vapeur dont la pression décroît depuis le commencement jusqu'à la fin de la course.

En suivant la marche de la vapeur, comme si elle venait seulement d'être admise dans la machine, on reconnaît qu'elle arrive du générateur et pénètre directement dans l'intervalle existant entre l'enveloppe et les deux cylindres. De l'enveloppe, elle pénètre dans la boîte de distribution D du petit cylindre, en traversant un conduit à robinet placé entre l'enveloppe et la colonne E, laquelle communique par son intérieur avec la boîte D.

La vapeur est donc distribuée dans le petit cylindre telle que la chaudière la fournit; ce n'est qu'au moment de l'échappement que se présente la première particularité du mécanisme.

Après avoir terminé son action sur le petit piston, la vapeur s'échappe par l'intérieur du tiroir qui est mis en rapport avec une tubulure latérale, laquelle, dans une machine à un seul cylindre, serait mise en communication, par un conduit, avec l'atmosphère ou avec un condenseur, suivant le cas. Mais ici cette tubulure est jointe à un canal I qui vient se relier directement avec la partie supérieure de la boîte D', du grand cylindre, et se termine intérieurement par un orifice disposé au-dessus de l'espace parcouru par le grand tiroir, qui le maintient toujours découvert.

Par conséquent, la vapeur échappée du petit cylindre passe dans la boîte du grand, et s'y trouve distribuée de la même façon que dans le premier; les deux tiroirs semblables et marchant ensemble, il est clair que les admissions sont symétriques, que la vapeur échappée de la partie inférieure du petit cylindre pénètre directement à la partie supérieure du grand, *et vice versa.*

Maintenant cette vapeur, qui du petit cylindre est passée entièrement dans le grand, s'en échappe au retour du piston; cette fonction se fait, comme à l'ordinaire, par l'intérieur du tiroir et l'orifice central qui, par une bifurcation latérale, communique avec la colonne F et, par suite, avec le condenseur.

Telles sont, dans leur plus simple exposé, les fonctions générales de la distribution disposée pour une machine à double cylindre, et que l'examen des figures de détail rendra complétement intelligible. Nous aurons l'occasion de décrire des systèmes bien différents; celui-ci est sans contredit l'un des plus simples, et reproduit, presque entièrement conservé, le mode de construction adopté par l'habile ingénieur Edwards, lorsqu'il perfectionna le système de Woolf.

Les deux machines jumelles établies à la Monnaie de Paris, et construites, il y a une quinzaine d'années, par M. Moulfarine, sont également disposées sur ce système, quant à la distribution, comme on peut le voir dans le viie volume de la *Publication industrielle*; mais la machine de M. Powell offre cette particularité, qui peut être regardée comme un véritable perfectionnement, que le passage de la vapeur d'une boîte à l'autre s'effectue par un conduit indépendant des couvercles, ce qui permet la visite des tiroirs sans autre démontage.

Nous montrerons plus loin que ces machines ont donné d'excellents résultats d'utilisation de combustible. Cependant on a reproché aux distributions semblables de présenter trop d'espace perdu là où la vapeur devrait, pour ainsi dire, pouvoir s'écouler d'un cylindre dans l'autre sans vides intermédiaires. C'est en vue de réaliser ce problème, autant que possible, que de nombreux systèmes ont été proposés. C'est un point dont il nous semblait nécessaire de prendre note en passant, et avant d'arriver à décrire ces modifications.

La liaison des deux tiges i et i', des pistons à vapeur avec le balancier J, s'effectue au moyen d'un parallélogramme disposé comme celui qui a été complétement expliqué (p. 9). Ce mécanisme comprend, en effet, trois paires de liens j, k et l, réunis chacun par une traverse pour la suspension des tiges de pistons moteurs, et pour celle m de la pompe a air, aux points de leur longueur qui jouissent de la propriété de marcher en ligne droite.

Le condenseur H est du système dit *à corps concentriques*, ou encore de Maudslay, qui a été décrit dans le i^{er} volume. On remarque sur la figure d'ensemble, pl. 28, le robinet d'injection n, dont la tige de commande n' s'élève au-dessus de la plaque de fondation, et passe à l'intérieur d'une petite colonne o au-dessus de laquelle se trouve le cadran indicateur du degré d'ouverture.

La pompe alimentaire K, dont le piston est mû par le balancier, au moyen de la bielle p, est posée sur une console en fonte p' fixée contre la maçonnerie, beaucoup au-dessous du sol des cylindres.

Les deux machines jumelles sont mises en rapport simultanément avec un régulateur à force centrifuge L, installé sur un support spécial M, en forme de colonne, et posé dans l'axe du volant. L'axe q du régulateur, d'abord maintenu à sa partie supérieure par une console r, traverse la colonne M, et porte à son extrémité inférieure une petite roue d'angle s commandée par une autre semblable s', qui appartient à un petit axe horizontal t; celui-ci reçoit de même son mouvement de l'un des deux arbres f de distribution, au moyen de deux roues d'angle i'.

La relation entre le régulateur et les distributions sera expliquée plus loin en examinant en détail les principaux organes; les fig. 1 et 2 permettent néanmoins d'apercevoir que ce régulateur agit sur le robinet d'introduction même placé derrière la colonne E, correspondant au petit cylindre.

DÉTAILS DE CONSTRUCTION.

(FIG. 1 A 4, PL. 29.)

CYLINDRES, ENVELOPPE ET DISTRIBUTION. — La fig. 1 (pl. 29), est une élévation extérieure des deux cylindres, les boîtes de distribution enlevées;

La fig. 2 est une projection horizontale exactement correspondante, mais arrêtée sur l'axe des cylindres, et faisant voir particulièrement la partie de la distribution;

Les fig. 3 et 4 sont des coupes transversales faites sur l'axe de chacun des deux cylindres et de leur distribution.

L'enveloppe en fonte A', qui doit recevoir les deux cylindres, présente, en section horizontale, la forme de deux cercles qui s'interceptent et se raccordent extérieurement par des angles arrondis. Ces deux cercles sont complets à la partie supérieure, à cause des rebords, ou repos, ménagés pour recevoir les cylindres; mais à une distance convenable, au-dessous de ces rebords, la forme extérieure règne à l'intérieur, et les deux parties de l'enveloppe sont en libre communication.

Les deux cylindres sont ajustés dans l'enveloppe au moyen de rebords tournés, pour les supporter, et d'un joint conique au mastic de fonte. Ils sont fermés à leur partie supérieure par des couvercles de forme ordinaire, mais qui ne présentent pas un cercle complet, et qui s'interceptent en ligne droite au milieu de la distance de leurs cordons extérieurs. On est forcément conduit à cela pour ne pas écarter davantage les cylindres, ce qui aurait le double inconvénient de trop allonger le balancier et d'augmenter le volume intérieur de l'enveloppe ainsi que les dimensions du mécanisme des tiroirs.

Cette disposition est commune à bien des machines, mais ce qui mérite ici l'attention, c'est le mode employé pour faire aboutir au dehors la partie qui porte l'ouverture des canaux de distribution. Comme cette disposition est la même pour les deux cylindres, nous choisirons l'un quelconque des deux, le petit, par exemple, pour les décrire.

Les canaux a' et a^2 de ce cylindre viennent déboucher à la partie supérieure dans une masse de forme rectangulaire, dont la face est dressée parallèlement à l'axe du cylindre. Dans la partie correspondante de l'enveloppe, il a été ménagé une ouverture de même forme dans laquelle cette masse vient s'ajuster, et affleurer l'enveloppe par sa face dressée. Cette ouverture n'a évidemment que trois côtés, puisque le cylindre doit être mis à sa place en l'y introduisant par la partie supérieure; alors, dans la crainte qu'elle ne s'ouvre latéralement, soit par les effets de la dilatation, soit par tous les efforts du masticage, on passe à travers l'ensemble un boulon b', dont on voit la section (fig. 3 et 4), et qui se présente dans un vide ménagé à la fonte entre les deux canaux.

Une sorte de rainure ayant été ménagée sur les trois côtés de cet ajustement, on peut y bourrer du mastic de fonte qui établit la fermeture exacte de l'intérieur de l'enveloppe. Ce joint est complétement dissimulé sur la face par la pièce E' qui vient s'y appuyer par une partie dressée correspondant à celle du cylindre, et que l'on y fixe par des boulons.

Cette partie E′, désignée sous le nom de *tête*, est traversée par le prolongement des canaux a' et a^2 qui se terminent par la table du tiroir O; si ce n'était à cause des grandes dimensions générales, elle pourrait être fondue de la même pièce que le cylindre, comme nous en montrerons un exemple. Elle doit, d'ailleurs, posséder une saillie suffisante pour isoler le mécanisme de commande des tiroirs et, de toute façon, compenser la différence de diamètre des deux cylindres. Cette tête E′ est fondue avec une tubulure qui se raccorde avec la colonne E, par laquelle la vapeur est amenée de l'enveloppe, et peut alors s'introduire dans la boîte D par un orifice c' percé sur la même face que ceux de distribution. L'orifice central d' débouche extérieurement à l'endroit du conduit I qui communique avec la boîte à vapeur du grand cylindre.

La boîte à vapeur D est simplement boulonnée sur la face de la tête E′, et la partie supérieure, qui lui forme couvercle, est munie d'un stuffingbox pour la tige du tiroir.

La relation entre l'intérieur de l'enveloppe et la colonne E est établie par un robinet P, dont l'une des branches est coudée, et l'autre droite et ajustée sur un bout de conduit P′ qui se joint aussi par un coude à l'enveloppe. Ce robinet, qui doit être d'une grande dimension, est formé d'un boisseau à clef conique retenue par une bride plate boulonnée : les fig. 1 des pl. 28 et 29, laissent voir une longue manette u, au moyen de laquelle on règle son ouverture pour mettre en train ou arrêter la machine. Mais il existe ici une particularité qu'il est bon de noter.

La clef de ce robinet est creuse, et forme boisseau elle-même à une clef intérieure ajustée légèrement, qui constitue précisément le papillon mis en rapport avec le régulateur. A cet effet, la tige de cette clef intérieure passe au travers de celle qui porte la manette u, et se relie par un petit levier v (fig. 1, pl. 28) à une tige verticale v', laquelle est rattachée à un plus grand levier x, dont l'axe x^3 est porté sur des consoles x', et passe d'une machine à l'autre; cet axe est muni d'un autre levier x^2, dont l'extrémité est fourchue et engagée directement sur le manchon mobile du régulateur L. Par conséquent, les mouvements de cet organe sont répercutés simultanément sur les deux machines, condition essentielle à cause de leur accouplement.

Après avoir examiné la construction du petit cylindre, et son appareil de distribution, il sera facile de comprendre ce qui concerne le grand qui n'en diffère que par quelques points.

La tête rapportée F′ possède également une tubulure de raccord avec la colonne F qui, cette fois, communique avec le condenseur. Il faut alors que cette tubulure corresponde elle-même avec l'orifice central d'échappement d^2; voici comment ceci a lieu dans cette machine, ainsi que dans celles d'Edwards et de M. Moulfarine;

A l'aide de la fig. 1re de la pl. 29, on reconnaît, par une indication en lignes ponctuées, que l'orifice central se bifurque et forme deux canaux latéraux qui enveloppent l'orifice d'admission inférieur, et viennent se réunir précisément sous la forme de la tubulure qui s'appuie directement sur la colonne F. C'est ainsi que l'on parvient à éviter tout conduit extérieur, tout en régularisant l'aspect de ces pièces, dont la structure intérieure est si accidentée.

Maintenant, la pièce F' est munie à sa partie supérieure d'un conduit cylindrique I' pour l'introduction de la vapeur issue du premier cylindre, et qui lui est fournie par le tuyau I, dont l'autre extrémité correspond à son échappement, ainsi qu'on l'a vu ; le canal I' est alors percé d'un orifice e' qui débouche dans la boîte D', au-dessus des orifices de distribution.

Les deux tiroirs ont nécessairement la même course, puisqu'ils sont solidaires d'un même mécanisme marchant parallèlement; mais il ne s'ensuit pas pour cela qu'ils soient de même dimension, ni que les orifices correspondants aient une même largeur.

Bien qu'aucune différence sensible ne soit indiquée sur la planche, on doit considérer les orifices du petit cylindre comme un peu moins hauts que ceux du grand, de façon que le tiroir ayant *du recouvrement*, produise une courte détente, commençant vers le dernier cinquième de la course du petit piston; c'est une rectification qui n'offrira aucune difficulté.

En jetant les yeux sur les figures d'ensemble, pl. 28, on remarquera que tout le mécanisme des tiroirs est équilibré, dans son mouvement, au moyen d'un levier à contre-poids y, dont l'extrémité est engagée dans la partie inférieure du cadre de l'excentrique. On équilibre généralement les tiroirs qui se meuvent verticalement, mais on comprend de suite que cela est indispensable dans la forte machine qui nous occupe, tant à cause des grandes dimensions de toutes les pièces, que de la délicatesse relative de la camme curviligne e. D'après les dimensions de ce contre-poids et sa position sur le levier, on peut estimer qu'il exerce sur l'axe du châssis des tiroirs un effort qui n'est pas moindre de 600 kilogrammes.

Ensemble du montage. — Le balancier J est du système de construction simple adopté maintenant, pour ainsi dire, de préférence à celui dont nous avons montré des exemples, et dans lequel les tourillons extrêmes font partie d'un anneau fixé au moyen d'un boulon ajusté longitudinalement dans le balancier. Ici ces tourillons sont simplement formés d'un bout d'axe ajusté transversalement, comme l'axe central par lequel le balancier oscille. Toute la question, en employant ce mode de construction, se résume à donner aux mamelons extrêmes une force suffisante, à les percer avec une grande précision, et à installer l'ensemble de la machine de façon à ne pas éprouver de dénivellements.

La bielle motrice Q possède la structure adoptée pour toutes les machines à balancier; elle est formée d'un noyau cylindrique accompagné de quatre nervures galbées. La double tête, à la partie supérieure, offre cette bonne condition que la bride qui relient les coussinets est complétement fermée, et, en constituant une frette à la branche de la fourche, évite l'emploi d'une clef à talons.

La manivelle R et l'arbre de couche S sont en fer forgé et d'une grande résistance, du reste comme toutes les pièces de la transmission, qui sont faites pour correspondre à une puissance supérieure à celle nominale de la machine : il n'est pas rare de voir, dans les environs de Rouen et ailleurs, une machine marcher à une force au moins double de celle pour laquelle elle a été livrée.

Le volant T, monté sur cet arbre, est un des beaux spécimens de la construction moderne. C'est une vaste roue d'engrenage, à denture de fonte, de 8 mètres de diamètre au cercle primitif, formée d'une jante en douze parties qui correspondent à un même nombre de bras fondus à part et réunis sur un plateau central au moyen de boulons. En donnant les conditions de marche des deux machines, nous examinerons aussi celles du volant.

Le balancier est soutenu par un entablement en fonte U qui forme un cadre dont les traverses sont scellées dans les murs environnants; les deux colonnes C lui forment un point d'appui direct sous les supports du balancier. Mais pour assurer sa rigidité par rapport aux cylindres, à cause du parallélogramme, il est relié à une colonnette en fonte z dont la base s'appuie sur une oreille à console venue de fonte avec le grand cylindre, en affleurement avec sa bride supérieure.

La construction de ces deux machines est aussi soignée, quant aux détails essentiels, que par les proportions générales de l'ensemble qui en rendent l'aspect agréable. Il est aisé de se figurer le coup d'œil grandiose qu'elles doivent présenter marchant l'une près de l'autre, dans le même local, avec cette régularité grave des grandes machines à balancier.

DIMENSIONS ET CONDITIONS DE MARCHE.

Nous allons donner les dimensions principales de ces belles machines, et examiner les conditions de marche de chacune d'elles, sous le double point de vue de la méthode que nous avons suivie jusqu'ici pour les machines à un seul cylindre, et du système particulier des deux cylindres, qui fait l'objet de l'étude actuelle.

Puissance nominale en chevaux-vapeur............	70
Vitesse par minute ou nombre de tours de l'arbre...	22
Pression de la vapeur dans la chaudière...........	$2^{at.}$ 5
Diamètre du petit piston......................	0^m 500
Superficie correspondante.....................	$19^{d.q.}$ 63
Course du dit..............................	1^m 500
Volume engendré pour un coup simple...........	$294^{d.c.}$ 480
Diamètre du grand piston.....................	0^m 968
Superficie correspondante.....................	$73^{d.q.}$ 594
Course de ce piston.........................	2^m 000
Volume engendré pour un coup simple...........	$1471^{d.c.}$ 878
Rapport des volumes engendrés par les deux pistons.	5
Diamètre moyen de la jante du volant...........	7^m 500
Vitesse moyenne de la jante du volant par seconde...	8^m 639

Diamètre mesuré au cercle primitif de la denture...   8^m 000
Vitesse de cette denture par seconde.............   9^m 214
Largeur de la denture..........................   0^m 375
Poids de la jante.............................. 12000 kil.

CALCUL DE LA PUISSANCE THÉORIQUE. — Puisqu'il est bien établi que le travail de la vapeur avec détente est exactement le même, que la détente se produise par un seul cylindre ou par deux, il est facile de rechercher la puissance théorique de la machine dont il est question; nous ferons usage, à cet effet, de la règle générale établie (t. 1er, p. 333) pour le cas ordinaire d'une machine à détente.

Le degré d'expansion dans la machine actuelle serait le rapport 5, existant entre les volumes engendrés par les deux pistons, si la vapeur était admise à pleine pression dans le premier cylindre, pendant la course complète de son piston. Mais comme il y existe un commencement de détente, dans le dernier cinquième de la course, le degré de détente totale a évidemment pour valeur :

$$\frac{5}{4} \times 5 = 6{,}25.$$

Constituant alors toutes les données de la formule A. (t. 1er, p. 333) :

$$T = 2\,(dtp - 10333\,Dp'),$$

nous trouvons :

Volume admis à pleine pression................... $d = 0{,}8 \times 294 = 0^{\text{m.c.}}235$
Volume du grand cylindre (noté pour l'estimation du
   travail de la contre-pression).................. $D = 1^{\text{m.c.}}472$
Pression de la vapeur............................ $p = 2^{\text{at.}}\ 5$
Contre-pression................................. $p' = 0^{\text{at.}}\ 1$
Nombre de la table (t. 1er, p. 72) pour le degré de
   détente 6,25.................................. $t = 29270$

Introduisant ces données dans la formule précédente, il vient :

$$T = 2\,(0{,}235 \times 29270 \times 2{,}5 - 10333 \times 1{,}472 \times 0{,}1) = 31350 \text{ kilogrammètres.}$$

Ce chiffre correspond à la puissance d'une machine, pour un tour de l'arbre du volant; on a donc pour les deux machines et par 1″ :

$$2\left(\frac{31350 \times 22}{60 \times 75}\right) = 306 \text{ chevaux-vapeur.}$$

Ainsi les deux machines sont capables de produire un travail théorique de plus de 300 chevaux.

Cependant elles n'ont été livrées que pour une puissance nominale collective de 140 chevaux, à recueillir sur l'arbre du volant. Par conséquent, le constructeur, pour rester dans de larges limites, n'a supposé, comme effet utile, que :

$$\frac{140}{306} = 0{,}457.$$

M. Powell admet ce faible rendement pour compenser les différentes pertes résultant des résistances passives et de la différence de pression que les refroidissements produisent entre le premier cylindre et le générateur; cette dernière cause de perte est peut-être la plus influente, car en calculant le travail d'après la pression mesurée directement sur le cylindre, et en le comparant au travail réel relevé au moyen du frein de Prony sur l'arbre du volant, le rendement s'approche de 80 pour 100, c'est-à-dire que la machine est capable de rendre, par la perfection de son mécanisme, près de 80 pour 100 du travail réellement développé par la vapeur.

On constate, en effet, une certaine différence entre l'effet théorique de la vapeur et celui qu'elle développe réellement sur les pistons, et cela n'a rien qui doive surprendre, si l'on réfléchit qu'à part les causes de refroidissement dans les divers conduits qui l'amènent, il existe forcément d'un cylindre à l'autre des espaces nuisibles, dans lesquels la vapeur se détend et qu'elle occupe sans résultat utile.

Néanmoins cette perte d'effet utile ne s'élève pas au point d'abaisser le rendement total au chiffre admis par le constructeur, qui ne procède réellement ainsi que pour augmenter la garantie de celui auquel il livre la machine.

MACHINES A DEUX CYLINDRES DE DIFFÉRENTES DISPOSITIONS

CYLINDRES ET DISTRIBUTION D'UNE MACHINE DE WOOLF

Construite par **MM. SCHNEIDER** et **LEGRAND**, mécaniciens à Sedan.

(FIG. 5 A 8, PL. 29)

Tout en conservant la disposition générale inhérente au système à balancier, la construction des machines à deux cylindres présente des particularités assez différentes, et qui sont intéressantes à étudier.

L'exemple que nous montrons sur les fig. 5 à 8, pl. 29, se rapproche beaucoup, néanmoins, de celui qui vient d'être décrit : ce sont les deux cylindres d'une petite machine à balancier d'une puissance de 10 à 12 chevaux seulement.

La fig. 5 est une section verticale passant par l'axe commun des deux cylindres;

La fig. 6 est une coupe horizontale faite suivant la ligne 1-2 menée à la hauteur des orifices d'échappement;

Les fig. 7 et 8 sont des sections verticales faites respectivement sur le petit et le grand cylindre, suivant les lignes d'axe 3-4 et 5-6, des boîtes de distribution.

Comme précédemment, les cylindres A et B sont ajustés dans une enveloppe en fonte C d'une seule pièce; mais la petitesse relative de ces organes a permis d'adopter quelques dispositions particulières qui ne pourraient pas l'être avec des dimensions beaucoup plus considérables. On remarque en effet que les cylindres sont fondus avec les têtes D et E, qui se terminent par la table du tiroir sur laquelle vient aussi se fixer la boîte de distribution.

La jonction de chaque tête avec le vide ménagé à l'enveloppe se fait encore par un masticage ferrugineux; mais au lieu d'employer un boulon pour maintenir les lèvres de l'ouverture, on munit les têtes E et D de rebords *a*, à l'intérieur desquels on fait entrer une clavette que l'on introduit par la partie supérieure.

La vapeur arrivant du générateur est introduite directement dans la boîte F du petit cylindre par un conduit en forme de colonne qui se joint à la tubulure *b*, appartenant à cette boîte, laquelle ne possède pas de couvercle démontant.

La vapeur qui s'échappe du petit cylindre, et qui doit être distribuée au grand, rentre par l'orifice central *c*, lequel débouchant sur le côté de la boîte se trouve en rapport avec un tuyau 'H, dont l'extrémité opposée correspond à la boîte de distribution G du grand cylindre. Le mode employé par M. Powell, tout en compliquant un peu la pièce de fonte, est néanmoins préférable, en ce qu'il laisse libres les boîtes de distribution, que l'on peut démonter plus facilement. On pourrait faire cette objection que le peu de distance laissée entre les cylindres rend plus difficile l'ajustement du conduit H, ce qui est vrai; mais on cherche toujours à les rappro- cher le plus possible, autant pour diminuer le volume de l'enveloppe que pour ne pas allonger démesurément le balancier.

La distribution dans le grand cylindre se fait comme à l'ordinaire; l'échappe- ment au condenseur a lieu par l'orifice central *d* qui se divise en deux parties, les- quelles viennent se réunir en un seul orifice *d'*, de forme circulaire, qui correspond à l'ouverture d'une tubulure coudée *e*, fondue avec la boîte de distribution; cette tubulure s'adapte à un conduit qui établit la communication avec le condenseur.

L'enveloppe C est munie, à la partie inférieure, d'une bride *f* par laquelle elle est fixée sur la plaque de fondation; chaque partie du fond en regard des cylindres porte, pour la facilité du moulage, une ouverture fermée par un tampon *g* mas- tiqué. Les deux parties circulaires de l'enveloppe sont complètes, moins une ouver- ture *h* ménagée pour établir la circulation de la vapeur, qui s'y introduit par un petit conduit spécial piqué sur celui qui l'amène à la boîte de distribution du petit cylindre; il en résulte alors, entre les deux cylindres, une sorte de cloison qui pour- rait être en partie supprimée pour diminuer le poids de la pièce : elle est seulement nécessaire jusqu'à deux ou trois décimètres au-dessous du cordon sur lequel les cylindres reposent.

La partie du fond de l'enveloppe, située au-dessous du grand cylindre, traverse la plaque de fondation qui est ouverte circulairement en ce point; ceci n'a pas d'autre objet que de diminuer la hauteur générale de la machine, et souvent on pourra éviter d'affaiblir ainsi la plaque, dans laquelle il suffit de laisser un trou, de peu de diamètre, pour le passage du robinet de purge de l'enveloppe, dont la place est dans cette partie du fond.

CYLINDRES ET DISTRIBUTION D'UNE MACHINE DE WOOLF

Construite par **M. NILLUS**, du Havre

(FIG. 1 A 4, PL. 30)

M. Nillus a construit un très-beau système de machines à balancier, à deux cylindres, dont l'une pour faire mouvoir une partie de ses ateliers a été complétement représentée et décrite dans le tome VII de la *Publication industrielle*. Nous reproduisons la partie de cette machine qui nous intéresse particulièrement ici, c'est-à-dire les cylindres et la distribution avec le mécanisme de la commande.

Les fig. 1 et 2, pl. 30, représentent respectivement une section verticale du grand et du petit cylindre, faite par les lignes d'axe 1-2 et 3-4 des boîtes à vapeur;

La fig. 3 est une section horizontale suivant une ligne brisée 5-6-7-8-9-10, choisie de façon à mettre en évidence le passage de la vapeur du petit cylindre à la boîte de distribution du grand.

Cette machine, remarquable d'ailleurs par la construction bien raisonnée de toutes les pièces qui la composent, présente dans sa partie essentielle des dispositions dignes d'être examinées avec soin.

Déjà l'on distingue la distribution combinée de façon à supprimer tout conduit extérieur et à réduire les espaces perdus; ensuite on remarque l'un des tiroirs disposé pour distribuer par les arêtes intérieures de ses bandes, ce qui fait que la marche des deux tiroirs est *croisée* au lieu d'être parallèle et semblable, comme dans les dispositions précédentes.

Les deux cylindres A et B sont montés dans une chemise à double paroi C et C', présentant ainsi une capacité annulaire, indépendante, qui sert de conduit de communication au condenseur pour la vapeur d'échappement; l'espace compris entre la paroi intérieure C et les cylindres reçoit directement la vapeur de la chaudière d'où elle est ensuite distribuée au petit cylindre. Vis-à-vis de la distribution, les deux parois se réunissent et, laissant une ouverture rectangulaire à la partie supérieure, permettent l'ajustement du cylindre qui porte ses canaux, lesquels viennent déboucher dans une tête massive qui s'ajuste dans l'évidement de l'enveloppe. Les faces des têtes sont dressées pour recevoir les tiroirs de distribution et les boîtes à vapeur D et E qui les recouvrent.

Pour comprendre aisément tout ce qui suit, il faut surtout étudier avec soin la disposition du premier tiroir F, correspondant au petit cylindre.

Ce tiroir comprend deux vides intérieurs, l'un a, qui est un conduit ouvert des deux bouts, et l'autre b, une cavité analogue à celle d'un tiroir ordinaire. La vapeur venant de la chaudière pénètre d'abord, comme on l'a dit ci-dessus, dans le vide de l'enveloppe intérieure C, d'où elle peut librement affluer *dans le vide central c* ménagé au cylindre A, entre ses deux canaux de distribution d et d'.

Le tiroir F, en se mouvant, découvre les orifices d et d' par les arêtes intérieures de ses bandes, et les met alternativement en rapport avec celui central c; par conséquent, c'est *par l'intérieur du tiroir* que la vapeur pénètre dans le petit cylindre, et c'est là le premier point caractéristique de cette distribution.

Le jeu de ce tiroir amène successivement les ouvertures de son canal a vis-à-vis des mêmes orifices d et d', au moment qui correspond à l'échappement de la vapeur par l'un ou par l'autre; cette vapeur, issue du premier cylindre, passe par le canal a, et parvient à la boîte G du grand cylindre, par l'orifice e. Cet orifice est constamment découvert, attendu que, de ce côté, l'ouverture du canal a est très-élargie et ne le quitte jamais dans toute l'étendue de la course du tiroir; il constitue l'entrée d'un conduit, dont une partie e' est fondue avec la double enveloppe C C' et vient se raccorder avec une autre partie e'', ménagée au grand cylindre et débouchant dans la boîte G, sur la même table que les canaux de distribution f et f'.

De la boîte E le tiroir G distribue la vapeur au grand cylindre, suivant la méthode ordinaire, par les arêtes extérieures des bandes et par les canaux f et f'. La sortie de ce dernier cylindre s'effectue par l'orifice central g, qui, par un raccord convenablement disposé, est mis en relation exclusive et permanente avec le vide formé par l'intervalle des deux parois C et C', lequel est, comme nous l'avons dit, en communication constante avec le condenseur.

Lorsqu'un tiroir, comme celui F, distribue par son intérieur, la pression de la vapeur directe tendrait à le soulever, s'il n'était pas également pressé à revers : il faudrait alors le tenir appliqué sur sa table par un procédé mécanique quelconque. Celui-ci est presque équilibré, attendu qu'au moment du passage de la vapeur par le canal a, la pression, affaiblie il est vrai de plus en plus, s'exerce sur la paroi opposée au glissement, et qui est plus étendue que cette dernière. Cependant il faut admettre que dans un moment donné cette contre-pression devient insuffisante, et que le tiroir doit se soulever légèrement; mais alors il passe un peu de vapeur dans la boîte, et le tiroir pressé extérieurement se remet en équilibre.

Ce mode de distribution semble bien raisonné sous le rapport de la réduction des espaces perdus, et de la régularité extérieure de l'ensemble; il comporte à la vérité des pièces de fonte assez difficiles d'exécution et exige beaucoup de soin pour les jonctions : néanmoins la machine marche depuis longtemps et dans de très-bonnes conditions.

Nous arrivons au mécanisme de commande des deux tiroirs, qui ont pour caractère principal d'être attaqués par la partie inférieure des boîtes.

A cet effet, comme il serait défectueux de disposer des boîtes à étoupe renversées, on s'est arrangé de façon à les redresser en les rendant alors dépendantes de la partie en mouvement. Prenant le tiroir F pour exemple, on voit qu'il est enchâssé dans un cadre en fer réuni avec une tige pleine h, traversant la boîte à vapeur D par un canon en fer i qui s'y trouve fixé par un taraudage; la tige h vient s'assembler, par une clavette, avec une autre tige H, en réunissant du même coup, au moyen d'une portée conique, une boîte en bronze I, formant alors stuffing-box, et glissant à frottement gras sur l'extérieur du canon i.

Les deux tiroirs étant disposés de même, leurs deux tiges H et H' sont guidées par des garnitures de bronze, qui sont ajustées dans des oreilles appartenant aux brides par lesquelles les cylindres reposent sur la plaque de fondation. La fig. 4 est une vue de face de la partie inférieure des deux tiges H, telles qu'elles se présentent en regardant les deux cylindres réunis, du côté de la distribution. Ces tiges portent chacune une mortaise dans laquelle est engagée l'extrémité d'un balancier J, qui reçoit de la machine un mouvement oscillatoire : il est, en effet, monté sur un axe K, qui porte un bras de levier L dont le bouton est actionné par une bielle M, opérant tout à fait comme la barre d'un excentrique circulaire ordinaire.

L'oscillation du balancier J détermine l'entraînement des tiroirs, mais suivant des directions inverses, c'est-à-dire que l'un monte tandis que l'autre descend. Cette propriété, exactement contraire au principe des dispositions précédentes, est justifiée par les fonctions mêmes des tiroirs, dont l'un, celui F, distribue par ses arêtes intérieures, et l'autre par ses bords extérieurs.

Si nous prenons, par exemple, la position qu'indiquent les figures du dessin, les pistons sont au milieu de leur course, et montent; les tiroirs sont à l'extrémité de la leur, et les orifices d' et f' vont être recouverts; pour cela, le tiroir F doit *monter*, et celui G *descendre*, ce qui a lieu, en effet, par le jeu du mécanisme.

Il est remarquable encore, qu'avec ce système de commande on a pu rendre les courses différentes et augmenter celle du tiroir G correspondant au grand cylindre. C'est une facilité de plus pour donner aux orifices les dimensions qui leur conviennent, en les proportionnant à la surface du piston.

Dans cette machine, le constructeur a disposé la distribution de façon à opérer la mise en train en faisant mouvoir les tiroirs à la main. Pour opérer ainsi, on dégage la barre M du levier L, qui n'est qu'accrochée, puis le mécanisme de distribution ainsi isolé du mouvement général de la machine, on met les tiroirs en mouvement en agissant sur un long levier à main N, fixé sur le même axe K que le balancier J.

Complétons cet aperçu par un résumé des conditions principales de la machine.

Diamètre du petit piston	0^m210
Course dudit	0^m825
Diamètre du grand piston	0^m410
Course dudit	1^m100
Rapport des volumes engendrés	$1 : 5$
Nombre de tours par 1′ de l'arbre du volant	28

D'après le rapport des volumes engendrés par les pistons, et en tenant compte d'un commencement de détente dans le petit cylindre, produite par le recouvrement des bandes du tiroir, on peut porter la détente totale à 7 ou 8 fois le volume de vapeur admis à pleine pression.

La puissance nominale de cette machine est seulement comptée pour 12 chevaux-vapeur environ, mais elle en peut aisément fournir 15 à 16.

CYLINDRES ET DISTRIBUTION D'UNE MACHINE DE WOOLF

Construite par **MM. STEHELIN** et Cᵉ, de Bitschwiller (Haut-Rhin)

(FIG. 5 ET 6, PL. 30)

En parlant des distributions en général, nous avons cité (t. 1ᵉʳ, p. 421) l'appareil régulateur à détente d'une machine à balancier de Woolf, dont nous allons décrire maintenant les cylindres et la distribution complète.

La fig. 5 de la pl. 30 est une section verticale faite sur le petit cylindre et sur la boîte de distribution, suivant la ligne brisée 1-2-3-4;

La fig. 6 est une coupe horizontale des deux cylindres, suivant la ligne 5-6.

Les cylindres A et B sont montés dans une enveloppe C avec laquelle sont fondus tous les canaux de distribution. Cette enveloppe est elle-même entourée d'une chemise en bois C', avec garniture non conductrice de la chaleur. La vapeur, étant préalablement introduite dans l'enveloppe, est admise ensuite à volonté dans une boîte de distribution unique pour les deux cylindres. La distribution est opérée, en effet, par le seul tiroir D, à double passage, établi dans une boîte E, sur laquelle est montée la soupape de détente F.

A côté de cette boîte E se trouve une seconde boîte G, de forme circulaire, recouvrant une soupape H qui règle un orifice ménagé à l'enveloppe. Cette soupape est reliée, par un rappel sphérique, avec une tige a, taraudée sur une partie de sa longueur dans un écrou de bronze assujetti au couvercle de la boîte G, lequel est aussi muni d'une garniture d'étoupe; cette tige se termine par un volant b, au moyen duquel on la fait tourner pour faire jouer la soupape. Celle-ci, étant levée, donne issue à la vapeur de l'enveloppe qui peut alors se rendre à la boîte de la soupape de détente F en passant par le canal c.

C'est à partir de ce moment, comme on l'a expliqué, qu'après le jeu de la soupape de détente, la vapeur est distribuée à l'aide du tiroir D, dont les deux canaux m et n viennent successivement coïncider avec les orifices j, k, l, k' et j', qui correspondent aux deux cylindres et au condenseur dans l'ordre suivant :

Les orifices j et j' aux deux extrémités du petit cylindre, qui reçoit la première action de la vapeur.

Les orifices k et k' aux extrémités du grand, qui reçoit la vapeur du premier.

L'orifice central l communique avec le condenseur, et laisse passer la vapeur qui s'échappe par l'un ou l'autre des orifices k et k'.

La section horizontale, fig. 6, indique les directions exactes de ces divers canaux, qui, superposés par leurs orifices, sur la table du tiroir, dévient, à partir de là, à droite et à gauche, pour parvenir aux deux cylindres. Cette coupe est faite précisément sur l'orifice central l d'échappement, qui est continué par la tubulure cylindrique I, à laquelle s'adapte le tuyau J qui se rend au condenseur.

On voit qu'il n'est guère possible d'imaginer une disposition plus simple, mieux entendue, et réduisant davantage les espaces nuisibles et le mécanisme. Toute la question se résume dans l'importance de l'enveloppe, comme pièce de fonte. Mais, cette pièce bien réussie, que d'avantages pour l'emploi de la vapeur, que d'économie réalisée dans la construction et même dans la masse de matière en œuvre!

La puissance nominale de cette machine est de 80 chevaux, et basée sur les données suivantes :

Diamètre du petit piston	0^m590
Course du petit piston	1^m170
Diamètre du grand piston	0^m740
Course du grand piston	1^m600
Rapport des volumes engendrés	1 : 2,12
Détente préalable dans le petit cylindre	5 fois
Détente totale	10,6 fois
Pression initiale de la vapeur	5 atmosp.
Nombre de tours par 1′ de l'arbre du volant	28

Quoique le rapport des volumes engendrés par les deux pistons soit plus faible qu'on ne le fait dans la plupart des machines à deux cylindres, la détente totale est néanmoins très-grande, et égale, comme on vient de le voir, à plus de 10 fois le volume admis à pleine vapeur, à cause de la détente initiale dans le petit cylindre, laquelle est, du reste, variable par le régulateur.

DISTRIBUTION AVEC TIROIR EN FORME DE COIN APPLIQUÉ A UNE MACHINE A DEUX CYLINDRES

Par M. MAZELINE, constructeur au Havre

(FIG. 7 ET 8, PL. 30).

M. Mazeline s'est beaucoup occupé de la question si importante des tiroirs de distribution *équilibrés*, c'est-à-dire soustraits, autant que possible, à la pression que les tiroirs ordinaires ont à supporter, et qui peut devenir énorme pour les machines de grandes dimensions. L'une des dispositions imaginées par cet ingénieur a été appliquée à une machine à deux cylindres. Nous désirons faire apprécier le résultat auquel il est arrivé, à l'aide d'un exemple qui en pourra donner une idée exacte.

La fig. 7 représente l'ensemble des deux cylindres et de leur enveloppe, avec la distribution indiquée en coupe faite suivant la ligne brisée 1-2-3-4;

La fig. 8 en est une section horizontale suivant la ligne d'axe 5-6.

Les cylindres et l'enveloppe sont fondus de la même pièce, condition qui n'est pas indispensable, mais qui, réalisée, rend plus facile, dans cette disposition spéciale, les rapports entre les canaux de distribution et les deux cylindres.

L'enveloppe C est fondue avec un coffre, à l'intérieur duquel sont ménagés les divers canaux de distribution des deux cylindres A et B; les orifices de ces canaux débouchent dans un vide D, constituant *la boîte à vapeur*, dans laquelle joue, effectivement, un tiroir E, à double face, et dont la section horizontale est un trapèze, comme un véritable *coin*. Ces faces inclinées viennent coïncider avec les parois de la boîte D qui sont, à cet effet, parfaitement dressées; la boîte, qui est ouverte extérieurement, est munie d'un couvercle *a*.

En étudiant les fonctions de ce tiroir, quant aux passages de vapeur, on reconnaît qu'elles ont beaucoup d'analogie avec celui précédemment décrit (fig. 5 et 6). Il est, en effet, traversé par un canal *b*, dont les extrémités se divisent en quatre orifices qui viennent aboutir deux à deux sur ses deux faces; d'un côté ils correspondent aux canaux *c* et *c'* du petit cylindre, et de l'autre aux canaux *d* et *d'* du grand. De plus, ce tiroir possède un vide latéral *e* pour l'échappement qui s'effectue par l'orifice central *f* d'un canal F faisant également corps avec l'enveloppe, et auquel s'adapte le tuyau G allant au condenseur.

D'après cela la vapeur, étant préalablement introduite dans l'enveloppe, pénètre dans la boîte du tiroir par un canal *g*, sur lequel se trouve un robinet de prise H, ou une soupape, pour le cas des grandes dimensions. La vapeur environnant le tiroir est distribuée, par ses arêtes *extérieures*, au petit cylindre; au moment de son retour par les mêmes canaux *c* ou *c'*, elle rencontre le conduit *b* du tiroir, dont l'un des orifices est en ce moment en rapport avec celui *d* ou *d'* correspondant au côté du grand piston qui doit recevoir la vapeur. Enfin l'échappement du grand cylindre a lieu par le vide *e* du tiroir et l'orifice central *f*.

Ces différentes phases de la distribution ont été rendues sensibles à l'aide de flèches qui, sur la fig. 7, indiquent les passages pour un moment donné. Les pistons *descendent*; la vapeur active qui remplit la boîte du tiroir pénètre au-dessus du petit piston par l'orifice *c*; au même instant la vapeur, *fuyant* le même piston, sort par l'orifice *c'*, et, par le canal *b* du tiroir, parvient à la partie supérieure du grand piston par l'orifice *d*. On comprend facilement comment les choses auraient lieu si le tiroir occupait la position inverse.

La commande du tiroir, est disposée comme sur les fig. 1 à 4; il est pris en dessous par une tige I armée d'un manchon J, à stuffing-box, qui glisse sur un canon creux *h*, fixé par un taraudage à la partie inférieure de la boîte de distribution.

Ce tiroir est donc sensiblement équilibré, ou ne supporte qu'une pression latérale due à la différence des surfaces normales aux tables frottantes; pression qui doit contribuer à les tenir appliquées, en vertu de la forme en coin. Il est du reste important que cette pression soit estimée et limitée de façon que le tiroir ne *coince* pas; le moment de pression nulle serait celui des deux faces exactement parallèles; mais, même en ne comptant pas l'usure, que la forme en coin fait au contraire regagner, il serait alors impossible d'obtenir le contact parfait, à moins que l'une des deux faces fût en quelque sorte *élastique*. Nous verrons à propos des machines marines, que c'est, en effet, le parti adopté actuellement par M. Mazeline.

CYLINDRES ET DISTRIBUTION DES MACHINES DE WOOLF, CONSTRUITES POUR LA MANUFACTURE DES TABACS DE LILLE.

Par M. P. BOYER, mécanicien

(FIG. 1 ET 2, PL. 31)

M. Boyer, constructeur bien connu à Lille, a établi pour la manufacture des tabacs de cette ville deux machines de Woolf, à balancier et accouplées sur le même arbre, à manivelles, et d'une force nominale collective de 40 chevaux. Les dispositions générales en sont assez analogues à ce que nous avons vu jusqu'ici, mais les cylindres et la distribution présentent quelques particularités.

La fig. 1re de la pl. 31 représente, en vue extérieure de face, l'ensemble des deux cylindres et la distribution de l'une des deux machines;

La fig. 2 en est une projection horizontale, également extérieure, pour faire comprendre la disposition des boîtes et la commande des tiroirs de distribution.

L'enveloppe C, renfermant les deux cylindres, est élevée sur un socle rectangulaire en fonte B, qui a pour objet d'élever le centre du balancier, et de maintenir l'arbre moteur à la hauteur d'une plaque de fondation générale, tout en conservant à la bielle une longueur suffisante, sans allonger démesurément les tiges de piston.

L'application des boîtes à vapeur est faite d'une manière analogue à la disposition représentée par les fig. 1 à 4 de la pl. 29, c'est-à-dire que les cylindres sont fondus chacun avec une tête qui présente, en dehors de l'enveloppe, une face dressée pour recevoir une pièce intermédiaire sur laquelle glisse le tiroir, et qui porte la boîte formant recouvrement extérieur.

La boîte à vapeur D du petit cylindre renferme deux tiroirs, l'un de distribution proprement dit, et l'autre formant glissière sur le précédent, pour produire la détente à volonté.

La boîte E du grand cylindre renferme un tiroir simple opérant la distribution comme à l'ordinaire.

La vapeur est introduite préalablement dans l'enveloppe d'où elle se rend à la boîte D par un conduit extérieur aboutissant à la tubulure a. L'échappement de ce cylindre s'effectue par l'orifice central terminé extérieurement par une tubulure, à laquelle s'adapte le conduit F dont l'extrémité opposée correspond, de même, à une tubulure qui débouche à l'intérieur de la seconde boîte à vapeur E. Enfin la sortie définitive de la vapeur s'opère par une colonne creuse G, dont l'extrémité inférieure est mise en rapport par un tuyau avec le condenseur. Les passages de vapeur ont lieu, par conséquent, de la même manière que dans les précédents exemples.

Les tiroirs de distribution ont une marche semblable, et sont reliés par leurs tiges à une traverse b, laquelle est assemblée avec deux tiges verticales c, réunies de la même façon, à leur partie inférieure, par une petite traverse d; celle-ci est rattachée, par un levier à articulation *e*, à un petit balancier H portant un bras d'équerre avec un tourillon sur lequel vient s'accrocher l'extrémité de la barre I, d'un excentrique circulaire monté sur l'arbre à manivelles. Ce balancier H oscille alors, et transmet ainsi un mouvement de va-et-vient au châssis des deux tiroirs. Mais, par une disposition identique, l'extrémité opposée de ce balancier commande un second châssis, composé des tringles *f* et des traverses *g* et *h*, auquel est rattachée la glissière de détente appliquée au tiroir du petit cylindre.

On voit que pour maintenir la verticalité des deux châssis, qui obéissent à un organe oscillant, les traverses inférieures *d* et *g* sont munies de tiges *k*, guidées par des pitons *l* qui se fixent sur le rebord inférieur de l'enveloppe.

Nous avons montré comment on opère sur la détente à l'aide d'une glissière mobile fonctionnant contre un tiroir percé de lumières; nous avons également fait connaître le moyen de rendre la détente variable en composant cette glissière de deux parties qui peuvent être éloignées ou rapprochées au moyen d'une vis. C'est ce qui a lieu ici. On voit, en effet, une tige *i* traversant la boîte D à sa partie inférieure, et munie d'un petit volant *j* à l'aide duquel on peut la faire tourner pour modifier l'écartement des deux parties de la glissière.

On sait que le même procédé permet également de supprimer complétement la détente, en mettant les registres dans une position telle qu'ils ne recouvrent plus les orifices du tiroir pendant l'admission.

Les machines dont nous venons de décrire les cylindres ont été l'objet d'expériences précises dont nous donnerons les résultats détaillés en leur lieu. Disons, quant à présent, qu'on leur a fait développer, au moment des essais, 42 chevaux à chacune, la détente commençant aux 9/10 de la course du petit piston, tandis que la force nominale est de 20 chevaux seulement.

L'effet utile, mesuré au frein sur un arbre intermédiaire, dans cette condition exceptionnelle, s'est maintenu à 53 p. 0/0; la dépense de combustible a été aussi très-faible, et égale à 1ᵏ500 de charbon, par force de cheval et par heure.

Voici les dimensions et conditions de marche de ces deux machines :

Diamètre du petit piston	0ᵐ345
Course du petit piston	1ᵐ130
Diamètre du grand piston	0ᵐ570
Course du grand piston	1ᵐ520
Rapport des volumes engendrés	1 : 3,7
Vitesse par 1′ de l'arbre à manivelles	26 tours
Pression de la vapeur dans la chaudière	3 atmosp.

CYLINDRES ET DISTRIBUTION DES MACHINES DE WOOLF A BALANCIER
ET ACCOUPLÉES

Construites par M. **FARCOT**, pour la filature d'Ourscamp

(FIG. 3 A 9, PL. 34)

On a pu remarquer, d'après ce qui précède, que dans les machines à deux cylindres, les espaces ou canaux que parcourt la vapeur, soit d'un cylindre à l'autre, soit pour se rendre au condenseur, sont très-nuisibles autant par leur volume propre que pour les refroidissements que certains d'entre eux éprouvent, en raison de leur communication avec le condenseur. A part la réduction de ces espaces, qui doit être obtenue autant que possible, il est logique d'établir une séparation bien nette entre les canaux qui distribuent la vapeur active et ceux qui conduisent finalement au condenseur. C'est le but que M. Farcot s'est proposé d'atteindre, et qu'il a rempli avec beaucoup d'art dans la construction des deux machines accouplées destinées à la filature d'Ourscamp. On pourrait dire que ces belles machines constituent un type distinct de la construction ordinaire.

Si les conditions du problème n'avaient pas entraîné le constructeur à certaines complications et à l'exécution de pièces de fonte assez difficultueuses, on pourrait admettre que ce soit là le système à adopter généralement, puisqu'il est incontestablement le plus rationnel; mais s'il ne peut toujours en être ainsi, on pouvait en faire l'application dans le cas proposé où il s'agissait de puissantes machines, pouvant développer 100 à 200 chevaux.

Pour bien expliquer la construction ingénieuse des cylindres et de la distribution de l'une de ces deux machines, nous avons été conduit à un grand nombre de figures, avec des sections brisées qui ne seront véritablement bien comprises qu'au fur et à mesure, et en en décrivant chaque partie.

La fig. 3 (pl. 31) représente l'ensemble des deux cylindres et de la distribution en projection verticale extérieure, la boîte à vapeur du petit cylindre démontée;

La fig. 4 en est une projection horizontale correspondante;

La fig. 5 est une section verticale faite suivant la ligne brisée 1-2-3 (fig. 7) passant par l'axe du grand cylindre, et par ceux des deux soupapes d'introduction et de la colonne d'échappement;

La fig. 6 est une section transversale du petit cylindre, suivant l'axe 7-8 (fig. 4);

La fig. 7 est une section horizontale suivant la ligne 9-10 (fig. 3 et 5);

La fig. 8 représente deux coupes verticales brisées, suivant les axes 1-4-5 et 1-2-6 (fig. 7), et ramenées dans un même plan;

La fig. 9 représente en détail l'une des soupapes de distribution.

ENSEMBLE DE LA CONSTRUCTION. — Le principe général de la disposition réside dans l'emploi de soupapes équilibrées (t. 1er, p. 424) substituées aux tiroirs pour le grand cylindre, et affectées séparément à l'introduction de la vapeur et à son échappement au condenseur, pour laquelle fonction il existe un conduit distinct. La distribution dans le petit cylindre s'effectue au moyen d'un tiroir ordinaire, organisé pour produire la détente suivant le système particulier de M. Farcot.

Les cylindres A et B sont fondus isolément et ajustés dans une enveloppe commune C. Celle-ci forme une double capacité cylindrique d'une seule pièce, sans division à l'intérieur, excepté dans la partie supérieure qui forme deux compartiments circulaires distincts, comme on peut le voir par la section horizontale fig. 7. Les joints au mastic de fonte entre les cylindres et l'enveloppe sont très-profonds, et les couvercles E et D pénètrent aussi d'une très-grande quantité.

Dans leurs parties inférieures, les cylindres et l'enveloppe sont munis, pour le moulage et l'alésage, de trous fermés en marche par des tampons F, lutés au mastic de fonte. L'enveloppe est fondue avec tous les canaux nécessaires à la distribution de la vapeur, lesquels viennent se raccorder avec des orifices ménagés aux extrémités des deux cylindres.

L'ensemble des cylindres est élevé sur un socle rectangulaire de fonte G, qui repose directement sur la maçonnerie; sa réunion avec la base de l'enveloppe C a lieu par six forts boulons c.

La vapeur, arrivant du générateur, se rend directement dans le vide de l'enveloppe par un tuyau qui s'adapte à une tubulure d fondue avec le tampon F', au-dessous du petit cylindre; elle pénètre ensuite dans la boîte de distribution H de celui-ci par une tubulure I, venue de fonte avec l'enveloppe, et débouchant sur le côté de la boîte qui en porte, à cet effet, le prolongement. A l'intérieur est une soupape d'introduction pour établir la communication à volonté.

L'entrée de la vapeur au petit cylindre a lieu au moyen d'un tiroir J, avec registres pour la détente directe, par les canaux e et e' correspondant aux deux côtés du piston. Mais tout en s'effectuant par les mêmes canaux, la sortie de la vapeur est modifiée en ce sens que le tiroir J, au lieu d'une cavité simple intérieure, possède un petit canal spécial f, dont les lumières correspondent, au moment de l'échappement, avec l'un des canaux e et e', suivant la période du mouvement, et avec l'une des deux lumières centrales g ou g', qui communiquent séparément avec les extrémités du grand cylindre : c'est du reste un procédé dont on a vu précédemment des exemples. Les lumières g et g' terminent les deux canaux h et h' (voir fig. 3) ménagés à l'enveloppe, et qui débouchent respectivement dans deux boîtes à soupapes K et K', lesquelles constituent, pour le grand cylindre, des valves d'introduction appropriées à chacune de ses extrémités.

Ces deux premières boîtes communiquent respectivement avec l'intérieur du cylindre B par les orifices k et k' (fig. 5 et 8), qui se trouvent également en rapport avec une boîte à soupape adjacente, L ou L', en haut et en bas, laquelle est en relation permanente avec une colonne creuse M qui communique avec le condenseur par un tuyau N. Ajoutons que les quatre boîtes K et K', L et L', et la colonne sont de la même pièce que l'enveloppe.

Avant d'examiner tout ce mécanisme en détail, résumons-en les fonctions.

La vapeur sortant du petit cylindre se rend au grand par les canaux h et h' ; elle y pénètre par le jeu des soupapes renfermées dans les boîtes K ou K' ; et en sortant trouve le passage libre par l'une ou l'autre des soupapes L ou L', lesquelles établissent la communication avec le condenseur par la colonne M.

Supposons, comme exemple, que la vapeur sorte du petit cylindre par l'orifice g', qui correspond au canal h', ce qui a lieu au départ des pistons A' et B' du bas de leur course : la soupape que renferme la boîte K' s'ouvrira pour l'introduction, et, simultanément, celle de la boîte L s'ouvrira pour la sortie du grand cylindre ; les deux autres soupapes des boîtes K et L' resteront exactement fermées.

Dans le mouvement opposé la vapeur passe nécessairement par le canal h, les soupapes des boîtes K et L' se lèvent et celles de K' et L restent immobiles sur leurs siéges.

Jeu des soupapes. — Les quatre soupapes i, i', j et j' sont toutes disposées de la même façon et sont semblables, si ce n'est que les deux affectées à l'échappement sont plus grandes de diamètre : il suffira donc de décrire l'une d'elles.

On peut aussi considérer les deux jeux de soupapes, pour chacune des extrémités, comme fonctionnant de même, par rapport à l'émission de la vapeur par les canaux h et h', ou à l'égard de l'échappement par le conduit commun M.

Voyons, par conséquent, la disposition de deux boîtes K et L, pour lesquelles nous renvoyons aux fig. 5 et 8.

L'intérieur de ces deux boîtes est cylindrique et divisé, dans le sens de la hauteur, en trois parties par deux cloisons qui constituent les siéges des soupapes.

Le compartiment central est en communication permanente avec la lumière k, qui conduit au cylindre.

Les deux compartiments supérieurs et inférieurs sont distincts, dans chacune des deux boîtes K et L, et n'ont d'autre communication que par les soupapes.

Mais ils communiquent constamment :

1° Du côté K avec le canal h, dont l'orifice est ainsi divisé en deux lumières ;

2° Du côté L avec la colonne M, également par deux orifices l et l': (Voir la partie supérieure de la figure 8 qui est une section faite sur 1-4-5, fig. 7).

La fig. 9 représente, en détail et à une plus grande échelle, la boîte K en section verticale avec la soupape i qu'elle renferme.

On voit que cette soupape a la forme d'une poulie à gorge circulaire dont les deux joues seraient tournées en biseau. La vapeur venant à la fois dessus et dessous par le canal h, qui se divise en deux orifices, ces soupapes sont presque équilibrées, comme celles décrites antérieurement (t. 1er, p. 424).

Si l'on suppose maintenant que la vapeur arrive par le canal h, la soupape i de la boîte K n'étant pas levée, il n'existe pas de communication avec le cylindre. Mais dès qu'elle se lève, la vapeur s'introduit, et la soupape j de la boîte L restant sur son siége, le passage au condenseur, par la colonne M, est intercepté puisque à cette extrémité la vapeur n'y peut pénétrer que par les orifices l et l'.

Au moment de la sortie, c'est au contraire la soupape j qui se lève, tandis que celle *i* reste fermée. Les choses se passent alors d'une façon inverse, c'est-à-dire que la vapeur sortant du grand cylindre par le même orifice *k*, passe par le compartiment central, et de là, par la levée de la soupape *j*, s'écoule en traversant les orifices *l* et *l'* par la colonne M, pour se rendre au condenseur.

Les mêmes effets se produisent évidemment pour les deux extrémités du cylindre, mais inversement : la soupape d'introduction d'en haut se lève en même temps que celle d'échappement d'en bas, *et vice versá*.

MÉCANISME DE COMMANDE DES SOUPAPES. — La mise en mouvement des quatre soupapes est opérée par un mécanisme simple et ingénieux. De chaque côté de la colonne M sont deux tringles verticales O et O' qui portent chacune deux bras horizontaux *m*, *n* et *m'*, *n'*, lesquels viennent respectivement prendre la tige d'une soupape ; les deux bras supérieurs correspondent directement à la soupape placée vis-à-vis de chaque tringle O ou O', mais ceux inférieurs se croisent de façon à attaquer les soupapes disposées inversement par rapport à ces deux tringles.

Ces dernières sont soulevées alternativement par les deux branches *o* et *o'*, d'une manivelle à T, *o³*, qui oscille avec le bout d'arbre *r* (fig. 5), sur lequel elle est montée. Ce mouvement lui est donné par la bielle P qui la réunit avec une autre manivelle *o²*, laquelle appartient à l'arbre intermédiaire S (fig. 6), qui reçoit son mouvement oscillatoire de la machine par une bielle P et une manivelle Q'. Enfin cet arbre porte une troisième manivelle Q qui commande, par la bielle P², le cadre R du tiroir J.

On comprend maintenant que les tiges O et O', soulevées l'une après l'autre, font lever simultanément une soupape d'introduction et une soupape d'échappement, en raison du croisement des bras inférieurs *n* et *n'* ; ces tiges étant ensuite abandonnées à elles-mêmes, redescendent par leur propre poids en ramenant alors sur leurs siéges les soupapes soulevées.

Les tiges sont guidées en deux points de leur longueur par des douilles *a* avec godet graisseur *b*, comme le montre la fig. 8 dans la coupe faite sur 4-2-6.

Les boîtes à soupapes sont fermées à la partie supérieure par un couvercle à presse-étoupe pour le passage de la tige ; le fond, percé pour la facilité du moulage, est fermé en marche par un tampon boulonné ou fixé par des vis.

On voit au-dessous de la colonne M et sur son axe, un avant-corps appartenant au socle G et qui lui forme piédestal. Cet avant-corps présente une partie demi-cylindrique réservée pour un cadran et pour la tige *p*, qui, par un renvoi *p'*, communique avec le robinet d'injection, lequel se manœuvre alors en faisant tourner la tige par sa poignée *q*, disposée au-dessus du cadran.

CONDITIONS DE MARCHE DES MACHINES D'OURSCAMP. — Ces machines sont construites pour marcher avec une détente beaucoup plus prolongée qu'on ne le fait généralement avec les machines de Woolf ; il a suffi pour cela d'appliquer, comme on vient de le voir, une distribution à détente sur le petit cylindre dans lequel l'admission de la vapeur est interrompue, suivant le cas, comme s'il devait fonctionner seul. Le constructeur a supposé que la détente totale dans les deux cylindres pourrait s'élever, tout en fonctionnant utilement, de 20 à 24 fois le volume admis à pleine vapeur. C'est pour la réalisation de cette condition exceptionnelle que les dispositions particulières de la distribution ont été combinées, afin d'éviter tous refroidissements de la vapeur active, et de diminuer les espaces perdus ou nuisibles.

Voici les dimensions de chacune des deux machines :

Diamètre du petit cylindre........................ 0^m500
Course de ce cylindre .... 1^m335
Diamètre du grand cylindre......................... 0^m810
Course de ce cylindre .... 1^m800
Rapport des volumes engendrés...................... $1 : 3,5$
Nombre de tours par 1' de l'arbre à manivelles........ 22

En adoptant les conditions de marche suivantes :

Pression initiale de la vapeur...................... 5 atmosph.
Durée de la détente dans le petit cylindre par rapport à
la course du piston................................ 0,8 ou 4/5

la détente totale égale : $5 \times 3,5 = 17,5$; c'est-à-dire que la vapeur est détendue à 17 fois et demie, le volume admis à pleine pression.

Calculant la puissance théorique de la machine, comme nous l'avons fait jusqu'ici, on trouve 105 chevaux-vapeur, soit 210 pour les deux machines accouplées. Mais comme le degré d'admission dans le petit cylindre est variable, la puissance des machines l'est aussi.

Ces machines ont, en effet, été établies pour développer, moyennement, une puissance utile de 120 à 160 chevaux.

DISTRIBUTION UNIVERSELLE APPLIQUÉE A UNE MACHINE A DEUX CYLINDRES

Par **M. LECOUTEUX**, constructeur à Paris

(FIG. 1 A 5, PL. 32)

M. Lecouteux, déjà cité dans le cours de cet ouvrage, a présenté à l'Exposition universelle de 1855 une machine à deux cylindres munie d'une distribution très-remarquable, qui permet de faire agir la vapeur à volonté, d'un cylindre dans l'autre, ou bien dans chaque cylindre isolément, ou dans les deux cylindres par admission directe, et dans chacun de ces cas, avec ou sans détente. Elle permet aussi de marcher sans condensation lorsque l'eau vient à faire défaut, soit par son volume, soit par son excès de température.

Cette disposition a été étudiée dans une circonstance particulière où la machine devait développer des puissances très-différentes; mais elle peut encore avoir pour but, en rendant la marche facultative avec l'un ou l'autre cylindre, de maintenir la marche sans interruption, si l'un des deux cylindres venait à manquer ou exigeait une réparation quelque peu prolongée.

Il suffira, du reste, de décrire ce mécanisme pour en déduire les services qu'il peut rendre, et choisir les meilleures circonstances de son application. On verra qu'il est très-ingénieux et admirablement combiné; il présente, il est vrai, des difficultés d'exécution, dont la plus grande part peut être attribuée à la coulée de la pièce principale désignée sous le nom de *tête,* interposée entre les cylindres et les boîtes à vapeur.

La fig. 1 (pl. 32) est une section verticale de la boîte à soupapes F, faite parallèlement à l'axe commun des deux cylindres, suivant la ligne 1-2 des fig. 2, 4 et 5;

La fig. 2 en est une section horizontale, suivant la ligne brisée 3-4 5-6 (fig. 1);

La fig. 3 est une autre section horizontale, suivant la ligne 7-8 (fig. 4 et 5);

La fig. 4 est une coupe transversale faite sur l'axe 9-10 du grand cylindre;

La fig. 5 est une coupe parallèle à la précédente, sur l'axe 11-12 du petit cylindre.

La boîte à soupapes F présente une masse régulièrement traversée par une portion des canaux de distribution des deux cylindres A et B, lesquels sont fondus avec l'enveloppe C et avec l'autre partie de ces mêmes canaux. Cette boîte porte à cet effet des brides dressées, et boulonnées sur celles des cylindres; sur la face opposée, où les orifices viennent aboutir, sont ménagées des tables pour le mouvement des deux tiroirs, qui sont recouverts par les boîtes de distribution D et D'. Elle est percée, à sa partie inférieure, de deux orifices circulaires en rapport avec deux colonnes creuses H et H', faisant l'office de conduits pour l'échappement au condenseur, et séparément pour chaque cylindre, suivant le cas, ainsi que nous allons l'expliquer.

Du côté des cylindres, la même pièce F possède un canon creux G, muni d'une tubulure qui se raccorde avec celle C' de l'enveloppe C, dans laquelle la vapeur est envoyée du générateur. A l'intérieur de ce canon sont deux soupapes I et J ayant pour objet, lorsqu'on les détache de leur siége respectif, de laisser la vapeur passer directement dans l'une des boîtes D et D' ou dans les deux à la fois, si les deux cylindres doivent marcher ensemble. En consultant les fig. 3, 4 et 5, on reconnaît facilement que le vide du canon G communique, par l'orifice e, avec la boîte du petit cylindre, et par l'orifice f, avec celle du grand.

Entre les deux parties traversées par les canaux de distribution, la pièce F a une séparation, cylindrique creuse, qui renferme deux soupapes K et L, semblables aux précédentes, et qui, par leur jeu respectif, ont les fonctions suivantes :

L'intervalle c' compris entre ces deux soupapes est en libre relation avec l'orifice c par lequel la vapeur, au moyen du tiroir M, s'échappe du petit cylindre; l'espace c^2 existant au-dessus de la soupape K communique, par un canal g (fig. 1, 2 et 3) avec le vide inférieur g' dont l'orifice f débouche dans la boîte D' du grand cylindre; l'espace c^3, au-dessous de la soupape L, est en libre relation avec le canal h dont l'orifice opposé h' se raccorde sur la colonne d'échappement H.

Ainsi, en soulevant l'une ou l'autre des deux soupapes K et L, la vapeur qui s'échappe du petit cylindre est dirigée sur le grand ou directement au condenseur : tel est le premier point à noter. Quant à l'échappement du grand cylindre, il s'eflectue invariablement par l'orifice central d, le canal d' (fig. 1, 2 et 3) et l'orifice d^2 abouché à la colonne H'.

Ces diverses soupapes, sont exclusivement *commandées à la main*, comme de simples robinets, et pour chaque état de marche déterminée. Nous allons essayer d'en expliquer les différentes fonctions.

1er *Cas. Distribution ordinaire de Woolf.* La vapeur admise directement dans le petit cylindre, passe dans le grand, d'où elle s'échappe au condenseur.

La vapeur de l'enveloppe pénètre dans le canon G, et ne devant arriver qu'au petit cylindre, la soupape I est seule levée; celle J reste appliquée sur son siége. La vapeur entre alors dans la boîte D, d'où le tiroir M la distribue dans le petit cylindre par les canaux a et a'.

A sa sortie, par l'orifice c, elle doit être dirigée à la boîte D' du grand cylindre. A cet effet, la soupape K est levée, celle L reste close, et le passage de la vapeur s'effectue par les espaces c', c^2, g, g', et par l'orifice f qui débouche dans la boîte D'.

Distribuée par le tiroir M', comme à l'ordinaire, par les canaux b et b', elle s'échappe du grand cylindre par l'orifice d, le canal d', l'orifice d^2 et par la colonne H' conduisant au condenseur.

En résumé : les soupapes I et K sont *levées*, et celles J et L sont *fermées*; c'est la disposition choisie sur notre dessin.

2e *Cas. Admission directe de la vapeur dans les deux cylindres.* Les cylindres fonctionnent alors comme deux machines séparées.

Sans entrer dans autant de détail que ci-dessus, on comprendra aisément que les deux soupapes I et J doivent être *ouvertes*, puisque la vapeur doit arriver simultanément de l'enveloppe dans les deux boîtes de distribution. La soupape K est fermée, attendu que les cylindres ne communiquent plus entre eux; mais la soupape L doit être levée pour le passage, au condenseur, de la vapeur sortie du petit cylindre.

Par conséquent, dans ce cas : les trois soupapes I, J et L sont *levées*, et celle K est *fermée*.

3e *Cas. Le petit cylindre fonctionnant seul.* La machine devient alors un moteur à un seul cylindre, avec distribution ordinaire.

Des quatre soupapes, la première I, pour l'admission, et la dernière L, pour l'échappement, sont seules levées.

4e *Cas. Le grand cylindre fonctionnant seul.* Même circonstance que ci-dessus. Des quatre soupapes, celle J est seule levée, pour l'introduction directe de la vapeur.

Observation. — Il est bon de noter que les tiroirs M et M' sont disposés tous deux pour la détente, suivant le système de M. Farcot, système qui permet encore, en donnant à la camme des dimensions convenables, de marcher à volonté à pleine vapeur (t. 1er, p. 407).

On voit ainsi toutes les ressources d'une pareille disposition, par la diversité des moyens de produire une même puissance ou des puissances différentes. Si l'on est réduit, par exemple, à l'emploi exclusif du petit cylindre, on fera peu ou point de détente. Avec le grand cylindre tout seul, on pourra encore ne développer qu'une même puissance, par l'extension de la détente, etc., etc.

Le constructeur a même prévu le cas où les deux cylindres marcheraient à vapeur directe, et à détente. A cet effet, la détente, étant réglée par le régulateur, on a dû relier les axes des deux cammes par un mécanisme capable de les faire varier de position simultanément. Ces axes i et i' portent, derrière les cadrans indicateurs N et N', des roues droites O et O' qui sont réunies par une crémaillère P; celle-ci porte, sur la rive supérieure, une partie de denture qui engrène avec un pignon dont l'axe oscille sous l'influence du régulateur, ou bien à la main, si les variations de la détente devaient être opérées ainsi. Par conséquent la crémaillère, en se déplaçant, fait tourner les deux roues O et O', et par suite les deux cammes. Ces deux roues sont percées de coulisses circulaires pour donner passage aux boulons j, du presse-étoupe, par l'extrémité desquels le cadran N se trouve fixé.

Il nous reste à dire quelques mots sur la construction des soupapes, qui est la même pour toutes. Chacune d'elles est formée d'un disque conique, avec queue cylindrique cannelée pour la guider dans son ouverture; elle est montée à rappel à l'extrémité d'une tige de fer k, filetée dans une partie de sa longueur, et traversant un écrou de bronze l, lequel est fixé dans une portée fondue avec le couvercle m, qui ferme le compartiment renfermant la soupape; pour le canon G, ces portées sont longues et coniques. L'entrée de ces écrous est conique pour recevoir une portée semblable appartenant à la tige k, et qui vient s'y appuyer lorsque la soupape est tout à fait hors de son siége. Cette disposition a pour objet, en limitant la course de la tige, de constituer une sorte de joint capable d'éviter toute fuite de la vapeur au travers de la garniture.

La partie lisse de la tige traverse, en effet, un stuffing-box composé d'un presse-étoupe et d'un écrou de bronze n, monté sur l'extérieur de la boîte. Enfin cette tige se termine par un volant o, que l'on tourne à la main pour faire mouvoir la soupape.

L'assemblage à rappel rend la soupape indépendante de la tige, quant au mouvement circulaire; ceci est nécessaire lorsque la soupape est en contact avec son siége ou quand on fait un certain effort, soit pour l'en détacher, soit pour l'y faire adhérer, car il ne faudrait pas qu'il y eût frottement entre les deux parties. Mais on comprend qu'étant détachée, il est sans importance que cette soupape tourne ou ne tourne pas avec la tige.

Nous n'avons pas à examiner la machine à laquelle appartient cette distribution, sous le point de vue de sa puissance, qui est, comme on a pu en juger, essentiellement variable, et construite pour cela. Les diamètres des deux pistons et leurs courses permettront du reste d'apprécier les limites qu'il est possible de lui assigner. Voici ces dimensions, qui, pour une machine de Woolf ordinaire, correspondent, en moyenne, à 20 chevaux-vapeur :

Diamètre du petit piston....................	0^m 270
Course de ce piston.......................	0^m 870
Diamètre du grand piston..................	0^m 400
Course de ce piston.......................	1^m 160

MACHINES DE WOOLF A DIRECTRICES ET A CYLINDRES SUPERPOSÉS.

Par MM. ALEXANDER et SCRIBE.

(FIG. 6 ET 7, PL. 32.)

Les avantages que présentent les machines du système de Woolf, sous le rapport de la régularité et de l'économie de combustible, ont conduit bien des constructeurs à leur donner des dispositions plus simples, moins coûteuses et moins embarrassantes que celles à balancier, afin d'en étendre l'emploi, et de pouvoir offrir une machine à deux cylindres dans une circonstance qui commande à la fois l'économie de construction et la restriction des dimensions du moteur.

Nous citerons d'abord deux exemples du système dit : *à cylindres superposés*, qui permet l'application du mécanisme simple, à directrices, et qui donne à l'ensemble de la machine l'aspect de celles à un seul cylindre ordinaire ; nous les empruntons à deux constructeurs connus, dont l'un, M. Alexander, après avoir travaillé longtemps à Paris, s'est établi en Espagne, et le second, M. Scribe, a monté un établissement important à Gand, en Belgique.

MACHINE A DEUX CYLINDRES, PAR M. ALEXANDER (fig. 6). — Ce constructeur a disposé une machine de Woolf en superposant les deux cylindres, le plus grand en dessus, avec un bâti vertical d'une construction analogue à celle des machines verticales à directrices dont nous avons donné plusieurs exemples tome 1er.

La fig. 6, pl. 32, représente la section transversale des deux cylindres ; en supprimant le petit, par la pensée, et en considérant le grand comme le cylindre unique d'une machine à directrice ordinaire, on aura une idée exacte et complète de l'ensemble, dans lequel il faut évidemment comprendre un condenseur.

Le grand cylindre B, fondu de la même pièce que son enveloppe C, repose, par un fort rebord, sur une plaque de fondation D, qui sert aussi de base aux colonnes sur lesquelles s'appuie l'entablement. Le petit cylindre A, qui n'a pas d'enveloppe, est rattaché au précédent, auquel il est comme suspendu.

L'enveloppe reçoit d'abord la vapeur de la chaudière, et la laisse passer ensuite à la boîte de distribution. Le couvercle B^2 est creux et chauffé par la vapeur qui s'y rend directement par un petit orifice k. Les deux pistons A' et B' sont montés sur la même tige, qui présente deux parties a et a' de diamètres différents.

Cette disposition de machine est surtout remarquable par deux points importants savoir : une garniture métallique placée à l'entrée du petit cylindre, pour le passage de la tige du piston, et le mode de distribution de la vapeur.

On conçoit que la garniture, inabordable puisqu'elle est complétement enfermée, est difficile à maintenir en état, attendu qu'elle est entièrement dans la vapeur, et qu'elle présente réellement des difficultés de construction. L'emploi de l'étoupe étant presque impossible, le constructeur s'est arrêté à une garniture *métallique,* assez analogue à un piston ordinaire à segments. Cette garniture est renfermée dans une boîte de fonte E placée à l'ouverture du petit cylindre qu'elle doit étancher par rapport au grand. Elle contient une série de segments, ou bagues d'acier, fendues et poussées contre la tige par des ressorts; ces bagues sont comprises entre un plateau supérieur F et un disque intérieur dont le centre, traversé par la tige, présente une portée conique qui s'ajuste dans une ouverture semblable pratiquée au fond de la boîte E. Le serrage du disque supérieur F, à l'aide de boulons, maintient le joint du fond, en faisant serrer la portée conique dans son ouverture, tandis que le joint latéral contre la tige est confié à l'énergie des ressorts; on peut lubrifier ce frottement à l'aide d'un graisseur extérieur b, qui communique avec la garniture par le petit tuyau c correspondant à un trou percé dans l'épaisseur du fond du grand cylindre. Un autre vase semblable au précédent, et placé derrière, correspond, par un petit tuyau c', avec l'intérieur du cylindre, pour le graissage du piston A'.

La distribution est opérée à l'aide d'un tiroir G, à double effet, dans les mêmes conditions que celles expliquées au sujet de la machine de MM. Stehelin et Ce. La vapeur, introduite préalablement dans l'enveloppe C, est dirigée par un conduit d, aboutissant au robinet e, sur la boîte de distribution H, appliquée au grand cylindre, afin de mettre le tiroir à portée de la commande. Ce tiroir distribue la vapeur au petit cylindre par ses arêtes extérieures, et par les canaux f et f', qui appartiennent nécessairement au grand cylindre sur une partie de leur étendue. Le canal supérieur f descend, en suivant le précédent f' côte à côte, et en se raccordant à la partie fondue avec le petit cylindre, il dévie sous la forme d'une courbe que la figure indique en lignes ponctuées.

A sa sortie du petit cylindre, la vapeur, repassant par les mêmes canaux, rencontre le conduit intérieur g du tiroir qui la laisse passer au grand cylindre par les canaux h et h'; enfin, elle s'échappe par le vide i du tiroir en relation avec l'orifice central j. Ce dernier constitue l'entrée d'un conduit latéral dont l'ouverture opposée se trouve dans le plan suivant lequel le cylindre repose sur la plaque D; celle-ci est percée d'un orifice correspondant à un canal I fondu avec elle, et communiquant avec le condenseur par un tuyau J.

Ce qui précède donne une idée assez complète de cette machine, et permet de reconnaître que la véritable objection à faire porte presque exclusivement sur la garniture métallique qui sépare les deux cylindres, car le système de distribution est simple et en usage ailleurs, ainsi que nous l'avons montré. On pourrait cependant regretter le trop grand développement de l'un des canaux du petit cylindre : mais la superposition rend cela difficile à éviter, et ce n'est pas non plus, d'ailleurs, un obstacle sérieux à la marche de la machine.

Les cylindres représentés fig. 6 appartiennent à une machine d'une puissance nominale de 12 chevaux-vapeur. Les pistons ayant une course uniforme, le degré de détente obtenu est alors égal au rapport des carrés de leurs diamètres, en admettant que l'admission à pleine vapeur ait lieu pendant toute la course du petit piston.

MACHINE A DEUX CYLINDRES, PAR M. SCRIBE (fig. 7). — Ce constructeur a proposé, pour arriver au même but, une disposition par laquelle on évite la garniture métallique intérieure, tout en superposant les deux cylindres, mais en les séparant complétement, ainsi que leurs distributions, et en mettant deux tiges au grand piston.

La fig. 7 de la pl. 32, qui est une section disposée comme celle fig. 6, indique d'abord que le petit cylindre A est placé à la partie supérieure ; il est appuyé sur un socle venu de fonte avec le couvercle de celui B ; tous deux possèdent leur appareil de distribution complet : boîte, tiroir et canaux. Le petit cylindre étant fermé complétement à sa base par un bouchon C mastiqué, et le grand cylindre de même fermé par le couvercle plein D, aucune communication n'existe entre eux dans cette partie : la liaison des pistons ne peut donc être qu'extérieure.

A cet effet, le grand piston B′ porte deux tiges a qui traversent le couvercle chacune par une boîte à étoupe distincte et, s'élevant des deux côtés du petit cylindre, viennent se relier, ainsi que la tige b du piston A′, à la traverse avec laquelle est assemblée la bielle motrice.

Le socle, qui reçoit le petit cylindre, forme une partie circulaire accompagnée de quatre semelles en croix c auxquelles correspondent des nervures d, fondues avec ce cylindre, et terminées par des bossages traversés par les boulons e qui servent à réunir les deux pièces. On comprend que les boîtes à étoupes des deux tiges a sont placées directement sur le couvercle D, entre les semelles c.

Les tiges f et g des deux tiroirs E et F sont attachées à la même traverse G, laquelle est assemblée, par articulation, avec la barre d'excentrique H ; ces tiroirs ont donc tous deux le même mouvement, et opèrent exactement de la même façon.

L'introduction de la vapeur a lieu suivant le même mode que dans les machines du système de Woolf ou d'Edwards ; amenée directement du générateur dans la boîte I, la vapeur est distribuée au petit cylindre par son tiroir E, puis, à sa sortie par l'orifice central h, un conduit h' l'amène à la deuxième boîte J, d'où le tiroir F la distribue au grand cylindre. Elle parvient ensuite au condenseur par l'orifice d'échappement i.

Nous n'entrerons pas dans l'examen comparatif approfondi de ces systèmes analogues qui évitent réciproquement leurs défauts respectifs, généralement rachetés par d'autres plus ou moins graves ; il n'est pas douteux que tout le monde saura se prononcer, après les avoir ainsi décrits, sur l'opportunité de leur adoption, et sur les avantages ou les inconvénients qu'ils peuvent présenter en pratique.

On ne devra pas oublier, dans cette appréciation, que cette disposition particulière des deux cylindres a eu pour premier objet la simplification du mécanisme, et la réduction générale des dimensions de la machine, tout en profitant en partie des avantages du système, ou, pour mieux dire, de ce mode de détente, préférable à l'emploi d'un cylindre unique.

MACHINES DE WOOLF A DIRECTRICES ET A PISTONS DE MÊME COURSE
PLACÉS SUIVANT DES AXES PARALLÈLES DIFFÉRENTS.

Nous venons de montrer des exemples dans lesquels, tout en conservant la disposition verticale, la machine est *à directrices*, en superposant les cylindres, le petit en dessus ou en dessous. On distingue également des machines à deux cylindres, *verticales*, à directrices, dont les cylindres sont parallèles, d'égale longueur, et situés à la même hauteur, à côté l'un de l'autre, et des machines, dont les cylindres conservant ce même rapport de position, sont *horizontales*. Dans ces différents cas, la distribution de la vapeur est opérée suivant le mode ordinaire employé dans les machines à balancier, excepté dans une machine verticale de MM. Legavrian et Farinaux, et dans la machine horizontale de MM. Boudier frères que nous décrirons plus loin avec détails.

Machine verticale a deux cylindres, par m. tamizier. — Un ancien constructeur de Paris, M. Tamizier, qui s'était du reste fait un nom dans la mécanique pour

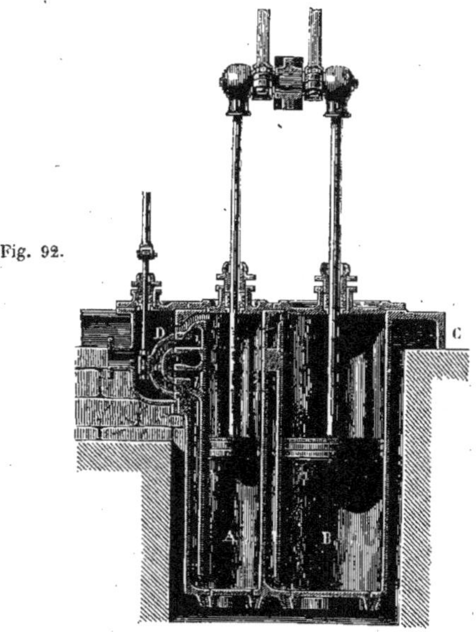

Fig. 92.　　　　　　　　　　　　　　　　　　　　Échelle de 1/25.

diverses inventions utiles, a exécuté une machine de Woolf, verticale et à directrices, dans laquelle on remarque surtout la position des cylindres qui sont placés côte à côte, et dans un plan vertical passant par l'axe même de l'arbre moteur.

La fig. 92 permettra de se faire une idée de cette disposition particulière : c'est

une coupe faite sur l'axe commun des deux cylindres, qui est, comme nous venons
de le dire, celui de l'arbre à manivelle.

Les cylindres A et B sont fondus de la même pièce, qui comprend également la
plaque de fondation C, sur laquelle s'appuie le bâti de la machine; cette plaque
est, comme on le voit, ménagée à la partie supérieure des cylindres, de telle façon
que ceux-ci sont entièrement dissimulés par la maçonnerie.

Le petit cylindre porte la table dressée pour le tiroir unique D, disposé, comme
on l'a vu précédemment, avec un canal intérieur a, correspondant à la distribution de la vapeur au grand cylindre. La table de glissement présente alors la totalité
des orifices; ceux b, qui communiquent avec le grand cylindre B, contournent
celui A, suivant deux canaux en forme de ceintures demi-circulaires, lesquels
deviennent les conduits verticaux ménagés entre les deux cylindres et correspondant aux deux extrémités du grand.

On comprend aisément, d'après cela, comment la vapeur, amenée directement
dans la boîte à vapeur, est distribuée successivement au premier cylindre et de
celui-ci au second; l'échappement a lieu, comme toujours avec ce système, dans
un condenseur. Les pistons sont reliés ensuite par leurs tiges à une traverse assemblée avec la bielle motrice.

Il y a lieu de faire ici une remarque importante sur la façon dont les deux pistons
agissent sur le mécanisme de transmission. La traverse qui les relie se trouve dans
le même cas qu'un fléau de balance dont les plateaux seraient inégalement chargés,
et qui tendrait alors à s'incliner du côté du plus pesant; si cette traverse n'est pas
disposée pour agir en centralisant, par une pièce très-rigide, les efforts transmis
directement par les points d'attache des tiges, elle tendra à s'incliner en détruisant
toute la régularité du système en mouvement. Cette cause aura d'autant plus d'effet
que, par les courses qui sont égales, le rapport des volumes engendrés par les pistons
dépend exclusivement de leurs surfaces, lesquelles, pour un même degré de détente
à produire, seront alors au maximum de différence.

Cette objection ne se rencontre pas à l'égard des deux machines précédentes,
puisque, dans la première, par M. Alexander, les deux pistons ont une tige commune, et que dans la seconde, celle de M. Scribe, la tige du petit piston agit au
centre de la traverse, dont les deux extrémités supportent, suivant une égale répartition, la moitié de l'effort transmis par le grand piston.

Machine verticale a deux cylindres, par mm. legavrian et farinaux. — Ces constructeurs avaient, étant associés, proposé, il y a quelques années, l'emploi d'une
machine de ce système, présentant deux cylindres verticaux combinés, mais séparés, et agissant aux deux extrémités d'un même arbre moteur. Nous avons déjà
cité cette machine pour son condenseur (t. 1er, p. 470).

Quelques mots suffiront pour en faire très-bien comprendre le principe.

Un arbre supporté par un bâti composé de quatre colonnes et d'un entablement;
le petit cylindre d'un côté et le grand de l'autre, ayant leurs pistons reliés à deux
manivelles d'égal rayon fixées aux extrémités de l'arbre : voilà pour l'aspect général
de la machine. La vapeur s'échappant du petit cylindre est dirigée par un tuyau

sur la boîte de distribution du grand, d'où elle se rend ensuite au condenseur ; la pompe de ce dernier appareil est mise en mouvement par un excentrique monté sur l'arbre, ainsi que ceux des deux tiroirs, et un volant-engrenage pour régulariser et transmettre simultanément la puissance.

La disposition des deux manivelles conduit à une circonstance qui ne s'était pas encore présentée ici à l'égard des machines de Woolf : c'est la marche alternative des deux pistons, ce qui change un peu le mode d'introduction de la vapeur ; les manivelles étant *à peu près* en ligne droite, leurs boutons en des points opposés de la circonférence décrite, un piston monte tandis que l'autre descend, d'où il résulte que le passage de la vapeur du petit au grand cylindre est *direct,* au lieu d'être *croisé.* Cependant, ces manivelles, au lieu d'être exactement en ligne droite, comme l'exigerait la marche relative des deux pistons, forment entre elles un certain angle, voisin néanmoins de 180°, de façon que les pistons n'arrivent pas tout à fait ensemble aux points morts, afin d'en éviter en partie l'inconvénient. Mais, on comprend qu'il n'est pas possible de s'écarter sensiblement de la ligne droite, car les deux coups de piston doivent coïncider exactement avec le passage de la vapeur d'un cylindre dans l'autre, ce qui a lieu dans les autres machines du même système.

Cette disposition, en résumé, est très-applicable ; mais les cylindres sont un peu trop éloignés l'un de l'autre, ce qui augmente l'étendue des conduits de communication que l'on doit toujours chercher à restreindre. Insistons cependant sur cette propriété que nous retrouverons appliquée tout à l'heure, des passages de vapeur *non croisés,* correspondant à la marche alternative des pistons.

MACHINES A DEUX CYLINDRES, HORIZONTALES. — La position horizontale convient également aux machines à deux cylindres, et en l'adoptant on peut se renfermer tout à fait dans la composition du mécanisme combiné pour les machines verticales du même système.

En 1849, nous eûmes l'occasion d'en faire faire l'application chez M. Ronnet, à Pont-Maugis (Ardennes), qui voulut bien nous confier l'étude d'une machine de 12 chevaux pour laquelle ce système paraissait convenir. C'est probablement la première fois que l'on fit une machine à deux cylindres horizontale.

Sa construction était, du reste, extrêmement simple. Les deux cylindres étaient fixés dans une enveloppe fondue d'une seule pièce, laquelle s'appuyait alors, par des oreilles, sur un bâti horizontal, exactement de la même façon qu'un cylindre simple ; les deux tiges étaient réunies sur une traverse commune, guidée de chaque côté du bâti dans des glissières et reliée à la bielle motrice : les deux pistons possédaient nécessairement la même course.

Quant à la distribution, qui devait produire les mêmes effets que dans les machines à deux cylindres à balancier, elle se composait de deux boîtes et de deux tiroirs agissant séparément sur chaque cylindre.

Plus tard, à l'Exposition universelle de Paris, en 1855, M. Isidore Farinaux, mécanicien à Lille, a présenté une machine établie sur des données analogues, différant seulement par quelques détails de construction.

Depuis quelques années, une partie des immenses ateliers de MM. Mazeline et C°,

du Havre, est menée par une machine de Woolf, à laquelle ces ingénieurs ont
donné la position horizontale en plaçant les cylindres bout-à-bout, comme dans la
machine de M. Alexander (fig. 6, pl. 32).

Il est inutile d'insister longtemps sur le but que l'on se propose en construisant
des machines de Woolf horizontales : c'est évidemment pour profiter à la fois des
avantages du système, unis à la stabilité et à la simplicité du mode horizontal, qualités qui ont été plusieurs fois déjà mises en relief dans le cours de cet ouvrage. Il
n'y apparaît pas, du reste, d'objection sérieuse : c'est la réunion des efforts respectifs des deux cylindres lorsqu'ils sont placés côte à côte, qu'il faut surtout opérer
avec la plus grande rigidité et la plus parfaite exactitude.

MACHINE A DEUX CYLINDRES, HORIZONTALE AVEC PISTONS
A MARCHE ALTERNATIVE

Par **MM. BOUDIER** frères, constructeurs à Rouen

(FIG. 1 A 5, PL. 33)

MM. Boudier frères ont présenté à l'Exposition régionale de Rouen, en 1859, une
machine à deux cylindres horizontale, fondée sur ce principe dont nous avons
cité une première application par la machine de MM. Legavrian et Farinaux,
c'est-à-dire, les pistons ayant une marche alternative, ce qui rend les passages
de vapeur *directs*, au lieu d'être *croisés*. Mais dans celle-ci, la construction est tout
à fait rationnelle, quant à la complète réalisation du principe et des avantages que
l'on en peut attendre : les cylindres sont tout à fait rapprochés l'un de l'autre, et
la distribution, quoique opérée par un tiroir commun aux deux cylindres, comprend en réalité *deux tiroirs*, appliqués respectivement aux deux extrémités des
cylindres, de façon à supprimer les longs canaux qui partent d'ordinaire de la boîte
à vapeur pour correspondre aux deux côtés du piston.

ENSEMBLE DE LA CONSTRUCTION

La fig. 1 de la pl. 33 représente cette machine en élévation extérieure ;

La fig. 2 en est une projection horizontale également extérieure ;

La fig. 3 est une section transversale faite sur la ligne 1-2 passant sur l'une des
deux boîtes de distribution.

La fig. 4 est un détail de l'enveloppe des cylindres, destiné spécialement à montrer les orifices de distribution ;

La fig. 5 est une coupe longitudinale partielle sur la ligne 3-4 passant par l'axe
des boîtes de distribution.

Les cylindres A et B sont fondus avec leur enveloppe C, qui porte les semelles *a,* par lesquelles leur ensemble repose sur le bâti en fonte D. Ce dernier, qui a très-peu de hauteur, s'appuie directement sur la maçonnerie; il est composé de deux côtés extérieurs et d'une partie centrale D′ portant l'un des paliers de l'arbre moteur E; cette partie est reliée à l'ensemble par le bout du bâti opposé aux cylindres, et par une traverse D², le tout, bien entendu, fondu de la même pièce.

L'arbre moteur est composé d'une partie cylindrique et d'un coude E² formant la manivelle du grand piston; ce coude est situé entre les paliers I et I′ appartenant au bâti, et en dehors de celui I, le tourillon est prolongé pour recevoir la manivelle E′ du petit piston, laquelle est alors calée *en ligne droite* par rapport au coude. L'ensemble de l'arbre doit être en outre muni d'un troisième palier situé en dehors du volant, et appuyé sur la maçonnerie.

Les tiges de piston sont guidées par les sabots c et c′ entre des glissières simples en fonte F et F′, fixées d'un bout sur la boîte à étoupe du couvercle, et de l'autre sur une arcade G boulonnée sur les bords extérieurs du bâti, et qui sert aussi de support au régulateur à force centrifuge H. Elles sont reliées respectivement à la manivelle E′ et au coude E² par les bielles J et J′.

Ceci fera comprendre déjà la marche relative des pistons, qui se meuvent nécessairement en sens inverse par le fait même des positions réciproques du coude et de la manivelle; de plus, l'indépendance de ces deux organes a permis de leur donner des rayons différents : la course du grand piston est *plus petite* que celle du petit. Les constructeurs, en adoptant cette disposition, ont pensé qu'il convient de donner au petit piston, qui reçoit l'action de la vapeur à haute pression, une plus grande vitesse qu'à l'autre sur lequel la vapeur agit en se détendant.

L'arbre porte les organes habituels de la transmission et du service propre de la machine; à côté du volant K, il reçoit une roue d'angle d engrenant avec une semblable d′ dont l'axe transmet à la fois le mouvement au régulateur, aux registres de détente, et simultanément à la pompe à air du condenseur L et à celle alimentaire M : nous verrons tout à l'heure les détails de ce mécanisme. Le même arbre porte, entre le palier I′ et le coude, un excentrique N pour les tiroirs de la distribution que nous allons décrire.

La vapeur est amenée du générateur, directement dans l'enveloppe des cylindres par un conduit O correspondant à une tubulure qui s'y trouve ménagée à cet effet; de l'enveloppe elle passe par une tubulure O′ sur laquelle s'ajuste un robinet à trois ouvertures P, qui communique, par deux conduits P′ et P², avec deux boîtes Q et Q′ renfermant les registres de détente e et e′. Ces boîtes sont placées au-dessus de celles R et R′ qui recouvrent les tiroirs de distribution f et f′; nous montrerons plus loin que les registres qu'elles renferment fonctionnent d'une façon analogue à ce qui a été expliqué pour la détente par tiroirs superposés (t. 1ᵉʳ, p. 390), mise en jeu à l'aide d'un mécanisme analogue au système Meyer (t. 1ᵉʳ, p. 421).

Les tiroirs f et f′ sont reliés rigidement à la même tige f² et opèrent simultanément pour les deux extrémités respectives des deux cylindres; ils correspondent chacun à trois orifices dont nous allons examiner la disposition. Prenons d'abord pour exemple le côté de la boîte R, les deux parties étant exactement semblables.

Le tiroir *f* joue sur trois orifices : *g*, *h* et *i*; l'orifice *g* pénètre dans le *petit* cylindre, celui *h* correspond à la même extrémité du *grand*, et le troisième *i* s'ouvre sur un canal *j* qui communique avec une division distincte de l'intérieur de l'enveloppe, laquelle division est en relation permanente avec le condenseur par la tubulure L′ et le conduit L².

Le tiroir *f′*, de l'autre boîte R′, est en rapport avec les trois orifices *g′*, *h′* et *i′*, qui ont alors la même disposition, mais pour le côté opposé des deux cylindres. Mais l'orifice *i′* communique avec le même canal d'échappement *j*.

En considérant maintenant le jeu simultané des deux tiroirs, on voit que leurs positions extrêmes, que la fig. 5 permet d'observer en même temps, amènent les deux situations suivantes :

1° L'orifice *g′* est découvert, par rapport à l'intérieur de la boîte R′, tandis que les deux orifices *h′* et *i′* communiquent avec le vide intérieur du tiroir.

La vapeur s'introduit alors, par l'orifice *g′* de la boîte R′, dans le petit cylindre, tandis que la vapeur qui s'échappe du grand, et du même côté du piston, passe par l'orifice *h′*, le vide du tiroir, l'orifice *i′* et le canal *j*, pour se rendre au condenseur.

2° Dans l'autre boîte R, l'orifice d'échappement *i* est recouvert, et ceux *g* et *h* sont en relation par le vide du tiroir *f*.

Dans cette position, la vapeur sort du petit cylindre par l'orifice *g* et pénètre, *du même bout*, dans le grand cylindre. (Voir la fig. 4 pour la disposition de ces orifices.)

Résumant ce qui précède, nous disons :

Lorsque la vapeur active s'introduit par l'un des bouts du petit cylindre, l'échappement du grand cylindre au condenseur a lieu *du même bout*.

Au même instant et à l'extrémité opposée, la vapeur passe du petit cylindre dans le grand.

Quant aux registres de détente *e* et *e′*, on voit qu'ils sont percés chacun de deux lumières qui viennent se placer en regard de celles pratiquées sur la face des boîtes R et R′, lorsque la vapeur doit y pénétrer. Le moment d'ouverture de ces lumières a lieu au départ du petit piston des extrémités de la course; elles se recouvrent au moment où l'admission doit être interrompue, lorsqu'on veut produire une détente initiale dans ce premier cylindre. Au besoin, l'action des registres peut être complétement suspendue.

Comme on l'a dit précédemment, cette disposition particulière des passages de vapeur a pour objet de réduire, autant que possible, les conduits de communication *entre les deux cylindres*, qui sont, comme on le sait, toujours nuisibles à l'effet rendu par le fluide moteur; ces conduits sont en effet restreints au volume de chacun des canaux *h* et *h′*, dont la section (fig. 5) montre bien le peu d'étendue.

Les boîtes de distribution, et généralement les espaces remplis par la vapeur, sont très-faibles. Mais on pourrait peut être faire cette objection, qu'il y a inconvénient à ce que le canal d'échappement fasse partie du vide réservé par l'enveloppe autour du grand cylindre, dont la moitié de la circonférence s'en trouve d'autant refroidie. Il serait facile d'y remédier, en ménageant un canal spécial en dehors de la paroi simple de l'enveloppe.

DÉTAILS DE CONSTRUCTION

COMMANDE DES TIROIRS DE DISTRIBUTION ET DE DÉTENTE.—Les deux tiroirs f et f' sont réunis par une tige f^2 qui traverse, de la boîte R à celle R', par les deux garnitures disposées en regard l'une de l'autre; leur ensemble est commandé par une seconde tige k rattachée au tiroir f' et sortant de la boîte R' par une troisième garniture placée du côté de l'avant-bout des cylindres. La tige k est reliée au mouvement de l'excentrique N, par un mécanisme de renvoi semblable à ce que l'on a vu plusieurs fois; la barre N' de l'excentrique est assemblée avec un levier l monté à l'extrémité d'un axe intermédiaire m, qui a pour support les deux glissières supérieures F et F'; il porte un second levier l' auquel la tige k des tiroirs est réunie, par articulation, au moyen de deux petites bielles jumelles k'.

Les registres de détente e et e' sont mis en mouvement par un mécanisme qui a beaucoup de ressemblance avec celui de la détente Meyer, et qui, comme ce dernier, permet de changer le point de la détente, mais hors de l'influence du régulateur.

Les deux registres sont montés, quant aux tiges qui les relient ou les commandent, exactement comme ceux de distribution; seulement, au lieu de deux tiges, c'est une tringle e^2, d'une seule pièce, que l'on introduit au travers des trois garnitures et sur laquelle on fixe ensuite des rondelles goupillées pour rattacher les registres. Cette tringle, prolongée au dehors, vient s'assembler avec un levier n, monté à l'extrémité d'un axe intermédiaire o, animé d'un mouvement oscillatoire, et ayant pour points d'appui la glissière supérieure F' et un piton à douille F² fixé sur le bord du bâti.

L'oscillation de cet axe o est produite par un mécanisme que nous allons expliquer. L'arbre S, qui reçoit un mouvement de rotation continu à l'aide de la paire de roues d et d', porte un manchon T, que celui de Meyer permet de très-bien comprendre. C'est aussi *un manchon à bosse*, avec cette différence que la bosse, au lieu d'être continue et progressive, est formée de cammes en virgules, juxtaposées, et à génératrices cylindriques; elles représentent chacune un degré de détente, et l'on peut dire, en résumé, que ce manchon est à celui de Meyer, *ce qu'un escalier est à un plan incliné*. L'axe o est alors muni d'un second levier n' qui se termine par une *touche* reposant constamment sur le manchon T; celui-ci tournant avec l'arbre S, la touche rencontre alternativement le fond et l'extrémité d'une camme, ce qui donne, en résumé à l'axe o un mouvement oscillatoire intermittent transmis aux registres e et e'.

Il suffit pour changer le degré de détente d'amener telle ou telle partie du manchon au-dessous de la touche du levier n. Ce manchon, étant monté sur l'arbre S par une clef longue, peut se déplacer en glissant sans cesser de tourner avec lui; on fait cette opération, au besoin, sans arrêter la machine, en agissant sur un petit volant p, monté sur un axe p' dont l'extrémité opposée porte un levier à fourche p^2, laquelle fourche est munie de deux tourillons qui s'engagent dans une gorge pratiquée sur le bout du manchon. En faisant tourner l'axe p', la fourche p^2 entraîne le manchon et l'amène dans toutes les positions requises.

MOUVEMENT DES POMPES. — L'arbre S, monté sur des paliers q fixés sur le côté du bâti, se termine par un plateau U, sur lequel est placé un bouton pour l'assemblage de la bielle V qui commande le piston de la pompe à air.

Le piston plongeur de la pompe alimentaire est mis en mouvement par le même mécanisme; il est rattaché, pour cela, à une équerre en fonte r, fixée sur la tige de la première pompe et à laquelle la bielle V se trouve directement reliée. Cette bielle est fourchue, de façon à laisser passer, entre ses branches, le prolongement de la tige du piston de la pompe à air, qui est maintenue dans son mouvement par un guide fixe.

Le condenseur L, du système dit *à corps concentriques*, repose directement par sa base sur un sol ménagé en contre-bas de celui de la machine; il est fondu avec une oreille qui reçoit la pompe alimentaire. L'injection d'eau froide a lieu, comme à l'ordinaire, par un robinet à cadran s, piqué sur le conduit L^2, aussi près que possible du cylindre B.

MOUVEMENT DU RÉGULATEUR. — L'axe du régulateur est maintenu dans un support fixé sur l'arcade G; il reçoit son mouvement de rotation de l'arbre S, à l'aide d'un arbre intermédiaire t, posé obliquement sur des supports fixés sur l'arcade, et deux paires de roues d'angle u et u'.

L'action du régulateur s'exerce sur une valve disposée comme nous l'avons vu déjà pour la machine de M. Powell (p. 47). Le robinet P, qui sert à établir la communication entre l'enveloppe et les boîtes à vapeur, est destiné à cet usage et à la mise en train; sa clef est prolongée, du côté de la petite base, pour recevoir un long levier v; mais elle est creuse et forme boisseau à une seconde clef dont la tige, munie d'une petite manivelle x, est mise en rapport avec le manchon mobile du régulateur par une tringle y et une équerre z.

DIMENSIONS ET CONDITIONS DE MARCHE

Cette machine a les dimensions principales suivantes :

Diamètre du petit piston............................	0^m 240
Superficie » »	$4^{d.q.}$ 52
Course » »	0^m 740
Volume engendré par coup simple...................	$33^{d.c.}$ 448
Diamètre du grand piston..........................	0^m 520
Superficie » »	$21^{d.q.}$ 24
Course » »	0^m 680
Volume engendré par coup simple...................	$144^{d.c.}$ 432
Rapport des deux volumes..........................	1 : 4,3
Diamètre des tourillons de l'arbre moteur..........	0^m 120
Diamètre moyen de la jante du volant..............	3^m 200
Poids de cette jante..............................	4300 kil.

Sa puissance nominale est de 16 chevaux-vapeur; celle peut être atteinte, ainsi qu'on le sait, en changeant réciproquement ses conditions de marche.

Ainsi, la détente minimum qui est 4, par le rapport direct des volumes engendrés par le piston, peut être de beaucoup augmentée et portée jusqu'à 20 au maximum, par l'action du manchon qui permet de faire varier l'introduction de la vapeur dans le petit cylindre, depuis le premier cinquième de la course jusqu'à la pleine pression pendant la course entière; dans ces divers modes d'emploi de la vapeur, sa pression initiale peut être différente, etc.

D'ailleurs, la force de l'arbre moteur correspond, pour 16 chevaux, à 40 tours par minute.

MACHINE A PISTON SIMPLE ANNULAIRE

Par M. OTTO MULLER, professeur à Prague

M. Muller, de Prague, a proposé, il y a environ deux ans, une disposition de machine à vapeur produisant la détente suivant les principes de Woolf, mais avec un seul cylindre dans lequel se meut un piston surmonté d'un manchon d'un grand

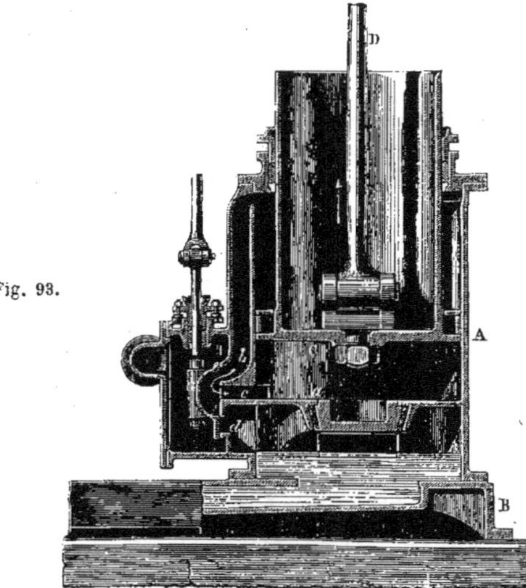

Fig. 93.   Échelle de 1/20.

diamètre. Ce manchon lui forme comme une énorme tige, de façon que le volume qu'il engendre en descendant est beaucoup plus faible que celui qui correspond à la direction inverse. La vapeur du générateur ne parvient jamais *qu'au-dessus* du piston, lorsqu'il descend, et passe, en se détendant, du dessus au-dessous, lorsqu'il monte : c'est, en un mot, *une machine de Woolf à simple effet.*

La fig. 93 permet de se rendre un compte exact de la construction de cette machine ; elle représente l'ensemble du cylindre et de la distribution en coupe verticale, et isolé du restant de la machine, qui ne présente du reste aucune autre particularité remarquable.

Le cylindre A porte un fond *a* qui laisse une capacité libre entre lui et le socle en fonte B sur lequel il est fixé par un rebord. Trois orifices *b*, *c* et *d*, débouchant sur la table du tiroir, communiquent respectivement avec le haut et le bas du cylindre et avec cette capacité située au-dessous du fond *a*.

Le piston C est, comme on le voit, un véritable cylindre creux, ouvert à sa partie supérieure, et présentant au bas une couronne saillante disposée avec des segments élastiques, comme un piston ordinaire. Il est relié directement à la manivelle motrice par une bielle D assemblée par une chape fixée sur le fond plein.

La vapeur fournie par la chaudière est introduite dans la boîte de distribution par une tubulure fondue avec son couvercle. Si nous supposons le piston en haut du cylindre, le tiroir, par sa position relative, découvre l'orifice *b* par lequel la vapeur passe, et venant presser sur la surface supérieure annulaire du piston, *le fait descendre.* Aussitôt que le piston commence à remonter, le tiroir fait communiquer ensemble, par son intérieur, les orifices *b* et *c*, de façon que la vapeur qui remplissait le vide annulaire *au-dessus* du piston repasse *en dessous* en se détendant dans le rapport de ces deux volumes. Lorsque le piston est de nouveau parvenu en haut du cylindre, et qu'il fait une nouvelle descente, le tiroir reprenant la première position où nous l'avions pris, met cette fois en rapport, toujours par son intérieur, les orifices *c* et *d*, et la vapeur confinée au-dessous du piston s'échappe dans l'atmosphère en traversant l'orifice *d* et la capacité réservée au-dessous du fond *a.*

Cette partie sert de réchauffeur pour l'eau d'alimentation qui la traverse, et emprunte à la vapeur échappée une partie de sa chaleur, avant d'être aspirée par la pompe.

L'ingénieux inventeur de cette disposition a eu l'intention de créer ainsi une détente aussi rationnelle et plus simple que celle des machines à deux cylindres ; mais le piston, avec son large manchon, nous semble présenter à la fois le triple inconvénient de sa grande surface frottante dans la boîte à étoupe, d'un joint mobile d'une grande étendue et de former intérieurement paroi réfrigérante par rapport à la vapeur admise à la partie supérieure.

En fixant les dimensions de cette machine, l'auteur a pris soin que le travail développé soit le même dans les deux sens de la marche du piston, condition importante pour obtenir une marche régulière, sans donner au volant un poids exagéré. Il a donné à la surface annulaire le quart de celle entière, d'où le degré de détente est environ 3,7, en tenant compte des espaces perdus.

CONCLUSION SUR LES MACHINES A DEUX CYLINDRES

Comme on a pu s'en convaincre par les explications qui précèdent, la machine à deux cylindres, bien exécutée, est le meilleur système de moteur à vapeur que l'on puisse appliquer, pour une puissance assez importante, sous le rapport de l'économie de combustible, de la régularité de marche et du peu d'entretien qu'elle nécessite. L'opinion des manufacturiers est unanime à cet égard, et ce système, malgré l'élévation de ses premiers frais d'établissement, est adopté généralement, de préférence à tout autre, dans les contrées industrielles où se trouvent en grand nombre des filatures, des tissages mécaniques, des fabriques de toiles peintes, et en général les établissements qui exigent une force motrice puissante et régulière.

Ce système de moteur a, en outre, le mérite de permettre au manufacturier d'en faire varier notablement la puissance, sans s'écarter sensiblement du maximum d'effet utile, par la possibilité de modifier le degré de détente dans des limites beaucoup plus étendues qu'avec un seul cylindre, dont le piston éprouve toute la variation des efforts de la vapeur et qu'il fait de même ressentir au mécanisme. Aussi la plupart des constructeurs donnent aux organes de transmission de leurs machines des dimensions supérieures à celles qui correspondraient simplement à la force nominale, sachant d'avance que la machine est susceptible, dans un moment donné, d'entraîner une charge double, ce qui se voit fréquemment, et sans qu'il en résulte d'inconvénient pour son état de marche. .

La machine à deux cylindres réunit bien, en effet, les conditions essentielles d'un bon moteur : dépensant le moins de combustible possible par le meilleur procédé d'opérer la détente ; marchant régulièrement, parce que les inégalités de pression sont en partie évitées ; et, par cela même, se détériorant peu.

Dans bien des manufactures, on a relié un mécanisme d'horlogerie, faisant marcher deux aiguilles sur un cadran, avec le mouvement d'une machine à deux cylindres, et l'on a pu constater que cette pendule, de nouvelle espèce, marquait le temps avec presque autant de précision qu'une véritable horloge.

La nécessité d'avoir à sa disposition une quantité d'eau suffisante, du reste, comme pour toute machine à condensation, est l'obstacle le plus sérieux à l'emploi de ce système, ainsi que le mode à balancier qui ne permet pas de marcher à certaines vitesses de rotation quelquefois indispensables ; c'est pour cela que l'on a essayé, mais jusqu'ici sans succès véritable, de disposer des machines à deux cylindres à directrices, verticales ou horizontales. Nous croyons cependant que cet autre mode de disposition finira par se répandre davantage, et qu'il rendra des services à l'industrie, car c'est la réunion d'un excellent système de détente et d'une construction simple et solide, constituant un mécanisme moins limité dans l'allure de sa marche que la machine à balancier.

FIN DU CHAPITRE HUITIÈME.

CHAPITRE IX

MACHINES A SIMPLE EFFET

PRINCIPE DE LEUR APPLICATION

On a vu, par l'historique (tome 1er), comment les moteurs à vapeur passèrent successivement de l'état de *machines atmosphériques* à celui de machines à vapeur *à simple* et *à double effet*. C'est principalement ce dernier mode qui est en usage aujourd'hui, et qui convient du reste exclusivement aux moteurs à rotation.

Cependant, lorsqu'il s'agit de commander des appareils à marche alternative, tels que des pompes hydrauliques, qui présentent à chaque course de piston deux phases distinctes, maximum et minimum, l'application de la machine à simple effet peut offrir certains avantages, surtout pour de grandes élévations d'eau, en raison des repos qui se manifestent à chaque fin de course du piston à vapeur, et qui s'accordent à merveille avec le temps nécessaire au mouvement des clapets de la pompe et aux changements de direction du fluide.

Les machines à simple effet sont appliquées depuis longtemps dans les mines pour l'épuisement des eaux; elles sont surtout en usage en Angleterre, où leur construction a été successivement améliorée et mise en harmonie avec les progrès modernes. Nous avons cité plusieurs fois les fameuses machines dites de Cornwall, qui tirent leur nom de la contrée où ce système a fait certainement le plus de progrès. Le mouvement du piston à vapeur se transmet aux pompes sans transformation, par l'intermédiaire d'un balancier. Mais la course du piston et le nombre de coups qu'il donne se règlent automatiquement à l'aide d'un mécanisme fort ingénieux appelé *cataracte*, qui joue, comme on le verra, un rôle très-important.

Les grandes dimensions adoptées, une détente souvent très-prolongée et des combinaisons propres à éviter les déperditions de chaleur, ont permis également d'atteindre, avec ce genre de machines, de notables économies de combustible, condition importante, même en Angleterre, où le charbon n'est pas cher, à cause de l'énorme puissance des machines. Il n'est pas rare, en effet, d'en rencontrer de 400 à 500 chevaux, et n'ayant d'autre travail que d'extraire les eaux des mines.

On se rappelle que la maison Périer avait construit vers la fin du dernier siècle, deux machines à simple effet, sur le modèle de Watt, pour faire mouvoir des pompes, connues sous le nom de *Pompes de Chaillot* (quai de Billy, à Paris), destinées à élever les eaux de la Seine pour le service public; ces premières machines, que l'on voyait encore avec curiosité il y a peu d'années, ont été remplacées par deux autres beaucoup plus puissantes, construites dans les ateliers du Creuzot, suivant les derniers perfectionnements adoptés.

Ces nouvelles machines de Chaillot sont à balancier, comme celles originales des mines de Cornwall; exécutées avec beaucoup de soin, elles fonctionnent aujourd'hui d'une manière très-régulière. Il est vrai de dire que leur mise en marche a demandé quelque temps avant d'obtenir ce résultat; mais leur établissement présentait, du reste, certaines difficultés particulières, en raison du fort volume d'eau à élever et des deux niveaux qui étaient primitivement variables. Le niveau inférieur, qui est celui même de la Seine, varie nécessairement entre 3 et 6 mètres, à partir des clapets de la pompe; mais celui des réservoirs supérieurs, qui a le plus d'influence, puisqu'il détermine la hauteur de la colonne d'eau refoulée par le piston de la pompe, peut être maintenu fixe, ce que l'on obtient maintenant au grand avantage des conditions de marche.

La réglementation exacte de la hauteur de la colonne d'ascension permet en effet, aujourd'hui, de conserver à la machine une allure plus régulière et plus conforme aux conditions cherchées pour limiter la dépense du combustible. Cependant malgré une construction qui ne laisse rien à désirer, et malgré les soins extrêmes apportés dans la conduite des appareils, cette dépense est relativement élevée, si on la compare aux résultats trouvés, en Angleterre, par M. Th. Wicksteed, sur une machine analogue fonctionnant dans des conditions à peu près identiques, sous le rapport du volume d'eau et de la hauteur à laquelle elle est élevée.

Il est vrai que la machine anglaise n'aspire pas à autant de profondeur que celle de Chaillot, et que la grande hauteur d'aspiration serait, suivant l'opinion de personnes expérimentées, un obstacle à l'emploi de grandes détentes; et, du reste, la machine Wicksteed, dans ses meilleures conditions d'économie, ne marchait pas à une détente plus prolongée que trois fois le volume admis à pleine vapeur, ce qui est une détente très-ordinaire. Nous n'établissons évidemment aucune comparaison avec les machines des mines de Cornwall, où l'on a prétendu marcher à des détentes à 1/20 et à 1/30.

Nous rappelons plus loin les résultats d'expérience de M. Wicksteed, résultats vraiment extraordinaires, puisque, en comprenant toutes pertes d'effets relatives aux chaudières, à la machine, à la pompe et au frottement de l'eau dans la colonne d'ascension, la puissance utile d'un cheval-vapeur n'a pas coûté plus de 1 kilogramme de houille : ce serait presque à n'y pas croire si ces expériences n'avaient été faites avec un soin digne d'inspirer la plus grande confiance.

En admettant que l'on ne puisse compter sur un rendement normal aussi avantageux, et en faisant la part des qualités différentes de combustible employé, il est permis de supposer que les machines de Chaillot, qui consomment bien davantage, comportent dans leur organisation quelque point qui nuit à leur effet utile; c'est ce qui fait du reste l'objet de constantes observations de la part des ingénieurs auxquels ces machines sont confiées, et dont la haute capacité est notoire.

Nous citerons, à la fin de cet article, quelques chiffres qui permettront de se rendre un compte assez exact de cet état de choses.

MACHINES A SIMPLE EFFET DU SYSTÈME DE CORNWALL

ÉTABLIES A CHAILLOT (PARIS)

(PLANCHES 34 ET 35)

ENSEMBLE DE LA CONSTRUCTION

La fig. 1re de la pl. 34, représente, en coupe verticale, l'une des deux machines montées à l'établissement hydraulique de Chaillot;

La fig. 2 en est une vue de bout, regardée du côté de la pompe, et qui montre le vaste réservoir d'air de chaque côté duquel les deux machines sont installées;

Les fig. 3 à 7, pl. 35, representent en détail l'appareil de distribution.

Ces deux machines, qui sont parfaitement semblables, sont désignées respectivement par les noms de : *Alma* et *Iéna;* c'est la seconde que la fig. 1re représente, tandis que par les exigences de la disposition du dessin, la vue de bout, fig. **2**, ne laisse voir que la première : inutile d'ajouter que cette intervertion ne trouble en rien la description que nous allons entreprendre.

PRINCIPE DE LA MARCHE. — Le point distinctif de cette machine avec celle ordinaire à balancier, c'est qu'ici le mouvement du piston à vapeur B n'est point *transformé,* mais transmis directement par le balancier C au piston D de la pompe à eau, qui occupe la place de la bielle, dans une machine à rotation.

La pompe est *aspirante* et *foulante,* c'est-à-dire que le piston aspire *en montant,* et refoule l'eau dans la conduite ascensionnelle pendant sa descente.

Nous avons dit en quoi consiste la distribution dans une machine à simple effet : la vapeur fournie par la chaudière est introduite *au-dessus* du piston et le pousse jusqu'au bas de sa course; lorsqu'il remonte, la vapeur remplissant le cylindre ne s'échappe pas, et passe du dessus au-dessous du piston, qui se trouve alors en équilibre de pression pendant son ascension; au moment de la descente suivante, la vapeur qui se trouve entièrement passée au-dessous du piston, s'échappe au condenseur, et ainsi de suite pour chaque coup double.

Le piston à vapeur, qui n'a de puissance qu'en descendant, soulève celui de la pompe qui est chargé d'un poids calculé de façon à produire le refoulement de l'eau par sa propre chute, alors que le piston à vapeur remonte et, loin de le soutenir, est entraîné par lui. On peut, en somme, comparer avec exactitude le piston de la pompe et son surcroît de poids, à un volant qui emmagasine les excès de puissance du moteur pour les restituer ensuite pendant les phases opposées.

Il est aisé de comprendre le degré de précision qu'il faut apporter dans les dimensions des parties principales de la machine. Le premier point à déterminer est le poids du piston, pour le mettre en rapport avec celui de la colonne d'eau à refouler, plus les divers frottements et les parties pesantes du mécanisme qu'il doit nécessairement entraîner dans sa chute; d'après ce poids, on détermine la section du piston à vapeur sur lequel la vapeur doit faire un effort équivalent, plus celui afférent à l'aspiration; en un mot l'état de marche doit former un équilibre assez parfait pour qu'il ne se produise pas de ces entraînements brusques si dangereux avec de pareilles masses en mouvement.

Description du mécanisme. — Le cylindre à vapeur A, est enfermé dans une première enveloppe A′, chauffée par un jet de vapeur indépendant, et revêtu d'une chemise extérieure A², à la fois décorative et servant à retenir des matières pulvérulentes non conductrices de la chaleur. Il repose sur un massif en maçonnerie isolé, très-solide.

Le piston B est rattaché, par l'intermédiaire du parallélogramme, au balancier C, lequel est formé de deux flasques réunis par des entretoises, par le tourillon central et par les autres axes qui les traversent. L'axe central est appuyé sur un mur, d'une forte épaisseur, qui sépare en deux parties le local des deux machines.

La suspension du piston D de la pompe est faite de la même manière. Ce piston est composé, dans sa longueur, de deux parties cylindriques, réunies avec soin, et surmontées d'un plateau boulonné D′, portant un mamelon central par lequel il est réuni avec la tige attachée au balancier. Ce plateau reçoit des plaques pesantes qui constituent la masse D² ajoutée au poids propre du piston; une boîte octogonale en fonte D³ les dissimule et donne à l'ensemble son aspect extérieur.

Le corps de pompe E est pris entre deux planchers F et F′, le premier établi à la hauteur de la base du cylindre à vapeur; il est monté sur la boîte à clapets E′, au-dessous de laquelle est suspendu le tube plongeur E², dont notre dessin ne permet de voir que l'extrémité supérieure. Primitivement, les boîtes à clapet des deux machines communiquaient par de forts conduits E⁴ (fig. 2) avec la colonne octogonale G, formant réservoir d'air, et duquel part la grande conduite G′. Maintenant, un réservoir de plus a été monté en dehors du bâtiment, et celui G ne correspond qu'à l'une des deux machines, qui possèdent ainsi chacune le leur. Néanmoins, les deux réservoirs communiquent avec la conduite générale qui porte les valves nécessaires pour isoler à volonté l'une des deux machines. Cette colonne G sert aussi de noyau à l'élégant escalier de fonte qui met en communication les trois planchers ou étages des machines.

L'appareil de distribution de la vapeur est composé de trois soupapes principales H, I et J, qui ont les attributions suivantes :

La première H (fig. 6, pl. 35) établit la communication directe entre le générateur et la partie supérieure du cylindre : c'est la *soupape de distribution* (autrefois désignée par *soupape* à vapeur : steam valve);

La deuxième I (fig. 1, pl. 34, et fig. 3 et 6, pl. 35) qui met les deux extrémités du cylindre en rapport pendant la montée du piston, et qui opère la répartition de la vapeur : c'est la *soupape d'équilibre* (équilibrium valve);

La troisième J (fig. 1, pl. 34, et fig. 3, pl. 35) fait communiquer la partie inférieure du cylindre avec le condenseur : c'est la *soupape de condensation* (soupape d'exhaustion : exhaustion valve).

Une quatrième soupape est renfermée dans la boîte K⁵ (fig. 4, pl. 35), adaptée à la conduite d'arrivée de vapeur et contre la tubulure L'. Elle a pour but d'en régler le débit, à peu près comme avec le papillon d'une distribution ordinaire, si ce n'est qu'ici on la fait mouvoir à la main en agissant sur un volant X, monté sur une tige dont on n'a montré qu'une partie, et qui correspond à cette soupape par un mécanisme tout à fait analogue à celui des soupapes H et I (1).

La disposition de tout l'appareil de distribution et le mécanisme de commande des soupapes sont représentés en détails pl. 35, et décrits complétement plus loin ; mais nous devons en faire connaître dès à présent le principe.

Les deux soupapes H et I, d'introduction et d'équilibre, sont montées à l'intérieur d'une chapelle en fonte K interposée entre le cylindre et le conduit d'arrivée de vapeur L ; cette chapelle, ou boîte, est placée au sommet d'une colonne creuse en fonte K', dont le sommet forme en quelque sorte le siége de la soupape d'équilibre I, et communique, par le bas, avec un canal K², qui joint l'orifice inférieur du cylindre avec la boîte dans laquelle se trouve la soupape de condensation J. Il en résulte que c'est par la colonne K' que passe la vapeur en se partageant des deux côtés du piston, tandis que c'est par le canal K² qu'elle se rend au condenseur.

La boîte K⁴, qui renferme la soupape J, est en effet placée sur le sommet d'un conduit J' qui vient aboutir au condenseur M.

Ces trois soupapes sont en relation avec un mécanisme composé de leviers à bascule sur lesquels viennent agir des touches fixées sur une tige O, reliée au balancier, et qui s'abaisse et s'élève avec lui. L'effet de cette disposition est d'opérer spontanément *la levée ou l'abaissement* des soupapes suivant une succession d'intervalles intermittents. Mais cette opération n'a pas lieu isolément.

Les trois soupapes sont mises en mouvement à l'aide d'un système de leviers et de tringles installé sur un bâti N monté près du cylindre. La commande de ce mécanisme est dévolue à deux genres d'organes : l'un lié avec le mouvement propre de la machine et l'autre qui en est en quelque sorte indépendant.

Le premier de ces organes est la tige verticale O, suspendue au balancier par le parallélogramme, et portant ces taquets disposés pour agir, en montant et en descendant, sur les bascules qui font lever ou baisser les soupapes. Seulement cette tige ne fait que les *abaisser*, autrement dit, elle n'opère que *leur fermeture*.

Le second consiste en deux appareils P et P' désignés par le nom de : *cataractes*. Nous avons dit, à propos des appareils d'alimentation (t. 1ᵉʳ, p. 444), ce qu'est en principe la fonction de cet ingénieux instrument qui permet de régler le renouvellement d'une action intermittente, suivant des temps d'une durée déterminée. Ici, les cataractes sont des récipients d'eau à écoulement constant et à piston, que

---

(1) Nous avons décrit très-complétement (t. 1ᵉʳ, p. 424), la disposition de ces soupapes appliquées aux machines de Cornwall, nom par lequel on les désigne le plus souvent. Nous n'avons donc rien à ajouter ici à l'égard de leur fonctionnement particulier.

nous décrivons plus loin d'une manière complète, et que la fig. 8, pl. 35, représente en détail. Leur action, dans le cas actuel, consiste à *lever les soupapes*, ou *ouvrir* les communications que la tige O *interrompt*, au contraire.

Voici, quant à présent, ce qui résulte de la combinaison des effets de la tige O et des deux cataractes P et P'.

Supposons le piston B en haut de sa course et la soupape d'admission H levée; la vapeur en s'introduisant dans le cylindre fera descendre le piston; la soupape J de condensation est également levée, puisque, pendant la descente du piston, la vapeur du coup précédent doit s'échapper.

La tige O, s'abaissant avec le balancier, fait agir, dans un moment déterminé, la partie du mécanisme qui correspond à cette soupape d'admission et la fait retomber sur son siége : la détente commence, et le piston à vapeur continuant de s'avancer arrive au bas de sa course.

La tige O, parvenue également au bas de sa course, a fait fermer de même la soupape de condensation, et a ramené à son point de départ la cataracte P qui communique aux soupapes d'admission et de condensation.

Au même moment, la seconde cataracte P', faisant ouvrir la soupape d'équilibre, la communication est établie entre les deux extrémités du cylindre, et le piston à vapeur, entraîné par celui de la pompe, remonte et revient à l'extrémité supérieure de sa course.

La tige O, en arrivant aussi au même point, fait fermer la soupape d'équilibre et ramène la cataracte correspondante P' à son point de départ.

Par conséquent, si nous nous arrêtons en ce point où le piston vient de terminer sa course ascensionnelle, toutes les soupapes sont sur leur siége, et la machine est complétement *arrêtée*.

Ce n'est, en effet, que le jeu de la première cataracte P qui puisse faire donner un nouveau coup de piston, en ouvrant simultanément les soupapes d'admission et de condensation; or, on sait que cet appareil fonctionnant par un écoulement d'eau, dont la durée se règle à volonté, la levée desdites soupapes aura lieu quand on le voudra : c'est-à-dire qu'entre chaque coup simple du piston, la machine peut être considérée comme réellement arrêtée pendant un temps plus ou moins long, suivant la réglementation des cataractes qui jouent véritablement le rôle d'une mise en train *automotrice*, à temps variable.

On tire bien des avantages de cette admirable disposition. D'abord, on mesure à volonté le temps d'arrêt voulu aux extrémités de course, pour les fonctions de la pompe; ensuite, on modifie le travail de la machine par le nombre de coups qu'elle donne à l'unité de temps; pour l'épuisement des mines, où les volumes d'eau à extraire sont susceptibles de changer dans de grandes limites, on en comprend surtout la nécessité.

Après cet aperçu général du mécanisme de distribution appliqué à cette machine, il nous reste à en faire connaître, comme ensemble, d'autres points importants.

La difficulté de régler l'équilibre des masses mobiles a conduit à prolonger la tige du piston, en lui faisant traverser le fond du cylindre, pour y fixer un plateau B' que l'on charge d'une masse dont le poids peut être modifié à volonté. Ceci paraissait nécessaire, soit pour régler la vitesse de la chute du piston à eau, soit pour mettre la machine en rapport avec la masse d'eau qu'elle soulève, et qui peut varier. Néanmoins, on est parvenu à maintenir fixe la hauteur à laquelle l'eau est élevée, et la machine ayant acquis une marche régulière, ce contre-poids a été supprimé.

L'appareil de condensation est disposé avec des corps séparés, comme nous en avons montré quelques exemples. Le condenseur M et la pompe à air M' sont montés à l'intérieur d'une bâche M², au fond de laquelle est réservé un canal qui les fait communiquer. Le corps de pompe M' est surmonté d'une cuvette de décharge M³ dans laquelle joue le clapet d'expulsion x, qui est plat et vient reposer simplement sur le bord du corps de pompe. Le piston U est muni d'un clapet semblable, et la communication avec le condenseur est réglée au moyen de deux clapets à charnières x'. C'est dans la cuvette M³ que puise la pompe alimentaire R, par un tube R' aboutissant à une boîte à clapet R².

La bâche renferme aussi le corps d'une pompe élévatoire Q pour l'eau qui la remplit, et dans laquelle on prend celle nécessaire à l'injection, lorsque le niveau de la Seine est trop bas pour opérer la prise d'eau par aspiration directe.

L'injection d'eau, dans le condenseur, n'est pas continue comme dans les autres machines. Le nombre de coups donnés par celle-ci étant très-variable et d'ailleurs toujours très-faible, on a cru devoir relier l'ouverture de la soupape d'injection à son mécanisme, à l'aide d'un renvoi de mouvement qui correspond à celui des cataractes. Cependant on peut également régler le débit de l'injection à la main, au moyen d'un mécanisme ordinaire actionnant un robinet placé sur le conduit d'injection, en avant de la soupape, et aboutissant à une colonnette J² montée à la portée du mécanicien, au rez-de-chaussée de la machine.

Les tiges Q' et U' des deux pompes du condenseur sont reliées au balancier par l'intermédiaire du parallélogramme appliqué au piston D de la pompe principale. Une troisième tige R³, plus rapprochée du centre, commande simultanément deux petites pompes R et S : la première, qui est celle alimentaire, et la seconde, qui sert à refouler de l'air dans le grand réservoir G. Cette pompe est mise en rapport, par le tube S², avec un petit vase S' qui est à moitié rempli d'eau et constitue la boîte à clapets. De cette façon, le piston de la pompe joue dans l'eau, et l'air se rend directement du récipient S' au réservoir G, en passant par le tube S³. Nous donnons plus loin un complément d'explications sur cet ingénieux appareil.

Dans une machine ainsi disposée, la précision seule de la distribution règle les courses, puisque le mouvement n'est pas transformé, et que la manivelle, qui les limite avec tant de certitude dans les machines à rotation, n'existe pas dans celle-ci. Néanmoins, si bien que la distribution s'effectue, on s'exposerait à des accidents graves si l'on n'employait aucun procédé capable de renfermer forcément les pistons dans les limites qu'ils ne doivent jamais franchir, sous peine de briser les fonds du cylindre à vapeur et les clapets de la pompe.

On dispose à cet effet, de chaque côté du balancier et sur des points d'appui fixes, deux fortes pièces de bois T, courbes en dessous, afin de conserver de la flexion à leurs extrémités, qui sont encore garnies de tampons élastiques T′ sur lesquels peuvent venir buter deux traverses C′ fixées aux extrémités du balancier, en supposant qu'elles s'abaissent, à fin de course, un peu au delà du point normal. En marche régulière, la butée n'a pas lieu parce que la distribution est réglée en conséquence ; mais il faut prévoir le cas d'une irrégularité accidentelle quelconque dans son service.

DÉTAILS DE CONSTRUCTION

DISTRIBUTION (fig. 4 à 8, pl. 35). — La fig. 3, pl. 4, représente le mécanisme de distribution, suivant la même disposition que l'ensemble fig. 1. C'est une coupe brisée passant par l'axe du cylindre, de la soupape de condensation et de la colonne K′, et ramenée sur celui de la soupape d'équilibre I;

La fig. 4 en est une vue de face extérieure;

La fig. 5 en est une vue de côté qui indique la partie du mécanisme enlevée par la coupe fig. 3;

La fig. 6 est une coupe de la boîte à soupapes, faite perpendiculairement à celle fig. 3;

La fig. 7 en est une coupe horizontale, suivant la ligne 1-2, les soupapes supposées enlevées;

La fig. 8 est une coupe verticale de l'une des deux cataractes.

INSTALLATION DES SOUPAPES. — La boîte K, qui renferme les deux soupapes H et I, d'admission et d'équilibre, présente intérieurement deux capacités distinctes. L'une est en communication directe avec la vapeur des chaudières par la tubulure L′, contre laquelle est appliquée la boîte K⁵ renfermant une soupape régulatrice, et où vient aboutir le tuyau L d'arrivée de vapeur; l'autre capacité est en relation permanente avec la tubulure rectangulaire a, qui s'adapte au conduit a′ communiquant avec le cylindre : ce conduit fait partie d'une couronne rapportée sur la bride de l'enveloppe A′ et qui reçoit le couvercle A³. Ces divisions sont mises ensuite en relation réciproque par la soupape H qui, en se levant, laisse passer la vapeur de son entrée en L′ au canal d'introduction a′; la levée de la soupape d'équilibre I fait communiquer le même canal avec la colonne K′, sur le sommet de laquelle la boîte K est ajustée.

Cette boîte est fermée par deux couvercles, vis-à-vis des soupapes, dont les tiges les traversent par des garnitures, et se terminent par des chapes rapportées à clavettes, dans lesquelles s'engagent les leviers de commande. Elle est fondue avec un rebord inférieur pour recevoir une enveloppe K³, qui la décore et la protége contre le refroidissement extérieur.

La colonne K′ s'ajuste, par un joint cylindrique et pénétrant, sur le canal inférieur K², lequel est fondu avec la boîte K⁴ qui renferme la soupape J de condensation, et se trouve abouché avec la tubulure a² correspondant à la partie inférieure du cylindre : cette tubulure fait partie d'une base qui s'appuie sur la maçonnerie et supporte le cylindre et les enveloppes.

La boîte K^4, ne renfermant qu'une soupape, est toute simple; elle est ajustée, par une tubulure, sur le tuyau J' allant au condenseur, que la levée de la soupape J fait communiquer avec le cylindre pendant la descente du piston à vapeur.

JEU DES CATARACTES. — La fig. 8, qui représente l'une des cataractes en coupe, fait voir que cet appareil se compose d'un récipient cylindrique P, renfermant de l'eau, et recouvert d'un plateau fondu avec un véritable corps de pompe P^2, à l'intérieur duquel glisse un piston plongeur b. Le fond est muni d'un siége avec clapet à champignon b' dont la queue s'appuie sur un levier à bascule b^2, lequel peut être actionné de l'extérieur à l'aide d'une tige b^3, reliée avec lui par articulation, et retenue, au-dessus du plateau supérieur, par un écrou à oreille b^4.

Voici comment cet appareil fonctionne :

Si l'on élève le piston, l'eau du récipient remplit le corps de pompe en soulevant le clapet. Abandonné ensuite à lui-même, il conserverait cette position si le clapet pouvait retomber sur son siége et empêcher l'écoulement de l'eau. Mais ce clapet étant au contraire limité dans sa chute par le levier b^2, qui l'empêche d'intercepter complétement le passage du fluide, le piston redescend de son propre poids ou sous l'influence d'une charge additionnelle, et revient au bas de sa course en renvoyant l'eau dans le récipient.

Mais il est clair que la durée de cette chute dépend de deux choses : 1° de la pression sur le fluide par le poids du piston qui est fixe; et 2° du passage réservé par la retenue du clapet, passage qui est *variable*.

Par conséquent, pour chaque degré d'ouverture du clapet b', qui se règle facilement à l'aide de l'écrou b^4, la descente du piston s'effectue dans un temps *fixe*, parce que l'écoulement de l'eau est *constant*; mais la durée de l'écoulement est déterminée à volonté en modifiant la section de l'orifice par lequel il a lieu sous une pression constante.

Pour bien comprendre la relation de cet appareil avec la machine, il suffira de se rappeler qu'il fait ouvrir les soupapes que le mécanisme dépendant du jeu du piston fait fermer; c'est ce même mécanisme qui élève le piston des deux cataractes. Il en résulte que le jeu du mécanisme met les cataractes en fonction en soulevant leurs pistons qui redescendent d'eux-mêmes, puis, l'écoulement terminé, soulèvent les soupapes et redonnent à la machine un nouvel essor. Il suffirait, pour arrêter la machine, de profiter du moment où le piston arrive au sommet de sa course ascendante pour détourner l'écrou b^4, et laisser le clapet libre de s'appliquer sur son siége : l'écoulement empêché, aucune soupape ne se lèverait plus.

MÉCANISME DE COMMANDE DES SOUPAPES. — Toutes les pièces qui mettent en jeu les soupapes et les deux cataractes, sont disposées sur le bâti en fonte N, composé principalement de quatre pilastres reliés par un certain nombre de traverses, et relié lui-même au mur qui soutient le balancier.

On distingue d'abord trois organes principaux: les arbres horizontaux c, c' et c^2, qui correspondent respectivement au jeu des soupapes dans l'ordre suivant :

L'arbre c à la soupape H d'admission;

L'arbre c' à celle J de condensation;

L'arbre c^2 à celle I d'équilibre.

Vient ensuite la grande tige O, qui porte, en plusieurs points de sa longueur, les taquets destinés à agir sur les cammes montées sur ces trois arbres; cette tige, qui est de toute façon maintenue en ligne droite par le parallélogramme, est guidée en outre très-exactement par deux douilles disposées en haut et en bas du bâti N, et par un mamelon cylindrique ménagé au conduit J' (fig. 1, pl. 34).

Pour arriver à simplifier l'exposé des fonctions de ce mécanisme, en apparence assez compliqué, nous décrirons d'abord ce qui concerne l'une des soupapes, nous réservant de montrer ensuite que la même disposition se répète assez sensiblement pour les trois : nous choisissons la soupape d'admission.

L'arbre c, affecté à cette soupape, porte un petit levier d relié par une bielle e à la bascule f, laquelle est engagée dans la chape que porte la tige, et dont l'axe d'oscillation est supporté par deux petites colonnettes montées sur la boîte K. Ceci constitue la liaison directe de l'arbre c et de la soupape, qui se lève ou retombe sur son siége suivant le sens dans lequel cet arbre vient à osciller, oscillation qui se produit sous l'influence de deux organes agissant en sens contraire : le premier est la tige O, commandée par le balancier, et le second est un contre-poids actionné par la cataracte P.

La tige O est munie à cet effet d'un tasseau g, en bois de cormier qui, lorsqu'elle descend, vient rencontrer la camme h fixée sur l'arbre, et l'abaisse de la quantité nécessaire pour que l'oscillation de cet arbre détermine la chute de la soupape H, par l'intermédiaire des leviers d et f et de la bielle e. Pendant ce mouvement, un secteur i, monté à l'extrémité du même arbre (fig. 5), vient s'engager sous un loquet j, qui décrit un arc de cercle d'après un point fixe pris sur le bâti N; cette disposition a pour objet d'empêcher l'arbre de revenir à sa première position, en se laissant entraîner par le contre-poids, dont nous allons parler, et que l'une des cataractes a précisément pour fonction de mettre en liberté aussitôt que la soupape doit être levée de nouveau.

Ce contre-poids k est fixé sur un levier l, monté à la partie inférieure du bâti N, et qui se trouve relié par une tige m à la petite manivelle n, également solidaire de l'arbre c. Cet arbre, amené par l'action du tasseau g sur la camme h dans la position qui correspond à la soupape H fermée, et retenu par le secteur i engagé sous le loquet j, ne reviendra à la position de la soupape ouverte (position représentée fig. 3) que lorsque le secteur i sera dégagé, et que le contre-poids k, qui a été enlevé par l'oscillation de l'arbre, pourra retomber en produisant alors l'oscillation en sens contraire.

C'est la cataracte P qui dégage le secteur par la disposition suivante :

L'extrémité du loquet j est engagée dans une chape o montée sur une tige verticale p (fig. 4 et 5), laquelle est attachée, par l'extrémité inférieure, à l'un des bras d'un levier q dont l'autre bras est relié à la tige r du piston de la cataracte P. Lorsque ce piston, en vertu de l'écoulement qui a été expliqué ci-dessus, arrive au bas de sa course, la chape o, élevée à sa position extrême supérieure, soulève le loquet j, et le secteur i, se trouvant dégagé, laisse l'axe c libre de céder à l'action du contre-poids k, qui le fait osciller, ce qui a pour effet de lever de nouveau la soupape d'admission H.

Résumant ce qui précède, on voit que le mécanisme relatif à cette première soupape effectue ses fonctions dans l'ordre suivant :

1° La soupape H supposée levée, le tasseau g, par la descente de la tige O, rencontre la camme h, fait osciller l'axe c et ramène la soupape sur son siége. L'arbre en tournant relève le contre-poids k, et le secteur i, en s'engageant sous le loquet j, empêche ce contre-poids d'entraîner l'arbre ;

2° Dans un autre moment, le piston de la cataracte P arrivant au bas de sa course, la tige p, parvenue au haut de la sienne, soulève le loquet j et laisse le contre-poids k libre de faire tourner l'arbre c dans le sens convenable pour lever la soupape et admettre de nouveau la vapeur dans le cylindre.

Le deuxième axe c', correspondant à la soupape de condensation, est organisé exactement de la même façon : les mêmes lettres, avec des primes, permettent de reconnaître les pièces similaires, soient :

d', e', f' leviers et bielle de transmission de l'axe c' à la soupape J ;

g' tasseau fixé sur la tige O et qui vient, dans la descente, rencontrer la camme h' montée sur l'arbre c' ;

h' camme recevant l'action du tasseau g' ;

i' secteur de retenue ;

j' loquet dudit ;

k' et l' contre-poids et son levier dont la chute détermine la levée de la soupape J ;

m' et n' transmission de l'arbre c' au contre-poids k' ;

o' chape dans laquelle s'engage le loquet j' et le soulève au moment de la levée de la soupape.

Cette chape o' est montée sur la même tringle p que la précédente o, et correspond à la même cataracte P, qui fait lever simultanément les soupapes d'admission et de condensation.

Le troisième axe c^2, par une disposition toute semblable, correspond à la soupape d'équilibre I : les mêmes lettres, avec 2 en exposant, désignent les mêmes pièces.

Mais ce mécanisme est en rapport avec la seconde cataracte P', laquelle correspond, par son levier q', avec une deuxième tringle p' armée de la chape o^2, et disposée sur le côté opposé du bâti N.

Le levier l^2 du contre-poids k^2, relatif à cette soupape, est rattaché, par une branche d'équerre, à une longue tringle l^3 qui correspond à la soupape d'injection du condenseur. Il en résulte, comme nous l'avons annoncé, que l'injection est établie ou supprimée pour chaque coup double du piston à vapeur : en même temps que la soupape d'équilibre se lève, l'injection est interrompue, et *vice versâ*.

Notons encore que la tige O agit sur le mécanisme relatif à l'axe c^2 en *remontant*, tandis qu'elle agit en *descendant* sur les deux autres axes c et c'. C'est bien, en effet, lorsque le piston à vapeur termine sa course ascendante que la soupape d'équilibre doit s'abaisser sur son siége.

Nous n'avons plus qu'à décrire la relation directe de la tige O avec les cataractes pour compléter le détail de ce mécanisme.

Cette tige est armée vers sa partie inférieure de deux boutons cylindriques très-rapprochés l'un de l'autre, et entre lesquels reste constamment en prise l'extrémité d'un levier t, centré sur un goujon qui traverse le pilastre du bâti N. L'autre bout du goujon porte une équerre t', qui, par un renvoi de mouvement, composé de bielles et d'équerres u, u', u^2, u^3, u^4, vient se relier à une équerre semblable t^2, montée par un goujon sur le pilastre opposé du bâti. Les branches libres des deux équerres t' et t^2 sont mises en rapport, par simple contact, avec deux bras q^2 et q^3 solidaires des leviers q et q' reliés aux tiges des pistons de chaque cataracte.

Voici le résultat de cette disposition :

Le levier t étant continuellement en prise avec la tige O, celle-ci, en montant ou en descendant fait osciller les deux équerres t' et t^2, et leur fait occuper alternativement les deux positions opposées de l'arc qu'elles décrivent. Il en résulte qu'à chaque extrémité de course de la tige, les branches libres des équerres t' et t^2 rencontrent alternativement celles q^2 et q^3, et, en les repoussant, soulèvent le piston de la cataracte correspondante, tandis que l'autre n'est aucunement atteinte et reste libre dans son jeu propre.

Si nous prenons pour exemple la position représentée fig. 4, on voit que la tige s'abaissant au-dessous de son point actuel, la branche libre de l'équerre t' repousse celle q^2 et enlève le piston de la cataracte P, qui est alors ramenée à son point de départ d'écoulement. L'autre équerre t^2, au contraire, s'éloigne de la branche q^3, et la cataracte P' reste dans la position acquise en vertu de l'écoulement.

Dans l'hypothèse où la tige O part du bas de sa course et où les cataractes sont dans la position inverse à celle indiquée par la figure, il est clair que c'est le piston de celle P' qui est enlevé, tandis que l'autre reste indépendant.

Ainsi, la tige O, en descendant, ramène à son point de départ la cataracte P, correspondant aux soupapes d'admission et de condensation, et n'a aucune action sur l'autre ;

En remontant, au contraire, elle n'agit point sur la cataracte P, et ramène celle P', de la soupape d'équilibre, à son point de départ.

Le jeu complet du mécanisme de distribution se divise donc, en résumé, en cinq périodes, en supposant que l'on marche avec détente :

Première période. — Le piston à vapeur étant en haut de sa course, et le piston de la cataracte P opérant sa chute, les soupapes d'admission et de condensation se lèvent : la vapeur s'introduit dans le cylindre, celle du coup précédent s'échappe au condenseur et le piston moteur descend ; la tige O, par le levier t, enlève le piston de la cataracte P ; soit, pour l'état de ladite :

Soupape d'admission levée ;

Soupape de condensation levée;

   Id.   d'équilibre baissée;

   Id.   d'injection levée.

Deuxième période. — En un point de la descente déterminé d'après le degré de détente à produire, la tige O, par le tasseau g, rencontre la camme h, et la soupape d'admission H s'abaisse : la détente commence et le piston continue de descendre; soit, pour l'état de cette période :

Soupape d'admission baissée; les autres dans la même situation que dans la première période.

Troisième période. — Au moment où le piston termine sa course, la tige O, par le tasseau g', rencontre la camme h' et ferme la soupape de condensation; la machine est complétement arrêtée.

Quatrième période. — Après un temps de repos réglé à volonté, le piston de la cataracte P' opère sa chute, et fait lever la soupape d'équilibre I, en interrompant aussi l'injection. La vapeur pouvant se partager entre les deux côtés du piston, celui-ci commence son ascension, et la tige O, par le levier t, enlève le piston de la cataracte P'. La course se termine sans autre modification dans l'état du mécanisme; soit, pour cet état de la quatrième période :

La soupape d'équilibre seule levée.

Cinquième période. — Au moment où le piston termine sa course ascendante, la tige O, par le tasseau g^2, agit sur la camme h^2 et ferme la soupape d'équilibre; toutes les soupapes sont encore une fois abaissées sur leurs siéges, et la machine complétement arrêtée jusqu'au moment où, après le temps de repos voulu, la cataracte P fait lever les soupapes d'admission et de condensation, ce qui ramène le tout à l'état de la première période ci-dessus.

Il reste à signaler maintenant quelques détails de construction dont l'énumération eût compliqué cet exposé déjà très-étendu, et qui offre de toute façon bien des difficultés.

Tous les tasseaux montés sur la tige O sont organisés pour que leur position puisse être facilement réglée et même changée, suivant l'état de marche de la machine. Ils sont formés chacun d'une pièce de bois de cormier maintenue entre deux platines de fer, et réunie avec deux viroles ajustées à frottement lisse sur la tige O qui est exactement cylindrique et tournée sur toute sa longueur; des vis de pression permettent de les arrêter à la place que le tasseau doit occuper.

A l'égard du tasseau g, qui agit pour fermer la soupape d'admission, une disposition spéciale permet de changer sa position très-facilement, attendu que d'elle dépend le degré de détente à produire : il est clair que plus on abaisse le tasseau sur la tige et moins l'admission à pleine vapeur a de durée, puisqu'il rencontre la camme h d'autant plus tôt, à partir du commencement de la course descendante du piston.

Pour amener ce tasseau à la position requise, on agit sur un petit volant v, monté sur une tringle v' filetée dans une partie de sa longueur, et qui passe dans un écrou appartenant à une bague v^2 fixée sur la tige O. L'extrémité de la tringle v', étant assemblée à rappel avec l'une des bagues auxquelles le tasseau *g* est rattaché, on fait glisser ce dernier sur la tige O en faisant tourner la tringle *v'*, qui se déplace longitudinalement dans son écrou; un guide v^3 la suit, en glissant sur la tige O, et la maintient rigide malgré son déplacement.

La plupart des leviers et des cammes sont munis de poignées afin de pouvoir au besoin faire marcher les soupapes à la main.

POMPE FOULANTE. — Cette énorme pompe, dont le piston n'a pas moins de 1^m05 de diamètre sur 2^m39 de course, et qui refoule à chaque coup près de 2 mètres cubes d'eau à 45 mètres de hauteur, est formée, comme nous l'avons déjà dit, d'un corps cylindrique E en fonte, monté entre les planchers F et F', et qui repose directement sur la boîte à clapet ou chapelle E'. Cette dernière renferme le clapet d'aspiration; mais celui de refoulement est placé dans une chapelle séparée E^3, reliée avec la précédente par des brides boulonnées.

La chapelle E' est munie en outre de deux ouvertures extérieures, avec brides, pour le corps de pompe E et le tube d'aspiration E^2; celle E^3 en possède également deux pour la communication de l'une à l'autre et pour le conduit E^4 de refoulement qui communique avec le réservoir d'air G.

Avec un refoulement aussi énergique, produit, en quelque sorte, au moyen de la chute d'une masse aussi considérable que le piston D, il fallait l'expérience directe pour pouvoir apprécier le meilleur système de clapets à adopter : aussi ont-ils été changés plusieurs fois.

D'abord on a employé des clapets à charnière qui ne rendirent pas l'effet voulu sous le rapport du passage laissé à l'eau par leur mouvement. On les remplaça par le système indiqué sur l'ensemble fig. 1, pl. 34.

On voit que ce système consiste en un siége circulaire V percé d'orifices disposés en deux séries de diamètres différents, correspondant à deux clapets annulaires V' et V^2. Le plus petit des deux glisse, en s'élevant sur un boulon central armé d'une embase supérieure pour limiter sa course; l'autre est ajusté directement sur le siége, qui est tourné cylindriquement à cet effet et porte aussi une bague formant arrêt ou battement au clapet.

Mais avec cette disposition le noyau cylindrique qui sert de guide au clapet V^2 étant d'un très-grand diamètre par rapport à celui de la partie annulaire soumise à la pression de l'eau, et surtout par rapport à la hauteur de la partie cylindrique guidée, il arrivait que, par le moindre défaut d'équilibre ou de symétrie dans les mouvements, ce clapet *coinçait,* c'est-à-dire se prenait sur son guide et ne retombait pas exactement sur son siége, lorsque le piston commençait à refouler. Alors l'eau repassait dans le tube d'aspiration et le piston ne rencontrant pas de résistance retombait lourdement, et pouvait ainsi broyer la chapelle, malgré son extrême solidité.

Ce système de clapet, d'une application désormais impossible, a été remplacé par le suivant qui fonctionne aujourd'hui avec tout le succès désirable.

La fig. 94 représente la nouvelle chapelle, à l'échelle de 1/25 et en coupe verticale sur le clapet d'aspiration, semblable du reste à celui de refoulement. C'est ab-

solument, quant au principe, la soupape de Cornwall, telle que nous la connaissons et qu'elle est appliquée dans la distribution de la machine actuelle.

C'est un siége en fonte V percé d'un orifice annulaire avec deux lèvres garnies de
bagues en bronze sur lesquelles repose une cloche de fonte V' par ses deux bords,
l'un extérieur et l'autre intérieur; la levée de la cloche donne, par conséquent,
deux passages simultanés à l'eau.

La partie centrale du siége est réunie au cordon extérieur par un certain nombre
de nervures dont la tranche est élargie par des parties saillantes, et tournée de
façon à servir de guide à la cloche. Cette dernière est aussi un véritable anneau
réuni par des nervures intérieures à un moyeu par lequel elle est encore guidée
sur le mamelon cylindrique appartenant au siége; ce frottement a lieu par des
garnitures de bronze rapportées sur chacune des deux parties; un fort boulon central sert à fixer la rondelle en fonte contre laquelle la cloche vient battre en s'élevant, pendant l'aspiration.

Fig. 94.

Les bagues de bronze présentent une saillie de 25 millimètres tournée légèrement conique et qui pénètre, au moment de la fermeture, dans une rainure de
5 millimètres de profondeur ménagée sur le bord de la cloche; cette disposition
a pour but d'empêcher les fuites mieux qu'un joint plat, en évitant la difficulté
d'ajustement d'un siége conique ordinaire.

L'examen des dimensions de cette pièce importante peut présenter de l'intérêt,
en raison du volume considérable de fluide auquel elle doit donner passage, et
de la pression élevée à laquelle elle doit résister.

Les parois de la chapelle ont 55 millimètres d'épaisseur et les brides 70, ce qui
n'empêche pas qu'elle soit renforcée extérieurement par de nombreuses nervures
non moins épaisses;

Les cloisons qui forment le siége ont 60 millimètres ainsi que la cloche : ces
parties ont en effet un développement moindre que la chapelle.

La levée maximum de la cloche d'aspiration est de 45 millimètres, ce qui donne 40 à la levée effective à cause de la pénétration des bagues ; les deux orifices qu'elle détermine en se soulevant ont respectivement pour diamètres intérieurs $1^m 311$ et $0^m 961$. La superficie de l'orifice total offert au débit est, d'après cela :

$$(1,311 + 0,961) \times 3,1416 \times 0^m 040 = 0^{m.q.} 2855 ;$$

En mettant la durée d'un coup simple du piston à 3 secondes, ce qui a lieu en moyenne, ainsi que nous l'expliquerons plus loin, la vitesse du fluide à travers les orifices, par $1''$, avec le débit de 2 mètres cubes, devient :

$$\frac{2^{m.c.}}{3'' \times 0^{m.q.} 2855} = 2^m 335.$$

Balancier. — Cet organe important est formé de deux pièces semblables C, qui laissent entre elles un certain intervalle libre dont on profite, aux extrémités, pour placer les liens des deux parallélogrammes. Le tourillon y est appuyé sur deux forts paliers y', sans chapeaux, attendu que, par le mode à simple effet, les efforts s'exercent uniquement de haut en bas sur le balancier.

Depuis le montage primitif, un support a été ajouté à l'axe du balancier entre ses deux flasques.

Une autre modification à leur disposition primitive a été apportée aux balanciers des deux machines. Sous l'influence d'efforts inattendus causés surtout, comme nous l'avons dit, par l'irrégularité des fonctions des premiers clapets de la pompe, le balancier de l'une des deux machines, malgré ses énormes dimensions, a présenté des traces de fractures qu'il n'était pas possible de laisser subsister sans crainte d'accident. Au lieu de changer ce balancier, on eut l'idée de consolider celui-ci à l'aide d'un artifice au moyen duquel on est beaucoup plus sûr d'éviter une rupture quelconque, qu'en appliquant un balancier neuf d'une même structure, qui, quoique plus fort, n'en n'aurait pas moins été soumis à la résistance capricieuse de la fonte.

On a monté sur chacune des flasques C un système de tirants en fer forgé, qui relient les extrémités et les soutiennent, en contre-balançant les efforts qui tendent à produire de la flexion.

On voit, par la fig. 1re, que ce mode de consolidation consiste en deux tirants C^2, en fer rond de 8 centimètres de diamètre, qui vont s'agrafer aux deux bouts du balancier, où ils sont retenus par une vis z, et sont ensuite reliés au centre à l'aide d'un écrou C^3, fileté à droite et à gauche ; cet écrou est monté sur deux bouts de tige rattachés par des tourillons, ainsi que les tirants principaux, à deux chapes z', montées de la même façon sur deux fiches ou entretoises en fonte z^2, lesquelles s'appuient sur un patin en fonte ajusté sur le champ du balancier. Cette disposition, qui est celle usitée dans la construction des charpentes en fer, permet de régler à volonté la tension à obtenir : elle donne un très-bon résultat dans l'application actuelle, et a été immédiatement, par mesure de précaution, étendue aux deux machines.

Petite pompe a air S. — Toutes les pompes d'une certaine importance sont munies d'un réservoir d'air destiné à régulariser les mouvements de l'eau dans les conduits et à diminuer la violence des chocs. Quoique confiné entre une surface liquide et les parois d'un récipient parfaitement clos, soit par effet de dissolution dans l'eau sous l'influence de la pression, soit par des fuites, toujours inévitables, l'air finirait par disparaître complétement, et l'eau par remplir le réservoir, si l'on n'avait le soin d'en envoyer continuellement à l'aide d'une pompe foulante spéciale : nous avons dit que celle S était appliquée à ce service.

La construction de cette pompe a beaucoup d'analogie avec celle ordinairement employée à l'alimentation des chaudières; elle consiste simplement, en effet, en un corps dans lequel se meut un piston plongeur. Mais ce piston ne travaille que dans l'eau, qui sert d'intermédiaire entre lui et l'air refoulé, et remplit constamment le corps de pompe, ainsi que le récipient S′, qui constitue la boîte à clapets dont nous désirons faire connaître l'ingénieuse disposition.

Cet appareil consiste, en principe, comme l'indique la fig. 95, en une sorte de bouteille cylindrique S′ communiquant, d'une part, avec le corps de la pompe

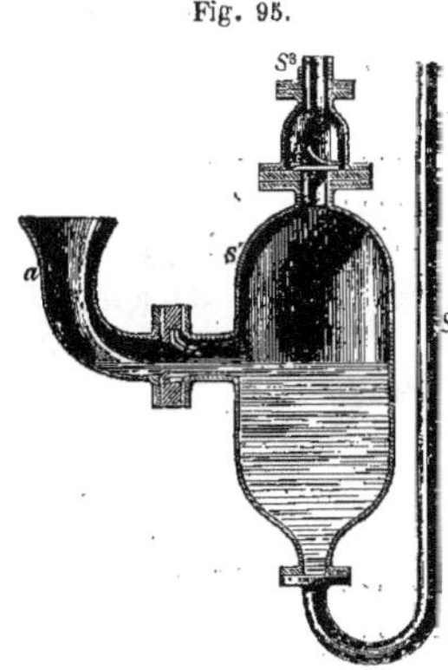

Fig. 95.

par le conduit S²; d'autre part, avec le réservoir dans lequel l'air doit être refoulé par le tuyau S³, et enfin avec l'extérieur, par le bec à entonnoir a; un clapet d'aspiration ou d'introduction b est placé sur ce dernier orifice, et un autre c, pour le refoulement, à l'origine du conduit S³.

Le corps de pompe S, le conduit S² (fig. 1, pl. 34) et le récipient S, étant remplis d'eau, et le piston étant au bas de sa course, lorsque ce dernier s'élève, la pression extérieure agit sur l'eau du récipient, par le clapet b, la repousse et vient occuper sa place dans le vase S′, qui se trouve alors rempli, en partie, d'eau et d'air. Le piston de la pompe effectuant son mouvement inverse, l'eau est refoulée dans la bouteille S′, et aussitôt qu'elle a dépassé l'orifice du clapet b, l'air qui reste au-dessus d'elle n'a d'autre issue que le clapet supérieur c par lequel il est refoulé dans le réservoir. Le volume de l'eau du récipient doit être suffisant pour atteindre ce dernier clapet, de façon que lorsqu'elle se retire à l'aspiration suivante il ne reste pas d'air comprimé s'opposant à l'introduction de celui qui va être de nouveau fourni par l'atmosphère.

On sait que les *chambres d'air* constituent le principal obstacle dans les pompes pneumatiques appliquées à dilater ou à comprimer un fluide élastique quelconque; l'emploi de l'eau pour l'éviter est une heureuse idée, parfaitement applicable pour le cas actuel, où l'air refoulé peut être mélangé d'eau sans inconvénient.

DIMENSIONS ET CONDITIONS DE MARCHE DES MACHINES DE CHAILLOT.

Pour bien faire apprécier l'état de fonctionnement de ces puissants moteurs, il est indispensable d'en résumer d'abord les dimensions et conditions de marche. Nous examinerons ensuite leur produit en eau élevée, et la quantité de combustible brûlée, ce qui permettra de fixer leur effet utile.

MACHINE MOTRICE.

Diamètre du piston à vapeur	$1^m 800$
Superficie	$2^{m.q.} 5446$
Course maximum	$2^m 445$
Volume engendré par coup simple	$6^{m.c.} 221$
Nombre moyen de coups doubles par heure	425
Nombre correspondant par minute	7,08
Diamètre du piston de la pompe à air	$0^m 750$
Superficie correspondante	$0^{m.q.} 4418$
Course	$1^m 200$
Volume engendré	$0^{m.c.} 530$
Rapport avec celui du cylindre à vapeur	1 : 12
Volume du condenseur, y compris celui des conduits	$1^{m.c.} 329$
Rapport avec celui du cylindre à vapeur	1 : 4,7
Pression de la vapeur dans le générateur	3,5 atmosph.
Contre-pression dans le condenseur	$0^{at.} 15$ environ.
Pression effective théorique sur le piston, par cent. carré :	
$(3^{at.} 5 - 0^{at.} 15) \times 1,0333 =$	$3^k 46$

POMPE A EAU.

Diamètre du plongeur	$1^m 050$
Section	$0^{m.q.} 8659$
Course maximum	$2^m 393$
Volume engendré par coup simple	$2^{m.c.} 072$
Hauteur verticale de la colonne d'eau soulevée	45 mètres.
Hauteur moyenne de l'aspiration	5 id.
Hauteur totale de l'ascension	50 id.

RÉSULTAT PRATIQUE DU FONCTIONNEMENT. — Tous les jours on note avec le plus grand soin le volume d'eau élevé, le nombre de coups de piston de chaque machine (un compteur spécial est appliqué à chacune d'elles à cet effet), et la quantité de houille brûlée. Ce contrôle incessant permet d'apprécier tout à la fois le produit direct de la machine, son effet utile, le soin apporté à sa conduite, et, par comparaison, la qualité du combustible employé.

On comprend aisément que ces résultats journaliers ne sont pas complétement identiques; mais ils diffèrent peu d'un jour à l'autre, surtout depuis que la hauteur du niveau supérieur dans les réservoirs est bien réglée et maintenue à peu près fixe, et que les divers conducteurs des machines et des chaudières ont acquis une expérience suffisante.

Voici, en moyenne, ce que l'on constate :

1800 litres ou kilogrammes d'eau élevée par coup de piston ;

2^k 6 de houille brûlée, par heure et par force de cheval, estimée en *eau élevée*, comprenant, par conséquent, les pertes de toutes natures attribuables au moteur et à la pompe, depuis le tube d'aspiration jusqu'aux réservoirs supérieurs.

En prenant la même base, il est facile de trouver la puissance utile, en chevaux-vapeur, développée par la machine, dans l'état de marche indiqué ci-dessus, où elle donne en moyenne 425 coups par heure, soit 7,08 par minute.

La hauteur verticale moyenne du niveau de la Seine à celui des réservoirs étant de 50 mètres, on trouve pour cette puissance utile, avec 425 coups par heure :

$$\frac{1800^k \times 50^m \times 425}{3600 \times 75} = 141 \text{ chevaux-vapeur.}$$

Mais ce résultat est souvent plus élevé, car la machine marche fréquemment à la vitesse de 7,5 coups par minute, ce qui fait 450 coups par heure. Ensuite, on a vu que le piston à eau, lorsqu'il effectue sa course complète, engendre 2072 litres au lieu de 1800. En admettant seulement 2000 litres, ou kilogrammes d'eau, on trouve pour cet état de marche :

$$\frac{2000^k \times 50^m \times 450}{3600 \times 75} = 166 \text{ chevaux-vapeur.}$$

Comparaison des résultats et répartition des efforts. — Ces machines avaient été établies pour marcher avec une détente prolongée et une haute pression initiale; mais la pratique a démontré que l'emploi de la détente présente des inconvénients graves, lorsqu'il s'agit de faire mouvoir des masses d'une aussi grande inertie à l'aide d'un mécanisme direct qui ne permet pas l'application d'un volant.

Aujourd'hui, elles fonctionnent, ainsi que nous l'avons déjà indiqué, avec de la vapeur à moyenne pression, et avec une faible détente : leur marche est excessivement régulière.

Il semble du reste assez naturel que par le mode à action directe, sans volant, la pression sur le piston à vapeur ne puisse pas être réduite par la détente jusqu'au point de devenir inférieure à la charge à soulever, à moins de la *lancer*, en quelque sorte, par l'effet de l'excès de pression, au commencement de la course : c'est justement ce dernier résultat que l'on a voulu éviter en supprimant la détente, ou du moins en réduisant beaucoup son étendue.

Il est vrai qu'elles consomment plus de combustible que d'autres machines à vapeur à rotation, appliquées dans différents endroits, pour le même service; mais par la simplicité du mécanisme principal et l'absence absolue d'axes tournants, on estime que l'entretien de ces machines est presque nul. Elles promettent de marcher très-longtemps sans réparations importantes.

Pour établir la comparaison entre les résultats obtenus et la puissance théoriquement développée par la vapeur, nous admettrons d'abord que la détente soit nulle, et nous adopterons le produit maximum ci-dessus, égal à 166 chevaux, estimé en eau élevée, et correspondant à 7,5 coups par minute.

Le résumé ci-dessus des conditions de marche donne les valeurs suivantes :

Volume engendré par le piston par coup simple......... $D = 6^{m.c.} 221$

Pression de la vapeur................................. $p = 3^{at.} 5$

Contre-pression....................................... $p' = 0^{at.} 15$

D'après cela, la formule spéciale (A′, t. 1er, p. 333) modifiée ainsi, en vue du simple effet :

$$T = d\,(p - p')\,10333,$$

donne pour le travail d'un coup double :

$$T = 6^{m.c.} 221\,(3,5 - 0,15)\,10333 = 215340 \text{ kilogrammètres.}$$

Soit, en chevaux-vapeur par $1''$:

$$\frac{215340 \times 7,5}{60 \times 75} = 358 \text{ chevaux-vapeur.}$$

Cette puissance théorique est trop élevée, car nous démontrons plus loin qu'il y a lieu de tenir compte d'une détente assez sensible.

Nous allons essayer maintenant de donner une idée de la méthode que l'on peut suivre pour fixer la valeur *réelle* de l'effort que doit exercer la vapeur, afin d'accomplir le travail qu'elle effectue, dans les conditions de marche établies.

Le jeu du piston de la pompe présente deux phases distinctes : l'aspiration et le refoulement.

Lorsqu'il aspire, l'effort spécialement attribuable à cette action est égal, comme pour toute autre pompe aspirante, au produit de sa section transversale par la pression qui résulte de la hauteur de colonne d'eau soulevée.

Dans les conditions ordinaires, où cette hauteur est de 5 mètres, du niveau de la Seine au milieu de la hauteur du corps de pompe, cet effort correspond alors, en moyenne, à $0^k 5$ par centimètre carré; la section du piston étant, comme on l'a vu ci-dessus, 8659 centimètres carrés, on a pour cet effort total :

$$8659^{c.q.} \times 0^k 5 = 4329 \text{ kilogrammes.}$$

La vapeur doit donc exercer cet effort sur le piston moteur, plus celui correspondant au poids du plongeur, plus l'effort nécessaire pour vaincre tous les frottements, et mettre en jeu le mécanisme comprenant la pompe à air, les soupapes de distribution, etc.

Voyons d'abord comment est composé le poids du piston plongeur, qui constitue la principale résistance à vaincre.

Lorsque le piston de la pompe part de sa position supérieure, il doit refouler, par sa simple chute, une colonne d'eau d'une même section que la sienne, et d'une hauteur d'environ 45 mètres. Il doit donc être d'un poids équivalent, augmenté de celui du piston à vapeur et du poids nécessaire pour vaincre toutes les résistances passives du mécanisme, qu'il faut mettre tout entier en mouvement, et enfin du poids capable de vaincre l'inertie de ces masses, y compris celle de la colonne d'eau, et le poids du clapet de refoulement.

Le poids simple de la colonne d'eau équivaut, théoriquement, à la section du piston multipliée par une pression de $4^k 5$ par centimètre carré, correspondant à la hauteur de 45 mètres. Mais en réalité cette pression est plus élevée à cause du frottement de l'eau dans la conduite d'ascension, dont le diamètre est plus faible que celui du piston, et qui possède un développement d'environ 700 mètres. En effet, un manomètre placé au pied de cette colonne indique une demi-atmosphère de plus, soit 5 atmosphères au lieu de 4,5.

Par conséquent la colonne d'eau à refouler offre une résistance égale à :

$$8659 \times 5 = 43295 \text{ kilogrammes.}$$

Ajoutant à ce poids 3000 kilogrammes pour équilibrer les pièces situées sur l'autre bras du balancier, et principalement le piston à vapeur et sa tige, que le piston à eau doit entraîner dans sa chute, le poids théorique de ce dernier atteint environ 46300 kilogrammes, en nombre rond.

Mais s'il n'avait que juste ce poids, qui n'est que l'équilibre exact des résistances à vaincre, il est clair que cela ne suffirait pas pour déterminer le mouvement, car outre le frottement du tourillon du balancier et du piston à eau dans la garniture, il faut un excès de charge capable, par la rupture d'équilibre, de vaincre l'inertie de toutes ces masses, y compris celle de toute la colonne d'eau, en leur communiquant une vitesse déterminée au bout de l'unité de temps.

Or la chute du piston se produit suivant un mouvement qui, accéléré dans la première partie du chemin parcouru, se ralentit vers la fin en vertu de l'augmentation progressive de résistance de la part de l'eau refoulée; de toute façon, la course qui est, comme on l'a vu, de $2^m 39$, au maximum, s'accomplit dans un peu plus de $3''$, et, pour cela, il faut que le piston ait acquis, au bout de la première seconde de chute, une vitesse d'environ 1 mètre par $1''$.

Pour que l'ensemble du mécanisme de la machine et de la colonne d'eau se mette en mouvement, d'accord avec cette vitesse, on trouve, par approximation, que le piston de la pompe doit présenter un excédant de poids de plus 9000 kilogrammes sur l'équilibre général, dans lequel on doit considérer la partie de sa pesanteur contre-balancée par celle de la colonne d'eau, et les diverses pièces du mécanisme attachées au balancier (1).

____

(1) Il y a ici une remarque importante à faire. Il ne faudrait pas déduire de ce fait : que le piston plongeur doit posséder un excédant de poids capable de vaincre l'inertie à chaque descente, que cet excédant

Ajoutant cet excédant au poids trouvé ci-dessus, on obtient :

$$46300 + 9000 = 55300 \text{ kilogrammes}$$

pour le poids total du piston à eau, compris la surcharge.

Si l'on cube ce piston, d'après ses dimensions et celle de la charge D^3, on trouve en effet que ce poids est très-sensiblement égal à 55000 kilogrammes.

Si nous retournons au cylindre à vapeur, il devient facile maintenant d'estimer l'effort total qu'il doit exercer.

Au poids de 4329 kilogrammes trouvés ci-dessus pour l'effort théorique de l'aspiration, si nous ajoutons celui du piston, il vient

$$55300 + 4329 = 59629 \text{ kilogrammes.}$$

Mais comme dans le poids du piston à eau se trouve compris celui de l'équipage du piston à vapeur, qui devient moteur pendant la période d'introduction, il s'ensuit que la partie de cet effort afférente à l'action de la vapeur reste égale, environ, à 56600 kilogrammes.

Lorsque le piston à vapeur descend, et que la vapeur commence à agir, il n'a pas que ce simple effort à surmonter ; il doit aussi vaincre l'inertie des masses pesantes et tous les frottements. Comme on peut évaluer à 6000 kilogrammes environ l'excès d'effort qu'il doit faire pour ces diverses résistances, savoir : inertie du plongeur et de la colonne d'eau aspirée; frottement du plongeur dans son presse-étoupe; inertie et frottement du balancier ainsi que du piston à vapeur et sa tige, etc., il en résulte que la vapeur doit exercer sur le piston, au moment du départ, une pression utile totale d'environ 63000 kilogrammes; soit, par centimètre carré de la surface de ce piston :

$$\frac{63000^k}{25446^{c.q.}} = 2^k 47.$$

En faisant ce dernier calcul on devrait, si toutes les valeurs qui en constituent les éléments étaient rigoureusement exactes, tenir compte de l'inégalité des bras du balancier. Mais leur différence est assez faible pour que nous ayons cru devoir la négliger, d'autant plus que nous ne visons qu'à une approximation.

Lorsque nous avons exposé, plus haut, les conditions théoriques de la marche, on a pu remarquer que la pression effective de la vapeur, estimée d'après le manomètre des chaudières et d'après l'indicateur de vide, est supérieure au chiffre précédent et égale à $3^k 46$.

---

représente une perte correspondante de travail; car si les masses mobiles absorbent ce que l'on désigne en mécanique par : *quantité de mouvement*, pour vaincre leur inertie en passant du repos au mouvement, elles restituent la même quantité d'effet pour passer du mouvement au repos; de façon que ces excédants de masse interviennent dans le jeu du mécanisme comme le *volant* régulateur d'une machine à rotation, qui absorbe dans un moment déterminé une quantité de travail qu'il restitue intégralement dans un autre, moins, bien entendu, la résistance due au frottement de son axe, comme dans le cas qui nous occupe, celle du tourillon du balancier et des autres axes frottants.

Mais le chiffre $2^k 47$ correspond à l'effort moyen et constant qui doit être exercé, tandis que $3^k 46$ exprime la pression maximum que la vapeur est capable de produire. La différence entre ces deux valeurs permet alors de se faire une idée de la détente produite. A l'aide des règles spéciales (t. 1er, p. 333) et de la table (72) relative au travail de la détente, on trouve, par l'effort constant $2^k 47$ comparé à la pression initiale $3^k 46$, que cette situation correspond à une détente totale 2,5, soit à l'admission 4/10, en admettant que cette pression $3^k 46$ se manifeste sans altération sur le piston de la machine.

Mais il est permis de supposer qu'une partie de cette détente s'effectue déjà entre le cylindre et la chaudière dont le réservoir de vapeur est évidemment trop faible de volume. En effet, lorsqu'on suit la marche des générateurs et que l'on observe le niveau d'eau, on voit une oscillation, d'environ 15 centimètres de hauteur, se manifester à chaque coup de piston de la machine. Cette circonstance est probablement l'une des causes qui influent le plus sensiblement sur l'excès de consommation du combustible de ces machines, comparativement à d'autres analogues, ainsi que nous en avons dit quelques mots en commençant cette relation.

En soumettant cette opinion aux personnes compétentes, nous exprimons aussi le désir de voir quelquefois appliquer un manomètre sur le cylindre des machines à vapeur : ce serait certainement, dans bien des cas, un précieux moyen de contrôle et qui résoudrait souvent bien des difficultés.

Observations. — Nous avons fait observer que, par l'action directe des deux pistons, leur course a pour limite la fermeture opportune des soupapes de distribution, et, en cas d'urgence, qu'elle se trouverait déterminée par des tampons de sûreté placés aux extrémités du balancier. En marche régulière, ces tampons ne sont pas *touchés*, ce qui témoigne du jeu exact des soupapes.

Cependant, si l'on comprend l'arrêt des deux pistons lorsque celui moteur arrive au bas de sa course et cesse de recevoir l'action de la vapeur, on peut éprouver de l'hésitation à l'égard de l'arrêt spontané du piston à eau, descendant sous l'irrésistible influence de son propre poids. Néanmoins ce piston s'arrête très à propos et sans choc, car au fur et à mesure que, par le mouvement accéléré du plongeur, l'eau prend de la vitesse dans la conduite d'ascension, la résistance qu'elle oppose augmente, et non-seulement arrête l'accélération de la vitesse du piston, mais finit même par la retarder peu à peu ; avant que le piston n'atteigne le bas de sa course la soupape d'équilibre se ferme, et la compression qui en résulte au-dessus du piston à vapeur achève d'arrêter complétement celui de la pompe.

La réglementation de la soupape d'équilibre est donc d'une très-grande importance, ainsi que celle du clapet d'aspiration, à l'égard duquel nous avons fait connaître les essais tentés pour empêcher les accidents dont il a été la cause, avant les derniers perfectionnements qui lui ont été apportés.

EFFETS COMPARÉS DES DIVERSES MACHINES

DITES DU SYSTÈME DE CORNWALL

Lorsqu'on eut établi les grandes machines à simple effet perfectionnées pour l'épuisement de l'eau dans les mines de Cornwall (Angleterre), on en fit connaître les résultats, qui parurent exceptionnels sous le rapport du peu de combustible consommé comparativement à la quantité d'eau élevée. Ces résultats, qui étaient réellement avantageux d'abord, ne persistèrent point à se présenter toujours aussi favorables, et ensuite il fut reconnu que d'autres machines pouvaient en donner d'aussi complets; toute la question se résume à employer utilement de grandes détentes, à éviter les refroidissements de la part du cylindre et des conduits de vapeur, et à faire usage de générateurs capables d'une utilisation suffisante du combustible. Sur ce dernier point, nous avons montré (t. 1er, p. 200) comment sont disposées les chaudières de Cornwall, et quelle est leur production.

Au fond de ce débat, voici ce que l'on trouve : Lorsqu'on faisait usage des machines à balancier *à double effet,* il n'était pas possible d'adopter de grandes détentes, et, partant, de pressions élevées; on faisait donc une consommation de combustible correspondant à cet état de marche : basse pression et détente nulle ou faible. Avec le système à simple effet, qui permet une marche beaucoup plus lente et des repos à chaque fin de course, la possibilité d'étendre l'expansion et d'employer de plus hautes pressions devait amener une économie correspondante, ce qui est arrivé.

En résumé, bien des ingénieurs expérimentés sont d'avis que, même pour de fortes élévations d'eau, si l'on veut atteindre le minimum de consommation de combustible, on peut l'obtenir avec *une machine à deux cylindres,* système de Woolf, qui permet l'emploi des plus grandes détentes, indépendamment des conditions particulières de l'application comme hauteur d'élévation et volume d'eau.

Il reste néanmoins, à l'avantage de la machine à simple effet et à action directe, le bon état de marche du mécanisme, son peu d'usure et les repos qui se manifestent chaque fois que le sens du mouvement change. Nous pensons cependant qu'il n'y a pas tout avantage à confier la colonne d'eau à soulever à un seul corps de pompe qui atteint des proportions énormes, lorsque le volume est considérable, et qui, outre les accidents qui s'aggravent en raison même de la dimension et du poids des pièces, présente les plus grandes difficultés pour le démontage nécessité par une réparation ou une simple visite d'entretien.

Quoique le rendement des machines du système de Cornwall ne se soit point maintenu à la hauteur où il s'était montré dans l'origine, il existe de ces machines qui ont donné assez récemment des résultats qui peuvent passer à bon droit comme exceptionnels.

Il existe près de Londres, à Oldford, un établissement hydraulique qui fournit de l'eau à cette ville, et qui renferme deux machines du système de Cornwall, sur lesquelles M. Wicksteed a fait des expériences très-intéressantes dont nous avons cité quelques résultats (t. 1ᵉʳ, p. 203), à propos des générateurs.

L'une de ces deux machines est à peu près dans les mêmes conditions que celles de l'établissement de Chaillot, sous le rapport de la disposition et des dimensions des deux pistons à vapeur et à eau ; mais la hauteur d'élévation de l'eau est de 33 mètres seulement.

Dans les expériences qui furent faites avec beaucoup de soin sur cette machine, et prolongées très-longtemps, la pression de la vapeur a varié entre 2 et 3,5 atmosphères, et la détente entre 1,7 et 3,2 fois l'admission à pleine vapeur ; le nombre de coups de piston à l'unité de temps était à peu près le même que pour les machines qui viennent d'être décrites.

Pour ces limites extrêmes, l'effet utile s'est élevé, d'après les chiffres déduits par M. Morin des données originales, à 191896 et 264374 kilogrammètres par kilogramme de houille brûlée ; c'est-à-dire qu'avec la plus faible pression et la détente la moins prolongée, le produit de la machine avait pour expression :

191896 kilogrammes d'eau élevés à 1 mètre par kilogramme de houille brûlée.

Avec la plus haute pression et la détente la plus prolongée, on a obtenu :

264374 kilogrammes d'eau élevés à 1 mètre par kilogramme de houille brûlée.

La puissance d'un cheval-vapeur correspondant à 270000 kilogrammètres par heure, il en résulte que la consommation spécifique de la machine a pour valeur, dans le premier cas :

$$1^k \times \frac{270000}{191897} = 1^k 40 \text{ de houille par cheval et par heure;}$$

et dans le deuxième :

$$1^k \times \frac{270000}{264374} = 1^k 02 \text{ de houille par cheval et par heure.}$$

Ces résultats sont certainement très-élevés, et tiennent d'ailleurs en partie à l'excellent combustible employé, qui était de la houille de Newcastle de première qualité, dont 1 kilogramme produisait, avec les grandes chaudières, système à foyer intérieur de Cornwall, $8^k 25$ de vapeur.

S'il était possible, pour la même application, d'obtenir toujours de pareils résultats avec les machines à simple effet, elles ne laisseraient rien à désirer par rapport à tout autre système de moteur à vapeur. Cependant voici, à Paris (Chaillot) et à Lyon, plusieurs machines de ce système qui sont admirablement construites, conduites avec le plus grand soin, fonctionnant dans des conditions analogues (particulièrement celles de Chaillot), et dont les résultats sont loin d'être aussi avantageux.

Ainsi, nous avons indiqué ci-dessus que les relevés journaliers du travail des machines de Chaillot donnent en moyenne $2^k 6$ de charbon brûlé pour le même travail produit par la machine de Wicksteed avec la consommation maximum de $1^k 40$. C'est ce qui nous faisait dire, en commençant la description actuelle, qu'il doit exister dans la construction des machines de Chaillot quelque difficulté non résolue, sans que nous pensions cependant que l'on puisse souvent atteindre les résultats extraordinaires de Wicksteed.

En effet, les chiffres qui ont été publiés par l'ingénieur anglais sont obtenus par des expériences directes, faites évidemment avec tout le soin que l'on apporte en pareil cas, tandis que ceux que nous donnons, et qui ont été recueillis à l'usine de Chaillot, ont été relevés sur les tableaux journaliers et expriment un travail continu et normal, sur lequel on peut compter.

Pour de pareilles expériences, depuis l'ingénieur jusqu'aux chauffeurs, qui sont quelquefois choisis exprès et dressés spécialement pour ce travail, tout le monde apporte des soins et prend des précautions inusitées, impossibles à observer en temps ordinaire; on vérifie chaque partie, on lubrifie les frottements en dépensant l'huile et la graisse à profusion. En un mot, on fait rendre à la machine, par un excès de dépense d'un autre genre, son effet presque *théorique*, tandis que sa marche future, rendue à ses allures pratiques et manufacturières, montrera son véritable effet utile, diminué des pertes ordinaires : défauts de combustion, frottements, refroidissements, etc., etc., qui s'étaient trouvés grandement atténués par les soins excessifs apportés pour l'expérimentation.

Il était de notre devoir d'établir nettement la différence qu'il faut légalement établir entre des résultats d'expérience et l'effet utile d'une machine en marche normale : les uns sont presque des données scientifiques, et l'autre est plus véritablement un fait pratique; mais l'expérimentation précise, quelle que soit son prix de revient, n'est pas moins le procédé indispensable à employer pour connaître le but vers lequel, s'il ne peut être atteint, tous les efforts doivent tendre.

En résumé, les machines à simple effet fonctionnant à Chaillot produisent un travail, mais un travail réel et pratique, ainsi exprimé :

270000 kilogrammètres, ou la puissance d'un cheval-vapeur, étant estimés en eau élevée, et coûtant en moyenne 2^{k}6 de houille, 1 kilogramme correspond à :

$$\frac{270000}{2,6} = 103846 \text{ kilogrammètres,}$$

c'est-à-dire :

103846 kilogrammes d'eau élevés à 1 mètre par kilogramme de houille dépensé.

Nous n'ajouterons rien à ces données, qui n'ont ici pour objet que de compléter une relation dont le but principal est la description de la machine à simple effet, comparée aux autres moteurs à vapeur que nous avons donnés précédemment dans tous leurs détails.

FIN DU CHAPITRE NEUVIÈME.

CHAPITRE X

MACHINES LOCOMOBILES

ET MACHINES PORTATIVES OU DEMI-FIXES

DÉFINITION ET EMPLOI DU SYSTÈME

On désigne sous le nom de *locomobiles* les machines à vapeur montées sur un chariot, à deux ou à quatre roues, qui les rend aisément transportables, et permet par suite de les appliquer tantôt dans une localité et tantôt dans une autre. Ces machines se distinguent de toutes celles que nous avons décrites précédemment, en ce qu'elles sont établies de telle sorte que leur générateur ne fait qu'un seul ensemble avec le mécanisme moteur. Il en est de même des *machines portatives* ou *demi-fixes*, qui diffèrent des locomobiles en ce qu'au lieu d'être portées par un train permettant de les rouler avec facilité, elles sont montées sur des chevalets ou des supports que l'on peut d'ailleurs enlever aisément lorsqu'on veut les changer de place.

Il résulte naturellement de cette analogie qu'une machine locomobile peut à volonté devenir simplement portative, et réciproquement, puisqu'il suffit de placer alternativement tout le système soit sur des chevalets à demeure, soit sur un chariot mobile. Dans l'un et l'autre cas, il n'est pas nécessaire d'établir de fondations pour la recevoir; et par cela même qu'elle n'exige aucune maçonnerie, aucune construction préalable, elle peut, en arrivant toute montée sur le centre d'activité, être en état de transmettre immédiatement sa force motrice : condition importante dans un grand nombre de cas, et qui a fait faire un progrès immense à notre époque.

Sans crainte d'être taxé d'exagération, on peut dire, en effet, que la locomobile rend autant de services sur terre, dans l'agriculture ou dans les travaux publics, que les *locomotives* sur les chemins de fer et les *appareils de navigation* sur les fleuves ou sur les mers, pour le transport des voyageurs et des marchandises.

La locomobile s'introduit partout aujourd'hui, aussi bien dans les fermes pour actionner des machines à battre les grains, des coupe-racines, des concasseurs, des pompes à élever l'eau, etc., que dans les champs pour labourer, défricher la terre, et bientôt, nous l'espérons, elle sera employée pour semer, faucher, moissonner et effectuer enfin la plus grande partie des opérations agricoles les plus pénibles, que l'on ne pouvait faire qu'à force de bras.

On lui doit certainement les tentatives que l'on fait chaque jour pour répandre de plus en plus les applications des moyens mécaniques dans l'agriculture ; si elles ne sont pas toutes jusqu'ici couronnées de succès, il ne faut s'en prendre qu'à la difficulté des opérations elles-mêmes, et nullement au moteur qui fournit sa puissance sans réserve, quelle que soit la nature de l'application.

Elle sert également dans les grands chantiers de construction, soit pour faire mouvoir des scieries, des appareils à mortier, des broyeurs ou mélangeurs, soit pour commander des machines à effectuer des épuisements, à battre les pilotis, ou à monter les matériaux, enfin tous genres de travaux qui, sans ces machines, ont toujours été difficiles et dispendieux. C'est, enfin, à cet admirable engin-moteur que l'on doit, sans contredit, la prodigieuse célérité avec laquelle on exécute ces grands édifices, ces remarquables travaux d'art, qui, à d'autres époques, eussent coûté des sommes immenses ou auraient été regardés comme à peu près impraticables (1).

L'idée de construire des machines facilement transportables, c'est-à-dire *locomobiles* ou *portatives,* n'est pas nouvelle, et leur application même date déjà chez nous d'au moins trente années. Nous croyons que M. Hallette, d'Arras, a été l'un des premiers en France qui ait exécuté un tel système, que nous avons eu l'occasion de décrire et de dessiner, vers 1831, dans le Recueil de M. Le Blanc. Un ingénieur fort intelligent, M. E. Philippe, qui a imaginé les ingénieuses machines à fabriquer les roues de voiture, avait également proposé ce genre de moteur, vers la même époque, pour faire mouvoir des scieries à bois en forêts.

On comprend, du reste, que dans les diverses contrées industrielles les constructeurs de mérite aient cherché depuis longtemps déjà à faire des moteurs à vapeur qui pussent aisément se transporter ; mais, d'un côté, on ne connaissait pour ainsi dire que les générateurs cylindriques volumineux, exigeant des foyers spéciaux ou des fourneaux en briques, et, d'un autre côté, on n'employait généralement que des machines à balancier ou à directrices, et à cylindre vertical, occupant de grandes hauteurs ; il était donc bien difficile, pour ne pas dire impossible, de rendre de tels systèmes portatifs.

C'est en Angleterre, surtout depuis 1850, que la locomobile s'est, tout d'abord, le plus répandue, ce qui paraît naturel, puisque c'est le pays qui manque le plus de bras, et où, par suite, la main-d'œuvre est très-élevée. L'Exposition universelle de Londres comprenait une certaine quantité de ces machines. On y a reconnu alors que le problème était véritablement résolu, si ce n'est d'une façon complète, au moins assez satisfaisante pour espérer qu'on ne tarderait pas à y apporter les derniers perfectionnements.

En y appliquant le système de chaudières tubulaires qui, quoique datant, comme on l'a vu (t. 1er, p. 188), de plus d'un demi-siècle, est resté ignoré jusqu'en 1829,

____

(1) Toutes les personnes qui ont suivi l'immense opération de l'abaissement du plan d'eau du canal Saint-Martin, à Paris, ont pu juger des services rendus par les locomobiles, soit pour les énormes épuisements qu'il a fallu faire nuit et jour, soit pour les déblais considérables des terres à transporter et à élever, soit encore pour transporter les matériaux, broyer les mortiers, mélanger les sables et ciments, etc.

époque à laquelle M. Séguin l'a, à son tour, imaginé pour les machines locomotives, on est arrivé à diminuer notablement le volume du générateur; et en adoptant le système à grande vitesse, ce qui permet de réduire considérablement les proportions de tous les organes de la machine, on a pu placer celle-ci sur la chaudière même, et ne faire ainsi qu'un seul appareil, occupant peu de place, n'exigeant pas de points d'appui spéciaux, et remplissant enfin les conditions essentielles si longtemps recherchées.

Dans l'origine, une grande partie des machines locomobiles était à cylindre vertical, le générateur étant horizontal; mais aujourd'hui on n'en construit plus avec cette disposition; le plus généralement le moteur est horizontal ainsi que sa chaudière, ou bien tous les deux sont verticaux.

Comme nous attachons un véritable intérêt à ce genre de moteurs, nous croyons devoir faire connaître les principaux systèmes en usage, et surtout ceux qui présentent des particularités essentielles.

Pour donner une idée de l'importance qu'a prise chez nous l'emploi des machines locomobiles, nous dirons que M. Rouffet, depuis décembre 1855 jusqu'en juin 1861, c'est-à-dire en moins de six années, a livré, pour sa part, à l'industrie, 210 machines locomobiles, variant de 1 à 10 chevaux environ, et représentant une puissance totale de 860 chevaux-vapeur : soit la force collective de plus de 8000 hommes agissant sur des manivelles.

En 1856, au concours agricole, M. Calla avait déjà livré, en quatre années seulement, 300 machines locomobiles, représentant ensemble près de 2000 chevaux-vapeur. Depuis lors, ce nombre a plus que triplé, et on en voit sans cesse en exécution dans ses ateliers, rangées par groupe, selon leur force nominale.

A la même époque, M. Flaud en avait construit environ 200 d'une puissance nominale collective de 1100 à 1200 chevaux-vapeur, etc. (1).

La maison Cail et Ce fabrique des locomobiles comme on fabrique ailleurs des objets de vente courante. A Oullins et ailleurs, nous en avons vues en construction par douzaines.

On peut juger du reste de l'importance que prennent ces machines par le nombre considérable que l'on en rencontre à toutes les expositions industrielles et agricoles que nous avons depuis quelques années dans les différentes contrées de la France.

Il faudrait citer presque tous nos constructeurs français, si on voulait nommer ceux qui s'occupent de l'étude et de l'établissement des locomobiles. Et mettant en harmonie complète le mode de fabrication avec les besoins prompts et souvent inattendus, les ateliers suffisamment puissants construisent des machines locomobiles d'avance dans lesquelles on peut choisir, comme pour le plus mince outil, et prendre livraison immédiate.

____

(1) Voir, dans le XIe vol. de la *Publication industrielle*, la mention relative aux locomobiles présentées au Concours agricole de 1856.

MACHINE LOCOMOBILE HORIZONTALE

Par **M. ROUFFET** aîné, à Paris

(FIG. 1 A 5, PL. 36)

ENSEMBLE DE LA CONSTRUCTION

Nous prenons pour premier exemple de locomobile horizontale le système de M. Rouffet, mécanicien de Paris qui s'est un des premiers occupé de ce genre de moteur et qui l'établit aujourd'hui avec une grande perfection.

La fig. 1 représente cette machine en élévation extérieure avec une partie en coupe par arrachement et faite par l'axe, pour laisser voir la disposition du foyer et des tubes qui traversent la chaudière ;

La fig. 2 est une vue extérieure de bout regardée du côté du foyer ;

La fig. 3 est une coupe transversale suivant la ligne 1-2, le train de roues d'arrière supposé démonté ;

La fig. 4 est une projection horizontale de la machine séparée de la chaudière ;

La fig. 5 est une coupe transversale, suivant la ligne 3-4, du cylindre à vapeur monté sur la plaque de fondation.

Le mécanisme consiste en une machine horizontale ordinaire, montée d'une seule pièce sur une plaque de fondation par laquelle elle repose et se fixe sur le corps principal du générateur ; cette disposition, préférable à toute autre, rend toutes les pièces en mouvement parfaitement solidaires, et permet la mise en place ou le démontage sans danger de dislocation. La chaudière, dont la construction est analogue à celle d'une locomotive, est formée d'un corps cylindrique horizontal A raccordé avec un coffre vertical B, également cylindrique, dans lequel est renfermé le *foyer* C, et dont la partie supérieure forme réservoir de vapeur. Le corps cylindrique, rempli d'eau, qui entoure le foyer, est traversé par des tubes qui partent de ce dernier organe, et viennent aboutir à la plaque de fond contre laquelle est rapportée la *boîte à fumée* D, surmontée d'une cheminée en tôle E.

L'ensemble est porté à l'arrière sur un essieu et deux grandes roues F, et par un avant-train composé de deux petites roues F', dont l'essieu est assemblé sur une cheville ouvrière, comme un chariot ordinaire. Ces roues, qui doivent être très-résistantes, sont formées d'une jante et d'un moyeu en fonte de fer coulés dans le même moule, dans lequel on dispose à l'avance les rayons, qui sont en fer forgé, et qui se trouvent soudés avec les deux parties simultanément.

La construction de la machine est des plus simples, comme il convient à ce système de moteur auquel on ne peut appliquer de condensation, mais qui possède une détente, rendue variable si cela est nécessaire.

Le cylindre à vapeur G est fixé sur la plaque H par quatre oreilles *a* boulonnées ;

la bride sur laquelle le couvercle est fixé porte deux talons rectangulaires pour y rattacher les quatre glissières I, dont l'extrémité opposée est assemblée de même sur deux supports *b*, venus de fonte avec la plaque.

Cette disposition permet l'emploi d'une bielle ordinaire J, à corps cylindrique, terminée d'un bout par une fourche pour son assemblage avec la traverse du piston, et de l'autre par une tête simple par laquelle elle est réunie avec l'arbre moteur K.

Ce dernier organe, qui ne peut évidemment avoir de support indépendant de la machine, est un essieu coudé, ou *vilebrequin*, monté sur deux paliers *c* et *c'*, fondus avec la plaque de fondation, et dont celui *c*, placé du côté de la commande, a le double de largeur de l'autre. Il est fabriqué en bon fer de section circulaire, et coudé après coup à la forge; ce mode de fabrication, qui peut être employé tant que la pièce ne dépasse pas certaines dimensions, a l'avantage de conserver au métal la rigidité de ces fibres qui sont seulement *courbées* et non point *refoulées* ni tranchées. En examinant le plan de la machine, fig. 4, on voit que la structure de l'arbre conduit à écarter les supports d'une quantité telle que les deux parties qui forment le coude restent sous un angle ouvert, de façon à ne pas corrompre le fer en voulant le couder *trop court*. D'ailleurs, cet écartement des supports est nécessaire autant pour le maintien du carrément de l'arbre que pour les pièces qu'il porte, et qui doivent se trouver en dehors des flancs de la chaudière.

L'une de ses extrémités est munie, en effet, du volant L, dont la circonférence forme poulie pour la transmission directe de la puissance développée par la machine; l'extrémité opposée reçoit un excentrique circulaire M, qui commande la pompe alimentaire N appliquée contre la chaudière. Un second excentrique O, placé en dedans du palier *c'*, commande le tiroir de distribution.

La vapeur est amenée de la chaudière par un tuyau P, muni d'un robinet P', qui vient aboutir à une tubulure *d* appartenant à la boîte de distribution. Celle-ci renferme un tiroir à détente variable, du système Farcot, qui règle l'introduction de la vapeur dans le cylindre, dans les conditions ordinaires. La sortie s'effectue par une tubulure *e*, fondue avec le cylindre, et qui vient coïncider avec l'ouverture d'un canal *f*, fig. 3 et 5, ménagé à la plaque H, lequel règne sur toute son étendue. A l'extrémité opposée, ce canal est raccordé avec un conduit *g* qui pénètre dans la cheminée dans laquelle se projette alors la vapeur échappée du cylindre.

Nous avons expliqué autre part (t. Ier, p. 199) les propriétés de cet ingénieux procédé, consistant à utiliser l'échappement de la vapeur pour activer le tirage d'un fourneau qui ne peut recevoir qu'une cheminée de faible dimension, comme cela arrive pour toute machine transportable, telle que les locomobiles et les locomotives, qui nous fourniront l'occasion de revenir sur cet important sujet.

La machine, comme toutes celles du genre qui nous occupe en ce moment, est susceptible d'être appliquée à un travail de résistance variable; elle possède, à cet effet, comme un moteur fixe, un régulateur de vitesse Q, mis en rapport avec un papillon qui est ajusté sur la tubulure *d* d'arrivée de vapeur. Ce régulateur est monté sur un chevalet R fixé lui-même sur les deux glissières supérieures I; il reçoit son mouvement de l'arbre moteur au moyen d'une courroie h^2 correspondant à deux poulies h et h', dont l'une des deux, h', est fixée sur un bout d'arbre i, monté sur le chevalet R′, et qui porte une roue d'angle j, en relation avec une semblable j' fixée sur l'axe du régulateur. Le manchon mobile de ce dernier est lié avec une équerre k dont l'autre branche est assemblée avec une bielle k' qui correspond enfin à la petite manivelle k^2 solidaire avec l'axe du papillon.

Cette machine, étant montée sur roues, est destinée à travailler dans les champs ou dans un chantier de construction, et peut être *roulée* d'un endroit à un autre, souvent même en feu et prête à fonctionner. Mais il arrive fréquemment qu'on l'applique dans un atelier où des difficultés toutes locales s'opposent à l'emploi d'une machine fixe, qui, sans cela, pourrait y être appliquée quant à la nature du travail à effectuer. Alors on supprime les roues, qui sont remplacées par deux chevalets en fonte dont la partie supérieure présente un demi-cercle pour épouser la forme de la chaudière, et qui reposent directement sur le sol ; sans changer aucunement sa disposition, la machine devient ainsi *demi-fixe*, et conserve entièrement la propriété d'être très-facilement changée de place ou d'atelier, sans avoir rien à démonter ni à démolir.

DÉTAILS DE CONSTRUCTION

GÉNÉRATEUR. — Comme les chaudières des locomotives, celle-ci est composée du corps tubulaire A et du coffre B, à l'intérieur duquel se trouve installé le foyer C, d'où partent les tubes S qui traversent la masse d'eau et conduisent les produits de la combustion dans la cheminée.

Le coffre B est un corps cylindrique fermé à la partie supérieure par un fond en forte tôle emboutie, et, dans le bas, par un fond plat percé d'une ouverture à l'endroit du foyer.

Le foyer C est une capacité également cylindrique, mais dont la section horizontale est composée seulement de 7/10 de circonférence, raccordée par des arrondis avec une ligne droite, de façon à présenter une partie de paroi plane pour recevoir les tubes. Il est fixé sur le fond plat par une cornière d'angle, concentriquement avec le coffre extérieur, et réuni en outre avec ce dernier par une plaque emboutie l, dans la partie où ces deux organes sont percés d'ouvertures rectangulaires pour l'entrée du combustible. La porte m, qui ferme cette ouverture, est montée sur une plaque en fonte appliquée et rivée sur la paroi extérieure du coffre B, dont elle épouse exactement la forme.

Le bas du foyer C est complétement ouvert pour recevoir la grille. Celle-ci est formée de barreaux n, qui sont appuyés sur un cadre en **fonte** rattaché, par deux oreilles, à une tringle horizontale o, montée sur des supports fixes ; l'autre point d'appui du cadre est un simple loquet tournant p. Cette disposition a pour objet de *renverser* la grille lorsqu'on veut se débarrasser du feu très-rapidement ; il suffit pour cela de faire tourner le loquet p d'après son point fixe, de façon à le dégager de dessous le cadre qui s'abaisse alors en tournant d'après son axe *o*, et laisse tomber le combustible déposé sur les barreaux.

Les tubes S sont montés à viroles sur la paroi plane du foyer et sur le fond plat qui termine le corps principal A du côté de la boîte à fumée D. Ce mode d'assemblage des tubes a été complétement décrit (t. Ier, p. 193). Ils sont au nombre de vingt, dont dix-huit sur trois rangées et en quinconce, et les deux derniers constituant à eux seuls la quatrième rangée. L'espace ménagé entre ces deux tubes, et qui correspond à la suppression des deux qui pourraient y être placés, a été réservé à dessein pour le passage d'une tringle à raclette que l'on y introduit lorsqu'il faut nettoyer la chaudière et extraire les dépôts. Un bouchon à fermeture autoclave est disposé pour cela vis-à-vis de cet espace sur le bout de la chaudière; un semblable appareil *q* est ménagé à la partie inférieure du coffre B pour l'extraction des dépôts qui s'amassent toujours dans cette partie en quantité d'autant plus considérable qu'elle est plus basse, et qu'elle correspond au point le plus énergique de la vaporisation. Un autre bouchon *q'*, de forme rectangulaire et de plus grande dimension, a été placé sur le coffre B, pour permettre l'introduction d'une lampe et l'examen de l'état de l'intérieur de la chaudière.

Nous avons eu déjà l'occasion de faire remarquer que la propreté est la condition la plus importante pour la conservation et pour la régularité des fonctions d'un générateur tubulaire. Si les tubes se couvrent de tartre, non-seulement l'intervalle qui les sépare se remplit, et ils peuvent brûler, mais, leur conductibilité devenant de plus en plus faible, le calorique s'écoule dans la cheminée sans produire de vapeur. L'excès de production d'une chaudière tubulaire neuve ou récemment nettoyée est, en effet, extrêmement remarquable.

A moins d'une eau très-pure ou d'un procédé de désincrustation très-efficace, il se forme donc des dépôts calcaires dont on doit alors se débarrasser aussitôt que possible. S'ils ne sont qu'à l'état de vase, un simple lavage peut suffire; mais s'ils sont devenus solides, ne pouvant pas pénétrer dans les chaudières tubulaires comme dans celles ordinaires, il faut entreprendre une réparation complète en démontant, nous dirions presque en démolissant le générateur.

Il faut donc, à tout prix, éviter les dépôts, ou du moins empêcher qu'ils ne se solidifient.

Quant aux parois intérieures des tubes qui se couvrent de suie, on les nettoie à l'aide d'un ringard, que l'on peut facilement y introduire par leur extrémité aboutissant à la boîte à fumée.

L'eau remplit la chaudière en enveloppant les tubes et le foyer, au-dessus duquel elle doit s'élever sans cesse, afin qu'il ne reste jamais à sec sous l'action du feu. Le corps cylindrique ne présente alors, comme chambre de vapeur, qu'un espace libre très-restreint; c'est pour obtenir à cet égard une capacité suffisante que le coffre B possède une grande hauteur, et constitue un puissant réservoir de vapeur. Pour empêcher les entraînements d'eau il est encore surmonté d'un dôme en bronze B', à l'intérieur duquel s'élève un tube P^2, terminé en forme d'arrosoir, et qui vient aboutir au robinet P' à l'aide duquel on règle, ainsi que nous l'avons dit, le passage de la vapeur à la boîte de distribution par le tube extérieur P, lequel forme réellement le prolongement du conduit intérieur P².

Cette disposition est favorable au maintien de la tension de la vapeur, par le peu de développement du conduit extérieur, qui serait néanmoins de toute façon peu considérable, puisque le cylindre est aussi près que possible du réservoir de vapeur.

Dans les machines de même modèle, mais sans tiroir à détente variable, le conduit P est encore moins développé, attendu qu'il vient aboutir directement sur la face de la boîte de distribution.

La boîte à fumée est un cylindre de tôle mince D, fixé par quelques vis sur le bout de la chaudière, et muni d'une porte fermée en marche par un tourniquet. On ouvre cette porte quand on doit ramoner les tubes, ou pour ralentir le tirage dans les moments d'arrêt.

La cheminée est formée d'une partie fixe E, rivée sur la boîte à fumée, et d'un prolongement à charnière E', que l'on abaisse lorsqu'il s'agit de déplacer la machine; il prend la position indiquée en lignes ponctuées, fig. 1, et vient s'appuyer sur un support r fixé sur le réservoir de vapeur.

Le générateur est muni de ses appareils règlementaires de sûreté et d'observation, tels que :

Deux soupapes de sûreté montées sur un siége T commun, et chargées par des poids;

Un niveau d'eau à tube de cristal U, et deux robinets d'épreuve V;

Un manomètre métallique X du système Bourdon.

Comme les machines locomotives, celles-ci sont dispensées de l'emploi du niveau à flotteur et à sifflet; aussi la réglementation de l'eau doit être l'objet d'une surveillance active, autant dans l'intérêt de la conservation de la machine qu'en vue des accidents qui peuvent résulter d'une explosion.

L'ensemble de cette chaudière est protégé par une garniture de feutre recouverte d'une enveloppe en bois. Généralement M. Rouffet, lui-même, et d'autres constructeurs recouvrent le bois d'une chemise en tôle, ce qui est préférable, surtout pour une machine exposée souvent à l'action de l'atmosphère, car la garniture de bois toute seule, chauffée d'un côté, et soumise extérieurement à la pluie ou à l'humidité, se détruit en peu de temps; les douves se disjoignent, se gauchissent, et les parois du générateur se trouvent de nouveau exposées au refroidissement jusqu'à ce que l'enveloppe soit changée ou réparée.

Mécanisme. — Il en reste peu de chose à dire qui n'ait pas été expliqué ci-dessus, l'ensemble ne présentant point du reste de particularité importante.

La structure de la plaque H et son ajustement sur la chaudière mérite cependant quelque attention. Rectangulaire dans la plus grande partie de sa longueur, elle s'élargit sensiblement à l'endroit des paliers, entre lesquels elle est évidée pour le passage de la bielle et du coude de l'arbre; en section transversale, elle présente un plateau accompagné d'une nervure de chaque côté.

Cette plaque est fixée sur le corps de chaudière par six boulons s correspondant à un même nombre d'oreilles t, dont deux, celles vis-à-vis des paliers, sont rentrantes, pour conserver l'alignement des autres. Toute la partie inférieure de la plaque, constituée par le champ des nervures et par les oreilles, est *cylindrique,* de façon à épouser exactement la forme de la chaudière; néanmoins, on comprend que le constructeur s'attache à faire porter particulièrement les oreilles, dont la semelle est conformée, à l'aide du burin et de la lime, à la partie correspondante de la paroi de la chaudière.

La pompe alimentaire N est construite, par rapport à la chapelle des clapets, pour être posée obliquement; sur la chaudière, au moyen d'une bride par laquelle elle est fixée sur une potence à semelle inclinée *u*, dont la patte est fendue pour le passage des deux boulons qui l'assujettissent. Elle puise, par le tube d'aspiration N', dans un réservoir qui n'est parfois qu'un tonneau ou un baquet que l'on est obligé d'amener là où la machine travaille, et que l'on remplit au fur et à mesure de la consommation. Ce tube N' est surmonté d'un robinet *v* à l'aide duquel on règle l'alimentation.

Lorsqu'un réservoir se trouve à proximité, on peut remplacer le tuyau N' par un boyau flexible, et avoir l'eau d'une manière continue.

L'eau est refoulée par le conduit N² qui vient aboutir à la partie inférieure du foyer. Il est muni en cet endroit d'un robinet *x*, qu'il faut bien se garder, sous peine de faire crever le tuyau ou la pompe, de ne jamais fermer, à moins que la machine soit complétement arrêtée, et que, pour une cause quelconque, on veuille démonter la pompe, la chaudière encore pleine d'eau.

DIMENSIONS ET CONDITIONS DE MARCHE

Nous avons à examiner à la fois les dimensions du générateur et de la machine, qui se trouvent réunis dans le système locomobile; le générateur, dont les dimensions sont aussi restreintes que possible, offre à cet égard un intérêt que l'on ne retrouve pas dans les appareils auxquels on peut donner facilement tout le développement qu'ils exigent.

MÉCANISME. — La machine, qui est munie d'une détente variable, doit développer une puissance nominale de 8 chevaux, dans les conditions suivantes :

Vitesse de l'arbre par minute............................... 90 tours.
Pression absolue de la vapeur............................. 6 atmosph.
Degré de l'admission à pleine vapeur...................... 1/3

Voici ses principales dimensions :

Diamètre du piston .... 0^m 215
Superficie .... 3^{d.q.} 63
Course.. 0^m 380
Volume engendré par coup simple.......................... 13^{d.c.} 794

D'après ces dimensions, et avec les conditions de marche données ci-dessus, on trouve, à l'aide de la règle ordinaire (formules A et B, t. Ier, p. 333), que la puissance théorique développée égale 18 chevaux-vapeur.

Comparant à la force nominale, on obtient :

$$\frac{8}{18} = 0{,}444,$$

c'est-à-dire que le constructeur a pris pour base de l'établissement de cette machine un rendement d'environ 45/100.

Comme le mécanisme est établi avec beaucoup de soin, et que l'on peut facilement en obtenir 50/100 de l'effet utile développé directement sur le piston, il en résulte que cette machine peut fournir sa puissance nominale en détendant au 1/4 environ de la course du piston.

En marchant à pleine vapeur et à la même pression, avec un générateur suffisant, on trouve, à l'aide du même calcul, que la puissance développée, et à 50/100 d'effet utile, s'élèverait à 14 chevaux.

Mais l'arbre moteur, dont le diamètre au collet n'est que de 7 centimètres, ne permet pas de transmettre normalement plus de 10 chevaux avec 90 tours par minute. Il serait inutile qu'il fût plus fort, puisque la machine n'est livrée que pour 8 chevaux.

GÉNÉRATEUR. — La surface de chauffe est composée du développement total des 20 tubes et de celui du foyer.

Voici les éléments qui permettent d'évaluer cette surface :

Longueur des tubes		2^{m} 300
Diamètre extérieur		0^{m} 065
Circonférence correspondante		0^{m} 204
Superficie d'un tube	0,204 × 2,30 =	$0^{m.q.}$ 4692
Superficie totale	0,4692 × 20 =	$9^{m.q.}$ 38

Nous avons dit que le foyer est un corps cylindrique, dont le diamètre extérieur a $0^{m},68$, et la hauteur 0,70, et dont 3/10 de la circonférence sont remplacés par une paroi plane de 0,56 de largeur. La surface de chauffe qu'il représente correspond à ce développement, plus le *ciel*, qui équivaut au même cercle diminué du même segment, superficie dont il faut déduire la section totale des 20 tubes qui aboutissent à la partie plane.

En calculant ces différentes parties de surface, on trouve :

Pourtour du foyer	$1^{m.q.}$ 37
Ciel	0 31
Total	$1^{m.q.}$ 68

Ajoutant cette surface à celle des tubes, il vient :

$$9^{m.q.}\,38 + 1^{m.q.}\,68 = 11{,}06 \text{ mètres carrés},$$

pour la surface de chauffe totale de cette chaudière.

Rapportée à la puissance nominale de la machine, on trouve :

$$\frac{11,06}{8} = 1^{\text{m.q.}} 38$$

de surface de chauffe totale par force de cheval.

Si la puissance est poussée jusqu'à 10 chevaux, la surface de chauffe spécifique est encore de $1^{\text{m.q.}} 10$, et, comme on obtiendrait cette puissance tout en faisant encore usage de la détente, le générateur suffirait à la dépense de vapeur, en tenant compte de son système qui permet une production plus active que les chaudières non tubulaires et privées d'un tirage artificiel.

Une longue expérience a permis au constructeur de compter régulièrement, avec cette disposition de chaudière, sur une production de 8 kilogrammes de vapeur par kilogramme de bonne houille, ce qui, combiné avec l'état de fonctionnement de la machine, correspond à une dépense d'environ 3 kilogrammes de houille par heure et par force de cheval utile (autant que possible, on chauffe une locomobile avec du coke, qui détruit moins promptement la grille et encrasse moins les tubes).

Admettant cette consommation de houille, que nous ne devons point considérer cependant comme maximum, c'est pour la machine actuelle une consommation totale de 24 kilogrammes par heure, et 30 à 32, si l'on veut faire produire à la machine son maximum de puissance.

Pour y correspondre, la grille présente 30 décimètres carrés, soit environ 1 décimètre par kilogramme de houille brûlée par heure : la dimension de la grille est donc celle attribuée à *la combustion vive* (t. Ier, p. 148), ainsi que cela peut avoir lieu à l'aide d'un tirage forcé.

Les tubes, qui font l'office de *carneaux* pour l'écoulement des produits de la combustion, offrent comme passage leur section intérieure, diminuée aux deux extrémités de l'épaisseur des viroles à l'aide desquelles ils sont assujettis.

Le diamètre intérieur de ces viroles étant d'environ 50 millimètres, ce qui correspond à une section de $19^{\text{c.q.}} 635$, la section totale du passage par les 20 tubes égale :

$$19^{\text{c.q.}} 635 \times 20 = 392,70 = 3,927 \text{ décimètres carrés.}$$

Admettant, pour plus de simplicité, 4 décimètres, il s'ensuit que le passage de la fumée ou la section du *carreau* est un peu moins du 1/7 de la surface de la grille, au lieu du 1/5 et même du 1/4 que l'on donne pour les générateurs fixes non tubulaires (t. Ier, p. 154). Ceci démontre l'importance de tenir l'intérieur des tubes bien propre, afin de ne pas laisser se réduire un passage que l'exiguïté générale de la machine permet peu d'augmenter.

Terminons par une remarque relative à la structure de ce générateur.

Il est aisé de reconnaître combien cette forme cylindrique du coffre du foyer est favorable, soit pour la construction, soit à cause de la grande capacité donnée au réservoir de vapeur et de l'élévation du point où se fait la prise, par rapport au niveau de l'eau. Mais il est peut-être moins facile d'augmenter la dimension de la grille avec cette forme qu'avec celle rectangulaire adoptée par bien des constructeurs, et que l'on peut allonger sans écarter les roues, si l'on veut faire usage d'un combustible volumineux, tel que le bois ou la tourbe. Néanmoins, M. Rouffet, sans changer la construction du foyer de la locomobile, en livre fréquemment pour marcher avec du bois; il lui suffit d'augmenter légèrement le diamètre de la grille et l'étendue de la surface de chauffe totale.

L'ensemble de cette locomobile pèse environ 3700 kilogrammes.

MACHINE LOCOMOBILE A GRANDE VITESSE

Par M. FLAUD, ingénieur-mécanicien, à Paris

(FIG. 1 A 3, PL. 37)

ENSEMBLE DE LA CONSTRUCTION

Cette machine diffère particulièrement de la précédente par la forme de sa chaudière et par la vitesse à laquelle elle est réglée. On sait, en effet, que M. Flaud s'est fait une réputation méritée pour la construction de machines à vapeur tournant à de très-grandes vitesses, et réduites alors de dimensions dans le même rapport. La locomobile représentée par les fig. 1 à 3 de la pl. 37 est établie pour produire 5 chevaux, en faisant donner au piston 500 coups simples par minute, ce qui correspond à 250 tours de l'arbre à manivelle, avec une pression de 6 atmosphères dans la chaudière et une détente pendant le dernier quart de la course du piston. Pour marcher convenablement à une aussi grande vitesse, M. Flaud donne aux organes principaux des dispositions particulières que nous allons essayer d'expliquer.

La fig. 1 du dessin représente cette machine locomobile, la chaudière en coupe longitudinale et le mécanisme en vue extérieure;

La fig. 2 en est une section transversale par la ligne 1-2 passant par le canal d'échappement du cylindre;

La fig. 3 est une section parallèle à la précédente, sur la ligne 3-4 passant sur le foyer et sur l'axe de l'essieu d'arrière.

DISPOSITION DU GÉNÉRATEUR. — La structure du générateur est presque identique à celle des locomotives. Il est composé d'un corps cylindrique A, traversé par les tubes a, et assemblé avec le coffre B du foyer C, dont la section horizontale est rectangulaire; l'autre extrémité du corps cylindrique est munie de la boîte à fumée D surmontée de la cheminée E.

Le coffre du foyer est formé d'une tôle ployée en U, concentriquement avec la chaudière, et rivée avec deux fonds plats, dont l'un est percé d'une ouverture circulaire armée d'une cornière dans laquelle s'ajuste et se trouve rivée sa partie cylindrique. Le foyer C est construit de la même manière, excepté que la partie supérieure est plate, pour qu'elle puisse être constamment abaissée au-dessous du niveau de l'eau ; il est réuni avec le coffre extérieur par un grand nombre de rivets-entretoises *b*, et par un cadre en fer *c* qui établit la jonction étanche des deux coffres à leur partie inférieure. Comme nous en avons déjà montré des exemples, un autre cadre *d* sert à former l'ouverture de la porte du foyer ; celui-ci est réuni par les tubes avec le fond embouti, par lequel l'autre extrémité de la chaudière est terminée. Enfin l'intérieur du foyer est garni de ses barreaux de grille *e*.

En adoptant la forme rectangulaire, et par conséquent des parois plates, on sait qu'il faut appliquer des armatures intérieures pour combattre la déformation, ce que les formes exclusivement cylindriques, et, en général, courbes, dispensent de faire. On remarque, à cet effet, que les angles du coffre du foyer sont garnis de cornières d'angle ou *goussets f*, pour assurer le *carrément*. Le ciel du foyer, qui est plat et isolé, doit être surtout très-bien consolidé ; il est garni de quatre sommiers en fer forgé *g*, dont la section transversale est un T, qui sont rivés avec la paroi du ciel, et sont suffisamment prolongés pour venir s'appuyer sur la partie rivée avec les rebords des deux fonds.

Plusieurs ouvertures, fermées en marche par des tampons, sont ménagées pour visiter l'intérieur de la chaudière et pour la nettoyer. Le plus grand de ces regards est celui *h*, au-dessus du foyer ; il est d'une dimension suffisante pour y passer le bras armé d'une lumière ou d'un outil. Un autre semblable *i*, mais plus petit, est placé sur le fond de la chaudière opposé au foyer, et sert à introduire, par la boîte à fumée, une tringle à raclette pour débarrasser le fond de la chaudière des dépôts vaseux, que l'on repousse dans l'intervalle qui sépare le foyer du coffre extérieur ; ils sont ensuite extraits de là par des tampons de vidange *j*, disposés des deux côtés du foyer, au-dessus du cadre *c*.

DISPOSITION DU MÉCANISME. — La machine proprement dite est disposée, comme on l'a vu précédemment, sur une plaque de fondation unique F fixée sur le corps de chaudière par des équerres en fonte *k* qui en épousent la forme. La plaque reçoit ainsi le cylindre G et les glissières H de la traverse du piston, et porte, fondus de la même pièce, les deux paliers obliques I sur lesquels repose l'arbre coudé J.

Le cylindre à vapeur est muni de sa boîte de distribution renfermant un tiroir ordinaire *l*, dont les bandes ont la largeur requise pour produire de la détente par recouvrement (t. 1er, p. 382). La vapeur est prise sur une tubulure K placée au-dessus du foyer, et portant deux soupapes de sûreté *m* et un robinet *n* qui correspond au tuyau *o* ; celui-ci vient aboutir à une boîte L qui renferme le papillon du régulateur, et se trouve montée sur une tubulure appartenant à la boîte à vapeur.

Quant à l'échappement du cylindre qui doit, comme en pareille circonstance, correspondre avec la cheminée, il s'effectue par le canal *p* qui correspond avec celui *p'* ménagé dans la plaque même ; ce dernier se termine extérieurement par un tube de cuivre rouge *q* qui pénètre dans la cheminée.

Le papillon renfermé dans la boîte L, dont nous venons de parler, est actionné par un régulateur M d'une disposition très-différente du régulateur à boules ordinaire, tel que nous l'avons vu appliqué sur toutes les machines précédemment décrites.

Celui-ci, dont le principe est néanmoins encore la force centrifuge, est formé d'un axe horizontal r, animé d'un vif mouvement de rotation, et portant deux manchons s et t, l'un fixe et l'autre *glissant*, séparés par un ressort à boudin enroulé sur l'axe, et reliés entre eux par quatre bras articulés u qui se rassemblent sur deux disques pesants v ; le manchon t porte une gorge dans laquelle s'engage la fourchette du levier t' monté sur l'axe du papillon ; enfin, le mouvement de tout l'ensemble est donné par l'arbre de la machine, à l'aide d'une corde correspondant à la poulie r' montée ·sur l'axe r du régulateur, lequel axe tourne sur deux supports r^2 fixés sur la plaque de fondation.

Quand la machine est arrêtée, le ressort à boudin s'appuyant sur le manchon fixe s tient celui t dans la position d'écartement qui correspond à la plus grande ouverture du papillon ; mais aussitôt que le régulateur est mis en mouvement, les deux disques v, obéissant à l'action de la force centrifuge, tendent à s'écarter de l'axe de rotation et à parcourir, dans le plan vertical qu'ils occupent, un cercle d'un rayon d'autant plus grand que la vitesse de l'axe est plus rapide ; leur écartement détermine alors sur les liens u un effort de traction qui surmonte celui du ressort à boudin et fait avancer le manchon mobile t en modifiant alors la position du papillon.

Ce mode de régulateur, qui possède certains avantages pour une machine qui, ainsi qu'une locomobile, est susceptible de n'être pas absolument stable ni parfaitement de niveau, a été proposé, avec quelques variantes, par plusieurs mécaniciens, et particulièrement par M. E. Bourdon et par feu M. Duvoir, de Liancourt. La disposition proposée par ce dernier constructeur consistait, comme masse mobile et agissante, en un anneau fixé sur un tourillon perpendiculaire à l'axe du régulateur, et qui, en tournant, se rapprochait lui-même de cette position au fur et à mesure que la vitesse de l'axe s'accélérait. Ce régulateur, qui a reçu la désignation de *régulateur saturnien*, était appliqué, par M. Duvoir, sur une locomobile présentée au concours agricole de Paris, en 1860.

Nous devons maintenant dire quelques mots des précautions prises par M. Flaud dans la construction des machines tournant à d'aussi grandes vitesses que la locomobile actuelle.

En général, toutes les pièces ont des dimensions capables, non-seulement de résister à leur effort particulier, mais aussi à toute vibration nuisible. Toutes les pièces mobiles et tournantes sont exemptes du moindre faux-rond et sont ajustées avec le plus grand soin dans leurs coussinets, qui sont aussi abondamment lubrifiés.

Ce qu'il y a de plus remarquable, c'est l'étendue donnée à toute partie frottante. Dans la machine qui nous occupe, les tourillons de l'arbre moteur ont 45 millimètres de diamètre sur 80 de largeur, c'est-à-dire une portée presque double du diamètre.

La bielle motrice N, ainsi que sa liaison avec la tige du piston et l'arbre moteur,

présentent surtout des particularités intéressantes. La tige du piston est assemblée
avec une tête, ou *moufle*, fourchue, dont les deux branches, qui sont relativement
très-fortes, sont carrées extérieurement et engagées directement dans les glissières H,
au lieu de faire usage de coussinets-guides indépendants ; cette fourche est traversée par un fort boulon pour l'assemblage de la bielle dont les deux têtes sont simples. Ce boulon a 30 millimètres de diamètre sur 100 de portée ; la partie de l'arbre
moteur où la bielle est assemblée, et qui forme bouton de manivelle, a 45 millimètres de diamètre sur 120 de portée.

L'arbre moteur est pourvu de deux poulies-volants O et O′ de diamètres différents
pour modifier plus facilement à volonté la vitesse transmise. Il est également muni,
entre le coude et l'un des paliers, d'un excentrique circulaire pour commander le
tiroir.

Dans cette machine, la pompe alimentaire est remplacée par l'injecteur de
MM. Giffard et Flaud, tel qu'il a été complétement décrit avec les appareils d'alimentation (t. Ier, p. 447, pl. 13), ce qui nous dispense d'indiquer autre chose ici
que sa position. Il se trouve placé horizontalement en P, fig. 1, sur le côté de la
boîte à feu, à la portée du chauffeur, comme les autres appareils de service et de
sûreté ; il communique avec la vapeur par le tube x qui est branché sur la tubulure K, et sa relation avec l'eau de la chaudière a lieu par un tube horizontal prolongé jusqu'à l'extrémité opposée au foyer.

L'ensemble de cette locomobile est aussi monté sur deux paires de roues Q et Q′.
L'essieu des grandes roues, placé vers le milieu de la boîte à feu, est contre-coudé
et s'y rattache au moyen de quatre étriers. L'autre paire de roues est montée sur
essieu avec cheville ouvrière et flèche d'attelage pour deux chevaux.

DIMENSIONS ET CONDITIONS DE MARCHE.

Nous désirons résumer en peu de mots les dimensions principales de cette machine et les conditions de marche qui correspondent à sa puissance nominale.

On a dit précédemment que cette puissance s'élève normalement à 5 chevaux-
vapeur, en faisant faire 250 tours par minute à l'arbre moteur, et en marchant à la
pression de 6 atmosphères dans la chaudière, le tiroir disposé pour produire un
peu de détente.

Pour répondre à ces conditions, la chaudière présente 6^{m.q.}60 de surface de
chauffe totale comprenant le foyer et les 25 tubes.

Le corps cylindrique de la chaudière a 0^m500 de diamètre intérieur ; il est exécuté en tôle de 8 millimètres d'épaisseur.

On trouve ensuite :

Diamètre du piston à vapeur...................... 0^m 140
Superficie correspondante....................... 1^{d.q.}54
Course... 0^m 150

Volume engendré par coup simple................... $0^{m.c.}$ 00231
Vitesse linéaire moyenne par 1″ avec 250 tours....... 1^m 250
Diamètre des tourillons de l'arbre moteur............ 0^m 045

Appliquant à ces conditions de marche la formule employée jusqu'ici (t. 1er, p. 333), et en admettant qu'il se produit utilement une détente pendant le dernier quart de la course (détente, 1,35 environ), on trouve pour la puissance théorique T″, en chevaux, de cette machine :

$$T'' = \frac{2\, n\, (d\, t\, p - 10333\, D\, p')}{60 \times 75} =$$

$$\frac{2 \times 250^t\, (0^{m.c.}\,00173 \times 13434 \times 6^{at.} - 10333 \times 0,00231 \times 1^{at.})}{60 \times 75} = 12^{ch.}\,84.$$

La puissance nominale s'obtiendrait alors avec un effet utile, de la part du mécanisme, égal à :

$$\frac{5^{ch.}}{12.84} = 0,39.$$

Soit environ 40 p. 100 de la puissance développée directement sur le piston.

MACHINE LOCOMOBILE A MÉCANISME VERTICAL

Par MM. TUXFORD ET FILS, constructeurs à Boston
(Angleterre)

(FIG. 4 A 6, PL. 37)

ENSEMBLE DE LA CONSTRUCTION

L'importation de cette machine en France date de l'Exposition universelle de Londres en 1851. Le Conservatoire des arts et métiers de Paris la possède depuis cette époque, et l'on peut encore la voir fonctionner dans la salle réservée dans cet établissement pour les machines en mouvement. Elle diffère complétement des systèmes en usage aujourd'hui par la disposition du mécanisme et par la structure de son générateur; le mécanisme est vertical et exactement renfermé dans un coffre réservé à l'une des extrémités de la chaudière; celle-ci est disposée avec un retour de flamme, de façon que la cheminée se trouve placée au-dessus de la boîte à feu. Elle est, du reste, parfaitement soignée de construction; sa puissance nominale est de 6 chevaux-vapeur.

La fig. 4 de la pl. 37 représente cette locomobile en coupe longitudinale ;

La fig. 5 en est une section transversale sur l'axe 1-2 du mécanisme;

La fig. 6 est une autre section semblable faite sur l'axe 3-4 de la cheminée et de la boîte à feu.

Disposition du générateur. — Le générateur est composé d'un corps cylindrique A, fermé d'un bout par le coffre rectangulaire B, où le mécanisme de la machine est renfermé, et terminé de l'autre par le coffre C du foyer D; ce dernier est rectangulaire, ainsi que le coffre extérieur dont les deux parois latérales sont la projection verticale du corps cylindrique même.

Le foyer est en communication directe avec un carneau en tôle E se terminant, à l'extrémité opposée, par une arrière-chambre E' dans laquelle viennent aboutir les tubes a, qui débouchent par l'autre bout dans un coffre méplat F, situé au-dessus du foyer, et remplissant les fonctions de boîte à fumée; la cheminée G s'y raccorde, en effet, par un bout de tuyère qui traverse la couche d'eau et la chambre de vapeur. L'eau entoure ces divers compartiments, et remplit aussi un bouilleur vertical E^2 ménagé au travers du carneau E.

Les produits de la combustion suivent d'abord ce carneau, et, parvenus dans l'arrière-chambre E', ils reviennent à la cheminée en suivant les tubes a. La surface de chauffe est ainsi composée du développement total de ces passages entourés d'eau, y compris, par conséquent, la boîte à fumée F.

Lorsqu'il est nécessaire de diminuer l'intensité de la vaporisation, et lorsque la machine est arrêtée pour quelques moments, on donne aux produits de la combustion une issue directe dans la cheminée, en découvrant un regard b ménagé entre le coffre D et la boîte à fumée F. Ce passage est formé par une douille en fer portant un rebord d'un bout, et un taraudage de l'autre pour recevoir un écrou qui tient les deux parois serrées entre ce rebord et une rondelle-entretoise; cette douille est recouverte d'un registre, ou *tuile* en fonte c, que l'on manœuvre de l'extérieur, en le faisant glisser par sa tige et le bouton c'.

La partie supérieure de la chaudière est garnie d'une tubulure en fonte, ou *trou d'homme d,* dont le couvercle est percé et surmonté d'une colonnette en bronze H qui reçoit la soupape de sûreté. Cette soupape, comme cela se fait pour les machines locomotives, est chargée au moyen d'un ressort à boudin qui exerce sa traction à l'extrémité du levier, et se trouve renfermé dans un étui en cuivre g, accroché sur le couvercle de la tubulure H. L'application de ce genre d'appareil, dont nous avons déjà parlé et que l'on retrouvera surtout à propos des locomotives, est motivée chaque fois que la machine qui le reçoit est susceptible d'éprouver des secousses; cependant toutes nos locomobiles sont munies simplement de soupapes à poids, et l'on ne se plaint point de leur service.

On a profité de la légère élévation de cette tubulure pour y amener l'extrémité recourbée du tube de prise de vapeur e. Quant à l'échappement, dont nous verrons plus loin la disposition plus en détail, il s'effectue par un long tube f qui part du coffre B, et vient pénétrer dans la cheminée en traversant la chaudière, dans la région des tubes, par un conduit plus grand qui l'enveloppe et l'isole du contact de l'eau.

Comme on a déjà pu en juger, tous les détails de cette machine sont bien étudiés, et les accessoires au complet. Parmi les divers appareils de service, nous distinguons le niveau d'eau h, composé du tube ordinaire de cristal, mais que les constructeurs ont eu la précaution d'envelopper d'un canon de bronze, avec ouverture pour l'observation, afin de le protéger des chocs extérieurs. Il existe en outre les trois robinets d'épreuve ordinairement en usage.

Enfin, le foyer est muni d'un cendrier D', suspendu à la chaudière au moyen de quatre chaînes (autre précaution intelligente); la boîte à fumée F est garnie de deux portes sur le devant pour le nettoyage des tubes; la cheminée est coupée et assemblée à charnière, et terminée par un crible pour retenir les escarbilles, etc., etc.

Disposition du mécanisme. — Le cylindre à vapeur I est monté, par sa base, sur une plaque de fondation J, solidement boulonnée avec le coffre B, dont elle forme le fond, et semble prendre son point d'appui sur le mécanisme de la cheville ouvrière de l'avant-train. La tige du piston est terminée par une traverse i, des extrémités de laquelle partent deux tringles j qui suivent, par leur autre bout, deux guides rectilignes placés sur les côtés du cylindre; ces deux tringles sont reliées, par leur extrémité guidée, avec les deux bielles motrices K qui s'assemblent, par leur partie supérieure, avec l'arbre moteur L, lequel forme à cet effet un vilebrequin dont la partie coudée occupe plus du tiers de sa longueur totale. On comprend que cette méthode de renvoi, entre le piston et l'arbre, a pour but de diminuer la hauteur totale de la machine, en plaçant le point d'articulation des bielles à la partie inférieure du cylindre.

L'arbre moteur a pour points d'appui deux paliers k boulonnés après les parois du coffre B. Il porte extérieurement un volant-poulie M et une poulie plus petite M'; intérieurement il est muni d'un excentrique l pour commander simultanément le tiroir de distribution et la pompe alimentaire N. Il porte encore une roue à denture héliçoïdale m qui en commande une semblable m', mais disposée sur l'axe vertical n d'un régulateur à force centrifuge placé extérieurement, et qui n'a pu être figuré sur notre dessin.

Le cylindre à vapeur est fondu de la même pièce que la boîte du tiroir, dont le couvercle est la seule pièce rapportée. Cette boîte coïncide, comme le cylindre, par la partie inférieure, avec la plaque J, dans laquelle se trouvent ménagés deux canaux pour l'entrée et la sortie de la vapeur. Celui o correspond avec une lumière pratiquée au fond de la boîte à vapeur et avec un conduit vertical en fer o', qui se raccorde par un coude avec celui e disposé à l'intérieur de la chaudière. L'autre canal p, appartenant à la plaque, communique, d'une part, avec le conduit d'échappement du cylindre, qui le contourne et descend ensuite verticalement, et, d'autre part, avec le tube p', relié par un coude avec le conduit f qui traverse la chaudière pour déboucher dans la cheminée.

Le tube o', par lequel se fait l'introduction de la vapeur, est muni, à la partie inférieure, d'une boîte de raccord o^2, renfermant le papillon que le régulateur fait agir par la tringle n', qui passe dans l'intérieur de son axe principal n, en vertu d'une disposition dont nous avons déjà montré beaucoup d'exemples. Le raccord du même tube avec celui de prise e a lieu par l'intermédiaire d'une valve sur laquelle on agit, pour mettre la machine en train, à l'aide d'un mécanisme que nous allons expliquer.

Cette valve fonctionne comme un tiroir, et se trouve rattachée à une tringle q (fig. 5), dont l'extrémité est munie d'une denture qui engrène avec un petit secteur q'; ce dernier est monté sur un axe qui traverse longitudinalement la chaudière, et vient se terminer sur la face du foyer, où il porte une manette à l'aide de laquelle on fait tourner cet axe pour donner à celui q le mouvement de transport qui fait ouvrir ou fermer le registre en question.

Une adjonction ingénieuse a été faite à ce mécanisme. L'axe du mouvement de mise en train, qui porte le secteur q', est muni, en avant de ce dernier, d'une petite manivelle qui est reliée par une bielle de renvoi r, avec une autre manivelle r' montée sur le robinet de prise de la pompe alimentaire. L'alimentation est ainsi réglée en même temps que la valve d'introduction de vapeur et peut être constamment en rapport avec la quantité de vapeur dépensée.

Il nous reste à décrire le mécanisme qui donne à la fois le mouvement à la pompe alimentaire et au tiroir. Le piston de la pompe alimentaire est en quelque sorte suspendu directement à la tige l' de l'excentrique l, sous une courte bielle l^2 qui les réunit. Le boulon qui sert à opérer cet assemblage y rattache en même temps un levier appartenant à un axe horizontal O, lequel reçoit ainsi un mouvement oscillatoire, simultanément avec celui rectiligne du piston de la pompe, et commande le tiroir par un second levier s, auquel sa tige est suspendue par deux petites bielles jumelles s'.

Tout l'ensemble du mécanisme, quoique entièrement renfermé, est néanmoins accessible dans toutes ses parties qui peuvent être visitées par une porte à deux ventaux ménagée sur la grande paroi du coffre B. Cette idée de renfermer complétement le mécanisme est excellente, et il serait à désirer que toutes les locomobiles qui sont destinées à travailler en plein air fussent dotées du même avantage.

Quant à la disposition des roues et de leurs essieux, elle ne présente pas de différence sensible avec ce qui a été décrit précédemment. Le mécanisme de l'avant-train est composé de cercles en fer et d'un plateau en fonte disposés pour tourner facilement les uns sur les autres d'après la cheville ouvrière t qui est fixée, par un taraudage, dans le centre de la plaque de fondation J, sur laquelle la machine est établie.

En résumé, le mode de construction de cette machine, très-soignée dans tous ses détails, atteste de profondes connaissances pratiques de la part des habiles ingénieurs anglais auxquels elle est due. Néanmoins il n'a point prévalu pour les machines locomobiles, qui possèdent généralement la structure des exemples précédents, c'est-à-dire un corps tubulaire simple, avec foyer circulaire ou carré, et une machine horizontale placée au-dessus.

La machine de MM. Tuxford est à la fois difficile de construction et coûteuse; la chaudière surtout est d'une exécution très-délicate par ses divers corps intérieurs raccordés avec les tubes. En effet, avec le service quelquefois brutal auquel les locomobiles sont soumises, celle-ci résisterait probablement moins que les autres.

MACHINE LOCOMOBILE MONTÉE DANS UN WAGON

GÉNÉRATEUR A FOYER DIT AMOVIBLE

Par **MM. LAURENS** et **THOMAS**, ingénieurs à Paris

Une machine locomobile, destinée à travailler en plein air, aurait besoin d'être abritée contre l'injure du temps, et préservée, de toute façon, de tout ce qui peut nuire à son entretien, que ce soit la pluie ou la poussière provenant du sol ou du travail même que la machine est appelée à effectuer. Si ce travail est de quelque durée, on peut sans désavantage et à peu de frais lui construire un hangar provisoire suffisant pour la garantir; mais si elle doit changer de place, seulement d'un jour à l'autre, cela devient impraticable, et la machine, travaillant à découvert, se détériore promptement.

Cet inconvénient a fait venir à l'esprit de quelques constructeurs l'idée de disposer des locomobiles *portant leur cabane pour les abriter*, en donnant à cette construction l'aspect extérieur d'un wagon fermé, monté sur un chariot à quatre roues. Non-seulement la machine s'y trouve complétement enfermée, mais on peut aussi y loger le chauffeur qui, sans cela, dans bien des circonstances, et surtout lorsque la machine travaille loin d'un centre de population, est fort en peine de trouver une habitation convenable..

Nous donnerons, comme un des meilleurs spécimens du genre, la machine locomobile de **MM.** Laurens et Thomas, qui nous fournira en même temps l'occasion de citer le mode particulier de foyer que ces ingénieurs lui ont appliqué.

Le principal reproche que l'on fait au système tubulaire est, comme on sait, la difficulté du nettoyage des tubes, qui se recouvrent de tartre assez promptement, suivant la nature plus ou moins incrustante de l'eau employée pour l'alimentation. Dans le but d'éviter cet inconvénient, MM. Laurens et Thomas ont composé, avec le concours de M. Pérignon, ancien élève de l'École centrale, un foyer complétement solidaire du système des tubes, et qui peut aisément se retirer tout d'une pièce de la chaudière, de façon à pouvoir être facilement réparé, et même remplacé d'un instant à l'autre par un appareil de rechange pendant la réparation; c'est ce qui le fait désigner sous le nom de *foyer amovible*. La description que nous en donnons, ainsi que de la machine elle-même, permet d'en apprécier tous les avantages.

LOCOMOBILE MONTÉE DANS UN WAGON

La fig. 96 représente l'ensemble de cette machine et du chariot qui la renferme, en coupe verticale, à l'échelle de 1/40 de l'exécution.

Le générateur A, dont nous donnons plus loin les détails, forme extérieurement un corps cylindrique sur lequel est montée la machine dont toutes les pièces sont reliées à un bâti d'une seule pièce. Ce mécanisme repose sur un châssis en charpente formant la base de l'espèce de voiture qui renferme exactement le tout, et s'appuie elle-même sur deux paires de roues.

Fig. 96.

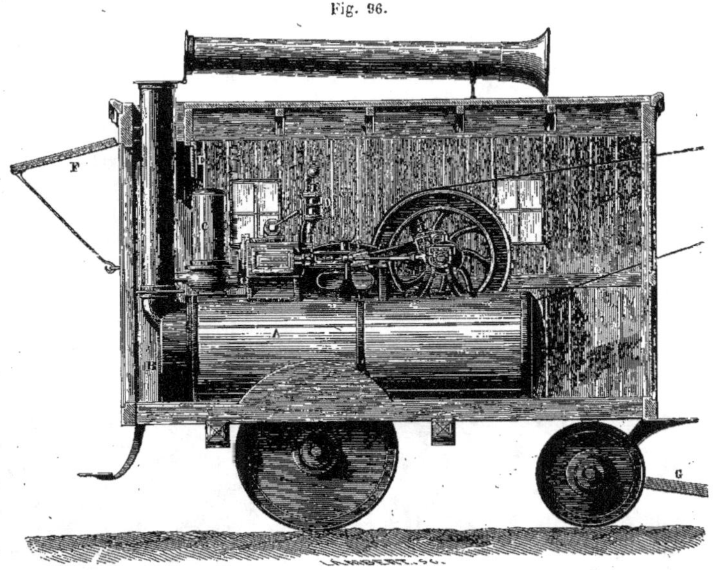

A l'une de ses extrémités, le wagon est fermé par une cloison intérieure E, en dehors de laquelle se trouvent la cheminée et l'ouverture du foyer, placé à cette même extrémité du générateur; néanmoins cette partie de la machine peut être également renfermée à l'aide d'un panneau à charnière F, dont cette extrémité du wagon est munie, et qui, en le tenant ouvert et soutenu par des tringles en arc-boutant, sert d'auvent-abri au chauffeur occupé au foyer.

La composition du mécanisme ne diffère pas essentiellement des machines horizontales ordinaires. Le bâti comprend, de la même pièce, les supports des cylindres, les glissières du piston et les deux paliers pour recevoir l'arbre moteur, dont la structure est celle dite en *essieu coudé*; ce dernier reçoit, comme d'habitude, les organes auxiliaires de la machine et un volant-poulie, sur lequel on place une courroie de transmission, qui traverse l'une des parois du wagon par une ouverture ménagée à cet effet, et que l'on ferme, à l'aide d'un volet, lorsque la machine ne fonctionne pas.

Faisons remarquer encore l'appareil dit *réchauffeur*, qui se compose d'un récipient en fonte C, placé entre le cylindre et la cheminée, et à l'intérieur duquel circulent l'eau d'alimentation et le tube de sortie de vapeur qui y laisse une partie de sa chaleur avant de s'échapper par la cheminée.

Pour certaines applications, où la machine locomobile doit travailler loin de toute habitation et par conséquent d'un atelier de mécanique, les auteurs de cette disposition en font un véritable *atelier-logement*. On trouve, à l'intérieur du wagon, un étau, un coffre pour les outils et pour les matières nécessaires à l'entretien du mécanisme : filasse, minium, graisse, chiffons, etc. On y ménage enfin de quoi recevoir un lit-hamac pour le chauffeur, et quelques dispositions accessoires pour lui permettre de préparer ses aliments, etc.

Nous avons été appelé à visiter une machine ainsi aménagée et construite dans les ateliers de M. Gilmer, mécanicien à Paris. On ne peut s'empêcher de reconnaître une pensée juste, dans les soins apportés pour réunir, et dans un si étroit espace, tout ce qui est véritablement indispensable au service d'une telle machine et même à son conducteur, qui n'en est certes pas l'auxiliaire le moins intéressant.

FOYER TUBULAIRE AMOVIBLE

Le générateur de la locomobile dont on vient d'expliquer l'ensemble est disposé

Fig. 97.

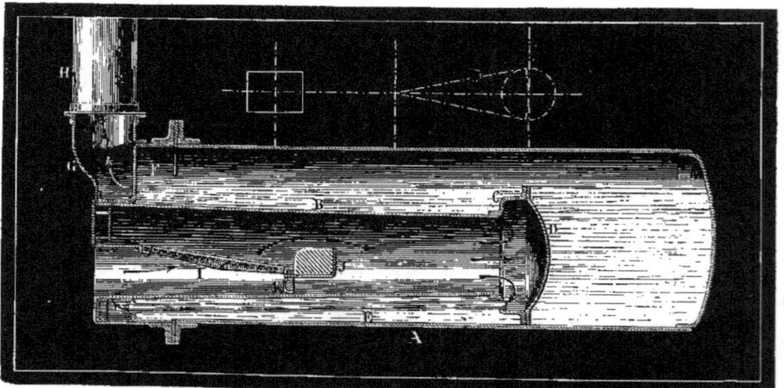

comme l'indiquent la fig. 97, qui le représente en section longitudinale, et celle 98, qui en est une section transversale.

Il se compose d'un corps cylindrique extérieur A, renfermant un *foyer intérieur* B, dans lequel est placée la grille I. Cet appareil consiste en un corps conique en tôle, que les auteurs appellent le *vaporisateur*, et qui porte avec lui, en effet, tous les éléments de la surface de chauffe. Du côté de l'entrée du foyer, il est assemblé avec une sorte de chapeau F, dont le bord est garni d'une bride qui se boulonne avec une autre semblable rivée autour du corps principal A ; à l'extrémité opposée il est fermé par un fond embouti D qui vient se raccorder avec une cornière C d'une saillie suffisante pour recevoir les tubes E, dont l'autre extrémité vient traverser l'avant-corps F par lequel le vaporisateur se fixe avec la chaudière.

La grille est formée, comme à l'ordinaire, de barreaux en fonte I qui s'appuient, vers l'entrée, sur une plaque formant le seuil de la porte, et vers le fond sur une plaque J, contre-coudée et garnie de briques pour former l'*autel*. Pour établir nettement la séparation entre le *cendrier*, proprement dit, et la partie située en arrière de l'autel, on place un tampon K qui se retire à volonté lorsqu'on doit débarrasser le foyer de la suie qui s'y amasse.

Fig. 98.

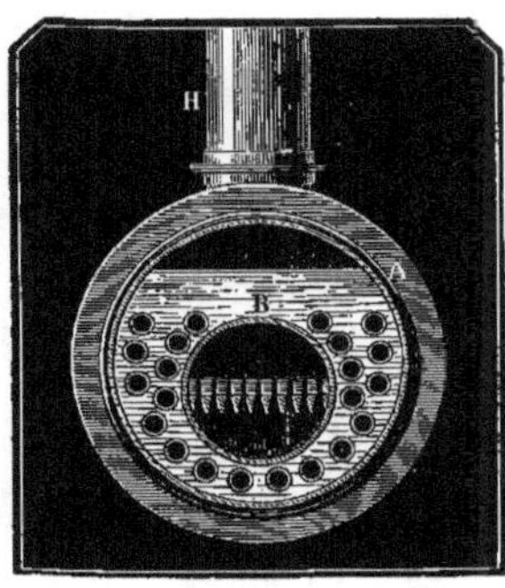

Les fonctions de ce générateur sont faciles à comprendre. L'eau remplit le corps principal, moins l'espace réservé, comme chambre de vapeur, et enveloppe le foyer et les tubes qui le garnissent extérieurement. Les produits de la combustion partant de la grille viennent frapper le fond D, et, en s'introduisant dans les tubes, reviennent à l'avant et débouchent dans la boîte à fumée G, qui est un simple coffre en tôle mince surmonté de la cheminée H et rapporté sur l'avant-bout du foyer.

L'ensemble du vaporisateur n'a donc d'autre lien avec le corps extérieur que la bride boulonnée du chapeau ou avant-corps F. Pour les séparer l'un de l'autre, il suffit alors de défaire ces boulons, après avoir démonté la boîte à fumée, puis de tirer à soi le vaporisateur qui amène avec lui toutes les parties susceptibles d'exiger une réparation. Pour remettre les choses en état de marche, on replace le même vaporisateur après l'avoir réparé, ou un autre de rechange; il ne reste qu'à refaire le même boulonnage des deux brides, dont il faut aussi bien faire le joint, puisqu'il ferme cette extrémité du générateur et doit tenir la pression.

Ce générateur, dont la composition est parfaitement raisonnée au point de vue du but proposé, est aussi bien applicable comme appareil fixe qu'aux machines locomobiles. Les inventeurs font remarquer que, par l'indépendance du foyer et du corps extérieur, on peut, en allongeant exclusivement ce dernier, augmenter à volonté le volume d'eau contenu dans la chaudière, sans être obligé de faire subir à la surface de chauffe une augmentation correspondante.

Une qualité non moins importante à signaler, c'est l'état de *dilatation libre* du vaporisateur, puisqu'il n'est retenu que par une extrémité.

MACHINES LOCOMOBILES VERTICALES

Nous avons dit que l'on exécute des locomobiles dans lesquelles la machine et la chaudière sont *verticales*; le plus souvent l'ensemble repose sur des supports, et constitue le système dit *demi-fixe*; quelquefois il est monté sur roues, comme les locomobiles horizontales. Nous connaissons plusieurs constructeurs, et en particulier MM. Flaud, Bréval, Cochot, de Paris, qui exécutent cette disposition.

Fig. 99.

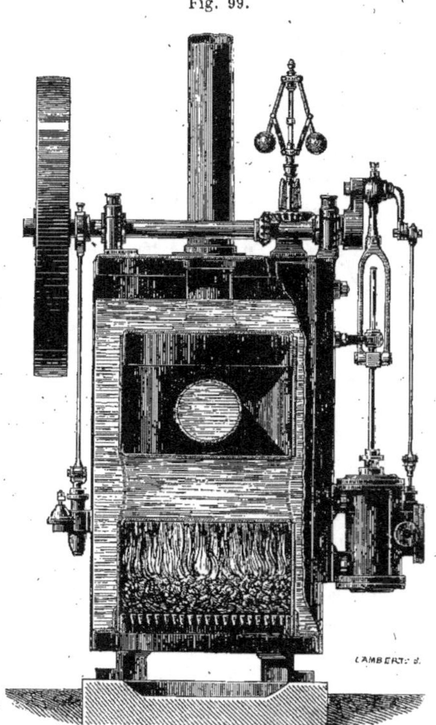

Ce système offre un point important à étudier : c'est la disposition du générateur. On a vu quelles sont les difficultés inhérentes au mode vertical, et ce n'est, en effet, qu'après s'être attachés à les vaincre que divers constructeurs sont parvenus à établir des locomobiles ainsi disposées, dans de bonnes conditions.

Nous donnons, comme exemple de ce système, la machine de M. Bréval, dont le générateur présente particulièrement des qualités par la simplicité de sa construction.

La fig. 99 représente cette machine en élévation, le générateur coupé en arrachement pour laisser voir sa structure intérieure, tout en laissant le mécanisme, qui n'offre rien de nouveau à signaler, en vue extérieure.

La simple inspection de cette figure suffit pour faire comprendre l'ensemble de la disposition de cette machine. Le générateur est complétement cylindrique extérieurement, et le mécanisme y prend tous ses points d'appui.

L'intérieur du corps principal renferme le coffre du foyer qui s'y trouve raccordé, à la partie inférieure, par une cornière double, et par le châssis de la porte disposé au-dessus de la grille dans un plan perpendiculaire à celui du mécanisme de la machine. Ce coffre, qui est aussi tout à fait cylindrique, est terminé par un fond plat sur lequel s'élève directement la cheminée qui traverse, par un raccord de tubulure, la partie supérieure de la chaudière; il est lui-même traversé par deux *tubes-bouilleurs*, disposés perpendiculairement l'un au-dessus de l'autre et qui sont remplis d'eau, ainsi que l'intervalle réservé entre le corps extérieur et le coffre.

Ces deux bouilleurs constituent, avec la surface cylindrique du coffre, toute la surface de chauffe; ils sont, en effet, complétement enveloppés par les produits de la combustion qui s'élèvent et s'écoulent par la cheminée. Les constructeurs les préfèrent avec raison, selon nous, aux tubes ordinaires, à cause de leur grand diamètre et de leur peu de fragilité; ils ne sont pas susceptibles de s'engorger ni de crever comme eux et peuvent être du reste facilement débarrassés des dépôts, à l'aide de regards ménagés dans la paroi du corps extérieur, mais que notre dessin n'indique pas. Le mécanisme de la machine comprend d'abord une plaque de fonte, appliquée contre la chaudière qui reçoit le cylindre moteur et se termine par l'un des paliers de l'arbre de la manivelle. Cet arbre est placé horizontalement sur la chaudière qui reçoit son deuxième palier; il est muni d'un volant-poulie et d'un excentrique pour faire mouvoir la pompe alimentaire, laquelle est appliquée contre la chaudière, du côté opposé à la machine.

Le mouvement du piston est aussi simple que permettent de le faire les faibles dimensions de la machine. La tige est guidée par un simple piton et reliée à la manivelle par une bielle à longue fourche : on reconnaît là une disposition souvent employée pour des pompes.

Pour commander le tiroir, qui se trouve placé sur la face du cylindre, on a eu recours à un procédé quelquefois adopté pour les petites machines. Le bouton de la manivelle motrice est forgé avec un appendice dont l'extrémité, terminée par un tourillon avec lequel est rattachée la bielle du tiroir, est placée, par rapport au centre de l'arbre moteur, de façon à produire l'excentricité voulue pour la course du tiroir. Ce petit tourillon, placé en porte-à-faux, se trouve *géométriquement* dans les mêmes conditions qu'un bouton monté excentriquement sur le bout de l'arbre, si ce dernier pouvait être prolongé au travers du mouvement de la bielle motrice : il rend aussi le même effet. Mais il est clair que ce mécanisme, possible pour un faible effort, ne serait pas adopté au delà de certaines dimensions.

Des divers appareils accessoires, dont cette machine locomobile est munie, nous ne pouvions représenter que le régulateur à force centrifuge, qui se trouve établi sur un support spécial et prend son mouvement sur l'arbre par une paire de roues d'angle.

Il faudrait y joindre les appareils ordinaires, qui sont placés sur le ciel de la chaudière et qui consistent en des soupapes de sûreté, un manomètre et le robinet de prise de vapeur. Un niveau d'eau est aussi disposé contre la paroi cylindrique, ainsi qu'un récipient dans lequel circule la vapeur d'échappement pour chauffer l'eau d'alimentation, avant de se rendre à la cheminée dont elle active le tirage.

Il est presque inutile d'insister sur les avantages que la petite industrie peut trouver dans l'emploi d'un moteur ainsi disposé, qui peut se placer partout, sans aucune construction préalable, qu'un bon sol pour le porter. Nous croyons recommander toutefois aux personnes qui en feront usage de parfaitement l'entretenir sous tous les rapports, car avec les faibles puissances les résistances passives augmentent rapidement quand l'état d'entretien s'altère, et avec un générateur, auquel il n'est possible d'accorder que les dimensions strictement nécessaires, on court le risque de voir grandement diminuer la puissance vaporisatoire, s'il n'est pas soigneusement nettoyé et alimenté de bon combustible.

Nous allons d'ailleurs exposer l'état des conditions de marche de cette machine, dont la puissance nominale est de 2,5 chevaux :

Diamètre du piston	0^m130
Course	0^m260
Nombre de tours par minute	100
Pression de la vapeur dans la chaudière	5 atmosph.
Surface de chauffe totale, comprenant la surface cylindrique du foyer, son ciel et les deux tubes bouilleurs	$2^{m.q.}70$
Superficie de la grille	$0^{m.q.}2463$
Diamètre extérieur du corps principal de la chaudière	0^m740
Hauteur totale de la machine, du sol au centre de l'arbre moteur	1^m470

La puissance théorique correspondant à ces conditions de marche, sans détente et déduction faite de la contre-pression, est de 6 chevaux; d'où il suit que la force nominale est obtenue avec un rendement d'un peu plus de 40 p. 0/0 de la part du mécanisme.

Si l'on fait le calcul du poids d'eau à vaporiser et à dépenser dans ces conditions, on trouve une dépense totale de 105 kilogrammes par heure, c'est-à-dire environ 42 kilogrammes par force de cheval utile. La surface de chauffe totale étant $2^{m.q.}70$, il s'ensuit que la puissance vaporisatoire du générateur doit s'élever à :

$$\frac{105^k}{2^{m.q.}7} = 38^k889,$$

soit environ 39 kilogrammes d'eau vaporisée par mètre carré de surface de chauffe. C'est évidemment une vaporisation très-énergique, et qui ne peut être obtenue que par l'action très-directe du foyer, comme elle est dans cette disposition, puisque nous avons montré plusieurs fois que l'on dépasse rarement 15 à 20 avec un générateur ordinaire à bouilleurs.

Mais il est juste d'ajouter qu'en faisant marcher cette machine dans ces conditions, on obtiendrait plus que sa force nominale, car il est permis d'admettre que son mécanisme, bien entretenu, rend plus de 40 p. 0/0 de la puissance développée directement par la vapeur sur le piston. Avec seulement 50 p. 0/0, la puissance utile s'élèverait à 3 chevaux, ce qui réduit la dépense d'eau à 35 kilogrammes par force de cheval et par heure.

La grille est d'une dimension très-suffisante pour la quantité d'eau à vaporiser. Prenant le poids 105^k trouvé ci-dessus pour cette quantité par heure, et admettant une production moyenne de 6^k5 d'eau évaporée par kilog. de combustible, on trouve que cette grille, dont la superficie totale est égale à $24^{d \cdot q}63$, doit brûler :

$$\frac{105^k}{6^k5 \times 24,63} = 0^k 656$$

de charbon, par décimètre carré et par heure.

Nous avons fait les estimations précédentes (qui sont très-rapprochées des résultats pratiques), non pas pour trouver si la machine est ou non économique, mais seulement pour faire apprécier l'état de marche dans lequel elle est appelée à fonctionner et attirer l'attention sur les soins qui lui sont nécessaires. On sait parfaitement qu'une petite machine à grande vitesse, sans détente ni condensation, n'est pas dans les meilleures conditions d'économie; mais aussi n'est-ce pas là ce que l'on recherche par son emploi qui a pour but de remplacer un autre mode de puissance beaucoup plus onéreuse, celle de l'homme ou des animaux, sans pouvoir cependant installer un moteur plus parfait, tel qu'une machine fixe, à moyenne vitesse, à détente, à générateur séparé, etc.

OBSERVATIONS GÉNÉRALES SUR LES LOCOMOBILES

Le nombre de systèmes différents de machines locomobiles est si considérable, qu'il serait impossible d'en faire connaître seulement les principes, sans donner à cette relation une étendue qui dépassât de beaucoup notre cadre. Cependant les différences qu'ils présentent ne sont pas tellement considérables, que le peu que nous venons de montrer comme exemples ne suffise à faire apprécier chaque type que l'on pourra rencontrer.

Nous renvoyons, du reste, à ce sujet aux derniers volumes de la *Publication industrielle* pour les diverses locomobiles que nous avons données, telles que celles de MM. Cail et C^c, Gâche et Gargan, et pour les dispositions plus récentes de MM. Farcot, Cochot, etc.

En général, lorsqu'on dispose une machine à vapeur locomobile, on doit avoir égard aux considérations principales suivantes :

1° Le mécanisme doit être monté sur une base ou plaque de fondation unique, très-résistante, qui vienne s'appliquer tout d'une pièce sur la chaudière, en ayant soin d'étendre les points d'appui autant que possible, afin de ne pas les fatiguer.

2° Toutes les parties du mécanisme ont besoin d'être protégées contre la poussière ou les corps étrangers qui pourraient s'y introduire, inconvénient plus susceptible d'exister pour une machine qui travaille souvent en plein air, et généralement en contact presque immédiat avec le travail qu'elle effectue.

3° Les mêmes précautions sont indispensables au point de vue du refroidissement du cylindre à vapeur qui doit être soigneusement enveloppé. Il existe un système, adopté par plusieurs constructeurs, avec lequel le cylindre est enfermé dans le réservoir de vapeur dont il fait partie comme pièce de fonte.

4° Le générateur, ordinairement de dimensions restreintes, aurait besoin au contraire de présenter une surface de chauffe relativement vaste, car outre le travail forcé et imprévu, qu'une locomobile est susceptible de subir, comparé à sa puissance nominale, dans certaines circonstances, il peut arriver qu'on l'amène dans un lieu où il n'existe pas de bon combustible, et que l'on soit conduit, par exemple, à la chauffer momentanément avec du bois ou de la tourbe, tandis qu'elle est construite pour marcher avec de la houille ou du coke. Un excès de surface de chauffe et de dimensions pour le foyer aurait alors un avantage très-apprécié.

5° Le constructeur doit apporter tout le soin possible à la réduction du poids de toutes les parties du mécanisme dans les limites qui ne peuvent pas compromettre néanmoins sa solidité, attendu que non-seulement la machine en sera plus facilement maniable, mais on est aussi susceptible de l'établir sur un sol qui n'a pas toute la résistance nécessaire pour recevoir une charge considérable.

6° La construction du générateur doit offrir toutes les facilités désirables d'un nettoyage prompt et fréquent.

7° L'appareil d'alimentation doit posséder un réchauffeur et surtout un procédé quelconque de filtrage, dans le cas, qui se présente souvent, où l'eau disponible serait chargée de vase ou de sable.

8° Dans certaines circonstances, et particulièrement pour une exploitation agricole, on adapte à la cheminée un grillage en fer étamé ou galvanisé, afin d'éviter les incendies causés par les escarbilles incandescentes qui sont parfois entraînées dans la cheminée par l'effet de la violence du tirage, etc.

Il est vrai de dire que toutes ces prescriptions conviendraient parfaitement à tous les moteurs à vapeur; mais elles ont, à l'égard des locomobiles, une importance plus sérieuse en raison du service même auquel on les destine : c'est, en résumé, un outil qui doit pouvoir se déplacer aisément, fonctionner partout et se réparer avec la même facilité qu'on l'installe et qu'on le met en fonction.

FIN DU CHAPITRE DIXIÈME.

CHAPITRE XI

MACHINES OSCILLANTES

ORIGINE ET PRINCIPE DE CE SYSTÈME

Nous avons déjà fait connaître le principe sur lequel est basé le système oscillant (t. 1er, p. 357), dont le point caractéristique est tout dans la transmission de mouvement du piston à la manivelle, les fonctions de la vapeur s'accomplissant exactement de la même façon que dans les machines à cylindre fixe ou à *bielle*.

On attribue à Murdock, chef des ateliers des célèbres Boulton et Watt, et très-souvent cité dans l'invention des machines à vapeur, l'idée de ce système, qui daterait de 1785. Mais c'est à M. Cavé que l'on doit leur introduction en France et les premières qui furent construites chez nous. Ce mécanicien a construit et livré, en 1825, sa première machine oscillante, pour M. Hindenlang père, alors filateur à Paris.

Lorsque M. Cavé entreprit la construction de ce genre particulier de moteur à vapeur, il eut d'abord quelque peine à le faire accepter par les manufacturiers ; puis il arriva, avec de la persévérance et en perfectionnant toujours, à en placer un très-grand nombre, parmi lesquels nous en pourrions citer de puissance assez notable.

Aujourd'hui la mode en est à peu près passée, quant à l'application aux machines fixes d'atelier, pour lesquelles on consent volontiers au surcroît de dépense occasionnée par l'addition d'une bielle, et à l'excès d'emplacement exigé, afin d'avoir un moteur réellement plus solide, plus durable, et dont la distribution est toujours plus facile à établir.

La machine oscillante présente de toute façon cet avantage d'occuper moins de place, dans le sens du mouvement du piston, que le système ordinaire. Aussi cette qualité, en quelque sorte négligée à l'égard des machines de terre, est-elle aujourd'hui très-appréciée, au contraire, pour les navires à vapeur, particulièrement ceux à roues, auxquels on applique, et avec beaucoup de succès, des machines oscillantes.

Comme nous décrivons plus loin, avec les appareils de navigation, un des plus beaux types du système oscillant, nous allons nous occuper exclusivement des machines fixes, en commençant par la disposition adoptée, dans l'origine, par M. Cavé.

MACHINES OSCILLANTES VERTICALES

LES TOURILLONS PLACÉS VERS LE MILIEU DU CYLINDRE

MACHINE CONSTRUITE PAR M. CAVÉ

La fig. 100 représente cette machine à l'échelle de 1/30, en vue de face extérieure, pour en montrer seulement la disposition générale.

Fig. 100.

Son bâti est composé de quatre colonnes qui reposent sur une plaque de fondation et supportent un entablement rectangulaire sur lequel est placé l'un des paliers de l'arbre à manivelle.

Le cylindre A est porté, sur deux paliers fondus avec la plaque de fondation, par deux tourillons disposés au milieu de sa longueur, et qui sont en même temps destinés respectivement à l'introduction et à la sortie de la vapeur.

L'arbre moteur porte un excentrique circulaire pour la pompe alimentaire et le volant, lequel, en exécution, est moitié plus grand de diamètre qu'il ne nous a été permis de le figurer sur la vignette.

La tige du piston, qui s'assemble directement avec le bouton de la manivelle, est munie d'un galet a, par lequel elle est maintenue entre deux tiges cylindriques parallèles fixées sur le couvercle du cylindre. Ces deux guides ont pour objet de soustraire la tige à l'effort de flexion qu'elle ressent lorsqu'elle se trouve complétement hors du cylindre; il est du reste indispensable qu'elle soit maintenue d'une manière rigide dans l'axe du cylindre, dont elle tend à s'écarter, lorsqu'elle n'a plus pour guide que la longueur de la boîte à étoupe du couvercle.

La distribution, dans cette machine, offre des différences sensibles avec ce qui est ordinairement adopté pour les machines à cylindre fixe. D'abord, pour éviter des conduits en quelque sorte mobiles, on fait passer la vapeur, à l'entrée et à la sortie, par les deux tourillons qui sont fondus avec le cylindre et percés d'un trou. Quoique cette disposition ait pour inconvénient de faire *chauffer* les tourillons, il est remarquable qu'elle continue d'être adoptée dans la construction moderne, et cela parce qu'elle est encore la plus simple. La vapeur pénètre par un petit tuyau b, engagé dans le tourillon, et retenu par une garniture d'étoupe qui permet au tourillon d'osciller sans entraîner le tuyau. Le trou longitudinal de ce tourillon ne pénètre qu'à une certaine distance de la paroi intérieure du cylindre, et rencontre un deuxième trou transversal, des extrémités duquel partent deux tuyaux c et d; ceux-ci contournent le cylindre, et viennent correspondre, du côté opposé, à deux boîtes à vapeur placées respectivement à chacune des extrémités du cylindre.

En origine, ces boîtes étaient de véritables boisseaux de robinets, à l'intérieur de chacun desquels se trouvait en effet une clef conique, percée de lumières disposées à peu près comme dans le robinet de Maudslay (t. 1er, p. 380). Seulement ce dernier était oscillant, tandis que les clefs des premiers avaient un mouvement circulaire continu.

Voici comment M. Cavé avait imaginé de mettre ces deux robinets en mouvement. Un axe vertical, placé derrière le cylindre, recevait un mouvement de rotation de l'arbre moteur à l'aide d'une paire de roues d'angle; cet axe se composait, dans le sens de sa longueur, de deux parties raccordées par une rotule, vis-à-vis des tourillons du cylindre, de façon que, la partie supérieure maintenue fixe dans ses collets, la partie inférieure suivait au contraire le cylindre dans son oscillation. Enfin la partie mobile de l'axe se terminait par une roue droite, engrenant avec une semblable montée sur la tige commune des deux clefs distributrices, et leur donnait ainsi le mouvement de rotation requis.

Nous n'avons pas cru devoir reproduire ce mécanisme qui paraîtrait très-vicieux, maintenant que plus de trente ans d'études et de perfectionnements successifs nous séparent de l'époque où son ingénieux auteur l'établissait. Ce n'est pas, du reste, sans de nombreux tâtonnements que l'on est parvenu à appliquer aux machines oscillantes le tiroir ordinaire, qui, après les soupapes, vaut toujours mieux que les différents systèmes proposés pour le remplacer.

Mais M. Cavé lui-même a modifié la disposition qui vient d'être décrite. Il a construit des machines oscillantes dans lesquelles le cylindre est muni de canaux distincts pour l'introduction et la sortie de la vapeur. Les deux canaux d'introduction venaient aboutir à une cavité ménagée au tourillon du devant, et dans laquelle se trouvait un disque plat percé d'orifices en segment, et animé d'un mouvement de rotation par le même procédé que les clefs de robinets de la première disposition ; c'est alors au moyen de ce disque tournant que la vapeur était distribuée d'une façon analogue à ce qui a été déjà expliqué (t. 1er, p. 384). Quant à son échappement, il s'effectuait par deux canaux correspondants au tourillon opposé, et munis de petits registres mis en mouvement par une camme, laquelle se trouvait placée sur un petit axe transmettant déjà le mouvement au disque.

MACHINE DE M. KIENTZY

Un autre mécanicien de Paris, M. Kientzy, a établi des machines oscillantes à peu près de même système, mais en y appliquant un tiroir. Il avait imaginé, pour cela, une disposition que nous désirons faire connaître.

Fig. 101.   Fig. 102.

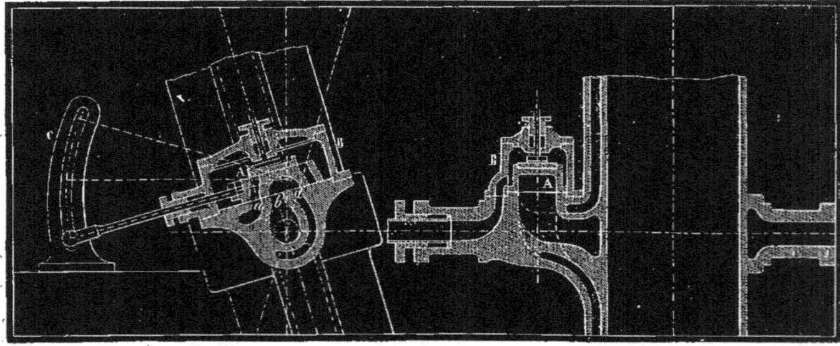

Les fig. 101 et 102 représentent, au 1/20 de l'exécution, la partie du cylindre où se trouve appliqué l'appareil de distribution, suivant deux coupes, l'une perpendiculaire aux tourillons et l'autre suivant leur axe d'oscillation.

Les tourillons étant placés un peu au-dessous du milieu de la longueur du cylindre, celui de devant, par lequel la vapeur est introduite, porte une table dressée, sur laquelle glisse un tiroir A renfermé dans une boîte B, et disposé pour détendre; la table est percée des trois orifices ordinaires *a, a'* et *b,* qui correspondent à un même nombre de canaux habilement ménagés dans le tourillon; l'un d'eux, le canal d'échappement, contourne le cylindre et vient aboutir au tourillon opposé.

Pour mettre le tiroir en mouvement, le constructeur a profité de l'oscillation du cylindre en rattachant la tige de ce tiroir à une-pièce à coulisse C, fixée sur la plaque de fondation de la machine; le déplacement du cylindre amène successivement la tige dans différentes positions sur la coulisse, dont la courbure est calculée de façon que le tiroir éprouve le déplacement voulu.

Cette disposition, certainement ingénieuse, est difficile à mettre à exécution, en raison des vides à faire venir de fonte dans le tourillon; cette partie doit être aussi saine que possible, pour résister à la charge qu'elle supporte, et des évidements aussi compliqués de forme peuvent amener à la fonte des défauts qui en diminuent la solidité.

MACHINE DE M. TAMIZIER

M. Tamizier a repris la machine Cavé, en lui appliquant un tiroir ordinaire, par un procédé très-rationnel.

Fig. 103.

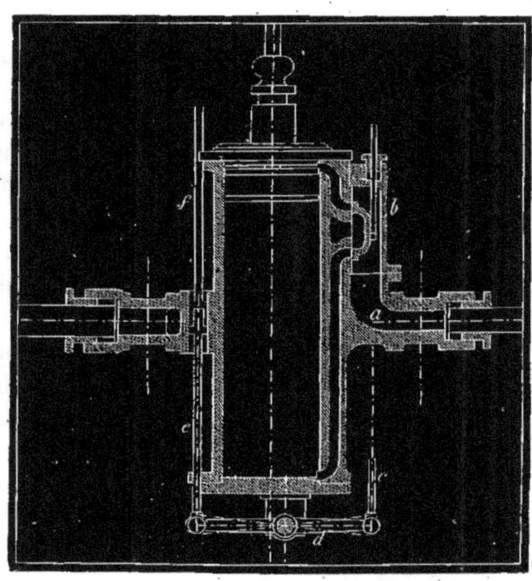

La fig. 103 est un détail, en coupe transversale, du cylindre de la machine ainsi disposée par ce constructeur.

Le tourillon d'avant, par lequel se fait encore l'introduction de la vapeur, est percé d'un canal *a*, qui est retourné d'équerre et se termine sous la forme d'une tubulure, à laquelle s'adapte une véritable boîte à vapeur *b*, renfermant un tiroir qui distribue la vapeur dans le cylindre, suivant la méthode ordinaire. Ce tiroir est relié avec un châssis *c*, lui-même rattaché à un balancier *d*, fixé sur le fond du cylindre, et dont l'extrémité opposée est assemblée avec une tige *e*, qui est réunie, par une articulation, avec la barre *f* d'un excentrique circulaire; à l'endroit où les deux tiges sont reliées, elles sont prises dans une mortaise transversale pratiquée dans le tourillon d'arrière, de façon que la partie supérieure de la tige reste bien verticale, tandis que l'autre oscille avec le cylindre.

Quant à l'échappement, il s'effectue toujours par ce dernier tourillon, dont le vide intérieur communique, par un canal en ceinture, avec l'orifice central de la table du tiroir.

Ce mécanisme, bien construit, possède évidemment plus d'éléments de succès que les précédents, par la simplification de la pièce de fonte principale, qui conserve encore néanmoins quelques difficultés d'exécution.

MACHINE DE M. STOLZ FILS

La fig. 104 représente le mode employé par ce constructeur pour opérer la distribution dans une machine oscillante.

L'introduction et l'échappement de la vapeur s'effectuent par le seul tourillon d'avant, dont la figure est une section transversale. Ce tourillon est muni, à la circonférence, de deux ouvertures *a* et *b*, qui constituent respectivement l'origine des deux canaux distributeurs du cylindre; le palier, dans lequel roule le tourillon, est traversé par deux orifices, dont l'un *c* est central et amène la vapeur, tandis que l'autre est destiné à la sortie, et se divise en deux lumières *d*.

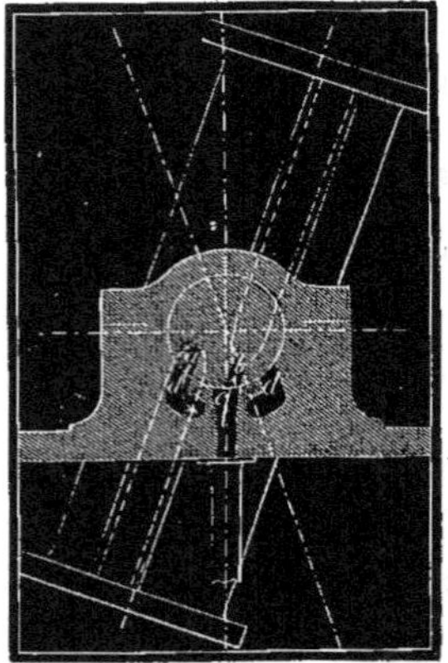

Fig. 104

Il résulte de cette combinaison que l'oscillation propre du cylindre, en amenant successivement les deux orifices *a* et *b* du tourillon devant l'orifice central *c* du support et vis-à-vis les deux lumières *d*, opère d'elle-même la distribution.

Il est regrettable que cette méthode soit peu pratique, surtout pour les grandes puissances, car elle permet de réduire la machine au plus petit nombre de pièces possible : le cylindre, l'arbre à manivelle et ses supports, et la plaque de fondation. Mais quoique les tourillons soient munis de rebords qui renferment complétement les orifices, il est impossible d'éviter les fuites de vapeur; si pour les prévenir on serre fortement les chapeaux des supports, il en résulte un excès de frottement : on retombe donc d'un inconvénient dans l'autre.

MACHINES OSCILLANTES VERTICALES

LES TOURILLONS PLACÉS AU-DESSOUS DU CYLINDRE

MACHINE A ROTULE DE M. CH. FAIVRE

Conduit par le désir de créer une machine à vapeur très-simple, et peut-être par
la nécessité d'une application particulière, M. Faivre, ingénieur dont nous avons

Fig. 105.

plusieurs fois montré les travaux, a imaginé, il y a près de vingt-cinq ans, un système de machine oscillante, remarquable à la fois par la position et la nature de
son tourillon, par le soin apporté à tous les détails de sa construction, et par le
mode d'emploi de la vapeur : cette machine était à simple effet (1).

(1) Cette machine est complétement représentée et décrite dans le 1er vol. de la *Publication industrielle.*

La fig. 105 en est une élévation de face extérieure, à l'échelle de 3 cent. par mètre; les fig. auxiliaires 106 et 107 représentent, à une plus grande échelle, la distribution suivant deux coupes perpendiculaires l'une à l'autre.

Le caractère prédominant de la construction de cette machine est le point d'oscillation placé tout à fait à la partie inférieure du cylindre, condition qui a été examinée (t. Ier, p. 358), et la rotule d'après laquelle l'oscillation est opérée.

Le cylindre A est monté sur un plateau qui fait partie d'une sphère creuse B, très-soigneusement emboîtée dans une coquille de même forme, laquelle s'ajuste elle-même, par un rebord circulaire, sur la plaque de fondation qui présente également un évidement sphérique pour la recevoir. A l'intérieur de la rotule se trouve maintenu rigidement un levier a, dont l'extrémité supérieure est engagée dans l'entaille réservée à une glissière b, qui joue sur le fond du cylindre et fait opérer la distribution de la vapeur par les orifices dont ce fond est muni.

Fig. 106.   Fig. 107.

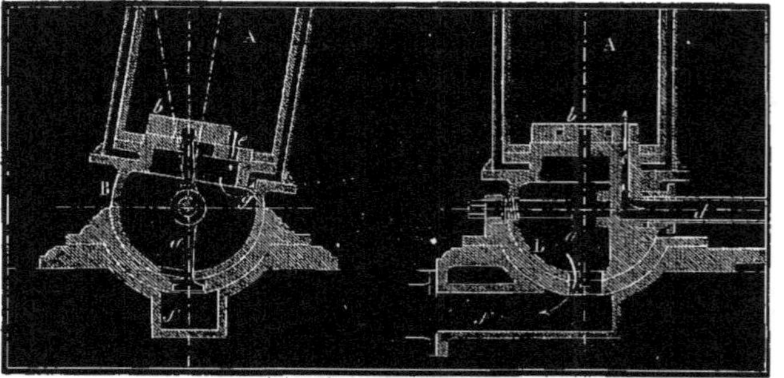

L'un de ces orifices, celui c (fig. 107), met en rapport l'intérieur du cylindre avec un conduit d par lequel arrive la vapeur et qui s'adapte à la rotule, mais sans obéir à son oscillation; le second orifice e (fig. 106) fait communiquer le cylindre avec l'atmosphère par l'intérieur de la rotule B, qui est lui-même en relation permanente avec l'extérieur par le canal f ménagé à la plaque de fondation.

Lorsque le cylindre oscille, la glissière b, retenue par le levier a, éprouve un déplacement relatif par rapport aux orifices pratiqués sur la table contre laquelle elle est appliquée; elle met alors successivement l'intérieur du cylindre en rapport avec la chaudière et avec l'atmosphère ambiante par les orifices c et e qu'elle démasque et recouvre alternativement. La vapeur introduite par l'orifice c soulève le piston; puis, pendant la descente de ce dernier, elle est refoulée dans la rotule par l'orifice e, et de là, traversant un troisième orifice g, repasse au-dessus du piston en circulant dans le vide de l'enveloppe qui entoure le cylindre, et communique avec son intérieur par une série d'ouvertures ménagées à la partie supérieure : la vapeur se répartit donc, comme dans les autres machines à simple effet, *des deux côtés du piston.*

Aussitôt que le piston remonte, poussé par de nouvelle vapeur, celle du coup précédent, qui avait été renvoyée à la partie supérieure, repasse par le même chemin et s'échappe dans l'atmosphère en traversant la rotule B et le canal *f* appartenant à la plaque de fondation.

Résumant ce qui précède, nous disons :

1° La vapeur vierge est introduite exclusivement dans le cylindre *au-dessous du piston,* et l'élève ;

2° La machine achevant son tour sous l'influence de la vitesse acquise du volant, le piston descend et repousse la vapeur qui, se trouvant de fait en contact avec l'air extérieur par le vide de la rotule, repasse en partie, mélangée d'air, à la partie supérieure du cylindre ;

3° Le piston remontant de nouveau, tout le fluide, vapeur et air, confiné au-dessus de lui, s'échappe définitivement dans l'atmosphère.

On comprend de suite combien cette disposition avait été étudiée. La distribution est exempte de fuite, puisque l'organe distributeur, la glissière *b,* fonctionne dans les mêmes conditions qu'un tiroir ordinaire et à l'intérieur du cylindre. La sphère ou rotule B ne constitue qu'un point d'appui articulé et repose simplement sur son coussinet, sur lequel la pression de la vapeur et le poids du cylindre la tiennent constamment appliquée en raison même du mode à simple effet.

Pour mieux apprécier cependant le motif qui fit déroger l'auteur de l'emploi si usuel de la vapeur à double effet, il faut remarquer qu'il obtenait l'avantage, par le simple effet, de réduire aux fonctions d'un simple guide la garniture supérieure du cylindre, qui est très-exposée, dans les machines oscillantes, à prendre du jeu en s'ovalisant et à laisser fuir la vapeur. Enfin l'action à simple effet permettait l'appui simple de la rotule dans son coussinet, ainsi que nous venons de le dire.

Ajoutons que cette machine était munie de tous les organes ordinaires, régulateur à boules, pompe alimentaire et même d'une soupape additionnelle permettant de produire de la détente. Elle devait posséder un volant très-énergique, à cause du mode à simple effet. C'est une question qui sera examinée en son lieu.

La machine de M. Ch. Faivre, très-bien exécutée dans les ateliers de MM. Derosne et Cail (aujourd'hui le grand établissement Cail et Cᵉ), a reçu en son temps de très-nombreuses applications ; mais, comme toutes les machines oscillantes qui précèdent, elle a dû céder la place aux machines fixes, qui ont continué de se propager davantage, surtout avec la disposition horizontale.

MACHINES DE MM. LELOUP, FREY ET FARCOT

Machine de M. Leloup. — Ce constructeur s'était également occupé des machines oscillantes, mais, comme plusieurs autres mécaniciens, sans grand succès. Nous allons cependant dire quelques mots d'une disposition dans laquelle il avait adopté pour principe le point d'oscillation au-dessous du cylindre à vapeur et la distribution opérée par le tourillon.

La fig. 108 représente, en section transversale, la partie inférieure du cylindre et sa relation avec le tourillon.

Le fond A du cylindre est fondu avec la moitié d'un collier embrassant le tourillon B, lequel consiste en un cylindre creux monté fixe sur deux supports, de façon que le frottement ait lieu entre le collier et ce tourillon, au lieu que celui-ci oscille dans ses supports. Le tourillon présente intérieurement deux cavités distinctes et concentriques, qui débouchent sur sa surface frottante et sont réservées respectivement à l'introduction et à l'échappement de la vapeur. Le vide central a possède un seul orifice c, tandis que celui b, qui entoure le précédent, se termine par les deux orifices d et d'. Ces trois lumières correspondent avec celles c et c' qui traversent le fond du cylindre et constituent respectivement l'origine des canaux distributeurs pour les deux extrémités du cylindre. On comprend très-bien comment l'oscillation de ce dernier organe vient amener alternativement les deux lumières c et c' devant celles c, d et d',

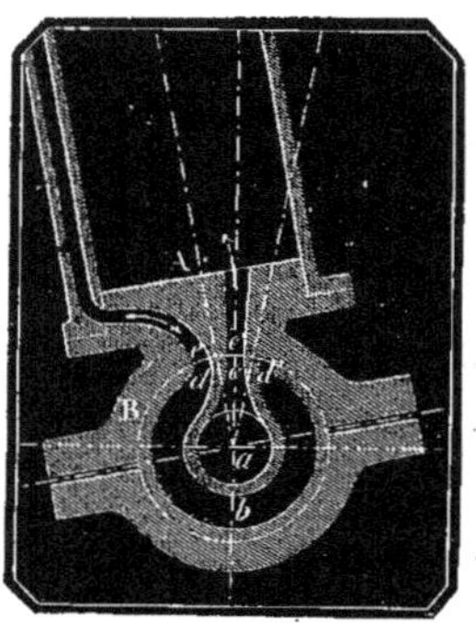

Fig. 108.

et comment la distribution s'opère; mais il y a lieu de faire ici une remarque, qui pourrait du reste s'appliquer à la distribution de M. Stolz, décrite précédemment.

L'attribution de chacune des cavités a et b à l'introduction ou à l'échappement n'est pas exclusivement dépendante de la construction même : elle dépend surtout *du sens* dans lequel la machine doit tourner. Si nous prenons pour exemple la position représentée sur la figure, laquelle correspond au milieu de la course du piston, *le cylindre incliné à gauche,* on voit que l'introduction ayant lieu par la cavité centrale a, l'échappement se fera par l'orifice d et la cavité b, le piston *montant :* la machine, vue de face, tournera *dans le sens des aiguilles d'une horloge.* Dans le cas contraire, où pour la même position la vapeur serait introduite par l'orifice d (ou par celui d' pour la position opposée), l'échappement aurait lieu par les orifices c' et c, et le piston devrait *descendre :* la machine tournerait donc dans le sens opposé à celui indiqué ci-dessus.

Ce mode de distribution ne diffère pas sensiblement de ce qui a déjà été décrit; malgré sa simplicité et l'avantage de la forme cylindrique du tourillon, on évite difficilement les fuites. Cette machine a reçu néanmoins plusieurs applications, mais toujours pour de faibles puissances.

Machine de M. Frey fils. — M. Frey, qui construit encore aujourd'hui un grand nombre de machines à vapeur, avait établi, il y a quelques années, une machine oscillante ainsi disposée :

Le fond du cylindre portait les deux tourillons, dont l'un se trouvait traversé par les canaux de distribution, et se terminait, en dehors de son palier, par un *cône* d'un angle très-ouvert, sur la surface duquel les canaux venaient aboutir. Cette partie conique était alors ajustée sans garniture, comme la clef d'un robinet, dans une boîte percée d'orifices en relation avec la chaudière, et avec l'extérieur pour l'échappement.

Il est facile de voir que la forme conique donnée à la partie frottante, et munie des orifices de distribution, avait pour objet d'éviter l'inconvénient des fuites par l'usure, que la forme cylindrique ne permet aucunement de regagner.

MACHINE DE M. FARCOT. — A cette même époque, où la plupart des constructeurs essayaient l'application des machines oscillantes, M. Farcot en combina une dont nous allons faire connaître les dispositions principales (1).

Le cylindre de cette machine est monté sur un fond qui porte les deux tourillons par lesquels la vapeur est admise ou s'échappe respectivement. Ce fond porte une table munie des orifices de distribution et qui reçoit la boîte dans laquelle joue un tiroir ordinaire; il était même doté de l'une des premières applications que M. Farcot fit de son système de détente.

Sans nous arrêter à la construction générale de la machine, qui présente beaucoup d'analogie avec celle de M. Cavé, excepté la position des tourillons qui se trouvent à la partie inférieure du cylindre, nous dirons un mot du mode employé pour obtenir le déplacement du tiroir par l'oscillation même du cylindre.

Dans la machine de M. Farcot, le tiroir se trouve relié, par sa cavité intérieure, avec un petit bras de levier monté sur un axe qui traverse longitudinalement le tourillon, et vient s'assembler extérieurement avec une branche fixe destinée à l'empêcher de tourner. Par conséquent, lorsque le cylindre oscille et qu'il entraîne nécessairement avec lui la table du tiroir, ce dernier, retenu par le mécanisme qui vient d'être décrit, ne peut que suivre l'inclinaison, mais sans changer de place. Il en résulte alors, par rapport aux orifices, le déplacement relatif qui opère la distribution, comme dans la machine de M. Faivre.

MACHINE OSCILLANTE A DEUX CYLINDRES

Par **M. P. BOYER**, à Lille

M. Boyer, que nous avons cité principalement pour la construction des machines motrices de la manufacture des tabacs de Lille, a présenté à l'Exposition universelle de Paris, en 1855, une machine réunissant à la fois le système oscillant avec celui des deux cylindres de Woolf; c'était évidemment un essai tendant à profiter en même temps de la simplicité du premier système et des propriétés économiques du second.

Cette machine, dont l'exécution était magnifique, se composait, en effet, de deux cylindres, réunis dans une même enveloppe en fonte, laquelle était montée, par la

(1) Voir pour les détails complets de cette machine le 1ᵉʳ vol., pl. 38 de la *Publication industrielle*.

partié inférieure, sur deux tourillons; les deux cylindres étant de même coursè, les tiges des deux pistons se trouvaient assemblées sur une même traverse, réunie elle-même directement avec le bouton de la manivelle; elle était nécessairement à condensation, avec une pompe à air commandée par l'arbre de couche.

Cette disposition permet de toute façon de réduire beaucoup les dimensions et le poids de la machine, surtout comparativement à celles à balancier du même système. Néanmoins, cette application du principe oscillant ne paraît pas s'être répandue; et on le comprendra d'autant mieux, si l'on considère que le système oscillant est aujourd'hui peu employé, même comme machine simple, lorsque la puissance atteint une certaine importance, et que ce n'est pas ordinairement pour moins de 20 à 25 chevaux que l'on adopte le système de Woolf.

MACHINES OSCILLANTES HORIZONTALES

Le système oscillant s'applique sans modification importante à la position horizontale, ou à celle inclinée qui est employée surtout pour les machines de navigation : la machine motrice du grand paquebot transatlantique américain *Arago* est composée de deux énormes cylindres inclinés et oscillants, leurs tiges de piston agissant sur les manivelles de l'arbre des roues à pales. Seulement, que la position soit horizontale ou inclinée, on place exclusivement les tourillons vers le milieu de la longueur du cylindre, le plus près possible de son centre de gravité, loin de les reporter à son extrémité.

Nous allons montrer quelques exemples de petites machines oscillantes horizontales.

MACHINE DE MM. FAUCONNIER ET BÉCHU

MM. Fauconnier et Béchu, mécaniciens à Paris, ont construit, vers 1854, des machines oscillantes horizontales en rapprochant les conditions suivantes :

1° Passages de vapeur par les tourillons ;

2° Application du tiroir ordinaire, sans mouvement d'excentrique, opérant par le mouvement même du cylindre, comme on vient d'en voir plusieurs exemples ;

3° Application d'une détente *variable* par une glissière additionnelle pleine, jouant sur le revers du tiroir (t. 1er, p. 390), et commandée par une camme curviligne (t. 1er, p. 374) ;

4° Variabilité de la détente obtenue par la modification *ad libitum* de la course de la glissière (t. 1er, p. 538).

Toutes ces conditions ayant été déjà examinées ici dans divers cas, il ne nous reste à dire que quelques mots sur les particularités de la construction de la machine et sur le mécanisme de la détente.

Le tiroir se trouve placé sur le dessus du cylindre et recouvert par la boîte à vapeur qui est munie de deux boîtes à étoupe à chaque extrémité, pour le passage des tiges du tiroir et de la glissière. Pour l'application de cet organe de détente, le tiroir est nécessairement traversé par les orifices d'introduction ; il est relié ensuite par deux tiges avec un cadre extérieur, lequel est retenu par deux leviers fixes qui le laissent osciller avec le cylindre sans lui permettre de mouvement de transport horizontal.

Quant à la glissière de détente, voici un tracé (fig. 109) qui permet d'en comprendre le mouvement.

Fig. 109.

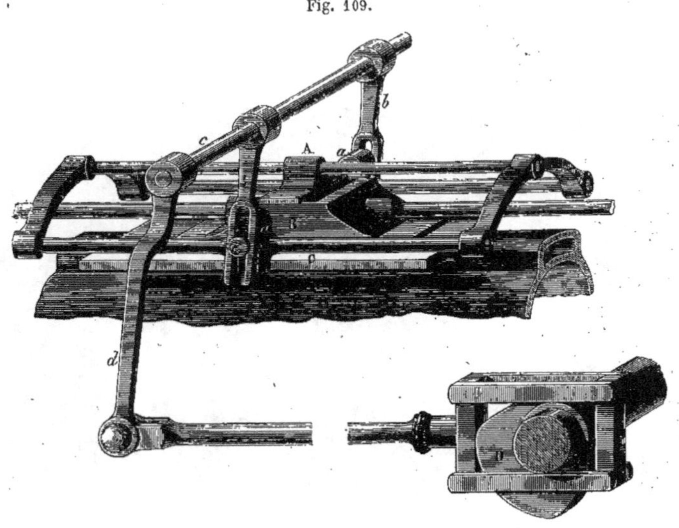

La glissière A est rattachée, comme le tiroir B, à un cadre extérieur dont les deux tiges latérales C portent chacune une coulisse transversale *a* dans laquelle se fixe un bouton *d'entraînement e*; ce bouton s'engage, en effet, dans la fourche d'un levier *b* monté sur le même arbre *c* qu'un autre levier *d*, lequel reçoit de la camme D, par son cadre, un mouvement oscillatoire.

Sans nous arrêter davantage sur cette transmission, qui est parfaitement compréhensible, faisons remarquer que la course de la glissière dépend de la distance des boutons d'entraînement *e* à l'axe *c*, dont l'oscillation est invariable. Par conséquent, en déplaçant ces boutons dans les coulisses *a*, on change la course de la glissière et le point de détente, ce qu'il est facile de reconnaître en se reportant à l'étude faite (t. 1er, p. 538) pour un cas semblable. Toutefois l'emploi de la camme curviligne apporte certaines modifications avantageuses, sous le rapport de l'instantanéité des effets et de la plus longue ouverture des orifices. C'est ce que l'on a pu voir déjà par cette étude spéciale (t. 1er, p. 474), et par l'application faite des cammes curvilignes dans la détente Trésel (t. 1er, p. 419).

MACHINE DE M. JOLLY

M. Jolly, mécanicien qui possède au plus haut degré la pratique de la construction, est l'auteur d'un système de machine oscillante dont nous désirons faire connaître le principe. Disons tout de suite qu'il s'agit d'une machine très-récente, et qui a déjà donné de bons résultats sous le rapport de la marche.

La fig. 110 est un tracé géométrique, auquel nous n'avons pas pu donner toute l'étendue désirable, mais qui suffit néanmoins pour faire parfaitement comprendre le fonctionnement de cette machine.

Fig. 110.

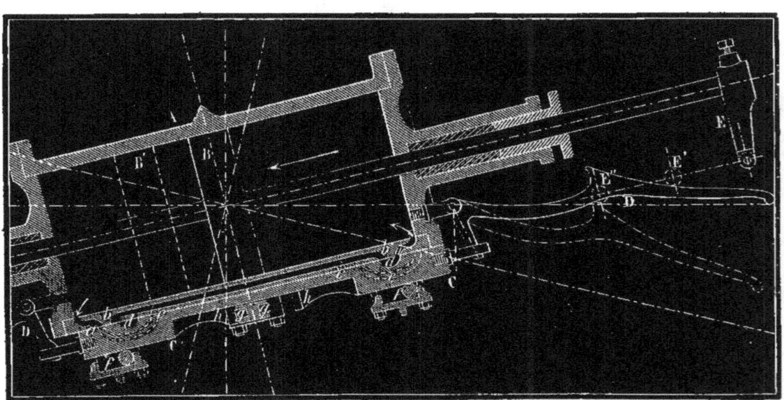

Le cylindre A est placé horizontalement, et repose par deux tourillons sur un bâti en fonte, analogue à ceux des machines horizontales ordinaires, et fondu d'une seule pièce; il renferme le piston B, dont la tige est prolongée des deux côtés, et traverse les deux fonds du cylindre par de longues boîtes à étoupe; d'un bout cette tige porte une tête à coussinets et s'assemble avec l'arbre moteur qui est coudé.

La partie remarquable de la machine est la distribution qui s'opère au moyen d'un tiroir C, placé à la partie inférieure du cylindre dont il occupe toute la longueur. Il frotte sur une table dressée sur laquelle viennent déboucher six orifices dont nous allons expliquer les attributions.

Les deux orifices extrêmes *a* pénètrent directement dans le cylindre, et servent à l'introduction et à l'échappement de la vapeur.

Les deux autres orifices *b* sont les extrémités d'un canal longitudinal communiquant avec celui des tourillons par lequel la vapeur arrive de la chaudière.

Enfin les deux derniers orifices appartiennent à un second canal *c*, placé côte à côte avec le précédent, et mis en rapport avec le second tourillon communiquant avec l'atmosphère.

Le tiroir représente une véritable plaque dans l'épaisseur de laquelle sont ménagés, aux deux extrémités, une petite cavité d et un canal e, qui correspondent respectivement, comme position et comme distance entre les lumières, avec les canaux b et c d'introduction et d'échappement. La cavité et le canal sont à côté l'un de l'autre, comme les canaux b et c, ce qui nous a obligé à figurer celui e en lignes ponctuées.

Par le mouvement de va-et-vient du tiroir, la cavité d et le canal e mettent en relation, alternativement pour chaque extrémité, les lumières a avec celles b et c des deux canaux fondus avec le cylindre. Pour cela, on comprend que la longueur des lumières a correspond à la somme de celle des autres orifices du tiroir ou des canaux, puisque ces derniers sont à côté les uns des autres, et doivent néanmoins se placer vis-à-vis de ces lumières a.

Par conséquent, la distribution est opérée, en principe, comme avec deux tiroirs séparés, les canaux d'introduction et d'échappement étant distincts l'un de l'autre.

Voici maintenant comment le tiroir est commandé par le mouvement même du piston et indépendamment de l'oscillation de la machine.

Ce tiroir est en prise, à ses deux extrémités, avec une pièce plate, en fer D, présentant de face une forme curviligne convenablement tracée, et fixée par articulation sur le fond du cylindre. Ces deux pièces, que l'on pourrait appeler des *pédales*, sont attaquées alternativement, dans les deux positions du cylindre, par deux talons E fixés sur la tige du piston et sur son prolongement à l'extrémité opposée. Chaque fois que l'un des talons, ou tocs E, rencontre la pédale correspondante, il l'abaisse, et le tiroir se trouve repoussé; cette action ayant lieu successivement pour les deux phases du mouvement du piston, il en résulte que le tiroir est repoussé alternativement aux extrémités de sa course, c'est-à-dire aux points de l'introduction maximum.

Pour bien se figurer le jeu des talons E sur les pédales, on peut supposer la machine sans oscillation, ce qui ne change rien au rapport des pièces qui concernent la distribution. Dans cette hypothèse, la figure indique, en E′, le moment où le toc va rencontrer la pédale D et commence à repousser le tiroir, moment qui correspond à la position B′ pour le piston. On remarque de même en E″ la position du toc, en rapport avec celle extrême de la pédale D, lorsque le piston est à fin de course, et le tiroir repoussé pour l'introduction en sens inverse.

Par la forme des pédales et la position des tocs, le mouvement du tiroir est rapide, et la plus grande ouverture des orifices, qui est obtenue spontanément, peut être maintenue pendant une très-grande partie de la course du piston.

Ce tiroir, ainsi que le montre la figure, fonctionne sans être renfermé; il est seulement appuyé en deux points de sa longueur sur deux rouleaux f, maintenus par des platines boulonnées, et qui se déplacent en roulant sous l'influence du mouvement du tiroir. Un point fixe, pour mieux délimiter sa course, lui est également ménagé au moyen de deux petits prismes de caoutchouc *g*, contre lesquels, dans chacune de ses évolutions, le tiroir vient buter par les deux talons *h* qu'il porte.

Par sa disposition même, ce tiroir est presque équilibré; le peu de charge qu'il supporte, et qui correspond à la somme des orifices d'introduction de chacun de ses canaux *d* et *e*, au moment de leur fonction respective, tend à le détacher du contact, et le fait appuyer sur le galet *f* correspondant.

Quant à la disposition des tourillons, elle est analogue, en principe, à ce qui a été décrit précédemment (p. 142), excepté que chacun d'eux n'est percé que d'une seule lumière mise en rapport avec le conduit correspondant qui amène la vapeur ou qui la dirige dans l'atmosphère; ces deux conduits sont fondus avec le bâti, et viennent alors déboucher dans les supports des tourillons.

En somme, cette machine donne jusqu'à présent d'assez bons résultats. On peut en voir un beau spécimen à l'établissement hydraulique de Chaillot, où une machine de ce système fait mouvoir une petite pompe à air dont le cylindre est également oscillant, et qui a pour fonction de fournir de l'air aux réservoirs des pompes à eau. Nous avons montré (p. 99) que ces machines hydrauliques ont une petite pompe spéciale pour ce service; mais lorsqu'elles ont été arrêtées quelque temps, la pompe auxiliaire indépendante est utile pour réparer les pertes des réservoirs d'air et les mettre immédiatement en état de marche, d'autant plus que la pompe attenante à la machine motrice marche, comme elle, très-lentement.

MACHINE OSCILLANTE HORIZONTALE

DE PETITE PUISSANCE

Nous désirons faire connaître encore une petite machine oscillante horizontale dont la disposition devait réunir toutes les conditions de la plus grande simplicité et d'un fonctionnement régulier et certain.

La fig. 111 représente le tracé de cette machine en coupe longitudinale.

Le cylindre A, dont la construction est tout à fait semblable, quant aux canaux de distribution, à celui d'une machine fixe, repose, par ses tourillons, sur deux petites chaises B fixées sur une plaque de fondation C, qui reçoit également deux supports pour l'arbre moteur, lequel est forgé de la même pièce que la manivelle D. La table des orifices est placée à la partie supérieure du cylindre, et reçoit la boîte E qui renferme le tiroir F. La vapeur est introduite par un tube de cuivre rouge ajusté dans l'un des tourillons qui est creux, forme boîte à étoupe, et débouche dans un canal en ceinture, lequel se termine par un orifice sur la table du tiroir, et amène la vapeur dans la boîte E. C'est la disposition adoptée dans la plupart des machines à vapeur. Par une construction semblable, la vapeur échappée passe par l'orifice central de la table et sort par le tourillon opposé.

Le jeu du tiroir est obtenu par un procédé qui a quelque rapport avec ce qui a été déjà décrit ci-dessus. Ce tiroir est pris par un petit levier *a*, fixé sur un axe qui traverse la boîte à vapeur, et qui porte à l'extérieur un levier semblable, mais d'un rayon à peu près double. L'oscillation du cylindre devant opérer seule le déplacement du tiroir, celui-ci devrait être alors maintenu fixe, comme dans les machines de MM. Faivre et Farcot, et dans celle de MM. Fauconnier et Béchu. Mais il y a lieu de tenir compte d'une circonstance qui paraît avoir été négligée dans les machines précédentes.

Fig. 111.

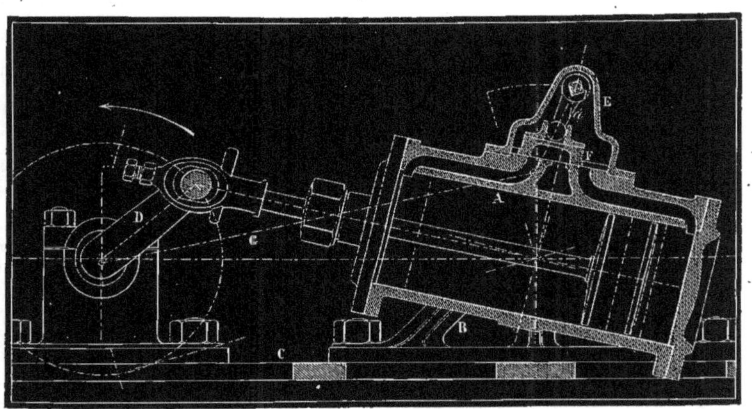

Lorsque le tiroir est maintenu fixe, quant au mouvement de transport horizontal, et que son déplacement, par rapport aux orifices, est dû exclusivement à l'oscillation du cylindre, il est constant que ce déplacement s'opère d'une façon tout à fait symétrique, c'est-à-dire que lorsque le piston est au point mort, où à l'une des extrémités de sa course, le milieu de la longueur du tiroir *coïncide exactement* avec celui du parcours relatif qu'il effectue par rapport aux orifices ; réciproquement, lorsque le piston est *au milieu* de sa course, le tiroir est rigoureusement *à l'extrémité* de la sienne.

Cependant, si le tiroir doit avoir de l'avance à l'introduction, et qu'il ait, d'ailleurs, du *recouvrement*, le milieu de sa course ne peut plus correspondre avec l'extrémité de celle du piston (t. 1er, p. 362) ; il faut donc, pour obtenir ce résultat, modifier le procédé qui consiste simplement *à retenir le tiroir ;* c'est cette particularité dont la petite machine actuelle nous fournit un exemple.

Au lieu de fixer purement et simplement le bras de levier, monté extérieurement sur l'axe qui traverse la boîte à vapeur et qui porte l'autre levier *a*, on l'a relié à la barre G d'un excentrique circulaire, dont les fonctions sont réglées ainsi : son rayon d'excentricité est calculé de façon, en le combinant avec la longueur des deux leviers situés à l'intérieur et à l'extérieur de la boîte, *à faire exécuter au tiroir* (le cylindre supposé immobile) *un mouvement de transport égal à la somme des quantités de recouvrement aux deux extrémités, y compris la valeur de l'avance.*

En d'autres termes, la course du tiroir, par l'excentrique, est égale :

A la longueur extérieure du tiroir, moins celle extérieure des orifices, plus le double de l'avance à l'introduction.

Dans cette machine la longueur totale du tiroir excède de 1 millimètre la distance des arêtes extérieures des orifices, et l'avance à l'introduction est de 1/2 millimètre. La course que l'excentrique doit produire est, d'après cela, de 2 millimètres ; mais par le levier extérieur qui est d'un rayon double de celui du levier *a*, et par la combinaison des diverses obliquités de ce mouvement, il en résulte que le rayon de l'excentrique égale 3 mill. 1/2, produisant une course directe de 7.

En résumé, une machine ainsi disposée se trouve exactement dans les mêmes conditions, quant au mode de distribution de la vapeur, qu'une autre non oscillante, et construite également, comme moteur de petite dimension, pour marcher sans détente ni condensation. Mais celle-ci est d'une extrême simplicité, a peu de poids, et occupe une place très-restreinte.

Établie pour la puissance d'un cheval-vapeur, avec 5 atmosphères et 100 tours par minute seulement, son piston a 100 millimètres de diamètre sur 200 de course ; elle occupe un espace total, en superficie, de 60 centimètres sur 50, et ne pèse guère plus de 100 kilogrammes, y compris son volant.

CONCLUSIONS SUR LES MACHINES OSCILLANTES

La machine à vapeur oscillante est un appareil fort ingénieux, et qui serait adopté de préférence aux autres dispositions, par la simplicité de son mécanisme et le peu de place qu'il occupe relativement, s'il ne comportait pas certaines parties délicates d'exécution, et dont le fonctionnement douteux nuit à son effet utile. C'est dire, cependant, qu'il peut être employé utilement pour de petites forces. A l'égard des machines de navigation, c'est une autre affaire. L'avantage de pouvoir attaquer directement l'axe des roues motrices d'un navire ainsi organisé, sans employer les balanciers et sans exiger pour cela plus de hauteur, fait accepter le système oscillant avec empressement, à condition, toutefois, qu'on l'exécute avec le soin et le savoir que l'on trouve dans la construction d'une machine de ce genre que nous décrivons plus loin ; c'est du reste pour cela que nous avons passé rapidement sur les exemples précédents, destinés surtout à donner une idée générale sur ce sujet, et à montrer les différents moyens proposés pour l'édification du système.

Il nous paraît résulter de cet examen que de tous les moyens essayés pour opérer la distribution, c'est le tiroir qui a toujours prévalu, et nous montrerons que c'est cet organe que l'on adopte pour les grandes machines, avec l'excentrique circulaire pour le commander, sans profiter autrement de l'oscillation du cylindre que pour en combiner les effets avec ceux de l'excentrique.

Il est également établi que l'on renonce à reporter le point d'oscillation au-dessous du cylindre, et que l'on préfère placer les tourillons vers le milieu de la hauteur de ce dernier. On maintient aussi les passages de vapeur par les tourillons, procédé qui semble jusqu'a présent le plus simple et le plus sûr, tout à la fois.

Dans tous les cas, on donne à la boîte à étoupe du couvercle de grandes dimensions pour assurer la direction de la tige, et l'on supprime les guides que M. Cavé employait dans l'origine; c'était, néanmoins, une très-bonne précaution, car, à cette époque, on donnait au piston une très-longue course, comparativement à son diamètre.

Nous avons montré la machine très-récente de M. Jolly, dans laquelle cette question est résolue avec beaucoup de succès, en prolongeant la tige du piston, et en lui faisant traverser les deux fonds du cylindre.

Nous n'avons pas donné d'exemples de machines dont le cylindre est renversé et oscille d'après sa partie supérieure, bien que ce système ait été essayé par plusieurs mécaniciens. Outre qu'il est aisé de se figurer cette disposition, d'après celles du système ordinaire, elle est trop peu répandue pour qu'il nous paraisse nécessaire de s'y arrêter davantage.

FIN DU CHAPITRE ONZIÈME.

CHAPITRE XII

MACHINES ROTATIVES

PRINCIPE DE CE SYSTÈME

En énonçant le principe fondamental sur lequel repose la construction des machines à vapeur actuellement en usage, nous avons rappelé qu'il existe un autre principe important et fondamental, mais pour lequel on manque encore de moyens d'application suffisamment parfaits pour en tirer un utile parti dans l'industrie : nous voulons parler de ce que l'on désigne par la *machine à vapeur rotative*.

Il est fort peu d'applications des moteurs dont l'objet immédiat et principal ne soit pas de produire un mouvement de rotation; l'exception représente un si faible nombre de cas, qu'il est permis de n'en pas tenir compte, et l'on peut dire que, dans tout moteur, la force devrait agir directement sur un récepteur *à mouvement circulaire*, en développant un travail transmis *sans transformation*.

Les moteurs hydrauliques remplissent cette condition parfaitement, ainsi qu'on le sait, et l'eau comme force, par son poids, agit en effet sur un récepteur qui obéit en exécutant un mouvement circulaire continu. Mais il en est autrement des moteurs à vapeur, avec lesquels on n'est parvenu, jusqu'ici, à produire directement et avec un véritable succès, qu'un mouvement rectiligne alternatif.

Bien des motifs expliquent cette différence d'emploi entre l'eau et la vapeur, ou plutôt la difficulté de faire rendre à la vapeur ce que l'on obtient avec l'eau.

L'eau n'agit qu'en vertu de son poids et en s'écoulant naturellement, et à l'air libre, sous l'influence de la pesanteur. Par conséquent, depuis le moment où elle est introduite dans le récepteur jusqu'à celui où elle en sort inactive, sa direction n'a pas changé; ce mode d'action correspond alors presque forcément à un mouvement circulaire continu de la part du récepteur.

La vapeur, au contraire, agissant par expansion, doit être maintenue dans un récipient étanche, dont elle presse toutes les parois et dont l'une d'elles doit céder pour s'avancer sous la pression et transmettre du travail. On conçoit de suite la difficulté de rendre continu le mouvement de cette paroi, en la conservant sous la pression de la vapeur, tout en faisant agir celle-ci par volumes séparés et intermittents : car il est évidemment impossible de la faire agir sans interruption, puisqu'il faudrait pour cela que la paroi pressée s'avançât indéfiniment, sans jamais parcourir de nouveau les espaces qu'elle engendre.

Néanmoins, il existe deux modes d'emploi de la vapeur qui se rapprochent sensiblement de ce qu'il est possible d'obtenir avec l'eau ; c'est d'abord la *réaction* simple, et ensuite l'action dynamique d'un jet, dont la force vive est utilisée par son choc sur une paroi mobile. Dans les deux cas le récepteur est animé d'un mouvement circulaire continu.

Mais ces deux modes d'emploi, très-désavantageux avec l'eau, le sont encore davantage avec la vapeur qui se condense facilement, et avec laquelle le récepteur devrait se mouvoir avec une très-grande vitesse, sans que l'on puisse recueillir autre chose qu'un très-faible effet utile.

Il est important de faire remarquer que, généralement, les tentatives faites en vue de réaliser la machine rotative l'ont été par des personnes imbues de cette erreur, consistant à supposer à la transformation du mouvement par bielle et manivelle une absorption de puissance autre que celle qui résulte simplement des frottements. Or, ce fait n'existant pas (t. 1er, p. 343), le système rotatif n'a d'autre raison d'être que la simplification que l'on en pourrait obtenir, et la réduction du volume total de la machine. Mais jusqu'à présent, c'est presque le contraire qui est arrivé : les machines rotatives sont plus compliquées que les autres et rendent moins d'effet utile. La réduction de poids et de volume obtenue est plus que compensée par le mauvais service et une usure rapide, de sorte que la machine rotative est encore jusqu'ici le plus mauvais moteur que l'on puisse employer.

Des essais ont cependant été tentés avec différents modes, et depuis bien longtemps. On distingue, en résumé, les principaux genres suivants de machines dites *rotatives* ou *à rotation immédiate :*

1° Les appareils à réaction simple fonctionnant comme l'Eolipyle (t. 1er p. 84);

2° Les machines dans lesquelles la vapeur est employée sous forme de jet qui vient frapper successivement les palettes d'un récepteur mobile, principe ancien et attribué à Branca (t. 1er, p. 89);

3° Les machines rotatives dans lesquelles la vapeur agit par pression comme dans les moteurs à vapeur du système usuel à piston alternatif;

4° Enfin des machines dites *à cylindres tournants* qui comprennent un ou plusieurs cylindres à piston, de forme ordinaire, mais qui sont emportés eux-mêmes dans le mouvement de rotation que leurs pistons communiquent à l'arbre moteur. Ce ne sont pas, dans la véritable acception du mot, des machines rotatives, puisque le principe usuel du piston à mouvement alternatif s'y trouve rigoureusement conservé. Autant pour ce fait que par le résultat complétement défectueux de ces dispositions particulières, nous n'en parlerons pas davantage.

Les différents systèmes de machines rotatives sont extrêmement nombreux, et il serait aussi difficile qu'inutile de les passer tous en revue. Nous nous proposons simplement d'en montrer quelques types modernes en rappelant les principaux de ceux qui les ont précédés, dans chaque genre particulier.

Nous croyons devoir omettre complétement les machines du genre à réaction simple, dérivant de l'Eolipyle, et celles agissant par impulsion, conformément au principe de Branca; nous n'examinerons que les machines dans lesquelles la vapeur agit par pression sur un récepteur disposé pour tourner circulairement.

MACHINES ROTATIVES DE DIFFÉRENTES DISPOSITIONS

MACHINE DE M. PECQUEUR

M. Pecqueur, ancien mécanicien, qui s'était acquis une très-grande réputation pour ses travaux de tous genres, a inventé une machine rotative qui passe encore aujourd'hui chez nous pour une des meilleures en ce genre. Créée vers 1823, amenée à son haut point de perfection en 1839 ou 1840, elle est encore appliquée aujourd'hui et construite par un ancien contre-maître de M. Pecqueur, M. Moret, qui a aussi ajouté d'utiles perfectionnements à cette machine, avec le concours de M. Zambaux, ingénieur, et gendre de M. Pecqueur.

Fig. 112.

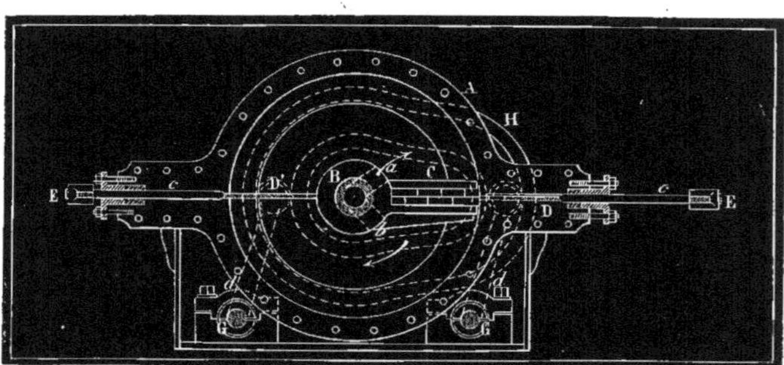

Nous allons faire connaître la disposition de cette machine, munie des perfectionnements qui lui ont été apportés par MM. Zambaux et Moret.

La fig. 112 représente le récipient principal, celui qui fait l'office de cylindre, en élévation et ouvert pour faire voir la disposition de la pièce qui s'y meut et joue le rôle de piston.

La fig. 113 est une projection horizontale de la même pièce, également ouverte dans cette direction.

Ces figures sont dessinées à l'échelle de 1/15ᵉ.

En principe, voici en quoi consiste cette machine rotative qui peut être considérée comme le résumé de bien d'autres essais analogues :

Un récipient cylindrique ou annulaire creux A, traversé par un axe B, lequel porte une palette C de même section que le récipient; deux obturateurs à tiroirs D et D′ qui s'effacent au passage de la palette C et servent de point d'appui à la vapeur que l'on envoie dans le récipient et qui pousse la palette C ainsi devenue le *piston moteur.*

Voilà, jusqu'à présent, le principe qui a produit les résultats les plus réels, comme machine rotative; ce serait peut-être le véritable principe à adopter si le joint du piston, celui des obturateurs mobiles et leur mécanisme n'offraient pas en exécution des difficultés presque insurmontables.

Nous allons examiner les moyens employés par M. Pecqueur pour atteindre le but proposé.

Le récipient A représente deux anneaux creux, à section circulaire, rapprochés et raccordés par un arrondi ou demi-anneau saillant. Pour obtenir cette forme et pouvoir tourner très-exactement l'intérieur, l'ensemble de la pièce est formé de six parties, réunies par des brides extérieures; ces parties forment d'abord deux coquilles rassemblées sur le diamètre horizontal, lesquelles coquilles sont elles-mêmes composées de trois parties, dont les joints sont verticaux et situés sur les axes 1-2 et 3-4, fig. 113.

Fig. 113.

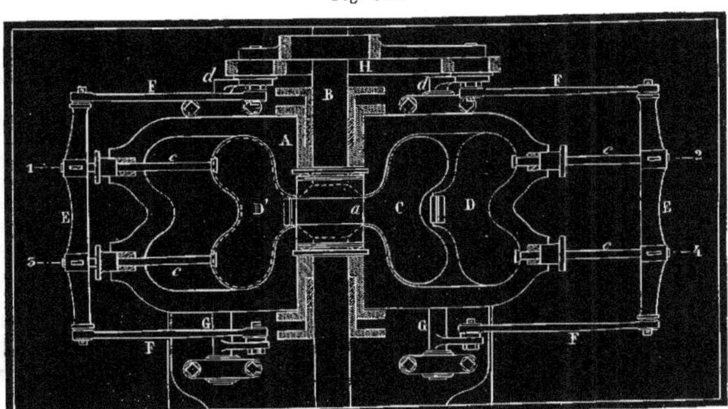

L'ensemble du récipient A est muni de pattes pour le fixer sur un support que les figures ci-jointes n'indiquent pas.

L'arbre B qui traverse ce corps principal, et qui s'y trouve maintenu par un système de garniture que nous décrirons tout à l'heure, est percé longitudinalement de deux canaux qui s'approchent l'un de l'autre vers le centre de la machine, mais qui se terminent par un coude et débouchent séparément à la circonférence de l'arbre en *a* et en *b*, fig. 112. Ces deux canaux correspondent respectivement à l'introduction et à l'échappement de la vapeur, par une disposition analogue à ce que l'on a vu précédemment à l'égard des machines oscillantes.

Cet arbre est forgé avec une palette C, ayant la forme intérieure du milieu qu'elle doit parcourir, et qui reçoit une série de segments poussés par des ressorts comme ceux des pistons ordinaires; l'ensemble de la palette, des segments et de la contre-platine qui les tient à leur place, constitue le *piston* qui doit recevoir l'action de la vapeur et parcourir circulairement l'intérieur du corps A, en entraînant l'arbre B, sur lequel on place extérieurement les organes propres à transmettre la puissance développée sur le piston.

Ainsi que nous l'avons annoncé dans l'introduction, l'effet de la vapeur ne peut pas être continu comme le mouvement du piston ; il faut, comme dans les machines ordinaires, établir une séparation nette entre l'admission et l'échappement : il faut d'ailleurs un point fixe pour constituer cette capacité théorique, dont une paroi est mobile et doit céder, en s'avançant sous l'influence de la pression de la vapeur.

Les deux obturateurs D et D', qui remplissent ce rôle, sont des plaques minces, de même forme que le piston, et qui peuvent se loger, en se retirant, dans un vide ménagé au joint des deux coquilles qui forment le récipient A. Ces platines sont reliées chacune par deux tiges c à une traverse E, laquelle est assemblée avec deux bielles F, qui sont elles-mêmes articulées avec deux bras de levier d appartenant à un axe horizontal G. L'un de ces bras porte un galet qui est engagé dans la coulisse d'un excentrique H fixé sur l'arbre moteur, et dont la fig. 112 montre la forme en traits ponctués.

Les deux platines ainsi mises en relation, par leur châssis articulé, avec cet excentrique, sont déplacées l'une après l'autre, et toujours dans un temps très-court en rapport, par la forme de l'excentrique, avec la rotation de l'arbre. En principe, ces obturateurs D doivent être immobiles et enfoncés dans le corps annulaire A, et se retirer seulement pour le passage du piston C, mouvement qui doit être exécuté en un instant ; il est d'ailleurs complétement indépendant pour chacune des deux platines qui ne doivent être déplacées essentiellement que l'une après l'autre.

Peu de mots suffiront maintenant pour faire comprendre le jeu de la machine, et établir la concordance nécessaire entre ces diverses fonctions.

JEU DE LA MACHINE. — Dans la position indiquée fig. 112, le piston C est vis-à-vis de la platine D, qui se trouve alors *effacée*, c'est-à-dire rentrée dans la coulisse ; l'autre platine D' est au contraire enfoncée dans le récipient, et s'appuie exactement contre l'arbre B.

En ce moment, le sens du mouvement de la machine dépend de celui des canaux de l'arbre que l'on choisira pour l'introduction de la vapeur. Si c'est par celui a, la machine tournera dans le sens indiqué par la flèche, et l'échappement aura lieu par l'autre canal b. Examinons les fonctions du mécanisme dans cette hypothèse.

La vapeur, s'introduisant par l'orifice a, remplit l'espace où il débouche actuellement, et presse également sur l'obturateur D' et sur le piston C ; ce dernier étant mobilisable va céder à la pression et s'avancer en tournant. En ce même instant, la vapeur qui serait confinée dans l'autre partie du récipient, soit au-dessous du piston et de la platine D', et qui provient d'une introduction précédente, peut s'échapper dans l'atmosphère en passant par l'orifice b.

Aussitôt que le piston a démasqué la platine D, celle-ci rentre dans l'anneau A, et le piston commence à parcourir l'espace compris au-dessous des deux platines. Or, il est à remarquer que l'orifice d'introduction a a également dépassé la platine D ; par conséquent, les fonctions s'effectueront dans l'ordre suivant :

1° L'introduction de la vapeur active aura lieu : *entre la platine D et le piston ;*

2° La vapeur précédemment confinée dans l'espace inférieur, et maintenant contenue entre la platine D' et le piston, continuera de s'échapper par l'orifice *b*;

3° La vapeur qui avait fait parcourir au piston l'espace supérieur de l'anneau A s'y trouve actuellement confinée, entre les deux platines D et D', et reste immobile, sans produire aucun effet ni sans s'échapper.

Lorsque le piston atteint la platine D', celle-ci s'efface pour le laisser passer ; les choses se retrouvent dans le même état que ci-dessus, mais en sens inverse, en considérant les deux parties, inférieure et supérieure de l'anneau A, déterminées par les deux obturateurs D et D'.

En somme, la présence de ces deux obturateurs constitue pour le corps A deux capacités distinctes dans lesquelles le piston pénètre alternativement, et qui, tour à tour, sont actives et inactives; tandis que dans l'une le piston est poussé par la vapeur et chasse devant lui celle du coup précédent, l'autre est remplie de vapeur sans issue et sans effet, et *vice versâ*.

Un tour du piston correspond ainsi à six phases :

2 introductions aux passages des obturateurs ;

2 échappements, ces obturateurs rentrés dans l'anneau ;

2 repos absolus entre les deux introductions et les deux échappements.

Lorsque la machine était susceptible de tourner dans les deux sens, comme il suffit, pour lui donner cette propriété, de changer de tourillon l'introduction et l'échappement, les tuyaux qui y aboutissent correspondaient à un robinet à quatre ouvertures, dont on tournait la clef d'un quart de tour pour renverser la direction des passages.

Une telle disposition aurait été surtout nécessaire, si la machine eût été appliquée sur les chemins de fer ou sur les bateaux; mais on sait que cette condition d'un changement de marche est rarement demandée pour les machines fixes; en construisant celle-ci pour une marche invariable, on peut alors augmenter le diamètre du conduit d'échappement *b*, ainsi que cela se fait dans toute autre circonstance.

Il est utile de faire remarquer que la forme, dite *en cœur*, donnée à la section de l'anneau et du piston, avait surtout pour objet de conserver les contours arrondis, qui sont plus propices à l'état des joints que la forme carrée.

Joint de l'arbre et de l'anneau. — Terminons cet exposé par quelques mots sur la disposition du joint proprement dit de l'arbre dans l'anneau, d'après les perfectionnements apportés par MM. Zambaux et Moret.

La fig. 114 montre cet assemblage à une plus grande échelle que celles d'ensemble.

L'arbre creux B présente, à l'endroit où il porte le piston, un renflement composé d'une partie cylindrique, raccordée par deux chanfreins coniques avec le corps de l'arbre. Comme il doit être mis à sa place avant de joindre ensemble les deux coquilles qui composent l'anneau A, on enfile sur lui, et de chaque côté du renflement central, une série de pièces destinées à faire la garniture, et, en même temps, à le tenir en place. Cette série de pièces comprend :

1° Deux bouchons cylindriques pleins *e*, avec presse-étoupe, lesquels s'ajustent dans le vide demi-cylindrique ménagé à chacune des deux coquilles;

2° Deux viroles en fer *f*, s'ajustant contre le renflement central;

3° Deux rondelles *g*, plus grandes de diamètre que les pièces précédentes;

4° Deux autres rondelles *h*.

L'arbre portant toutes ces pièces est placé dans le trou central, ménagé par moitié dans les deux coquilles; les rondelles *g*, plus grandes de diamètre, sont

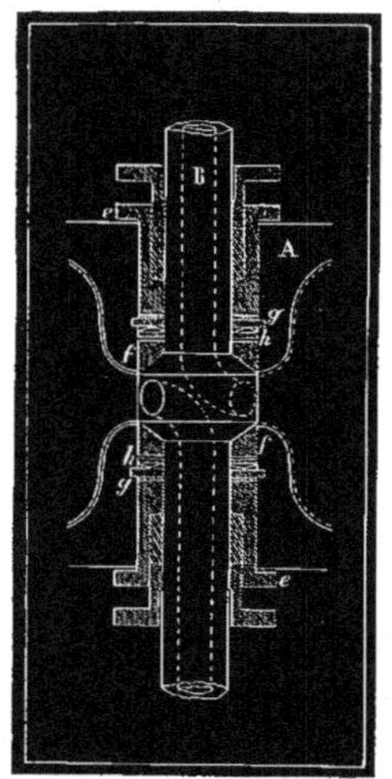

Fig. 114.

ajustées dans des gorges spéciales et deviennent des points d'appui immobiles. On interpose alors entre ces rondelles et celles *h* des ressorts qui poussent constamment les viroles *f* contre le renflement de l'arbre, lequel se trouve ainsi maintenu et empêché de toute variation, par rapport au plan central de l'anneau; on interpose aussi une rondelle de cuir entre les rondelles fixes *g* et les bouchons *e*, qui forment eux-mêmes garniture et complètent le joint.

Cette machine, avec les dimensions que donnent les figures ci-dessus, était construite pour produire 12 à 15 chevaux, avec 80 à 100 tours par minute, la vapeur employée à 4 atmosphères. Son poids total correspondait, à peu près, à 30 ou 35 kilogrammes par cheval.

Écartant d'abord l'opinion erronée que quelques personnes avaient à son égard, et qui croyaient pouvoir affirmer que ce système est préférable aux machines agissant par transformation de mouvement, nous reviendrons sur la difficulté de faire jouer un tel piston sans fuite, malgré la combinaison imaginée par son ingénieux auteur; cette difficulté devient sensible, surtout à cause de son passage devant les obturateurs combinés avec le jeu de ces derniers. Enfin, comment donner à ces obturateurs la solidité nécessaire, eux qui ont à supporter autant de pression que le piston, puisqu'ils forment point d'appui à la vapeur?

Il est bien entendu que ces objections ne s'appliquent pas particulièrement à la machine de M. Pecqueur, qui est, au contraire, une des mieux disposées; elles portent généralement sur le système qui a été essayé, avec des modifications, par beaucoup de personnes.

Nous ne voyons aucune nécessité de passer en revue les différents essais du même genre; citons cependant une machine brevetée en 1816, au nom de M. Turner, mécanicien anglais, et qui a été décrite par MM. Bataille et Julien.

Cette machine comprend également un anneau pour cylindre, avec piston rotatif, de forme circulaire, et deux obturateurs qui se déplacent pour le laisser passer; on y retrouve même l'excentrique formé de rainures curvilignes pour régler le mouvement de ces obturateurs.

Mais ces deux organes, au lieu de tiroirs glissants, sont des disques, suivant la section de l'anneau, et qui oscillent, pour changer de position, comme le balancier d'une pendule. Au reste, rien n'établit que cette machine ait eu un succès quelconque.

Nous devrions classer aussi dans ce genre de machines celle à piston circulaire tournant dans un anneau, de M. Lahore, inventeur d'appareils propres à l'épuration des huiles de schiste.

MACHINE DE M. UHLER FILS

M. Uhler, ingénieur civil, a fait exécuter tout récemment plusieurs machines rotatives dont la construction présente certaines particularités intéressantes; ces machines sont basées, du reste, sur un principe dont on connaît depuis longtemps diverses applications, mais elles sont dotées de perfectionnements remarquables, et leur simplicité est vraiment grande.

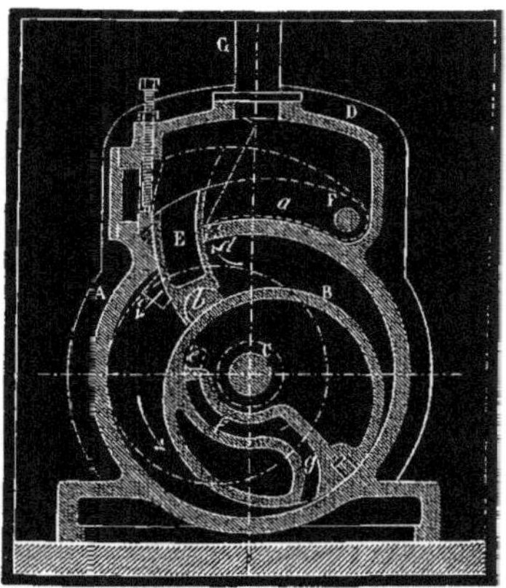

Fig. 115.   Échelle de 1/15e.

La fig. 115 est une section verticale d'une machine de ce système perfectionné.

Elle comprend d'abord un véritable cylindre en fonte A, à l'intérieur duquel se meut un tambour B, monté excentriquement sur un axe C qui traverse le cylindre par ses fonds, et constitue l'arbre moteur. Le cylindre est fondu avec une boîte D, et la paroi qui sépare ces deux capacités est percée pour le passage d'un *obturateur* E, qui joue d'après un axe oscillant F, auquel il se trouve relié par deux bras de levier courbes *a*.

Le tambour mobile B, qui remplit le rôle de piston moteur, joint constamment avec les fonds du cylindre et avec son pourtour auquel il reste tangent dans toutes les positions de son parcours; il est, du reste, muni au point de contact d'une garniture métallique élastique.

L'obturateur E est un secteur de cylindre annulaire dont la tranche est creuse et remplie d'un prisme demi-cylindrique *b*, libre d'osciller, et qui a pour fonction de faire joint sur le tambour en s'y appuyant toujours très-exactement, quel que soit le rapport de position entre les deux parties, en vertu de la mobilité de cette garniture *b*.

Avant même d'examiner le jeu de la distribution, on comprend que l'obturateur E se déplace en cédant tout simplement au tambour B, qui le repousse progressivement dans la boîte D pour passer, et le laisse de même revenir sous l'influence de son propre poids.

L'obturateur E, appuyé sur le tambour B, divise l'intérieur du cylindre A en deux capacités distinctes qui se réunissent néanmoins lorsque cet obturateur est entièrement rentré dans la capacité D, repoussé par le tambour à son passage. Dans la partie située *en avant* de l'obturateur, en considérant la flèche indicatrice de la rotation, l'un des fonds du cylindre est percé d'un orifice *c* qui correspond extérieurement avec un robinet auquel aboutit le conduit de vapeur venant de la chaudière. *En arrière* de cet obturateur, la paroi cylindrique est percée d'orifices *d* qui s'ouvrent sur la boîte supérieure D par laquelle se fait l'échappement, et qui est surmontée du conduit G employé à cet usage.

Par conséquent, le tambour, étant arrivé dans la position indiquée par un cercle ponctué, est au point *d'introduction;* il a commencé à démasquer l'orifice *c*, et la vapeur pénètre dans le cylindre. Elle se répand dans l'espace compris *en avant* de l'obturateur, et déterminé par son côté convexe, par le contour cylindrique du tambour jusqu'au point de tangence et par la paroi du cylindre; prenant son point d'appui sur l'obturateur, elle fait avancer le tambour.

En même temps le volume de vapeur du coup précédent, et qui se trouve confiné dans la partie opposée, *en avant* du point de tangence, s'écoule par l'orifice *d*, et s'échappe en traversant la boîte D et le tuyau G.

Le tambour, continuant de tourner, devient tangent vis-à-vis de l'obturateur, qui est alors complétement repoussé dans la boîte D, et masque l'orifice d'introduction *c;* la vapeur qui l'a amené jusque-là est maintenant en rapport avec l'orifice *d* et commence à s'échapper.

En résumé, la machine n'a qu'un point mort par tour : c'est au moment du passage du tambour devant l'obturateur, où il masque l'orifice d'introduction; elle présente aussi un moment de compression, mais relativement court, au passage du point tangent devant l'orifice *d* d'échappement.

Par un procédé ingénieux, l'auteur est parvenu à disposer la machine pour marcher à détente, à volonté.

Pour cela, le robinet par lequel on fait arriver la vapeur est à double voie; l'une correspond à l'orifice *c*, dont nous venons de décrire la fonction, et l'autre avec un deuxième orifice *e*, qui serait constamment masqué par le tambour B, si le fond de ce dernier ne présentait aucune ouverture. Mais il est au contraire percé d'un orifice ou secteur circulaire, sur le même cercle que celui *e*, en communication avec un canal *g* ménagé dans le tambour, et qui débouche à sa circonférence.

Lorsque le robinet d'introduction est tourné de façon que la vapeur puisse passer par l'orifice *e*, et que cet orifice est démasqué par celui *f*, la vapeur pénètre dans le cylindre. Mais en un point donné de la rotation du tambour, l'orifice *e* se trouvant recouvert, la vapeur n'entre plus et la détente commence : c'est la position indiquée sur la figure.

Par conséquent la durée de l'introduction dépend du développement angulaire plus ou moins grand donné à l'orifice en secteur *f*; cette dimension étant invariable, la machine marche à une détente fixe, que l'on peut se donner, il est vrai, à volonté dans la construction. Mais comme nous l'avons dit, l'emploi de la détente ou de la pleine vapeur est facultatif : il suffit de tourner la clef du robinet d'introduction de manière à diriger la vapeur sur l'un ou l'autre des orifices *c* ou *e*.

Comme machine rotative, celle-ci nous semble dans de bonnes conditions et présente des dispositions ingénieuses. Elle est remarquablement simple. L'obturateur E est très-résistant, et son mouvement, qui s'exécute sous la pression progressive du tambour-piston et suivant un arc de cercle, est très-rationnel.

Quant au calcul de l'effet théorique produit, il est le même que pour les machines ordinaires, en prenant pour base le volume de vapeur dépensé par tour, volume qui a pour mesure la longueur intérieure du cylindre et sa section transversale diminuée de celle du tambour.

Cette machine, comme les autres, a des antériorités. Le comte de Dundonald a pris une patente en Angleterre, en 1844, pour une machine rotative dont l'organe, qui joue le rôle de piston moteur, est aussi un tambour excentré; mais il existe deux obturateurs *à charnière* avec garniture frottant sur le piston.

La machine de Dundonald a été appliquée sur la frégate anglaise *Janus*.

Les obturateurs à charnière ont eux-mêmes une origine plus ancienne. Ils ont été proposés, en 1782, par le célèbre Watt, qui s'est occupé un instant de machines rotatives. Celle qu'il proposait à cette époque possède un piston rotatif formé d'une ailette, devant laquelle l'obturateur à charnière devait se rabattre pour la laisser passer.

Enfin il existe une machine, imaginée encore par un Anglais, M. Peter Borrie, et dont le piston est un tambour monté concentriquement sur l'axe de rotation, à l'intérieur d'un cylindre *excentré*. Ce tambour est muni de quatre palettes qui reçoivent l'action de la vapeur et s'effacent en rentrant dans son intérieur, au fur et à mesure qu'elles se rapprochent, dans le mouvement de rotation, du point où ce tambour est tangent au cylindre.

MACHINE DE M. PÉRON

M. Péron, mécanicien parti de Paris pour le Chili il y a quelques années, a construit, en 1849, une machine rotative qui avait quelque analogie avec les précédentes; elle peut être également comparée à la machine Pecqueur, quant au principe du piston moteur et de l'obturateur mobile.

Elle est composée en effet d'un cylindre, à l'intérieur duquel se meut un piston monté sur un axe transversal, et représentant assez exactement une camme en section transversale, et un rectangle suivant le plan passant par l'axe du cylindre.

La répartition de la vapeur est opérée, comme dans la machine de M. Uhler, à l'aide d'un obturateur, lequel est un simple tiroir ou registre plat commandé de l'extérieur à l'aide d'un mécanisme de camme, comme dans la machine Pecqueur; ce registre doit se lever promptement pour laisser passer le piston, et rentrer aussitôt dans le cylindre. Quant à l'introduction, elle est réglée par un petit tiroir disposé pour agir sur un orifice placé en avant de l'obturateur.

Cette machine a reçu plusieurs applications et mettait en mouvement l'atelier même de M. Péron. Néanmoins il fallut l'abandonner, comme bien d'autres, à cause de la difficulté de régler les fonctions de l'obturateur et d'éviter les fuites sur le pourtour du piston; après quelque temps de marche, la machine *ferraillait* et devenait bientôt incapable d'un bon service.

L'auteur, pour mieux utiliser l'action de la vapeur, a, en dernier lieu, ajouté un second cylindre plus grand que le premier, et qui, par suite, forme une seconde machine pour opérer par détente. C'était alors bien compliquer le moteur.

La machine Péron est représentée, dans la série des inventions anglaises, par une machine de M. Yule, de Glascow, qui paraît l'avoir mise à exécution et en avoir tiré un certain parti. Elle se compose d'un cylindre renfermant un piston en forme de tambour excentré (différant en cela de la machine Péron) et d'un obturateur vertical à tiroir, que le tambour soulève en tournant ou laisse redescendre, en raison de son mouvement excentrique.

MACHINE DE M. GALY-CAZALAT

Ce physicien distingué compte parmi ses nombreuses inventions une machine rotative qui, à la vérité, brille plus par son ingénieuse disposition que par ses résultats pratiques; elle repose sur un principe bien différent des autres, et que nous désirons faire connaître. C'est en 1844 que le brevet en a été pris, sous le nom de M. Boquillon.

Dans cette disposition, le cylindre est fixe, comme dans les autres machines, et placé solidement sur un massif en maçonnerie ou sur un châssis en fer ou en charpente. Le piston est animé d'un mouvement de va-et-vient, mais n'est nullement attaché à aucune tige; il est simplement traversé par le renflement d'un arbre, qui saillit en dehors du cylindre de chaque côté, et sur lequel se prend le mouvement de rotation.

La fig. 116 fait voir ce système en coupe, suivant l'axe du cylindre, ainsi que sa distribution de vapeur, à l'échelle de 1/20ᵉ.

Le cylindre à vapeur A, fixé sur un bâti, est fermé par deux couvercles d et c qui portent des boîtes à étoupe pour le passage de l'arbre e. Le piston p fonctionne dans ce cylindre par l'action de la vapeur qui agit alternativement de chaque côté et lui donne un mouvement de va-et-vient; l'arbre e le traverse et porte dans son renflement deux rainures héliçoidales, dont le pas est égal à la longueur de la course, et dans lesquelles pénètre un ergot mobile fixé dans le centre du piston. On comprend alors que, quand celui-ci est en marche, comme il est disposé de façon à ne pas pouvoir tourner sur lui-même, parce qu'il est guidé par des saillies rectilignes ménagées à l'intérieur du cylindre, l'ergot dont il est armé, étant engagé dans l'une des rainures héliçoidales de l'arbre, ne peut nécessairement avancer qu'en forçant ce dernier à tourner.

Lorsque le piston est arrivé à la fin de sa course, cet arbre, qui lui sert de tige, a fait alors une demi-révolution ; et quand le piston revient, son ergot s'engage dans la seconde rainure en hélice qui est faite en sens inverse de la première, de sorte que le mouvement rétrograde du piston entretient le mouvement rotatif de l'arbre dans le même sens. On obtient donc ainsi un mouvement de rotation continu.

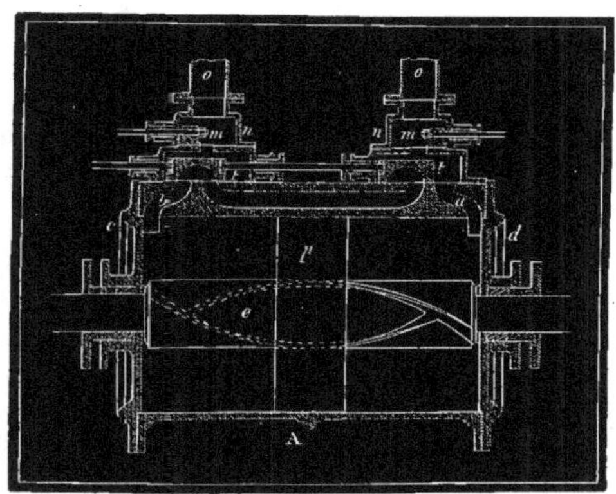

Fig. 116.

La vapeur qui vient du générateur arrive par les tubes *o* dans les boîtes *n*, renfermant les tiroirs *m* qui permettent d'opérer de la détente ; elle passe dans le cylindre par les orifices d'introduction *a* et *b*, que les tiroirs *t* ouvrent alternativement, afin d'agir tantôt à droite et tantôt à gauche du piston. A l'une des extrémités de l'arbre moteur est un excentrique qui, par un petit mécanisme de renvoi, commande les tiroirs.

La construction du piston de cette machine diffère peu des autres ; sa garniture est métallique, composée de deux ressorts maintenus entre deux plateaux boulonnés ensemble. Quant à la jointure du piston avec l'arbre *e*, elle est formée d'une bague d'acier solidaire avec le piston et ajustée à frottement doux sur cet arbre.

C'est dans cette bague que se loge l'ergot mobile, ou à pivot, dont la saillie est engagée dans l'une des rainures ; quant au joint de l'autre rainure (car cette gorge doit être exactement fermée pour empêcher la vapeur qui agit d'un côté du piston de passer de l'autre côté), il est formé par un botillon de fil d'acier très-fin qui bouche cet orifice. La mobilité de l'ergot du piston est nécessaire pour qu'il puisse facilement passer d'une coulisse à l'autre.

En cherchant à se rendre compte de la nature des efforts transmis entre le piston et le moteur, on ne tarde pas à découvrir l'impossibilité pratique de réaliser cette ingénieuse idée. En effet, la pression exercée par la vapeur sur le piston est transmise à la camme en hélice, multipliée suivant les principes du *coin,* et dans le rapport de la course rectiligne du piston à la demi-circonférence de l'arbre; de là un frottement énorme et de l'usure en proportion. On ne peut s'empêcher néanmoins de constater l'originalité de cette invention, dont le principe serait peut-être applicable dans une autre circonstance.

MACHINES A VAPEUR SEMI-ROTATIVES

MACHINE DE M. GRAY

Plusieurs ingénieurs distingués ont proposé à diverses époques des machines semi-rotatives. Tout en citant d'abord MM. Rosey et Hallette, nous décrirons particulièrement celles plus récentes de MM. Gray et Rennie.

M. Gray, de Limehouse, près Londres, a présenté à l'Exposition universelle de Paris, en 1855, une machine qui peut être classée parmi celles dites *semi-rotatives,* c'est-à-dire dont l'organe récepteur direct exécute un mouvement oscillatoire, transformé ensuite en circulaire continu.

Le récipient faisant fonction de cylindre est une sphère creuse à l'intérieur de laquelle oscille un plateau qui joint exactement par sa circonférence avec les parois de la sphère; celle-ci présente deux divisions principales formées par deux cloisons angulaires parcourues par chacune des deux moitiés du plateau, et où la vapeur est admise. L'intervalle central déterminé par les deux cloisons est réservé pour l'échappement; la distribution est opérée au moyen d'un tiroir ordinaire.

Ce plateau, qui oscille sous l'influence de la pression de la vapeur introduite dans les deux parties de la sphère, est monté sur un axe muni extérieurement d'un bras de levier assemblé avec une bielle, laquelle commande la manivelle de l'arbre moteur. Cette manivelle étant d'un rayon plus faible que le levier appartenant à l'axe oscillant, il en résulte que ce mouvement est transformé sur l'arbre à manivelle en circulaire continu, et la machine revient dans les conditions ordinaires, quant à l'arbre sur lequel on recueille la puissance développée.

Suivant l'auteur, cette machine fonctionne régulièrement et serait même économique.

Nous citerons encore une machine semi-rotative due à MM. Bishop et Rennie,
qui paraît avoir eu quelque succès en Angleterre, où elle a été appliquée comme
appareil de navigation à hélice. Elle diffère presque complétement de celles décrites
précédemment et s'appelle : *machine à disque* (disc-engine).

Fig. 117.

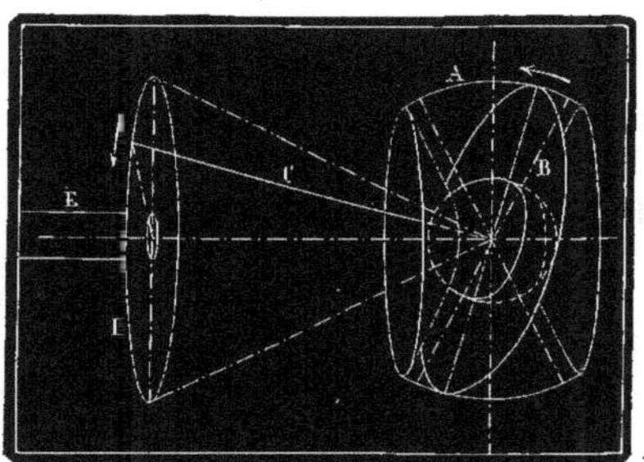

Ne désirant donner qu'une simple idée de cette machine nous ne reproduirons
que le tracé géométrique de ses organes principaux.

Elle comprend d'abord un récipient sphérique A, fig. 117, limité par des fonds
tronc-coniques, et à l'intérieur duquel joue un plateau B, qui fait corps avec un
noyau sphérique, lequel joint avec les ouvertures circulaires ménagées aux deux
fonds. Un bras C, implanté perpendiculairement dans le plateau et sur son centre
de figure, va s'assembler à rotule sur un plateau D monté sur l'arbre E sur lequel
on recueille la puissance développée par la machine.

Écartant les dispositions accessoires de la distribution, qui, au moyen d'un obturateur convenablement disposé, fait arriver la vapeur alternativement des deux
côtés du plateau-piston B, ce plateau oscille de part et d'autre, mais en obéissant
à sa liaison au plateau-manivelle D par le bras C; ce dernier ne peut se mouvoir
qu'en décrivant une surface conique dont il est la génératrice, dont le centre du
plateau moteur B est le sommet, et le plateau-manivelle D la base. Par conséquent, le
plateau B, qui est solidaire du bras, engendre, par ses génératrices planes, les deux
nappes d'un cône, tandis que sa tranche engendre la surface *sphérique* même du
récipient A qui le renferme; ce mouvement se transforme définitivement, par le
bras C, en circulaire continue pour le plateau D et l'arbre moteur E.

Ce mécanisme est ingénieux et digne de remarque; mais il n'est pas moins que
les autres exempt de difficultés d'exécution et d'imperfections pratiques qui en
rendent l'application peu favorable.

OBSERVATIONS SUR LES MACHINES ROTATIVES

Ce qui vient d'être exposé au sujet des machines rotatives ne forme qu'une minime partie des différents systèmes proposés; il y a même, à la rigueur, une classe complétement passée sous silence : c'est celle des machines rotatives où l'on fait intervenir un liquide, eau ou mercure, dans l'action de la vapeur sur les organes récepteurs, et dont le célèbre Watt a posé le principe dans une patente qu'il prit en 1769. Mais l'état peu avancé de la question nous dispense d'un plus long développement; nous n'avions réellement pour but que d'en dire quelques mots.

Peut-être arrivera-t-on à faire une bonne machine rotative. Mais, dans tous les cas, ce ne sera pas un moteur *théoriquement* meilleur que les machines à piston alternatif et à mouvement transformé, puisqu'il est amplement démontré et, du reste, mathématique, que la transformation, lorsqu'elle s'opère sans choc, n'absorbe de puissance que celle employée à vaincre les résistances passives.

Une machine rotative ne peut donc offrir d'avantages sur les autres systèmes en usage que par une meilleure disposition mécanique, plus simple et d'un fonctionnement plus parfait. En se proposant de construire un semblable moteur, on ne peut donc avoir d'autre espérance que d'obtenir une machine, peut-être moins coûteuse, plus légère à conditions de marche égales, et occupant moins de place que les autres; telle est l'opinion qu'il nous semble raisonnable de formuler sur l'avenir des machines à vapeur rotatives.

FIN DU CHAPITRE DOUZIÈME.

CINQUIÈME SECTION

APPLICATION DE LA PUISSANCE DE LA VAPEUR D'EAU

AUX MACHINES LOCOMOTIVES

CHAPITRE PREMIER

APERÇU HISTORIQUE DE L'INVENTION DES LOCOMOTIVES ET DES CHEMINS DE FER

Les machines locomotives et les voies ferrées qui, par leur réunion, constituent le mode de traction désigné par cette expression caractéristique « *les chemins de fer* », ont acquis aujourd'hui l'importance d'une science et d'une industrie toute spéciale, capables de faire le sujet de bien des volumes, en dehors même des traités relatifs aux moteurs à vapeur, qui en sont pourtant la base primordiale.

Il ne peut entrer dans notre esprit de traiter ici *l'industrie des chemins de fer* (1), qui embrasse à la fois les travaux d'art, le matériel fixe et le matériel roulant ; nous désirons seulement faire connaître l'état de transformation que le simple moteur à vapeur fixe a dû subir pour devenir une *machine locomotive*.

Envisagé de ce point de vue, il est naturel que notre travail commence par quelques détails sur les premiers essais qui ont été tentés dans cette direction.

Pour cet aperçu historique, ainsi que pour un grand nombre de documents publiés sur les chemins de fer, nous avons eu recours particulièrement aux excellents traités spéciaux de MM. Auguste Perdonnet, Le Chatelier, E. Flachat, Petiet et Polonceau, ingénieurs dont la France s'honore et auxquels nous devons tant pour l'établissement de notre grand réseau de voies ferrées. Nous avons également à citer les consciencieuses recherches de M. L. Figuier, qui a résumé d'une façon très-remarquable l'histoire des moteurs à vapeur.

---

(1) Sous ce titre, MM. Armengaud frères ont publié dès 1838, c'est-à-dire presque à l'origine de l'application des chemins de fer en France, un ouvrage illustré comprenant les appareils moteurs et autres alors en usage, et qui, depuis cette époque, ont été considérablement modifiés et perfectionnés.

PREMIÈRES VOITURES A VAPEUR ET LOCOMOTIVES

CUGNOT (1769 et 1770). — En France et en Angleterre, ces deux nations noblement rivales en industrie, on est cependant d'accord pour reconnaître que c'est un ingénieur français qui fit le premier l'application de la puissance de la vapeur comme engin locomoteur, propre au transport sur terre; il est vrai que cet essai fut infructueux, mais il suffit pour donner naissance, par l'exemple, à d'autres plus réalisables.

L'idée pure et simple de faire mouvoir les roues de voitures au moyen de la vapeur a été émise, en 1759, par le docteur Robison, qui devint plus tard professeur à l'Université de Glasgow. Mais en 1769, un Français, Cugnot (Nicolas-Joseph), mit cette idée à exécution.

Cugnot, né en Lorraine, en 1725, était un ingénieur qui s'était distingué particulièrement dans l'art de l'artillerie. Aidé du maréchal de Saxe, il construisit d'abord une petite voiture à vapeur qui n'eut que fort peu de réussite, à cause, dit-on, surtout des pompes alimentaires qui ne fonctionnaient pas convenablement; elle marchait très-lentement, à la vitesse d'une lieue à l'heure et pendant un quart d'heure seulement, après quoi il fallait l'arrêter pendant un quart d'heure pour alimenter. Malgré le peu de succès de cette première tentative, le ministre Choiseul chargea Cugnot de la construction d'une autre machine qui fut mieux disposée et plus puissante. Cugnot se mit à l'œuvre et fit une seconde machine à laquelle il donna le nom de : *fardier à vapeur*.

Cet appareil, que l'on peut voir encore aujourd'hui au Conservatoire des arts et métiers de Paris, dans la salle des machines en mouvement où il a été exposé après réparation, possède à peu près la structure d'un haquet ordinaire, et devait être capable de transporter une lourde pièce d'artillerie. Il est composé de deux longrines en charpente supportées par deux roues à l'arrière et d'une autre à l'avant; celle-ci, qui devait faire l'office de roue motrice, est striée à sa circonférence pour mieux mordre sur le sol de la route. Son axe est en rapport avec le mécanisme de deux cylindres de cuivre placés verticalement, fonctionnant à simple effet et recevant la vapeur d'une chaudière, ou sorte de marmite, suspendue sur l'avant du haquet.

Cette chaudière est formée, en effet, d'un cône tronqué surmonté d'une coupole à peu près hémisphérique; le foyer est placé au-dessous. Dépourvue d'organes convenables pour la diriger et la maîtriser, et la chaudière d'une trop faible dimension, cette machine ne pouvait fonctionner utilement ni marcher vite et d'une manière continue. Cependant elle a été essayée en traînant une forte charge, et, dans cette expérience, ne pouvant régler sa marche, elle s'est précipitée sur un mur qu'elle a renversé.

Cet accident, joint à la retraite du ministre Choiseul qui protégeait l'auteur, fit que la machine fut mise de côté. Cependant Cugnot n'est pas resté complétement

oublié, car il reçut du gouvernement une pension de 600 livres. Beaucoup plus
tard, et sur l'avis du ministre Rolland, on s'occupa de nouveau de la machine
de Cugnot; enfin, sous le consulat, on se ressouvint encore du vieil ingénieur,
qui avait atteint soixante-quinze ans, et sa pension fut augmentée de 400 livres.

Cugnot est mort en 1804, à l'âge de soixante-dix-neuf ans.

En résumé, les essais de Cugnot, parce qu'ils sont les premiers, méritent d'être
mentionnés dans l'histoire de la locomotion, quoiqu'ils n'y aient apporté que
peu de lumière. Cet homme intelligent, courageux dans la tâche qu'il s'était
imposée, semble néanmoins avoir méconnu les difficultés qu'il devait rencontrer
et qu'appréciaient probablement les autres ingénieurs expérimentés, à cette
époque, dans l'art de la construction des machines à vapeur. Ainsi, il adopta bien
deux cylindres pour commander la roue motrice, mais comme ils étaient à simple
effet, c'est comme s'il n'y en avait eu qu'un seul à double effet. Il ne fit pas faire un
pas à la question de la chaudière, à laquelle il eût fallu d'abord donner d'énormes
dimensions pour qu'elle fût suffisante (ce qui demeura longtemps un obstacle
insurmontable); il avait adopté, au contraire, un système qui était même abandonné déjà pour les machines fixes.

Quoi qu'il en soit, le nom de Cugnot restera attaché désormais à l'histoire des
voitures à vapeur; émettre une idée c'est beaucoup, essayer de la mettre à exécution
n'est pas moins méritoire.

Oliver Évans (1800). — En 1773, Oliver Évans, jeune ouvrier charron à Philadelphie, ayant vu fonctionner, dit M. L. Figuier, auquel nous empruntons ces
détails, un *pétard de Noël*, sorte de canon à vapeur qui sert de jouet aux enfants,
en Amérique, eut l'idée d'appliquer la vapeur comme force motrice, et reconnut
bientôt que cette idée était déjà mise à exécution dans d'autres pays. Mais il pensa,
ainsi que Leupold (t. 1er, p. 103), qu'au lieu d'employer simplement la vapeur à faire
le vide, on devait utiliser directement sa force élastique, et finalement il devint
l'inventeur et le constructeur des premières machines à haute pression. Bientôt il
songea à faire l'application de ces machines à des *voitures à vapeur;* mais longtemps rebuté, au lieu d'être encouragé dans ses essais, ce n'est que beaucoup
plus tard, en 1800, qu'il mit cette idée à exécution, et construisit une voiture à
vapeur qui fit ses premiers pas dans les rues de Philadelphie.

Cette expérience causa beaucoup de surprise, sans détruire néanmoins la pré-
vention qui existait dans le public contre ses résultats. Il est aisé de concevoir que
si aujourd'hui, avec toute l'expérience acquise pour ce genre de construction, on
n'est pas encore parvenu à faire une bonne voiture à vapeur, c'est-à-dire une
locomotive roulant sur les routes ordinaires, celle d'Évans devait sembler bien
éloignée du but à atteindre; on eut seulement le tort de n'en soupçonner aucunement l'avenir et d'abandonner presque complétement l'auteur et ses tentatives.

Aussi Oliver Évans revint-il à la construction des machines ordinaires et des moulins qui ont rendu son nom célèbre. Mais dans un moment où il espérait trouver
des capitaux en Angleterre pour ses nouvelles machines locomotives, il avait envoyé

ses plans, et nous verrons bientôt qu'ils aidèrent d'autres ingénieurs dans des essais plus heureux et mieux accueillis.

Oliver Évans n'eut pas la consolation d'être témoin des résultats prodigieux qu'eurent bientôt ses propres idées, car il mourut quatre jours après qu'un incendie détruisit complétement ses ateliers le 11 mars 1819.

GALY-CAZALAT, DIETZ, HAMOND. — Depuis cette époque, plusieurs ingénieurs de mérite ont essayé de construire des voitures à vapeur, pour voyager sur les routes ordinaires. Ainsi on a beaucoup parlé, en France, de l'ingénieux appareil de M. Galy-Cazalat, qui, avec une ardeur digne d'un meilleur sort, s'est longtemps occupé de ce problème, et à qui, en définitive, l'on ne doit pas moins des découvertes très-remarquables.

M. Hamond, qui de 1832 à 1834 avait su rétablir les grands ateliers de construction de machines à Charenton, avait également proposé et essayé une voiture à vapeur que l'on vit rouler sur quelques routes unies.

M. Dietz, constructeur habile, qui depuis bien des années est allé se fixer à Bordeaux où il a acquis une juste réputation pour l'exécution de machines à vapeur, moulins à blé et appareils de navigation, s'était aussi, dans les premiers temps de son séjour à Paris, adonné aux voitures à vapeur, qui d'ailleurs firent un certain bruit, parce qu'elles purent transporter sur la route de Versailles jusqu'à vingt et trente personnes.

TREVITHICK et VIVIAN (1804). — Ces ingénieurs, à l'imitation d'Oliver Évans, construisirent, dès 1801, des machines à haute pression et des voitures à vapeur. Ces voitures consistaient généralement en une caisse pour recevoir la charge, avec une chaudière et un cylindre horizontal qui actionnait l'essieu coudé des roues motrices à l'aide de bielles. Mais ils ne tardèrent pas à reconnaître le peu de succès que l'on obtient en faisant rouler de tels véhicules sur des routes ordinaires, tantôt de niveau, tantôt en pente, et donnant lieu à un frottement considérable. Ils eurent alors l'idée heureuse d'appliquer leur voiture sur des chemins à *rails*. Ce mode de route était depuis longtemps employé en Angleterre où l'on avait d'abord garni de bandes de *bois* des chemins qui reliaient des houillères avec leur lieu de débouché, et qui étaient parcourus par des chariots ordinaires, remorqués par des chevaux; puis ces rails de bois avaient été garnis à leur tour de plates-bandes en fer, parce qu'ils s'usaient trop vite; enfin tout cela fut remplacé par des rails saillants en fonte coulée, et bientôt par des rails en fer, et les roues des véhicules garnies de rebords pour se maintenir sur les rails.

C'est en 1804 et sur le chemin de fer de Merthyr-Tydwil, dans le pays de Galles, que Trevithick et Vivian firent l'essai de leur voiture à vapeur qui remorqua une charge de quelque importance, dix tonnes, mais à la faible vitesse de huit kilomètres à l'heure.

Voici donc la première locomotive et la première application de la vapeur sur une route ferrée. Mais il existait encore une difficulté, imaginaire il est vrai, et qui cependant suspendit le progrès réel pendant très-longtemps encore.

Personne ne voulait admettre que l'adhérence simple des roues motrices d'une locomotive sur la voie ferrée, sous l'influence de la charge qui les y tient appuyées, fût suffisante pour entraîner un convoi proportionné à la puissance motrice, et, au lieu d'en appeler directement à l'expérience, on indiquait toute espèce de procédés, aussi défectueux les uns que les autres, pour forcer la roue de la locomotive à *mordre* le rail. Trevithick et Vivian recommandaient de rendre la jante de la roue raboteuse, soit en y pratiquant des raïnures transversales, soit en la garnissant de clous ou pointes saillantes. Enfin, une telle erreur apporta un véritable obstacle au développement de cette nouvelle industrie et donna naissance à diverses tentatives que nous allons rappeler.

Blenkinsop (1811). — En se basant sur ce raisonnement erroné, un ingénieur anglais, M. Blenkinsop, construisit une machine locomotive dans le système suivant : la chaudière était un corps cylindrique renfermant un foyer intérieur, comme l'avait fait d'abord Oliver Évans; elle était montée sur un châssis porté par quatre roues qui n'avaient pour fonction que de supporter l'ensemble sur les deux rails; cette chaudière était surmontée de *deux* cylindres moteurs verticaux, qui actionnaient un mécanisme composé, principalement, d'une grande roue dentée engrenant avec une crémaillère placée au centre de la voie. De cette façon, comme nous venons de le dire, les deux rails extérieurs servaient seulement de supports, et tout l'effort d'entraînement s'exerçait sur la crémaillère centrale : c'était une sorte de *touage* sur la terre.

Disons en passant que d'autres inventeurs ont, en effet, proposé en 1812 l'emploi d'une véritable chaîne s'enroulant sur un tambour appartenant à la machine, et mis en mouvement par elle.

Si le défaut d'adhérence eût été un obstacle réel à la locomotion, il est probable que le procédé de Blenkinsop eût été le moins mauvais à adopter. De nos jours, nous avons vu le même essai renouvelé par M. le marquis de Jouffroy, qui voulait gravir des rampes très-prononcées; seulement la roue dentée ordinaire était remplacée par une grande poulie à joues chaussée d'une couronne striée, en bois dur.

Blakett (1813). — Nous passons sous silence un grand nombre d'essais du même genre, tel qu'une machine de M. Brunton, qui, ainsi qu'on l'a proposé plusieurs fois depuis, était armée de *jambes* articulées, comme celles du cheval, et qui devaient, mises en mouvement par la vapeur, prendre leurs points d'appui sur les rails et entraîner le convoi. Nous voulons arriver de suite aux expériences qui mirent fin à cet état de chose, et placer la locomotion dans ses conditions définitives.

Un ingénieur très-distingué, M. Blakett, eut enfin l'heureuse idée de faire ce que ses devanciers avaient négligé. Il fit directement l'expérience du degré d'adhérence qui peut résulter d'une machine reposant sur les rails par des roues lisses, et reconnut bientôt que, lorsque le poids de la machine est considérable, l'effort qu'il faut exercer pour faire tourner les roues sur elles-mêmes, en frottant sur les rails, est suffisant pour entraîner des charges importantes sur un chemin de niveau, et même avec une certaine inclinaison.

En effet, les roues d'une machine quoique tournées et presque polies et les rails complétement lisses, il existe entre les deux pièces un contact, une rugosité, en apparence insensible, qui néanmoins, sous une charge suffisante, détermine un engrenage naturel qui remplit parfaitement les conditions du problème. Il est vrai que si les parties en contact étaient excessivement polies ou lubrifiées, l'adhérence diminuerait, mais elle ne serait jamais détruite; l'effort d'entraînement deviendrait seulement moindre pour la même charge, ou le même poids de machine.

A dater de ces expériences, la locomotive put prendre tout son essor; on se trouvait débarrassé du souci d'exécuter des voies raboteuses et des mécanismes absorbant par leur frottement la plus grande partie de la force motrice, et qui d'ailleurs ne possédaient aucune condition de solidité, et partant de durée ni de sécurité. Le mode d'action de la machine sur la voie était trouvé, et on acquit la foi dans l'avenir de la grande invention : il restait à perfectionner la machine, ce qui se fit assez promptement.

Gᴇᴏʀɢᴇ Sᴛᴇᴘʜᴇɴsᴏɴ (1814 et 1815). — L'ingénieur dont le nom se rattache avec tant d'éclat aux progrès de la construction des machines locomotives en exécuta successivement plusieurs de 1814 à 1815, dans lesquelles on voit rassemblées les dispositions suivantes : chaudière à foyer intérieur; deux cylindres verticaux; trois paires de roues mises en relation, d'abord par une chaîne sans fin, et ensuite deux paires de roues seulement réunies par des bielles extérieures d'accouplement, afin de profiter de leur adhérence collective.

Ce dernier point fut un procédé très-habile pour profiter de la découverte de Blakett. On conçoit que le degré d'adhérence étant dépendant de la charge sur la paire de roues actionnée par le mécanisme des cylindres, et chaque paire de roues ne supportant qu'une partie plus ou moins grande du poids total de la machine, l'adhérence utilisable est proportionnelle à cette même partie du poids, si la paire de roues correspondante est *seule* en rapport avec la force motrice. Mais si toutes les paires de roues sont *commandées*, l'adhérence utile devient proportionnelle au *poids total* de la machine.

On sait combien, de nos jours, cette disposition est mise à profit pour les machines dites *mixtes* et à *marchandises*, dont deux des trois paires de roues, ou même les trois paires, sont connexées par des bielles. Il est à peine nécessaire d'ajouter que les roues connexées doivent être rigoureusement d'égal diamètre, puisqu'elles doivent fournir en tournant un développement circonférentiel égal.

Amenées à cet état, avec *injection de vapeur dans la cheminée* (1), et munies de *ten-*

---

(1) Ce perfectionnement, contesté par quelques personnes à G. Stephenson, lui est formellement attribué par l'honorable et savant M. Auguste Perdonnet.

On ne doit pas oublier que Mannoury d'Ectot, dans un brevet pris par lui, en 1818, faisait connaître tout le parti qu'il est possible de tirer d'un jet de vapeur dans un emploi analogue (t. 1ᵉʳ, p. 447).

ders, ou chariots séparés servant pour l'approvisionnement du combustible, les locomotives de G. Stephenson fonctionnèrent pendant quatorze ans sans modifications fondamentales; cependant on y apporta bien des améliorations de détail, telles que celles concernant le mécanisme des tiroirs, les pompes alimentaires, la suspension sur ressorts, etc. Ces premières machines étaient appliquées, du reste, exclusivement au transport des houilles ou des marchandises, sans que l'on pût concevoir l'espoir d'arriver à transporter des voyageurs, car leur vitesse était très-faible. En général elles étaient peu puissantes comparativement aux machines modernes. Elles pesaient environ 10 tonnes et en remorquaient 30, à une vitesse de 10 kilomètres à l'heure.

Ceci résume ce que l'on pourrait appeler la première époque des locomotives, caractérisée par le système de chaudière employée, qui en limitait forcément la vitesse et la puissance. La période suivante ouvre au contraire l'ère de leur succès et de leur immense extension.

Marc Séguin (1828). — M. Séguin est neveu de l'illustre Montgolfier et ne mérite pas moins l'illustration que son oncle. Montgolfier créa, presque d'un seul jet, la science aérostatique, qui malheureusement, jusqu'à ce jour, semble ne pouvoir dépasser en utilité les vues primitives de ce grand inventeur. Marc Séguin n'a fait que perfectionner la locomotive; mais ce perfectionnement seul lui ouvrit des horizons sans limites, et lui donna une seconde fois la vie.

MM. Séguin frères avaient obtenu la concession du chemin de fer de Saint-Étienne à Lyon, le premier qui fut établi en France. Comme il ne se faisait pas encore chez nous de locomotives, on en fit venir deux des ateliers de Stephenson, dont l'une fut envoyée au chemin de Saint-Étienne, pour servir de modèle à celles qu'on se proposait d'y construire, et l'autre à Arras pour être étudiée dans les ateliers de M. Hallette.

M. Séguin ne tarda pas à être frappé, comme on avait pu l'être en Angleterre, de l'extrême lenteur de cette machine qui dépassait peu la vitesse des chevaux de roulage; il constata surtout que ce défaut provenait du peu d'étendue de la surface de chauffe de la chaudière, qui n'aurait pas permis une plus grande production de vapeur. Les chaudières appliquées jusque-là étaient du système *à foyer intérieur*, c'est-à-dire un corps cylindrique principal renfermant un bouilleur-foyer, à l'intérieur duquel on faisait le feu, et communiquant directement avec le conduit de cheminée, sans retour de flamme. Alors il eut l'heureuse idée d'employer un système dont il avait fait l'application, en 1825 et 1826, sur un bateau du Rhône : c'était *la chaudière tubulaire*, invention immense dans ses résultats et dont l'introduction sur les chemins de fer et dans la navigation à vapeur devait changer la face du monde (1).

En employant les tubes, M. Séguin se préoccupa d'améliorer le tirage du foyer, qui pouvait se trouver compromis par la résistance qui en résultait naturellement

(1) Nous avons fait connaître ce système dans un article spécial du Ier volume de ce *Traité*, en rappelant le nom de son premier inventeur qui fut complétement ignoré, ce qui permet de donner à Marc Séguin le titre de : *second inventeur* des chaudières tubulaires.

pour l'air, forcé de circuler dans des conduits d'un très-faible diamètre comparé à leur longueur. Il imagina le tirage *forcé* au moyen d'un ventilateur. Mais bientôt le ventilateur fut remplacé par l'injection de vapeur dans la cheminée, employée comme on l'a vu précédemment, la première fois par G. Stephenson, et la locomotive moderne fut presque entièrement créée.

A dater de ce jour, il fut possible de faire acquérir aux machines locomotives des vitesses presque quintuples de celles qu'elles atteignaient auparavant; c'est ce qui fut surtout démontré par le mémorable concours de 1829, dont nous allons dire quelques mots.

Concours sur le chemin de Manchester a Liverpool (1829). — Depuis longtemps on avait remédié, en Angleterre, au mauvais état des routes par la création d'un réseau de canaux, qui rendirent d'abord d'importants services, malgré leurs prix de transport élevés. Puis ces prix devinrent exorbitants, et cependant le service se faisait de plus en plus mal, résultat presque inévitable d'un monopole absolu. On faisait la remarque, un jour, que des balles de coton, venues d'Amérique en vingt et un jours, en avaient mis quarante-cinq pour franchir, par les canaux, la distance de seize lieues qui sépare Liverpool de Manchester.

Cet état de choses devait, à la fin, provoquer le désir d'une réforme et de créer une concurrence aux canaux. C'est surtout entre Manchester et Liverpool, les deux grandes cités de production et de commerce de l'Angleterre, que l'on éprouvait le besoin d'une bonne voie de communication.

On s'arrêta à l'exécution d'un chemin de fer, mais sans fixer d'abord quel serait le mode de traction, les chevaux, les locomotives ou des treuils actionnés par des machines fixes, ainsi que cela s'était déjà pratiqué autre part. A la suite d'une information prise dans les localités où ces différents modes de traction se trouvaient en usage, on fit définitivement choix de la locomotive; mais au lieu d'adopter purement et simplement celles déjà appliquées, la compagnie du chemin de fer fit ouvrir un concours public en invitant les constructeurs à présenter des machines qui devraient remplir les conditions suivantes :

La machine pourrait peser jusqu'à six tonnes, mais reposer sur six roues, et traîner, sur un plan horizontal, avec une vitesse de seize kilomètres à l'heure, un poids de vingt tonnes, y compris l'approvisionnement d'eau et de combustible;

Si cette machine ne pesait que cinq tonnes, on réduirait la charge à traîner à quinze;

Enfin, si la machine était portée sur quatre roues, son poids pourrait être réduit à quatre tonnes et demie.

De plus, le prix de la machine adoptée ne devait pas excéder 550 livres sterling; mais le constructeur recevrait un prix de 500 livres, et aurait la fourniture de tout le matériel du chemin.

Ce concours, ouvert le 20 avril 1829, devait se résoudre en octobre de la même année. Il commença, en effet, le 6 de ce mois. Quatre machines furent présentées, sans compter une cinquième, *la Cyclopède,* qui était mue par des chevaux, et par conséquent hors des conditions du concours.

Pour procéder aux essais, on fit choix d'une partie de la ligne parfaitement horizontale et d'un peu plus de trois kilomètres de longueur, que les locomotives expérimentées devaient parcourir dix fois, aller et retour, de façon à représenter à peu
près la distance totale de Liverpool à Manchester.

Sans entrer dans le détail de tous les essais qui furent exécutés, nous dirons que
le prix fut remporté par *la Fusée*, construite par M. Robert Stephenson, le fils de
George, et le constructeur qui amena les locomotives si près de l'état perfectionné
où elles sont aujourd'hui. Cette machine était formée d'un corps de chaudière monté
sur quatre roues, dont les deux de devant étaient motrices et actionnées par deux
cylindres montés de chaque côté de la chaudière, et dans une position inclinée ; elle
était suivie du chariot dit *tender* d'approvisionnement.

Mais ce qui fit son succès, c'est la construction de la chaudière pour laquelle Stephenson avait adopté le système tubulaire de Séguin. Aussi, non-seulement elle
remplit les conditions du concours, mais elle les dépassa.

On demandait, la machine pesant quatre tonnes et demie, une vitesse de seize
kilomètres à l'heure en traînant quinze tonnes : elle en remorqua environ treize,
mais avec la vitesse, alors inespérée, de vingt-quatre kilomètres à l'heure.

Pour avoir une idée du maximum de vitesse qu'elle pouvait fournir, on la dé-
barrassa de toute charge, et elle acquit alors une vitesse de quarante kilomètres à
l'heure.

Enfin elle fournit la même vitesse en traînant trente-six personnes ; elle fut essayée
ensuite en lui faisant remonter un plan incliné, etc.

Ce chemin n'était destiné qu'aux marchandises ; mais d'après les résultats de
vitesse de *la Fusée*, les voyageurs furent admis et le premier service de ce genre
créé. On sait quel développement les chemins de fer prirent bientôt dans toute
l'Europe et en Amérique ; et cependant combien restait-il à faire, et combien fera-
t-on peut-être encore !

La machine *la Fusée*, de célèbre mémoire, renfermait bien des éléments de succès ; cependant il ne faudrait pas la comparer aux machines modernes ni même à
celles qui sortirent des ateliers de Stéphenson dans le court espace des trois ou
quatre années suivantes. En 1833, les établissements de Chaillot firent venir l'une
de ces machines comme modèle ; c'est celle dont on voit encore au Conservatoire
des arts et métiers de Paris une réduction très-bien exécutée par M. Philippe, et
un dessin dû à M. Leblanc. Ce type marque, à notre avis, le véritable point de
départ de la construction des locomotives modernes, dont on peut dire qu'il présente toute la charpente, moins les perfectionnements de détails et les modifications nombreuses, amenés par l'augmentation de puissance et par la diversité dans
l'emploi de chaque système de machine en usage aujourd'hui.

Nous croyons donc utile de donner un croquis de la machine de Stephenson, à
son état d'avancement vers 1833, et telle que nous avons eu alors l'occasion de la
relever dans les ateliers de Chaillot, pour en faire le modèle au 1/5 qui existe au
Conservatoire des arts et métiers.

LOCOMOTIVE DE STEPHENSON. — La fig. 119 représente en coupe, par l'axe du générateur, cette ingénieuse machine, dans laquelle il est aisé de reconnaître tous les principes fondamentaux de la construction moderne.

La fig. 118 représente, également en coupe, *le tender,* ou chariot d'approvisionnement, qui est joint à la machine, et qui porte le combustible et l'eau nécessaires à l'alimentation de la chaudière.

Notre intention n'est pas de décrire complétement ces deux appareils, mais d'en indiquer la composition générale et les dimensions.

L'ensemble de la locomotive comprend une machine à vapeur horizontale formée de deux cylindres A, accouplés sur un même arbre moteur à deux coudes-manivelles d'équerre, et servant d'essieu à l'une des deux paires de roues B qui supportent l'ensemble. Ces deux paires de roues sont reliées par leurs essieux à un cadre C, qui sert à la fois de bâti au mécanisme de la machine et à son générateur. Ce dernier est formé de trois parties principales : la boîte à feu ou coffre du foyer D; le corps cylindrique E traversé par les tubes, la boîte à fumée F surmontée de la cheminée G.

Fig. 118.

Comme nous avons déjà décrit des générateurs semblables, et que nous en examinons plus loin encore d'autres en détail, il suffira de rappeler que l'intérieur est rempli d'eau qui entoure également le foyer proprement dit; les produits de la combustion circulent dans les tubes *a* en chauffant et vaporisant l'eau qui les entoure, et débouchent dans la boîte à fumée d'où ils s'échappent directement, par la cheminée, dans l'atmosphère.

La vapeur formée remplit l'espace resté libre au-dessus de l'eau, et, pour parvenir aux cylindres, s'introduit par la branche verticale H d'un vaste conduit entièrement renfermé dans la chambre de vapeur. La branche verticale du tube débouche dans une capacité surélevée I que l'on appelle *le dôme,* et qui a pour objet, comme

dans les générateurs fixes, de diminuer les entraînements d'eau, qui sont néanmoins très-considérables dans les locomotives. En arrivant à la boîte à fumée, le
conduit H se bifurque en deux branches H′ qui sont dirigées respectivement sur
les boîtes de distribution des cylindres moteurs.

L'ensemble de cette ingénieuse disposition, dans laquelle on reconnaît surtout
les précautions prises pour éviter le refroidissement du conduit principal de
vapeur, qui se trouve complétement enveloppé, est conservé, en principe, dans
les machines modernes. Seulement, on reporte généralement le dôme loin du
foyer, au-dessus duquel l'ébullition est énergique et facilite l'entraînement d'eau.

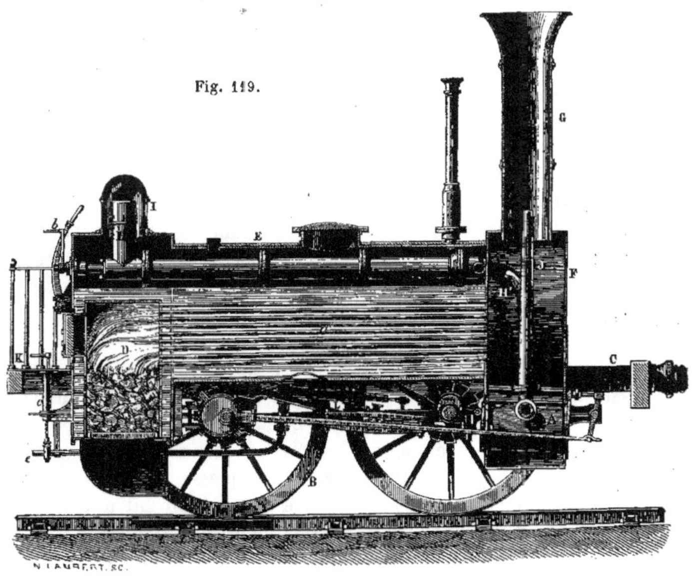

Fig. 119.

Pour mettre la machine en fonction, le mécanicien agit sur une manette b qui
correspond à un obturateur disposé à l'intersection des deux branches du
tube H, et qui est désigné sous le nom de *régulateur*. Cet obturateur qui consiste,
pour la machine actuelle, en un robinet à boisseau conique, a reçu différentes
dispositions. Dans la construction moderne, c'est un simple registre plat comme
un tiroir.

Quelle que soit sa disposition, il a pour objet de régler la communication
entre les deux branches du tube de vapeur, et de laisser passer celle-ci dans
les cylindres ou de l'en empêcher, suivant que la machine marche ou doit être
arrêtée; même en marche, on agit encore sur le régulateur pour régler la puis-

sance de la machine et la mettre en rapport avec l'état du chemin et les modifications accidentelles de résistance.

Lorsque la vapeur a complété son travail dans les cylindres, elle s'échappe dans l'atmosphère par un conduit vertical J, commun aux deux cylindres, et débouchant dans la cheminée. Nous avons expliqué précédemment le but important de cette disposition qui donne au tirage toute l'énergie nécessaire, et supplée au manque de hauteur de la cheminée. L'un des plus utiles perfectionnements qui lui ont été apportés ultérieurement fut de terminer le tube d'échappement par une buse pyramidale avec registres mobiles à charnière, afin de rendre l'échappement variable en étranglant plus ou moins la sortie, à volonté.

L'arrière de la machine se termine par un palier ou plate-forme K, sur laquelle se tiennent le mécanicien et le chauffeur, qui peuvent de là passer sur le tender, dont le tablier est à la même hauteur.

Ce dernier appareil, qui forme le complément indispensable de la machine, est formé d'un cadre porté sur quatre roues et supportant une caisse en tôle que l'on remplit d'eau; cette caisse, vue en projection horizontale, présente un vide rentrant où l'on charge le combustible.

Le tender, étant interposé entre la machine et le convoi qu'elle entraîne, en transmet par conséquent tout l'effort, et doit s'y trouver solidement relié, tout en conservant entre les deux une certaine liberté pour le passage dans les courbes que présente la voie ferrée. La réunion de la machine est opérée au moyen d'une forte barre de fer, que l'on appelle *la barre d'attelage*, et dont les extrémités sont terminées par des pitons, lesquels sont traversés par deux fortes tiges c et d, appartenant l'une à la machine et l'autre au tender.

La machine et le tender sont encore reliés intimement par deux tubes e et f, disposés des deux côtés, et qui font communiquer les deux pompes alimentaires L avec les caisses à eau du tender. Mais ces tubes ne sont pas d'une seule pièce d'un véhicule à l'autre, puisque ceux-ci ne sont pas exactement solidaires; la jonction s'effectue, au contraire, de façon à réserver toute la souplesse nécessaire pour céder aux variations en tous sens, sans qu'elle éprouve d'avarie. On fait usage, à cet effet, de rotules ou d'un bout de tuyau en cuir, avec une disposition qui permet de rompre promptement cette jonction lorsqu'il faut séparer la machine du tender.

Dans cette locomotive les deux paires de roues sont égales de diamètre et motrices, attendu qu'elles sont connexées par des bielles qui réunissent des manivelles montées à l'extrémité des deux essieux.

Enfin on trouve dans cette machine les organes suivants que nous aurons l'occasion de décrire autre part, avec tous les détails nécessaires, savoir :

Mécanisme de changement de marche, correspondant à deux excentriques circulaires à débrayage (aujourd'hui remplacé par quatre excentriques);

Double jeu de pompes alimentaires, avec soupapes *à boulets;*

Appareils de sûreté, robinets purgeurs, suspension de la machine sur ressorts, tampons de choc;

Application d'un frein sur le tender, à l'aide duquel on arrête le mouvement des roues pour augmenter la résistance, lorsqu'on veut suspendre la marche du train, etc., etc.

Voici maintenant un aperçu général de ses dimensions et conditions de marche :

Diamètre des pistons	0m 33
Course	0m 44
Diamètre des roues au point de contact avec les rails	1m 34
Surface de chauffe totale, y compris les 112 tubes qui traversent la chaudière	31m.q.
Pression absolue de la vapeur	4at. 5
Poids simple de la machine	6500 kilog.
Poids total, en activité, avec l'eau et le charbon	8000 kilog.

Comme on compte, dans cette circonstance, en grandes unités de 1000 kilogrammes, que l'on appelle tonneaux, ou tonnes, on dira que le poids de la machine, dans les deux cas, est de 6,5 tonnes à vides et de 8 tonnes en marche.

Ces dimensions sont très faibles comparées à celles des machines les moins puissantes, en usage aujourd'hui. Néanmoins, comme les quatre roues sont motrices, en vertu de l'accouplement, et que l'on profite, pour l'adhérence, du poids total de la machine, elle pouvait entraîner, sur un chemin de niveau, environ 60 tonnes, ou 60,000 kilogrammes, et acquérir une vitesse de 25 kilomètres à l'heure. En réduisant cette charge à 40 tonnes, on pouvait lui faire parcourir 30 à 35 kilomètres à l'heure, etc.

Ces données n'ont d'autre but que de montrer un aperçu de la question que nous nous proposons de développer un peu plus amplement. Nous désirions seulement suivre l'invention des locomotives, depuis la plus humble antériorité jusqu'à l'époque où elles acquirent un degré de perfectionnement qui permit de les faire entrer largement dans l'exploitation des lignes ferrées et servir au transport des voyageurs, tandis qu'elles n'étaient appliquées auparavant qu'au service des marchandises.

Avant de décrire une machine dans tous ses détails, nous croyons utile d'entrer dans quelques considérations générales sur les principes de traction, et sur l'organisation d'une voie ferrée; cette méthode nous conduit à dire un mot des principaux systèmes de machines proposés, ce qui rendra plus facile l'appréciation des données qui servent de base à celle que nous prenons ensuite pour exemple.

FIN DU CHAPITRE PREMIER.

CHAPITRE II

THÉORIE DES FONCTIONS DES LOCOMOTIVES

PRINCIPES FONDAMENTAUX DE LA TRACTION ET DE LA PUISSANCE MOTRICE

PUISSANCE DE TRACTION

Une machine *locomotive* est un moteur à vapeur dont le service immédiat, ayant le sol pour point d'appui, est d'opérer le transport d'une charge dans la direction horizontale, ou à peu près, et en la suivant dans son déplacement. Ainsi, tandis qu'une machine fixe possède ses propres points d'attache pour appuis contre la puissance qu'elle transmet, la machine locomotive n'a que le sol sur lequel elle se déplace incessamment.

Cependant, l'effet *théorique* de ces deux systèmes de moteurs n'est pas différent, ainsi que nous allons essayer de le démontrer.

Faisant abstraction, pour l'instant, de la nature du sol sur lequel elle repose, la locomotive consiste, en principe, en un chariot (à quatre, six ou huit roues), dont l'une des paires est reliée par son essieu, qui porte des manivelles, au mécanisme des pistons d'une machine à vapeur double, laquelle est rigoureusement rattachée au chariot.

Si nous supposons ce chariot solidement amarré à un point d'attache fixe, à l'aide d'une chaîne ou d'un cordage, et que l'on vienne à faire mouvoir les pistons à vapeur, de façon à faire tourner les roues, auxquelles ils sont reliés, dans le sens qui leur ferait fuir le point d'attache, les efforts développés sur ces derniers auront pour effet de les faire tourner *sur place, en surmontant la résistance que ces roues opposent au mouvement de rotation*, sous la double influence *de la charge qu'elles supportent*, de la part du chariot, *et de la nature du sol* contre lequel elles s'appuient.

Dans cette condition, la machine reprendrait la situation d'un moteur fixe dont le travail serait de vaincre la résistance du sol en faisant tourner les roues, et qui aurait pour point d'appui la chaîne d'amarrage, laquelle éprouverait une *tension* égale et contraire à l'effort développé par les pistons.

Cette tension de la chaîne d'amarrage représente alors *la puissance actuelle de la traction de la locomotive*, c'est-à-dire l'effort qu'elle serait capable d'exercer pour entraîner une charge mobile, ses roues s'avançant en tournant au lieu de tourner sur elles-mêmes.

Il résulte donc de cette expérience supposée, que la puissance motrice de la vapeur sera théoriquement utilisée au profit de l'effort de traction, pourvu que le point d'appui soit suffisant, c'est-à-dire que les roues commandées opposent, par leur frottement sur le sol, une résistance positivement égale à l'effort de traction à produire.

Cette résistance au mouvement de rotation, que présentent les roues *commandées* d'une locomotive, s'appelle *adhérence*. C'est rigoureusement parlant :

Le frottement qui se développerait entre elles et la voie sur laquelle elles s'appuient, sous l'influence de la charge qu'elles portent, en voulant les faire tourner sur elles-mêmes.

Les conditions de puissance d'une locomotive se réduisent donc à ceci :

Pour traîner une charge donnée, il faut d'abord que l'adhérence des roues commandées, ou *roues motrices*, soit suffisante; ensuite la force de vapeur doit être capable d'un effort correspondant à celui de la charge à traîner. Il est indispensable que ces conditions soient simultanément remplies, car si l'adhérence est bien en rapport avec la charge à traîner, mais que la puissance de vapeur soit trop faible, aucun mouvement n'aura lieu.

Si, au contraire, la puissance motrice est suffisante, mais que l'adhérence soit à son tour trop peu intense, elle sera vaincue par la force motrice, les roues tourneront sur elles-mêmes, et l'effet de traction ne se produira pas.

Nous allons donc examiner séparément ces diverses conditions qui constituent l'ensemble du fonctionnement d'une locomotive, savoir :

L'adhérence;

La résistance des charges à entraîner;

La puissance motrice.

ADHÉRENCE. — L'adhérence, ou mieux le frottement qui se manifeste entre la roue et la voie, lorsqu'on veut faire tourner cette roue, est indépendant de son diamètre et dépend essentiellement de la nature et de l'état des surfaces, et de la charge ou de la pression qui les maintient en contact.

Pour ce qui nous occupe, la voie est, ainsi qu'on le sait, un rail en fer et la roue un cercle de même métal parfaitement tourné. Dans leur état normal, les deux surfaces sont sèches, aucunement lubrifiées; mais cet état est susceptible de grandes modifications dues principalement à l'état de l'atmosphère; ainsi le rail peut être sec, mouillé, couvert de givre, de neige ou de verglas. Ces différents états correspondent à autant de valeurs différentes du coefficient de frottement.

Les effets résultant de l'adhérence sont aussi profondément modifiés par cette autre cause : la voie peut être *horizontale* ou *inclinée*, autrement dit le chemin est *de niveau* ou en *rampe*. Nous allons examiner les effets de l'adhérence dans ces deux circonstances.

Soit A, fig. 120, un essieu monté de roues, reposant sur une voie *m n*, exactement de niveau, et relié, par un cordage, avec un chariot B exigeant un certain effort pour être mis en mouvement sur la voie.

Si l'on désigne par P la pression exercée par les deux roues sur la voie, et par T l'effort qu'il faudrait faire horizontalement pour mettre le chariot B en mouvement, et que l'on cherche, en effet, à faire tourner la paire de roues par leur circonférence, dans le sens indiqué par la flèche, il se produira deux espèces de résistances :

1° Le frottement des deux roues sur la voie, lequel s'oppose à ce qu'elles tournent sur elles-mêmes, et qui est une fraction f plus ou moins grande de P ;

2° L'effort T nécessaire pour faire avancer le chariot B, et qui s'oppose au mouvement de translation du train de roues.

Fig. 120.

Dans cette situation, ce train semblera fixé par les deux extrémités du rayon $a\,c$ de ses roues et par deux résistances, l'une sur la voie, égale à f P, et s'opposant au mouvement de a vers d, et l'autre sur le centre égale à T, s'opposant au mouvement de c vers b. Si l'on applique à la circonférence de chaque roue une force tangentielle capable de vaincre l'une ou l'autre de ces résistances, il se produira, pour un moment infiniment petit, de deux choses l'une :

1° Si la résistance f P sur le rail est plus grande que celle T, sur le centre, le rayon $a\,c$ oscillera de a comme point fixe, et son extrémité c s'avancera vers b en surmontant la résistance T :

Les deux roues exécuteront un mouvement de translation en roulant et en entraînant la charge posée sur la voie, et rattachée à leur essieu ;

2° Si, au contraire, la résistance centrale prédomine, le rayon $a\,c$ devra céder par la circonférence, de a vers d, d'après le centre c comme point fixe :

Les roues tourneront sur elles-mêmes en surmontant le frottement f P, *et sans déplacer la charge.*

Par conséquent, la résistance maximum que l'essieu puisse vaincre en s'avançant est égale à celle qui résulte du frottement des deux roues sur la voie, puisqu'au delà cette résistance centrale devient un point d'appui au mouvement de rotation sur place.

Le moment d'équilibre entre les deux résistances est, d'après la notation ci-dessus :

$$T = f\,P,$$

c'est-à-dire que s'il en était ainsi, on est fondé à dire que chaque roue céderait par les deux extrémités du rayon *a c*, dont le centre s'avancerait tandis que l'autre extrémité glisserait sur la voie.

Donc :

L'effort maximum de traction qu'une machine locomotive est capable d'exercer est égal AU FROTTEMENT DÉVELOPPÉ SUR LA VOIE PAR LES ROUES MOTRICES, *sous l'influence de la charge que ces roues supportent.*

Nous allons voir maintenant ce qui doit avoir lieu lorsque la voie n'est pas de niveau.

Fig. 121.

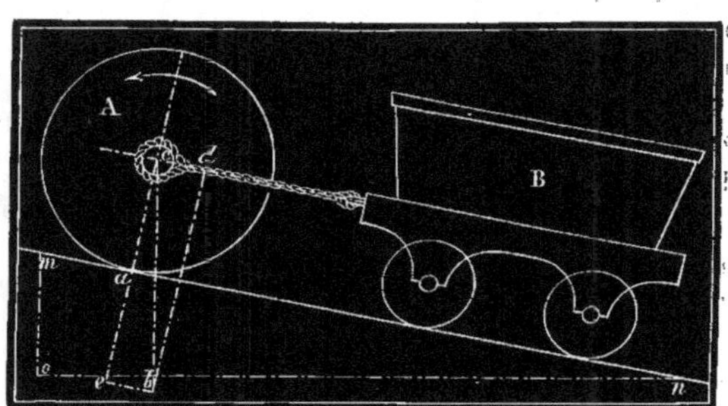

Soit, fig. 121, la même proposition que ci-dessus, mais la voie *m n* inclinée dans le rapport indiqué par la base *o n* et la hauteur *m o*.

Lorsque la voie est exactement de niveau, les véhicules s'y appuient de tout leur poids, et l'effort pour les déplacer, que nous désignons par T, serait nul si le roulement ne donnait pas lieu à une résistance passive, dont nous ferons connaître la valeur.

Si la voie est inclinée, on sait que le poids d'une masse qui s'y appuie se décompose en deux efforts, dont l'un est perpendiculaire au plan et mesure la pression qu'il supporte, tandis que l'autre lui est parallèle et représente celui qu'il faut exercer dans cette direction pour soutenir la masse, et l'empêcher de descendre le long du plan incliné.

Pour simplifier ce qui suit, supposons l'ensemble des deux roues ramené à un seul disque élémentaire, ce qui revient au même pour la démonstration.

Si, par exemple, on porte sur la verticale menée par le centre de la roue, ou disque A, une grandeur *c b*, proportionnelle à son poids P ci-dessus, et que l'on construise le parallélogramme *c e b d*, dont les côtés sont respectivement perpendiculaires et parallèles au plan *m n*, *c e* est proportionnel à la pression directe de la roue sur le plan qui est ici la voie, et *c d* est proportionnel à l'effort qu'il faut exercer pour soutenir cette roue et l'empêcher de descendre.

Par la similitude du triangle $c\,e\,b$ avec celui $n\,o\,m$ formé par le plan incliné, on en déduit que :

La pression de la roue sur le plan est à sa pesanteur comme la base du plan est à sa longueur; et que :

L'effort pour soutenir la roue est à sa pesanteur comme la hauteur du plan est à sa longueur.

Or, la pression sur la voie étant diminuée, le frottement ou l'adhérence subit la même influence ; d'autre part, cette roue qui n'exigeait aucun effort pour être soutenue lorsque la voie était horizontale, en nécessite un maintenant qui s'ajoutera, lorsqu'il faudra qu'elle se déplace, au frottement de roulement, lequel a un peu diminué il est vrai, puisque la pression est devenue plus faible. Enfin, les mêmes effets se produisant à l'égard de la charge que la roue doit entraîner, il en résulte finalement une diminution dans l'effet dû à l'adhérence, et, au contraire, une augmentation de travail pour la machine.

Pour arriver maintenant à mesurer ces différents effets, tant pour la voie horizontale que pour celle inclinée, nous adoptons la notation suivante ;

P, représente le poids en kilogrammes du système de roues motrices, y compris la charge qu'elles supportent ;

f, le frottement, sur la voie, des roues tournant sur elles-mêmes, et équivalant à une fraction du poids P ;

T, l'effort de traction à exercer pour entraîner une charge sur la voie horizontale.

Adhérence sur la voie horizontale. — L'expérience démontre que pour faire tourner une roue de locomotive sur elle-même en la faisant frotter sur les rails en fer, il faut surmonter une résistance qui varie depuis le 1/3, environ, de la pression qu'elle exerce, jusqu'à une valeur qui peut diminuer indéfiniment suivant l'état des deux surfaces. Autrement dit, le frottement fer sur fer aurait pour valeur maximum :

$$f = 0{,}33$$

lorsque les deux parties sont bien sèches (ou complétement mouillées, mais non humides seulement) et que le contact a lieu sans l'intermédiaire de matières lubrifiantes.

Néanmoins on compte plutôt sur $f = 0{,}25$ et $0{,}20$, et même pour l'établissement de la machine, sur $f = 0{,}15$ ou $0{,}10$, afin de ne pas se trouver sur les limites de l'adhérence, qui diminue suivant l'état atmosphérique et s'abaisse du reste sur les parties en rampe de la ligne.

D'après cela, et en se reportant aux développements qui précèdent, la valeur en kilogrammes de l'adhérence sur niveau sera f P.

Supposons, par exemple, une locomotive dont les roues motrices supportent ensemble un poids de 8000 kilogrammes, et que le frottement f atteigne $0{,}15$, on trouve pour la valeur de l'adhérence :

$$f\,\mathrm{P} = 0{,}15 \times 8000 = 1200 \text{ kilogrammes.}$$

Par conséquent la machine doit être capable de surmonter cet effort maximum de traction sur un chemin de niveau, lequel effort, désigné par T, comprend la résistance au roulement de la charge à traîner et celle même attribuable à la locomotive. La puissance motrice de la vapeur devra donc développer cet effort appliqué à la circonférence des roues.

Mais puisque c'est un maximum, et d'ailleurs qu'elle fait équilibre à l'adhérence, on se gardera bien de donner cette charge entière à la machine, car à la moindre rampe ou à la plus faible altération de la voie, elle ne pourrait plus avancer et tournerait sur place, sans parler de l'effort au départ, qui est nécessairement plus élevé que celui nécessaire pour entretenir le mouvement parvenu à l'uniformité.

Adhérence sur un plan incliné. — Les développements ci-dessus relatifs à cette condition nous permettent de calculer la diminution que subit l'adhérence, et, par conséquent, l'effort de traction.

On évalue les rampes ou inclinaisons, sur les voies ferrées, en millimètres de hauteur par mètre de développement de la voie. Ainsi on dit que telle rampe est de 1, 2, 3, etc., millimètres par mètre. Comparant cette expression aux données ci-dessus, il en résulte que le plan incliné ayant 1 pour longueur, a successivement 0,001, 0,002, 0,003, etc., pour hauteur.

Pour calculer, d'après cela, l'adhérence réduite par l'inclinaison, et qui devient $f\,P'$ (P' désignant la pression ce sur le rail, fig. 121), on remarquera d'abord que cette pression a pour valeur :

$$P' = P \times \frac{on}{mn}.$$

Pour déterminer ce rapport, désignons par :

l, la longueur mn du plan incliné (soit l'hypoténuse du triangle rectangle qui détermine l'inclinaison du plan) et qui a du reste l'unité pour valeur;

h, la base horizontale on;

i, la hauteur om mesurant l'inclinaison en fraction de l'unité.

Le calcul de ce triangle fournit :

$$h = \sqrt{l^2 - i^2}\,;\ \text{ou} : h = \sqrt{1 - i^2}.$$

La valeur P' cherchée devient alors :

$$P' = P \frac{\sqrt{1 - i^2}}{1} = P \sqrt{1 - i^2}$$

Nous avons montré que le poids de la machine exige maintenant un certain effort pour être soutenu sur le plan incliné, et que cet effort, qui diminue d'autant la charge utile à remorquer, est proportionnel à la hauteur mo ou i du plan.

On pourrait établir tout de suite la distinction entre le poids total de la machine et celui ci-dessus désigné par P, et afférent à la partie du poids total portée par les roues motrices. Cependant comme toutes les roues peuvent être motrices, en les accouplant, nous conserverons pour l'instant la désignation P pour le poids total de la machine, sauf à établir nettement la différence entre le poids total et le poids *actif*, lorsque ces deux valeurs seront en effet différentes.

Désignant alors par P″ cet effort nécessaire pour soutenir la locomotive sur un plan incliné, et conservant P pour le poids total, on obtient :

$$P'' = P\,\frac{mo}{mn}\,;\ \text{ou} : P'' = P\,\frac{i}{1} = P i$$

Exemples. — Quelle serait la diminution de l'adhérence pour la locomotive de l'exemple précédent, montant un plan incliné de 10 millimètres par mètre, la valeur du frottement ne changeant pas ?

Pour le cas proposé on a :

$$P = 8000 \text{ kilogrammes; } f = 0,13;\ i = 0,010.$$

Solution :

$$P' = 8000 \times \sqrt{1 - (0,010)^2} = 7999.$$

· D'ou l'on trouve pour l'adhérence réduite :

$$f\,P' = 0,13 \times 7999 = 1199,8 \text{ kilogrammes.}$$

Ainsi pour une pente de 10 mil. par mètre, l'adhérence ne subirait qu'une très-faible diminution, et nous montrerons bientôt que la principale cause de réduction de la puissance utile est due au supplément d'effort nécessaire pour faire gravir la pente aux véhicules et à la machine elle-même.

En effet, quant à celle-ci qui n'exigeait d'autre effort pour se transporter elle-même sur un chemin de niveau que la résistance au roulement, il faut maintenant ajouter à cette résistance la composante P″ dont la valeur est indiquée ci-dessus.

Si, par exemple, la machine en question pèse en totalité 20000 kilogrammes, sur lesquels on attribuait 8000 comme adhérence par les roues motrices, nous trouvons pour cet effort et pour une rampe de 10 mil. par mètre :

$$P'' = P i = 20000 \times 0,010 = 200 \text{ kilogrammes.}$$

Cet effort s'ajoutant à la résistance du mécanisme au roulement, et tout le poids du convoi subissant la même influence, on voit déjà comment la puissance motrice doit augmenter pour entraîner la même charge, en même temps que l'adhérence qui doit la soutenir diminue.

Résistance des charges a entraîner. — Lorsqu'un corps pesant repose sur un plan horizontal, l'effort à exercer pour le faire mouvoir, après l'inertie vaincue, serait *nul*, s'il n'existait pas de frottement dont l'intensité varie dans de très-grandes limites, suivant la nature et l'état des surfaces en contact. Il est clair que la disposition la plus favorable à cet égard est celle d'un chariot muni de roues en métal, bien tournées et reposant sur une voie analogue parfaitement lisse et rigide. Ainsi les conditions à remplir pour l'entraînement des charges est juste l'opposé de celles qui conviennent pour l'adhérence, puisque dans le premier cas on doit chercher à diminuer le frottement que l'on augmente au contraire par un accroissement de charge, à l'égard des roues dont le mouvement de rotation est commandé et qui doivent produire l'entraînement.

Un train placé sur un chemin de fer offre cette nature de résistance au roulement des roues sur les rails, augmentée par le frottement des fusées d'essieu dans leurs boîtes, par le frottement latéral des rebords des roues au passage des courbes, par la résistance de l'air, etc., en supposant d'abord, comme nous l'avons annoncé, la voie parfaitement de niveau. L'appréciation des effets dus à des causes si diverses n'était possible qu'à l'aide d'expériences, qui ont du reste été faites, et ont même fourni des résultats souvent discordants. Néanmoins, il en ressort un fait général certain : c'est que l'ensemble des diverses résistances qu'un train oppose à la traction croît beaucoup avec la vitesse.

D'après ces recherches, dues aux ingénieurs les plus spéciaux et les plus expérimentés, on peut estimer que la résistance totale qu'un train oppose à la traction horizontale, sur un chemin de niveau et dans les circonstances ordinaires d'un service courant, varie :

De 4 à 5 kil. par 1000 ou par tonne de son poids total, lorsque la vitesse dépasse peu 20 kilomètres à l'heure ;

Et de 8 à 11 kil. par 1000, lorsque cette vitesse atteint 80 à 100 kilomètres.

Ceci s'appliquant à de simples véhicules qui n'ont d'autre mécanisme que le mouvement des fusées d'essieu, il est clair que les machines locomotives doivent présenter au mouvement de transport une résistance plus grande, puisqu'en roulant tout leur mécanisme est mis en jeu.

En résumant des expériences faites par plusieurs ingénieurs, et particulièrement par MM. Morin, Lechatelier et Gouin, les auteurs du *Guide du mécanicien* estiment à 16 kilogrammes par tonne la résistance d'une machine locomotive en vapeur, se déplaçant sur un chemin de niveau à une vitesse moyenne de 45 kilomètres à l'heure.

M. Lechatelier opérant sur les trois types principaux de locomotive, c'est-à-dire celles à voyageurs, mixtes et à marchandises, et dans les conditions de vitesse différentes qui caractérisent leurs services respectifs, a trouvé que la résistance à la traction varie de 18 à 22 kilogrammes par tonne environ. Les machines dans lesquelles deux ou trois paires de roues sont connexées, présentent évidemment plus de résistance que celles qui n'ont qu'un essieu moteur ; mais comme ces dernières, qui sont les machines à voyageurs, marchent plus vite, et que l'estimation de la résistance a été faite dans les conditions de vitesse particulière à chaque système, il s'ensuit que les chiffres de la résistance finissent par s'égaliser sensiblement et diffèrent peu de la moyenne, 20 kilogrammes par tonne.

Somme toute, les résultats trouvés en diverses circonstances diffèrent généralement, et ne permettent que d'avoir une idée assez générale sur l'état de la question. Il est difficile qu'il en soit autrement, tant de causes différentes et variables concourent à engendrer la résistance à la traction d'une machine, ou des véhicules isolés ou en convoi. Toutefois il reste constant que la résistance s'accroît sensiblement avec la vitesse, et que toutes choses égales d'ailleurs, elle est à peu près du triple au double par tonne pour la machine et pour les wagons. Cette condition devient alors très-sensible pour les convois à grande vitesse, dont le poids est faible comparativement à celui de la machine motrice.

En résumé, n'ayant pour objet que de donner un aperçu du sujet actuel, nous adopterons les chiffres suivants pour la résistance par tonne et sur niveau :

Petite vitesse....	Résistance de la machine.		15 kilogrammes par tonne.		
Id.	id.	des wagons...	5	id.	id.
Moyenne vitesse.	id.	de la machine.	16	id.	id.
Id.	id.	des wagons...	7	id.	id.
Grande vitessse.	id.	de la machine.	20	id.	id.
Id.	id.	des wagons...	10	id.	id.

Ainsi, nous dirons que pour faire rouler une charge sur un chemin de fer de niveau, ou, plus exactement, pour lui communiquer une vitesse uniforme, une fois l'inertie vaincue, il faut exercer horizontalement un effort de 5 *kilog. par* 1000 *ou par tonne : soit* 1/200 *de son poids total*, dans les limites des faibles vitesses, ne dépassant pas 25 à 30 kilomètres à l'heure.

Par exemple, pour remorquer sur un chemin de niveau un convoi pesant 200000 kilogrammes, à cette vitesse assez réduite, la machine devrait exercer un effort utile moyen de 1000 kilogrammes.

On peut déjà remarquer l'immense résultat obtenu par l'emploi des voies ferrées, sans lesquelles les locomotives les plus puissantes ne seraient encore que de médiocres moteurs, et se détruiraient très-promptement si on les faisait fonctionner sur des routes ordinaires.

En effet, lorsqu'une charge de 1000 kilogrammes n'exige qu'un effort de traction de 5 kil. sur un chemin de fer horizontal, les roues et essieux des véhicules étant en bon état, cet effort s'élèverait à plus de 30 kilogrammes sur une route pavée ordinaire, bien entretenue.

Nous venons de supposer le chemin de niveau; mais il est facile de trouver l'effort de traction sur rampe, en se fondant sur les considérations ci-dessus, relatives à la machine même.

Il est évident que la charge à traîner subit exactement l'influence dont la figure ci-dessus nous a aidé à calculer les effets, et que son poids total, s'il est encore désigné par P, détermine en rampe un effort supplémentaire P″, dont la valeur est Pi.

Ainsi, le convoi pesant 200000 kilogrammes, et donnant lieu à un effort de traction de 5 kil. par 1000 sur un plan horizontal, donnerait lieu, sur une pente de 5 mill. par mètre, à un effort supplémentaire égal à

$$P'' = 200000 \times 0{,}005 = 1000 \text{ kil.}$$

soit :

$$\frac{1000^k}{200^t} = 5 \text{ kilogrammes par tonne;}$$

C'est-à-dire 1 kilog. par tonne et par millimètre de pente par mètre.

Ce résultat n'est pas particulier à cette inclinaison : il est, au contraire, commun à toutes. En effet, l'inclinaison du plan détermine une composante parallèle du poids qui s'y appuie, proportionnelle à la hauteur mesurant l'inclinaison. Par conséquent, un millimètre de pente pour un mètre de longueur du plan incliné détermine bien une composante parallèle de 1 pour 1000, rapport qui se maintient en prenant constamment pour unité l'hypoténuse du triangle qui figure l'inclinaison du plan.

Résumé de la combinaison de l'adhérence avec la résistance a la traction. — Pour récapituler toutes les règes précédentes, nous supposons un train d'une composition déterminée et transporté successivement dans des circonstances différentes, comme pente de la voie et changement survenu dans l'intensité de l'adhérence.

Soit un train pesant 200000 kilogrammes, remorqué par une locomotive pesant 25000 kilogrammes, et ayant deux paires de roues motrices qui portent ensemble les 4/5 de ce poids, c'est-à-dire 20000 kilogrammes. Il s'agit d'examiner l'influence que subira ce train, suivant qu'il suivra un chemin de niveau ou des rampes de diverses inclinaisons.

Nous désignons les termes du problème de la manière suivante :

C — le poids du train, compris le tender et non compris la machine, en kilogrammes;

$C\sqrt{1-i^2}$ — la pression que le train exerce perpendiculairement à la voie;

Ci — l'effort à exercer parallèlement à la voie pour entraîner la charge, suivant l'inclinaison et indépendamment du frottement de roulement, effort qui se réduit à 0 sur un chemin de niveau;

L — poids total de la locomotive;

$L\sqrt{1-i^2}$ — la pression correspondante, perpendiculaire à la voie;

Li — l'effort à exercer parallèlement à la voie, suivant l'inclinaison (voir ci-dessus pour Ci);

P — la partie du poids de la locomotive, portée par les roues motrices et afférente à l'adhérence;

$P\sqrt{1-i^2}$ — pression de cette même partie perpendiculairement à la voie;

f — frottement de glissement déterminant l'adhérence;

f' — résistance au roulement offerte par le train, proportionnellement à la pression qu'il exerce perpendiculairement à la voie;

f'' — résistance analogue, relative à la machine;

T — l'effort total de traction que la machine doit exercer pour entraîner le poids total du convoi, dans lequel nous comprenons celui même de la machine.

Effort de traction d'après la pression sur la voie. — La machine absorbant, pour se déplacer elle-même, un effort proportionnellement plus grand que les véhicules simples, et considéré comme une fraction f'' de la pression qu'elle exerce perpendiculairement à la voie, cet effort de traction a pour expression générale :

$$Lf'' \sqrt{1 - i^2},$$

dans laquelle le second facteur est supprimé, si la voie est de niveau.

A l'égard du train dont le poids est désigné ci-dessus par C, et la résistance totale au roulement par f', on a, de même :

$$Cf' \sqrt{1 - i^2}.$$

Effort parallèle à la voie. — Cet effort qui prend une valeur au-dessus de 0, si la voie est inclinée, et qui est aussi bien applicable à la machine qu'aux véhicules remorqués, a pour expression :

$$Ci + Li = (C + L)\, i.$$

Adhérence. — Celle-ci, qui dépend de la pression des roues motrices perpendiculairement à la voie et du coefficient de frottement de glissement, s'écrit :

$$fP \sqrt{1 - i^2}.$$

Équilibre de traction. — Pour établir cet équilibre, il suffit de remarquer que l'effort total de traction se compose des deux quantités ci-dessus exprimant la résistance au roulement et l'effort parallèle à la voie, suivant son inclinaison, et que cet effort total, qui comprend ceux respectifs du train et de la machine, doit être égal, *au maximum*, à l'adhérence. Or, l'effort de traction, formé de la somme des quantités précédentes, a la valeur suivante :

$$T = Cf' \sqrt{1 - i^2} + Lf'' \sqrt{1 - i^2} + (C + L)\, i = \left[(Cf' + Lf'') \sqrt{1 - i^2} \right] + (C + L)\, i.$$

Si nous admettons, pour l'instant, la résistance à la traction égale à l'adhérence, on posera donc :

$$fP \sqrt{1 - i^2} = \left[(Cf' + Lf'') \sqrt{1 - i^2} \right] + (C + L)\, i.$$

Mais, enfin, il est bien entendu que cette égalité n'existe que théoriquement, et que, pour rendre l'entraînement pratiquement possible, le premier membre de cette formule correspond, en réalité, à une valeur plus élevée que celle du second.

Cette expression générale nous permet de faire la recherche proposée avec la plus grande facilité.

Pour le train composé suivant les conditions données ci-dessus comme exemples, et la voie de niveau, on a les valeurs suivantes :

$$C = 200000 \text{ kilogrammes.} \qquad P = 20000 \text{ kilogrammes.}$$
$$L = 25000 \qquad \text{id.} \qquad i = 0, \text{ et } \sqrt{1 - i^2} = 1.$$

Nous admettons que l'état de la voie donne pour l'adhérence $f = 0{,}25$, et comme il s'agit ici d'une machine applicable aux moyennes vitesses, on peut admettre pour les coefficients f' et f'', relatifs à la résistance des wagons et de la machine, les valeurs approximatives 0,007 et 0,016.

Par conséquent l'adhérence égale ici :

$$fP = 0,25 \times 20000 = 5000 \text{ kilogrammes.}$$

La résistance à la traction a pour valeur, correspondant à l'état de niveau :

$$T = [(Cf' + Lf'') \times 1] + (C + L) \times 0 = (200000^k \times 0,007) + (25000 \times 0,016) = 1800^k.$$

Ainsi, dans cette situation, l'adhérence est bien supérieure à l'effort de traction et le convoi sera facilement remorqué. (Nous supposons, bien entendu, que la vapeur est capable d'exercer cet effort.)

Maintenant si, par exemple, le même train est parvenu sur une rampe de 8 millimètres par mètre, dans lequel cas le terme $\sqrt{1 - i^2}$ a pour valeur :

$$\sqrt{1 - (0,008)^2} = 0,99997.$$

L'adhérence devient, d'après cela :

$$0,25 \times 20000 \times 0,99997 = 4999^k,85.$$

Ainsi une rampe de 8 mil. par mètre, quoique très-sensible, diminue très-peu l'adhérence. Mais nous allons voir que l'effort de traction augmente beaucoup. Il a, en effet, pour valeur,

$$T = [(Cf' + Lf'') \times 0,99997] + (C + L) 0,008 =$$
$$[(200000 \times 0,007 + 25000 \times 0,016) \times 0,99997] + (200000 + 25000) \times 0,008 =$$
$$3599^k,946.$$

L'effort de traction aurait doublé, mais la machine, par son adhérence, serait encore très-capable de le surmonter. Il est évident que la vitesse du train devrait être très-réduite, à moins que la chaudière de la machine puisse suffire à l'excès de dépense nécessaire pour maintenir la même vitesse que sur le chemin de niveau.

SIMPLIFICATION DE LA RÈGLE PRÉCÉDENTE. — En tenant compte, dans cette règle, de la diminution produite par l'inclinaison sur l'adhérence de la machine et sur la pression totale du train sur la voie, nous désirions en faire connaître l'influence. Mais la règle démontre que cette influence est très-faible, même pour de fortes pentes.

Supposons, par exemple, une pente de 20 centimètres par mètre, laquelle est bien en dehors des applications, le terme $\sqrt{1 - i^2}$ aura pour valeur :

$$\sqrt{1 - 0,04} = 0,9797.$$

Par conséquent, même pour cette pente exagérée, l'adhérence et la pression du train subiraient une réduction d'environ 2 centièmes de leur valeur sur niveau.

On peut donc négliger cette influence dans la plupart des cas, et les formules précédentes se réduisent à celles-ci :

$$\text{Adhérence} = f\text{P} ;$$
$$\text{Résistance à la traction} : \text{T} = \text{C}f' + \text{L}f'' + (\text{C} + \text{L})\, i.$$

Dans cette dernière, le terme $(\text{C} + \text{L})\, i$ n'est joint au premier que lorsqu'il y a de la pente, et n'exprime pas autre chose que ce qui a été remarqué ci-dessus, savoir :

L'effort de traction augmente de 1 KIL. PAR TONNE *du poids total du train,* et PAR CHAQUE MILLIMÈTRE DE PENTE *par mètre.*

Pour l'exemple précédent on se rappelle que l'adhérence sur niveau a été trouvée de 5000^k, et l'effort de traction $= 1800^k$.

Considérant cette adhérence comme à peu près invariable, quant aux différents degrés de pente que l'on peut rencontrer, ainsi que la pression du train sur la voie qui égale 225 tonnes, on trouvera de la manière suivante l'augmentation de l'effort de traction pour divers cas proposés :

$$\text{Pente 5 mil. par mètre. Effort de traction} = 1800 + (225 \times 5) = 2925^k$$
$$10 \quad\quad \text{id.} \quad\quad\quad \text{id.} \quad\quad = 1800 + (225 \times 10) = 4050$$
$$15 \quad\quad \text{id.} \quad\quad\quad \text{id.} \quad\quad = 1800 + (225 \times 15) = 5175$$

Dans la dernière de ces conditions la traction ne serait plus possible, puisqu'elle surpasse l'adhérence en intensité.

REMARQUE. — Terminons par un coup d'œil jeté sur deux questions que se poseront certainement toutes les personnes qui étudient le mode de traction par les locomotives :

Dans quelles limites une machine, en fonction, cessera-t-elle de pouvoir gravir une rampe ?

Dans quelle condition une machine, non-seulement ne gravira plus, mais descendra-t-elle en glissant, sous l'influence de sa propre masse ?

Pour répondre à la première des deux questions il faut d'abord limiter la charge, que la machine entraîne, à sa propre masse et raisonner ainsi :

Elle cessera de s'élever sur la rampe, les pistons communiquant leur mouvement aux roues motrices, lorsque celles-ci tourneront sur elles-mêmes, ce qui arrivera dès que l'effort de traction égalera l'adhérence. Or, cette situation correspond à la formule (voir les développements qui précèdent) :

$$f\text{P} \sqrt{1 - i^2} = \text{L}i,$$

lorsqu'une partie seulement du poids de la machine est utilisée pour l'adhérence. Mais lorsque le poids entier est moteur, ce qui a lieu quand toutes les roues sont accouplées, $\text{L} = \text{P}$; on a :

$$f\text{P} \sqrt{1 - i^2} = \text{P}i, \text{ soit} : f \sqrt{1 - i^2} = i.$$

Si de chacune de ces formules on tire la valeur de i, qui représente l'inclinaison cherchée dans les deux cas, on obtient successivement :

$$i = \frac{fP}{\sqrt{L^2 + f^2 P^2}} \; ; \quad \text{et} : \quad i = \frac{f}{\sqrt{1 + f^2}}$$

Dans cette seconde expression, qui s'applique à une machine dont le poids entier est utilisé pour l'adhérence, si l'on remarque que pour les rampes d'inclinaison ordinaire le dénominateur de la fraction a une valeur très-rapprochée de l'unité, on dira que :

Une machine isolée, dont toutes les roues sont couplées, cessera de pouvoir gravir une rampe LORSQUE L'INCLINAISON ÉQUIVAUDRA A L'ADHÉRENCE.

Si, par exemple, l'adhérence ou le frottement de glissement atteint 0,25, la machine ne pourra pas s'élever sur une rampe de plus de 0,25, ou 250 millimètres par mètre (et même moins que cette inclinaison, en tenant compte du dénominateur de la formule, qui pour une pente aussi intense est assez sensiblement au-dessous de l'unité).

Si cette adhérence descend au 1/10, la machine ne gravira pas une rampe dépassant 1 décimètre par mètre, etc.

Appliquons maintenant les formules exactes à la locomotive supposée, pesant 25000 kil., en admettant d'abord 20000 kil. pour le poids adhérent, et ensuite le poids entier de 25000 kil. Nous conservons $f = 0,25$ pour l'adhérence.

On trouve pour le premier cas :

$$i = \frac{0,25 \times 20000}{\sqrt{(25000)^2 + (0,25 \times 20000)^2}} = 0^m196,$$

Et pour le second :

$$= \frac{0,25}{\sqrt{1 + (0,25)^2}} = 0^m 2427.$$

Cet examen permet de se faire une idée des limites extrêmes dans lesquelles on se trouve renfermé, avec l'emploi des locomotives comme moyen de traction. Mais, en réalité, on est loin d'atteindre ces limites, qui correspondent, du reste, dans les exemples précédents, à une machine isolée ne remorquant que son propre poids; les pentes les plus rapides, adoptées jusqu'à présent sur les voies ferrées, n'atteignent même pas encore 5 centimètres par mètre.

Nous admettions, en raisonnant, un fort coefficient d'adhérence, ce qui donnait comme pente limite une inclinaison très-prononcée. Mais comme cette adhérence est susceptible de diminuer beaucoup, si, par exemple, le rail est humide ou couvert de givre, la même machine capable de surmonter la pente, dans les conditions ordinaires, deviendra insuffisante lorsque l'adhérence aura diminué. Il est donc nécessaire de limiter l'inclinaison de la plus forte rampe d'une ligne ferrée à un degré où la machine conserve encore, dans les plus mauvaises conditions, unè adhérence suffisante pour soutenir le train qu'elle remorque.

Et puis une rampe est parcourue aussi bien en descendant qu'en montant, de façon que dans le premier cas, au lieu d'employer la puissance de la machine, le train descend de lui-même, et il faut au contraire faire usage de *freins* pour l'empêcher d'acquérir une très-grande vitesse si la rampe est très-prononcée. On comprend alors que plus la pente est intense et plus ce procédé devient d'un emploi difficile, et se trouve exposé à manquer, en causant des accidents plus ou moins graves.

C'est le moment de répondre à la deuxième question relative au roulement naturel d'un train ou d'une machine sur un plan incliné.

S'il s'agit de l'ensemble d'un train qui ôppose au roulement une résistance égale à 1/200 de son poids, il est clair qu'en vertu des principes ci-dessus, s'il n'est retenu par rien et si la machine ne fonctionne pas, il descendra seul sous l'influence de la pente, une fois son inertie vaincue, lorsque l'inclinaison aura la même intensité, c'est-à-dire 1/200, ou 5 mil. de pente par mètre. Quant à une machine isolée, il faudra une inclinaison un peu plus considérable, et dont les coefficients de résistance donnés précédemment (p. 192) indiquent précisément la mesure, sous la réserve, bien entendu, de leur propre exactitude.

PUISSANCE MOTRICE.

L'analyse qui précède dégage le problème de la détermination de la puissance motrice de tout ce qui pouvait le rendre obscur, et le ramène à ce simple énoncé :

Les deux pistons doivent exercer normalement un effort capable de vaincre la résistance à la traction, et, au maximum, celle de l'adhérence des roues sur la voie.

Cette dernière condition signifie moins qu'elle doit être remplie, qu'elle n'indique le rapport limite entre l'adhérence et la puissance motrice, car, en tout état de cause, l'adhérence doit conserver une certaine supériorité sur l'effort de traction.

Cependant si nous voulons conserver, pour l'instant, cette donnée pour déterminer la puissance de traction, il suffira de supposer l'adhérence réduite au degré admis par les ingénieurs comme base de l'établissement des locomotives, afin qu'elles conservent cette supériorité en toutes circonstances.

On compte, en effet, sur une adhérence de 1/6, environ, du poids utile, pour rester dans de bonnes limites pratiques, et si la résistance à la traction ne dépasse pas ce chiffre, les raisonnements qui précèdent permettent d'acquérir la certitude que la machine *entraînera* sans *patiner*, tant que les rampes à gravir ne dépasseront pas l'inclinaison, ordinairement maximum, de 8 à 10 millimètres par mètre, et que la voie sera dans son état moyen. Il est d'autant plus important de conserver un excès d'adhérence que la résistance à la traction augmente considérablement lorsqu'il faut vaincre l'inertie du train au repos, ou pour *démarrer*, phénomène qui se produit non-seulement pour passer du repos au mouvement, mais aussi en marche à chaque accélération de vitesse.

Bien que ces conditions soient remplies, il arrive que l'adhérence devient insuffisante, soit en pleine marche, parce que le rail est humide ou couvert de givre, soit au départ, au démarrage, surtout en gare, dans l'endroit du stationnement ordinaire des machines où il tombe accidentellement de la graisse sur les rails. On est alors obligé d'y répandre du sable afin de pouvoir avancer. Des machines disposées pour entraîner de fortes charges et susceptibles d'avoir à franchir des rampes sont pourvues, à cet effet, de sabliers munis de conduits recourbés qui descendent jusque près des rails, devant les roues motrices.

Admettant donc l'adhérence au 1/6 = 0,167 P, l'effort équivalent et maximum de traction pour lequel la machine doit être établie peut se calculer en prenant pour base le diamètre des roues, à la circonférence desquelles l'adhérence est comptée, et le rayon des manivelles motrices.

Soient :

R, le rayon des roues motrices, en mètres;

r, le rayon des manivelles, c'est-à-dire des coudes de l'essieu en vilbrequin;

d, le diamètre des cylindres, en centimètres;

p, la pression utile totale sur chaque piston, en kilogrammes;

p', la pression utile de la vapeur sur les pistons en kil., par centimètre carré.

Il est clair que l'effort à transmettre à chacun des deux boutons de manivelles est équivalent à la moitié de l'adhérence totale fP, multipliée par le rapport des rayons R et r. Soit pour cet effort sur chaque bouton :

$$\frac{f\mathrm{P}}{2} \times \frac{\mathrm{R}}{r}$$

Le piston correspondant, qui transmet cet effort, doit recevoir de la part de la vapeur une pression totale équivalente, c'est-à-dire la même valeur multipliée par le rapport inverse des chemins parcourus par le bouton de manivelle et par le piston (t. Iᵉʳ, p. 345).

La pression totale p, que la vapeur doit exercer sur chaque piston, est égale, d'après cela, à :

$$p = \frac{f\mathrm{P}}{2} \times \frac{\mathrm{R}}{r} \times \frac{\pi}{2} = \frac{f\,\mathrm{P}\,\mathrm{R}\,\pi}{4\,r}.$$

d étant le diamètre des pistons, en centimètres, et p' la pression utile, en kilogrammes, par centimètre carré, la pression totale p a cette autre valeur représentative :

$$p = p' \frac{\pi\,d^2}{4}.$$

Égalant ces deux valeurs pour en tirer celle de p', il vient :

$$\frac{f\,\mathrm{P}\,\mathrm{R}\,\pi}{4\,r} = p' \frac{\pi\,d^2}{4}; \quad \text{d'où} : \frac{f\,\mathrm{P}\,\mathrm{R}}{r} = p'\,d^2;$$

d'où l'on tire :

$$p' = \frac{f\,\mathrm{P}\,\mathrm{R}}{r\,d^2}.$$

EXEMPLE. — Une machine locomotive construite par M. Polonceau, pour le transport des voyageurs sur la ligne de Paris à Orléans, est établie dans les conditions suivantes :

Poids total de la machine en état de marche............... 25300 kilog.
Poids transmis à la voie par la paire de roues motrices, et
    afférent à l'adhérence................................. 12300
Diamètre des roues motrices............................. 2^m027
Diamètre des pistons................................... 0^m400
Course des pistons.................................... 0^m600

Quelle pression utile la vapeur doit-elle exercer, sur chaque centimètre carré des pistons, pour rendre la machine capable d'un effort de traction égal au 1/6 de son adhérence, sur un plan horizontal?

Solution. On a :

$$f\,\mathrm{P} = 0{,}167 \times 12300^k = 2050 \text{ kilog.} \qquad \mathrm{R} = 2^m027 : 2 = 1^m0135.$$
$$d^2 = 40^c \times 40^c = 1600 \text{ cent. carrés.} \qquad r = 0{,}600 : 2 = 0{,}300.$$

La pression cherchée égale, d'après cela :

$$p' = \frac{2050^k \times 1{,}0135}{0{,}300 \times 1600} = 4^k328.$$

Si la machine devait réellement développer un pareil effet utile, il faudrait, même en ne supposant pas de détente, que la vapeur atteignît une très-haute pression dans la chaudière, car bien des expériences prouvent que la pression effective de la vapeur sur les pistons est de beaucoup inférieure à celle de la chaudière. En effet, si l'on ajoute ensemble : l'affaiblissement résultant déjà des résistances dues aux conduits et aux lumières d'introduction; la contre-pression naturelle par l'atmosphère ambiante, comme machine sans condensation; un excès de contre-pression provenant de l'échappement de la vapeur dans la cheminée, etc., on comprend que cette pression effective, utilisable directement comme traction, doit subir une diminution sensible.

Mais, par la nécessité de régler la marche normale de la machine sur l'emploi de la vapeur avec détente, on peut estimer que pour obtenir une pression utile et moyenne de 4 kilogrammes par centimètre carré des pistons, la vapeur devrait s'élever dans la chaudière à une pression de 7 1/2 à 8 atmosphères environ, ce qui a lieu du reste quelquefois dans les locomotives.

Néanmoins nous pouvons conserver cette donnée comme exemple, et chercher la composition du train correspondant à cet effort de traction, la voie de niveau et ensuite en rampe de 8 millimètres par mètre.

Voie de niveau. — Si de l'effort de traction ci-dessus, 2050^k, on retranche, par exemple, 20 kilogrammes par tonne du poids de la machine, il reste disponible pour le train :

$$2050 - (20^k \times 25^t3) = 1544^k.$$

En prenant 10 kilogrammes par tonne pour la traction de ce train, son poids sera 100 fois la traction; il pèsera donc 154,400 kilogrammes, ou 154,4 tonnes.

Enfin, si de ce poids on retranche celui du tender qui, pour cette machine, pèse 16^t455, et en assimilant sa résistance à celle des autres voitures, il reste pour les autres véhicules du train :

$$154,4 - 16,455 = 137^t 945,$$

soit, en nombre rond, 138 tonnes, ce qui représente à peu près le poids d'un train de 20 wagons chargés de voyageurs.

Mais, comme ceci s'applique au travail maximum de la machine et sur un chemin de niveau, il est aisé de comprendre qu'on ne lui donnera pas une pareille charge, et qu'elle sera réduite à moins des 3/4 ou des 2/3.

En effet, le chemin comprenant sur son parcours des rampes qu'il faut pouvoir franchir, même en supposant l'adhérence réduite que nous avons prise pour base, voyons quelle réduction le poids du train devra subir pour franchir une rampe de 8 millimètres par mètre.

Voie en rampe. — Conformément aux règles simples ci-dessus, il faudra comprendre dans l'effort de traction 1 kilogramme par tonne et par millimètre de pente, c'est-à-dire compter 28 kilogrammes par tonne pour la machine et 18 pour le tender et les wagons.

La machine absorbera donc, pour sa part :

$$25^t 3 \times 28 = 708^k 4.$$

Le tender :

$$16^t 455 \times 18 = 296^k 19.$$

Retranchant la somme de ses deux efforts de la traction totale, il reste pour celle utilisable :

$$2050 - (708,4 + 296,19) = 1045^k 41.$$

Divisant le reste par 18, l'effort nécessaire pour remorquer une tonne du convoi, il vient :

$$\frac{1045^k 41}{18^k} = 58^t 078.$$

C'est-à-dire que le convoi devra être réduit à 58 tonnes environ, au lieu de 138 trouvées pour la voie de niveau, pour être remorqué sur la rampe de 8 millimètres, la machine ne pouvant exercer encore que l'effort de traction 2050 kilogrammes équivalant à l'adhérence calculée sur le sixième de son poids actif.

Ces exemples, qui n'ont du reste d'autre but, démontrent bien les principes qui doivent servir de guides pour régler la marche des machines locomotives, en limitant la charge qu'elles doivent traîner d'après ce que l'on désigne par : *le profil du chemin* qu'elles ont à parcourir; et c'est moins encore la valeur de leur adhérence que la puissance du générateur qui doit être prise en considération pour la charge maximum à leur soumettre. Cette adhérence peut, en effet, rester suffisante en un point de la ligne où la machine ne pourra passer que lentement, faute de pouvoir exercer un effort de traction suffisant. Dans ce cas, la lenteur non prévue, si la rampe est d'un grand dévoloppement, non-seulement amènera un retard préjudiciable au service, mais l'activité du foyer s'en sentira, et la production de vapeur diminuant, le convoi pourra, ainsi qu'on le dit, se trouver complétement en détresse.

PUISSANCE VAPORISATOIRE.

La puissance mécanique d'une machine locomotive est, avant tout, dépendante de la quantité de vapeur qu'elle est capable de produire à l'unité de temps, car cette puissance étant le produit de l'effort de traction par la vitesse, ces deux facteurs peuvent varier inversement pour un même produit, lequel se réduit, comme pour toute autre machine à vapeur, à un poids de vapeur dépensé proportionnel à la puissance développée.

Par conséquent, pour une même puissance, il faut dépenser de toute façon un même poids de vapeur, tantôt sous un grand volume à une faible pression, et tantôt sous un faible volume, mais à une pression élevée.

Connaissant, par conséquent, les conditions de vitesse et d'effort de traction d'une machine locomotive, on pourra toujours en déduire la puissance vaporisatoire du générateur qui doit lui être appliqué; seulement cette puissance, qui dépend encore de la surface de chauffe, subit, pour le cas actuel, de profondes modifications qui proviennent de la structure même du générateur et du tirage artificiel dont son foyer est doté.

Des ingénieurs les plus distingués ont fait des expériences en assez grand nombre sur la quantité d'eau consommée par les machines locomotives; mais les résultats sont restés le plus souvent peu certains, à cause d'une particularité inhérente à ce système de machine : c'est un énorme entraînement d'eau non vaporisée, dont le chiffre, toujours assez difficile à déterminer, s'élève fréquemment à 40/00 du poids total dépensé.

Cependant lorsque le réservoir de vapeur est grand et que le dôme de prise est reporté vers l'avant, loin du foyer, l'entraînement de l'eau peut être réduit, ainsi que le prouvent quelques expériences, et particulièrement celles exécutées sur le chemin de fer de Versailles (rive droite) par MM. Gouin et Lechatelier. Ces ingénieurs ont trouvé, en effet, un entraînement d'eau égal seulement, en moyenne, à 18/00, sur une machine à détente fixe, *la Gironde,* du reste bien conduite et dans laquelle le dôme était reporté vers l'avant; les cylindres étant maintenus extérieurement à une haute température dans la boîte à fumée et la détente peu prolongée, il devait n'exister aussi que peu de condensation. (*Guide du Mécanicien*, édit. de 1851.)

Pour qu'on puisse se faire une idée du travail développé par le générateur d'une locomotive, nous citerons seulement quelques chiffres empruntés aux expériences précédentes, et à d'autres dont nous allons parler.

La machine, *la Gironde*, soumise aux expériences de MM. Gouin et Lechatelier, faisait le service ordinaire de Paris à Versailles (rive droite); sa marche était, en moyenne, de 45 kilomètres à l'heure; sa surface de chauffe totale était de 53$^{m.q.}$739.

Dans ces conditions, la dépense *théorique* d'eau, c'est-à-dire celle qui a dû être réellement vaporisée, et déduction faite par conséquent de celle entraînée à l'état liquide, s'est élevée, suivant la moyenne de six expériences, à 1100 kilogrammes pour effectuer un parcours de 22800 mètres. Cette distance étant assez sensiblement la moitié de la vitesse normale du train, qui était, comme nous venons de le dire, de 45 kilomètres à l'heure, il est permis d'admettre que cette production théorique, restant proportionnelle, serait de 2200 kilog. environ, pour 1 heure de marche effective.

Donc, si l'on reporte ce chiffre à l'étendue de la surface de chauffe totale, qui est, en nombre rond, de 54 mètres carrés, on trouve :

$$\frac{2200^k}{54} = 40^k7$$

d'eau vaporisée par mètre carré de surface de chauffe et par heure.

Ce chiffre de vaporisation est beaucoup plus élevé qu'on ne le trouverait avec les machines plus récentes, dont la surface de chauffe a généralement beaucoup plus d'étendue.

Dans d'autres expériences exécutées par M. Lechatelier sur la machine *Mulhouse*, ce savant ingénieur a obtenu des résultats parmi lesquels nous citerons les suivants :

> Vitesse du train, 38 kilomètres à l'heure;
> Charge remorquée, 108 tonnes;
> Vaporisation théorique par heure, 1910 kilog.

La surface de chauffe de cette machine étant de 73 mètres carrés environ, on obtient :

$$\frac{1910}{73} = 26^k16$$

d'eau vaporisée par mètre carré de surface de chauffe et par heure.

D'autre part, il a été constaté, avec une machine du système Crampton, ayant une surface de chauffe d'environ 100 mètres carrés et faisant un service à grande vitesse sur le chemin du Nord, une dépense totale de 3202 kilog. d'eau par heure, quantité qui doit être réduite à 2000, environ, pour tenir compte de l'eau entraînée et non vaporisée. Ce serait donc une vaporisation d'à peu près 20 kil. par mètre.

Enfin, diverses expériences faites en Angleterre tendent à prouver que la limite du pouvoir vaporisateur des chaudières de locomotives serait d'environ 55 à 60 kilog. d'eau par heure, chiffre très-élevé et qui ne saurait être atteint qu'exceptionnellement et en fatiguant beaucoup la machine.

Dans les premières machines qui aient fonctionné en France, la vaporisation devait être certainement poussée plus énergiquement, en raison même du peu d'étendue de leur surface de chauffe, dont il est juste de dire que le foyer formait une partie très-notable. D'après des expériences faites par M. Tourasse, ancien directeur du chemin de fer de Saint-Étienne à Lyon, et dont les résultats sont consignés dans un tableau qui est donné dans la 3e vol. de *la Publication industrielle,* il résulte que la vaporisation s'est élevée, avec plusieurs machines, de 38 à 54 kilogrammes d'eau par mètre carré de surface de chauffe totale.

Si nous examinons, au contraire, des expériences faites tout récemment sur le chemin de fer du Nord, à l'aide des plus puissantes machines dont on ait encore fait usage, nous voyons que la vaporisation a varié, entre plusieurs essais, de 24 à 36 kil. d'eau par mètre.

En résumé, il est très-difficile de donner des chiffres réguliers sur ce fait que tant de causes tendent à modifier. D'ailleurs, en mentionnant les expériences exécutées en diverses circonstances, les auteurs spéciaux omettent souvent dans leurs relations quelques éléments dont le défaut vous laisse dans une très-grande perplexité, tandis que l'on voudrait établir des bases exactes. Suivant les savants auteurs de l'ouvrage, *le Guide du Mécanicien et du Conducteur de locomotives,* la recherche du pouvoir de vaporisation d'une chaudière de locomotive, rapporté à l'étendue de la surface de chauffe, manquerait d'intérêt, à cause des conditions de marche qui peuvent en changer totalement la valeur, même pour une machine déterminée.

Si nous nous permettons, pour l'instant, de comparer les locomotives aux machines fixes, quant à la relation à établir entre la surface de chauffe et la puissance en chevaux développée utilement, nous dirons que cette surface est environ le 1/3 ou la 1/2, au plus, de ce que l'on adopte pour les machines fixes, car, au lieu de 12 à 15 kilogrammes d'eau vaporisés par mètre carré de surface de chauffe totale, avec les générateurs à bouilleurs ordinaires, nous venons de voir que l'on produit avec ceux des locomotives, qui sont tubulaires et à tirage forcé, 20 à 30 kilogrammes par mètre de surface de chauffe, et même quelquefois davantage.

On ne pourrait mieux faire, pour fixer les idées à cet égard, que de mentionner l'étendue de la surface de chauffe possédée par des locomotives dont la puissance est connue, ainsi que le rapport qui existe entre la surface des tubes et celle du foyer directement soumise à l'action du calorique.

Ainsi, dans la locomotive du système Polonceau, qui a été prise ci-dessus pour exemple, la surface totale est de 79 mètres carrés, dont 73 pour les tubes et 6 pour le foyer, d'où cette dernière partie est environ le 1/13 de la surface totale.

Si cette machine devait marcher à la vitesse de 50 kilomètres à l'heure, en développant une puissance qui corresponde à une dépense constante de vapeur à 6 atmosphères, avec admission pendant les 2/3 de la course, on trouverait, d'après le volume des cylindres et le diamètre des roues motrices, le poids total de vapeur suivant :

Volume d'une cylindrée..............................	$0^{m.c.}$ 07542
Nombre de tours de roue par heure pour 50 kilomètres...	7851^{t} 76
Nombre total de cylindrées............................	31407
Poids d'un mètre cube de vapeur à 6 atmosphères........	3^{k} 0402

Poids total cherché :

$$0^{\text{m.c.}}\,07542 \times 3140^{\text{-cyl.}} \times 3^{\text{k}}\,0402 \times 2/3 = 4801 \text{ kilogrammes.}$$

Cette dépense, qui correspond à peu près à 60 kil. par mètre carré de surface de chauffe, serait complétement anormale et presque le double de la production ordinaire de vapeur avec une machine établie dans ces conditions. Elle correspondrait à peu de chose près à l'effort de traction maximum, donné pour exemple, et que la machine peut à la vérité développer momentanément, mais non d'une manière continue. On se rapprochera davantage de la vérité en disant que cette machine doit atteindre, pour utiliser son adhérence, une puissance vaporisatoire d'environ 3000 kilogrammes d'eau par heure, ce qui correspondrait à peu près à 37 kilogrammes par mètre de chauffe, résultat élevé, mais comparable à ce qui a été obtenu dans diverses expériences et sur plusieurs lignes de fer, ainsi que nous l'avons indiqué ci-dessus.

VITESSE DE TRANSLATION.

La vitesse de translation d'une machine locomotive et du train qu'elle remorque, rapportée d'abord à son mécanisme, dépend évidemment du diamètre des roues motrices et de la vitesse de rotation que la vapeur est capable de leur transmettre. Pour une même vitesse de propulsion on pourrait donc faire varier à volonté l'une ou l'autre de ces conditions, si des motifs particuliers ne conduisaient, au contraire, à les maintenir toutes deux dans un certain rapport.

Déjà, si l'on donnait aux roues un très-grand diamètre, comparativement à la largeur de la voie, on élèverait le centre de gravité de la machine, et l'on compromettrait sa stabilité. Avec un trop faible diamètre, au contraire, on ne pourrait atteindre de grandes vitesses de translation sans multiplier démesurément le nombre de pulsations de tout le mécanisme.

Mais il existe encore un motif pour limiter convenablement le diamètre des roues : c'est la valeur de l'adhérence donnée à la machine.

Nous avons expliqué (p. 199) comment l'effort à exercer par les pistons se trouve en rapport avec cette adhérence et avec celui des rayons des roues motrices et des manivelles. Si l'on reunissait, par exemple, une forte adhérence et des roues de grand diamètre, on serait amené, à puissance motrice égale, à une très-faible vitesse de rotation, et à d'énormes dimensions pour tout le mécanisme; c'est la même chose que pour les moteurs fixes qui, pour une même force, peuvent être de volumes bien différents, suivant leur vitesse de rotation. Enfin, si l'effort de traction, et par conséquent l'adhérence, sont faibles, le mécanisme peut, tout en restant dans les limites convenables, transmettre sa puissance à de grandes roues, et faire acquérir de grandes vitesses de translation.

Ces remarques puisent surtout leur importance sur ce fait : que la largeur d'une voie ferrée étant donnée, ainsi que ses différentes parties *courbes*, la puissance maximum des machines qui doivent y circuler se trouve limitée à un chiffre qu'il est difficile de dépasser.

Pour qu'une machine soit puissante, il lui faut une grande surface de chauffe, obtenue par la longueur ou le diamètre de la chaudière : trop longue, elle ne peut plus passer dans les courbes; trop grosse, et ne pouvant plus se loger entre les roues, il faut l'élever, ce qui rend les conditions de sa stabilité moins favorables.

Donc, la puissance maximum atteinte, il faut la traduire en : forte traction et petite vitesse, ou en faible traction et une vitesse considérable.

La première condition correspond à ce que l'on désigne par *machines à marchandises*, qui entraînent, en effet, de très-grandes charges à une faible vitesse. Leurs roues motrices sont petites, ce qui rapproche le chiffre de l'adhérence, ou de la traction, de l'effort exercé par les pistons.

La deuxième condition correspond aux *machines à voyageurs* qui entraînent de faibles charges à de très-grandes vitesses. Leurs roues motrices sont grandes, et les pistons transmettent néanmoins un effort moins considérable, attendu que la charge à entraîner est beaucoup plus faible.

Cependant ceci ne veut pas dire que toutes les machines locomotives sont de même puissance, traduite pour les unes en forte traction et pour les autres en grande vitesse; il existe au contraire de notables différences entre elles, les plus puissantes destinées aux marchandises. Mais les variations de puissances sont beaucoup moins étendues que pour les machines fixes, ce qui est bien concevable, puisque toutes doivent fonctionner sur des voies semblables (excepté une ligne d'expérience en Angleterre, le *Great Western*, dont la voie est plus large que sur tous les autres chemins de l'Europe).

Pour donner une idée de la variation entre les puissances des locomotives en usage actuellement, nous citerons le relevé si complet des dimensions de 20 machines, consigné dans l'ouvrage de MM. Lechatelier, Flachat, Petiet et Polonceau.

Ce relevé nous apprend que sur huit types de machines dites : *à voyageurs*, construites de 1840 à 1857, l'étendue de la surface de chauffe varie de 55 à 100 mètres carrés. Mais dans cette série se trouvent comprises des machines qui ne circulent plus, et qui appartiennent à une époque déjà éloignée du moment où les chemins de fer ont pris une extension importante. Si nous prenons le terme moyen, correspondant à peu près à 1847, nous trouvons un type de machine dont la surface de chauffe atteint 90 mètres.

L'autre partie de la série comprend douze machines de différents systèmes, mixtes, à marchandises et à fortes rampes, et construites dans la période de 1845 à 1858. Leur surface de chauffe varie de 69 mètres carrés (la machine la plus ancienne) à 196 mètres, et se maintient, en moyenne, de 120 à 130 mètres.

Nous pouvons donc admettre, à l'appui de notre point de départ, que les machines aujourd'hui en usage varient de puissance tout au plus du simple au double, si l'on prend pour expression leur surface de chauffe totale qui se maintient assez sensiblement aux environs de 90 mètres et n'atteint jamais 200.

En résumé, les différents modes d'utiliser la puissance des locomotives conduisent à donner aux roues motrices des diamètres qui varient de 1ᵐ 22 à 2ᵐ 10, pour des vitesses variant de 35 à 75 kilomètres par heure, et au-dessus.

Si nous prenons pour exemple la plus petite roue et la plus faible vitesse, nous trouvons pour le nombre de tours à effectuer par minute :

$$\frac{35000}{60' \times 3,1416 \times 1,22} = 150 \text{ tours environ ;}$$

ce qui fait aussi 2,5 tours par seconde.

Quant à la vitesse circonférentielle par 1″, qui est celle de translation du train dans le même temps, elle est, par la donnée même :

$$\frac{35000^m}{3600} = 9^m 722.$$

Faisant la même recherche pour la vitesse maximum, 100 kilomètres à l'heure, que l'on atteint quelquefois avec des machines munies des plus grandes roues motrices de 2ᵐ 10 de diamètre, on trouve :

Pour le nombre de tours par minute et par seconde,

$$\frac{100000^m}{60' \times 3,1416 \times 2^m 1} = 252^t 6 \text{ par } 1'; \text{ soit, par } 1'' : \frac{252,6}{60} = 4^t 21$$

Pour la vitesse de translation par seconde :

$$\frac{100000}{3600} = 27^m 778.$$

Cette vitesse est énorme, en raison du grand nombre de pulsations que doit donner le mécanisme, et qui, pour 4ᵗ 21 correspond, par conséquent, à plus de huit coups simples, pour chacun des deux pistons, par 1″. Pour obtenir normalement une aussi grande vitesse de translation, il faudrait pouvoir augmenter le diamètre des roues de façon à ne pas dépasser 2 1/2 à 3 tours par seconde, qui est la vitesse la plus généralement adoptée, et celle pour laquelle les ingénieurs spéciaux jugent que le mécanisme ne subit pas de détérioration trop sensible.

Voyons maintenant ce que devient la vitesse linéaire des pistons, comparativement à celle des machines fixes, qui ne sort guère des limites de 0ᵐ 60 par seconde pour les petites forces, et de 1ᵐ 20 à 1ᵐ 50 pour les grandes.

Prenons encore la machine Polonceau, destinée au service à grande vitesse. La course des pistons étant de 0ᵐ 600, leur vitesse moyenne linéaire, pour 2 1/2 tours de roue par 1″, correspondant à 5 coups simples, sera de 3 mètres, et pour 3 tours de 3ᵐ 60.

Pour la grande vitesse de 100 kilomètres, et avec la machine à roues motrices de 2ᵐ 10, dont la course des pistons est de 0ᵐ 55, le nombre de tours 4,21, trouvé ci-dessus, donnerait pour la vitesse des pistons :

$$4,21 \times 2 \times 0,55 = 4^m 631 \text{ par } 1''.$$

On comprend combien serait rapide la destruction du mécanisme marchant constamment à une pareille vitesse, et combien il serait difficile de régulariser les fonctions de la distribution.

RÉCAPITULATION DES CONDITIONS D'ÉTABLISSEMENT
D'UNE MACHINE LOCOMOTIVE.

Tout ce qui précède permet de se faire une idée des conditions à remplir pour combiner les dimensions d'une locomotive, pour laquelle on a maintenant partout, comme donnée primitive, la largeur de la voie sur laquelle elle doit circuler. La nécessité de faire passer indifféremment le matériel d'une ligne sur l'autre, et même entre plusieurs contrées différentes, conduit naturellement à l'adoption d'une largeur de voie parfaitement uniforme, laquelle a été fixée, dès l'origine, à 1^m44 entre les deux rails, soit à 1^m50 de centre en centre.

Donc, étant donnée cette voie, lorsque l'on établit une locomotive, on recherche les conditions principales suivantes :

1° Étendre la surface de chauffe de façon à la mettre en rapport avec la puissance de traction pour laquelle elle doit être construite;

2° Fixer son poids et sa répartition sur les essieux pour atteindre l'adhérence nécessaire, sans dépasser sensiblement un maximum de 10000 kilogrammes par essieu, ce qui suppose déjà des rails très-solides et reposant sur des supports suffisamment rapprochés;

3° Limiter l'écartement des essieux extrêmes, conformément aux courbes de la voie, dans lesquelles un véhicule rigide ne pourrait passer au delà d'une certaine longueur;

4° Pour une machine à grande vitesse, donner aux roues le plus grand diamètre possible, sans compromettre néanmoins la stabilité de la machine, en élevant trop le corps de la chaudière pour lui faire éviter les roues, dont l'écartement est limité à celui même de la voie;

5° Répartir toutes les parties de la machine sur ses supports (les essieux), de façon à éviter tout porte-à-faux, cause d'instabilité;

6° Enfin, combiner la vitesse de translation, le diamètre des roues motrices et l'effort de traction, en vue de ne pas trop multiplier les pulsations du mécanisme, sans les restreindre cependant au point de donner à ce mécanisme des dimensions exagérées.

Tous les perfectionnements apportés à la structure générale des locomotives depuis leur invention primitive ont tourné autour de ces conditions principales. C'est ainsi que sont nés plusieurs types principaux, que nous allons passer rapidement en revue pour en faire connaître le principe.

FIN DU CHAPITRE DEUXIÈME.

CHAPITRE III

MACHINES LOCOMOTIVES DE TYPES ET D'EMPLOIS DIFFÉRENTS

CLASSIFICATION DES TYPES

En considération des principes généraux énoncés à la fin du chapitre précédent, les ingénieurs-constructeurs de locomotives sont arrivés à produire des machines de systèmes très-divers, et parmi lesquels on reconnaît d'abord les points caractéristiques suivants :

1° Le nombre de paires de roues, leur diamètre et leur répartition par rapport à l'ensemble de la machine ;

2° L'isolement de l'essieu moteur, ou sa connexion avec l'un des autres ou avec tous ;

3° La position des cylindres, horizontaux ou inclinés, placés à l'intérieur ou à l'extérieur du cadre qui porte la machine ;

4° Enfin la puissance même de la machine, caractérisée surtout par l'étendue plus ou moins grande de sa surface de chauffe.

Ainsi qu'on l'a expliqué ci-dessus, la même machine ne pouvant pas posséder les propriétés réunies de vitesse et de puissance de traction au plus haut degré, les modifications essentielles qui distinguent une machine d'une autre donnent lieu à quatre classes principales de machines, appliquées à des services différents, et qui sont désignées ainsi :

1° Les machines dites *à voyageurs*, qui sont destinées au service à grande vitesse, susceptibles d'atteindre depuis 40 jusqu'à 100 kilomètres à l'heure, et dans lesquelles la puissance motrice se traduit en vitesse au détriment de la traction qui est comparativement peu élevée. Cette traduction est opérée en donnant aux roues motrices un très-grand diamètre, en rapport avec la vitesse à atteindre, de façon à restreindre le nombre de pulsations du mécanisme à l'unité de temps. L'essieu moteur se trouve isolé des autres, dont les roues ont alors un plus faible diamètre. Ces machines entraînent des convois de voyageurs qui peuvent comprendre de quinze à vingt voitures, en service ordinaire, lorsque la vitesse ne dépasse pas 40 à 50 kilomètres ; mais qui se réduisent à sept ou huit, même avec les machines les plus puissantes, quand la vitesse atteint 80 à 100 ;

2° Les machines dites *à marchandises*, avec lesquelles on utilise la puissance en forte traction, mais en se bornant à une vitesse de 20 à 30 kilomètres à l'heure.

Pour cela, leurs roues sont petites, d'égal diamètre et accouplées pour les rendre toutes motrices, afin d'utiliser le poids total de la machine pour l'adhérence;

3° Les machines *mixtes,* qui sont appelées à faire un service intermédiaire et à entraîner des trains plus ou moins chargés, de voyageurs et de marchandises, mais à des vitesses dépassant peu 45 kilomètres à l'heure. Ce qui les distingue, comme structure extérieure, c'est que deux de leurs essieux sont moteurs et les roues correspondantes de diamètre égal. Aujourd'hui les machines mixtes sont d'un emploi très-fréquent, car pour les vitesses moyennes, que l'on ne peut pas dépasser sur les lignes dont les stations sont fréquentes, elles offrent l'avantage de leur puissante adhérence et permettent d'entraîner des convois de voyageurs très-considérables, sans avoir recours, aussi fréquemment qu'il y a quelques années, à l'emploi de deux machines pour le même train;

4° Les machines dites à forte rampe, ou machines *Engerth,* du nom de l'ingénieur qui en fit le premier l'application. Ce sont des machines qui sont combinées pour le plus grand effort de traction possible, et qui, participant en cela du système *à marchandises,* en diffèrent néanmoins dans leur structure par des points que nous ferons connaître.

En dehors de ces quatre classes principales, il existe aussi les *machines-tender,* dans lesquelles le tender ou chariot d'approvisionnement d'eau et de combustible, constituant un véhicule séparé pour les autres machines, est supprimé dans celles-ci qui portent elles-mêmes leur approvisionnement. Ce système, appliqué déjà depuis longtemps, a reçu, dans ces dernières années, une extension considérable. Il est vrai que ces machines sont d'un usage très-commode pour le service des lignes à faibles parcours, et d'un maniement facile pour les manœuvres. Comme c'est une machine de ce système que nous décrivons plus loin dans tous ses détails, nous n'ajouterons rien à leur sujet, quant à présent.

Nous allons examiner quelques types des quatre classes, en produisant seulement le tracé géométrique de leur structure. Il suffira pour cela de se rappeler la désignation de leurs parties principales, qui sont :

La boîte à feu renfermant le coffre du foyer;

Le corps cylindrique ou tubulaire ;

La boîte à fumée ;

Le réservoir de prise de vapeur;

Le cadre, formé des longerons et des traverses extrêmes, et qui réunit la chaudière avec le mécanisme, en même temps que s'y rattachent les essieux par lesquels l'ensemble de la machine repose sur la voie.

MACHINES A VOYAGEURS.

TYPE AVEC ESSIEU A L'ARRIÈRE DE LA BOITE A FEU. — Les premières machines qui furent mises en circulation sur nos chemins de fer étaient de faible puissance et construites assez sensiblement sur le principe de celle de Stephenson,

dont on a vu précédemment une image. (fig. 119). Le peu de dimension de ces
locomotives permettait de les faire reposer seulement sur quatre roues, dont les
essieux étaient nécessairement placés entre le coffre du foyer et la boîte à feu.
Mais bientôt, par la nécessité d'établir des machines plus puissantes (ce qui conduisait à augmenter la surface de chauffe, et, de toute façon, le poids total de l'appareil), on construisit des machines à six roues dans lesquelles un troisième essieu
se trouvait en arrière du foyer. Plusieurs constructeurs, parmi lesquels on pourrait
citer MM. Sharp, Roberts, Stephenson, Cavé, etc., ont exécuté de semblables machines avant 1839 et 1840.

Néanmoins les anciennes locomotives à quatre roues continuaient de circuler
sur les chemins français, lorsque survint le terrible accident du 8 mai 1842, sur
le chemin de fer de Versailles (rive gauche), et dont la cause est attribuable à la
rupture de l'essieu moteur de la machine du système à quatre roues, et qui sortit
immédiatement de la voie, ne possédant plus qu'un essieu pour la supporter et la
maintenir.

Depuis lors, malgré l'avantage que présente le système à quatre roues pour le
passage des courbes, on crut prudent d'y renoncer, et les machines à six roues,
dont la disposition est justifiée par l'augmentation toujours croissante des dimensions et du poids, furent exclusivement adoptées.

Comme type assez récent de ces machines à voyageurs, nous devons faire connaître celle du chemin de fer de Lyon, construite en 1856 dans les établissements
de MM. Cail et Cᵉ.

Fig. 122.

La fig. 122 représente la disposition générale de cette machine, avec les dimensions principales:

Les cylindres à vapeur sont *extérieurs*, c'est-à-dire fixés en dehors du cadre, et communiquent respectivement avec chaque roue motrice, qui porte directement le bouton sur lequel s'assemble la bielle. Cette disposition, appliquée dans l'origine par R. Stephenson, avait pour but principal la suppression de l'essieu coudé, qui est d'une exécution difficile pour l'obtenir avec toute la solidité nécessaire, mais dont l'emploi est forcé lorsque les cylindres sont placés à l'intérieur des roues; elle est très-répandue aujourd'hui, bien qu'on lui préfère le mode à cylindres intérieurs, qui conserve mieux la stabilité de la machine, et qui est rendue plus facile maintenant qu'autrefois, par les progrès accomplis dans la fabrication des arbres coudés.

Cette machine est établie dans les conditions suivantes :

Surface de chauffe	par les tubes	$83^{m.q.}50$	
	par le foyer	6	78
	totale	90	28
Nombre des tubes		156	
Diamètre des pistons		0^m400	
Course id.		0	600
Diamètre des roues motrices		1	810
Poids total de la machine à vide		25000 kil.	
Id. id. en marche		28560	
Charge, en marche, sur l'essieu d'avant		12340	
Id. id. moteur		12640	
Id. id. d'arrière		3580	
Vitesse, par minute, des roues motrices, pour 60 kilomètres à l'heure		175,8 tours.	

L'aspect du tracé de cette machine et la répartition de son poids sur les trois essieux permettent d'apprécier les conditions recherchées pour son établissement, et pour celles du même genre.

En principe, on doit chercher à éviter les porte-à-faux, et pour y réussir complétement il faudrait pouvoir placer les principales masses extrêmes *entre deux paires de roues*. Mais cela n'est pas possible ici à l'égard des cylindres, car pour disposer une paire de roues en avant d'eux, et reculer néanmoins assez l'essieu moteur, dans la limite indiquée par la boîte à feu, pour laisser à la bielle une longueur suffisante, la distance de ces deux paires de roues ne permettrait plus, à cause du passage des courbes, d'ajouter une troisième paire de roues, et la boîte à feu retomberait en porte-à-faux.

On dispose alors la première paire de roues en arrière des cylindres, mais le plus près possible, et la troisième en arrière du foyer; la distance des roues extrêmes, à leur point de tangence avec les rails, est ainsi réduite à 4^m49. Mais par la position même des trois paires de roues et par la résistance des ressorts de suspension qui leur sont appliqués, on s'est arrangé pour que la plus grande partie du poids repose sur les deux essieux d'avant, et la principale sur l'essieu moteur.

On vient de voir, en effet, que la machine pesant, en état de marche, c'est-à-dire avec l'eau et le combustible, 28560 kilog., 12640 portent sur l'essieu moteur et sont afférents à l'adhérence, 12340 sur l'essieu d'avant, et 3580 seulement sur l'essieu d'arrière.

Comme machine à voyageurs, elle est donc très-puissante, puisque, par son adhérence, elle peut surmonter un effort de traction moyen égal à :

$$12640 \times 0,15 = 1896 \text{ kilog.},$$

soit à peu près 2000 kilog. dans les conditions les plus ordinaires, et qu'elle est pourvue d'une surface de chauffe totale de 90 mètres carrés (l'une des plus étendues que l'on rencontre), dont la chauffe directe par le foyer constitue environ la quinzième partie.

TYPE A TROIS ESSIEUX COMPRIS ENTRE LES CYLINDRES ET LA BOITE A FEU. — Lorsque le chemin de fer du Nord français montait son matériel, vers 1845, on fit la commande, à trois maisons importantes de France, d'un certain nombre de machines locomotives qui devaient être exécutées sur un modèle proposé par l'habile Stéphenson. L'ingénieur anglais voulant obtenir une grande surface de chauffe, et un grand développement des tubes pour refroidir convenablement la fumée, mais sans dépasser l'écartement extrême des essieux dans les machines jusqu'alors en usage, produisit le type dont la fig. 123 est le tracé exact. Ces machines possédaient d'ailleurs de notables perfectionnements de détails, et particulièrement constituaient l'une des premières applications du système à cylindres extérieurs.

Fig. 123.

Ces machines ont présenté néanmoins des inconvénients dans l'application, à cause du porte-à-faux de la boîte à feu et des cylindres, lequel était rendu encore plus sensible par le peu d'écartement des essieux extrêmes, dont la distance n'était que de 3ᵐ015, et par le trop peu de charge sur l'essieu d'avant. Tout ceci les faisait *saboter* sur la voie; on ne parvenait pas non plus à utiliser une assez grande partie du poids pour l'adhérence, car, sur 21500 kilog., poids de la machine en état de marche, l'essieu moteur ne pesait pour sa part sur la voie que 7410 kilog.

Convaincu de ces inconvénients, on a transformé ce système en reportant le dernier essieu en arrière du foyer, comme cela existe dans la machine précédemment citée. La distance des essieux extrêmes, qui avait été réduite à 3ᵐ015, est devenue 4ᵐ40. On a rapproché l'essieu moteur du foyer et allongé sa bielle. Depuis, cette disposition est conservée dans les machines nouvelles; et celle indiquée fig. 122 est précisément l'une des premières qui ont inauguré cette transformation.

TYPE AVEC CYLINDRES PLACÉS ENTRE DEUX PAIRES DE ROUES. — Reconnaissant les inconvénients du précédent système, M. Stephenson a imaginé, vers 1846, de nouvelles machines disposées comme l'indique la fig. 124, c'est-à-dire l'essieu moteur placé près de la boîte à feu et les cylindres extérieurs, entre deux paires de roues. En agissant ainsi, on parvenait à faire porter une plus grande partie de la charge à l'essieu moteur, et utilisable comme adhérence, et à éviter le porte-à-faux des cylindres, tout en chargeant ainsi davantage l'essieu d'avant; mais la boîte à feu restait en porte-à-faux, quoique dans de moins mauvaises conditions, car le centre de gravité de la machine s'en trouvait rapproché davantage.

Fig. 124.

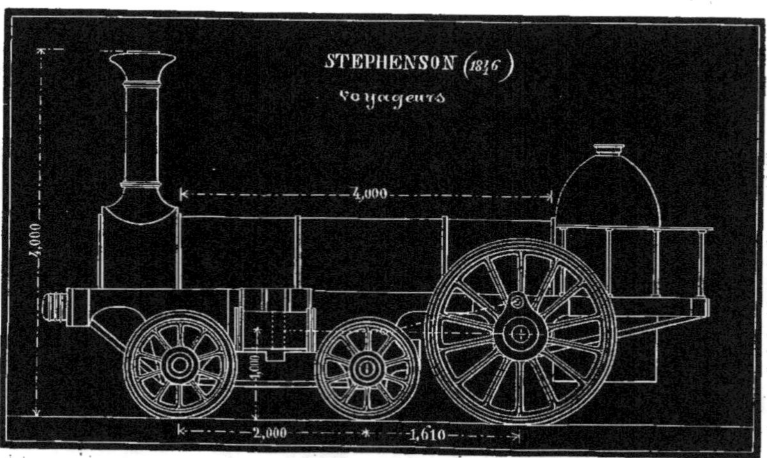

L'emploi de ce système ne s'est pas propagé en France. Mais on a adopté, au contraire, avec assez d'empressement, celui dit de Crampton, qui a quelque analogie avec ce dernier, et dont nous allons expliquer le principe.

Système Crampton, roues motrices a l'arrière du foyer. — Vers la même époque, en 1846, M. Crampton, ingénieur en Angleterre, a imaginé ce système, qui porte maintenant son nom et qui possède des particularités intéressantes.

Il est fondé sur les considérations suivantes, dont nous avons déjà énoncé les motifs :

1° Extension du diamètre des roues motrices, en vue de la plus grande vitesse à obtenir, sans multiplier les pulsations du mécanisme ;

2° Application de grandes roues motrices, sans détruire la stabilité de la machine par l'élévation du centre de la chaudière ;

3° Réunion des mêmes propriétés avec l'agrandissement de la surface de chauffe, afin de suffire à la plus grande vitesse proposée, sans trop réduire l'effort de traction, et sans augmenter démesurément la distance des essieux extrêmes en vue du passage dans les courbes.

Ce simple exposé, joint à la fig. 125 ci-contre, permet de comprendre parfaitement cette disposition et sa raison d'être.

Fig. 125

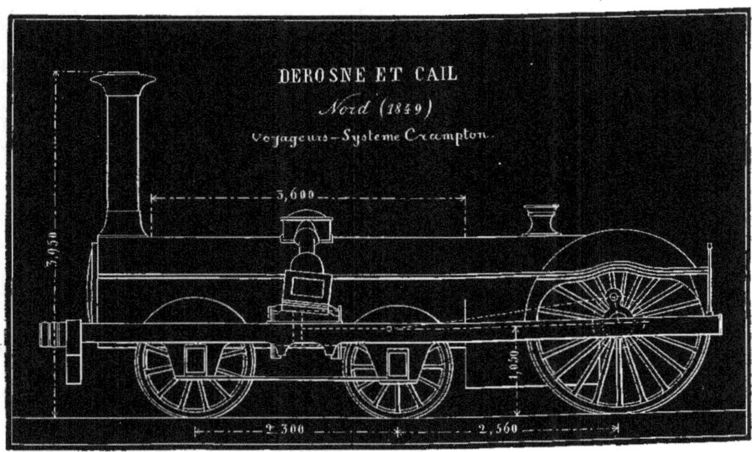

L'essieu moteur se trouvant reporté en arrière du foyer, rien n'empêche maintenant de l'élever suffisamment pour augmenter à volonté le diamètre des roues, sans élever en même temps la chaudière, qui est au contraire placée plus bas dans cette machine que dans les autres, puisqu'il n'y a plus au-dessous d'elle que les essieux des deux paires de roues portantes, entre lesquelles se trouvent installés les cylindres. Aucune masse importante n'est en porte-à-faux ; aussi les ingénieurs spéciaux déclarent-ils que la stabilité de cette machine est très-bonne.

Par l'abaissement du centre de la chaudière et par la mise hors de cause de la position des essieux, la surface de chauffe a pu recevoir une extension considérable, ainsi que nous le montrerons tout à l'heure.

Cependant on a émis l'avis que cette surface pourrait être un peu réduite sans inconvénient, ce qui aurait pour résultat, en diminuant la longueur totale du corps cylindrique, de restreindre aussi la distance des essieux extrêmes, car, en tout état de cause, bien que le dessous de la chaudière soit libre, on ne peut pas laisser dépasser notablement son avant-bout, et avec la longueur qu'elle possède actuellement, qui n'est pas moins de 6 mètres, les centres des essieux extrêmes sont à 4^{m}86, ce qui rend très-pénible le passage de la machine dans les courbes d'un faible rayon.

Quoi qu'il en soit, ce modèle est maintenant très-employé. On l'applique, principalement sur le chemin du Nord, pour le service des trains express, auxquels on fait acquérir des vitesses de 60 à 80 kilomètres à l'heure, et quelquefois davantage. Néanmoins nous avons montré précisément et l'on verra encore plus loin que, malgré les grandes roues, une vitesse soutenue de 80 à 100 kilomètres serait excessive pour la durée du mécanisme et pour la régularité de ses fonctions.

Quant à la répartition du poids, elle est établie de façon que la plus grande partie soit supportée par moitié par les essieux extrêmes, et le restant sur l'essieu intermédiaire. Cette condition concourt puissamment à la bonne stabilité de la machine, dont les extrémités sont alors fortement et également maintenues sur la voie.

Voici les conditions principales d'établissement de la machine Crampton :

Surface de chauffe {	par les tubes.........................	93$^{m.q}$55
	par le foyer.........................	7 00
	totale..............................	100 55
Nombre de tubes.................................		177
Diamètre des pistons.............................		0^{m}400
Course...		0 550
Diamètre des roues motrices......................		2 100
Poids total de la machine, à vide.................		24600 kil.
Id. id. en marche......................		27200
Charge en marche sur l'essieu d'avant.............		10200
Id. id. intermédiaire.............		7000
Id. id. moteur..................		10000
Vitesse, par 1′, des roues motrices, pour 60 kil. à l'heure..		151^{t}58
Id. id. id. pour 100 kilomètres....		252 63

Ainsi, pour cette vitesse extrême de 100 kilomètres à l'heure, le mécanisme devrait effectuer plus de 500 pulsations simples à la minute, ce qui est énorme pour la distribution de la vapeur, pour les pompes alimentaires, etc., et donne lieu à des résistances passives considérables et à une usure correspondante.

Pour 60 kilomètres, au contraire, la vitesse de ces organes est modérée, et il serait à désirer qu'elle ne fût jamais dépassée, c'est-à-dire que l'on pût toujours employer des roues aussi grandes chaque fois que la vitesse atteint seulement 60 kilomètres, tandis que pour 100, en service régulier et continu, le diamètre de $2^m 10$ est encore insuffisant.

Aussi s'est-on constamment occupé de chercher de nouvelles dispositions en vue de l'augmentation du diamètre des roues, qui, sur la voie étroite ordinaire, pourrait cependant difficilement dépasser celui auquel on est parvenu avec la Crampton. Néanmoins on a vu, à l'Exposition universelle de 1855, une machine locomotive très-bien construite par M. Gouin, sur les données de MM. Blavier et Larpent, et dont les roues n'avaient pas moins de 3 mètres de diamètre. Mais leur essieu se trouvait placé entre deux corps composant le générateur, qui se trouvait ainsi fractionné en plusieurs parties.

Les machines Crampton sont appliquées à des trains express, composés de 6 à 7 voitures de 1re classe, susceptibles de renfermer chacune, au maximum, 24 personnes. Ce poids, ajouté à celui du wagon de bagages, et à celui du tender qui, pour cette machine, pèse 18700 kilog., forme un total d'environ 60 tonnes, pour la traction desquelles la machine doit développer une puissance utile qui peut s'élever à près de 300 chevaux (non compris celle absorbée par la machine pour se remorquer elle-même), en franchissant une rampe de 5 millim. par mètre, à la vitesse de 75 kilom. à l'heure, soit à $20^m 833$ par seconde.

Ceci supposerait, en effet, pour l'effort de traction :

$$\frac{300 \times 75}{20,833} = 1071 \text{ kilog.}$$

Le poids du train étant de 60 tonnes, on aurait, dans cette hypothèse, une résistance par tonne égale à

$$\frac{1071}{60} = 17^k 85.$$

En retranchant 1 kilog. par tonne et par millimètre de pente (p. 193), il reste, pour la résistance simple due au roulement et à celles accidentelles diverses, environ 12 kilog., ce qui s'éloigne peu, comme on l'a expliqué (p. 192), des conditions pratiques, en grande vitesse.

MACHINES A MARCHANDISES

Type Polonceau. — Le point caractéristique de la construction des machines à marchandises étant l'accouplement des trois paires de roues, qui doivent être, par conséquent, d'égal diamètre, il en résulte que la structure de toutes ces machines est la même, quant à l'ensemble. Nous en exceptons, bien entendu, le type nouveau, dit Engerth, qui constitue une classe à part.

En effet, la réduction du diamètre des roues et leur égalité, comme aussi l'égalité dans la répartition du poids sur les trois essieux, permettent de loger ceux-ci entre la boîte à feu et les cylindres, sans dépasser la limite convenable de distance des essieux extrèmes; cette disposition vient aussi concorder avec la grande dimension nécessaire pour le corps cylindrique, en rapport avec l'extension à donner à la surface de chauffe. Le coffre du foyer et les cylindres sont en porte-à-faux; mais l'inconvénient n'est pas le même que pour les machines à voyageurs, tant à cause de la vitesse moindre que par l'uniforme répartition de la charge sur les essieux, dont ceux extrêmes sont comparativement très-éloignés, et à une distance relativement plus rapprochée de la longueur totale de la machine.

D'ailleurs l'accouplement des trois essieux rend absolument nécessaire d'en diminuer, autant que possible, la distance extrême, attendu que, ces trois essieux étant soumis à un parallélisme rigoureux, il n'est plus possible, comme avec les machines dont l'essieu d'arrière est indépendant et peu chargé, de laisser à cet essieu une certaine latitude à l'aide d'un peu de jeu dans le montage des boites à graisse sur les longerons.

Nous ne pouvons citer un plus beau modèle de ce genre de machine que celle construite, en 1855, par feu M. Polonceau, et dont chacun a pu admirer la magnifique exécution à l'Exposition universelle de Paris.

Fig. 126.

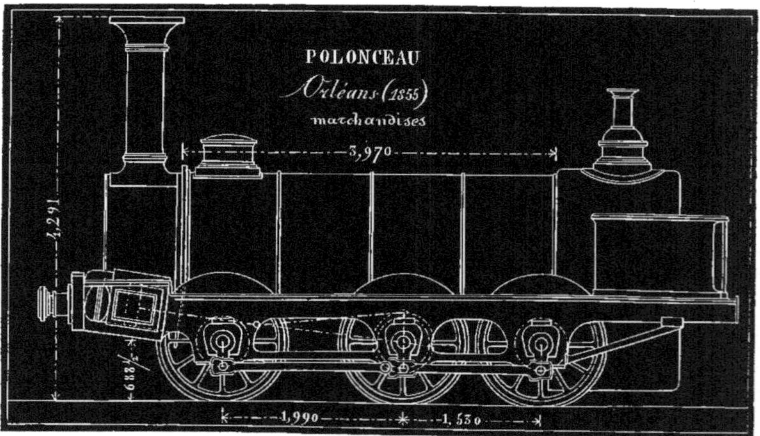

La fig. 126 représente cette machine comme disposition générale et principales dimensions.

Elle permet de reconnaître que le mécanisme est composé de trois essieux, logés entre la boîte à feu et les cylindres, lesquels sont intérieurs et inclinés de façon que le mouvement qui vient actionner l'essieu coudé de la paire de roues centrale puisse éviter celui d'avant. Quoique les cylindres se trouvent placés à l'intérieur du cadre, le mécanisme des tiroirs et celui des pompes alimentaires sont ramenés à l'extérieur, pour en faciliter la visite et l'entretien.

Les trois essieux viennent saillir en dehors des longerons pour recevoir les manivelles sur lesquelles sont montées les bielles d'accouplement qui rendent ces trois paires de roues motrices.

Cette machine fonctionne dans les conditions suivantes :

Surface de chauffe	par les tubes	114$^{\text{m.q}}$900	
	par le foyer	7	300
	totale	122	200
Nombre de tubes		204	
Diamètre des pistons		0^{m}420	
Course		0	650
Diamètre uniforme des roues		1	377
Poids total de la machine à vide		26803 kilog.	
Id. id. en marche		30710	
Charge en marche sur l'essieu d'avant		9905	
Id. id. intermédiaire		10790	
Id. id. d'arrière		10015	
Vitesse des roues, par minute, pour 30 kilom. à l'heure		115^{t}6	

Le poids total de la machine se trouvant utilisé pour l'adhérence, par l'accouplement des roues, il s'ensuit qu'en prenant, comme exemple, 0,15 pour le rapport de l'adhérence au poids, cette machine serait capable de surmonter, sur un chemin de niveau, un effort de traction correspondant, égal à :

$$30710 \times 0,15 = 4606^k5.$$

Nous avons expliqué les motifs pour lesquels on reste beaucoup au-dessous de l'effort possible, dû à l'adhérence, en fixant la charge que la machine doit entraîner ; au lieu de cet effort maximum, on compte tout au plus sur 4000 kilog., et en admettant, pour la composition du train, que la résistance n'atteigne ce chiffre que sur les rampes les plus roides de la ligne. Par exemple, pour celle d'Orléans, sur laquelle cette machine circule, il existe une rampe de 8 mill. par mètre, ce qui produit, à peu près, pour l'entraînement d'un train à faible vitesse (p. 192), une résistance de 12^{k}5 à 13 kil. par tonne du poids total.

Par conséquent, si de l'effort de traction trouvé ci-dessus l'on retranche celui absorbé par la locomotive, effort qui peut être évalué, d'après ce que l'on a vu à environ 15 kil., plus 8 pour la rampe, et par tonne, il reste :

$$4000 \text{ kil.} - (30^t710 \times 23) = 3293^k67$$

pour l'effort de traction utilisable.

Divisant cet effort par la résistance 13 kil. attribuable aux véhicules entraînés, y compris le tender (dont le poids est de 16655 kil.), on trouve :

$$\frac{3293^k67}{13 \text{ kil.}} = 253,36 \text{ tonnes.}$$

C'est-à-dire que le poids total du train, non compris la machine, ne devrait pas dépasser environ 250000 kil. pour être facilement remonté sur la rampe de 8 mill. par mètre, et en supposant que l'état de la voie permît à la machine de conserver au moins comme adhérence 1/6 de son poids.

Le travail utile développé par la machine, dans cette circonstance (la vitesse étant maintenue à 30 kilom. à l'heure), serait environ de 370 chevaux. Mais, comme l'adhérence peut atteindre facilement un chiffre plus élevé que celui pris ici pour base, et que la surface de chauffe de cette machine est considérable, on pourrait compter sur un effort de traction plus grand, et atteignant parfois jusqu'à 400 chevaux.

MACHINES MIXTES

Nous avons dit que les machines *mixtes* se distinguent des deux autres classes, en ce que deux de leurs trois essieux sont connexés et rendus moteurs, et dont les roues correspondantes sont évidemment de même diamètre. Cette combinaison permet de faire ces diamètres plus grands que pour les machines à marchandises, et de profiter d'une plus grande partie du poids pour l'adhérence qu'avec les machines dites à *voyageurs,* dont une seule paire de roues est motrice. Il en résulte que les machines mixtes tiennent le milieu entre les deux autres types pour la vitesse à fournir et la charge à entraîner. En général, elles rendent beaucoup de services, et sont employées même pour des trains de voyageurs dits *omnibus,* qui desservent des stations très-rapprochées, dont la vitesse ne peut être considérable, et qui sont susceptibles d'être quelquefois très-lourds; pour peu surtout que le profil du chemin soit accidenté, l'emploi de la machine mixte devient nécessaire et peut dispenser de la marche à deux machines pour le même train.

Ce système donne lieu à trois types principaux différents, basés sur les combinaisons possibles à l'égard des positions que peuvent occuper le groupe des essieux moteurs et le troisième essieu muni des roues portantes.

Un premier type présente le groupe des deux essieux moteurs inséré entre la boîte à feu et les cylindres, le troisième essieu étant en arrière de la boîte à feu ;

Un deuxième comporte les trois essieux insérés entre ces deux parties, l'essieu portant à l'avant ;

Enfin le troisième reproduit cette disposition, mais l'essieu portant à l'arrière des deux autres.

Nous allons montrer un exemple de chacun de ces trois types.

Type avec l'essieu portant a l'arrière de la boite a feu. — La fig. 127 est le tracé d'une machine de ce genre construite en 1849, par M. Gouin, pour le chemin de fer de Lyon, et portant le nom de *Rhône.*

Cette disposition conduit, comme on le voit, à limiter la longueur du corps cylindrique de la chaudière de façon à ne pas exagérer la distance des essieux extrêmes ; la machine présente ainsi beaucoup de stabilité, attendu que le foyer, quoique vaste, n'est pas en porte-à-faux. De plus, l'essieu portant, et non sujet au parallélisme rigoureux, peut conserver un jeu suffisant pour le passage des courbes, ce qui ne pourrait avoir lieu, sans danger d'instabilité, s'il était à l'avant.

L'essieu d'avant, dont les roues sont connexées avec celles de l'essieu moteur, a pu être placé très-près de la boîte à fumée, en disposant les cylindres à l'intérieur du cadre, ce qui conduit aussi à les incliner pour que le mécanisme passe au-dessus de cet essieu.

Cette machine, qui est donnée pour excellente par les ingénieurs spéciaux, fonctionne dans les conditions suivantes :

Surface de chauffe ⎰ par les tubes	$77^{m.q}$·600
par le foyer	7 · 860
totale	85 · 460
Nombre de tubes	155
Diamètre des pistons	0^m400
Course	0 · 610
Diamètre de quatre roues motrices	1 · 600
Poids total de la machine à vide	22080 kilog.
Id. id. en marche	25426
Charge, en marche, sur l'essieu d'avant	9097
Id. id. intermédiaire	11059
Id. id. d'arrière	5270
Poids utilisable pour l'adhérence	20156
Vitesse, par 1′, des roues motrices, pour 45 kilom. à 1 h.	149′22

Fig. 127.

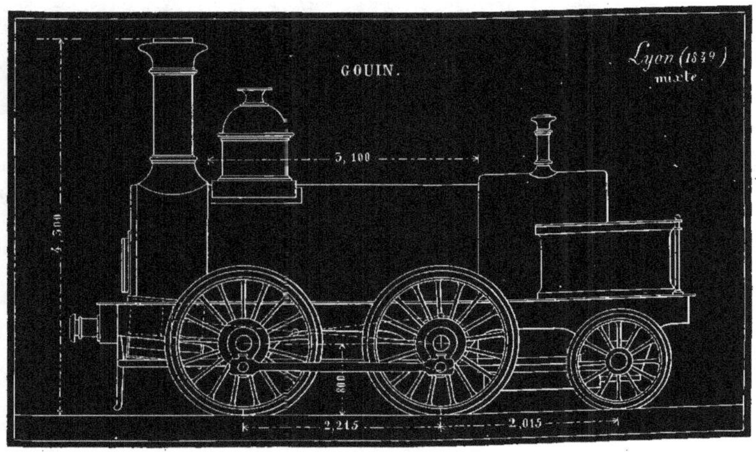

En admettant, comme ci-dessus, l'adhérence au sixième du poids utile, on trouve pour l'effort maximum de traction correspondant :

$$\frac{20156}{6} = 3359 \text{ kil. environ.}$$

Cet effort est excessif et ne pourrait être exercé qu'en marchant beaucoup plus lentement qu'il n'est supposé plus haut, car la chaudière n'y suffirait pas, malgré sa grande étendue. Mais il est admissible que cette machine, qui est du reste très-puissante, peut exercer normalement un effort de traction total d'environ 2000 kilog., et en marchant à la vitesse de 40 kilom. à l'heure.

Type avec les trois essieux intérieurs. — *L'essieu portant à l'avant.* — La fig. 128 représente une machine construite par M. Polonceau, en 1849, et dont la structure repose sur ce principe.

Fig. 128.

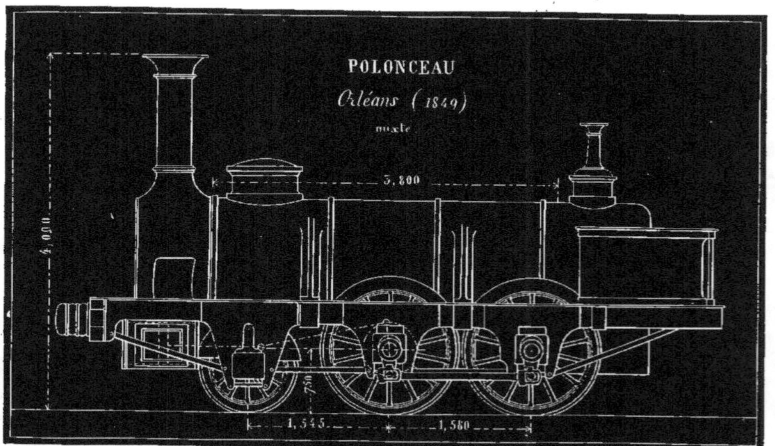

Les trois paires de roues sont placées entre la boîte à feu et les cylindres, et le groupe de roues connexées est à l'arrière. Les cylindres sont intérieurs et horizontaux, leur mécanisme pouvant passer au-dessus du premier essieu.

Pour permettre la comparaison exacte de cette machine avec la précédente, il est nécessaire d'en exposer d'abord les conditions de marche.

Surface de chauffe { par les tubes	90.mq.396	
{ par le foyer	6 252	
{ totale	96 648	
Nombre de tubes	180	
Diamètre des pistons	0m440	
Course	0 600	
Diamètre des roues motrices	1 500	
Poids total de la machine à vide	22460 kilog.	
Id. id. en marche	25871	
Charge, en marche, sur l'essieu d'avant	7275	

Charge, en marche, sur l'essieu intermédiaire............   10028
   Id.   id.   id.   d'arrière...............   8568
Poids utilisable pour l'adhérence......................   18596

Si l'on met en parallèle les conditions de marche de ces deux machines, on fait les remarques suivantes :

1° Dans la seconde, les essieux extrêmes sont plus rapprochés ; mais, comme l'essieu portant est à l'avant, on n'a pas la facilité de lui laisser du jeu, ce qui est possible avec l'autre disposition ;

2° La surface de chauffe totale de la seconde est plus grande ; mais le rapport entre celles du foyer et des tubes est 1/15, tandis qu'il est 1/11 pour la première, dont le pouvoir de vaporisation ne semble pas alors moins grand ;

3° L'essieu portant placé à l'avant, le mécanisme des pistons est horizontal ; mais pour cela il a fallu charger beaucoup cet essieu, afin de maintenir la stabilité, de façon qu'à poids total à peu près le même, la puissance adhérente de la seconde est plus faible que celle de la première ;

4° Enfin, malgré l'allongement de la chaudière, l'insertion des trois essieux entre la boîte à feu et les cylindres n'a pas permis de donner aux roues motrices un diamètre aussi grand que dans la première machine, ce qui conduit, à vitesse de translation égale, à un plus grand nombre de pulsations du mécanisme.

Fig. 129.

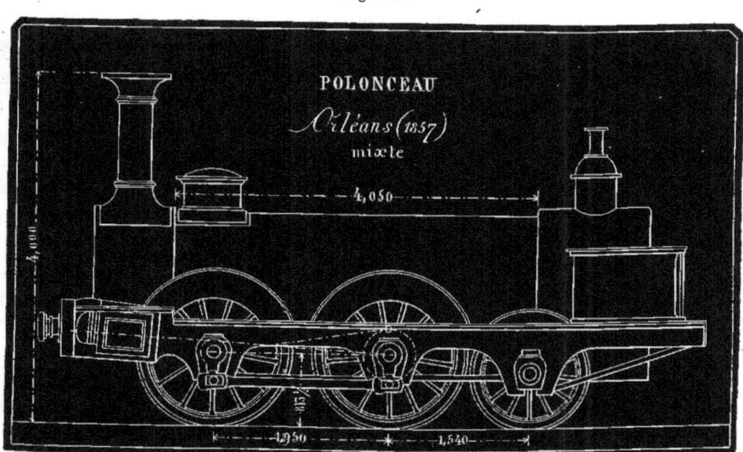

L'essieu portant à l'arrière. — D'après cela, on peut admettre que la première disposition a quelques avantages sur la seconde. Plus tard, du reste, M. Polonceau, combinant une autre machine mixte, est revenu à la disposition représentée fig. 129, les essieux maintenus, néanmoins, à l'intérieur des coffres extrèmes.

Dans cette machine mixte, construite conformément à ces vues, en 1857, pour le chemin d'Orléans, l'essieu portant est à l'arrière, et les roues motrices sont même plus grandes que dans la machine *Rhône*. L'écartement des essieux est aussi plus faible que dans cette machine, mais un peu plus grand que dans la précédente.

MACHINES DE GRANDE PUISSANCE

(SYSTÈME ENGERTH)

En 1851, le gouvernement autrichien ouvrit un concours pour la construction d'une locomotive capable de remplir certaines conditions exceptionnelles. Ainsi le type demandé devait atteindre un degré d'adhérence suffisant pour remonter de fortes charges sur le chemin de fer dit du Sœmmering, présentant de longues rampes de plus de 35 millim. par mètre et des courbes d'un faible rayon; la machine devait aussi s'arrêter et se maintenir aisément sur ces rampes, etc.

Lorsqu'on possède une connaissance suffisante des conditions de marche d'une locomotive, en général, on entrevoit de suite celles qu'il faudrait réunir pour le cas proposé et les difficultés qu'il soulève.

Pour une grande puissance et une forte adhérence, il faut un grand générateur et une forte charge sur les essieux moteurs. Or, nous venons d'examiner les difficultés inhérentes à l'emploi de chaudières beaucoup plus étendues que dans les différents types en usage; quant au grand poids à donner à l'ensemble de la machine, il n'est pas difficile à créer, mais il faut le répartir sur un nombre suffisant d'essieux pour ne pas fatiguer la voie, et connexer ces essieux pour utiliser ce poids total. Comme il était reconnu, par les ingénieurs qui se sont livrés à l'étude du problème proposé, que le poids adhérent devait atteindre au moins 40 tonnes, pour remplir les conditions requises, trois essieux ne suffisaient plus : il en fallait au moins quatre, et dont les extrêmes fussent, de toute façon, assez éloignés pour porter convenablement la chaudière, laquelle devait être de très-grande dimension, et néanmoins on devait passer dans des courbes d'un faible rayon, etc.

Bien des ingénieurs proposèrent des projets. Nous devons citer, à notre connaissance, M. Tourasse, qui en fit plusieurs, et qui avait, du reste, très-bien compris la proposition, car ses projets offraient beaucoup de points communs avec la disposition adoptée ultérieurement.

Toutefois aucun des projets présentés au concours ne fut reconnu comme remplissant entièrement les conditions. Cependant la locomotive envoyée par l'établissement de Seraing fut très-remarquée et placée en première ligne.

Mais une année ou deux après, M. G. Engerth, ingénieur des chemins de fer de l'Autriche, et qui faisait partie de la commission d'examen pour le concours de Sœmmering, proposa une disposition qui fut adoptée d'abord en Autriche, et ensuite dans plusieurs pays de l'Europe, notamment en France, où son système, modifié en divers points, est utilisé pour remorquer de très-lourds convois de marchandises.

Pour répondre aux diverses conditions énumérées ci-dessus, M. Engerth a eu l'idée de rendre le tender en quelque sorte solidaire de la machine, en réunissant les deux véhicules par une articulation qui permette le passage des courbes, mais en connexant, à l'aide d'engrenages, les roues du tender avec celles de la machine, de façon à utiliser leur poids total pour l'adhérence.

En somme, voici la composition de cette machine.

A partir des cylindres, qui sont extérieurs, le corps de la chaudière est porté sur trois paires de roues connexées par des bielles ; ensuite viennent deux autres paires de roues entre lesquelles se trouve la boîte à feu, et au delà le coffre qui constitue le tender, dont les caisses à eau s'étendent le long des flancs du corps tubulaire, comme nous en montrons plus loin un exemple analogue dans une machine-tender. A l'endroit de l'essieu placé à l'avant du foyer, le châssis qui réunit les cinq paires de roues est en quelque sorte *brisé*, de façon à permettre le passage des courbes, et cet essieu est connexé avec celui qui le précède à l'aide de trois forts pignons droits en acier.

Par cette disposition, la chaudière a pris un très-grand développement, tout en restant supportée par quatre essieux, dont un peut osciller horizontalement. Le foyer placé entre ce dernier essieu et un cinquième a pu recevoir aussi une dimension inusitée et concourir ainsi à l'augmentation de la puissance vaporisatoire. Enfin le poids adhérent a pu atteindre le chiffre énorme de 50 tonnes, puissance dont il est facile d'estimer la valeur, en se reportant à ce qui a été dit précédemment à cet égard.

En France, le système Engerth a été modifié, surtout par la suppression des engrenages. M. Schneider, l'habile directeur des ateliers du Creusot s'est chargé de cette étude, et a construit, pour le chemin de fer du Nord, un certain nombre de ces machines ainsi transformées, mais conservant néanmoins les points caractéristiques de l'invention de l'ingénieur autrichien.

Les machines Engerth du chemin du Nord présentent un énorme corps cylindrique monté sur quatre paires de roues connexées par des bielles ; le foyer, qui semble être en porte-à-faux, repose sur le châssis prolongé d'un tender, lequel est porté sur deux paires de roues indépendantes, et relié à celui de la machine par un bâti articulé dans le sens horizontal.

En résumant cette disposition, nous dirons que le mécanisme est celui d'une machine ordinaire à marchandises, mais montée sur quatre essieux, au lieu de trois, et dont les roues sont d'assez faible diamètre pour ne pas donner lieu à un *entre-axe* extrême trop grand pour passer dans les courbes. Mais elle redevient du système Engerth par le foyer en partie supporté par le châssis du tender, lequel vient lui-même se rattacher par articulation à celui de la machine. En connexant quatre essieux, au lieu de trois, on a sacrifié la facilité de passage dans les courbes de faible rayon pour la suppression des engrenages, dont le fonctionnement est vicieux, malgré tout le soin apporté dans leur construction. Cette modification a été apportée depuis, même sur le Sœmmering, par M. Lagrange, ingénieur en chef de cette ligne.

Pour compléter cet aperçu, voici les conditions de marche de l'une de ces puissantes machines Engerth modifiée par les ingénieurs français.

Surface de chauffe { par les tubes	186m.q.688	
par le foyer	9	708
totale	196	396
Nombre de tubes	235	
Diamètre des pistons	0m500	
Course	0 660	
Diamètre des roues motrices	1 258	
Écartement des essieux extrêmes fixes	3 950	
Poids total de la machine à vide	45700 kil.	
Id. de la machine et du tender en marche	62800	
Charge en marche sur le 1er essieu (avant)	10100	
Id. id. 2e —	9200	
Id. id. 3e —	9900	
Id. id. 4e —	11100	
Charge totale sur les 4 essieux et utilisable pour l'adhérence	40300	

Ces conditions de marche correspondent ainsi à une énorme puissance, moins considérable cependant que les machines autrichiennes du même système, mais néanmoins très-supérieure à celle des machines à marchandises ordinaires.

Les savants auteurs du *Guide du Mécanicien* constatent qu'une machine de ce genre : « peut traîner couramment 45 wagons chargés chacun de 10 tonnes utiles, sur des chemins offrant des pentes maxima de 5 millim. par mètre. »

En effet, voici le résultat de l'une des expériences faites avec l'une de ces machines sur le chemin de fer du Nord, et relatées par M. Flachat, dans son ouvrage sur la traversée des Alpes :

Train remorqué composé de 42 wagons formant un poids total de	570611 kil.
Poids de la machine	62800
Poids total du train	633411 kil.
Vitesse moyenne par heure	16km.7
Effort de traction estimé par tonne, y compris l'influence d'une rampe de 5 millim. par mètre	9kg.25

D'où, l'effort de traction total égale :

$$633^t 411 \times 9^k 25 = 5859 \text{ kilogrammes.}$$

Si l'on veut établir la comparaison, comme puissance nominale avec les autres machines citées précédemment, on trouve pour la force en chevaux développée par celle-ci, dans ces conditions :

$$\frac{16700^m \times 5859^k}{3600'' \times 75} = 362^{ch}.39.$$

Il est admissible que la machine aurait pu, tout en remorquant la même charge, acquérir une vitesse un peu supérieure, car pour cette expérience, la dépense d'eau ne s'est élevée qu'à 5454 kil. par heure, ce qui, rapporté à sa grande surface de chauffe, produit :

$$\frac{5454^{k}}{196^{m.q.}} = 27^{k}83 \text{ par mètre carré.}$$

Comme dans ce chiffre il faut comprendre l'eau entraînée et non vaporisée, il s'ensuit que la vaporisation spécifique réelle est peu élevée.

Le système Engerth a été appliqué également, sur le chemin du Nord, sous la forme de machines *mixtes*, pour remorquer des trains de voyageurs et de marchandises fortement chargés et à grande vitesse. Ces machines ont une structure analogue à la précédente ; seulement les deux essieux d'avant portent de très-grandes roues qui sont seules accouplées.

Nous n'avons pas cru devoir reproduire le tracé de ces machines, ce qui sortirait absolument de notre cadre et dépasserait notre but qui est uniquement de montrer, d'une manière générale, comment la puissance de la vapeur est appliquée à la locomotion sur les chemins de fer.

Néanmoins on verra plus loin la description d'une machine locomotive toute récente destinée, comme celle du système Engerth, au service des lignes à fortes rampes, et dont la disposition a été étudiée par M. Beugniot, ingénieur des ateliers de MM. André Kœchlin et Cᵉ, qui en ont fait plusieurs applications.

Comme nous n'avons d'ailleurs décrit jusqu'ici la machine locomotive que sous le rapport de la disposition et du fonctionnement, nous allons entrer de suite dans les détails d'un type des plus récents, appelé *machine-tender*. C'est aussi, il est vrai, un type spécial plutôt que couramment appliqué ; mais il nous suffit pour faire connaître des organes dont la plupart se retrouvent exactement, moins des variantes de forme et de dimensions, dans toutes les machines locomotives. Celle-ci aura, pour notre étude, le mérite d'un tout complet, puisque les caisses d'approvisionnement d'eau et de combustible appartiennent à la machine même, au lieu d'être placées sur un véhicule séparé.

FIN DU CHAPITRE TROISIÈME.

CHAPITRE IV

MACHINES-TENDER

EMPLOI DU SYSTÈME

Depuis déjà quelques années on faisait usage de la machine-tender désignée aussi comme *machine de gare*, et que l'on employait en effet pour opérer le mouvement du matériel, en dehors du service actif. Le service de gare demande peu de vitesse, mais de la célérité dans les manœuvres ; les trajets à effectuer sont peu considérables ; enfin il exige que la machine puisse pénétrer facilement dans toutes les parties de la gare. Pour remplir cette dernière condition avec une machine ordinaire, dont le tender forme un véhicule à part, il faut les séparer l'un de l'autre chaque fois qu'il s'agit d'employer des *plaques tournantes* dont le diamètre est restreint au service des wagons. Cette manœuvre incommode, qui nécessite chaque fois la disjonction des tubes d'alimentation, est supprimée avec la machine spéciale portant son approvisionnement, et qui passe tout d'une pièce sur la plaque tournante, comme une simple voiture ; en raison même du faible parcours à en obtenir, l'approvisionnement qu'elle peut porter est suffisant et vient concourir pour sa part et pour son poids à l'adhérence nécessaire pour un démarrage prompt et facile.

Les avantages reconnus aux machines-tender pour le service des gares ont été étendus à ce qu'on appelle les *trains de banlieue*, qui n'ont aussi que de faibles trajets à faire, et dont les machines peuvent ne renouveler leur approvisionnement qu'aux gares extrêmes. On y retrouve, du reste, la même économie de manœuvre que pour le service des gares. Mais cette disposition, qui semble de prime abord la plus rationnelle dans tous les cas, ne paraît pas cependant applicable au service dit *de grande ligne*, pour lequel on conserve les machines à tender séparé.

En appliquant la machine-tender au service des voyageurs, on l'a perfectionnée au point de vue du bon travail et de la sécurité que ce service exige. C'est l'une de ces machines, dont le chemin de fer de l'Ouest possède un grand nombre, que nous allons décrire. Le type en a été étudié par M. Buddicom, l'habile ingénieur-constructeur du matériel de cette ligne, et dont l'exécution a été confiée tant à ses propres ateliers qu'à ceux de MM. Cail et Ce, et d'autres constructeurs.

Nous dirons ensuite quelques mots d'une autre machine-tender, dite *de fortes rampes*, étudiée par M. Petiet et appliquée sur le chemin du Nord.

MACHINE-TENDER A VOYAGEURS

Par M. BUDDICOM

APPLIQUÉE AUX TRAINS DITS DE BANLIEUE SUR LES CHEMINS DE FER DE L'OUEST

(PLANCHES 38, 39 ET 40)

ENSEMBLE DE LA DISPOSITION

La pl. 38, fig. 1, représente l'ensemble de la machine en coupe verticale par l'axe de la chaudière et de tout le mécanisme ;

La fig. 2, pl. 39, en est une vue extérieure de bout, regardée du côté du foyer et du palier où se tiennent les machinistes ;

La fig. 3 en est une section transversale passant par l'axe de l'essieu moteur ;

La fig. 4 est une autre section transversale faite par l'axe du foyer ;

Les fig. 5 et 6 sont des coupes de détail sur les cylindres ;

La fig. 7, pl. 40, est une coupe longitudinale de l'un des coffres placés sur les côtés de la machine, et qui servent de réservoirs d'eau et de magasins de combustible ;

La fig. 8 est une projection horizontale du mécanisme, la chaudière supposée enlevée par une coupe faite sur le coffre du foyer, au-dessus de la grille ;

Les fig. 9 à 14 sont divers détails qui sont expliqués en leur lieu.

Cette machine comprend le mécanisme, proprement dit, qui consiste en deux machines horizontales accouplées, complètes, et du générateur tubulaire, placé au-dessus du mécanisme.

La base de cette construction est un châssis rectangulaire A, duquel les pièces mécaniques et la chaudière sont complétement solidaires ; mais il est lui-même dépendant de trois paires de roues par l'intermédiaire de forts ressorts qui s'appuient, en quelque sorte, sur les essieux, et supportent le châssis ; les roues ayant pour point d'appui la voie ferrée, il en résulte que, s'il se produit des chocs ou des secousses, la chaudière et la machine les ressentent beaucoup moins parce que les ressorts fléchissent et en diminuent l'intensité.

Les deux cylindres à vapeur B sont placés à l'avant-bout de la machine, et fixés à l'intérieur du châssis par ses grands côtés, ou *longerons* A ; les pistons qu'ils renferment sont guidés extérieurement par des directrices simples, et transmettent simultanément leur action à l'essieu coudé C, auquel sont rattachées, par articulation, les bielles à longue fourche D ; cet essieu, qui est bien l'arbre moteur de la machine, porte, à l'extérieur des longerons, solidement fixés sur lui, les deux roues motrices E, lesquelles, ainsi que cela a été expliqué, sous l'influence de la charge qu'elles supportent, au lieu de tourner sur elles-mêmes, se déplacent *en roulant,* et en entraînant avec elles l'ensemble de la machine.

Cette machine est du type mixte, c'est-à-dire que deux paires de roues sont rendues motrices par les bielles extérieures D′, dites *bielles d'accouplement* ou *de connexion,* qui relient intimement les roues E à celles E′, ce qui donne à ces dernières les mêmes propriétés d'*entraînement* qu'à la paire principale E. Les roues E², de la troisième paire, sont plus petites de diamètre et simplement portantes.

En sa qualité d'arbre moteur, l'essieu coudé C porte les organes auxiliaires du mécanisme, lesquels consistent en quatre excentriques F et F′, disposés par paire correspondant chacune à l'un des deux tiroirs de distribution pour la marche en avant et en arrière ; ces excentriques actionnent les tiroirs par l'intermédiaire de la coulisse, dite de Stéphenson, qui réunit leurs barres par paire, et que l'on relève à volonté pour opérer *le changement* de marche : on verra plus loin la description complète de ce mécanisme.

Ajoutons que l'essieu moteur ne porte pas d'autre organe, attendu que les colliers de deux de ces excentriques sont munis d'oreilles auxquelles se rattachent les bielles de commande des deux pompes alimentaires G ; ces pompes ne fonctionnent généralement pas, vu qu'elles sont remplacées par deux injecteurs du système Giffard et Flaud, décrits au tome Ier, p. 447. Depuis l'époque où ces machines ont été construites, les pompes alimentaires ont même été supprimées complétement et remplacées exclusivement par l'injecteur sur le fonctionnement duquel on peut compter en toute assurance.

Le générateur est la partie la plus intéressante d'une machine locomotive, car c'est là que se trouvent réunis les perfectionnements les plus remarquables, et où réside le caractère principal qui distingue cette machine d'un moteur à vapeur fixe.

Ce générateur est tubulaire, et sa construction est analogue à quelques exemples que nous avons eu l'occasion de montrer (pour dire vrai, c'est sur les locomotives que l'on s'est inspiré généralement pour la construction des générateurs tubulaires fixes ou locomobiles). On y reconnaît le corps cylindrique H et le coffre extérieur I, à l'intérieur duquel est monté le foyer J, proprement dit, que l'on désigne aussi par *la boîte à feu.* La chaudière est en tôle de fer, mais le foyer est en cuivre rouge, à cause de la haute température que ses parois intérieures supportent, et qui seraient trop promptement détruites, par l'oxydation, si elles étaient en fer.

La boîte à feu est une caisse de forme parallélipipédique, ainsi que le coffre extérieur I, qui devient cylindrique vis-à-vis de la chaudière, et s'y raccorde presque concentriquement.

L'intérieur du corps cylindrique renferme 141 tubes K en laiton, qui sont pris, d'un bout, dans la paroi d'avant du foyer, que l'on appelle à cet effet *la plaque à tubes,* et de l'autre bout, dans une fonçure en tôle de fer de forte épaisseur qui termine la chaudière. Cette extrémité des tubes correspond à *la boîte à fumée* L, surmontée de la cheminée L′. Toute cette partie, qui n'a aucune communication avec l'intérieur de la chaudière, est exécutée en tôle mince, et rapportée simplement contre le bout du corps cylindrique, juste au-dessus des cylindres, d'où part le conduit d'échappement qui doit, comme nous le ferons voir tout à l'heure, se trouver vis-à-vis de la cheminée.

Le corps cylindrique est surmonté, près de la cheminée, du réservoir à vapeur **M**, appelé *dôme*, à l'intérieur duquel est situé le tuyau de prise de vapeur, assez élevé pour éviter autant que possible l'entraînement d'eau non vaporisée dans les cylindres. Au-dessus du foyer se trouve la cloche **N**, dont le sommet reçoit le siége de deux soupapes de sûreté.

Les deux flancs de la chaudière sont occupés par les coffres **O**, qui servent de magasin d'approvisionnement de combustible et d'eau, disposition inhérente au système particulier qui nous occupe, tandis que, dans les autres machines, *le tender* affecté au même service est, comme on l'a vu, un chariot séparé et attaché à l'arrière de la locomotive. Ces deux coffres sont montés sur de fortes équerres de fer fixées aux longerons **A**; comme le montre la fig. 7, pl. 40, ils sont divisés, dans le sens de la longueur, en deux compartiments, celui d'arrière réservé pour le coke, qui en est tiré par le chauffeur, placé, avec le mécanicien, sur le palier **P**.

Pour compléter cet aperçu général, mentionnons :

1° Le mécanisme du *frein*, qui est ordinairement appliqué au tender, lorsque cet appareil constitue un véhicule séparé, mais qui appartient ici à la machine même et agit sur les roues d'arrière **E'**;

2° Les deux crochets d'attelage **Q** et **Q'**, placés aux deux extrémités du châssis, et qui permettent de relier la machine au train par l'avant ou l'arrière, lorsque le service ou l'absence de plaque tournante l'exige;

3° Les quatre tampons élastiques **R**, situés aux quatre angles du châssis, et dont l'usage, bien connu d'ailleurs, est d'empêcher les chocs violents entre la machine et les voitures qu'elle entraîne;

4° Quatre *chasse-pierres* **A'**, formés de fortes barres de fer solidement fixées aux angles du cadre, et destinés à repousser des rails les corps de quelque volume qui s'y trouveraient accidentellement et qui pourraient s'opposer au passage des roues. Ces organes, ménagés aux deux bouts de la machine, en prévision de la marche en arrière, en service, sont garnis de *balais* en temps de neige.

DESCRIPTION DÉTAILLÉE

FONCTIONS DU GÉNÉRATEUR ET MOUVEMENTS DE LA VAPEUR. — L'eau qui remplit la chaudière entoure les tubes ainsi que la boîte à feu, et son niveau doit s'élever au-dessus de celle-ci d'une quantité telle que son plafond, ou *ciel*, ne soit jamais découvert.

La partie inférieure du foyer est garnie de barreaux de grille **S**, sur lesquels on jette le combustible par la porte *a* ménagée dans la double paroi, un peu au-dessus du palier **P**. L'intérieur du foyer, soumis aux actions directes et rayonnantes de la chaleur, produit une vaporisation très-énergique; les produits de la combustion, flammes et gaz à une température élevée, s'introduisent dans les tubes, dont l'extérieur devient une puissante surface de chauffe, et débouchant dans la boîte à fumée L, s'écoulent par la cheminée sous l'influence du tirage artificiel dû à l'échappement de la vapeur, disposition importante dont nous parlerons plus loin avec détail.

Au-dessous du foyer se trouve *le cendrier* S′, qui consiste en une caisse de tôle mince, fermée en dessous et ouverte sur l'avant avec une porte *a′*, dont le mécanicien peut modifier à volonté la position, afin de régler le tirage. Le cendrier est destiné à retenir les escarbilles échappées du foyer, et les empêcher d'être renvoyées par les roues sur le train, où elles pourraient occasionner des incendies. Lorsque la machine marche dans sa direction normale, la disposition du cendrier entre pour quelque chose dans l'économie du tirage, qui est, en quelque sorte, amorcé par l'entrée naturelle de l'air extérieur, sous l'influence de la vitesse de la machine.

En général, il convient de se reporter, pour la construction de ce générateur, à celui des locomobiles décrites précédemment, et auxquelles, nous l'avons dit, les locomotives ont servi de modèles. On peut y remarquer encore les solides armatures disposées à l'intérieur du coffre du foyer, pour empêcher la déformation, ainsi que les forts sommiers J′ qui soutiennent le ciel du foyer lui-même, etc.

On voit également que le corps cylindrique et une partie du coffre du foyer sont protégés par une double enveloppe de bois et de tôle.

La vapeur formée remplit l'espace réservé au-dessus du niveau, ainsi que le dôme M et la cloche N des soupapes de sûreté. Elle n'a d'issue, pour parvenir aux cylindres, qu'un conduit *b* qui s'élève à l'intérieur du dôme et se recourbe pour aboutir sur le bout de la chaudière, où il se raccorde avec deux autres conduits *b′* et *b²* qui contournent l'intérieur de la boîte à fumée, afin de ne pas masquer les tubes, et viennent aboutir aux canaux par lesquels la vapeur se rend à la boîte de distribution, qui, dans cette machine, est commune aux deux tiroirs.

Cette issue, offerte à la vapeur par le conduit principal *b*, est facultative, à l'aide du registre *c* de mise en train qui glisse sur l'extrémité supérieure du conduit, laquelle est dressée à cet effet et percée d'orifices rectangulaires, ainsi que le registre. Ce dernier est en relation, par une petite bielle *c′* et une équerre *c²*, avec une tringle *d*, qui pénètre dans le dôme par une boîte à étoupe, traverse la cloche N des soupapes par une tubulure fondue avec elle et ouverte de part en part, et parvient jusqu'à l'arrière de la machine, où elle est assemblée avec un levier à main T.

Pour mettre la machine en route ou pour l'arrêter, le mécanicien n'a donc qu'à agir sur le levier T, que l'on désigne, comme nous l'avons dit, par le nom de *régulateur* ou *levier de mise en train*; il déplace ainsi le registre *c* pour favoriser ou empêcher l'introduction de la vapeur dans les cylindres; en marche, il se sert du même moyen pour mettre la machine en rapport de puissance avec l'état de la ligne, soit que le train passe d'une rampe à un palier, et *vice versâ*, soit qu'il monte des rampes d'inclinaisons différentes.

Admise dans la boîte à tiroirs, la vapeur est distribuée dans les cylindres de la même façon que pour les machines ordinaires; à sa sortie des cylindres par les deux canaux *e′* et *e²* (fig. 1, 5, 6 et 8), elle passe dans un conduit central *e*, dont l'axe est celui de la cheminée; ce conduit est terminé par une tuyère dont deux des parois sont formées de clapets *f* à charnière, que l'on rapproche à volonté, de façon à modifier la section de l'orifice. La vapeur, en s'échappant par cet orifice avec toute la vitesse due à la pression qu'elle possède encore, et refoulée d'ailleurs par les pistons, met en mouvement les gaz qui affluent dans la boîte à fumée, et donne lieu à ce tirage énergique dont nous avons déjà exposé les principes.

La réglementation de la tuyère d'échappement est un puissant moyen pour modifier à volonté l'état de marche de la machine, soit par l'action directe sur le tirage de la cheminée, soit par la contre-pression variable qui en résulte sur la surface des pistons située du côté de la sortie de vapeur. On a vu dans quelle condition un fluide circule dans un conduit, et que, de même qu'une pression initiale est nécessaire pour déterminer l'écoulement, réciproquement, cette action ayant lieu sous l'influence d'un mouvement mécanique donne naissance à une pression réactive à l'origine du parcours du fluide, en rapport avec la vitesse qui lui est communiquée. Sans autre démonstration, il est clair, par exemple, qu'en fermant complétement la tuyère par les registres *f*, on arrêterait la machine : par conséquent, leurs divers degrés d'ouverture peuvent correspondre à différents états de marche, ce qui sera très-facilement compris.

La position des registres *f* est, en effet, réglée à volonté par le mécanicien, qui a sous sa main un volant f' (fig. 2), monté à vis sur une tringle qui longe la chaudière extérieurement, et vient attaquer un petit mécanisme disposé sur le côté de la boîte à fumée.

La fig. 9, pl. 38, qui est un détail de ce mécanisme, fait voir que les axes des registres, prolongés en dehors de la boîte à fumée, portent deux petits leviers f^2 reliés par une bride f^3, et que l'un d'eux forme la première branche d'une équerre dont la seconde se rattache à la tringle f^4. Cette tringle se déplace longitudinalement sans tourner, lorsqu'au contraire on tourne le volant f' qui est monté *à rappel* et taraudé sur le bout de la tringle; le mouvement de celle-ci fait alors décrire des arcs de cercle aux leviers des registres, et autant à ceux-ci, en modifiant ainsi l'orifice qu'ils déterminent.

Cylindres et boîtes a tiroir. — Les cylindres B constituent deux pièces séparées fondues chacune avec une moitié de la boîte à vapeur et avec les canaux d'introduction et d'échappement.

La fig. 5, pl. 39, est une section transversale de ces cylindres, passant par l'axe du conduit d'échappement commun et de la boîte à fumée;

La fig. 6 est une section longitudinale sur l'axe de l'un d'eux.

Ces figures permettent de reconnaître qu'ils sont réunis ensemble sur l'axe de la machine par des brides boulonnées, et que leur masse entière est fixée de la même manière après les longerons ou *plaques de garde* A qui constituent les côtés du bâti de la machine.

Dans cette disposition, la boîte à vapeur est formée par le vide existant entre les deux cylindres, après leur jonction sur l'axe général de la machine; elle est close par un seul couvercle B′ placé horizontalement et en dessous.

Les deux tiroirs U sont inclinés et rapprochés l'un de l'autre, presque à se toucher, ainsi que leur tige de commande. Dans les anciennes machines, les tiroirs étaient placés à la partie supérieure des cylindres; cette disposition, qui nécessitait un renvoi de mouvement par un axe horizontal et des leviers, a été évitée depuis, surtout dans les machines à cylindres intérieurs, en reportant les tiroirs latéralement. Mais cette donnée même a fourni plusieurs dispositions différentes. On les a placés souvent à l'intérieur et en regard l'un de l'autre; dans les machines que M. Polonceau a fait construire, les tiroirs et leur mécanisme sont tournés en dehors et sont accessibles de l'extérieur même du châssis, etc.

Dans la machine actuelle, on voit qu'ils sont intérieurs et tellement rapprochés, qu'on a dû les incliner pour pouvoir les loger : c'est une variante de ce que présentent certaines machines dans lesquelles ils sont presque tournés en dessous, mais renfermés alors dans des boîtes séparées.

Quant à la liaison des tiroirs avec leurs tiges, elle n'est pas la même dans les séries différentes de machines. Tantôt c'est une simple tige fixée au cadre, qui embrasse le tiroir au moyen de clavettes, tantôt cette réunion est opérée à l'aide d'un fourreau figurant une longue embase et retenue par un écrou extérieur, à peu près comme cela est indiqué sur la fig. 1.

DISTRIBUTION ET CHANGEMENT DE MARCHE. — La direction du mouvement de transport de la machine dépend du sens de la rotation de l'essieu moteur, et l'on sait que le sens dépend, à son tour, de la mise en action de l'une ou de l'autre des deux paires d'excentriques F et F'. Toutes les conditions d'un changement de marche ayant été expliquées (t: Ier, p. 372), nous avons seulement à faire connaître, en ce moment, la disposition du mécanisme à l'aide duquel il est réalisé dans cette machine, et comment le conducteur le fait fonctionner.

Chaque tiroir de distribution U est relié par sa tige à une sorte de double bielle g, formée de deux platines terminées par des coudes arrondis, pour leur faire éviter l'essieu C^2 ; cette pièce est assemblée par articulation à un levier g', que l'on pourrait appeler *guide à suspension,* attendu qu'il oscille, en effet, d'après un point fixe pris sur le corps de chaudière, et qu'il soutient, en la suivant, l'extrémité de la bielle g dans son mouvement de transport avec la tige du tiroir.

Le mode de réunion, par la bielle suspendue g', entre la tige du tiroir et le mécanisme des excentriques, est très-ingénieux; il donne beaucoup de douceur au mouvement, et laisse une certaine latitude contre les variations de centre qui sont susceptibles de se produire entre l'essieu moteur, mobile par rapport au châssis A et à l'ensemble des cylindres, qui s'y trouvent, au contraire, rigidement rattachés ; cette disposition est encore motivée par la différence de hauteur entre les centres de l'essieu moteur et de la tige des tiroirs.

Le levier de suspension g' relie, par sa branche coudée g^2, la tige du tiroir au mécanisme des excentriques, dont la composition spéciale, en vue du changement de marche, mérite une mention toute particulière.

Avant l'invention des locomotives, le moyen de changer la marche d'une machine à vapeur était évidemment connu et implicitement déterminé par le principe même des excentriques dont on faisait usage. Mais dans aucune circonstance le besoin d'un mécanisme simple et sûr ne se fit sentir autant que pour les locomotives où il est appelé à fonctionner à chaque instant, et doit pouvoir être mis en jeu avec la plus grande facilité. Aussi, dès l'introduction dans l'industrie de ce nouveau système de moteur, on imagina divers procédés pour le changement de marche; on y distingue :

1° Le système à deux excentriques mis en jeu par un manchon de débrayage, comme dans les premières machines de Stephenson, dont on a vu précédemment une image;

2° Le système à quatre excentriques avec enclanchement à *pied de biche*. Dans ce système qui a reçu beaucoup d'applications, les barres d'excentriques étaient terminées par une entaille circulaire pour s'accrocher avec le bouton du levier de commande des tiroirs, laquelle entaille se trouvait accompagnée de deux branches très-ouvertes pour lui servir d'entrée, de façon qu'en relevant la barre pour enclancher le tiroir on pût atteindre le bouton, quelle que soit la position qu'il occupe ;

3° Certaines dispositions moins appliquées, dans lesquelles on faisait usage d'un seul excentrique par tiroir, et dont la barre était munie d'une pièce à double entaille transmettant le mouvement au tiroir, tantôt directement et tantôt par l'intermédiaire d'un levier, etc.

Ces divers systèmes, à la fois ingénieux et imparfaits, comme la plupart des essais tentés dans toute industrie naissante, n'auraient plus actuellement qu'un intérêt historique, ce qui nous disperse de les décrire ici.

Aucun d'eux ne réunissait, en effet, tous les avantages que possède, au contraire, le système devenu célèbre de Robert Stephenson, et désigné généralement sous le nom de *coulisse de Stephenson*. Cette heureuse invention, qui date de 1843 à 1844, est appliquée maintenant à toutes les locomotives, aux machines de navigation et à quelques machines fixes pour lesquelles un changement de marche est nécessaire.

Voici, en principe, comment fonctionne le changement de marche de Stephenson.

On dispose sur l'arbre de la machine, et pour chaque tiroir, deux excentriques semblables, mais calés respectivement pour les deux sens de la marche; puis on en réunit les barres sur une pièce transversale attachée, *à coulisse*, à l'extrémité de la tige du tiroir.

Déjà l'on comprend qu'en déplaçant la coulisse de façon à amener successivement les deux barres d'excentrique vis-à-vis de la tige du tiroir, ce dernier opère dans les deux cas, d'après le calage de l'excentrique correspondant, comme si la coulisse et le second excentrique n'existaient pas. Mais on doit encore considérer que la coulisse, prise isolément, reçoit des deux excentriques un mouvement oscillatoire, dont le centre est au milieu de sa longueur, et que, d'après le point de cette longueur où le tiroir est attaqué, celui-ci reçoit des mouvements inverses, égaux ou inférieurs à la course directe fournie par les excentriques; de plus, le mouvement est nul lorsque ce point d'attaque est précisément le milieu de la coulisse.

Ce principe posé, nous allons examiner la construction de cet admirable mécanisme, dans la machine qui nous occupe.

Les deux excentriques F et F' (fig. 1, 3 et 8), correspondant à chaque tiroir, sont calés isolément, comme nous venons de le dire, en rapport avec les deux sens de la marche; leurs barres, en obliquant chacune d'elles d'une faible quantité pour revenir à un plan vertical commun, se rattachent à la *coulisse h*, dont nous allons expliquer la structure.

D'après les figures de détails 10 et 11, pl. 39, on peut voir que cette pièce est formée, dans le sens de son épaisseur, de deux joues isolées l'une de l'autre par des cales ajustées aux extrémités, et qu'elles sont réunies au moyen de quatre boulons. Ces deux joues, ou plaques de fer, dont la forme est un arc de cercle d'un rayon à peu près égal à la longueur des barres d'excentrique, mesurée depuis le centre de l'arbre C, sont élégies à l'intérieur et reçoivent deux coussinets dans lesquels sont engagés deux tourillons appartenant à la branche g^2, qui passe du reste entre les deux joues et constitue, comme on l'a vu, l'origine de la commande du tiroir.

Par conséquent, la coulisse peut osciller sur ces tourillons et se déplacer en glissant sur les deux coussinets qui les garnissent.

Pour changer la marche, il faut donc déplacer la coulisse de façon à amener l'une ou l'autre des tiges des excentriques F ou F' vis-à-vis de la ligne d'axe du tiroir, soit ici près de la branche g^2.

A cet effet, les deux coulisses h sont rattachées chacune par deux bielles plates i à un levier i', appartenant à un axe horizontal i^2, monté sur des paliers fixés sur les deux longerons; il suffit de faire osciller cet axe dans un sens ou dans l'autre, pour entraîner simultanément les deux coulisses et produire l'effet proposé. Cette manœuvre est exécutée par le mécanicien à l'aide d'un renvoi de mouvement que la fig. 12 de détail va permettre de comprendre.

L'axe i^2 est armé d'une branche j (fig. 8 et 12), qui s'élève contre la paroi extérieure de la chaudière et vient s'assembler avec une tringle horizontale j', laquelle est reliée, à son autre extrémité, avec le levier V, dit *de changement de marche*, placé sur la droite du coffre du foyer (fig. 2, pl. 39), et sur lequel le mécanicien agit, en lui faisant décrire un arc de cercle, pour relever ou abaisser les coulisses h; le poids de ces différentes pièces, qu'il faut mettre facilement en jeu à la main, est équilibré par un contre-poids i^3, monté sur un bras de levier i^4 appartenant à l'axe i^2.

Cette manœuvre se fait, bien entendu, lorsque la machine est au repos, à moins d'un accident qui oblige, en marche, de *renverser la vapeur*, pour tenter l'arrêt brusque de la machine; mais c'est là un moyen extrême auquel on n'a recours qu'en état de péril, car il pourrait entraîner de nombreuses ruptures de pièces.

Le levier de changement de marche est appuyé contre un secteur V', dont le bord est muni de *crans* dans lesquels on engage l'extrémité d'un verrou placé sur le levier, afin de l'arrêter dans chaque position qu'on lui fait occuper.

En exposant plus haut le principe des fonctions de la coulisse, on a vu que, dans les positions intermédiaires, la course du tiroir se trouvait réduite et annulée dans la position centrale.

Les positions intermédiaires de la coulisse modifiant la course du tiroir, combinées avec un *recouvrement*, constituent le procédé le plus employé aujourd'hui pour faire marcher les locomotives : *à détente variable*. Le mécanicien sait qu'il marche à tel ou tel degré de détente, en fixant le levier de changement de marche à tel ou tel *cran* du secteur.

La position intermédiaire qui annule la course des tiroirs a une autre importance : c'est de mettre la distribution *au point mort,* et d'empêcher la vapeur d'arriver aux cylindres nonobstant l'ouverture du régulateur. Chaque fois que la machine est en station pour un temps de quelque durée, *et en feu,* et qu'elle est susceptible d'être momentanément abandonnée par les deux conducteurs, les règlements d'administration exigent, qu'indépendamment de la fermeture du régulateur, la distribution soit mise au point mort, et même les freins du tender serrés, de façon que, si fortuitement la vapeur venait à être introduite dans les boîtes des tiroirs, la machine ne pût se mettre en route inopinément.

SERVICE DE L'ALIMENTATION. — Les deux caisses O, qui renferment le combustible et l'eau destinée à l'alimentation, sont rectangulaires en section transversale, et leur volume est aussi considérable que possible, en se renfermant dans la largeur totale que la machine ne doit pas dépasser. A partir de l'arrière, leur partie inférieure correspond au palier P ou au tablier général de la machine; elle se relève ensuite pour laisser le passage des bielles D' d'accouplement, et à l'avant cette partie inférieure s'abaisse d'une certaine quantité au-dessous du tablier. La partie supérieure présente deux parties horizontales étagées, la plus élevée correspondant au compartiment réservé au coke.

On introduit l'eau, soit à la main, soit à l'aide de l'appareil spécial désigné sous le nom de *grue d'alimentation,* en lui faisant traverser un *panier percé* ou crible O', en cuivre rouge, placé sur l'avant de chacun des deux coffres, et destiné à arrêter les corps étrangers qui nuiraient à la marche des appareils d'alimentation; ces cribles sont fermés par un couvercle à poignée.

Les deux réservoirs sont mis d'abord en relation directe par un tuyau k, qui passe au-dessous de la machine et vient aboutir, par ses deux extrémités, à deux boîtes de raccord l, fixées sous chaque réservoir, et d'où partent les deux conduits k', qui aboutissent aux boîtes à clapet l'. Ces deux boîtes sont fixées sous le palier P, et le clapet qu'elles renferment est surmonté d'une tige avec volant-manivelle l^2, à l'aide duquel le mécanicien lève le clapet pour mettre l'alimentation en marche. Enfin, de ces dernières boîtes à soupape partent les tubes d'aspiration k^2, allant directement aux pompes alimentaires qui refoulent l'eau dans les chaudières par les conduits k^3, terminés par une boîte k^4, renfermant un clapet dit *de retenue* (voir fig. 2).

Par cette disposition on peut alimenter avec les deux pompes ensemble ou séparément, tout en prenant l'eau sur les deux réservoirs à la fois, et suspendre l'alimentation à volonté. En tenant levés les clapets des deux boîtes l', les deux pompes fonctionnent, et l'on arrête à volonté l'une ou l'autre ou toutes deux à la fois, en abaissant chacun des clapets correspondants; mais qu'il y ait une ou deux pompes en travail, l'eau s'écoule également des deux réservoirs O, en raison du conduit de communication *k*, qui permet de même de les remplir simultanément tout en versant l'eau d'un seul côté (1).

Montage des essieux. — La liaison des essieux avec le châssis, c'est-à-dire la disposition des coussinets dans lesquels tournent leurs fusées, est l'une des choses qui intéressent au plus haut degré la marche et la sûreté de la machine. Il importe, en effet, que ce frottement soit doux, et pour cela que le graissage en soit parfaitement assuré et constant. Il existe, tant pour les locomotives que pour les wagons, une infinité de systèmes de *boîtes à graisse*, ainsi que l'on appelle, dans les chemins de fer, cette sorte de palier dans lequel sont ajustés les coussinets.

Dans la machine actuelle la disposition de ce mécanisme est des plus simples : il se trouve presque naturellement indiqué par la place qu'il occupe à l'intérieur des roues, tandis que lorsque ces dernières ne sont pas connexées et qu'elles sont à l'intérieur du châssis, la boîte à graisse, se trouvant tout à fait au bout de l'essieu, peut recevoir plus facilement des formes différentes.

Les fig. 13 et 14 représentent la disposition de l'une des boîtes à graisse de cette machine et son ajustement dans la plaque de garde A.

A l'endroit des essieux, la plaque de garde forme un appendice avec une ouverture rectangulaire débouchée à la partie inférieure pour l'introduction de la boîte ; les côtés de cette ouverture sont garnis de deux glissières en fonte *x*, entaillées, et munies de joues par lesquelles elles sont boulonnées avec la plaque. Ces glissières sont dressées parallèlement dans tous les sens pour recevoir les deux parties de la boîte en fonte *y*, dont l'intérieur est garni des deux coussinets en bronze *y'*, dans lesquels roule le tourillon de l'essieu. La partie supérieur de la boîte présente plusieurs cavités, dont une principale pour y verser de l'huile, qui arrive aux coussinets par deux trous percés obliquement, et une petite cavité centrale où la tige du ressort de suspension vient prendre son point d'appui.

Cette disposition a pour but, ainsi qu'on le sait, de laisser l'ensemble du longeron libre de se mouvoir verticalement en glissant sur la boîte à graisse, en un mot, de rendre ces deux parties libres de se mouvoir indépendamment l'une de l'autre.

Si la roue rencontre un obstacle qui la fasse se soulever, c'est d'abord la boîte à graisse qui cède en s'élevant et en repoussant le ressort qui fléchit.

Comme la charge s'exerce de haut en bas, le contact de la fusée de l'essieu a lieu exclusivement avec le coussinet supérieur ; l'autre, n'ayant alors pour fonction que de retenir l'huile, est maintenu cependant près du tourillon au moyen d'une broche qui le traverse ainsi que les deux côtés de la boîte.

Ressorts de suspension. — Dans beaucoup de machines locomotives à cylindres intérieurs, les roues sont reportées en dedans des longerons du châssis, et la sus-

---

(1) Depuis leur mise en marche primitive, ces machines ont dû subir diverses modifications parmi lesquelles nous citerons un changement important dans la distribution d'eau qui vient d'être décrite. S'étant aperçu que la longueur des deux tuyaux *k'* était un inconvénient à cause des vibrations qu'ils éprouvaient, on a reporté les tuyaux *k²* en avant et tout proche de celui *k*, en modifiant, en conséquence, la transmission des clapets de prise.

pension est opérée par deux ressorts pour chaque essieu; mais lorsque, comme dans celle-ci, les roues sont extérieures et que la place n'est pas disponible partout, on fait usage de deux ressorts agissant simultanément sur deux essieux; la projection horizontale, fig. 8, montre qu'en effet les deux essieux C et C' correspondent aux deux ressorts X, placés entre eux et renversés, tandis que le troisième essieu C^2 possède les deux siens X', établis dans la situation ordinaire.

Pour arriver à bien faire comprendre l'artifice au moyen duquel les ressorts X agissent par rapport aux deux essieux C et C', il est indispensable d'expliquer d'abord le jeu plus simple de ceux qui correspondent à un seul essieu.

Chaque ressort X' est formé, comme nous l'avons dit, d'un certain nombre de lames à longueurs étagées, réunies dans une chappe m, portant une tige qui s'appuie directement sur la boîte à coussinets dans laquelle tourne l'essieu. Les extrémités des maîtresses lames du ressort sont traversées par un boulon m', à double écrou, lequel se fixe sur le longeron A, au moyen d'un assemblage articulé qui lui permet de céder, en oscillant légèrement, lorsque les lames supérieures s'étendent plus ou moins, sous l'influence de la flexion.

D'après cela, l'ensemble du ressort peut être comparé à un fléau de balance, qui a pour point d'appui central la boîte à coussinets, et par suite le rail, par l'intermédiaire de l'essieu et de la roue, et dont les extrémités, par l'intermédiaire des boulons m' dont les écrous forment arrêt au ressort, supportent un certain poids, lequel consiste dans le mécanisme de la machine solidaire du longeron. Il est clair que le poids total du mécanisme est divisé en autant de parts qu'il y a d'essieux.

Au lieu d'un fléau de balance rigide, c'est un organe flexible qui cède entre son point d'appui et les extrémités chargées; voilà, en peu de mots, le principe des fonctions de ces ressorts, qui sont du reste les mêmes que dans tout véhicule suspendu.

A l'égard des ressorts renversés X, qui prennent chacun leur point d'appui sur deux essieux, voici ce qui a lieu (voir fig. 1re, pl. 38, et fig. 7, pl. 40).

Ils sont reliés au longeron par deux boulons n', comme précédemment, mais la chappe n, qui maintient les lames, est reliée, par une traverse n^2 et deux tiges n^3, à deux balanciers n^4, dont le point d'appui fixe d'oscillation *est solidaire du longeron*, et dont les extrémités opposées sont assemblées aux deux tiges n^5, qui s'appuient directement sur les essieux.

En examinant le mode d'action des efforts sur le ressort ainsi disposé, on reconnaît les particularités suivantes :

1° La situation du ressort et les conditions de son fonctionnement sont *opposées* à celles du ressort appliqué à la paire de roues simple; c'est-à-dire que la charge, au lieu d'être suspendue à ses extrémités, *s'appuie sur son centre*, tandis qu'il prend point d'appui sur les deux essieux par chacune de ses extrémités;

2° La charge, en pesant sur le ressort, fait incliner les deux balanciers n^4, d'après leur assemblage avec les tiges n^5 comme centres; de cette inclinaison il résulte que l'ensemble du ressort s'abaisse, mais beaucoup plus par son centre que par ses extrémités, dans le rapport des deux bras des balanciers, *ce qui constitue sa quantité de flexion.*

Attelage et frein. — Les deux extrémités du cadre de la machine sont munies des crochets Q et Q′ pour opérer son attelage par ses deux bouts, à volonté, au train qu'elle doit entraîner.

Le crochet Q, d'arrière, qui est celui normalement en usage, transmet la traction par l'intermédiaire du ressort en lame Q^2, dont les extrémités sont solidement maintenues par des points d'attache pris sur le cadre, au-dessous du palier P. La réunion avec la première voiture du train se fait au moyen d'une attache dite : *vis d'attelage*, composée de deux brides o, fermées chacune par un écrou à tourillons, et rassemblées par une tige $o′$, filetée à droite et à gauche, qui permet de les rapprocher l'une de l'autre. Comme la figure l'indique, la vis d'attelage est passée d'avance dans un œil ménagé au crochet, et chaque véhicule en possède ainsi une particulière qui ne s'en sépare pas. Pour atteler, on engage la bride libre sur le crochet voisin, puis, à l'aide d'une branche o^2, soudée à la vis et terminée par un *pesant*, pour donner de la *volée*, on fait tourner cette vis jusqu'à ce que les deux brides, en se rapprochant, aient amené les deux véhicules exactement en contact par leurs tampons de choc R. On complète ensuite l'attelage au moyen de deux chaînes de sûreté pour lesquelles on voit deux anneaux o^3, fig. 2 et 8, placés, pour les recevoir, sur la traverse d'arrière du châssis.

A l'égard du crochet Q′, d'avant, dont le service est plutôt exceptionnel, il tire simplement sur des rondelles en caoutchouc interposées entre l'écrou qui termine sa tige et la douille en fonte fixée sur la traverse pour la recevoir.

Le frein consiste en deux sabots en bois Y, fig. 2, 4 et 8, que l'on fait serrer à volonté contre les roues d'arrière E′. Chacun d'eux est formé d'un morceau de bois dur, chantourné suivant la circonférence de la roue, et fixé sur une semelle en fonte par laquelle il est en même temps suspendu au longeron, et peut osciller d'après ce point de suspension. La semelle est rattachée à une bielle p, reliée par son extrémité opposée avec un bras de levier $p′$, qui appartient à un axe horizontal p^2, monté sur des supports dépendants du bâti de la machine. Cet axe porte un troisième levier p^3, fig. 1re, d'un plus grand rayon, dont l'extrémité est fourchue pour recevoir un écrou à tourillons, lequel est traversé par une forte vis verticale Z, à filet carré, qui s'élève jusqu'à la partie supérieure de la balustrade et se termine par une puissante poignée Z′.

Lorsque la machine doit être arrêtée, et en même temps que le mécanicien interrompt l'admission de la vapeur, à l'aide du levier T du régulateur, son chauffeur, au moyen de la poignée Z′, fait tourner rapidement la vis Z, ce qui a pour premier résultat de faire tourner l'axe p^2, et de rapprocher les deux sabots des roues; lorsqu'ils se trouvent tout à fait en contact, on continue de faire effort sur la poignée Z′, et la pression qu'un homme peut ainsi exercer, multipliée par la vis et par le rapport des leviers p^3 et $p′$, suffit ordinairement pour arrêter complétement la rotation des roues. Il est remarquable qu'ici, à cause de la connexion avec l'axe moteur par les bielles D′, il faut, pour arriver à ce résultat, que cet effort soit assez énergique pour arrêter toutes les pièces du mécanisme.

De toute façon, l'arrêt des roues n'empêche pas la machine d'avancer encore, mais elle ne le peut qu'en glissant sur la voie, ce qui détermine un frottement assez intense pour produire l'arrêt absolu en peu de temps (1).

Appareils de service et de sûreté. — Une machine locomotive est munie de tous les instruments habituels de sûreté et d'observation nécessaires aux générateurs, avec quelques modifications réclamées par cette application spéciale.

Deux soupapes de sûreté r (fig. 4) sont installées sur la tubulure N, au-dessus du foyer. Comme le mouvement de transport de la machine s'oppose à l'emploi des poids, elles sont chargées au moyen de véritables pesons à ressorts r^4 agissant par l'intermédiaire des leviers r^2.

Sur le sommet du foyer se trouve placé le sifflet d'alarme s, dont on a expliqué autre part (t. 1er, p. 276) la construction.

Le devant du foyer est garni du manomètre q et du niveau d'eau en cristal t, avec un canon en bronze muni des trois robinets d'épreuve (t. 1er, p. 288).

Il existe un autre appareil en bronze u, formé d'un conduit horizontal communiquant, d'une part, avec la chambre à vapeur, par un tube en cuivre rouge u^3 (fig. 1re), et, d'autre part, avec les deux réservoirs d'eau O, par deux tuyaux u^2, correspondant aux robinets u', qui font partie du même appareil. C'est le *réchauffeur*, à l'aide duquel on peut utiliser la vapeur en excès en l'envoyant se condenser dans l'eau destinée à l'alimentation.

Lorsque la machine est en station, en gare ou sur la ligne, et que l'arrêt se prolonge un peu, au lieu de laisser la vapeur, qui se forme et qu'on ne dépense pas, s'échapper en pure perte par les soupapes, et sans être obligé de diminuer le feu, on ouvre les robinets u', et la vapeur peut pénétrer dans les réservoirs d'eau à laquelle elle abandonne sa chaleur en se condensant. Cette excellente disposition est également appliquée aux machines à tender séparé.

Ajoutons à la nomenclature des appareils de service les robinets purgeurs v (fig. 1 et 3), qui ont une si grande importance, ainsi qu'on le sait, et qui sont mis en rapport avec le mécanicien à l'aide d'un mouvement de renvoi dont la fig. 1re permet d'apercevoir la tringle principale v'.

Accessoires du foyer. — La marche d'une machine se règle autant par l'activité du foyer que par l'émission et le degré de détente de la vapeur, et tous les moyens sont réservés au mécanicien pour diriger son feu convenablement, et modifier l'activité de la vaporisation.

Déjà nous avons fait remarquer une porte à charnière a' placée sur l'ouverture du cendrier, et qui permet de régler directement l'entrée de l'air froid jusqu'à l'interrompre complétement au besoin.

La partie supérieure de la cheminée, qui constitue la fin de ce parcours dont la porte a' est le commencement est également munie d'un obturateur qui consiste en un disque plat z, appelé clapet ou *capuchon*, qui se meut horizontalement d'après

---

(1) Le mécanisme du frein a également été modifié depuis la mise en service. Comme les mécaniciens, sur leur étroit palier P, se heurtaient à chaque instant contre la poignée Z', on a ramené cette poignée contre la face du foyer en la montant sur un axe horizontal qui transmet le mouvement aux sabots du frein à l'aide d'un retour d'angle.

la tringle z', comme centre, et à l'aide de laquelle on le fait tourner en agissant par sa poignée. Cette opération, que l'on nomme *capuchonner la machine*, ne se fait que lorsqu'elle doit rester en station et en feu pendant quelque temps, afin d'arrêter la vaporisation, et pour éviter les incendies si elle se trouve dans l'intérieur d'un dépôt; il faut, du reste, pour exécuter cette manœuvre, que le mécanicien quitte sa place habituelle pour se porter sur l'avant de la machine.

Mais il a sous la main la possibilité de modifier le tirage en marche sans se déplacer. C'est un registre z^2, placé sur le côté de la boîte à fumée, et qui se manœuvre de l'arrière par le volant z^3, fig. 2, organisé comme celui f' pour le mécanisme des registres du tuyau d'échappement. En ouvrant le registre z^2, on donne accès directement dans la boîte à fumée à de l'air froid qui réduit d'autant le volume de celui appelé au travers de la grille du foyer.

Mentionnons encore la porte à deux ventaux L^2 qui ferme la boîte à fumée, et par laquelle on peut ramoner et déboucher les tubes, et une disposition qui permet de renverser la grille du foyer pour jeter promptement le feu dans un cas urgent.

Cette dernière disposition consiste à faire reposer l'une des extrémités de la grille sur un support rendu facilement mobile à volonté. L'un des côtés du cadre, celui qui porte les barreaux de grille, est appuyé sur deux crochets a^2 qui font eux-mêmes partie d'un axe horizontal a^3, capable de céder en oscillant sous le poids de la grille; mais il en est empêché par une barre verticale a^5, assemblée avec le bras de levier a^4 solidaire de cet axe, et qui vient buter par un talon saillant contre le palier P, qu'elle dépasse néanmoins par son extrémité qui se trouve engagée dans une ouverture assez grande pour laisser passer le talon de butée.

Il suffit alors, si l'on veut se débarrasser promptement du feu, de déplacer la tige a^5 dans la mortaise de façon à ce que le talon s'échappe. La tige pouvant s'élever librement au travers du palier P, l'ensemble du mécanisme, privé de point d'appui, cède sous le poids de la grille qui se dégage des crochets-supports a^2, et se renverse en répandant le feu.

On comprend que cette manœuvre ne peut être effectuée que dans une circonstance pressante, telle qu'un accident arrivé au générateur ou l'impossibilité d'alimenter, etc., car la grille, ainsi bouleversée, exige un certain temps pour être remise en place.

CONSTRUCTION DES ROUES ET ESSIEUX. — Sans entrer dans tous les détails de construction d'une locomotive, nous désirons nous arrêter quelques instants sur les roues et les essieux, organes si importants par leur emploi et par les perfectionnements qu'ils ont reçus.

Primitivement, dans la machine Stephenson (p. 181), par exemple, les roues étaient formées de rais, ou rayons en bois, emmanchés dans un moyeu en fonte, et assemblés dans une couronne, aussi en bois, laquelle était chaussée d'un cercle en fer et ensuite du *bandage* portant le rebord ou *boudin*. Plus tard, on fit les rais en fer creux. Ensuite, on les composa de bandes de fer à T, réunies dos à dos, qui formaient en même temps la jante, et dont les extrémités centrales se trouvaient prises dans un moyeu en fonte coulé directement sur elles; le croisillon ainsi construit était ensuite chaussé d'un cercle en fer et entouré du bandage.

Ce système a été longtemps employé; plus tard, cherchant à rendre la roue aussi homogène que possible, et à diminuer le nombre de pièces assemblées, on a forgé la couronne et les bras d'une seule pièce, en rapportant le moyeu coulé en fonte sur les extrémités centrales des bras.

Aujourd'hui, on est parvenu à faire ces roues d'une seule pièce de forge, moyeu, rais et couronne, le bandage seul rapporté, comme devant être tourné au fur et à mesure que l'usure se manifeste et remplacé au bout d'un certain temps.

Une roue ainsi construite est un chef-d'œuvre de forge, aussi pure en sortant du feu que si elle avait été limée. Les rais sont nombreux et minces, sensiblement d'égale épaisseur du centre à la circonférence. Si la roue doit être motrice, directement ou par connexion, le moyeu présente le mamelon nécessaire pour y fixer un bouton de manivelle.

Parmi les essieux, qui sont tous en excellent fer forgé, ceux moteurs et coudés sont de remarquables pièces, aussi bien pour la forge que pour l'ajustement. Comme ils sont actifs dans toute leur étendue, pour l'application des roues, des excentriques et des bielles motrices, ils sont entièrement tournés, et les deux parties coudées dressées avec soin. Nous donnons à ce sujet, dans le *vignole des mécaniciens*, des détails intéressants sur l'exécution des arbres et des essieux coudés en fer forgé.

Le montage des roues sur l'essieu se fait *à frottement dur*, c'est-à-dire en forçant l'essieu à pénétrer dans l'alésage du moyeu à l'aide d'une pression fournie par une presse hydraulique. La solidité obtenue ainsi est suffisante, et pourrait dispenser d'un clavetage, que l'on applique cependant par mesure de précaution.

CONDITIONS DE MARCHE DE LA LOCOMOTIVE—TENDER

REPRÉSENTÉE PL. 38 A 40.

Cette machine, appliquée, comme nous l'avons dit, au service des trains de banlieue sur le chemin de fer de l'Ouest, n'est appelée à effectuer que de faibles parcours, d'au plus 30 kilomètres par voyage; mais elle est susceptible d'entraîner des trains pesamment chargés, ainsi que cela a lieu souvent sur ces lignes très-fréquentées.

Les machines-tender, comme celle-ci, sont disposées favorablement pour remplir ces conditions. Le corps tubulaire, très-allongé, donnant lieu à une surface de chauffe assez étendue, permet, tout en insérant les trois paires de roues entre la boîte à feu et les cylindres, de leur donner un diamètre suffisant pour atteindre la vitesse nécessaire aux trains ordinaires de voyageurs; on accouple deux paires de roues, de façon à profiter, pour l'adhérence, d'une plus grande partie du poids, lequel est accru de l'approvisionnement d'eau et de combustible.

Nous ne pouvons mieux faire, pour rendre un compte exact des conditions de marche de cette machine, que de transcrire la note que nous devons à l'administration des chemins de fer de l'Ouest, et particulièrement à l'obligeance de M. Benoît-Duportail, ingénieur, à l'habileté duquel est confiée la direction du matériel et de la traction.

Timbre de la chaudière		$8^{at.}$
Surface de chauffe	Foyer	$6^{m.q.}$ 016
	Tubes	$87^{m.q.}$ 420
	Totale	$93^{m.q.}$ 436
Surface de grille		$1^{m.q.}$ 04
Volume d'eau dans la chaudière		$2^{m.c.}$ 400
Volume de vapeur dans la chaudière		$1^{m.c.}$ 400
Volume d'eau dans les caisses à eau		$3^{m.c.}$ 800
Poids de combustible (coke)		1000 kil.
Poids de la machine vide		24200
Poids sur les roues, machine vide	avant	6220
	milieu	8040
	arrière	9940
Poids de la machine pleine		31560
Poids sur les roues, machine pleine	avant	8450
	milieu	11550
	arrière	11560
Effort de traction à la circonférence des roues		3400

On constate que ces machines traînent, en moyenne, 100 tonnes à la vitesse de 55 kilomètres à l'heure, en service sur la ligne de Paris à Versailles (rive droite), dont la distance est de 23 kilomètres, composée de 6 kilomètres en palier et 17 en rampe de 5 millimètres par mètre.

La consommation de combustible est de 7^k5 de coke par kilomètre, et celle de l'eau de 80 litres pour le même parcours.

A la vitesse de 55 kilomètres, le nombre de tours des roues est égal à :

$$\frac{55000}{60 \times 1^m 63 \times 3,1416} = 179,1.$$

En adoptant le poids de 100 tonnes pour le train, sans la machine, et en prenant la rampe de 5 millimètres par mètre, on trouve que la vapeur doit exercer sur les deux pistons une pression utile moyenne d'environ 3 kilogrammes.

En effet la résistance du train, sans la machine, peut être évaluée à 13 kilogrammes par tonne, 8 pour la traction simple (p. 192), et 5 pour la gravité; ce qui fait déjà 1300 kilogrammes pour le train.

La machine absorberait pour elle-même environ 21 kilogrammes par tonne, dont 16 de traction simple, c'est-à-dire un effort total de 630 kilogrammes, en évaluant son poids à 30 tonnes en nombre rond.

L'effort total de traction à exercer serait donc d'environ 1930 kilogrammes.

En employant la règle exposée plus haut (p. 199), et dont les termes ont, pour le cas actuel, les valeurs suivantes :

fP Effort de traction à la circonférence des roues.......... $=$ 1930 kil.
  R Le rayon des roues motrices........................ $=$ 0^m815
  r Le rayon des coudes-manivelles................... $=$ 0^m280
  d Le diamètre des pistons, en centimètres............. $=$ 42

on trouve, pour la pression p' cherchée, par centimètre carré :

$$p' = \frac{1930 \times 0,815}{0,28 \times (42)^2} = 3^k 19.$$

Pour avoir une idée de la puissance développée, exprimée en chevaux, c'est-à-dire le produit de la traction par la vitesse, on fait le calcul suivant :

$$\frac{1930^k \times 55000^m}{3600 \times 75} = 393 \text{ chevaux.}$$

Ainsi, en supposant que le train de 100 tonnes conservât la vitesse de 55 kilomètres en parcourant une rampe ascendante de 5 millimètres, la vapeur devrait développer directement sur les pistons cette énorme puissance de près de 400 chevaux, qui ne serait du reste cue momentanée, et à laquelle le générateur répond par un peu plus de 90 mètres de surface de chauffe.

D'ailleurs, ceci étant la puissance totale absorbée par la machine et par le train, la résistance du train sans la machine ayant été estimée à 1300 kilogrammes, la puissance réellement absorbée en traction utile serait seulement de :

$$393 \times \frac{1300}{1930} = 264 \text{ chevaux environ.}$$

Néanmoins, en consultant le tableau précédent des conditions de marche de cette machine, on voit qu'il lui est attribué un effort de traction bien supérieur, et atteignant 3400 kilogrammes. Mais cela ne signifie pas qu'elle doive soutenir continuellement un pareil effort, et surtout en vitesse normale; c'est la mesure de celui qu'elle serait capable de surmonter au besoin, en considération de la dimension des cylindres et de sa puissante adhérence.

En effet, 3400 kilogrammes représentent environ $1/7^e$ du poids adhérent, qui égale 23110 kilogrammes, et serait équilibré par une pression utile de 5^k5 par centimètre carré de la surface des pistons.

En résumé, les machines-tender, dont nous présentons le type perfectionné, sont de puissantes machines mixtes, auxquelles on a donné, comme chaudière et cylindres, les dimensions nécessaires pour utiliser le grand effort adhérent dont elles sont capables par l'addition de l'approvisionnement au poids propre de leur mécanisme.

MACHINE-TENDER POUR FORTES RAMPES

Par M. J. PETIET, Ingénieur en chef du chemin de fer du Nord.

Nous désirons citer encore un type nouveau de machine-tender qui a été étudié par M. Petiet, et construit pour la traction des marchandises sur les fortes rampes des embranchements de la ligne du Nord.

La structure de cette machine est remarquable par la caisse à eau placée entre le corps de la chaudière et les essieux, et par l'application de ses quatre paires de roues accouplées, de faible diamètre, avec l'essieu d'arrière passant au-dessous du foyer. Les cylindres sont extérieurs ainsi que toutes les parties du mécanisme.

La réduction du diamètre des roues a permis, en reportant la chaudière en contre-haut, de lui donner, ainsi qu'au foyer, des dimensions très-grandes, et d'utiliser l'adhérence totale d'un poids de près de 40 tonnes. Ensuite l'entre-axe des essieux extrêmes ne dépasse pas la distance convenable; le petit diamètre de ces roues est d'ailleurs en rapport avec la traction et la faible vitesse (p. 205).

Voici, d'après le tableau dressé par les savants auteurs du *Guide du mécanicien*, les dimensions principales de cette machine :

Surface de chauffe	par le foyer	$6^{m.q.}$ 68
	par les tubes	$117^{m.q.}$ 00
	totale	$123^{m.q.}$ 68
Nombre des tubes		289
Diamètre des pistons		0^{m} 480
Course		0^{m} 480
Diamètre des roues		1^{m} 065
Écartement des essieux extrêmes		3^{m} 330
Poids total de la machine à vide		28000 kil.
Id. id. en marche		37500
Charge uniforme, en marche, sur chaque essieu		9375

Nous citerons deux expériences dont les éléments sont puisés dans l'ouvrage de M. E. Flachat.

EXPÉRIENCE DU 28 JANVIER 1860. — La machine remorquait, de Creil à Luzarches, en rampe ascendante de 5 millimètres par mètre, un train composé de :

22	wagons de houille ayant un chargement utile de						240000 kil.
1	Id.	de coke	id.	id.	id.		10000
4	Id.	de pavés	id.	id.	id.		40000
1	Id.	de poudre	id.	id.	id.		1700
	Poids du matériel						120200
1	Fourgon lesté						12000
	Poids total du train remorqué					=	423900 kil.

On a obtenu les résultats principaux suivants :

Vitesse moyenne à l'heure. déduction faite des arrêts........ 15^{km.} 6
Étendue totale du parcours .... 22 kilom.
Consommation totale d'eau................................. 5500 lit.
    Id.   par kilomètre............................ 250
    Id.   totale de houille......................... 725 kilog.
    Id.   par kilomètre............................ 33
    Id.   d'eau, par heure et par mètre carré de surface
de chauffe... 31^k 74

En adoptant, avec cette faible vitesse, $4^k 25$ de résistance à la traction, par tonne, pour le train et la machine, plus 5 kilogrammes pour la rampe, ce qui fait $9^k 25$, pour l'effort total de traction par tonne, M. Flachat estime l'effort total de traction exercé par la machine à :

$$(423^t 900 + 37^t 500) \times 9^k 25 = 4267^k 795.$$

Expérience du 30 janvier 1860. — Le même parcours a été effectué dans les conditions suivantes :

30 wagons pesant avec le chargement...\................... 420390 kilog.
1 Fourgon lesté.. 12000
        Poids total du train........................ = 432390 kilog.

Voici les résultats constatés :

Vitesse moyenne à l'heure. déduction faite des arrêts....... 14^{km} 3
Consommation totale d'eau................................. 6960 lit.
    Id.   par kilomètre (1) 316
    Id.   totale de houille......................... 775 kilog.
    Id.   par kilomètre............................ 35^k 22
    Id.   d'eau, par heure et par mètre carré de surface
de chauffe... 36^k 9

En opérant comme ci-dessus, on trouve pour l'effort de traction totale exercé :

$$(432^t 390 + 37^t 500) \times 9^k 25 = 4346^k 482.$$

Remarques sur ces deux expériences. — Le maximum de traction obtenu est celui de la deuxième expérience, où il atteint plus de 4300 kilog. Mais il est permis de supposer qu'il pourrait s'élever davantage, tout en marchant à la même vitesse, surtout s'il s'agissait d'un travail d'une moindre durée que dans ces expériences. En effet, dans la seconde, par exemple, la vapeur maintenue dans le générateur à une pression de 7,5 à 8 atmosphères a été employée avec détente, avec

____

(1) Ce chiffre de dépense kilométrique, beaucoup plus élevé que dans la première expérience, est attribué à une fuite par une garniture mal faite.

admission variable de 40/100 et 50/100 de la course des pistons : par conséquent on dépensait peut-être tout ce que le générateur est capable de produire, mais sans faire développer à la vapeur son maximum de puissance. Ceci revient à dire, en résumé, que si le travail ci-dessus est celui que la machine est capable de développer en service soutenu, elle pourrait largement produire davantage, s'il s'agissait, par exemple, de franchir une rampe beaucoup plus forte, mais de peu d'étendue.

C'est qu'ici la puissance seule du générateur est en cause, car la machine, par son poids, est capable d'une adhérence bien supérieure.

Divisant l'effort de traction maximum ci-dessus par son poids de 37500 kilog., on trouve :

$$\frac{4346}{37500} = 0,116.$$

L'effort de traction ne s'est donc élevé qu'à moins des 12/100 du poids adhérent, tandis qu'il peut s'élever presque à 15 ou 20 pour 100, d'où la machine en question pourrait, en ne considérant que son adhérence, surmonter un effort de traction atteignant presque 7000 kilogrammes.

On pourrait donc objecter que, soit intentionnellement, soit par impossibilité de faire différemment, on donne aux machines locomotives un pouvoir adhérent bien supérieur à l'effort qu'elles sont appelées à produire, et pour lequel le générateur est établi. Nous dirons que ce fait est vrai et intentionnel, car, comme le fait remarquer M. Flachat, dans le même ouvrage, il faut toujours avoir à sa disposition un grand excès d'adhérence disponible, pour assurer la régularité et la continuité du service, en tenant compte de toutes les causes accidentelles qui peuvent concourir à la réduction de cette puissance, et ne pas juger celle d'une machine par le travail qu'elle est capable de développer dans une expérience de peu de durée.

Celles de Creil sont au contraire de nature à déterminer la valeur des services que la machine peut rendre régulièrement, et que nous résumons ainsi :

Remorquer une charge brute de plus de 400 tonnes, sur une rampe continue de 5 mill. par mètre, à la vitesse de 14 à 16 kilom. à l'heure ;

Et, pour le même effort de traction, en remorquer 1000 sur palier, toujours à petite vitesse, etc.

FIN DU CHAPITRE QUATRIÈME.

CHAPITRE V

LOCOMOTIVES DE MONTAGNE

LOCOMOTIVE A ESSIEUX ARTICULÉS

DU SYSTÈME DE M. ED. BEUGNIOT, INGÉNIEUR

Et construite par **MM. ANDRÉ KŒCHLIN** et C*, à Mulhouse.

(FIG. 1 ET 2, PL. 41)

Nous avons indiqué sommairement la disposition des machines du système Engerth, appliquées aux fortes rampes, et celle de la machine de M. Petiet, destinée au même service, mais sous la forme de machine-tender. On peut constater du reste la tendance actuelle des ingénieurs à créer de puissantes machines, tant sous le rapport de la grande adherence que sous celui du pouvoir vaporisateur. Cela tient au désir d'entraîner de très-lourds convois, ce qui représente une économie de traction sur la division en trains fractionnés, et offre aussi plus de sécurité pour le service que de multiplier les trains ; ensuite on y voit le moyen de franchir des rampes plus prononcées et de diminuer, par cela même, l'importance des travaux d'art et des tranchées (1).

La machine locomotive que nous allons décrire a été combinée en vue de réaliser les mêmes conditions sur une ligne déterminée, c'est-à-dire :

Forte traction sur des rampes très-prononcées, avec passage facile dans des courbes d'un faible rayon.

---

(1) Parmi les essais du même genre, nous pourrions citer aussi la machine de M. Behne, ingénieur à Hambourg, qui s'est fait breveter en 1860 pour une disposition de machine locomotive de grande puissance, dans laquelle on distingue surtout un foyer très-vaste ayant près de 2 mètres 50 centimètres de longueur et renfermant trois grilles étagées dont l'application et la disposition ont pour but de brûler utilement des combustibles de qualité inférieure. Ce foyer est porté en partie par le tender, dont les deux côtés viennent l'embrasser, et porte un essieu au-dessous de lui ; la suspension du foyer sur l'avant du tender est opérée par deux bielles à articulation universelle, afin de rendre les mouvements des deux véhicules parfaitement libres. On remarque également deux tampons élastiques, disposés transversalement à l'arrière de la machine, et entre lesquels se trouve maintenue une partie appartenant au tender. Cette disposition, qui semble très-convenable, a pour objet d'amortir les oscillations qui se manifestent entre la machine et le tender, par le mouvement de lacet. Enfin, l'auteur a connexé les ressorts de suspension de la machine par des balanciers et des bielles, de façon à ce qu'ils opèrent très-régulièrement la répartition de la charge sur les trois essieux moteurs que cette machine possède.

Au lieu de s'arrêter à l'un des divers systèmes imaginés dans des vues semblables, un ingénieur distingué, M. Beugniot, a entrepris la laborieuse tâche de créer une machine presque entièrement différente de forme et de disposition de celles en usage, et surtout atteignant des proportions qui peuvent encore passer pour grandes, même après le système Engerth.

Les machines de M. Beugniot ont été construites dans les ateliers de MM. André Kœchlin et Cᵉ, de Mulhouse, et, après des expériences assez prolongées, la Société industrielle de cette ville en a publié, dans son bulletin, une relation très-complète et très-étendue. C'est sur cette relation, où l'auteur fait l'historique des motifs qui l'ont dirigé pour l'étude de sa machine, que nous nous appuyons pour la description qui suit.

MOTIFS DE LA DISPOSITION

Dans le vaste réseau de lignes ferrées qui couvrira dans un temps très-prochain la Péninsule italienne, il se trouve une section, de Bologne à Pistoïa, qui offre des difficultés sérieuses à cause de la traversée des Apennins. De Bologne, la ligne présente des rampes de 8 à 9 millimètres par mètre sur une étendue de 55 kilomètres, et de là atteint le point culminant par une rampe de 18 millimètres sur une étendue de plus de 13 kilomètres. A la descente, sur le versant opposé, se présente une pente descendante de 25 millimètres, pendant 23 kilomètres, qui s'étend jusqu'à Pistoïa.

A ces conditions difficiles de rampes si prononcées se joignent des courbes de faible rayon, de 300 mètres seulement, ce qui est pour ainsi dire inhérent à la configuration des montagnes, qui obligent à faire des détours subits et nombreux pour trouver le développement nécessaire à la ligne.

D'après cet état de choses, on a posé les conditions suivantes pour la construction des machines locomotives appelées à circuler sur cette ligne accidentée :

« Construire un appareil capable de remorquer de 100 à 110 tonnes par les plus mauvais temps, et 150 tonnes avec des conditions climatériques favorables, sur la rampe de 25 millimètres, ladite rampe, qui a 23 kilomètres 1/2 de longueur, devant être franchie en deux heures par les trains de marchandises, et en une heure et demie, soit 16 kilomètres à l'heure, par les trains mixtes ;

« Combiner l'appareil de telle sorte qu'il accomplisse le travail précité sans qu'on emploie son maximum de puissance, et sans qu'aucun de ses essieux soit chargé de plus de douze tonnes. »

Sans vouloir entrer dans le détail de l'examen critique des systèmes de machines existants auquel M. Beugniot s'est livré, pour chercher s'ils répondent plus ou moins aux conditions du programme, voici le projet auquel cet ingénieur s'est arrêté :

Machine locomotive à générateur d'une très-grande étendue de surface de chauffe, portée sur huit roues couplées, mais dont les essieux sont *articulés* pour faciliter le passage des courbes ; tender indépendant sur lequel il est néanmoins possible de reporter une partie du poids de la machine, et dont le poids propre, très-considérable, est utilisé par son inertie, à l'aide du frein qui s'y trouve appliqué, pendant la descente des rampes.

C'est sur ces bases principales qu'ont été construites les machines, la *Rampe* et la *Courbe*, dont la première, qui est représentée sur la planche 41, n'a pas moins de 173 mètres carrés de surface de chauffe et 48000 kilogrammes de poids adhérent, après élimination même de la partie du poids reportée sur le tender, et qui pourrait, comme nous allons le montrer, être utilisée, mais dans de moins bonnes conditions, pour l'adhérence.

Nous allons expliquer les dispositions principales de cette machine, en insistant plus spécialement sur les points qui lui sont particuliers.

ENSEMBLE DE LA CONSTRUCTION

La fig. 1 de la pl. 41 est une coupe longitudinale de la machine, la *Rampe*, faite sur l'axe du générateur, et qui permet d'apercevoir la liaison de la machine avec le tender, dont on n'a pu représenter que le premier essieu;

La fig. 2 en est un demi-plan, le générateur enlevé, et montrant principalement la disposition du train de roues.

FOYER, CORPS TUBULAIRE ET BOÎTE A FUMÉE. — Ces trois organes principaux ne diffèrent pas, en principe, des machines ordinaires, si ce n'est par leurs grandes proportions.

Le corps tubulaire A a 1ᵐ,48 de diamètre et renferme 222 tubes *a* de 4ᵐ,80 de longueur. Il porte, vers son milieu, le dôme B, à l'intérieur duquel s'ouvre le conduit C d'introduction de vapeur, qui se bifurque, dans la boîte à fumée, en deux branches C′ dirigées sur les boîtes des tiroirs. Ce dôme, qui est surmonté d'une soupape de sûreté, est enveloppé d'une chemise en tôle mince *b* et d'un sablier *c*, duquel partent deux conduits extérieurs qui viennent se terminer devant les deux roues centrales, afin de répandre du sable devant l'une d'elles, suivant le sens de la marche, si l'état de la voie le réclame; on sait que le sablier doit être placé, autant que possible, près d'une partie très-chaude, de façon à lui conserver un état de sécheresse qui rend son écoulement plus facile.

Le foyer est remarquable par sa grande dimension générale; comme il est entièrement reporté en arrière de la dernière paire de roues, sa largeur intérieure a pu être rendue égale à celle même de la voie.

La boîte à fumée D, en raison de la position des cylindres, est très-vaste, et la cheminée E, dont la hauteur totale est, comme on le sait, limitée par celle des ouvrages d'art de la ligne, dépasse peu extérieurement, mais pénètre au contraire à l'intérieur et vient s'ouvrir en entonnoir au-dessus de la tuyère d'échappement F.

Ce dernier organe, dont les fonctions ont été expliquées précédemment, offre ici un mode particulier de réglementation. Au lieu de clapets à charnière, son orifice supérieur est muni intérieurement d'un bec conique creux *d*, qui se meut verticalement par un mécanisme à portée du machiniste, et qui, à son maximum d'élévation, peut réduire l'ouverture de la buse jusqu'à la sienne propre, mais non jusqu'à la fermer complétement.

CYLINDRES ET DISTRIBUTION. — La disposition des cylindres à vapeur G se distingue complétement des autres machines locomotives. Comme ils sont très-grands, et qu'il eût été dangereux, pour la stabilité, de les mettre à l'extérieur, mais que leur diamètre s'oppose également à ce qu'ils soient compris entre les roues, l'auteur a imaginé de les placer dans l'axe même de ces dernières; il fallait alors renverser le mécanisme habituel, c'est-à-dire faire sortir la tige du piston par l'avant-bout du cylindre et trouver ensuite le moyen de la rattacher à l'essieu moteur.

A cet effet, la tige H, qui est forgée de la même pièce que la masse du piston, est assemblée avec une traverse en fer H′, dont les extrémités, guidées dans des glissières *e*, sont munies de bielles I, lesquelles, revenant vers l'arrière, vont attaquer le premier essieu J, qui devient celui moteur; les cylindres sont légèrement inclinés, de façon à relier plus facilement le mécanisme des glissières avec la traverse du châssis.

Cet arbre, qui reçoit ainsi son mouvement de quatre bielles, forme d'abord deux coudes d'équerre, comme à l'ordinaire, puis il est muni à ses extrémités de manivelles supplémentaires *f*, rapportées, et placées en concordance parfaite avec le coude correspondant.

Les boîtes des tiroirs sont reportées exactement à la partie supérieure des cylindres et tout à fait horizontales. Les tiroirs sont commandés par le mécanisme ordinaire à double excentrique et coulisse de changement de marche. Les excentriques *g* sont montés sur l'arbre moteur J, entre la boîte à graisse du châssis extérieur et la manivelle *f*; leur relation avec le tiroir est établie par la coulisse *h* et par une bielle de renvoi en retour *i*, qui est assemblée avec une pièce guidée *j*, laquelle se relie directement à la tige du tiroir par une branche d'équerre destinée à racheter la différence d'axe.

Indiquons, pour mémoire, l'axe horizontal *k*, sur lequel est monté le levier de changement de marche, et muni du contre-poids *k*′.

DISPOSITION DES CHASSIS ET DU MÉCANISME DES ESSIEUX. — Cette partie de la machine est la plus caractéristique de sa composition. Pour obéir au passage des courbes de faible rayon les essieux sont mobilisés, mais non pas en se prêtant à la disposition angulaire des rayons de courbure, ce qui conduirait à faire fléchir les longerons du châssis, mais bien en se déplaçant *transversalement*, sans cesser de rester parallèles entre eux. Nous allons expliquer l'ingénieuse disposition à l'aide de laquelle l'auteur y est parvenu.

L'ensemble du générateur et des cylindres est rattaché à un châssis extérieur K, complétement rigide, et par lequel, comme avec les machines ordinaires, se transmettent les efforts de traction en montant, et qui résiste à la poussée du train en descendant; ce châssis repose sur les quatre essieux J, J′, J² et J³, qui sont montés, suivant la disposition habituelle, par leurs collets tournants dans les boîtes à graisse L, avec chacun deux ressorts de suspension correspondants, placés extérieurement contre les flancs de la chaudière.

Mais, outre cela, les essieux portent, à l'intérieur des roues, un deuxième collet avec coussinet, et sont en quelque sorte reliés deux à deux, et de chaque côté, par quatre plaques de garde M et M', sur lesquelles le corps de chaudière s'appuie, par des pivots *à rotule l*, et fait supporter une partie de son poids aux collets intérieurs par huit autres ressorts N, dont les tiges *m* sont forgées avec une chappe qui embrasse exactement les coussinets de ces collets intérieurs.

Avant d'aller plus loin, voici comment fonctionne ce mécanisme :

On peut considérer les deux paires d'essieux comme formant, avec les plaques de garde intérieures M et M', deux parallélogrammes articulant chacun d'après deux points fixes *l*, appartenant au corps de chaudière, et solidaires, par conséquent, du châssis extérieur K auquel cette chaudière est rigidement rattachée.

D'après cela, lorsque la machine entre dans une courbe, dans la marche en avant, le rail extérieur presse contre le boudin de la roue, et, à la faveur d'une certaine quantité de jeu *latéral* ménagé dans les boîtes extérieures L, *repousse* l'essieu J, auquel il n'est permis, comme aux autres, qu'un déplacement perpendiculaire à l'axe longitudinal de la machine; mais, en se déplaçant, il fait osciller les deux plaques M, qui lui correspondent d'après leurs deux points fixes *l*, lesquelles plaques entraînent à leur tour le second essieu J', qui exécute un mouvement transversal égal à celui du premier et de sens contraire.

Le même effet de réaction de la courbe se produisant sur le troisième essieu, la même disposition mécanique fournit les mêmes résultats, et finalement les quatre essieux sont disposés pour ainsi dire suivant des plans *étagés* conformément à la courbure de la voie, sans que l'ensemble rigide de la machine en ait éprouvé l'influence, les variations entre les parties mobiles et celles qui ne le sont pas ayant été supportées, comme nous l'avons dit, par un jeu latéral ménagé dans le montage des boîtes à graisse extérieures L.

Fig. 130.

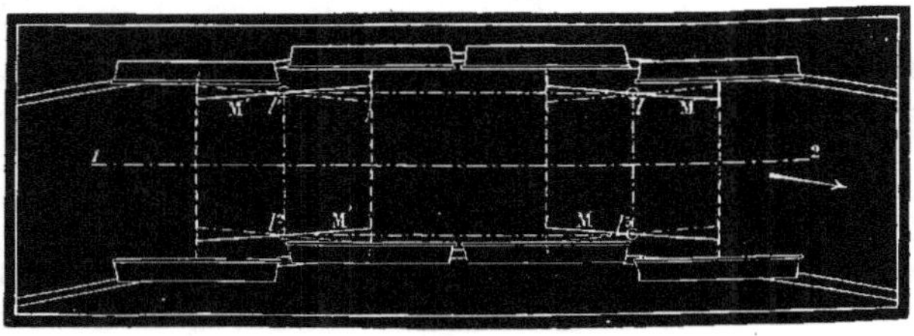

Voici, pour compléter cet aperçu, un tracé géométrique, fig. 130, à l'échelle de 15 millimètres par mètre, qui rend compte exactement de la position de la machine et de ses essieux dans une courbe que nous supposons, à dessein, d'un rayon très-petit, 15 mètres, afin de rendre l'effet du mécanisme plus sensible. Il est à peine nécessaire d'ajouter que non-seulement un aussi faible rayon ne se rencontre pas, mais que le passage de la machine n'y serait pas possible.

Soient l, l', l^2, l^3, les quatre points fixes déterminant un système rigide, et d'après lesquels les quatre essieux se déplacent deux à deux comme s'y trouvant reliés par les quatre balanciers M et M'.

On voit qu'en pleine courbe symétrique les deux essieux extrêmes se trouvent reportés d'un côté de l'axe invariable 1-2 de la machine, tandis que les deux essieux moyens sont reportés de l'autre côté d'une quantité semblable, déplacement qui ne peut s'effectuer librement qu'en vertu du jeu ménagé dans les assemblages avec le châssis rigide extérieur.

Les figures du dessin, pl. 41, permettent de comprendre comment la construction des plaques de garde ou balanciers M et M' a été entendue pour que les fonctions ci-dessus s'exécutent, et que la charge soit régulièrement reportée sur les ressorts N.

D'abord, ces plaques de garde peuvent jouer verticalement et tournent d'après les tiges m et d'après des guides semblables inférieurs m', solidaires des coussinets. Ensuite, les flexions des ressorts sont égalisées, pour chaque paire, par un balancier n, qui constitue le point de suspension de la plaque de garde entre les essieux, et avec laquelle ce balancier est rattaché par articulation.

Mais il ne faut pas oublier que les quatre essieux sont connexés par des bielles O', et que leur déplacement latéral forcerait l'assemblage, s'il n'y avait été pourvu préalablement. Comme, ainsi que le montre la fig. 130, les variations réciproques des essieux ont lieu entre ceux extrêmes et les deux intermédiaires, les boutons des bielles O' qui les relient sont sphériques, tandis que ceux de la bielle intermédiaire O sont maintenus sensiblement cylindriques. Le tourillon d'assemblage des bielles motrice I avec la traverse H' est également ovalisé.

Toutefois, **M. Beugniot** déclare, dans son mémoire, qu'un tracé géométrique exécuté, en supposant une courbe de 100 mètres de rayon seulement, ne permet pas de mesurer l'influence de l'obliquité sur les boutons des manivelles, tant elle est peu sensible; néanmoins, ovaliser les boutons était indispensable (1).

RELATION DE LA MACHINE AVEC LE TENDER. — Le tender appliqué à cette machine est porté par trois paires de roues, dont une, placée comme en avant-train, est particulièrement disposée pour que la machine vienne s'y appuyer.

L'essieu J^4 de cette paire de roues, que les fig. 1 et 2 indiquent avec cette extrémité du tender, est monté par des collets extérieurs sur le châssis principal du tender, et, en dedans des roues, par deux autres collets, sur deux plaques de garde M^2, fixées sur des bâtis intermédiaires spéciaux. Les boîtes à graisse correspondantes sont surmontées d'un ressort N', sur lequel vient reposer un arc en fer o, à peu près en forme de T, ayant sa tige centrale maintenue dans une glissière, de façon que cette pièce, tout en s'appuyant sur les extrémités du ressort N', peut céder à sa flexion et jouer verticalement; cette tige centrale est en outre percée et

____

(1) Si l'on calcule la valeur du déplacement latéral qu'éprouveraient les roues sur une courbe de 100 mètres de rayon, on trouve 8 1/2 millimètres de chaque côté. Les bielles d'accouplement ayant 1^m 30 de longueur, il s'ensuit que la déviation correspondante qu'elles auraient à subir correspond à un angle ayant 1^m 30 de rayon et 8 1/2 millimètres de tangente, soit environ 1/3 de degré.

taraudée longitudinalement pour recevoir une forte vis p, qui perce extérieurement et sur laquelle l'arrière de la machine peut venir s'appuyer.

Cette extrémité de la machine est en effet munie d'un fort bâti en tôle P, sous la face inférieure duquel on a fixé deux crapaudines sphériques q, en rapport avec les deux vis p, dont la tête a cette même forme et peut s'y emboîter exactement.

Par conséquent, si l'on remonte suffisamment ces deux vis, il vient un moment où elles portent tout à fait contre les crapaudines; en continuant de les tourner dans le sens où elles s'élèvent, la machine est soulevée en même temps que les arcs mobiles o descendent en s'appuyant sur les ressorts N′, dont la flexion représente alors la part du poids de la machine reportée sur cet essieu du tender, et qui peut être évidemment modifiée, puisqu'elle dépend du serrage des vis p.

On tire de cette disposition l'avantage d'avoir un grand foyer sans porte à faux, et de soustraire la machine à toute instabilité résultant de ce défaut. On a pu se convaincre de la réalité de cet avantage en détournant les vis et en marchant sans que l'arrière de la machine fût soutenu, ce qui lui faisait prendre immédiatement la mauvaise allure qu'elle n'a pas dans le cas contraire.

L'attelage des deux véhicules a été également combiné en vue des courbes prononcées que l'on aurait à franchir, et de façon à éviter les effets de traction *hors d'axe* qui se produiraient nécessairement avec une barre d'attelage trop courte, lorsque l'axe de la machine et du tender, placés sur une courbe de faible rayon, ne coïncide plus avec celui de la voie.

Pour justifier la disposition qu'il a adoptée à cet effet, M. Beugniot établit une proposition que nous allons rendre intelligible à l'aide d'un tracé géométrique, sur lequel nous avons conservé ce rayon de 15 mètres, hors de toutes conditions pratiques, afin de rendre apparent ce qui ne pourrait l'être si l'on choisissait même le plus petit rayon en usage.

Fig. 131.

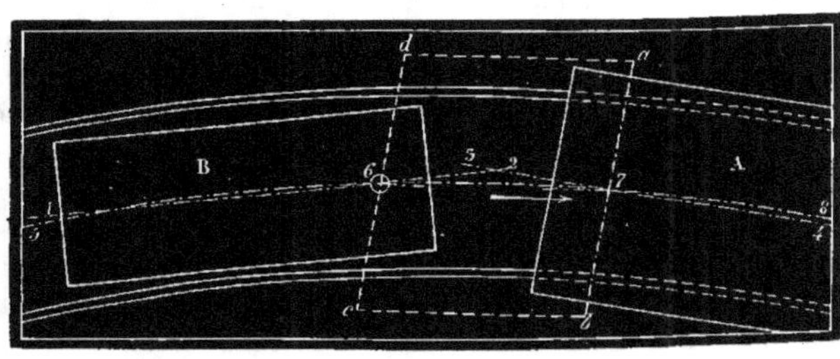

La machine A et le tender B, fig. 131, se trouvant dans une courbe, l'axe 1-2 du tender et celui 3-4 forment un angle dont les côtés s'écartent plus ou moins de l'axe 5-6-7-8 de la voie, mais font néanmoins intersection avec lui en deux points 6 et 7.

Pour que la traction s'opérât dans les meilleures conditions possibles, il faudrait que la barre d'attelage vînt relier les deux véhicules à ces points d'intersection 6 et 7, et qu'elle eût, par conséquent, cette longueur ; la déviation de la barre, par rapport aux deux axes, atteindrait alors un minimum, et la traction serait ramenée au plus près possible de la direction des masses en mouvement.

Comme le point 7, situé à l'intérieur du mécanisme de la machine, n'est pas accessible, l'auteur l'a reporté au dehors du cadre en traçant la perpendiculaire *ab* ; puis, attachant un balancier articulé *cd* au point 6 du tender, la barre d'attelage simple et centrale 6-7 a été remplacée par deux bielles latérales et parallèles *ad* et *bc*, qui réunissent les extrémités du balancier et deux points fixes *a* et *b*, pris sur le châssis de la machine, sur la perpendiculaire passant par le point 7.

La traction s'opère de cette façon par les bielles *ad* et *bc*, et le peu d'obliquité résultant de la position admise est rachetée par l'articulation du balancier sur son point d'attache 6.

Il reste maintenant à faire une observation importante. Le tracé précédent démontre, par l'exiguïté exagérée du rayon de courbure, que le parallélogramme *abcd* n'est pas rectangle, et que ces quatre angles devraient être articulés, tandis qu'en exécution ils ne le sont pas. Cela tient à ce que, dans la plus petite courbe de 100 mètres de rayon, prise pour base de cette construction, le hors d'équerre du parallélogramme est peu sensible et que le moindre jeu y suffit. En effet, dans ces conditions, on trouve que l'angle aigu du parallélogramme devient à peu près 88° 5′, au lieu de 90 sur voie droite (1).

Ce mécanisme est représenté sur les figures de la planche 41, qui montrent les bielles Q et le balancier R, lequel est rattaché par une articulation au bâti du tender ; seulement le boulon *r*, à l'aide duquel cet assemblage est opéré, possède dans le balancier un jeu longitudinal suffisant pour effectuer la tension initiale de l'attelage, au moyen d'un ressort de butée ou de choc, dont nous allons parler tout à l'heure. On remarque aussi une barre d'attelage centrale T, appliquée un peu par surcroît de précaution, car elle ne fonctionne pas en même temps que les bielles Q, et n'est utilisée qu'en petites manœuvres, lorsque l'attelage principal n'est pas opéré.

Cette machine étant destinée à parcourir des rampes dans les deux sens, tantôt elle exerce un effort de traction et tantôt elle résiste à la poussée du convoi. La traction s'opère au moyen du procédé qui vient d'être expliqué. Quant à la poussée, elle s'exerce contre le bâti P par deux tampons S, en rapport avec un ressort appliqué contre la traverse du tender, à laquelle nous avons dit ci-dessus que le balancier R est rattaché. Ce ressort, qui est complétement indépendant du mécanisme de traction, ne fonctionne ainsi que pendant la descente du train dont il transmet la poussée à la machine par les tampons S, et la variation de distance qui en résulte entre le tender et la machine est supportée par le boulon *r*, auquel le jeu nécessaire est réservé à cet effet.

<hr>

(1) M. Arnoux, qui s'est beaucoup occupé de l'application des voies ferrées avec des courbes de petits rayons, s'est fait breveter en 1860 pour un système fort ingénieux et très-simple de trains articulés, que nous avons décrit dans le vingtième volume du *Génie industriel.*

M. Beugniot fait connaître le moyen que l'on emploie pour effectuer cet attelage, un peu plus compliqué que dans les cas ordinaires :

« Lorsque les tampons S sont adossés contre ceux de la machine qui leur font face (et qui sont en tôle trempée), il s'en faut de 40 millimètres que les barres Q puissent s'emmancher aux deux bouts du balancier R. Pour atteler on emmanche l'une des barres, en inclinant le balancier de la quantité nécessaire ; puis, après avoir eu soin de serrer à fond les sabots du frein, on donne vapeur en arrière ; la poussée de la machine fait céder le ressort de choc et la seconde barre s'emmanche. On dételle d'une façon analogue. »

DIMENSIONS ET CONDITIONS DE MARCHE

Les fonctions de cette puissante locomotive ont pour bases les conditions de marche suivantes :

Surface de chauffe { par les tubes	$163^{m.q.}60$
par le foyer	$9^{m.q.}40$
totale	$173^{m.q.}00$
Nombre de tubes	222
Diamètre des pistons	$0^{m}540$
Course	$0^{m}560$
Diamètre des roues	$1^{m}200$
Écartement des essieux extrêmes	$3^{m}900$
Poids adhérent de la machine en état de marche	47300 kilog.
Charge sur le 1er essieu (avant)	11800
Id. 2° id. } Id. 3e id. } ensemble	23600
Id. 4e id.	11900
Poids du tender, en marche	23550
Timbre de la chaudière	7 atmosp.

Admission normale avec détente pendant 1/4 de la course des pistons.

Si l'on applique à cette machine les règles qui ont été exposées plus haut, et que l'on prenne, pour la pression utile moyenne sur les pistons, 5 kilogrammes par centimètre carré (ce qui résulterait à peu près de la vapeur à $6^{at.}1/2$ employée avec admission 3/4, et contre-pression égale à $1^{at.}3$), on trouve que les pistons sont capables de développer un effort direct total de 22900 kilogrammes, ce qui correspond à peu près à un effort de 6800 kilogrammes transmis à la circonférence des roues, et égal à la puissance de traction disponible.

La machine présentant un poids total adhérent d'environ 48000 kilogrammes, il s'ensuit que, si l'on compare ces deux valeurs, on obtient :

$$\frac{6800}{48000} = \frac{1}{7}.$$

Ce résultat indique que les cylindres de cette machine ont été proportionnés de façon, qu'en marchant dans les conditions de pression ci-dessus, la machine soit capable de développer mécaniquement un effort de traction équivalant au 1/7ᵉ de son poids adhérent.

Enfin, si l'on adopte pour les résistances de la machine et du train les valeurs données (p. 192), et pour les plus faibles vitesses, cette machine serait capable de soutenir, sur une rampe de 25 millimètres, le poids utile ci-dessous.

Résistance de la machine à la traction :

$$48^t \times (15^k + 25^k) = 1920 \text{ kilogrammes.}$$

Résistance du tender à la traction (estimée comme pour un véhicule simple) :

$$23^t55 \times (5^k + 25^k) = 471 \text{ kilogrammes.}$$

Retranchant ces efforts de celui total disponible, il reste en traction utile :

$$6800^k - (1920 + 471) = 4409^k.$$

Divisant cet effort par celui absorbé par le poids d'une tonne du train, et qui équivaut à environ 5 + 25 = 30 kilogrammes, avec la rampe de 25 millimètres par mètre, il vient :

$$\frac{4409^k}{30^k} = 146^t,9.$$

Soit environ 147 tonnes de poids utile que la machine est capable de remorquer dans les conditions proposées.

Nous allons voir maintenant ce que ces deux machines, semblables à celle qui vient d'être décrite, ont réellement produit.

Les deux machines, la Rampe et la Courbe, ont été envoyées sur plusieurs lignes ferrées pour y être soumises aux expériences de traction et de consommation de combustible, et pour connaître comment leur mécanisme se comporte dans les conditions assez exceptionnelles pour lesquelles elles ont été construites. De ces nombreuses expériences, mentionnées dans le Mémoire de M. Beugniot, nous donnerons seulement le tableau résumatif suivant, extrait du même rapport, et auquel nous avons ajouté quelques chiffres empruntés néanmoins au texte courant dudit Mémoire.

TABLEAU

DES RÉSULTATS D'EXPÉRIENCES FAITES AVEC LES LOCOMOTIVES LA RAMPE ET LA COURBE,
DU SYSTÈME DE M. E. BEUGNIOT.

RAMPES en millimètres	CHARGES remorquées en tonnes.	VITESSES en mètres		COEFFICIENT d'adhérence.	EFFORTS de traction (calculés).	PUISSANCES DÉVELOPPÉES			RAPPORT des efforts de traction absorbés par le train et par la locomotive.
		par heure.	par seconde.			en kilogrammètres.	en chevaux.	par mètre carré de surface de chauffe en kilogrammètres	
millimètres.	tonnes.	mètres.	mè·res.		kilogr.				
3,5	858	12708	3,53	1/7	7244	25571	341	147,8	11 : 1
5	716	14400	4	1/6,5	7323	29292	391	169,3	9,46 : 1
6	858	7200	2	1/5	9564	19128	255	140	11,04 : 1
12	367	14640	4,06	1/6,6	7154	29045	387	167,8	5 : 1
20	220	10608	2,94	1/7	7094	20856	278	120,5	3 : 1
20	247	8580	2,38	1/7	7749	18452	246	106,6	3,42 : 1
25	125	16600	4,06	1/8,3	5756	26477	353	153	1,74 : 1
25	161	15000	4,16	1/7	6809	28325	378	163,7	2,24 : 1
28	90	16944	4,70	1/9,2	5242	24496	327	141,6	1,25 : 1

REMARQUES SUR LE TABLEAU PRÉCÉDENT. — Ce tableau contient deux sortes de résultats, les uns donnés directement par l'expérience, les autres calculés, tels que les efforts de traction dont on a déduit les puissances développées. Ces efforts de traction ont été calculés à l'aide d'éléments un peu différents de ceux dont nous nous sommes servis tout à l'heure, mais conduisant néanmoins à des résultats comparables.

Ainsi, pour la rampe de 25 millimètres, pour laquelle nous trouvions par hypothèse près de 147 tonnes correspondant à un effort de traction de 6800 kilogrammes, l'expérience a fourni 125 et 161, et l'auteur en a déduit des efforts de traction de 5756 et 6809 kilogrammes.

Mais cette table montre deux particularités importantes à considérer, c'est la puissance proportionnelle développée et rapportée à la surface de chauffe, et le rapport entre les efforts de traction absorbés par le train et par la machine motrice, y compris son tender.

Le générateur a produit de la vapeur pour des puissances utilisables en traction totale, variant de 169 à 120 kilogrammètres par mètre carré de surface de chauffe, résultat qu'il peut être intéressant de comparer avec les conditions correspondantes de charges remorquées, de vitesse et de rapport d'adhérence.

Le rapport des efforts de traction absorbés par le train et par la machine motrice présente la valeur maximum 11 : 1, pour la plus faible rampe, et s'est abaissé, ce qui est naturel, à 1,25 : 1 avec la rampe maximum. Ainsi, lorsque sur une rampe de $3^{mill.}5$ la machine ne prend pour se remorquer elle-même que le 1/12e de la puissance utile qu'elle développe, elle en absorbe près de la moitié sur une rampe de 28 millimètres, ce qui est énorme.

Terminons par l'extrait suivant des conclusions de M. Beugniot lui-même :

1° Il paraît résulter des chiffres du tableau que, pour faire en pays de montagne une traction rémunératrice, il faut adopter par essieu une charge de 11 1/2 à 12 tonnes, afin que l'adhérence de 1/7e, qui est celle qu'on ne peut dépasser que dans des cas exceptionnels, permette de développer un effort de traction entre 6500 et 7000 kilogrammes, effort qui utilise le mieux les surfaces de chauffe comprises entre 170 et 200 mètres. Pour une telle charge par essieu, les bandages des roues devraient être en acier fondu, comme ménageant mieux la voie, puisqu'ils se conservent mieux eux-mêmes, et la suspension de la machine parfaite ;

2° De cette proposition on peut déduire que, si dans les locomotives à marchandises marchant en plaine, ou sur rampes ne dépassant pas 4 à 5 millimètres par mètre, un poids adhérent de 200 kilogrammes par mètre carré de surface de chauffe suffit, à l'instar de ce qui se passe dans les bonnes machines mixtes à quatre roues accouplées, où ce poids varie, dans certains modèles connus, entre 290 et 204 kilogrammes, il n'en est plus de même dans les machines de montagne, où 250 kilogrammes de poids adhérent par mètre carré de surface de chauffe semblent devoir être considérés comme un minimum, et 300 tonnes un maximum, à moins d'augmenter de beaucoup la pression dans les chaudières..... (1).

M. E. Flachat, à qui l'industrie des chemins de fer doit des travaux considérables, a publié récemment un mémoire fort curieux, dont nous avons rendu compte dans le *Génie industriel*, au sujet des machines à forte rampe, et cet habile ingénieur ne doute pas que l'on pourrait aujourd'hui construire des locomotives capables de gravir des pentes de 5 à 6 centimètres, en parcourant des courbes de petit rayon.

CONCLUSION SUR LES MACHINES LOCOMOTIVES

Le cadre dans lequel nous avons dû nous renfermer pour ce *Traité des moteurs à vapeur* ne nous a pas permis de donner les divers systèmes actuellement en usage. Comme nous l'avons dit en commençant ce chapitre, nous ne pouvions avoir la prétention de faire sur les machines locomotives un traité spécial, qui, pour être complet, exigerait des volumes. Nous n'avons eu réellement pour objet que de faire connaître simplement la transformation du moteur à vapeur fixe en machine locomotive, et pourtant nous avons été entraîné assez loin sur ce sujet.

C'est qu'en décrivant une locomotive dans sa structure générale, on est naturellement conduit à parler des différences qui distinguent les nombreux types que ce

---

(1) Voir le Mémoire complet de M. E. Beugniot, dans les numéros de août à décembre 1860 du *Bulletin de la Société industrielle de Mulhouse.*

moteur comprend (1), et à donner une idée des principes sur lesquels repose
l'utilisation directe de sa puissance.

C'est bien, en effet, une machine à vapeur ordinaire, mais dont la puissance
se traduit *invariablement* en un effort exercé suivant une direction horizontale, ou
à peu près, désigné par cette dénomination caractéristique : *effort de traction*. Il
résulte alors de ce mode d'action uniforme un mode particulier d'évaluer la puissance pour laquelle on peut adopter pour facteurs l'effort et le chemin parcouru
à l'unité de temps, en rapportant à leur produit toutes les circonstances qui le
déterminent ou l'affectent.

Ainsi, on peut exprimer la puissance d'une locomotive par l'effort qu'elle exerce
en prenant pour unité le kilomètre parcouru et le temps mis à le parcourir, en
tenant compte de l'état de la ligne en palier ou en rampe, de façon à rapporter à
cette base la quantité d'eau et de combustible dépensée. C'est si bien de cette
manière qu'on envisage la question dans l'industrie des chemins de fer, que la
dénomination de *force en chevaux* est complétement supprimée ; si elle est rappelée
quelquefois, ce n'est que par comparaison avec les moteurs à vapeur ordinaires,
dont les locomotives réunissent tous les éléments, comme cylindres et générateurs.

Et pourtant c'est surtout dans cette application à un service autrefois rempli
presque exclusivement par des chevaux que cette désignation de la puissance des
moteurs à vapeur semblerait devoir convenir ; mais l'usage qui l'a conservée, peut-
être à tort, à notre avis, pour les machines de navigation, ne l'a pas admis pour les
locomotives, et nous trouvons qu'on pourrait rationnellement le faire pour toutes
les machines à vapeur.

Dans un chapitre spécial sur les calculs relatifs aux proportions des machines à
vapeur de tout genre, nous donnerons un résumé des dimensions principales des
locomotives appliquées sur nos grandes voies ferrées.

(1) Nous avons cité, il est vrai, bien des types, mais qui n'ont été reproduits ici que sous la forme de
simples croquis. La raison en est que leur description complète nécessiterait un ouvrage spécial tout
entier ; pour les personnes qui voudraient cependant connaître l'un d'eux dans tous ses détails, nous renvoyons à notre recueil *la Publication industrielle*, dans lequel la plupart des machines locomotives dont
il a été parlé précédemment sont décrites et représentées avec tous leurs détails. Il est inutile d'ajouter
que tous ces types différents sont aussi reproduits dans l'excellent traité : *le Guide du mécanicien
constructeur et conducteur de locomotives* (édit. de 1859).

FIN DU CHAPITRE CINQUIÈME ET DE LA CINQUIÈME SECTION.

SIXIÈME SECTION

APPLICATION DE LA PUISSANCE DE LA VAPEUR D'EAU

AUX MACHINES DE NAVIGATION

CHAPITRE PREMIER

APERÇU HISTORIQUE SUR LA NAVIGATION PAR LA VAPEUR

L'application de la force motrice à la navigation est plus ancienne que pour les voies de terre, et cela se comprend, si l'on considère que la machine à vapeur, même dans sa disposition primordiale et élémentaire, pouvait être installée sur un bateau, tandis que, pour son emploi comme véhicule moteur sur les routes, elle devait être à peu près complétement transformée et avoir atteint une grande partie des perfectionnements qu'on y a successivement apportés. D'ailleurs, non-seulement la disposition du moteur manquait, mais encore il fallait créer la voie, puisque les routes ordinaires n'ont encore pu convenir jusqu'à présent.

La facilité relative avec laquelle on peut installer une machine à vapeur sur un bateau donne lieu par cela même à la grande variété des types qu'il a été possible d'imaginer et d'appliquer : aussi ces types sont-ils, en effet, très-nombreux comparativement à ceux des machines locomotives, dans lesquelles les divers systèmes, considérés d'un point de vue général, il est vrai, pourraient se résumer en un principe unique.

Il serait difficile d'entreprendre de décrire tous les systèmes d'appareils de navigation, seulement en usage aujourd'hui, sans même parler de ceux qui ont été plus ou moins abandonnés. L'installation de la machine à bord, les détails de son service et de sa manœuvre, et la combinaison de sa puissance avec les dimensions du navire, sont également des questions que nous ne pourrons, en quelque sorte, qu'effleurer ; on voudra bien se souvenir que nous n'avons en vue que la disposition même de la machine.

Nous rappellerons auparavant les noms des hommes qui ont eu le plus de part à cette immense *application* que l'on appelle : *la navigation à vapeur*.

ORIGINE DE LA NAVIGATION A VAPEUR

La propulsion des navires, quel que soit le mode employé, comporte évidemment deux éléments distincts, le propulseur même et la force motrice; il existe d'ailleurs depuis longtemps deux moteurs différents, dont l'un consiste dans la force du vent, et l'autre a pour principe la puissance de l'homme employée à mettre en jeu un propulseur qui prend son point d'appui sur l'eau, pour communiquer un mouvement au navire.

Dans le premier cas le propulseur est invariablement la *voile*, et dans le second c'était autrefois presque exclusivement la *rame* ainsi que la *godille*, engins qui sont toujours très-employés pour les petites embarcations.

Il paraît établi que des *roues à palettes*, ou rames mécaniques, ont été employées aussi, même du temps des Romains, qui les faisaient mouvoir à l'aide d'un mécanisme de manége. Mais, sans aller chercher si loin leur origine, il suffirait de lire le fameux mémoire de Papin (*Hist.*, t. ɪer, p. 93), pour être convaincu de leur emploi bien antérieur à la navigation à vapeur, pour laquelle elles furent longtemps le procédé exclusivement en usage.

Il semble assez naturel que l'idée de faire marcher les bateaux par la vapeur soit née presque au même moment que l'invention de cette force motrice, puisqu'il suffisait de substituer un moteur à un autre pour mettre en jeu un mécanisme déjà connu.

En effet, il est bien prouvé maintenant que Papin proposa simultanément l'emploi de la vapeur comme force motrice, et, pour l'une de ses applications, *la propulsion des navires*.

On en trouve la trace dans le mémoire précité et dans cette correspondance récemment découverte (t. ɪer, p. 94), qui établit que les idées de Papin sur ce sujet auraient même reçu de lui un commencement d'exécution.

Ce mémoire, exposant à la fois la première idée de la machine à vapeur et de son application aux navires, date, comme on l'a vu, de 1690, et en paraît jusqu'ici la plus ancienne antériorité. Néanmoins, on pourrait lui opposer celle de Blasco de Garay, datant de 1543 (t. ɪer, p. 85); mais comme il n'est rien resté de connu à cet égard, on est forcé de ne la rappeler que pour mémoire.

Il est bien vraisemblable que la navigation à vapeur ne put raisonnablement se faire jour qu'en raison des progrès accomplis par le moteur lui-même, qui, rendant déjà des services comme machine atmosphérique, par exemple, ne pouvait aucunement produire le mouvement de rotation rapide et régulier exigé pour la propulsion d'un navire. C'est justement cette difficulté qui arrêta les premiers novateurs que nous allons citer, ce qui nous permet de dire que, malgré leurs courageux essais, le problème était pour ainsi dire resté à l'état de proposition où l'a laissé Papin, et que les premiers résultats réels, dus à Fulton, ne datent que de l'époque à laquelle on put se procurer le moteur perfectionné par le génie de Watt.

Jonathan Hulls (1736). — Ces remarques peuvent être appliquées sans restriction à Hulls, qui était pourtant considéré en Angleterre comme le premier inventeur des bateaux à vapeur. Cependant il ne fit ni davantage ni mieux que Papin, si ce n'est qu'il voulut utiliser à cet effet la machine atmosphérique, alors perfectionnée par Newcomen.

Il fit construire un bateau sur lequel était installée une machine atmosphérique, dont le piston actionnait, par une corde et une poulie, un premier axe horizontal, lequel, par deux autres poulies et des cordes, transmettait le mouvement à un deuxième axe placé à l'arrière du bateau et muni d'une roue à quatre palettes. Il est important de faire observer que les poulies de ce dernier axe étaient montées folles et avec encliquetage, et que l'une des deux correspondait à un poids que le piston soulevait pendant sa descente.

Voici ce qui résultait de cette disposition, relativement ingénieuse :

Le piston, en descendant, pendant la période motrice, faisait faire à la roue à palettes un demi-tour dans le sens convenable pour la propulsion du bateau, et soulevait en même temps le poids auxiliaire, ce qui donnait à la deuxième poulie de l'arbre à palettes un mouvement en sens contraire, mais sans effet, puisqu'il se produisait au rebours de l'encliquetage; lorsque le piston remontait, son mouvement était sans action sur la roue à palettes, mais le poids en question, descendant sous l'action propre de la gravité, entraînait cette fois la roue à aubes et lui faisait achever son tour, etc.

C'est ainsi que Hulls avait imaginé de transformer le mouvement alternatif du piston, en employant sa période de puissance à faire faire simultanément un demi-tour à la roue à palettes et à soulever un poids dont la descente lui faisait faire ensuite l'autre demi-tour.

Nous nous figurons aisément le résultat d'une pareille disposition et du fonctionnement d'une machine à simple effet ainsi appliquée. L'amirauté anglaise repoussa l'œuvre, bien qu'à cette époque on eût pu se contenter de résultats fort modestes, comparés à ceux qu'il fut possible d'exiger plus tard. Tredgold, dans son ouvrage sur les machines à vapeur, et qui apprécie beaucoup (trop peut-être) l'invention de Hulls, croit que l'on eût tort de l'abandonner; en cela l'auteur anglais peut avoir raison, car, si imparfaite qu'elle fût, le but seul avait de quoi faire naître de grandes espérances.

M. l'abbé Gauthier, professeur à Nancy, a reproduit à peu près l'idée de Hulls, en proposant, en 1753, un système de bateau muni de roues à palettes, commandées par une machine de Newcomen.

Le marquis de Jouffroy (1776 et 1780).— Les divers auteurs qui se sont occupés d'écrire l'histoire des bateaux à vapeur ne mentionnent, depuis Hulls, aucune tentative en ce genre autres que les expériences faites en France, par un Français, M. le marquis de Jouffroy. Le savant Tredgold même, dont le patriotisme lui fait souvent oublier les inventeurs étrangers à son pays, constate ce fait bien et dûment, tout en insistant néanmoins sur l'antériorité de Hulls, à laquelle nous opposons victorieusement celle de Papin. Les travaux de Hulls n'ayant rien produit de nouveau que l'application simple d'une machine, telle que Newcomen les établissait, c'est donc à M. de Jouffroy que revient l'honneur des premiers essais de quelque importance.

En 1775, M. de Jouffroy, alors jeune officier, s'était déjà fort occupé des moyens de faire mouvoir les navires à l'aide des machines à vapeur, mais sans posséder, sur ce moteur encore bien nouveau, les notions nécessaires pour en raisonner convenablement l'application qu'il rêvait.

Il vint alors à Paris, et assista aux premiers essais de la machine que les frères Périer venaient d'établir à Chaillot, et qui consistait, comme nous l'avons dit, en une reproduction du système à simple effet de Watt. L'étude attentive qu'il fit de cette machine lui donna la conviction qu'elle pouvait s'adapter à son projet, et bientôt, en compagnie de quelques personnes distinguées, parmi lesquelles l'un des frères Périer, il s'occupa résolûment de l'exécution de son projet.

Un premier bateau, construit et calculé par Périer, fut essayé sur la Seine, mais par le défaut de puissance de la machine l'essai fut sans résultat.

Jouffroy, néanmoins, plein de confiance dans ses idées, qui n'avaient pas été bien comprises, retourna chez lui, en province, et là, dans une petite ville, Baume-les-Dames, il eut le courage d'entreprendre son bateau-machine, en un temps où une telle œuvre eût été difficile même dans un grand centre industriel.

Il adopta pour propulseur un appareil dit *palmipède,* proposé vers 1759, pour remplacer les rames, par un ecclésiastique suisse nommé Genevois. Cet appareil consistait, comme son nom le fait pressentir, en un châssis muni de parties pleines à charnières, se fermant pendant l'action propulsive et s'ouvrant au retour pour ne pas offrir de résistance. On fait remarquer que ce mécanisme, d'un fonctionnement moins sûr que les roues à aubes, était néanmoins le plus convenable pour concorder avec l'action intermittente des machines à vapeur à simple effet, le seul système que l'on eût alors en vue.

Ce bateau portant deux rames de cette espèce, mises en mouvement par la machine à simple effet que Jouffroy avait fait construire, subit ses essais sur le Doubs pendant les mois de juin et juillet 1776. Cette fois encore, le résultat ne fut pas satisfaisant, et le défaut de réussite peut être attribué surtout à la mauvaise disposition des rames palmipèdes qui fonctionnaient mal.

Enfin, M. de Jouffroy, revenant à l'emploi des roues à aubes, fit construire à Lyon un très-grand bateau, muni d'une machine à simple effet et à *deux cylindres,* communiquant à l'axe des roues motrices à l'aide d'un mécanisme disposé en principe comme l'avait proposé Papin en 1690, c'est-à-dire avec chaînes, roues à rochet, etc.

Ce bateau mis en jeu sur la Saône, le 15 juillet 1783, eut enfin le résultat espéré par l'infatigable inventeur ; il franchit le courant dans les deux sens avec 300 milliers de charge, à la grande admiration d'une foule immense.

Un procès-verbal de cette célèbre expérience a été très-régulièrement dressé avec l'attestation d'un grand nombre de personnes les plus notables de la ville de Lyon.

Là devaient pourtant se borner les succès de Jouffroy, et la France s'arrêtait encore une fois en chemin, tandis qu'elle venait d'inaugurer l'une des plus grandes industries de l'humanité.

II.

Jouffroy voulut former une société pour exploiter régulièrement sa découverte ;
il demanda pour cela un privilége exclusif pour une durée de 30 ans ; on mit pour
condition d'accéder à sa demande qu'il refît son expérience à Paris, afin de se faire
juger par messieurs de l'Académie des sciences, sans paraître tenir compte des
nombreux témoins lyonnais. Comme il aurait fallu construire un bateau neuf et renouveler le générateur, Jouffroy, ayant épuisé ses dernières ressources, fut forcé de
tout abandonner.

On touchait à l'époque où Watt transforma la machine à vapeur, et, en créant le
système à double effet, rendait enfin possible son emploi pour la navigation, en
supprimant la plus grande partie des difficultés des premiers essais. Jouffroy ou
d'autres, encouragés par l'exemple, pouvaient alors renouveler les tentatives précédentes avec beaucoup de chance de succès. Pourtant on n'en fit rien, même en
Angleterre. La révolution française étant survenue, les préoccupations dans toute
l'Europe furent d'une tout autre nature, et enfin, Jouffroy ayant cru devoir émi-
grer et redevenir soldat, il ne fut plus question, pendant quelque temps, de bateaux
à vapeur.

Fulton (1803 et 1807). — Nous ne pourrons pas entreprendre ici de décrire les
quelques essais qui eurent lieu entre ceux de Jouffroy et les expériences plus posi-
tives de Fulton, l'ingénieur auquel revient définitivement l'honneur d'avoir réellement *fondé* la navigation à vapeur. Nous rappellerons seulement que vers 1784,
époque à laquelle furent généralisés les perfectionnements que Watt venait d'apporter aux machines à vapeur, des ingénieurs-américains, Fitch et James Rumsey,
commencèrent de nouveaux essais en Amérique et en Angleterre ; qu'en 1792, l'un
d'eux vint en France pour le même objet, mais que les événements politiques s'opposèrent à ce qu'il fût donné suite à ces projets.

Les tentatives de ces ingénieurs n'avaient du reste produit que fort peu de chose,
tant par l'imperfection du propulseur que par l'insuffisance de force du moteur
employé.

Rumsey fit connaissance, à Londres, avec Robert Fulton, son compatriote, qui
ne tarda pas à se trouver pris, à son tour, du désir d'étudier la navigation à vapeur.
Cependant, ce n'est que beaucoup plus tard, et après avoir tenté divers projets de
canalisation et de bateaux sous-marins, propres à détruire les flottes en guerre,
qu'il revint à ses idées sur la navigation à vapeur.

Se trouvant encore en France en 1801, et prêt à retourner en Amérique, sa
patrie, il fit là rencontre de M. Livingston, consul des États-Unis, qui, dans ce pays,
s'était aussi beaucoup occupé d'expériences sur les bateaux à vapeur. Livingston le
pressa de rester en France pour y mettre à exécution ce qui avait fait l'objet de
leur commune étude, et passa même un contrat d'association avec lui.

Enfin, après bien des recherches théoriques sur la puissance à employer, le choix
du propulseur (1), M. Fulton construisit un navire, muni de roues à aubes, et dont

(1) Fulton avait cru pouvoir employer comme propulseur une sorte de chaîne sans fin, munie de palettes
et placée sur les flancs du bateau. Il fit un petit modèle basé sur ce système, et l'essaya sur une petite
rivière appelée l'Eaugronne et passant à Plombières, où il s'était retiré pour se livrer plus tranquillement

il fit l'essai sur la Seine, de la pompe de Chaillot à Passy, le 9 août 1803, en présence d'un public nombreux et des savants Bossut, Carnot, Prony, Volney, etc., commissaires nommés, sur sa demande, par l'Institut, pour assister aux expériences.

Ce bateau, qui avait 33 mètres de long sur 2^m50 de large, navigua très-bien et remonta le courant avec une vitesse de près d'une lieue et demie par heure : c'était un résultat alors très-heureux et qui parut tel aux témoins oculaires. Pourquoi donc, néanmoins, ne fut-il pas donné suite en France à ces expériences? C'est pour des motifs que nous allons essayer de rappeler.

Fulton s'adressa au premier consul Bonaparte, pour que son invention fût examinée et prise en considération, s'il y avait lieu, offrant même d'en faire hommage à la France si l'on croyait devoir l'adopter.

Malheureusement pour lui et pour nous, le général Bonaparte avait conservé un fâcheux souvenir de Fulton, à cause de ses nombreux essais infructueux de bateaux sous-marins explosibles pour lesquels il s'était plusieurs fois adressé au gouvernement. Pensant qu'il s'agissait encore de projets chimériques de la même sorte, et d'ailleurs, comme on le sait, grandement occupé ailleurs, il repoussa Fulton et sa découverte, en le qualifiant de charlatan et d'imposteur, malgré les efforts de Louis Costaz, président du tribunat, qui s'était chargé de la demande de l'inventeur au premier consul (1).

On doit constater ce refus, mais non le blâmer absolument, comme on l'a fait quelquefois. Cette époque, si chargée d'intérêts politiques, était peu favorable au développement d'une nouvelle industrie; et il est bien présumable qu'en d'autres circonstances Napoléon, ayant plus de loisirs pour assurer son jugement, aurait su démêler dans les projets de Fulton ce qui méritait la peine d'être encouragé. Il n'est pas plus juste de dire qu'en repoussant Fulton il s'était privé d'un moyen d'action pour ses opérations militaires, car cette invention, même en en poursuivant l'étude sans relâche, ne pouvait avoir de résultats réellement utilisables, surtout en guerre, qu'après un intervalle de temps forcément encore assez long.

Qu'il nous suffise maintenant d'ajouter que Fulton, ne voulant et ne pouvant plus rien tenter en France, rejeta ses vues sur l'Amérique, et qu'aidé de Livingston, qui, pour cela, commanda à Watt une machine à vapeur, sans en dire l'usage, il parvint enfin à faire dans ce pays l'expérience du premier bateau à vapeur qui fut employé régulièrement au transport des voyageurs et des marchandises.

Ce premier bateau avait 50 mètres de long sur 5 de large, jaugeait 150 tonneaux, et était muni de deux roues à aubes, de 5 mètres de diamètre, mises en mouve-

à ses expériences. De retour à Paris, il vit au Conservatoire, où il est encore, un petit modèle de bateau à vapeur, muni d'un propulseur semblable et construit par un nommé Desblancs, qui en avait fait l'essai sur la Saône. Apprenant que ces essais n'avaient eu aucun résultat, Fulton abandonna son projet et revint définitivement aux roues à aubes.

Le petit modèle de bateau de Desblancs se trouve exposé dans l'une des vitrines de la grande galerie du Conservatoire des arts et métiers de Paris.

(1) Voir pour ces curieux renseignements la belle notice de M. Louis Figuier, à la page 259 de son ouvrage intitulé : *Exposition et histoire des principales découvertes scientifiques modernes.* Paris, 1852.

ment au moyen de la machine construite par Watt, à double effet et d'environ 20 chevaux. On l'avait nommé *le Clermont,* du nom d'une petite propriété située sur les bords de l'Hudson et appartenant au chancelier Livingston.

Le 11 août 1807 *le Clermont* fut lancé sur la rivière et Fulton monta à bord, suivi des railleries de la foule qui n'avait aucunement foi dans ses œuvres et appelait son bateau *la Folie-Fulton.* Mais les sarcasmes se changèrent bientôt en applaudissements frénétiques lorsqu'on vit le navire en mouvement.

Après cette mémorable expérience, le bateau, ayant subi quelques changements et améliorations, commença un service régulier entre New-York et Albany, et put acquérir la vitesse de près de 2 lieues à l'heure. Au départ de New-York, malgré l'invitation qui en fut faite et la notoriété de l'expérience, aucun voyageur ne se présenta; mais, au retour d'Albany, il s'en présenta UN, qui paya à Fulton lui-même six dollars pour son passage : c'était sa première recette !

Il est facile de se figurer l'extension que la navigation à vapeur prit bientôt aux États-Unis, dont les nombreux et immenses fleuves paraissent à peu près impraticables pour tout autre mode de navigation; la marine à vapeur devait ainsi transformer entièrement ce pays, en peuplant des contrées qui ne l'étaient pas, en ouvrant partout des voies commerciales, etc., etc.

Devons-nous rechercher maintenant quels ont été les principaux éléments du succès de Fulton, qui semble n'avoir employé que des moyens essayés sans succès avant lui? Nous pensons que ces éléments se résument à ceci :

La persévérance, l'étude plus approfondie des rapports entre la résistance et la force motrice, et, surtout, l'application d'une machine à vapeur arrivée à un état de perfectionnement avant lequel son emploi comme moteur d'un bateau était à peu près impossible.

Introduction de la navigation a vapeur en Europe. — Aussitôt qu'une grande invention, longtemps étudiée, mais seulement par un petit nombre d'hommes persévérants, aboutit enfin à un résultat réel, l'indifférence et le doute font place à l'enthousiasme et à la confiance, et tout le monde apporte sa pierre à l'œuvre, qui marche alors à pas de géant.

L'état politique seul de l'Europe fut un obstacle à ce que les travaux de Fulton y portassent immédiatement leurs fruits. Ce ne fut que vers 1812, en Angleterre, et 1815, en France, que la navigation à vapeur fit sa véritable apparition ; mais on sait combien les progrès furent rapides.

Nous ne pouvons ici en donner qu'une idée très-succincte.

1812. — Premier bâtiment à vapeur construit en Angleterre par Henry Bell, destiné à naviguer sur la Clyde, et appelé *la Comète.* Ce navire était seulement de la force de 3 chevaux;

1815. — Deuxième navire du même constructeur, appelé *le Rob-Roy,* et de la force de 30 chevaux.

1816. — Cette année, le marquis de Jouffroy, de retour en France, reprend ses travaux sur la navigation à vapeur, et, le 20 août 1816, il lance sur la Seine un petit bateau appelé *Charles-Philippe.* Mais une concurrence s'étant élevée, malgré le privilége accordé à Jouffroy, les deux compagnies rivales se sont mutuellement ruinées, de façon que cette entreprise fut une fois encore abandonnée. M. de Jouffroy, privé de ressources et d'une juste récompense accordée à ses travaux, est entré, après 1830, aux Invalides, à titre d'ancien capitaine d'infanterie ! Il y est mort du choléra, en 1832, à l'âge de quatre-vingts ans (1).

1817. — Des bateaux à vapeur entreprennent, pour la première fois, des voyages en mer, en débutant par la traversée de Holyhead à Dublin.

1820. — Commencement en France de la navigation fluviale à vapeur. Les machines employées dans cette période, de 1820 à 1830, ont été fournies par divers constructeurs anglais et par quelques-uns de nos compatriotes, MM. Cavé, Cochot, etc.

1825. — Un navire anglais, *l'Entreprise*, accomplit le voyage des Indes en combinant l'action de la vapeur et des voiles.

1822 à 1830. — En 1822, M. Marestier, ingénieur d'un grand savoir, et M. de Montgerry, capitaine de frégate très-distingué, eurent pour mission du gouvernement français d'étudier, en Amérique, la construction des bâtiments à vapeur. Des intelligents travaux de ces deux hommes de science datent nos premières machines marines, qui reçurent de nouveaux perfectionnements basés sur la disposition de la célèbre machine *le Sphinx*, construite à Liverpool dans les ateliers de M. Fawcet (2).

Cette machine a servi quelque temps de modèle et de type pour celles appliquées à notre marine militaire, et qui furent désormais construites en France pour la plupart. C'est vers la même époque (1825 à 1827) que fut fondée l'usine d'Indret, sous la direction de M. Gengembre, puis continuée par M. de La Morinière, et considérablement augmentée ensuite par M. Dupuy-Delôme et plusieurs ingénieurs de la marine.

1838. — C'est seulement dans cette année que l'on entreprit des voyages

(1) Beaucoup plus tard, M. le marquis de Jouffroy fils, voulant marcher sur les traces de son père, s'occupa aussi pendant plusieurs années de la navigation à vapeur, et, après divers projets plus ou moins infructueux, il s'arrêta définitivement, en 1839, à un système palmipède, qu'il appelait *pattes de cygne*, et qui, dès 1840, fit le sujet d'un rapport favorable à l'Académie des sciences. (On se souvient qu'un système analogue avait été essayé en 1776 par M. de Jouffroy père.)

« L'auteur avait installé, dit le rapport, à l'arrière de son bateau à vapeur, deux paires d'aubes suspendues à de longs leviers; ces aubes étaient composées de deux ventaux liés par des charnières pouvant se rapprocher et s'écarter de façon à devenir parallèles entre eux, ou à former, l'un par rapport à l'autre, un angle très-obtus. Le moteur à vapeur imprimait à ces aubes articulées un mouvement de va-et-vient. »

Les commissaires de l'Académie ont assisté à l'essai d'une goëlette à vapeur, de 20 mètres de long, 5^{m}30 de large et 2^{m}14 de tirant d'eau; la maîtresse section presentait au liquide une surface de résistance de 10 mètres carrés. La vitesse imprimée au navire a varié entre 8 et 9 kilomètres à l'heure.

Malgré la persévérance de l'inventeur, ce système ne tarda pas à être complétement abandonné; on le prévoyait du reste, car le rapport ajoutait : « L'auteur rencontrera des difficultés pour la réalisation pratique de son ingénieux mécanisme. Le principe même de l'action de ce nouveau mode d'impulsion, à efforts alternatifs et instantanés, exige que toutes les pièces du mécanisme, à chaque pulsation, passent brusquement de l'état de repos à celui de mouvement rapide; l'appareil se trouve ainsi exposé à des chocs qui pourraient, par leur fréquente répétition, compromettre la solidité et la durée de ses organes. »

2. Un magnifique modèle de cette machine, exécuté par M. E. Philippe, existe au Conservatoire des arts et métiers.

transatlantiques d'Angleterre en Amérique, avec des navires pourvus exclusivement d'un appareil à vapeur, comme moyen de propulsion, et disposés pour une longue traversée sans relâche possible pour renouveler l'approvisionnement de combustible. Les deux navires qui eurent l'honneur de cette grande tentative s'appelaient *le Great-Western* et *le Sirius;* ils avaient respectivement 450 et 320 chevaux de puissance. Leur arrivée à New-York produisit presque autant de surprise et d'enthousiasme que le premier essai de Fulton avec *le Clermont.*

A partir de cette époque, il serait trop long de suivre l'immense développement pris par la navigation à vapeur dans toute l'Europe, et particulièrement en Angleterre où Maudslay, Penn, Rennie et plusieurs autres constructeurs se firent une très-grande réputation. En France, de 1840 à 1842, M. Cavé mettait en chantier les magnifiques machines dites de 450, du type appliqué à plusieurs navires, et particulièrement aux frégates *l'Ulloa* et *le Magellan.* En même temps M. Hallette, à Arras, et **MM.** Schneider, au Creuzot, exécutaient des appareils de même puissance pour des frégates semblables, qui (exécutées par les ingénieurs de la marine) marchèrent concurremment avec les vaisseaux à voiles, auxquels, plus tard, on appliquait la vapeur comme puissance motrice auxiliaire.

Enfin, cette grande histoire possède encore une date mémorable, c'est celle de l'emploi de l'*hélice,* comme propulseur remplaçant les roues à aubes, et qui marque assez sensiblement le point de départ des plus puissantes machines marines de 1000 et 1200 chevaux. Cet ingénieux organe, appelé d'abord *vis d'Archimède* et ensuite *hélice propulsive,* dont la mise en pratique réelle date à peu près de 1836, mérite pour lui seul un précis historique sur lequel nous dirons quelques mots plus loin, en le décrivant spécialement.

FIN DU CHAPITRE PREMIER.

CHAPITRE II

On a vu que l'un des obstacles les plus sérieux qui s'opposèrent à la réussite des premiers appareils à vapeur appliqués à la navigation fut le rapport à établir entre la puissance de la machine motrice et les dimensions du navire, pour en obtenir un certain résultat de vitesse, et en réalisant une économie qui devait dépendre, tout à la fois, de l'utilisation propre du moteur et des qualités de marche du navire considéré isolément.

Comme pour toute autre opération industrielle, la puissance dépensée est encore ici une question importante, en ne considérant que le coût plus ou moins considérable du travail accompli. Mais s'il s'agit de la grande navigation, c'est-à-dire de voyages pendant lesquels le navire reste abandonné longtemps aux ressources qu'il a pu puiser à terre, une marche économique acquiert une immense importance, dont il est aisé de comprendre les motifs.

Admettant donc le moteur à vapeur pourvu de ses qualités propres, il reste à déterminer celles que doit présenter le navire comme marcheur, en un mot, à connaître la résistance que l'eau oppose à son déplacement.

RÉSISTANCE DES FLUIDES

On peut considérer la résistance des fluides, et particulièrement de l'eau, sous deux points de vue différents, c'est-à-dire, qu'un corps solide immobile soit choqué par le fluide en mouvement, ou que ce même solide se meuve dans un fluide sans vitesse. Dans l'un ou l'autre cas, que le solide résiste à l'effort du fluide, ou que ce dernier résiste au mouvement du solide, il s'agit de mesurer l'intensité de l'effort qui en résulte; nous devons cependant insister particulièrement sur cette dernière circonstance, qui se rapporte directement à la progression des navires.

Soit A (fig. 132) un corps solide en forme de parallélipipède rectangle, se mouvant en direction rectiligne dans un fluide en repos, et dont la masse est assez considérable, par rapport au solide qui s'y meut, pour être considérée comme indéfinie, ainsi qu'on peut le faire pour un navire en mer, ou pour un petit canot sur un lac d'une certaine étendue.

La théorie et l'expérience ont démontré que la résistance éprouvée par un tel corps pour se déplacer dans la masse fluide, et qu'il faut surmonter pour lui communiquer le mouvement, est proportionnelle :

A la densité du fluide ;

A la section plongée du corps, perpendiculairement à la direction du mouvement;

Au poids d'un prisme du fluide ayant pour base cette section plongée et pour hauteur celle $h = \dfrac{V^2}{2g}$ due à la vitesse (t. 1er, p. 55) ;

A un coefficient d'expérience, variable avec la forme générale du solide, et particulièrement avec sa section horizontale prise dans la partie immergée.

Fig. 132.

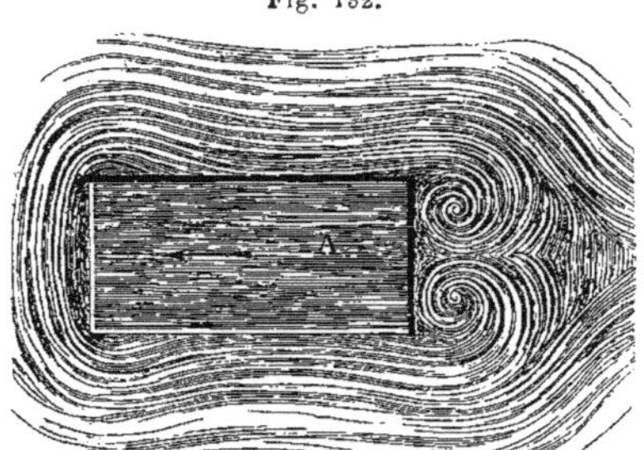

Il est bien remarquable que le rapport de cette résistance à la hauteur génératrice h de la vitesse v fournit cette autre expression beaucoup plus générale et surtout beaucoup plus caractéristique :

La résistance opposée par un fluide à la propagation d'un solide au travers de sa masse est proportionnelle AU CARRÉ DE LA VITESSE *suivant laquelle le mouvement s'effectue.*

Cette loi est exprimée par la formule suivante :

$$R = KdS\,\frac{V^2}{2g}.$$

Dans laquelle :

S représente la section transversale plongée, en mètres carrés ;
V   —   la vitesse, en mètres par seconde ;
R   —   la résistance cherchée, en kilogrammes ;
d —   la densité du fluide, en kilogrammes par mètre cube ;
K   —   le coefficient d'expérience.

La même loi serait applicable si le corps solide plongé était immobile, et que ce fût au contraire le fluide qui vînt le choquer.

On n'est pas absolument certain que ce rapport se maintienne dans toute son intégrité pour toutes les vitesses, en prenant de la plus faible à la plus grande en usage; mais s'il existe quelque différence, elle est infiniment moindre que la variation provenant de la structure même des corps soumis à l'expérience, laquelle structure donne lieu à des coefficients de correction extrêmement différents.

Pour compléter cette expression, et pouvoir résoudre un problème donné, il reste à connaître la valeur du coefficient K, qui est très-difficile à déterminer avec certitude, et d'ailleurs variable dans de très-grandes limites.

Si l'on examine, en effet, le mode de propagation du corps dans le sein de la masse fluide, on ne tarde pas à reconnaître que la résistance opposée par le fluide dépend du plus ou moins de facilité qu'il a de lui livrer passage, et en même temps de se reformer à sa suite pour remplir le vide qu'il laisserait derrière lui sans l'extrême mobilité du fluide, qui vient le remplir au bout d'un temps plus ou moins long, mais absolument très-court. Or, la configuration générale de la masse plongeante, et le rapport même de ces dimensions parallèles et perpendiculaires au mouvement, influent sur la plus ou moins grande facilité laissée au fluide pour céder à son mouvement : d'où il résulte que, pour chaque corps de forme et de dimension différente, le coefficient K prend une valeur nouvelle que l'expérience seule peut permettre d'estimer.

Pour donner un premier point d'appui à ce raisonnement, supposons que le solide en question soit une simple planche A, fig. 133, d'une étendue de près de 1 mètre de surface, mais assez mince, d'un centimètre, par exemple.

Des expériences exécutées de cette façon ont montré que la résistance supportée

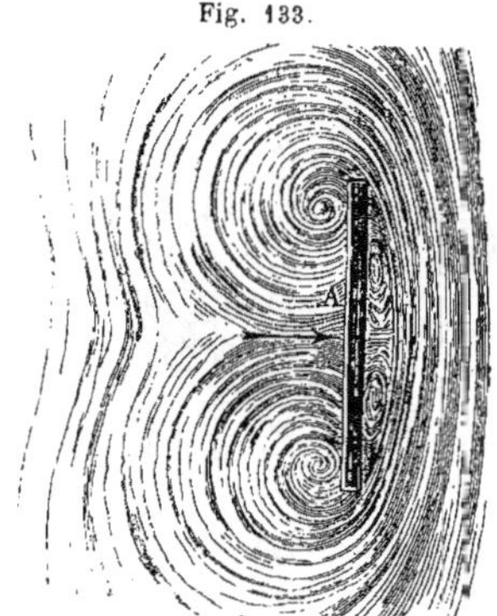

Fig. 133.

par le plan mis en mouvement dans un fluide immobile donnait au coefficient de la formule une valeur approchée de 1,8. Si, au lieu de rendre le plan mobile dans un fluide en repos, on le maintient fixe dans un courant d'eau, la résistance peut s'élever un peu et le coefficient devenir au moins 2 (1).

Si nous admettons, comme exemple, ces valeurs, qui ne sont réellement qu'approximatives, nous pouvons en déduire le chiffre de pression résistante à l'unité de vitesse et de surface, c'est-à-dire en faisant S et V égal à 1 dans la formule précédente, où la valeur trouvée pour R serait la résistance spécifique cherchée.

Ainsi, pour le premier cas, si au plan mince mû dans un fluide au repos et ayant fourni K = 1,8, nous donnons 1 mètre carré et 1 mètre de vitesse à la 1″, on trouve, pour l'eau dont la densité égale 1000, c'est-à-dire 1000 kilogrammes par mètre cube :

$$R = K d S \frac{V^2}{2g} = \frac{1,8 \times 1000 \times 1^{\text{m.c.}} \times 1^2}{19,62} = 91^{\text{k}}7.$$

(1) Ces valeurs du coefficient K sont déduites des nombreuses expériences citées par MM. d'Aubuisson et Poncelet, dans leurs excellents traités d'hydraulique et de mécanique.

La résistance serait donc d'environ 92 kilogrammes par mètre carré, pour la vitesse de 1 mètre par 1″.

Si, au lieu d'une plaque mince, c'est un prisme de même base, mais d'une longueur égale à deux ou trois fois la largeur de cette base (comme fig. 132), le vide engendré en arrière du corps se remplit plus régulièrement, *la dépression postérieure* est moindre, et malgré un certain accroissement de frottement sur les faces latérales, le coefficient s'abaisse, devient à peu près 1,3, et même 1,1 environ, lorsque la longueur du prisme atteint 5 à 6 fois sa largeur.

Dans cette dernière hypothèse, si nous cherchons la résistance spécifique, comme ci-dessus, il vient :

$$R = \frac{1,1 \times 1000 \times 1^{\text{m.c.}} \times \overline{1}^{2}}{19,62} = 56^{k}06.$$

Ainsi, un bateau de la forme désignée assez souvent sous le nom de *toue*, mais qui serait complétement rectangulaire en section horizontale, et dont les deux bouts seraient en même temps verticaux, exigerait, pour lui communiquer en eau morte une vitesse de 1 mètre à la seconde, un effort de près de 60 kilogrammes par mètre carré de sa section transversale plongée, en admettant d'ailleurs qu'il manœuvre sur un bassin d'une étendue assez considérable pour que son déplacement y soit très-peu sensible.

Fig. 134.

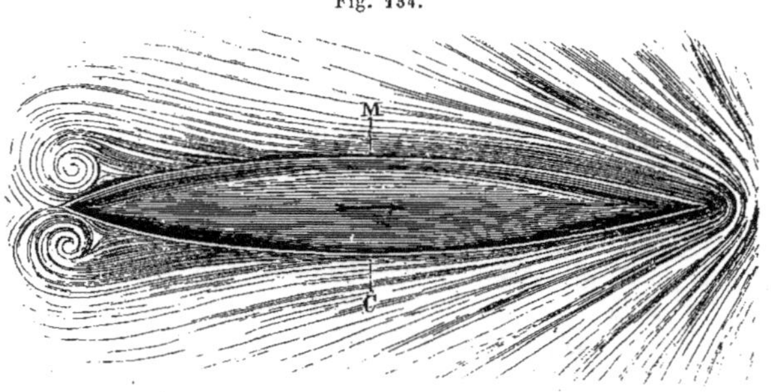

Enfin, au lieu d'un plan ou d'un simple parallélipipède, arrivons au navire représenté fig. 134, dont l'avant présente une véritable pointe raccordée aux flancs par de longues courbes, et l'arrière, raccordé avec le même soin, est arrondi ou effilé et très-bien disposé pour le retour des filets fluides écartés par le mouvement de progression du navire; dans un fluide indéfini comme la mer, la résistance est tellement diminuée que le coefficient K peut acquérir les faibles valeurs de 0,16 à 0,12, et même 0,05. Malgré cette forme, bien différente du prisme, on adopte encore pour base la section transversale du navire, que l'on prend à son maximum, sur le *maître couple* M C, dont on considère la section plongée, et la formule ci-dessus reste applicable, sans modification, à la résistance des navires.

Si nous voulons nous rendre compte, comme ci-dessus, de la résistance ramenée à l'unité de vitesse et de surface, avec le coefficient K = 0,15, par exemple, nous trouvons :

$$R = \frac{0,15 \times 1000 \times 1 \times 1}{19,62}^{-2} = 7^k6,$$

soit moins de 8 kilogrammes, par mètre carré de section plongée, pour 1 mètre de vitesse par 1″.

Il est utile d'insister sur la différence essentielle à établir entre ce que l'on entend par un fluide de masse indéfinie ou limitée.

Lorsqu'un navire parcourt un espace tel que la mer, ou même un fleuve large et profond, son déplacement est si faible, comparativement à l'étendue de la masse fluide sur laquelle il navigue, que l'eau se déplace autour de lui avec la même facilité que si les rives ni le fond n'existaient pas, pour ainsi dire, et aucune résistance extérieure ne vient s'ajouter à celle qui résulte simplement de la masse fluide en rapport avec la section et la vitesse du bâtiment.

Mais si ce dernier suit une rivière ou un canal relativement étroit, la masse d'eau refluée à l'avant ne peut se remettre en équilibre qu'après avoir été rejetée sur les rives où le niveau s'élève considérablement, tandis qu'il semble s'abaisser sur les flancs du bateau qui se trouve comme au fond d'une vague *creuse* en refoulant devant lui une masse d'eau dont le niveau se maintient beaucoup plus élevé qu'à l'arrière.

Telle est la situation d'un bateau rapide sur un cours d'eau très-resserré. On en voit un remarquable exemple par les bateaux à vapeur qui font le service du Havre à Caen par la petite rivière l'Orne. Aussitôt que le navire a franchi la passe, en remontant le courant, et qu'il est parvenu dans le cours régulier de la rivière, il semble qu'il n'y ait place que pour lui, tant l'eau est renvoyée violemment sur les deux rives et paraît être rejetée tout entière en deux masses hors de son lit.

Il est aisé de se figurer l'augmentation de résistance qui résulte de la mise en mouvement de masses d'eau beaucoup plus considérables que la simple propulsion du navire ne l'exige, lorsqu'il traverse un milieu dans lequel le fluide est parfaitement libre de s'écouler en tout sens, sans produire de dénivellations autres que quelques ondes ou rides, qui partent de l'avant et divergent à l'infini en diminuant sans cesse d'intensité.

EXPRESSION COMPLÈTE DE LA VITESSE

En attribuant à un navire une certaine marche, il faut très-nettement distinguer la vitesse apparente de celle qui convient au calcul de la résistance qu'il éprouve en marchant.

Si le bâtiment navigue en *eau morte*, et que l'on divise le chemin parcouru entre deux points *fixes* par le temps mis à la parcourir, le quotient exprimera la vitesse V moyenne à l'unité de temps, et comme l'eau est complétement immobile, V correspond bien à la vitesse avec laquelle elle a été traversée et qui doit entrer dans le calcul de la résistance.

Mais si l'eau est elle-même en mouvement, dans la même direction que le navire ou à contre-sens, il faut conclure d'une façon différente.

Si le courant marche dans le même sens que le navire, la vitesse V, estimée comme ci-dessus, exprime bien le déplacement absolu de ce navire, par rapport aux points de départ et d'arrivée, mais il n'en est plus de même à l'égard de l'effort exercé contre l'eau. Celle-ci *fuyant*, en quelque sorte, devant le navire, avec une vitesse v, n'a été traversée qu'avec une vitesse *relative* $V - v$, c'est-à-dire égale à la différence des deux vitesses absolues.

Dans le cas contraire, où le courant serait dirigé à contre-sens de la marche du navire, il est clair que ces deux vitesses doivent *s'ajouter*, pour constituer celle relative avec laquelle le fluide est réellement traversé, et qui égale $V + v$.

Donc la résistance d'un bâtiment correspond à ces trois conditions :

$$R = \frac{1000 \; K \; S \; V^2}{2 \; g}, \text{ en eau morte.}$$

$$R = \frac{1000 \; K \; S \; (V - v)^2}{2 \; g}, \text{ en descendant le courant.}$$

$$R = \frac{1000 \; K \; S \; (V + v)^2}{2 \; g}, \text{ en remontant le courant.}$$

Il est évident que cette distinction ne complique aucunement le calcul, puisqu'on peut déterminer tout de suite la vitesse relative et la faire figurer par un seul signe dans la formule, comme on l'a fait ci-dessus pour V, qui, en eau morte, correspond précisément à cette vitesse relative.

PUISSANCE MOTRICE ABSORBÉE

Connaissant l'effort à exercer pour communiquer à un navire une vitesse déterminée, il devient très-facile de fixer la quantité de travail correspondante à dépenser, puisqu'elle est le produit de l'effort par cette vitesse même.

Si R égale la résistance à vaincre en eau morte, et exprimée en kilogrammes, pour entretenir la marche d'un navire à la vitesse uniforme V en mètres, à l'unité de temps, ou à la seconde, la quantité T de travail utile, en kilogrammètres, à dépenser par seconde, sera égale à :

$$T = R \times V.$$

Substituant à R sa valeur ci-dessus, il vient :

$$T = \frac{1000 \; K \; S \; V^2}{2 \; g} \times V = \frac{1000 \; K \; S \; V^3}{2 \; g}.$$

Cette expression, très-fondamentale, nous indique que :

La puissance mécanique dépensée à l'unité de temps pour la propulsion d'un navire EST PROPORTIONNELLE AU CUBE DE SA VITESSE RELATIVE *au travers du fluide.*

C'est ce qu'il était aisé de prévoir, puisque la résistance directe suit le rapport du carré de la vitesse, et que cette résistance doit être multipliée par cette même vitesse pour obtenir la quantité de travail correspondante.

Soit, comme exemple, un bâtiment muni d'un appareil à vapeur qui déploie une puissance de 100 chevaux pour entretenir sa vitesse à 4 mètres par $1''$, il faudrait 800 chevaux pour doubler cette vitesse; et pour la réduire au contraire à moitié, il suffirait de dépenser :

$$\frac{100}{8} = 12,5 \text{ chevaux}, \text{ etc.}$$

Cette progression rapide dans les puissances absorbées suffit pour faire comprendre la difficulté d'élever, même légèrement, la vitesse normale d'un bâtiment donné, dans les mêmes circonstances de navigation. Obtenir d'une machine, et pendant peu d'instants, le double de sa puissance nominale, est déjà fort difficile, à moins qu'on ne lui ait donné, ainsi qu'à ses chaudières, des dimensions notablement excédantes. Pourtant, s'il était possible d'y atteindre, on ne modifierait la vitesse du navire que dans le rapport de la racine cubique de 2, qui égale 1,259.

Soit un navire marchant normalement à la vitesse de 5 mètres par $1''$, on obtiendrait, théoriquement, en forçant sa machine jusqu'au double de sa puissance nominale :

$$5 \times 1,259 = 6^{m}295.$$

Mais il est important de faire remarquer que cet accroissement de puissance, nécessaire pour accélérer la vitesse, ne représente pas celui de la quantité de travail totale à dépenser pour accomplir un trajet d'une étendue déterminée. Il est clair que si l'on va plus vite on arrive plus tôt, et qu'en somme, si la machine a déployé plus de puissance à la fois, elle a marché aussi moins longtemps.

En effet, soit un voyage ou une traversée dont la durée est t, en marchant à l'unité de vitesse, la quantité de travail totale T' à dépenser pour effectuer ce parcours sera proportionnelle à $T \times t$, soit :

$$T' = T \times t.$$

Si l'on accroît la vitesse dans un certain rapport U, la puissance à développer à l'unité de temps deviendra proportionnelle à TU^3; mais le temps nécessaire pour effectuer le parcours total sera réduit dans le rapport inverse de l'accroissement de vitesse; il aura pour valeur proportionnelle :

$$\frac{t}{U}.$$

La quantité totale de travail à dépenser pour le trajet entier, étant le produit du travail élémentaire par sa durée totale, égale, d'après cela :

$$T' = TU^3 \times \frac{t}{U} = TU^2 t.$$

Cela signifie, en résumé, que :

Le travail élémentaire restant proportionnel au cube de la vitesse, la somme totale de travail à dépenser pour un trajet déterminé est seulement proportionnelle AU CARRÉ DE LA VITESSE, comme la résistance directe surmontée par le navire.

On ne peut mieux faire comprendre cette remarque qu'en disant ceci :

Tandis que pour faire un trajet déterminé avec une vitesse double, c'est-à-dire dans la moitié du temps normal, il faudrait faire développer à la machine 8 fois sa puissance, la dépense totale de combustible serait seulement quadruplée.

L'ensemble de ces observations s'applique évidemment au cas de retard de la vitesse comme à l'accélération.

Mais cette hypothèse se rapportant à la navigation en *eau morte,* s'il s'agit au contraire d'un voyage effectué sur un fleuve qui possède un courant, le résultat changera dans de très-grandes limites, suivant que le trajet aura lieu en montant ou en descendant. Il est clair qu'à la même vitesse absolue le navire absorbe plus de force en montant qu'en descendant, et met plus de temps à accomplir le même voyage : il y a donc là une double cause d'augmentation de force dépensée pour un même trajet, avant même toute accélération de vitesse relative.

Nous rechercherons, comme exemple, la dépense totale de force comparative nécessaire pour effectuer le même trajet, dans les deux sens du courant, dans des circonstances déterminées.

Un navire recevant de sa machine une vitesse V, qui serait celle de son déplacement réel si l'eau était immobile, dépense, à l'unité de temps, une quantité de force proportionnelle à $(V - v)^3$ *s'il descend le courant,* et progresse au contraire par rapport au trajet total, avec une vitesse $V + v$.

S'il remonte le courant, la puissance qu'il développe, dans les mêmes circonstances, est proportionnelle à $(V + v)^3$, tandis que son avancement réel n'est plus que de $V - v$.

Donc, dans le premier cas, la quantité totale de puissance dépensée pour faire le trajet est proportionnelle à :

$$\frac{(V - v)^3}{V + v}.$$

Et, pour le second cas, en remontant le courant, la dépense totale est proportionnelle à :

$$\frac{(V + v)^3}{V - v}.$$

Si nous divisons ces deux valeurs l'une par l'autre pour en obtenir le rapport, il vient :

$$\frac{(V + v)^3}{V - v} : \frac{(V - v)^3}{V + v} = \left(\frac{V + v}{V - v}\right)^4.$$

Cette dernière expression, très-intéressante à établir, signifie que :

Les dépenses totales de puissance effectuées par le même navire, marchant à la même vitesse absolue, pour accomplir un même trajet dans les deux sens d'un courant, *sont inversement proportionnelles à la quatrième puissance des vitesses relatives en montant et en descendant le courant.*

Soit, pour fixer les idées, un bâtiment qui reçoit de sa machine une vitesse de 4 mètres par seconde et qui navigue sur un courant de 0^m60; le rapport ci-dessus fournit la valeur suivante :

$$\left(\frac{4+0,60}{4-0,60}\right)^4 = 3,35.$$

C'est-à-dire que, dans les conditions de vitesses données, la dépense totale de puissance sera plus que triplée à la remonte qu'à la descente, tout en ne communiquant au navire que la même vitesse dans les deux cas.

Mais l'exemple choisi correspond à un cas favorable, c'est-à-dire à un faible courant. Si ce dernier est rapide, la différence des deux puissances peut s'élever dans un tel rapport, que l'on soit obligé de munir le navire destiné à ce service d'une machine très-puissante dont une faible partie seulement de la force est empruntée dans la période de descente.

Soit, comme second exemple, un fleuve tel que le Rhône, qui est susceptible de présenter un courant de plus de 1^m50 à la seconde, vitesse moyenne que nous admettons pour l'instant. Pour un bateau à vapeur combiné pour une vitesse propre de 6 mètres par seconde, ce qui ferait plus de 21 kilomètres à l'heure en eau morte, on trouve le rapport suivant entre les dépenses totales de puissance dans les deux sens du courant :

$$\left(\frac{6+1,50}{6-1,50}\right)^4 = 7,7.$$

Ainsi, pour faire le même trajet, il faudrait dépenser près de 8 fois plus de combustible pour monter que pour descendre.

De toute façon la puissance développée à l'unité de temps par la machine, dans les deux cas, serait dans le rapport :

$$\left(\frac{6+1,50}{6-1,50}\right)^3 = 4,63.$$

Ceci veut dire que, si la machine développe 100 chevaux pour remonter, on ne lui en demandera que 46 environ pour descendre.

Enfin, le temps proportionnel de la durée des deux trajets égale :

$$\frac{6+1,50}{6-1,50} = 1,667.$$

Et si, comme vérification, on multiplie ces deux derniers rapports, on obtient le résultat suivant :

$$4,63 \times 1,667 = 7,718,$$

qui prouve le rapport trouvé ci-dessus entre les dépenses totales pour monter et pour descendre.

RÉSUMÉ DES RÈGLES PRÉCÉDENTES RELATIVES A L'ESTIMATION DE LA PUISSANCE ABSORBÉE PAR LA MARCHE D'UN NAVIRE

EXPRESSION GÉNÉRALE. — Quel que soit le mode employé, comme appareil propulseur, pour imprimer le mouvement à un navire, ou plus exactement pour le faire progresser sur l'eau en lui communiquant une vitesse uniforme, la quantité de travail utile, en kilogrammètres, à dépenser par seconde, est exprimée par la formule suivante :

$$T = \frac{1000\,KS(V \pm v)^3}{2g},$$

dans laquelle on a vu que,

T	représente	la puissance absorbée, en kilogrammètres par $1''$;
S	»	la section immergée du maître-couple, en mètres carrés;
V	»	la vitesse absolue du navire, l'eau supposée ramenée à l'état de repos;
v	»	la vitesse du courant;
$V + v$	»	la vitesse relative, en fonction de la résistance, si le navire marche contre le courant;
$V - v$	»	la vitesse relative, en fonction de la résistance, si le navire marche dans le même sens que le courant;
K	»	un coefficient numérique variable avec la structure de la carène du navire.

Si nous faisons abstraction d'un certain ordre de résistances, telles que celle qui provient du frottement latéral de la carène dans l'eau, de celle de l'air contre la partie émergée, etc., il ne manque, pour compléter cette formule, que de connaître la valeur de K.

Outre la difficulté de se fixer sur cette valeur, dont on a vu précédemment les causes de variation, il existe deux façons de l'entendre. On peut lui attribuer, comme ci-dessus, une valeur abstraite corrective de la formule élémentaire (p. 272); mais elle peut signifier encore la résistance spécifique, exprimée en kilogrammes, de l'unité de surface immergée pour l'unité de vitesse. Ainsi K peut représenter la résistance d'une carène donnée, par mètre carré de la section plongée du maître-couple et pour 1 mètre de vitesse relative par $1''$.

C'est principalement sur cette dernière méthode que sont basées les expériences nombreuses faites assez récemment sur des bâtiments à vapeur et relatées dans des traités spéciaux, tels que ceux de MM. Pâris et de Fréminville.

En adoptant ce point de départ, la formule prend la forme simple suivante :

$$T = KS(V \pm v)^3,$$

ou, en désignant tout de suite la vitesse relative $V \pm v$ par U :

$$T = KSU^3.$$

Il est évident, en effet, que si l'on a déterminé d'avance, expérimentalement, la résistance directe à l'unité de surface et de vitesse, que les autres termes de la formule sont supprimés, puisque la résistance totale reste proportionnelle à la section plongée et au carré (le travail au cube) de la vitesse.

Pour établir maintenant la relation que l'on peut établir entre ces deux valeurs du coefficient, en appelant k, la première de la formule élémentaire, on poserait, pour la résistance R,

$$R = \frac{1000\,k\,S\,U^2}{19,62},$$

dans laquelle, si S et U égalent 1, R = K.

On obtient donc, pour l'expression comparative et numérique des deux coefficients :

$$K = \frac{1000\,k}{19,62} = 50,97\,k.$$

Ce dernier rapport nous permet de dresser la table suivante, dans laquelle on trouve les deux valeurs du coefficient, suivant qu'on lui attribue l'expression abstraite qu'il avait dans la formule élémentaire, ou bien celle qui consiste à le prendre pour la résistance spécifique à l'unité de surface et de vitesse.

TABLE

DES COEFFICIENTS D'EXPÉRIENCE SUR LA RÉSISTANCE DES CARÈNES.

CONDITIONS du corps flottant.	VALEURS du coefficient k dans la formule : $R = \frac{1000\,k\,S\,U^2}{19,62}$	VALEURS du coefficient K correspondant à la résistance par mètre carré de la section plongée et pour la vitesse 1 mètre par seconde. Formule : $R = K\,S\,U^2$	NOMS des observateurs.
Gros bateaux de rivière, proue anglaise relevée..........................	0,33	16^k82	Général Poncelet.
Anciens vaisseaux de guerre, formes pleines..........................	0,24 à 0,22	12^k23 à 11^k21	Dubuat.
Bateaux rapides sur canaux étroits......	0,27 à 0,20	13^k76 à 10^k19	Général Morin.
Bateaux à vapeur bien construits pour la vitesse, en mer ou cours d'eau larges et profonds..........................	0,16 à 0,10	8^k15 à 5^k10	»
Même exemple, mais dans un cas particulier....	0,050 à 0,045	2^k55 à 2^k29	Expériences américaines rapportées par M. Claudel.

Terminons ce résumé par quelques exemples sur l'application des formules.

PREMIER EXEMPLE : Quelle puissance utile devra développer la machine montée sur un bâtiment destiné à la navigation maritime, dont la section plongée égale 10 mètres carrés, pour lui faire acquérir une vitesse de 6 mètres par $1''$, et en supposant que le propulseur, roues ou hélice (nous parlerons de ce sujet plus loin), rende les 65/100 de la puissance que la machine lui transmet?

Solution. La carène étant construite suivant les bonnes dispositions habituelles pour ce genre de bâtiment, nous choisissons, d'après la table, le coefficient moyen $K = 7$. On trouve pour la puissance cherchée, en chevaux de 75 kilogrammètres,

$$T = \frac{7 \times 10^{m.q} \times \overline{6}^3}{0,65 \times 75} = 310 \text{ chevaux.}$$

Comme, en marine, on compte ordinairement la vitesse en *nœuds*, à l'heure, 1 nœud étant la longueur d'une minute du méridien terrestre, et égal à 1851 mètres, le navire ci-dessus devrait *filer* :

$$\frac{6^m \times 3600}{1851^m} = 11,6 \text{ nœuds environ.}$$

DEUXIÈME EXEMPLE : Si le même navire devait remonter en rivière contre un courant de 0^m80 par seconde, et si les dimensions du lit élèvent le coefficient de résistance à $K = 10^k$, quelle vitesse relative $V - v$ pourrait-il acquérir en ne faisant développer à sa machine que la même puissance?

Solution. La vitesse relative étant $V - v$, et la puissance dépensée à l'unité de temps étant au contraire proportionnelle à $(V + v)^3$, on aurait :

$$0,65 \times 75 \times 310 = 10^k \times 10^{m.q} \times (V + 0,80)^3.$$

Tirant de cette relation la valeur de V, il vient :

$$V = \sqrt[3]{\frac{0,65 \times 75 \times 310}{10^k \times 10^{m.q}}} - 0^m80 = 4^m525 \text{ par } 1''.$$

Ainsi le navire recevrait de sa machine une vitesse propre d'environ 4^m525, et sa progression absolue, par rapport aux rives du cours d'eau, serait égale à

$$4^m525 - 0^m80 = 3^m725 \text{ par } 1'',$$

au lieu de 6 mètres, en eau morte, pour la même force dépensée à l'unité de temps.

TROISIÈME EXEMPLE : Quelles seraient les dépenses comparatives et totales de puissance du même navire, pour effectuer un même parcours total dans les trois conditions suivantes : en eau morte, en montant et en descendant le courant ci-dessus, et en admettant que la vitesse $V = 6$ par $1''$ soit la même dans les trois cas, ainsi que la valeur du coefficient $K = 7$?

Première condition : en eau morte. — C'est la condition posée en premier lieu, et qui fournit 310 chevaux. Comme la vitesse V du navire est celle même suivant laquelle il progresse, la somme totale de travail à dépenser pour le parcours total sera inversement proportionnelle à cette vitesse.

Si le parcours était, par exemple, de 100 kilomètres, on aurait pour cette quantité totale de travail, en kilogrammètres :

$$310 \times 75 \times \frac{100000^m}{6^m} = 387,500,000 \text{ kilogrammètres.}$$

Deuxième condition : en remontant le courant. — En montant, la vitesse relative est $V - v$ ou $6 - 0,8$, tandis que le travail, qui était proportionnel à V^3 dans le premier cas, est proportionnel dans celui-ci à $(V + v)^3$ ou $6 + 0,8$ au cube. D'autre part, le temps de marche, qui était proportionnel à V, est maintenant en raison inverse de $V - v$.

Par conséquent, la quantité totale de travail ci-dessus doit être multipliée par :

$$\frac{(V + v)^3}{V^3} \times \frac{V}{V - v} ; \quad \text{soit :} \quad \frac{(6 + 0,8)^3}{(6)^3} \times \frac{6}{6 - 0,8} = 1,68.$$

Quant à la puissance développée à l'unité de temps par la machine, elle subit la même augmentation, mais réduite dans le rapport direct des vitesses relatives.

Par conséquent, au lieu de 310 chevaux, la machine devra développer :

$$310 \times 1,68 \times \frac{6 - 0,8}{6} = 451 \text{ chevaux.}$$

Troisième condition : en descendant le courant. — En se rappelant que les puissances totales dépensées (p. 278) sont inversement proportionnelles à la quatrième puissance des vitesses relatives pour un même navire montant ou descendant le courant, lorsque les vitesses V et v sont les mêmes, on trouvera que la dépense cherchée, pour ce troisième cas, est égale à celle du premier multipliée par :

$$1,68 \times \left(\frac{6 - 0,8}{6 + 0,8}\right)^4 = 0,574.$$

On ne dépensera donc, à trajet égal, qu'un peu plus de la moitié de la quantité de travail en eau morte.

La puissance élémentaire développée par la machine sera aussi réduite, mais pas autant, puisqu'elle fournit une telle quantité de travail dans un temps moindre.

De 310 chevaux, elle deviendra :

$$310 \times 0,574 \times \frac{6 + 0,8}{6} = 201 \text{ chevaux.}$$

Ces exemples, qui pourraient être multipliés à l'infini, n'ont du reste ici d'autre but que de rendre plus sensible à l'esprit l'usage des formules de principe, lequel peut présenter, au premier abord, quelques difficultés.

ÉVALUATION DE LA PUISSANCE DES MACHINES APPLIQUÉES A LA NAVIGATION

L'évaluation rationnelle de la puissance d'une machine marine n'est pas différente de celle des moteurs à vapeur fixes. La quantité de travail développée reste toujours proportionnelle au volume de vapeur dépensé et à la pression utile, et dépend du mode d'emploi avec ou sans détente.

Néanmoins, autant par leur origine d'importation étrangère, amenant avec elle des usages particuliers, que par leur régime moins variable, relativement, que les machines de terre, il existe pour les machines de navigation certaines règles en usage, que l'on pourrait appeler *routinières,* dont nous croyons devoir dire quelques mots.

FORMULE DE WATT TRADUITE. — Lorsqu'on fit l'application des machines à vapeur à la navigation, on suivait particulièrement, pour la construction, les règles de Watt, lesquelles se rapportaient au système à basse pression dont le régime était peu variable. Comme le régime des machines, la règle était fixe et pouvait prendre une forme en quelque sorte empirique, énonçant directement, pour chaque puissance différente, les proportions des principaux organes. Nous avons déjà expliqué plusieurs fois ce qu'il est possible de faire à cet égard, lorsque des machines différentes marchent à la même pression et à des vitesses de piston sensiblement uniformes.

La formule originale de Watt pour estimer la puissance des machines qu'il livrait était ainsi disposée :

$$F = \frac{1/4\,\pi\,D^2 \times 2\,C\,N \times 7^{\text{liv.}}}{33000}.$$

Dans cette formule,

F représente la puissance *utile* de la machine exprimée en *chevaux,* laquelle unité correspond au produit de 33000 livres élevées à 1 pied, mesures anglaises, en une minute;

D le diamètre du cylindre en pouces;

C la course en pieds;

N le nombre de tours par minute;

$7^{\text{liv.}}$ la pression *utile* de la vapeur par pouce carré du piston, en admettant, comme la pratique de Watt lui indiquait, 9 livres pour la pression brute, et 2 livres absorbées pour les pertes de toute nature, comprenant les résistances passives propres de la machine.

Énoncée littéralement, cette formule n'exprime pas autre chose que le volume de vapeur dépensé par minute, en tenant compte de sa pression utile. F recevait le nom de *chevaux nominaux,* ou la *puissance nominale* de la machine, répondant aux dimensions de ses organes principaux, pour un état de marche déterminé d'avance.

Recevant des machines d'Angleterre, il était naturel que l'on prît la même formule pour en vérifier la puissance, sauf, pour la commodité, à la traduire en mesures françaises.

Cette traduction opérée, en effectuant le calcul des quantités numériques fixes, donne rigoureusement :

$$F = \frac{D^2\, C\, N}{0,59},$$

qui pourrait s'écrire ainsi :

$$F = 1,695\ D^2\, C\, N.$$

Sous cette forme, D et C sont exprimés en mètres, et F représente encore des chevaux, mais dont la valeur, par la traduction exacte, est de 76 kilogrammètres au lieu de 75, comme on l'a adopté généralement en France.

Pour bien fixer les idées sur l'application de cette formule, supposons une machine marine composée de deux appareils semblables établis dans les conditions suivantes :

$$\text{Diamètre des cylindres........}\quad D = 0^m 90$$
$$\text{Course des pistons...........}\quad C = 1^m 00$$
$$\text{Nombre de tours par } 1'......\quad N = 35$$

Cette machine double sera considérée comme étant d'une force nominale de :

$$F = 1,695 \times (0,90)^2 \times 1^m 00 \times 35 = 48 \text{ chevaux}$$

par machine, soit : 96 pour l'ensemble des deux appareils.

Par conséquent, toutes les fois que la pression *utile* de la vapeur sera ce qu'elle est supposée dans la formule de Watt, c'est-à-dire de 7 livres par pouce carré, ce qui équivaut à $0^k 4918$ par centimètre carré, cette formule pourra servir à évaluer la puissance d'une machine, et pour chaque cylindre qui la compose.

Mais s'il en est autrement, et que cette pression soit différente, soit parce que la vapeur sera employée à une tension plus ou moins grande, soit parce que l'effet utile différera du rapport 7/9, admis entre les pressions brute et effective ou utile, cette formule cessera d'exprimer la puissance de la machine à laquelle elle sera appliquée.

Cependant elle est encore en usage, bien que les machines d'aujourd'hui marchent à des pressions plus élevées et à détente; c'est ce qui a fait dire que les chevaux-vapeur en marine valent davantage que pour les machines de terre, et, au lieu de 75 kilogrammètres, en représentent 100, 150 et même 300, etc.

Si le fait est vrai dans son principe, il ne l'est pas toujours en réalité, puisqu'une machine de terre, dont la puissance effective est estimée par expérience, peut très-bien, suivant son rendement, donner par le calcul des chevaux de 100, 150 kilogrammètres et même davantage, si le rendement est faible.

Cette formule, réduite en la traduisant, ne devrait donc pas recevoir la même application qu'auparavant, lorsqu'elle se rapportait à des machines à pression fixe; en l'employant sans modification, lorsque cette pression est plus élevée, on attribue à la machine une puissance nominale inférieure à celle qu'elle peut réellement développer. Cependant, telle qu'elle est, elle a le mérite de déterminer les dimensions *comparées* d'une machine, dont la puissance est, après tout, proportionnelle au carré du diamètre du cylindre, à la course et au nombre de tours, et dont les autres pièces conservent un certain rapport avec les dimensions du cylindre ; elle peut donc servir à fixer la valeur *vénale* d'une machine, et, par ce motif, elle est encore usitée dans l'Administration française pour les appareils que l'État fait construire. Seulement, lorsqu'il s'agit d'expériences, on a le soin de la modifier avec la pression de vapeur employée et avec l'effet utile réellement obtenu, ou bien l'on emploie les formules générales ordinaires.

FORMULE DITE D'INDRET. — En procédant aux grandes expériences sur le navire *le Pélican*, MM. Moll et Bourgois ont fait usage, pour exprimer la puissance des machines, d'une formule dont nous allons faire connaître la composition.

Si l'on désigne par E l'effort total et moyen exercé par la vapeur sur le piston, et par e celui opposé représentant la résistance propre du mécanisme de la machine, et que l'on obtienne théoriquement, en puissance dépensée, en la faisant marcher à vide, la différence E — e de ces deux efforts correspond à celui utile et disponible que la machine est capable de transmettre au propulseur. Comme il est assez dans les usages de la marine de représenter ces efforts par des hauteurs de mercure, comme le ferait un manomètre, on les désigne alors par H et h, et prenant en tout le mètre pour unité, la pression d'une colonne de mercure de 1 mètre de hauteur sur 1 mètre carré de piston est de 13592 kilogrammes. Par conséquent l'effort utile aura, dans la formule appliquée au calcul du travail, la valeur générale suivante :

$$(H - h)\ 13592.$$

Maintenant le travail étant le produit de cet effort sur un piston par le chemin qu'il parcourt, on obtiendra, avec la même notation que ci-dessus :

$$T = \frac{1}{4}\ \pi\ D^2\ \frac{2\,C\,N}{60}\ (H - h)\ 13592$$

pour le travail *utile* d'une machine par seconde et en kilogrammètres.

En effectuant le calcul des quantités numériques fixes, et en doublant de suite pour correspondre à une machine composée de deux appareils, il vient :

$$T = \frac{3{,}1416 \times 13592 \times 4}{4 \times 60} \times D^2\,C\,N\,(H - h);$$

d'où :

$$T = 711{,}677\ D^2\,C\,N\,(H - h);$$

soit, en chevaux de 75 kilogrammètres et en nombre rond (1) :

$$T = \frac{711{,}7\ D^2\,C\,N\,(H - h)}{75}.$$

(1) On écrit aussi cette formule en donnant au coefficient numérique cette valeur : 7,117 au lieu de 711,7. Cela revient simplement à exprimer les hauteurs de colonne ou de pression, H et h, en *centimètres*, au lieu de l'écrire en *mètres*, comme nous l'avons fait ici.

EXEMPLE : Énoncer, à l'aide de cette formule, la puissance utile d'un appareil de navigation fonctionnant dans les conditions suivantes :

$$\text{Diamètre des cylindres}\ldots\ldots\ldots \quad D = 1^m 50$$
$$\text{Course des pistons}\ldots\ldots\ldots\ldots \quad C = 1^m 00$$
$$\text{Nombre de tours par } 1'\ldots\ldots\ldots \quad N = 50$$

On suppose que l'on ait reconnu, par expériences directes, que la puissance absolue de la vapeur sur les pistons est proportionnelle au poids d'une colonne de mercure $H = 0^m 80$, et que l'effort résistant qui lui est opposé est représenté par une colonne $h = 0^m 16$.

Solution. On trouve alors pour la puissance cherchée :

$$T = \frac{711,7 \times (1^m 5)^2 \times 1^m \times 50 \times (0^m 80 - 0,16)}{75} = 683 \text{ chevaux.}$$

Pour faire l'application de cette formule et en obtenir la notion exacte de ce que l'on recherche, il faut évidemment connaître d'une façon précise H et h. La première de ces valeurs, correspondant à la pression moyenne et uniforme que la vapeur exerce sur les pistons, peut être assez sûrement déterminée à l'aide d'observations directes permettant d'étudier le mode d'action de la vapeur dans les cylindres. (Nous expliquons dans un chapitre spécial cette méthode d'investigation au moyen de l'*indicateur* de Watt.) Mais la seconde, relative à l'évaluation des résistances passives, et qui pourrait être déduite d'une expérience au frein de Prony, pour les machines de terre, n'est pas appréciable de cette façon avec les machines marines.

Pour donner une idée de la valeur qui pourrait être attribuée *à priori* à cet effort résistant h, nous rappellerons que Watt, fixant la pression brute sur les pistons à 9 livres par pouce carré, admettait 7 d'effet utile, ce qui donnait pour rendement, par le mécanisme :

$$\frac{7}{9} = 0,78 \text{ pour } 100 \text{ environ.}$$

Par conséquent, lorsqu'une machine présentera un degré de perfection tel que son mécanisme rende 78 0/0 de l'effet dynamique total transmis aux pistons, ce qui correspond à une perte de 22 0/0, H et h seront dans le rapport de 100 à 22, tandis que ce rapport sera plus grand si le rendement est plus élevé, et plus petit s'il est moindre.

Faute de pouvoir se servir du frein, pour des moteurs aussi puissants que les machines marines, on a proposé de faire marcher la machine à vide, après en avoir isolé le propulseur, et de régler l'introduction de la vapeur de façon à maintenir le moteur dans son allure normale, puis de prendre, pour en déduire la valeur de h, l'effort développé sur les pistons et employé actuellement à vaincre les résistances passives de la machine.

Déjà il est peu vraisemblable que ces résistances passives aient la même valeur en marchant à vide qu'en marche pleine, car, dans ce dernier cas, tout le mécanisme surmonte des efforts qui accroissent l'intensité des frottements. Cette opération n'est pas d'ailleurs sans danger.

On s'est servi quelquefois de l'épreuve dite *au point fixe* qui consiste à mettre la machine en fonction, le navire étant amarré sur un dynamomètre fixé au rivage; en faisant tourner la machine à plusieurs vitesses, et à l'aide d'une série de calculs et d'opérations graphiques on parvient à estimer approximativement la pression qui ferait équilibre aux résistances passives du moteur. Mais ces opérations laissent encore beaucoup de doute sur le résultat cherché.

Devant cette cause d'incertitude, on adopte *à priori*, pour la réception des appareils de navigation, la formule ci-dessus modifiée par la suppression du terme h, de façon qu'elle exprime ainsi, non pas la puissance qu'elle est réellement capable de transmettre, mais celle brute développée par la vapeur sur les pistons, et qui résulte directement de ses dimensions et de son état de marche.

C'est ce que l'on appelle la *puissance indiquée* de la machine (1).

Dans ce cas-là, la puissance *indiquée* est encore supérieure à celle réelle de la machine, au moins pour l'état de marche qui sert de base à sa puissance nominale, mais elle est plus approchée de la réalité que par la formule dite de Watt (p. 285), qui ne s'accorde pas avec les pressions employées actuellement.

Nous désirions faire connaître ce que l'on peut appeler les *usages spéciaux* de la marine, afin d'être en état de faire comprendre de suite les expériences que nous aurons à citer et dans lesquelles ces dénominations particulières se rencontrent. Nous allons entrer maintenant dans quelques détails sur la disposition du *propulseur*, roue à pale ou hélice, récepteur direct et *transmetteur* de la puissance motrice.

---

(1) **M.** le professeur de Fréminville, dans son récent ouvrage, auquel nous empruntons quelques principes techniques sur la navigation à vapeur, dit que cette dénomination provient probablement de celle anglaise : *indicated horse power*, appliquée dans les mêmes circonstances.

FIN DU CHAPITRE DEUXIÈME.

CHAPITRE III

PROPULSION DES NAVIRES PAR LES ROUES A PALES

ÉTABLISSEMENT DES ROUES PROPULSIVES

PRINCIPE DU FONCTIONNEMENT

Le propulseur mécanique le plus ancien et le plus généralement employé pour les navires à vapeur, est la *roue à aubes*, qui a même été appliquée bien avant à des bateaux, pour être mue à bras ou par manége (p. 263).

Les roues à aubes propulsives sont construites, en principe, comme les roues hydrauliques motrices à palettes planes; elles se placent généralement sur les deux flancs du navire, et sont montées aux extrémités de l'arbre à manivelle de la machine, lequel est disposé, à cet effet, perpendiculairement à l'axe longitudinal du bateau. On construit aussi des bateaux à vapeur avec les deux roues reportées tout à fait à l'arrière et effacées de façon qu'elles ne présentent aucune saillie sur la coque; cette disposition est appropriée à la navigation sur les canaux et rivières étroites. Il existe également une disposition qui rappelle les steamboats américains pour la structure générale, et dans laquelle le corps principal du bâtiment repose sur deux bateaux jumeaux, entre lesquels une roue propulsive, unique, est installée.

Le diamètre et la position du centre des roues étant combinés pour qu'elles plongent dans l'eau d'au moins la largeur des palettes qui garnissent la circonférence, le fluide oppose au mouvement de rotation, transmis par la machine, une résistance qui devient la mesure de la puissance absorbée, mais qui est utilisée en même temps pour le mouvement imprimé au navire, lequel cède à cette espèce de point d'appui et s'avance dans le fluide en surmontant une résistance correspondante.

Pour bien fixer les idées sur ce fonctionnement, considérons un bateau muni sur ses deux flancs d'une roue portant des aubes, dont l'axe de rotation est en même temps celui de l'arbre à manivelle du moteur.

La machine transmettant un certain effort qui tend à faire tourner l'arbre et les deux roues à aubes, il se produit ici un effet que l'on peut comparer, d'une manière approximative, avec ce qui a été expliqué précédemment (p. 186), à l'égard des machines locomotives posées sur la voie d'un chemin de fer. La roue à aubes sollicitée par son axe au mouvement de rotation, il peut se produire, pour un temps très-court, deux effets différents que nous allons essayer de faire comprendre.

Le rayon de la roue, sous l'effort transmis à l'axe, peut obéir en cédant par l'une ou l'autre de ses extrémités, suivant le rapport des résistances qu'elles éprouvent.

Si, par exemple, l'inertie du navire est telle qu'il semble comme *amarré,* le centre restera fixe et la roue tournera sur elle-même en surmontant, par ses aubes, la résistance totale de l'eau.

Si, au contraire, la résistance du navire pouvait être nulle, le rayon semblerait comme arrêté par l'eau à son extrémité inférieure, et le centre s'avancerait ainsi que le navire; il en résulterait le mouvement de *roulement* propre aux locomotives, mais exécuté sur l'eau.

Or ces deux effets, qui s'observent très-bien avec les véhicules posés sur des voies rigides, ne peuvent pas se produire dans le cas que nous examinons actuellement, et cela, par les motifs suivants :

Un navire libre, en eau morte, quelle que soit sa masse, ne peut jamais être regardé comme immuable, pas plus que le fluide qui le porte ; et la résistance qu'il oppose au mouvement, au lieu d'être sensiblement fixe comme celle d'un même train sur sa voie, est au contraire extrêmement variable, suivant la vitesse qu'on tend à lui imprimer.

D'autre part, l'eau n'étant pas un corps solide ne peut être un obstacle absolu au mouvement des palettes et leur cède, au contraire, mais en résistant.

Par conséquent, aussitôt que les roues à aubes sont mises en mouvement, les deux résistances, l'eau et le navire, cèdent dans un certain rapport. Le navire n'obéit d'abord que très-peu et commence à se mouvoir avec une faible vitesse, ne donnant lieu qu'à une faible résistance de la carène; en même temps l'eau est fortement repoussée en arrière par les aubes, mais en leur opposant une très-grande résistance. Tant que cette dernière prédomine sur celle opposée par la carène, le mouvement du navire s'accélère; mais au fur et à mesure que cette vitesse s'accroît, la résistance par la carène s'élève rapidement, comme on l'a vu ci-dessus, tandis que l'énergie des aubes diminue, puisque, partageant le mouvement du navire, elles frappent un fluide qui semble maintenant les fuir.

Donc, il vient un moment où la résistance de la carène est juste équivalente à celle que l'eau oppose au mouvement des aubes, et à partir duquel la vitesse du navire, cessant de s'accélérer, est parvenue à l'uniformité. Elle ne pourrait maintenant s'accroître qu'en augmentant celle des roues à aubes, en faisant développer aux machines motrices un supplément d'effort.

A cet état de mouvement uniforme, la puissance et la résistance se font exactement équilibre; la résistance de la carène *est égale à celle engendrée par le mouvement des aubes,* et si ces dernières n'éprouvaient pas de *recul,* la quantité de travail absorbée par la résistance de la carène serait théoriquement égale à celle transmise aux roues par la machine motrice.

C'est donc sur cette définition que sont basées les règles qui permettent de proportionner les roues à aubes au navire auquel elles doivent être appliquées. Le problème se résume en disant : *qu'il faut créer un équilibre de résistance entre la carène et l'aubage des roues.* Seulement, cette détermination est un peu complexe, car une roue composée de palettes qui attaquent le fluide en se succédant à des intervalles plus ou moins rapprochés, et sous diverses inclinaisons, ne peut pas être comparée, pour la simplicité, à la carène du navire dont la section bien déterminée ne varie, pour le même bâtiment, que par le degré d'immersion plus ou moins considérable. Enfin, il est possible d'attribuer à la section plongée du navire une résistance spécifique par unité de surface et de vitesse, tandis que pour les roues la surface résistante est moins facilement définie.

Si chaque roue d'un navire n'avait qu'une pale ou une seule aube en action à la fois, on dirait que la résistance que le fluide lui oppose est proportionnelle à sa surface et au carré de la vitesse effective, en tenant compte de la valeur particulière du coefficient K (p. 272), afférent à la forme du corps plongé en mouvement. Mais si plusieurs pales sont plongées simultanément, il n'est plus possible de compter sur le même effet pour chacune, attendu que, l'une marchant devant l'autre, elles se masquent réciproquement et frappent des veines liquides qui ont déjà reçu des précédentes un mouvement très-sensible.

Néanmoins, il est évident que la roue éprouve plus de résistance pour engager plusieurs aubes ensemble que pour une seule, et, en somme, on doit prendre pour base : *la résistance totale qu'une roue éprouve dans son ensemble,* avant toute autre distinction entre la forme des aubes et leur nombre agissant à la fois.

Pour parvenir à donner quelques notions sur ce sujet, que nous ne pouvons cependant examiner que succinctement, il faut préalablement étudier les conditions que doivent remplir les différentes parties qui composent une roue à pales, telles que : vitesse des aubes, recul, dimensions radiales et transversales, etc.

RAPPORT ENTRE LA VITESSE CIRCONFÉRENTIELLE DES PALES ET CELLE LINÉAIRE DU NAVIRE

Si l'eau était un corps d'une résistance absolue, comme une voie terrestre, les aubes y prendraient un point d'appui fixe et le navire recevrait un mouvement de transport égal au développement de leur circonférence, dans les mêmes conditions qu'une machine locomotive sur ses rails.

Mais l'eau ne constitue un point d'appui qu'autant qu'on lui imprime un mouvement auquel elle résiste, mais en cédant néanmoins; par conséquent, les aubes propulsives ne peuvent pas communiquer au navire la même vitesse que celle suivant laquelle elles pénètrent dans l'eau.

Si, en effet, l'on désigne par u leur vitesse circonférentielle, et par V la vitesse du navire en eau morte, la situation est la même que si le navire était immobile et que l'eau possédât une vitesse égale et contraire, de façon que les pales ayant une vitesse u, elles frappent l'eau avec celle relative $u - V$; en admettant que la résistance qu'elles en éprouvent soit proportionnelle au carré de cette vitesse, c'est-à-dire $(u - V)^2$, il est évident que si u égalait V, on aurait :

$$(u - V)^2 = 0.$$

Aucune action propulsive ne serait produite, et cette condition ne peut convenir qu'au mouvement nul.

Il faut donc que la vitesse circonférentielle des aubes excède celle relative que le navire doit acquérir; mais pour déterminer la valeur de cet excès, il faut considérer qu'il est, *théoriquement,* très-variable, puisque l'expression complète de la résistance est aussi bien proportionnelle à la section des palettes et à leur immersion qu'à $(u - V)^2$.

Ceci signifie, en résumé, qu'un maximum de résistance propulsive peut être obtenu :

1° En donnant une grande valeur à $u - V$, soit par le diamètre des roues à aubes, soit par leur vitesse de rotation ;

2° Par la grande dimension de surface des aubes, obtenue dans le sens du rayon, ou en largeur transversale, ou par le nombre d'aubes immergées à la fois, ce qui modifie la résistance que le propulseur éprouve pour se mouvoir dans le fluide ;

3° Enfin par la valeur de leur résistance élémentaire, amenée à son maximum et à son meilleur effet, par la disposition même des aubes sur la couronne, leur espacement, leur mode d'immersion, etc

L'expérience a démontré que de ces diverses conditions à remplir, l'une des plus efficaces consiste à rendre la surface agissante des aubes *la plus grande possible,* sans négliger d'ailleurs leur disposition sur la couronne, par rapport à leur entrée dans l'eau et à leur sortie. L'augmentation de cette surface correspond, par conséquent, pour le même produit à une diminution de $(u - V)^2$, c'est-à-dire, tend à rapprocher indéfiniment la vitesse acquise du navire de celle des roues.

Si l'on désigne par s la surface d'une aube, ou la section de la *veine liquide attaquée* par l'ensemble des aubes immergées, et par S, la maîtresse section plongée du navire, le rapport de ces deux sections sera :

$$\frac{S}{s};$$

ce rapport est désigné par les ingénieurs : par la *résistance relative* de la carène et du propulseur, et l'on ajoute que : plus petite sera la résistance relative, et moindre sera le *recul*. Définissons cette dernière expression.

RECUL DU PROPULSEUR

Un navire n'avançant pas de la même quantité que le développement de ses roues, c'est comme si les rails d'un chemin de fer cédant d'une certaine quantité sous l'action des roues motrices qui s'y appuient, *reculaient* tandis que le convoi s'avance. C'est le même effet rapporté au navire que l'on nomme le *recul,* et auquel on a donné la valeur comparative r suivante :

$$r = \frac{u - V}{V};$$

c'est-à-dire, le rapport de la différence des vitesses à la vitesse du navire.

Soit, par exemple, un bâtiment qui progresse à raison de 5 mètres par 1″, tandis que la vitesse circonférentielle de ses roues égale 7, le recul a pour valeur proportionnelle :

$$r = \frac{7 - 5}{5} = 0,4.$$

En appliquant cette méthode de calcul à divers navires dont on aura comparé la vitesse circonférentielle des roues à celle de l'avancement réel, on obtiendra différentes valeurs de r, dont la plus faible indiquera la meilleure *utilisation* de la force motrice. Il est constant que si la vitesse des roues excède de beaucoup celle du navire, la masse d'eau repoussée et rejetée vers l'arrière représentera, par sa grande vitesse, une quantité correspondante de force absorbée pour la lui communiquer, et perdue pour la propulsion ; tandis que pour se rapprocher le plus près possible du maximum d'utilisation, l'eau, supposée sans courant naturel, ne devrait posséder, en arrière des roues, qu'une vitesse égale et contraire à celle du navire, ce qui n'est d'ailleurs pas possible.

En faisant l'observation dont nous venons de parler tout à l'heure, on a trouvé, pour des bâtiments à roues, naviguant en mer, les valeurs moyennes de 0,40 à 0,30 pour le coefficient de recul, et quelquefois un peu moins.

Si nous choisissons, comme exemple, 0,30, et que nous cherchions à quel rapport cela correspond pour les vitesses u et V, il vient :

$$\frac{u - V}{V} \text{ ou } \frac{u}{V} - 1 = r; \qquad \text{d'où} : \frac{u}{V} = 0,30 + 1 = 1,30.$$

Avec $r = 0,40$, le même rapport serait donc 1,40, puisqu'en résumé il suffit d'ajouter l'unité au coefficient de recul, pour obtenir le rapport direct entre les vitesses des aubes et du navire.

De ce qui précède on déduit que pour des navires bien proportionnés, et appliqués à la navigation en eau morte, la vitesse des roues n'excède que peu la vitesse du bâtiment, et se maintient assez près, généralement, du rapport 1,3. Cela suppose que le bâtiment est lui-même bien taillé pour la course, et que la surface active des aubes est comparativement grande et leur fonctionnement bon.

DIAMÈTRE ET LARGEUR DES ROUES A AUBES

La puissance propulsive des roues dépendant de leur vitesse circonférentielle et de l'étendue de la surface des aubes en action, ces deux conditions sont elles-mêmes connexes du diamètre de la roue et de sa largeur. La même vitesse circonférentielle peut être obtenue avec des diamètres différents en les combinant avec une vitesse rotative convenable, de même que la superficie active des aubes dépend autant de leur largeur transversale que de celle dans le sens du rayon, et de leur nombre agissant simultanément. Toutes ces conditions étant réciproquement variables, il est nécessaire d'examiner les motifs qui peuvent conduire à les déterminer.

Diamètre. — Le diamètre d'une roue peut être entendu de deux façons : on peut le mesurer au bord extérieur des aubes ou sur le milieu de leur largeur radiale, qui est à peu près le point sur lequel on calcule la vitesse de régime.

Considérant d'abord le diamètre extérieur maximum, qui a son importance, comme place occupée sur les flancs du navire, ce diamètre est évidemment soumis à la hauteur de la coque, à la position relative de la ligne de flottaison et à celle que l'on fait occuper à l'arbre moteur de la machine.

Donc, en dehors de toute autre considération, le diamètre extérieur d'une roue à aubes sera déterminé en tenant compte des dimensions mêmes de la coque du navire, de façon : que l'arbre moteur, qui en est le centre, soit placé à une hauteur convenable, par rapport au tillac ; que la roue plonge dans de bonnes conditions, suivant les degrés différents d'immersion que la coque est susceptible de prendre ; enfin que la partie inférieure de la roue soit toujours plus élevée que la quille (condition assez facile à remplir avec les navires de mer, dont le tirant d'eau est toujours relativement considérable).

Le diamètre ainsi déterminé il reste à fixer la vitesse de rotation et à la mettre en harmonie avec celle que le navire doit acquérir. Mais, pour cela faire, il est nécessaire d'attribuer une certaine largeur radiale aux aubes, puisque la vitesse de régime ne peut être comptée que vers leur milieu.

Largeur radiale ou hauteur des aubes. — Si la largeur transversale pouvait être mise hors de cause, il y aurait intérêt à faire celle dans le sens du rayon, ou la hauteur, très-étroite, car plus les aubes seront larges, et plus les vitesses de leurs bords extérieur et intérieur différeront de la vitesse moyenne ; ce qui rend le fonctionnement imparfait, eu égard aux effets calculés de l'angle d'immersion. D'ailleurs pas un point des aubes ne doit être animé d'une vitesse inférieure à celle du navire ; car s'il en était ainsi, cette région de l'aubage, loin de transmettre une action propulsive, serait au contraire *choquée* par l'eau, d'avant en arrière, et constituerait une espèce de *frein* s'opposant à la progression du bateau.

Ainsi, en prenant tout au moins, c'est-à-dire en supposant que le bord intérieur des aubes ne possédât que la vitesse simple du navire, tandis que leur centre se déplacerait avec une vitesse $V \times 1,5$, les rayons des deux cercles correspondants auraient pour valeurs proportionnelles 1 et 1,5 ; la demi-largeur de l'aube serait 0,5, et le rayon extérieur serait 2 : l'aube serait donc égale à la moitié du rayon extérieur, proportion très-éloignée des conditions ordinaires de la construction maritime.

Cependant pour le navire l'*Aigle*, décrit plus loin, la largeur des aubes est environ les 38/100 du rayon extérieur, ce qui permet de les classer dans la catégorie des aubes larges.

Pour les navires de mer, auxquels il est possible d'appliquer de grandes roues, on trouvera le plus souvent des aubes beaucoup plus étroites, n'ayant quelquefois que le 1/5 et même le 1/6 du rayon extérieur. Il est d'ailleurs nécessaire que les roues de ces navires soient grandes et que leur centre soit très-élevé au-dessus de la ligne de flottaison ; autrement, avec un peu de roulis elles seraient de suite engagées jusqu'au moyeu.

A .l'égard des bateaux de rivière, qui sont moins hauts de bords, mais dont l'immersion est régulière et qui doivent parfois surmonter des courants rapides, l'aubage a besoin de beaucoup de puissance, et l'on peut être conduit à donner peu de diamètre aux roues et une grande largeur aux pales, afin de ne pas augmenter démesurément la saillie des tambours.

Largeur transversale des aubes. — Cette dimension est nécessairement déduite de la précédente et doit être, de toute façon, réduite à son minimum pour bien des motifs.

Pour les bâtiments de mer, la saillie des tambours est un obstacle à cause du vent et de la gêne qu'ils présentent pour manœuvrer dans les ports. En rivière et dans toute passe étroite, il est à peine nécessaire d'insister sur leur inconvénient.

De toute manière un excès de largeur des roues augmente leur porte-à-faux : il faut donc la réduire le plus possible.

Cette réduction peut être opérée assez facilement pour les navires de mer, en raison du grand diamètre qu'il est possible de leur donner, et de la condition dans laquelle ils se trouvent de naviguer en eau morte ; on arrive aisément alors à ne donner à cette largeur que le tiers du diamètre, et même moins.

Mais pour les bateaux de rivière ou pour ceux dits *remorqueurs*, ce rapport est le plus souvent dépassé de beaucoup.

Ainsi, les trois dimensions principales des roues à aubes, le diamètre, la hauteur et la largeur des aubes, se combinent entre elles et ne peuvent recevoir aucune valeur assignable *à priori* ; elles ne peuvent être déterminées qu'ensemble, et en cherchant à se rapprocher autant que possible de leurs meilleures conditions particulières. Nous en ferons voir bientôt des applications, d'après des appareils exécutés.

ANGLE D'IMMERSION DES AUBES

Il n'est pas indifférent que les aubes pénètrent dans l'eau et en sortent sous un angle quelconque, et il serait même nécessaire que les conditions d'entrée fussent différentes de celles de sortie, absolument comme pour la *rame* qui entre sur le plat et doit sortir de champ.

Pour donner une idée de la façon dont les choses se passent, examinons, avec les auteurs qui se sont occupés de cette question, la démonstration suivante (1).

Aubes radiales. — Soit une roue à palettes, fig. 135, dont les aubes sont fixées sur la couronne et dirigées exactement dans le sens du rayon ; proposons-nous d'examiner les effets de ces aubes, depuis leur entrée dans l'eau jusqu'à leur sortie.

Pour faciliter cette étude, nous supposons d'abord que la roue est immobile, et que la palette entrante est frappée simultanément au même point a par deux filets d'eau, l'un horizontal, en sens contraire de la marche du bâtiment et avec sa vitesse V, et l'autre perpendiculaire à la palette, avec la vitesse u égale, et de sens contraire, à celle circonférentielle de la roue.

(1) *Cours pratique de machines à vapeur marines*, par M. de Fréminville. Paris, 1861.

Si l'on représente la vitesse relative V de l'eau par une grandeur ba, et celle u, du filet fictif remplaçant le mouvement de la palette, par une grandeur proportionnelle ca, et que l'on construise le parallélogramme des vitesses $bacd$, on reconnaît que ces filets agissants ont pour résultante de leurs vitesses respectives, da, qui se décompose elle-même suivant deux autres ea et de, dirigées parallèlement et perpendiculairement à la palette.

La composante de, normale à la palette, et à laquelle doit se rapporter la pression qu'elle supporte en cet instant (qu'elle soit frappée, comme on le suppose ici, ou qu'elle frappe, ainsi que cela a lieu réellement), a pour valeur :

$$de = db \text{ ou } ca - be = u - be.$$

Mais comme be représente le sinus de l'angle d'immersion i, ayant ba, ou V, pour rayon, l'expression précédente devient :

$$de = u - (\text{V} \sin i).$$

La pression exercée au point a, suivant la vitesse de, est alors proportionnelle à :

$$[u - (\text{V} \sin i)]^2$$

Cette pression, qui a pour éléments fixes les deux vitesses u et V, et pour élément variable le rapport $\text{V} \sin i$, sera donc d'autant plus grande que ce rapport sera plus faible, et ce dernier sera lui-même d'autant plus faible que l'angle i sera plus petit : pour $i = 90°$, $\sin i = 1$, et pour $i = 0$, $\sin i = 0$.

Fig. 135.

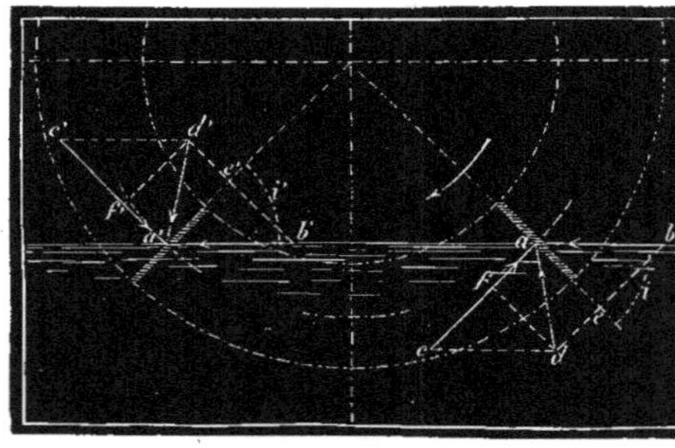

Or, l'angle d'immersion augmente depuis l'entrée jusqu'à la position verticale de la palette où il égale 90°, et diminue ensuite jusqu'à la sortie où il reprend la même valeur qu'à l'entrée ; par conséquent, la palette éprouve le maximum de résistance à l'entrée et à la sortie, et le minimum dans la position verticale, pendant le moment très-court où elle se présente perpendiculairement à la direction du courant.

Supposons, pour fixer les idées, que l'immersion et la sortie aient lieu sous l'angle de 45°, pour lequel $\sin i = 0,707$, et que $V = 6$, et $u = 8$, la pression sera proportionnelle, pour ces deux points, à :

$$\overline{3 - (6 \times 0,707)}^2 = 14, 1,$$

et sur la verticale, à :

$$\overline{8 - (6 \times 1)}^2 = 4$$

Telles sont les conclusions que l'on tire des conditions de fonctionnement des roues à aubes dont les palettes seraient fixes, et dirigées exactement dans le sens du rayon. Ces conditions sont évidemment mauvaises, puisqu'à l'entrée dans l'eau, où se produit le choc, l'action des palettes est plus grande qu'au milieu où elles sont dans la position la plus favorable à la propulsion, et que ce maximum se reproduisant à la sortie, le relèvement de l'eau vers l'arrière n'en est que plus considérable.

Il pourrait paraître naturel, pour résoudre cette difficulté, tout en conservant la fixité des aubes sur la couronne, de les dévier de la direction du rayon et de les incliner suivant la résultante même $d\,a$ des deux vitesses, à l'immersion, car l'entrée dans l'eau se produirait sans chocs, et la pression exercée, nulle à l'entrée, irait en augmentant progressivement jusqu'à la sortie. Mais alors le mal, pour ce dernier instant, se serait accru, puisque la pression y serait maximum et plus grande qu'avec la direction radiale : on aurait évité un inconvénient pour retomber dans un autre plus grand.

Un seul procédé peut donc prévaloir : c'est de mobiliser ou *articuler* les aubes elles-mêmes, de façon à faire accorder leur position avec chaque point de leur passage au travers de l'eau. Il est vrai qu'un mécanisme capable de remplir cette condition rigoureusement serait impraticable par sa complication ; mais on fait usage d'une disposition qui y satisfait suffisamment et d'une construction assez simple pour être appliquée sans danger. Comme le navire l'*Aigle*, dont la machine est représentée et décrite plus loin avec détail, est muni de roues de ce système, nous n'ajouterons rien à leur sujet, quant à présent.

Roues a pales verticales. — En proposant de mobiliser les pales, on a essayé de les relier à un mécanisme qui les maintint verticales, depuis leur entrée dans l'eau jusqu'à leur sortie. Cette disposition n'a pu réussir, car il peut arriver que la palette en s'immergeant possède une vitesse relative dirigée en sens contraire de celle de l'eau, c'est-à-dire dans la même direction que celle du navire ; alors, au lieu d'exercer une action propulsive, elle est au contraire choquée par l'eau, d'avant en arrière, effet qui se reproduit à la sortie.

On ne pourrait éviter ce grave inconvénient qu'en diminuant l'immersion totale de la roue, suffisamment pour que les pales ne pénétrassent dans l'eau que plus près de la verticale du centre qu'on ne le fait habituellement. Ce principe a dû être complétement abandonné (1).

(1) Ce principe de la verticalité des aubes, qui nous paraît avoir été proposé en premier lieu par M. Buchanan, en 1813, a été repris beaucoup plus tard par M. Chaverondier, qui avait imaginé à cet effet un mécanisme composé d'engrenages d'une extrême complication, et que l'on peut voir dans le cinquième volume de la *Publication industrielle.*

Roues cycloïdales. — Avant d'adopter ce parti radical, consistant à articuler les pales des roues, on a cherché, tout en maintenant leur fixité, à leur donner une structure plus avantageuse que celle de surfaces radiales simples. C'est ainsi que l'on a employé des roues à pales fractionnées dites : *roues cycloïdales*. Pour en comprendre les motifs, il faut remarquer que le mouvement réel d'une roue propulsive est une cycloïde engendrée par un point pris sur le cercle dont la vitesse circonférentielle est égale à celle du navire, ainsi que le représente la fig. 136.

Si, en traçant cette cycloïde A B C, on tient compte du chemin décrit par une palette, on obtient les deux courbes *nouées* D E F G H et *d e f g h*, qui représentent exactement la trajectoire des arêtes extérieures et intérieures d'une pale E *e*.

Si l'on divise alors les pales en plusieurs parties étagées, comme on le voit en P et P', à l'entrée et à la sortie, de façon que leurs arêtes soient à peu près renfermées dans des courbes semblables aux boucles G H et *g h* de la trajectoire, à l'immersion (suivant le sens du mouvement), celle-ci sera plus conforme au mouvement rationnel, et l'émersion, comme on le voit en P', pourra s'effectuer en laissant un dégagement facile au fluide relevé.

Fig. 136.

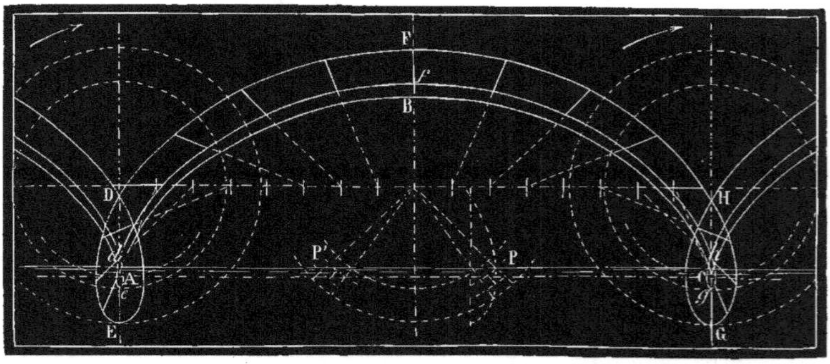

Cette disposition, qui présente une certaine amélioration sur les pales fixes d'une seule pièce, n'a pas été généralement adoptée telle quelle. Mais on a souvent composé chaque aube de deux parties seulement, fixées sur les deux faces des bras, comme on en voit un exemple plus loin pour la machine transatlantique de l'*Uloa*.

PUISSANCE PROPULSIVE

Les notions précédentes permettant de se faire une idée des conditions que les roues à aubes doivent remplir, comme vitesse, dimensions relatives du diamètre et de la largeur, immersion des pales, etc., nous pouvons chercher quelles dimensions absolues leur sont nécessaires pour produire un effort de propulsion déterminé.

Partant de ce principe général et évident : que le navire à l'état de mouvement uniforme, *la résistance du propulseur et celle de la carène* SE FONT ÉQUILIBRE, il est clair que la somme R′ des résistances engendrées par les deux roues d'un navire équivaudra à :

$$R = K S V^2,$$

exprimant celle de la carène (p. 281), et rapportée à la circonférence du cercle qui passe par le milieu, environ, de la hauteur des aubes.

Si après les opérations préalables basées sur les considérations précédentes, et ayant déterminé la vitesse V que le navire doit acquérir, on est parvenu à fixer ce diamètre moyen et la vitesse rotative, celle circonférentielle u en découle, et la vitesse relative avec laquelle les pales frapperont l'eau est $u - V$. La résistance totale R′, ou la puissance des deux roues, étant proportionnelle au carré de cette vitesse et à la section s de la veine liquide qu'elles attaquent, si l'on connaissait la résistance élémentaire K′, de cette veine attaquée par unité de surface, attribuable à la forme et à la disposition des propulseurs, la résistance propulsive cherchée aurait pour valeur :

$$R' = K' S (u - V)^2,$$

et, par suite du principe d'équilibre ci-dessus :

$$K S V^2 = K' s (u - V)^2.$$

Enfin, tirant la valeur de la section s, on obtient :

$$s = S \times \frac{K}{K'} \times \frac{V^2}{(u - V)^2}.$$

Si la valeur du coefficient K′ était connue, la section de la veine fluide attaquée se trouverait déterminée d'après cela ; voyons ce qu'il est possible de savoir à cet égard et comment on doit considérer même *la veine attaquée*.

HYPOTHÈSE AVEC UNE SEULE PALE EN ACTION. — Si une roue propulsive était disposée de façon à ne présenter qu'une seule aube en action à la fois, à peu près comme l'indique la fig. 137, c'est-à-dire le nombre d'aubes et l'immersion combinés pour

Fig. 137.

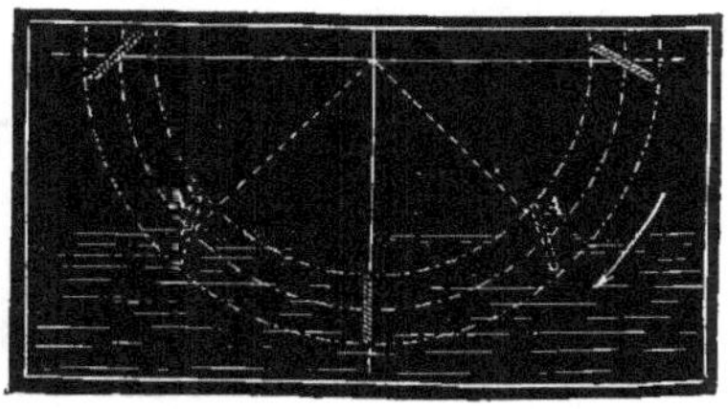

qu'au moment où une aube A *immerge*, celle précédente A′ *émerge*, il est clair que l'immersion étant complète, la veine liquide attaquée aurait pour section la surface plongée de l'aube (surface qui peut être rendue sensiblement fixe pendant l'immersion complète, en articulant les aubes de manière à ce qu'elles conservent leur verticalité durant leur passage dans l'eau).

En cette circonstance la résistance attribuable au propulseur, et qui n'est autre que celle *d'un plan en mouvement dans l'eau*, aurait pour valeur proportionnelle celle du coefficient K qui convient à un corps de cette forme, et que nous avons vu (p. 273) être moyennement égale à 90 ou 92 kilogrammes par mètre carré et pour l'unité de vitesse.

Quand bien même la palette produirait son maximun d'action pendant tout le temps de son immersion, ce qui ne peut pas être, il faudrait que sa surface fût très-grande, comparativement à la section plongée du bâtiment, pour qu'il n'y eût pas une grande perte d'effet utile par le *recul* (p. 292), autrement dit pour que la vitesse circonférentielle des roues n'excédât pas de beaucoup celle du navire.

Soit, comme exemple, un navire dans les conditions suivantes :

Section plongée du maître couple.................... $S = 5$ mèt. carrés.
Sillage proposé...................................... $V = 6$ mèt.
Recul hypothétique $0,4$, donnant $V \times 1,4 =$ .... $u = 8^m 40$.
Résistance spécifique de la carène................. $K = 7^k$.

En admettant que l'effet réel des roues, construites comme il vient d'être dit, atteignît 70/00, la surface de chacune de leurs aubes, au $1/2 s$, serait :

$$1/2\, s' = S \times \frac{K}{K'} \times \frac{V^2}{(u - V)^2} \times \frac{1}{0,7 \times 2} = 5^{m.q.} \times \frac{7^k}{90^k} \times \frac{6^2}{(8,4 - 6)^2} \times \frac{1}{0,7 \times 2} = 1^{m.q.}73$$

Ainsi chaque aube aurait en superficie plus du tiers de la section plongée du navire, pour ne pas dépasser un recul plus élevé que 0,4, qui n'est pas un des moindres, en ne faisant agir qu'une seule pale pour chacune des deux roues.

C'est cependant un rapport dont on se rapproche assez souvent pour les bateaux de rivière, auxquels on n'applique pas facilement de grandes roues et qui ont un courant à surmonter ; mais pour la mer ce rapport est beaucoup moindre, à moins qu'il ne s'agisse des remorqueurs, qui sont construits plutôt en vue d'un grand effort de traction que d'un sillage rapide.

Enfin on ne construit jamais les roues propulsives dans des conditions pareilles, car, à part même l'énorme étendue des aubes, si elles n'agissaient que l'une après l'autre et à de longs intervalles, la propulsion serait irrégulière et les intermittences donneraient lieu à une perte d'effet. On ne peut moins faire que d'avoir au moins deux aubes en action simultanément pour la même roue, l'une entrant avant que la précédente sorte.

Hypothèse avec plusieurs pales en action. — Lorsque plusieurs aubes sont plongées à la fois, et que leur répartition et l'immersion sont combinées pour qu'il y ait toujours une aube *immergeante* avec une autre *émergeante*, comme le montre la fig. 138, les conditions de résistance sont profondément modifiées.

D'abord, il est évident que la section de la veine fluide attaquée a pour mesure : la largeur transversale d'une palette et la hauteur totale $a\,b$ de l'immersion, puisque la projection horizontale des palettes, plongées ensemble, correspond à une seule qui aurait la hauteur ab de l'immersion pour dimension radiale.

Ensuite la résistance spécifique à attribuer à cette aube idéale, égale à l'immersion, n'est plus, ni la même que pour une palette isolée de même surface, ni la somme des résistances particulières de toutes les pales plongées, et évaluées comme ci-dessus :

C'est une résistance spéciale, afférente à l'ensemble du propulseur plongeant dans ses conditions propres et attaquant une veine fluide d'une certaine section, avec une vitesse déterminée, et la section de la veine attaquée par chaque propulseur a pour mesure :

La largeur transversale d'une pale et la flèche de l'arc immergé de la roue.

Fig. 138.

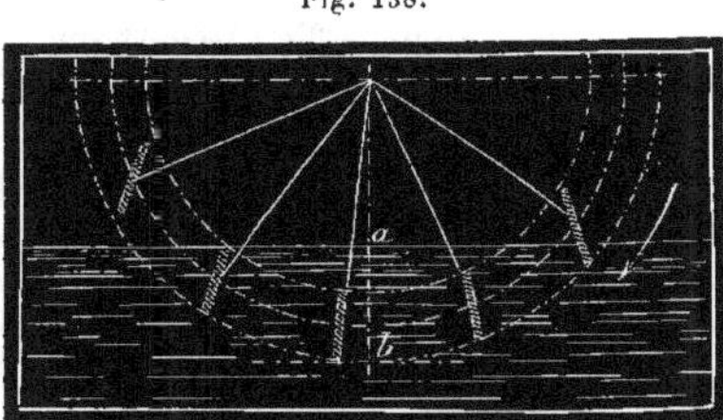

RÉSISTANCE RELATIVE. — Si, d'après cela, un navire étant donné, on compare sa maîtresse section plongée S, et celle s de la veine attaquée par l'ensemble de son appareil propulseur, composé de une ou plusieurs roues, le rapport de ces deux sections est désigné, comme il a été dit ci-dessus (p. 292), par : *résistance relative,* et s'écrit :

$$\text{Résistance relative} = \frac{S}{s}$$

Pour connaître la puissance propulsive d'une roue à aubes, il n'y a donc d'autre moyen d'investigation que l'expérience, consistant à comparer, pour un même navire ou pour plusieurs, la résistance relative et le recul avec la qualité nautique de la carène, et la disposition des propulseurs qui leur sont appliqués.

Encore cette détermination est-elle difficile, car les résultats de marche obtenus avec un navire dépendent autant de la perfection de la carène que du fonctionnement des roues, et, si l'on veut déterminer exactement la valeur de cette dernière condition, il faut avant tout connaître rigoureusement la résistance de la carène.

On possède, néanmoins, assez de données d'expériences à cet égard, pour attribuer, *à priori,* à un navire à construire un sillage déterminé, sans faire une grande erreur sur la dépense de force nécessaire. En résumant plus loin toutes les notions précédentes, nous reproduisons quelques chiffres qui peuvent servir de base pour faire une semblable opération.

AUBAGE A IMMERSION VARIABLE

Lorsqu'un navire à vapeur doit faire un long trajet sans relâche et qu'il emporte toute la quantité de charbon qui lui est nécessaire pour l'effectuer, il est clair que son tirant d'eau varie d'un jour à l'autre, et que vers la fin du trajet il peut être diminué d'une notable quantité. Par conséquent l'immersion de ses roues subit une modification correspondante, et ce qui précède suffit pour démontrer qu'il en est de même de leur action propulsive.

Bien que l'on ait la précaution de régler la marche de la machine motrice sur un tirant d'eau correspondant à la moitié du chargement total de charbon, il n'est pas moins vrai que les changements qui surviennent dans le tirant d'eau et dans l'immersion des roues, par suite de l'allégement successif du navire, peuvent détruire l'équilibre calculé de façon à faire sortir la machine de l'allure qu'elle devrait toujours conserver pour son maximum d'utilisation.

Dans cette circonstance, si les modifications que l'on peut apporter au mode d'introduction de la vapeur ne suffisent pas, il peut être nécessaire de changer l'immersion des aubes pour la ramener à son degré normal ; mais comme il n'est pas possible de déplacer le centre des roues, c'est leur diamètre qu'il faut changer, en faisant glisser les aubes le long des rayons, ce qui s'est en effet pratiqué. Pour cela on les fixe au moyen de boulons, que l'on peut facilement défaire, le navire étant au repos.

RÉCAPITULATION ET APPLICATION DES DONNÉES PRÉCÉDENTES

Comme on vient de le voir, les conditions à remplir pour déterminer les proportions des roues à aubes sont très-nombreuses et trop dépendantes les unes des autres pour que les règles numériques fournissent immédiatement les dimensions définitives, sans quelque tâtonnement et surtout sans opérations graphiques. Nous devons donc, pour donner néanmoins des exemples de ces calculs, admettre que ces opérations aient été faites et qu'elles aient fourni des données fixes, ou du moins assez approchées des résultats définitifs pour qu'elles puissent être adoptées sans modifications sensibles.

Nous prenons, à cet effet, un navire dont les dimensions et conditions de marche sont connues, afin de lui appliquer ces données théoriques.

APPLICATIONS DU CALCUL AUX ROUES DU STEAMER LE CHAMOIS. — Ce joli petit navire à vapeur, construit dans les ateliers de M. Nillus il y a quelques années, fait le service journalier entre le Havre et quelques ports environnants. Sa machine et ses roues ont la plus grande analogie, sauf les dimensions, avec celles du yacht l'*Aigle*, décrit plus loin (1) ;

(1) Le *Chamois*, coque et machine, est complétement représenté et décrit dans le ixe vol. de la *Publication industrielle*.

nous ne faisons ici qu'examiner ses dimensions et ses conditions de marche, qui sont les suivantes :

Section plongée du maître couple................ S = 5 mèt. carrés.
Largeur de cette section à la flottaison............ = 4ᵐ40
Longueur de la coque à la même hauteur......... = 31 00
Tirant d'eau, sur le maître couple................ = 1 35
Diamètre extérieur des roues.................... = 4 21
Diamètre intérieur.............................. = 3 19
Diamètre moyen mesuré au milieu de la largeur
    des pales.................................... = 3 70
Hauteur ou largeur radiale de chaque pale........ = 0, 51
Longueur.................. id. .... = 1, 34
Nombre total des pales......................... = 12
Espacement des pales mesuré sur le cercle moyen.. = 0ᵐ 95
Immersion totale ou flèche de l'arc immergé..... = 0, 85
Nombre de tours des roues par minute........... = 42
Sillage obtenu en nœuds....................... = 12
    Id.   en mètres par 1″................. V = 6ᵐ17

Ces dimensions principales fournissent les résultats suivants :

Circonférence du cercle moyen des pales......... = 11ᵐ624
Vitesse correspondante par 1″ pour 42 t. p. 1′..... u = 8, 137
Superficie d'une pale = 1ᵐ34 × 0ᵐ51........... = 0ᵐ·ᵠ·6834

Nous nous proposons maintenant d'examiner les relations existant entre ces données pratiques et les conditions qui peuvent leur être attribuées, en suivant les principes précédemment exposés.

Diamètre et largeur des roues. — Les petits bâtiments de ce genre ont un faible tirant d'eau et doivent posséder un sillage rapide, que l'on peut leur faire acquérir assez facilement en les munissant d'une machine relativement puissante. Il devient nécessaire aussi de les doter de puissants propulseurs, et la hauteur de la coque étant faible, si on emploie les roues à pales, leur largeur devient considérable et leur vitesse de rotation rapide.

Le *Chamois* ne tire que 1ᵐ 35 d'eau vers l'emplacement de sa machine, et la hauteur totale de la coque en ce point est seulement de 2ᵐ 35 environ. L'arbre moteur ayant été placé un peu au-dessus du pont, on a donné aux roues 4ᵐ 21 de diamètre extérieur, ce qui correspond à une immersion de 85 centimètres, et les élève de 45 centimètres au-dessus de la quille.

Ces roues sont armées chacune de 12 pales articulées, de 1ᵐ 34 de longueur sur 0,51 de hauteur radiale ; d'après cela le rapport entre la longueur et celle de la coque égale :

$$\frac{1^m\,34}{4^m\,40} = 0,304.$$

c'est-à-dire qu'elles possèdent, chacune, près du tiers de la largeur du navire, mesurée à la flottaison.

Quant à la relation de cette même longueur au diamètre, on trouve :

$$\frac{1^m 34}{4^m 21} = 0{,}318.$$

Soit aussi un peu moins de 1/3.

Le rapport de la hauteur des pales au rayon extérieur égale :

$$\frac{0{,}51}{2{,}105} = 0{,}24.$$

Ces aubes sont donc plutôt étroites que larges. Mais les roues, qui font 42 tours par minute, tournent rapidement, et c'est le moment d'examiner le rapport qui existe entre la vitesse des pales et le sillage obtenu.

VITESSES DES PALES ET DU NAVIRE. RECUL. — Le tableau précédent indique que la vitesse circonférentielle u, correspondant à celle de 42 tours, et mesurée sur le cercle moyen des pales, égale 8,137, et que l'on a obtenu un sillage de 12 nœuds, correspondant à $6^m 170$ par $1''$.

Caractérisant cet état de marche par la valeur du coefficient r de recul (p. 292), ce coefficient a pour valeur :

$$r = \frac{u - V}{V} = \frac{8{,}137 - 6{.}170}{6{,}17} = 0{,}318.$$

Ce résultat est conforme à celui que l'on trouve moyennement avec les navires de mer bien proportionnés, et fournit pour le rapport direct de la vitesse des pales à celle du navire 1,318 (p. 293).

On a vu (p. 294) que la vitesse du bord intérieur des pales doit excéder celle du navire. On est ici dans les conditions suivantes :

$$\frac{42}{60} \times \frac{(4{,}21 - 0{,}51 \times 2)\,\pi}{6{,}17} = 1{,}137;$$

c'est-à-dire que la partie de la surface des pales, qui possède la plus faible vitesse, excède celle du navire d'environ 1/7, soit de 84 centimètres par $1''$.

RÉSISTANCE RELATIVE. — Conformément aux développements qui précèdent, la section de la veine attaquée a pour mesure le double de la largeur des aubes et leur immersion, qui égale, au tirant d'eau normal, 85 centimètres, soit pour cette section totale,

$$s = 2\,(1^m 34 \times 0{,}85) = 2^{m.q} 278.$$

La maîtresse section plongée S étant de 5 mètres carrés, le coefficient de *résistance relative* (p. 301) a pour valeur :

$$\frac{S}{s} = \frac{5}{2{,}278} = 2{,}195.$$

Cette valeur nous apprend que les roues propulsives du *Chamois* sont dans une condition de puissance considérable par rapport à la coque, car pour les navires de mer on trouve plus fréquemment 3, 4 et même 5 que 2; autrement dit, la section de la veine attaquée est plus souvent le 1/4 ou le 1/5 de celle du maître-couple que la moitié : la *résistance relative* est donc ici très-faible, comme on doit chercher toujours à l'obtenir.

RÉSISTANCE DIRECTE DES PROPULSEURS. — Les formes très-fines de la coque de ce navire nous permettent de choisir, pour notre exemple, le coefficient $K = 6^k$ (p. 281) pour la résistance à l'unité de surface et de vitesse. Appliquant la formule ordinaire de résistance en eau morte,

$$R = KSV^2,$$

on trouve pour la résistance de ce navire, avec le sillage indiqué ci-dessus :

$$R = 6^k \times 5^{m.q.} \times (6,17)^2 = 1142^{kil.}067.$$

Par conséquent, les deux roues devant développer un effort résistant égal, cet effort est pour chacune de 571 kilogrammes environ.

Si l'on rapporte cette résistance totale à la section de la veine attaquée, on a :

$$\frac{1142^k 067}{2^{m.c.}278} = 501 \text{ kilogrammes,}$$

effort que chaque roue doit exercer par mètre carré de la veine liquide qu'elle attaque.

Enfin, si toutes les pales en action pouvaient être considérées comme exerçant un effort égal, et comme il y en a constamment 6 de plongées, ayant chacune $0^{m.q.}6834$, leur résistance élémentaire serait :

$$\frac{1142,067}{6 \times 0,6834} = 278 \text{ kilogrammes}$$

par mètre carré de leur surface et pour le sillage indiqué, ce qui donne, pour l'unité de vitesse,

$$\frac{278}{(6,17)^2} = 7^k 3.$$

Ce résultat indique combien il serait inexact de procéder ainsi, en cherchant l'effet individuel de toutes les pales, au lieu de considérer l'ensemble du propulseur pour son effet total. Il serait évidemment préférable de ramener l'ensemble de ces pales à une seule agissant constamment, avec une section égale à celle ci-dessus de la veine attaquée, et pour laquelle cette résistance à l'unité de surface est égale ici à 501 kil. pour le sillage proposé, soit à l'unité de vitesse :

$$\frac{501}{(6,17)^2} = 13^k 2 \text{ environ.}$$

On dirait alors :

Pour un navire établi dans les proportions du Chamois, *comme finesse de coque et di-*

mensions relatives des propulseurs et de leur immersion, ces propulseurs ont un effet qui peut être évalué à 13^k2 *par mètre carré de la section de la veine attaquée et pour un sillage de 1 mètre de vitesse par* $1''$; 13^k2 serait la valeur d'un coefficient K' dont on ferait usage en ce cas pour calculer la section de la veine attaquée.

C'est en faisant la même série d'opérations à l'égard de plusieurs navires en état de service, et en rapprochant les résultats obtenus sous forme de tableaux, que l'on peut arriver à posséder, par comparaison, des données assez exactes sur les proportions à établir entre un nouveau bâtiment à construire et le propulseur qui doit lui être appliqué. De telles tables sont difficiles à dresser, car il faut y inscrire des valeurs exactes, dont quelques-unes, comme la résistance de la carène, par exemple, sont très-délicates à déterminer.

Puissance absorbée par les propulseurs. — Au lieu de déterminer directement la puissance du moteur par la résistance de la carène, il convient de rechercher le travail consommé par les roues, et qui est évidemment plus considérable à cause de l'inévitable *recul*, sans parler des vices hypothétiques de leur fonctionnement.

Puisque nous connaissons leur vitesse circonférentielle et l'effort utile qu'elles doivent exercer pour engendrer la propulsion donnée, il est clair que le travail que ces roues consomment sera le produit de ces deux quantités.

En effet, l'arbre de la machine tournant à une certaine vitesse, il n'y a point à se préoccuper de celle que le navire en recueille, mais seulement de la résistance éprouvée par les roues dont le rayon est un bras de levier monté sur l'arbre moteur, et à l'extrémité duquel se manifeste une résistance que la machine doit surmonter pour entretenir la vitesse uniforme.

La vitesse du cercle moyen des pales étant égale, pour 42 tours, à 8^m137 par $1''$, et leur résistance totale, trouvée précédemment, égale à 1142^k067, le travail correspondant, en chevaux de 75 kilogrammètres, a la valeur suivante :

$$\frac{1142^k067 \times 8^m137}{75} = 124 \text{ chevaux.}$$

Si l'on cherchait celle absorbée exclusivement par le mouvement de la carène (p. 280), on aurait :

$$T = \frac{KSV^3}{75} = \frac{6^k \times 5^{m.q} \times (6,17)^3}{75} = 94 \text{ chevaux.}$$

Ainsi la différence est dépensée par le recul, et en comparant ces deux quantités, on dira que le rendement de ces roues, comme organes mécaniques propulseurs, est d'environ :

$$\frac{94}{124} = 0,75 \text{ ou } 75/100.$$

Si on leur avait donné moins de surface agissante, c'est-à-dire si la *résistance relative* eût été plus grande, le recul aurait été plus considérable, et partant le rendement moindre ; ce rendement, toujours caractérisé par l'intensité du recul, pourrait encore être affecté par la disposition même de l'aubage, ou par la résistance de la carène, qui, de toute façon, masque, à moins d'être très-bien connue, l'effet réel ou la quantité *d'utilisation* des machines et du propulseur, etc., etc.

Enfin tous les résultats précédents sont basés sur des expériences faites avec charge normale et en calme. Que l'on navigue contre vent ou marée, la résistance de la carène augmentera, ainsi que la puissance dépensée pour un même sillage; ou si la vitesse rotative reste constante et que le sillage diminue de valeur, l'utilisation est modifiée, et le plus souvent réduite.

Pour parer à toutes ces éventualités, qui prennent souvent une importance considérable, l'appareil à vapeur du *Chamois* représente, par ses dimensions et sa réglementation, une puissance théorique de 200 chevaux, sur lesquels on peut espérer d'en transmettre utilement, en cas de besoin, 150 ou 160 à l'aubage des roues.

Si nous adoptons pour l'instant le premier de ces deux nombres, pour le rapporter à la section plongée, qui est de 5 mètres carrés, nous dirons que ce navire est établi à raison de 30 chevaux par mètre carré de la section du maître-couple. C'est encore un élément important à noter, lorsqu'on compare les qualités nautiques de divers steamers.

Pour terminer ce sujet, nous allons chercher la puissance nominale, ou mieux, la *puissance indiquée* de la machine du *Chamois* (p. 288).

Voici les dimensions nécessaires au calcul :

Diamètre des cylindres...................... $D = 0^m 735$
Course des pistons.......................... $C = 0^m 760$
Pression de la vapeur sur les pistons......... $H = 1^m 32$
Nombre de tours par $1'$...................... $N = 42$

La formule spéciale, diminuée du terme h, (p. 287) donne le résultat suivant :

$$F = \frac{711,7 \times (0^m 735)^2 \times 0^m 76 \times 42 \times 1^m 32}{75} = 215 \text{ chevaux.}$$

Si le bon état de la machine permet de compter sur un rendement de 80 0/0, en puissance transmise intégralement à l'arbre des roues, cette puissance utile, mais maximum pour l'état de marche admis, serait donc d'environ :

$$215 \times 0,8 = 172 \text{ chevaux.}$$

Ces résultats sont plus élevés cependant que ceux obtenus en service favorable et ordinaire. Néanmoins on ne peut s'empêcher d'être quelque peu surpris, lorsqu'on y regarde de près, de l'énorme puissance absorbée pour la propulsion des navires, comparativement surtout à la force nominale attribuée habituellement à leurs moteurs, par l'emploi d'une formule dont on a vu précédemment la base vicieuse.

FIN DU CHAPITRE TROISIÈME.

CHAPITRE IV

PROPULSION DES NAVIRES PAR LES HÉLICES

ORIGINE DE L'EMPLOI DE L'HÉLICE

Les roues à aubes sont de bons propulseurs, mais leur structure même et leur disposition offrent, dans certaines circonstances, des inconvénients tels, que l'on dut depuis longtemps se préoccuper de les remplacer par un organe qui, n'eût-il pas toute leur valeur propulsive, serait moins encombrant qu'elles et surtout pourrait être mieux abrité.

En effet, les deux tambours placés sur les flancs d'un navire en rendent la manœuvre assez délicate dans les ports et dans toute passe étroite ; en mer, le vent a une puissante action contre eux ; en calme, les roues fonctionnent bien, mais avec un roulis un peu sensible elles ne prennent que l'une après l'autre, mettant l'arbre moteur en danger de tordre ; enfin, un coup de mer enlève facilement un tambour et la roue elle-même, etc.

Appliquée à la marine de guerre, les mêmes inconvénients subsistent ; mais, ce qui est au moins aussi grave, les roues seraient à la merci du boulet et certainement le point de mire de l'ennemi.

Cet organe qui devait remplacer les roues en évitant ces graves inconvénients, c'est l'HÉLICE, invention immense qui, quoique appliquée depuis peu d'années, possède une origine relativement très-ancienne.

Avant de reporter nos regards en arrière pour rechercher ses inventeurs principaux, voyons sur quel principe elle est basée.

Lorsqu'on considère une *vis* ordinaire et son écrou, on reconnaît que ces deux organes réunis peuvent donner lieu aux différents effets suivants :

1° Si le corps de la vis est absolument fixe et l'écrou mobile, on ne peut que faire tourner ce dernier, qui se déplace et acquiert un double mouvement de rotation et de translation ;

2° La vis ne possédant que la faculté de tourner sur elle-même, l'écrou se transportera, mais sans tourner ;

3° On peut réserver à l'écrou le mouvement circulaire exclusif, ce qui laisserait à la vis le déplacement longitudinal sans tourner ;

4° L'écrou peut être complétement fixe ; le seul mouvement possible est alors pour la vis, qui devra tourner sur elle-même, *en se déplaçant longitudinalement* par rapport à l'écrou.

Ce dernier cas est celui de l'hélice appliquée à la propulsion des navires.

L'hélice est mobile dans les deux sens, et l'eau est l'écrou fixe dans lequel elle avance en tournant et en poussant devant elle la carène à laquelle elle est reliée.

Empressons-nous d'ajouter que si l'eau est bien en principe l'écrou fixe, elle est loin, comme on le comprend, de présenter les mêmes propriétés de résistance que cet organe mécanique : il y a lieu de tenir compte ici exactement des mêmes considérations (p. 290) que pour les roues à pales. D'ailleurs il est juste de remarquer que la vis, pour devenir organe propulseur dans l'eau, prend une structure toute particulière en se rapprochant assez de la *vis d'Archimède*.

Il est donc permis d'admettre que depuis que les bateaux et les vis sont connus, l'idée d'employer celles-ci à la propulsion des premiers a dû se faire jour plus d'une fois, d'autant plus que le principe de la vis, comme organe récepteur de puissance et comme surface gauche, est appliqué depuis longtemps, soit dans les courants d'air comme ventilateur, soit aux moulins à vent. Seulement, quelle forme spéciale devait-on donner à cette vis et quel serait le procédé pour la mettre en mouvement?

Nous ne pouvons entrer dans de grands détails sur cette longue histoire (1), mais seulement en indiquer les principaux points.

Suivant M. Bourne, ingénieur anglais, un Américain, nommé David Bushnelle, a construit, en 1776, une embarcation destinée à faire un service sous-marin, et qui se manœuvrait au moyen d'une sorte de rame disposée en *vis* d'Archimède. Ce serait la première application de ce mode de propulseur, qui avait été cependant proposé antérieurement et par diverses personnes.

On cite, particulièrement, le savant Paucton qui, dans un Traité de la vis d'Archimède, publié à Paris, en 1768, proposait de munir les vaisseaux d'un appareil qu'il appelait *ptérophore*, et qui devait consister, suivant lui, en un cylindre portant des ailes en hélice; on en aurait placé un sur chaque flanc du navire.

Depuis cette époque jusque vers 1835, où le nouveau mode de propulseur fut l'objet d'études sérieuses, les essais d'hélice sont innombrables, tant en France qu'en Angleterre et en Amérique. On pourrait se demander comment il se fait qu'un appareil dont on s'est tant occupé, et depuis si longtemps, n'a pas reçu plus tôt d'utiles applications. La raison principale en est que, sous cette simple désignation d'une *hélice*, on peut créer des organes variant de forme presque à l'infini, mais dont un petit nombre seulement se rapproche des conditions voulues pour obtenir un résultat pratique, même approximativement. Aujourd'hui même, il existe bien des systèmes d'hélices propulsives et sur les résultats desquels on éprouve encore quelques doutes, tant il est difficile, lorsqu'on se livre à des expériences, de démêler, parmi les résultats, les qualités attribuables au propulseur, à la carène et au moteur lui-même. Aussi pendant longtemps les essais furent presque complétement nuls, faute d'avoir mis la main sur la meilleure disposition à donner à l'hélice.

---

1. L'histoire de l'hélice propulsive a été écrite plusieurs fois, et principalement par M. le capitaine de corvette Duparc, et par M. Bourne, ingénieur anglais, dont le travail est en partie reproduit et traduit par M. le contre-amiral Paris, dans son excellent *Traité de l'hélice*.

Il est certain que beaucoup de tentatives furent faites, en employant des appareils qui présentaient constamment dans leur construction le principe des surfaces héliçoïdales, comme élément animé d'un mouvement de rotation dans l'eau et exerçant, en vertu de ce principe, une action réactive qui se communiquait aux bâtiments auxquels ils étaient appliqués. Tantôt on proposait une hélice simple à surface pleine et faisant plusieurs tours, ou des hélices à plusieurs filets, ou encore des palettes en surface gauche montées à la circonférence d'un tambour, tel que le proposa le capitaine du génie Delisle, en 1835.

Les travaux de ce capitaine méritent même une mention particulière, quoiqu'ils paraissent avoir été mis complétement dans l'oubli, jusqu'à l'époque où l'hélice étant entrée dans le domaine de l'industrie, des recherches faites en vue de retrouver les auteurs primitifs de cette grande invention ramenèrent Delisle au rang qui lui appartient bien légitimement parmi eux.

Cet officier a présenté, en 1823, au ministre de la marine, un mémoire dans lequel il exposait une étude très-complète d'un propulseur héliçoïdal, dont il donnait en même temps un tracé (1) que nous reproduisons ici, fig. 139 et 140, et auquel nous n'avons ajouté que des teintes pour aider à son intelligence.

Fig. 139.   Fig. 140.

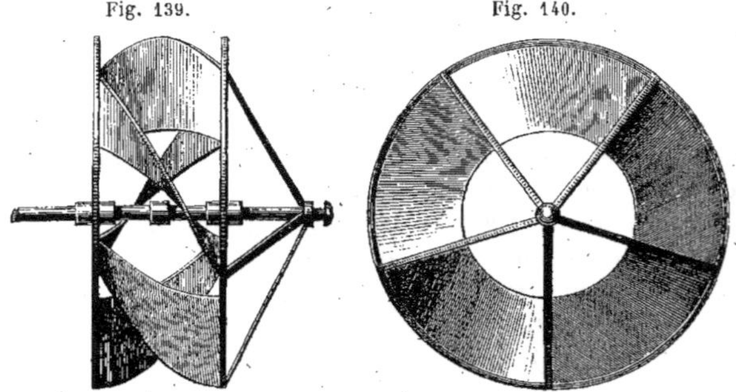

On voit que ce propulseur consiste en cinq aubes héliçoïdales, maintenues entre deux cercles parallèles et reliées à un axe central par des rayons obliques.

Si Delisle avait été compris et aidé pour mettre son projet à exécution, il est probable qu'il eût obtenu des résultats favorables, comme Ériccson, dont le propulseur, que nous citons plus loin, présente beaucoup d'analogie avec celui du capitaine français.

Mais enfin, quant aux propulseurs réellement essayés, la vitesse acquise était toujours si faible que tous ces appareils ont été abandonnés l'un après l'autre, jusqu'aux essais exécutés en 1836 par Ériccson même et par Smith, en Angleterre, où

(1) Le mémoire du capitaine Delisle a été publié dans le Recueil des travaux de la Société d'amateurs des sciences et de l'agriculture de Lille, en 1826, et reproduit avec figures dans le IIIe vol. du *Génie industriel.*

ces inventeurs, plus heureux que leurs devanciers, surent donner à l'hélice une disposition assez convenable pour que les résultats obtenus fixassent l'attention du
monde industriel, et que l'on pût fonder de sérieuses espérances sur l'avenir du
nouveau propulseur. Nous allons dire quelques mots de ces importants essais.

J. P. Smith. 1835 à 1840. — M. Smith, simple fermier anglais, est l'auteur de la
propagation de l'emploi de l'hélice comme propulseur des navires à vapeur. A
partir de 1835, il fit de nombreuses expériences avec de petits bâtiments munis
d'hélices de diverses formes et construites en bois. Il obtint les vitesses, jusqu'alors
non réalisées avec l'hélice, de 6 à 7 nœuds, et, sur ce résultat, il se forma une
société sous le titre de « *The ship propeller company*, » avec l'aide de laquelle Smith
poursuivit ses expériences plus en grand et construisit enfin le navire *Archimède*,
d'un tonnage de plus de 200 tonneaux et muni d'une machine de 90 chevaux.

Ce navire, duquel on espérait une marche de 5 nœuds, en acquit une de près de
10, et montra que l'on pouvait avec l'hélice marcher vite et économiquement.

Fig. 141.

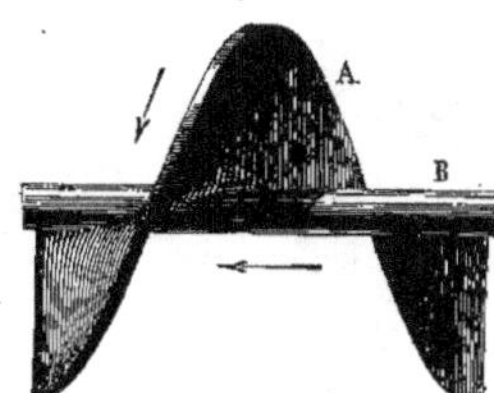

La première hélice qui lui fut appliquée était disposée comme le représente la fig. 141.

C'est une lame de métal A, décrivant autour d'un
axe B, avec lequel elle est fixée, une surface héliçoïdale d'un tour complet, de 2^m13 de diamètre et 2^m44
de pas. Cette hélice était montée dans un cadre réservé en avant du gouvernail, et située, comme on le
fait maintenant, au-dessous de la ligne de flottaison
et par conséquent complétement noyée ; elle recevait
de la machine une vitesse rotative d'environ 150 tours par minute, d'où il suit que
s'il n'y avait pas eu de recul, le navire aurait acquis une vitesse de :

$$2^m 44 \times 150 \times 60 = 21960 \text{ mètres par heure,}$$

soit à peu près 11,8 nœuds au lieu de 8 1/2 à 9 que l'on obtint, ce qui était déjà,
comme on le voit, très-favorable.

Fig. 142.

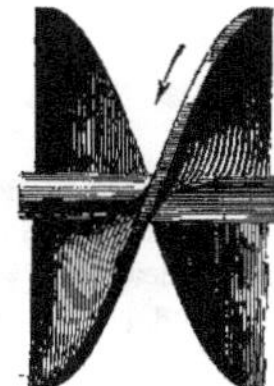

Plus tard, on reconnut qu'il y avait avantage à diviser le pas
en deux et à faire une *vis à deux filets*, n'ayant qu'une étendue
d'un demi-pas, comme le montre la fig. 142.

Le résultat fut une amélioration de marche, et la suppression
d'un mouvement vibratoire que le navire éprouvait avec l'hélice
simple, dont l'action était nécessairement composée, par rapport à l'axe de symétrie, de phases alternatives plus éloignées
l'une de l'autre qu'avec deux filets : si l'on peut admettre la comparaison, ce sont les effets comparés d'une manivelle simple et
de manivelles multiples. En réduisant la longueur totale du propulseur, on facilitait
beaucoup aussi son installation (1).

____

(1) En France on a souvent cité, à propos de l'invention de l'hélice, M. Frédéric Sauvage, auquel on
attribue même quelquefois l'honneur c'en être l'inventeur exclusif. M. Sauvage a pris, en effet, un brevet

Le capitaine Ériccson (1836 à 1840). — Ce célèbre marin et ingénieur habile s'est occupé de l'hélice en même temps que Smith : la patente de ce dernier est du 31 mai 1836 et celle d'Ériccson du 13 juillet de la même année. Bien que les essais du capitaine eussent été, pour ainsi dire, plus décisifs que ceux de Smith, ils n'eurent pas le même succès sur l'opinion en Angleterre et ses travaux ne furent réellement appréciés qu'après les expériences qu'il fit en Amérique, où il était allé se fixer.

Le propulseur d'Ériccson avait originairement la disposition représentée fig. 143 et 144, qui permettent de reconnaître qu'elle consiste en huit ailes maintenues entre des cercles formant ensemble un limbe réuni au moyeu central par trois bras, lesquels possèdent aussi très-exactement la forme héliçoïdale.

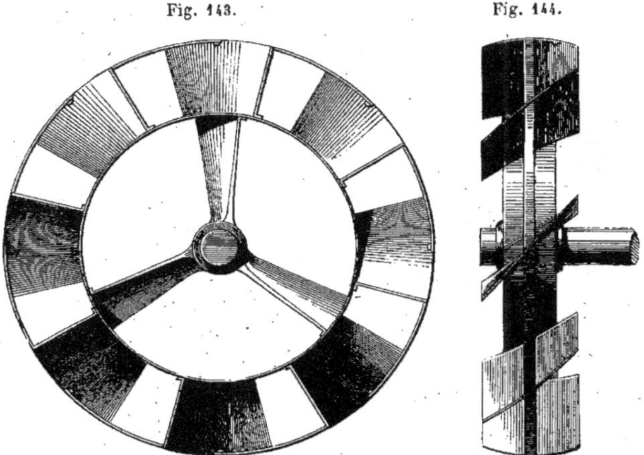

Fig. 143.　　　　　　　　Fig. 144.

Définie techniquement, c'est une vis à huit filets, dont chacun desquels ne comprend guère que le vingtième du pas complet.

L'hélice d'Ériccson a été adoptée assez généralement depuis, quant au principe

d'invention, le 28 mai 1832, pour l'application de l'hélice comme propulseur des navires ; il propose la vis simple et pleine, telle qu'elle est relatée dans la traduction, faite par M. Mellet, de l'ouvrage de Tredgold (édit. de 1828), et indique qu'on en peut adopter une seule, placée à la suite du navire ou deux placées latéralement. Ce brevet est augmenté d'un certificat d'addition en [date du 5 décembre 1839, et par lequel l'auteur propose de placer son hélice au-dessus du navire et de prendre l'air pour point d'appui.

Nous ne pouvons rechercher si Smith, dont les essais commencent seulement en 1835, et qui fit d'abord usage de l'hélice disposée à peu près comme l'indiquent Tredgold en 1828 et Sauvage en 1832, s'était inspiré des idées de l'un ou de l'autre ; ce qui est certain, c'est que Sauvage est loin d'être le premier qui ait proposé et essayé l'hélice. Peut-être fut-il moins heureux que Smith, qui trouva des hommes de bonne volonté pour l'aider dans ses essais, ce qui lui permit de les pousser jusqu'à réussir complétement.

Néanmoins, signalés par notre spirituel écrivain, Alph. Karr, les travaux de Sauvage ont été l'objet d'une récompense nationale.

des ailes multiples, ne présentant chacune qu'une fraction plus ou moins grande du pas. C'est aussi en l'appliquant que l'on a commencé à relier le propulseur directement avec l'arbre de la machine, placée alors horizontalement en travers de la coque et *au-dessous* de la ligne de flottaison. Cette dernière condition, qui met les machines des bâtiments de guerre à l'abri du boulet, complète le problème posé en adoptant l'hélice, qui devient le propulseur mécanique exclusif de ce genre de navire, et s'accorde aussi très-bien avec la marche connexe de la vapeur et des voiles.

EXPÉRIENCES DU NAPOLÉON (1843). — Au moment où s'exécutaient en Angleterre les expériences sur les premiers navires à hélice de Smith et d'Ériccson, le gouvernement français fit construire, pour l'administration des postes, un bâtiment de la force de 120 chevaux, devant être muni d'une hélice et de toute la voilure suffisante pour marcher au besoin sans la vapeur ou avec les deux moyens combinés. Ce bâtiment, qui reçut le nom de *Napoléon* et qui s'est appelé depuis le *Corse,* fut soumis à des expériences dont le résultat eut un très-grand retentissement.

Plusieurs hélices différentes lui furent appliquées, et particulièrement celle à quatre ailes représentée en vue de face et de profil par les fig. 145 et 146.

Fig. 145. 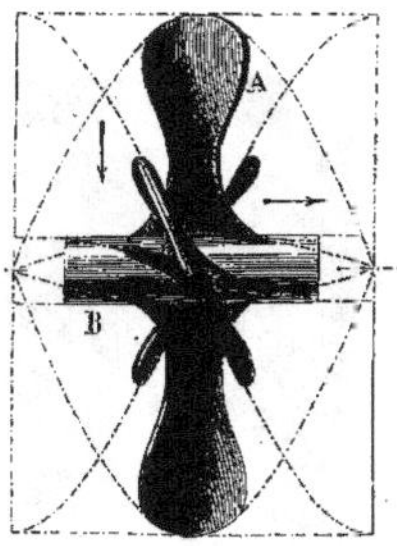
Fig. 146.

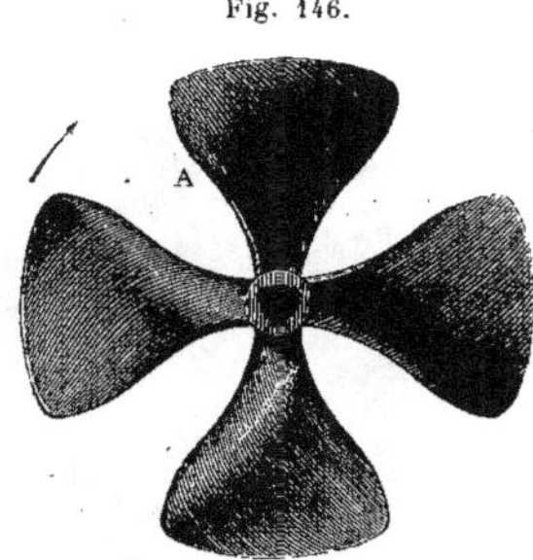

Les quatre ailes A sont fondues en bronze, de la même pièce que le noyau B par lequel l'ensemble du propulseur est monté sur l'arbre qui donne le mouvement.

Chaque aile représente le quart d'un pas complet diminué des deux côtés et découpé suivant des lignes courbes, en vue de favoriser le dégagement du fluide repoussé par chacune d'elles, forme que la pratique seule a pu indiquer.

Le diamètre de cette hélice à 4 ailes était de 2m26 et le pas de 3m70; elle pesait environ 1000 kilogrammes. La machine, faisant moyennement 27 tours par minute, lui communiquait, par engrenages, une vitesse de rotation de 117 tours, qui pouvait s'élever au moins à 120 dans de certains moments.

Les vitesses acquises aux expériences, par ce navire, se sont élevées de 10 à 11 nœuds avec la vapeur seule, et à 13 nœuds en profitant de la voilure. On n'avait jamais obtenu jusque-là un tel résultat, qui dès lors attira davantage l'attention sur le nouveau propulseur et donna une haute idée de l'avenir qui lui était réservé.

Depuis, la forme des hélices a été encore sensiblement modifiée, tant sous le rapport de la forme que pour le nombre des ailes. On fait des hélices de 6, 4, 3 et même 2 ailes seulement. On en exécute à ailes doubles juxtaposées, etc. Chacune de ces dispositions a sa raison d'être dont nous dirons quelques mots plus loin. Nous devions, quant à présent, indiquer les principales phases de cette magnifique innovation qui amène à la fois la transformation de la marine de guerre et des appareils à vapeur. Nous allons maintenant énoncer quelques principes servant à proportionner ce système de propulseur.

ÉTABLISSEMENT ET PROPORTIONS DE L'HÉLICE

PRINCIPE DU FONCTIONNEMENT

Étude géométrique. — On sait que la courbe élémentaire désignée en géométrie sous le nom d'*hélice* est celle engendrée par un point qui se meut sur la surface d'un solide de révolution en se déplaçant simultanément, suivant ses génératrices et perpendiculairement à elles. Ce solide peut être un cylindre, un cône ou une sphère; mais pour l'application actuelle c'est généralement un cylindre.

Fig. 147.

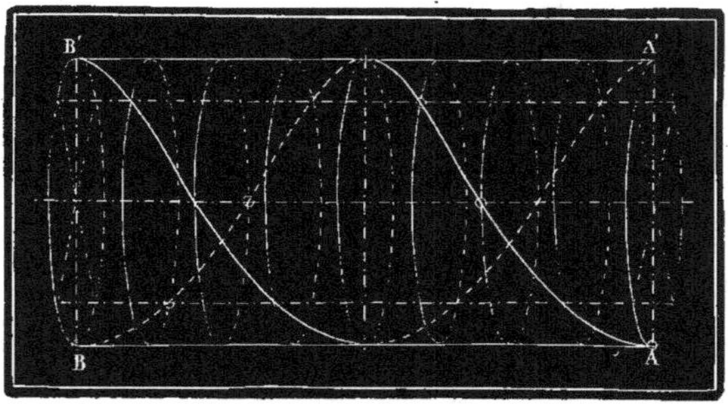

Soit, fig. 147, un cylindre divisé en parties égales sur sa circonférence par des génératrices, et, entre deux bases, en un même nombre de parties déterminées par des cercles ou sections parallèles à ces bases. Si l'on prend un point A sur l'une des bases extrêmes et qu'on le fasse mouvoir de façon qu'il parcoure simultanément la distance de deux génératrices et de deux sections transversales, la courbe engendrée est une *hélice*; et lorsque ce point, continuant de s'avancer, atteint la dernière section, ce qui le ramène sur la génératrice AB du point de départ, il a fait un *tour complet*, et la distance parcourue, parallèlement à l'axe du cylindre, s'appelle le *pas* de cette hélice.

Mais en faisant cette opération, rien n'indique que le point A doive commencer son parcours plutôt par l'une que par l'autre des deux demi-circonférences du cylindre : il peut en effet accomplir son premier demi-pas sur l'une ou l'autre moitié du contour cylindrique. On dit alors que l'hélice engendrée est inclinée *à droite* ou *à gauche*, suivant l'un ou l'autre cas. Celle tracée fig. 147 est inclinée *à droite*, ce qui devient caractéristique si l'on dispose le cylindre verticalement.

Donc, on peut décrire sur un même cylindre des hélices de toutes sortes de pas, puisque la distance des bases, divisée en autant de parties que la circonférence, n'a rien de relatif avec cette dernière et est absolument arbitraire. Si cette distance est grande par rapport au diamètre, on dira que l'hélice est *à pas allongé* ou *très-rampant*. Si c'est le contraire, l'hélice est dite *à pas serré*; ainsi le taraudage des boulons ordinaires produit des hélices à pas très-serré, etc.

Maintenant il peut arriver que la division des sections transversales, au lieu d'être en parties égales, ce qui donne une hélice à pas régulier, c'est-à-dire d'un rampant constant, soit faite en parties *inégales* et progressivement croissantes ou décroissantes; on dit alors que l'hélice est à pas *rallongé* ou *raccourci*, ou à rampant variable. C'est une application rare en pratique, mais qui s'est présentée justement pour des propulseurs à hélice.

En ne considérant que ce seul point A et l'hélice qu'il engendre, on dit qu'on a tracé un élément de *vis à un seul filet*. Mais on peut faire la même opération pour un point A′ diamétralement opposé qui décrirait une semblable courbe s'élevant dans le même sens, ayant les mêmes degrés de départ et d'arrivée, et toujours distante de la première d'un demi-pas; on obtient ainsi un élément de *vis à deux filets*.

Enfin on peut considérer plusieurs points symétriquement répartis sur le cercle de départ et traçant chacun une hélice; il en résulte des éléments de vis à trois, quatre, cinq ou six filets, etc.

Au lieu de supposer un cylindre simple et un point générateur, il faut maintenant admettre *deux cylindres concentriques*, et le point pris sur un rayon s'élevant avec lui et restant constamment parallèle à lui-même. Tel est le cas représenté sur le tracé suivant.

Fig. 148.

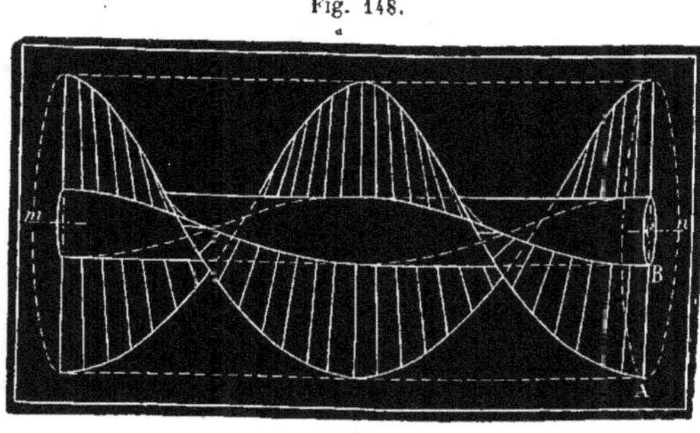

Soient, fig. 148, les deux cylindres donnés, et le rayon AC qui se meut comme il vient d'être dit. L'extrémité A du rayon engendre la même hélice que ci-dessus, l'autre extrémité C s'appuie constamment sur l'axe commun $m\,n$, et le point B de ce rayon pris sur le cylindre intérieur engendre sur celui-ci une autre hélice, ayant exactement même pas que la première, mais plus allongée, puisqu'à pas égal elle est tracée sur un cylindre de moindre diamètre.

Ce qu'il importe de remarquer sur la figure, c'est la marche de la portion AB du rayon comprise entre les deux cylindres. Cette ligne, en s'élevant, a décrit une *surface gauche* que l'on appelle *héliçoïdale* : c'est cette surface qui détermine l'organe propulseur dont nous nous occupons.

Comme on peut appliquer à la génération de la surface gauche le même principe qu'à l'hélice simple et engendrer simultanément une, deux ou plusieurs surfaces héliçoïdales, il s'ensuit que l'ensemble formera une vis à un, deux ou plusieurs filets.

C'est, en effet, en exécutant des pièces de bois ou de métal ayant cette génération même comme principe, que l'on a construit les propulseurs désignés sous le simple nom : HÉLICE. Seulement on l'a appliquée de différentes manières, savoir :

1° En employant cette surface pleine et telle quelle, développée sur une étendue de plus ou moins d'un pas ou sur un pas exact ;

2° En employant des vis à plusieurs filets, complets ou partiels ;

3° En découpant ces filets de façon à obtenir un propulseur composé de deux ou plusieurs ailes, représentant chacune une fraction plus ou moins grande du pas complet ;

4° Enfin, en conservant au pas son rampant uniforme ou en le faisant variable, de manière à produire un pas rallongé ou raccourci, etc. (1).

A propos de cette condition d'un pas variable, il est utile de mentionner ce que l'on entend quelquefois par : *pas d'entrée, moyen, de sortie* et *constant.*

Lorsqu'on étudie minutieusement le mode d'action des ailes de l'hélice sur l'eau, on reconnaît que l'élément d'aile *qui attaque*, soit le bord *entrant*, devrait appartenir, pour empêcher les chocs, à un pas *moindre* que celui auquel appartient l'étendue générale de l'aile, et cela en considération des vitesses de l'eau, de l'hélice et du recul, considérations que nous ne pouvons exposer ici en détail, mais qui sont à peu près du même ordre que celles (p. 295) relatives à l'immersion des aubes.

Quoi qu'il en soit, on construit des hélices dont le bord *entrant* des ailes est un peu dévié de la surface héliçoïdale normale, avec laquelle il forme un creux du côté actif du propulseur (marche en avant).

La déviation de cet élément constitue le *pas d'entrée*, tandis que le restant de la surface forme le *pas de sortie.*

Le *pas moyen* est un pas idéal qui résulterait d'une corde menée à l'arc du creux.

Enfin, l'hélice est dite à *pas constant*, lorsque la surface entière des ailes appartient à un pas uniforme.

---

(1) M. Dupin, conservateur des collections de dessins au Conservatoire des Arts et Métiers, a fait l'application d'un système d'hélice simple et double, à pas rallongé, pour élever l'eau, et que l'on doit expérimenter sous peu.

La plupart du temps les hélices sont à pas constant, et les ingénieurs font remarquer avec raison que, pour obtenir les résultats attendus de dispositions aussi minutieuses, il faudrait que les circonstances à la mer fussent exactement ce qu'elles ont été prévues, ce qui ne se présente qu'exceptionnellement.

Dans l'étude pratique de l'hélice propulsive il faut donc distinguer :

Le diamètre extérieur du disque total ;

Le pas uniforme ou progressif ;

Le nombre de filets ou d'ailes, et la fraction de pas qu'elles représentent chacune ;

La vitesse de rotation.

En coordonnant ces dimensions il est bon de rappeler que :

Quel que soit le nombre d'ailes ou de filets, et la fraction de pas qu'elles représentent, l'avancement théorique du propulseur, c'est-à-dire le chemin qu'il ferait parcourir au bâtiment en eau morte, s'il n'existait pas de recul, *est égal au pas pour un tour*. En eau courante, on sait qu'il suffit de ramener le fluide à l'immobilité par la détermination de la *vitesse relative* (p. 275), c'est-à-dire ajouter la vitesse du courant à celle du navire *en descendant*, et l'en retrancher *en montant*.

Position et commande de l'hélice. — Ce qui précède permet de se faire une idée suffisante de la structure d'une hélice et des principes sur lesquels ses formes sont déterminées ; il faut dire quelques mots maintenant de son établissement sur le navire et de la manière de lui communiquer le mouvement.

Les navires se terminent à l'arrière par des *façons* fines et un bâti solide appelé *étambot*, après lequel est monté le gouvernail. L'hélice, quelle que soit sa structure particulière, est installée dans une ouverture à peu près rectangulaire, pratiquée dans cette partie et ne laissant au-dessous d'elle que l'épaisseur nécessaire à ce bâti, dont la partie inférieure est le prolongement de la quille ; elle est donc complétement noyée, et doit l'être pour bien fonctionner.

Son axe de rotation est appuyé sur un support placé sur le bâti auquel est rattaché le gouvernail, et pénètre dans le navire, du côté opposé, par un tube fermé à l'intérieur par un presse-étoupe, afin d'empêcher l'introduction de l'eau dans la cale ; des supports convenablement disposés soutiennent l'arbre dans cette partie, et quelquefois le support extérieur est supprimé, ce qui fait dire que l'hélice est *en porte-à-faux*.

Cet axe est prolongé et vient s'embrayer avec celui de la machine, qui, dans la construction moderne, est dirigé dans le même sens. Dans l'origine, lorsqu'on ne disposait pas encore spécialement les machines pour ce mode de propulsion, l'arbre de l'hélice était commandé indirectement au moyen d'engrenages ; même en employant des machines dont les cylindres étaient horizontaux et placés transversalement, on se servait encore d'engrenages amplifiant la vitesse de rotation. Aujourd'hui on fait le diamètre de l'hélice suffisamment grand et tourner la machine plus vite, et l'on commande directement. Il en résulte cette autre condition, indispensable pour les navires de guerre, c'est d'abaisser la machine au point de la loger tout entière au-dessous de la ligne de flottaison.

Comme on applique surtout l'hélice à des navires mixtes, c'est-à-dire complète-ment pourvus d'une voilure dont on peut faire usage à défaut du moteur à vapeur, ou pour profiter d'un vent favorable en économisant le combustible, il est indispensable, dans cette circonstance, que l'on puisse se débarrasser du propulseur, lequel, quoique au repos, offrirait une résistance considérable s'il restait solidaire de tout le mécanisme moteur.

On emploie à cet effet deux moyens, dont l'un consiste à *affoler* l'hélice, et l'autre à la *soulever* et la sortir complétement de l'eau.

Dans le premier cas la ligne d'arbres, allant de la machine à l'hélice, présente plusieurs jonctions sur lesquelles s'en trouvent qui sont disposées avec un mécanisme de débrayage. On rompt ainsi la solidarité de la machine et du propulseur; mais ce dernier, restant plongé, offre encore sa propre résistance.

Pour s'en débarrasser complétement, on a imaginé l'autre système, avec lequel l'hélice est montée dans un cadre ajusté dans le bâti d'étambot et qui peut s'y élever et venir *s'effacer* dans un *puits* ménagé au-dessus, dans l'arrière du bâtiment. Pour faire fonctionner ce mécanisme, on commence par débrayer l'arbre moteur dont la jonction est disposée justement près du cadre mobile, puis, ce dernier devenu libre, on l'enlève en le faisant glisser dans l'ouverture de l'étambot et en emmenant avec lui l'hélice qui se trouve ainsi tout à fait hors de l'eau. Seulement, il est bien remarquable qu'avec cette disposition l'hélice ne doit posséder que *deux* ailes, diamétralement placées, et que l'on amène dans la position verticale au moment où l'on élève le cadre; s'il en était autrement, si celle-ci avait plus de deux ailes, le puits ménagé à cet effet devrait avoir une largeur égale au diamètre de l'hélice, dimension qu'il est difficile de donner à ce puits.

On fait observer que l'hélice à deux ailes offre l'inconvénient d'une sorte de point mort, occasionné par le bâti d'étambot qui masque en grande partie ces deux ailes au moment de leur passage devant lui; cette observation a même fait quelquefois choisir un nombre d'ailes impair, de façon qu'il ne s'en trouve jamais qu'une seule de masquée complétement.

Pour remédier au même inconvénient, en conservant la méthode d'enlevage, on a essayé des hélices composées de deux paires d'ailes indépendantes que l'on peut ramener l'une devant l'autre pour opérer la susdite manœuvre. Mais c'est une complication apportée à un mécanisme assez complexe sans cela, et, en somme, nous voyons que les plus forts bâtiments, de 800 à 1000 chevaux, de construction toute récente, sont pourvus d'hélices à deux ailes; seulement ces deux ailes sont doubles chacune, de la même pièce et l'une derrière l'autre : c'est une disposition que nous examinons plus loin.

En décrivant les machines motrices à hélice, nous disons aussi quelques mots des dispositions spéciales de la ligne d'arbres, des embrayages et *palier de butée,* etc.

Sens de rotation de l'hélice. — L'hélice tourne dans les deux sens, suivant celui de la marche en avant ou en arrière. La direction du mouvement qu'elle imprime au bâtiment, dans un sens de rotation déterminé, dépend évidemment de la direction propre de son filet, *à droite* ou *à gauche :* c'est exactement la même chose que pour une vis ordinaire. Nous avons expliqué (p. 314) comment ceci doit être entendu.

En général, bien que le résultat soit le même dans les deux cas, on dispose les hélices marines avec le filet *à droite,* comme celui d'une vis de boulon ordinaire. Il s'ensuit que son arbre tourne, vu en dessus, *de babord sur tribord,* pour la marche en avant, et *vice versâ,* pour la marche en arrière.

MÉTAL EMPLOYÉ POUR EXÉCUTER LES HÉLICES. —On exécute généralement les hélices en métal coulé, fonte de fer ou bronze; on en a construit en fer forgé, ce qui est difficile et coûteux.

Le bronze est dans tous les cas préférable à la fonte, mais on est obligé de conformer le métal de l'hélice et des pièces importantes qui l'accompagnent à celui du doublage du navire, car le rapprochement de deux métaux différents dans l'eau acide ou salée, comme l'eau de mer, donne naissance à des actions galvaniques qui produisent une oxydation énergique et promptement destructive. Il en résulte que pour les navires en bois, dont le doublage est en cuivre, on fait l'hélice en bronze ainsi que son cadre, lorsqu'elle est amovible; et pour les navires en tôle, on est obligé d'adopter la fonte ou le fer forgé.

PROPORTIONS ET PUISSANCE PROPULSIVE

On peut appliquer à l'hélice, comme organe propulseur, la plus grande partie des raisonnements à l'aide desquels on détermine la puissance des roues à pales. Ainsi, on en considère : la résistance relative, la vitesse comparée à celle du navire et le recul, pour la définition desquelles propriétés nous pourrons renvoyer à ce qui a été dit précédemment à propos des roues.

Mais les conditions très-variables de la structure des hélices rendent leur étude beaucoup plus complexe que celle des roues à pales, et les lois qui permettent d'en proportionner les dimensions à celles du navire ont été beaucoup plus déduites de l'expérience que de la théorie. Nous ne pouvons du reste exposer ici que les notions les plus générales sur cet important sujet qui a fourni à lui seul la matière d'ouvrages spéciaux très-importants.

PRINCIPE DE L'ACTION PROPULSIVE. — Comme la roue à aubes, l'hélice doit agir sur la veine liquide qu'elle attaque, de façon à lui faire développer une résistance utile égale et contraire à celle éprouvée par la carène du navire, pour un sillage déterminé. Cette résistance étant théoriquement proportionnelle à la section de la veine et au carré de la vitesse qu'on tend à lui communiquer, elle dépend alors :

1° De la surface du disque projeté de l'hélice, c'est-à-dire de la section transversale du cylindre auquel sa courbure extérieure appartient, diminuée de celle du noyau central (section qui est ordinairement très-faible et que l'on néglige);

2° De la vitesse de la surface agissante de l'hélice, laquelle vitesse résulte de la combinaison du pas et de la vitesse de rotation.

Pour se faire une idée de la surface agissante d'une hélice, il faut lui substituer, par la pensée, un plateau *plan,* de même diamètre, qui s'avancerait, sans tourner, en sens contraire de la marche du navire, et dont l'avancement à l'unité de temps serait égal à celui de l'hélice *dans un écrou fixe et solide.*

La puissance propulsive d'un tel plateau serait nettement caractérisée par sa surface et sa vitesse d'avancement, et aurait aussi pour expression le *volume cylindrique qu'il engendre à l'unité de temps.*

Si nous revenons à l'hélice, il est clair que le volume cylindrique qu'elle engendrerait serait le même, et, de plus, il serait engendré aussi bien par un seul de ses éléments héliçoïdaux (le rayon AG de la fig. 148 de principe), que par l'étendue de sa surface gauche développée sur plus ou moins d'un pas.

En adoptant ce principe au pied de la lettre, on en déduirait qu'une hélice propulsive, qui tourne mais n'avance pas, pourrait aussi bien se composer d'un élément de surface héliçoïdale compris entre deux rayons très-rapprochés, que d'une surface développée sur l'étendue d'un pas complet et plus. Cette hypothèse est pratiquement inexacte, car si cet élément de surface, que l'on peut appeler une *aile*, avait trop peu d'étendue, le fluide, qui n'a pas la consistance d'un écrou solide, s'ouvrirait devant elle sans opposer de résistance suffisante. Mais cette hypothèse est vraie, en ce sens que le développement complet du pas est inutile, et que, loin d'être d'un meilleur effet qu'une fraction plus ou moins grande, il s'oppose au contraire au dégagement du fluide repoussé et donne lieu à un engorgement nuisible, créant un surcroît de frottement qui absorbe de la force motrice en pure perte.

Ainsi, la première hélice employée par Smith était formée d'un filet simple, mais faisant deux tours, c'est-à-dire présentant deux pas complets; réduite à un tour par suite d'une rupture accidentelle, elle donna de meilleurs résultats qu'avec deux; enfin, ce navire d'expérience, l'*Archimède*, fut muni d'une hélice composée de deux demi-pas ou deux filets, et actuellement on en construit de semblables, à deux ailes, dont la surface totale projetée représente moins du quart du disque complet, et chacune, par conséquent, du huitième du pas. On en fait aussi de plus étendues en surface, et qui sont composées de 3, 4 et 6 ailes.

L'expérience seule pouvait indiquer le parti à prendre à l'égard de formes si diverses, et les conditions particulières de leur application. Il fallait d'ailleurs trouver pratiquement la relation du pas avec le diamètre, pour deux ou plusieurs filets (on ne fait pas d'hélices propulsives à moins de deux ailes), et surtout combiner ces dimensions avec la résistance du navire, et avec ses dimensions mêmes qui limitent le diamètre à employer.

Néanmoins on peut adopter comme base de l'établissement des hélices :

1° *La résistance relative,* qui signifie la section plongée du maître-couple comparée à celle du disque projeté des ailes. On a reconnu, comme pour les roues à aubes, qu'il y a avantage à rendre ce rapport faible, ce qui correspond à un plus grand diamètre d'hélice et à une plus faible vitesse de rotation ;

2° *Le pas,* qui se combine avec la vitesse de rotation, et qui, à sillage égal, deviendra d'autant plus grand que l'on sera parvenu à plus faible *résistance relative,* puisque cette condition correspond à une moindre vitesse rotative ;

3° *Le recul,* qui met en évidence l'utilisation directe du propulseur et qui montre le rapport à établir, *à priori*, entre l'avancement théorique de l'hélice et le sillage à obtenir.

Les relations à établir entre ces conditions diverses ont été l'objet de recherches minutieuses en France et en Angleterre. On cite celles exécutées en 1843, par M. Cavé, sur la Seine, avec le bateau l'*Oise*, et celles plus complètes à bord du *Pélican*, par MM. Moll, ingénieur de la marine, et Bourgois, lieutenant de vaisseau. Nous allons indiquer les conséquences qui ont été déduites de ces dernières expériences.

EXPÉRIENCES DU PÉLICAN

Cet important travail a été exécuté avec talent et beaucoup de soin en 1847, 1848 et 1849, à bord du navire, sur la Loire.

Le *Pélican* avait les dimensions suivantes :

Longueur.. 40 mèt.
Largeur.. 6^{m}80
Maîtresse section plongée........................ 10$^{m.q.}$20
Déplacement pendant les expériences.............. 258 tonn.
Puissance nominale de la machine................. 120 chev.

On a fait usage d'hélices de trois diamètres différents : 2^{m}50, 2^{m}050 et 1^{m}678 avec des nombres d'ailes et des pas différents, puis on a disposé à l'avant du navire un plan plongeant destiné à modifier à volonté la résistance à la marche.

MM. Moll et Bourgois, ont adopté, pour disposer leur travail, une notation dont il est nécessaire de faire connaître les points principaux.

La résistance opposée par le navire était représentée par la formule suivante, dont tous les éléments ont été expliqués précédemment :

$$R = KSV^3.$$

(Seulement S était remplacé par B^2.)

Ensuite, exprimant la puissance utile T de la machine motrice, c'est-à-dire celle réellement transmise à l'arbre de l'hélice, on a appelé *utilisation* ce rapport, qui s'écrit ainsi :

$$u = \frac{KSV^3}{T}.$$

D'après cela, u est une fraction exprimant le rapport de la résistance, ou de l'effet produit, à la puissance dépensée. Pour le même navire, naviguant dans les mêmes circonstances, cette fraction indique la valeur mécanique du propulseur.

Dans la valeur ci-dessus de R, une seule quantité, la vitesse V, est variable, la section S est bien fixe et déterminée; mais le coefficient K doit l'être par expérience ou par comparaison. Les expérimentateurs ont adopté la valeur 6, c'est-à-dire en admettant que la carène offre une résistance de 6 kilogrammes par mètre carré, et pour la vitesse 1 mètre par seconde (p. 281). Si elle n'était point complétement exacte, les résultats déduits re le sont pas moins, car ils sont exprimés par des rapports dont le coefficient K est seulement facteur avec la valeur uniforme qui lui est attribuée, de façon que pour un autre bâtiment, dont la résistance spécifique serait connue exactement, il suffirait de substituer une valeur à l'autre.

Le *recul* est exprimé de la même façon que précédemment pour les roues. On a tenu compte, pour en inscrire les diverses valeurs, des causes accidentelles, telles que le vent, qui peuvent influer sur la marche du navire, indépendamment de son appareil de propulsion à vapeur.

Enfin, désignant par *d* le diamètre extérieur de l'hélice, la résistance relative a été représentée par le rapport entre la section immergée S multipliée par sa résistance élémentaire K, et le carré d^2 de ce diamètre; soit :

$$\text{Résistance relative} = \frac{KS}{d^2}.$$

Ayant ainsi représenté d'avance toutes les quantités posées pour la résolution du problème, MM. Moll et Bourgois ont inscrit dans plusieurs tables les valeurs déduites de l'expérience et du calcul de l'*utilisation* et du *recul* correspondants des divers propulseurs essayés, et consistant en trois systèmes d'hélices à 2, 4 et 6 ailes, dont les pas ont été successivement variés. Les valeurs d'utilisation et de recul sont inscrites avant leur multiplication par K, qui a été expressément isolé et réservé, afin de conserver à ces valeurs leurs qualités *proportionnelles propres*, et pouvoir les appliquer à un autre navire dont la résistance serait différente.

D'après ces tables résumatives du travail de ces ingénieurs, on fait les principales remarques suivantes :

1° Avec les différentes hélices essayées et variant de diamètre, de pas relatif et de nombre d'ailes, l'*utilisation*, c'est-à-dire le rapport entre le travail transmis réellement par la machine et celui recueilli et représenté par la marche du navire, a varié *de* 56 *à* 67 *pour* 100, le surplus étant absorbé par le propulseur lui-même en frottement, recul, dispersion de fluide, etc.;

2° Le *recul* a varié de 0,23 à 0,38, les plus grands reculs correspondant, d'une manière générale, avec les pas les plus allongés;

3° Les meilleurs effets correspondent aux plus grands diamètres, c'est-à-dire aux plus faibles *résistances relatives*.

MM. Moll et Bourgois ont inscrit dans la table suivante, et comme déduction de leurs expériences, les proportions qu'ils proposent pour des hélices appliquées à des navires d'espèces différentes.

La première colonne indique à quelle classe de navires ils admettent l'application des hélices, en prenant la résistance relative pour base, et dont les valeurs différentes sont portées dans la deuxième colonne.

Les colonnes suivantes correspondent, deux par deux, à des hélices de 2, 4 et 6 ailes, pour chacune desquelles le rapport du pas au diamètre est indiqué ainsi que la *fraction de pas*. Par cette dernière expression il faut entendre : la fraction totale représentée par la somme des ailes, comme si cette fraction avait été divisée en autant de parties que l'hélice en comprend.

TABLE

DES PROPORTIONS A DONNER AUX HÉLICES PROPULSIVES, PAR MM. MOLL ET BOURGOIS.

CLASSE DES NAVIRES.	CATÉGORIES par résistances relatives.	HÉLICES A 2 AILES		HÉLICES A 4 AILES		HÉLICES A 6 AILES	
		RAPPORT du pas au diamètre.	FRACTION du pas.	RAPPORT du pas au diamètre.	FRACTION du pas.	RAPPORT du pas au diamètre.	FRACTION du pas.
	$K \times 5,5$	1,006	0,454	1,342	0,454	1,677	0,794
	$K \times 5,0$	1,069	0,428	1,425	0,428	1,771	0,749
	$K \times 4,5$	1,135	0,402	1,513	0,402	1,894	0,703
Vaisseaux mixtes............	$K \times 4,0$	1,205	0,378	1,607	0,378	2,009	0,661
Frégates mixtes.............	$K \times 3,5$	1,279	0,355	1,705	0,355	2,131	0,624
Vaisseaux à grande vitesse....	$K \times 3,0$	1,357	0,334	1,810	0,334	2,262	0,585
Frégates à grande vitesse.....	$K \times 2,5$	1,450	0,313	1,933	0,313	2,416	0,548
Corvettes à grande vitesse.....	$K \times 2,0$	1,560	0,294	2,080	0,294	2,600	0,515
Avisos à grande vitesse.......	$K \times 1,5$	1,682	0,273	2,243	0,275	2,804	0,481

USAGE DE LA TABLE. — Pour faire l'application de cette table à la détermination d'une hélice pour un navire donné, il est nécessaire de bien expliquer la signification de la colonne intitulée : *résistances relatives.*

On a dit précédemment que cette expression renferme les quantités suivantes :

$$\frac{KS}{d^2} \text{ ou } K\frac{S}{d^2}.$$

Par conséquent, les valeurs inscrites en regard du facteur K sont les quotients $\frac{S}{d^2}$, pour tous les diamètres d'hélices soumises à l'expérience.

Supposons, par exemple, qu'il s'agisse de trouver le diamètre et les autres dimensions de l'hélice, pour un navire ayant pour section plongée S' et pour résistance élémentaire K', et dont la classe corresponde à la résistance relative de la table $= K \times 2$.

Si l'on admet que ce navire doive réaliser la même qualité d'utilisation que le *Pélican,* auquel sont rapportées les valeurs du tableau, il faudra que son propulseur ait d'abord une résistance relative égale, c'est-à-dire :

$$\frac{K'S'}{d^2} = K \times 2;$$

d'où l'on tire :

$$d^2 = \frac{K'}{K} \times \frac{S'}{2}; \text{ et } d = \sqrt{\frac{K'}{K}} \times \sqrt{\frac{S'}{2}}.$$

Si ce navire est taillé de façon qu'il ait une même résistance élémentaire que le *Pélican*, on aura $K' = K$, d'où :

$$\frac{K'}{K} = 1, \text{ et } \sqrt{\frac{K'}{K}} = 1.$$

Donc, le diamètre cherché, pour l'hélice présentant même qualité propulsive, aura pour valeur :

$$d = \sqrt{\frac{S'}{2}}.$$

De ce diamètre on déduira le pas, la fraction de pas et l'étendue des ailes d'après le nombre adopté.

Si la résistance élémentaire n'était pas la même que celle du *Pélican* prise pour type, et égale à 6 kil., ainsi que nous l'avons dit précédemment, le diamètre devrait donc être multiplié par la racine carrée des deux résistances, c'est-à-dire par :

$$\sqrt{\frac{K'}{6}}.$$

Terminons cet aperçu par un exemple, que nous empruntons, avec les déductions qui l'accompagnent, au traité de M. John Bourne, traduit par M. le contre-amiral Paris.

Exemple. — Déterminer le diamètre et les proportions de l'hélice d'une corvette ou paquebot de grande puissance, dont la maîtresse section $S = 38^{m.q.}72$, et en admettant que ce navire ait même résistance élémentaire que le *Pélican*.

Pouvant appliquer à ce navire la résistance relative du tableau $K \times 2$, et, par l'égalité de résistance élémentaire, n'ayant pas à se préoccuper du coefficient K, on trouve pour le diamètre :

$$d = \sqrt{\frac{38,72}{2}} = 4^m 40.$$

Si l'on adopte une hélice à 4 ailes, le tableau indique, pour ce genre d'hélice et pour la résistance relative $K \times 2$, que le rapport du pas au diamètre égale 2,080.

Le pas de cette hélice sera donc ;

$$4^m 4 \times 2,08 = 9^m 152.$$

La table indiquant, pour le même cas, 0,294 pour la fraction totale de pas, il s'ensuit que chaque aile, projetée *perpendiculairement* à l'axe de rotation, présentera en longueur :

$$\frac{9,152 \times 0,294}{4} = 0^m 672.$$

Projetée, au contraire, dans le plan du disque, chaque aile représente un secteur égal à :

$$\frac{360 \times 0,294}{4} = 26°, 46 \text{ degrés.}$$

Elle correspond à :

$$\frac{0,294}{4} = 0,0735$$

de la superficie du cercle décrit par son extrémité.

Les proportions de l'hélice une fois déterminées, il reste à fixer le nombre de tours que la machine doit lu faire faire pour obtenir le sillage proposé. Ce problème renferme, comme incertitude, la question du *recul*. Mais comme les dimensions déduites des observations de MM. Moll et Bourgois doivent correspondre au meilleur effet, c'est-à-dire au moindre recul normal, et que la classe même attribuée au navire sous-entend un certain degré de vitesse de marche, il suffira d'augmenter cette marche du recul moyen trouvé par les expérimentateurs, et de baser là-dessus la vitesse de rotation de l'hélice. Si, après la construction du navire, il se trouvait que l'on a commis une petite erreur, il suffirait de changer un peu la vitesse de la machine motrice, qui doit toujours être établie de façon à supporter une variation de quelques tours sur la vitesse qui lui est attribuée à *priori*.

Pour achever de faire comprendre cette proposition, admettons que le navire, pour lequel l'hélice vient d'être déterminée, soit appelé à acquérir un sillage de 12 nœuds, la puissance de la machine étant d'ailleurs basée sur cette vitesse. Si l'hélice calculée procure une bonne utilisation, il est présumable que le recul normal, en eau calme, n'atteindra pas 0,30, valeur que nous adopterons pour notre exemple, pour calculer la vitesse maximum que l'hélice doit posséder.

En conséquence, si le recul égale 0,30, l'avancement théorique de l'hélice doit être égal à $1,30 \times V$ (p. 292), V désignant la vitesse du navire par minute.

12 nœuds correspondent, par minute, à :

$$V = \frac{12 \times 1851^{m}}{60} = 370^{m}20.$$

L'hélice doit donc fournir cet avancement multiplié par 1,30; et comme sa progression théorique par tour est égale à son pas, qui a été trouvé ci-dessus de $9^{m}152$, le nombre de tours à effectuer par minute devient :

$$\frac{370^{m}20 \times 1,30}{9^{m}152} = 52,5 \text{ tours.}$$

La machine devra donc fournir environ cette vitesse pour obtenir, en condition favorable, le sillage proposé.

M. Bourne fait à cet égard les observations suivantes :

« Au moyen d'une méthode semblable il n'y aura pas de difficulté à fixer, pour telle classe et telle dimension de navires, les proportions de l'hélice qui donneront un maximum d'utilisation, que l'hélice choisie soit à deux, quatre ou six ailes.

« La principale différence que produira l'accroissement du nombre d'ailes sera de diminuer la vitesse de la machine, car un grand pas est propre à une hélice à beaucoup d'ailes, et un grand pas comporte une machine lente, afin qu'il n'y ait pas un accroissement nuisible de recul.

« Dans le cas où la machine est directement liée à l'hélice, et où l'on craint qu'elle ne se meuve avec une vitesse nuisible, il y a deux modes pour diminuer cette rapidité : l'un est l'emploi d'un engrenage, l'autre celui d'une hélice à ailes nombreuses et à grand pas.

« Ce dernier moyen paraît préférable, excepté dans le cas où l'hélice serait élevée dans un puits, et où il faudrait, par conséquent, adopter une hélice à deux ailes. »

A l'exemple précédent, nous devons ajouter que, pour que le diamètre trouvé puisse s'appliquer aux dimensions du bâtiment, il faut que le tirant d'eau soit tel que l'hélice soit constamment immergée, et même recouverte d'une lame d'eau d'au moins 50 à 60 centimètres d'épaisseur. Autrement, si la partie supérieure du disque est près de la surface de l'eau, cette dernière n'offre en cet endroit qu'une faible résistance et peut être soulevée et dispersée sans réaction utile suffisante.

A l'égard de cette inégale résistance éprouvée par le disque de l'hélice à différentes hauteurs de son immersion, M. le contre-amiral Paris relate un fait singulier qui lui paraît dû à cette condition ; c'est que l'hélice ne pousse pas le navire *en ligne droite*, effet qui se trouve atténué par la barre dans la marche en avant. Mais, en manœuvrant, lorsqu'on marche en arrière, le gouvernail est sans action et le navire tourne sur lui-même. Cet officier supérieur cite le *Montebello,* qui, dans cette condition, « abat toujours sur bâbord et fait ainsi le tour complet de l'horizon en dix minutes. »

Cependant, cette particularité n'est pas regardée comme un inconvénient sérieux, et peut même être, dit-on, utilisée dans certaines circonstances.

En somme, MM. Moll et Bourgois, en terminant leur mémoire, ont formulé leur opinion sur la comparaison à établir entre la valeur relative des roues et des hélices ; ils disent principalement que :

1° Dans des conditions d'établissement également favorables, l'utilisation des deux systèmes de propulseur est identique ;

2° Ce point constaté, l'avantage reste à l'hélice, si l'on fait entrer en ligne de compte les moments difficiles en mer, où les roues ne fonctionnent que très-imparfaitement, et si l'on considère que l'hélice permet plus facilement l'adjonction de la marche à la voile ;

3° Avec une forte mer l'action des roues est fort irrégulière, tandis que l'hélice conserve ses conditions de bon fonctionnement. La même chose se présente sous le rapport des différents tirants d'eau du navire, par suite de la modification éprouvée par son chargement de combustible : les différences d'immersion qui en résultent pour l'hélice sont insignifiantes si on compare cet effet avec celui éprouvé par les roues à pales ;

4° Enfin, l'ensemble de l'hélice et de sa machine réunit les conditions les plus favorables pour l'application aux bâtiments de guerre, par sa position au-dessous de la ligne de flottaison, etc.

Cependant, on fait observer qu'avec un vent debout, les roues luttent plus efficacement que l'hélice ; mais cette dernière occupe, en fin de compte, une position plus rationnelle qui la maintient en bon état de fonctionnement dans un plus grand nombre de circonstances.

En général, de l'avis des gens de mer, si l'hélice possède pour la marine de guerre des avantages qui la font exclusivement adopter pour ce genre de service, et si sa disposition est plus rationnelle et la met en état de bon fonctionnement dans un plus grand nombre de cas que les roues, ce dernier propulseur n'en est pas moins préféré, jusqu'à présent, par le commerce et pour les paquebots à grande vitesse.

Cette préférence s'explique par la faible utilisation de l'hélice, lorsque le navire doit lutter contre un courant ou un vent contraire, ce qui augmente la consomma- tion de combustible dans des proportions que le transit marchand n'est pas en état de supporter. Aussi, pour la navigation fluviale et surtout des canaux, qui s'arran- gerait fort de la suppression des tambours de roues, conserve-t-on néanmoins ce dernier système, l'hélice étant du reste difficile à installer à cause du faible tirant d'eau disponible.

Mais, répétons-le, l'hélice, malgré ses imperfections, est le *seul* propulseur pos- sible pour la marine de guerre et pour la combinaison de la vapeur et des voiles.

POUSSÉE DE L'HÉLICE

Nous terminerons notre article sur ce propulseur par l'examen d'un phénomène qu'il met particulièrement en évidence : c'est ce que l'on désigne par la *poussée de l'hélice.*

En se reportant à ce qui a été dit pour les roues, il est aisé de comprendre que si les pales développent une action propulsive, cette action ne peut être transmise au navire que par leur arbre, s'appuyant transversalement sur les divers supports qui le maintiennent et qui sont eux-mêmes solidement reliés à la carène, soit direc- tement, soit par l'ensemble du bâti de la machine.

Avec l'hélice, c'est encore son axe qui transmet l'action propulsive à la coque; mais cette fois la pression qui en résulte, et qui est dirigée perpendiculairement à la surface de son disque, est transmise dans le sens de l'axe longitudinal de l'arbre moteur, et tend à le déplacer en le faisant glisser sur ses supports.

Par conséquent, au lieu que ces supports résistent, comme pour les roues à pales, dans le sens de leur largeur, ce sont les faces des coussinets qui, sans une disposi- tion spéciale imaginée pour parer à ce grave inconvénient, supporteraient tout l'énorme effort nécessaire à la propulsion du navire et par des surfaces qui n'ont d'étendue que les collets de l'arbre. Si ce dernier n'était en effet maintenu que dans des supports ordinaires, il est clair que celui qui se trouve immédiatement après l'hélice aurait à résister à un effort complétement destructeur, qu'aucun graissage ne serait capable, par le peu de surface disposée pour le supporter, d'empêcher les pièces de s'échauffer jusqu'au point de se souder ensemble et de mettre le feu au bâtiment.

Différents moyens ont été proposés, dans l'origine, pour contre-balancer l'éner- gique poussée de l'arbre de l'hélice et en alléger ses supports. Aujourd'hui, on semble s'arrêter à l'emploi d'un palier spécial, celui qui est placé le plus près de l'hélice, que l'on appelle *palier de butée* ou *de poussée,* et dont l'intérieur présente une série de gorges dans lesquelles s'ajustent des collets semblables appartenant à l'arbre.

A l'aide de ce support spécial qui est représenté sur la pl. 44, et sur lequel nous revenons plus loin, la poussée est divisée et ramenée pour chaque collet à une valeur en rapport avec la surface résistante, de telle sorte à rendre le graissage possible. Ce palier est relié avec la coque de façon à lui transmettre ainsi tout l'effort propulsif, et les autres supports de l'arbre ne doivent point en éprouver.

Faisons remarquer encore que cette concentration de tout l'effort de la machine sur le bout de l'arbre moteur est une propriété qui pourrait être utilisée avec fruit ; car la poussée de l'arbre c'est précisément la résistance de la carène, et si l'on peut arriver à la mesurer exactement, on a cette résistance dégagée de toute influence sérieuse, et en même temps la puissance utile du propulseur.

Pour donner une idée de l'intensité de la *poussée,* rappelons que l'on a estimé la résistance d'un certain navire à environ 6 kilogrammes par mètre carré de la section plongée, et la vitesse à 1 mètre par seconde ; pour ce même navire, filant 12 nœuds, ce qui correspond à 6^m17 par $1''$, et dont la section plongée serait de 40 mètres carrés, la résistance totale s'élèverait à :

$$\text{KSV}^2 = 6 \times 40^{m.q.} \times (6{,}17)^2 = 9136 \text{ kil. environ,}$$

effort que le seul palier de poussée doit transmettre à la carène et supporter sans détérioration.

Nous ne pouvons entrer dans de plus grands détails sur cet ingénieux propulseur, dont les données expérimentales sont encore loin de la simplicité qui serait désirable, pour mettre tout le monde à même d'en calculer sûrement les proportions ; nous donnons plus loin, du reste, en décrivant les machines motrices, des figures exactes de plusieurs hélices exécutées, et appartenant à des machines construites dans nos principaux ateliers.

Nous allons maintenant passer en revue quelques types des nombreuses dispositions qui ont été données aux appareils à vapeur appliqués à la navigation.

FIN DU CHAPITRE QUATRIÈME

CHAPITRE V

TYPES DIFFÉRENTS DE MACHINES MARINES

MACHINES APPLIQUÉES AUX NAVIRES A ROUES

Nous avons dit que les dispositions imaginées et appliquées pour les machines marines sont extrêmement nombreuses, même en classant à part celles qui appartiennent aux systèmes à roues et à hélice. Cependant, en se livrant à l'examen comparatif de ces nombreux systèmes, on parvient à distinguer quelques types principaux dont les autres sont des dérivés plus ou moins proches. D'ailleurs, beaucoup d'entre eux sont abandonnés aujourd'hui, et leur énumération serait longue et au moins inutile à l'aperçu que nous pouvons montrer sur ce sujet.

Avant de donner la description détaillée de plusieurs types des plus modernes, nous allons essayer d'en rappeler quelques-uns plus anciens, mais dont la disposition est caractéristique et peut servir à en expliquer beaucoup d'autres.

Comme types principaux des premières machines appliquées à des bâtiments à roues on peut remarquer :

1° Les machines à cylindres fixes verticaux et à balancier;

2° Les machines à cylindres fixes verticaux, à directrices ou à connexion directe;

3° Les machines à cylindres fixes, inclinés et à directrices;

4° Les machines à cylindres verticaux et oscillants;

5° Les machines à cylindres inclinés et oscillants.

Nous allons jeter un coup d'œil sur ces premiers types.

MACHINES A BALANCIER

Type dit du Sphinx. — Nous avons rappelé précédemment que l'une des premières machines prise pour type, et adoptée pour la marine française, avait été celle construite en Angleterre par M. Fawcett et montée sur le navire *le Sphinx*. Cette machine, d'une excellente disposition, peut être regardée comme la transformation la plus directe de la machine fixe de Watt, modifiée en vue de cette nouvelle application dans laquelle il est indispensable de reporter l'arbre moteur à la partie supérieure du bâti, en évitant tout mécanisme qui dépasserait cette limite et viendrait entraver le pont du navire.

Ce type de machine a été grandement appliqué en France et en Angleterre, et on lui a même attribué certaines qualités particulières, qu'il mérite bien en effet, quant au fonctionnement de ces organes qui ont tout le développement nécessaire pour acquérir une grande solidité. Seulement on remarquera que cette propriété même les fait rejeter, vu que l'on cherche aujourd'hui à réduire autant que possible le volume et le poids des machines montées à bord des bâtiments.

Parmi ces machines établies par les constructeurs français on distingue celles dites *des transatlantiques* de 450 chevaux, dues à M. Cavé, et qui furent construites dans les ateliers de ce célèbre mécanicien vers l'année 1840. A la même époque plusieurs appareils semblables furent exécutés par les ingénieurs du Creusot et par M. Hallette, à Arras.

Fig. 149.

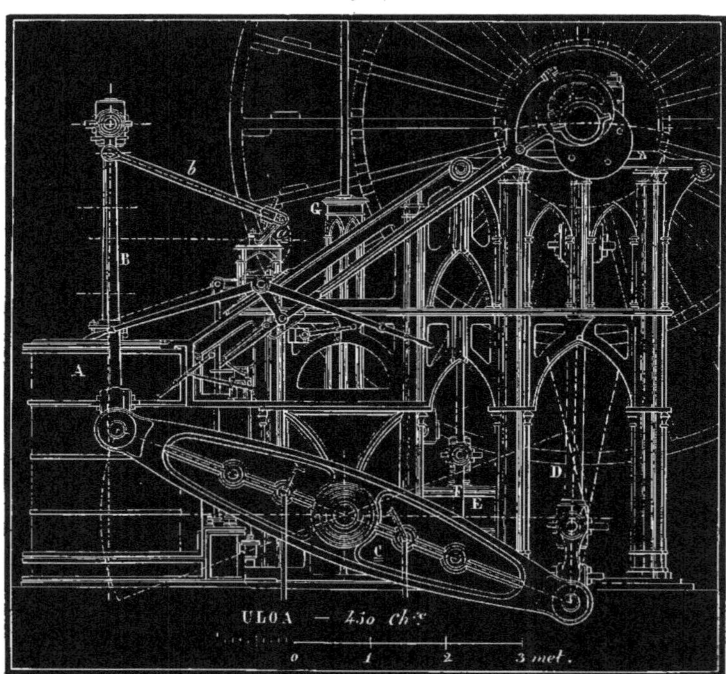

La fig. 149 représente, en élévation extérieure, l'une des deux machines qui composent un de ces appareils complets de 450 chevaux, montés à bord des frégates *Uloa* et *Magellan*.

Rien de plus majestueux que ces immenses machines, qui devaient développer chacune une puissance utile de 225 chevaux (puissance nominale ancien style) en faisant seulement 16 tours par minute, et avec de la vapeur dont la tension absolue dépassait peu celle de l'atmosphère, suivant les règles de Watt pour les machines à basse pression.

Aussi chaque cylindre présente 1^m93 de diamètre intérieur, et 2^m28 de course de piston; les roues à aubes n'ont pas moins de 8^m60 de diamètre extérieur.

L'ensemble de l'appareil est composé, comme nous venons de le dire, de deux machines semblables disposées parallèlement à l'axe du navire, et actionnant simultanément l'arbre des roues par des manivelles placées à angle droit; ces manivelles sont rapportées sur l'arbre et doubles pour chaque machine.

L'ensemble d'une machine est formé du cylindre A auquel viennent se rattacher deux vastes bâtis, à peu près triangulaires, d'une riche structure gothique, et dont les sommets sont garnis de deux paliers pour l'arbre moteur; ces trois pièces principales, ainsi que toutes celles composant l'appareil, sont montées sur une plaque de fondation qui s'appuie directement sur de fortes pièces en charpente garnissant le fond de la coque.

La transmission des mouvements du piston à l'arbre s'effectue par deux énormes balanciers C, montés, en dehors et de chaque côté des bâtis, sur un axe qui traverse le condenseur; la tige du piston est terminée par une traverse, des extrémités de laquelle pendent deux bielles B rattachées aux balanciers, dont les extrémités opposées sont assemblées de même avec un *tè* formant la partie inférieure de la bielle simple D, qui joue entre les bâtis, et se relie au tourillon des deux manivelles jumelles correspondantes.

Le mécanisme destiné à maintenir la tige du piston en ligne droite, et faisant fonction de *parallélogramme*, est formé de deux guides *b* qui réunissent la traverse du piston par ses extrémités avec deux manivelles *a*, appartenant à un axe placé horizontalement sur des supports ménagés aux deux bâtis. Le jeu de ce mécanisme est complétement expliqué par celui qui a été décrit autre part (p. 30).

L'intervalle des deux bâtis est occupé par le condenseur et par la pompe à air E, dont le mouvement est pris sur les balanciers à l'aide de bielles F reliées avec la traverse de son piston. On aperçoit, faisant partie du condenseur, une colonne G par laquelle les eaux s'élèvent et sont renvoyées à la mer.

Les navires auxquels ces appareils sont appliqués présentent en général une maîtresse section immergée de 50 mètres carrés, ce qui revient, en s'en rapportant à la puissance nominale, à environ 9 chevaux par mètre carré. On obtient, dans ces conditions, un sillage de 10 nœuds, en calme, avec 16 tours de roues par minute.

Le poids des deux appareils atteint 350 tonnes ou 350000 kilogrammes, et celui des chaudières 110000, soit un poids total de 460 tonnes.

La consommation de combustible a été évaluée à environ 4^k6 par heure et par force de cheval nominal.

Reconnaissant le grand espace occupé par les machines à balancier, dont la marche, devant être réglée à une faible vitesse et à basse pression, correspond à de très-grandes dimensions relatives pour tout le mécanisme, on a cherché à revenir au système à connexion directe, le plus en usage pour les machines fixes, et qui étend bien davantage les limites dans lesquelles il est nécessaire de se renfermer pour la réglementation de la marche. Seulement il existait toujours la difficulté du peu de hauteur disponible pour loger le mécanisme, et qui devait, de toute façon, s'opposer, la plupart du temps, à l'emploi de bielles directes et supérieures, à moins de faire des courses de piston très-courtes.

Nous allons montrer quelques exemples des types qui ont été proposés en France et en Angleterre.

Fig. 150.

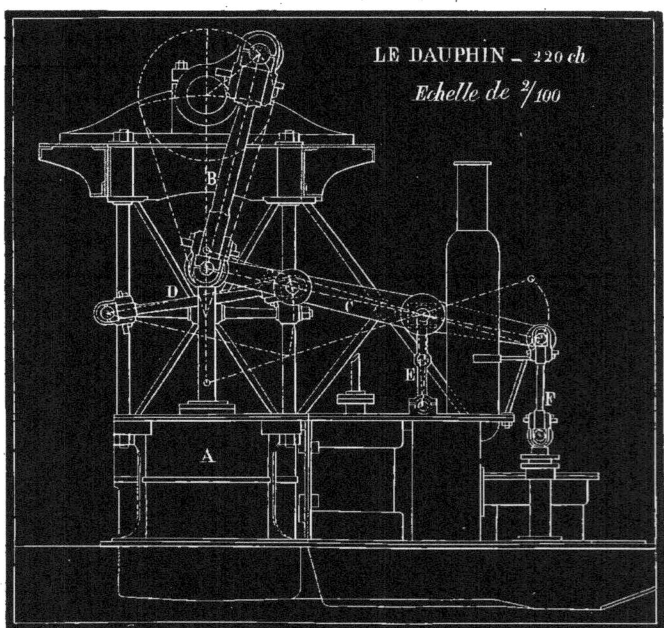

Système dit d'Oliver Évans. — La fig. 150 représente le tracé d'une machine de 220 chevaux appliquée au navire le Dauphin, et dans laquelle la disposition verticale à bielle directe des machines fixes est entièrement conservée, en réduisant alors autant que possible la course du piston.

Mais pour éviter les effets des efforts latéraux qui se produisent avec le mode à directrices simples, on a employé le système de parallélogramme désigné par celui d'Oliver Évans, dont nous avons décrit le principe (t. 1er, p. 495).

Toutes les pièces principales de la machine, le cylindre à vapeur A, la pompe à air, le condenseur, etc., reposent sur une plaque de fondation unique montée sur la charpente du bâtiment; cette partie inférieure de l'appareil est fortement reliée par des entre-toises et des tirants avec un entablement sur lequel sont disposés les paliers de l'arbre moteur.

Comme dans le premier exemple que nous en avons montré, le mécanisme de direction du piston est composé principalement d'un balancier C, lequel est formé de deux flasques qui sont assemblées par une extrémité avec le tourillon de la bielle motrice B, et en un point de leur longueur avec un axe horizontal reliant deux petites bielles E, qui appartiennent à un axe oscillant dont les supports sont fixes et pris sur le bâti de la machine.

Ces balanciers se trouvant encore rattachés avec deux autres bielles D, à centre fixe, on a vu comment la tige du piston est maintenue en ligne droite. On prend sur eux le mouvement de la pompe à air, et celui de la pompe alimentaire par la bielle F rattachée à l'extrémité opposée au piston moteur.

Ce système de machine a été appliqué un grand nombre de fois et par divers constructeurs. Nous devons rappeler, comme historique, le navire *le Vautour*, dont l'appareil, de 160 chevaux, dû à Gengembre, le directeur-fondateur de l'usine d'Indret, possède à peu près cette disposition. MM. Gâche frères, constructeurs si justement renommés, ont établi un grand nombre de machines de ce système pour la navigation fluviale, et d'un poids extrêmement réduit, de façon à n'exiger qu'un tirant d'eau très-faible.

Cette disposition convenait, en effet, pour les bateaux légers avec lesquels on n'a que peu de hauteur disponible et un emplacement restreint; tout le mécanisme maintenu vertical se développe peu horizontalement. Mais ces avantages ne sont obtenus qu'au prix de courses très-réduites et d'une longueur de bielle qui n'excède pas, dans certains cas, deux fois et demie le rayon de la manivelle.

SYSTÈME DIT A CLOCHER. — Pour revenir aux courses de pistons qui paraissent les plus convenables, et conserver à la bielle une longueur suffisante, on a employé un système appliqué déjà aux machines de terre, et dont la fig. 151 donne une idée suffisamment complète.

Cette disposition, dite *système à clocher*, est la reproduction exacte de celle employée autrefois par M. Pauwels pour plusieurs machines qu'il a construites, et dont il a été parlé précédemment (t. 1er, p. 488). On reconnaît que le but de cet agencement particulier, que l'on pourrait appeler aussi : *à bielle renversée*, est de maintenir l'arbre le plus près possible du cylindre, tout en donnant à la bielle la plus grande longueur possible.

L'ensemble du cylindre à vapeur A, du condenseur et de la pompe à air G repose sur la plaque d'assise fixée au fond du navire; la tige du piston est assemblée avec une forte traverse courbe B, qui forme, avec une autre traverse B' et deux

tiges C, un châssis trapézoïdal, lequel reporte le guide de la tige sur la traverse B′;
cette dernière est en effet munie de l'axe des glissières, dont les coulisses sont
ménagées dans deux bâtis H placés au-dessus du pont du bâtiment. La bielle D part
du même axe, et se relie à la partie inférieure avec le tourillon de deux manivelles
jumelles E, formant un coude à l'arbre moteur, et entre lesquelles la traverse B
peut venir se loger lorsqu'elle atteint la partie supérieure de sa course. Deux balanciers F, assemblés par de petites bielles à cette même traverse, transmettent le
mouvement au piston de la pompe à air.

Fig. 151.

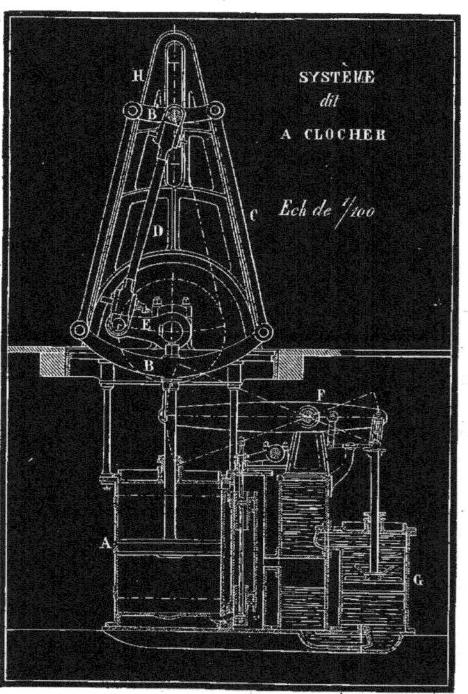

Cette ingénieuse disposition permet ainsi d'appliquer une machine à vapeur
bien développée à des navires d'un faible creux; il en a été fait beaucoup d'applications à des navires de commerce, sur la mer et sur les fleuves. Il circule encore
sur la basse Seine un paquebot d'une certaine importance, *la Normandie*, muni d'un
appareil à peu près semblable; de plus, il est remarquable que cet appareil est
simple au lieu d'être formé de deux machines accouplées, comme cela se fait maintenant pour presque tous les bâtiments à vapeur.

Mais il est clair que cette disposition ne pouvait être étendue aux bâtiments de guerre, à cause de la partie supérieure du mécanisme qui se trouverait exposée à l'action du boulet, et qui, de toute façon, entraverait le pont.

MACHINES AVEC CYLINDRE FIXE INCLINÉ. — La fig. 152 est le tracé de l'une des machines composant l'appareil de 540 chevaux établi sur *le Vauban*. Pour donner au mécanisme le développement nécessaire, sans dépasser la hauteur limitée par l'arbre des roues, on l'a disposé dans une direction inclinée.

Fig. 152.

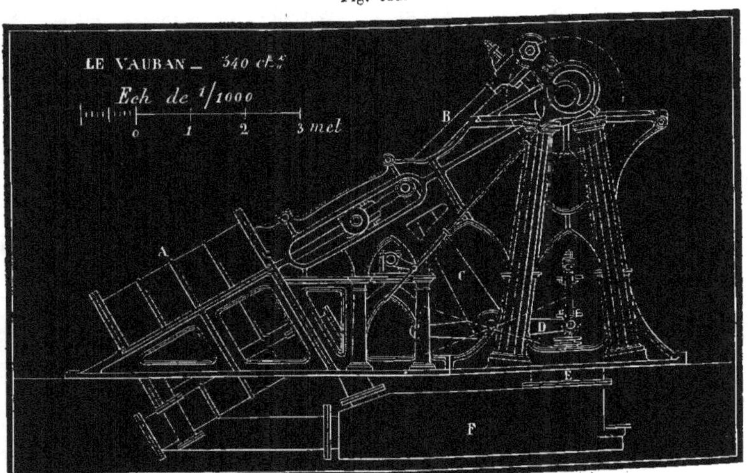

Ainsi le cylindre à vapeur A est fixé sur un bâti incliné à peu près à 30 degrés; l'ensemble forme, en principe, un triangle dont le sommet supérieur est occupé par l'arbre moteur. La transmission du piston aux manivelles, par la bielle B, est tout à fait directe et absolument pareille aux dispositions adoptées pour les machines de terre, horizontales ou verticales, sans balancier. Pour commander la pompe à air E, on a disposé, comme dans la machine précédente, un balancier oblique C, rattaché à la traverse du piston et faisant osciller un axe avec lequel sont fixés deux bras de levier, dont l'un D commande le piston de cette pompe, et l'autre peut de même communiquer le mouvement aux pompes de cale et alimentaires. La pompe à air est installée sur le condenseur F, qui est placé au-dessous de la plaque de fondation.

Cette disposition ne procurait pas encore, pour les grands navires, toute la réduction de place et de poids requise et n'a pas reçu beaucoup d'applications, excepté pour les bâtiments légers naviguant sur des cours d'eau peu profonds, où un tel système peut convenir, soit tel quel, soit en disposant les deux cylindres en regard, ce qui permet de loger l'ensemble de la machine dans un moindre espace en largeur.

Machines avec cylindres oscillants inclinés. — Aujourd'hui, toutes les dispositions imaginées pour les machines à connexion directe appliquées aux bâtiments à roues, semblent faire place au système oscillant essayé depuis longtemps en Angleterre, et en France par M. Cavé (p. 137). Il est constant, au moins à première vue, que ce système, dans lequel la bielle est supprimée, atteint le but proposé comme réduction de poids et d'espace occupé ; reste la question de mobilité des cylindres, mais qui semble résolue pratiquement en faveur de l'adoption du système.

La disposition la plus harmonieuse de machine oscillante est celle du système dit de Penn, dont les machines de *l'Aigle*, décrites plus loin avec détails, sont un des plus beaux spécimens, et qui a été mise à exécution avec le plus grand succès, en France, par MM. Mazeline et par M. Nillus.

Fig. 153.

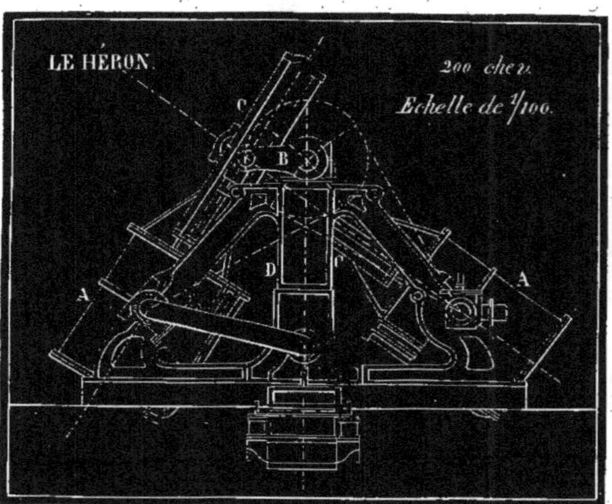

Mais il s'est fait aussi des appareils disposés comme celui du *Héron,* fig. 153, et dont la construction est due à M. Cavé.

Les deux cylindres A sont oscillants et inclinés, et placés vis-à-vis l'un de l'autre sur un bâti triangulaire D, de façon à attaquer l'arbre par une seule paire de manivelles jumelles B ou par un simple coude ; la tige du piston de chacun d'eux est guidée par une glissière C, comme nous en avons montré un exemple (p. 138).

Quant à l'effet des deux pistons agissant sur une manivelle unique, il a été assez complétement expliqué (t. 1er, p. 352 et 356) pour qu'il soit inutile d'insister davantage.

Ce système est, en résumé, d'un bon effet, et peut être appliqué avec avantage, sous le rapport du peu de place qu'il occupe et de la construction de l'arbre qui est réduit à deux parties seulement, en rapportant les manivelles, ou même à une seule avec un coude forgé de la même pièce.

MACHINES APPLIQUÉES AUX NAVIRES A HÉLICE

EXAMEN GÉNÉRAL DES TYPES EMPLOYÉS

Les dispositions de machines appropriées à ce nouveau propulseur sont encore plus nombreuses que pour les roues. D'abord, on employa ces dernières machines avec quelques modifications et en interposant des engrenages entre l'arbre attaqué directement par les pistons et celui de l'hélice; puis on fit des machines spéciales, mais en conservant encore les engrenages; enfin, on fit attaquer directement l'arbre de l'hélice par les pistons, et on s'est ensuite attaché à tellement réduire et *ramasser* tout le mécanisme des machines à hélice, que ces machines n'ont presque plus rien de commun, à première vue, avec la structure générale de leurs devancières. Nous avons expliqué précédemment, du reste, comment ces modifications ont été amenées par la réduction de la vitesse rotative de l'hélice et par l'application plus spéciale de ce propulseur aux bâtiments de guerre.

Pour ne citer que quelques exemples des dispositions imaginées dans l'origine, nous dirons qu'on a pris la machine du système de Penn (voir plus loin *l'Aigle*), et on a placé son arbre dans le sens de la longueur du bâtiment; puis on transmettait le mouvement à l'arbre de l'hélice, qui était alors en contre-bas de celui de la machine, par une paire de roues droites amplifiant de beaucoup la vitesse; l'appareil du *Pélican* (p. 321) possédait cette disposition.

D'autres fois on prenait la disposition indiquée fig. 153 précédente, les cylindres fixes ou oscillants, mais l'ensemble de la machine placé en travers du bâtiment; puis on commandait encore l'hélice par des engrenages.

Enfin on composa l'appareil de cylindres horizontaux placés en travers de la coque, mais encore avec la transmission par engrenages; puis on abaissa l'ensemble du moteur à la hauteur du centre de l'hélice, et les engrenages furent supprimés.

De toute façon, les machines construites spécialement en vue de l'emploi de l'hélice présentent encore de nombreux types, parmi lesquels nous en citerons quelques-uns qui renferment les caractères principaux que l'on retrouve dans les diverses dispositions imaginées.

MACHINES A CYLINDRES HORIZONTAUX ET A ENGRENAGES

TYPE BICHE, SENTINELLE ET ROLLAND. — MM. Mazeline frères ont été des premiers de nos constructeurs qui aient établi des machines d'une disposition spécialement appliquée aux navires à hélice. C'est de leurs ateliers que sont sortis, vers 1847, les appareils des navires de l'État *la Biche, la Sentinelle* et *le Rolland,* de 120 et 400 chevaux de puissance nominale.

Les deux premiers de ces appareils, d'une même puissance de 120 chevaux, étaient composés chacun de deux cylindres, tandis que *le Rolland* en avait quatre.

Mais leurs dispositions étaient analogues et comparables à celle de *la Biche*, dont nous allons nous occuper plus particulièrement.

La fig. 154 représente, à l'échelle de 15 millimètres par mètre, une section transversale de ce navire, dans la partie qui renferme l'appareil à vapeur, dont l'une des machines est représentée en vue extérieure et l'autre en coupe faite par l'axe du cylindre.

Comme caractère d'ensemble, cet appareil est disposé pour rester compris entièrement au-dessous de la ligne de flottaison ; c'est aussi l'un des premiers spécimens de cylindres horizontaux à deux tiges, dont il a été fait de nombreuses applications (1).

Fig. 154.

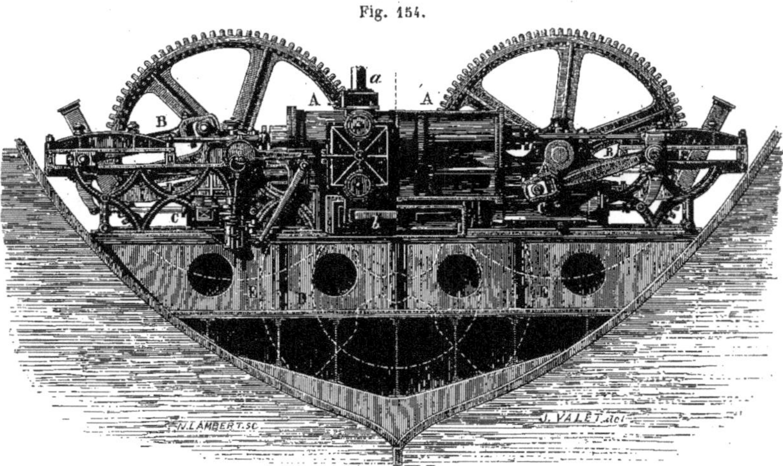

Il comprend deux cylindres A placés horizontalement sur la même ligne, et opposés par les fonds, qui se touchent sur l'axe général même du navire ; leurs pistons possèdent chacun deux tiges parallèles, placées à droite et à gauche de la verticale du centre, et reliées avec une traverse dont les extrémités sont guidées dans des glissières ménagées au bâti général. A chacune de ces traverses se rattache une bielle B, qui, jouant entre les deux tiges du piston, revient vers le cylindre, et est assemblée avec une manivelle calée sur un bout d'arbre qui porte une grande roue d'engrenage dentée de bois.

Ces deux roues, qui reçoivent ainsi leur mouvement de rotation de chaque cylindre correspondant, le transmettent simultanément à un pignon D, figuré seulement par un cercle ponctué, fixé sur l'arbre de l'hélice à deux ailes E, dont le tracé est également indiqué par des lignes ponctuées.

(1) Nous avons vu la première application du système de machines à deux tiges de piston vers 1844, dans le navire à hélice *le Napoléon*, de 120 chevaux, dont les cylindres étaient verticaux.

Pour compléter cet aperçu général, faisons remarquer que la vapeur est amenée à la boîte de distribution de chaque cylindre par un conduit *a*, et qu'elle s'échappe au condenseur par le canal *b*. Les deux appareils, qui sont du reste parfaitement semblables, possèdent chacun un corps de pompe à air horizontal C, dont le piston est commandé directement par une oreille appartenant à la traverse du piston à vapeur, dont il a, par suite, exactement la même course.

On peut juger déjà de la transformation sensible opérée entre les machines à roues et celle-ci, qui ne convient évidemment qu'à l'hélice. Ce système devait disparaître cependant, avec les engrenages eux-mêmes; mais des perfectionnements de détails que ces machines possédaient en une foule de points, ont été transmis à d'autres de construction plus récente.

Voici les dimensions principales de l'appareil de *la Biche* et du navire lui-même (1) :

Diamètre des pistons 0ᵐ 950
Course. 0ᵐ 900
Nombre de coups doubles par minute. 52
Pression de la vapeur dans les chaudières . . . . 1ᵃᵗ· 6
Diamètre de l'hélice. 3ᵐ 000
Pas moyen 3ᵐ 500
Vitesse de rotation . . . . 80 tours p. 1′
Avancement théorique par heure. . . . . 16800 mètres
Maîtresse section immergée de la coque. . . . . 20ᵐ·ᑫ· 90
Puissance nominale totale de l'appareil. . . . . 120ᶜᵇ·
Puissance nominale par mètre de section plongée. . . . . . . 5ᶜʰ· 7
Sillage moyen obtenu . . . . 8ⁿ 5 ou 15534 mètres.

Ceci posé, après avoir transcrit les observations ci-dessus, on doit abandonner ce type qui ne convient plus aux exigences modernes.

Type du Napoléon. — Ce navire, qui ne doit pas être confondu avec celui dont il a été question ci-dessus (p. 313), est la première application, à un bâtiment de guerre de haut rang, d'une machine à hélice d'une puissance capable de faire acquérir à un vaisseau d'un aussi fort tonnage la plus grande vitesse que l'on obtient ordinairement, pour les petits bâtiments, avec les propulseurs à vapeur. Cette innovation, qui date de 1847, est due à M. Dupuy de Lôme, et les machines sont sorties des ateliers d'Indret, où elles ont été construites sous la direction de M. Moll.

L'appareil du *Napoléon* est d'une puissance nominale de 900 chevaux. Il se compose de deux machines horizontales placées en travers de la coque, avec glissières et bielles directes. Les pistons, dont la course est courte relativement, sont armés d'une tige qui traverse le cylindre des deux bouts.

L'arbre que les bielles attaquent est reporté sur le côté de la coque, et n'est pas, par conséquent, celui de l'hélice, auquel il transmet le mouvement par engrenages : on n'osait pas encore commander directement.

La transmission d'un axe à l'autre a lieu par une roue et un pignon qui, pour

(1) Cet appareil a été décrit avec détails et dessiné à une grande échelle dans le vⁱⁱᵉ vol. de la *Publication industrielle*.

des puissances semblables et pour une application maritime, atteignent des proportions véritablement monstrueuses.

La roue fixée sur l'arbre à manivelles a 3^m60 de diamètre, et celui du pignon qu'elle commande, et qui se trouve fixé sur l'arbre de l'hélice, est de 2 mètres. Mais ce qui est remarquable, c'est la largeur totale de leur denture, composée de cinq rangées de dents séparées l'une de l'autre par un petit intervalle et présentant une largeur totale de 2^m30; chaque rangée est formée de dents de 40 centimètres de largeur sur environ 8 cent. d'épaisseur.

Les pistons ont 2^m49 de diamètre, et 1^m63 de course.

L'hélice a 5^m80 de diamètre, et fait moyennement 45 tours par minute.

On a obtenu un sillage de 10 et 12 nœuds, et quelquefois même de 13. Mais il est bon de noter que la puissance développée réellement par cet appareil est bien supérieure à la force nominale; elle s'est élevée à près de 2000 chevaux dont 1500 environ sont bien utilisés. La maîtresse section plongée étant moyennement de 98 mètres carrés, c'est donc une puissance de plus de 15 chevaux par mètre carré.

Enfin des expériences faites en vue de constater la poussée de l'hélice (p. 327) ont montré l'énorme effort de plus de 19000 kilogrammes.

MACHINES A CYLINDRES HORIZONTAUX SANS ENGRENAGES

MACHINES A QUATRE CYLINDRES FIXES. — Les appareils qui ont été montés, après celui du *Napoléon*, ont été généralement combinés de façon à placer directement l'hélice sur l'arbre à manivelles, afin de supprimer complétement les engrenages. Cette modification conduisait, comme nous l'avons dit, à augmenter la vitesse des machines pour la ramener à celle de l'hélice qui avait, de son côté, subi une réduction notable, comparativement aux premiers essais.

Pour réaliser cette combinaison, les machines doivent être descendues à la hauteur de l'axe de l'hélice, dans une partie de la coque qui ne présente que peu de largeur, et où il devient difficile d'installer un mécanisme volumineux. Néanmoins la machine tournant plus vite, est déjà, par ce fait, réduite de volume, à puissance égale, et en composant l'appareil complet de quatre cylindres au lieu de deux, on est parvenu à résoudre ce problème; nous verrons même plus loin des appareils très-puissants qui n'en ont que deux.

On pourrait citer plusieurs navires de ce type, et particulièrement l'appareil de *la Bretagne*, dont la puissance nominale est de 1200 chevaux, et qui a été exécuté à l'usine d'Indret.

Cet appareil comprend quatre machines complètes, disposées sur deux lignes parallèles présentant chacune deux cylindres placés vis-à-vis l'un de l'autre, et actionnant simultanément l'un des coudes de l'arbre moteur qui se trouve placé au centre. Le mouvement est direct par les bielles, dont la longueur, malgré la réduction de la course des pistons, est néanmoins très-faible.

Les pistons ont 1^m900 de diamètre et 1^m200 de course;

L'arbre moteur, portant l'hélice, fait environ 45 tours par minute ;

La maîtresse section plongée est égale, en pleine charge, à 121 mètres carrés.

Aux épreuves on a obtenu un sillage de plus de 12 nœuds, et la machine a développé une puissance de plus de 3000 chevaux de 75 kilogrammètres.

On avait, paraît-il, espéré, en construisant des machines à quatre cylindres, que l'on pourrait ne faire fonctionner en temps ordinaire que la moitié du mécanisme, en réservant la pleine marche pour les circonstances difficiles où toute la puissance est indispensable pour lutter de vitesse ou contre le mauvais temps. Mais comme il était plus aisé de modifier la puissance produite par les générateurs, dont on n'allume qu'une partie à volonté, que de démonter la moitié du mécanisme, l'emploi de quatre cylindres cesse d'être avantageux, par l'entretien qui se multiplie autant que les organes semblables se répètent.

Ce sont les principales considérations qui ont fait revenir aux appareils doubles, mais en adoptant alors le système à bielle renversée, qui permet de donner à cet organe une longueur suffisante, tout en maintenant la course du piston dans des limites moins restreintes. Ce sont des appareils de cette disposition, construits par M. Mazeline et par M. Nillus, qui se trouvent décrits plus loin avec beaucoup de détails, ce qui nous dispense d'insister davantage à cet égard.

Fig. 155.

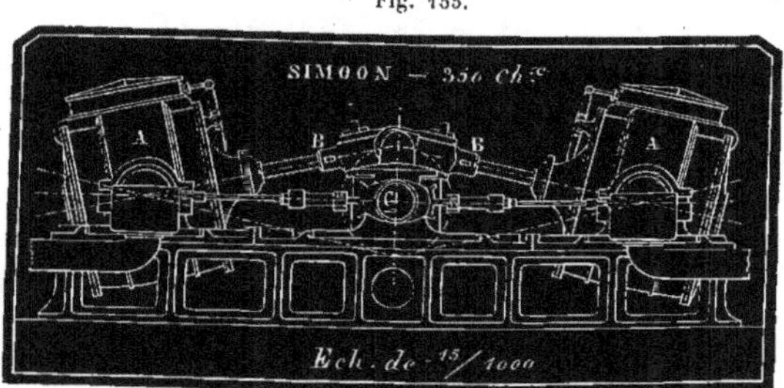

MACHINES A QUATRE CYLINDRES OSCILLANTS. — Citons encore une machine anglaise, de MM. James Watt et Cⁱᵉ (la célèbre ancienne maison Boulton, Watt et Cⁱᵉ), qui est aussi composée de quatre cylindres, mais oscillants, afin de gagner la longueur des bielles.

La fig. 155 est un tracé de ce système, vu de face et en élévation. Il est aisé de se figurer l'appareil complet présentant deux systèmes semblables disposés côte à côte, et renfermant quatre cylindres à vapeur A qui actionnent simultanément l'arbre moteur par les tiges de piston B.

C'est une disposition qui, en définitive, ne s'est pas propagée.

MACHINES A CYLINDRES VERTICAUX OU INCLINÉS

SYSTÈME A PILON ET A FOURREAU. — Nous désirons citer cette disposition pour son type particulier et l'emploi du *fourreau,* qui a eu lieu dans des applications très-importantes.

Pour des navires de faible tonnage, désignés quelquefois sous le nom de *transports,* on peut appliquer des machines ayant des dispositions bien différentes des précédentes, qui conviennent surtout aux plus grandes puissances.

La fig. 156 représente, en coupe transversale, l'une des machines composant l'appareil de 100 chevaux monté à bord du transport *la Somme.*

Fig. 156.

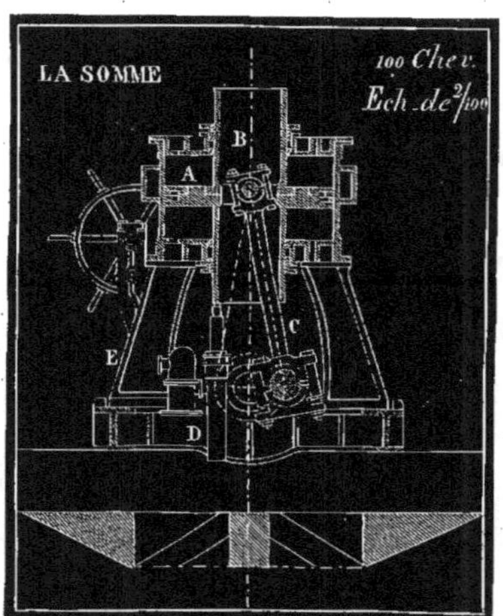

Les deux cylindres A sont montés verticalement, à la suite l'un de l'autre, sur trois bâtis en fonte E qui servent en même temps de supports à l'arbre de l'hélice ; l'intervalle des deux cylindres est occupé par le condenseur renfermant la pompe à air, dont le piston est disposé comme ceux à vapeur et reçoit son mouvement d'un troisième coude ménagé à l'arbre moteur.

La particularité intéressante ici réside dans le fourreau B, qui appartient au piston et dans lequel se meut la bielle motrice C. Par ce procédé, dont on a déjà vu un exemple, mais dans un but différent, sur une petite machine fixe (p. 80), le développement total du mécanisme est réduit à celui d'un appareil oscillant de même course, en évitant cette disposition spéciale, lorsqu'il y a inconvénient à l'appliquer.

Malgré le désavantage des énormes boîtes à étoupe, la disposition à fourreau a été adaptée bien des fois à des machines à cylindres horizontaux, et surtout pour des puissances de 1000 chevaux et plus. Ces machines, qui réunissaient du reste d'autres perfectionnements de détail, nés en quelque sorte de la disposition principale, ont donné d'assez bons résultats pour que le système ait reçu un grand nombre d'applications; mais il est probable que celui dit *à bielle renversée,* avec pistons à deux tiges, qui remplit les conditions du peu d'emplacement occupé, lui sera définitivement préféré jusqu'à ce qu'un autre plus avantageux vienne prendre sa place.

Pour terminer ce qui regarde le petit appareil à pilon de *la Somme,* faisons remarquer qu'il se trouve au-dessous de chaque cylindre une pompe alimentaire D, dont le piston est relié à celui à vapeur par une tringle, qui traverse à la fois les deux fonds du cylindre par des boîtes à étoupe.

MACHINES DU SYSTÈME DE M. GACHE. — M. Gache aîné, de Nantes, est l'auteur d'une disposition de machine marine à hélice qui est très-appréciée, pour son application favorable aux petites puissances, et pour la navigation fluviale.

Fig. 157.

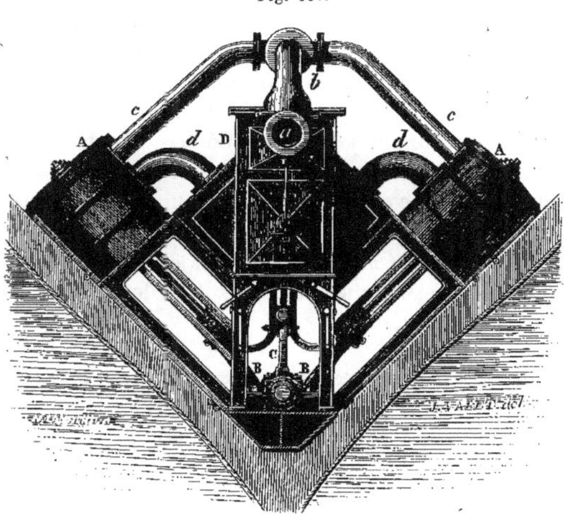

Ce système, qui diffère complétement de ceux que nous avons cités précédemment, consiste, comme le représente la fig. 157, à coucher les deux cylindres à vapeur A sur les flancs du navire, sous une inclinaison réciproque de 90°, en leur faisant attaquer l'arbre de l'hélice par une manivelle unique. On parvient ainsi à reporter la machine tout à fait à l'arrière du navire, et à la loger dans ses façons fines, ce qui laisse autant de place disponible dans la partie centrale pour le chargement utile.

L'exécution de ces machines est très-remarquable sous bien des rapports ; tous les organes en sont groupés d'une façon très-ingénieuse.

Le bâti qui reçoit les cylindres présente, en avant-corps, un coffre **D** qui renferme le condenseur et la pompe à air. Cette dernière est commandée par une bielle **C**, assemblée avec un coude ménagé à l'arbre près de celui auquel les bielles motrices **B** viennent se rattacher.

La vapeur est amenée des chaudières par un tuyau qui s'adapte à une boîte à valve *a*, de laquelle part une tubulure *b*, formant le point de départ des deux tuyaux *c* qui communiquent avec les boîtes de distribution. La sortie de la vapeur s'effectue par les coudes *d*, communiquant avec la capacité intérieure du bâti réservée pour le condenseur.

La machine, reproduite par la vignette ci-dessus, à l'échelle de 1/50, appartient à un bâtiment de 300 tonneaux ; elle est d'une puissance nominale de 60 chevaux.

L'hélice qu'elle fait mouvoir a $2^m 50$ de diamètre ; elle est à quatre ailes, et fait 64 tours par minute.

L'ensemble de l'appareil prêt à fonctionner, y compris les chaudières pleines d'eau, pèse 33000 kilogrammes, ce qui est peu, puisque cela revient à 550 kilog. par force de cheval (1).

Comme nous le disions en commençant, les divers systèmes qui précèdent ne représentent qu'une bien faible partie des nombreuses dispositions de machines appliquées à la navigation, surtout depuis que l'hélice est venue, pour ainsi dire, en doubler le nombre de types principaux. Mais, en se reportant au but de cet ouvrage, on pourra reconnaître que, considérées comme *moteurs à vapeur*, les machines dites marines ne diffèrent de celles de terre que par le groupement et la forme même des organes, ce qui nous permet de limiter nos citations aux exemples que nous avons indiqués.

Nous allons décrire avec détails trois appareils de construction récente, et dans lesquels on retrouvera néanmoins des types dont le principe a été énoncé dans l'examen général précédent.

(1) La machine de **M.** Gache a été exposée à Paris en 1855. Elle se trouve décrite complétement dans le xe vol. de la *Publication industrielle*.

FIN DU CHAPITRE CINQUIÈME.

CHAPITRE VI

CONSTRUCTION DES MACHINES MARINES A ROUES ET A HÉLICES

APPAREIL A ROUES DU YACHT IMPÉRIAL L'AIGLE

D'UNE PUISSANCE NOMINALE DE 500 CHEVAUX

Construit par **MM. MAZELINE** et **C**ᵉ (Havre)

(PLANCHES 42 ET 43)

Nous avons dit que le système oscillant est appliqué avec succès pour les navires à roues, et que la disposition particulière dite de Penn, du nom de ce constructeur anglais, est très-souvent adoptée pour un tel mode de navigation.

Les machines oscillantes de M. Penn sont remarquables par la position des cylindres, qui sont placés tous deux dans le plan vertical de l'arbre des roues, qu'ils attaquent directement par leurs tiges, en vertu du principe même de l'oscillation. On y distingue également la position des pompes à air, qui sont disposées sur la même ligne que les cylindres et qui reçoivent leur commande d'un coude ménagé à cet effet au milieu de la longueur de l'arbre moteur. Si l'on joint à cela la disposition du condenseur, qui est formé par une capacité ménagée dans le coffre en fonte constituant la base de tout le mécanisme, on arrive à un appareil qui occupe la largeur entière du bâtiment, mais qui prend le moindre développement possible dans le sens de la longueur de la carène. Enfin le principe de l'oscillation réduisant le nombre de pièces du mécanisme et son développement vertical, l'ensemble de la machine est relativement léger, et les courses conservent une valeur proportionnelle convenable.

Nous pourrions citer, comme étant l'une des premières applications de ce système, les machines, de la force de 260 chevaux, du navire de la marine royale anglaise *Black Eagle,* et dont la construction est de MM. Penn et fils, de Greenwich. Depuis, ce modèle a été reproduit par les constructeurs français, en y apportant de nombreux perfectionnements de détails.

MM. Mazeline et Nillus, du Havre, en ont donné, il y a déjà plusieurs années, de magnifiques spécimens, principalement appliqués à des steamers de navigation côtière. M. Nillus a aussi construit, sur ce type, des appareils de 220 et de 120 chevaux pour les navires de l'État, *le Phœnix* et *le Flambart*, et qui ont toujours été remarqués pour la bonne exécution.

C'est enfin le même système de machine oscillante qui vient d'être adopté de nouveau pour le yacht *l'Aigle*, navire construit avec un grand luxe et pour lequel on devait rechercher la disposition la plus propre à renfermer, sous le moindre volume, la puissance capable de produire avec des roues, c'est-à-dire avec un petit nombre de pulsations à l'unité de temps, le plus beau sillage qu'il soit possible de faire acquérir à un bâtiment de dimensions importantes. En examinant les conditions de marche de cet appareil, nous pourrons faire remarquer combien, en effet, la puissance spécifique par mètre de section plongée est grande, ainsi que la puissance propulsive des roues, lesquelles correspondent à une faible *résistance relative* (p. 292 et 301).

C'est à MM. Mazeline et C⁰ que la construction de cet appareil a été confiée, et l'on peut dire que l'on a rarement vu un plus beau résultat, comme état perfectionné et fini de l'exécution. Nous ne pouvions choisir un meilleur modèle en ce genre; aussi nous nous sommes attaché à le représenter avec soin, et nous pensons, en décrivant ces machines, donner le résumé de ce qui a été fait de mieux comme reproduction du système oscillant.

ENSEMBLE DE LA CONSTRUCTION DE L'APPAREIL DE L'AIGLE

La pl. 42, fig. 1, est une coupe transversale du navire sur l'axe des roues à pales, et représentant l'ensemble de l'appareil à vapeur, de face, vu de l'avant où sont situées les chaudières, et l'un des deux cylindres en coupe verticale.

La fig. 2, pl. 43, est une vue extérieure de l'appareil, à tribord.

La fig. 3 en est une section horizontale partielle, par les tourillons du cylindre représenté sur la figure précédente, et par l'axe des conduits d'expulsion du condenseur.

La fig. 4 est une section transversale (longitudinale par rapport à la coque) sur l'axe des pompes à air.

La fig. 5 est une projection horizontale extérieure des pompes et des cylindres.

La fig. 6 représente, à une plus petite échelle, la roue de tribord vue de face et sa relation avec l'ensemble de l'appareil.

La fig. 7 représente en détail le mécanisme de commande des tiroirs de distribution.

L'ensemble de l'appareil est formé de deux machines complètes, comprenant deux cylindres à vapeur oscillants A, dont les tourillons sont situés sur un même axe horizontal, et dont les pistons actionnent simultanément l'arbre B sur lequel sont montées les roues à pales C; il possède deux pompes à air inclinées D, correspondant à un condenseur commun. La base est formée d'un bâti en fonte E, portant les paliers des tourillons de chaque cylindre, lesquels jouent dans des ouvertures circulaires ménagées entre les supports. L'intervalle des deux cylindres est occupé, par une capacité close F constituant le condenseur, et dans laquelle sont ajustés les corps des pompes à air dont les pistons reçoivent le mouvement d'un même coude ménagé au milieu de l'arbre des roues; il en résulte que ces deux pompes ne sont pas exactement vis-à-vis l'une de l'autre. Cet arbre, indépendamment des deux supports fixés à l'extérieur du navire, est pris dans quatre paliers fondus avec l'entablement G, lequel est relié à la base E par six colonnes-entretoises en fer a, et par deux croix de Saint-André b, destinées à assurer la solidité et la bonne assise de l'ensemble.

Le jeu de ces cylindres, la distribution de vapeur et la transmission du mouvement ne diffèrent pas, en principe, de ce que l'on a vu précédemment à l'égard des machines oscillantes (p. 138); seulement l'appareil qui nous occupe représente la plus haute expression de l'exécution parfaite et des perfectionnements les plus minutieux.

La vapeur est amenée dans chaque cylindre par un conduit H, qui, d'abord horizontal, est ensuite coudé, et vient aboutir à une boîte H' dans laquélle est disposé un papillon de détente dont nous expliquons le jeu plus loin. Cette boîte communique avec une tubulure c ajustée dans le tourillon extérieur du cylindre, lequel est en rapport direct avec un canal en ceinture aboutissant à *deux* boîtes de distribution d. On remarque, en effet, que chaque cylindre est muni d'un double système de boîtes et de tiroirs agissant ensemble, exactement comme un seul, c'est-à-dire distribuant la vapeur successivement en haut et en bas. Cette disposition a pour motif d'équilibrer la masse du cylindre; et lorsqu'elle n'est pas employée et qu'on n'adopte qu'une boîte simple, ce qui a lieu pour des appareils d'une moindre puissance, on est obligé d'appliquer un contre-poids, ce qui n'est pas d'un coup d'œil très-satisfaisant.

Ainsi la vapeur admise par le tourillon c, et distribuée par les tiroirs jumeaux, s'échappe, suivant la disposition habituelle avec ce genre de machine, par le tourillon opposé, garni, comme l'autre, d'une tubulure intérieure fixe c', sur laquelle il roule. Cette tubulure est directement jointe à un orifice de la capacité F, ménagée dans la plaque de fondation E, qui forme le condenseur. Une injection continue d'eau s'y trouve ménagée par un boisseau e percé de trous (fig. 4); cette eau, à laquelle s'ajoute la vapeur condensée, est extraite par les deux pompes D et renvoyée à la mer par quatre conduits I, lesquels, après avoir suivi horizontalement la base de la machine, se relèvent contre les flancs de la coque, et versent au dehors, au-dessus de la flottaison et en se rapprochant du centre des roues.

L'arbre moteur de cette machine est formé de trois parties réunies, vis-à-vis des cylindres, par des manivelles B' disposées à angle droit, et dont les mamelons sont traversés par un boulon qui les assemble avec la tête de la tige du piston. La partie intermédiaire B², qui rend les deux machines solidaires, forme un coude auquel sont rattachées les bielles des pompes à air, dont les corps sont fixes, mais nécessairement inclinés par la disposition même de leur commande.

En terminant cet exposé sommaire de la disposition de ce magnifique appareil, faisons remarquer qu'il repose, par son bâti E, sur de fortes pièces de charpente fixées sur le fond de la coque avec lequel il est encore relié transversalement par quatre fortes entretoises *f*. A la hauteur du bâti inférieur E et à celle de l'entablement G, il règne des parquets *g* et *g'*, formés de plaques de fonte sur lesquelles sont ménagées des stries, ou dessins saillants, destinées à y assurer la circulation pour le service.

Les roues à pales sont du système articulé dont il a été fait mention précédemment, et que nous décrivons en détail plus loin.

DÉTAILS DE CONSTRUCTION

Cylindres. — Les cylindres ne présentent de particulier que leur double système de boîte à vapeur et leurs couvercles.

La fig. 3 montre la disposition des canaux en ceinture *h* et *h'* qui mettent les deux tourillons respectivement en rapport avec l'intérieur des boîtes à vapeur et des tiroirs K. On voit que ces derniers organes ont la moindre saillie possible et que les tiroirs frottent, par une garniture, contre la boîte, afin d'éviter l'énorme pression qu'ils auraient à supporter sans cela. Comme il est toujours nécessaire de le faire, le tourillon de sortie *c'* est d'un plus grand diamètre que celui d'entrée.

Le couvercle A' de chaque cylindre est à double paroi, afin d'éviter le refroidissement ; la boîte à étoupe est d'une très-grande longueur, ainsi qu'on a vu que cela devait avoir lieu pour les machines oscillantes. On peut remarquer encore la disposition du presse-étoupe qui pénètre dans un bassin couronnant la boîte, et qui est destiné à retenir les graisses échappées. C'est dans le même but que le couvercle est muni d'un rebord, avec congé rentrant, qui empêche l'huile tombée sur ce couvercle de se renverser sur le parquet dans les positions inclinées du cylindre.

Pour ce système, dans lequel la tige du piston communique directement avec les manivelles et doit résister à des efforts latéraux considérables, on fait cette tige très-forte : elle porte ici 22 centimètres de diamètre. Elle est réunie avec le piston à l'aide d'un écrou pour lequel un vide est ménagé dans le bouchon qui ferme la partie inférieure du cylindre. La partie supérieure de la tige est armée d'une tête, fixée par un clavetage, laquelle est traversée par un fort goujon qui l'assemble avec les manivelles doubles de l'arbre. Ce goujon est arrêté dans l'une des manivelles de façon à l'empêcher de tourner sur lui-même ; mais il pénètre librement dans l'autre, afin de laisser entre elles une certaine liberté dans le cas où il se produirait quelque variation dans le montage général de l'arbre.

Distribution et changement de marche. — En traitant spécialement des machines oscillantes, nous avons montré combien le mode d'organisation de l'organe distributeur avait varié et le nombre de systèmes proposés, pour en revenir encore au tiroir ordinaire, comme étant l'appareil qui fournit en résumé, pratiquement, les meilleurs résultats. Mais il faut aussi considérer, en appliquant le tiroir aux machines oscillantes, la disposition mécanique de la commande qu'il convient d'adopter.

Dans tous les appareils de navigation fondés comme celui-ci sur le type de Penn, ce mécanisme est très-habilement combiné et d'un fonctionnement sûr et rationnel. Dans la machine qui nous occupe actuellement, chaque cylindre possède deux tiroirs, mais qui opèrent exactement comme lorsqu'il n'y en a qu'un seul.

Le mécanisme de commande de ces tiroirs, qui est exactement répété pour chaque machine, est représenté dans les différentes vues des pl. 42 et 43, mais principalement par la fig. 7 qui en est le détail à une plus grande échelle, sauf les tiroirs eux-mêmes qui ne sont indiqués que comme tracé géométrique.

Chaque tiroir est muni d'une tige portant, en dehors de la boîte, une chape i au delà de laquelle elle est continuée cylindriquement et guidée par un support i' fixé sur un cylindre. Cette chape est en prise avec l'extrémité d'un levier L, oscillant par le milieu de sa longueur d'après un point fixe également pris sur le cylindre; l'autre extrémité du levier ou balancier L est terminée par un goujon, implanté d'équerre, et garni d'un coussinet-glissière j dont nous allons expliquer le jeu.

Ce coussinet est engagé dans une pièce à coulisse M montée par des douilles cylindriques extrêmes sur deux gu des fixes j', et qui fait corps avec une troisième tige j^2 (fig. 1), par laquelle elle est encore guidée, au centre, par une douille fixée à l'entablement. Cette coulisse reçoit, des excentriques N et N', un mouvement vertical alternatif, comme le ferait un tiroir placé dans cette situation. Déjà il est évident que ce mouvement fait décrire aux balanciers L un arc de cercle et se transmet ainsi aux deux tiroirs; mais ce qu'il est important de remarquer, c'est que cette coulisse est une courbe dont la forme est calculée de façon à compenser l'oscillation du cylindre. Par conséquent, tandis qu'elle se meut verticalement, l'oscillation du cylindre fait que les coussinets j suivent la coulisse, et, dans toutes les positions, reçoivent le mouvement oscillatoire voulu.

Quant à la relation de cette pièce-guide avec les excentriques circulaires N et N' montés sur l'arbre de chaque côté du coude B², elle est établie au moyen de la coulisse de changement de marche, dite de Stephenson, dont les fonctions ont été expliquées en détail à propos des locomotives (p. 235).

A cet effet le guide circulaire M porte une tête M' qui est engagée entre les deux platines N², formant la coulisse qui relie les deux barres d'excentriques de la même paire, et dont les faces intérieures sont munies de coulisseaux saillants s'ajustant dans des entailles correspondantes de la tête M'; de cette façon, les deux pièces sont reliées pour le mouvement que l'une transmet à l'autre, tout en permettant de déplacer la coulisse pour changer la marche. On a vu, en effet, que c'est en amenant chacune des barres d'excentriques vis-à-vis de l'organe commandé que l'on donne à l'appareil le sens de marche auquel chaque excentrique correspond.

Dans cette machine, comme dans les locomotives, il faut, pour opérer le changement de marche, agir simultanément sur les deux appareils; mais comme le mécanisme est beaucoup plus puissant, et par conséquent très-lourd, on a imaginé d'appliquer une véritable petite *machine à vapeur* auxiliaire pour exécuter ce qu'un conducteur de locomotive effectue à la main à l'aide d'un simple levier.

La coulisse N² de chaque appareil est rattachée, par une bielle plate k, à un bras de levier k' appartenant à un axe horizontal l, muni d'un autre levier l'', lequel est assemblé avec la bielle l^2 d'un piston renfermé dans un petit cylindre à vapeur O, fixé après l'entablement G.

Lorsqu'on veut changer la marche, on fait agir la vapeur dans ce cylindre en l'amenant de l'un ou de l'autre côté du piston, suivant la direction du changement; le piston fait alors osciller l'axe l par la bielle l^2 et le levier l'', mouvement qui a pour résultat le déplacement de la coulisse, ainsi que l'indique la disposition même de ce mécanisme. Dans toutes les positions et à chaque déplacement, on assure la position obtenue en fixant les pièces susceptibles de se déranger, par un procédé semblable à celui adopté pour l'axe l, que l'on serre dans ses supports à l'aide d'une vis de pression munie d'un petit volant-poignée l^3 (fig. 1).

Sur les fig. 1, 2 et 4, où le cylindre auxiliaire O est indiqué, il n'a pas été possible de figurer, autant à cause de la coupe que par l'exiguïté de l'échelle, le mouvement de renvoi à l'aide duquel le mécanicien fait fonctionner le tiroir de ce cylindre. C'est, du reste, une tringle verticale rattachée à un petit levier articulé et à poignée.

Admission de vapeur et détente. — Les conduits H, qui amènent la vapeur, outre les soupapes dont ils sont pourvus près des générateurs, sont munis, sur la machine même, de papillons-vannes mis à la disposition du mécanicien. Pour les manœuvrer et régler l'admission de vapeur dans les deux cylindres à la fois, il agit simultanément, par les poignées m', sur leurs axes m qui sont prolongés jusque sur le petit cylindre auxiliaire O, où ils prennent un point d'appui.

Nous avons montré qu'entre le conduit H et le tourillon du cylindre, on a interposé une boîte H', laquelle renferme un mécanisme destiné à produire la détente.

Ce mécanisme est composé d'un papillon o qui exécute, dans la boîte cylindrique où il est ajusté, un mouvement oscillatoire par lequel il est alternativement mis en contact avec les quatres lèvres qui déterminent les orifices que la vapeur doit traverser pour se rendre du conduit d'arrivée H au tourillon. Il est clair que chaque fois que le papillon occupe l'une ou l'autre de ces deux positions, il interrompt le passage de la vapeur, qui passe, au contraire, quand ce papillon est dans une position intermédiaire. Cette combinaison permet d'obtenir une détente variable, car la largeur des orifices, qui est fixe, peut être une fraction variable de l'amplitude de l'oscillation du papillon, si celle-ci est elle-même, ou sa durée, rendue variable.

A cet effet, le papillon est armé, à l'intérieur de la boîte H', d'un secteur denté o' commandé par un semblable dont l'axe perce extérieurement et porte un petit levier attaqué par une tringle o^2, laquelle, entourée dans une partie de sa longueur par un ressort en hélice o^3, se termine par une boîte à galet qui arrive au contact d'une camme P montée sur l'arbre moteur. La bosse de cette camme repousse la tige, et, par les secteurs dentés, fait exécuter au papillon o une oscillation; aussitôt qu'elle est passée, le galet se trouve libre, et, le ressort rappelant la tige, le papillon revient à sa position précédente, etc.

Si la camme était simple, on n'aurait ainsi qu'une seule détente fixe. Mais elle est formée, comme dans le système de Saulnier (t. 1er, p. 399), de deux pièces dont l'une possède des bosses d'une étendue différente de l'autre ; en faisant glisser le galet sur son axe, on l'amène à volonté vis-à-vis de l'une ou l'autre des deux cammes, et l'on obtient, par ce premier procédé, deux degrés de détente différents.

Mais au lieu de deux, on en peut obtenir six, à l'aide d'une disposition qui permet de changer le point d'attaque du galet par la camme.

Ce galet est monté dans une chape qui est reliée à la fois avec la tige o^2 et avec un bras de levier o^5, dont le point d'attache et d'articulation est pris sur une pièce à poignée o^4, laquelle est elle-même centrée sur un cadran fixe, percé d'une coulisse pour le passage d'une vis de pression qui permet d'assurer la poignée dans chaque position qu'on lui fait occuper. En faisant tourner cette poignée, on entraîne avec elle le centre d'oscillation du levier o^5, qui tourne autour du centre de la poignée ; il en résulte pour le galet un mouvement de transport horizontal qui modifie, comme nous l'annoncions tout à l'heure, son point d'attaque par rapport à la camme, et, par suite, le point où commence la détente par rapport à la course du piston.

C'est pour que ce déplacement du galet puisse s'effectuer que la partie supérieure o^2 de la tige, sur laquelle il est monté, est raccordée avec la partie inférieure par une douille dans laquelle elle peut osciller librement.

Faisons remarquer encore quelques organes, tels que les douilles filetées, les petits volants à main, etc., qui servent à rassembler les différentes parties composant la tige o^2 et à régler la position de tout ce mécanisme.

POMPES A AIR ET CONDENSEUR. — La construction de ces appareils est très-remarquable sous bien des rapports. La capacité vide qui forme le condenseur est réservée, comme on l'a dit ci-dessus, entre les cylindres, dans le socle même E, sur lequel l'ensemble de la machine est monté. On a vu que la vapeur d'échappement s'y rend directement par les tourillons intérieurs c', et qu'elle s'y condense par l'eau froide injectée par le boisseau e.

Les corps de pompe D sont des cylindres de bronze ajustés sur des emplacements réservés dans le condenseur, et qui se présentent extérieurement sous forme de cloche cylindrique fermée par un couvercle ; ils constituent la bâche d'évacuation en communication avec les conduits I qui jettent l'eau de condensation à la mer. Chaque corps de pompe établit en effet une communication distincte, par ses extrémités, entre le vide F du condenseur et l'évacuation, par le fait de son ajustement étanche dans une sorte d'étui E', fondu avec le socle E, et dont une partie de la paroi cylindrique est enlevée du côté du condenseur.

Les pistons D', complétement en bronze, sont munis d'une tige à fourreau dans laquelle joue la bielle J, qui, par cette disposition, peut avoir une très-grande longueur. Ils sont couverts d'un clapet en caoutchouc q, serré entre deux disques de cuivre. De même, chaque pompe est munie de deux clapets analogues q' et q^2 qui fonctionnent dans les conditions habituelles ; l'un de ces clapets, celui du haut, est également en caoutchouc ; le second, dit clapet de pied, est seul en bronze.

A la partie supérieure du condenseur, et entre les deux pompes, les constructeurs ont fixé une tablette en fonte r, fondue avec des stries, sur laquelle on peut monter pour les besoins du service.

POMPES ACCESSOIRES. — Nous ne pourrions, sans de grands développements, faire connaître toutes les particularités intéressantes que renferme ce superbe appareil, ni le fini parfait de ses moindres et nombreux détails. Mentionnons, néanmoins, deux petites pompes Q et R, appliquées à chacun des deux cylindres comme pompes d'alimentation et de cale. Ces pompes reçoivent leur mouvement d'un balancier r', monté en bague sur le tourillon extérieur des cylindres.

ROUES A PALES. — Ces organes importants de l'appareil que nous décrivons méritent d'autant mieux une mention particulière, qu'ils sont du système spécial appelé *roues à pales mobiles* ou *articulées*, dont nous avons dit quelques mots en exposant les principes généraux de ces engins propulseurs.

Comme on le fait généralement pour les navires de mer, ces roues sont montées *en porte-à-faux*, aux extrémités de l'arbre, qui repose de chaque bout, à l'extérieur, sur un palier B^3, solidaire avec un support en fonte B^4, fixé sur le flanc du bâtiment. Il s'ensuit que le tourteau central C^2 de la roue a relativement peu de portée, afin de ne pas trop éloigner du point d'appui son assemblage avec l'arbre.

La roue est composée d'un système de bras en fer s, réunis sur le tourteau central, qui présente à cet effet un mamelon cylindrique emmanché sur l'arbre et deux nappes coniques avec encloisonnements pour l'ajustement de ces bras. Ceux-ci viennent se réunir à deux cercles en fer plat t, maintenus par des boulons entretoises t' et par d'autres tirants en écharpe s'; ils sont prolongés au delà pour recevoir les axes des aubes dont nous allons décrire le mécanisme.

Ces aubes ou pales C' sont de forts panneaux de bois, ayant les bords amincis afin de favoriser leur immersion et leur sortie; elles sont armées, sur la face opposée à la marche en avant, de fortes ferrures ou pentures u, avec mamelon traversé par l'axe qui opère l'assemblage, par articulation, avec les bras s, lesquels sont forgés avec un mamelon semblable.

Pour obtenir l'effet voulu, et dont les propriétés ont été exposées précédemment (p. 297), il ne suffit pas que les pales articulent sur le croisillon : il faut, avant tout, les forcer à prendre en s'immergeant la position requise.

A cet effet, on place à côté du centre de l'arbre et sur un point *fixe et indépendant de lui* (nous dirons plus loin comment), un plateau S pouvant tourner sur le goujon qui le porte; puis chaque aube étant armée d'un bras de levier v, parfaitement rigide avec elle, on relie ces leviers avec le plateau S par des bielles x, articulées des deux bouts, *excepté une* seule z, qui est formée d'une forte pièce de fer plat boulonnée rigidement avec le plateau S.

La position de *ce bras conducteur* ayant été déterminée pour une aube immergée et placée verticalement, et la roue se mettant en mouvement, voici comment les choses se passent.

La pale, qui correspond au bras conducteur z, l'entraîne nécessairement avec elle, comme les autres entraînent leurs bielles respectives x; mais le bras z étant solidaire du plateau S, ce dernier doit forcément le suivre, c'est-à-dire céder en tournant sur son goujon central; donc chaque tour de la roue en fait faire un au plateau S, lequel, entraînant les bielles x, leur fait répéter successivement, ainsi qu'à la pale correspondante, la position du bras conducteur et de sa pale.

Tel est, au moins dans son ensemble, le fonctionnement de ce mécanisme, dont toutes les proportions doivent être combinées et calculées pour produire régulièrement l'effet demandé.

Il nous reste à expliquer la méthode employée pour suspendre le plateau S d'une façon tout à fait indépendante de chaque roue.

Ces roues sont toujours enveloppées par un *tambour*, de forme demi-cylindrique, lequel est monté sur un cadre en charpente solidement relié avec la carène. Pour des navires de faibles dimensions et qui ne sont destinés qu'à de très-petits trajets, on s'est contenté de fixer le goujon qui porte le plateau S sur la paroi intérieure du tambour; mais pour les bâtiments aussi puissants que celui-ci, et susceptibles de s'éloigner pendant assez longtemps de la terre, il est nécessaire d'appliquer une disposition qui permette de régler à volonté la position de ce plateau par rapport au centre de la roue, dans l'hypothèse où l'arbre viendrait à éprouver des variations.

Au lieu de fixer directement le goujon du plateau dans la paroi du tambour, on le place ordinairement sur une sorte de balancier dont l'une des extrémités est supportée par l'arbre même des roues, tandis que l'autre possède un point d'appui sur le tambour. Mais il a, par rapport à ce dernier, une certaine liberté qui permet, au besoin, de le faire varier de position et de ramener alors, le cas échéant, le centre du plateau excentré S à sa hauteur normale, par rapport à celui de l'axe de la machine.

Pour l'appareil dont il s'agit, l'arbre moteur est terminé par un goujon sur lequel on monte, à frottement libre, une espèce de manivelle S′ dont le bouton porte le plateau S, et le traverse pour venir se fixer sur un bras de levier en fer qui soutient ce mécanisme et se trouve lui-même rattaché à la charpente du tambour.

Faisons remarquer que toutes les articulations de ces deux roues sont garnies de viroles en bronze, surtout celles qui plongent continuellement.

Le support B⁴, fixé en dehors de la carène, et sur lequel repose le palier extérieur B³, mérite une mention particulière pour sa solidité et l'élégance de sa forme. De face il est demi-circulaire, et de profil il a la forme d'une console; comme structure réelle, c'est à peu près la moitié d'un solide de révolution engendré par un arc concave; le contour présente un biseau normal à la courbure qui permet d'entailler la pièce dans le flanc du bateau et d'en raccorder la surface avec la carène. Cette disposition est du meilleur effet, et l'ensemble du support, qui semble faire partie de la muraille du navire, puise en outre dans son encastrement une rigidité tout à fait complète.

DIMENSIONS ET CONDITIONS DE MARCHE DE L'APPAREIL

Nous allons appliquer à cet appareil, comme exemple, les règles précédemment exposées au sujet des relations qui doivent exister entre le navire et la machine. Cet examen porte principalement sur les points suivants :

Puissance théorique du moteur ;
Résistance du navire d'après sa section plongée ;
Dimensions et vitesse des roues à pales.

PUISSANCE DU MOTEUR. — L'appareil à vapeur est établi dans les conditions suivantes :

Diamètre des pistons............................ $1^m 800$
Course... $1' 900$
Nombre moyen de coups doubles par minute......... 25
Pression de la vapeur dans les chaudières........... $2^{at}. 6$

En marche normale, on peut admettre, comme terme moyen, que la pression absolue de la vapeur est maintenue à $2^{at}. 1/2$, pression assez habituellement adoptée maintenant pour les machines de navigation, et que la détente est réglée à une durée de 6/10, c'est-à-dire avec 4/10 d'admission à pleine vapeur. D'autre part, nous pouvons adopter, pour nos calculs, une contre-pression par le condenseur égale à 2/10 d'atmosphère, valeur qui peut s'améliorer, c'est-à-dire diminuer dans des circonstances favorables, mais qui peut aussi se rencontrer fréquemment pour des machines maintenues dans un local toujours très-chaud et pour lesquelles l'eau disponible pour condenser peut être à une température sensiblement élevée; suivant la latitude du lieu où se trouve le navire.

En prenant ces données pour base, nous allons essayer d'évaluer la puissance théorique de l'appareil de l'*Aigle*, en employant la même formule (t. 1er, p. 333) que pour les machines fixes; mais en rappelant que cette expression correspond à un seul cylindre.

Voici le calcul des quantités qui figurent dans cette formule :
Volume engendré par le piston par coup simple :

$$D = \frac{3,1416 \times (1^m 8)^2}{4} \times 1^m 9 = 4^{m.c.} 835.$$

Volume de vapeur admis à pleine pression :

$$d = 4^{m.c.} 835 \times 0,4 = 1^{m.c.} 934.$$

Travail de 1 mètre cube de vapeur à 1 atmosphère et avec détente 6/10, soit, conformément à la table (t. 1er, p. 81), pour l'expansion 2,50 :

$$t = 19802 \text{ kilogrammètres.}$$

Pression de la vapeur.......................... $p = 2^{\text{at}}5$
Contre-pression............................... $p' = 0^{\text{at}}2$

Cette formule, que nous rappelons ici :

$$T = 2\,(d\,l\,p - 10333\,D\,p'),$$

fournit, pour le travail théorique d'un cylindre et pour un coup double :

$$T = 2\,(1^{\text{m.c.}}934 \times 19802 \times 2^{\text{at}}5 - 10333 \times 4^{\text{m.c.}}835 \times 0^{\text{at}}2) = 171442^{\text{kgm}}.$$

Opérant pour les deux machines, en exprimant le travail en chevaux, il vient :

$$T' = \frac{171442 \times 25}{60 \times 75} \times 2 = 1905 \text{ chevaux.}$$

Ce résultat est au-dessus de celui fourni par des expériences pendant lesquelles, pour un état de marche un peu différent de celui pris ici pour exemple, on a trouvé que le travail direct de la vapeur sur les pistons s'est élevé à un peu plus de 1800 chevaux. Mais cette quantité de travail, mesurée au moyen de l'indicateur, exprime celle qui est réellement développée par la vapeur sur les pistons; il est donc naturel qu'elle se trouve au-dessous de la valeur précédente qui est absolument théorique.

Si nous adoptons ce chiffre 1800, comme puissance obtenue d'une façon suivie, et si nous admettons que les roues, par leur valeur mécanique, en utilisent seulement les 60/100 en temps calme, il s'ensuit que le navire dispose d'une puissance utile égale à :

$$1800 \times 0,6 = 1080 \text{ chevaux.}$$

RÉSISTANCE DU NAVIRE. — La coque du steamer l'*Aigle* présente environ $10^{\text{m}}50$ de largeur au maître-couple, à la hauteur de la ligne de flottaison, et une longueur un peu moins de 8 fois cette dimension. En charge, la section immergée du maître-couple est d'un peu plus de 36 mètres carrés, et le déplacement de 1860 tonneaux.

Son affinement, c'est-à-dire la finesse de sa forme, qui a été étudiée tout en vue de la marche la plus rapide, permet de lui appliquer, par hypothèse, le coefficient de résistance K qui convient dans cette circonstance, et qui ne doit pas dépasser 6 (p. 281) en calme.

Par conséquent il est facile d'évaluer la puissance probable que ce navire absorbe pour un sillage de 13 nœuds, qu'il a atteint et qu'il doit nécessairement atteindre, au moins pour satisfaire à l'objet de son établissement, qui est tout de luxe et non de trafic commercial, ou de puissance comme bâtiment de guerre.

Le sillage de 13 nœuds correspond, comme on sait, à :

$$V = \frac{13 \times 1851}{3600} = 6^{\text{m}}68 \text{ par } 1''.$$

La résistance directe et correspondante de la carène égale :

$$R = 6 \times 36^{m.q} \times (6,68)^2 = 9638 \text{ kil.}$$

La formule habituelle (p. 280) fournit, pour la puissance absorbée à cette vitesse :

$$T = \frac{6 \times 36^{m.q} \times (6,68)^3}{75} = 858 \text{ chevaux de 75 kilogrammètres.}$$

Ceci prouve une fois de plus la distinction qu'il convient d'établir entre la puissance de 1 cheval, en marine, avec la même unité désignant, suivant les usages, la puissance d'une machine fixe, puisque la puissance réelle absorbée par ce navire dépasse, pour le sillage qu'il doit atteindre, celle nominale attribuée à la machine.

Mais il a fait, dit-on, jusqu'à 15 nœuds. Alors, en admettant la même progression pour la résistance, et pour la même section plongée, la machine a dû développer, par ses propulseurs, une puissance utile d'environ :

$$858 \times \left(\frac{15}{13}\right)^3 = 1318 \text{ chevaux.}$$

DIMENSIONS ET VITESSE DES ROUES. — Les roues à pales ont les dimensions suivantes :

Diamètre extérieur	8 mètres
Diamètre au bord intérieur des pales	5^m 32
Hauteur des pales	1^m 34
Largeur des pales	3^m 20
Superficie des pales	$4^{m.q}$ 288
Diamètre mesuré sur leur point d'articulation	6^m 80
Vitesse sur ce cercle pour 25 tours par $1'$	8^m 900
Vitesse du bord extérieur	10^m 472
Vitesse du bord intérieur	6^m 964
Immersion totale des pales	1^m 80
Section de la veine attaquée par une roue	$5^{m.q}$ 76
Id.　　　id.　　　totale	$11^{m.q}$ 52

Il faut considérer, pour l'examen de ces roues : la résistance relative, le recul et la vitesse du bord intérieur des pales comparée à celle du navire.

Résistance relative. — On a vu que cette expression a pour termes la section plongée de la carène et celle des pales ou de la section de la veine fluide qu'elles attaquent, et que ce rapport n'est autre chose que la proportionnalité qui règne entre les veines fluides attaquées par la carène et par les propulseurs. On a démontré pourquoi il y a avantage à faire ce rapport le plus faible possible.

Pour l'*Aigle*, destiné à une marche rapide, cette condition était importante et elle a été suffisamment remplie.

La section plongée étant de 36 mètres carrés au tirant d'eau normal, et celle de la veine attaquée par les deux roues étant de $11^{m.q}$ 52, la résistance relative égale :

$$\frac{S}{s} = \frac{36}{11,52} = 3,12.$$

Ainsi les deux roues s'appuient, pour engendrer la résistance nécessaire à la propulsion du navire, sur une veine liquide dont la section totale est environ le tiers de la maîtresse section plongée.

Puisque les deux résistances sont égales dans le mouvement uniforme, celle de la carène étant trouvée ci-dessus égale à 9638 kilogrammes pour 13 nœuds, chaque roue exerce un effort utile de :

$$\frac{9638}{2} = 4819 \text{ kil.}$$

Et si l'on rapporte cet effort à la section de la veine qu'elles attaquent et à l'unité de vitesse, on trouve :

$$\frac{4819}{(6,68)^2 \times 5^{m.q.} 76} = 18^k 7.$$

Il peut être intéressant de comparer ce résultat avec celui trouvé précédemment pour un autre navire (p. 305), et pour lequel cet effort élémentaire, désigné par K', égalait $13^k 2$. Comme dans les deux exemples nous avons admis le même coefficient pour la résistance spécifique de la carène, on trouverait aussi dans les deux cas la même valeur pour ce dernier coefficient K', si la *résistance relative* était aussi la même dans les deux navires; tandis que, pour le premier, elle égale 2,195, et 3,12 pour le second. C'est ce qui fait que les roues de ce dernier navire, l'*Aigle,* doivent posséder une puissance *élémentaire* supérieure, à moins que sa carène n'ait une qualité nautique meilleure, pour qu'il n'y ait pas une plus grande perte d'effet par le recul.

Recul.— Cette valeur serait simplement hypothétique si des expériences n'avaient pas établi que le navire peut acquérir un certain sillage, les roues possédant leur vitesse normale.

L'une des expériences, faite le 5 novembre 1859, a fourni :

Sillage................................ 13,82 nœuds.
Nombre de tours moyen............... 25,70

D'après cela on trouve pour la vitesse élémentaire du navire :

$$V = \frac{13^m 82 \times 1851}{3600} = 7^m 106.$$

Celle u des roues, mesurée sur le cercle des centres d'articulation des pales pris pour leur cercle moyen, égale :

$$u = \frac{6^m 80 \times 3,1416 \times 25,70}{60} = 9,150.$$

Le recul a donc pour valeur dans cette circonstance :

$$\frac{u - V}{V} = \frac{9,150 - 7,106}{7,106} = 0,288.$$

Vitesse du bord intérieur des pales. — Nous désirons seulement rappeler le rapport à conserver entre cette vitesse et celle du navire à laquelle elle ne doit jamais être inférieure.

Le diamètre du cercle intérieur des pales étant, comme on l'a vu ci-dessus, de 5^m32, si nous prenons les données de l'expérience précédente, la vitesse correspondante égale :

$$\frac{5^m32 \times 3,1416 \times 25,70}{60} = 7^m158.$$

Or, la vitesse du navire étant 7^m106, cela prouve que les constructeurs ont pris soin que, même dans de bonnes conditions de marche pour lesquélles la vitesse des roues dépasse peu celle du navire, la plus faible vitesse des pales soit encore un peu plus élevée que cette dernière.

On pourrait multiplier beaucoup les exemples destinés à établir la comparaison des règles générales que nous avons données avec les conditions de marche de ce navire et de son appareil moteur ; mais nous pensons que toute personne qui voudrait maintenant s'exercer à ce travail le pourrait avec facilité, après tous les éclaircissements que nous nous sommes efforcé de donner sur ce sujet.

APPAREIL A HÉLICE D'UNE PUISSANCE NOMINALE DE 1000 CHEVAUX

SYSTÈME A CONNEXION DIRECTE ET A BIELLE RENVERSÉE

Construit par MM. MAZELINE et Cᵉ

(PLANCHES 44 ET 45)

Nous avons fait voir que, des appareils à hélice composés de plusieurs cylindres disposés horizontalement et en regard, on est arrivé à des machines ayant aussi plusieurs cylindres horizontaux, mais avec bielle *renversée* ou *en retour*, c'est-à-dire l'arbre qu'elles attaquent placé entre le cylindre et les glissières qui les dirigent. Cette disposition principale donnait lieu à un cas particulier ayant pour caractère que les deux cylindres se trouvaient répartis sur les deux bords, *en échiquier*, ayant chacun une pompe à air et le condenseur en regard. On a reconnu qu'il est préférable de placer les cylindres côte à côte et du même bord, en renvoyant les deux condenseurs de l'autre, de façon à soustraire les cylindres au refroidissement sensible qu'ils éprouvaient lorsqu'ils se trouvaient, par la disposition en échiquier, en contact immédiat avec un condenseur.

On reprochait un autre inconvénient à la disposition alternée des cylindres et des pompes à air placées vis-à-vis : chaque cylindre commandait une pompe qui n'était pas la sienne, de façon que si l'un d'eux subissait un arrêt par suite d'avarie, il paralysait l'autre dont la pompe à air se trouvait aussi arrêtée.

Des machines à 4 ou 2 cylindres, disposées en échiquier ou autrement, et bielles en retour, il en est sorti finalement le type remarquable désigné du nom de M. Mazeline, et qui comporte *deux cylindres contigus avec bielle en retour*. C'est peut-être la disposition qui sera préférée à toute autre pour les bâtiments à hélice, jusqu'à ce qu'on soit assez heureux pour en découvrir une nouvelle et meilleure. D'abord on limite aujourd'hui le nombre de cylindres à deux pour les motifs qui ont été expliqués; ensuite, avec un aussi faible développement que le système à fourreau, le dernier en évite les inconvénients en rendant aux cylindres la structure qui leur convient le mieux sous bien des rapports.

C'est un magnifique appareil de ce type et d'une puissance nominale de 1000 chevaux qui se trouve représenté sur les planches 44 et 45. Des appareils semblables ont été construits dans les ateliers de MM. Mazeline et Ce, en 1860, pour les frégates cuirassées *Magenta* et *Solferino*.

Pour des personnes un peu exercées, l'inspection seule des dessins suffirait pour comprendre de suite la composition du mécanisme de cet appareil et l'harmonie parfaite de son ensemble; on ne peut rien désirer de plus *ramassé* et cependant de moins confus.

ENSEMBLE DE LA CONSTRUCTION DE LA MACHINE MARINE

REPRÉSENTÉE PL. 44 ET 45.

La fig. 1re, pl. 44, est une section verticale passant par la ligne 1-2, sur la machine *d'avant*, suivant l'axe du cylindre et par le condenseur correspondant.

La fig. 2 est une section horizontale faite par l'axe 3-4 des cylindres, mais limitée à la seconde machine, celle dite d'arrière.

La fig. 3 est une section verticale faite en partie sur une ligne brisée 5-6-7-8 passant sur l'un des deux appareils de condensation, et en partie suivant la ligne 9-10 passant devant l'appareil voisin.

La fig. 4, pl. 45, est une élévation extérieure, du côté de la machine *d'avant*, dont la fig. 1 est une section longitudinale.

La fig. 5 est une projection horizontale extérieure correspondante, qui constitue le demi-plan complémentaire à joindre à celui fig. 2 pour avoir l'ensemble complet de l'appareil.

La fig. 6 est une section transversale en partie faite sur l'axe 11-12 de l'arbre moteur, et sur celui transversal 13-14, pl. 44, du cylindre d'arrière.

Les figures suivantes 7 à 14, pl. 44 et 45, sont des détails qui seront expliqués dans le cours de la description suivante.

L'ensemble de l'appareil se compose de deux machines semblables et complètes qui actionnent simultanément un même arbre formé de deux coudes-manivelles à angle droit. Les cylindres A des deux machines sont montés horizontalement sur une vaste plaque, ou plutôt un bâti de fondation B qui reçoit, vis-à-vis des deux cylindres, deux corps ou coffres divisés intérieurement en chambres de clapets des pompes à air, dont les corps cylindriques C, où jouent les pistons, sont fondus de la même pièce. L'arbre à coudes D, qui est prolongé par des parties manchonnées dans toute la longueur du navire, porte l'hélice et se trouve situé entre les cylindres et les appareils de condensation. Cette disposition, à laquelle on est conduit pour réduire l'étendue totale de l'appareil, exige que le mouvement des bielles E soit renversé, c'est-à-dire que leur extrémité rotative soit placée entre les guides rectilignes et les cylindres.

Pour cela, le piston F de chaque cylindre à vapeur porte deux tiges G qui passent respectivement au-dessus et au-dessous de l'arbre D, et viennent s'assembler à une forte traverse en fer H, dont la direction générale est oblique, et qui possède, au milieu de sa longueur, un tourillon sur lequel la bielle motrice est articulée. Cette traverse est emmanchée dans un large coulisseau en fonte I, maintenu en ligne droite, dans sa course avec le piston, par deux glissières formées en bas par le bâti B, et en haut par la partie inférieure du condenseur correspondant.

On comprendra aisément, d'après cela, qu'à part le changement de forme, la transmission du mouvement du piston à l'arbre a lieu exactement de la même manière, au moins comme résultat, que dans les machines fixes ordinaires à mouvement direct.

On profite de la position des tiges du piston à vapeur pour commander celui de la pompe à air correspondante qui possède alors la même course. L'une des deux tiges porte, à cet effet, une manette fixe J, relevée verticalement, et dont l'extrémité est assemblée directement avec la tige de la pompe à air.

L'autre tige est utilisée de la même façon pour mettre en mouvement *une pompe de cale* dont le corps est fondu de la même pièce avec le bâti B ; la fig. 3, pl. 44, montre l'une de ces deux pompes K en coupe transversale, et, dans la partie extérieure, sur la même figure, la manette K' attachée à l'une des tiges G et qui commande le piston de l'autre pompe de cale semblable.

Nous avons à examiner maintenant ce qui concerne la distribution de la vapeur au cylindre, et, par suite, le mécanisme si important du changement de marche.

Chaque cylindre à vapeur est fondu, comme à l'ordinaire, avec les canaux distributeurs et la table sur laquelle ils viennent déboucher ; cette table est recouverte par une boîte à vapeur L d'une construction toute spéciale (fig. 1 et 6). Le tiroir de distribution M, qui s'y meut, est disposé de façon à être *équilibré* et se trouve traversé de part en part par un large orifice pour l'échappement de la vapeur. Ce tiroir glisse en effet entre la table des orifices et une garniture supérieure élastique appliquée à l'intérieur de la boîte L ; cette garniture forme en quelque sorte la base d'une grande tubulure coudée L', de la même pièce que la boîte L, et à laquelle vient se joindre un vaste conduit N communiquant avec le condenseur situé vis-à-vis.

Par conséquent, le tiroir distribuant, comme toujours, la vapeur d'admission par ses bords extérieurs, la vapeur échappée, au lieu de trouver un orifice central appartenant au cylindre, traverse le tiroir et parvient au condenseur par la tubulure L' et le conduit N qui en est la suite.

L'introduction de la vapeur dans la boîte du tiroir a lieu latéralement par une tubulure sur laquelle est placée une boîte O, rectangulaire extérieurement et cylindrique à l'intérieur, pour recevoir un papillon en bronze O^2 (fig. 6), dont les fonctions consistent à produire de la détente, dans des conditions qui seront expliquées plus loin. Cette boîte est surmontée d'un petit tiroir ou registre horizontal P^2 destiné à isoler la machine correspondante de la chaudière dans un moment donné; ce tiroir est lui-même recouvert d'une seconde boîte demi-cylindrique P, faisant partie avec celle semblable de la machine voisine, d'une tubulure P' à laquelle se joint le grand tuyau Q qui amène ainsi simultanément la vapeur des générateurs aux deux machines.

Le mouvement est donné aux tiroirs de distribution par deux courtes bielles R, assemblées avec un arbre auxiliaire à coudes S, monté au-dessus de celui principal D dont il reçoit la commande par des engrenages droits. Le même arbre porte deux excentriques circulaires O' destinés à mettre en jeu les papillons de détente dont nous venons de parler et qui sont ajustés dans les boîtes O.

C'est par les engrenages qui transmettent le mouvement de l'arbre moteur à celui S que s'opère le changement de marche, en vertu d'une combinaison très-ingénieuse que nous allons essayer de faire comprendre.

Lorsque nous avons expliqué le principe d'un changement de marche (t. 1er, p. 372), on a pu voir que la position du centre de l'excentrique par rapport à la manivelle motrice, ou *l'angle de calage,* ne varie pas, que la machine tourne dans un sens ou dans l'autre, mais que cet angle occupe deux positions symétriquement inverses, par rapport au rayon de la manivelle, pour l'un et l'autre sens de la marche.

De même que l'on obtient cet effet avec deux excentriques, on peut également le produire avec un seul, mais à la condition que sa position sur l'arbre soit *variable.*

Dans la machine actuelle, les excentriques sont remplacés par les coudes-manivelles de l'arbre S, ce qui produit exactement le même effet. De plus, il n'existe qu'un coude par machine au lieu de deux excentriques, comme on le fait pour produire le changement de marche.

Le problème consiste donc *à changer la position relative des arbres* D *et* S, c'est-à-dire à *renverser l'angle de calage.* Voici comment les constructeurs l'ont résolu :

L'arbre moteur D (fig. 4 e. 6, pl. 45) porte, fixée avec lui, une roue droite T qui engrène avec une autre de même diamètre T', montée *folle* sur l'extrémité de l'arbre auxiliaire S; derrière cette roue se trouve un plateau en fonte U, lequel est solidaire dudit arbre et muni d'un mentonnet U' engagé dans une coulisse *borgne* pratiquée dans la roue folle T' sur une étendue d'environ un quart de cercle, c'est-à-dire qu'elle correspond précisément ici à 360° moins le double de l'angle de calage (t. 1er, p. 373).

En nous arrêtant un moment sur cette disposition, nous pouvons faire remarquer que si la roue T' est tournée de façon que le mentonnet U' occupe l'une des extrémités de la coulisse où il est engagé, et que cette roue T' reçoive de celle T un mouvement dans le sens convenable pour qu'elle pousse le mentonnet, l'arbre S recevra ainsi son mouvement par l'entraînement du plateau U; comme, d'autre part, les deux roues T et T′, ainsi que la coulisse circulaire, ont une position invariable par rapport aux coudes-manivelles de l'arbre moteur D, il en résulte que la position relative des coudes de l'arbre S sera déterminée et fixe suivant l'extrémité de la coulisse occupée par le mentonnet U′.

Mais si, après avoir arrêté les machines, on vient à déplacer le plateau U jusqu'à ce que le mentonnet U′ occupe l'extrémité opposée de la coulisse circulaire, ce mouvement ayant pour premier résultat de faire tourner l'arbre S, en changeant alors les tiroirs de position, l'admission prochaine de la vapeur se trouvera préparée pour faire tourner l'arbre moteur en sens inverse; le sens de la roue T′ étant de même renversé, le mentonnet U′, poussé tout à l'heure, le sera encore après son déplacement dans la coulisse, d'où la machine continuera sa marche renversée dans les mêmes conditions que précédemment.

On voit donc que la question est ramenée à cette double condition : déplacer à volonté le mentonnet U′ dans la coulisse, ce qui déplace en même temps les tiroirs de distribution, et combiner le mécanisme de façon à ce que chacune des deux positions de ce mentonnet corresponde au sens de la rotation qui le fait *pousser* ou *entraîner* par la roue T′.

L'examen du mécanisme détaillé va nous permettre de faire comprendre que les deux conditions sont complétement remplies. (Voir à ce sujet les fig. 4 et 6, avec les détails fig. 10 et 11.)

L'arbre S porte à son extrémité un volant à main *a* dont le mamelon central est muni d'un pignon *b*, le tout non calé sur l'arbre; le pignon *b* engrène avec une roue *c* dont l'axe est un goujon fixé sur le plateau U et traverse une coulisse pratiquée dans la roue T′ en opposition avec celle dans laquelle le mentonnet U′ est engagé. Mais le goujon de cette roue *c* porte également un pignon *d* qui engrène avec un secteur denté *d′* fixé sur la circonférence intérieure de la coulisse, dans laquelle le pignon *d* peut alors se déplacer en tournant.

Il ressort évidemment de cette disposition que, pendant la marche, la roue T′ emporte dans la rotation toutes les pièces de ce mécanisme, comme si le tout ne faisait qu'un seul morceau, y compris l'arbre S et le volant *a*. Les roues et pignons *b*, *c* et *d* n'ont alors aucun mouvement relatif.

Supposons maintenant la machine au repos et le mentonnet U′ dans la position qu'il occupe lorsque la marche s'effectue dans le sens indiqué par les flèches sur le tracé fig. 11. Si, dans cette position, on vient à agir à la main sur le volant *a*, *en sens contraire du mouvement que lui donnerait naturellement la machine*, le pignon *b*, solidaire du volant, fera tourner la roue *c*, laquelle ne peut tourner sur elle-même sans se déplacer circulairement à cause du pignon *d* dont la denture est en prise avec le secteur *d′* de la coulisse; mais puisque le goujon de ces deux dernières roues *c* et *d* est fixé dans le plateau U, celui-ci tournera en entraînant l'arbre S et les tiroirs, et le mentonnet U′ occupera dans sa coulisse l'extrémité opposée à celle où la fig. 11 le montre actuellement.

En peu de mots, on change la marche en faisant tourner à la main le volant *a*, ce qui a pour résultat immédiat de déplacer le mentonnet U′ dans sa coulisse, en faisant aussi tourner l'arbre S dont la variation entraîne naturellement le déplacement des deux tiroirs de distribution.

Ce remarquable mécanisme a d'abord pour avantage de réduire considérablement l'effort à faire pour cette manœuvre, en raison des engrenages qui divisent l'effort au point de le ramener à celui que la main peut facilement exercer : la légèreté du volant *a* pourrait déjà en donner la mesure ou au moins une idée. Mais pour rendre compte de la promptitude et de la facilité que ce mécanisme procure, nous allons montrer que la machine conservant un reste de mouvement, la vapeur ayant été, bien entendu, supprimée, la simple pression de la main peut suffire, pour ainsi dire, pour renverser la marche.

En effet, puisqu'il faut, l'appareil au repos, faire tourner le volant *a* en sens contraire de celui suivant lequel la machine l'emporterait, il est clair que cela revient à *s'opposer au mouvement* du volant *a*, lorsqu'elle tourne.

Ainsi, pendant que le moteur tourne encore dans le sens indiqué par les flèches (1), fig. 11, pressons le volant *a* par sa jante avec la main, de façon à l'empêcher de suivre la rotation ; le pignon *b* sera naturellement arrêté avec lui, et la roue *c*, emportée par celle T', commencera à tourner sur elle-même, ainsi que le pignon *d* qu'elle porte ; celui-ci marchera dans la coulisse circulaire, mais en entraînant le plateau U dont le mentonnet U' s'avancera en même temps dans sa coulisse ; *il devancera* donc la roue T' qui cessera de le pousser. Enfin, deux tours de mouvement environ, conservés par la machine, auront suffi pour préparer les tiroirs à une marche inverse, en appuyant simplement sur la circonférence du volant *a*.

Nous nous sommes un peu étendu sur la description de ce mécanisme de changement de marche, afin de le bien faire comprendre, parce qu'il exige, en effet, plus d'explication qu'il n'est réellement compliqué. Nous terminons cette description d'ensemble par quelques mots sur les pompes alimentaires.

Ces pompes V sont indiquées en vue de face et en coupe sur la fig. 4, en projection horizontale extérieure sur la fig. 5, et en coupe transversale sur la fig. 3. Le corps de chacune d'elles est fixé horizontalement sur la face du bâti B ; leurs deux tiges sont clavetées après un châssis V' dont l'intérieur forme une coulisse rectangulaire dans laquelle glisse un coussinet monté sur un tourillon fixé sur la roue T.

On connaît ce mécanisme, employé dans divers cas, et surtout dans quelques machines marines, pour commander la pompe auxiliaire nommée *petit cheval*. Le châssis V' reçoit ainsi un mouvement de va-et-vient qu'il communique aux deux pompes, dans les mêmes conditions qu'une manivelle avec bielle *infinie,* excepté que la bielle est supprimée et que la longueur des tiges peut être réduite au contraire à son minimum.

On verra, dans la section réservée aux moteurs divers, le tracé de cet appareil dit *petit cheval d'alimentation,* considéré comme machine à vapeur *à action directe.*

---

(1) Remarquons que la réglementation du tiroir et le détail du changement de marche (fig. 11) ont été dessinés dans les rapports de position correspondant à la marche en arrière au lieu de celle en avant, qui est évidemment la marche normale. Mais comme les positions relatives sont bien exactement conservées, il n'en résulte aucun inconvénient. Il suffit de le savoir pour placer le tout dans la position contraire.

DÉTAILS DE CONSTRUCTION

PLAQUE DE FONDATION. — Ce que l'on désigne ainsi dans cet appareil est en effet une véritable plaque en deux parties qui correspondent à chaque machine simple, mais qui sont fondues avec des hausses B figurant des supports verticaux sur lesquels on vient appuyer les cylindres et les condenseurs, et ménager les paliers de l'arbre de couche; ces bords relevés sont situés aux deux extrémités et au centre.

Ce sont, en résumé, des pièces de fonte très-remarquables pour le nombre de parties réservées aux diverses fonctions de la machine; elles ne peuvent être décrites, du reste, qu'en même temps que ces parties mêmes, ainsi que nous le ferons successivement. Nous signalerons, quant à présent, l'extrême solidité qu'elles doivent présenter et le soin nécessaire à apporter en les réunissant soit entre elles, soit aux carlingues en charpente disposées dans le navire pour les recevoir.

Les fig. 1 et 3, pl. 44, indiquent une ouverture ménagée aux deux plaques, au-dessous du passage des bielles motrices, avec une gouttière *e* disposée pour recevoir les graisses échappées et les recueillir au lieu de les laisser s'écouler dans la cale.

CYLINDRES A VAPEUR. — Les cylindres A sont fondus avec des parties de bâti par lesquelles ils reposent sur celles correspondantes appartenant à la base B; elles s'avancent jusqu'à l'arbre moteur et forment l'une des parois verticales de la cage où sont ajustés ses coussinets.

Chaque cylindre est venu de fonte, du côté de l'entrée des tiges du piston, avec un fond dans lequel on a ménagé une ouverture centrale, de toute façon nécessaire dans l'exécution pour le passage de l'arbre de l'alésoir, et fermée en marche par un tampon *f*. Les boîtes à étoupes des deux tiges G du piston sont placées dans la partie pleine. L'autre extrémité est close par un fond mobile ayant le diamètre même de l'alésage, mais qui est aussi muni d'une ouverture avec tampon *f'*, permettant de visiter l'intérieur du cylindre plus facilement que si l'on était obligé de démonter le fond entier; ces deux ouvertures centrales *f* et *f'* ont néanmoins près de 80 centimètres de diamètre, de façon qu'un homme peut *entrer* dans le cylindre par l'un ou l'autre bout.

Les cylindres sont munis à leurs deux extrémités d'une soupape de sûreté *g*, retenue sur son siége au moyen d'un ressort à boudin en acier de section rectangulaire, et recouverte d'une cloche en bronze servant de point d'appui au ressort et percée d'une ouverture d'évacuation.

Outre les robinets purgeurs qui se manœuvrent à la main, il existe un système automoteur de purge fonctionnant continuellement. Il se compose d'un petit tiroir *h* (fig. 1) disposé dans une boîte ménagée à la partie inférieure de chaque cylindre, et qui reçoit son mouvement de l'arrière-tige L du tiroir de distribution par un balancier *h²*. La boîte ou cavité dans laquelle joue ce petit registre *h* communique avec l'intérieur du cylindre directement par l'extrémité où elle est ménagée et avec celle opposée par un tuyau *h'*. Elle est recouverte d'une plaque de bronze sur laquelle glisse le tiroir qui règle l'ouverture d'un orifice auquel vient s'adapter extérieurement un tube communiquant avec le condenseur.

La purge des cylindres a lieu ainsi automatiquement en marche; la main du mécanicien n'intervient qu'au moment de la mise en train, après un arrêt plus ou moins prolongé.

Nous avons dit que des robinets spéciaux sont aussi affectés à ce service. Leurs clefs sont reliées à deux axes i et i' (fig. 1) qui portent extérieurement des leviers i^2 rattachés à des tringles verticales i^3 (fig. 4), lesquelles s'élèvent au-dessus du plancher de manœuvre de façon à se trouver à portée de la main. L'axe i' correspond au cylindre d'arrière à l'aide d'un renvoi transversal que les fig. 1 et 2 permettent d'apercevoir.

TIROIR ET BOÎTE DE DISTRIBUTON. — Chaque tiroir M est une pièce rectangulaire ouverte d'outre en outre, et qui présente ses deux faces parallèles exactement dressées. Les dimensions de ses bandes sont calculées, par rapport aux orifices du cylindre, pour opérer une détente par recouvrement, pendant le dernier tiers de la course du piston, dans les conditions qui ont été expliquées (t. 1er, p. 382). .

La particularité que présente ce tiroir est d'être *équilibré*, autrement dit, la pression qu'il supporte de la part de la vapeur est extrêmement réduite. On remarque qu'en effet sa face supérieure est mise, exclusivement, en rapport avec le vide du condenseur, moins les deux arrondis latéraux (fig. 6), qui sont seuls soumis constamment à l'effort de la vapeur active.

Il faut donc que la capacité supérieure de la boîte L soit parfaitement étanche par rapport à celle dans laquelle se meut le tiroir, puisque l'une correspond à un espace où le vide doit être maintenu, tandis que l'autre communique avec la vapeur des chaudières.

Pour cela la boîte à vapeur présente deux capacités superposées et rectangulaires, dont la séparation est opérée par un cadre en fonte j, qui forme une garniture élastique et contre lequel frotte le tiroir M. Le cadre en fonte laisse un vide en dessus que l'on remplit d'étoupe grasse, qui se trouve pressée par un second cadre en bronze j'. Ce cadre, ou presse-étoupe, est maintenu par un certain nombre de vis ordinaires et par quatre vis principales j^2 dont les têtes se terminent extérieurement par une clef qui se trouve constamment sous la main du mécanicien, de façon qu'elles puissent être serrées en marche.

En outre, le presse-étoupe j' est encore repoussé par deux organes spéciaux k, qui sont des *graisseurs atmosphériques*, dont la fig. 9 est un détail en section transversale, à une grande échelle.

Cet ingénieux appareil se compose d'un vase en bronze, alésé pour recevoir un piston k' de même métal dont la tige vient appuyer sur le presse-étoupe j'. Cette tige est percée longitudinalement d'un canal qui communique, par des petits trous k^2 et k^3, d'une part, avec la capacité du vase comprise sous le piston, et, d'autre part, avec l'espace occupé par la garniture supérieure du tiroir M. Comme on sait que le vide, par le condenseur, est établi au-dessus du tiroir, son influence se fait sentir, par la tige, sous le piston k' que la pression atmosphérique repousse alors et fait appuyer, par l'extrémité de sa tige, sur le presse-étoupe *j'*. Cette partie supérieure du vase *k* est remplie de graisse qui sert d'abord à étancher parfaitement le piston *k'*, et à laquelle on livre passage à volonté dans la partie inférieure, en détournant la soupape à vis et à béquille *k⁴* ; la graisse repoussée par la pression extérieure s'introduit dans le vide de la tige du piston, et soit qu'elle remplisse préalablement le vide compris au-dessous de ce dernier, soit qu'elle continue de suivre la tige creuse, elle parvient, par les petits trous *k³*, à la garniture du tiroir.

Nous avons vu que ce tiroir est muni de deux tiges, l'une par laquelle il est commandé, et l'autre qui lui sert d'arrière-guide. La première est rattachée à une bielle R qui est assemblée, ainsi qu'il a été dit, avec l'arbre à coude S. La jonction de la tige et de la bielle est pourvue d'un coussinet maintenu par une glissière M' disposée en avant de la boîte de distribution.

Détente et introduction de la vapeur. — Nous avons montré comment la vapeur, avant d'arriver au tiroir M, est obligée de traverser une boîte cylindrique O dans laquelle un papillon rectangulaire en bronze O², en oscillant, produit une certaine détente, suivant la disposition que nous avons rencontrée précédemment en décrivant l'appareil de l'*Aigle*. Nous devons examiner comment ce papillon est commandé dans l'appareil actuel.

Son axe porte, du côté intérieur des machines, un demi-pignon d'angle *l* (voir le détail fig. 7 et 8) qui engrène avec un secteur semblable *l'*, lequel est monté sur un goujon fixé dans un support solidaire de la boîte de distribution; ce secteur porte, en retour d'équerre, une platine avec coulisse dans laquelle se trouve engagé un coussinet portant des tourillons auxquels se rattache la tige d'un excentrique circulaire O'.

Déjà il est aisé de comprendre que l'oscillation communiquée à la platine par l'excentrique est transmise au papillon O², avec le changement de plan dû aux secteurs dentés *l* et *l'*. Le papillon est centré à l'intérieur d'un cylindre en fonte O, percé des deux côtés d'ouvertures rectangulaires et symétriques; son déplacement s'y effectue à frottement doux contre des saillies ménagées aux lèvres des ouvertures et alésées cylindriquement.

L'oscillation du papillon le reporte d'un bord à l'autre en traversant les orifices dont il occupe le milieu au maximum d'ouverture. Si le mécanisme est réglé de façon à ce que la position centrale du papillon corresponde au départ du piston, de l'une ou de l'autre extrémité du cylindre, la vapeur traverse en ce moment tous les orifices en toute liberté ; mais bientôt le papillon venant à atteindre les bords des ouvertures de la boîte, l'interception du passage de la vapeur produira la détente, si le piston n'a pas encore achevé sa course.

Or le moment d'interception peut varier si l'amplitude de l'oscillation du papillon O² change, de façon à pénétrer plus ou moins sous les lèvres des ouvertures où il n'existe aucun repos.

Plus cette amplitude sera grande, et plus court sera le temps que le papillon emploie à passer de la position centrale au point de fermeture, ce qui correspond alors à la détente la plus prolongée.

Au contraire, si l'amplitude de cette oscillation correspond simplement à la largeur même des ouvertures, augmentée du recouvrement nécessaire, l'introduction à pleine vapeur aura sa plus grande durée.

On fait varier cette amplitude, et par conséquent le degré de la détente, en déplaçant à volonté le point d'attache de la barre d'excentrique O' sur la platine l'. Nous avons montré que cet assemblage a lieu par un coussinet à tourillons (fig. 7) ajusté dans une coulisse; ce coussinet forme écrou par l'une de ses faces à une vis longue l^2 retenue dans la platine l', et qui ne peut que tourner sur elle-même. Il est clair qu'en faisant tourner cette vis à l'aide du petit volant l^3 qu'elle porte, on déplace le coussinet dans sa coulisse, ce qui modifie l'angle d'oscillation de cette pièce, puisque la corde de cet angle, égale à la course de l'excentrique O', est invariable. Les changements survenus dans l'angle décrit par le secteur l' sont évidemment ressentis par l'oscillation du papillon O^2. Chaque position déterminée, on assure celle de la vis l^2 en resserrant une petite vis de pression l^4.

La détente est donc opérée par les effets combinés du papillon O^2 et du tiroir de distribution par la largeur de ses bandes. La vapeur, interceptée d'abord par la fermeture du papillon, l'est ensuite dans le cylindre même par le tiroir. Ce dernier ne produisant qu'une détente fixe, à partir du dernier tiers de la course du piston, on obtient, à l'aide des variations d'amplitude du papillon, les degrés de détente totale: 0,5, 0,6 et 0,7 de la course du piston.

Mais particulièrement pour une machine de navigation, et surtout pour celle-ci qui est appliquée à un navire de guerre, on doit pouvoir au besoin supprimer la détente, afin de profiter, dans un moment donné, de toute la puissance que la machine est capable de développer, même en négligeant les chances possibles d'avaries, s'il s'agit d'échapper à un danger imminent, ou pour effectuer une manœuvre à la rapidité de laquelle on attache le salut de l'expédition.

A cet effet, il faut ici soustraire les papillons O^2 des deux machines à l'action du mécanisme qui les fait mouvoir. Ces papillons sont traversés chacun par un axe hexagonal dont l'extrémité se termine par une griffe qui l'embraye avec le secteur l correspondant; en faisant glisser cet axe longitudinalement, on le dégage du secteur, et il devient indépendant et immobile, ainsi que le papillon.

Pour exécuter cette manœuvre promptement et pour les deux systèmes à la fois, les deux axes sont pris par un sommier dont le milieu est traversé par une tige, qui s'y trouve montée à rappel et qui est filetée dans un écrou fixe. En tournant cette vis par le volant m qu'elle porte (voir fig. 1 et 4 au-dessous du conduit Q qui amène la vapeur), on la fait avancer dans son écrou avec le sommier et les deux axes des papillons qui y sont rattachés. Néanmoins, comme cette opération peut s'effectuer indépendamment de la position occupée par les papillons, et que ceux-ci doivent maintenir les orifices des boîtes O ouverts en plein lorsqu'ils ne fonctionnent plus, on les amène dans cette situation en agissant séparément sur un levier basculant m' (fig. 1 et 4) monté sur leur axe, en dehors du sommier qui les relie tous deux.

Après avoir examiné ce qui regarde la distribution et le mécanisme de détente, il nous reste à parler des organes qui complètent celui de l'introduction de vapeur.

Nous avons dit que la vapeur est amenée des générateurs par un énorme conduit Q, de 0^m64 de diamètre intérieur, se terminant par une tubulure P′ à deux branches P, qui correspondent respectivement à chaque machine. Ces deux branches forment des boites demi-circulaires qui recouvrent un tiroir P² (fig. 6) destiné, ainsi qu'il a été dit, à isoler les machines, si l'une des deux venait à se trouver momentanément hors de service. On fait jouer chacun de ces tiroirs à l'aide d'une tige filetée portant un petit volant n, fig. 1 et 4.

La grosse conduite est munie d'un obturateur principal consistant en un papillon circulaire et oscillant dont les fig. 4, 5 et 6 montrent le mécanisme de commande, lequel se compose d'un pignon d'angle n' avec secteur n^2, montés respectivement sur un axe vertical n^3 et sur celui horizontal n^4 du papillon. L'axe vertical n^3 est muni d'un volant n^5 placé à la portée du mécanicien au-dessus d'une colonnette, laquelle sert de guide à l'axe et porte une petite vis de pression qui permet de l'assujettir dans chaque position qu'on lui donne, alors que la machine est en pleine marche et pour un temps de quelque durée.

Condensation. — La disposition intérieure des coffres qui constituent l'ensemble de chaque condenseur doit être étudiée surtout à l'aide de l'examen des figures, car les formes en sont assez complexes pour qu'une simple description suffise à peine à en donner une idée.

On y remarque trois divisions principales :

1° Une chambre traversée par le corps de pompe C (fig. 1 et 3);

2° Une division N′ en relation directe avec le conduit N d'échappement de vapeur, et en rapport avec le corps de pompe par le double jeu de clapets d'aspiration o;

3° Une division supérieure C′, en communication commune pour les deux condenseurs voisins, en relation directe avec un conduit d'expulsion C², et en rapport avec chaque corps de pompe par le double jeu de clapets de refoulement o'.

La capacité N′ reçoit directement la vapeur échappée des cylindres, qui lui est amené par le conduit N, en cuivre rouge, de 0,63 de diamètre intérieur, réuni d'un bout par une bride boulonnée avec la tubulure L′ fixée sur le sommet de la boite à vapeur, et de l'autre avec le condenseur au moyen d'un joint à presse-étoupe, afin de le laisser libre de céder aux influences de la dilatation. Cette même division N′ porte contre l'une de ses parois, et fondu de la même pièce, un canal p qui, débouchant à l'extérieur, pour communiquer par un tuyau avec la mer, se termine intérieurement par le robinet d'injection p'. Les deux robinets semblables sont reliés par un mécanisme composé de portions de roues d'angle p^2 avec axe horizontal p^3; le pignon monté sur le robinet de la machine d'avant est muni d'un bras prolongé avec secteur denté p^4 qui engrène avec un petit pignon appartenant à un axe vertical p^5, lequel, par son volant p^6, permet de manœuvrer simultanément les deux robinets d'injection; on voit (fig. 4) que ce mécanisme est semblable à celui de la mise en train et lui fait pendant sur l'avant des machines. .

La même capacité N′ communique par des orifices avec les deux entretoises q et q' qui relient la glissière inférieure du piston au coffre du condenseur; ces entretoises sont creuses et forment des parties de conduits. L'une d'elles, celle q, communique avec le clapet d'aspiration de l'une des pompes alimentaires; la seconde q' se termine à la partie inférieure par la soupape du *reniflard* q^2. Ce dernier a pour objet de laisser évacuer l'air et l'eau refoulée lorsqu'on purge le condenseur, opération qui s'effectue en y envoyant de la vapeur des chaudières que l'on y admet à l'aide d'une soupape dite de purge.

Les clapets sont formés de lames de caoutchouc vulcanisé, prises par le milieu de leur largeur et montées sur un siége en bronze, lequel est divisé par des barreaux qui soutiennent le clapet contre la pression qu'il supporte. Au moment de la levée, le clapet est soulevé par ses deux bords extérieurs et vient s'appuyer contre une pièce d'arrêt demi-cylindrique qui le pince, par le milieu, entre elle et le siége.

Le corps de pompe C est fondu de la même pièce que l'ensemble du condenseur, mais il est garni intérieurement d'une chemise en bronze, autant pour éviter l'oxydation que l'eau de mer produirait rapidement avec la fonte de fer, que pour se réserver la faculté de la renouveler isolément lorsque le besoin s'en fait sentir, tout en conservant la pièce principale.

Faisons observer encore que le conduit C^2, par lequel la pompe refoule l'eau de condensation à la mer, est pourvu d'une soupape de sûreté C^3 (fig. 1), afin de prévenir toute chance d'accident pouvant résulter, par exemple, d'une obstruction de ce conduit. Il est digne de remarque, du reste, qu'avec les navires de grandes dimensions, la ligne de flottaison est à une hauteur assez considérable au-dessus de la machine pour que la colonne d'eau à soulever par la pompe à air, pour expulser celle du condenseur, représente un effort qui ne peut être négligé. On peut évaluer, dans la circonstance actuelle, à environ $2^m,50$, la hauteur de la ligne de flottaison au-dessus du centre de la pompe à air, ce qui porte à plus d'une atmosphère la pression qu'elle surmonte en refoulant, en tenant compte du vide partiel existant dans le condenseur.

GROS MÉCANISME DE TRANSMISSION. — L'arbre moteur D est un spécimen admirable des immenses pièces de forge que l'on est parvenu aujourd'hui à exécuter, avec une facilité relative, dans les ateliers pourvus du matériel nécessaire. C'est une seule pièce de fer comprenant trois parties cylindriques de $0^m,420$ de diamètre, et deux coudes, disposés à angle droit, ayant des dimensions correspondantes, c'est-à-dire que les *boutons* sur lesquels les bielles sont assemblées possèdent le même diamètre. La longueur totale de cet arbre d'un palier à l'autre, plus un excédant pour son manchonnage avec la ligne d'arbre prolongée jusqu'à l'hélice, n'est pas moindre de $6^m,50$; son poids total est d'environ 16500 kilogrammes.

Des masses aussi importantes que les deux coudes, qui représentent chacun deux énormes manivelles, doivent être équilibrées, sans quoi leur poids nuirait sensiblement à la régularité de la vitesse de rotation de la machine. Chaque branche des coudes est, à cet effet, prolongée de l'autre côté de l'axe par une masse D' équivalente, ce que montrent les fig. 1, 2 et 6; c'est une pièce en fonte réunie avec l'arbre par des clefs à queue d'hironde et parfaitement raccordée, de façon qu'elle semble en faire partie. Dans plusieurs appareils analogues construits par la marine, les ingénieurs appliquent des grands plateaux en deux pièces dans lesquels sont ménagés des vides que l'on remplit de plomb, pour permettre d'établir l'équilibre avec toute la régularité désirable (1).

L'arbre est porté par trois paliers, dont deux aux extrémités et un au milieu de la longueur. Ces paliers sont formés, comme il a été dit, par le bâti inférieur B et par les hausses fondues avec les cylindres et les condenseurs; les trois chaises B', qui supportent l'arbre de la distribution, en sont les chapeaux. Les coussinets sont des coquilles en fonte e' coupées verticalement, et dont l'extérieur est rectangulaire comme la cage dans laquelle ils sont ajustés. Ils y sont maintenus latéralement par des cales en fonte e^2 qui, une fois en place, sont arrêtées par leurs rebords qui s'emboîtent avec des nervures ménagées aux faces latérales intérieures du palier; de fortes clavettes en fer servent à la fois, par une combinaison analogue, à pousser les coussinets contre le tourillon et à les retenir entre les cales e^2. Cette disposition a pour objet de faciliter la visite de l'arbre, en sortant les coussinets, pour laquelle opération il suffit simplement de retirer les clavettes.

Les coussinets sont en fonte, mais leur intérieur est garni de ce métal dit *antifriction,* très en usage dans la construction navale, et dont nous parlerons plus loin à propos du *palier de butée.*

Pour terminer ce qui regarde l'arbre, nous ferons remarquer la grande portée donnée aux tourillons, qui est égale à plus de deux fois le diamètre; on sait que c'est là une condition très-importante pour éviter l'usure rapide et l'échauffement qui pourrait se manifester avec intensité sous l'influence de l'énorme charge que ces points d'appui supportent.

Les deux bielles motrices E sont des pièces en fer forgé très-importantes, avec les deux têtes en deux parties démontantes, en raison des deux tourillons extrêmes qui sont tous deux fermés par des collets de la même pièce.

Le tourillon, forgé avec la traverse H à laquelle viennent s'assembler les tiges G, est limité par deux parties rectangulaires qui s'emboîtent, haut et bas, avec les deux glissières en fonte I; des rebords et des arrêts convenablement ménagés maintiennent ces trois pièces réunies dans leur commun mouvement de translation.

Les glissières I présentent de larges palins qui s'appuient sur des tables dressées, et ménagées, comme il a été dit, à la partie inférieure du condenseur et au bâti inférieur B; des rebords y sont réservés pour maintenir latéralement les glissières, et celle inférieure est en outre fermée aux deux bouts par un rebord creux, rapporté pour retenir la graisse. Si les cylindres sont puissants, on peut voir que ces glissières y répondent bien par leur largeur, qui est égale à 80 centimètres sur 92 de longueur, soit une superficie de 7360 cent. carrés pour supporter la pression due à la décomposition du mouvement par l'obliquité de la bielle.

MÉCANISME DE CHANGEMENT DE MARCHE. — Nous revenons à ce mécanisme pour en expliquer les détails.

Une partie importante de cette construction, c'est le montage du pignon b, lequel,

____

(1) Voir à ce sujet, dans le *Vignole des mécaniciens,* le chapitre des arbres.

ainsi que la roue T', n'est pas solidaire de l'arbre, comme on a pu le voir. La disposition du volant a, par rapport au pignon b, mérite aussi un examen particulier. Le détail (fig. 10) représente cet assemblage à une grande échelle.

Le pignon b est en fer forgé et s'emmanche sur le bout de l'arbre S; il est garni intérieurement d'une virole en bronze, à cause du frottement des deux parties l'une sur l'autre lorsqu'on fait opérer le changement de marche. La roue T', qui, dans la même circonstance, doit aussi frotter sur l'arbre S, est garnie de la même façon. Il faut que ces deux pièces, le pignon b et la roue T', soient retenues longitudinalement, puisqu'elles ne sont pas fixées à demeure. A cet effet, l'arbre S est prolongé de manière à présenter un tourillon S' à l'extrémité duquel une rondelle r, fixée en bout au moyen d'une vis r', forme un collet rapporté qui retient le pignon b à sa place, lequel tient également la roue T' prise entre lui et le plateau U.

Le volant a, qui, pendant la marche, tourne avec l'arbre S, doit être néanmoins solidaire du pignon, puisque c'est par lui que l'on fait agir ce dernier. Il pourrait être simplement calé au moyen d'une clef sur le prolongement du pignon; mais les constructeurs ont préféré adopter pour cela une virole conique a', qui tient à la fois le volant calé et serré. Le volant, ajusté sur cette virole, s'appuie contre une embase ménagée au pignon b; la virole est maintenue elle-même et serrée au degré voulu par un écrou a^2 monté sur l'extrémité filetée du pignon.

Les deux roues T et T' sont enveloppées par des tambours en fonte c' qui ont surtout pour objet de recouvrir leurs dentures; le volant a, le pignon b et la roue c sont les seules pièces maintenues extérieurement. La partie supérieure de cette enveloppe a été coupée (fig. 4), afin de laisser voir le mécanisme.

Pompes alimentaires. — Ces pompes V sont remarquables en quelques points par lesquels elles diffèrent de celles appliquées ordinairement aux machines fixes.

Chaque pompe est formée d'une seule pièce de bronze comprenant le corps cylindrique et la chambre des clapets. Ceux-ci sont à charnière; on les met en place par un large regard fermé par une plaque s fixée par des boulons. Le piston est un cylindre creux, aussi en bronze; il est relié à la tige du châssis V' par un assemblage à douille avec vis de pression s^2 qui permet, en la desserrant à la main, d'isoler à volonté la pompe du jeu de la machine. Le corps de pompe se termine par une cloison qui forme le siége d'une soupape t, derrière laquelle l'intervalle libre est en relation permanente avec le conduit d'aspiration. Cette soupape, qui est maintenue sur son siége par un levier extérieur t' rappelé par un ressort à boudin, permet à l'eau refoulée, s'il survient une obstruction quelconque dans le conduit qui mène à la chaudière, de s'en retourner d'où elle vient, par le tube d'aspiration; c'est la soupape de sûreté ordinaire des pompes alimentaires, mais avec ce perfectionnement important.

COMMANDE DE L'HÉLICE.

Pour des appareils aussi importants que celui-ci, et en général lorsqu'on atteint une certaine limite de puissance, la transmission de la machine à l'hélice se fait par une ligne d'arbres formée de plusieurs parties réunies et embrayées à l'aide de dispositions particulières très-étudiées. Pour les détails complets d'un tel mécanisme, nous renvoyons à l'un de nos ouvrages spéciaux (1), dans lequel il se trouve très-amplement décrit et où l'on trouvera des modifications apportées à la disposition actuelle, dont nous désirons cependant faire connaître ici la composition générale.

Cette ligne d'arbres comprend quatre parties : l'arbre coudé de la machine, celui qui porte l'hélice et deux bouts intermédiaires ; la mise en place de l'ensemble et la nécessité de parer aux flexions inévitables, conduisent à établir ce fractionnement de l'arbre entier, qui a encore d'autres motifs que nous allons faire connaître.

Déjà nous avons expliqué (p. 318) qu'il est nécessaire d'*affoler* l'hélice. Lorsqu'elle est *amovible*, c'est-à-dire montée dans un cadre mobile au moyen duquel on la sort entièrement de l'eau, des opérations préalables sont indispensables pour rompre sa jonction avec l'arbre. Si elle est *fixe*, il faut, pour l'affoler, débrayer l'arbre qui la porte du reste de la ligne.

De toute façon il faut un manchonnage mobile entre la ligne d'arbre entière et la partie qui correspond directement à l'hélice, afin d'en isoler le moteur. Les autres jonctions de la ligne d'arbre sont fixes, mais les manchons au moyen desquels elles sont effectuées sont construits de manière à laisser à l'ensemble la liberté de céder aux flexions qui sont susceptibles de se produire, par les variations des points d'appui, malgré leur extrême solidité.

Enfin il existe deux appareils d'une extrême importance, qui sont l'*évolueur* et le *vireur* ; puis, parmi les divers supports de cette ligne d'arbres, le palier de *butée* ou de *poussée* (p. 327).

L'expérience ayant démontré que l'on peut facilement, en faisant tourner l'hélice à bras d'homme, faire acquérir au bâtiment une vitesse de 4 et 5 nœuds, on a appliqué à son axe le mécanisme, appelé *évolueur*, qui permet, à l'aide de cordages et d'un cabestan, de mettre l'hélice en mouvement après l'avoir isolée du moteur, et de faire des manœuvres dans un port ou en rade, alors que les feux ne sont pas allumés ; la même propriété, en cas d'avarie qui mette la machine hors de service, donne la faculté de faire route pour le premier port de relâche, si l'on ne peut profiter du secours des voiles.

Le *vireur* a aussi pour objet de faire tourner la ligne d'arbres à bras pour rétablir sa jonction avec l'hélice, lorsque celle-ci a été isolée, ou encore de faire marcher la machine *à blanc*, soit qu'il s'agisse d'une manœuvre d'entretien, soit pour changer les pièces de place et les empêcher de gripper par une immobilité trop longtemps prolongée. Comme le mécanisme de la machine offre une très-grande résistance pour une manœuvre à bras et que la vitesse à produire n'est nullement en question, le vireur consiste dans la combinaison d'une grande roue dentée, montée sur l'une des parties de l'arbre, et d'une vis sans fin dont l'axe est mis en rapport avec les engins mus à bras d'hommes.

---

(1) Le *Vignole des mécaniciens*, essai sur la construction des machines, 1re partie.

Les fig. 12 et 13, pl. 44, représentent en détails l'embrayage de l'hélice, l'évolueur et le palier de poussée; nous allons en expliquer la construction.

EMBRAYAGE DE L'HÉLICE ET ÉVOLUEUR. — Nous venons de dire que la ligne d'arbres est composée de l'arbre à coudes D, et de deux arbres droits intermédiaires dont un, D^3, vient se joindre, par le mécanisme de débrayage, avec celui D^4 qui porte l'hélice; cette disposition correspond à une hélice *affolée* et non amovible.

Ce débrayage est composé d'un plateau circulaire Z fixé sur l'arbre D^4 de l'hélice, et d'un manchon mobile ou *toc* Y′, de forme elliptique, glissant sur l'extrémité de la partie d'arbre D^3, et qui porte deux goujons cylindriques x destinés à pénétrer dans les trous ménagés au plateau Z. Ces goujons x, qu'ils soient ou non engagés dans le plateau Z, sont constamment guidés et soutenus par une pièce intermédiaire Y, elliptique comme le toc et fixée sur l'arbre D^3, et qui est percée, à cet effet, de deux trous garnis de viroles en bronze pour le glissement des goujons x. Le déplacement du toc s'effectue en agissant sur le levier à fourchette v dont l'extrémité est rattachée par des cordages à un mécanisme de traction mis en mouvement par les hommes de l'équipage; ce levier est articulé sur un point fixe pris sur le palier X qui supporte cette extrémité de l'arbre D^3.

L'extrémité engagée des goujons x est cylindrique, moins deux méplats dans le sens de l'entraînement; le plateau Z possède, pour les recevoir, six trous garnis de bronze, de façon à n'avoir jamais plus d'un douzième de tour à faire faire à l'un des deux arbres pour *rencontrer*. Lorsque les deux arbres sont embrayés, on fixe entre le toc et le collet de l'arbre un collier en deux pièces qui entoure ce dernier et qui a pour but d'empêcher tout recul éventuel de la part du toc.

Le plateau Z est disposé pour servir d'*évolueur*. Il est entouré, à cet effet, d'une couronne en fer forgé, tournée en forme de poulie pour recevoir les cordages au moyen desquels on transmet le mouvement de rotation; l'arrière du plateau forme également une poulie d'un plus faible diamètre pour recevoir une transmission semblable.

En résumé, en débrayant les deux arbres D^3 et D^4, on affole l'hélice pour deux motifs différents :

1° Pour utiliser les voiles et ne pas avoir la résistance que l'hélice offrirait si elle restait liée au mécanisme de la machine;

2° Pour évoluer, en faisant tourner l'hélice à bras et ne pas éprouver encore la résistance du mécanisme.

PALIER DE POUSSÉE. — Ce palier X′, dont les propriétés ont été expliquées précédemment (p. 328), est très-solidement réuni à une pièce de bois qui est elle-même parfaitement reliée à la membrure de la carène dont elle éprouve toute la résistance en lui transmettant la puissance totale du propulseur.

Ce palier est garni d'un coussinet en bronze dont l'intérieur présente une série de onze gorges répondant à un pareil nombre de collets appartenant à l'arbre; ces gorges sont réellement formées par un coussinet garnissant celui en bronze et fait en métal dit *antifriction*. Ce métal, auquel on attribue plus de douceur qu'au bronze, paraît avoir été imaginé par M. Waucher de Strubing qui l'a importé en France en 1844. C'est un mélange d'étain, de zinc et d'antimoine, que l'on coule directement dans le palier, l'arbre y étant préalablement mis en place et sur centre, de façon que le métal se moule directement d'après les surfaces qu'il doit recouvrir (1).

On applique le métal antifriction à différents frottements des machines marines; mais M. le contre-amiral Paris, dans son *Traité de l'hélice,* fait observer qu'il ne convient pas aux articulations à mouvement alternatif, attendu qu'il est très-mou et qu'un coussinet de ce métal, soumis à un effort transversal, s'ovaliserait promptement.

Le palier de poussée est nécessairement pourvu d'un énergique appareil de graissage; un godet graisseur en occupe toute la longueur du chapeau avec autant de mèches qu'il y a de collets.

En recherchant, comme nous le faisons ci-dessous, la puissance réelle que cet appareil, dont la puissance nominale est de 1000 chevaux, peut développer en totalité, nous donnons un aperçu de la pression supportée par le palier de poussée.

HÉLICE DOUBLE A DEUX AILES.

Les navires de l'État, d'une puissance comparable à ceux qui reçoivent des appa-

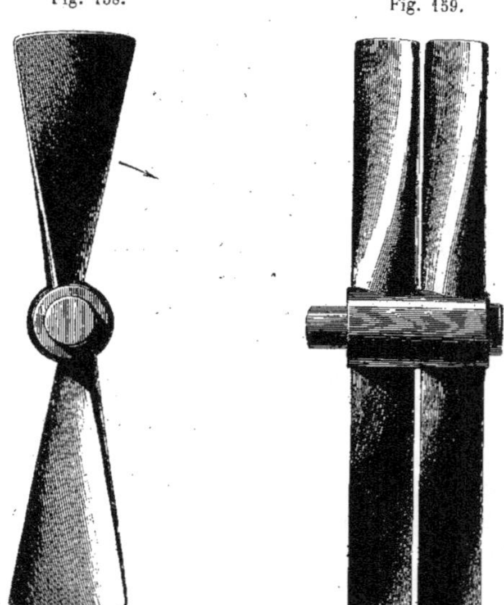

Fig. 158.

Fig. 159.

reils de 900 et 1000 chevaux, sont aujourd'hui pourvus d'une hélice dite du système

(1) Voir la construction des paliers et supports dans la *Publication industrielle,* vol. x, et le *Vignole des mécaniciens.* Nous appelons particulièrement l'attention, dans ce dernier ouvrage, sur les modifications apportées au palier de poussée, par MM. Mazeline et Cᵉ, pour les appareils de 1000 chevaux.

Mangin, du nom de l'ingénieur qui l'a imaginée. C'est une hélice *double à deux ailes*, c'est-à-dire qui en comprend réellement quatre, fondues de la même pièce et disposées deux à deux, l'une derrière l'autre, comme si on avait replié une hélice à quatre ailes, de façon à les superposer deux à deux; mais, dans cette disposition particulière, la distance qui sépare deux ailes juxtaposées est beaucoup plus faible qu'elle ne serait si elle résultait de l'opération qui vient d'être supposée.

Les fig. 158 et 159 représentent, en vue de face et de côté, et à l'échelle de 0^m,015 pour mètre, un propulseur du système Mangin, et appartenant à une machine de 900 chevaux nominaux; son diamètre est de 5^m,80. Elle appartient à la disposition dite : *en porte à faux,* qui peut être *affolée* et non *amovible.*

La disposition des ailes doubles est due aux considérations suivantes :

Les hélices à plusieurs ailes sont un obstacle à l'opération du relevage (p. 318), ce qui conduit à conserver celles à deux ailes, quoique ces dernières présentent l'inconvénient, comme nous le disions, de créer, en quelque sorte, des points morts au passage simultané des ailes devant le bâti d'étambot qui les masque alors presque complétement. Mais dans cet inconvénient de l'hélice à deux ailes on puise une ressource, car, même en se contentant de l'affoler, on se débarrasse presque entièrement de sa résistance en l'arrêtant justement dans cette position où l'étambot la masque.

M. Sollier, ingénieur de la marine, eut l'idée de composer une hélice à quatre ailes pouvant se replier, comme il a été dit ci-dessus, lorsqu'il s'agissait de l'élever dans le puits ménagé à cet effet. Des dispositions spéciales permettaient d'opérer assez facilement cette manœuvre et de rendre aux quatre ailes leur position normale en remettant le propulseur en fonction.

Sur cette donnée, M. Mangin, également ingénieur de la marine, a proposé cette disposition dans laquelle les quatre ailes sont juxtaposées deux à deux de la même pièce et ainsi maintenues, par conséquent, en marche. Seulement, comme nous le disions tout à l'heure, l'écartement de deux ailes contiguës n'a pas de rapport avec celui qui résulte géométriquement du pas. L'expérience a prouvé que ce système donne de bons résultats, et, ce qui est remarquable, ne donne pas lieu aux mêmes trépidations destructives que les hélices à ailes simples.

Pour les appareils de 1000 chevaux de puissance nominale, le diamètre de l'hélice dépasse 6 mètres, avec un pas de plus de 9 mètres; en bronze, elle pèse environ 12000 kilogrammes.

DIMENSIONS ET CONDITIONS DE MARCHE

DE L'APPAREIL REPRÉSENTÉ PLANCHES 44 ET 45.

Cet appareil est basé sur les données et conditions suivantes :

Diamètre des cylindres à vapeur...................... 2^m,100
Course des pistons............................... 1 ,300

Nombre de coups doubles par minute............... 50 à 51
Pression de la vapeur dans les chaudières............ $2^{atm.},5$
Durée variable de la détente........................ 0,5 à 0,7

La puissance nominale, par chaque cylindre, estimée au moyen de la formule dont l'explication a été donnée précédemment (p. 284), est égale en effet à :

$$F = \frac{D^2CN}{0,59} = \frac{(2,1)^2 \times 1,30 \times 51}{0,59} = 495^{ch.},56.$$

Soit, pour l'ensemble des deux appareils, 991 chevaux, au lieu de 1000, ce qui indique que la vitesse de rotation a été supposée un peu plus élevée.

Mais admettons la marche réglée sur la détente de la plus longue durée et la vitesse de 50 tours, et voyons, par la méthode d'investigation admise jusqu'ici, ce que devient théoriquement la puissance brute développée sur les pistons.

On pose :

Volume engendré par le piston................ $D = 4^{mc.},502$
Volume admis à pleine vapeur (admission 1/3).. $d = 1 \ ,501$
Travail de 1 mètre cube de vapeur à 1 atmosphère
    avec la détente 3,30 (t. ^{er}, p. 81)............ $t = 22671^{kgm.}$
Pression de la vapeur .... $p = 2^{at.},5$
Contre-pression .... $p' = 0 \ ,2.$

La formule (t. ^{er}, p. 333) donne pour le travail d'un cylindre, en chevaux de 75 kilogrammètres :

$$T' = \frac{2\,(1^{m.c.},501 \times 22671 \times 2^{at.},5 - 10333 \times 4^{m.c.},502 \times 0^{at.},2) \times 50^{t.}}{60 \times 75} = 1683 \text{ chev.}$$

Soit une puissance théorique de 3366 chevaux, environ, pour l'appareil complet.

Si le propulseur rend les 65/00 de cette puissance dépensée, l'action propulsive disponible atteindrait, d'après cela :

$$3366 \times 0,65 = 2188 \text{ chevaux.}$$

En admettant que le navire file 13 nœuds, en absorbant cette puissance, on estime ainsi la poussée de l'hélice.

Le sillage correspond à :

$$V = \frac{1851 \times 13}{3600} = 6^m,68 \text{ par } 1'';$$

$$2188^{ch.} \times 75 = 164100 \text{ kilogrammètres.}$$

La poussée correspond, d'après cela, à :

$$\frac{164100}{6,68} = 24566 \text{ kilogrammes.}$$

Ces chiffres, destinés seulement à servir d'exemple du calcul, ne sont néanmoins pas complétement hypothétiques. M. le contre-amiral Paris cite les chiffres suivants qui résultent des expériences du *Napoléon* (p. 339).

Les machines de ce navire ont une puissance nominale de 900 chevaux; la section immergée du maître couple est sensiblement de 98 à 99 mètres carrés.

Dans les épreuves, le travail brut développé sur les pistons s'est élevé jusqu'à 2702 chevaux de 75 kilogrammètres, dont 1500 utilisés, avec 26 coups doubles du piston par minute, et le sillage a atteint 13,86 nœuds.

Avec seulement 17,8 tours de machine par minute et un effort total effectif sur les deux pistons de 118000 kilog., l'effort de traction (égal et contraire à la poussée de l'hélice), éprouvé au moyen d'un dynamomètre, s'est élevé à 15660 kilogrammes.

Avec 19 tours de machine, il s'est élevé à 19120 kil.

Si l'on rapporte ce dernier effort au sillage de 13,86 nœuds, qui correspond à 7^m12 par $1''$ environ, la puissance utilement absorbée équivaut à :

$$\frac{19120^k \times 7^m12}{75} = 1815 \text{ chevaux.}$$

On a vu précédemment que les engrenages qui transmettent le mouvement à l'hélice sont dans le rapport de 3,6 : 2, ce qui correspond à $34^t 2$ d'hélice pour 19 coups doubles de la machine. Ces résultats peuvent donner une idée de ce que devient la poussée pour la machine qui vient d'être décrite, et qui est capable de transmettre à l'hélice une puissance utile de plus de 2000 chevaux.

APPAREIL A HÉLICE D'UNE PUISSANCE NOMINALE DE 30 CHEVAUX

A CONNEXION DIRECTE ET BIELLE RENVERSÉE

Construit par **M. NILLUS** et ses fils

(PLANCHE 46)

Après avoir décrit les grands appareils que l'on exécute principalement pour la marine de l'État, nous désirons montrer une petite machine appliquée à un navire de faibles dimensions; on pourra ainsi mieux apprécier les différences qui existent dans les constructions par celles mêmes des puissances.

Nous choisissons, pour exemple, un charmant petit appareil, construit par la maison Nillus, pour un steamer nommé *Notre-Dame-de-Grâce*, et employé à un service de marchandises entre le Havre et Honfleur. Ce petit appareil est remarquable par sa simplicité et par le peu de place qu'il occupe dans le navire, à bord duquel nous avons eu le plaisir de l'examiner en détails.

On sait que M. Nillus a construit un certain nombre d'appareils à hélice pour lesquels il a adopté un type qui porte son nom. Celui que nous décrivons a quelque analogie, pour les détails avec un autre appareil du même constructeur, et appliqué

II.   48

sur le bateau *Ville de Pont-Audemer* (1); seulement celui-ci était vertical et à engrenages, tandis que l'appareil actuel est horizontal et à connexion directe : aussi paraît-il plus simple, quoique d'une puissance plus élevée.

ENSEMBLE DE LA CONSTRUCTION

La fig. 1 de la pl. 46 est une élévation extérieure de ce moteur, regardé du côté de la machine d'avant, et suivant une coupe transversale de la coque du navire;

La fig. 2 en est une projection horizontale extérieure correspondante ;

La fig. 3 est une section longitudinale, par l'axe 1-2, du cylindre de la machine d'arrière et de la pompe à air qui se trouve située sur le même axe ;

La fig. 4 est un demi-plan qui comprend la même partie de la machine en section horizontale suivant la ligne 3-4;

La fig. 5 est une section transversale, suivant la ligne brisée 5-6-7-8, passant sur le condenseur et sur la boîte à clapets de la pompe alimentaire ;

La fig. 6 est une coupe transversale, sur 9-10, d'un cylindre et de la distribution ;

La fig. 7 est une coupe, sur 11-12, de l'une des boîtes de distribution de vapeur.

De même que le grand appareil à hélice représenté pl. 44 et 45, celui-ci se compose de deux machines accouplées sur le même arbre coudé, disposées en travers du navire et exactement horizontales, les deux cylindres A situés à tribord. Il n'existe qu'un condenseur pour les deux machines, et, par conséquent, qu'une pompe à air, à simple effet, dont le piston sert en même temps de guide rectiligne à celui à vapeur vis-à-vis duquel cette pompe est montée.

L'ensemble des deux appareils comprend donc deux cylindres à vapeur A, fondus tous deux de la même pièce, avec des parties de bâti B venant se relier à des parties semblables B′, qui portent les paliers de l'arbre moteur et s'assemblent, l'un avec une portion semblable B² portant les glissières de l'un des pistons à vapeur, et les deux autres avec le condenseur. Le bâti intermédiaire et celui d'*avant* sont réunis à l'opposé des cylindres par deux entretoises B⁴.

Les pistons C ont chacun deux tiges D qui sont assemblées, pour la machine d'*avant*, avec une traverse à glissière E, à laquelle est attachée la bielle motrice F; pour la machine d'arrière, les tiges du piston sont réunies avec celui G de la pompe à air, qui reçoit ainsi son mouvement, et transmet de fait la puissance du piston à vapeur correspondant à l'arbre moteur par la bielle F′.

L'arbre moteur I passe entre les quatre tiges D; il porte à ses deux extrémités quatre excentriques de distribution qui correspondent aux deux cylindres et aux deux sens de la marche. Nous en parlerons tout à l'heure avec détails.

La vapeur est amenée des générateurs par un conduit principal J bifurqué au-dessus des cylindres en deux branches J′ qui viennent aboutir aux boîtes de distribution K, lesquelles portent une tubulure pour les recevoir. L'échappement au con-

---

(1) Voir les détails de cet appareil dans le xıᵉ vol. de la *Publication industrielle*.

denseur a lieu par un gros conduit L dont l'une des extrémités est adaptée à une
pièce de raccord L', à trois portées, qui s'ajuste sur deux tubulures appartenant
aux cylindres et est en communication avec l'intérieur des tiroirs de distribution.
L'autre extrémité du conduit L vient aboutir au condenseur, dans une partie B³,
fig. 4 et 5, qui forme en même temps la continuation du bâti intermédiaire B'. Le
robinet d'injection M est adapté extérieurement à l'extrémité de la capacité B³.

Le condenseur se compose, ainsi que les figures l'indiquent, d'un coffre en
fonte N, fondu avec les parties de bâti et une bâche élevée qui renferme le clapet
de refoulement portant la tubulure N' à laquelle s'adapte le conduit qui renvoie à
la mer l'eau refoulée par la pompe. Le corps de pompe n'est, proprement dit,
qu'une partie cylindrique assez longue pour guider le piston G qui agit exactement
comme un plongeur foulant.

Le changement de marche appliqué à cette machine est du système de Stephenson,
employé, comme on l'a vu, pour les locomotives. Les barres d'excentriques O et O',
pour chacune des deux machines, sont attachées à la coulisse O² dans laquelle est
engagé un bouton à coussinet appartenant à une petite manivelle P, dont l'axe P'
est monté dans une douille fondue avec la glissière supérieure de la traverse du
piston. (Du côté où cette traverse est remplacée par le piston de la pompe à air,
l'axe P' est guidé dans un support spécial fixé sur le coffre du condenseur.) Le
même axe P' porte ensuite une seconde manivelle P², au bouton de laquelle est
assemblée une bielle P³ qui commande directement la tige du tiroir.

Abstraction faite, pour un moment, de la particularité de la coulisse, chacun des
excentriques, séparément, agit sur le tiroir par un mouvement renversé, les manivelles P et P² formant les bras d'un levier du premier genre.

On a vu que le changement de marche, par une coulisse, s'effectue en déplaçant
celle-ci de façon à amener l'une ou l'autre des barres d'excentrique vis-à-vis de
l'organe commandé, qui est ici, à cause du renversement, le bouton de la manivelle P. Pour que cette manœuvre se fasse simultanément par rapport aux deux
appareils, les deux coulisses sont reliées par des bielles a à deux leviers b qui
appartiennent à un axe c monté sur des supports spéciaux R, lesquels sont fixés sur
les deux bâtis extérieurs de l'appareil. Cet axe porte un secteur denté d, en rapport
avec un pignon e, dont l'axe est muni d'un croisillon à quatre bras f. En agissant
à la main sur ce croisillon, on fait tourner l'axe c, dont les bras b entraînent, par
les tiges ou bielles a, les deux coulisses, pour les repousser ou les soulever, suivant
le cas ; un levier à contre-poids g est adapté à l'arbre c pour équilibrer tout ce mécanisme. On arrête chaque position, ou plutôt, on l'assure, en serrant une vis de
pression à quatre branches a', pour empêcher l'arbre c de tourner dans ses supports.

Il n'existe aussi, pour les deux machines, qu'une pompe alimentaire Q, dont le
piston est commandé par l'une des tiges du piston du cylindre à vapeur d'*avant*.
Le corps de cette pompe est appliqué horizontalement sur la face intérieure du
bâti, dans lequel un conduit a été ménagé pour établir la communication entre le
corps et la boîte à clapets Q' qui se trouve alors à l'extérieur.

DÉTAILS DE CONSTRUCTION

Cylindres et distribution. — Les deux cylindres A sont fondus ensemble, de la même pièce, avec les parties extérieures de bâti B; d'un bout, ils sont fermés par un fond rapporté, et de tout le diamètre, pour introduire le piston; du côté opposé il n'existe qu'un trou central bouché en marche par un tampon *h*. Les boîtes à étoupe, pour le passage des tiges D, se trouvent dans la partie annulaire pleine dans laquelle est également réservée une tubulure pour recevoir une soupape de purge *i*; le fond rapporté en possède une semblable *i'*, plus un robinet graisseur *j*.

Le conduit principal J, qui amène la vapeur aux machines, est muni d'une valve en papillon, disposée dans la boîte *l*, qui permet d'isoler d'un seul coup les deux machines du générateur ou de modérer le passage de la vapeur. Mais, indépendamment de cette première valve, les deux branches J' en possèdent de semblables *l'* qui correspondent particulièrement à chaque cylindre. Ces deux valves, que l'on fait manœuvrer pour la mise en train, sont organisées de manière à les faire mouvoir simultanément; leurs axes sont armés chacun d'une petite manivelle, reliée à une tringle *l²*, de façon qu'en agissant sur la poignée *l³*, dont l'une d'elles est munie, l'autre répète le mouvement avec exactitude et spontanément. Ces deux manivelles s'appuient sur un cadran percé d'une coulisse dans laquelle passe un boulon qui est serré chaque fois que les papillons ont reçu leur degré d'ouverture.

L'introduction de la vapeur dans le cylindre a lieu de la manière ordinaire par le tiroir S, dont les dimensions sont calculées pour produire une détente par recouvrement pendant trois dixièmes de la course. Les fig. 6 et 7 montrent cette distribution, en coupe, par les lignes 9-10 et 11-12.

Le corps de chaque piston est un disque creux, en fonte, dont la circonférence est tournée en gorge profonde; cette gorge est remplie d'étoupe dont l'objet est de faire ressort contre une lame circulaire métallique, fendue en un point, et qui frotte contre les parois du cylindre. Un cercle mobile, serré par des vis, forme presse-étoupe et permet de resserrer cette garniture.

Mécanisme de transmission. — La traverse E, à laquelle correspondent les tiges de piston de la machine d'avant, est forgée, à cet effet, avec deux douilles E' disposées au-dessus et au-dessous de l'axe, suivant la position même des tiges qui s'y rattachent. La bielle correspondante F est formée d'une tige en fer, ronde et renflée, dont les extrémités sont terminées par des patins qui s'adaptent aux coussinets des deux têtes. Ces dernières sont formées par une paire de coussinets en bronze ayant la structure générale de deux moitiés de paliers, qui embrassent les tourillons et se trouvent serrés par deux boulons, lesquels servent en même temps à les maintenir entre le patin de la bielle et un chapeau en fer d'une forme semblable.

La bielle F', de la machine d'*arrière*, diffère de la précédente pour des motifs puisés dans la condition spéciale qu'elle remplit par rapport au piston de la pompe à air. Elle est reliée au piston G par une articulation, formée d'un piton apparte-

nant à la bielle et assemblé, au moyen d'un boulon, avec une chappe en fer *m*
fixée par un écrou au fond du piston; le boulon qui opère cet assemblage, et qui
transmet à la bielle tout l'effort d'un cylindre moteur, est entouré, dans le piton,
d'un coussinet en bronze, en deux parties.

Pour graisser cet assemblage, on a disposé, à l'entrée du piston, un godet graisseur *m'* communiquant par un petit tuyau *m²* avec la chappe qui est percée à cet
effet. Mais, afin de détruire à volonté le jeu produit par l'usure, on a fait le corps
de la bielle indépendant de la tête et du piton, en le réunissant à ces deux parties
par des pas de vis semblables. Si on fait tourner la tige de la bielle, en l'attaquant
au moyen d'une clef par l'embase à six pans *n*, qui lui est ménagée, cette tige
s'avance et repousse le coussinet au contact du boulon. On a soin, pour faire cette
manœuvre, de mettre le piston à vapeur correspondant à l'extrémité *intérieure* de sa
course, car, pour arriver à cette position, le boulon d'assemblage a opéré une traction sur la bielle et s'est mis naturellement en contact avec le coussinet opposé à
celui que l'on repousse ensuite, en faisant tourner le corps de la bielle. Chaque fois
que cette opération a lieu, on assure la position de la tige au moyen d'un contre-
écrou *r* qui l'empêche de se détourner.

CONDENSEUR. — Le coffre N, qui forme le condenseur, est divisé intérieurement en
trois parties par deux cloisons dont l'une forme le siége des deux clapets d'aspiration *o* et l'autre d'un clapet de refoulement *o'*, unique, parce qu'il a toute la dimension du coffre. La division inférieure est la suite du conduit d'échappement L, et
reçoit l'eau d'injection; celle intermédiaire renferme le piston et celle supérieure
communique avec la mer par un conduit qui vient se joindre à la tubulure N'.

Le robinet d'injection M est pourvu d'un mécanisme de renvoi vers l'avant, où
se tient le mécanicien, et où sont ramenées toutes les manœuvres. Sa clef porte une
tige horizontale *p* terminée par une manivelle *p'*, laquelle est reliée, par une petite
bielle *p²*, à un levier d'équerre à poignée *q*, marchant près d'un secteur divisé *q'*.

DIMENSIONS ET CONDITIONS DE MARCHE

Cet appareil est basé sur les principales conditions suivantes :

Diamètre des cylindres	0ᵐ500
Course des pistons	0 350
Nombre de tours par minute	110
Pression de la vapeur	2,5 atm.
Contre-pression dans le condenseur	1/8 atm. environ.
Longueur de la coque du navire de tête en tête	33ᵐ75
Id. à la flottaison	31 50
Largeur du maître couple	5 35
Hauteur du creux	3 15
Tirant d'eau moyen	2 00
Section immergée, en charge, du maître couple	8ᵐ·ᑫ·75
Déplacement en charge	182000 kilog.

En appliquant à cet appareil les mêmes calculs qu'au précédent, et en prenant le même degré de détente 1/3, on trouve, pour la puissance théorique correspondante, 113 chevaux de 75 kilogrammètres, ce qui démontre que la puissance nominale de 30 chevaux n'est bien encore que conventionnelle, et telle que la fournit la formule de Watt traduite (p. 284).

D'ailleurs on a filé 8 nœuds, en calme, sous charge de 100000 kilogrammes, en faisant faire un peu plus de 110 tours à la machine, mais avec admission à pleine vapeur pendant seulement la moitié de la course environ.

En se reportant aux notions précédentes qui permettent d'estimer la force absorbée par le navire, et en attribuant à celui-ci, qui est bien taillé pour la marche, le coefficient $K = 7$, on trouve que le propulseur ne doit pas transmettre moins de 50 chevaux dans les conditions de marche indiquées ci-dessus.

CONSTRUCTION ET DIMENSIONS DE L'HÉLICE

Le propulseur de ce navire est une hélice à trois ailes, qui n'a pu être indiquée qu'en lignes ponctuées sur la fig. 3, pl. 46; mais les fig. 160 et 161 ci-dessous la représentent en vue de face et de profil, à l'échelle de 1/25.

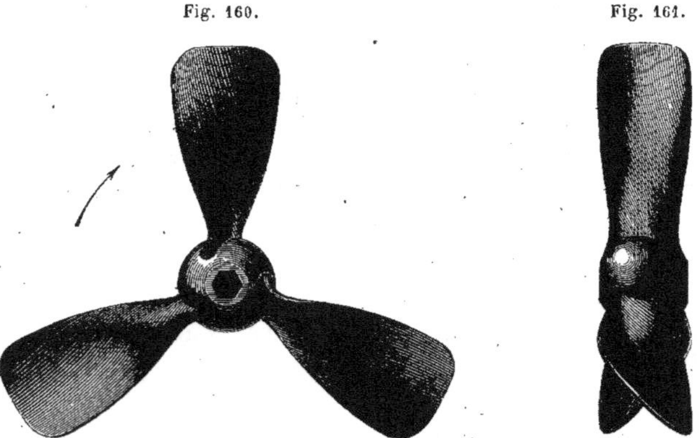

Fig. 160.   Fig. 161.

Cette pièce importante est en fonte de fer, la coque étant construite en tôle (p. 319); elle est formée d'une sphère centrale à laquelle se rattachent les trois ailes.

La sphère, dont le diamètre est de $0^m 350$, est percée d'un trou pyramidal à six pans pour s'emmancher sur l'extrémité de l'arbre qui a la même forme et se termine par un taraudage pour recevoir l'écrou à l'aide duquel l'hélice est fixée; elle est, par conséquent, en porte-à-faux, suivant une disposition relatée précédemment.

Un bâtiment de ce genre ne possède, comme propulseur, que l'hélice qui ne doit être alors ni affolée ni remontée. La ligne d'arbre est très-simple et se compose seulement d'une partie intermédiaire manchonnée avec l'arbre en vilbrequin de la machine et avec celui qui porte l'hélice et traverse le tube d'étambot; le palier de poussée est appliqué sur ce dernier.

Pour terminer ce sujet, nous désirons donner l'étude complète de cette hélice, et, à cet effet, aux figures précédentes qui permettent d'en comprendre la structure générale, nous ajoutons le tracé géométrique, fig. 162, lequel la représente, à l'échelle de 1/30, et supposée réduite à des ailes sans épaisseur, afin d'en étudier plus aisément la construction géométrique.

L'arête extérieure *s e* d'une aile appartient, sur environ les 3/4 de son développement, au pas principal dit *pas de sortie*, et sur le surplus au *pas d'entrée* (p. 316), qui est un peu plus faible.

Le pas de sortie, qui détermine surtout les conditions de marche d'une hélice propulsive, et que l'on considère exclusivement lorsqu'on estime le recul, est déterminé par la tranche de l'aile qui se projette suivant une droite AB formant avec le plan CD du disque un angle de 40° 30′.

Comme on le sait, cette droite AB, tangente à la courbe hélicoïdale AGH, en détermine le pas en construisant un triangle rectangle dont elle est l'hypothénuse et qui a pour base la circonférence du cercle décrit par l'extrémité des ailes. Cette opération, qui peut être faite graphiquement, s'effectue également par la trigonométrie en considérant que le pas cherché est la tangente de l'angle d'inclinaison, qui a la circonférence pour rayon.

Fig. 162.

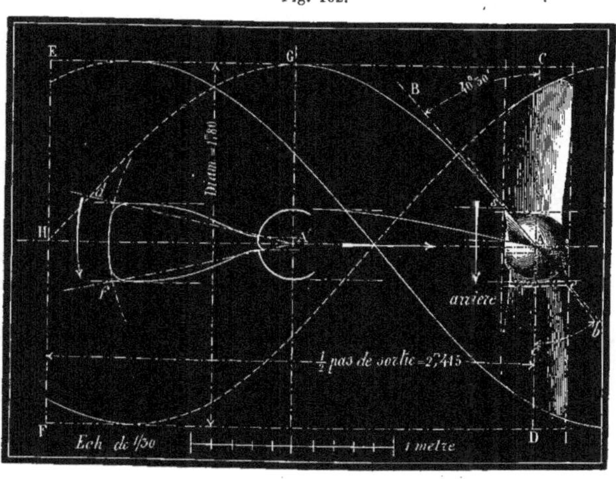

Pour opérer à l'aide de cette dernière méthode, on a les données suivantes :

Diamètre du disque de l'hélice.......................... 1^m80

Circonférence 5 6548

Tang. 40° 30′............................... .... 0 854081

Le pas de sortie *p* cherché égale, d'après cela :

$$p = \text{cir.} \times \text{tang. } 40° 30′ = 5^m6548 \times 0{,}854081 = 4^m8296572388 ; \text{ soit } 4^m83.$$

Quant au pas d'entrée, dont l'inclinaison est mesurée par un angle de 37° 30, on trouve :

$$p' = \text{cir.} \times \text{tang. } 37°30 = 5,6548 \times 0,767327 = 4^m 3390807196 \text{; soit } 4^m 34.$$

La figure précédente représente l'hélice avec le tracé de la courbe de sortie des trois ailes développées sur un demi-pas, qui se trouve compris sur la projection CEFD du cylindre correspondant. Les flèches indiquent le sens de la rotation qui correspond à la marche *en avant.*

Ces données principales permettent de déterminer toutes les circonstances de la construction et du fonctionnement de ce propulseur, c'est-à-dire le rapport du pas au diamètre, la fraction de pas, la surface héliçoïdale et la résistance relative.

Le rapport du pas au diamètre égale :

$$\frac{4,83}{1,80} = 2,68.$$

La fraction de pas (p. 322) est déterminée par *la longueur* du propulseur, c'est-à-dire par la distance des plans parallèles entre lesquels les ailes sont comprises.

Cette distance est ici de 323 millimètres; par conséquent les ailes forment ensemble une fraction totale du pas égale à :

$$\frac{0,323 \times 3}{4,83} = 0,2.$$

La surface héliçoïdale est exprimée par la superficie des ailes, suivant la projection de leur disque; elle en est évidemment une fraction égale à celle du pas. Autrement dit, chaque aile est inscrite dans un secteur $d\text{A}'f$ correspondant à un angle de :

$$\frac{360° \times 0,2}{3} = 24°.$$

La superficie du disque projeté étant égale à : $0,7854 \times \overline{1^m 8}^2 = 2^{m.q.} 5446,$

celle totale des trois ailes égale : $2^{m.q.} 5446 \times 0,2 = 0^{m.q.} 50892.$

La superficie réelle est sensiblement plus élevée, car chaque aile n'est pas limitée aux deux rayons $d\text{A}'$ et $f\text{A}'$, qu'elle déborde au contraire de chaque côté et se trouve découpée suivant des arêtes courbes. On peut évaluer à $1/4$ cette augmentation de surface, ce qui donnerait, pour la superficie totale des trois ailes, toujours suivant le plan du disque, environ $0^{m.q.} 6362.$

Quant à la *résistance relative,* la section du maître couple étant, comme on l'a vu ci-dessus, $8^{m.q.} 75$, elle a pour valeur (p. 323) :

$$K \frac{8^{m.q.} 75}{(1^m 8)^2} = 2,7 \text{ K.}$$

FIN DU CHAPITRE SIXIÈME.

CHAPITRE VII

APPAREILS ÉVAPORATOIRES DE MARINE

PRINCIPE DE LA DISPOSITION

Les générateurs, appliqués aujourd'hui aux appareils de navigation, diffèrent complétement, sous le rapport de la forme générale, de ceux que l'on emploie pour les machines fixes. Ils sont établis sur le principe tubulaire qui, comme nous l'avons fait connaître (t. 1er, p. 187), a été importé d'Amérique en 1793 par un sieur Barlow, et resté ignoré jusqu'aux travaux de M. Marc Séguin.

Par conséquent, ne connaissant pas les propriétés du système tubulaire, lorsqu'on s'est occupé des navires à vapeur, on commença par employer la chaudière cylindrique ordinaire, puis, pour réduire le volume et augmenter la surface de chauffe, on s'attacha plus particulièrement aux chaudières à parois planes formées de caisses divisées intérieurement par des cloisons qui faisaient faire différents détours aux produits de la combustion afin d'étendre davantage la surface de chauffe.

Mais ce mode de compartiments ne pouvait être applicable qu'aux basses pressions, et, aussitôt que le système tubulaire fut connu, on s'empressa de l'appliquer à la marine, tout en conservant à l'ensemble du générateur la forme de caisse.

A l'origine de cette application, on éprouvait quelques difficultés en raison des incrustations causées par le sel; aujourd'hui on opère des épuisements à temps voulu, sans attendre que l'eau ait atteint la saturation; on renonce aux hautes pressions qui rendent les effets d'incrustation encore plus énergiques, et en ne dépassant pas 2,5 à 3 atmosphères, le système tubulaire fonctionne, en résumé, dans des conditions satisfaisantes.

Nous ne pouvons entrer à l'égard de ces appareils dans tous les détails qui seraient nécessaires pour en faire une étude complète; mais, grâce à l'extrême obligeance de M. Dupuy de Lôme, l'habile directeur du matériel de la Marine impériale, à qui nous devons la communication des plans d'un appareil vaporisatoire de 900 chevaux de force nominale, nous pouvons donner une idée très-exacte du modèle sur lequel le gouvernement français fait construire les générateurs de marine, et offrir à l'étude un appareil à la fois puissant et d'une disposition récente, car ces plans ont été définitivement arrêtés seulement en 1857.

APPAREIL VAPORISATOIRE DE MARINE POUR 900 CHEVAUX NOMINAUX

ENSEMBLE DE LA CONSTRUCTION

(FIG. 1 A 7, PL. 47)

La fig. 1re, pl. 47, représente un quart de l'appareil complet, c'est-à-dire deux des huit corps, dont l'un est en coupe sur la ligne 1-2, fig. 3, passant sur la boîte à fumée ;

La fig. 2 est une projection horizontale de la moitié de l'appareil, comprenant les quatre corps d'un même côté, dont l'un est vu en coupe faite sur la ligne 3-4, passant dans la région des tubes, et l'autre sur la ligne 5-6, passant dans les foyers, au-dessus des grilles ;

La fig. 3 est une coupe transversale d'ensemble, faite sur l'axe 7-8 d'un corps à cheminée (de la bordée opposée à celle représentée fig. 2), et sur l'axe 9-10 d'un corps simple ;

Les fig. 4 à 7 sont des détails des grilles et des tubes.

Cet immense appareil, dont la surface de chauffe totale atteint 1488 mètres carrés, est composé de huit corps semblables, à peu près parallélipipédiques, disposés sur deux rangs de quatre chacun, et séparés par un passage de 3 mètres de largeur, dans lequel donnent les feux et où se tiennent les chauffeurs pendant le service. Chaque corps renferme quatre foyers B et autant de jeux tubulaires C, enveloppés, ainsi que les foyers, par la même masse d'eau. Les quatre corps A du centre portent chacun un quart de la cheminée D avec laquelle les huit communiquent simultanément. Leurs chambres de vapeur sont également en relation commune, et la vapeur, prise dans tous les corps à la fois, est amenée à la machine motrice par un énorme conduit collecteur E, placé entre les deux rangées.

En faisant la description détaillée de cet appareil, nous allons montrer que chacun des corps peut être isolé de façon à marcher à volonté avec une partie des huit ou avec tous ; cette séparation est ainsi établie pour tous les appareils accessoires de service qui sont exactement reproduits pour chacun d'eux.

La base de cette construction est la tôle de fer, excepté bien entendu, la tuyauterie qui est exécutée en cuivre rouge, et à laquelle on apporte ordinairement tous les soins imaginables. A une certaine époque, on a fait aussi ces chaudières en cuivre rouge auquel, en se conformant aux ordonnances qui règlent cette matière, il faut donner la même épaisseur qu'à la tôle de fer, dans les mêmes circonstances. Ce mode de construction était fort onéreux, et la pratique a démontré que le fer est, en résumé, suffisant.

Pour des navires de moindre puissance, dont le générateur est, par conséquent, moins important, cet appareil est disposé différemment ; il se compose, d'ailleurs, d'un seul corps ou de deux seulement, dont les feux sont dirigés dans le sens même de l'axe de la coque.

Dans l'une ou l'autre disposition, l'appareil vaporisatoire laisse, de chaque côté de la coque, des vides qui forment les soutes à charbon. Dans les navires de guerre, ces soutes, qui ne laissent pas que d'avoir une assez grande épaisseur, seraient encore capables de protéger les générateurs contre des projectiles qui auraient eu la puissance de traverser la carène.

DÉTAILS DE CONSTRUCTION.

DISPOSITION DE DEUX CORPS A ET A'. — L'ensemble de l'appareil peut être considéré aussi comme composé de quatre parties exactement semblables, comprenant chacune deux corps A et A' qui communiquent directement de l'un à l'autre pour la vapeur et les produits de la combustion. L'un, A, porte un quart de cheminée qui le dessert en même temps que celui A'; ils sont aussi tous deux en relation de vapeur par une tubulure spéciale. A part cela, leur construction est identique.

Chacun d'eux est formé d'une caisse en tôle, à l'intérieur de laquelle sont montés quatre coffres qui présentent chacun deux parties en retour d'équerre, l'une horizontale B, où se trouve installée la grille a, et une verticale constituant le carneau B' à la suite, dans lequel viennent déboucher les tubes C. Ces derniers, dont la disposition est indiquée en détail (fig. 4 et 5) sont pris dans la paroi du carneau, et dans celle opposée, déterminant sur le devant du corps, avec la paroi extérieure, la boîte à fumée F.

Les quatre boîtes à fumée d'un même corps sont en libre communication, par la partie supérieure, avec un conduit G, qui en est la continuation commune et se termine par une partie de cheminée D; commençant dans le corps A', il communique avec la partie réservée dans le corps voisin A, et l'on peut remarquer que sa section est constamment croissante, du foyer extrême à la cheminée.

Chaque foyer est garni de deux portes à deux ventaux, b et c, l'une pour le service de la grille et l'autre pour le cendrier. Cette dernière est munie de papillons d pour régler l'entrée de l'air et le tirage.

La boîte à fumée est close de même par une porte e, que l'on ouvre pour découvrir les tubes bouilleurs C et les nettoyer.

Chaque grille est formée de trois divisions de barreaux, a, dont les fig. 6 et 7 montrent, en détail, la construction et l'installation. Ils sont inclinés assez sensiblement et viennent aboutir, au fond, à un support f, garni en maçonnerie, et qui opère la séparation étanche entre le cendrier et le carneau B', en forçant l'air de traverser les barreaux et le combustible.

Faisons remarquer encore les tampons g et h, ménagés entre les foyers pour visiter leur surface extérieure et s'introduire au besoin dans la chaudière.

On sait que lorsqu'un générateur est formé de parois planes, il est nécessaire de l'armer très-fortement pour qu'elles résistent à la déformation, sans leur donner une épaisseur exagérée. Les armatures de celui-ci, qui ne doit fonctionner cependant qu'à une pression peu élevée, sont très-importantes. Ce sont de nombreux tirants en fer i, allant d'une paroi à l'autre, et rattachés par un boulon transversal pris sur deux fers à cornières j rivés avec les parois du corps. Dans la partie des tubes, qui entretoisent naturellement les deux parois du carneau B′ et de la boîte à fumée F, douze tirants sont disposés perpendiculairement aux tubes, en deux séries au-dessus et au-dessous, et se rattachent à des fers à cornière qui sont prolongés, d'une seule pièce, d'une série à l'autre.

Quant aux coffres de foyer, ils sont réunis avec la caisse extérieure et entre eux, par des boulons entretoisés, de la même façon que pour les locomotives.

Ajoutons que les huit corps sont rendus solidaires, au moyen de nombreuses brides en fer k, rivées, qui les réunissent deux à deux. De plus, les quatre parties de cheminée, qui restent distinctes jusqu'à une certaine hauteur, sont embrassées par une cornière double l qui les tient parfaitement réunies. Enfin les corps extrêmes A′, en regard l'un de l'autre, sont encore réunis par une entretoise m.

Mouvement du calorique et de la vapeur. — Le simple exposé de la disposition des foyers et des tubes permet de comprendre la marche des produits de la combustion, qui s'élèvent par le carneau B′, traversent les tubes et reviennent à l'avant-bout pour aller à la cheminée en s'écoulant par la boîte à fumée et le conduit G.

Pendant ce parcours ils chauffent l'eau renfermée dans la chaudière, et qui enveloppe d'une seule masse les quatre foyers et leurs carneaux, ainsi que les quatre jeux de tubes. Le niveau étant maintenu à une certaine hauteur au-dessus, le vide supérieur restant est la chambre de vapeur que le conduit de cheminée traverse en paroi simple, et peut contribuer à tenir la vapeur sèche et à empêcher l'entraînement d'eau non vaporisée.

Les chambres de vapeur sont réunies par couple, d'un corps A′ à celui A contigu, par une tubulure H placée à la partie supérieure et munie d'une boîte qui renferme une soupape obturatrice, afin d'interrompre au besoin cette communication. Ce couple communique ensuite avec le conduit collecteur E, par une autre boîte à soupape I placée sur la paroi la plus voisine de l'origine de la cheminée, afin de ne prendre que de la vapeur aussi sèche que possible; à cette boîte est raccordée la tubulure à trois brides J, réunissant les deux bordées avec le conduit collecteur. Quatre boîtes semblables I sont ainsi disposées autour de la cheminée, et l'on peut voir que, pour l'éviter et communiquer de l'avant à l'arrière, la partie E′ du conduit collecteur est abaissée.

Alimentation. — L'eau est amenée par un conduit principal n, venant des pompes alimentaires ou de l'appareil spécial, dit *petit cheval d'alimentation* dont nous donnons plus loin le dessin; ce conduit se divise, en face de chaque couple AA′, en deux branches n', qui se terminent elles-mêmes chacune par une tubulure bifurquée dont chaque branche correspond à un corps de chaudière et se termine par une boîte à clapet de retour d'eau o.

Au-dessus de cette dernière commence un autre tube p qui s'élève jusqu'à la chambre de vapeur et comprend, dans son étendue, le tube K, indicateur du niveau de l'eau.

Soupapes de sûreté. — Ces appareils ont une disposition analogue à celle qui a été décrite (t. 1er, p. 195) à l'égard des générateurs du chemin atmosphérique de Saint-Germain. Ces soupapes sont renfermées dans des boîtes L en communication directe, par un conduit, d'un corps A à celui voisin A′, et sur lequel est branché un tuyau M qui s'élève, le long de la cheminée, au-dessus du pont du navire. Ce conduit sert à diriger au dehors la vapeur que les soupapes laissent échapper naturellement, ou que l'on abandonne volontairement, soit pour vider la chaudière, soit pour empêcher que la pression s'élève trop, dans un moment d'arrêt.

A cet effet, le mécanicien permet aux soupapes de se lever, en les déchargeant du poids qui sert à les maintenir sur leur siége. Ce poids q est fixé sur une tige verticale suspendue au levier r de la soupape, et qui vient, en quelque sorte, reposer sur l'extrémité d'un levier en bascule s monté sur la face du générateur ; l'autre extrémité de ce levier est attachée, par articulation, avec une tige t, assemblée elle-même, par une chappe taraudée, avec une autre tige u dont l'extrémité inférieure est armée d'une manivelle v.

En faisant tourner celle-ci dans le sens où l'ensemble de la tige t u se raccourcit, en vertu de la jonction taraudée, le levier s soulève la tige du poids q, lequel, ne pesant plus sur la soupape, la laisse libre de s'élever de toute la quantité nécessaire pour produire un échappement maximum. Il est inutile d'ajouter que la manœuvre opposée ramène la charge sur la soupape qui revient à sa place, dans la condition de service normal.

Nous terminons notre aperçu sur cet appareil vaporisatoire de marine par l'exposé de ses dimensions principales, qui sont au moins aussi intéressantes à connaître que sa construction même.

DIMENSIONS ET CONDITIONS DE MARCHE

Ce générateur est établi pour produire de la vapeur à la tension maximum d'environ deux atmosphères et demie ; les soupapes de sûreté sont en effet chargées à raison de 1k 40 par centimètre carré de leur plus grande section, en plus de la pression atmosphérique. Il est entièrement exécuté en tôle de fer variant de 10 à 11 millimètres d'épaisseur, avec quelques parties plus fortes, et particulièrement les plaques à tubes qui ont 16 millimètres.

Voici les dimensions des parties principales :

DIMENSIONS LINÉAIRES.

Hauteur d'un corps	4m 100
Largeur d'un corps	3, 910
Profondeur d'un corps	3, 000
Largeur totale suivant la coupe transversale de la coque	9, 100
Longueur totale dans le sens de l'axe longitudinal	15, 740
Largeur des grilles	0, 800
Longueur des grilles	2, 300

Diamètre extérieur des tubes.. 0^m 075
Diamètre intérieur des tubes......................................   0, 070
Longueur des tubes...   2, 000
Dimension diamétrale du petit axe de la cheminée............   2, 520
Id.   du grand axe de la cheminée............   3, 530

SURFACES ET VOLUMES.

Surface de chauffe par foyer simple et par corps:	Foyer et boîte à feu......	$8^{m.q}$	055
	Surface int^{re} des 88 tubes..	38,	445
	Surface totale par foyer...	46,	500
	Id. id. par corps..	186,	000

Surface de chauffe totale, comprenant les 8 corps ou 32 foyers qui composent l'ensemble................   1488 mèt. q.
Surface par cheval nominal............................ $1^{m.q}$ 653
Surface de chaque grille.............................. $1^{m.q}$ 84
  Id. totale des 32 grilles........................ $58^{m.q}$ 88
  Id. par cheval nominal........................... $0^{m.q}$ 0654
Section totale de la cheminée......................... $7^{m.q}$ 30
Rapport de cette section à celle totale de la grille.......   0   16
Diamètre intérieur du conduit de vapeur.............. 0^m 61
Section   id.   id. ....   2922 cent. q.
Épaisseur   id.   id. .... 0^m 005
Volume d'eau en réserve dans les 8 corps..............   112 mèt. c.
Volume de vapeur   id.   id. .... $100^{m.c}$ 800

La surface de chauffe est basée sur la puissance nominale qui, comme nous l'avons dit, est inférieure à celle en chevaux, de 75 kilogrammètres, que la machine est appelée à developper utilement. Mais cette surface, qui est de $1^{m.q}$ 653 par cheval nominal, serait déjà très grande pour un générateur non tubulaire appliqué à une machine basée sur l'unité de puissance usitée dans les machines fixes. Par conséquent, la puissance vaporisatoire a subi une augmentation, comme la puissance du moteur, et si l'on estime ce générateur d'après le produit ordinaire du système tubulaire, on trouve qu'il s'adapterait facilement à une puissance de 1800 à 2000 chevaux, style des machines fixes.

CONCLUSIONS SUR LES MACHINES MARINES

En mettant de côté ce qui concerne *le propulseur* proprement dit, nous pouvons conclure de ce qui précède que la machine à vapeur marine ne diffère pas, en principe, de celles fixes, et que les mêmes règles d'établissement pourraient lui être applicables. Mais l'emplacement disponible pour recevoir tout l'appareil moteur, et l'éloignement, quelquefois longtemps prolongé, de la terre ferme et de tout secours possible en cas d'avarie, sont autant de motifs sérieux des dispositions particulières qui lui sont données et qui conduisent à l'installer avec des soins et une solidité tout exceptionnels.

Pour une bonne machine marine il faudrait réunir au plus haut degré :

Solidité, sûreté de fonctionnement, exiguïté de volume et légèreté.

Il faut de plus qu'elle soit économique, et cela pour réduire l'énorme volume de combustible que l'on est obligé d'embarquer.

Cependant il paraît difficile d'adopter, du moins jusqu'à présent, pour la marine, le système qui semble susceptible de réaliser le mieux la plus grande réduction de volume et la plus grande économie de combustible, c'est-à-dire la machine à *haute pression*, que l'on repousse pour divers motifs qu'il est bon de rappeler.

Est-ce qu'une locomotive n'exprime pas la plus grande réduction de volume à laquelle on soit parvenu avec les machines à vapeur, et n'y a-t-il pas une énorme différence avec celles appliquées à la navigation, tout en tenant compte de leur appareil de condensation ?

Mais pour profiter du même avantage sur les bateaux, en augmentant la vitesse de la machine, il faudrait transmettre le mouvement aux roues, et même à une hélice, par un intermédiaire, ce que l'on repousse, au contraire, de plus en plus ; l'accélération de vitesse à un tel degré amènerait d'ailleurs une certaine augmentation de dépense et de combustible.

Maintenant, pour réaliser la plus grande économie, et en conservant les dimensions et vitesses qui permettent la transmission directe, il faudrait adopter une grande détente et une pression initiale élevée :

Une grande détente entraîne avec elle une augmentation des capacités, des organes du mécanisme, et partant, du volume et du poids total de l'appareil ;

Une haute pression initiale conduirait à modifier les chaudières qui ne pourraient pas rester formées de parois planes, et l'eau de mer, chargée de sel, est un obstacle à la vaporisation à haute température à cause des dépôts.

Cependant des essais très-sérieux ont été faits, et sont même en ce moment à l'ordre du jour, pour appliquer aux appareils de navigation le système à deux cylindres de Woolf qui permet de réaliser la plus grande économie de combustible à laquelle il ait encore été donné d'arriver à l'égard des moteurs à vapeur.

Plusieurs constructeurs, en France et en Angleterre, se sont occupés de cette question, et nous désirons citer d'abord la disposition étudiée par MM. Mazeline et Cᵉ.

Pour en avoir une idée très-complète, il suffit de se reporter à l'appareil représenté pl. 44 et 45, et de supposer chacun des deux cylindres, toujours horizontaux, mais *doubles,* suivant la disposition adoptée par MM. Alexander et Scribe, et représentée pl. 32. Dans cette nouvelle machine de MM. Mazeline et Cᵉ, les deux pistons d'un même groupe sont reliés par une tige centrale, et le mouvement des deux est transmis à l'arbre coudé, comme dans la machine à cylindres simples, au moyen de deux tiges qui sont assemblées exclusivement avec le grand piston.

Il a été également proposé par M. Verrier, mécanicien à Marseille, un moteur à vapeur du système de Woolf, applicable à la navigation, et dont la disposition peut être expliquée en peu de mots.

L'appareil est composé simplement de deux cylindres horizontaux placés côte à côte et combinés suivant le principe dit de Woolf; leurs pistons actionnent séparément l'arbre moteur dont les coudes-manivelles sont *à angle droit*. Or, ce mode de connexion, qu'il est indispensable d'adopter, par l'absence de volant, ne convient pas, sans appropriation spéciale, à la distribution de la vapeur d'un cylindre dans l'autre : on a vu qu'il faut que les pistons marchent de concert, comme dans les machines à balancier, ou en sens inverse, mais avec manivelles en ligne droite, comme l'ont fait MM. Boudier frères (pl. 33).

Pour appliquer à sa machine l'accouplement à angle droit, M. Verrier a imaginé un générateur dans lequel un compartiment est réservé pour recevoir et surchauffer la vapeur issue du petit cylindre, d'où elle est ensuite distribuée au grand.

De cette façon ingénieuse, on rend les cylindres véritablement indépendants quant aux phases de leur distribution respective.

Revenant aux dispositions actuellement usitées, les considérations ci-dessus nous permettent de résumer l'ordre d'idées suivi en réglant les conditions de marche des machines marines, dont la vitesse est moyennement de 20 à 25 tours avec les roues à pales, et de 50 à 100 tours avec l'hélice, ce dernier chiffre s'appliquant aux plus petits navires; dans tous les cas, la pression est réglée à $2^{at.}$ 5, avec détente, dont la durée varie de 1/3 à 3/4 environ de la course du piston.

Il est évident qu'on n'est pas aussi limité pour la navigation exclusivement fluviale, qui a de l'eau douce à sa disposition, pour laquelle les machines tournent ordinairement plus vite, etc. Ces machines sont d'ailleurs continuellement à proximité de tout secours et de tout ravitaillement.

En résumé, si l'on pouvait estimer d'une façon précise le travail utile d'une machine de navigation maritime, et qu'on l'exprimât en chevaux de 75 kilogrammètres, on trouverait que la dépense de combustible, pour des appareils bien construits, se maintient moyennement entre 2 et 2,5 kilogrammes par cheval et par heure. Mais c'est une observation difficile à faire, car la puissance réellement utilisée dépend d'une infinité de causes, du fonctionnement du propulseur, de l'état de la mer et du vent, de la forme du navire, de l'état extérieur de la carène, etc., autant de causes qui, toutes choses égales d'ailleurs, changent avec chaque navire différent.

Pour avoir une idée de l'utilisation en combustible, il faut donc comparer plusieurs navires, et mettre en regard leur tonnage, leur vitesse à l'unité de temps en calme et le temps qu'ils emploient à effectuer un parcours déterminé, dans des circonstances comparables de navigation. On aurait ainsi, non pas la quantité de charbon brûlé par unité de puissance, mais par tonne de chargement transportée à l'unité de distance et de temps. Des expériences semblables ont été faites bien des fois; mais elles se rapportent autant à un problème nautique qu'au moteur lui-même, et ce n'est pas le cas d'en faire ici une mention détaillée.

FIN DU CHAPITRE SEPTIÈME ET DE LA SIXIÈME SECTION.

SEPTIÈME SECTION

MOTEURS A VAPEUR DE DIVERS SYSTÈMES

ET MOTEURS DÉRIVÉS AYANT POUR BASE L'UTILISATION DIRECTE DU CALORIQUE

Nous avons fait voir à peu près tous les types de moteurs à vapeur employés jusqu'ici, et nous nous sommes surtout arrêtés sur les systèmes qui sont le plus répandus. Il nous a paru intéressant de réunir, dans un chapitre spécial, des machines qui, par leur disposition ou leur construction particulière, méritent d'être connues, quoique leurs applications soient encore restreintes. Il en est même qui ne sont qu'à l'état d'essai et qui ne peuvent être données comme exemples à suivre avant d'avoir fait leurs preuves. Mais lors même que nous n'en donnerions qu'une description succincte, nos lecteurs pourront du moins en avoir une idée et reconnaître que, malgré le grand nombre d'améliorations qu'on lui a fait subir, surtout dans ces dernières années, on s'occupe sans cesse de ce puissant moteur, soit pour en simplifier le mécanisme, soit pour le rendre plus économique. Souvent, il est vrai, on n'obtient pas ce que l'on espérait; mais comme ce n'est qu'après des recherches et des essais de toutes sortes que l'on est parvenu au degré de perfection atteint aujourd'hui, on doit donc encourager constamment les inventeurs qui comptent sur des résultats meilleurs.

Après cette espèce d'historique des machines particulières, nous décrivons les systèmes que l'on peut appeler *moteurs à action directe*, et qui sont considérés comme de véritables *outils à vapeur*, opérant *automatiquement*, et qui rendent de grands services dans les usines et les ateliers de construction. Tels sont les marteaux-pilons, les découpoirs, les souffleries, les machines à river, etc., que l'on emploie partout maintenant avec le plus grand succès.

Après avoir épuisé cette dernière liste de moteurs, dont la vapeur d'eau constitue le principe immédiat, nous disons quelques mots d'une autre variété de machines motrices dont l'organisation générale, fondée sur la disposition des premières, ont pour agents d'autres vapeurs que celle de l'eau, ou simplement l'air atmosphérique. C'est cette catégorie qui comprend les machines à vapeur d'éther, de chloroforme, d'acide carbonique, d'alcool, etc. Nous terminerons enfin par la description des moteurs à air chaud ou à air dilaté par la chaleur que, dans l'état actuel de la science et de l'industrie, il est réellement indispensable de connaître.

CHAPITRE PREMIER

MACHINES A VAPEUR DE CONSTRUCTIONS PARTICULIÈRES

MACHINES A TROIS CYLINDRES

SYSTÈME DE MM. AITKINS ET STEEL

Lorsqu'on fut en possession de l'admirable système de Woolf, qui réalise si heureusement tout à la fois l'économie de combustible et la régularité de marche, on fut tenté d'en étendre le principe de façon à en obtenir encore de meilleurs résultats, si cela est possible.

A une époque déjà reculée, à peu près vers 1818, MM. Aitkins et Steel, ingénieurs anglais établis en France, proposèrent des machines à trois cylindres qui avaient pour principe, comme celle de Woolf, de faire travailler la vapeur successivement d'un cylindre dans l'autre, à l'aide de combinaisons, assez compliquées du reste, que nous allons essayer de faire comprendre.

La machine étant à balancier, mais pouvant être aussi bien à directrices, se composait de trois cylindres, dont deux petits de mêmes dimensions et un grand placé entre eux ; la vapeur était introduite alternativement à la partie supérieure de l'un des deux premiers et à la partie inférieure de l'autre ; de chacun de ces deux cylindres elle passait au coup suivant dans le grand, mais *en se répartissant des deux côtés du piston* appartenant au cylindre d'où elle s'échappait. Du côté opposé à celui où la vapeur agissait, le grand piston se trouvait en rapport avec le condenseur, *ainsi que le côté opposé du petit piston qui recevait la pression de la vapeur vierge.* Résumons cette disposition par l'état des phases successives suivantes :

1° Les trois pistons étant en haut de leur course, la vapeur qui remplit le premier petit cylindre va simultanément se partager entre le dessus et le dessous, et agir, en se détendant, *au-dessus du grand piston,* dont le dessous est en communication avec le condenseur. En même temps, la vapeur de la chaudière va s'introduire *au-dessus* du deuxième petit piston dont le dessous est en rapport avec le condenseur. Soit, pour l'état pendant la descente des pistons :

Le premier petit piston en équilibre dans la vapeur qui se détend en passant au grand cylindre ;

Le grand piston dans la même situation que celui d'une machine de Woolf ;

Le deuxième petit piston poussé par la vapeur vierge, et en communication, ainsi que le grand cylindre, avec le condenseur.

2° Lorsque les pistons vont remonter, les choses se passeront d'une façon semblable, mais inverse. Ainsi :

La vapeur vierge qui a poussé le deuxième petit piston va se répartir des deux côtés, en le mettant en équilibre, et s'introduire, en se détendant, *au-dessous du grand piston*, dont le dessus sera en rapport avec le condenseur où s'échappe la vapeur détendue qui remplit maintenant la partie supérieure du grand et du premier petit cylindre.

La nouvelle vapeur fournie par la chaudière va s'introduire *au-dessous* du premier petit cylindre dont le dessus communique avec le condenseur.

A cette marche compliquée s'ajoutait la difficulté d'exécution pour les différents joints des trois cylindres renfermés dans une commune enveloppe.

Récemment, un ingénieur distingué, M. Granger, de Rouen, a réédifié ce système en le perfectionnant, c'est-à-dire en faisant venir de fonte et de la même pièce les trois cylindres avec l'enveloppe. Actuellement, c'est M. Windsor, ingénieur mécanicien à Rouen, qui s'occupe de la construction de ce système particulier.

Nonobstant ces intelligents efforts, la machine à trois cylindres ne paraît présenter aucun avantage sur celle plus simple de Woolf, composée de deux cylindres seulement, car il a été démontré (p. 39) que le produit de la détente est théoriquement complet et *le même* avec un seul comme avec deux cylindres, ce dernier système présentant toutefois une moindre différence entre les pressions successives que les deux pistons transmettent; la machine à trois cylindres ne devrait donc être préférée que si elle fournissait une régularité encore plus grande, ce qui ne résulte pas de l'examen de ses fonctions.

SYSTÈME DE M. LEGAVRIAN PÈRE

M. Legavrian, mécanicien de Lille, est également l'auteur d'une machine à trois cylindres, mais qui se rapproche plus que la précédente de celle de Woolf. Cette machine, remarquée à l'Exposition universelle, à Paris, en 1855, était formée de trois cylindres, deux grands et un petit d'égales courses, disposés de front sur un même plan, et possédant chacun leurs organes propres; les deux manivelles des grands cylindres étaient montées sur deux bouts d'axe, et celle du petit cylindre sur l'axe moteur principal. Mais les trois axes étaient connexés par trois roues d'engrenage, celle de l'axe du petit cylindre ayant un diamètre moitié de celui des deux autres.

Le petit piston donnait ainsi *deux coups pour un* de chacun des deux grands, lesquels recevaient alternativement la vapeur issue du petit cylindre. La distribution et le travail de la vapeur s'effectuaient exactement comme pour deux machines de Woolf, donnant chacune le même nombre de coups que les deux grands pistons.

Mais l'arbre moteur correspondant au petit cylindre, dont la vitesse était double, permettait une réduction proportionnelle dans tous les organes de transmission; c'est-à-dire qu'une machine de 100 chevaux, par exemple, était réduite, quant à la transmission principale, aux proportions d'une de 50 marchant à la même vitesse que les grands pistons. C'est un résultat que l'on obtient d'ailleurs lorsqu'on augmente la vitesse d'une machine; mais ici on y ajoutait l'avantage de conserver aux pistons la lenteur qui convient pour que la détente s'opère régulièrement.

MACHINES A TIGE DE PISTON OSCILLANTE

Il y a déjà bien des années qu'il a été proposé en France et en Angleterre des machines à *tige oscillante,* ou, pour s'exprimer plus exactement, à bielle reliée directement au piston dont la tige est alors supprimée. Dans ce nombre sont comprises les machines dites *à fourreau,* dans lesquelles le piston est armé d'un manchon creux qui traverse la boîte à étoupe, et à l'intérieur duquel oscille la bielle reliant ainsi directement le plateau du piston à la manivelle. La vignette, fig. 93, page 80, peut donner une idée de cette disposition qui est encore employée pour de puissantes machines, montées sur des vaisseaux à hélice, excepté que pour ces derniers on a le soin de prolonger le fourreau des deux côtés du piston, afin d'égaliser les deux surfaces de celui-ci, ce qui oblige d'appliquer un stuffing-box aux deux bases du cylindre.

On a également proposé des systèmes à fourreau dans lesquels cet organe était un simple tube aplati, pour ne laisser que la place de la bielle; comme alors la boîte à étoupe devait avoir nécessairement la même forme, c'était une difficulté d'exécution qui fit que l'on préféra employer le fourreau cylindrique, qui conserve aux garnitures cette forme si facile à obtenir dans la construction.

Enfin, on a imaginé de remplacer le fourreau par la mobilité même de la boîte à étoupe, qui suit la tige ou la bielle dans son oscillation. Une des dispositions les plus étudiées en ce genre est due à MM. Legendre et Averly, qui avaient mis une machine de ce système à notre Exposition nationale de 1844.

Dans cette machine, une tige cylindrique, faisant fonction de bielle, reliait directement, par des articulations, la manivelle et le piston, lequel se trouvait ainsi réduit à un simple disque; cette tige traversait le dessus du cylindre par une boîte à étoupe montée à rotule sur un tiroir glissant contre la face *intérieure* du couvercle, lequel était percé d'une coulisse pour le mouvement de la boîte à étoupe. Par conséquent, la tige, en oscillant, glissait dans la garniture qui la suivait à son tour, dans ses diverses inclinaisons à droite et à gauche.

Cette machine, bien construite par des hommes capables, donna aux expériences d'excellents résultats. Pourtant elle est presque oubliée aujourd'hui, probablement parce que, pour l'établir dans de bonnes conditions, il fallait donner à la tige oscillante une longueur telle que l'ensemble de la machine reprenait un développement à peu près égal à celui qu'elle aurait eu avec une bielle ordinaire, dont le fonctionnement est plus certain que ce joint triple, composé d'un tiroir et d'une rotule ajoutés au glissement ordinaire de la tige dans le presse-étoupe. De plus, le piston réduit à un simple disque, sans autre guide que son contour cylindrique, est loin de présenter la même sûreté, pour la rectitude de son mouvement dans le cylindre, que lorsqu'une tige rigide le maintient et le dirige en quelque sorte.

MACHINES A PISTONS ET CYLINDRES DOUBLES

Par MM. N. DUVOIR et FRAGNEAU.

Feu M. Narcisse Duvoir, mécanicien à Liancourt, avait imaginé un système de machine à vapeur assez remarquable et différant d'une manière notable des dispositions usuelles.

Ce système consistait en deux cylindres posés horizontalement sur un bâti, s'appuyant tous deux contre une pièce intermédiaire qui formait l'organe distributeur et ouverts à l'air libre par leurs extrémités opposées. Chacun de ces cylindres renfermait un piston et sa tige, et l'ensemble des deux pistons se trouvait relié à un châssis extérieur auquel se rattachait la bielle motrice actionnant, comme à l'ordinaire, la manivelle de l'arbre de couche.

Par conséquent la vapeur n'était admise que sur l'une des faces des pistons, l'autre étant constamment en relation avec l'atmosphère; pendant qu'elle était introduite dans l'un des cylindres, elle s'échappait de l'autre, et, en résumé, c'était exactement le jeu ordinaire d'une machine à double effet, mais *qui possédait un cylindre distinct par chaque coup simple.*

Si l'on cherche la raison d'être d'une disposition semblable, qui peut fonctionner du reste, on y voit, comme motif principal, le désir de supprimer les boîtes à étoupes, ainsi que les longs canaux de distribution, puisque le bloc central contenant la boîte de distribution porte des orifices s'ouvrant directement dans les cylindres, qui ne forment que de simples tubes sans canaux ni orifices. Mais on découvre aussi que l'intérieur des cylindres est constamment et directement soumis au refroidissement extérieur, ce qui est un inconvénient grave. L'ensemble de la machine est aussi plus compliqué et plus volumineux, à puissance et vitesse égales, puisqu'il comprend deux cylindres et deux pistons avec leurs tiges et traverses.

C'était donc un essai ingénieux, mais qui n'était pas appelé à un véritable succès, et auquel son auteur même n'attachait qu'une médiocre importance.

Une petite machine semblable fonctionnait à l'Exposition de Paris en 1855.

M. Fragneau, constructeur à Bordeaux, a présenté à l'Exposition qui a eu lieu dans cette ville, en 1859, une machine qui a beaucoup de rapport avec la précédente, mais qui en diffère cependant par quelques points importants. Elle a bien aussi deux cylindres adossés et ouverts extérieurement; mais les pistons sont reliés par une tige qui traverse une garniture intermédiaire occupant la place de la boîte de distribution de la machine précédente; en outre, la bielle est articulée directement sur l'un des pistons, ce qui diminue la longueur de la machine et la range aussi, à cet égard, dans la catégorie des machines à fourreau ou à tiges oscillantes. Enfin, la boîte de distribution est placée sur le côté et renferme un tiroir équilibré, que la vapeur d'échappement traverse, etc.

Citons encore une disposition proposée il y a quelques années par un honorable ingénieur italien, M. Paltrineri. Ce savant avait imaginé de loger deux pistons dans un même cylindre, et, au moyen d'une même boîte de distribution, d'amener la vapeur tantôt entre eux deux et tantôt aux deux extrémités du cylindre, de façon que ces deux pistons se trouvaient alternativement éloignés et rapprochés l'un de l'autre suivant la double action de la vapeur.

Ce système, que nous n'avons vu qu'en projet, avait pour motif principal des réductions de poids et de volume pour l'ensemble de la machine.

En Angleterre, on a également proposé, depuis quelques années, des machines à vapeur qui présentent une certaine analogie avec celles qui précèdent, mais nous ne voyons pas qu'elles aient eu plus de succès qu'en France.

MACHINE A CYLINDRE ANNULAIRE

Par M. DE POLIGNAC

Un savant amateur, M. de Polignac, a fait exécuter dernièrement une machine à vapeur d'un système imaginé par lui, et qui offre tout à la fois de l'intérêt au point de vue de la combinaison et du tour d'adresse employé par le mécanicien, M. Rouffet, qui l'a construite.

Fig. 163.

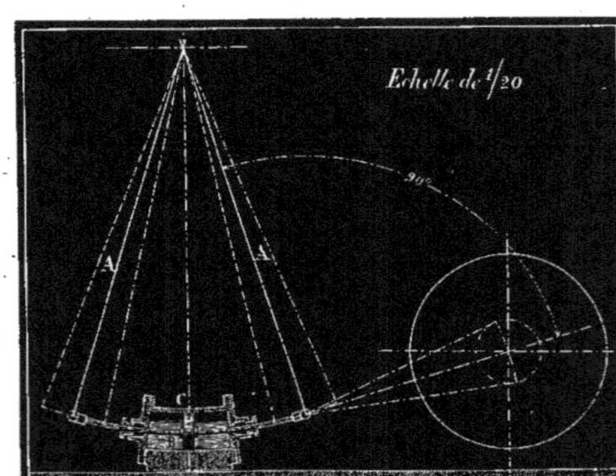

L'auteur a eu la pensée de soustraire le piston des machines à vapeur horizontales au frottement inégal qui lui est parfois attribué, et, à cet effet, il a fixé le piston à un châssis triangulaire oscillant d'après un point fixe, et il a rendu le cylindre *annulaire*, c'est-à-dire que celui-ci est une portion d'anneau qui a pour centre le point d'oscillation du châssis.

Le tracé géométrique, fig. 163, permet de se rendre un compte exact de cette disposition.

Le châssis A est un secteur de cercle qui porte le piston B fixé au milieu de l'arc, lequel traverse les fonds du cylindre annulaire C, et vient se rattacher à la bielle motrice qui communique son mouvement à la manivelle.

Faisons remarquer, en passant, que, pour conserver au piston la symétrie de ses mouvements par rapport à sa course totale, et malgré les diverses obliquités des pièces de la transmission, il faut que le centre de l'arbre soit placé sur une perpendiculaire élevée au rayon du châssis, dans la position moyenne du piston et par le point d'attache de la bielle.

Dans la machine exécutée comme modèle, le diamètre du piston est de 10 centimètres, et sa course, mesurée par le rayon de la manivelle, est de 16 centimètres; le secteur A possède 1 mètre de rayon et décrit une amplitude angulaire d'environ 9 degrés.

La construction de cette petite machine est d'un fini extrême; l'alésage du cylindre, exécuté sans outil spécial, présentait une difficulté qui a été vaincue d'une manière très-heureuse et qui mérite des éloges au constructeur.

Nous avons vu fonctionner cette machine à laquelle on faisait faire de 600 à 800 tours par minute, sans craindre de nuire à ses ajustements. Dans ces conditions elle développait plus de 6 chevaux-vapeur.

Elle figurait aussi, en 1862, à l'Exposition de Londres, où elle était mise en rapport avec les générateurs à vapeur et fonctionnait à vide.

Nous serions amené à faire un gros volume sur les machines plus ou moins originales qui ont été proposées depuis une vingtaine d'années, si l'on tenait à les connaître toutes. C'eût été d'ailleurs sortir du cadre que nous nous sommes tracé, et surtout des applications générales que nous avons dû envisager d'une manière particulière. Au reste, les divers systèmes que nous venons d'énumérer suffisent évidemment pour faire voir combien la machine à vapeur est susceptible de subir de transformations; le champ est tellement vaste, en effet, qu'il est impossible de croire que le dernier mot soit dit à son égard.

Ce que nous venons de dire ne s'applique pas seulement à la France, mais aussi à l'Angleterre, à la Belgique, à l'Allemagne et aux États-Unis, où l'on rencontre, comme chez nous, des idées plus ou moins heureuses et des dispositions qui, quoique paraissant ingénieuses, ne sont pas arrivées à l'état pratique.

FIN DU CHAPITRE PREMIER.

CHAPITRE II

MACHINES A VAPEUR DITES A ACTION DIRECTE

OU OUTILS A VAPEUR

Nous distinguons, sous ce titre de *machines à action directe*, des moteurs à vapeur qui agissent directement par la tige de leur piston, et sont comme partie intégrante du seul outil qu'ils actionnent. Ce mode d'application de la vapeur, quoique plus restreint que ceux qui ont été décrits précédemment, n'est pas moins très-important, et démontre une fois de plus les services éminents que cet agent moteur est susceptible de rendre à l'industrie. Déjà nous avons eu occasion de faire remarquer que lorsqu'un travail doit s'effectuer par un mouvement alternatif et rectiligne, pareil à celui du piston d'une machine à vapeur, la suppression de toute transformation peut s'ensuivre. Telle est la machine à simple effet de Chaillot, dont le balancier transmet le mouvement du piston à vapeur, mais ne le transforme pas. C'est ainsi que l'on exécute, depuis fort longtemps, des machines élévatoires, dont les pistons à vapeur et à eau sont positivement sur la même tige, ce qui en fait bien véritablement des machines *à action directe*. Nous en montrerons un exemple analogue par ce que l'on appelle *petit cheval alimentaire;* mais nous devons citer particulièrement les *marteaux-pilons à vapeur,* auxquels, comme engins d'outillage, on peut joindre les souffleries à vapeur, les appareils à poinçonner et à river, et une foule d'autres machines dont les applications se multiplient tous les jours.

Bien des outils sont aussi munis d'un moteur à vapeur *adhérent,* mais qui agit néanmoins par le mode de transformation ordinaire : nous pourrions en citer un grand nombre qui sont appliqués à des martinets, des laminoirs, des cylindres ou piles à papier, des machines à battre, etc. Sous ce rapport, on doit beaucoup à MM. Thomas et Laurens, qui ont été des premiers à faire la plupart de ces applications. Mais nous devons ranger ces machines dans la catégorie de celles qui ont été examinées dans les chapitres précédents; nous n'entendons ici que le moteur réduit absolument au cylindre avec son piston et sa tige, actionnant directement l'organe, l'instrument ou l'outil que l'on veut faire fonctionner automatiquement.

A l'égard même des machines purement à action directe, nous ne pouvons montrer tous les systèmes qui sont employés; mais les exemples que nous avons choisis permettent d'en avoir une idée suffisante, sans entrer dans de plus longs développements.

MARTEAUX-PILONS A VAPEUR

De toutes les applications de la vapeur agissant par action *directe,* les marteaux-pilons constituent, sans contredit, l'une des plus utiles et des plus intéressantes. Cette invention, relativement nouvelle dans sa mise en pratique, paraît néanmoins remonter déjà assez loin ; car un Anglais, M. William Deverell, a pris en Angleterre, le 6 juin 1806, une patente dans laquelle le principe des marteaux-pilons à vapeur se trouve très-clairement exposé.

Toutefois cette première idée paraît être restée ignorée, et ce n'est que vers 1835 que l'on s'est sérieusement occupé d'exécuter des outils de ce genre. On doit particulièrement à M. Cavé, de Paris, les premières applications faites aux découpoirs et aux machines à percer les métaux.

Plus tard, en 1841, M. Schneider, du Creusot, en France, et M. Nasmyth, en Angleterre, se firent breveter en France pour des marteaux-pilons à vapeur qui firent grand bruit dans le monde industriel, et qui différaient essentiellement, sinon en principe, du moins dans les dispositions. Ainsi, le marteau Nasmyth était *automoteur,* c'est-à-dire que la distribution se faisait mécaniquement sans le secours de l'ouvrier qui n'avait qu'à ouvrir ou à fermer le robinet d'admission. Le marteau de M. Schneider fonctionnait à la main, et le tiroir de distribution ne marchait que par la volonté du forgeron. Ce système, plus simple, a été trouvé pendant long-temps plus commode et plus facile que l'autre qui, plus compliqué, était suscep-tible de se déranger ; cependant, perfectionné depuis par M. Gouin et d'autres con-structeurs, ce dernier est devenu d'un emploi général (1).

En principe, le marteau-pilon consiste dans une masse pesante fixée directement à la tige d'un piston que la vapeur soulève pour le laisser retomber ensuite, de tout son poids, sur le métal que l'on veut forger. Mais les détails de construction et les procédés mêmes de faire agir la vapeur diffèrent très-sensiblement d'un appareil à l'autre.

Dans certains cas, la vapeur soulève simplement le marteau, qui est ensuite aban-donné à lui-même et retombe de son propre poids ; quelquefois l'action de la vapeur intervient de nouveau pour précipiter la chute du marteau et augmenter à la fois l'énergie du coup et le nombre que l'on en veut donner à l'unité de temps ; les divers systèmes se distinguent d'ailleurs par le caractère du fonctionnement auto-matique ou non, dont nous disions quelques mots tout à l'heure.

Dans quelques systèmes, la vapeur agit à pleine pression ou par expansion ; par-fois aussi on fait intervenir l'action de l'air, soit comme ressort, soit comme agent moteur.

(1) Voir dans le ɪᴠᵉ vol. de la *Publication industrielle* la notice sur l'invention des marteaux-pilons et la description de ceux construits par M. Nasmyth, et dans les ᴠɪᵉ et xɪᵉ vol. du même recueil, la des-cription des systèmes de MM. Cavé, Pétin et Gaudet et Daelen. Voir aussi dans *le Génie industriel,* t. ɪᵉʳ, le marteau de M. Gouin.

N'ayant pas ici pour objet principal de décrire cet outil dans ses nombreuses variantes, mais nous proposant seulement de donner une idée de ce mode d'emploi de la vapeur, nous nous bornerons à faire connaître en détail le système de pilon conçu et exécuté par MM. Farcot, et qui réunit bien des perfectionnements importants.

MARTEAU-PILON DE MM. FARCOT

(PLANCHE 48)

ENSEMBLE DE LA CONSTRUCTION

La fig. 1 de la pl. 48 représente l'ensemble de ce marteau à vapeur en coupe verticale par l'axe du cylindre moteur;

La fig. 2 en est une vue extérieure regardée du côté de la distribution;

Les fig. 3 à 6 sont des coupes des parties principales, et les fig. 7 à 9 représentent des détails d'exécution.

L'ensemble de cet outil est formé de trois parties principales, qui consistent dans le cylindre A assemblé avec un bâti en fonte en forme de console ou potence B; ce bâti est lui-même fixé dans une base également en fonte C, nommée *chabotte,* qui s'appuie sur un massif très-solide, et porte l'enclume sur laquelle agit le marteau.

Le cylindre renferme un piston en fer D dont la tige E, forgée de la même pièce, possède une section suffisante pour constituer directement, avec le piston D, le marteau même; seulement la partie inférieure de la tige, par laquelle l'outil agit, est garnie d'un sabot F, rapporté en acier.

Dans la plupart des marteaux-pilons, la vapeur fournie par la chaudière, et distribuée à l'aide du tiroir, est introduite *au-dessous* du piston pour le soulever. Dans la disposition actuelle, la vapeur distribuée arrive *au-dessus* du piston et le précipite; puis il est relevé ensuite à l'aide d'un ressort permanent constitué par de la vapeur, à une pression inférieure à celle de la chaudière, et renfermée dans le bâti B qui est fondu creux à cet effet. Ce bâti est terminé en bas par une partie de forme pyramidale par laquelle il s'assemble avec la chabotte C qui présente un vide de même forme, mais plus grand, de façon à réunir les deux pièces avec des cales de bois serrés à l'aide de coins en fer ou *langues de carpe.* L'interposition d'une matière élastique dans le joint est nécessitée par la violence des chocs sur l'enclume, ce qui, sans cela, occasionnerait la rupture ou au moins la désorganisation des assemblages du mécanisme.

La chabotte C repose sur un bâti G formé d'une double épaisseur de fortes pièces de bois solidement reliées entre elles par des boulons, et appuyé sur un massif en béton; cette disposition est motivée, comme on vient de le dire, par les chocs répétés du marteau qui donnent lieu à des ébranlements considérables répercutés à de grandes distances dans le sol, qui doit présenter alors une assise extrêmement solide et profonde. Le centre de la chabotte est disposé pour recevoir l'enclume H dont nous examinons plus loin la construction en détail. Faisons remarquer dès à présent que cette enclume, qui se raccorde du reste avec la position du marteau, est oblique par rapport à l'axe général du bâti, afin de réserver le dégagement nécessaire à la pièce présentée au martelage.

Cette obliquité n'existe pas dans les marteaux dont le bâti forme une cage à double jambage, ou piédroits entre lesquels on peut facilement laisser un grand intervalle libre pour manœuvrer. Néanmoins il n'est pas inutile de faire remarquer qu'avec cette disposition à support simple, l'outil est parfaitement accessible en tous sens.

Après cet aperçu général de la structure de l'appareil, nous devons examiner ce qui concerne spécialement la distribution de vapeur.

La partie supérieure du cylindre est recouverte d'un chapeau en fonte I dont l'intérieur, d'un plus grand diamètre que le piston D, est alésé et renferme une plaque mince J qui remplit aussi l'office de piston, mais complétement libre, et au-dessus duquel on fait arriver de la vapeur pour servir de matelas élastique contre le choc supérieur du marteau. Au-dessous de ce chapeau le cylindre porte deux conduits a (fig. 5) qui viennent se raccorder à deux tubulures semblables b, appartenant à la boîte K dans laquelle se trouve renfermé le tiroir de distribution L.

La fig. 3 est une coupe, à l'échelle de 1/10, de cette boîte et du tiroir, suivant la ligne 1-2 des fig. 4 et 5, et ramenée verticalement ;

La fig. 4 est une section semblable à la fig. 1, suivant la ligne 3-4 des fig. 3 et 5 ;

La fig. 5 en est une section suivant la ligne 5-6 des fig. 3 et 4, et projetée horizontalement.

Ces figures montrent que le tiroir est un cadre à jour dont les deux faces frottent exactement sur les deux parois de la boîte, et que son intérieur est disposé pour mettre en rapport, au moment voulu, les deux canaux b avec un autre canal c ménagé à la boîte, et terminé extérieurement par une tubulure à laquelle s'adapte un tuyau M affecté à l'échappement de la vapeur, lorsque le piston du marteau remonte. La vapeur du générateur, qui doit projeter le marteau sur l'enclume, est amenée par un autre conduit N qui s'ajuste à une tubulure appartenant au couvercle K' de la boîte à vapeur.

Cette vapeur entoure alors le tiroir qui ne lui donne accès dans le cylindre A que lorsque ses bords supérieurs sont abaissés au-dessous des deux canaux b ; nous venons de faire remarquer que l'autre position, celle représentée par les figures du dessin, correspond à la période d'échappement.

La disposition adoptée pour ce tiroir a pour objet principal de le rendre *équilibré*, ce qui a effectivement lieu, puisque la vapeur active l'enveloppe de toutes parts et que ses deux tables frottantes sont exactement parallèles. On comprend facilement que cette condition est indispensable, puisque ce tiroir est manœuvré à la main et qu'il doit de toute façon se déplacer avec beaucoup de rapidité.

Le tiroir est en effet amené dans ces deux positions opposées par l'ouvrier qui dirige le marteau, en agissant sur un levier O, lequel est relié, par un mécanisme de renvoi, à la tringle d qui le rattache à ce tiroir. Ce mécanisme est composé d'un axe horizontal *e*, fixé sur des supports rattachés au bâti B, et muni d'une petite manette *f* assemblée, par articulation, avec la tringle *d*. Cette dernière est guidée, vers le milieu de sa longueur, par un manchon fixe *g* formant en même temps point d'appui à deux ressorts à boudin qui sont enroulés sur la tringle et tendent continuellement à faire remonter le tiroir à la position d'échappement.

Il part de la boîte de distribution deux autres conduits *h* et *i* qui ont pour objet d'effectuer les fonctions que nous allons faire connaître.

Le tube *h* part d'une tubulure appartenant au fond rapporté K^2 de la boîte K, et communique, par l'intermédiaire d'une soupape régulatrice P, avec l'intérieur du bâti B; la vapeur qu'il y amène, et que l'on maintient à une pression inférieure à celle du générateur qui la fournit, constitue un ressort permanent ayant pour objet de relever le marteau à chaque coup frappé. Ce réservoir se trouve, à cet effet, en communication constante avec le cylindre A, et au-dessous du piston, par un double orifice *j*; aussitôt que le marteau vient frapper sur l'enclume, le conducteur laisse remonter le tiroir, et, la partie supérieure du piston D se trouvant en libre communication avec l'atmosphère, la pression du réservoir B prédomine et suffit pour relever le marteau.

L'autre tube *i* part du dessus de la boîte du tiroir et correspond avec le chapeau I à l'intérieur duquel se trouve le diaphragme mobile J. Lorsque le marteau s'élève, lancé par la pression du réservoir B, il faut qu'une pression élastique l'arrête et l'empêche, le cas échéant, de choquer le fond du cylindre. S'il arrive en effet que le piston D dépasse un peu sa course normale, il vient frapper contre le diaphragme J, dont la surface est double de la sienne et qui supporte en sens inverse une pression correspondante. Il cède alors, mais d'une faible quantité, en comprimant la vapeur qui le presse; pour que cette vapeur fasse résistance, le tuyau *i* qui l'amène a une très-faible section, et même on place en un point de son développement un petit clapet de retenue qui empêche cette vapeur de retourner à la boîte du tiroir.

Quant aux eaux de purge provenant de cette vapeur, elles sont renvoyées, par un petit tube *k*, dans le réservoir de pression B.

En réservant pour la description détaillée l'explication de la soupape régulatrice P, dont nous avons indiqué ci-dessus l'usage, nous pouvons résumer dès à présent le fonctionnement général de tout l'appareil.

La vapeur est amenée directement du générateur par le conduit N, dont la partie inférieure est munie d'une boîte à soupape Q pour régler cette introduction; ce conduit l'amène dans la boîte du tiroir d'où elle pénètre dans le réservoir de pression B et dans le chapeau J du cylindre. Son admission dans le réservoir B a lieu, comme nous l'avons dit, par la soupape régulatrice P à laquelle aboutit le conduit *h* et qui correspond, par une deuxième tubulure, avec le réservoir à l'intérieur duquel on a disposé un tube de prise *h'*. La vapeur, ainsi confinée dans le réservoir, ne circule pas, et la soupape P n'en laisse entrer de nouvelle qu'autant que la pression s'est abaissée au-dessous du point auquel elle doit être maintenue pour être capable d'élever le marteau. Le réservoir, dans lequel une certaine quantité de vapeur se condense nécessairement, peut aussi recevoir un volume d'eau additionnel dans le but d'en modifier la capacité et la mettre en rapport avec le degré de compression que la vapeur subit lorsque le marteau s'abaisse. Un robinet S est appliqué à cet effet à la partie inférieure du bâti.

Dans cet état il suffit d'agir sur le levier à main O pour faire mouvoir le tiroir et mettre le marteau en fonction. La vapeur introduite au-dessus du piston D chasse le marteau qui descend en comprimant la vapeur du réservoir B, laquelle, ainsi qu'il a été dit, doit être maintenue à une pression inférieure à celle de la chaudière. Aussitôt le tiroir abandonné, et remontant par l'effet des ressorts placés sur la tige d, la vapeur du dessus peut s'échapper et celle contenue dans le réservoir B, tendant à reprendre la pression suivant laquelle elle se trouve en équilibre avec le marteau, le soulève en se détendant.

Le nombre de coups frappés à l'unité de temps dépend ainsi de la promptitude avec laquelle on agit sur le levier O; il en est de même de la hauteur de chute, puisque le marteau cesse de s'élever aussitôt que l'on commence à introduire la vapeur au-dessus du piston D, et que l'on est maître de le faire en tel point de sa course ascensionnelle. On peut également modérer l'énergie du coup frappé en interceptant l'entrée de la vapeur avant la fin de la chute, ce qui, dans cette circonstance, fait fonctionner la vapeur *avec détente.*

L'énergie d'un marteau-pilon étant exprimée par sa force vive, c'est-à-dire par la combinaison de son propre poids et de la vitesse avec laquelle il frappe sur la pièce qui est soumise au forgeage, on peut régler cette énergie par le poids même du marteau et par sa hauteur de chute; par conséquent, pour obtenir une grande énergie il faut, si la chute s'effectue sous l'influence isolée de la pesanteur, un grand poids ou une grande chute, et souvent les deux conditions réunies. Mais si la chute est considérable, sa durée est longue et le nombre de coups battus dans un temps donné s'en trouve très-limité; si l'on diminue alors la chute en augmentant la masse du marteau, on est susceptible d'atteindre un poids considérable qui mène à une augmentation démesurée des dimensions du piston moteur. D'ailleurs si l'on est limité à la chute simple, la vitesse du marteau devient invariable dans le cas de la chute maximum.

C'est suivant ces considérations que les différents constructeurs qui se sont occupés des marteaux-pilons ont cherché à ménager, à la partie supérieure du cylindre, un ressort de vapeur ou d'air comprimé qui vienne ajouter à l'action de la pesanteur pour accélérer à volonté la chute du pilon.

Seulement MM. Farcot ont renversé les termes du problème. C'est la vapeur active, dont les effets peuvent être très-facilement modifiés, qui fait opérer la chute, c'est-à-dire l'action principale, tandis que le ressort est placé en dessous et fait opérer la fonction *neutre,* c'est-à-dire le relèvement du marteau. Cependant son action se modifie en raison de celle de la vapeur active, car conformément à la loi générale suivie par un ressort que l'on comprime, il se détend avec la même vitesse suivant laquelle on l'a comprimé, autrement dit il doit relever le marteau d'autant plus promptement qu'il a été plus vivement précipité.

Ces considérations nous amènent à conclure que le système de marteau adopté par ces ingénieurs est appuyé sur des principes très-rationnels. Nous allons en examiner maintenant les détails de construction.

DÉTAILS DE CONSTRUCTION

CYLINDRE A VAPEUR ET MARTEAU. Le cylindre est une pièce en fonte d'une très-forte épaisseur à laquelle se trouve ménagée une partie dressée qui s'adapte à une semblable appartenant au bâti B et s'y fixe au moyen de huit boulons, avec des encastrements pour rendre cet ajustement invariable. Le détail de cet assemblage est complété par la fig. 6, qui est une section horizontale faite suivant la ligne 7-8 des fig. 1 et 2.

Le marteau est formé d'une pièce de fer forgé, présentant une forte tige de section rectangulaire terminée d'un bout par une partie ronde D, qui constitue le piston, et de l'autre par un renflement qui reçoit la garniture en acier F.

La fig. 1 *bis* est un tracé géométrique qui donne, avec exactitude, la forme de cette partie en projection horizontale.

Lorsque le piston est indépendant et réuni par une tige ronde avec le marteau, celui-ci est guidé, dans son mouvement vertical, par des glissières, tandis qu'ici c'est la tige qui sert elle-même de guide dans le presse-étoupe *l* et qui est, à cet effet, rectangulaire. Ce presse-étoupe, qui sert en même temps de garniture pour la vapeur, est coupé en deux parties sur le diamètre pour pouvoir être mis en place, puisque les deux extrémités de la tige sont renflées ; il pénètre dans le cylindre dont cette partie est alésée à un diamètre un peu plus grand que celui du piston D, afin de former un épaulement pour appuyer la pièce d'arrêt *m*, contre laquelle sont pressés des segments en caoutchouc *n* destinés à étancher l'intérieur du cylindre.

Quant au piston D, sa garniture est formée, ainsi que cela se fait beaucoup aujourd'hui, par plusieurs bagues en acier coupées en un point de leur circonférence et incrustées dans des rainures pratiquées sur sa surface cylindrique. Le graissage du piston est opéré, comme à l'ordinaire, à l'aide d'un graisseur R fixé, par un taraudage, sur une tubulure *o* qui est ménagée, à cet effet, à la partie supérieure du cylindre et percée de deux trous perpendiculaires dont l'un pénètre dans son intérieur.

Le frottement de la tige E dans sa garniture est lubrifié de la même façon à l'aide du graisseur R′ fixé par deux vis sur la tubulure *o*′ dont le trou horizontal, qui la traverse, communique avec une rainure circulaire pratiquée sur la circonférence de la pièce d'arrêt *m* ; des trous obliques partant de cette rainure conduisent l'huile sur la surface de la tige.

On connaît la structure ingénieuse de ces vases ou robinets graisseurs, dont celui R′ est représenté en détail à une plus grande échelle par la fig. 9. On voit qu'il se compose d'un récipient situé entre deux robinets et surmonté d'une coupe pour verser l'huile. Nous avons déjà décrit un semblable appareil (t. 1er, p. 505). Faisons remarquer seulement que ce robinet R′ ne se trouvant pas disposé pour que l'écoulement de l'huile se fasse dans les conditions habituelles, on a mis son récipient en rapport avec la boîte de distribution sur un petit tube p, par lequel la vapeur vient presser sur l'hu le et la forcer de s'introduire dans la garniture.

DISTRIBUTION. — Il reste à cet égard peu de chose à ajouter à ce qui a été dit dans la description d'ensemble.

La disposition du tiroir diffère seule assez sensiblement de ce que l'on fait pour les machines à vapeur ordinaires. Ainsi qu'on l'a vu précédemment, ce tiroir est parfaitement équilibré ; c'est un simple cadre dont les deux faces sont frottantes et dont l'intérieur sert de passage pour l'échappement de la vapeur. La face supérieure est munie de rebords pour recevoir l'huile employée au graissage de son frottement avec les côtés de la boîte K, et qui lui est distribué par le vase R^2 analogue aux précédents.

Quant à sa relation avec le mécanisme de renvoi, il est rattaché, par un écrou prisonnier, avec une tige d' qui traverse la garniture de la boîte à vapeur et vient se relier, par un taraudage, avec la tringle principale d.

BATI ET SOUPAPE REGULATRICE. — C'est dans la solidité du bâti B que réside principalement la stabilité de tout l'appareil ; pour un marteau d'une plus grande puissance, ce bâti, au lieu de tenir le cylindre en porte-à-faux, est double et présente, ainsi que nous l'avons rappelé tout à l'heure, deux jambages disposés symétriquement, comme ceux d'un balancier-découpoir.

Nous devons nous attacher particulièrement à décrire la soupape régulatrice, à l'aide de laquelle on peut régler automatiquement la pression qui doit régner dans le réservoir formé par ce bâti, et qui constitue l'une des particularités de ce système. Elle est représentée en détail par les fig. 7 et 8.

Cette soupape est composée extérieurement du corps principal en bronze P reposant sur une tubulure en fonte coudée P' qui s'adapte au bâti. L'intérieur du corps P est alésé et renferme un manchon q percé de plusieurs ouvertures rectangulaires r qui sont destinées à mettre en relation la tubulure s, à laquelle correspond le conduit de vapeur h, et la tubulure P' qui communique avec le réservoir B. Ce manchon, dont l'intérieur est creux, est fermé d'un bout par une cloison dont la surface inférieure est pressée, comme un piston, par la vapeur du réservoir, tandis que l'autre face est poussée par une tige à pointal t, entourée d'un ressort à boudin, lequel est maintenu entre l'embase de cette tige et le bouchon à vis u qui ferme le corps de la soupape.

D'après cette disposition on comprend que, lorsque la pression du réservoir fait équilibre à l'effort du ressort dans la position où la partie pleine du manchon masque l'orifice de la tubulure s, aucune quantité nouvelle de vapeur ne peut être introduite.

Si cette pression intérieure vient au contraire à baisser, l'effort du ressort prédomine et le manchon descend ; ses lumières r arrivent à la hauteur de la tubulure s dans laquelle règne aussi une gorge circulaire à l'intérieur de la boîte P pour étendre la communication entre les deux parties. La vapeur amenée par le tube h peut alors s'introduire dans le réservoir B en passant par la tubulure s, la gorge circulaire, les lumières *r* et la tubulure P′, et aussitôt que la pression a repris son intensité dans le réservoir, elle relève le manchon *q* en ramenant le ressort à son degré primitif de compression, l'équilibre est rétabli et la communication de vapeur de nouveau interceptée.

Cette soupape est donc un régulateur très-exact et qui peut être réglé lui-même pour des pressions différentes; il suffit, pour en changer la valeur, de serrer plus ou moins le ressort à boudin en détournant le bouchon à vis *u*. On peut également la faire fonctionner à la main en appuyant sur le bouton de la tige *t*.

CHABOTTE ET ENCLUME. — La chabotte C est une pièce de fonte qui doit présenter une très-grande résistance, attendu qu'elle reçoit directement les chocs répétés du marteau; elle doit, par la même raison, posséder une grande inertie et présenter une large assise.

Elle s'étend d'une quantité suffisante pour que l'enclume se trouve située au milieu de sa longueur; la partie prolongée en avant, et qui est en affleurement avec le sol, présente un évidement que l'on peut remplir après coup avec de la terre ou du frasier ou qui peut recevoir de l'eau dont les forgerons ont constamment besoin, soit pour tremper leurs outils, soit pour injecter sur la pièce.

L'enclume H peut être directement fixée sur la chabotte, ou, comme sur le dessin, montée préalablement sur une masse en fonte H′, dont la partie supérieure présente une large coulisse dans laquelle cette enclume est ajustée et serrée au moyen de clavettes. La masse porte-enclume M′ est munie d'une portée à queue qui pénètre dans l'évidement central de la chabotte, et s'y trouve retenue par deux clavettes transversales.

DIMENSIONS ET CONDITIONS DE MARCHE

Ce marteau-pilon est basé sur les données suivantes :

Poids du pilon.................................... 600 kil.
Course maxima.................................... 0ᵐ800
Diamètre du piston............................... 0ᵐ400
Superficie .... 12ᵈ·ᵠ·57

Il est susceptible de marcher à 5, 6 ou 7 atmosphères, à pleine pression ou à détente.

En combinant le poids du pilon avec la surface inférieure du piston et en tenant compte de son frottement dans le cylindre et de celui de la tige dans la garniture, on trouve que la pression nécessaire dans le réservoir, pour soutenir le marteau et le relever lorsqu'il est tombé, est d'environ 2 atmosphères, ce qui a lieu pratiquement.

MM. Farcot évaluent la puissance d'un marteau ainsi disposé en multipliant la chute du marteau par son poids propre ajouté à la pression utile exercée par la vapeur sur le piston, le résultat exprimant des kilogrammètres. On doit tenir compte, en faisant ce calcul, du mode d'emploi de la vapeur à pleine pression ou à

détente; la pression utile est celle de la vapeur diminuée de la contre-pression dans le réservoir B.

Admettons, pour exemple, que l'on marche à pleine pression, à 6 atmosphères, et en utilisant la chute totale; la puissance d'un coup du marteau actuel sera exprimée ainsi :

$$(1257^{c.q.} \times [6^{at.} - 2] + 600^{k}) \times 0^{m}800 = 4502 \text{ kilogrammètres.}$$

L'avantage de cette disposition est, comme nous avons essayé de le faire voir, de changer facilement l'énergie des coups en modifiant la pression de la vapeur et son mode d'emploi. Quant au nombre de coups frappés dans un temps déterminé, il n'a de limite que la vitesse avec laquelle un homme peut agir sur le levier de commande du tiroir, car la vitesse que le piston peut acquérir, sous l'influence de la vapeur qui le précipite, est infiniment plus grande.

SOUFFLERIES A VAPEUR

MACHINES SOUFFLANTES A ACTION DIRECTE.

Avant les machines à vapeur, on faisait usage dans les grandes forges et hauts-fourneaux de machines soufflantes dans lesquelles l'eau était la force motrice, employée, soit directement comme avec les appareils appelés *trompes*, soit par transmission, pour mettre en jeu un appareil mécanique spécialement construit pour refouler de l'air.

Lorsqu'un établissement métallurgique possède une force hydraulique, il peut encore l'utiliser pour faire marcher un appareil soufflant; mais comme on peut aussi y produire de la vapeur au moyen de chaleurs perdues, on préfère généralement l'emploi d'une soufflerie dont la force motrice est un cylindre à vapeur agissant directement, ce qui permet de mettre cet appareil dans n'importe quelle place de l'usine, sans transmission, et par conséquent sans avoir à se préoccuper de celle nécessitée par le moteur principal lorsque c'est un moteur hydraulique.

Les premières souffleries à vapeur étaient formées d'une machine à balancier, du système de Watt, dont la bielle, la manivelle et l'arbre étaient supprimés et remplacés par une pompe à air formée d'un cylindre de grandes dimensions, avec un piston commandé directement par le balancier. Plus tard on voulut appliquer le système horizontal pour les qualités qui lui sont propres, c'est-à-dire simplicité de construction, emploi de la vapeur à haute pression, grande vitesse, etc.

Comme exemple de ce système horizontal on peut citer la machine soufflante de M. Cadiat aîné, dont les deux cylindres à vapeur et soufflant avaient leurs pistons sur la même tige, sans aucun mécanisme rotatif, mais avec des organes spéciaux pour opérer la distribution et limiter la course.

Néanmoins d'autres ingénieurs, et notamment MM. Thomas et Laurens, qui se sont beaucoup occupés de souffleries, ont reconnu qu'il y a avantage à conserver un mécanisme rotatif, non pas pour transmettre le mouvement au piston du cylindre soufflant, mais bien pour assurer la succession des pulsations et appliquer un volant régulateur, sans lequel il est fort difficile de marcher à grande vitesse avec sécurité et d'employer utilement la détente. Un mouvement de rotation est d'ailleurs très-commode pour mettre en jeu les divers organes accessoires du cylindre moteur ou de la soufflerie.

En somme, une soufflerie ainsi disposée fournit un exemple de moteur à vapeur *à action directe,* auquel titre nous désirons le citer actuellement.

Comme spécimen nous représentons, fig. 164, la section horizontale de la partie principale d'un appareil de ce genre construit dans les ateliers de la compagnie des établissements Cavé, sous la direction de M. Lebrun. Cette machine reproduit comme principe, mais avec quelques variantes, la disposition à tiroirs proposée, vers 1846, par MM. Thomas et Laurens.

Fig. 164.

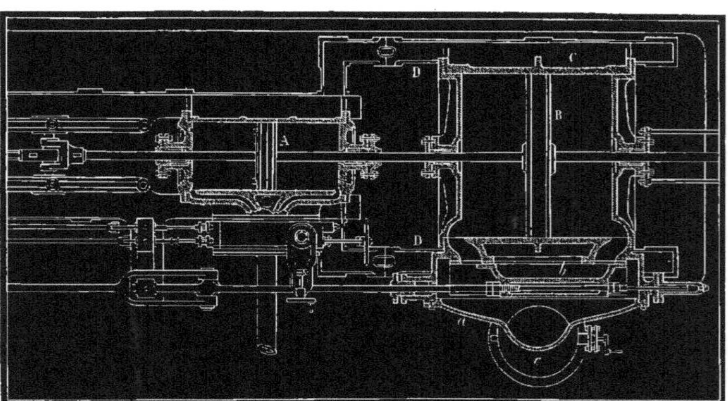

On reconnaît que cette machine comprend un moteur à vapeur ordinaire disposé horizontalement, et dont la tige du piston A est prolongée en arrière pour recevoir le piston B d'un gros cylindre C monté sur une portion de bâti D qui est rendu, par un solide assemblage, partie intégrante de celui de la machine à vapeur. Par son extrémité opposée, la tige de piston est reliée avec une bielle actionnant une manivelle montée sur un arbre de couche auquel se rattache, par son autre bout, un appareil tout semblable, de façon que l'ensemble constitue deux machines connexées par ce même arbre et par manivelles à angle droit. L'arbre porte alors un volant, rendu plus léger par cette connexion même, et reçoit les divers excentriques de distribution d'air et de vapeur, et la pompe à air du condenseur commun des deux machines.

Le point qui doit attirer particulièrement ici notre attention est la relation du moteur avec le travail qu'il effectue, ainsi que la disposition générale du cylindre où cette action a lieu.

Le cylindre C de la soufflerie est muni, comme un cylindre à vapeur, de canaux qui débouchent sur la table d'une boîte *a* renfermant un tiroir *b* commandé par un excentrique monté sur l'arbre du volant, et dont les fonctions sont analogues à celui d'une machine à vapeur, excepté qu'il opère la distribution de l'air. Ce tiroir est en rapport, par son intérieur, avec les canaux du cylindre qui débouchent à l'air libre; la boîte *a* communique, au contraire, par un vaste conduit *c*, avec la conduite principale par laquelle l'air refoulé est envoyé au foyer qu'il doit alimenter.

D'après cette disposition, le piston à vent, entraîné par celui à vapeur par leur commune tige, tend à faire le vide entre lui et le fond duquel il s'éloigne, et refoule au contraire du côté opposé. Les mouvements du tiroir *b* étant combinés avec les siens, comme pour une machine à vapeur, c'est-à-dire *à positions croisées*, l'air s'introduit du dehors dans le cylindre en passant par l'intérieur du tiroir, et, au retour du piston, est refoulé par l'orifice que le tiroir a découvert, s'écoule par l'intérieur de la boîte *a* et les conduits qui sont en communication avec elle.

Ainsi organisée, une soufflerie à vapeur se trouve un peu éloignée de cette simplicité que l'on pouvait d'abord espérer par la transmission directe amenant la suppression de tout l'attirail d'un mécanisme rotatif. Mais, sans perdre l'avantage de cette commande sans intermédiaire, on améliore considérablement les conditions matérielles et économiques de la marche en conservant l'arbre à manivelles, qui n'a plus d'autre fonction que de porter un volant et de délimiter parfaitement la course des pistons.

Nous devons insister sur ces motifs dont il a été dit quelques mots en commençant. Il est certain que sans volant il ne serait pas possible de marcher à détente et de réaliser l'économie qu'elle procure, car le piston à vapeur soumis à des pressions variables aurait une marche de même nature ainsi que celui à vent; or, on s'éloignerait de cette condition, si recherchée pour une soufflerie, de produire un courant d'air régulier, ce que l'on n'obtient à peu près, même avec des machines à vitesses fixes, qu'à l'aide de réservoirs régulateurs interposés sur la conduite entre la soufflerie et la buse d'échappement.

La disposition même de la machine actuelle, avec ses deux appareils connexés par manivelles à angle droit, témoigne du désir que l'on a d'obtenir une grande régularité dans la vitesse de l'air insufflé.

Avant de terminer ce que nous devons dire sur ce genre d'appareil, il est intéressant de rappeler les différences importantes qui existent d'une machine à l'autre.

Dans les premières machines, la distribution de l'air était effectuée au moyen de *clapets* placés, sur les fonds du cylindre, par séries correspondant avec l'atmosphère et avec les conduits de refoulement, et disposés pour se lever de dedans en dehors, *et vice versâ*, par rapport au cylindre.

Depuis lors on a préféré pendant longtemps l'emploi d'un tiroir, comme dans l'exemple précédent. A l'aide de cet organe, qui reçoit une commande indépendante des mouvements de l'air, on livre à ce dernier tel passage que l'on juge nécessaire, en marchant à n'importe quelle vitesse et en temps voulu, tandis que les clapets, quelle qu'en soit d'ailleurs la section, ne s'ouvrent qu'autant que l'air acquiert une pression suffisante pour vaincre celle opposée, et ne déterminent qu'une ouverture restreinte et limitée à l'effort même développé pour les soulever.

Cependant, les tiroirs ont aussi leurs inconvénients, parmi lesquels on pourrait citer les frottements qu'ils occasionnent, et par conséquent la force qu'ils absorbent. Aussi tout récemment, M. Fossey, ingénieur-constructeur français, établi en Espagne, a imaginé de substituer aux clapets et tiroirs des disques tournants appliqués contre les fonds du cylindre, lesquels sont percés d'orifices rayonnants en rapport avec des lumières semblables appartenant aux disques; ces derniers sont en communication permanente, par série, avec l'atmosphère et avec une enveloppe dont le cylindre est muni et à laquelle est joint le conduit de refoulement.

Ces disques reçoivent un mouvement de rotation continu très-doux et d'une vitesse très-modérée, car il suffit qu'ils tournent, par chaque coup simple de piston, de l'angle déterminé par l'un de leurs orifices. Si, par exemple, le disque tournant est percé de 8 orifices, 4 débouchant à l'air libre, et 4 communiquant avec le refoulement, il devra faire un huitième de tour par coup de piston simple, soit un quart par coup double, puisque chaque côté du cylindre doit communiquer alternativement avec l'atmosphère et avec le conduit d'air refoulé. En supposant que la soufflerie donnât 48 coups doubles par minute, les disques devraient faire 12 tours dans le même temps (1).

L'auteur de cette ingénieuse disposition fait remarquer que l'un de ses avantages est d'annuler presque complétement les espaces perdus, à ce point que si les faces du piston étaient garnies d'une matière un peu élastique, de façon à pouvoir les faire coïncider à fin de course avec les fonds, pas une parcelle d'air ne resterait dans le cylindre.

Il insiste aussi, avec raison, sur la fonction douce, régulière et exempte de chocs des disques tournants, dont la vitesse lente peut être conservée, pour ainsi dire, indépendamment de celle même de la machine. En effet, en multipliant le nombre de leurs orifices, on réduit proportionnellement leur vitesse de rotation. Nous venons de voir qu'avec 48 coups doubles et 8 orifices, les disques font 12 tours; si l'on voulait construire une machine tournant plus vite, faisant par exemple 60 tours par minute, et conserver cette vitesse de 12 tours pour les disques, ceux-ci devraient présenter 10 orifices; car cela ferait 120 orifices passant par minute, soit 1 par coup simple de la machine, etc.

Comme modification à la structure générale des souffleries à vapeur, nous citerons une disposition dans laquelle les deux cylindres occupent les deux extrémités opposées du bâti et l'arbre du volant une position intermédiaire.

____

(1) Nous avons donné avec détails le dessin et la description de cette nouvelle soufflerie dans le 11ᵉ volume de la *Publication industrielle*.

Enfin on s'arrange quelquefois de façon à faire passer l'air refoulé par l'intérieur
du tiroir, qui se trouve alors tout à fait découvert et extérieur. C'est une facilité
acquise pour le commander, en supprimant les tiges frottant dans des garnitures ;
mais on est obligé de le tenir lui-même dans des glissières fixes et étanches, sans
quoi il serait soulevé par la pression de l'air et le laisserait échapper.

DONNÉES GÉNÉRALES SUR LES SOUFFLERIES

Bien que le jeu d'une soufflerie soit en dehors de notre sujet principal, il nous
semble nécessaire d'en exposer les principes, puisque le moteur ne peut être
déterminé lui-même qu'en étudiant les effets du cylindre soufflant qu'il commande.

L'ensemble des fonctions d'une machine soufflante se résume à prendre dans
l'atmosphère un certain volume d'air et à le refouler au foyer par une conduite
dont l'extrémité se termine par une buse conique par laquelle cet air s'échappe
avec une grande vitesse.

Si l'on se reporte aux notions (t. 1er, p. 55 et suiv.) relatives à l'écoulement d'un
fluide dans ces conditions, on verra que cet écoulement ne peut avoir lieu que sous
l'influence d'une pression à l'origine de la conduite, pression qui en mesure en
effet la vitesse, mais avec une modification qui résulte des dimensions, diamètres
et développement de la conduite que le fluide parcourt.

Suivant les dispositions de tout l'appareil soufflant, l'air, poussé dans le cylindre
avec la vitesse même du piston, est refoulé dans une conduite où il est forcé d'y
prendre une vitesse accrue dans le rapport inverse des sections du cylindre et de
cette conduite ; celle-ci présentant à la sortie un orifice rétréci, l'air, dont le volume
refoulé ne pourrait se réduire que par une cause accidentelle, prend, en s'échappant, une vitesse encore plus grande, que l'on peut regarder comme théoriquement égale à celle moyenne du piston moteur multipliée par le rapport inverse des
sections de ce piston et de la buse d'échappement.

Cette vitesse d'échappement ou d'écoulement répond, en résumé, à celle qui
résulterait d'un réservoir rempli d'un fluide de même densité et d'une hauteur suffisante, que les notions rappelées précédemment permettront d'évaluer. Or ce
réservoir initial de pression (qui existe du reste sur la conduite et fonctionne comme
régulateur) est remplacé ici par l'action mécanique du piston soufflant, lequel ressent en effet, comme résistance, cette pression que posséderait un réservoir capable
du même effet final que lui.

Ainsi le travail absorbé par le piston soufflant n'est autre chose que le produit
de sa section par la pression que le mouvement communiqué à l'air détermine,
et du chemin qu'il parcourt.

Soit encore, comme expression de ce travail, le volume d'air débité à la pression
qui résulte de sa vitesse d'écoulement.

Il n'est question ici que du travail absorbé utilement, car il est des pertes de toute nature qui augmentent ce travail et dont il faut spécialement s'occuper.

D'abord les dimensions de la conduite même concourent à modifier la relation qui existe entre la vitesse d'écoulement et la pression réactive à laquelle elle donne lieu (t. Ier, p. 63); ainsi il peut arriver qu'avec les mêmes conditions principales, comme vitesse d'écoulement obtenue, diamètre et vitesse du piston, ce dernier ait à surmonter des résistances différentes, suivant les proportions et dispositions de la conduite. Ensuite il y a les fuites inévitables, les frottements des organes mécaniques, etc.

En somme, les principaux éléments qui concourent à la détermination d'une soufflerie sont les suivants :

Q   le volume d'air à fournir par 1′, exprimé en mètres cubes;

h   la pression de l'air déduite de la vitesse à l'échappement, et exprimée en hauteur de mercure, en mètres;

H   la pression par mètre carré du piston, déduite de celle *h* et des conditions du parcours de l'air, également en mètres de mercure;

V   la vitesse par seconde.

Ces éléments nécessitent chacun un examen particulier pour lequel nous allons entrer dans quelques détails.

VOLUME D'AIR. — D'après MM. Flachat, Barrault et Petiet, on détermine le volume que le piston soufflant doit engendrer en augmentant le volume d'air, qu'il est appelé à fournir, de sa dilatation entre 0 et 20 degrés pris comme température moyenne de l'été, plus 1/4 ou 1/5 pour les diverses pertes.

On sait que le coefficient de dilatation de l'air égale 0,00367, c'est-à-dire qu'il augmente de cette fraction de son volume par chaque degré d'élévation de température, et sous la pression atmosphérique normale de 0,76. Par conséquent, si une machine soufflante doit fournir un volume Q d'air estimé à 0 température, pour en obtenir la même quantité en poids, alors que la température sera plus élevée, qu'elle sera devenue *t*, et que l'air aura subi une dilatation correspondante, il faut que le volume engendré par le piston soit plus grand que Q et égal à ce volume ainsi accru, plus, comme on l'a dit, les pertes accidentelles.

Par l'effet de dilatation, le volume primitif devient :

$$Q (1 + 0,00367 \times t).$$

Le volume engendré par le piston égale, d'après cela, en comptant 25 p. 100 pour les pertes :

$$Q' = \frac{Q (1 + 0,00367 \times t)}{0,75}.$$

Exemple : Si le volume d'air à fournir par minute égale 15 mètres, réduit à 0 température, quel sera celui que devra engendrer le piston soufflant pour obtenir le même poids d'air pris à 20 degrés, les pertes diverses comptées?

On trouve :

$$Q' = \frac{15^m \,(1 + 0,00367 \times 20°)}{0,75} = 21^{m.c.}468.$$

Remarque. — Si, comme cela peut avoir lieu dans notre climat, ces limites de températures sont admises constamment, le facteur du volume prend la valeur fixe suivante :

$$\frac{1 + 0,00367 \times 20°}{0,75} = 1,4312; \qquad \text{d'où,} \quad Q' = 1,4312\,Q.$$

Mais, d'une manière générale, le coefficient $0,00367\,t$ sera pris en plus ou en moins, suivant que la température moyenne de l'air est supérieure ou inférieure à zéro. Il peut arriver, d'ailleurs, qu'on emploie de l'air chaud.

Ainsi on posera $1 + 0,00367\,t$ ou $1 - 0,00367\,t$, suivant l'une ou l'autre de ces circonstances.

PRESSION DE L'AIR. — Les ingénieurs spéciaux enseignent que les conduits d'air doivent être proportionnés de façon à ce que les pressions H et h, mesurées près du cylindre et à l'échappement, ne diffèrent pas plus de 5 centièmes; soit :

$$H - h = 0,05\,H; \qquad \text{d'où,} \quad H = \frac{h}{0,95}.$$

Par conséquent, si la réglementation de la soufflerie conduit à une pression, à l'échappement, $h = 0^m15$ en hauteur de mercure, la disposition des conduits devra être telle que la pression sur le piston ne dépasse pas :

$$H = \frac{0,15}{0,95} = 0^m158.$$

C'est à l'aide de cette pression que la force absorbée par la soufflerie doit être évaluée.

TRAVAIL DU PISTON SOUFFLANT. — Les données précédentes permettent de déterminer les proportions du cylindre soufflant pour un volume d'air donné à fournir, et la force absorbée correspondante.

Appelant

Q' le volume engendré par le piston par minute ;
D le diamètre du piston ;
C sa course ;
N le nombre de coups simples par minute,

ce volume a pour valeur :

$$Q' = \frac{\pi\,D^2\,C\,N}{4}.$$

Se rappelant que la pression d'une colonne de mercure de 1 mètre de hauteur égale 13598 kilogrammes par mètre carré, celle P sur le piston égale :

$$P = \frac{\pi D^2}{4} (H \times 13598).$$

La quantité de travail correspondante peut être exprimée par le produit PV, dans lequel V est la vitesse moyenne du piston. On fait remarquer à cet égard que la pression sur le piston ne serait pas constante s'il n'existait pas le régulateur dont il a été question ci-dessus. Mais l'application de cet appareil étant admise, il est possible, pour le calcul pratique du travail, de considérer la pression sur le piston comme fixe.

On a, pour cette vitesse moyenne :

$$V = \frac{CN}{60}.$$

Enfin, la puissance T cherchée, exprimée en chevaux, égale :

$$T = \frac{PV}{75} = \frac{13598 \pi D^2 H}{4} \times \frac{CN}{60 \times 75}.$$

Mais, dans cette expression, on pouvait substituer aux dimensions du cylindre le volume Q' qui a servi à les déterminer. Elle prendrait ainsi la forme suivante :

$$T = \frac{13598 \, Q'H}{60 \times 75} = 3,02178 \, Q'H.$$

Avec cette dernière formule, on calculera directement la puissance nécessaire pour faire marcher une soufflerie dont on connaîtra le travail, après avoir tenu compte des pressions et du volume d'air augmenté de Q à Q', d'après les considérations ci-dessus.

Enfin, si l'on admet, comme on le supposait tout à l'heure, que l'on fasse subir, dans tous les cas, la même augmentation au volume d'air à fournir, et qui donne Q' = 1.4312 Q, et si l'on remplace H par la valeur approximative qui en a été donnée précédemment, on pourra obtenir une formule indiquant directement la puissance motrice nécessaire pour le volume d'air et la pression donnés.

Soit environ :

$$T = 3,02178 \times 1,4312 \, Q \times \frac{h}{0,95} = 4,55 \, Qh.$$

Applications des règles précédentes. — Mettant à part ce qui concerne l'établissement de la conduite d'air, et qui ne peut être traité ici, les notions qui précèdent suffisent pour fixer les proportions du moteur d'une soufflerie fonctionnant dans des conditions déterminées.

L'égalité de la course des deux pistons donne une facilité de plus pour faire cette opération, car ils correspondent, par cela même, à une pression moyenne totale équivalente.

Nous allons terminer ce sujet par une application de ces règles à la machine même dont la fig. 164 représente la partie principale.

Cette machine, formée, comme on l'a dit, de deux appareils semblables accouplés, est basée sur les conditions suivantes :

Diamètre des pistons soufflants...................... . $1^m 31$

Course.. .. $1^m 00$

Volume engendré par coup simple..................... $1^{m.c.} 410$

Diamètre des pistons à vapeur........................ $0^m 54$

Nombre de coups doubles par minute.................. 120 à 140

Vitesse des pistons par $1''$ pour 120 coups.............. $2^m 00$

    Id.   id.   id.   140 id. .... $2^m 33$

On a obtenu, dans des expériences, environ 136 mètres cubes effectifs d'air refoulé par minute et par cylindre, à la vitesse de 70 tours, et sous une pression de 15 centimètres de mercure dans le cylindre soufflant.

Le volume réel engendré par le piston égale :

$$1^{m.c.} 410 \times 140 = 197^{m.c.} 400.$$

Comparant ces deux volumes, on trouve :

$$\frac{136}{197} = 0,69$$

c'est-à-dire que le rendement en vent s'élevait, environ, à 70/00.

Si maintenant nous prenons le volume théorique engendré par le piston, et qui, dans les formules précédentes, est représenté par Q' (ne connaissant d'ailleurs ni la température ni la pression atmosphérique au moment des expériences), nous pouvons, à l'aide de la pression de refoulement, $H = 0^m 15$, relevée sur le cylindre au moyen de diagrammes, avoir une idée du travail développé par chaque piston à vapeur.

L'une des formules précédentes, disposée en ce sens, fournit :

$$T = 3,02178 \, Q'H = 3,02178 \times 197^{m.c.} \times 0^m 15 = 89, 29 \text{ chev.}$$

La puissance nominale de chacune de ces machines n'est que de 70 chevaux, soit 140 pour les deux ensemble. Mais si l'on considère que la puissance nominale est toujours fixée par le constructeur à un chiffre inférieur à celui qu'elle peut développer, même avec sa réglementation normale, et qu'il est d'ailleurs aisé de s'en écarter encore dans une expérience, on peut en déduire que le résultat ci-dessus est très-approché de la réalité.

POMPE A VAPEUR DE MARINE

DITE PETIT CHEVAL D'ALIMENTATION

En parlant des machines marines en général (p. 363), nous avons cité l'appareil d'alimentation spécial auquel on a donné le nom de *petit cheval* d'alimentation (les Anglais disent « petit âne, » *little donkey*), et qui constitue une véritable machine à vapeur à action directe, dans laquelle il se trouve bien un mouvement rotatif, mais qui n'a encore pour fonction que de limiter la course des pistons et de mettre en jeu un volant régulateur.

Comme exemple de ce genre d'appareil nous choisissons le modèle adopté par la marine de l'État, et désigné, par ce fait, sous le nom de pompe réglementaire.

La fig. 165, qui est un croquis de cet appareil à l'échelle de 1/10, indique qu'il est formé d'un corps de pompe A, à piston plein, et fondu avec une plaque par laquelle il est relié, au moyen de deux bâtis B, à un cylindre à vapeur C. Les deux pistons sont reliés par un châssis D, dont nous avons décrit la fonction (p. 363) relativement au coude de l'arbre avec lequel il est engagé. Mais ici ce châssis reçoit sa commande des pistons, au lieu de la leur transmettre, et n'a d'autre objet que d'établir la relation de mouvement entre ces pistons et l'arbre du volant qui en reçoit sa commande, mais en mesurant leur course rectiligne. Cet arbre est d'ailleurs muni, en avant du bâti enlevé par la coupe sur la vignette, d'une petite manivelle faisant fonction d'excentrique pour commander le tiroir de distribution.

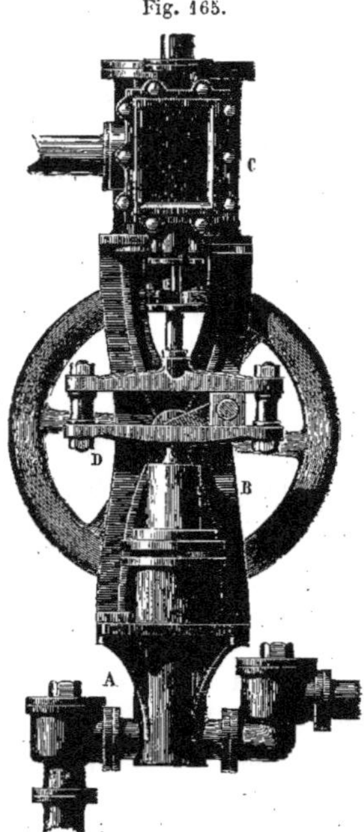

Fig. 165.

L'appareil d'alimentation fonctionne ordinairement dans les moments d'arrêt de la machine principale, qui est toujours munie, ainsi qu'on l'a vu, de ses pompes particulières et adhérentes, au défaut desquelles l'appareil spécial peut d'ailleurs servir dans un moment quelconque.

Celui représenté ici est le plus grand des quatre modèles dont l'usage est prescrit par le ministère de la marine; il convient aux machines de 800 et 400 chevaux nominaux, les premières devant en posséder deux.

Voici ses principales dimensions et conditions de marche :

Diamètre du piston à vapeur..........................	0ᵐ 275
Course..	0ᵐ 282
Diamètre du piston de la pompe.......................	0ᵐ 140
Course..	0ᵐ 282
Nombre de coups doubles par minute..................	48
Produit théorique en eau, dans le même temps.........	208ˡⁱᵗ 454

L'ensemble de cette disposition reçoit néanmoins quelques modifications suivant chaque application particulière. Celle actuelle est combinée pour fixer l'appareil contre une paroi verticale, à l'aide d'oreilles ménagées à la plaque inférieure et au cylindre.

MACHINES A PERCER, A RIVER ET A CISAILLER

MACHINE A PERCER LA TOLE PAR M. CAVÉ

M. Cavé est l'un des premiers mécaniciens de France qui se sont occupés de disposer des machines-outils avec moteur à vapeur, non-seulement adhérent, mais *direct*, agissant sans transformation du mouvement du piston.

La fig. 166 représente une machine à percer et à découper la tôle, avec moteur à vapeur direct, construite par M. Cavé, il y a maintenant plus de vingt-cinq ans.

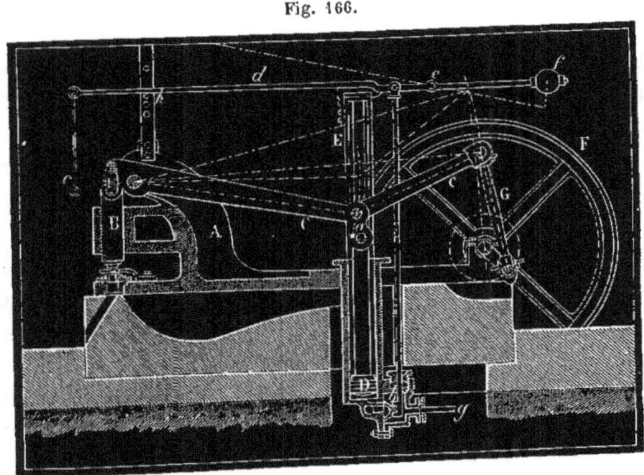

Fig. 166.

La partie agissante de la machine comprend, comme à l'ordinaire, pour ce genre d'outil, un bâti en fonte A avec coulisseaux pour le porte-outil B, à la partie inférieure duquel on fixe, soit un poinçon pour percer, soit une lame de cisaille pour couper. Ce porte-outil est rattaché, par des chapes, à un balancier C monté sur un tourillon qui traverse les deux flasques du bâti, entre lesquelles ce balancier oscille.

Dans les dispositions ordinaires la queue de ce balancier repose sur une camme, ou excentrique à grande course, montée sur un axe horizontal auquel le mouvement de rotation est transmis par des engrenages.

Dans la machine actuelle cette partie du balancier est assemblée par deux brides latérales *a*, à double articulation, avec la tige du piston D qui joue dans un cylindre à vapeur disposé au bout de la plaque de la machine.

Ce cylindre est muni d'un tiroir de distribution *b*, que l'on fait jouer à la main en agissant sur la poignée *c* d'une tringle qui se trouve en avant de la machine, et se rattache au long levier *d* auquel est suspendue la tige du tiroir. Ce levier a son point fixe en *e*, sur des potences en fer rattachées aux deux montants E disposés de chaque côté du cylindre; il est terminé par un boulet *f* qui, par sa pesanteur, tend à soulever constamment le tiroir et à le maintenir dans la position où il intercepte l'entrée de la vapeur.

Ce tiroir correspond à deux orifices, dont l'un communique avec le cylindre et l'autre avec l'atmosphère; la vapeur est amenée dans la boîte par le tuyau *g* et enveloppe le tiroir, comme dans les autres machines.

Lorsqu'on veut faire agir cet outil, c'est-à-dire donner un coup de poinçon, *par un coup de piston*, le piston étant au bas de sa course et le tiroir naturellement relevé par l'action du contre-poids *f*, l'ouvrier abaisse le levier *d* en tirant la tringle par sa poignée *c;* cette action fait descendre le tiroir et la vapeur peut s'introduire au-dessous du piston et le soulever. Ce piston, en s'élevant, fait alors osciller le balancier C, qui vient appuyer sur la tête du porte-outil et exerce sur lui la pression nécessaire pour accomplir le travail proposé.

Comme le levier *d* a, pour ainsi dire, été aussitôt abandonné qu'attaqué par l'ouvrier chargé de cette manœuvre, il s'ensuit que son contre-poids réagit immédiatement et relève le tiroir au point de fermeture, position qui donne lieu à l'échappement de la vapeur qui vient de travailler.

Néanmoins, l'introduction de la vapeur peut être de durée différente, et le tiroir peut aussi découvrir les orifices de quantités plus ou moins grandes, conditions qui dépendent de la résistance du travail à effectuer. C'est pour régler sûrement l'ouverture du tiroir que l'on a disposé au-dessus du porte-outil deux plaques percées de trous à des hauteurs différentes, pour passer une broche *h*, sur laquelle le levier *d* s'arrête forcément quand l'ouvrier l'abaisse.

Nous n'avons encore rien dit des deux volants F, qui sont montés sur un même axe coudé de chaque côté de la machine, et jouent ici leur rôle ordinaire de régulateurs de puissance, en même temps que l'axe rotatif mesure et limite la course du piston. Le coude de l'arbre qui les porte est relié, par la bielle G, avec le balancier qui est prolongé à cet effet de l'autre côté du piston; ce balancier, oscillant d'après son point fixe, fait tourner l'axe, par l'intermédiaire de la bielle, exactement dans les mêmes conditions qu'une machine à balancier ordinaire.

Les volants, non-seulement régularisent la marche et lui donnent une allure de continuité qu'elle ne posséderait pas sans cela, mais ils aident au relèvement du porte-outil après chaque coup frappé.

La puissance de cette machine est considérable, puisqu'elle a servi à percer des trous ayant jusqu'à 25 millimètres de diamètre dans de la tôle d'une même épaisseur. Il est facile, du reste, de se rendre compte de l'énergie d'un coup donné par un piston de 24 centimètres de diamètre, avec de la vapeur à 5 atmosphères, et agissant par l'intermédiaire d'un levier dont les deux bras sont dans le rapport de 1^m 690 à 0^m 170, c'est-à-dire 10 à 1.

En substituant au poinçon une lame de cisaille, on pouvait également couper de la tôle par le même procédé.

MACHINE A RIVER PAR M. LEMAITRE

Feu M. Lemaître, qui s'était acquis une juste réputation comme mécanicien et constructeur de grosse chaudronnerie, employait dans ses ateliers une machine de son invention pour percer et river à la vapeur.

Fig. 167.

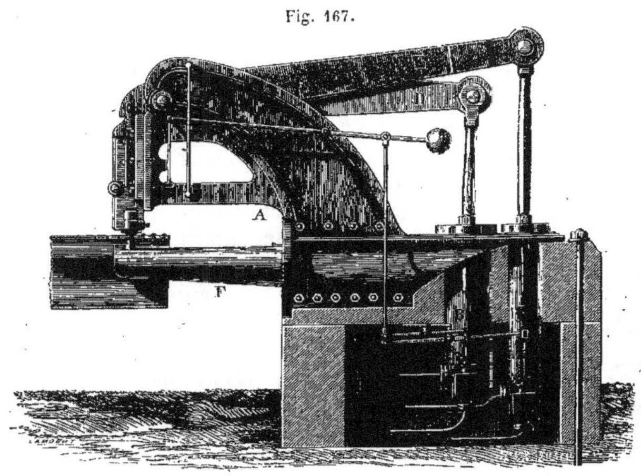

Cette machine, dont la vignette, fig. 167, donne une idée générale suffisante pour la faire apprécier, réunissait les conditions voulues pour exécuter rapidement de bonne rivure avec les tôles les plus fortes employées dans la grosse chaudronnerie.

Pour faire comprendre le principe du fonctionnement de cette machine, on pourrait renvoyer à la précédente, à laquelle elle est analogue, quant au mode d'action de la vapeur. Mais il existe ici une différence essentielle qui consiste en ce que le mécanisme est double, c'est-à-dire que la machine de M. Lemaître comprend deux appareils à vapeur qui concourent à la même opération. Il est facile d'en expliquer le motif.

Lorsqu'on exécute une rivure, il ne suffit pas, pour obtenir le résultat voulu, d'écraser fortement le rivet pour former la tête, il faut aussi que les *pinces* aient été préalablement rapprochées et mises en contact parfait, de façon que l'action exercée sur le rivet soit dépensée exclusivement pour la formation et le serrage de la tête, et qu'il ne soit pas nécessaire de forcer en même temps les bords de la tôle à joindre et à se conformer l'un à l'autre. D'ailleurs si les tôles ne joignaient pas parfaitement, le métal du rivet, lorsqu'on l'écrase, s'introduirait entre elles deux. Dans la rivure à la main, on commence par frapper sur la tôle pour amener les deux pinces parfaitement en contact avant de poser le rivet.

M. Lemaître a résolu mécaniquement ce problème de la façon la plus heureuse, en composant sa machine à river de deux organes mus chacun par un piston à vapeur, et dont l'un est destiné à serrer fortement les pinces et l'autre à former ensuite la tête du rivet. Ce principe fit le succès de sa machine et de celles qui ont été construites depuis.

En examinant la fig. 167, qui est à l'échelle de 1/50, on voit que cette machine est formée d'un bâti principal A et de deux cylindres à vapeur B et C actionnant les balanciers D et E, qui correspondent respectivement au poinçon ou *bouterolle*, qui forme la tête du rivet, et à la *virole à matter* les pinces. A ce bâti vient se relier fortement un support F, sorte de bigorne à l'extrémité de laquelle est monté le tas en acier pour appuyer les tôles et *tenir coup* à la rivure.

La fig. 168 représente en détail, à l'échelle de 1/5, la disposition de ces outils qui opèrent conjointement la rivure, l'un en serrant les pinces de la tôle et l'autre en frappant sur le rivet pour en former la tête.

Fig. 168.

L'outil à l'aide duquel on serre préalablement les pinces est un canon en fer *a* qui se meut sur la face du bâti A comme le porte-poinçon de la machine à percer et à l'intérieur duquel glisse la tige *b*, dont l'extrémité est disposée en bouterolle, suivant la forme à donner à la rivure.

Ces deux pièces étant, comme nous l'avons dit, séparément reliées aux balanciers D et E, on fait reposer les deux tôles à réunir sur le tas *c* en y introduisant préalablement le rivet *d* chauffé à blanc; puis, faisant agir le piston du cylindre C, le canon *a* est repoussé fortement par le balancier E contre les pinces de la tôle et les fait joindre; mettant aussitôt l'autre piston en mouvement, le balancier D fait descendre vivement la bouterolle *b* qui frappe le rivet et en forme la tête.

L'action se complète ainsi en deux coups successifs, à moins que l'on ne juge à propos de frapper deux fois le rivet, si sa dimension rend cette manœuvre nécessaire, car on comprend qu'il est possible de faire des rivures de forces différentes en changeant la bouterolle *b*.

Pour compléter cet aperçu, faisons remarquer que le balancier E, qui commande la virole à matter, est formé de deux flasques, de façon que celui D joue entre elles deux. Quant à la manœuvre des tiroirs, elle se fait comme dans la machine précédente; le relèvement des outils, après le coup frappé, a lieu par l'action du poids propre des balanciers et des pistons qui les entraînent aussitôt que la vapeur peut s'échapper.

Pour la bouterolle, cet échappement doit avoir lieu sans retard; mais pour la virole à matter, on laisse la vapeur sous le piston tout le temps que dure l'opération complète, afin que les pinces ne soient pas lâchées.

Considérée dans son ensemble, on remarque que cette machine présente un inconvénient qu'il est cependant difficile d'éviter. C'est que la longueur d'une clouure ne peut pas excéder le double de la portée de la bigorne F (moyennant que l'on change la pièce de bout) lorsque les dimensions de la pièce excèdent cette portée en tous sens. Cependant il serait difficile d'augmenter le porte-à-faux de la bigorne, quoiqu'elle soit solidement emmanchée par une longue portée cylindrique dans le bâti A.

Ajoutons que cette machine permet également le perçage en substituant à l'un des outils précédents un poinçon *ad hoc*.

Voici, pour terminer, les dimensions qui permettraient au besoin de calculer les effets de cette ingénieuse machine :

Bouterolle.

Diamètre du piston..........................	0ᵐ280
Course......................................	0 950
Grand bras du balancier......................	2 460
Petit bras id.	0 240
Rapport des deux.............................	10,25
Course maxima de l'outil.....................	0ᵐ092

Virole à matter.

Diamètre du piston..........................	0ᵐ230
Course......................................	1 100
Grand bras du balancier......................	2 930
Petit bras id.	0 240
Rapport des deux.............................	12,21
Course maxima de l'outil.....................	0ᵐ090
Pression absolue de la vapeur	5ᵃᵗ.5

Dans ces conditions de marche on peut exécuter les plus fortes rivures ordinairement en usage, c'est-à-dire assembler des tôles de 10 et 12 millimètres d'épaisseur qui comportent des rivets de 20 à 25 millimètres de diamètre.

Avant même de tenir compte de la force vive engendrée, qui change avec la plus ou moins grande vivacité du coup, et en ne considérant que la condition d'équilibre par la section du piston et le rapport des bras du balancier, le rivet supporte une pression qui n'est pas moindre de 27700 kilogrammes, en supposant que la pression de la vapeur s'exerce intégralement sur le piston.

MACHINE A RIVER PAR MM. GOUIN ET Cⁱᵉ

MM. Molinos et Pronnier, dans leur récent ouvrage sur la construction des ponts en tôle, décrivent la machine à river suivante, fig. 169, construite par MM. Gouin et Cᵉ et installée dans leurs ateliers (1).

(1) Cette machine rappellerait celle de Fairbairn, décrite dans le 1ᵉʳ vol. de la *Publication industrielle* si cette dernière n'était pas à mouvement par engrenage ordinaire.

Elle est formée d'un fort bâti en tôle A présentant deux jambages verticaux dont l'un des deux est surmonté de deux cylindres B et C, de diamètres différents et montés bout à bout, concentriquement, comme si l'un servait de couvercle à l'autre ; ils renferment les pistons D et E ; l'autre jambage est terminé par le *tas* F placé sur l'axe des cylindres et contre lequel s'appuie la tête du rivet pendant l'opération.

Fig. 169.

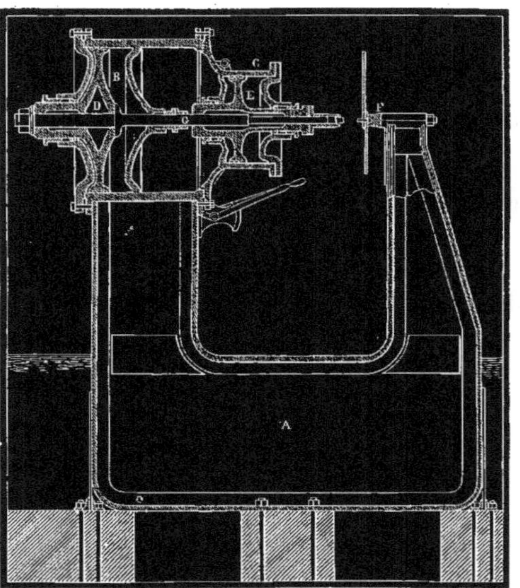

Ces deux cylindres et leurs pistons remplissent exactement le même rôle que dans la précédente machine de M. Lemaître ; l'un des pistons fait serrer les pinces de la tôle, tandis que l'autre piston opère la rivure ; mais ici le principe est différent, puisqu'ils agissent directement au lieu de transmettre leur action par l'intermédiaire de balanciers : le mouvement est d'ailleurs horizontal, tandis qu'il est vertical dans la machine de M. Lemaître.

Les deux pistons portant chacun une douille centrale, par laquelle ils sont guidés dans des boîtes à étoupe, sont en outre traversés par une forte tige pleine G qui est rendue solidaire du grand piston et ne fait que traverser librement le petit dont la douille règne des deux côtés et vient sortir du cylindre du côté du *tas* F.

Cette extrémité de la douille centrale du petit piston se termine précisément par la *virole* qui a pour fonction de tenir les tôles appliquées l'une contre l'autre ; l'extrémité de la tige pleine G constitue la *bouterolle*.

D'après cela on présente la partie de la tôle où doit se faire la rivure vis-à-vis du tas, contre lequel vient s'appuyer le rivet chaud qui a été préalablement mis en place; puis, à l'aide d'un appareil de distribution placé sur le côté des cylindres, et que notre dessin ne permet pas d'apercevoir, on fait arriver la vapeur successivement derrière les deux pistons; celui E, par la virole qui termine extérieurement sa douille centrale, fait serrer les pinces, et le plus grand D, par la tige pleine G, frappe le rivet et l'écrase.

Lorsque l'opération est terminée, on fait reculer simultanément les deux pistons en laissant la vapeur se répartir sur leurs deux faces; l'une des deux, celle d'arrière, se trouvant réduite par la douille centrale, il s'ensuit que l'égalité de pression étant établie par cette répartition de la vapeur, il existe sur celle d'avant un effort excédant qui suffit pour faire reculer les pistons.

Cette machine est remarquable par sa simplicité et par les dispositions ingénieuses de ses diverses parties. Néanmoins, de l'avis même des constructeurs, le bâti demanderait une résistance encore supérieure à celle qu'il possède actuellement; ils pensent également qu'il y aurait avantage à diminuer le diamètre du cylindre principal et à augmenter la pression de la vapeur.

Dans les conditions actuelles, ce cylindre a 95 centimètres de diamètre et fonctionne avec de la vapeur à 3 atmosphères, pression qui suffit pour écraser un rivet de 25 millimètres de diamètre.

Il en résulte, en effet, un effort total de :

$$0,7854 \times \overline{95}^2 \times (3 - 1) = 14076 \text{ kilogrammes,}$$

soit environ 14000 kilogrammes. Cet effort est moins élevé que celui trouvé à l'égard de la machine précédente; mais l'action étant directe, la vivacité du coup peut être infiniment plus grande, ce qui correspond, en somme, à une puissance plus considérable.

Cette machine permet de poser environ 2000 rivets par jour avec quatre hommes. Elle est installée de façon que la manœuvre en soit prompte et facile sous le rapport du mouvement des tôles qui lui sont soumises. Elle se trouve située, à cet effet, au-dessous d'une grue roulante (analogue aux appareils de chargement usités dans les chemins de fer) à laquelle on suspend les feuilles de tôle disposées pour la rivure, et que l'on fait ensuite circuler et descendre entre les jambages de la machine, en amenant successivement chaque trou et son rivet vis-à-vis du tas.

CISAILLE POUR COUPER LES GROS FERS A FROID PAR M. CAVÉ

La fig. 170 représente, à l'échelle de 1/40, un des spécimens les plus intéressants, pour la simplicité, des puissants outils à vapeur dont on fait usage aujourd'hui dans les ateliers.

C'est une cisaille au moyen de laquelle on peut couper à froid des barres de fer carrées de 100 millimètres de côté, avec la même facilité relative qu'une simple feuille de carton.

II.   54

Cet outil est d'une telle simplicité que l'aspect seul de son tracé suffirait pour en expliquer complétement la composition. Le levier A de la mâchoire supérieure de la cisaille, la tige d'un piston à vapeur B le soulevant par l'extrémité, et un axe coudé tournant muni de deux volants C, lequel axe reçoit son mouvement du levier par une bielle D, et régularise le mouvement : voilà toute la machine.

Fig. 170.

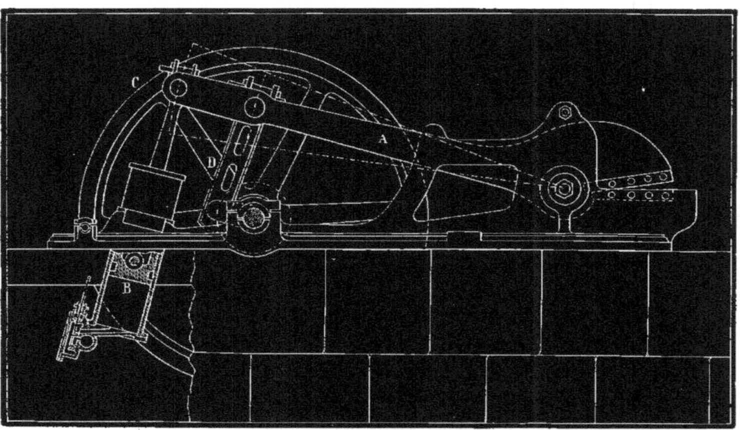

L'adjonction des volants, qui ne convient pas aux machines à river, rend l'utilisation de celle-ci bien supérieure, en ce qu'il n'y a point de travail perdu par choc, l'action ayant lieu sous l'influence d'un effort simple qui peut être rendu à peu près constant suivant le plus ou moins d'énergie des volants.

Le piston a 295 millimètres de diamètre et 640 de course; il fonctionne, à simple effet, avec de la vapeur à 5 atmosphères.

Le grand bras du levier a 2ᵐ580 de rayon, et celui du petit bras, mesuré du point d'articulation au milieu de la longueur des lames de la cisaille, a 425 millimètres.

Par conséquent, l'effort maximum en ce point moyen de la partie travaillante, et évalué comme s'il n'y avait pas de volants (lesquels absorbent une portion du travail qu'ils restituent ensuite pendant la période où la puissance devient presque nulle), est d'environ :

$$\frac{0.7854 \times \overline{29.5}^{2} \times (5 - 1) \times 2,580}{0,425} = 16600 \text{ kilogrammes.}$$

Un certain nombre d'outils semblables ont été construits par M. Cavé; un, entre autres, encore plus puissant, est décrit dans le vɪᵉ vol. de la *Publication industrielle.*

FIN DU CHAPITRE DEUXIÈME.

CHAPITRE III

MOTEURS FONCTIONNANT PAR L'EXPANSION DE L'AIR OU DES GAZ

OU PAR LA VAPEUR DE DIVERS LIQUIDES

La chaleur étant le principe exclusif de toute force motrice, comme nous l'avons déjà fait remarquer, ses effets mécaniques peuvent se manifester par tout autre agent que l'eau se transformant en vapeur; il n'est nullement indispensable d'ailleurs qu'elle produise un changement d'état dans le corps récepteur : son action immédiate et utilisable peut être bornée à une dilatation simple.

Ainsi, quant au choix du corps, on a fait des moteurs fonctionnant par la vapeur d'éther sulfurique, de chloroforme, d'acide carbonique liquéfié, d'ammoniaque, etc.; et comme exemples de puissance mécanique due à la dilatation simple, on doit placer en première ligne les *machines à air chaud*, dont il existe un grand nombre de systèmes différents, y compris les moteurs *à gaz*, dans lesquels on fait usage d'un gaz différent de l'air atmosphérique simple.

Enfin, on a essayé depuis bien longtemps les moteurs *à poudre*, et, assez récemment, on a imaginé d'utiliser, comme force motrice, *la dilatation de l'huile*.

On doit comprendre tout l'intérêt qui s'attache au succès de ces divers systèmes, soit parce qu'ils permettraient de réduire notablement le volume et le poids du moteur, soit parce qu'ils éviteraient l'emploi des générateurs et de leurs accessoires, soit enfin par les autres avantages qu'ils pourraient présenter dans l'application, s'ils atteignaient la perfection des moteurs à vapeur, et si, comme ces derniers, ils parvenaient à une grande régularité de marche sans une grande consommation de combustible.

Sans nous arrêter aux nombreux projets plus ou moins fructueux qui ont été proposés depuis plusieurs années, nous croyons utile de faire connaître les moteurs à air chaud et à gaz, sous la forme la plus pratique qui leur ait été donnée jusqu'ici et sous laquelle ces moteurs aient donné quelques résultats réels.

Nous prenons comme types, à cet effet, la dernière machine à air chaud du célèbre capitaine Ericcson, et le moteur à air dilaté par la combustion des gaz du système de M. Lenoir. Nous terminerons ensuite ce sujet en mentionnant les principaux essais tentés sur l'emploi des vapeurs de divers liquides.

MACHINE A AIR CHAUD DITE CALORIQUE.

Par M. le capitaine ERICGSON

(PLANCHE 49)

Lorsqu'on chauffe de l'air atmosphérique ou un gaz permanent quelconque pris à la pression ambiante, cet air ou ce gaz se dilate, comme on le sait, et si le vase où il est confiné pendant cette action ne subit pas un même accroissement de volume, la pression du gaz s'élève et devient capable de produire du travail mécanique.

Exposées ainsi, les propriétés mécaniques de l'air échauffé semblent être les mêmes que celles de l'eau transformée en vapeur, laquelle exerce aussi une pression dans le récipient où se fait la transformation, et qui produit du travail, moyennant qu'un point de la paroi cède à la pression, point qui n'est autre chose que le *piston* du cylindre. Mais avec l'air il se présente une grave difficulté. Il n'a pas changé d'état ; il s'est simplement dilaté, et il est infiniment plus difficile de lui faire perdre cette chaleur, pour annuler sa force expansive, que de condenser la vapeur d'eau pour détruire sa force élastique lorsqu'elle a produit son effet. Et puis, pour obtenir avec l'air une grande force élastique, il est nécessaire d'élever considérablement sa température, à laquelle cette force est en quelque sorte proportionnelle et dans le rapport du coefficient de dilatation ; tandis que l'eau, changeant d'état, donne naissance, pour une faible température relative, à un gaz dont la pression s'accroît rapidement, par une sursaturation, en continuant de le chauffer au contact du liquide qui l'a formé.

Pour donner une idée sur ce mode d'action de l'air chauffé, comparativement à ce qui arrive pour l'eau, supposons 1 mètre cube d'air, à la pression atmosphérique ambiante, renfermé dans un vase exposé à l'action d'un foyer énergique.

Nous avons rappelé précédemment que l'accroissement de volume de l'air chauffé est égal, pour une élévation de 1 degré centigrade, à la fraction 0,00367 de son volume à zéro et sous la pression barométrique de 76 centimètres, laquelle fraction s'appelle son *coefficient de dilatation,* et est sensiblement constante dans les limites de pression et de température où nous devons ici le considérer.

Si, d'après cela, l'on veut doubler, par la dilatation calorifique, la pression du mètre cube d'air en question, dont la température primitive serait par exemple de 15 degrés, il faudra porter sa température à un degré tel, que son volume serait doublé s'il était libre d'occuper l'espace nécessaire pour que sa pression primitive se maintînt : c'est, en un mot, comme si on refoulait un deuxième mètre cube d'air dans le même récipient.

La température cherchée se détermine ainsi ·

De son volume actuel V, ayant la température t, il doit être porté à la température T pour que ce volume tende à devenir V'. Il faut préalablement ramener ce volume V à zéro, ce qui donne, en désignant le coefficient de dilatation par a :

$$\frac{V}{1 + at}.$$

De ce volume, pour obtenir celui V', on a :

$$V' = \frac{V(1 + aT)}{1 + at}.$$

Enfin, tirant la valeur de T, et se rappelant que V' $= 2$ V, et que $t = 15°$, la température actuelle, il vient :

$$2V = \frac{V(1 + 0,00367\,T)}{1 + 0,00367 \times 15}; \quad \text{d'où, } T = \frac{2(1 + 0,00367 \times 15°) - 1}{0,00367} = 302°5$$

Ainsi, pour que ce mètre cube d'air, pris à 15 degrés et à la pression atmosphérique normale, pût acquérir une pression double, il faudrait porter sa température à 302 degrés, et pour n'avoir, en résumé, qu'une pression utile de 1 atmosphère. puisque l'emploi d'un condenseur n'est pas possible.

En admettant qu'il n'existe d'ailleurs d'autre difficulté, on voit qu'une machine à air devrait toujours posséder, à puissance égale, de bien plus grandes dimensions qu'une machine à vapeur, par la difficulté de produire des pressions élevées. On peut bien, à la vérité, obtenir plus de 2 atmosphères en dépassant 300 degrés ; mais au-dessus de cette température, qui est déjà considérable, il devient impossible d'employer les moyens ordinaires de lubrification, et, les pièces du mécanisme s'approchant de la température du rouge naissant, on cesse d'être dans les conditions d'un bon et du able fonctionnement.

Quant à l'économie résultant de l'emploi même de l'air, comparé à celui de la vapeur d'eau, si l'on parvient à reprendre, en assez grande partie, à l'air la chaleur qu'il faut lui enlever pour le rendre neutre, après qu'il a produit son action, une économie pourra être réalisée avec l'air dont la capacité calorifique est très-faible. Mais, jusqu'à présent, on n'est qu'imparfaitement arrivé à ce résultat, et si, pour atténuer l'effet défavorable de la perte de chaleur, on fait usage de hautes pressions, on tombe dans cet inconvénient des températures trop intenses que nous signalions tout à l'heure.

Vient maintenant cette question de dépouiller l'air de la chaleur qui lui a été communiquée lorsqu'il a terminé son action et qu'il faut réduire sa force élastique. Comme on ne peut pas le condenser, il faut le refroidir, et, pour cela, divers inventeurs très-renommés, tels, principalement, que MM. Ericcson, Franchot, Million, Pascal, etc., ont employé des toiles métalliques ou des masses de fragments métalliques, au travers desquelles l'air chaud échappé passait et y abandonnait une partie de sa chaleur, qui se trouvait reprise ensuite par de nouvel air froid puisé dans l'atmosphère et forcé de traverser les masses métalliques pour parvenir au foyer.

L'effet des toiles métalliques a surpris les expérimentateurs pour la promptitude avec laquelle elles absorbent la chaleur et la restituent ensuite à l'air froid qui succède à l'air chaud. Néanmoins, M. Ericcson, qui est l'auteur des plus importants essais en ce genre, et qui fit même construire en Amérique un navire pourvu d'une machine de ce système, a reconnu que les toiles métalliques donnaient lieu à des résistances nuisibles et y a renoncé. Dans la machine que nous allons décrire, l'air chaud est utilisé comme dans une machine à vapeur ordinaire sans condensation ; il est rejeté, purement et simplement, dans l'atmosphère après qu'il a produit son effet, sans que l'on se préoccupe de la chaleur qui est perdue ainsi. Aussi cette machine n'est pas économique, mais elle a un mérite d'un ordre différent : c'est qu'elle peut s'établir partout, sans construction préalable, comme une locomobile, et surtout sans avoir à lui fournir de l'eau ; elle est toujours prête à fonctionner pourvu qu'on puisse l'alimenter d'un combustible quelconque.

Cette propriété, qui est précieuse dans bien des circonstances, a fait accueillir avec faveur la nouvelle machine de M. Ericcson en Amérique, où elle a reçu déjà beaucoup d'applications. En France, où elle vient d'être récemment importée, il n'en est pas encore de même ; mais cependant il n'est pas impossible qu'avec des perfectionnements de détails, qui sont réellement nécessaires pour mettre cette machine en harmonie avec nos habitudes de construction, on ne parvienne à en tirer un utile profit.

C'est ce que le lecteur jugera mieux avec la description complète que nous allons en donner.

PRINCIPE DU FONCTIONNEMENT DE LA MACHINE CALORIQUE.

Ainsi que nous l'avons dit tout à l'heure, la nouvelle machine de M. Ericcson diffère surtout des premiers essais de cet ingénieur en ce que l'air chaud est abandonné, comme la vapeur d'une machine sans condensation, après avoir travaillé dans la machine, et sans chercher à recueillir une partie de la chaleur qu'il conserve encore.

Cette machine, qui est à simple effet, est composée, en principe, d'un cylindre renfermant un foyer pour chauffer l'air, et de deux pistons, dont l'un reçoit l'action motrice de l'air chaud, tandis que l'autre, agissant en quelque sorte comme alimentaire, sert de base à l'introduction de l'air extérieur. On ne pourrait mieux comparer le jeu de ces deux pistons qu'à celui des organes d'une pompe à air aspirante et foulante, qui prend de l'air froid dans l'atmosphère et l'enferme entre le foyer et le piston extérieur. Seulement cette opération, qui correspondrait à un coup double complet d'une pompe, s'effectue ici pendant un coup simple, tandis que le coup complémentaire correspond à l'action motrice de l'air qui a été confiné dans la machine, s'est dilaté par la chaleur et repousse le piston moteur.

Tout l'intérêt de cette ingénieuse machine réside dans les mouvements combinés des deux pistons et dans le mécanisme au moyen duquel il est produit. C'est ce que nous allons essayer d'expliquer plus loin.

ENSEMBLE DE LA CONSTRUCTION.

La fig. 1re de la pl. 49 est une section verticale faite sur l'axe du cylindre moteur et du foyer ;

La fig. 2 en est une section horizontale par le même axe ;

La fig. 3 est une section transversale suivant la ligne 1-2, passant vers le milieu du foyer et sur l'axe de la soupape d'échappement ;

La fig. 4 est une vue extérieure du bout de la machine opposé au foyer ;

Les fig. 5 à 8 sont des détails de quelques parties du mécanisme.

CYLINDRE MOTEUR ET FOYER. — Le corps principal de la machine est constitué par un cylindre en fonte A, dont une partie est alésée pour le jeu des deux pistons et ouverte à l'air libre, tandis que l'autre reste brute et renferme une cloche B, qui forme le foyer et se trouve réunie par une bride boulonnée avec le cylindre, dont il ferme très-exactement cette extrémité.

Ce cylindre, auquel se rattachent toutes les pièces de la machine, est lui-même monté sur un châssis en fonte A', qui s'appuie sur le sol.

La devanture du fourneau est formée d'une sorte de coffre en fonte P, à partir de la grille, et dont l'intérieur, garni en briques réfractaires, forme la porte d'entrée du foyer et un canal recourbé P' par lequel s'échappent les produits de la combustion. Ce canal débouche dans un carneau circulaire P², entourant le cylindre extérieurement, et qui se termine sur le côté par un conduit vertical P³, sur lequel on place le tuyau de cheminée ; la sortie en ce point est réglée par un registre en papillon P⁴. La paroi extérieure du carneau circulaire est formée d'une double enveloppe en tôle, remplie avec du plâtre, de façon à empêcher le refroidissement des gaz, qui en préservent eux-mêmes cette partie du cylindre où l'air moteur vient prendre sa chaleur.

Quant au foyer lui-même, il est formé d'une simple grille plate en fonte B', entourée de trois plaques de fonte B², pour préserver la cloche de l'action directe du combustible, mais sans arrêter la transmission de la chaleur, comme cela aurait lieu avec un garnissage en brique ou en terre.

MÉCANISME DES PISTONS. — Les deux pistons qui se meuvent dans la partie alésée du cylindre sont désignés, d'après leurs fonctions respectives, celui C par *piston moteur*, et celui D par *piston alimentaire*. En apparence montés sur la tige *a*, ils sont tout à fait indépendants, et cette tige n'est réellement solidaire que du piston alimentaire D, et glisse à frottement doux dans le centre de celui C. Ce dernier a pour tiges réelles deux plates-bandes en fer *b*, lesquelles sont guidées latéralement par deux glissières *c*, fixées sur le bout du cylindre, et servent elles-mêmes de guides à la tige *a* du piston alimentaire D par un moufle *d* qui la termine.

Ces deux pistons sont reliés séparément avec l'arbre principal E, le récepteur de la puissance, à l'aide d'un mécanisme de transmission que nous allons décrire.

L'arbre E, monté sur des paliers *e*, qui sont fixés sur des oreilles venues de fonte avec le cylindre, porte à l'une de ses extrémités le volant F, et à l'autre la manivelle motrice G. Au bouton de celle-ci sont rattachées deux bielles H et I, qui correspondent respectivement aux deux pistons de la manière suivante.

La bielle H est assemblée avec un fort levier en fonte J, qui fait partie d'un arbre K placé horizontalement en arrière et en bas du cylindre, et qui porte aussi, de la même pièce, deux bras de leviers jumeaux L, dont les extrémités viennent s'assembler avec les tiges plates *b* du piston moteur, suivant une disposition représentée en détail fig. 5 et 6. D'après cela, et avant d'aller plus loin, on voit que le piston moteur C, devant exécuter un mouvement de va-et-vient, communique par les tiges *b* un mouvement angulaire aux leviers I ainsi qu'à l'axe K, dont ils sont solidaires, et au levier J qui fait également corps avec cet axe; enfin, la bielle H transmet le mouvement de ce dernier levier à la manivelle, en le transformant en circulaire continu.

Cette communication, qui est, comme nous l'expliquerons bientôt, celle même de la force motrice, et qui est par conséquent la source du mouvement de l'arbre E, revient au contraire de cet arbre au piston alimentaire, dont le mouvement n'est alors que le résultat d'une commande. La bielle I, qui sert à l'opérer, réunit la manivelle motrice à un bras de levier M, qui fait partie d'un troisième axe N, monté au-dessus du précédent, et porte un levier O, terminé par une fourche par laquelle il se relie au moufle *d*, fixé sur la tige *a* du piston D. Raisonnant comme tout à l'heure, mais du point de départ inverse, la bielle I, commandée par la manivelle G, fait décrire un arc de cercle au levier M, et par suite à l'axe N et au levier central O, lequel donne enfin au piston D un mouvement rectiligne alternatif.

Par cette combinaison, aussi singulière par la forme qu'ingénieuse par ses résultats, les deux pistons, l'un créant le mouvement de rotation de la manivelle G, et l'autre en recevant le sien, ont une marche très-différente. Loin de conserver entre eux le même rapport de position, tantôt ils se rapprochent ou s'éloignent l'un de l'autre et se meuvent avec des vitesses constamment différentes.

Le jeu combiné des pistons, ainsi que nous en avons dit un mot en commençant, a précisément pour objet de prendre de l'air extérieur, de l'enfermer dans le cylindre A pour qu'il s'y chauffe et y acquière la force élastique voulue pour engendrer du travail moteur; cette action se divise nécessairement en deux phases qui correspondent aux deux coups simples du piston C pris pour base; l'alimentation d'air froid a lieu lorsque ce piston s'enfonce dans le cylindre A, et l'action motrice se développe pendant le mouvement contraire, c'est-à-dire pendant qu'il s'éloigne du foyer.

L'introduction de l'air dans la machine résulte du jeu de soupapes ménagées à chacun des deux pistons. Le piston moteur C est formé d'un plateau en fonte garni de quatre soupapes *f*, disposées pour s'ouvrir de dehors en dedans, c'est-à-dire dans la direction voulue pour l'introduction de l'air extérieur entre les deux pistons, mais en surmontant l'effort exercé par des leviers *g* à contre-poids, qui les tiennent appuyées sur leurs siéges.

Le piston alimentaire D est composé, en principe, de deux plateaux superposés et laissant entre eux un intervalle vide, par lequel la communication peut s'établir entre l'espace ménagé autour de la cloche et celui des deux pistons. Cette communication est réglée par une soupape fonctionnant à peu près comme celle d'un soufflet; elle est formée d'une plaque de tôle d'acier *h*, rappelée par quatre lames de ressort qui la maintiennent appliquée contre quatre ouvertures pratiquées dans cette paroi du piston.

Du côté opposé, ce dernier est armé d'un manchon de tôle *i*, qui emboîte la cloche B extérieurement sans la toucher, et porte une fonçure concave *i'*, laissant entre elle et le plateau antérieur du piston un large espace que l'on remplit de charbon de bois pilé, afin de soustraire cet organe à l'action calorifique directe de la cloche.

Échappement de l'air chaud. — Pendant la période neutre du mouvement de la machine, l'air moteur du coup actif précédent doit pouvoir s'échapper librement dans l'atmosphère. On a ménagé à cet effet, au cylindre et dans la partie du foyer, une tubulure avec conduit extérieur *j*, en y installant une soupape R, dont les fonctions sont réglées mécaniquement pour s'effectuer en temps voulu. Ce mécanisme comprend une camme Q, placée sur l'arbre moteur, laquelle agit sur l'extrémité d'un levier à bascule Q', dont l'extrémité opposée vient embrasser, par une fourche, la tige de la soupape. Tant que la camme n'atteint pas le levier, celui-ci, rappelé par un fort ressort à boudin *k*, tend à soulever la soupape et à la tenir appuyée sur son siége, action à laquelle s'ajoute la pression intérieure par l'air chaud. Mais au passage de la camme ces deux efforts sont vaincus et l'échappement peut se produire.

Un enclanchage à levier *k'* a été ajouté dans le but de retenir le levier Q' abaissé et d'ouvrir la soupape R lorsqu'il faut arrêter la machine.

Détail du fonctionnement. — Lorsque le piston moteur C est au commencement de sa course, à l'entrée du cylindre ouverte à l'atmosphère extérieure, par la combinaison même du mécanisme de transmission à l'arbre moteur le piston alimentaire D se trouve très-rapproché du premier, non pas à leur minimum d'écartement, mais à 65 millimètres, tandis qu'au maximum ils sont à 343 millimètres l'un de l'autre, et à environ 4 au minimum.

Si nous prenons, la machine étant au repos mais le foyer en feu, les pistons à ce commencement de course, et si, à l'aide du volant, on donne au mécanisme un mouvement initial, voici ce qui se passe :

Les pistons commencent à s'enfoncer dans le cylindre, et, par la disposition même du mécanisme, le piston alimentaire marche d'abord beaucoup plus rapidement que l'autre, de façon qu'en très-peu d'instants l'intervalle qui les séparait s'est augmenté de 65 millimètres à 343. Or, l'air primitivement confiné dans l'intervalle minimum tendant à se raréfier dans le même rapport, la pression extérieure prédomine, repousse les soupapes *f* du premier piston, et finalement cet intervalle se remplit d'air froid à la pression atmosphérique; c'est la période d'alimentation d'air dont nous avons parlé et qui est produite par les vitesses différentielles des deux pistons.

II.   55

Cette action dure évidemment tant que l'intervalle des pistons tend à augmenter. Mais aussitôt que ce maximum est atteint, moment qui arrive avant que les pistons aient terminé leurs courses respectives, ils se rapprochent au contraire et le volume d'air qui les sépare se comprime. La pression qui en résulte fait alors ouvrir le clapet h du piston alimentaire et l'air, passant par l'intérieur de ce piston, se partage entre l'espace qu'il occupe actuellement et le pourtour de la cloche B.

Pour favoriser le chauffage de l'air, l'intervalle réservé entre la cloche B et le cylindre est garnie d'une cloison cylindrique i^2, en tôle mince, qui divise la veine aériforme, l'oblige de circuler dans toute l'étendue de cet espace et lui offre une paroi métallique chaude de plus.

Depuis cet instant l'air s'échauffe, se dilate et bientôt devient moteur. Comme la compression dure encore au moment où le piston principal C a terminé sa course et repart en sens contraire, le clapet h du piston D est resté ouvert, et la pression de l'air chaud se fait sentir directement sur le piston C, tandis que celui D, plongé dans un même milieu, reste en équilibre de pression.

Nous venons d'atteindre la véritable période motrice pendant laquelle les deux pistons se rapprochent encore presque jusqu'à la fin et arrivent à cette distance l'un de l'autre de 3 à 4 millimètres. En ce moment on peut considérer l'air qui avait été admis par aspiration comme entièrement passé du côté du foyer. A partir du minimum d'écartement des deux pistons, ce qui a lieu très-près de la fin de la course active, le piston alimentaire repart vivement en sens contraire, et enfin celui moteur, ayant terminé sa course, est arrivé au point d'où nous l'avons considéré en commençant, et le piston D est à 65 millimètres de distance en arrière.

Ces différentes fonctions, qui résultent à la mise en train d'un mouvement initial donné à la main, se continuent évidemment d'elles-mêmes aussitôt que l'inertie est vaincue et que le volant a acquis une vitesse suffisante.

Pour moins compliquer cet exposé, nous avons omis à dessein de rappeler que, la machine étant en pleine marche pendant le coup neutre ou plutôt dans la période d'aspiration, la soupape R est levée afin de donner issue à l'air chaud qui a travaillé.

TRACÉ GÉOMÉTRIQUE DE LA MARCHE DES PISTONS. — La marche des deux pistons et les effets qui résultent de leurs positions relatives, à chaque instant différentes, ne peuvent être bien comprises qu'à l'aide d'un tracé géométrique spécial, basé sur le même principe que ceux dont nous nous sommes souvent servi déjà pour expliquer les mouvements relatifs d'un piston relié à une manivelle par une bielle simple. Au moyen d'un tracé semblable, les fonctions de la machine actuelle, toutes compliquées qu'elles sont, deviennent néanmoins très-faciles à comprendre.

La fig. 171 est ce tracé géométrique qui comprend un cercle représentant la course du bouton de la manivelle motrice et des courbes représentatives de la marche des deux pistons.

Pour obtenir le résultat proposé, on a tracé le cercle décrit par le bouton de la manivelle, puis admettant sa vitesse rendue uniforme par l'action régulatrice du volant, il a été divisé en parties égales de 10 en 10 degrés. Le point de départ, ou o, de cette division est celui *a*, lorsque la manivelle *c a* est en ligne droite avec la bielle H (fig. 1 de la pl. 49), laquelle position correspond évidemment à l'origine de la course du piston moteur C, à partir de l'ouverture du cylindre, autrement dit au point de départ du coup neutre.

Ceci établi, on a porté sur une droite A C autant de parties que le cercle a de divisions; puis, cette échelle considérée comme ligne d'abscisses, on a tracé des ordonnées perpendiculaires par chaque point de division.

Fig. 171.

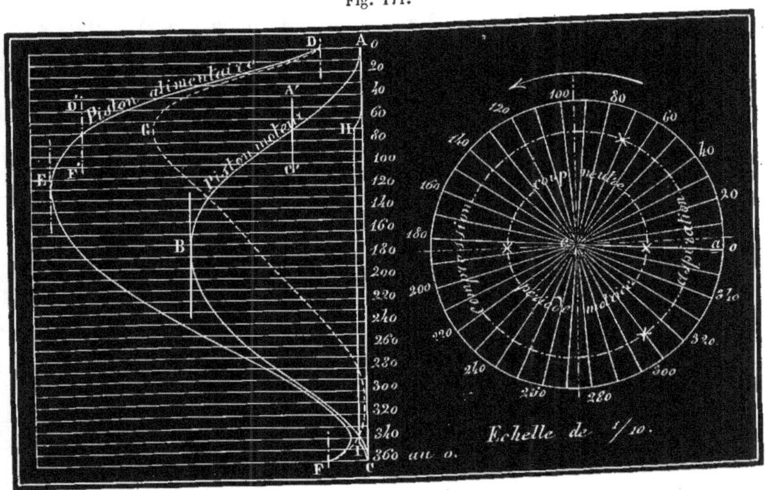

Reproduisant ensuite, pour chaque position de la manivelle figurée par les divisions du cercle, le tracé géométrique du mécanisme de transmission (fig. 1), on en a déduit les positions correspondantes des deux pistons; enfin, prenant la ligne des abscisses AC pour représenter la première de ces positions ou le point de départ du piston moteur, la manivelle en *a c*, ces positions ont été portées sur chaque ordonnée dans l'ordre où elles correspondent aux divisions du cercles. Les points déterminés ainsi étant réunis ont produit les deux courbes ABC et DEF dont nous allons examiner maintenant les propriétés.

Un seul exemple suffira pour se rendre bien compte de leur emploi.

La droite A C représentant la position du piston moteur, lorsque la manivelle est en *a c* sur le cercle, laquelle position correspond au degré 0 du tracé, de même la droite A'C', par exemple, qui passe par l'intersection de la courbe avec le degré 70, représente la nouvelle position de ce piston lorsque la manivelle est arrivée en *c* 70, etc.

Par conséquent, les courbes afférentes aux deux pistons ayant les mêmes propriétés, il en résulte que :

Les distances successives d'une courbe à l'autre, mesurées sur chaque ordonnée, expriment celles des deux pistons et leur position absolue dans le cylindre pour chaque position correspondante de la manivelle sur le cercle.

En prenant ces distances successives et en les rapportant toutes à la même origine AC, on a obtenu une troisième courbe DGF exprimant cette fois la marche relative du piston alimentaire, l'autre supposé immobile, autrement dit donnant d'une manière absolue les distances successives où les deux pistons se trouvent l'un de l'autre pour chaque position de la manivelle sur le cercle de sa rotation.

Il est aisé maintenant de suivre les deux pistons dans leur marche relative si complexe.

La manivelle en *ac* ou à 0, les deux pistons sont distants l'un de l'autre de AD, qui égale 65,5 millimètres.

De 0 à 70, c'est-à-dire la manivelle ayant parcouru 70 degrés du cercle, les deux pistons marchent dans le même sens et sont arrivés en A′C′ et D′F′; mais leur écartement s'est constamment accru et est devenu 343$^{mill.}$5. C'est la période *d'aspiration* ou de *prise d'air froid* pendant laquelle les soupapes *f* du piston moteur restent ouvertes et le clapet *h* de l'autre piston exactement fermé.

A partir de ce point, la distance entre les deux pistons diminue rapidement et la période de refoulement de l'air autour de la cloche commence.

Un peu plus tard, lorsque la manivelle a décrit 120 degrés, le piston alimentaire est parvenu à l'extrémité de sa course et va commencer son mouvement rétrograde, d'où les deux pistons vont se mouvoir en sens contraire pendant quelques instants.

De 170 à 180 degrés, le piston moteur termine aussi sa course (ce n'est pas 180 degrés juste, à cause du défaut de symétrie entre les obliquités de la bielle H et l'arc décrit par le levier J qui la commande). Les deux pistons vont se mouvoir de nouveau dans le même sens, celui D marchant plus vite et se rapprochant toujours de l'autre : la période motrice commence.

A 310 degrés, les pistons sont à 3$^{mill.}$5 l'un de l'autre, leur minimum d'écartement. Une nouvelle aspiration va commencer, aucun des deux n'ayant néanmoins terminé sa course.

Enfin le piston alimentaire termine la sienne à 340 degrés, et de ce point jusqu'à 360 degrés où l'autre piston achève son trajet, ils marchent en sens contraire et reviennent au point de départ à 65$^{mill.}$5 l'un de l'autre, la manivelle en *ac*. On voit que de 310 à 360 l'aspiration commence à se produire, puisque l'intervalle des deux pistons augmente.

La ligne HI indique la période de fermeture de la soupape d'échappement R, de même que celle AC, en dehors de ses raccords avec la précédente, correspond à la période d'ouverture. Ainsi de 0° à 50°, ce qui correspond au commencement de l'aspiration, la soupape est ouverte et se trouve fermée à 70° qui est la fin de cette période. De 70° à 344° environ, qui complète à peu près le coup double, la soupape reste fermée et est de nouveau ouverte à 360°.

L'ouverture de cette soupape ne persiste, en résumé, que pendant un peu moins de la période d'aspiration.

Ce mécanisme est remarquable par la régularité des effets obtenus avec la simple combinaison de bielles et de leviers; il ne lui manque qu'un meilleur état de construction, car avec les proportions actuelles des organes de transmission les résistances passives sont considérables, ainsi que nous le montrerons plus loin. Disons que déjà un constructeur de Sarreguemines, M. Bazoche, a sensiblement modifié et amélioré cette transmission.

DÉTAILS DE CONSTRUCTION

MÉCANISME DES PISTONS. — Les pistons se trouvant rattachés directement à des organes qui décrivent un arc de cercle, il était nécessaire d'en opérer la liaison par des assemblages *libres* capables de remplacer des bielles intermédiaires, à l'emploi desquelles la disposition d'ensemble ne se prêtait pas.

Les fig. 5 et 6 représentent en détail cette partie du mécanisme du piston moteur.

Les deux tiges plates b de ce piston sont percées de mortaises rectangulaires dans lesquelles pénètrent les extrémités des bras de leviers L appartenant à l'arbre intermédiaire K; la bielle compensatrice dont nous parlions tout à l'heure, et qui devrait opérer la transformation du mouvement rectiligne du piston en celui d'arc de cercle des bras de levier L, est remplacée par une petite pièce en bronze l dont les extrémités sont arrondies et engagées librement dans un coussinet m garnissant l'intérieur de la mortaise, et dans une pareille entaille pratiquée à l'extrémité du levier L qui se trouve pincé entre cette pièce et un talon en bronze n fixé à l'autre bout de la mortaise. Cette pièce, dont les extrémités jouent comme rotules cylindriques, atteint ainsi le but proposé et décrit, par le mouvement même de l'ensemble, un petit angle ayant pour corde la flèche de celui engendré par le levier L.

A l'égard du piston alimentaire, dont la résistance est faible, on a dit que le levier O, qui le commande, est terminé par une fourche dont les joues sont arrondies, et s'engagent simplement dans deux évidements rectangulaires ménagés à la glissière d montée sur la tige a de ce piston.

RÉGULATEUR. — Comme cela est indispensable à tout moteur, cette machine est munie d'un régulateur S du système ordinaire à force centrifuge, mais d'une construction assez différente de ce qui se fait le plus généralement.

Les branches de ce régulateur, dont le point d'articulation est pris bien au-dessous du sommet de l'angle qu'elles forment entre elles, sont prolongées au delà de cette articulation, suivant deux bras o qui viennent attaquer simultanément une tige passant au travers de l'axe tournant du régulateur, laquelle a pour fonction d'en transmettre les effets, comme dans les dispositions ordinaires. Cette tige centrale est terminée à sa partie inférieure par un manchon à gorge avec lequel est en prise le bout du levier r, fig. 7 et 8, actionnant la tige q d'un petit tiroir d'échappement T installé dans une boîte en fonte U, qui se trouve placée sur le corps principal A avec lequel elle communique par un orifice p. Le jeu du régulateur.

faisant soulever le tiroir T lorsque la vitesse de la machine dépasse sa valeur normale, ce dernier démasque les orifices s et laisse échapper un peu d'air chaud qui s'écoule dans l'atmosphère par la tubulure U'; la pression intérieure en s'abaissant ramène la machine à sa vitesse de régime.

Comme ce tiroir reste abaissé, en marche normale, au plus bas de sa course, les boulets du régulateur ne doivent pas non plus retomber au-dessous d'une certaine limite, que le constructeur a fixée à l'aide d'une barrette t adaptée à l'axe tournant, et contre laquelle les boulets viennent s'appuyer en retombant.

Quant à la commande du régulateur, elle est donnée directement par l'arbre moteur et au moyen de la paire de roues d'angle S'.

Volant et mécanisme de mise en train. — Le volant de cette machine est très-lourd, et pourtant ce poids devrait être encore fort augmenté, pour obtenir une marche régulière, à cause du système à simple effet. Néanmoins, sa jante est munie de cavités, dont l'une est remplie de plomb pour établir l'équilibre du mécanisme et rompre les faux pesants.

Comme, ainsi qu'on l'a dit en expliquant les fonctions de la machine, c'est au moyen du volant que l'on fait faire au moins le premier tour, pour la mise en train, cette manœuvre offrant une assez grande résistance, on a dû disposer un système d'encliquetage toujours prêt à fonctionner et dépendant de la machine.

Ce mécanisme consiste en un axe horizontal V, armé, en dehors de la machine, d'un long manche en fer V', et de deux cliquets X et X' qui viennent mordre sur une denture ménagée à l'intérieur et sur le bord de la jante du volant. C'est ainsi qu'en agissant à la main sur le manche V', on parvient à faire tourner le volant, lentement mais sûrement, et à mettre la machine en route.

CONDITIONS DE MARCHE ET RÉSULTATS D'EXPÉRIENCE

La machine dont on vient d'étudier la construction a été placée au Conservatoire des arts et métiers de Paris, pour y être soumise à des expériences dont le résultat a été consigné par M. Tresca dans le numéro d'avril 1861 du recueil *les Annales du Conservatoire,* publié sous les auspices des professeurs de cet établissement, et auquel nous empruntons les renseignements qui suivent.

Ces expériences, faites par les soins de MM. Thirion et de Mastaing, sous la direction de M. Tresca, dans le courant de février 1861, sont divisées en deux séries, qui correspondent respectivement aux essais par le coke de gaz et par la houille.

Dans les premiers, avec le coke, le nombre de tours de l'arbre du volant s'est maintenu à 42^t,26 par minute; on a constaté que la vitesse était très-régulière, mais avec des points morts rendus sensibles par suite de l'insuffisance du volant, lequel, comme nous l'avons fait remarquer, est trop faible pour régler convenablement une machine à simple effet.

A l'aide du frein et par les procédés ordinaires de calcul, la puissance développée et recueillie sur l'arbre du volant, a été trouvée égale à 1,77 cheval-vapeur, résultat moyen d'une expérience de 5^h,40' de durée.

La consommation de coke correspondante s'est élevée à 4^k 13 par cheval et par heure.

Une autre expérience, d'une durée au moins égale, a été faite en employant la houille comme combustible; elle a donné un résultat moins avantageux, et dont l'infériorité est attribuée, par les expérimentateurs, à l'irrégularité de la combustion de la houille qui ne permet pas, aussi facilement que le coke, de maintenir la température du foyer constante.

En somme, la puissance développée pendant cette deuxième expérience n'a été que de 1,61 cheval, tandis que la consommation de houille s'est élevée à 5^k 88 par cheval et par heure.

Ces deux résultats confirment l'idée qu'avaient d'abord les expérimentateurs, que le foyer doit être conduit avec beaucoup de régularité si l'on veut obtenir de la machine son meilleur effet.

Un indicateur de pression a été ensuite appliqué sur le cylindre, afin de connaître la quantité de travail utile développée sur le piston, ainsi que l'état des pressions pendant les différentes phases de ce mouvement complexe dont on a vu précédemment le détail.

A l'aide de cet instrument, on a pu constater que la pression absolue de l'air dans la machine, et dans la période motrice, ne dépassait pas 1,75 atmosphère, sur laquelle la pression atmosphérique est par conséquent à déduire pour l'estimation de la puissance utile.

Le diagramme obtenu au moyen de l'indicateur, et représentant le travail développé directement sur le piston moteur par tour du volant, a fourni les quantités suivantes :

> Travail moteur total, déduction faite de la contre-pression atmosphérique............................. 545 kgm.
>
> Travail résistant engendré dans la période de compression et à déduire du travail moteur................ 117
>
> Différence de ces deux quantités, ou travail effectif sur le piston moteur................................. 428

Pour déduire de ce résultat l'utilisation de la machine, il doit être comparé avec le travail recueilli sur l'arbre et mesuré à l'aide du frein.

Ce dernier instrument équilibrait le travail développé, pendant ladite expérience, par son levier de $1^m 50$ de rayon, et dont l'extrémité était chargée d'un poids de 21 kilogrammes.

Dans ces conditions le travail pour un tour du volant égale :

$$2\pi \times 1^m 50 \times 21^k = 197,92 \text{ kilogrammètres.}$$

Divisant cette quantité de travail disponible par celle effective ci-dessus, développée sur le piston, il vient :

$$\frac{197,92}{428} = 0,462.$$

Ce dernier résultat montre que plus de la moitié du travail utile est absorbée par les résistances passives de la machine. C'est beaucoup, mais on pouvait le prévoir à peu près, par la lourdeur de ce mécanisme, et tout ingénieuse que soit sa combinaison.

Il existe naturellement une cause de déperdition encore plus importante, par l'air chaud rejeté dans l'atmosphère aussitôt qu'il a travaillé dans le cylindre.

On a pu reconnaître, en effet, à l'aide d'un thermomètre à mercure, que l'air échappé par la soupape conservait en moyenne une température de 272 degrés, ce qui, joint à la chaleur emportée dans la cheminée par les produits de la combustion, constitue une notable partie de la chaleur fournie par le combustible rejetée hors de la machine sans être utilisée.

Mais, en résumé, ce n'est pas absolument au point de vue de sa marche plus ou moins économique que l'on peut considérer l'application de cette machine qui possède la propriété, très-distincte d'un moteur à vapeur, de fonctionner dans n'importe quelle situation où l'on aura seulement du combustible à sa disposition. Que son fonctionnement mécanique devienne plus parfait et suffisamment régulier, et elle sera très-utilement applicable, malgré sa consommation élevée, même de 5 à 6 kilogrammes de houille, dépense qui s'abaisserait naturellement au fur et à mesure que la puissance augmenterait et que l'amélioration du mécanisme atténuerait les résistances passives.

Il est certain, d'ailleurs, qu'une machine à vapeur de même force que celle-ci, de moins de 2 chevaux, pour laquelle puissance la condensation ne s'emploie pas ordinairement, ne dépenserait pas beaucoup moins de combustible.

Seulement, à puissance égale, une machine à air chaud de ce système est beaucoup plus volumineuse qu'une machine à vapeur, en raison de la faible pression à laquelle elle fonctionne; néanmoins, elle exige encore un emplacement total moins considérable par la suppression de la chaudière.

On fait remarquer que son installation dans un intérieur d'atelier n'offre aucun inconvénient, qu'elle est absolument inexplosible et qu'elle ne dégage que de l'air pur, par conséquent salubre, et qui, par sa température élevée, pourrait être utilisé comme moyen de chauffage.

Ce que l'on vient de lire au sujet de la machine Ericcson doit donner une idée suffisante des avantages et des inconvénients que présentent, dans l'état actuel, les moteurs à air.

Nous aurions désiré parler aussi des machines non moins intéressantes de M. Million, de M. Pascal et de quelques autres inventeurs qui s'occupent de ce sujet important avec beaucoup de persévérance; mais il eût fallu alors donner à cet ouvrage une étendue dépassant de beaucoup nos prévisions, ce qu'il faudrait nécessairement pour y décrire tous les systèmes de moteurs que nous voyons proposer depuis quelques années.

MOTEUR A AIR DILATÉ PAR LA COMBUSTION DES GAZ

Par **M. LENOIR**, ingénieur

(PLANCHE 50)

Le moteur inventé par M. Lenoir, et qui a, dès son apparition, si fort occupé le monde industriel et même des amateurs, a pour principe l'utilisation de la force expansive de l'air atmosphérique dilaté par la chaleur que dégage l'hydrogène entrant en combustion, ou plutôt en combinaison, avec l'oxygène, par l'intervention d'une étincelle électrique.

En dehors des nombreuses tentatives faites pour utiliser l'expansion des gaz permanents, et dont il a été parlé précédemment, diverses personnes se sont occupées de ce même système qui fait l'objet de la discussion actuelle. Nous devons citer en première ligne M. Hugon, directeur du gaz portatif à Paris, M. Legrand, ingénieur de mérite et plusieurs autres inventeurs étrangers.

Mais, jusqu'à ce jour, c'est à M. Lenoir qu'est due la réalisation pratique de cette idée, et c'est, en effet, cet ingénieur qui a su donner au moteur à gaz, ayant l'électricité pour agent *initiateur*, les combinaisons convenables pour le mettre en application dans l'industrie.

Nous ne pourrions entreprendre ici de rechercher à qui appartient telle ou telle partie de cette invention remarquable; nous croyons suffisant, pour l'objet actuel, de décrire la disposition adoptée par M. Lenoir, et à laquelle M. Marinoni, ingénieur-mécanicien à Paris, a apporté de très-importants perfectionnements comme détails de construction et groupement des organes mécaniques (1).

PRINCIPE DU FONCTIONNEMENT

On connaît cet instrument de physique appelé *eudiomètre*, et avec lequel on opère la *synthèse de l'eau*. Nous devons rappeler comment se fait cette belle expérience.

L'eudiomètre est un tube en cristal très-fort, ouvert d'un bout et fermé de l'autre, avec une armature à cette dernière extrémité, laquelle présente deux bouts de tiges métalliques pénétrant à l'intérieur du tube et permettant d'y faire éclater une étincelle électrique.

On plonge verticalement, par l'extrémité ouverte, l'eudiomètre rempli d'eau dans une cuve contenant de ce même liquide, qui se soutient dans le tube sous l'influence de la pression atmosphérique; puis on fait passer dans l'instrument un certain volume d'hydrogène et d'oxygène mélangés.

---

(1) Le moteur Lenoir est complétement décrit dans le xiiie volume de la *Publication industrielle*.

Si, dans cet état, on fait éclater une étincelle dans ce mélange des deux gaz, ceux-ci se combinent en formant de l'eau qui se manifeste à l'état de vapeur possédant une force expansive considérable.

Par l'effet de cette pression, l'eau du tube est vivement déprimée et serait rejetée complétement au dehors du tube si les volumes de gaz introduits n'eussent pas été proportionnés à la capacité.

Peu à peu cette vapeur d'eau se condense, le niveau de l'eau se relève dans le tube et, si les volumes relatifs d'hydrogène et d'oxygène correspondent exactement à la composition élémentaire de l'eau, aucune partie gazeuse ne se montre plus dans le tube qui se trouve à la fin complétement plein d'eau, comme avant l'introduction des gaz.

La combinaison de ces deux gaz ne s'opère pas exclusivement par l'électricité et se produirait aussi avec une flamme quelconque, ainsi que le prouvent les explosions qui ont lieu fréquemment avec le gaz d'éclairage, et, en un mot, un mélange d'hydrogène et d'oxygène constitue un des détonants les plus énergiques que la science signale.

Le moteur Lenoir a pour base cette combinaison. Cependant ce n'est pas positivement l'*explosion* qui est utilisée, c'est la force expansive de l'air atmosphérique dilaté par la chaleur dégagée au moment de la combinaison. On n'y fait pas non plus usage (ce qu'il est néanmoins possible de faire) de gaz purs, comme dans l'expérience citée : on mélange simplement une certaine quantité d'hydrogène bicarboné (gaz d'éclairage) à l'air atmosphérique, mélange dont les explosions assez fréquentes ont suffisamment vulgarisé l'efficacité.

Pour opérer la combinaison du mélange, on fait usage d'un appareil d'*induction* désigné par le nom de son inventeur, M. Ruhmkorff, et qui produit une succession d'étincelles électriques comme on en obtiendrait, mais dans des conditions moins favorables, à l'aide d'une machine électrique qui recevrait un mouvement continuel. On verra plus loin le détail de cet appareil spécial.

Enfin, l'ensemble de cette opération s'effectue dans un cylindre muni d'un piston qui en transmet les effets à un arbre à manivelle comme dans une machine à vapeur, dont celle-ci possède à peu près toute la structure ordinaire.

Nous allons examiner la construction de cette machine dans tous ses principaux détails.

ENSEMBLE DE LA CONSTRUCTION

(FIG. 1 A 10, PL. 50)

La fig. 1 est une vue extérieure, en élévation longitudinale, de la machine toute montée, et de son appareil distributeur des étincelles aux inflammateurs;

La fig. 2 en est un plan horizontal, le cylindre moteur vu en coupe;

La fig. 3 est une section verticale passant par le milieu du cylindre suivant la ligne 1-2 du plan;

La fig. 4 montre en détail, à une échelle double des figures précédentes, les deux capacités dans lesquelles arrive le gaz, le tiroir de distribution et les lumières d'introduction du gaz et de l'air dans le cylindre;

La fig. 5 représente le tiroir de distribution en projection verticale;

La fig. 6 est une section transversale passant par l'axe des orifices du tiroir qui laissent entrer l'air et le gaz dans l'intérieur du cylindre;

La fig. 7 indique, en section, le peigne séparateur du gaz et de l'air, qui est placé dans les lumières d'introduction;

La fig. 8 est un détail, moitié grandeur d'exécution, d'une portion du tiroir de distribution;

La fig. 9 fait voir, en section, un des inflammateurs;

La fig. 10 représente, à l'échelle de 1/5 d'exécution, un petit appareil composé de deux robinets à soupapes, et qui était destiné à envoyer, à l'intérieur du cylindre, de la vapeur d'eau pour additionner son action expansive à celle de l'air dilaté.

DISPOSITION GÉNÉRALE DU MOTEUR. — Comme on le remarque à l'inspection de ces figures, la disposition d'ensemble de cette machine ne diffère pas sensiblement du type général des machines à vapeur horizontales. Le cylindre moteur A est fondu avec son enveloppe qui porte, sur ses faces diamétralement opposées, des bossages a, destinés à recevoir les réservoirs à gaz et les tuyaux de sortie des produits de la combustion. Près de ces bossages sont ménagées des surfaces planes parfaitement dressées, contre lesquelles sont ajustés les tiroirs de distribution T et T'.

Le cylindre est en outre fondu avec un double empattement au moyen duquel il est solidement fixé sur le bâti en fonte B, par les boulons b. Ce bâti est creux, à parois planes, et disposé pour recevoir les organes nécessaires à la transmission de mouvement. Ceux-ci sont établis exactement comme dans les machines à vapeur; l'arbre coudé C, supporté par les quatre paliers C', est relié par la bielle à fourche D à la crosse de la tige p du piston P. Le mouvement rectiligne de va-et-vient de cette tige est assuré par le guide d, qui fait partie de la petite colonne en fonte D' boulonnée sur la tablette du bâti.

Une poulie-volant V est appliquée à chaque extrémité de cet arbre, et deux excentriques E et E' sont calés de chaque côté de la manivelle pour faire mouvoir les tiroirs de distribution T et T'.

Le piston P est fondu d'une seule pièce avec des évidements intérieurs, et deux petites cavités circulaires sont ménagées dans son épaisseur pour laisser pénétrer le bout des inflammateurs, qui saillissent un peu des couvercles, afin de diriger l'étincelle vis-à-vis des canaux d'introduction du gaz. La garniture du piston est composée de deux anneaux en bronze engagés dans des cavités rectangulaires ménagées à la circonférence du plateau.

ARRIVÉE ET DISTRIBUTION DU GAZ ET DE L'AIR DANS LE CYLINDRE. — Le robinet G² (fig. 1) étant ouvert, le gaz arrive par le tuyau à deux branches G' dans les deux capacités ou réservoirs G, fondus d'une seule pièce et rattachés au cylindre par les boulons v vissés dans les bossages a, qui sont fondus avec l'enveloppe (fig. 2 et 4).

Ces réservoirs, constamment alimentés de gaz, le laissent échapper par les orifices rectangulaires *h* (fig. 2 et 4), alternativement ouverts et fermés par le tiroir de distribution T, lequel glisse entre les surfaces dressées, ménagées à l'enveloppe du cylindre, et des tablettes *g*, également dressées, fondues avec les réservoirs G.

Le tiroir T, convenablement évidé pour éviter les bossages *a*, est fondu en bronze d'une seule pièce, et ses deux extrémités présentent, sur toute leur hauteur, des évidements rectangulaires qui forment deux canaux ouverts *c* et *c'*, par lesquels entre librement l'air atmosphérique.

Cet air est distribué à l'intérieur du cylindre, alternativement à droite et à gauche du piston, par une série d'orifices rectangulaires *e* (fig. 5, 6 et 8), ménagés dans l'épaisseur de la plaque du tiroir, et dont la division est obtenue naturellement par l'ajustement des petits tubes *f* qui donnent accès à l'entrée du gaz dans le cylindre.

Ces tubes, qui n'ont que 2 millimètres de diamètre, font partie du tiroir, et, à cet effet, sont fondus d'une seule pièce avec une règle en bronze vissée sur sa face externe, du côté des réservoirs à gaz.

Par cette combinaison, les orifices du tiroir donnent accès au gaz dans l'intérieur du cylindre par le conduit *f'*, où ce gaz traverse l'épaisseur du tiroir sans que le mélange soit possible par les tubes *f*, tandis que l'air circule tout autour en pénétrant dans le cylindre moteur par les ouvertures *e* (fig. 5), qui ont 12 millimètres de hauteur et 6,5 millimètres de largeur.

Afin que toutes les veines alternées de gaz et d'air puissent entrer, sans mélange et sans altération d'épaisseur relative, jusque dans l'intérieur même du cylindre, les deux conduits *f'* sont divisés en petites cases par le peigne I, vu de face et en section verticale, fig. 6 et 7.

Ce peigne est formé d'une plaque en bronze sur laquelle sont rapportées de petites cloisons formant autant de capacités ou corridors distincts; les plus étroits *i* sont placés vis-à-vis des tubes *f*, qui amènent le gaz, tandis que les plus larges *i'*, formant le prolongement des orifices *e*, donnent issue à l'air atmosphérique.

Il résulte de cette disposition que toutes les couches alternées de gaz et d'air conservent forcément à chaque aspiration du piston, jusque dans le cylindre moteur, leur ordre de superposition. Dès que le jeu du tiroir a déterminé la fermeture de la lumière d'admission, l'étincelle électrique, produite à ce moment précis, enflamme les filets gazeux qui brûlent aux dépens de l'oxygène emprisonné, en transmettant au fluide environnant la chaleur développée par cette combustion interne.

Sous l'action expansive, soit des gaz chauds produits par la combustion, soit de l'air non brûlé, mais échauffé par elle, la course du piston s'achève pendant que le tiroir d'émission laisse échapper dans l'air les gaz plus ou moins détendus, et à une température encore très-élevée, qui ont rempli le cylindre dans la capacité correspondante à la face d'arrière du piston; les mêmes phénomènes se reproduisant ensuite, mais en sens inverse, on obtient ainsi le mouvement rectiligne alternatif du piston qui se transmet à l'arbre dans les conditions ordinaires.

ÉCHAPPEMENT DES PRODUITS DE LA COMBUSTION. — Après chaque cylindrée, quand le piston est arrivé à l'extrémité de sa course, les produits de la combustion s'échappent par les orifices rectangu aires *j* (fig. 2) ménagés aux extrémités du cylindre, vis-à-vis les orifices d'introduction. A cet effet, le tiroir T', commandé par l'excentrique E', démasque l'orifice d'échappement *j* et laisse passer ces produits, qui traversent alors l'un ou l'autre des conduits *j'* ménagés à l'intérieur des boîtes en fonte J, pour se rendre dans les tubes d'émission J'; ceux-ci se réunissent en un seul conduit J², lequel, prolongé en dehors de la salle dans laquelle la machine fonctionne, fait l'office de cheminée d'appel.

Le tiroir d'échappement T' est construit et fonctionne comme celui d'introduction T, si ce n'est pourtant que les orifices d'échappement du premier ne présentent chacun qu'une ouverture rectangulaire, tandis que dans le second les orifices d'introduction sont divisés, comme nous l'avons vu, pour éviter le mélange du gaz et de l'air.

Les boîtes cylindriques en fonte J, qui renferment les conduits d'échappement *j'*, ont pour but d'établir une symétrie d'aspect avec les réservoirs à gaz G, et de permettre de rafraîchir les parois de ce canal en établissant autour une circulation d'eau.

SYSTÈME RAFRAÎCHISSEUR DES PAROIS DU CYLINDRE MOTEUR. — Par le fait des combustions énergiques et successives qui ont lieu dans le cylindre, il se fait un dégagement de chaleur à une température très-élevée, qui, transmise à des parois métalliques, conduirait le cylindre, le piston et les tiroirs de distribution à une détérioration rapide. Pour éviter cet inconvénient, une circulation d'eau continuelle, établie dans l'enveloppe du cylindre, refroidit ses parois et celles des conduits d'émission.

Voici comment cette circulation est organisée.

L'eau est amenée, par un tuyau *k* (fig. 2), dans l'une des boîtes J qui entourent les conduits d'émission. Une communication est établie entre ces deux boîtes par un tuyau horizontal *k'* (fig. 3). De la seconde boîte J, l'eau pénètre par le tuyau K dans l'enveloppe du cylindre pour s'échapper ensuite par le tuyau K' (fig. 1), qui la déverse dans un vaste réservoir disposé *ad hoc*. De ce réservoir elle est ramenée, suffisamment refroidie, par le tuyau *k* mis en communication constante avec lui. On remarque donc que c'est toujours la même eau qui sert, et que la circulation est établie, comme dans les appareils de chauffage à l'eau chaude, par les changements de température du liquide.

Les couvercles A' du cylindre sont également creux, et la même eau qui arrive dans l'enveloppe peut y circuler; à cet effet, la communication de l'enveloppe avec les couvercles est établie par des ouvertures pratiquées dans les bossages *a'* (fig. 3), dans lesquels sont taraudés les boulons qui retiennent les couvercles.

Avant de décrire le mode de construction du distributeur de l'électricité aux inflammateurs, nous allons examiner, pour les personnes qui ne connaissent pas parfaitement le fonctionnement de la bobine d'induction de Ruhmkorff, les dispositions particulières de cet appareil.

APPAREIL DE RUHMKORFF. — La construction de cet appareil repose, comme on sait, sur l'emploi de l'électricité voltaïque transformée par induction réactive en électricité statique. Il se compose d'une forte bobine L, montée horizontalement sur une tablette en bois que nous avons supposée placée sur une petite colonne M, près de la machine, mais qui pourrait, ainsi que le couple de piles de Bunsen L', être placée à une distance plus ou moins grande ou renfermée dans le socle du bâti B, qui est creux, et que l'on peut disposer alors pour recevoir l'ensemble de l'appareil.

La bobine L est en carton mince avec rebords en gutta-percha; deux hélices parfaitement isolées s'y enroulent, l'une formée de gros fil m (fig. 11), de deux millimètres de diamètre, faisant d'un à deux cents tours, l'autre d'un fil fin m', d'un millimètre de diamètre seulement, enroulé sur le premier et faisant huit mille tours environ. Ces fils non-seulement sont recouverts de soie, mais chaque spire est isolée de la suivante par une couche de vernis à la gomme laque.

C'est le gros fil qui est le fil inducteur. A cet effet, le courant du couple de Bunsen L' qui le parcourt est distribué de la manière suivante : le pôle positif de la pile étant en communication avec le fil r', le courant se rend par la borne l dans le gros fil de la bobine; l'autre bout de ce fil, allant aboutir à la borne l', qui porte le marteau oscillant n (fig. 11), tantôt est en contact avec le conducteur n', et tantôt en est éloigné.

Ce mouvement de va-et-vient du marteau est produit par un cylindre en fer doux u, placé dans l'axe de la bobine. Lorsque le courant passe dans le gros fil de celle-ci, ce fer s'aimante et attire de bas en haut le marteau métallique n'.

Le courant se trouve ainsi interrompu, puisqu'il ne peut passer dans le conducteur q, qui communique par le ressort q' et la règle métallique q^2 (fig. 2 et 11) avec le pôle négatif de la pile. Le cylindre en fer doux u perd alors son aimantation, et le marteau retombe. A cet instant le courant recommence, le marteau n' est soulevé de nouveau, et ainsi de suite. Le courant de la pile passant ainsi par intermittences dans le gros fil de la bobine, à chaque interruption un courant d'induction successivement direct et inverse se produit dans le fil fin m' relié aux deux petites bornes q^3, auxquelles sont attachés les fils r et o qui communiquent avec le distributeur de l'électricité aux inflammateurs.

Distributeurs de l'électricité. — Sur la plaque du bâti du moteur est fixé un petit support en fonte O, auquel est attaché le fil o, correspondant au pôle négatif, ou non en tension, de la bobine d'induction. Or, comme ce support n'est pas isolé du bâti qui reçoit toutes les pièces métalliques du moteur, dans celui-ci, par conséquent, circule le courant que représente ce pôle.

Le fil du pôle positif r est attaché à une barrette en métal s, fixée sur le support O, mais par l'intermédiaire d'une plaque isolante en caoutchouc x, qui reçoit également les deux barrettes supérieures s' et s^2 (fig. 1 et 2). Les bouts extrêmes de ces dernières sont reliés aux inflammateurs Y et Y', par les fils t et t'.

Un curseur métallique R, formant ressort, fixé à la crosse de la tige du piston, parcourt toute la longueur en fermant le circuit, tantôt avec la barrette s', tantôt avec la barrette s^2.

L'écartement qui existe entre ces deux barrettes suffit pour détruire un instant le courant qui se forme de nouveau à chaque passage du curseur, de l'une à l'autre barrette. Les étincelles qui déterminent l'inflammation du gaz sont alors produites tantôt par l'inflammateur Y, tantôt par celui Y'.

Inflammateurs. — Ainsi qu'on peut le reconnaître par la fig. 9, le corps de l'inflammateur n'est autre chose qu'un boulon métallique taraudé Y, traversé par un petit cylindre de porcelaine u', qui reçoit les fils t et t^2.

Le fil recourbé t^2, en contact avec le boulon, est naturellement un signe négatif ou non électrisant, puisque tout l'ensemble du bâti et du cylindre est de ce signe, tandis que le second fil isolé t présente le pôle contraire, puisqu'il est relié à l'une des barrettes s' et s^2. On comprend alors que, quand le curseur R ferme le circuit, par son contact avec les barrettes, les étincelles se produisent entre les deux pointes des fils t et t^2, et que par suite il y ait inflammation des veines du gaz.

Mise en marche. — Pour mettre le moteur en activité, il suffit d'actionner le volant, afin de faire tourner l'arbre moteur et avancer le piston qui produit le vide derrière lui.

Le tiroir T distribue ensuite l'air et le gaz en couches alternées qui se rangent derrière le piston P ; le circuit est fermé en ce moment par le distributeur d'électricité, l'étincelle est produite et l'inflammation a lieu ; l'air et les gaz se dilatant poussent le piston jusqu'à la fin de sa course.

Les volants font passer le point mort et ramènent le piston dans le sens inverse. Dans ce mouvement, il opère naturellement le vide derrière lui, et une nouvelle quantité de gaz et d'air est amenée, puis enflammée et dilatée.

On peut régler au besoin l'admission du gaz dans les réservoirs G, en disposant sur le tuyau d'arrivée G' une vannette mise en mouvement par un régulateur quelconque, et on peut, si cela est nécessaire, interrompre, à l'aide d'un commutateur, le circuit électrique qui produit l'inflammation.

Emploi de la vapeur d'eau. — Indépendamment de l'air atmosphérique et du gaz comme agents moteurs, M. Lenoir a eu l'idée d'employer la vapeur d'eau à l'état plus ou moins humide, pour additionner son action d'expansion à celle des agents précités.

Pour arriver à ce résultat, il proposait des robinets à soupapes, tels que ceux représentés en détail par la fig. 10.

La vapeur est prise dans un petit réservoir disposé au-dessus de l'enveloppe du cylindre avec laquelle il est en communication. L'eau de l'enveloppe, suffisamment échauffée, monte jusqu'à un certain point dans le réservoir, et la vapeur qui se forme peut occuper la partie supérieure reliée au tube U, lequel est divisé en deux branches, pour communiquer avec les deux robinets U'.

Ceux-ci sont montés sur l'enveloppe, de manière que, le piston occupant le milieu du cylindre, l'un soit devant et l'autre derrière, afin de pouvoir fonctionner alternativement des deux côtés du piston.

Une petite soupape y ferme l'orifice de la partie inférieure de chaque robinet, au moyen d'un ressort à boudin y'. Ces dispositions entendues, voici comment a lieu l'introduction de la vapeur dans le cylindre :

Chaque fois que le piston forme le vide derrière lui, c'est-à-dire quand la machine respire, en quelque sorte, la petite soupape y s'ouvre en laissant passer une certaine quantité de vapeur, quantité qui peut être rendue variable, soit par la position donnée aux robinets U′, soit par le degré d'ouverture de ces robinets.

Le piston étant arrivé vers le milieu de sa course, le contact a lieu par l'inflammateur; l'étincelle produite en ce moment enflamme les veines de gaz, surchauffe la vapeur en même temps que l'air atmosphérique, de telle sorte que la dilatation instantanée des veines d'air et la tension de la vapeur accumulent leur force pour actionner le piston.

Les deux appareils semblables U′ étant disposés aux deux côtés du piston, quand celui-ci occupe le milieu de sa course, fonctionnent alternativement et régulièrement aux instants voulus, lorsque le piston fait le vide et que la machine aspire.

Depuis la construction de cette première machine, que nous venons de décrire telle qu'elle a fait sa première apparition et qu'elle a été soumise aux expériences que nous rapportons plus loin, M. Lenoir lui a personnellement apporté des perfectionnements qui en ont beaucoup amélioré les fonctions.

D'abord l'inventeur est revenu aux courses *longues,* et le cylindre a maintenant les mêmes proportions que dans les machines à vapeur fixes ordinaires; ceci, joint à une modification apportée dans la distribution et dans le mélange des gaz, qui se fait bien avant leur entrée dans le cylindre par une plaque percée de petits trous ronds très-nombreux, a rendu à la machine une régularité de marche qu'elle ne possédait pas à un degré suffisant.

Ainsi perfectionnée, cette machine trouve d'utiles applications pour les faibles puissances de 1 à 4 chevaux, dans des établissements qui peuvent utiliser l'eau chaude de circulation, ou même qui, sans pouvoir profiter complétement de cette ressource, sont dans une situation où l'emploi d'une machine à vapeur leur est formellement interdit.

RÉSULTATS D'EXPÉRIENCE

En présentant ce nouveau moteur à l'industrie, son ingénieux inventeur faisait ressortir, comme avantages, son installation facile, le peu de place qu'il exige par la suppression de tout générateur, avec fourneau et cheminée, et, par ce dernier point, la possibilité d'en faire usage dans toute localité où l'emploi des machines à vapeur est proscrit par l'administration, mais qui possède du gaz courant; car s'il fallait fabriquer le gaz exprès, au moins par les moyens connus actuellement, la difficulté serait plus grande que de faire de la vapeur d'eau. On pouvait relater, comme un des plus sérieux avantages, celui de ne consommer absolument qu'en marche, puisque, le robinet à gaz fermé, toute consommation cesse.

Il restait, comme objection la plus sérieuse, la question économique, c'est-à-dire celle de savoir si le calorique coûte plus cher en employant le charbon transformé en gaz qu'à son état ordinaire; il était important aussi de reconnaître si l'ensemble du fonctionnement est suffisamment bon, ou, s'il a des inconvénients, s'ils ne sont pas compensés par les avantages principaux.

Nonobstant les progrès rapides et presque immédiats apportés à cette invention, on doit la considérer comme encore trop nouvelle pour regarder les résultats acquis aujourd'hui comme définitifs, et il est permis d'espérer qu'ils seront améliorés.

Tels qu'ils sont, ils offrent un très-grand intérêt. Les expériences les plus sérieuses à citer sont celles qui ont été faites en 1861 au Conservatoire des arts et métiers de Paris, sous la direction de M. Tresca, le savant sous-directeur de cet établissement, et des autres professeurs, MM. Boussingault, Ed. Becquerel, etc., noms qu'il suffit de citer pour donner une idée de la confiance que l'on doit avoir dans les soins apportés à ces expériences. Elles se rapportent du reste avec d'autres essais exécutés en Allemagne et dont nous dirons quelques mots plus loin.

EXPÉRIENCES DU CONSERVATOIRE. — Avant ces expériences les mêmes ingénieurs ont procédé à des essais sur une première machine Lenoir établie dans les conditions suivantes :

Diamètre du piston.................................... 0ᵐ18
Course   id. 0 10
Nombre de tours moyen par 1′..................... 130

Un frein monté sur l'arbre de couche a accusé une puissance utile produite égale à 0,57 de cheval, soit un peu plus d'un demi-cheval de 75 kilogrammètres ;

La consommation de gaz, mesurée à l'aide d'un compteur ordinaire, a été trouvée égale à un peu plus de 3 mètres cubes par force de cheval et par heure.

En mesurant le volume et la température de l'eau de circulation employée à rafraîchir le cylindre, les expérimentateurs estiment qu'un peu plus de la moitié de la chaleur, dégagée théoriquement par la combustion du gaz dépensé, est emportée par cette eau réfrigérante.

Dans ces expériences, l'introduction de gaz était interrompue à la moitié de la course du piston. Le mélange d'air atmosphérique et de gaz a été des 9/100 environ, en gaz, du volume total. L'analyse des gaz brûlés et recueillis à la sortie a démontré que la combustion était complète, et dans de bonnes conditions.

On a pu s'assurer que la pression maximum et absolue dans le cylindre n'a pas atteint 6 atmosphères.

Quant aux remarques accessoires fournies par ces premiers essais, on a constaté que la machine était susceptible de s'arrêter par suite de la non-inflammation d'une seule admission de gaz, que la dépense d'huile était sensiblement de 500 grammes d'huile par jour, etc.

A la suite de ces premières expériences qui pouvaient laisser des doutes, tant par les moyens d'observation incomplets que par l'exiguïté même du moteur choisi, une machine plus puissante, et parfaitement construite par M. Marinoni, a été installée au Conservatoire dans la salle des machines en mouvement, où elle a été soumise, du 15 au 25 mars 1861, à des essais d'une minutie vraiment remarquable. Elle avait les dimensions suivantes :

Diamètre du piston 0ᵐ24
Course... 0 12

Les expériences ont été faites en vue d'apprécier le fonctionnement complet de la machine comme économie, régularité, trouble apporté dans le courant de gaz, nature des résidus de la combustion, altération des organes, etc.

La puissance, estimée comme d'habitude à l'aide du frein de Prony, a été contrôlée au moyen d'un indicateur monté sur le cylindre et accusant l'état des pressions à son intérieur.

La consommation a été mesurée au moyen d'un compteur, dit de 30 becs, que l'on a eu la précaution de vérifier en y faisant passer à différentes reprises le contenu d'un gazomètre auxiliaire cubé d'avance.

Pour savoir si l'absorption de gaz par la machine influe plus ou moins sensiblement sur le courant qui dessert ordinairement l'éclairage, on a marché de concert avec l'allumage des becs des amphithéâtres du Conservatoire, tantôt en prenant le gaz directement sur la conduite, et tantôt en interposant un réservoir formant en quelque sorte volant de gaz.

Enfin les résidus en gaz brûlés et produits liquides recueillis dans le cylindre ont été soigneusement soumis à l'analyse, etc., etc.

Voici un résumé très-succinct de ces remarquables expériences et pour lequel nous adoptons autant que possible l'ordre suivi par le rapport qui nous sert de base.

Consommation. — La dépense de gaz, résumée pour cinq expériences, s'est élevée successivement de 2699 à 5252 litres par force de cheval et par heure. Mais la période prise comme expression du travail régulier et normal correspond à une moyenne, en nombre rond, de

$$2700 \text{ litres ou } 2^{\text{m.c.}}7 \text{ par cheval et par heure.}$$

Limites de puissance. — La meilleure utilisation correspondait à un peu moins de la force d'un cheval, la vitesse de rotation étant de 107 1/2 tours par minute. Il ne paraît pas que cette force puisse être sensiblement modifiée sans changer la vitesse, attendu que la dépense proportionnelle augmente en réduisant l'admission de gaz par tour, et que les orifices ne permettent pas non plus de l'augmenter au delà du débit maximum correspondant à cette puissance d'un cheval, et égal à $0^{\text{lit.}}420$ par tour.

Développement du travail dans le cylindre. — En examinant les courbes de pression fournies par un indicateur monté sur le cylindre, on a reconnu d'abord que la décroissance de la pression, à partir du moment où l'étincelle éclate et enflamme le mélange, est extrêmement rapide et hors de toute comparaison avec ce qui a lieu avec la vapeur qui, dans une machine bien réglée, fournit des courbes de pression coïncidant assez sensiblement avec celles qui résultent théoriquement de la loi de Mariotte (t. 1er, p. 78). Cette notion démontre qu'il subsiste bien dans le fonctionnement de la machine ce caractère explosif, produisant un choc auquel succède une période de-pression par dilatation simple.

En comparant, au moyen des mêmes courbes pratiques, le moment réel de l'inflammation avec celui qui semble résulter de la réglementation matérielle du mécanisme, on reconnaît aussi qu'il y a un retard sensible et d'autant plus grand que la machine marche plus vite.

Les expérimentateurs en concluent qu'on ne peut pas augmenter beaucoup cette vitesse, et que celle de 100 tours, pour cette même machine, était même un peu exagérée.

Examen des gaz de la combustion. — L'examen des gaz brûlés, qui ont été analysés avec le plus grand soin sous la direction de M. Boussingault, a démontré que la combustion s'opérait bien avec les quantités proportionnelles de gaz employées.

Cette proportion, entre les volumes de gaz hydrogène et d'air atmosphérique, s'est élevée de 6 à 8 p. 100 du volume total; mais on admet que, pour obtenir une combustion absolument complète, il faudrait élever cette proportion à environ 13/100, ce qui produirait une élévation de température nuisible pour le cylindre et sans avantage sensible pour la marche, puisque la combustion est suffisante dans les conditions de l'expérience.

Dépense d'eau. — Il résulte des expériences que, pour entretenir une circulation d'eau continue autour du cylindre, de façon que cette eau ne s'élève pas jusqu'à 100°, il faut au moins 120 litres par heure et par cheval, soit le quadruple de la quantité d'eau nécessaire à l'alimentation d'une machine à vapeur de même force. Mais ordinairement on peut employer un même volume d'eau déterminé en le dirigeant sur un réservoir où cette eau se refroidit et retourne à la machine.

Utilisation de la chaleur développée. — En évaluant avec soin les quantités de chaleur fournies par la houille et par le gaz d'éclairage, et en se basant sur la quantité de travail fournie par ce dernier combustible avec la machine actuelle, on en a déduit que :

L'utilisation de la chaleur, évaluée en calories, est égale, pour la machine à gaz, à celle d'une bonne machine à vapeur consommant un peu moins de 2 kilogrammes de houille par force de cheval et par heure.

Pour motiver cette conclusion, le savant rapporteur des expériences rappelle que la chaleur dégagée par la combustion d'un mètre cube de gaz d'éclairage correspond, d'après les expériences de MM. Favre et Silbermann, à 6100 calories, soit environ 6000, chiffre inférieur à celui porté au tableau des puissances calorifiques (t. 1er, p. 50), mais qui a été réduit à cette valeur en tenant compte de la chaleur latente absorbée par la formation de la vapeur d'eau dans la machine actuelle (1); il fixe à 8000 celle due à la combustion d'un kilogramme de houille et fait le calcul suivant :

Une machine à gaz de la puissance d'un cheval consommant 2750 litres de gaz par heure, à raison de 6000 calories par mètre cube, cela correspond à

$$2750 \times 6000 = 14500 \text{ calories.}$$

(1) Ce tableau indique que la puissance calorifique d'un mètre cube de gaz hydrogène bicarboné dégage en brûlant 15117 calories. Mais en considérant la vapeur d'eau formée et non liquéfiée dans la machine à gaz, les expérimentateurs ont trouvé que ce chiffre devait être réduit à 6000 pour la quantité de chaleur disponible directement pour la force motrice.

En rapportant ce chiffre total au charbon, pour lequel on admet ici 8000, cette dépense correspondrait donc à celle d'une machine à vapeur de même force qui consommerait :

$$\frac{14500}{8000} = 1^k 812$$

de charbon par force de cheval et par heure.

A la vérité, on compte plutôt, en pratique, sur 7500 calories par kilogramme de houille que sur 8000, ce qui élèverait cette consommation comparative à près de 2 kilogrammes.

Enfin, les conclusions tirées de ces essais par les expérimentateurs, c'est que l'on peut considérer la consommation de la machine à gaz comme équivalente à celle d'une machine à vapeur à condensation, abstraction faite du rendement du mécanisme et du prix de revient du combustible employé.

Dépense pour l'huile et pour la pile. — Cette dépense est peu importante, la machine étant du reste de la faible puissance d'environ 1 cheval. Elle s'est élevée, pour l'huile à 1 franc par jour de 10 heures, et à 30 centimes pour la pile, pour le même temps de marche. Cependant on fait observer que l'huile n'a pas été ménagée, car, faute de graisser abondamment, la machine se ralentit après 15 minutes de marche.

Nettoyage et entretien de la machine. — Après les quelques jours de marche pour ces expériences, la machine a été démontée pour en visiter les différentes parties. On a reconnu une certaine quantité de cambouis solide formé sur les parties non frottantes, et des incrustations très-intenses formées dans les divers conduits d'eau de circulation. On en a déduit que cette machine exige un nettoyage fréquent et soutenu, et un homme très-soigneux pour la conduire.

Influence sur les becs allumés dans le voisinage. — Pour connaître cette influence, on a fait fonctionner la machine après avoir allumé tous les becs servant à l'éclairage des deux amphithéâtres de l'établissement. Puis on a fonctionné, tantôt en faisant la prise de gaz directement sur la conduite et tantôt en interposant un petit gazomètre-réservoir.

Avec le réservoir, des becs situés à 40 mètres en amont ne vacillaient que d'une manière insensible. Avec la prise directe, les becs situés à 10 mètres se sont éteints complétement, et ceux situés à 100 mètres ressentaient très-sensiblement l'influence de la machine.

Cet état de choses démontre qu'il est indispensable de faire usage d'un gazomètre intermédiaire, ou réservoir régulateur, ce qui a été fait depuis. Les expérimentateurs pensent que le réservoir devrait avoir une capacité d'environ 300 litres pour une machine d'un cheval.

Remarques sur les réactions chimiques opérées. — En opérant sur une autre machine, plus puissante que la précédente et d'environ 2 chevaux, on a analysé avec le plus grand soin les résidus liquides de la combustion, afin d'apprécier la nature exacte des réactions chimiques auxquelles la combustion peut donner lieu.

On a trouvé dans ce résidu, qui est en général de la vapeur d'eau condensée, de l'acide nitrique, de l'ammoniaque, de l'oxyde de fer, de l'acide sulfurique et des traces de matières organiques.

La présence de ces divers agents chimiques est facilement justifiée lorsque l'on sait que l'éclat continuel d'une étincelle électrique dans un mélange d'oxygène et d'azote (constitué ici par l'air atmosphérique) donne naissance à de l'acide nitreux qui, se reportant sur l'acide sulfureux que le gaz d'éclairage renferme en quantité plus ou moins grande, forme de l'acide sulfurique; l'ammoniaque provient de même de la combinaison de l'azote et de l'hydrogène; et enfin l'oxyde de fer est attribuable à l'action de ces acides sur le métal de la machine.

Attachant particulièrement leur attention sur l'acide sulfurique, comme agent destructeur le plus énergique, les expérimentateurs estiment que cette dernière machine essayée, qui consommait 5000 litres de gaz à l'heure, produirait en 50 jours de 10 heures de marche 1 kilogramme de cet acide. Ils pensent que sans attacher une grande importance à cet inconvénient, on doit chercher à l'éviter en employant du gaz aussi bien épuré que possible.

EXPÉRIENCES DE STUTTGART. — Un peu avant les expériences précitées on en fit d'analogues à Berg, près Stuttgart, sur une machine semblable à celle de M. Marinoni, mais construite par M. G. Kuhn, mécanicien de la localité. Ces expériences, dont les résultats sont tout à fait comparables à celles du Conservatoire, ont été rapportées dans l'ouvrage publié à Freiberg et intitulé : *Der Civilingenieur*, viie vol., 1861.

Nous allons en donner un résumé très-succinct.

La machine soumise aux expériences avait les dimensions suivantes :

    Diamètre du piston.................................... $0^m 156$
    Course... $0^m 240$
    Vitesse variant de 105 à 100 tours par minute.

Les expériences sont au nombre de cinq et ont fourni les résultats inscrits au tableau suivant :

RÉSUMÉ

DES EXPÉRIENCES FAITES SUR UNE MACHINE DU SYSTÈME LENOIR, PAR M. EYTH, INGÉNIEUR.

ORDRE des expériences	DURÉE.	VITESSE de rotation.	CONSOMMATION totale de gaz.	PROPORTION du mélange.	PRESSION maximum absolue.	PUISSANCE DÉVELOPPÉE accusée par le frein.		DÉPENSE de gaz par cheval et par heure.
						en kilogrammèt.	en chevaux.	
	minutes.	tours.	mètres cubes.		atmosphères.			mètres cubes.
1	15	130	0,324	0,036	3	marche à vide	marche à vide	»
2	60	105	1,620	0,056	3,5	22,28	0,297	5,453
3	37	100	1,245	0,071	4,5	35,37	0,470	4,170
4	15	105	0,486	0,068	5,5	52	0,693	2,800
5	14	100	0,540	0,084	6	60,44	0,802	2,880

En examinant cette table, on reconnaît que les expériences ont été dirigées en variant les conditions de marche de façon à obtenir des utilisations de plus en plus favorables : chaque fois on augmentait la charge du frein et la proportion de gaz introduit.

On pourrait déduire de cela qu'en continuant de même, on eût obtenu encore mieux. Mais il est dit précisément qu'à ce cinquième essai, dont l'effet utile est déjà un peu inférieur au quatrième, la machine s'arrêta court, à cause de l'échauffement du cylindre et malgré un graissage énergique. On en conclut que l'on avait atteint la limite comme proportion de gaz injecté, et que l'essai n° 4 pouvait être considéré comme correspondant aux conditions normales d'un bon fonctionnement.

Ces conclusions offrent sur ce point la concordance la plus parfaite avec celles des expérimentateurs du Conservatoire, qui trouvaient aussi que la proportion du mélange ne doit pas dépasser 6 à 8 pour 100, et qui ont trouvé 2,7 mètres cubes pour la consommation spécifique.

Le quatrième essai du tableau précédent indique 0,068 pour le mélange et $2^{\text{m.c.}}8$ pour la consommation.

Nous avons assisté tout récemment aux essais d'une petite machine double de M. Hugon, qui s'occupe depuis bien des années de la construction des moteurs à air et à gaz, et qui est arrivé, par des dispositions ingénieuses, à obtenir d'une part une grande régularité de mouvement, et de l'autre une réduction notable dans la consommation du gaz. Les résultats que nous avons constatés nous permettent d'espérer que l'auteur n'est pas éloigné d'atteindre la solution pratique du problème qu'il s'est proposé de résoudre.

CONCLUSIONS

Nous avons cité des faits, mais sans appréciation générale sur l'avenir de ce moteur et sur les services qu'il est appelé à rendre.

M. Tresca, en terminant son savant rapport, dit que la petite industrie est maintenant dotée d'un moteur facile à installer partout où il existe du gaz courant, ne consommant qu'autant qu'il produit et toujours prêt à fonctionner. Nous ne pouvons qu'approuver de telles conclusions, et féliciter les inventeurs qui s'occupent de ce sujet important, d'avoir si habilement mis en pratique une idée souvent essayée avant eux sans succès.

Cela ne signifie pas, néanmoins, que ce moteur ne laisse rien à désirer au point de vue du fonctionnement matériel; mais il est encore de création si récente que l'on peut être surpris, au contraire, du point d'avancement où ses auteurs ont su l'amener déjà.

La régularité du fonctionnement admise, il est certain que partout où il s'agit de remplacer un ou plusieurs hommes employés comme force motrice, et où l'application d'une machine à vapeur n'est pas possible, on pourra employer la machine à gaz, et avec avantage, même en admettant le prix élevé actuel du gaz dans Paris,

En effet, supposons un industriel employant 7 ou 8 hommes tourneurs de roues, qui seront remplacés facilement par une machine à gaz de la force d'un cheval.

Cette machine consommera en gaz, qui se paye actuellement à Paris 30 centimes le mètre cube, en huile, entretien de la pile et même en eau courante, au maximum 10 fr. 55 c. par journée de 10 heures de travail ;

Plus 10 centimes pour l'intérêt et l'amortissement du capital engagé relatif à l'achat et à l'installation de la machine et de ses accessoires comprenant le compteur, le réservoir régulateur de gaz, etc. ; plus enfin une somme de 2 francs attribuable au temps employé par un ouvrier ayant, comme partie de son occupation journalière, la mission de l'entretien, et aux frais accessoires de cet entretien ;

Total, environ 12 fr. 65 c. par jour pour remplacer 8 hommes qui ne peuvent être payés aujourd'hui moins de 24 francs.

Inutile, pour cette limite d'application, de rechercher, d'après cela, si une machine à vapeur serait plus économique, en admettant même qu'il fût possible d'en faire usage.

Il est évident pour nous que ce système de moteur à gaz, poursuivi aujourd'hui par des ingénieurs et des constructeurs persévérants, ne tardera pas à recevoir des améliorations importantes, et qu'il pourra, par suite, s'appliquer avec avantage . dans bien des cas.

NOTICE SUR LES MOTEURS FONCTIONNANT PAR LA VAPEUR DE DIVERS LIQUIDES

MACHINES A VAPEURS COMBINÉES D'EAU ET D'ÉTHER

Par M. DU TREMBLEY

En se reportant aux notions préliminaires, qui font connaître le principe de la formation des vapeurs, et plus particulièrement de la vapeur d'eau, on voit que la puissance motrice à créer coûte, en combustible, un certain prix qui dépend des conditions suivant lesquelles le liquide employé se vaporise ; c'est-à-dire qu'il faut lui fournir des quantités de chaleurs différentes suivant sa capacité calorifique et suivant la température de son point d'ébullition. Si, par exemple, un liquide entre en ébullition sous la pression atmosphérique à 30° au lieu de 100 qu'il faut à l'eau pour se transformer en vapeur sous cette pression, et si la quantité de chaleur latente qu'il absorbe pour son changement d'état est aussi inférieure à celle exigée pour l'eau, il est clair que la puissance obtenue avec ce nouveau liquide coûtera moins cher, en combustible, qu'avec l'eau.

Si l'on est en possession d'un tel liquide, on pourra, étendant le principe, s'y prendre d'une manière un peu différente pour réaliser l'économie annoncée.

Comme la vapeur d'eau, qui a travaillé dans une machine, en est expulsée en conservant encore une notable quantité de chaleur sensible et la presque totalité de son calorique de changement d'état, il s'ensuit que cette vapeur échappée pourra être très-bien employée à vaporiser ce liquide plus subtil que nous supposons, et, en résumé, reproduire de la force motrice avec une quantité de chaleur qui, autrement, demeurait sans usage.

Dans cet exposé donné sous une forme hypothétique, nous avons cependant à peu près décrit en principe un fait pratiquement réalisé par plusieurs ingénieurs et, particulièrement, par M. Du Trembley, dans sa célèbre machine fonctionnant par les vapeurs combinées d'eau et d'éther sulfurique.

Cet ingénieur a construit des machines motrices comprenant des cylindres disposés par paire et fonctionnant respectivement par les vapeurs d'eau et d'éther; leurs pistons correspondaient évidemment à un même arbre moteur. La vapeur d'eau ayant fonctionné dans son cylindre se rend dans un appareil appelé *vaporisateur*, et dans lequel, en effet, cette vapeur d'eau abandonne, en se condensant, de la chaleur qui se trouve employée à vaporiser l'éther, dont le point d'ébullition est, ainsi qu'on le sait, bien au-dessous de celui de l'eau. Cette vapeur d'éther, étant alors dirigée sur le deuxième cylindre, y développe du nouveau travail et se trouve elle-même ensuite renvoyée à un appareil de condensation particulier, d'où, ramené à l'état liquide, l'éther est de nouveau repris par une pompe et renvoyé au vaporisateur.

Le résultat obtenu ainsi sera complétement apprécié par l'exposé succinct des propriétés physiques de l'éther sulfurique.

En jetant les yeux sur les résultats des savantes recherches de MM. Favre et Silbermann, nous voyons que l'éther sulfurique entre en ébullition, à l'air libre, à 38 degrés centigrades, à laquelle température il produit naturellement de la vapeur ayant pour force élastique la pression ambiante; nous apprenons également que sa capacité calorifique est moitié de celle de l'eau, et que son coefficient de calorique latent est de 91, au lieu de 537, qui est celui de l'eau à la température de l'ébullition sous la pression atmosphérique de 76 centimètres.

D'après cela, si l'on fait abstraction du prix du liquide, et même par appréciation approximative, on comprend que l'emploi de l'éther doit être économique au point de vue du combustible dépensé, quoique la densité de sa vapeur soit au moins quadruple de celle de l'eau à leurs points d'ébullition respectifs, ce qui fait que, pour saturer l'espace dans lequel travaille cette vapeur, il en faut un poids quadruple et une dépense de liquide et de chaleur correspondante.

Mais dans la machine de M. Du Trembley, la dépense d'éther, qu'il nomme liquide auxiliaire, n'est qu'accidentelle et due aux imperfections inévitables du mécanisme, car les plus grands soins ont été pris pour empêcher l'éther de se disperser, et pour le reconstituer de liquide en vapeur, et *vice versa*, indéfiniment.

D'ailleurs, comme il n'est pas fait de dépense spéciale de combustible et qu'il est vaporisé par la chaleur abandonnée par la vapeur d'eau, il y a là un motif d'économie positif, économie qui s'est en effet réalisée jusqu'au point de faire descendre la consommation spécifique d'une machine, ainsi construite, à la moitié de celle d'un moteur à vapeur ordinaire, à détente et condensation.

Un tel moteur offre les plus grands avantages pour la marine, moins encore sous le rapport de l'économie d'argent que sous celui de la *décharge* de combustible. à embarquer. Mais aussi il présente, pour cette application même, certains inconvénients graves, comme l'inflammation et l'explosion si faciles des vapeurs d'éther répandues hors des appareils, nonobstant les précautions les plus minutieuses. Appréciant néanmoins l'excellence du principe, un officier distingué, M. Lafond, lieutenant de vaisseau, a essayé l'emploi du chloroforme, aussi très-volatil, mais non inflammable comme l'éther.

En résumé, des machines fonctionnant avec l'un ou l'autre liquide auxiliaire ont fourni des résultats immédiats très-satisfaisants. Cependant nous ne voyons pas encore que les applications en soient nombreuses, ce qui doit tenir jusqu'à présent à la difficulté de construire et maintenir en bon état de fonctionnement les récipients du liquide auxiliaire.

C'est, du reste, un sujet que nous ne nous sommes pas proposé de traiter spécialement, mais que nous désirions mentionner et lui faire une place dans la liste des inventions les plus méritantes (1).

MOTEURS FONCTIONNANT PAR L'ACIDE CARBONIQUE LIQUÉFIÉ

Nous citerons encore l'un des essais les plus originaux qui aient été faits dans cette direction ayant pour but l'emploi d'une substance plus volatile que l'eau, et capable de fournir des pressions considérables avec économie dans le combustible dépensé.

Plusieurs personnes ont, en effet, eu l'idée d'employer l'acide carbonique liquéfié d'abord et traité ensuite comme un liquide ordinaire, que l'on soumet ensuite à une certaine température pour en obtenir de la vapeur, laquelle travaille dans un récepteur, puis se trouve ramenée à l'état liquide et renvoyée de nouveau au vaporisateur.

Le premier inventeur qui nous paraît avoir marché dans cette voie est M. Brunel, dont l'appareil se trouve décrit dans l'ouvrage *l'Industriel*, 1827; on y voit que le principe de cet appareil consiste à chauffer de l'acide carbonique, préalablement liquéfié, et dont les produits volatils viennent agir sur un piston par l'intermédiaire d'une couche d'huile.

Mais une autre machine, basée véritablement sur le principe que nous énoncions ci-dessus, se trouve décrite dans un brevet pris par MM. Ghilliano et Cristin, en 1855. Par un second brevet, en date de 1856, ces messieurs ont fait connaître un appareil

---

(1) La machine à vapeurs combinées est décrite dans le Ve vol. de la *Publication industrielle*. On lira également avec beaucoup d'intérêt la belle Notice faite sur ce sujet par M. le contre-amiral Paris, dans son *Traité de l'hélice propulsive.*

perfectionné, dans lequel le cylindre moteur sert en même temps de vaporisateur et se trouve, à cet effet, plongé dans une chaudière et chauffé au bain-marie.

Dans ce dernier appareil, l'acide carbonique étant produit par une réaction chimique et liquéfié par un procédé analogue à celui de l'appareil Thilorier, le vase qui le renferme, ainsi liquéfié, et consistant en un canon de fer forgé très-résistant, est mis en rapport avec le cylindre moteur plongé, comme nous le disions tout à l'heure, dans une chaudière remplie d'un liquide, tel que l'eau, et placée au-dessus d'un fourneau, de façon à chauffer ce cylindre au *bain-marie.*

Une certaine quantité d'acide liquide étant introduite dans le cylindre, il se dégage, sous l'influence du bain, du gaz qui agit sur son piston et transmet de la force à un arbre de couche, suivant la disposition ordinaire d'une machine à vapeur. Ensuite, par des organes de distribution fonctionnant par le mode habituel, le gaz qui a travaillé d'un côté du piston est dirigé sur un condenseur formé d'un serpentin en fer plongeant dans une cuve d'eau froide; là, l'acide liquide est reconstitué et renvoyé, par une pompe foulante, dans le cylindre moteur, où il agit de nouveau, et sur la face opposée du piston, qui fonctionne *à double effet.*

Résumant cette action, on voit que c'est la même quantité initiale d'acide liquide qui travaille dans le cylindre, où elle est vaporisée et passe ensuite au condenseur qui la ramène à l'état liquide, d'où elle retourne au cylindre, etc. Néanmoins, comme il se fait toujours une certaine déperdition d'acide, on en fournit de temps en temps une quantité additionnelle.

D'après les auteurs de cette machine, l'acide carbonique liquéfié et chauffé ensuite par un bain à 100° émet, de cette façon, du gaz qui fonctionne à l'énorme pression de 153 atmosphères; la contre-pression dans le condenseur n'est pas moindre de 50 atmosphères.

Si un tel système devenait d'un usage pratique, on voit quelle réduction de volume subirait un moteur, sous la pression effective de plus de 100 atmosphères!

MOTEUR A VAPEUR DÉSATURÉE, DITE PNEUMATO-CALORIFIQUE

Par **M. TESTUD DE BEAUREGARD,** ingénieur.

M. Testud de Beauregard étudie, depuis bien des années, un mode particulier d'emploi de la vapeur d'eau, dont les effets, très-remarquables, diffèrent assez sensiblement de ceux que manifeste ce fluide dans les conditions ordinaires pour que nous en fassions une mention spéciale.

On sait, et nous en avons montré les éléments, que la vapeur produite dans les conditions ordinaires, c'est-à-dire dans un générateur renfermant une masse d'eau maintenue à l'état liquide, acquiert à la fois de la pression et du poids, au fur et à mesure que la température du liquide s'élève. La vapeur ainsi formée s'appelle *vapeur saturée,* attendu que le milieu qu'elle occupe, en contact avec le liquide générateur, se charge continuellement de la nouvelle vapeur fournie, laquelle atteint, pour chaque nouvelle température et tant qu'il reste de l'eau liquide, son maximum de force élastique, ou de *saturation* (t. Ier, p. 6).

Si, au lieu de procéder ainsi, on produit de la vapeur isolément de la masse liquide, et que l'on continue d'en élever la température sans qu'il s'y ajoute de nouvelles quantités d'eau vaporisées, cette vapeur se comporte comme un gaz permanent, dont la pression s'élève en raison inverse de la tendance à l'accroissement de volume, conformément à la loi du coefficient de dilatation.

Nous avons déjà fait connaître les essais du même genre dus à M. Boutigny d'Évreux, et nous citions en même temps les premières expériences de M. Testud de Beauregard (t. Ier, p. 230). C'est par le principe même de la formation instantanée de la vapeur que M. Boutigny avait adopté la désignation de *sphéroïdale*; mais ce n'est véritablement pas en ce point que les découvertes de M. Testud de Beauregard présentent de l'intérêt.

Suivant les procédés imaginés par ce savant ingénieur, la vapeur se forme aussi instantanément en injectant de l'eau dans un vase plongeant par son fond dans un bain d'étain, et si l'on modifie la quantité d'eau injectée d'une façon successive et régulière dans un temps donné, on obtient de la vapeur dont la tension et la température sont variables dans de très-grandes limites, mais sans qu'il existe entre elles une relation absolue. On ne peut mieux définir cette propriété qu'en imaginant un certain volume de gaz sous une pression initiale plus ou moins grande et soumis à un chauffage plus ou moins énergique. Il est évident qu'en procédant ainsi, au lieu d'être limité par exemple à la pression de 10 atmosphères, que l'on ne peut pas dépasser avec un certain volume d'air, pris à 1 atmosphère et soumis au foyer le plus énergique, si l'on comprimait d'avance cet air on en obtiendrait par le chauffage une pression d'autant plus considérable. Seulement, avec l'air qui absorbe de la force pour le comprimer il n'en résulterait aucun avantage immédiat, tandis qu'avec l'eau qui change d'état, une petite pompe d'injection n'absorbe qu'une bien faible partie de l'excès de travail résultant de l'accroissement de pression dans le générateur.

La vapeur ainsi produite est d'abord utilisée par M. Testud de Beauregard comme puissance motrice en la faisant agir sur une machine dont les conditions de fonctionnement mériteraient un examen détaillé que nous ne pouvons entreprendre ici (1). Ensuite cette vapeur, dont la température peut atteindre 1000 degrés, même à la pression ambiante, est capable d'effets chimiques et mécaniques très-curieux et très-différents de ceux de la vapeur saturée. Nous dirons seulement quelques mots d'une soufflerie basée sur son emploi et imaginée par M. Testud.

En se reportant aux notions préliminaires concernant la loi suivie par l'écoulement des gaz (t. Ier, p. 59), on voit que la vitesse d'écoulement s'accroît avec la tension, mais décroît avec la densité. Or, la vapeur dite désaturée pouvant acquérir une très-haute pression sans que sa densité augmente, il s'ensuit que son écoule-

---

(1) Les procédés et appareils de M. Testud de Beauregard sont complétement décrits dans le 24e vol. du recueil *le Génie industriel*, mois de septembre 1862.

ment à l'air libre peut atteindre, à tension égale, des vitesses infiniment plus considérables que la vapeur ordinaire. D'après l'estimation de l'auteur, la vitesse d'écoulement dans l'air de la vapeur désaturée peut acquérir, au-dessus de 700 degrés, plus de 1800 mètres par 1″, en la formant sous une pression suffisante, ce qui n'est pas possible avec la vapeur saturée dont la densité augmente très-rapidement.

Par conséquent la soufflerie dont il s'agit, et qui est applicable dans les mêmes circonstances qu'une machine soufflante ordinaire, consiste simplement, en principe, dans une buse conique qui se présente à l'ouverture d'un pavillon formant l'origine du conduit par où l'air doit être introduit, et qui *souffle* dans ce pavillon de la vapeur formée dans les conditions précitées. La vapeur s'échappant avec une grande vitesse agit sur l'air par entraînement, comme nous en avons montré des exemples, soit dans les locomotives, soit dans l'appareil Giffard, à l'égard de l'eau.

Mais, pour le cas actuel, cette vapeur est arrivée au point, par sa température élevée, où les gaz constitutifs de l'eau, l'hydrogène et l'oxygène, n'ont plus qu'une très-faible affinité et sont tout disposés à se séparer pour se combiner avec les matières avec lesquelles ils sont en contact; il en résulte qu'à l'effet mécanique s'ajoutent les actions chimiques de cette vapeur sur le foyer dans lequel elle est insufflée avec de l'air, ce qui donne à ce foyer une activité vraiment remarquable.

Tels sont, dans leur ensemble très-succinct, les résultats des savantes recherches de M. Testud de Beauregard qui a bien voulu nous les communiquer et nous admettre à assister dans ses ateliers à ses plus intéressantes expériences. Il y a réellement là quelque chose qui doit modifier un jour certains procédés industriels, et qui ne demande qu'un peu de temps encore pour se vulgariser.

FIN DU CHAPITRE TROISIÈME ET DE LA SEPTIÈME SECTION.

HUITIÈME SECTION

PROPORTIONS GÉNÉRALES DES MOTEURS A VAPEUR

EXPÉRIENCES SUR LES MACHINES ET SUR LES GÉNÉRATEURS

CHAPITRE PREMIER

CONSOMMATION DE VAPEUR ET DE COMBUSTIBLE

SUIVANT LES DIFFÉRENTS SYSTÈMES

Tous les perfectionnements apportés aux moteurs à vapeur, comme ceux qu'ils sont encore susceptibles de recevoir, tendent nécessairement vers ce but principal :

Étant donné un certain poids de combustible capable de développer en brûlant un nombre déterminé de calories ou unités de chaleur, LUI FAIRE PRODUIRE LE MAXIMUM DE PUISSANCE MÉCANIQUE.

Mais ce but à atteindre dépend de deux organes essentiels : le générateur dans lequel le gaz moteur se forme, et le récepteur mécanique de sa puissance. Le générateur peut plus ou moins bien utiliser le calorique employé à la production de la vapeur, et celle-ci peut avoir à son tour des effets plus ou moins parfaits sur le récepteur.

Une nouvelle théorie tend à prouver que la meilleure machine connue, construite sur le principe ordinaire (celui inauguré par Papin et si bien mis en pratique par Watt), n'utilise que *faiblement* la puissance mécanique que le calorique peut théoriquement développer. Néanmoins, comme nous n'avons à examiner que le système vulgaire, aujourd'hui, c'est-à-dire :

Celui de l'eau transformé en fluide élastique dont on utilise la force vive presque de la même façon que celle qui aurait été emmagasinée par la compression d'un gaz permanent;

N'ayant, disons-nous, que ce système en vue, nous nous y arrêtons pour en examiner les conditions, et en rechercher les meilleurs effets s'ils ne sont pas d'ailleurs ce qu'ils pourraient être réellement.

Tout ce qui précède, comme notions préliminaires et applications, permettrait évidemment à chacun de nos lecteurs de faire, pour chaque cas particulier, ce que nous allons essayer d'indiquer d'une manière générale; mais il est indispensable de faire cette espèce d'état résumatif qui consiste à comparer directement la dépense de combustible à *l'unité* de puissance développée, suivant le mode de production et d'emploi de la vapeur.

Nous nous proposons enfin de rechercher ce que *coûte* l'unité de travail mécanique développée avec les moteurs à vapeur actuellement en usage.

POIDS D'EAU A VAPORISER ET A DÉPENSER A L'UNITÉ DE PUISSANCE DÉVELOPPÉE

On a vu, par les notions préliminaires, que la puissance mécanique de la vapeur d'eau peut être ramenée, quant à sa valeur spécifique, à son volume, à sa pression et à son mode d'emploi sans détente ou à détente plus ou moins prolongée. La table (t. Ier, p. 81), calculée par M. Poncelet, indique en effet ces propriétés en en faisant connaître la valeur. Mais pour la recherche de la dépense directe en combustible il faut traduire les volumes en poids, puisque la quantité de calories absorbées est en effet rapportée à ce genre d'unités.

Nous avons également montré (t. Ier, p. 52) que, sous ce rapport, la quantité de calories dépensées change peu, pour un même poids d'eau, avec la pression sous laquelle la vapeur est produite, attendu que, pour des pressions différentes, le calorique latent, qui représente la plus grande partie de celui absorbé, change peu et même en sens inverse de la pression.

Il y a lieu cependant d'en tenir compte, ne serait-ce que pour l'examen de la question.

Soit 1 kilogramme d'eau froide, à 0 degré centigrade, à vaporiser sous les deux pressions différentes de 1 et 5 atmosphères.

1er cas. — Mettant de côté, pour l'instant, l'espèce de combustible employé, on devra fournir, pour vaporiser 1 kilogramme d'eau à 0 degré, sous la pression de 1 atmosphère, la quantité n de calories suivante (t. Ier, p. 45) :

P poids d'eau à vaporiser........................... $= 1$
t sa température primitive......................... $= 0$
T température de la vapeur à 1 atmosphère.......... $= 100°$
l quantité de chaleur latente correspondante........ $= 537°$

on trouve :

$$n = (T - t + l)\,P = (100 - 0 + 537) \times 1 = 637 \text{ calories.}$$

2e cas. — Pour vaporiser la même eau sous la pression de 5 atmosphères, on aurait :

$$n = (153 - 0 + 503) \times 1 = 656 \text{ calories.}$$

Pour trouver les quantités de travail correspondantes, il faut maintenant ramener ce poids en volume pour chaque pression, puisque la table est basée ainsi.

1 mètre cube de vapeur à 1 atmosphère pèse (t. Ier, p. 18) 0^{k}5895; par conséquent, 1 kilogramme de cette vapeur a pour volume :

$$\frac{1}{0,5895} = 1^{\text{m.c.}}696.$$

De même, 1 kilogramme de vapeur à 5 atmosphères pèse 2^{k}5762; le volume d'un kilogramme de cette vapeur égale donc :

$$\frac{1}{2,5763} = 0^{\text{m.c.}}388.$$

Si nous consultons maintenant la table de M. Poncelet (t. Ier, p. 81), nous trouvons que 1 mètre cube de vapeur à 1 atmosphère, employé sans détente, développe une puissance mécanique de 10333 kilogrammètres; 1 kilogramme de cette vapeur produira d'après cela :

$$1,696 \times 10333 = 17525 \text{ kilogrammètres.}$$

Sachant que 1 mètre cube de vapeur à 5 atmosphères, par le même mode d'emploi, développera une puissance justement proportionnelle à la pression, nous trouverons, pour le deuxième cas :

$$0^{\text{m.c.}}388 \times 10333 \times 5 = 20046 \text{ kilogrammètres.}$$

Il résulte de ce qui précède qu'en employant la vapeur à 1 atmosphère, 1 kilogrammètre a coûté, théoriquement, en calories dépensées :

$$\frac{637}{17525} = 0^c 0360.$$

Et avec la pression de 5 atmosphères, on trouve pour 1 kilogrammètre :

$$\frac{656}{20046} = 0^c 0327.$$

Il demeure ainsi démontré que, dans les limites de 1 à 5 atmosphères, la puissance mécanique développée reste, à peu de chose près, proportionnelle à la quantité de chaleur dépensée ou au poids d'eau vaporisée. Nous pouvons, en effet, faire cette autre comparaison :

Avec la pression de 1 atmosphère, on a dépensé en poids d'eau vaporisée :

$$\frac{1000^{\text{gr.}}}{17525} = 0,057 \text{ de gramme d'eau par kilogrammètre.}$$

Et avec 5 atmosphères :

$$\frac{1000}{20046} = 0,049 \text{ de gramme d'eau par kilogrammètre.}$$

Pour montrer, avant d'aller plus loin, que ces chiffres sont parfaitement en rapport avec ce que la pratique enseigne tous les jours, nous allons prendre un exemple :

Une machine est alimentée par de la vapeur à 5 atmosphères, et marche sans détente ni condensation. L'état de marche de son mécanisme permet de compter sur un rendement de 65 p. 100, déduction faite de la contre-pression, et mesuré sur l'arbre à manivelle. On suppose également que le générateur est dans de bonnes conditions ordinaires, c'est-à-dire qu'il permet d'utiliser, au profit de la vaporisation, 70 p. 100 du combustible brûlé. On admet que la houille employée fournit théoriquement 7000 calories par kilogramme.

Cherchons, d'après cela, la dépense réelle de combustible par unité de puissance utile développée, kilogrammètre ou cheval-vapeur.

Puisque la machine n'a pas de condensation, il y a déjà un cinquième de la puissance théorique employée pour équilibrer la contre-pression ; la quantité d'unités de chaleur trouvée ci-dessus subit, d'après cela, cette première modification :

$$0{,}0327 \times \frac{5}{4} = 0{,}0409.$$

La perte d'effet utile par les frottements du mécanisme et celle due au fourneau modifient encore ainsi ce résultat :

$$\frac{0{,}0409}{0{,}65 \times 0{,}7} = 0^c{,}09.$$

Ceci étant la quantité pratique de calories par kilogrammètre, on en déduit, pour 1 cheval-vapeur de 75 kilogrammètres, par seconde :

$$0{,}09 \times 75 = 6^c{,}75.$$

Enfin on trouve, d'après cela, pour le poids de houille consommée par heure et par force de cheval :

$$\frac{6{,}75 \times 60 \times 60}{7000} = 3^k471\,;$$

soit environ 3,5 kilogrammes de houille.

Ce résultat n'est pas très-éloigné de ce que la pratique fournit journellement pour une machine sans détente ni condensation de 10 à 15 chevaux ; mais il est plutôt en dessous qu'en dessus, ce qui prouve que les pertes sont généralement supérieures à ce que nous les avons supposées.

Il suffit, du reste, que l'échappement de la vapeur soit imparfait pour créer une contre-pression additionnelle qui diminue tout de suite de beaucoup l'effet utile ; si l'introduction subit un étranglement sensible ou que les conduits de vapeur et le cylindre éprouvent des refroidissements, la pression effective sur le piston peut être très-altérée, ce qui concourt à l'augmentation de combustible brûlé. On pourrait encore ajouter les imperfections du générateur qui, au lieu de rendre 70 p. 100, ne rend que 50 p. 100 ; autrement dit, qui ne permet de produire que 5 1/2 à 6 kilogrammes de vapeur par kilogramme de houille au lieu de 6 1/2 à 7. Il y a moins de vingt-cinq ans, une machine à haute pression, de moyenne force, sans détente ni condensation, consommait de 6 à 8 kilogrammes, et plus, de houille par force de cheval et par heure.

Il y a ici une remarque intéressante à faire sur l'emploi de la vapeur à haute ou à basse pression. La contre-pression agissant sur une même surface (celle du piston) que la vapeur, la perte de travail n'est pas fixe pour une force donnée à produire, et elle dépend du rapport entre la tension initiale de la vapeur et la contre-pression.

Si nous admettons, pour exemple, l'emploi de la vapeur à $1^{at.}5$, dans les mêmes conditions que ci-dessus, la pression effective sera seulement $0^{at.}5$, c'est-à-dire le tiers de la pression absolue de la vapeur : on n'utilisera donc que le tiers du combustible dépensé.

Pour trouver la consommation de combustible, en opérant comme ci-dessus, et en adoptant, pour le nombre de calories afférent à la vapeur à $1^{at.}5$, le même chiffre que pour 1 atmosphère, on trouverait :

$$\frac{0,0360 \times 3 \times 3600 \times 75}{0,65 \times 0,7 \times 7000} = 9^{k}155$$

de houille brûlée par force de cheval et par heure.

Aussi n'emploie-t-on jamais la vapeur à basse pression sans condenseur; le système à basse pression avec condensation et sans détente n'est pas lui-même économique, puisque, si faible que soit la contre-pression, elle existe, et figure pour une résistance d'autant plus considérable que la pression de la vapeur est plus basse.

Supposons maintenant l'état de marche qui paraît convenir le mieux à une machine à vapeur, au point de vue de l'économie, et qui consiste à employer la vapeur à haute pression, avec détente prolongée, et un condenseur où le vide soit bien fait.

Pour des machines d'une certaine puissance, de 30 à 60 chevaux, par exemple, on peut employer la vapeur à 5 atmosphères détendue à 10 fois son volume primitif, et obtenir une contre-pression qui ne dépasse pas 0,1 d'atmosphère. D'autre part, le générateur peut être disposé de façon à produire 8 kilogrammes de vapeur pour 1 kilogr. de bonne houille, soit environ 0,8 d'effet utile; l'état du mécanisme doit aussi être assez bon pour que l'on puisse recueillir sur l'arbre moteur 70 p. 100 de la puissance réellement développée sur le piston moteur.

Ceci convenu, il reste, pour faire le même calcul que ci-dessus, à estimer le travail consommé par la contre-pression, lorsque la vapeur est employée à détente.

Suivant la table (t. ^{er}, p. 81), un mètre cube de vapeur à 5 atmosphères de pression, détendue à 10 fois son volume, engendre un travail égal à :

$$34127 \times 5 = 170635 \text{ kilogrammètres.}$$

Dans le même temps la contre-pression, admise à 1/10 d'atmosphère, agit évidemment de façon à engendrer le travail résistant correspondant à celui de 10 mètres cubes de vapeur à cette pression, employés sans détente, soit :

$$\frac{10333 \times 10}{10} = 10333 \text{ kilogrammètres.}$$

Ce travail résistant devant être retranché du travail direct pour avoir l'effet utile, il reste :

$$170625 - 10333 = 160302.$$

On a vu précédemment que 1 kilogramme de vapeur à 5 atmosphères a pour volume $0^{m.c.}388$; il engendrera donc, d'après ce qui précède, un travail utile égal à :

$$160302 \times 0,388 = 62197 \text{ kilogrammètres.}$$

Comme ce kil. de vapeur à 5 atm. a absorbé 637 calories depuis 0°, chaque kilogrammètre coûte :

$$\frac{637}{62197} = 0,0102 \text{ calorie.}$$

Ceci fournit, en résumé, par force de cheval et par heure :

$$\frac{0,0102 \times 3600 \times 75}{0,7 \times 0,8 \times 7000} = 0,7 \text{ de kilog. houille.}$$

Nos meilleurs constructeurs n'arrivent pas à cette faible dépense de combustible; ils obtiennent, avec de puissantes machines, 1^k5, quelquefois seulement 1^k2 (ce qui est déjà très-beau), en apportant les plus grands soins dans la construction de la machine ainsi que du générateur, et dans la conduite des deux organes.

L'analyse que nous venons de faire est d'un grand intérêt, en ce qu'elle rend sensibles les différences qui existent dans la dépense de combustible, suivant le mode d'emploi de la vapeur et le système de machine ; elle sert aussi de point de comparaison entre ce que l'on obtient en pratique et ce qu'il est permis d'espérer.

En nous appuyant sur ces données, modifiées par les résultats réellement obtenus pratiquement, nous avons dressé la table suivante qui donne les quantités de vapeur, en poids, dépensées moyennement, par unité de puissance et suivant le mode d'emploi de la vapeur, ainsi que le volume que doit engendrer le piston.

A cet effet, nous avons déterminé, comme ci-dessus, les POIDS THÉORIQUES D'EAU (*déduction faite de la contre-pression*) à dépenser et à vaporiser par heure et par cheval de 75 kilogrammètres, dans les conditions suivantes :

La machine établie avec ou sans condensation ;

L'admission à pleine vapeur étant réglée, depuis la détente nulle jusqu'à :

1/2, 1/3, 1/4, 1/5, 1/6, 1/8 et 1/10 de la course du piston ;

La pression initiale de la vapeur variant de 1 à 7 atmosphères.

Admettant que la vapeur conserve intégralement, en arrivant au cylindre, sa pression acquise dans le générateur, nous avons doublé les résultats ainsi obtenus, de façon à inscrire dans la table des quantités aussi rapprochées que possible de ce qu'elles sont *pratiquement,* lorsque le rendement par le mécanisme, c'est-à-dire du cylindre à l'arbre de la manivelle, s'élève seulement à 50 p. 100.

Ensuite, en regard des poids d'eau, nous avons inscrit le volume correspondant que le piston doit engendrer dans le même temps, en tenant compte exactement de toutes les conditions d'après lesquelles ces poids d'eau ont été déterminés.

TABLE

DU POIDS DE VAPEUR DÉPENSÉ ET DU VOLUME ENGENDRÉ PAR LE PISTON
PAR HEURE ET PAR FORCE DE CHEVAL,

Pour des machines à un cylindre, à double effet, avec ou sans condensation, le mécanisme rendant 50 p. 100 de l'effet utile développé directement sur le piston.

Machines sans condensation. — Contre-pression, 1 atm.

PRESSION absolue en atmosph.	PLEINE PRESSION. Poids d'eau.	Volume engendré par le piston.	ADMISSION 1/2. Poids d'eau.	Volume engendré par le piston.	ADMISSION 1/3. Poids d'eau.	Volume engendré par le piston.	ADMISSION 1/4. Poids d'eau.	Volume engendré par le piston.
	kilog.	mètres cub.	kilog.	mètres cub.	kilog.	mètres cub.	kilog.	mètres cub.
2	58,2	52,267	42,0	75,356	48,6	130,930	75,4	270,541
3	42,1	26,480	27,4	33,939	25,6	47,563	26,8	66,172
4	36,8	17,429	23,0	22,040	20,2	29,421	19,8	37,696
5	33,7	13,064	20,8	16,163	18,0	20,922	16,8	26,400
6	32,0	10,539	19,4	12,809	16,5	16,344	15,4	20,259
7	30,4	8,708	18,5	10,608	15,6	13,412	14,4	16,454

PRESSION absolue en atmosph.	ADMISSION 1/5. Poids d'eau.	Volume engendré par le piston.	ADMISSION 1/6. Poids d'eau.	Volume engendré par le piston.	ADMISSION 1/8. Poids d'eau.	Volume engendré par le piston.	ADMISSION 1/10. Poids d'eau.	Volume engendré par le piston.
	kilog.	mètres cub.	kilog.	mètres cub.	kilog.	mètres cub.	kilog.	mètres cub.
2	266,0	1193,106	»	»	»	»	»	»
3	30,0	92,350	35,7	131,997	68,4	337,605	»	»
4	20,8	48,050	21,2	60,681	25,4	96,826	34,2	162,758
5	16,7	32,469	16,9	39,395	18,2	56,517	20,6	80,234
6	14,9	24,559	14,7	29,165	15,2	39,905	16,2	53,236
7	14,0	19,696	13,5	23,153	13,4	30,840	14,0	39,835

Machines avec condensation. — Contre-pression 1/10 atm.

PRESSION absolue en atmosph.	PLEINE PRESSION Poids d'eau.	Volume engendré par le piston.	ADMISSION 1/2. Poids d'eau.	Volume engendré par le piston.	ADMISSION 1/3. Poids d'eau.	Volume engendré par le piston.	ADMISSION 1/4. Poids d'eau.	Volume engendré par le piston.
	kilog.	mètres cub.	kilog.	mètres cub.	kilog.	mètres cub.	kilog.	mètres cub.
1	34,2	58,066	20,6	69,993	17,1	87,162	15,5	105,724
2	30,7	27,551	18,4	32,801	14,9	40,226	13,3	47,805
3	28,8	18,030	17,3	21,419	14,1	26,146	12,5	31,200
4	28,0	13,399	16,7	15,901	13,5	19,367	12,0	22,857
5	27,4	10,672	16,3	12,571	13,2	15,380	11,7	18,127
6	26,9	8,852	16,0	10,494	12,9	12,754	11,4	15,019
7	26,4	7,532	15,6	8,970	12,7	10,894	11,2	12,821

PRESSION absolue en atmosph.	ADMISSION 1/5. Poids d'eau.	Volume engendré par le piston.	ADMISSION 1/6. Poids d'eau.	Volume engendré par le piston.	ADMISSION 1/8. Poids d'eau.	Volume engendré par le piston.	ADMISSION 1/10. Poids d'eau.	Volume engendré par le piston.
	kilog.	mètres cub.	kilog.	mètres cub.	kilog.	mètres cub.	kilog.	mètres cub.
1	14,6	123,834	14,1	143,059	13,5	183,408	13,4	226,918
2	12,3	55,328	11,7	62,947	10,9	78,015	10,4	93,230
3	11,5	35,657	10,9	40,500	10,0	49,541	9,5	58,665
4	11,0	26,290	10,3	29,670	9,5	36,302	9,0	42,789
5	10,7	20,824	10,0	23,478	9,2	28,647	8,6	33,750
6	10,5	17,239	9,8	19,414	9,0	23,651	8,4	27,773
7	10,3	14,625	9,6	16,553	8,8	20,142	8,25	23,626

FORMATION ET USAGE DE LA TABLE

Avant de montrer des exemples sur l'emploi de cette table, il nous paraît indispensable de reproduire ici le calcul qui a servi à la former.

Comme ensemble, on voit qu'elle présente deux séries qui correspondent respectivement aux machines avec ou sans condensation. Dans les deux cas les degrés d'admission sont les mêmes, de la pleine pression à l'admission 1/10; pour les machines avec condensation les pressions vont de 1 à 7 atmosphères, tandis que, pour l'autre série, on ne part naturellement que de 2.

EXEMPLE DE LA FORMATION DE LA TABLE. — Supposons qu'il s'agisse de déterminer le poids d'eau à dépenser et à vaporiser, par heure, pour obtenir la puissance effective de 75 kilogrammètres par 1″ (1 cheval), avec une machine sans détente ni condensation, la vapeur prise à 5 atmosphères, et en admettant que le mécanisme permette de recueillir sur l'arbre moteur la moitié de la puissance développée directement sur le piston.

D'après la table de M. Poncelet (t. 1er, p. 81), 1 mètre cube de vapeur à 1 atmosphère, employée sans détente, développe 10333 kilogrammètres, soit, pour 5 atmosphères :

$$10333 \times 5 = 51665.$$

Comme il faut en déduire la contre-pression, qui équivaut, suivant la condition proposée, à 1 atmosphère, et dont le travail négatif égale 10333 kilogrammètres par mètre cube, il reste :

$$51665 - 10333 = 41332.$$

D'autre part, 1 mètre cube de vapeur à 5 atmosphères pèse 2^{k}5763; divisant ce poids par la quantité de travail théorique qu'il fournit, il vient :

$$\frac{2^{k}\,5763}{41332} = 0^{k}\,00006233,$$

quantité qui exprime : *le poids d'eau ou de vapeur dépensé*, dans ces conditions, *pour obtenir la puissance théorique de 1 kilogrammètre*, la contre-pression déduite.

Par conséquent, ayant admis que le mécanisme rende la moitié de cet effet théorique, ce poids doit être doublé, et devient, pour 75 kilogrammètres et par heure :

$$0^{k}00006233 \times 3600'' \times 75^{kgm.} \times 2 = 33^{k}6582.$$

C'est effectivement le chiffre inscrit dans la première colonne du tableau, en regard de la pression 5 atmosphères; seulement nous n'avons conservé qu'une décimale, en la forçant, approximation bien suffisante pour la pratique.

La connaissance du poids d'eau à vaporiser conduit facilement à celle du combustible à dépenser, d'après la puissance calorifique qui lui est attribuée. Pour faire cette estimation nous avons prouvé que l'on peut faire abstraction de la pression même de la vapeur, quoiqu'il existe une certaine économie en employant la vapeur à haute pression ; on peut même admettre que l'eau d'alimentation soit tout simplement à la température ambiante de 10 à 15 degrés.

Si, par exemple, la nature du combustible et l'état de fonctionnement du fourneau permettent de compter sur une production de 6 kilogrammes de vapeur pour 1 kilogr. de combustible, on consommera, dans les circonstances de l'exemple précédent :

$$\frac{33^k 6582}{6} = 5^k 6$$

de charbon, par heure et par force de cheval.

Quant au nombre inscrit dans la colonne voisine, et en regard du précédent, il indique le volume de ce poids d'eau transformé en vapeur et dépensé à pleine pression : il correspond, par conséquent, au volume que le piston doit engendrer dans le temps donné et pour cette unité de puissance.

C'est, en résumé, le quotient du poids total de vapeur ou d'eau par le poids d'un mètre cube de cette vapeur ; soit,

$$\frac{33^k 6582}{2^k 5763} = 13^{m.c.} 064.$$

Pour la seconde série relative à l'emploi d'un condenseur et pour l'application de la détente dans l'une ou l'autre, nous allons montrer que le procédé est analogue.

Soit pour l'admission 1/5, 4 atmosphères, avec condensation, dont la contre-pression est supposée 0,1 atmosphère ;

1 mètre cube de vapeur à 4 atmosphères, détendu 5 fois, développe :

$$26964^{kgm.} \times 4 = 107856 \text{ kilogrammètres.}$$

En même temps la contre-pression oppose, comme résistance, un travail mesuré par le volume final de la vapeur détendu, c'est-à-dire, pour le cas actuel, le travail de 5 mètres cubes de vapeur à 1/10 d'atmosphère. D'après cela, le travail utile restant, dû à 1 mètre cube de vapeur à 4 atmosphères détendu 5 fois, égale :

$$(107856) - (10333 \times 0,1 \times 5) = 102689^{kgm.} 5.$$

Le poids de 1 mètre cube de vapeur à 4 atmosphères étant $2^k 0997$, le poids d'eau vaporisé par kilogrammètre égale :

$$\frac{2^k 0997}{102689,5} = 0,00002045.$$

Soit, par cheval et par heure, et pour 50 p. 100 de rendement :

$$0,00002045 \times 3600 \times 75 \times 2 = 11^k 043.$$

Le volume à inscrire en regard n'est pas, comme dans l'autre exemple, celui correspondant à ce poids d'eau vaporisé, mais celui du même volume *détendu*, lequel est véritablement celui que doit engendrer le piston. La détente étant ici 5, le volume engendré par le piston égale :

$$\frac{11,043}{2,0997} \times 5 = 26^{\text{m.c.}}290.$$

Tels sont les nombres correspondants à ce dernier exemple, et qui se trouvent effectivement portés dans la table, dont la construction entière repose sur le même principe.

EXEMPLES DE L'EMPLOI DE LA TABLE. — Cette table, dont toutes les valeurs ont été vérifiées avec le plus grand soin, a, pour la facilité du calcul des machines à vapeur, une importance qui n'échappera à personne, surtout après avoir pris connaissance des exemples que nous allons donner.

A part le but primordial de sa formation, qui était de rendre sensible la quantité de travail développée par la vapeur, ou mieux de permettre d'évaluer sûrement la quantité proportionnelle d'eau et de combustible suivant le mode d'emploi, l'adjonction d'une colonne, pour les volumes engendrés par le piston dans chaque cas proposé, rend possible la détermination des dimensions d'une machine à vapeur avec une facilité et une célérité qui n'est comparable avec aucune autre méthode; toutes les tables mécaniques ou physiques, à l'aide desquelles celle-ci a du reste été calculée, deviennent inutiles ainsi que les opérations longues et minutieuses qui en étaient les conséquences.

Un premier exemple suffira pour le prouver.

1ᵉʳ *Exemple*. — Déterminer les dimensions du cylindre d'une machine à double effet et à condensation qui doit correspondre aux données suivantes :

Puissance utile........................... 25 chevaux
Pression de la vapeur..................... 4 atmosphères
Nombre de coups doubles de piston par 1′.... 45
Détente pendant les 4/5 de la course.

La table indique, dans la deuxième série, pour l'admission 1/5, à 4 atmosphères et condensation, que le volume engendré dans une heure, par le piston, égale $26^{\text{m.c.}}290$, le rendement admis à 50 p. 100 de l'effet direct sur le piston.

Pour 25 chevaux, il sera :

$$26,290 \times 25 = 657^{\text{m.c.}}250.$$

La machine devant faire 45 tours à la minute, ce qui donne 90 cylindrées, le volume du cylindre est alors égal à :

$$\frac{657^{\text{m.c.}}250}{90 \times 60} = 0^{\text{m.c.}}1217.$$

La machine est ainsi complétement déterminée puisqu'il ne reste qu'à partager ce volume entre la course et la section du piston, opération qui dépend uniquement de données pour ainsi dire arbitraires. En effet, souvent un constructeur adopte d'avance une vitesse linéaire pour le piston ou le rapport entre le diamètre et la course : ce n'est de toute façon qu'un volume donné à produire, et ce qu'il faudrait faire, quelle que fût la méthode employée pour déterminer les dimensions du cylindre.

La table nous dit en même temps que la machine doit consommer 11 kilogrammes d'eau froide par force de cheval et par heure, soit en totalité :

$$11 \times 25 = 275 \text{ kilog. d'eau alimentaire.}$$

Il est important de faire remarquer de suite que le rendement admis, en dressant la table, ne trouble aucunement, pour en faire usage, s'il s'agissait d'une machine dont le rendement dût être différent.

Si, dans l'exemple proposé, la perfection du mécanisme permet au constructeur de compter, supposons-le, sur 0,65 au lieu de 0,50, il suffirait de multiplier les valeurs trouvées précédemment par le rapport direct de ces deux rendements.

Soit, pour le cylindre :

$$0,1217 \times \frac{0,50}{0,65} = 0^{\text{m.c.}} 09361,$$

et pour l'eau :

$$11^{\text{k}} \times \frac{0,50}{0,65} = 8,5, \text{ etc.}$$

Maintenant, pour résoudre le même problème sans cette table, voici les diverses opérations qu'il eût fallu faire.

Nous avons exposé (t. 1ᵉʳ, p. 333) une formule qui permet de trouver la puissance d'une machine dont les dimensions et les conditions de marche sont données. Pour faire l'opération inverse, c'est-à-dire pour trouver les dimensions, d'après la puissance et les conditions de marche, il faudrait procéder ainsi :

La formule originale étant :

$$T = 2\,(dtp - 10333\,Dp'),$$

dans laquelle on a vu que D représente le volume du cylindre et T la quantité de travail théorique en kilogrammètres correspondant à 1 coup double, pour le problème inverse, c'est D qu'il faut déterminer. Mais d, qui représente le volume de l'admission, serait également inconnu, s'il n'était justement une fraction de D égale au rapport des volumes de vapeur admis à pleine pression et après la détente, c'est-à-dire *au chiffre même de la détente*. Soit, par exemple, le degré de détente 1/5, ou à la détente dite 5 fois le volume admis, le rapport de D à d sera 5.

Désignant ce rapport par r, d est remplacé ainsi :

$$d = \frac{D}{r},$$

d'où la formule ci-dessus prendrait la forme suivante :

$$T = 2\left(\frac{D}{r}\,tp - 10333\,Dp'\right),$$

qui, par la méthode ordinaire de transformation, se modifie ainsi :

$$\frac{\mathrm{T}r}{2} = \mathrm{D}\ (tp - 10333\ p'r).$$

De cette dernière tirant directement la valeur de D, il vient :

$$\mathrm{D} = \frac{\mathrm{T}r}{2\ (tp - 10333\ p'r)}.$$

Pour résoudre à l'aide de cette formule le problème proposé, il faut déterminer d'abord la valeur de T, en tenant compte du rendement que nous avons supposé égal à 50 p. 100, ou moitié de l'effet théorique.

25 chevaux font, par coup double, d'après la vitesse de rotation, 45 tours, et ce rendement :

$$\frac{2 \times 25 \times 75 \times 60''}{95} = 5000\ \text{kilogrammètres}.$$

Introduisant enfin toutes les données numériques dans la formule, on trouve, pour le volume cherché, D, du cylindre :

$$\mathrm{D} = \frac{5000 \times 5}{2 \times (26964 \times 4 - 10333 \times 0,1 \times 5)} = 0^{\mathrm{m.c.}}1217.$$

Cette valeur est parfaitement identique à celle qui a été trouvée ci-dessus au moyen de la table, mais beaucoup plus facilement. Néanmoins la méthode par la formule n'est point négligeable et devient indispensable à défaut de la table.

On pourrait même reprocher à cette dernière de ne pas contenir des points de détente plus rapprochés, et que l'échelle de pression n'est pas graduée de 1/2 en 1/2 atmosphère. Cette objection serait fondée, et, si la place nous l'avait permis, nous aurions certainement donné à cette table une plus grande étendue, mais nous avons eu le soin de choisir les données les plus généralement usitées, et d'ailleurs il est remarquable qu'excepté dans les combinaisons qui s'éloignent absolument des conditions pratiques, telles que faible pression, grande détente et pas de condensation, deux valeurs consécutives varient assez peu pour qu'il soit facile d'évaluer celle qu'il faudrait intercaler.

2ᵉ *Exemple*. — Les dimensions et les conditions de marche d'une machine étant données, trouver sa puissance au moyen de la table.

Soient les données suivantes :

Volume engendré par le piston par coup simple .. = 0^{m.c.} 400
Nombre de tours de l'arbre par 1′............... = 30^{t.}
Pression initiale de la vapeur................... = 3^{at.}
Degré de l'admission à pleine vapeur........... = 1/4
Rendement admis du mécanisme................ = 55/00
Emploi d'une condensation.

En consultant la table, nous voyons que, dans les conditions proposées, la force d'un cheval-vapeur correspond à $31^{m.c.}200$ engendrés par le piston, dans une heure, avec le rendement 50 p. 100. Comme dans le problème le rendement est supposé 55 p. 100, ce volume doit être moindre et devient :

$$31^{m.c.}200 \times \frac{0,50}{0,55} = 28^m 363.$$

Suivant les données de l'exemple, le piston de la machine engendre, dans une heure, un volume égal à :

$$0,400 \times 30 \times 2 \times 60' = 1440 \text{ mètres cubes.}$$

D'où la puissance cherchée égale :

$$\frac{1440}{28^{m.c.}363} = 51 \text{ chevaux.}$$

Pour résoudre le même problème à l'aide de la méthode indiquée (t. 1er, p. 333), on aurait à faire les opérations suivantes :

$$T = 2 (0,100 \times 24658 \times 3 - 10333 \times 0,400 \times 0,1) = 13968 \text{ kilogrammètres.}$$

Soit, en chevaux-vapeur, par $1''$ et pour 55 p. 100 de rendement :

$$0,55 \times \frac{13968 \times 30}{60 \times 75} = 51 \text{ chevaux.}$$

EXAMEN RÉSUMÉ COMPARATIF DES DÉPENSES DE COMBUSTIBLE

En établissant la table précédente, nous avons en quelque sorte rapproché les conditions de marche qui devaient amener une diminution progressive de la dépense d'eau et de combustible, en admettant même les combinaisons non usitées en pratique; pour avoir une idée exacte des quantités de travail fournies par la vapeur, suivant son mode d'emploi, il était nécessaire de rechercher les effets combinés de toutes les détentes, avec ou sans condensation, avec l'échelle complète des pressions que l'on est susceptible d'employer en pratique.

Si nous examinions d'abord la série *sans condensation*, et que nous admettions 1 atmosphère avec pleine vapeur, il est évident que le travail y étant *nul* deviendrait négatif avec de la détente : les dépenses seraient donc infinies; c'est une condition absurde.

A 2 atmosphères, la dépense d'eau à pleine vapeur atteint 58 kilogr. par cheval, et descend à 42 avec la détente à moitié. Mais au-dessus de ce degré la dépense augmente de nouveau, et avec l'admission 1/5 elle atteint le chiffre énorme de 266 kil., soit environ 47 kil. de houille par force de cheval et par heure. En continuant, le travail deviendrait négatif et la dépense infinie.

C'est en raison de ce fait que les trois dernières colonnes de cette première série ne sont pas complètes. A la pression de 2 atmosphères, le travail devient négatif

au delà de la détente 1/5, et à 3 atmosphères le travail reste positif jusqu'à la détente 1/8 seulement.

Pour les pressions suivantes on fait cette même observation que l'emploi de la
détente donne un minimum de dépense au-dessus duquel une détente plus prolongée la ferait augmenter; évidemment ce minimum est d'autant plus éloigné
que la pression est plus élevée.

Fig. 172.

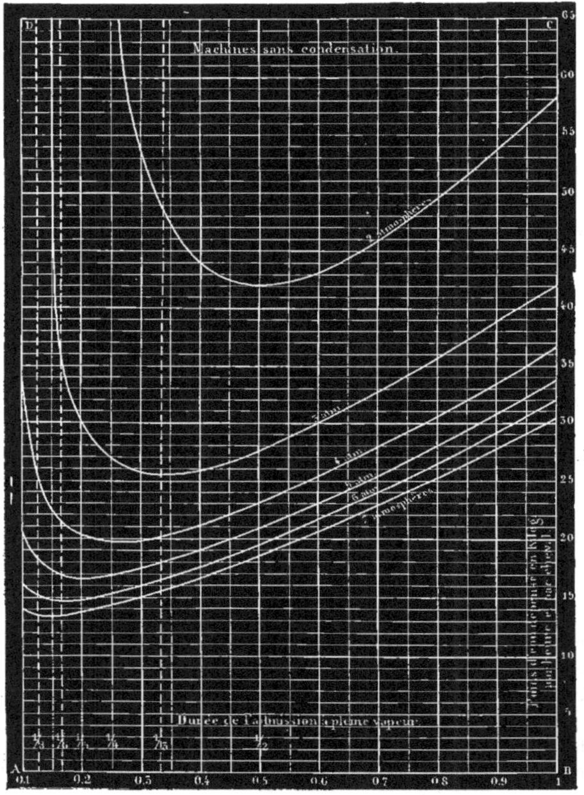

En abordant ensuite la série *avec condensation*, la dépense va sans cesse en diminuant dans les limites de détente indiquées; mais cette diminution est de moins en
moins intense, et atteindrait également son minimum si l'échelle des détentes était
prolongée davantage.

Comme dernière observation, nous ferons remarquer que la série la moins avantageuse *avec condensation* correspond à peu près à la plus avantageuse *sans condensation*.

Pour rendre plus sensible ce maximum de travail que peut produire la vapeur suivant sa pression et le degré de détente employé, nous avons relevé les chiffres des poids d'eau de la table précédente, de façon à obtenir les courbes qui sont représentées sur les deux tableaux fig. 172 et 173.

Dans ces deux tableaux, l'échelle AB correspond aux différents degrés d'admission depuis la pleine vapeur jusqu'à 1/10, et l'échelle BC exprime les dépenses d'eau en kilogrammes, par heure et par cheval, de 0 à 65 kil.

Six courbes, correspondant respectivement de 2 à 7 atmosphères de pression,

Fig. 173.

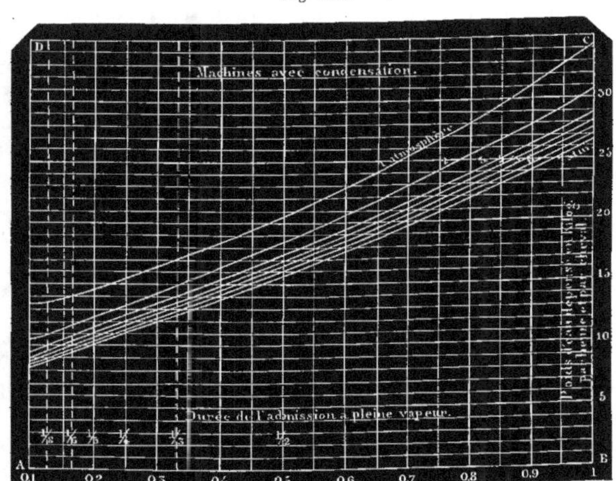

sont tracées sur le tableau (fig. 172), relatif aux machines *sans condensation*, en donnant pour valeurs à leurs ordonnées les quantités d'eau dépensées suivant chaque degré d'admission.

On voit clairement que chaque courbe se rapproche d'abord progressivement de la base du tableau pour s'en éloigner ensuite à partir d'un certain degré d'admission, lequel correspond au *maximum d'effet utile* pour cette pression et cette détente combinées, et change pour chaque pression.

Conformément à ce que la table a déjà montré, on voit que les courbes de pression de 2 et 3 atmosphères sortent du tracé avant d'avoir atteint le plus haut degré de détente.

Le deuxième tracé (fig. 173), correspondant à la série *avec condensation*, est d'une construction identique et renferme 7 courbes pour les pressions de 1 à 7 atmosphères.

La structure de ces courbes est extrêmement caractéristique, tant pour chacune d'elles que dans leur relation. Elles sont presque droites, ce qui indique que les dépenses suivent une progression régulière de dixième en dixième d'admission ; elles sont très-rapprochées les unes des autres, et, si nous en exceptons celles correspondant aux pressions 1 et 2 atmosphères, nous remarquons qu'au moyen d'une condensation *bien faite,* la dépense change relativement peu de 3 à 7 atmosphères pour un même degré d'admission.

Nous pensons que l'ensemble de cette étude relative à l'estimation *rationnelle* du travail de la vapeur est de nature à faire réfléchir sur l'efficacité d'une détente *par trop prolongée,* en rendant sensible la faible augmentation de travail, ou plutôt la faible économie réalisée, lorsqu'on atteint de certaines limites. Il est vrai qu'en supposant seulement le vide au condenseur de 1/10 d'atmosphère, comme nous l'avons dit, ce n'est pas le meilleur effet obtenu par quelques constructeurs qui, avec de grandes machines, ont réalisé le vide à moins de 1/20 d'atmosphère ; or, la contre-pression étant l'une des causes les plus sérieuses qui nuisent à l'effet d'une grande expansion, on conçoit que si l'on parvient à s'en débarrasser presque complétement, sans trop augmenter les dimensions de la pompe à air, il devient possible alors de mieux utiliser la détente. Mais un vide aussi avancé est en résumé une chose délicate, et que peu de chose peut altérer ; on fera donc bien de n'y compter qu'avec circonspection (1).

ESPACES PERDUS OU NUISIBLES

Une des causes les plus importantes à ajouter à celles qui faussent les résultats prévus pour la dépense de vapeur et de combustible, c'est ce que l'on appelle les *espaces perdus* ou *espaces nuisibles.*

Lorsqu'on dit le *volume engendré par le piston,* et que l'on base là-dessus la dépense de vapeur, on fait une erreur en ce sens que le piston ne pouvant être tout à fait en contact avec les fonds du cylindre à l'extrémité de sa course, il laisse un vide qui se remplit de vapeur, lequel s'ajoute nécessairement au volume réellement engendré et auquel il faut encore ajouter le canal d'arrivée qui est également plein de vapeur.

Il en résulte que, si la machine est sans détente, la vapeur remplissant les espaces

---

(1) Tout l'ensemble du travail qui précède venait d'être terminé lorsqu'en revoyant nos matériaux nous y avons retrouvé une étude semblable ; en principe, faite par M. Claudel, ancien élève de l'École de Châlons. M. Claudel, s'étant en effet inspiré des mêmes motifs, a calculé le travail de la vapeur à différentes pressions et détentes, ainsi que les dépenses d'eau et de combustible correspondantes ; mais il a pris pour base une même machine qui fonctionnerait dans ces diverses conditions et dont le piston engendrerait uniformément 1 mètre cube par minute. Les résultats en sont consignés dans plusieurs tables jointes à un article publié dans le vm^e vol. du *Génie industriel,* et tirés de l'*Annuaire, 1854, de la Société des anciens élèves des écoles d'arts et métiers.*

perdus sera renvoyée dans l'atmosphère ou au condenseur sans avoir produit d'effet, puisque le travail obtenu réellement ne peut dépendre que du volume engendré par le piston.

Si la machine marche avec détente, la vapeur des espèces nuisibles se détend en même temps que celle du cylindre, et le résultat final est que la détente s'est trouvée moins prolongée qu'on ne l'avait supposé : on a donc encore dépensé plus de vapeur que la réglementation de la machine ne le faisait admettre.

Comme extension de ce qui concerne le premier cas, celui d'une machine sans détente, supposons que l'on ait calculé l'effet théorique d'une machine d'après la pression de la vapeur et le volume engendré par le piston, et que l'on vienne ensuite éprouver la machine au moyen du frein; on en déduira un certain effet utile, peut-être élevé. Mais si l'on a en même temps mesuré l'eau dépensée et vaporisée (toute réserve faite quant à l'eau entraînée à l'état liquide) et que l'on détermine l'effet que l'on en devrait obtenir, on trouvera, en le comparant à ce qu'a donné le frein, un effet utile sensiblement inférieur; si la pression a été bien maintenue au même degré dans le cylindre que dans le générateur, la perte d'effet devra provenir, en grande partie, *des espaces nuisibles*.

On trouverait la même chose avec une machine à détente dont la puissance théorique aurait été calculée d'après le degré d'expansion estimé suivant la réglementation du tiroir.

Donc si un constructeur établissait une machine avec des espaces perdus considérables et que dans une expérience on ne se préoccupât pas de la dépense d'eau et de combustible, on pourrait, par un essai au frein, croire à un très-bon rendement, tandis qu'on n'aurait peut-être qu'une détestable machine.

Il faut donc s'occuper sérieusement des espaces nuisibles, et nous allons essayer d'estimer leur part d'influence dans des conditions déterminées.

ÉVALUATION DE L'INFLUENCE DES ESPACES NUISIBLES

Machines sans détente. — Avec les machines dans lesquelles la vapeur est dépensée à pleine pression, il est très-facile de se rendre compte approximativement de la part afférente aux espaces nuisibles; il suffit d'en évaluer le volume et de l'ajouter à celui qu'engendre le piston, pour obtenir celui de la vapeur dépensée en réalité.

Prenons pour exemple une machine de moyenne puissance dont le piston ait $0^m 300$ de diamètre, sur 0,600 de course. Le jeu à réserver entre les fonds et le piston, à chaque fin de course, n'est pas moindre, dans ces conditions, de 7 à 8 millimètres, ce qui donne au volume de cet espace perdu environ 1/80 de celui engendré par le piston par coup simple. D'autre part, les deux canaux de distribution ont généralement pour section minimum le 1/20 de celle du piston, et leur longueur peut être considérée, sans beaucoup d'erreur, comme moitié de celle du cylindre, ce qui fait que le volume de chacun d'eux est environ le 1/40, environ, de celui engendré par le piston, par coup simple.

On voit d'après cela que, tout en restant dans les conditions convenables de la pratique, la somme de ces deux espaces perdus n'est pas inférieure au 1/25, en nombre rond, du volume engendré par le piston. Pour des machines de très-grandes dimensions, comme l'espace libre aux extrémités n'augmente pas proportionnellement avec la longueur de la course, on peut admettre que ce volume devient inférieur, tandis qu'il augmente, par la même raison, pour les plus petites machines.

Par conséquent, en adoptant cette valeur moyenne, le volume ou le poids de vapeur dépensé pour chaque coup de piston serait les 26/25 de celui réellement utilisé; on déduira d'une expérience que la machine consomme 1/25 en plus qu'elle ne le devrait, en prenant pour base le volume engendré par le piston.

En résumé, pour les machines sans détente, mais très-bien construites et de moyenne puissance, il convient, en pratique, d'ajouter aux chiffres des tables précédentes, au moins le 1/25 de leur valeur, pour la dépense d'eau et de combustible, seulement pour la perte qui résulte des espaces nuisibles. Pour les machines de petites dimensions dont la course n'excède pas 0^{m}40, il faut augmenter les dépenses calculées au moins du 1/20 de leur valeur.

MACHINES A DÉTENTE. — Pour l'emploi de la détente, l'influence des espaces nuisibles se fait sentir beaucoup plus vivement, et cela d'autant mieux que l'admission est moins prolongée, puisqu'il peut arriver, par exemple, que le volume de vapeur qui remplit ces espaces soit presque moitié de celui engendré par le piston pendant l'admission à pleine vapeur.

Nous choisirons d'abord pour exemple le degré de détente 4/5, si usité en pratique, pour appliquer ensuite les mêmes raisonnements à celle plus rare 9/10.

Avec le même cylindre que ci-dessus, dont le volume des espaces nuisibles est le 1/25 de celui engendré par le piston, si l'admission cesse au cinquième de la course, il a été néanmoins introduit, dans le cylindre, en vapeur à pleine pression :

$$\frac{1}{5} + \frac{1}{25} = 0,24$$

du volume engendré par le piston, au lieu du 1/5 = 0,20, comme la détente est supposée réglée. Par conséquent, lorsque le piston aura terminé sa course, la vapeur aura subi l'augmentation de volume suivante :

$$\frac{1 + \frac{1}{25}}{0,24} = 4,33,$$

c'est-à-dire que le degré de détente réel auquel on a marché est environ 4 1/3, au lieu de 5.

Par conséquent, comptant seulement sur le travail de la vapeur détendue 4 fois, à cause de la légère différence entre le volume engendré par le piston et celui acquis par la vapeur à la fin de la détente (en raison de la vapeur détendue qui remplit les espaces perdus), nous disons que l'on recueillera sur l'arbre, à l'aide du frein, une quantité de travail proportionnelle à 24658 (§ 72, t. 1er), qui est le travail par atmosphère de 1 mètre cube de vapeur détendu 4 fois. Comme on a dû compter sur la détente 5, dont le travail proportionnel est 26964, mais que le volume prévu est à celui réellement dépensé dans le rapport de 1/5 à 1/4, l'effet utile rendu par le mécanisme de la machine éprouve l'augmentation *apparente* suivante :

$$\frac{24658 \times 0,25}{26964 \times 0,20} = 1,14.$$

Ainsi, si le mécanisme ne rend réellement que 50 p. 100 de l'effet développé sur le piston, on croit avoir obtenu :

$$0,5 \times 1,14 = 0,57.$$

Mais si l'on cherche en même temps à établir la comparaison avec la dépense de combustible, la vérité se fait jour. Voici ce que l'on trouve :

En consultant la table ci-dessus (p. 467), on voit que l'unité de puissance, avec 5 atmosphères, détente 1/5 et condensation, coûte 10^k7 d'eau, et une quantité proportionnelle en combustible ; avec la même pression et la détente 1/4 elle revient à 11^k7. Tenant compte alors de l'excès de vapeur dépensé, on a pour l'augmentation proportionnelle d'eau et de combustible :

$$\frac{11,7 \times 0,25}{10,7 \times 0,20} = 1,367.$$

Mais le travail développé est aussi plus considérable qu'on ne l'avait calculé et augmenté dans le rapport ci-dessus 1,14 ; par conséquent, l'accroissement réel de vapeur et de combustible dépensés sans profit, par le fait des espaces perdus, a pour valeur proportionnelle :

$$\frac{1,367}{1,14} = 1,2.$$

Autrement dit, la machine, au lieu de dépenser, comme c'était le cas dans les conditions de l'exemple, 1^k8 de houille par force de cheval et par heure, dépense en réalité

$$1^k8 \times 1,2 = 2^k16.$$

La dépense serait augmentée de 1/5.

Tout ceci démontre jusqu'à l'évidence les soins à apporter dans la construction d'une machine pour réaliser l'économie du combustible, et ceux non moins indispensables qu'il faudrait prendre en expérimentant pour obtenir des résultats vrais et sérieux.

Les mêmes raisonnements, appliqués à la détente 1/10, établiront clairement combien l'influence des espaces nuisibles augmente avec l'étendue de la détente.

En conservant les mêmes données que tout à l'heure, pour la détente 1/10, le degré réel de la détente est ramené, par les espaces perdus, à :

$$\frac{1 + \frac{1}{25}}{\frac{1}{10} + \frac{1}{25}} = 7,4.$$

Soit une détente à environ 7 fois le volume admis à pleine vapeur.

Le travail de 1 mètre cube de vapeur, dans cette condition, est proportionnel à 30441, et celui de la détente à 10 fois le volume est 34127 (§ 72, t. 1er). Opérant comme ci-dessus pour obtenir l'augmentation *apparente* d'effet utile, on trouve :

$$\frac{30441 \times 0,14}{34127 \times 0,10} = 1,25.$$

D'après la même table (p. 467), la dépense proportionnelle pour la détente 1/10 (mêmes conditions que ci-dessus) est 8k6, et celle de la détente 1/7 serait environ 9k6. L'augmentation du chiffre de la dépense est alors, en tenant toujours compte néanmoins de l'excès de travail développé, correspondant à celui de vapeur dépensé dans le rapport de 1/7 à 1/10 :

$$\frac{9,6 \times \dfrac{1}{7}}{1,25 \times 8,6 \times \dfrac{1}{10}} = 1,25.$$

Ce qui revient à dire qu'au lieu de dépenser par exemple 1k43 de houille par force de cheval et par heure, ainsi qu'on le trouverait par la table, pour la détente 1/10, 5 atmosphères et 50 p. 100 de rendement par le mécanisme, on dépenserait, par le fait des espaces nuisibles :

$$1^k43 \times 1,25 = 1^k79.$$

La dépense d'eau et de combustible serait élevée d'un quart.

Machines a deux cylindres. — Dans les machines de ce système, les espaces perdus les plus nuisibles sont situés entre le petit et le grand cylindre; ils se remplissent d'une certaine quantité de vapeur qui s'ajoute ensuite avec celle qui remplit le petit cylindre et se détend avec elle en passant du petit au grand.

C'est en résumé le même effet que pour les machines simples à détente; mais si nous avons pu négliger, sans erreur appréciable, le volume des espaces nuisibles comme augmentation sans profit de celui de la vapeur à la fin de la détente, il n'en est pas de même pour une machine à deux cylindres dans laquelle cet espace perdu est généralement beaucoup plus considérable.

En effet, lorsque la communication est établie entre les deux cylindres, la vapeur remplit leurs canaux, plus la boîte de distribution du grand cylindre, et, bien que cette vapeur ne soit pas complétement perdue, puisque celle qui reste dans le canal du petit cylindre et dans la boîte du grand tiroir s'ajoute à chaque nouveau coup, à celle qui vient du générateur, elle ne s'est pas moins détendue dans une capacité supérieure au volume engendré par le piston, lequel n'en a reçu, par conséquent, qu'une partie plus ou moins grande du travail développé.

Il serait difficile d'établir sur ce phénomène une hypothèse numérique assez simple pour être pratiquement exacte, ou pour donner quelque confiance dans son résultat. Mais l'effet matériel n'en est pas moins évident pour cela. Il faut réduire autant que possible le volume et le développement des conduits qui communiquent d'un cylindre à l'autre, autant pour diminuer les surfaces réfrigérantes que pour la détente inutile qu'ils produisent. Pour bien faire, il faudrait que leur volume total ne dépassât pas 1/20 à 1/15 de celui engendré par le grand piston; on se rapprocherait alors des conditions correspondant à une machine à un seul cylindre, bien construite.

Nous avons montré comment M. Farcot s'est approché du but dans la construction des machines de la filature d'Ourscamps (fig. 3 à 9, pl. 31).

La machine de MM. Boudier frères (pl. 33) représente la même intention par le renversement de la marche des pistons, ce qui rend les passages directs en supprimant les longs canaux.

DÉPRESSION DE LA VAPEUR DANS LE CYLINDRE

En nous livrant à toutes les études qui précèdent, relatives à la dépense de vapeur, et, ce qui revient au même, à la consommation de combustible, nous avons pris pour base : *que la pression est la même dans le cylindre que dans le générateur.*

Or, cette hypothèse non réalisée, le chiffre de la dépense est susceptible d'éprouver des variations très-considérables, suivant le système de la machine et le mode d'emploi de la vapeur; les altérations en sont si diverses et quelquefois si grandes qu'il ne serait possible d'établir aucune base si l'on voulait tenir compte *à priori* de ce fait, d'ailleurs anormal.

Pour donner une idée de ce que peut produire, sur la dépense, une perte de pression de la chaudière au cylindre, essayons d'abord des exemples.

1er EXEMPLE. — Trouver la dépense d'eau et de combustible par cheval et par heure avec une machine sans détente ni condensation, en supposant que la vapeur prise à 2 atmosphères dans la chaudière se trouve réduite à 1[at]8, en agissant sur le piston de la machine, par suite de refroidissement dans les conduits ou d'une détente résultant de l'insuffisance des passages.

Opérant comme on l'a fait pour la formation de la table (p. 467), et admettant le rendement à 50/00, on arrive à ce résultat :

$$\frac{1^k 1147 \times 3600 \times 75}{0,5 \, (1^{at} 3 - 1) \, 10333} = 73 \text{ kilogrammes}$$

d'eau consommée par force de cheval et par heure, tandis que, pour les mêmes données, la table donne 58, mais lorsque la pression se transmet intégralement de la chaudière au piston.

La dépense de combustible suivant la même augmentation proportionnelle deviendrait, par exemple, 12 kilog. au lieu de 9,6.

Ceci démontre que si la contre-pression et la pression de la vapeur ont un faible rapport entre elles, une altération légère dans la pression active a une très-grande influence sur la dépense d'eau et de combustible.

2e Exemple. Faire la même opération que ci-dessus à l'égard d'une machine marchant avec détente 1/5 et condensation, et en admettant que de 4 atmosphères la
pression soit encore réduite de 1/10 en agissant sur le piston, c'est-à-dire qu'elle
soit seulement de 3^{at},6. (Nous supposons la même diminution relative, car les
pertes par les fuites, le refroidissement et les frottements dans les conduits sont
évidemment en raison directe de la pression.)

Dans ces conditions, on trouve :

$$\frac{2,0997 \times 3600 \times 75}{0,5\,(3,6 \times 26964 - 10333 \times 0,1 \times 5)} = 12^{k}3.$$

La table donne 11 kilogrammes dans les mêmes circonstances, mais la vapeur
n'ayant rien perdu de sa pression.

Ceci démontre encore une fois l'avantage d'une pression élevée unie à la condensation, puisque 4/10 d'atmosphère de perdus ne produisent que cette légère
augmentation de la consommation, tandis que dans notre premier exemple (qui
n'est à la vérité qu'une condition inusitée, mais choisie à dessein pour rendre le
fait sensible), cette augmentation s'est trouvée égale à un quart en plus de la dépense
normale pour une dépression de 2/10 d'atmosphère seulement.

Quant aux causes mêmes de la dépression que la vapeur peut subir en effectuant
son parcours du générateur au cylindre, on sait qu'elles peuvent être de diverses
natures, telles que le refroidissement extérieur des conduits et les pertes de force
vive par les étranglements, les coudes brusques et les frottements trop considérables
dont l'excès peut provenir de la trop grande vitesse avec laquelle la vapeur circule
lorsqu'on ne lui réserve que des passages insuffisants. Aussi les constructeurs
habiles prennent-ils les soins nécessaires pour annuler ou amoindrir le plus possible ces causes perturbatrices, en disposant convenablement les canaux que la
vapeur doit parcourir, et en les munissant à l'extérieur d'enveloppes contre le
refroidissement. Cette dernière précaution est même des plus importantes, et,
nonobstant les plus grands soins, on est surpris, lorsqu'on examine les fonctions
d'une machine à vapeur, des quantités considérables de vapeur condensée que l'on
recueille en divers points de la machine où il ne devrait s'y trouver que de la vapeur,
sans ces refroidissements trop difficiles à éviter.

On voit plus loin les proportions et dispositions à donner aux orifices et canaux
distributeurs, d'après les bases adoptées en pratique.

CONCLUSION SUR LES DÉPENSES DE VAPEUR ET DE COMBUSTIBLE.

Les études développées dans ce chapitre conduisent à la détermination exacte de
ce que l'on doit entendre par *la valeur du travail mécanique développé par la vapeur*,
ou *le prix de l'unité de puissance* obtenue au moyen de cet agent physique. Elles conduisent également à la connaissance parfaite des dimensions attribuables au récepteur de la puissance.

De ce qu'il est démontré que le combustible peut être employé quelquefois très-économiquement, tandis que certains modes d'emploi ne procurent qu'un faible effet utile, il n'en faudrait pas conclure nécessairement que le mode le plus avantageux doit être exclusivement adopté, car pour réaliser les meilleures conditions il faut donner au récepteur des dispositions qui ne sont pas toujours applicables.

Par exemple, peut-on établir une machine à condensation là où l'on n'a point d'eau froide disponible en quantité suffisante? Doit-on compliquer la machine par une distribution à détente lorsque cette machine n'est pas placée de façon à être bien soignée et bien entretenue?

Il existe certainement des positions où la simplicité du mécanisme passe avant l'économie de combustible, et où l'on rendrait un mauvais service à l'usinier en lui donnant un moteur fait pour être économique, mais délicat et compliqué.

D'autres fois, l'économie de combustible est au contraire primordiale, comme pour les navires à vapeur à l'égard desquels on se préoccupe généralement moins du prix du combustible que d'être sûr de n'en pas manquer ou de la place qu'il faut lui réserver.

Chaque application différente comporte donc avec elle le parti à prendre entre la simplicité du moteur et son système plus ou moins économique, d'où le prix, exprimé en poids de combustible, de l'unité de puissance de la vapeur d'eau varie forcément. Il change d'abord, toutes choses égales d'ailleurs, avec les dimensions générales de la machine; il est modifié suivant les conditions de marche, etc.

Quant à sa valeur vénale réelle, elle dépend encore de la localité. Quelquefois le combustible est en quelque sorte gratuit et surabondant, comme dans certaines usines où l'on brûle des détritus ou des issues de fabrication autrement sans emploi : c'est le cas de placer la condition de simplicité de la machine en première ligne.

Pour terminer ce sujet par quelques chiffres qui puissent servir de base, nous dirons un mot d'une estimation faite, il y a plusieurs années, par le savant Péclet.

Ce physicien, tenant compte du pouvoir calorifique des différents combustibles et considérant le prix moyen auxquels ils reviennent à Paris, arrivait aux conclusions suivantes :

1000 unités de chaleur ou calories coûtent :

Avec la houille	0f 0072
— le coke	0 0097
— le bois	0 0170
— le charbon de bois	0 0260

Or, nous avons trouvé (p. 464) qu'avec une machine sans détente ni condensation, marchant avec de la vapeur à 5 atmosphères, 1 kilogrammètre coûte pratiquement, mais dans de bonnes conditions, 0,09 de calorie. Admettant 0,1, ce qui se rapproche davantage de la réalité, nous trouvons pour 1 cheval et par heure :

$$0,1 \times 3600 \times 75 = 27000 \text{ calories.}$$

Par conséquent, le prix de la force de cheval à Paris, dans les conditions de marche proposées et avec les combustibles ci-dessus, sera par heure :

$$\text{Avec la houille} \dots \dots \dots \quad 0^f0072 \times \frac{27000}{1000} = 0^f1944$$

$$- \text{ le coke} \dots \dots \dots \quad 0^f0097 \times \frac{27000}{1000} = 0^f2619$$

$$- \text{ le bois} \dots \dots \dots \quad 0^f0170 \times \frac{27000}{1000} = 0^f459$$

$$- \text{ le charbon de bois} \dots \dots \quad 0^f\ 260 \times \frac{27000}{1000} = 0^f702.$$

Ainsi pour Paris, c'est la houille le combustible le moins cher, lorsqu'il faut l'acheter exprès. Aujourd'hui surtout l'avantage serait encore plus marqué, car Péclet supposait la houille à environ 50 francs les 1000 kilog., qui valent actuellement un peu moins. La valeur du bois s'est au contraire élevée depuis.

Comme l'exemple indiqué ci-dessus correspond assez sensiblement aux conditions moyennes d'économie, il sera facile d'apprécier le prix de l'unité de puissance qui peut, en général, aller du double à la moitié des chiffres ci-dessus.

Note. — Comme il a été proposé de chauffer les générateurs au moyen du gaz d'éclairage, qui se vend actuellement à Paris 30 centimes le mètre cube, il est intéressant de rechercher le prix de revient de la puissance d'un cheval dans ces conditions.

La table relative aux puissances calorifiques (t. 1er, p. 50) indique que 1 mètre cube de gaz hydrogène bicarboné développe, en brûlant, 15117 unités de chaleur. Opérant comme dans les exemples précédents, on trouve :

$$0^f30 \times \frac{27000}{15117} = 0^f535 \text{ par cheval et par heure.}$$

Par conséquent ce combustible serait presque trois fois aussi cher que la houille, même en admettant une égale utilisation économique. C'est un fait dont la preuve est établie par les résultats d'expérience rapportés ci-dessus, relativement à la machine Lenoir, bien que le gaz y intervienne, non pas indirectement comme moyen de chauffage, mais par action chimique immédiate.

FIN DU CHAPITRE PREMIER

CHAPITRE II

PROPORTIONS GÉNÉRALES DES CYLINDRES, DES ORIFICES ET CONDUITS DISTRIBUTEURS

PROPORTIONS DES CYLINDRES

Le chapitre précédent renferme tous les éléments nécessaires maintenant pour déterminer, pour ainsi dire sans calculs, les dimensions des cylindres moteurs, d'après le système de la machine et la vitesse qu'il convient de lui donner. Les dimensions des orifices et des conduits de distribution sont dans le même cas, car elles dépendent, en principe, des volumes à écouler dans un temps déterminé.

En général, les dimensions du cylindre consistent dans le volume que doit engendrer le piston par coup simple, volume qui se répartit naturellement suivant la course et la superficie. On détermine souvent ce partage en fixant d'avance la vitesse linéaire du piston, laquelle varie nécessairement avec la limite de puissance de la machine et la vitesse rotative; mais en prenant pour base le volume engendré et la vitesse de rotation, celle du piston n'est plus qu'une déduction simple et qu'il est inutile de faire entrer dans les termes du calcul, car la pratique enseigne que l'effet utile varie peu pour des degrés de vitesse très-différents et même bien en dehors des conditions exigées par les applications.

Ainsi, que l'on prenne depuis les machines de faible puissance et à petite vitesse jusqu'à celles très-puissantes et à grande vitesse, les locomotives, par exemple, et l'on trouvera des vitesses de piston variant de 0^m50 à 2 et 3 mètres par $1''$, limites très-larges et qui sont loin d'atteindre celles qui seraient impraticables.

Cependant la vitesse du piston mérite d'être prise en considération lorsqu'on fait détendre la vapeur; elle est également limitée à l'égard de la distribution, qui ne s'effectue pas aussi régulièrement à toutes les vitesses, et au point de vue de la conservation du mécanisme, etc. Mais, nous le répétons, ce sont là des motifs qui n'entrent pas dans la détermination pure et simple des dimensions du cylindre, et qui seront examinés en leur lieu.

Nous avons à déterminer les dimensions du cylindre pour les systèmes suivants:

1° Machines sans détente ni condensation;

2° Machines à détente sans condensation;

3° Machines avec détente et condensation;

4° Machines à deux cylindres de Woolf;

5° Machines à simple effet.

(Nous omettons à dessein les machines à condensation *sans détente,* comme n'étant pas usuellement pratiques).

Cependant, excepté pour les machines à deux cylindres, la méthode est la même pour trouver les dimensions du diamètre et de la course du piston : nous ne ferons alors qu'un seul article pour toutes les machines qui n'ont qu'un cylindre.

DIAMÈTRE ET COURSE DU PISTON DES MACHINES A UN SEUL CYLINDRE

Prenant pour base la table du chapitre précédent, la détermination des dimensions du cylindre d'une machine à vapeur à double effet, avec ou sans détente, et avec ou sans condensation, revient à la règle suivante :

Pour trouver le volume théorique du cylindre, c'est-à-dire celui engendré par le piston et par coup simple, *prenez le nombre de la table qui exprime le volume engendré par cheval et par heure, suivant le mode d'emploi de la vapeur; multipliez ce nombre par la puissance nominale exprimée en chevaux, et par le coefficient 0,5 attribué, dans la table, au rendement du mécanisme; divisez ensuite le produit par le double du nombre de tours que la machine doit faire dans une heure et par le coefficient de rendement attribué au mécanisme de la machine à construire; le quotient sera le volume cherché.*

Cette règle est exprimée par la formule suivante :

$$D = \frac{N\,n}{120\,m} \times \frac{0,5}{r}.$$

Dans laquelle on représente par :

n,   le nombre donné par la table;

N,   la puissance nominale en chevaux vapeur;

$120\,m$, le double du nombre de coups doubles du piston par heure, m désignant le nombre des tours de l'arbre à manivelle par minute;

D,   le volume cherché, engendré par le piston par coup simple et exprimé en mètres cubes;

r,   le coefficient de rendement du mécanisme.

PREMIER EXEMPLE. — Trouver le volume engendré par le piston, par coup simple, pour une machine, sans détente ni condensation, à établir dans les conditions suivantes :

     Puissance nominale...................... $N = 15$ chevaux.

     Nombre de tours par minute.............. $m = 50$ tours.

     Pression absolue de la vapeur........... 5 atmosphères.

     Rendement du mécanisme.................. $r = 0,5$

Solution : La table indique que, suivant ces données, n a pour valeur $13^{m.c.}\,064$, ce qui produit pour le volume cherché :

$$D = \frac{15 \times 13,064 \times 0,5}{120 \times 50 \times 0,5} = 0^{m.c.}\,03266, = 32660 \text{ cent. cub.}$$

c'est-à-dire que le piston doit engendrer 32660 centimètres cubes par coup simple.

Pour en déduire ensuite la course et le diamètre, il faut se donner soit la vitesse linéaire du piston, soit le rapport entre les deux dimensions : ce dernier procédé est le plus simple et le plus pratique. Supposons le rapport 2 : 1 qui se rapproche assez de ce qui se fait habituellement, et nous ferons l'opération suivante :

$$D = 2\,x\,\frac{\pi x^2}{4} = x^3\,\frac{2\,\pi}{4} = 1,5708\,x^3.$$

Introduisant la valeur de D, trouvée ci-dessus, et tirant celle de x, il vient :

$$x = \sqrt[3]{\frac{32660}{1,5708}} = 27^c5.$$

Le diamètre cherché égale ainsi 27,5 centimètres, et la course, qui est le double, 55 centimètres.

Des raisons toutes fortuites peuvent seules conduire à choisir un autre rapport, et à faire la machine *plus longue ou plus courte;* il serait bien facile, du reste, d'opérer le changement, possédant déjà ce point de départ. Généralement on diminuera plutôt la course, en augmentant le diamètre que de faire le contraire, car on réduit, dans un même rapport, la longueur et le poids des bâtis, de la bielle et de la tige du piston, ainsi que l'espace total occupé par la machine.

Dans les conditions ci-dessus le piston aurait pour vitesse linéaire moyenne

$$\frac{0,55 \times 120}{60} = 1^m100 \text{ par } 1''.$$

DEUXIÈME EXEMPLE. — Trouver les dimensions du cylindre d'une machine à double effet, à détente et condensation, dans les conditions suivantes :

Puissance nominale........................... $N = 100$ chev.
Nombre de tours par minute.................. $m = 20$
Pression de la vapeur........................ $= 4$ atm.
Admission à pleine vapeur................... $= 1/10$
Rendement du mécanisme.................... $r = 0,8$

Solution : La table donne pour le volume de n, dans de telles conditions, $42^{m.c.}789$; le volume D cherché égale d'après cela :

$$D = \frac{100 \times 42,789 \times 0,5}{120 \times 20 \times 0,8} = 1^{m.c.}114.$$

Admettons encore que le diamètre doive être la moitié de la course, et nous trouvons, comme dans l'exemple précédent :

Diamètre du piston $\quad = \sqrt[3]{\dfrac{1,114}{1,5708}} = 0^m892.$

Course du piston $\quad = 0,892 \times 2 = 1^m784.$

L'emploi de la table à la détermination du cylindre serait exactement le même dans tous les cas proposés, par conséquent il n'est pas nécessaire d'en multiplier davantage les exemples.

Une simple remarque peut être utile à l'égard des machines à simple effet; c'est que, pour ce cas particulier, très-rare d'ailleurs, le volume trouvé par la méthode précédente devrait être *doublé,* puisque le piston ne développe du travail que pendant la moitié du chemin qu'il parcourt, d'où le volume total qu'il engendre est *double* de celui qui correspond au travail moteur.

TABLES DES DIMENSIONS DES CYLINDRES. — Des tables qui donneraient les dimensions des cylindres dans des limites de puissance très-étendues et pour toutes les combinaisons de pression, détentes et vitesses, acquerraient elles-mêmes une étendue que nous ne pouvons songer à leur donner ici. Cependant, tout en restant dans les limites dont nous pouvons disposer à cet égard, nous sommes parvenu à en établir deux, pour les machines simples, qui permettent de résoudre très-promptement ce problème dans le plus grand nombre des cas qui se présentent en pratique.

Ces deux tables renferment une série de cylindres, pour chacun desquels nous avons calculé le travail susceptible d'être développé en prenant des pressions de 4 à 6 atmosphères, et de la pleine pression à la détente 10 fois, avec et sans condensation. Ce travail, pour pouvoir l'exprimer en chevaux, correspond à une vitesse de 10 tours par minute; il est calculé avec un coefficient de rendement qui varie, des plus petits cylindres aux plus grands, de 0,50 à 0,75 de l'effet utile direct sur le piston.

La série de cylindres comprend des diamètres qui varient de 0^m10 à 2 mètres, et dont les courses correspondantes sont fixées au moyen d'un rapport qui lui-même varie successivement des 100/75 aux 100/60 du diamètre; ainsi le plus petit diamètre, de 100 millimètres, correspond à une course de :

$$\frac{100}{0,75} = 133,3 \text{ (soit 134 en nombre rond)},$$

et le plus grand, de 2 mètres, à une course de :

$$\frac{2^m 000}{0,6} = 3^m 333 \text{ (soit } 3^m 35\text{)}.$$

Le diamètre et la course sont inscrits dans les deux premières colonnes, et la troisième indique le volume correspondant.

Nous avons indiqué précédemment les motifs qui conduisent à proportionner le diamètre et la course du piston, sans qu'il y ait pourtant là rien d'absolu. Mais si l'on examine la structure d'un très-petit cylindre comparée à celle d'un très-grand, on verra qu'en raison de l'épaisseur du piston, du jeu aux extrémités et de la pénétration des couvercles, la course du piston sera relativement plus faible pour les plus petits cylindres, pour ne pas en allonger démesurément la longueur générale.

PUISSANCES EN CHEVAUX

DÉVELOPPÉES PAR DES CYLINDRES A VAPEUR DE DIFFÉRENTES DIMENSIONS

Et pour 10 coups doubles de piston par minute.

1re TABLE. — MACHINES SANS CONDENSATION

CYLINDRE.			5 ATMOSPHÈRES AVEC ADMISSION A PLEINE VAPEUR PENDANT UNE FRACTION DE LA COURSE DU PISTON ÉGALE A :				
Diamètre.	Course.	Volume.	1/1	1/2	1/3	1/4	1/5
mètres.	mètres.	mètres cub.	chevaux.	chevaux.	chevaux.	chevaux.	chevaux.
0,100	0,134	0,001052	0,097	0,078	0,060	0,048	0,039
0,125	0,166	0,002037	0,187	0,151	0,117	0,092	0,075
0,150	0,200	0,003534	0,325	0,262	0,203	0,161	0,131
0,175	0,234	0,005623	0,517	0,418	0,323	0,256	0,208
0,200	0,270	0,008482	0,779	0,630	0,486	0,385	0,313
0,250	0,360	0,017671	1,918	1,574	1,216	0,964	0,784
0,300	0,430	0,030294	3,350	2,708	2,092	1,658	1,318
0,350	0,500	0,048105	5,302	4,286	3,311	2,624	2,133
0,400	0,570	0,071622	7,895	6,381	4,930	3,907	3,177
0,450	0,640	0,104787	11,220	9,068	7,006	5,552	4,514
0,500	0,830	0,162970	20,957	16,939	13,086	10,371	8,432
0,600	1,000	0,282743	36,360	29,388	22,704	17,993	14,629
0,700	1,170	0,450268	57,903	46,801	36,156	28,653	23,298
0,800	1,340	0,673557	86,618	70,010	54,083	42,863	34,851
0,900	1,500	0,954258	122,745	99,187	76,625	60,725	49,375
1,0 0	1,700	1,335176	171,700	138,780	107,212	84,966	69,078

CYLINDRE.			6 ATMOSPHÈRES.				
mètres.	mètres.	mètres cub.	chevaux.	chevaux.	chevaux.	chevaux.	chevaux.
0,100	0,134	0,001052	0,120	0,099	0,077	0,062	0,031
0,125	0,166	0,002037	0,232	0,191	0,149	0,121	0,100
0,150	0,200	0,003534	0,403	0,331	0,259	0,209	0,173
0,175	0,234	0,005625	0,642	0,527	0,413	0,333	0,275
0,200	0,270	0,008482	1,002	0,795	0,623	0,502	0,115
0,250	0,360	0,017671	2,419	1,986	1,557	1,256	1,038
0,300	0,430	0,030394	4,161	3,417	2,678	2,160	1,785
0,350	0,500	0,048105	6,585	5,408	4,238	3,419	2,825
0,400	0,570	0,071625	9,805	8,060	6,311	5,091	4,207
0,450	0,640	0,104787	13,934	11,443	8,478	7,235	5,978
0,500	0,830	0,162970	26,028	21,375	16,752	13,514	11,166
0,600	1,000	0,282743	45,157	37,084	29,063	23,447	19,373
0,7. 0	1,170	0,450268	71,913	59,056	46,283	37,339	30,831
0,800	1,340	0 673557	107,574	88,342	69,235	55,855	46,151
0,900	1,500	0,954258	152,405	125,158	98,088	79,133	65,384
1,000	1,700	1,335176	213,245	175,419	137,243	110,721	91,484

PUISSANCES EN CHEVAUX

DÉVELOPPÉES PAR DES CYLINDRES A VAPEUR DE DIFFÉRENTES DIMENSIONS

Et pour 10 coups doubles de piston par minute.

2ᵐᵉ TABLE. — MACHINES AVEC CONDENSATION

CYLINDRE.			4 ATMOSPHÈRES AVEC ADMISSION A PLEINE VAPEUR PENDANT UNE FRACTION DE LA COURSE DU PISTON ÉGALE A :					
Diamètre.	Course.	Volume.	1/1	1/2	1/3	1/4	1/5	1/10
mètres.	mètres.	mètres cub.	chevaux.	chevaux.	chevaux.	chevaux.	chevaux.	chevaux.
0,250	0,360	0,017671	1,889	1,600	1,314	1,113	0,968	0,595
0,300	0,430	0,030394	3,266	2,752	2,260	1,915	1,665	1,023
0,350	0,500	0,048105	5,170	4,356	3,577	3,031	2,635	1,619
0,400	0,570	0,071628	7,698	6,487	5,326	4,512	3,923	2,410
0,450	0,640	0,101787	10,939	9,248	7,568	6,413	5,575	3,425
0,500	0,830	0,162970	20,433	17,248	14,137	11,978	10,414	6,398
0,600	1,000	0,282743	35,451	29,873	24,527	20,782	18,063	11,101
0,700	1,170	0,450268	56,456	47,572	39,059	33,095	28,773	17,679
0,800	1,340	0,673557	84,452	71,161	58,428	49,507	43,042	26,445
0,900	1,500	0,954258	119,647	100,821	82,777	70,138	61,000	37,466
1,000	1,700	1,335176	167,408	141,066	115,820	98,136	85,321	52,422
1,200	2,000	2,261946	303,866	256,033	210,229	178,129	154,869	95,153
1,400	2,350	3,617544	485,975	409,507	336,220	284,883	247,683	152,179
1,600	2,700	5,428672	729,279	614,528	504,549	427,510	371,685	228,367
1,800	3,000	7,634070	1025,549	864,480	709,523	601,187	522,683	321,141
2,000	3,350	10,524335	1413,822	1191,359	978,148	828,796	720,571	442,726

CYLINDRE.			5 ATMOSPHÈRES.					
mètres.	mètres.	mètres cub.	chevaux.	chevaux.	chevaux.	chevaux.	chevaux.	chevaux.
0,250	0,360	0,017671	2,384	2,024	1,654	1,404	1,222	0,754
0,300	0,430	0,030391	4,104	3,482	2,846	2,414	2,102	1,297
0,350	0,500	0,048105	6,491	5,510	4,504	3,821	3,326	2,052
0,400	0,570	0,071628	9,665	8,205	6,706	5,690	4,953	3,056
0,450	0,640	0,101787	13,734	11,660	9,530	8,086	7,039	4,343
0,500	0,830	0,162970	25,633	21,779	17,802	15,104	13,148	8,112
0,600	1,000	0,282743	44,510	37,786	30,885	26,204	22,811	14,074
0,700	1,170	0,450268	70,882	60,174	49,484	41,730	36,326	22,313
0,800	1,340	0,673557	106,032	90,015	73,574	62,425	54,340	33,528
0,900	1,500	0,954258	150,220	127,528	104,236	88,129	76,986	47,301
1,000	1,700	1,335176	210,185	178,434	145,845	123,743	107,717	66,162
1,200	2,000	2,261946	384,513	323,880	261,727	224,610	195,520	120,637
1,400	2,350	3,617544	610,155	517,981	423,380	359,220	312,696	192,936
1,600	2,700	5,428672	915,630	777,314	635,845	339,064	469,247	289,529
1,800	3,000	7,634070	1287,605	1093,098	893,434	758,059	659,879	407,150
2,000	3,350	10,524335	1775,094	1506,915	1231,717	1045,060	909,740	561,298

Emploi des tables précédentes. — Rien n'est plus aisé, à l'aide de ces tables, que d'estimer la puissance à laquelle doit correspondre une machine fonctionnant dans des conditions données, on, réciproquement, de trouver les dimensions du cylindre d'une machine devant fournir une puissance proposée.

Supposons, par exemple, qu'il s'agisse d'évaluer le travail que peut fournir une machine à condensation, avec de la vapeur à 4 atmosphères, détente 1/5, faisant 40 tours par minute, et dont le piston a 45 centimètres de diamètre et 64 de course.

La deuxième table indique, en regard du cylindre ayant ces dimensions et dans la colonne de l'admission 1/5 avec 4 atm., 5ch· 575 pour 10 tours ; on aura donc pour 40 :

$$5,575 \times 4 = 22,300 \text{ chevaux.}$$

Cette puissance de 22 chevaux, environ, est véritablement celle que la machine proposée doit fournir, si elle fonctionne convenablement.

Soit, maintenant, le problème inverse, consistant à trouver les dimensions du cylindre d'une machine à condensation, dans les conditions suivantes :

Puissance utile................................ 55 chevaux.
Vitesse de rotation par minute................. 25 tours.
Pression absolue de la vapeur.................. 5 atmosph.
Durée de l'admission à pleine vapeur........... 1/10

Comme la table est faite, pour 10 tours, on devra réduire la puissance proposée dans le rapport de 25 à 10, ce qui donne :

$$55 \times \frac{10}{25} = 22 \text{ chevaux.}$$

Cherchant alors ce chiffre dans la série de la détente 1/10, avec la pression 5 atmosphères, on trouve 22,413, pour le plus approché, lequel correspond à un cylindre de 0m 700 de diamètre et 1m 170 de course.

Ces tables permettraient encore de faire très-facilement un autre genre d'appréciation qui se présente très-fréquemment : c'est de déterminer les variations de puissance qui résultent d'un changement de détente avec une même machine dont les autres conditions de marche restent néanmoins fixes. Si, par exemple, nous choisissons dans sa deuxième table, et dans la série 4 atm., le cylindre de 0,600 de diamètre et 1 mèt. de course, nous apprenons de suite qu'à pressions et vitesses égales les puissances développées pour les admissions 1/5 et 1/10 sont dans le rapport de 18 à 11 ; du 1/3 au 1/5, de 24,5 à 18, etc.

Remarque.— Dans le premier des exemples ci-dessus, il peut arriver que le cylindre proposé ne soit pas exactement représenté dans la table, et dans le second, que l'on n'adopte pas telles quelles les dimensions trouvées pour le diamètre et la course. Mais ceci n'est nullement un obstacle, attendu que le volume de chaque cylindre se trouvant porté dans la table, sa valeur est absolue, de telle façon qu'on la répartisse entre la section et la course ; par conséquent, connaissant, dans le premier cas, le volume du cylindre proposé, ou prenant, pour le second, celui en regard de la puissance trouvée pour 10 tours, le problème n'en est pas moins résolu.

DIAMÈTRES ET COURSES DES PISTONS DES MACHINES DE WOOLF.

La détermination des dimensions des cylindres pour les machines du système de Woolf repose sur la même base que pour les machines simples; mais le problème se complique néanmoins de la répartition à faire des effets de la vapeur dans les deux cylindres, dont les proportions réciproques peuvent varier pour le même résultat à obtenir. Il est juste d'ajouter que les conditions de marche offrent aussi des limites moins étendues, car la vitesse de rotation s'écarte peu de 15 à 35 tours, et la pression de 3 à 5 atmosphères; elles fonctionnent, par leur système même, toujours à détente et à condensation.

Nous allons exposer la forme générale du calcul qui permet de déterminer les volumes engendrés par les pistons de ces machines, toujours en nous appuyant sur les règles précédentes, et en considérant les circonstances suivantes que présente ce système :

1° Les courses des pistons *inégales*, comme avec le mode à balancier;

2° Les courses *égales*, comme dans les dispositions à directrices de MM. Alexander, Tamisier, Scribe, Legavrian, Boudier, etc.;

3° La détente s'effectuant exclusivement par le grand cylindre;

4° La détente commençant préalablement dans le petit.

FORMULE GÉNÉRALE. — En expliquant le mode d'action de la vapeur, avec les machines de Woolf (p. 41), nous avons essayé de démontrer que :

Une machine à deux cylindres pourrait être remplacée exactement, quant à l'effet dynamique produit, par une machine à un seul cylindre dans lequel la vapeur éprouverait le même degré d'expansion.

Cette loi nous a amené à faire la remarque suivante :

Si la détente s'effectue exclusivement par le grand cylindre, le volume engendré par le piston de ce dernier est égal à celui qu'engendrerait le piston d'une machine simple dans les mêmes conditions de force, de détente, de pression et de vitesse; le volume engendré par le petit piston correspond simplement à celui de la vapeur admise à pleine pression dans la machine à un cylindre.

Enfin, nous faisions observer que si la détente commence dans le petit cylindre, le volume engendré par son piston subit une augmentation inversement proportionnelle à la fraction de la course qui correspond à l'admission à pleine vapeur, et le volume du grand cylindre reste ce qu'il était dans le premier cas, car :

Il faut, dans tous les cas, que le volume engendré par le grand piston corresponde justement à celui de la vapeur détendue au degré proposé.

Ces remarques vont nous permettre de faire, avec la plus grande facilité, pour les machines à deux cylindres, ce que nous avons fait précédemment pour les autres.

Ayant vu ci-dessus comment on trouve le volume D du cylindre d'une machine simple, cette même valeur correspond, pour une machine de Woolf, *au volume engendré par le grand piston.*

Pour celui du petit piston, il suffit de se rappeler ce qui précède d'où nous déduisons la règle suivante :

Le volume engendré par le petit piston est égal au produit de celui du grand multiplié par le rapport direct des volumes de la vapeur avant et après la détente, et par le rapport inverse de l'étendue de l'admission à pleine vapeur dans le petit cylindre à sa course entière.

Cette règle revient à la formule suivante :

$$d = D\,\frac{cv}{aV},$$

dans laquelle on désigne par :

D et d les volumes engendrés par les deux pistons ;

$\dfrac{v}{V}$ le rapport des volumes de la vapeur avant et après la détente ;

$\dfrac{a}{c}$ le rapport entre l'étendue de l'admission à pleine vapeur dans le petit cylindre et sa course entière.

Exemple. Déterminer les volumes engendrés par les deux pistons d'une machine de Woolf, dans les conditions suivantes :

Puissance nominale......................... $N = 30$ chev.

Vitesse de rotation par minute............... $m = 25$ tours.

Pression de la vapeur....................... 3 atmosph.

Rapport de l'admission à la détente totale...... $\dfrac{v}{V} = \dfrac{1}{6}.$

Admission dans le petit cylindre.............. $\dfrac{a}{c} = \dfrac{2}{3}.$

Rendement du mécanisme.................... $r = 0,65.$

Solution. La règle ci-dessus (p. 486) donne pour le volume du grand cylindre :

$$D = \frac{Nn}{120m} \times \frac{0,5}{r} = \frac{30 \times 40,5 \times 0,5}{120 \times 25 \times 0,65} = 0^{\text{m.c.}}311538.$$

Le volume du petit égale, d'après cela :

$$d = 0,311538 \times \frac{3 \times 1}{2 \times 6} = 0^{\text{m.c.}}077884.$$

Ainsi, pour ces données particulières, le petit piston engendre un volume qui est le 1/4 de celui du grand, attendu que la détente totale étant 6 et commençant aux 2/3 de la course du petit piston, il faut que les 2/3 du volume engendré par ce dernier soient le 1/6 du grand, ce qui donne bien pour le rapport des deux volumes :

$$\frac{2}{3}\,d = \frac{D}{6}; \text{ d'où} : d = \frac{3D}{12} = \frac{1}{4}\,D.$$

La formule ci-dessus est générale pour tous les cas différents, car si la détente, s'effectue exclusivement dans le grand cylindre, a et c égalent tous deux l'unité, ce qui ne change rien à la forme du calcul.

Connaissant maintenant les volumes, il faut en déduire les diamètres et les courses qui dépendent d'ailleurs des dispositions du mécanisme employé.

Si la machine est à balancier, les deux courses sont inégales, et ordinairement dans le rapport de 4 : 3. Supposons que l'on adopte le rapport 10/6 entre la course L et le diamètre x du grand piston, on trouve pour ce piston :

$$\text{Diamètre}: \quad D = \frac{\pi x^2}{4} \times \frac{10}{6} x; \quad \text{d'où} : x = \sqrt[3]{0,764 \times 0,311538} = 0,620,$$

$$\text{Course}: \quad L = 0,620 \times \frac{10}{6} = 1^{m}033.$$

La course l du petit piston, devant être les 3/4 de cette dernière, égale :

$$l = 0,620 \times \frac{10}{6} \times \frac{3}{4} = 0^{m}775.$$

Enfin le diamètre y de ce piston, connaissant sa course et le volume qu'il engendre, est déterminé ainsi :

$$y = \sqrt{\frac{4 \times 0,077884}{3,1416 \times 0,775}} = 0^{m}357.$$

Si nous admettons maintenant que, toutes choses égales d'ailleurs, les courses des deux pistons doivent être égales, il suffira de diviser le volume du petit cylindre par la course du grand piston, supposée commune. Le diamètre du petit piston est alors plus faible et égale :

$$y' = \sqrt{\frac{4 \times 0,077884}{3,1416 \times 1,033}} = 0^{m}309.$$

Il serait inutile de multiplier davantage ces exemples qui, avec la formule principale ci-dessus, se réduisent à de simples opérations d'arithmétique. Nous donnons seulement une table (p. 496), comme pour les machines à cylindre simple, qui facilitera le calcul à l'égard de celles du système de Woolf.

Table des dimensions des cylindres des machines de Woolf. — Cette table, dont la construction est identique à celle des deux précédentes, est également établie pour une série de *paires* de cylindres, dont les rapports de volume et de course sont les mêmes pour toutes; il serait impossible, sans un immense développement, de présenter toutes les combinaisons qui peuvent être adoptées entre les volumes, les courses, la détente par un seul ou par les deux cylindres, la pression, etc.

Elle comprend une série de *grands* cylindres de $0^{m}50$ à $1^{m}50$ de diamètre, ayant en regard le petit cylindre, dont le volume est constamment le 1/4 du grand, et la course les 3/4, comme cela se produit avec les machines à balancier. Les colonnes suivantes indiquent le travail de chaque paire de cylindres pour 10 tours par minute, 3 à 5 atmosphères, et pour des détentes variant de 4 à 20 fois.

A cet égard, comme les volumes des cylindres ont un rapport constant, nous supposons que l'admission à pleine vapeur ait lieu successivement : pendant la course entière du petit cylindre, pendant les 4/5, les 2/3, les 2/5 et le 1/5, ce qui donne les détentes totales : 4, 5, 6, 8, 10 et 20 fois.

EXEMPLES DE L'EMPLOI DE LA TABLE SUIVANTE. — Cette table doit présenter bien des lacunes dans l'application; mais, si faible que soit son étendue, qu'il serait, très-difficile d'augmenter assez pour la rendre complète, elle est néanmoins d'un usage extrêmement commode pour juger d'un coup d'œil l'ensemble d'un problème et empêcher les erreurs par les comparaisons promptes qu'elle permet de faire. Deux exemples suffiront pour en bien faire comprendre l'emploi.

Supposons que l'on veuille se rendre compte du produit d'une machine de ce système, à balancier, et fonctionnant dans les conditions suivantes :

Diamètre du grand cylindre.	0,700	Pression de la vapeur.......	3 atm.
Course du grand cylindre...	1,400	Introduction aux 2/3 de la	
Diamètre du petit cylindre..	0,404	course du petit piston....	
Course du petit cylindre....	1,050	Vitesse de rotation par 1'...	25 tours.

En regard de cette paire de cylindre, que nous empruntons exprès à la table, on trouve 20[ch] 753 dans les conditions proposées.

On aura donc, pour 25 tours :

$$\frac{20{,}753 \times 25}{10} = 51{,}88 \text{ chevaux.}$$

Si l'on proposait maintenant de trouver, au contraire, les dimensions des cylindres pour une machine du même système et devant produire 30 chevaux avec 32 tours par minute, on ramènerait d'abord cette puissance à l'unité de 10 tours, conformément à la construction de la table, ce qui donnerait :

$$\frac{30 \times 10}{32} = 9^{\text{ch}} 375.$$

Cherchant ensuite ce nombre dans toutes les colonnes de la table, ou ceux qui s'en rapprochent le plus, on obtiendrait les solutions suivantes :

			GRAND CYL.		PETIT CYL.	
			Diam.	Course.	Diam.	Course.
Pleine vapeur dans le petit cylindre. (Détente totale 4)	3 atm.		0m 500	1m 000	0m 289	0m 750
Introduction pendant 2/5.............. (Id. id. 10)	4 id.		0m 550	1m 100	0m 318	0m 825
Id. id. 1/5.............. (Id. id. 20)	4 id.		0m 650	1m 300	0m 375	0m 975
Id. id. 2/5.............. (Id. id. 10)	5 id.		0m 500	1m 000	0m 289	0m 750
Id. id. 1/5.............. (Id. id. 20)	5 id.		0m 600	1m 200	0m 346	0m 900

Il est facile de choisir, parmi ces diverses conditions, celles qui résolvent le problème proposé; on peut également apprécier dans quelles limites il est possible de s'en écarter, dans le cas où aucune d'elles ne correspondrait exactement à une autre donnée antérieure, ou à des modèles existant et qu'il s'agirait de faire servir, etc.

Nous pensons que ces exemples peuvent suffire pour que l'on se rende bien compte des services qu'une telle table est appelée à rendre.

TABLE

DES PUISSANCES DÉVELOPPÉES PAR DES MACHINES A DEUX CYLINDRES POUR 10 COUPS DOUBLES PAR MINUTE

Le rapport des courses des deux pistons étant constamment 3/4 et celui des volumes 1/4.

CYLINDRES — GRAND.			PETIT.		TRAVAIL DÉVELOPPÉ POUR 10 COUPS DOUBLES PAR MINUTE, AVEC DIFFÉRENTES DÉTENTES TOTALES :					
					4 fois. Pleine vapeur dans le petit cylindre.	5 fois. Introduction jusqu'aux 4/5.	6 fois. Introduction jusqu'aux 2/3.	8 fois. Introduction jusqu'à la 1/2.	10 fois. Introduction jusqu'aux 2/3.	20 fois. Introduction jusqu'au 1/5.
Diamètre	Course.	Volume.	Diamètre.	Course.	3 ATMOSPHÈRES.			4 ATMOSPHÈRES.		
mètres.	mètres.	mèt. cub.	mètres.	mètres.	chevaux.	chevaux.	chevaux.	chevaux.	chevaux.	chevaux.
0,50	1,00	0,196250	0,289	0,750	9,817	8,588	7,563	8,438	7,158	4,098
0,55	1,10	0,261342	0,318	0,825	13,067	11,430	10,066	11,231	9,528	5,451
0,60	1,20	0,339293	0,346	0,900	16,965	14,840	13,069	14,580	12,370	7,081
0,65	1,30	0,431381	0,375	0,975	21,569	18,868	16,616	18,538	15,723	9,003
0,70	1,40	0,538784	0,404	1,050	26,939	23,565	20,753	23,153	19,713	11,225
0,75	1,50	0,662681	0,433	1,125	35,683	31,214	27,486	30,668	26,018	14,894
0,80	1,60	0,804250	0,462	1,200	45,306	37,882	33,361	37,249	31,577	18,076
0,85	1,70	0,964068	0,491	1,275	51,944	45,438	40,016	44,643	37,876	22,482
0,90	1,80	1,145113	0,520	1,350	61,660	53,937	47,501	52,994	44,960	25,738
0,95	1,90	1,345245	0,548	1,425	72,436	63,364	55,811	62,236	52,818	30,236
1,00	2,00	1,570794	0,577	1,500	90,623	79,273	69,813	77,886	66,078	37,827
1,10	2,20	2,090735	0,635	1,650	120,619	105,513	92,924	103,667	87,951	50,348
1,20	2,40	2,714342	0,693	1,800	156,597	136,984	120,637	134,588	114,184	65,366
1,30	2,60	3,451048	0,750	1,950	199,099	174,163	153,380	171,417	145,175	83,107
1,40	2,80	4,310275	0,808	2,100	248,670	217,526	191,568	213,721	181,320	103,798
1,50	3,00	5,301450	0,866	2,250	305,853	267,547	235,620	262,887	223,015	127,667

CYLINDRES					4 ATMOSPHÈRES.			5 ATMOSPHÈRES.		
mètres.	mètres.	mèt. cub.	mètres.	mètres.	chevaux.	chevaux.	chevaux.	chevaux.	chevaux.	chevaux.
0,50	1,00	0,196350	0,289	0,750	13,404	11,651	10,324	10,692	9,076	5,269
0,55	1,10	0,261342	0,318	0,825	17,837	15,508	13,744	14,232	12,080	7,013
0,60	1,20	0,339293	0,346	0,900	23,157	20,133	17,839	18,476	15,683	9,105
0,65	1,30	0,431381	0,375	0,975	29,442	25,597	22,681	23,491	19,939	11,576
0,70	1,40	0,538784	0,404	1,050	36,772	31,970	28,328	29,142	24,904	14,461
0,75	1,50	0,662681	0,433	1,125	48,707	42,347	37,523	38,863	32,987	18,114
0,80	1,60	0,804250	0,462	1,200	59,113	51,397	45,539	47,165	40,034	23,242
0,85	1,70	0,964668	0,491	1,275	70,903	61,645	54,622	56,573	48,019	27,878
0,90	1,80	1,145113	0,520	1,350	81,166	73,176	64,840	67,155	57,004	33,093
0,95	1,90	1,345245	0,548	1,425	98,876	85,958	76,472	78,892	66,963	38,877
1,00	2,00	1,570794	0,577	1,500	123,701	105,005	95,296	98,699	83,776	48,637
1,10	2,20	2,090735	0,635	1,650	164,646	139,763	126,839	131,369	111,506	64,736
1,20	2,40	2,714342	0,693	1,800	213,756	181,450	164,672	170,552	144,765	84,015
1,30	2,60	3,451048	0,750	1,950	268,577	230,700	209,366	216,842	184,056	106,856
1,40	2,80	4,310275	0,808	2,100	339,436	288,136	261,493	270,831	229,884	133,461
1,50	3,00	5,301450	0,866	2,250	417,492	354,394	321,820	333,140	282,744	164,151

RECHERCHE DE LA VARIATION DES EFFORTS DANS LES MACHINES A DEUX CYLINDRES.

Le système de Woolf est particulièrement apprécié pour la propriété qu'il a de permettre l'emploi des grandes détentes, sans donner lieu à d'aussi grandes variations d'effort sur le mécanisme de transmission que lorsque ces mêmes détentes sont opérées à l'aide d'un cylindre unique. Il est alors très-intéressant de rechercher exactement l'importance de la variation d'effort que ce système conserve néanmoins, et d'en faire la comparaison avec le mode à cylindre unique. Cette recherche doit essentiellement s'étendre à chacune des variétés du système à double cylindre, c'est-à-dire : détente par le grand cylindre exclusivement ou par les deux, courses égales ou inégales, car, suivant le mode employé, la variation d'effort suit une loi différente.

Pour faire cette étude, nous devons rappeler le tracé à l'aide duquel on représente les effets de la détente dans un cylindre, et qui permet d'en évaluer le travail produit (t. 1er, p. 79, fig. 16).

On a vu que les ordonnées de la courbe ainsi obtenue sont proportionnelles aux efforts ressentis par le piston d'une machine à cylindre simple, en suivant la loi de Mariotte, dont l'expérience a montré l'exactitude suffisante pour cet objet. Si l'on fait la même opération pour les deux cylindres d'une machine de Woolf, en tenant bien compte des efforts positifs et négatifs partiels sur chacun des deux pistons, et que l'on en déduise une courbe dont les ordonnées soient les sommes de ces efforts, cette courbe sera l'indice théorique de la loi des efforts totaux et résultants pour le cas proposé.

C'est par ce mode simple d'investigation que nous sommes parvenu à déterminer les tracés suivants, en faisant usage d'une formule dont on va connaître les éléments.

Dans chacun des deux cylindres d'une machine de Woolf, les deux pistons sont soumis, en chaque moment de leur course, à deux efforts, l'un actif et l'autre résistant, qui agissent en sens contraire et doivent être retranchés.

Le petit piston est poussé par la vapeur active à pleine pression ou déjà détendue, suivant le point de la course et le mode employé, et résiste à la pression de la vapeur qui est en ce même instant motrice par rapport au grand piston.

Le grand piston, ainsi poussé, résiste à son tour à la contre-pression par le condenseur.

Donc, en chaque point de la course simultanée de ces deux pistons, il faut chercher :

1° L'effort *positif* sur le petit piston, lequel n'est autre que l'effort initial P, *constant* si le point de la course est situé dans la période d'admission à pleine vapeur, ou s'il n'existe point de détente dans ce premier cylindre, *variable* s'il y existe au contraire de la détente et si le point observé est compris dans cette période ;

2° L'effort *négatif* sur le même piston qui résulte de la pression agissant en cet instant sur le grand piston, laquelle pression est celle de la vapeur à son échappement du petit cylindre, mais *réduite* en raison inverse de l'accroissement de volume qu'elle a acquis depuis le départ des pistons jusqu'au point considéré de la course ;

3° L'effort *négatif* sur ce dernier piston est dû au condenseur. Comme cet effort est fixe, ou admis comme tel, et qu'il est d'ailleurs comparativement faible, il ne modifie pas la variation cherchée, ce qui fait que nous le négligeons pour ne pas compliquer inutilement les calculs.

Effort positif sur le petit piston. — La vapeur agissant sur le petit piston exerce un effort total et positif P, qui est constant pour la durée d'admission à pleine vapeur.

Si cette période est une fraction n de la course, et que l'on suppose le piston parvenu en un point où il a parcouru une autre fraction f de cette même course, il est évident que le volume de vapeur admis à pleine pression ayant acquis cet accroissement de volume, la pression aura subi une réduction inverse, ainsi que l'effort P.

Ainsi l'accroissement de volume, depuis le commencement de la détente, étant n à f, c'est-à-dire

$$\frac{f}{n},$$

par suite l'effort p, après un parcours f de la course entière, sera devenu :

$$p = P\frac{n}{f}.$$

Si, par exemple, cet effort égale 100 kilogrammes avant la détente, que celle-ci commence à la moitié de la course, et que l'on recherche ce que cet effort est devenu aux trois quarts de la course, on aura :

$$n = \frac{1}{2}; \quad f = \frac{3}{4}; \quad \text{et } p = 100 \times \frac{1}{2} : \frac{3}{4} = 66^k 667.$$

Maintenant supposons la course du piston achevée dans le petit cylindre, la pression de la vapeur y aura subi son maximum de réduction ; comme, pour la course entière, $f = 1$, l'effort correspondant à la fin de la course a pour expression :

$$p' = P n.$$

Effort positif sur le grand piston. — Au moment du départ du grand piston, il est pressé par la vapeur issue du petit cylindre, et dont la pression y donnait lieu à cet effort p', dont on vient de voir la valeur.

Par conséquent, l'effort qui en résulte sur le grand piston augmente dans le rapport des deux superficies ; si nous désignons par S celle du grand piston et par s celle du petit, nous dirons que l'effort initial i, au départ du grand piston, a la valeur suivante :

$$i = P n \, \frac{S}{}$$

Connaissant cet effort initial sur le grand piston, il devient facile de trouver la réduction qu'il subit pour chaque fraction f de la course simultanée des deux pistons, étant donné le rapport des volumes qu'ils engendrent.

En effet, les deux pistons, s'avançant d'une fraction commune f de leur course, engendrent dans le même temps des volumes partiels proportionnels à leurs volumes respectifs entiers, et le volume que possédait la vapeur, avant le changement de cylindre, s'accroît naturellement de la différence de ces volumes partiels.

Par conséquent, si V et v désignent les volumes engendrés par les deux pistons dans leur course entière, les volumes partiels, pour une fraction de course f, sont fV et fv; et le volume de vapeur, qui était justement v avant de passer dans le grand cylindre, est devenu

$$v + fV - fv = v\left[1 + \left(\frac{V}{v} - 1\right) f\right].$$

Mais comme la pression ou l'effort e, en ce même point, est en raison inverse des volumes, il s'ensuit que cet effort cherché, de $\dfrac{PnS}{s}$, au départ du grand piston, égale, en ce point f de la course :

$$e = \frac{PnS}{s} \times \frac{v}{v\left[1 + \left(\frac{V}{v} - 1\right) f\right]} = \frac{PnS}{s\left[1 + \left(\frac{V}{v} - 1\right) f\right]}.$$

EFFORT NÉGATIF SUR LE PETIT PISTON. — La contre-pression sur ce piston n'étant autre, à chaque moment, que la pression active dans le grand cylindre, il s'ensuit que cet effort, que nous désignons par c, est égal au précédent e, multiplié par le rapport des deux superficies.

Donc :

$$c = e \frac{s}{S} = \frac{Pn\,Ss}{Ss\left[1 + \left(\frac{V}{v} - 1\right) f\right]} = \frac{Pn}{\left[1 + \left(\frac{V}{v} - 1\right) f\right]}.$$

CALCUL DES COURBES SUR LA VARIATION DES EFFORTS. — En faisant maintenant la somme des efforts positifs et négatifs dont nous venons d'étudier les valeurs respectives, on obtient enfin les efforts positifs résultants qui doivent être représentés par les ordonnées des courbes que nous nous proposons de tracer.

Appelons O les efforts pour chaque fraction f de la course, *dans la période qui correspond à l'admission à pleine vapeur dans le petit cylindre*, chacun de ces efforts égale :

$$O = e + P - c.$$

Après la même période, c'est-à-dire *pendant que la détente s'effectue dans le petit cylindre*, chaque effort O' devient :

$$O' = e + p - c.$$

En remplaçant, dans ces deux dernières formules, les lettres e, p et c par leur valeur complète, il vient :

Pour la période correspondant à l'admission à pleine vapeur dans le petit cylindre :

$$O = P \left(1 + \frac{(S - s)\, n}{s \left[1 + \left(\frac{V}{v} - 1 \right) f \right]} \right).$$

Et pour la période correspondant à la détente dans le petit cylindre :

$$O' = P \left(\frac{n}{f} + \frac{(S - s)\, n}{s \left[1 + \left(\frac{V}{v} - 1 \right) f \right]} \right).$$

C'est à l'aide de ces deux formules que nous avons déterminé les ordonnées des courbes représentées sur les fig. suivantes 174 et 175, et dont nous allons examiner les propriétés.

Fig. 174.

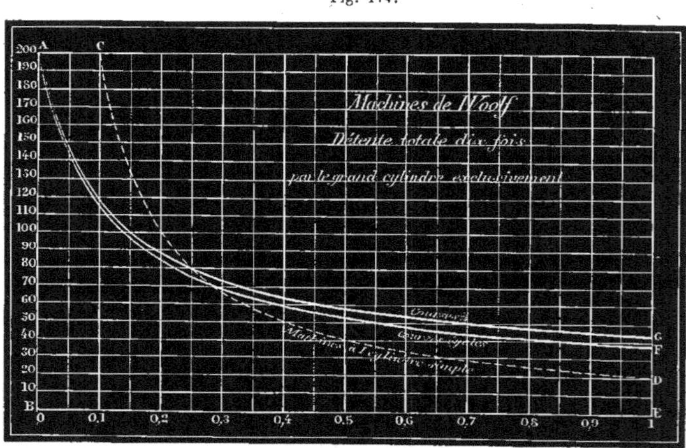

Les différentes courbes indiquées sur ces tracés se rapportent à quatre machines de Woolf différentes, développant néanmoins la même quantité de travail par coup simple, à la même détente totale dix fois, le volume et la pression de la vapeur étant aussi les mêmes, ce qui revient à dire que le grand cylindre a exactement les mêmes dimensions pour chacune d'elles.

Mais ces quatre machines correspondent à autant de variétés d'emplois différents, savoir :

Détente exclusive par le grand cylindre, courses égales et inégales dans le rapport de 3 à 4.

Détente commençant aux 4/10 de la course dans le petit cylindre, courses égales et inégales dans le même rapport que ci-dessus.

Les courbes A F et A G du tracé (fig. 174) sont relatives aux deux machines dans lesquelles la vapeur est admise à pleine pression pendant la course entière du petit piston ; celle A F correspond à la condition des *courses des pistons égales*, et la courbe A G au cas où la course du petit piston est les 3/4 de celle du grand.

Enfin, une troisième courbe C D est celle élémentaire qui représente la succession .d'efforts dans une machine à cylindre simple, opérant le même travail, et qui va nous servir de point de comparaison.

Si, en effet, on compare, dans ces trois courbes, les valeurs des ordonnées qui ont été calculées par la méthode expliquée tout à l'heure, on reconnaît les particularités suivantes :

MACHINES A UN SEUL CYLINDRE. — Dans la machine à un seul cylindre, l'effort initial représenté par l'ordonnée AB, et d'une valeur arbitraire de 200 unités, se maintient constant pendant 1/10 de la course, la durée donnée de l'admission à pleine vapeur. A partir de ce point, la pression décroît, et, à la fin de la course, elle est devenue D E, égale à 20 unités, conformément au principe connu de l'expansion d'un gaz.

Par conséquent, sur une étendue de 9/10 de la course, la pression décroît de 10 à 1 (voir la courbe ponctuée C D).

MACHINES A DEUX CYLINDRES. *Détente exclusive par le grand cylindre.* — *Les pistons ayant même course.* — Au départ des deux pistons, l'effort actif total est *le même* que dans la machine à un seul cylindre, mais il décroît immédiatement, et à la fin de la course il devient F E = 38 unités.

Par conséquent la variation s'opère sur une plus grande étendue et est *moindre*, puisqu'elle a pour limite 200 et 38, soit 5,26 à 1 au lieu de 10 à 1.

Courses inégales, rapport 3 à 4. — La courbe A G, relative à cette condition, montre que l'effort initial est le même que dans les deux cas précédents ; mais il décroît encore moins rapidement, et, à la fin de la course, il égale G E = 44 unités.

Rapportant comme ci-dessus cet effort final à celui du commencement, nous trouvons pour la variation proportionnelle : .

$$200 \text{ à } 44 = 4,54 \text{ à } 1.$$

MACHINES A DEUX CYLINDRES. *Détente commençant dans le petit cylindre.* — Le tracé, fig. 175, construit comme le précédent, donne les courbes H I et J K correspondant respectivement aux conditions de courses égales et dans le rapport 3/4, et toutes deux à la détente commençant aux 4/10 de la course du petit piston ; la courbe CD, relative à la machine à un seul cylindre, est reproduite ici pour la comparaison. Il est aisé de voir combien cette condition de commencer la détente dans le petit cylindre augmente la régularité.

Courses égales. — La pression de la vapeur étant toujours la même, ainsi que le volume dépensé, l'effort au point de départ des deux pistons est représenté, pour cette courbe H I, par l'ordonnée H B qui égale 110 unités au lieu de 200 dans les trois cas précédents ; il décroît immédiatement et devient 77,3 aux 4/10 de la course, au moment où la détente commence dans le petit cylindre. A partir de là, la décroissance est plus prononcée, et à la fin de la course cet effort est devenu 35.

Par conséquent la variation totale a pour limites :

$$110 \text{ à } 35 = 3,14 \text{ à } 1.$$

Courses inégales, rapport 3 *à* 4. — La courbe JK correspondante montre ce singulier fait que l'effort direct est constamment plus élevé que lorsque les courses sont

Fig. 175.

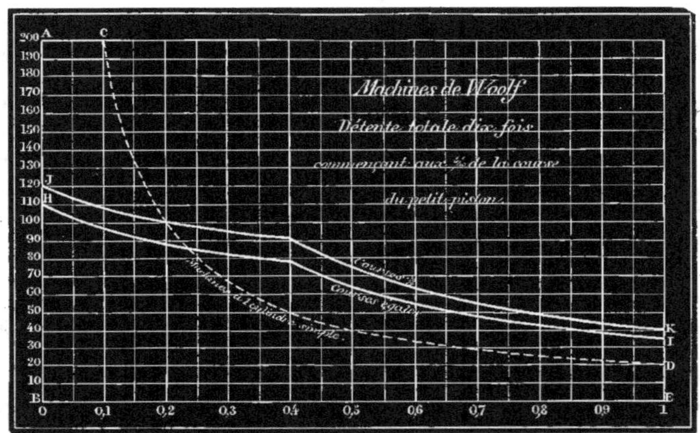

égales. Au départ des pistons il égale 120, devient 90,8 au commencement de la détente dans le petit cylindre et se réduit finalement à KE = 40.

Soit, pour la variation totale :

$$120 \text{ à } 40 = 3 \text{ à } 1.$$

EXAMEN RÉSUMÉ DES OPÉRATIONS PRÉCÉDENTES. — Les opérations qui précèdent sont de nature à jeter quelque jour sur le choix du mode à adopter pour établir une machine à deux cylindres dans les meilleures conditions de régularité.

Ainsi, dans l'exemple proposé où l'on a admis dans les différents cas le même volume de vapeur dépensé à la même pression, même détente totale, dimensions du grand cylindre identiques, enfin la même puissance développée avec des éléments toujours semblables, la moindre irrégularité a été obtenue *en détendant préalablement dans le petit cylindre*, et lorsque les courses des deux pistons sont inégales, celle du petit piston étant, bien entendu, la plus faible. Non-seulement cette propriété est absolue, mais elle se manifeste d'une façon très-prononcée, et la différence avec l'admission à pleine vapeur pendant la course entière du petit piston est très-considérable.

L'augmentation de régularité mène à une conséquence non moins importante : c'est que toutes les pièces qui transmettent la force sont soumises à des efforts bien moins considérables.

Si, par exemple, le balancier et la bielle d'une machine de Woolf qui marcherait à la détente 10 fois effectuée exclusivement par le grand cylindre devaient être soumis à un effort maximum de 5000 kilog. au départ des pistons, en proportionnant le petit cylindre de façon à y commencer la détente aux 4/10 de sa course, cet effort serait réduit à :

$$5000 \times \frac{120}{200} = 3000 \text{ kilogrammes,}$$

Donc, détendre préalablement dans le petit cylindre n'est pas seulement un moyen d'améliorer les proportions du mécanisme, mais c'est surtout celui d'obtenir beaucoup plus de régularité, de diminuer le poids du volant, et, par la grande réduction de l'effort initial, de décharger les pièces du mécanisme.

Cependant toutes les combinaisons qui peuvent être établies entre les volumes des cylindres, leurs sections, la pression de la vapeur et sa détente, et enfin la durée de l'admission dans le petit cylindre ne suivent pas cette loi générale, et il semble que chaque cas proposé possède une condition qui donne le meilleur effet, laquelle condition ne correspond nullement à l'extension indéfinie du principe ci-dessus.

L'exemple que nous allons proposer donnera une idée de cette particularité.

Supposons une machine de Woolf, disposée comme on l'a fait souvent, pour produire une détente 4 fois avec admission à pleine vapeur pendant toute la course du petit piston, courses dans le rapport 3/4, et représentons par 100 l'effort constant exercé directement par la vapeur de la chaudière sur le petit piston.

Pour rechercher les efforts totaux résultants, aux deux extrémités de la course des pistons, on aura les données suivantes :

Volume du grand cylindre . . . . $V = 4$
Volume du petit cylindre . . . . $v = 1$
Superficie du grand piston . . . . $S = 3$
Superficie du petit piston . . . . $s = 1$
Effort initial élémentaire . . . . $P = 100$
Au départ des pistons . . . . $f = 0$
A la fin de la course . . . . $f = 1.$

Effort total au commencement de la course. — La première des deux formules ci-dessus, dans laquelle $n = 1$, puisqu'il n'y a pas détente dans le petit cylindre, fournit :

$$O = P\left(1 + \frac{(S-s)\,n}{s\left[1 + \left(\frac{V}{v} - 1\right)f\right]}\right) = 100 \times \left(1 + \frac{(3-1) \times 1}{1 \times \left[1 + \left(\frac{4}{1} - 1\right) \times 0\right]}\right) = 300.$$

Effort total à la fin de la course :

$$O_1 = 100 \times \left(1 \times \frac{(3-1) \times 1}{1 + \left[1 + \left(\frac{4}{1} - 1\right) \times 1\right]}\right) = 150.$$

Les efforts extrêmes seront donc dans le rapport de 2 à 1.

Admettons maintenant que, pour la même détente 4, l'admission à pleine vapeur ait lieu seulement pendant la moitié de la course du petit piston.

Pour ce second problème, $n = 0,5$, et puisque le même volume de vapeur doit être dépensé, et à la même pression, le volume du petit cylindre sera doublé, attendu que la vapeur n'est introduite que pendant la moitié de sa course. Par conséquent, V égale 2 et v égale 1, et la course restant la même, c'est la section qui est double, ainsi que l'effort élémentaire P, lequel égale par cela même 200.

Enfin, puisque le grand cylindre ne change pas, les deux surfaces S et s, qui étaient dans le rapport de 3 à 1, deviennent 3 est à 2, c'est-à-dire $S = 1,5$ et $s = 1$.

En opérant comme ci-dessus à l'aide de ces nouvelles données, on trouve :

Effort total au commencement de la course (1re *formule*) :

$$O = 200 \left(1 + \frac{(1,5 - 1) \times 0,5}{1 \times \left[1 + \left(\frac{2}{1} - 1 \right) \times 0 \right]} \right) = 250.$$

Effort total à la fin de la course (2e *formule*) :

$$O_1 = 200 \left(\frac{0,5}{1} + \frac{(1,5 - 1) \times 0,5}{1 \times \left[1 + \left(\frac{2}{1} - 1 \right) \times 1 \right]} \right) = 125.$$

Ce résultat nous apprend que les efforts sont en général plus faibles, mais, chose curieuse, il montre en outre que les efforts extrêmes sont entre eux (avec les données particulières de cet exemple) dans le même rapport que lorsque la détente s'effectue exclusivement par le grand cylindre.

Si, maintenant, les dimensions du petit cylindre étaient réglées pour y admettre la vapeur pendant les 2/3 de la course, au lieu de la moitié, la différence des efforts extrêmes serait moins grande et, partant, la régularité meilleure. Mais si, au contraire, ce cylindre était proportionné pour une admission plus restreinte que la moitié de la course, les efforts extrêmes seraient dans un plus grand rapport, ce qui donne lieu à une régularité moindre.

Par conséquent, pour les données spéciales de ce problème, comme rapport des courses, détente totale et fraction, à pleine vapeur, de la course du petit piston, la condition qui fournit la meilleure régularité correspond à une admission à pleine vapeur dont l'étendue a une limite située entre la moitié et la course entière du petit piston.

Tout autre problème présenterait une particularité analogue, et il convient, en en choisissant les conditions, de faire la même recherche si l'on désire déterminer le meilleur état possible de fonctionnement. Le grand nombre même de problèmes différents que la pratique est susceptible de présenter ne nous permet pas de pousser cette investigation plus loin.

DIMENSIONS DES ORIFICES ET CONDUITS DISTRIBUTEURS

SECTION DES ORIFICES D'INTRODUCTION ET D'ÉCHAPPEMENT

La détermination des dimensions nécessaires aux tuyaux et orifices que la vapeur traverse pour parvenir de la chaudière au cylindre, et ceux par lesquels elle s'échappe dans l'atmosphère ou dans un condenseur, est d'une importance qui n'a pas toujours été suffisamment prise en considération, et qui, même aujourd'hui que la construction des machines à vapeur est assez bien connue, est peut-être encore un peu négligée par quelques constructeurs.

Cette question, ramenée à des termes exclusivement théoriques, serait d'une extrême complication, tandis que l'on possède maintenant des résultats pratiques qui permettent de la résoudre très-simplement et avec beaucoup plus de certitude.

Nous restreindrons donc ce qu'il nous paraît utile de faire à cet égard, à l'examen général des faits qui accompagnent la circulation de la vapeur se rendant au cylindre ou s'en échappant, et à l'exposé simple des principes à l'aide desquels on parvient pratiquement à proportionner les passages qu'il convient de lui ménager.

On sait comment la communication est établie entre le générateur à vapeur et le cylindre de la machine motrice. C'est au moyen d'un tube cylindrique qui part d'un robinet ou d'une boîte à soupape placée sur la chaudière, et vient aboutir à un obturateur analogue, en relation directe avec la boîte du tiroir de distribution ; le plus souvent une valve régulatrice est placée en amont ou en aval de ce robinet, pour modérer automatiquement le débit de la conduite.

Enfin le tiroir démasque, par intermittence, des orifices qui complètent l'ensemble de cette communication entre le générateur et le cylindre à vapeur.

Si nous supposons, pour un instant, que ces divers obturateurs livrent passage à la vapeur et présentent tous une section d'ouverture égale à celle du conduit, la vapeur tendra à s'écouler et à s'introduire dans le cylindre avec une vitesse dont les principaux éléments, qui permettent de la déterminer, ont été expliqués (t. 1er, p. 55 à 74). Si l'ensemble de la communication ne présente ni étranglements ni coudes brusques, cette vitesse sera constante sur toute l'étendue du parcours, et si la pression dans le générateur est sensiblement supérieure à celle qui règne dans l'intérieur du cylindre, on sait qu'elle peut atteindre plusieurs centaines de mètres par seconde.

Mais pour se faire une idée plus conforme à la réalité, il faut remarquer qu'au moment où la vapeur commence à s'introduire dans le cylindre, le piston, qui est au début de sa course, se met en mouvement avec une vitesse infiniment moindre, d'après la réglementation usuelle, que celle initiale de la vapeur ; par conséquent, l'espace qu'il laisse libre au-dessus de lui est bientôt saturé, et l'égalité de pression avec le générateur s'y trouvant théoriquement établie, l'écoulement de la vapeur ne peut plus avoir lieu qu'en vertu de l'avancement même du piston, avec une vitesse, dans le conduit alimentaire, en raison inverse de sa section et de celle du cylindre.

Admettons, pour exemple, que le piston se meuve avec une vitesse moyenne de 1 mètre par 1″, et que sa superficie soit 20 fois celle du conduit alimentaire, la vapeur ne pourra circuler dans ce dernier qu'avec une vitesse de 20 mètres par 1″, au lieu de 300 à 500 mètres et plus ; elle acquerrait de 1,5 à 5 atmosphères, en s'écoulant dans un milieu dont la pression serait constamment de 1 atmosphère. Dans une machine sans condensation, on peut regarder comme tel le milieu dans lequel la vapeur s'écoule, attendu que le piston n'est qu'un diaphragme interposé entre elle et l'atmosphère ambiante.

D'après cela, si le circuit de la vapeur ne présentait qu'une étendue très-petite, et aucun rétrécissement ni coude brusque, un conduit d'une très-faible section suffirait, puisque la vapeur n'est appelée à y prendre qu'une vitesse bien inférieure à celle qu'elle est capable d'acquérir dans cette condition d'écoulement.

Si l'on suppose, par exemple, la plus faible pression, 1^{at} 5, l'absence de condensation et la grande vitesse de piston de 3 mètres par 1″, les tables (t. 1er, p. 61) font connaître que la vitesse d'écoulement de la vapeur dans l'atmosphère, et sous cette pression de 1^{at} 5, est égale à 343 mètres. Par conséquent, la section d'un conduit parfaitement libre et très-court pourrait être restreinte, au minimum, à la fraction suivante :

$$\frac{3}{343} = \frac{1}{114}$$

de la surface du piston, au-dessous de laquelle valeur l'espace ne serait plus *saturé*.

Les conditions prises ici pour exemple correspondent certainement à celles qui laissent à la vapeur la moindre vitesse pratique, car cette pression n'est jamais employée, surtout sans condensation, et encore moins dans des machines dont le piston atteint une vitesse de 3 mètres par 1″, ce qui se rencontre à peine pour les locomotives. Par conséquent, le rapport 1/114 peut être conservé pour le comparer à celui que la pratique enseigne.

Au lieu de conduits courts et de sections parfaitement régulières, on a, au contraire, des tuyaux parfois très-longs, avec des obturateurs susceptibles de présenter des étranglements ; le tiroir de distribution, au lieu de découvrir spontanément les orifices de toute leur surface, ne les découvre que progressivement, et même, avec certains mécanismes de détente, qu'incomplétement ; les canaux distributeurs sont courbes et présentent souvent des coudes assez courts, et, entre la boîte de distribution et la conduite extérieure, il existe souvent des canaux contournant le cylindre que la vapeur doit parcourir avant d'arriver au tiroir ; enfin, l'ensemble de ce circuit compliqué est plus ou moins soumis au refroidissement, etc., etc.

Il est facile de concevoir dans quelles proportions ces causes d'irrégularités influent sur la vitesse de la vapeur en l'altérant, et combien il serait défectueux de limiter le passage aux proportions supposées tout à l'heure.

Déjà le diamètre du conduit extérieur augmente avec son développement (t. 1er, p. 63) pour un même débit à effectuer ; puis les coudes brusques font perdre de la force vive au fluide circulant ; les étranglements produisent des effets de contraction qui diminuent le débit ; les refroidissements, en altérant la pression de la vapeur, en diminuent la vitesse-initiale, etc.

Des conduits de circulation trop faibles auraient donc pour effet d'empêcher la vapeur d'agir avec toute sa pression sur le piston, et de produire de la *dépression*, dont nous avons examiné les fâcheux résultats (p. 481).

Tenant compte, en résumé, de ces nombreux effets, plus faciles à énumérer qu'à calculer, les constructeurs ont insensiblement augmenté la section du conduit d'arrivée de vapeur et celle des orifices distributeurs, ces derniers pouvant avoir, du reste, des proportions dépendantes du système de distribution même. Cependant on est limité pour la section de ces divers passages, car plus les conduits seraient vastes, et plus considérables seraient les *espaces perdus* ainsi que les volumes de vapeur circulant, et soumis, par cela même, à des refroidissements.

Cette observation ne serait pas applicable aux conduits d'échappement qui pourraient avoir, dans toute leur étendue, une section aussi grande que possible, si une partie ne fonctionnait pas alternativement pour l'introduction et pour la sortie : de là l'un des motifs qui font, dans certains cas, disposer un canal spécial pour la sortie. Mais aussitôt hors des canaux distributeurs du cylindre, le conduit d'échappement par lequel s'écoule de la vapeur, dont la pression est parfois très-réduite et qui ne possède plus qu'une faible vitesse initiale, doit avoir une très-grande section que l'on rend en effet plus considérable que pour l'arrivée de vapeur.

C'est surtout au tuyau d'échappement d'une machine sans condensation qu'il importe de donner un diamètre suffisant, surtout lorsque ce conduit s'élève à une grande hauteur ; car on a vu combien la vitesse d'un gaz en mouvement peut être altérée quand le rapport entre le diamètre et la longueur est très-considérable, ce qui donne lieu en même temps à une pression résistante à l'origine de la conduite. Il est certain qu'une faute de ce genre pourrait rendre complétement défectueux le rendement d'une machine, d'ailleurs en bon état de fonctionnement ; et pour n'y pas tomber, on fera bien, surtout pour une machine de petite puissance, de calculer spécialement le rapport à établir entre le diamètre et la longueur du tuyau extérieur d'échappement, en tenant compte de la pression de la vapeur à sa sortie du cylindre et à l'aide des éléments exposés (t. 1er, p. 63), de façon, en résumé, à réduire cette *contre-pression d'échappement* (qu'il n'est pas possible d'éviter complétement) à un chiffre où elle cesse d'être par trop préjudiciable.

Pour réduire à des nombres les faits précédents sur lesquels nous n'avons encore que raisonné, nous avons dressé la table suivante, qui indique les proportions adoptées, dans plusieurs machines, par les constructeurs pour les conduits et orifices d'introduction et d'échappement de vapeur. Ces machines, qui sont toutes décrites en détail dans cet ouvrage, sont caractérisées, dans la table actuelle, par la puissance nominale, la pression initiale de la vapeur, le chiffre de la détente et le diamètre et la surface du piston. Plusieurs possèdent deux cylindres ; mais les dimensions de conduits et d'orifices se rapportent invariablement à un seul.

DIMENSIONS DES CONDUITS ET ORIFICES D'INTRODUCTION ET D'ÉCHAPPEMENT DE VAPEUR

APPARTENANT A DES MACHINES DE DIFFÉRENTS SYSTÈMES.

DÉSIGNATION DU SYSTÈME DE MACHINE.	CONDITIONS DE MARCHE.			CYLINDRE.		CONDUIT D'ARRIVÉE DE VAPEUR.			CONDUIT D'ÉCHAPPEMENT.			ORIFICES D'INTRODUCTION.		ORIFICES D'ÉCHAPPEMENT.	
	Pression de la vapeur.	Vitesse moyenne du piston.	Rapport entre l'introduction et la course.	Diamètre	Section.	Diamètre	Section.	Rapport de cette section à celle du cylindre.	Diamètre	Section.	Rapport de cette section à celle du cylindre.	Section.	Rapport de cette section à celle du cylindre.	Section.	Rapport de cette section à celle du cylindre.
Machines fixes.	atmosph.	mètres.		millim.	cent. car.	millim.	cent. car.		millim.	cent. car.		cent. car.		cent. car.	
Bourdon. Horizontale, 25 ch. condens.	3,5	1,16	1/5	420	1385	80	50	1/27,7	100	78,5	1/17,6	44,4	1/31	51,8	1/26,7
Bréval. Id. 20 ch. id.	4	1,50	1/5	350	962	60	23,3	1/44	100	78,5	1/12,2	43	1/22,3	71,5	1/13,4
Farcot. Id. 60 ch. id.	5	1,56	1/15	650	3318	80	(2) 50,3	1/66	120	113	1/29	85	1/39	119	1/30
Id. Id. 20 ch. id.	5	1,28	1/15	415	1353	62	30	1/45	100	78,5	1/17	33	1/41	38,5	1/36
Powell. 2 cyl. Woolf 70 ch. id.	2,5	(1) 1,10	(2)4/5	(3) 500	1963	100	78,5	1/25	(4) 140	154	1/12,7	(5)123,5	1/16	(6) 174,2	1/11,2
Schneider. Simp. effet,170 ch. id.	3,5	1,00	»	1m 800	25447	300	707	1/36	390	1195	1/21,3	880	1/29	(7) »	»
Cail et Ce. Horizontale, 8 ch. s. cond.	5	1,04	1/6	320	804	65	33,2	1/24,2	85	57	1/44	31	1/26	54	1/14,9
Locomotives.															
Buddicom. Machine tender..........	8	3,36	»	420	1385	100	78,5	1/17,6	Elliptique	203	1/6,8	118	1/11,7	253,7	1/5,4
Cail. Machine système Crampton.....	»	3,50	»	400	1257	120	113	1/11,1	160	201	1/6,2	106,4	1/11,8	228	1/5,5
Machines marines.															
Mazeline et Ce. Yacht l'*Aigle*.......	2,5	1,58	2/5	1m 800	25447	360	1018	1/25	460	1662	1/15,3	1320	1/19,3	2244	1/11,3
Id. Id. Appareil à hélice, 1000 ch.	2,5	2,16	1/3	2m 100	34636	»	1608	1/21,5	630	3117	1/11,1	(6)1200	1/29	2300	1/13
Nillus. Appareil à hélice, 30 ch......	2,5	1,28	1/3	500	1963	120	113	1/17,4	160	201	1/9,7	(6) 77	1/25,5	498	1/10
Flaud. Locomobile, 5 ch..........	6	1,25	3/4	440	154	30	7,1	1/21,7	35	9,6	1/16	6	1/25,7	9	1/17

(1) Du petit piston. — (2) Dans le petit cylindre. — (3) Diamètre du petit cylindre. — (4) Échappement du petit au grand cylindre. — (5) Petit cylindre. — (6) Ouverture effective. — (7) Mêmes orifices que pour l'introduction.

Examen de la table précédente. — La première chose qui frappe les yeux en examinant ce tableau, c'est le peu de concordance entre les résultats trouvés, même en séparant chaque système de machine, ce qui veut dire que tous les constructeurs ne sont pas complétement d'accord sur les proportions à adopter entre la surface du piston et celle des conduits et orifices distributeurs, ou bien qu'il peut y exister réellement une certaine variation sans préjudice sérieux pour les fonctions de la machine, car toutes celles portées au tableau sont de construction récente et fonctionnent toutes dans des conditions satisfaisantes.

Un fait d'ailleurs remarquable, c'est que les deux machines de M. Farcot (pl. 22 et 23) possèdent les passages distributeurs les plus faibles, et l'on sait, néanmoins, que ces machines sont d'une construction très-étudiée, et atteignent le meilleur degré d'utilisation du combustible. Mais il faut noter que celles-ci sont aussi réglées sur une détente extrêmement prolongée, exigeant, pour que les effets en soient exactement réalisés, que les espaces nuisibles soient réduits à leur minimum.

Néanmoins, si l'on examine cette série de machines fixes, dont la vitesse linéaire moyenne du piston est voisine de 1 mètre par 1″, qui sont toutes à détente, et dont la pression varie de 2,5 à 5 atm., on reconnaît qu'à part un écart isolé :

1° La section du conduit d'arrivée oscille entre le 1/25 et le 1/30 de la superficie du piston, sans que les variations soient néanmoins justifiées par les conditions spéciales de la machine;

2° La section des orifices d'introduction, qui pourrait être plus grande que celle du conduit d'arrivée, dont le débit est continu, ne l'excède cependant que très-peu. Ce conduit a toujours en effet un certain développement qui commande une augmentation correspondante du diamètre, de façon que la vitesse d'écoulement ne soit pas trop sensiblement altérée, et, s'il est important de donner une grande section aux orifices distributeurs, il n'est pas non plus sans intérêt de réduire les espaces perdus par les canaux situés entre les orifices et l'intérieur du cylindre, et dont la section est au moins égale à celle de ces orifices;

3° Le conduit d'échappement, entre l'orifice de sortie, le cylindre et le condenseur ou l'atmosphère, est d'une section sensiblement plus grande, qui varie moyennement du 1/20 au 1/15 de la superficie du piston, la plus grande section, 1/14, correspondant à l'échappement dans l'atmosphère;

4° La section de l'orifice de sortie est sensiblement égale à celle du conduit : rien n'empêche, du reste, de lui donner de très-grandes proportions, sauf l'augmentation qui peut en résulter pour la surface du tiroir.

Passant aux locomotives, dont les pistons ont une vitesse presque triple que dans les machines fixes, nous avons constaté une augmentation sensible des sections de passage, et particulièrement celle des orifices; quant au conduit d'échappement, qui est aussi très-grand à l'origine, il est soumis à son extrémité opposée et en raison de sa fonction particulière, à un étranglement variable, ce qui ne permet pas de lui attribuer de valeur proportionnelle à celle du piston.

En résumé, pour les locomotives, les orifices d'introduction seraient le 1/12, et celui de sortie le 1/5 de la superficie du piston.

Mais hâtons-nous de faire observer que le tiroir ne découvre pas toujours les orifices d'introduction en plein, par le fait du système, ordinairement adopté, de détente par recouvrement, et variable au moyen de la coulisse qui réduit plus ou moins la course du tiroir.

Viennent ensuite les machines marines, à l'égard desquelles on remarque les mêmes rapports que pour les machines fixes, bien que les conditions de pressions, détentes et vitesses du piston soient un peu différentes.

Néanmoins, il y a plutôt augmentation des passages de vapeur, et particulièrement pour les conduits et orifices d'échappement dont la section atteint le 1/11 et quelquefois le 1/10 de celle du piston.

Enfin, le tableau contient encore les proportions des conduits et orifices d'une locomobile à grande vitesse, d'une faible puissance, et dont les organes sont généralement de petites dimensions.

Les sections des conduits et orifices sont les mêmes que pour les machines fixes, et du reste la vitesse du piston n'est pas plus grande. On aurait pu croire cependant, en raison des pulsations nombreuses du mécanisme, que ce fût le cas de donner une grande section à ces passages; mais les pertes de vapeur par les espaces nuisibles n'en seraient aussi que plus considérables, étant plus de fois répétées, et le constructeur n'a pas cru devoir leur donner de plus grandes dimensions.

Ce qui précède démontre que les machines à vapeur gagneraient beaucoup à ce que l'on fît toujours des canaux séparés pour l'introduction et la sortie, et que l'on supprimât ceux situés entre le tiroir et l'intérieur du cylindre, ce qui permettrait de donner, sans inconvénient, aux divers orifices une plus grande section; en vain l'on agrandit l'orifice de sortie; la vapeur, pour y parvenir, n'en parcourt pas moins le même canal de section réduite par lequel elle est entrée.

DIMENSIONS LINÉAIRES DES ORIFICES. — Les orifices d'introduction étant rectangulaires, le rapport de leurs côtés peut avoir des valeurs différentes parmi lesquelles il convient de rechercher la plus avantageuse.

Au point de vue de l'ouverture la plus rapide, c'est-à-dire du plus grand passage livré au début de la course du tiroir, admettant de toute façon le même mode de commande, le rapport entre la hauteur et la largeur de l'orifice serait indifférent, car chaque fraction démasquée de la surface étant, comme cette surface entière, proportionnelle à la course du tiroir, il s'ensuit que, quel que soit ce rapport des deux dimensions, et en tenant compte des conditions particulières de calage et de recouvrement, une même fraction de course correspond toujours à la même fraction de surface démasquée.

Mais si l'on considère maintenant l'ensemble des fonctions du tiroir, on ne tarde pas à reconnaître qu'il y a au contraire des motifs sérieux pour faire les orifices distributeurs *moins hauts que larges,* autrement dit, en forme de rectangle étroit, *présentant le petit côté dans le sens même du déplacement du tiroir.*

En effet, la surface totale du tiroir est, dans tous les cas, proportionnelle à celle des orifices, ou, ce qui est plus exact, aura sensiblement la même surface extérieure, quel que soit le rapport de leurs côtés; par conséquent il sera soumis à la même pression. Or le travail que son frottement absorbe étant le produit de cette pression par le chemin parcouru, il faut donc, pour réduire ce travail résistant à son minimum, rendre le chemin parcouru aussi faible que possible, c'est-à-dire *allonger* les orifices et disposer le petit côté *dans le sens même de la course du tiroir.*

Maintenant, faisant usage du système de commande par excentrique circulaire, c'est un motif de plus pour réduire autant que possible la course du tiroir, car les dimensions générales de l'excentrique circulaire augmentent dans de très-grandes proportions avec la course qu'on lui fait produire.

Ceci étant la règle générale, le rapport à adopter n'est pas absolu. Ainsi il est certain qu'avec un cylindre *court* on allongera beaucoup les orifices afin de réduire la longueur de la boîte à vapeur; avec un cylindre de proportions ordinaires, la même raison n'existe pas, mais la question de l'excentrique subsiste.

Pour citer des exemples, nous choisissons dans la table précédente la machine de 60 chevaux de M. Farcot, qui est à longue course, et l'appareil de 1000 chevaux, par M. Mazeline, dont la course est au contraire relativement courte.

Dans la machine de 60, les orifices d'introduction ont 5 centimètres sur 17, ce qui correspond au rapport 1 : 3,4.

Dans la machine marine de 1000 chevaux, la largeur entière des orifices d'introduction est de 125 millimètres dont le tiroir en démasque 80 millimètres pour l'introduction et la largeur entière pour la sortie; la longueur est égale à 1m500, en deux parties de chacune 0,750.

Prenant pour base la quantité démasquée, le rapport des côtés de ces orifices serait 8 à 150 = 1 : 18,75.

Ces deux exemples ont pour objet de donner une idée de ce que la pratique présente, mais ne conduiraient à aucune règle. Chaque cas particulier comportera des proportions différentes qui ne peuvent être aucunement prévues. Pour les machines à deux cylindres, dont on cherche à rendre généralement les tiroirs d'égales courses, afin de leur transmettre le mouvement par un seul excentrique ou par le même mécanisme, les orifices des deux cylindres étant de sections différentes et devant posséder une pareille hauteur, ceux du petit cylindre deviennent souvent à peu près carrés, ainsi qu'on en a vu précédemment plusieurs exemples.

Il ne nous paraît donc pas nécessaire de nous étendre davantage sur un sujet qui ne s'appuie pas sur des bases plus fixes, pensant d'ailleurs que le tableau précédent, qui résume les proportions adoptées par des constructeurs expérimentés, sera un guide suffisant pour la pratique (1).

---

(1) Pour l'étude théorique de ce sujet on peut consulter les *Leçons de mécanique pratique* de M. le général Morin, dans lequel ouvrage ce savant a donné des notions très-étendues sur le mode de circulation de la vapeur entre le générateur et le cylindre par les conduits et orifices distributeurs.

FIN DU CHAPITRE DEUXIÈME.

CHAPITRE III

PROPORTIONS DES CONDENSEURS ET DES POMPES A AIR
ET ALIMENTAIRES

CONDENSEURS ET POMPES A AIR

En nous occupant spécialement des appareils de condensation (t. 1er, p. 458), nous avons fait connaître les principales particularités de cet important organe des moteurs à vapeur; et, en décrivant successivement diverses machines à condensation, nous avons pris soin de faire remarquer la construction et les dimensions du condenseur et de la pompe à air; de façon qu'il n'est nécessaire de revenir sur ce sujet maintenant que pour le résumer, en quelque sorte, et surtout pour le mettre en relation avec les notions précédentes relatives à la détermination exacte des poids de vapeur dépensés à l'unité de puissance.

Pour compléter cette étude il reste donc à examiner :

1° L'influence que peut avoir sur la machine le volume plus ou moins grand du condenseur;

2° Le poids d'eau nécessaire à la condensation dans différentes conditions de marche;

3° Les dimensions de la pompe à air et de ses clapets.

VOLUME DU CONDENSEUR

En appliquant un condenseur on a en vue les deux résultats suivants :

1° Créer un milieu dans lequel il ne règne qu'une pression aussi basse que possible, si ce n'est un vide parfait;

2° Que la pression qui y règne néanmoins soit sensiblement constante.

En réalité, le mélange de vapeur et d'eau froide renfermé dans le condenseur est toujours à une température assez élevée pour émettre encore de la vapeur à une pression très-appréciable, et, de plus, l'air atmosphérique, naturellement dissous dans l'eau froide injectée, s'en dégage sous la double influence de la pression moins forte que celle de l'atmosphère extérieure, et de la température plus élevée du nouveau milieu où cette eau vient d'être introduite.

Par ces diverses causes, le vide dans le condenseur n'est obtenu, dans les meilleurés conditions pour ainsi dire exceptionnelles, qu'à un vingtième d'atmosphère près, et, assez souvent, à moins d'un dixième, comme nous l'avons admis précédemment dans la plupart des exemples qui ont été donnés.

Cette contre-pression est néanmoins toujours inférieure à la pression que la vapeur possède dans le cylindre au moment de s'échapper au condenseur; s'il en était autrement, la pression relative sur le piston, et la puissance motrice, par conséquent, devenant nulles vers la fin de sa course, le volant devrait y répondre par une très-notable augmentation d'énergie, afin d'éviter le ralentissement sensible qui en résulterait; et puis, si l'égalité de pression se trouvait établie dès l'origine de la communication du cylindre au condenseur, et que la condensation n'eût pas lieu rapidement, l'écoulement ne pourrait s'effectuer qu'en vertu du mouvement du piston, refoulant en quelque sorte la vapeur, et dépensant, pour cette action, une certaine quantité de travail.

On peut admettre, au contraire, que généralement la vapeur conserve encore, au moment de s'échapper, une tension au moins triple ou quadruple de celle qui règne dans le condenseur. En effet, avec la détente, très-prolongée, de 10 fois l'admission à pleine pression, la vapeur n'aura pas moins de 4 1/2 à 5 atmosphères, avant la détente, soit 0^{at} 45 à 0^{at} 5 après, ce qui ferait 4 à 5 fois la contre-pression. Avec la détente exceptionnelle de 20 fois, et 6 atmosphères, il resterait, au moment de l'échappement, environ 0,3, ce qui est au moins le triple de la contre-pression.

Sous l'influence de cet excès de tension, aussitôt que la communication est établie entre le cylindre et le condenseur, la vapeur ne tarde pas à s'écouler, et si l'action condensatrice pouvait être supposée suspendue un instant, la vapeur, également répartie entre les deux capacités, y établirait une pression égale et réduite dans le rapport inversé de son augmentation de volume. Si, dans cette situation, la condensation n'avait pas lieu immédiatement, le piston, en continuant de s'avancer, réduirait de nouveau l'espace occupé par la vapeur dont la résistance s'accroîtrait de nouveau, et, enfin, on n'aurait rien obtenu ; ou si même elle ne s'opérait que juste dans le rapport de l'avancement du piston, ce dernier aurait constamment à surmonter un effort correspondant à la pression de la vapeur réduite, depuis la détente totale, dans le rapport inverse de son augmentation de volume en se répandant dans le condenseur.

Donc, comme nous le disions (t. 1er, p. 472), s'il est avantageux de livrer de suite un grand espace à la vapeur échappée, il est surtout important de la réduire en la condensant dans le plus court instant possible, de façon que, loin d'être refoulée par le piston, elle soit, au contraire, constamment appelée par l'effet de la dépression qui détermine son écoulement naturel.

Par conséquent, nous concevons un condenseur d'un grand volume, mais qui, n'ayant pas de valeur absolue, a surtout pour objet d'y développer le plus possible la gerbe d'eau froide amenée pour opérer la condensation, et présentant, en un mot, un espace entièrement rempli par une pluie abondante. En adoptant ce système, la quantité d'eau froide et la capacité de la pompe à air étant du reste dans les conditions voulues, on obtiendra un vide non-seulement avancé, mais sensiblement constant, ce qui n'a pas toujours lieu, puisqu'on voit souvent l'indicateur de vide accuser des variations très-marquées et qui se répètent périodiquement à chaque coup de piston.

On a vu des exemples de ce système de condenseur dans les machines de MM. Bourdon, Farcot et Legavrian, et nous en avons aussi fait connaître les proportions comparativement au cylindre.

Le condenseur de la machine Bourdon (pl. 20 et 21) possède un volume de 73 décimètres cubes, y compris le conduit de communication que nous lui attribuons en effet comme faisant partie de l'espace total livré à l'échappement de la vapeur; or, le volume engendré par le piston à vapeur et par coup simple égale: 160$^{\text{d.c.}}$ 66.

Le rapport de ces deux capacités a donc pour valeur :

$$\frac{73}{160,66} = \frac{1}{2,2}.$$

Le volume du condenseur dans lequel se développe la gerbe d'eau froide étant lui-même de 56 décimètres cubes, son rapport avec celui engendré par le piston à vapeur égale :

$$\frac{56}{160,66} = \frac{1}{2,8}; \text{ soit environ: } \frac{1}{3}.$$

Dans les deux machines Farcot (pl. 22 et 23), qui marchent à très-grande détente, et dont les cylindres ont par conséquent un volume beaucoup plus considérable que celui de la vapeur dépensée, le rapport du volume total du condenseur (t. 1er, p. 533) à celui engendré par le piston est cependant environ 1/2,4 pour la grande machine de 60 chevaux, et 1/1,7 pour celle de 20 chevaux. Si l'on mesure le condenseur séparément, on voit que la capacité de cet organe n'est pas au-dessous, dans les deux cas, du 1/3 et de la 1/2 du volume engendré par le piston.

Cependant la pompe à air, dans les deux machines, est à double effet et fonctionne pour chaque coup de piston à vapeur, ce qui met encore en évidence la grande capacité donnée au condenseur.

Adoptant enfin, comme type d'une construction bien étudiée, les deux machines qui viennent d'être citées, on en conclut que, lorsque l'emplacement le permet, on ne devra pas donner à la capacité du condenseur :

Moins du 1/3 au 1/4 du volume engendré par le piston à vapeur à chaque coup simple, en s'arrangeant de toute façon à disperser l'eau froide injectée dans toute son étendue, sous forme de pluie fine.

Cependant il serait plus exact encore de prendre pour mesure le volume de vapeur dépensé à pleine pression, car si les machines précédentes devaient marcher par exemple avec admission, pendant la moitié de la course, la quantité d'eau à injecter serait beaucoup plus considérable et le condenseur pourrait devenir trop faible ainsi que la pompe à air.

Si l'on devait adopter une telle méthode, nous proposons la règle suivante :

Le volume du condenseur d'une machine à détente est égal à 3 ou 4 fois celui de la vapeur dépensée à pleine pression par coup simple et à la tension de 5 atmosphères prise pour base.

Il est évident que pour une détente peu prolongée cette règle donnerait au condenseur une capacité très-grande, comparativement au cylindre; mais si l'emplacement le permet, ce ne sera que mieux, et, du reste, nous entendons ici une machine construite dans les meilleures conditions d'économie, ce qui suppose une détente d'au moins 5 ou 6 fois le volume admis à pleine pression.

POIDS D'EAU NÉCESSAIRE A LA CONDENSATION

Nous ne revenons sur ce sujet, qui a été complétement traité dans les notions préliminaires (voir t. 1er, 1re section) et en parlant de la construction des condenseurs (t. 1er, 4e section), que pour produire une table dont les éléments sont basés sur la précédente (p. 467), et qui donne en effet les quantités d'eau froide à injecter pour effectuer la condensation dans diverses conditions de pression et de détente, par force de cheval utile de 75 kilogrammètres et par heure; nous admettons d'ailleurs que l'eau froide soit uniformément à la température de 12 degrés centigrades, et celle dite *de condensation* à 35 degrés.

TABLE

DES QUANTITÉS D'EAU FROIDE NÉCESSAIRES POUR LA CONDENSATION, CETTE EAU PRISE A 12°; L'EAU DE CONDENSATION AMENÉE A 35°; RENDEMENT DU MÉCANISME 50/00.

PRESSION absolue en atmosphères.	POIDS D'EAU FROIDE A INJECTER PAR HEURE ET PAR FORCE DE CHEVAL AVEC LES DIFFÉRENTS DEGRÉS SUIVANTS D'ADMISSION A PLEINE VAPEUR :								RAPPORT entre le poids d'eau injectée et celui de la vapeur condensée.
	Pleine pression.	Admission 1/2.	Admission 1/3.	Admission 1/4.	Admission 1/5.	Admission 1/6.	Admission 1/8.	Admission 1/10.	
	kil.	kil.	kil.	kil.	kil.	kil.	kil.	kil.	
1	895	539	447	405	382	369	353	350	26,18
2	812	487	394	352	325	309	288	275	26,43
3	764	459	374	332	305	289	265	252	26,52
4	749	446	361	321	294	275	254	240	26,76
5	737	438	355	314	287	269	247	234	26,90
6	724	431	347	307	283	264	242	226	26,92
7	713	421	343	302	278	259	238	223	27

Cette table montre, ce qu'il était du reste possible de prévoir, que la quantité d'eau à injecter pour effectuer la condensation dans les mêmes conditions finales *diminue* au fur et à mesure que la pression initiale s'élève et que la détente est de plus en plus prolongée. Le poids proportionnel d'eau froide à celui de la vapeur dépensée augmente cependant avec la pression, et, comme l'indique la dernière colonne de la table, il faut, pour condenser la vapeur à 1 atmosphère, environ 26 fois son poids d'eau froide, rapport qui devient 27 pour 7 atmosphères. Mais, comme on l'a vu, l'utilisation du travail de la vapeur s'améliore par l'extension de la détente et l'élévation de la pression, ce qui, en résumé, doit correspondre :

A une moindre quantité de calorique à dépenser ou à recueillir au condenseur.

Les valeurs inscrites dans cette table ne doivent subir que peu d'écart en pratique, car si l'eau employée pour injecter est quelquefois plus chaude que 12°, il en est de même de l'eau de condensation dont la température peut, sans trop d'inconvénient, s'élever au-dessus de 35°. D'autre part, le rendement du mécanisme, admis comme dans la première table à 50/00, est au-dessous de ce que l'on doit attendre d'une bonne machine à condensation dont la puissance n'est pas ordinairement des plus faibles. C'est pourquoi, en résumé, nous regardons ces chiffres comme s'approchant beaucoup de la réalité, et cependant plutôt forts que faibles.

EXEMPLE DE L'EMPLOI DE LA TABLE PRÉCÉDENTE. — Quelle est la quantité d'eau froide dont on doit disposer pour alimenter la condensation d'une machine à vapeur fixe de la force nominale de 30 chevaux, marchant à la pression de 5 atmosphères et à la détente de 6 à 1?

La table donne 269 kilogrammes par heure et par cheval, dans ces conditions; ce qui fait, pour 30 chevaux :

$$269 \times 30 = 8070 \text{ kilog. ou litres par heure.}$$

Soit, par 1″ :

$$\frac{8070}{3600} = 2^{\text{lit.}}241.$$

Et, en totalité, pour 12 heures de marche par jour :

$$8070 \times 12 = 96840 = 96^{\text{m.c.}}840.$$

Ce volume d'eau est considérable, et toutes les usines ne peuvent certainement pas en disposer. Aussi, on voit combien il importe de se rendre compte de la quantité d'eau à dépenser avant d'appliquer une machine à condensation.

Terminons en faisant remarquer combien la condensation serait difficile sans la marche à détente, quelle que soit d'ailleurs la pression élevée.

Même avec 7 atmosphères, qui sans détente donne cependant une bonne utilisation, il faudrait 713 kilog. d'eau froide par cheval et par heure : c'est près du triple de la quantité précédente.

SECTION DU TUYAU D'INJECTION

L'eau est injectée dans le condenseur par l'orifice d'un conduit qui plonge directement dans le puits ou le bief de prise, ou qui puise simplement dans un réservoir établi à la même hauteur que le condenseur.

Bien que rien n'empêche, en pratique, de donner à ce conduit, ainsi qu'à l'ajutage qui le termine, une section excédante, et que l'on règle ensuite à l'aide d'un robinet, il n'est pas sans intérêt de se rendre compte du *minimum* de cette section.

Lorsque le conduit plonge directement dans le bief de prise, la vitesse avec laquelle l'eau jaillit dans le condenseur dépend de la différence entre la pression atmosphérique et la somme de la contre-pression ajoutée à la hauteur de l'aspiration.

Lorsque cette eau a été préalablement élevée à la hauteur du condenseur, la pression initiale est celle atmosphérique même diminuée de la contre-pression.

Dans la première de ces deux conditions, il est facile de prévoir le moment où la hauteur d'aspiration deviendrait trop grande pour que l'injection fût possible : c'est la même chose que pour une pompe ordinaire ; non-seulement on n'atteint pas cette limite, mais même à une hauteur qui rendrait l'aspiration douteuse, on préfère élever l'eau à l'aide d'une pompe auxiliaire.

Admettons donc une hauteur d'aspiration que nous regarderons comme maximum, 5 mètres, par exemple, pour en déduire la section minimum du conduit d'injection ; supposons également que la contre-pression s'élève au chiffre anormal de 1/3 d'atmosphère.

La vitesse avec laquelle l'eau jaillira dans le condenseur, d'après ces conditions sera (voir le *Traité des moteurs hydrauliques*) de :

$$v = \sqrt{19,62 \times (10,333 - 5^{\mathrm{m}} - 2,667)} = 7^{\mathrm{m}}23 \text{ par } 1''.$$

La plus forte injection portée sur le tableau précédent est de 895 litres par cheval et par heure, soit 900 en nombre rond, ce qui donne par cheval et par $1''$:

$$\frac{900}{3600} = 0^{\mathrm{d.c.}}250 = 250 \text{ centimètres cubes.}$$

Divisant ce cube par la vitesse ci-dessus, exprimée en centimètres, il vient, pour la section cherchée :

$$\frac{250}{723} = 0^{\mathrm{c.q.}}345 \text{ par force de cheval.}$$

Ainsi, pour une machine de 20 chevaux, la section minimum théorique du tuyau d'injection, pour une aspiration aussi haute, serait de :

$$0,345 \times 20 = 6^{\mathrm{c.q.}}9, \text{ soit 7 centimètres carrés.}$$

Mais pour conserver la latitude nécessaire, et compenser la perte de débit par le frottement de l'eau dans le conduit et par la contraction par l'ajutage terminal, la section de ce conduit, supposé droit, sans étranglement ni coudes brusques, doit être au moins doublée, ce qui, dans l'exemple précédent, donnerait 14 centimètres carrés, correspondant à un diamètre de 42 à 43 millimètres.

En somme, comme on a pris pour base la plus grande quantité d'eau à injecter par unité de puissance, la contre-pression la plus élevée et la hauteur d'aspiration au delà de laquelle il devient prudent d'élever préalablement l'eau à l'aide d'une pompe auxiliaire, il paraît convenable d'admettre, comme règle applicable dans tous les cas,

Que la section du tuyau d'injection doit être fixée pratiquement à : 0,7 DE CENTIMÈTRE CARRÉ, *ou* 70 MILLIMÈTRES CARRÉS *par force de cheval réelle,* en se basant sur la puissance utile *maxima* que la machine est susceptible de développer.

C'est sensiblement le rapport adopté par plusieurs constructeurs et dans les appareils de navigation.

Répétons, d'ailleurs, que cette proportion étant suffisante, il n'y a aucun inconvénient ni grand surcroît de dépense en la dépassant. Plus la section du conduit principal excédera celle de l'orifice supérieur du débit, et plus la vitesse de l'eau y sera retardée ; la résistance par le frottement n'en sera que moindre et le jaillissement plus régulièrement à *gueule-bée.*

<h3 style="text-align:center">DIMENSIONS DE LA POMPE A AIR</h3>

Ce qui précède permet de raisonner sur les dimensions de la pompe à air, et de trouver celles qu'il convient de lui donner, comparativement avec ce que la pratique enseigne et que l'on doit regarder, après tout, comme le guide le plus certain.

La pompe à air a pour mission, comme on sait, d'extraire incessamment du condenseur non-seulement l'eau de condensation, formée de celle d'injection et de la vapeur condensée, mais encore l'air qui s'en dégage.

Ce dernier élément est le plus difficile à déterminer ; mais comme la puissance donnée pratiquement à la pompe excède de beaucoup le résultat trouvé par approximation, on peut s'en tenir à un aperçu pour la comparaison à établir.

On estime que l'eau, à la température et à la pression atmosphérique ordinaires, dissout environ 1/14 de son volume d'air ou de gaz dans le condenseur, où nous supposons qu'il règne une pression de 1/10 d'atmosphère et 35 à 38 degrés de température ; l'air dégagé se dilate sous la double influence de la diminution de pression qu'il supporte et de son augmentation de température, laquelle serait alors de 23 degrés en passant de 12 à 35.

En opérant d'après cette hypothèse, et au moyen de la formule adoptée pour la dilatation des gaz, on trouverait que le volume de l'air à extraire par la pompe est égal à environ les 8/10 de celui de l'eau. Mais en tenant compte encore du volume de vapeur mélangée à l'air et d'égal volume, on en vient à regarder le volume de gaz total à extraire comme approximativement égal aux 16/10 de celui de l'eau injectée pour la condensation.

Désignant alors par P' le poids d'eau injectée du tableau précédent, et par P celui de la vapeur à condenser correspondant, la quantité totale d'eau à faire extraire à la pompe, par chaque coup simple du piston à vapeur, est P' + P, soit par conséquent :

$$P' + \frac{P'}{27} = \frac{28}{27} P'.$$

Comme avec l'eau, dont la densité est prise pour unité, on peut prendre les poids pour les volumes, c'est-à-dire remplacer ici P′ par V, nous dirons, en tenant compte de celui de l'air ci-dessus, que le volume total à extraire par la pompe, toujours par coup simple du piston moteur, égale :

$$\left(\frac{28}{27} + \frac{16}{10}\right) V = 2,64\,V.$$

Ainsi, en admettant d'abord ce chiffre théorique, lorsqu'il faut injecter dans un temps donné 300 kilog. ou litres d'eau dans le condenseur, la pompe à air devrait engendrer, au minimum, dans le même temps, un volume de 792 litres.

Maintenant, si l'on veut établir le rapport entre ce volume et celui engendré par le piston moteur, on reconnaîtra d'abord qu'il est essentiellement variable, puisque nous avons pris pour base le volume réel de vapeur dépensé, lequel change relativement à celui du cylindre suivant le degré de détente employé.

Pour reconnaître les limites principales de ce rapport, nous choisirons celles qui, dans le tableau précédent, indiquent les poids ou volumes d'eau de condensation pour 1 atmosphère avec pleine pression, ou détente nulle, et pour 7 atmosphères, avec admission de 1/10.

Pour la première des deux conditions donnant 895 litres d'eau de condensation, la règle précédente fournit, pour le volume de la pompe à air :

$$2,64 \times 895 = 2363 \text{ litres environ.}$$

Mais la première table (p. 467) indique que, dans ces conditions, le piston moteur doit engendrer 58066 litres ; ces deux volumes ont pour rapport :

$$\frac{2363}{58066} = 0,04.$$

C'est-à-dire que le volume théorique de la pompe à air ne serait que le 1/25 de celui du cylindre.

Passant au second cas, admission 1/10, pression 7 atmosph., qui correspond à 223 litres pour l'eau d'injection, et à 23626 pour le volume du cylindre, celui de la pompe serait :

$$2,64 \times 223 = 589 \text{ litres ;}$$

et son rapport à celui du cylindre :

$$\frac{599}{23626} = 0,025.$$

Dans ce dernier cas, le volume engendré par la pompe à air ne serait que le 1/40 de celui du cylindre ; et si nous avions choisi un exemple avec une faible pression et une grande détente, le résultat eût été encore moins élevé.

En pratique, on est loin de ces volumes restreints. Nous avons montré, en décrivant chaque machine, les dimensions de la pompe à air qui lui est appliquée ; et l'on se souvient que le volume engendré par le piston de cette pompe, fonctionnant même à double effet, n'est presque jamais au-dessous de 1/8. Cependant il est de 1/12 pour la machine horizontale (pl. 23) et pour l'appareil à simple effet de Chaillot (pl. 34); il est de 1/10 pour la machine de M. Bourdon (pl. 20), car le volume d'un coup de piston en est le 1/5 et cette pompe est à simple effet.

La proportion de 1/8 était du reste assez sensiblement celle de Watt, qui, comme pour le condenseur, donnait au volume d'un coup simple de la pompe environ le 1/4 de celui engendré par le piston à vapeur pour des machines à basse pression sans détente, ce qui correspond à un peu plus du double de ce que l'on trouverait à l'aide de la méthode précédente, en opérant pour ce genre de machines qui fonctionnaient avec de la vapeur à 1 atm. 1/4.

De toutes ces remarques on pourrait déduire que la pompe à air, comme le condenseur, doit être proportionnée, non pas relativement au volume absolu engendré dans la course entière du piston à vapeur, mais en prenant pour base le volume de la vapeur dépensée à pleine pression. Il reste maintenant à examiner la correction à faire subir au rapport théorique précédent.

Déjà nous n'avions admis que le vide poussé à moins d'un dixième d'atmosphère; mais si l'on atteint réellement 1/20, comme on tend à l'obtenir, les gaz à extraire acquerront un volume double, soit 32/10 V, lequel, ajouté à celui de l'eau, donne pour ce volume total :

$$\left(\frac{28}{27} + \frac{32}{10}\right) V = 4\,V \text{ environ.}$$

Enfin si, comme Watt, on double ce produit, pour parer aux imperfections du fonctionnement de la pompe et à l'augmentation éventuelle de la puissance demandée à la machine, par une admission à pleine vapeur plus prolongée ou par une élévation de la pression initiale, on aura la règle simple suivante :

Le volume utile et effectif engendré par la pompe à air doit être égal à 8 fois celui de l'eau froide injectée.

Il n'est donc plus question du volume du cylindre, dans lequel l'admission à pleine vapeur est plus ou moins grande et à laquelle se rapporte exclusivement le volume d'eau injectée pris pour base.

Cette règle est un guide sûr, mais elle ne peut pas être regardée comme résolvant le problème d'une façon absolue, car une machine n'est jamais établie pour développer toujours une égale puissance, avec la même détente et la même tension initiale, et le volume de la pompe, qui est invariable, doit être déterminé en vue de la puissance moyenne que la machine est susceptible de fournir.

Pour comparer les résultats de cette règle aux données habituelles, nous allons proposer deux exemples.

Premier exemple. — Trouver le volume de la pompe à air pour une machine fonctionnant sans détente avec de la vapeur à 2 atmosphères, le rendement du mécanisme supposé 50/00.

La table principale (p. 467) indique que le volume engendré par le piston à vapeur, dans ces conditions, par heure et par cheval, égale 27$^{\text{m.c.}}$541.

La table précédente des quantités d'eau de condensation indique que, dans des conditions identiques, le poids d'eau à injecter est de 812 kilogrammes.

Le volume effectif, par heure et par cheval, de la pompe à air sera donc, suivant la règle proposée :

$$812 \times 8 = 6496 \text{ litres ou décimètres cubes.}$$

Rapportant ce volume à celui du cylindre, on trouve :

$$\frac{6496}{27551} = \frac{1}{3,1}.$$

Cette pompe aurait donc de très-grandes dimensions comparativement au cylindre, car, si elle est à simple effet, son volume par coup simple en sera les 2/3 environ. Cet excès s'explique d'ailleurs, puisque la règle est établie pour un vide beaucoup plus avancé qu'on ne l'obtenait avec les anciennes machines à condensation sans détente.

DEUXIÈME EXEMPLE. — Résoudre le même problème pour une machine marchant à la détente de 9/10 et 4 atmosphères.

Le volume spécifique du cylindre égale, d'après la table, 42$^{\text{m.c.}}$789 ;

La quantité d'eau à injecter, 240 kilog. ou litres,

Le volume engendré par le piston de la pompe égale :

$$240 \times 8 = 1920 \text{ décimètres cubes.}$$

Rapport des deux volumes

$$\frac{1920}{42789} = \frac{1}{22,3}.$$

Cette fois la pompe serait beaucoup plus faible qu'on ne le fait habituellement. Mais une machine, dont la puissance nominale est réglée sur l'admission exceptionnelle de 1/10, doit fournir au besoin le double de cette puissance, en prolongeant l'admission jusqu'au 1/5 environ de la course du piston.

Par conséquent ce rapport serait déjà par cela même réduit de moitié, puisque la quantité de vapeur dépensée, et par suite celle d'eau injectée, devient double ; mais pour l'admission 1/5 et 4 atmosphères, la quantité d'eau à injecter égale, d'après la table, 294 litres, d'où le volume à adopter pratiquement pour la pompe devient :

$$294 \times 8 \times 2 = 4704 \text{ décimètres cubes.}$$

Et, enfin, son rapport avec celui du cylindre prend cette dernière valeur :

$$\frac{4704}{42789} = \frac{1}{9} \text{ environ.}$$

Nous n'ajouterons rien à ces exemples qui montrent bien l'usage que l'on peut faire de la règle que nous proposons, laquelle est à la fois conforme au fonctionnement de l'organe qu'il s'agit de proportionner et aux exigences de la pratique.

SECTION DES CLAPETS DE LA POMPE A AIR

Les clapets des pompes à air de condensation n'ont pas des fonctions différentes que dans les autres pompes, et doivent présenter à l'eau des passages aussi grands que possible, afin d'éviter les accroissements de vitesse donnant lieu à un excès de résistance.

La moindre section d'ouverture que l'on doive leur réserver n'est pas, autant que possible, au-dessous du 1/3 ou de la moitié de la surface du piston.

Le clapet d'aspiration, celui qui sépare le condenseur de la pompe, mérite surtout un examen spécial à cause de sa situation particulière. Si l'on pouvait admettre que le vide fût presque parfait dans le condenseur, il existe des dispositions (comparables à celle pl. 14, fig. 3) dans lesquelles ce clapet n'éprouverait pour ainsi dire aucun effort capable de le faire lever, lorsque le piston aspire et fait lui-même le vide derrière lui. En réalité, la contre-pression dans le condenseur est suffisante pour déterminer l'écoulement et repousser le clapet; mais de toute façon cette pression est faible et nécessite de donner au clapet une grande ouverture pour suffire au débit.

Dans d'autres circonstances, la pompe à air étant placée au-dessous du condenseur (pl. 14, fig. 6, et pl. 22 et 23), il reste toujours au-dessus du clapet une colonne d'eau dont le poids contribue à le faire lever, ce qui ne dispense pas néanmoins de lui donner une grande section d'ouverture.

DIMENSIONS DES POMPES ALIMENTAIRES

Lorsqu'on connaît exactement le volume d'eau nécessaire à l'alimentation d'une machine, la détermination des dimensions de la pompe n'est plus qu'une question de simple calcul qui n'offre qu'un intérêt restreint. Néanmoins, comme la puissance d'une pompe alimentaire n'est pas absolument limitée au volume d'eau rigoureusement nécessaire, il convient d'en dire spécialement quelques mots.

Il y a lieu, du reste, d'examiner les proportions relatives du corps, des clapets et des tuyaux de conduite.

CORPS DE POMPE

Volume. — Dans la plupart des machines à vapeur, le piston de la pompe alimentaire donne autant de coups que celui à vapeur; si le régime de toutes les machines était le même, les volumes engendrés par ces deux pistons seraient proportionnels, et c'est à l'aide de cette méthode que l'on déterminait; en effet, les proportions de la pompe alimentaire des machines à basse pression, dont la réglementation variait peu d'une machine à l'autre.

Maintenant que chaque machine est susceptible de présenter des conditions de marche particulières, comme étendue d'admission et pression de la vapeur, il est plus rationnel de rechercher directement à quel poids ou volume d'eau chaque réglementation spéciale correspond.

Cette valeur de la dépense d'eau étant déterminée de la manière la plus complète au moyen de la table spéciale (p. 467), nous n'avons qu'à nous y reporter pour résoudre la question des pompes alimentaires.

Cette table nous montre, abstraction faite de quelques valeurs maxima qui correspondent à des réglementations inusitées, que la quantité d'eau consommée par une machine à vapeur peut varier de 45 à 9 kilogrammes d'eau par force de cheval et par heure, le rendement admis à 50/00 de l'effet utile sur le piston, et sans y comprendre un certain excès d'eau qui, presque généralement, mais dans des proportions diverses, se trouve entraînée avec la vapeur, et dont il faudrait cependant tenir compte pour fixer le produit de la pompe.

En présence de variations aussi considérables, il faudrait, pour ainsi dire, assigner autant de proportions différentes aux pompes alimentaires qu'il peut se rencontrer de réglementations particulières. Cependant il est possible de ramener le problème à des termes plus généraux, en remarquant d'abord que le régime d'une même machine est beaucoup moins variable sans détente qu'avec détente, et ensuite que l'on peut, dans les deux cas, établir deux catégories comprenant les machines avec ou sans condensation.

Partant de cette donnée, on dira :

1° Qu'une machine sans détente ni condensation dont le régime est sensiblement fixe, dépense, en moyenne, 40 kilogrammes d'eau en vapeur réellement utilisée par force de cheval et par heure ;

2° Que, pour une machine à détente sans condensation, dont la puissance peut varier jusqu'à 1,5 au moins, celle nominale et dont la dépense spécifique en vapeur est moyennement de 20 kilogrammes, il convient d'établir la pompe pour une dépense plus élevée et d'environ 30 kilogrammes ;

3° Que, pour les machines à détente et condensation, dont la puissance est variable dans des conditions analogues, et dont la dépense varie de 18 à 9 kilogrammes, mais avec une moyenne soutenue d'environ 15, on peut baser la pompe sur un produit de 22 à 25 kilogrammes par cheval et par heure.

Si, maintenant, on modifie ces quantités en vue des imperfections de fonctionnement de la pompe, qui ne permettent de compter que sur un rendement de 70/00 du volume engendré par le piston, et qu'on y ajoute d'abord 15/00 pour l'entraînement éventuel de l'eau non vaporisée, on arrive aux conclusions suivantes :

Machines sans détente ni condensation. — Le piston de la pompe alimentaire doit engendrer, comme somme des coups simples, un volume égal à

$$\frac{40 \times 1,15}{0,7} = 65,714,$$

soit environ 66 décimètres cubes par force de cheval et par heure.

Machines à détente sans condensation. — Ce même volume égale :

$$\frac{30 \times 1,15}{0,7} = 49,286,$$

soit environ 49 décimètres cubes par force de cheval et par heure.

Machines à détente et condensation. — Pour ce troisième genre on trouve, pour le volume maximum à donner à la pompe alimentaire :

$$\frac{25 \times 1,15}{0,7} = 41,071,$$

soit 41 décimètres cubes par force de cheval et par heure.

Ces nombres, pris pour bases de comparaison, permettent d'évaluer les dimensions réelles de la pompe dont le volume en est le quotient de la division par le nombre de coups doubles par heure.

Admettons, comme exemple, que l'on cherche le volume engendré par le piston de la pompe alimentaire d'une machine à détente et à condensation, de la force nominale de 25 chevaux, et faisant 30 tours par minute, la pompe commandée directement;

On trouve :

$$\frac{41^{\text{d.c.}} \times 25^{\text{ch.}}}{30^{\text{t}} \times 60'} = 0^{\text{d.c.}}570 = 570 \text{ centimètres cubes.}$$

Le piston de la pompe alimentaire appartenant à la machine de M. Bourdon, dont la réglementation correspond aux données précédentes, engendre, par coup simple, un volume de 630 centimètres cubes (t. 1er, p. 519).

On sait que la fonction d'une pompe alimentaire est le plus souvent intermittente, d'où l'alimentation n'étant pas continue, elle se fait dans un temps plus court et doit être, par conséquent, plus abondante.

Les nombres ci-dessus ne sont donc que des bases, puisque la capacité à donner à la pompe peut encore s'élever par ce seul fait ; dans la prévision même de lui demander un surcroît de travail momentané, on exagère parfois beaucoup ses dimensions, ce qui conduit forcément au fonctionnement intermittent à longs intervalles, fâcheuse méthode qu'on ferait bien de rejeter (t. 1er, p. 435).

DIAMÈTRE ET COURSE. — Le diamètre et la course ne sont qu'une déduction arithmétique du volume trouvé par coup simple, et ne présentent, par conséquent, d'autre intérêt que la relation variable qui peut exister entre eux.

Souvent le piston de la pompe est commandé directement et donne le même nombre de coups que celui à vapeur; on cherche alors à réduire la course, de façon que sa vitesse ne dépasse pas une certaine limite, au delà de laquelle le fonctionnement est mauvais et les résistances considérables.

Mais le fonctionnement n'est pas moins douteux lorsque, sans même atteindre cette limite, le nombre de pulsations est très-grand et apporte du désordre dans le jeu des clapets. C'est une des causes qui ont fait adopter avec empressement, pour les locomotives, le nouvel injecteur de M. Giffard (t. 1er, p. 447).

En somme, le diamètre et la course du piston de la pompe dépendent absolument de la disposition du mécanisme, et n'ont aucune relation qui puisse être établie *à priori*. Faisons remarquer seulement qu'en les cherchant, on devrait s'arranger pour que la vitesse du piston dépassât peu 50 centimètres par 1″, et pour ne pas dépasser, dans aucun cas, le nombre de 100 pulsations par minute. Pour une machine tournant plus vite, mieux vaudrait commander la pompe par un intermédiaire retardateur.

Sections des clapets et des tuyaux d'aspiration et de refoulement. — Dans bien des circonstances, et particulièrement pour des machines de réglementation à peu près semblable, on a déterminé la section des clapets des pompes de service proportionnellement à la puissance nominale exprimée en chevaux ; c'est, en effet, par ce procédé que la section du tube d'injection du condenseur s'est trouvée déterminée ci-dessus, en prenant pour bases fixes la hauteur d'aspiration, la contre-pression et la quantité spécifique maxima d'eau à injecter, car, dans ce cas, la quantité totale d'eau devient bien proportionnelle à la puissance nominale.

Une méthode analogue serait applicable au tube d'aspiration de la pompe alimentaire si le fluide était libre de jaillir dans la pompe avec toute la vitesse due au vide engendré par l'aspiration. Mais il ne peut s'y introduire, au contraire, qu'en vertu de l'espace que lui livre le piston dont la vitesse est, comme nous venons de le voir, très-restreinte ; il faut donc prendre cette vitesse comme point de départ en se basant sur le volume d'eau moyen assigné respectivement ci-dessus aux trois genres différents de machines.

On peut admettre que la vitesse de l'eau au travers du tube d'aspiration atteigne en moyenne 0^m50 par 1″ ; mais comme le jeu de la pompe est intermittent, c'est comme si l'écoulement avait lieu d'une manière continue à la vitesse de 0^m25 par seconde.

Appliquant cette méthode aux trois genres de machines pour lesquelles les volumes d'eau à fournir sont calculés ci-dessus, on obtient les résultats que nous allons faire connaître.

Machines sans détente ni condensation. On a vu précédemment que la pompe alimentaire appliquée à ce genre de machine devait fournir en moyenne 40 kilog. ou litres d'eau par force de cheval et par heure, plus 15/100 pour l'entraînement d'eau non vaporisée. La section du clapet d'aspiration de cette pompe égale, d'après cela, les dimensions exprimées en décimètres :

$$\frac{40 \times 1,15}{2,5 \times 3600} = 0^{d.q.}00511,$$

Soit un 1/2 cent. carré par force de cheval nominal.

Machines à détente sans condensation. Opérant de même pour ce second genre, on trouve pour la section d'ouverture du clapet d'aspiration :

$$\frac{30 \times 1,15}{2,5 \times 3600} = 0^{d.q.}00383 = 0^{c.q.}383, \text{ par cheval.}$$

Machines à détente et condensation. On obtient de même :

$$\frac{25 \times 1,15}{2,5 \times 3600} = 0^{d.q} 00319 = 0^{c.q} 319.$$

Ces rapports sont assez sensiblement conformes aux proportions adoptées en pratique, sans pouvoir être considérés, néanmoins, comme des règles invariables; on devra en faire usage comme point de comparaison, afin d'être sûr de ne pas se trouver au-dessous de leur valeur, qui peut être dépassée, au contraire, sans inconvénient, si les proportions générales de la pompe le permettent.

Pour mieux fixer les idées sur l'application de ces bases proportionnelles, nous allons en donner un exemple.

Quelle doit être la section minima de l'ouverture du clapet d'aspiration de la pompe alimentaire, appliquée à une machine à détente et condensation de la force de 25 chevaux.

La section spécifique étant de $0^{c.q} 319$, on trouve, pour la puissance proposée :

$$0^{c.q} 319 \times 25^{ch.} = 7,98 \text{ centimètres carrés.}$$

Cette section correspond à un cercle d'environ 32 millimètres de diamètre, qui est celui à donner au tuyau d'aspiration; quant au clapet lui-même et à son siége, on devra chercher la dimension qui donne une ouverture effective équivalente en tenant compte de sa disposition à queue, à lanterne ou à charnière.

Nous répétons qu'il ne peut y avoir qu'avantage à augmenter la dimension trouvée ainsi, lorsque la construction le permet.

Si l'on examine la pompe alimentaire de la machine Bourdon (pl. 20), qui correspond aux données de l'exemple précédent, on verra que le clapet d'aspiration est ajusté sur un conduit d'environ 30 millimètres de diamètre, qui est d'autant plus suffisant que cette pompe n'effectue aucune aspiration, puisqu'elle puise dans la cuvette de la pompe à air qui est plus élevée qu'elle.

On admet, en effet, dans la règle précédente, que la hauteur d'aspiration est toujours beaucoup moindre que celle qui ne laisserait à l'eau élevée qu'une vitesse initiale, dans le conduit d'ascension, de 50 cent. par 1″.

En ne faisant jamais puiser la pompe à plus de 5 mètres de hauteur, l'eau posséderait encore, dans cette condition admise comme maximum, une tendance à franchir l'orifice du clapet avec une vitesse toujours égale à :

$$v = \sqrt{19,62 \times (10^{m}33 - 5^{m})} = 10^{m}21 \text{ par } 1″.$$

On donne ordinairement au clapet et au conduit de refoulement les mêmes dimensions qu'à ceux d'aspiration, d'où il suit que l'eau y acquiert la même vitesse moyenne. Nous ne ferons qu'une seule objection à cet égard, c'est que la pression s'y trouvant beaucoup plus élevée, et le tuyau ayant souvent une longueur considérable pour atteindre la chaudière, la résistance augmente beaucoup, et, en chargeant la pompe, vient ajouter aux nombreuses chances de rupture des divers organes du parcours.

Par conséquent, tout en conservant au clapet de refoulement la même dimension qu'à l'autre, il ne serait pas inutile d'augmenter un peu le diamètre de la conduite, surtout si elle présente un long développement, avec lequel la résistance s'accroît. Il ne faut pas oublier, du reste, que la section de ces passages se réduit naturellement, au bout de quelque temps, par le dépôt des matières que l'eau amène, et qui s'y trouve en suspension ou à l'état de dissolution calcaire.

Mais il sera au moins aussi important d'éviter ces coudes brusques, presque des *pliures*, que l'on fait quelquefois subir à ce genre de conduit, sous prétexte de lui faire épouser plus intimement les contours et ressauts du sol ou des maçonneries, dans lesquels on les incruste en vue de les dissimuler. C'est par de semblables fautes que l'on réduit, souvent dans de très-grandes proportions, la section du passage au refoulement, et qu'à la moindre obstruction accidentelle la résistance s'accroît au point de produire la rupture de ce conduit ou de quelque partie de la pompe.

FIN DU CHAPITRE TROISIÈME.

CHAPITRE IV

PROPORTIONS DES VOLANTS ET DES RÉGULATEURS DE PUISSANCE

APPLIQUÉS AUX MACHINES A VAPEUR

PRINCIPES DES FONCTIONS DU VOLANT

Le volant d'une machine à vapeur, dont l'emploi a été défini plusieurs fois précédemment, en est un organe assez important pour que les proportions en soient étudiées avec le même soin que celles du cylindre, de la distribution et de l'appareil de condensation; ce n'est pas une pièce à déterminer au point de vue de la résistance de la matière qui la compose, mais bien à celui des effets mécaniques que cet organe est appelé à rendre pour compléter la fonction du cylindre, et concourir au rendement intégral de la puissance directement développée par la vapeur. Le même raisonnement serait applicable à tout autre genre de moteur, et, en général, à tout appareil dans lequel il se produit ou il se consomme de la force motrice; mais on comprend que nous limitions, quant à présent, cette définition aux moteurs à vapeur que nous avons exclusivement en vue.

Néanmoins, pour mieux faire comprendre les notions, assez compliquées, qui suivent, nous allons essayer d'abord d'analyser les fonctions d'un volant, en prenant pour exemple les diverses circonstances les plus caractéristiques de son application.

Les circonstances qui rendent l'application d'un volant nécessaire se produisent de deux façons différentes :

1° L'inégalité de résistance présentée par un même travail dans les temps successifs de sa production ;

2° L'inégalité des efforts transmis par le moteur, soit directement de la part de la force motrice, suivant son mode d'emploi, soit par leur inégale répartition due au mode de transmission entre le récepteur direct et les organes commandés.

Comme exemple du premier cas, nous supposerons un laminoir commandé par une roue hydraulique, ce qui présente la réunion d'une résistance variable et d'un moteur d'une puissance sensiblement uniforme, comme l'est une roue hydraulique qui reçoit l'eau d'une manière continue et en égale quantité.

Lorsqu'on soumet une barre de métal au laminoir, d'une résistance très-faible, lorsqu'il marche à vide, il reçoit immédiatement son maximum de résistance; or, si la commande était directe et sans masses mobiles intermédiaires, il est évident que le moteur, dont l'effort est supposé constant, passerait d'une vitesse considérable à l'état de repos, puisque la résistance viendrait tout à coup à dépasser l'effort en vertu duquel le moteur et les pièces de la transmission avaient pris leur vitesse de régime. Pour que le mouvement pût reprendre, il faudrait qu'il s'écoulât le temps nécessaire pour que la roue se chargeât d'une quantité d'eau, non-seulement capable de faire équilibre à la nouvelle résistance, mais encore de celle nécessaire pour vaincre l'inertie et faire acquérir au laminoir la vitesse à laquelle il doit fonctionner. Généralement le moteur, incapable de contenir le volume d'eau suffisant, s'arrêterait d'une manière complète.

Mais si l'un des arbres intermédiaires est muni d'un volant assez pesant, les choses se passent d'une façon différente. En mettant le mécanisme en train, à vide, la roue motrice dépense un excès de force correspondant à celui exigé par la masse du volant pour vaincre son inertie, et le faire tourner à une certaine vitesse. Si l'on vient alors à engager du métal entre les cylindres du laminoir, le mécanisme subit bien un ralentissement, mais beaucoup moins considérable que la première fois, attendu que le volant oppose à la diminution de vitesse une résistance correspondant à l'excès de puissance que le moteur a dépensé pour lui donner l'excès de vitesse qu'il a acquis lorsque le laminoir marchait sans charge. En d'autres termes, le volant emmagasine l'excès de puissance développé par le moteur, quand le laminoir marche à vide, et restitue cet excès lorsque le laminoir commence à travailler, ce qui, en résumé, *resserre*, dans une certaine limite, *les écarts de vitesse* que le mécanisme est susceptible de présenter par suite des inégalités alternatives entre la puissance et la résistance.

Pour exemple du deuxième cas, nous prendrons une machine à vapeur commandant un outil dont nous supposerons la résistance parfaitement fixe. Les variations à observer proviennent alors exclusivement du moteur.

Dans une machine à vapeur composée d'un cylindre dont le piston actionne un axe tournant par une bielle et une manivelle, l'irrégularité de la puissance transmise est très-remarquable. On a vu qu'aux *points morts*, quand la bielle et la manivelle sont en ligne droite, l'effort du piston est de nul effet, quant à la direction circulaire de la manivelle, puisque cet effort s'exerce uniquement suivant la ligne des centres. Au contraire, lorsque le piston est au milieu de sa course, ce qui correspond à la position où la bielle et la manivelle sont près d'être perpendiculaires l'une à l'autre, la pression sur le piston est communiquée presque intégralement au bouton de la manivelle.

Par conséquent, celui-ci est poussé par une force qui varie périodiquement, c'est-à-dire par une force qui, nulle aux deux points extrêmes de la course, atteint son maximum aux deux positions moyennes; la résistance étant supposée constante, l'arbre moteur, s'il ne portait point de volant, tournerait alors avec une vitesse très-variable, susceptible de passer de zéro à son maximum, et de son maximum à zéro, suivant que la manivelle passe elle-même de l'un des points extrêmes à l'une des positions moyennes, *et vice versâ*.

Comme dans l'exemple précédent, l'application d'un volant empêche cette vitesse

II.   67

d'être nulle aux deux points morts, et ne lui permet pas d'atteindre le maximum aux positions moyennes; l'excès de puissance, à ces deux positions, est absorbé par le volant, qui s'accélère un peu, et restitue cet excès aux points morts, en perdant ce qu'il avait gagné en vitesse.

Ces circonstances, qui se produisent dans l'hypothèse de la pression fixe sur le piston de la machine, se renouvellent, à plus forte raison, lorsqu'on marche à *détente*; dans ce mode d'emploi de la vapeur, la pression, très-inégale aux différents points de la course du piston, vient s'ajouter aux positions variables de la bielle et de la manivelle pour troubler l'égalité entre le travail et la résistance moyenne.

Un volant n'est donc point une puissance; mais *un réservoir de force*, qui, interposé entre le travail et le moteur, égaux comme somme, mais inégaux sous le rapport de la répartition des efforts, absorbe les excès momentanés de part et d'autre et les nivelle à peu près. Il ne peut pas rétablir une égalité absolue qui donne lieu à l'uniformité de vitesse parfaite; car une masse déterminée ne peut acquérir ni perdre de la force vive sans changement dans ses conditions de vitesse; mais pour une même quantité de force vive à gagner ou à perdre, la variation de vitesse peut être aussi faible qu'on le voudra; suivant que son rapport avec la masse en mouvement sera plus considérable, principe de mécanique dont nous essayons plus loin de rappeler les éléments.

Ce qui pouvait produire une illusion sur la puissance propre d'un volant, c'est que tel travail à accomplir à l'aide d'un même moteur donné était insurmontable sans volant et devenait au contraire possible par l'addition de cet organe. Cela ne signifiait pas que le moteur fût trop faible, mais que, par l'inégale répartition des efforts, il faisait un excès de dépense non restitué, pour entretenir la vitesse dans les moments de retard.

Supposons comme exemple, à l'appui de ce fait, une pompe élévatoire aspirante, dont l'unique résistance se manifeste lorsqu'on élève le piston, et qui soit commandée par un homme à l'aide d'une manivelle. Si l'arbre de la manivelle ne porte pas de volant, et que le travail total à produire, d'après la hauteur de colonne d'eau à soulever, atteigne la puissance maximum que l'homme peut développer, il est certain que ce dernier ne pourra pas faire mouvoir la pompe; car la résistance, ne se manifestant que pendant la moitié de la durée du travail, *sera double* de ce qu'elle serait si elle était continue et régulière : l'homme semblera trop faible.

Mais s'il existe un volant, l'effort développé en excès par l'homme pendant la descente du piston sera absorbé par le volant, qui le restituera pour élever le piston à sa prochaine ascension; l'équilibre sera rétabli, et l'homme devient assez puissant, par le seul fait *d'une plus égale répartition* des efforts moteurs et résistants.

Après cet exposé, qui nous semblait nécessaire pour faire connaissance avec l'organe que nous voulons étudier, nous allons rappeler quelques principes de mécanique indispensables pour en établir la théorie (1).

---

(1) En rappelant les notions générales qui suivent, nous faisons certainement une répétition à l'égard de quelques principes déjà énoncés dans le cours de ce Traité, et particulièrement dans la partie des mo-

NOTIONS ÉLÉMENTAIRES SUR LE PRINCIPE DE LA FORCE VIVE

Lorsqu'un corps soumis à l'action d'une force peut céder, n'étant pas retenu par des liens invincibles, il commence à se mouvoir, suivant un mouvement qui s'accélère peu à peu, et acquiert, au bout d'un certain temps, une vitesse dont l'intensité dépend du rapport entre la force et sa masse.

Pour établir la mesure des forces et de leur effet, on a pris celle de l'attraction terrestre. Dans cette circonstance, le poids du corps mis en mouvement est la mesure de la force qui le déplace et lui communique, au bout d'un temps donné, une certaine vitesse. Réciproquement, une force quelconque, pouvant être mesurée par un poids, on en calcule les effets en les assimilant à ceux de l'attraction terrestre sur les masses qu'elle met en mouvement.

L'observation de la chute d'un corps, sous l'action de la pesanteur, fait connaître que les accroissements de la vitesse du corps en mouvement suivent une loi régulière que l'on énonce ainsi :

La vitesse acquise, à un moment quelconque, par un corps qui tombe librement sous l'action de la pesanteur, EST PROPORTIONNELLE AU TEMPS qui s'est écoulé depuis le commencement du mouvement.

Cette loi, qui est celle que l'on désigne en mécanique sous le nom de : *mouvement uniformément accéléré*, se traduit sous la forme suivante :

$$V = v\,t$$

dans laquelle V représente la vitesse acquise après un certain temps, t de l'action, et v la vitesse possédée au bout de l'unité de temps.

Si l'on examine la valeur du chemin effectué par le corps soumis à ce mouvement, on reconnaît bientôt qu'à un moment donné ce corps, parti du repos avec une vitesse régulièrement croissante, a parcouru un espace *moitié* de celui qu'il aurait engendré s'il avait possédé constamment la vitesse finale correspondant au moment d'observation.

Par conséquent, appelant h l'espace parcouru par le corps dans un temps t, avec un mouvement uniformément accéléré, et qui possède la vitesse V au bout du même temps, cet espace total parcouru aura pour expression :

$$h = \frac{1}{2}\,V\,t.$$

Dans cette expression, t peut être remplacé par sa valeur $\dfrac{V}{v}$, que l'on tire de l'équation ci-dessus, ce qui fournit :

$$h = \frac{1}{2}\,V\,\frac{V}{v} = \frac{V^2}{2\,v}.$$

Maintenant, pour appliquer cette dernière formule les résultats fournis par l'observation de la chute des corps, il reste à fixer la valeur de v, c'est-à-dire la vitesse acquise au bout de l'unité de temps qui permet de déterminer toutes les valeurs contenues dans la formule.

teurs hydrauliques. Mais comme, par la spécialité de chacune des deux parties, il peut arriver que l'on possède l'une sans l'autre, et que, d'ailleurs, nous considérons comme un avantage le rapprochement des principes de leur application immédiate, nous n'hésitons pas à faire cette reproduction, qui n'a lieu, du reste, que pour un petit nombre de points.

Prenant la seconde pour unité de temps, l'observation démontre qu'un corps qui tombe librement sous l'action de la pesanteur, dans le vide, et sous la latitude de Paris, acquiert, après une seconde de chute, une vitesse de 9^m 8088 par 1″, c'est-à-dire celle avec laquelle il continuerait à se mouvoir si le mouvement cessait de s'accélérer après une seconde. Cette vitesse se désigne universellement par la lettre g; c'est la valeur de v, dans les formules précédentes, qui doit être alors remplacée par g.

On a donc, pour la première :

$$V = g\,t \quad \text{et} \quad h = \frac{V^2}{2\,g}.$$

Cette vitesse sert de mesure aux effets de la pesanteur sur les corps pesants, qui sont d'ailleurs la mesure de son intensité; le poids d'un corps n'est autre chose, en effet, que l'effort qu'il faut exercer pour le soutenir et l'empêcher de céder à l'action terrestre. Il est vrai que tous les corps, quels qu'en soient le poids absolu et le volume, tombent, DANS LE VIDE, et dans un même lieu, avec une égale vitesse : mais cela signifie simplement que l'action de la pesanteur agit également sur toutes les molécules qui les composent, quel que soit leur nombre.

Enfin, la pesanteur est une force dont la mesure est le poids de chacun des corps qu'elle met en mouvement, et qui leur communique, après un temps déterminé, une vitesse connue. En comparant ses effets à ceux de toute autre force, on reconnaît qu'une force quelconque, égale à la pesanteur terrestre, produirait des effets identiques.

Il est important de faire remarquer que l'intensité de la pesanteur change aux divers points du globe terrestre, en raison de plusieurs causes que nous n'avons pas à examiner. Ainsi, un même corps transporté d'un lieu à un autre ne donne pas les mêmes résultats de vitesse acquise après un même temps de chute : g prend une autre valeur g'. Mais ce corps, qui est resté le même, et dont le poids évalué, par exemple, à l'aide de la flexion d'un ressort, égalait P, égale, dans cet autre lieu P′.

Si l'on compare alors les poids et les vitesses acquises correspondantes dans le même élément de temps t, on trouve la proportionnalité suivante :

$$P : P' :: g\,t : g'\,t;\ \text{d'où}\ \frac{P}{P'} = \frac{g\,t}{g'\,t}.$$

Cela revient à dire que les vitesses communiquées, ou acquises dans le même temps, *sont proportionnelles à l'intensité de l'action ou de la force* dont les poids P et P′ sont la mesure pour chaque endroit observé.

Mais par la similitude entre le mode d'action de la pesanteur et celui des autres forces, cette loi se généralise, et si l'on appelle :

P le poids d'un corps ou l'action que la pesanteur exerce sur ce corps, en un certain lieu;

g la vitesse que la pesanteur ferait acquérir à ce même corps au bout d'une seconde de chute;

F une autre force exprimée en kilogrammes, et agissant sur ce même corps pendant un temps t;

V la vitesse qu'elle lui ferait acquérir après une seconde d'action, s'il est complétement libre d'y céder;

on trouve encore :

$$P : F :: g\,t : V;\ \text{ou bien :}\ \frac{P}{F} = \frac{g\,t}{V};\ \text{d'où}\ \frac{P}{g} = \frac{F\,t}{V}.$$

D.ns cette dernière relation, le quotient $\dfrac{P}{g}$ du poids d'un corps par la gravité s'appelle *la masse du corps*, et se. désigne ordinairement par M, expression qui a surtout pour objet de fixer cette forme de calcul dans l'esprit.

On a par conséquent :

$$M = \frac{P}{g}; \text{ et : } M = \frac{Ft}{V}; \text{ d'ou } Ft = MV.$$

Cette dernière expression, M V, s'appelle *quantité de mouvement;* elle désigne le produit de la masse d'un corps par la vitesse actuelle qu'il possède au moment où on le considère. C'est une valeur égale au produit F t de la force qui lui a communiqué cette vitesse, en agissant sur lui pendant un temps t. Mais c'est, en même temps, la mesure de la résistance développée en sens contraire par l'inertie que le corps oppose à cette force en cédant à son action.

Ces définitions de la mécanique sont admirables, mais néanmoins toujours difficiles à saisir, même avec les développements présentés par les ouvrages spéciaux et que nous ne pouvons reproduire ici, n'ayant pour but que d'en rappeler les principes.

Cependant, pour aider à l'intelligence de ce que l'on désigne par *quantité de mouvement,* nous supposerons l'exemple d'un fait dont la valeur algébrique de cette expression peut fournir les termes de comparaison.

Tout le monde a pu se rendre compte des circonstances qui se produisent dans l'entrainement d'une charge, suivant que la mise en train est *brusque,* ou *douce et progressive.* Soit, par exemple, un convoi de chemin de fer dont les chaînes d'attelage possèdent toute la résistance nécessaire à la traction pour faire équilibre à celle opposée par le frottement du train sur la voie. Si, ce train étant au repos, on lançait la locomotive par une brusque ouverture de son régulateur, les mêmes chaînes qui suffisent pour entraîner le convoi, n'importe à quelle vitesse, se rompraient infailliblement; tandis qu'en opérant doucement leur tension, et communiquant au train son mouvement d'une manière graduelle, on arrive à lui faire acquérir, sans accident pour les attaches, les plus grandes vitesses.

Or, la rupture des chaînes, dans la première hypothèse, signifie que la résistance opposée par l'inertie du train a dépassé celle maximum de traction des chaînes, et que cet excès provient directement du rapport $\dfrac{V}{t}$ qui s'est trouvé trop considérable.

Autrement dit, *la quantité de mouvement* communiqué par la machine, et la résistance égale et de sens contraire développée par *l'inertie* du train, sont exprimées par un effort F, en kilogrammes, celui auquel les chaînes n'ont pu résister. Cet effort est évidemment variable suivant le rapport de la vitesse V communiquée dans le temps t, et se détermine par la formule précédente ainsi disposée :

$$F = \frac{MV}{t}.$$

En résumé, ce qui précède nous a conduit à une première définition du mode d'action d'une force sur un corps pesant ou sur une résistance à vaincre. Voyons quelles sont les autres conséquences que l'on peut tirer de l'observation de la chute des corps.

Nous avons trouvé ci-dessus pour la relation entre la hauteur de la chute et la vitesse acquise à la fin :

$$h = \frac{V^2}{2v}.$$

Mais nous avons trouvé également que la vitesse v acquise au bout d'une seconde, prise pour unité de temps, égale $9^m 8088$, et est désignée par g, ce qui revient à :

$$h = \frac{V^2}{2g}.$$

Il a été établi ci-dessus que le chemin h, parcouru par le corps avec une vitesse variant de 0 à V, est *la moitié* de ce qu'il serait si la vitesse V eût existé tout le temps de la chute ; cela revient à dire qu'on pourrait considérer ce corps comme ayant parcouru le même chemin h avec une vitesse uniforme et égale à 1/2 V. Dans ce cas la quantité de travail dépensée par la pesanteur pour abaisser le corps d'une hauteur h devient facilement exprimable, suivant le principe général de la mécanique ; et si le poids de ce corps est P, le travail T dépensé pendant la chute a pour expression :

$$T = Ph.$$

La valeur de h trouvée ci-dessus, et substituée dans cette relation, donne alors la suivante :

$$T = \frac{PV^2}{2g}.$$

Cette dernière forme donnée à l'expression de la même quantité de travail dépensée donne lieu à une observation très-intéressante sur les conditions d'un corps en mouvement. Elle apprend à évaluer :

La quantité de travail qui a dû être dépensée pour communiquer à un corps, pris au repos, *une vitesse déterminée, et cela, indépendamment du temps employé, puisque le temps ou la durée de la chute n'entre pas dans les termes du problème.*

Et réciproquement :

La quantité de travail qu'il faudrait dépenser pour suspendre le mouvement du corps et le ramener de la vitesse V à zéro.

Ou encore :

La quantité de travail que le mobile P développerait, si on lui opposait une résistance à vaincre, en passant de l'état de mouvement V à zéro.

Cette expression deviendra l'un des points fondamentaux du sujet que nous nous sommes proposé de traiter, aussi doit-il être complétement développé.

Déjà on doit remarquer que cette formule peut s'écrire ainsi :

$$T = \frac{1}{2}\frac{PV^2}{g}, \quad \text{ou} : \quad T = \frac{1}{2}\frac{P}{g}V^2.$$

Or, nous avons dit que $\dfrac{P}{g}$ est aussi désigné par M ; on peut donc écrire :

$$T = \frac{1}{2}MV^2.$$

On a de même appliqué une expression conventionnelle à ce produit MV^2 de la masse d'un corps par le carré de sa vitesse actuelle, en la nommant *la force vive du corps*, dans cet état de mouvement.

Alors, reprenant l'une des remarques précédentes en lui appliquant cette expression particulière, commode pour aider à fixer les idées, nous disons : *La quantité de travail dépensée pour amener un corps au repos à l'état de mouvement,* ET RÉCIPROQUEMENT, *est égale à* LA MOITIÉ DE LA FORCE VIVE *qu'il possède au moment où on le considère.*

Mais cette admirable loi ne se borne pas à ce cas spécial. Il n'est point nécessaire, pour trouver son application, de prendre un corps du repos à l'état de mouvement, et *vice versâ*; elle est tout aussi rigoureuse à l'égard d'un corps dont la vitesse s'accroît seulement ou se ralentit : et c'est là un point sur lequel il faut insister ici, car c'est le cas présenté par les volants.

Supposons une masse pesante M, animée d'un mouvement régulier dont la vitesse V est uniforme, sa force vive correspondante sera MV^2. Si une force quelconque vient agir sur ce mobile de façon qu'au bout d'un certain temps sa vitesse uniforme ait augmenté et soit devenue V_1, sa force vive sera alors MV_1^2. Or, la quantité de travail T dépensée pour faire passer ce corps d'une vitesse à l'autre est égale *à la moitié de la différence des deux forces vives*.

$$\text{Soit : } T = \frac{1}{2}(MV_1^2 - MV^2); \quad \text{ou} \quad T = \frac{1}{2}M(V_1^2 - V^2).$$

S'il y avait eu retard, au contraire, que la force eût agi comme résistance pour diminuer la vitesse du mobile, V_1 serait plus petit que V, et on écrirait :

$$T = \frac{1}{2}M(V^2 - V_1^2).$$

Dans les deux cas, la quantité de travail serait la même, mais elle aurait agi comme force accélératrice dans l'un et comme retardatrice dans l'autre.

En général cette loi s'exprime ainsi :

Le travail d'une force, qui accélère ou retarde le mouvement d'un corps qui se meut dans sa direction propre, est égal à la moitié de la force vive qu'elle a communiquée ou enlevée à ce corps.

Le principe de la force vive est donc essentiellement applicable au calcul des volants régulateurs qui fonctionnent à l'état de corps en mouvement, soumis à l'action d'une force dont la variation en modifie la vitesse et par conséquent la force vive.

Mais déjà, si l'on examine l'équation de la force vive, on reconnaît que, pour une même quantité de travail en excès, positive ou négative, la variation de vitesse du corps en mouvement peut être très-différente, et qu'elle dépend de l'intensité de sa masse.

En effet, l'équation précédente pouvant prendre la disposition :

$$V_1^2 - V^2 = \frac{2T}{M},$$

dans laquelle $V_1^2 - V^2$ exprime la variation de vitesse pour un excès de travail 2 T, il est évident que la valeur de cette variation est en raison inverse de la masse M du corps en mouvement, c'est-à-dire d'autant plus faible que cette masse est plus grande, et *vice versâ*. Par conséquent, plus un volant sera *lourd* pour une même vitesse initiale et un même excès de travail variable, et plus la variation de sa vitesse sera faible. Ceci est le principal indice du service que le volant est appelé à rendre.

D'autre part, comme la force vive du volant est le produit de la masse par le carré de sa vitesse, et que les deux facteurs du même produit peuvent varier inversement, il s'ensuit que sa masse peut être diminuée, pourvu que le carré de sa vitesse soit augmenté dans le même rapport inverse.

Mais comme la vitesse du volant, prise sur le centre de gravité de la jante, c'est-à-dire près de sa circonférence moyenne, dépend de la vitesse angulaire de l'axe et du diamètre de cette jante, il en advient, en résumé, que la réduction de la masse par l'augmentation de la vitesse peut être obtenue, soit par l'accélération du mouvement rotatif, soit par l'augmentation du diamètre. Ces divers points recevront plus loin tous les éclaircissements nécessaires.

Terminons cet exposé de principes fondamentaux par un exemple qui aide à fixer les idées sur l'emploi de la formule des forces vives.

EXEMPLE. — Un volant est formé d'une jante circulaire dont le poids est de 2000 kilogrammes (on néglige celui des bras en considérant l'action unique de la jante) et la vitesse égale à 8 mètres par seconde; quelle diminution de vitesse subira-t-il par l'action momentanée d'une résistance qui a développé, en sens contraire de la force motrice, un travail négatif égal à 100 kilogrammètres?

On a :

$$P = 2000 \text{ kilogrammes;}$$
$$V = 8 \text{ mètres;}$$
$$T = 100 \text{ kilogrammètres;}$$
$$V_1 = \text{la vitesse cherchée et acquise après la réduction ;}$$
$$M = P \text{ divisé par } g \text{ qui est égal à } 9,8088.$$

Ordonnant la formule ci-dessus par rapport à V_1, on trouve :

$$V^2 - V_1^2 = \frac{2\,T}{M}; \text{ d'où : } - V_1^2 = - V^2 + \frac{2\,T}{M} = - V^2 + \frac{2\,g\,T}{P}.$$

Changeant tous les signes, et introduisant les données numériques, il vient :

$$V_1 = \sqrt{64 - \frac{19.62 \times 100}{2000}} = 7^m\,939.$$

Par conséquent la vitesse serait réduite de 61 millimètres seulement par $1''$, soit environ 1/120 de celle primitive.

Si le poids du volant n'était que de 1000 kilogrammes, on trouverait :

$$V_1 = \sqrt{64 - \frac{19,62 \times 100}{1000}} = 7^m\,877.$$

La diminution de vitesse eût alors été de 123 millimètres par $1''$; soit environ 1/65 de celle primitive.

DÉTERMINATION DE LA FORMULE DU POIDS DES VOLANTS

Une masse destinée à former le volant régulateur de vitesse doit être évidemment montée sur son centre de gravité, et d'une forme symétrique d'après ce centre, afin que la pièce soit parfaitement équilibrée dans toutes les positions qu'elle occupe en se mouvant sur son point de suspension. Comme nous l'avons dit, un volant *ne produit pas de force*, mais n'en absorbe aussi que pour vaincre son inertie au moment de la mise en train, après quoi le moteur auquel il est appliqué ne dépense de force que pour vaincre le frottement sur ses supports, celle de l'air, etc., enfin toutes les résistances passives qui s'opposent à la perpétuité du mouvement de la part d'un corps qui serait libre autrement d'y persister; tel, par exemple, *le pendule,* qui est en quelque sorte *le volant d'une horloge.*

Le système de volant que l'on applique aux machines à vapeur et aux outils, dont il s'agit de régulariser la marche, consiste en un anneau de fonte réuni par des bras au moyen duquel il est fixé sur l'axe de rotation. D'après les considérations précédentes, il doit former un cercle parfait, rigoureusement centré et exempt de *gauche*, condition qui est cependant rarement remplie, en pratique, peut-être à cause de sa difficulté même. Un volant doit être aussi composé de façon que sa jante et ses bras présentent à l'air le minimum de surface résistante.

Bien que le poids total de l'anneau et des bras agisse comme masse régulatrice, on néglige celui des bras pour ne tenir compte que de l'anneau. On fait alors les bras aussi légers que possible en concentrant la plus grande partie de la matière pesante dans l'anneau, dont la situation correspond à la force vive maximum, pour un même poids de métal. Nous avons fait remarquer qu'en effet la force vive augmente proportionnellement au carré de la vitesse et en raison simple de la masse; par conséquent la jante du volant, qui possède la plus grande vitesse linéaire, pour une même vitesse angulaire de l'ensemble, est nécessairement celle où la masse pesante a le plus d'action. Si l'on voulait généraliser ce principe, on dirait que, toutes choses égales d'ailleurs, on obtiendrait le maximum d'énergie, pour un même poids total de fonte, si celui des bras et du moyeu était *nul*.

Nous avons également démontré que la régularité se rapproche d'autant plus d'être parfaite que l'énergie du volant est plus considérable pour un même excès de travail variable; et comme il est également vrai de dire que le volant n'exige théoriquement pour lui-même aucune force motrice pour l'entretien de son mouvement, on pourrait être conduit à adopter des volants d'une énergie infinie. Mais le volant absorbe réellement de la force motrice par le frottement qui résulte de son poids sur les supports de l'axe qui le porte, ce qui peut être déjà un motif de ne pas exagérer ses proportions. D'autre part, un volant dont l'énergie surpasserait de beaucoup la puissance de la machine motrice et la résistance relative des organes de transmission pourrait, par suite d'un arrêt brusque, développer un effort réactif (en rapport avec la puissance absorbée lors de sa mise en train) capable de les rompre et de causer les accidents les plus graves.

Il convient donc de régler assez exactement l'énergie d'un volant par rapport à la puissance des organes avec lesquels il se trouve en rapport, bien que cette réglementation subisse de notables écarts dans les applications.

Puisque, à poids égal, on augmente considérablement l'énergie en augmentant la vitesse, il y a avantage à adopter de grands diamètres ou à placer le volant sur un axe animé de la plus grande vitesse de rotation. Mais, sous cet autre point de vue, il faut tenir compte de la force centrifuge qui tend à séparer les parties qui composent le volant, et serait capable, sans ce cas, de produire des effets analogues aux projectiles lancés par des pièces d'artillerie.

Ces préliminaires nous ont semblé indispensables pour engager le lecteur à bien prendre en considération les données suivantes, assez minutieuses néanmoins, de la détermination de la formule du poids des volants. Nous basons ce travail sur les développements exposés par M. le général Morin dans ses Leçons de mécanique pratique.

Sans entrer dans les considérations particulières relatives aux conditions de l'inertie d'un corps animé d'un mouvement de rotation, on regarde l'anneau du volant, à l'état de mouvement circulaire uniforme, comme une masse **M** animée d'une vitesse **V** prise à sa circonférence moyenne, et calculée à l'unité de temps qui est la seconde.

Conformément à tout ce qui précède, on dit que la quantité de travail **T**, qui a été dépensée pour lui communiquer cette vitesse, est égale :

A la moitié de la force vive qu'il possède à l'instant où on le considère.

On a donc, comme nous l'avons montré plus haut :

$$T = \frac{1}{2} M V^2; \text{ ou } T = \frac{P V^2}{2g},$$

dans laquelle formule :

T représente cette quantité de travail initial en kilogrammètres ;
P   »   le poids de l'anneau en kilogrammes ;
V   »   sa vitesse en mètres, par $1''$, à sa circonférence moyenne.

Cette quantité de travail **T**, prise pour celle qui occasionne l'état de mouvement actuel, *varie,* et constitue cette action d'une intensité inégale que le volant est appelé à régulariser.

Par conséquent, si, sous cette variation de travail, le volant que nous considérons, au lieu de conserver cette vitesse moyenne V, qui résulterait d'une action invariable, est susceptible d'atteindre des vitesses différentes maximum v_1 et minimum v, il est évident que, dans chacune de ces circonstances différentes, sa force vive aura pour valeurs correspondantes :

$$\frac{P v_1^2}{g} \text{ et } \frac{P v^2}{g}.$$

La force vive gagnée ou perdue d'une phase à l'autre sera donc :

$$\frac{P v_1^2}{g} - \frac{P v^2}{g}; \text{ ou } \frac{P}{g}(v_1^2 - v^2).$$

Par conséquent, la quantité de travail ayant occasionné cette différence, par son excès en plus ou en moins, aura pour valeur :

$$2 T = \frac{P}{g}(v_1^2 - v^2),$$

en vertu du principe énoncé précédemment (p. 535).

Pour introduire dans cette relation l'expression de la vitesse moyenne V, et la limite hors de laquelle le volant ne doit pas s'écarter, on a recours à une transformation que nous allons indiquer.

On remarquera que le facteur complexe $v_1^2 - v^2$, de la dernière équation, peut être décomposé lui-même ainsi :

$$v_1^2 - v^2 = (v_1 + v)(v_1 - v)$$

(en vertu de ce théorème d'algèbre : *Le produit de la somme de deux nombres par leur différence est égale à la différence de leurs carrés.*)

D'autre part, v_1 et v étant les vitesses extrêmes, et V la vitesse moyenne, on peut écrire, sans erreur sensible :

$$\frac{v_1 - v}{2} = V; \text{ d'où} : v_1 + v = 2\,V.$$

C'est-à-dire que V peut être considéré comme la moyenne arithmétique entre les vitesses extrêmes.

Par conséquent, revenant à l'équation précédente, et en profitant de l'égalité $v_1 + v = 2\,V$, on a :

$$v_1{}^2 - v^2 = 2\,V\,(v_1 - v).$$

Enfin, introduisant dans l'équation des forces vives différentielles le deuxième membre de cette égalité, on obtient :

$$2\,T = \frac{P}{g}\,2\,V\,(v_1 - v); \text{ d'où} : T = \frac{P}{g}\,V\,(v_1 - v),$$

qui peut encore s'écrire ainsi :

$$(v_1 - v) = \frac{g\,T}{P\,V}.$$

Pour établir maintenant la limite de variation entre les vitesses extrêmes que le volant est susceptible d'atteindre sous l'influence du travail excédant, on se donne que cette limite de variation ne dépasse pas une certaine fraction $\frac{1}{n}$ de celle moyenne V, de façon que l'on ait :

$$v_1 - v = \frac{V}{n}.$$

Remplaçant alors, dans la dernière équation, $v_1 - v$ par la nouvelle expression qui vient de lui être donnée, on trouve :

$$\frac{V}{n} = \frac{g\,T}{P\,V}; \text{ d'où} : P\,V^2 = n\,g\,T.$$

Enfin cette dernière fournit directement pour le poids P cherché :

$$P = \frac{n\,g\,T}{V^2}.$$

Cette formule définitive est donc l'expression fondamentale du poids des volants ; mais il reste à déterminer la valeur de T pour chaque cas particulier, c'est-à-dire l'excès de travail qui cause l'irrégularité, suivant la disposition ou la nature de la machine ou des opérations à effectuer, et celle du coefficient n, qui indique le degré de régularité que l'on désire atteindre.

A l'égard de ce coefficient, lorsqu'on applique la formule, pour en tirer la valeur, aux volants exécutés par Watt et qu'il appliquait à ses machines à balancier et à basse pression, on trouve pour n à peu près 32, ce qui signifie que la vitesse de rotation de la machine ne devait pas varier, du plus au moins, de 1/32 de la vitesse moyenne calculée sur le nombre de tours total, dans une minute, auquel la machine est réglée. Mais nous verrons plus loin que dans bien des circonstances, pour commander des filatures, par exemple, une régularité plus grande est indispensable, et que le coefficient n s'élève de 32 à 50 et plus.

Nous allons maintenant chercher la valeur du travail variable T dans les machines à vapeur, par le fait de la transformation du mouvement et suivant le mode d'emploi de la vapeur à pleine pression ou à détente. Dans cet examen nous devons donc supposer la résistance constante, car la combinaison des effets qui seraient dus aux inégalités de la part du moteur et des machines qu'il actionne rendrait toute hypothèse impossible, l'inégalité de résistance due à un travail ne pouvant être assimilée, *à priori*, à aucune règle fixe.

D'ailleurs, la variation des efforts qui peut se produire entre une machine motrice et l'ensemble des appareils qui composent une usine suit un tout autre mode ; elle dépend des outils que l'on embraye et que l'on débraye successivement, ce qui n'a aucun motif d'être régulier. En admettant que de cette façon la résistance moyenne ne soit pas constante, la machine possède alors le régulateur qui agit sur la valve d'introduction de la vapeur pour changer complétement son état de marche.

Pour qu'un volant rende l'effet que l'on en attend, il faut que les variations de résistance soient périodiques, et qu'après un certain temps d'action la somme des efforts moteurs soit égale à celle des résistances, sans quoi la moyenne serait impossible à établir, et il ne pourrait exister aucun motif pour que le volant prît une vitesse moyenne régulière.

<h3 style="text-align:center">DÉTERMINATION DES EXCÈS DE TRAVAIL MOTEUR
ET RÉSISTANT</h3>

La recherche à laquelle nous désirons nous livrer pour déterminer la valeur T qui figure dans la formule précédente, et qui exprime l'excès de travail sur lequel le poids d'un volant est basé, exige, pour être comprise, que l'on se reporte aux notions développées dans le 1er vol., p. 341 à 346 et 354, qui sont relatives à la loi suivie par la transformation de mouvement du piston à la manivelle, et qui permet d'apprécier la nature des efforts variables qui en sont la conséquence.

Cette étude fournit principalement un tracé (fig. 54), lequel est la représentation graphique des efforts successifs transmis à la manivelle, la bielle supposée infinie. C'est au moyen de tracés basés sur le même principe qu'il est possible de trouver les excès de travail cherchés, ainsi qu'on va pouvoir s'en rendre compte.

Déjà l'on a pu remarquer que, d'une part, la bielle supposée infinie, et la vapeur travaillant à pleine pression pendant toute la course du piston, le travail moteur ainsi transmis donne lieu sur le bouton de la manivelle à des efforts qui varient de 0 à l'unité des points morts au milieu de la course ; d'autre part, le travail résistant, qui doit être égal au travail moteur, mais qui est supposé ramené à une résistance constante, oppose au bouton de la manivelle un effort tangentiel constant avec lequel celui moteur maximum est dans le rapport suivant (t. 1er, p. 345) :

$$1 : \frac{2}{\pi}, \qquad \text{ou } 1 : 0,6366.$$

Donc le travail moteur l'emporte sur le travail résistant pendant une partie du mouvement circulaire et en est surpassé pendant l'autre partie ; un travail présente périodiquement un excès sur l'autre, ce qui produirait les écarts de vitesse que le volant est appelé à restreindre dans une certaine limite.

C'est précisément cet excès de travail qui a été désigné par T dans la formule du poids, dont la valeur doit être déterminée, et dans diverses circonstances.

Faisons observer encore que, dans une machine à vapeur à double effet, les périodes d'inégalités se reproduisent symétriquement pour chaque demi-tour de la manivelle ou pour chaque coup de piston simple, ce qui fait que l'excès de travail T à déterminer est rapporté à cette demi-révolution de l'arbre moteur.

Pour démontrer, d'une manière générale, comment on procède pour cette détermination, nous prendrons d'abord pour exemple, comme étant le cas le plus simple, cette donnée hypothétique d'une machine avec bielle infinie, que nous supposons aussi marchant à pleine pression.

Puisque chaque ordonnée de la courbe (fig. 54; t. 1er, p. 344), prise en un point quelconque de la base, qui exprime le chemin parcouru par le bouton de la manivelle, indique la valeur de l'effort correspondant, on peut de même représenter la valeur de l'effort résistant invariable que nous venons de rappeler ci-dessus.

C'est ce que va permettre d'expliquer la fig. 176 suivante, sur laquelle est reproduite la courbe des efforts variables exercés par le bouton de la manivelle d'une machine *à pleine pression, bielle infinie*.

Cet effort résistant parcourant, en sens contraire, le même chemin AC, et ayant une valeur constante, le travail qu'il engendre est représenté par l'aire d'un rectangle dont la base (ou ligne des abscisses) est AC, et la hauteur (l'ordonnée constante) est une grandeur proportionnelle à cet effort même. Or, on vient de voir que l'effort moyen résistant a pour valeur 0,6366, l'effort moteur variable ayant l'unité pour maximum ; et comme ce dernier est représenté par BD (fig. 176), l'effort constant E sera représenté par une ordonnée ayant pour hauteur :

$$BD \times 0,6366.$$

Menant alors une droite E″E‴ parallèle à AC, et à une distance :

$$Af = BD \times 0,6366,$$

Af est l'effort invariable résistant, et l'aire du rectangle Aff′C la quantité de travail qu'il engendre, laquelle est égale au travail du moteur, d'où la superficie de ce rectangle est égale à celle de la figure curviligne ABC.

L'examen de ce tracé, où le travail moteur et celui résistant sont ainsi superposés, avec les valeurs relatives de leurs efforts correspondants, rend sensible un fait qu'il était aisé de prévoir. C'est que l'effort moteur étant tantôt plus faible et tantôt plus fort que celui résistant, qui est fixe, il arrive un moment où *les deux efforts sont égaux*. Le tracé montre que ce fait a lieu aux intersections E et E′ de la courbe ABC et de la droite *ff′*, où les ordonnées E*e*, E′*e′* sont égales.

Fig. 176.

MACHINE A PLEINE PRESSION, BIELLE INFINIE.

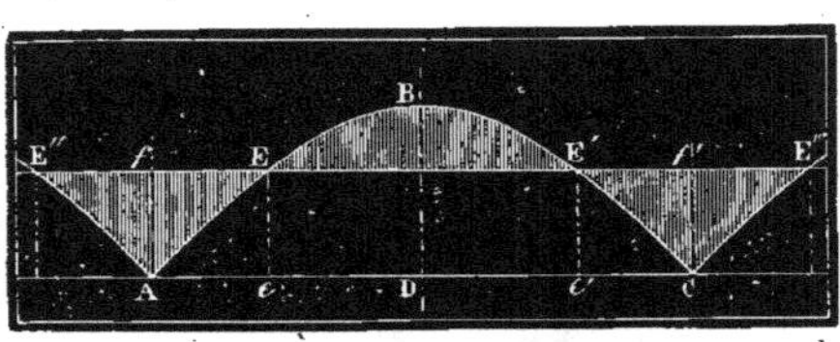

Ces moments d'égalité entre les efforts moteurs et résistants sont aussi les moments de minimum et de maximum de la vitesse de rotation, car si le mouvement est dirigé, par exemple, de A vers C, il est évident que de A à E la résistance surpassant constamment la puissance, la vitesse ne peut que se ralentir jusqu'au point E, où, l'égalité étant rétablie, la diminution de vitesse doit aussi cesser. A partir de ce même point E jusqu'à celui E′, l'effort moteur prédomine constamment, d'où la vitesse s'accélère de E en E′, et atteint son maximum en ce dernier point où les efforts sont redevenus égaux. De ce même point E′, la vitesse décroît, pour atteindre de nouveau son minimum symétrique avec celui ci-dessus E, etc.

Il en résulte que l'arbre de la machine, s'il est muni d'un volant qui permette la continuité de son mouvement de rotation, possède néanmoins *deux maxima* et *deux minima* de vitesse, symétriquement placés par rapport à l'axe du piston, dans l'hypothèse d'une bielle infinie, et qui ne concordent pas avec ce que l'on appelle les points morts et les points actifs; on dirait plus exactement que les points morts occupent le milieu des deux phases *décroissantes* de la vitesse, et que les points actifs sont situés au milieu de chacune des deux périodes de la vitesse croissante.

Quoi qu'il en soit, ces points de maximum et de minimum de vitesse sont ceux qui étaient désignés ci-dessus par v et $v′$ dans la formule du poids des volants, et T est la quantité de travail en excès qui donne lieu à cet écart de vitesse. Le tracé (fig. 176) permet d'en apprécier la valeur, en raisonnant de la façon suivante :

De *f* à E et de E′ à *f′*, le travail résistant *surpasse* le travail moteur, et l'excès T a pour mesure *l'aire de la figure* A*f*E *ou* C*f′*E′, comprise entre la courbe et la ligne de l'effort constant ;

De E à E′, le travail résistant *est surpassé* par le travail moteur, et l'excès T a pour mesure *l'aire de la figure* EBE′, comprise entre la ligne des efforts constants et la courbe.

Afin d'éviter la confusion, faisons de suite remarquer que, pour bien établir la coïncidence entre le tracé et les phases successives et périodiques de la manivelle, il faut considérer pour le moment de résistance en excès celui compris entre les deux courbes semblables à ABC, qui représenteraient un tour complet de la manivelle, et dont la valeur est l'aire de la figure E'CE''', qui n'est, du reste, que la somme de celles A*f*E et C*f*'E' que nous venons d'indiquer.

En résumé, un tour de manivelle est divisé en quatre phases, dont deux présentent le travail moteur en excès sur celui résistant, et les deux autres le travail résistant en excès sur le travail moteur; la vitesse de rotation s'accélère donc dans les deux premières et se retarde dans les deux autres.

En considérant la succession de l'excès de travail alternativement positif et négatif, pendant un tour complet de manivelle, on doit rechercher le plus grand de tous pour celui à introduire dans la formule du poids des volants. Suivant l'hypothèse actuelle d'une bielle infinie, ces excès sont tous égaux, et auront uniformément pour mesure l'aire du segment EBE', qui est égale à celle de la figure CE'E''', par suite de la symétrie des deux parties de la courbe ABC.

Pour comprendre que ces excès positifs et négatifs sont bien réellement égaux, il suffit de se rappeler d'abord que le rectangle A*ff*'C a la même superficie que la figure curviligne ABC. Par conséquent, si nous considérons le segment AEE'C, qui est commun aux deux figures, il est clair que leurs excédants seront égaux, c'est-à-dire que la somme des deux parties A*f*E et C*f*'E' sera égale au segment EBE'. Cela est vrai chaque fois que la bielle est supposée infinie, que la machine marche avec ou sans détente.

Ayant alors construit la figure ABC pour une manivelle de 100 unités de longueur, et admettant que 100 unités semblables représentent la pression maximum P sur le piston, la superficie $2r^2$ de cette figure égale (voir t. 1er, p. 345) :

$$2 \times \overline{100}^2 = 20000.$$

La hauteur de l'abscisse E*e* égale :

$$P \text{ ou } r \times \frac{2}{\pi}; \quad \text{soit :} \quad 100 \times 0,6366 = 63,66.$$

Enfin la superficie du segment EBE', mesurée avec soin par la méthode des quadratures de Simpson, produit 4200. Par conséquent, le rapport entre les aires de ce segment et de la figure entière égale :

$$\frac{4200}{20000} = 0,21.$$

Ce qui revient à dire :

L'excès de travail T, *positif ou négatif, qui se manifeste par périodes successives et symétriques pendant la durée d'un tour de manivelle, est égal aux* 21/100 DE LA QUANTITÉ DE TRAVAIL TOTALE *développée* PAR UN COUP DE PISTON SIMPLE, *la bielle supposée infinie, et la machine marchant à pleine pression.*

Pour bien comprendre la façon d'appliquer ce résultat à la formule du poids des volants, il est indispensable d'insister sur la nature de l'excès de travail considéré.

La valeur T de l'excès de travail est celle qui correspond à une période positive ou négative de chaque phase, *quel que soit le nombre de ces dernières, pendant un tour entier de la manivelle*. Et comme elle est absolue, pour le même cas considéré, il ne s'agit, pour l'introduire dans la formule du poids, que de lui trouver sa relation avec la quantité qui représente la force de la machine dans cette formule.

Cette remarque servira plus loin, en étudiant les systèmes de machines dans lesquelles les périodes de variation de vitesse ne suivent pas la loi simple ci-dessus, relative à une machine à double effet et à une seule manivelle.

APPLICATION DE LA VALEUR DE L'EXCÈS DE TRAVAIL

A LA FORMULE DU POIDS DES VOLANTS

On vient de voir que $T = 0,21$ du travail développé par coup de piston simple, travail dont il nous reste alors à donner l'expression.

Le travail d'une machine à vapeur à double effet est désigné par le double du travail développé par coup de piston simple, multiplié par le nombre de coups doubles par minute divisé par 60, la puissance étant ramenée à l'unité de temps.

Désignant alors par :

N la force nominale de la machine, en chevaux-vapeur de 75 kilogrammètres;
m le nombre de coups doubles par minute;
t le travail développé par coup simple, en kilogrammètres;

cette puissance nominale N a pour expression :

$$N = \frac{2 \times t \times m}{75 \times 60}; \text{ d'où l'on tire : } t = \frac{75 \times 60\,N}{2\,m} = 2250\,\frac{N}{m}.$$

Cette dernière étant la valeur représentative d'un coup de piston simple, celle de T devient :

$$T = 0,21 \times 2250 \times \frac{N}{m} = 472,5\,\frac{N}{m}.$$

Par conséquent, en introduisant cette expression dans la formule du poids et en prenant pour valeur approchée : $g = 9,81$, nous obtenons :

$$P = \frac{n \times 9,81 \times 472,5\,\dfrac{N}{m}}{V^2},$$

formule qui se réduit, en effectuant le calcul, à :

$$P = 4635\,\frac{n\,N}{m\,V^2}.$$

Telle est, en définitive, la formule générale, et de principe, qui permet de déterminer le poids de l'anneau d'un volant, d'après les conditions du travail qu'il est appelé à régulariser, et sans dépasser les limites convènables pour éviter les pertes excessives de forces par les frottements et les accidents qui peuvent résulter de l'application d'un volant d'une énergie exagérée.

Cette formule peut être conservée dans toutes les applications, en recherchant néanmoins les valeurs qui conviennent, pour chacune d'elles, au coefficient numérique, et à celui n relatif au degré de régularité requis.

Ce coefficient numérique, même dans l'application qui vient d'être prise pour exemple, change un peu de valeur, pour deux motifs que nous allons indiquer.

D'abord, si, au lieu d'un tracé graphique, on emploie le calcul suivant la méthode indiquée par MM. Poncelet et Morin, dans leurs savantes leçons, le rapport de 0,21 se trouve être 0,2105, d'où le coefficient 4635 s'élève à 4647, ce qui n'aurait pas réellement d'influence en pratique.

Mais si, au lieu de supposer la bielle infinie, on opère, d'une façon ou de l'autre, en tenant compte de sa longueur, qui est évidemment finie, l'excès de travail est plus grand et ce coefficient augmente, d'autant plus, d'ailleurs, que le rapport entre cette longueur et celle de la manivelle est plus petit.

Pour donner une idée de la façon de procéder dans cette recherche, en tenant compte de l'obliquité de la bielle, nous allons donner les éléments d'un semblable tracé appliqué à une machine à pleine pression, sans balancier, avec ou sans condensation, et en admettant que la bielle soit égale à 5 fois la manivelle.

Fig. 177.

MACHINE SIMPLE A PLEINE PRESSION, BIELLE 5 FOIS LA MANIVELLE.

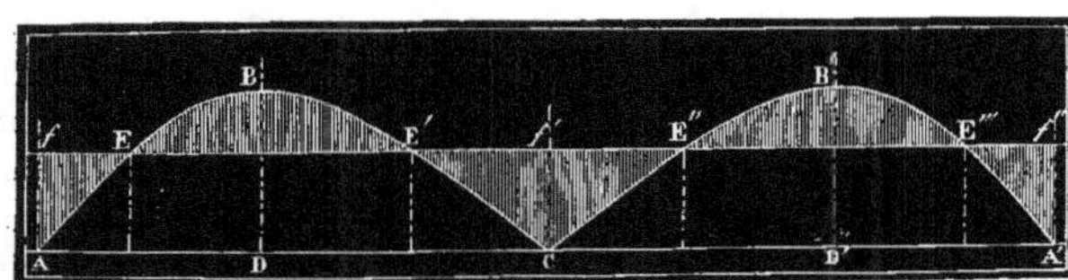

En déterminant les deux courbes ABC et CB'A', fig. 177, pour un coup double de piston, comme on l'a fait pour un coup simple, fig. 176, au lieu de prendre pour les hauteurs d'ordonnées les sinus des angles de position de la manivelle, on cherche pour chacune d'elles la composante tangentielle de l'effort fixe d'après celle qui résulte de l'obliquité de la bielle. Les courbes ne sont plus symétriques par rapport à la verticale BD ou B'D'; l'ordonnée BD, qui correspond à l'effort maximum, ne tombe pas au milieu de AC, et, en rapprochant les deux courbes qui correspondent à deux coups simples successifs, on trouve un moment d'excès de travail négatif plus grand que l'autre, et nécessairement supérieur à la valeur qu'il possède lorsque tous les excès sont égaux.

Ainsi, d'après la disposition de la fig. 177, la courbe ABC correspond à ce que l'on désigne par le *coup montant*, pour une machine verticale dont l'axe est placé au-dessus du cylindre, et CB'A' au *coup descendant;* l'excès de travail négatif mesuré par l'aire de la figure E'C E'' est le plus grand de tous, et doit être pris pour la valeur proportionnelle de T à introduire dans la formule du poids du volant.

En faisant ce tracé d'après la même base que ci-dessus, c'est-à-dire 20000 unités pour la quadrature de la figure entière pour un coup simple, et avec le rapport 5 entre la longueur de la bielle et le rayon de la manivelle, l'aire de la figure E'C E'' est environ de 5100 unités.

Établissant son rapport avec le travail d'un coup simple, on trouve :

$$\frac{5100}{20000} = 0,255.$$

Opérant, comme ci-dessus, pour son application à la formule du poids, on a :

$$T = 0,255 \times 2250 \times \frac{N}{m} = 574 \frac{N}{m}.$$

Enfin, substituant dans la formule générale, il vient :

$$P V^2 = n \times 9,81 \times 574 \frac{N}{m}; \text{ d'où : } P = 5630 \frac{n N}{m V^2}.$$

Le coefficient 4647 s'est donc élevé à 5630, par l'observation de l'obliquité de la bielle, ce qui augmente le poids du volant dans le rapport des deux nombres, toutes choses égales d'ailleurs.

Cette différence, qui n'est pas très-considérable pour le cas actuel, devient, au contraire, très-grande dans d'autres circonstances que nous indiquerons, et pour lesquelles la condition d'obliquité de la bielle est d'une extrême importance.

Il reste encore une observation à faire relativement à l'application de la formule ci-dessus. Les tracés précédents, qui nous ont conduit à la détermination du travail en excès, lequel est la base du coefficient numérique, indiquent une comparaison faite entre le travail moteur et le travail résistant qui sont égaux, en considérant l'état de marche normal de la machine. Mais on sait que l'effort réellement transmis au bouton de la manivelle n'est qu'une fraction plus ou moins grande de celui qui est développé sur le piston, et surtout de l'effort théorique qui serait déterminé en prenant pour point de départ la pression relative de la vapeur et la superficie du piston. Or, si l'on exécute le tracé en adoptant cette puissance théorique, et tout en lui égalant le travail résistant, on trouvera bien la valeur relative pour le travail en excès ; mais, soit que l'on conserve dans la formule du poids la valeur théorique de la puissance, soit qu'on y introduise la puissance nominale de la machine, on n'en fera pas moins une erreur dont le résultat est de donner au volant un trop grand poids.

Il faut, en conservant la valeur du coefficient trouvé, suivant le genre de machine, prendre pour la puissance N celle qui résulte de la pression réellement transmise au bouton de la manivelle, autrement dit, la puissance effective mesurée bien exactement *sur l'axe qui porte le volant.*

Mais s'il s'agit d'exécuter un tracé dans le but de déterminer la valeur du coefficient, c'est-à-dire de l'excès T, pour un mode particulier de machine, cette considération devient sans objet, attendu que cette valeur est *un rapport* qui résulte de deux figures que l'on fait égales comme les deux modes de travail que l'on compare, et qui n'ont aucune valeur absolue.

Il nous reste donc à chercher les diverses valeurs du coefficient que nous désignerons par K, ce qui donne à la formule cette expression générale :

$$P = K \frac{n N}{m V^2}.$$

Avant de faire cette recherche nous désirons appliquer cette formule à des exemples, afin de bien fixer les idées sur son emploi.

EXEMPLES DE L'APPLICATION DE LA FORMULE GÉNÉRALE DU POIDS DES VOLANTS. — *Premier cas* : Une machine à vapeur sans balancier, marchant sans détente et sans condensation avec une bielle de cinq fois la manivelle, est dans des conditions de marche telles que sa puissance *théorique*, calculée par la pression effective de la vapeur, correspond à une puissance de 30 chevaux-vapeur, en donnant 60 coups de piston simples par minute. Mais sachant, par expérience, que l'état de sa construction permet d'obtenir sur son arbre moteur les 2/3 de cette force théorique, la puissance utile, nominale devient :

$$30 \times 2/3 = 20 \text{ chevaux-vapeur.}$$

Cherchons les dimensions qui conviennent à son volant, en se donnant que le degré de régularité soit évalué par

$$\frac{1}{n} = \frac{1}{40},$$

c'est-à-dire que la vitesse angulaire de son arbre moteur ne s'écarte pas davantage, du plus au moins, de la vitesse moyenne donnée.

Les conditions locales permettant d'adapter un diamètre $D = 4$ mètres à la circonférence moyenne de l'anneau, et ce volant étant placé directement sur l'arbre moteur qui fait $m = 30$ tours par minute, la vitesse moyenne V par $1''$ de cet anneau devient :

$$V = \frac{\pi D m}{60} = \frac{3,1416 \times 4^m \times 30}{60} = 6^m 28.$$

Le poids de l'anneau est donc :

$$P = K \frac{n N}{m V^2} = 5630 \times \frac{40 \times 20}{30 \times (6,28)^2} = 3806 \text{ kilogrammes.}$$

Si, toutes choses égales d'ailleurs, on ne tenait pas compte de l'obliquité de la bielle, le poids serait :

$$3806 \times \frac{4647}{5630} = 3147 \text{ kilogrammes.}$$

On donnerait ainsi au volant les 4/5 environ du poids qu'il doit réellement posséder.

Maintenant, pour trouver la section de la jante, et sachant que la fonte de fer pèse, en moyenne, 7200 kil. le mètre cube, on pose :

$$\frac{3806^k}{7200^k \times 3,1416 \times 4^m} = 0^{m.q.}0421 \; ; \text{ soit } 421 \text{ centimètres carrés.}$$

Comme on cherche à diminuer autant que possible la dimension transversale de l'anneau, et à le rendre *mince* afin de réduire la résistance de l'air, on donne à la section une forme allongée que nous supposons, pour la facilité du calcul, être un rectangle dont le petit côté soit le tiers du grand. Appelant l ce petit côté, on trouve :

$$l \times \frac{l}{3} = 421^{c.q.} \; ; \text{ d'où : } l = \sqrt{421 \times 3} = 35^c 6.$$

La largeur de l'anneau, dans le sens du rayon, sera 356 millimètres, et son épaisseur le tiers de cette largeur ou 118 mill. 2/3.

Deuxième cas. — Si les dispositions et l'emplacement permettaient de donner au volant 5 mètres de diamètre au lieu de 4 mètres, tout en conservant la vitesse de 30 tours à la minute, qu'arriverait-il ?

Comme les vitesses circonférentielles sont proportionnelles aux diamètres, et que, d'après la formule même, le poids de la jante est inversement proportionnel au carré de la vitesse, le poids ci-dessus diminuerait et deviendrait :

$$3806 \times \left(\frac{4}{5}\right)^2 = 2436 \text{ kilogrammes.}$$

Ainsi, dans cet exemple, pour 1 mètre de diamètre en plus, on gagne sur le poids 1370 kilogrammes, ce qui constitue une économie directe de matière, et ensuite une économie de puissance motrice par la réduction du frottement de l'axe tournant. C'est un principe qui reste vrai tant qu'on peut l'étendre, en se gardant bien, toutefois, d'approcher trop près de la vitesse circonférentielle pour laquelle la force centrifuge acquiert une énergie capable de dépasser la résistance du métal et occasionner la rupture de la pièce. En pratique, la vitesse circonférentielle des volants dépasse rarement 10 mètres par 1″.

Troisième cas. — En conformité de ce principe général, nous pouvons admettre que le volant conservant son diamètre de 4 mètres, on le monte sur un arbre voisin recevant son mouvement de celui de la machine à l'aide d'engrenages avec une vitesse de 45 tours à la minute, pour 30 tours de celui qui porte la manivelle.

A diamètre égal la vitesse circonférentielle étant proportionnelle à la vitesse, le poids se trouve être en raison inverse des carrés des vitesses de rotation ; mais comme il est aussi inversement proportionnel à la première puissance de ces vitesses, il s'ensuit que l'on trouve pour le poids cherché dans ce troisième cas :

$$3806 \times \frac{30}{45} \times \left(\frac{30}{45}\right)^2 = 3806 \times \left(\frac{30}{45}\right)^3 = 1129 \text{ kilog.}$$

Ainsi, le poids de l'anneau serait réduit de plus des deux tiers. Cet exemple est exagéré, car la vitesse circonférentielle atteindrait $9^m 42$ par seconde, et on pourrait adopter un diamètre plus faible, et conserver un poids plus fort sans inconvénient. Mais il met en évidence l'avantage de monter le volant, lorsque cela est possible, sur un arbre tournant plus vite que celui de la machine, à condition qu'il en reçoive la commande directe.

RECHERCHE DE LA VALEUR DE L'EXCÈS DE TRAVAIL

DANS DIVERS CAS PARTICULIERS

MACHINES A DÉTENTE. — Suivant le mode d'admission de la vapeur avec détente, pendant une partie plus ou moins grande de la course du piston, la pression, d'abord constante, diminue ensuite jusqu'à être réduite parfois à 1/10 et moins de sa pression initiale. Par conséquent, si l'on exécute un tracé analogue aux précédents, en tenant compte de cette pression décroissante à partir d'un point donné de la course, on ne tarde pas à reconnaître que les excès de travail, positifs et négatifs, sont plus grands qu'avec la pression constante, ce qui donne lieu nécessairement à une augmentation du poids du volant, par suite de celle du coefficient de la formule.

Mais l'inégalité dans les pressions successives de la vapeur donne lieu également à la prise en considération d'un fait qui ne devait pas figurer avec la pression constante : c'est la contre-pression due à l'atmosphère, ou au condenseur, si la machine est à condensation.

On conçoit, en effet, que lorsque la pression est constante, si la contre-pression l'est également, il en résulte une pression effective *constante,* quel que soit le rapport de ces deux pressions, ce qui n'amène aucune modification à la méthode exposée. Mais quand on marche avec détente, la pression est variable, tandis que la contre-pression reste constante, de façon que, la pression effective étant variable, elle ne conserve pas une valeur proportionnelle à celle directe de la vapeur ; le rapport entre les deux pressions est naturellement plus faible à la fin de la course du piston qu'au commencement.

Le degré de la pression initiale, avec l'emploi de la détente, doit donc entrer en ligne de compte dans l'élévation de l'excès de travail, attendu que le rapport variable entre la pression décroissante de la vapeur et la contre-pression constante est d'autant plus élevé que la première est plus forte, et *vice versâ.*

Supposons, pour fixer les idées, une machine qui marche, sans appareil de condensation, avec de la vapeur à 5 atmosphères et une détente pendant les 3/4 de la course du piston ; le rapport des deux pressions sera :

au commencement de la course,   5 : 1 ;

et, à la fin,   5 : 4 : 1 ;   soit : 1,25 : 1.

S'il existe, au contraire, un condenseur qui donne lieu à 1/10 d'atmosphère de contre-pression, le rapport des pressions variera :

$$\text{de } 5 : 0,1 \text{ à } 5 : 4 : 0,1.$$

Enfin, si, conservant la condensation et la même détente, la vapeur était introduite à 6 atmosphères, on aurait, comme rapports :

$$6 : 0,1 \text{ et } 6 : 4 : 0,1.$$

En résumé, la contre-pression constante agissant en même temps que la pression variable de la vapeur a pour effet d'augmenter les excès entre le travail moteur et celui résistant, et dans une proportion d'autant plus sensible que la contre-pression est plus considérable par rapport à celle initiale de la vapeur.

La valeur de l'excédant de travail serait donc à son minimum, et *la même pour toutes les pressions et pour un même degré de détente,* si la contre-pression était nulle. C'est d'abord dans cette hypothèse que nous allons examiner les tracés relatifs à l'emploi de la détente, nous réservant d'indiquer plus loin les modifications à apporter aux résultats dans la considération d'une contre-pression donnée par rapport à la pression initiale, et en tenant compte de l'obliquité de la bielle.

Pour exécuter le tracé relatif au travail variable d'une machine à détente, suivant les efforts inégaux transmis par la manivelle, on procède comme ci-dessus (fig. 176), en traçant d'abord la courbe que l'on obtiendrait *si la pression de la vapeur conservait pendant toute la course du piston sa valeur initiale.*

Soit, fig. 178, la courbe ABC, déterminée comme précédemment, en prenant pour pression constante, pendant la course entière du piston, celle qui ne règne au contraire que pendant une fraction plus ou moins grande de cette course lorsqu'on emploie la détente. Du point D, comme centre, on décrit un demi-cercle, ayant DB pour rayon, qui est, comme on l'a démontré, celui de la manivelle, et qui représente, en même temps, à une échelle déterminée, la pression initiale de la vapeur. D'après le diamètre ab, on trace un rectangle $abdc$, à l'aide duquel on construit, comme nous allons le rappeler, la courbe des pressions décroissantes dans le cylindre.

En effet, la pression de la vapeur étant représentée par ac (que l'on peut faire égale à DB, pour faciliter les opérations), au commencement de la course du piston, elle est maintenue à cette valeur jusqu'en un point e de la course où doit cesser l'admission à pleine vapeur. A partir de ce point, la pression de la vapeur décroît en raison inverse de son accroissement de volume, et devient successivement gg', hh', ii', jj', c'est-à-dire qu'en ces différents points, qui marquent des parties égales de la course afin de rendre les opérations plus faciles, la pression, au lieu d'être ac, a pour valeurs décroissantes :

$$\frac{ac}{gg'}, \quad \frac{ac}{hh'}, \quad \frac{ac}{ii'} \quad \text{et} \quad \frac{ac}{jj'}.$$

(On a vu que ces différents points étant réunis donnent une courbe *eghij,* qui permet de calculer le travail dû à la détente par l'aire de la figure curviligne $ee'jj'$ qu'elle détermine.)

On projette alors ces lignes de division sur le cercle aBb, et les points qui résultent de leurs intersections avec la circonférence sont ensuite projetés, parallèlement à AC, sur la courbe ABC, par lesquels points on abaisse des perpendiculaires sur la base AC. Ces dernières indiquent alors, par rapport à la courbe ABC, les positions successives de la manivelle correspondant aux points de la course pour lesquels la décroissance de la pression vient d'être calculée, la bielle toujours supposée infinie.

On sait que chaque ordonnée de la courbe ABC représente, comme sinus de l'angle aigu formé par la manivelle avec la direction de l'effort par la bielle, la pression effective correspondante transmise par le bouton de la manivelle, lorsque la pression sur le piston est constante et égale à BD; or, ici, la pression, au lieu d'être constante, a pour valeurs successives les rapports indiqués tout à l'heure, et précisément à chacun des moments respectifs représentés par les ordonnées qui viennent d'être tracées.

Fig. 178.

MACHINE SIMPLE A DÉTENTE, BIELLE INFINIE.

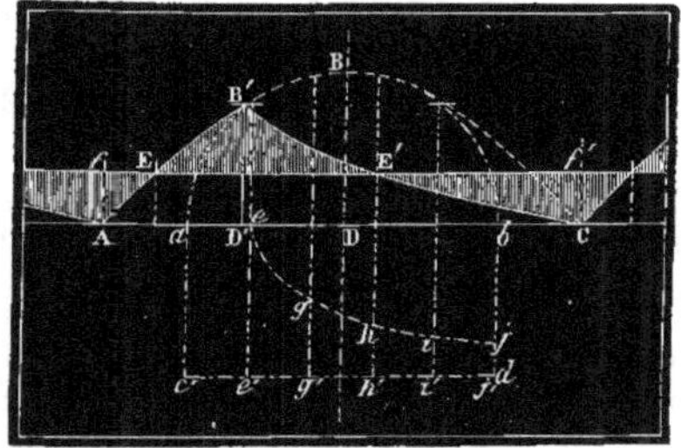

Par conséquent, on partage *chacune* de ces ordonnées, leurs longueurs prises entre la courbe ABC et la base AC, en deux parties proportionnelles à celles déterminées par la courbe de détente ej, sur les divisions correspondantes du rectangle $abcd$; par les points qui résultent de ce partage on trace une courbe B'E'C', laquelle détermine la figure AB'C, *qui est l'aire représentative du travail de la détente en fonction des efforts transmis par la manivelle*, la contre-pression supposée nulle et la bielle infinie.

En examinant cette figure, on remarque qu'une partie AEB' de la première courbe est conservée, ce qui doit être, en effet, puisque la pression reste constante une partie de la course. L'ordonnée B'D' marque alors le point de départ de la détente.

Résumant ces diverses opérations, qui devaient exiger un certain développement, nous disons que la courbe B'E'C est obtenue en *réduisant* les ordonnées de la courbe ABC dans le même rapport que la pression de la vapeur, en tenant bien compte du point de la course qu'elles représentent respectivement.

Cette courbe ainsi tracée, il est facile d'en déduire l'excès de travail applicable à la détermination du poids du volant.

Si l'on calcule l'aire de la figure AB'C, et que l'on divise cette superficie par la base AC, le quotient est, comme on l'a vu pour le travail à pleine pression, la valeur de l'effort résistant invariable, laquelle étant représentée par Af, suivant l'échelle de la figure, permet de déterminer le rectangle Aff'C figurant le travail résistant égal au travail moteur. Les intersections E et E' indiquent alors les moments d'égalité entre les efforts moteurs et résistants, et les segments E B'E', AfE et Cf'E' indiquent les excès d'un travail sur l'autre.

Par la supposition de la bielle infinie, ces différents excès, dont les sommes sont égales, sont aussi également répartis, et la valeur de T à introduire dans la formule du poids des volants n'est autre que le rapport de l'aire du segment EB'E' à celle de la figure entière AB'E'C.

Deux opérations semblables faites pour deux degrés de détente différents, 4/5 et 9/10, ont donné les résultats que nous allons faire connaître.

DÉTENTE PENDANT 4/5 DE LA COURSE DU PISTON. — L'aire totale de la courbe primitive étant encore égale à 20000 unités, l'aire de la figure AB'E'C, en raison de la détente, égale 10430, qui exprime alors la valeur proportionnelle du travail résultant de l'emploi de la vapeur détendue à cinq fois son volume primitif.

La base invariable AC étant, comme ci-dessus, égale à 314,16, l'effort résistant constant, que Af représente, égale 33,2 unités.

L'excès de travail, représenté par l'aire du segment EB'E', a pour valeur 3081 unités. Par conséquent, sa valeur proportionnelle devient (voir p. 544) :

$$T = \frac{3081}{10430} \times 2250 \, \frac{N}{m} = 0,3 \times 2250 \, \frac{N}{m} = 675 \, \frac{N}{m}$$

Introduisant cette valeur dans la formule du poids, comme on l'a fait précédemment, on trouve :

$$P = \frac{n \times 9,81 \times 675 \, \dfrac{N}{m}}{V^2} ; \text{ d'où : } P = 6621,75 \, \frac{nN}{mV^2}.$$

Le coefficient K a donc pour valeur 6621,75 au lieu de 4635.

Maintenant, si l'on tient compte d'une contre-pression par le condenseur et de l'obliquité de la bielle dont la longueur soit cinq fois la manivelle, la machine sans balancier, mais les autres conditions restant les mêmes, c'est-à-dire la détente commençant au 1/5 de la course et la pression initiale étant 5 atmosphères, le coefficient K a pour valeur 7619,3, soit :

$$P = 7619,3 \, \frac{nN}{mV^2}.$$

Toutes choses égales d'ailleurs, le poids du volant serait donc élevé d'environ 1/6.

Mais, si l'on suppose ensuite que l'échappement s'effectue à l'air libre, ce qui crée une contre-pression plus prédominante, le coefficient atteint environ 10000; ce qui donne :

$$P = 10000 \frac{n\mathrm{N}}{m\mathrm{V}^2}.$$

Ainsi, l'absence de condensation, pour une machine à détente, élève considérablement le poids du volant.

Détente pendant 9/10e de la course du piston. — Nous avons exécuté le même tracé pour ce degré de détente très-prolongé qui se rencontre beaucoup maintenant, et pour lequel il existe nécessairement un condenseur, avec une contre-pression très-faible, mais dont nous avons néanmoins tenu compte avec exactitude, ainsi que de l'obliquité de la bielle supposée 5 fois la manivelle.

Le résultat de cette opération fournit pour le coefficient K la valeur approximative 9000 ; par conséquent la formule applicable au poids des volants, pour la détente pendant 9/10e de la course, et pour une machine simple à condensation, bielle 5 fois la manivelle, est la suivante :

$$P = 9000 \frac{n\mathrm{N}}{m\mathrm{V}^2}.$$

Aujourd'hui, la plupart des machines à détente sont disposées de façon à en pouvoir varier le degré à volonté. Dans cette circonstance, il convient alors de calculer le volant dans les conditions de marche qui lui donnent la plus grande force vive, autrement dit, dans celles qui correspondent au coefficient K le plus élevé.

Machines accouplées marchant sans détente. — Lorsque deux ou plusieurs machines à vapeur actionnent simultanément un même arbre, avec leurs manivelles respectives disposées de façon que les coups de piston soient croisés, les moments symétriques de la puissance et de la résistance étant répétés un plus grand nombre de fois, pour un tour complet, qu'avec une seule machine, les inégalités entre le travail moteur et le travail résistant sont beaucoup moins sensibles, et le volant n'exige qu'une force vive relativement faible.

Premier cas : deux machines. — Le cas qui se rencontre le plus fréquemment est celui de deux machines à double effet parfaitement semblables, et actionnant ensemble un même arbre, au moyen de leurs manivelles disposées perpendiculairement l'une à l'autre : telles sont, comme on l'a vu, les locomotives et les machines de navigation, qui ont pour volant la masse même qu'elles font mouvoir et avec laquelle elles se transportent. Des machines fixes offrent la même circonstance, et nous avons eu l'occasion de citer des machines à balancier que l'on accouple, précisément pour obtenir une régularité plus grande, indépendamment du volant qui leur est néanmoins appliqué.

Pour trouver le moment d'inertie d'un volant monté sur un axe moteur ainsi commandé, on peut faire usage du même tracé que précédemment, mais en ayant le soin d'y faire figurer le travail simultané des deux machines, et en observant la répartition des effets.

Ainsi, le travail d'une seule machine, *marchant sans détente*, étant représenté (fig. 179), comme on l'a déjà montré, par la figure ABC, les fonctions de la deuxième machine, qui agit à un quart de cercle de distance de la première, seront représentées par les deux parties de courbe DB' et DB'' exactement semblables aux deux moitiés de la première courbe ABC; mais comme il y a là *superposition* du travail de chaque machine, on obtient la figure représentative réelle de la variation des efforts *en ajoutant les coordonnées* qui se confondent actuellement. C'est, du reste, une opération qui a été déjà expliquée (t. 1er, p. 354), mais qu'il peut être nécessaire de rappeler ici.

Prenons, par exemple, l'ordonnée *cd*, au point où deux courbes se croisent, et nous verrons qu'en ce point chacune des deux machines exerce ce même effort, d'où l'ordonnée totale doit être *double* et égale à *db* qui équivaut, en effet, à deux fois *cd*. Enfin, choisissons une autre ordonnée quelconque *eh*, de la première courbe ABC, et nous voyons qu'il faut la prolonger de *hj*, partie qui appartient à la courbe DB', de façon que *ih* = *eh* + *hj*, et ainsi de même pour tout autre point où les courbes ne se rencontrent pas.

De ceci il résulte enfin les deux courbes B'*b*B, B*b*'B'' qui indiquent *l'intensité des variations dans les efforts* transmis simultanément par les deux machines à l'arbre qu'elles commandent.

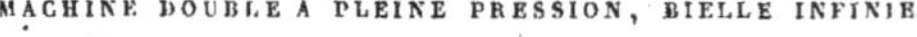

Fig. 179.

MACHINE DOUBLE A PLEINE PRESSION, BIELLE INFINIE.

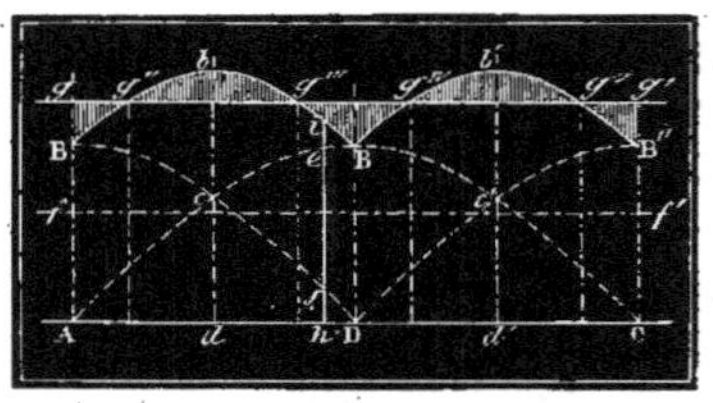

Pour en déduire maintenant les excès de travail moteur et résistant, il faut tracer, comme avec une seule machine, la ligne indicative de l'effort constant de la résistance. Puisque cet effort engendre un travail négatif, égal à celui des deux machines, et que le travail d'une seule est représenté par le rectangle A*ff'*C (p.542), il est clair que, pour les deux machines, ce rectangle devra être double, c'est-à-dire qu'il faut tracer une ligne *gg'* en faisant A*g* égal à 2A*f*.

Alors la ligne *gg'* rencontre les courbes de variation du travail moteur aux points *g''*, *g'''*, *g*ⁱᵛ et *g*ᵛ, qui sont les moments d'égalité entre les efforts du travail moteur et du travail résistant.

Par conséquent, on aura la valeur des excès du travail moteur par la quadrature des segments *g''bg'''* et *g*ⁱᵛ*b'g*ᵛ (égaux aux segments qui correspondent aux excès de travail négatifs par le parallélisme supposé de la bielle (p. 543).

Voici les résultats fournis par un tracé de ce genre, exécuté sur les mêmes bases que les précédents.

La superficie de la figure ABC étant toujours 20000 unités, et représentant le travail d'une machine, la superficie de la figure totale AB'bBb'B''C, qui équivaut au travail des deux machines, est 40000.

Af ayant pour valeur 63,66, pour une seule machine, la ligne gg' est tracée à une distance Ag égale à 2Af ou 127,32 unités.

La superficie du segment $g''bg'''$, obtenue par un mesurage direct, donne 882 unités.

Or, on a vu que la valeur proportionnelle de l'excès de travail à introduire dans la formule du poids s'y trouve rapportée au travail total de la machine pour un demi-tour de manivelle. Pour le cas actuel, le travail, pendant une demi-révolution de l'axe, est représenté par 40000 unités; par conséquent, la valeur de T devient :

$$T = \frac{882}{40000} \times 2250 \frac{N}{m} = 0,02202 \times \frac{N}{m} = 49,61 \frac{N}{m}.$$

L'application de cette valeur à la formule du poids donnerait pour le coefficient K :

$$K = 9,81 \times 49,61 = 487.$$

Par conséquent, en comparant ce chiffre à celui 4647 qui correspond à la manivelle simple, dans cette circonstance commune de la pleine pression et la bielle infinie, on en déduit que le volant applicable à deux machines accouplées ne serait qu'un peu plus du dixième du poids nécessaire à celui d'une machine simple de même puissance. Mais la supposition d'une bielle infinie fait commettre ici une très-grave erreur, et ne donne au volant que le 1/3 environ du poids qu'il doit avoir, dans l'hypothèse pratique d'une bielle cinq fois la manivelle.

Fig. 180.

MACHINE DOUBLE A PLEINE PRESSION, BIELLE 5 FOIS LA MANIVELLE.

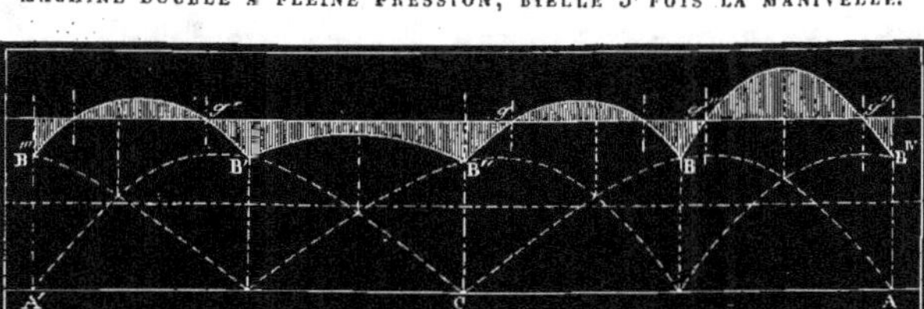

En effet, si l'on opère le tracé pour deux machines accouplées, marchant à pleine pression, par la combinaison des tracés fig. 177 et 179, on obtient le résultat que la fig. 180 représente.

A l'aide de ce tracé on reconnaît que, pour un tour entier des deux manivelles, il se manifeste un excès de travail moteur de g'' en g''', et un excès de travail résistant de g en g' qui sont très-considérables.

Faisant la quadrature de l'un d'eux, on trouve 2800 unités environ ; cette valeur rapportée à la moitié de la superficie entière (qui équivaut à 40000), ou au travail développé dans un demi-tour, pour se conformer à la disposition de la formule du poids, il vient pour T :

$$\frac{2800}{40000} = 0,07.$$

Appliqué à la détermination du coefficient K, on trouve :

$$K = 2250 \times 0,07 \times 9,81 = 1545.$$

Soit, en résumé, pour la formule du poids des volants appliqués aux machines doubles, sans détente, avec la bielle cinq fois la manivelle :

$$P = 1545 \frac{nN}{mV^2}.$$

Par conséquent, le volant qui convient à deux machines qui commandent simultanément un même axe, au moyen de deux manivelles d'équerre, est un peu plus du quart du poids de celui qui correspond à une machine simple d'une même puissance que les deux ensemble, toutes choses égales d'ailleurs.

Deuxième cas : trois machines. — Cette circonstance est rare avec les machines à vapeur, mais peut se rencontrer avec d'autres appareils, tels que les pompes et les machines soufflantes. Néanmoins, comme la recherche serait la même dans tous les cas, nous allons examiner celui d'une machine à vapeur.

Fig. 181.

MACHINE TRIPLE A PLEINE PRESSION, BIELLE 5 FOIS LA MANIVELLE.

Dans cette condition, la plus parfaite répartition des efforts est obtenue lorsque les trois manivelles divisent exactement le cercle qu'elles parcourent, et sont alors distantes l'une de l'autre d'un angle de 120° (t. 1er, p. 355).

En opérant pour cette disposition particulière, comme on vient de le voir pour deux machines, en supposant toujours la détente nulle et la bielle cinq fois la manivelle, on obtient un tracé dont la fig. 181 peut donner une idée très-exacte, et sur laquelle on reconnaîtra sans peine les excès de travail positifs et négatifs coupés par la ligne de l'effort constant.

La superficie totale de la figure, pour le travail d'un tour entier, équivaut à 120000 unités; le plus grand excès de travail est mesuré par une aire égale à 1300 environ.

Opérant comme ci-dessus, on trouve pour T :

$$T = \frac{1300}{60000} \times 2250\, \frac{N}{m} = 48,75\, \frac{N}{m}.$$

D'où le coefficient K devient :

$$48,75 \times 9,81 = 478.$$

Enfin, on a pour le volant des machines triples :

$$P = 478\, \frac{n\,N}{m\,V^2}.$$

C'est à peu près le onzième du poids du volant qui conviendrait à une machine simple d'une même force totale.

Si l'on n'avait pas supposé d'obliquité à la bielle, on eût trouvé un poids à peu près trois fois trop faible.

MACHINES A DÉTENTE A DEUX ET TROIS MANIVELLES. — La fig. 182 représente un tracé analogue fait pour deux machines accouplées, marchant à détente dans les conditions suivantes : la vapeur à 5 atmosphères, la détente pendant les 4/5 de la course, la contre-pression égale à 1/10 d'atmosphère et la bielle cinq fois la manivelle.

Fig. 182.

MACHINE DOUBLE, DÉTENTE PENDANT 4/5, BIELLE 5 FOIS LA MANIVELLE.

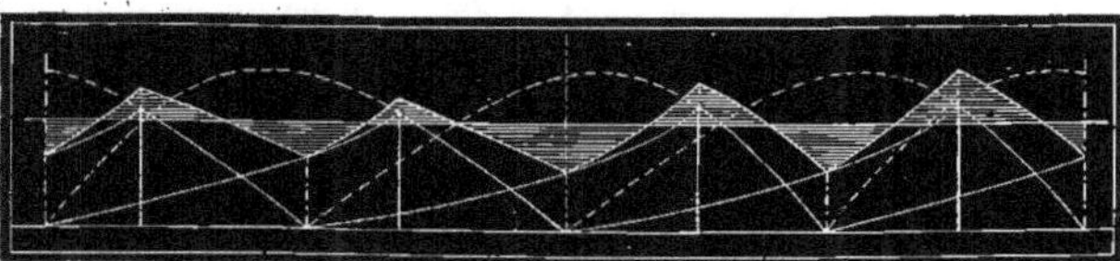

Le calcul des excès de travail donne pour le poids du volant la formule ci-contre :

$$P = 1850\, \frac{n\,N}{m\,V^2}.$$

Pour trois machines accouplées, réglées dans les mêmes conditions, on obtient, par le même procédé, le tracé représenté par la fig. 183.

En prenant toujours pour T la valeur proportionnelle au plus grand excès de travail, on arrive à la formule suivante :

$$P = 663 \frac{nN}{mV^2}.$$

Fig. 183.

MACHINE TRIPLE, DÉTENTE PENDANT 4/5, BIELLE 5 FOIS LA MANIVELLE.

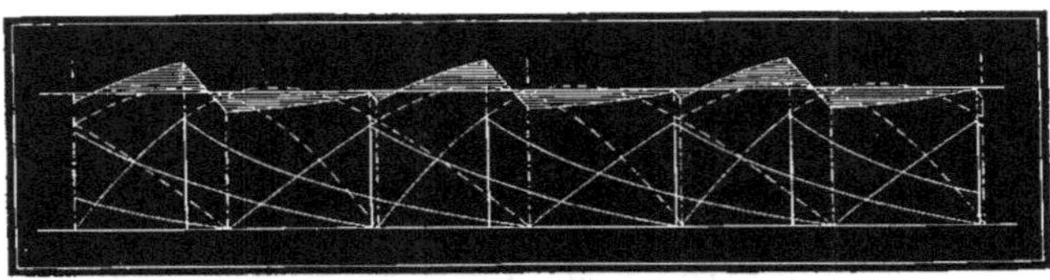

MACHINE A SIMPLE EFFET. — Cette condition, qui ne se rencontre plus à l'égard des machines à vapeur, au moins pour celles à rotation, existe, au contraire, très-fréquemment pour des pompes et autres appareils dont l'action est intermittente. Mais la machine à vapeur nous fournit encore les termes de la recherche du poids du volant applicable en pareil cas.

Fig. 184.

MACHINE A SIMPLE EFFET, PLEINE PRESSION, BIELLE 5 FOIS LA MANIVELLE.

La fig. 184 représente le tracé des efforts variables dans une machine agissant à simple effet, à pleine pression, bielle 5 fois la manivelle.

La première courbe ABC, représentant un coup actif de la machine, est suivi d'un intervalle CA′ correspondant au demi-tour pendant lequel la machine n'agit pas. Mais au point A′ commence la courbe relative au coup actif prochain.

La machine développant la totalité de sa puissance, pour un tour de manivelle, dans un demi-tour, l'aire de la figure ABC équivaut à ce travail total; par conséquent, la résistance constante qui engendre un travail négatif égal à celui du moteur, mais continu, tandis que l'action du moteur est intermittente et divisée par phases égales, nulles et actives, doit être représentée par un rectangle dont la hauteur A*f* est *la moitié* de ce qu'elle était pour la machine à double effet, soit :

$$\frac{63,66}{2} = 31,83 .$$

Il s'ensuit que la superficie du rectangle $Aff''A'$ équivaut à celle de la figure ABC, mais sur une base double, puisqu'elle correspond à un coup double, tandis que le travail moteur n'agit que pendant un demi-tour.

Alors l'excès de travail, qui produit l'irrégularité du mouvement, est représenté par l'aire $CE'E''A'$ pour le travail résistant, et par celle EBE' pour le travail moteur. Ces deux aires, qui sont égales, ont pour commune mesure environ 11050 unités, l'aire de la figure ABC et celle du rectangle $Aff''A$ étant encore 20000.

D'après cela, la valeur proportionnelle de T, qui doit être toujours rapportée au travail réel d'un coup simple, pour son application à la formule du poids, devient :

$$T = 11050 : \frac{20000}{2} \times 2250\,\frac{N}{m} = 2486,25\,\frac{N}{m}.$$

Introduisant, comme toujours, cette valeur dans la formule du poids, on trouve :

$$PV^2 = r \times 9,81 \times 2486,25\,\frac{N}{m} = 24390\,\frac{nN}{m}.$$

soit :

$$P = 24390\,\frac{nN}{mV^2}.$$

Ainsi, toutes choses égales d'ailleurs, le volant applicable à une machine à simple effet aurait un peu plus de quatre fois le poids de celui qui convient à une machine à double effet de même puissance.

RÉSUMÉ DES RÈGLES QUI CONDUISENT A LA DÉTERMINATION DE LA FORMULE

DU POIDS DES VOLANTS

Après l'énoncé des principes qui ont permis de fixer la composition de la formule à l'aide de laquelle on peut déterminer le poids des volants, les recherches qui ont suivi avaient pour objet de déterminer un coefficient qui dépend exclusivement de la disposition particulière de la machine à laquelle le volant s'applique, suivant l'intensité d'irrégularité des efforts qui peut provenir de l'espèce même du mécanisme, ou du mode d'emploi de la vapeur, s'il s'agit d'un moteur de cette nature.

Il resterait à fixer l'autre coefficient, celui n qui correspond aux limites dans lesquelles on veut resserrer les variations de la vitesse à l'aide du volant ; mais ce dernier est indépendant de l'espèce de machine, et ne suit d'autre règle que la pratique du constructeur ou du manufacturier auxquels l'emploi du moteur ou de l'outil a dû apprendre le degré de régularité qu'il exige. Cette recherche, nous la ferons plus loin, en examinant des volants construits et appliqués.

La formule du poids des volants, dont on vient d'étudier tous les éléments, a donc cette expression générale :

$$P = Kn\,\frac{N}{mV^2}.$$

L'application de cette formule exige que la vitesse circonférentielle V soit calculée d'après le diamètre et la vitesse rotative du volant; elle nécessite également la traduction en chevaux-vapeur, si la puissance transmise ou absorbée est exprimée différemment. Mais il est aisé de la transformer immédiatement, de façon à y introduire uniquement les données du problème en évitant le calcul de la vitesse V, ou bien la préparer de suite pour les puissances exprimées en kilogrammètres.

Ainsi la vitesse V est le résultat du calcul suivant :

$$V = \frac{D \times \pi \times m}{60}$$

dans lequel D représente le diamètre moyen, en mètres, de l'anneau du volant.

On a donc pour V^2 :

$$V^2 = D^2 \times m^2 \frac{\pi^2}{3600} = D^2 m^2 \frac{9,86965}{3600} = 0,002741\ D^2 m^2.$$

Par conséquent, cette valeur de V^2, substituée dans la formule du poids, donne :

$$P = Kn \frac{N}{0,002741\ D^2 m^3}.$$

Il suffit donc ici de connaître le diamètre du volant et le nombre de tours qu'il effectue dans une minute.

Enfin, si N devait exprimer des kilogrammètres au lieu de chevaux-vapeur, il suffirait de multiplier le dénominateur par 75, soit :

$$0,002741 \times 75 = 0,2056;$$

ce qui transforme ainsi la formule :

$$P = Kn \frac{N^{kgm.}}{0,2056\ D^2 m^3}.$$

Nous complétons ces documents par un tableau dont la plupart des éléments sont empruntés aux leçons de M. le général Morin, et qui donne la valeur du coefficient K pour les différents systèmes de machines à vapeur les plus généralement en usage.

Nous y avons ajouté quelques chiffres pour la détente 1/10, dans divers cas, et le coefficient relatif aux machines à simple effet. Nous l'avons également augmenté de trois colonnes, qui donnent immédiatement le produit du coefficient K pour les valeurs 40, 50 et 60, assez fréquemment appliquées au coefficient de régularité n.

TABLE DES COEFFICIENTS NUMÉRIQUES

SERVANT A DÉTERMINER LE POIDS DES VOLANTS, SUIVANT LE SYSTÈME DE MACHINE
ET LE DEGRÉ DE RÉGULARITÉ DE MARCHE.

DÉSIGNATION DES MACHINES A PLEINE PRESSION OU DÉTENTE AVEC OU SANS CONDENSATION. Rapport de la longueur de bielle.		VALEURS DE K.	VALEURS DE K n en faisant n =		
			40	50	60
Machines à balancier à un seul cylindre.					
Marchant à pleine pression avec ou sans condensation.	bielle = 6 fois la manivelle..	5225	209 000	261 250	343 500
	» = 5 fois id. ...	5530	221 200	276 500	331 800
	» = 4 fois id. ...	5830	233 200	291 500	349 800
Marchant à 5 atmosphères de pression avec détente et condensation, la bielle = 5 fois la manivelle.	détente à 1/3 de la course...	7200	288 000	360 000	432 000
	» 1/4 id. ...	7620	304 800	381 000	457 200
	» 1/5 id. ...	7845	314 800	392 250	470 700
	» 1/6 id. ..	8400	324 000	405 000	486 000
	» 1/8 id. ...	8450	338 000	422 500	507 000
Marchant à haute pression avec détente, mais sans condensation, la bielle = 5 fois la manivelle.	5 atmosphères — détente à 1/2	7080	283 200	354 000	424 800
	5 atmosphères — » 1/3	8185	327 400	409 250	491 100
	5 atmosphères — » 1/4	9220	368 800	461 000	553 200
	5 atmosphères — » 1/5	10230	409 200	511 500	613 800
	6 atmosphères — » 1/2	6975	279 000	348 750	418 500
	6 atmosphères — » 1/3	7950	318 000	397 500	477 000
	6 atmosphères — » 1/4	8915	356 600	445 750	534 900
	6 atmosphères — » 1/5	9695	387 800	574 700	582 000
	6 atmosphères — » 1/6	10650	426 000	532 500	639 000
Machines à deux cylindres, détente et condensation.					
Pression = 4,5 atmosph. Bielle = 5 fois la maniv.	détente 4,5 dans le grand cylindre seulement....	5540	221 600	277 000	332 400
	détente 7,5 commençant aux 2/3 du petit cylindre.	6030	244 200	304 500	361 800
Machines à directrices à un seul cylindre.					
Avec bielle = à 5 fois la manivelle.	pleine pression, avec ou sans condensation.	5590	223 600	279 500	335 400
	5 atmosph. condensat. — détente à 1/5 de la course.	7620	304 800	381 000	457 200
	5 atmosph. condensat. — » 1/10 id. ...	9000	360 000	450 000	540 000
	6 atmosp., détente à 1/4 sans condensat.	8600	344 000	430 000	516 000
Machines semblables doubles manivelles à angle droit.	pleine pression, avec ou sans condensation............	1545	61 800	77 250	92 700
	5 atmosphères — détente à 1/5	1850	74 000	92 500	110 000
	condensation. — » 1/10	2155	86 200	107 750	129 300
Machines triples manivelles divisées suivant des angles égaux.	pleine pression, avec ou sans condensation............ ...	478	19 120	23 900	28 880
	5 atmosphères — détente à 1/5	663	26 520	33 150	39 780
	condensation. — » 1/10	780	31 200	39 000	46 800
Machines oscillantes à haute pression.					
5 atmosph. à condensation, détente à 1/3 de la course.		7440	297 600	372 000	446 400
6 atmosph. sans condens., id. 1/2 id. ..		7290	291 600	364 500	437 400
Machines à simple effet. (Bielle 5 f. la maniv.)					
A pleine pression, avec ou sans condensation.......		24390	975 600	1219 500	1463 400

COEFFICIENT DES LIMITES DE VARIATION DE LA VITESSE ANGULAIRE

A partir de toutes les notions précédentes, qui reposent sur des bases mathématiques, et qui n'ont à subir, dans leur application, que les irrégularités inévitables de la pratique, il n'y a plus qu'incertitude dans l'emploi du coefficient n, qui n'a d'autre motif qu'un degré plus ou moins grand de régularité à obtenir, et sur lequel, pourtant, repose la fin de l'opération qui permet de fixer le poids d'un volant. Outre l'impossibilité de prévoir d'avance que tel ou tel emploi du moteur correspond à une régularité de vitesse précisément indiquée par un chiffre défini, le degré de régularité change très-rapidement avec la vitesse de rotation et la puissance, que les procédés de détente variable permettent de modifier notablement.

Et puis, si avec quelques kilogrammes de fonte de plus, un constructeur peut assurer à une machine un maximum de régularité dans toutes ses conditions de marche, pourquoi ne le ferait-il pas tant qu'il ne dépasse pas la limite au delà de laquelle le poids du volant ou sa grande vitesse deviennent un danger?

La valeur du coefficient n a été, du reste, élevée depuis quelques années par les constructeurs, et de 32 à 35, employée dans les circonstances ordinaires, elle est devenue sensiblement 40 à 50; de même, lorsque le maximum atteignait 60 pour les établissements qui demandent une très-grande régularité ce maximum s'élève aujourd'hui à près de 80.

Pour fixer les idées sur la recherche qui permet de découvrir la vérité sur ces différents points, prenons une machine dont les conditions de marche sont connues, afin d'en déduire la valeur de n d'après les dimensions du volant.

Si de la formule du poids on tire la valeur de n, on trouve :

$$P = K n \frac{N}{0,002741\ D^2 m^3}; \quad d'où\ n = \frac{0,002741\ D^2 m^3 P}{KN}.$$

Cette formule, mise sous la forme qui évite le calcul de la vitesse circonférentielle, permet donc de trouver le coefficient de régularité représenté dans une circonstance déterminée, à condition, toutefois, de connaître assez exactement la réglementation de la machine pour lui appliquer un coefficient K convenable.

Premier exemple. — La machine horizontale, à un seul cylindre, à détente et condensation, construite par M. Bréval, et qui est représentée pl. 24, a sa puissance nominale réglée, ainsi qu'on l'a dit (t. 1er, p. 543), sur les bases suivantes :

Puissance nominale.	20 chevaux
Vitesse de l'arbre moteur qui porte le volant	50^t par 1′
Pression initiale de la vapeur	4 atm.
Durée de la détente	4/5
Contre-pression	0,1 atm.
Diamètre moyen de l'anneau du volant	3^{m}50
Poids de l'anneau	2780 kilogr.

Pour la détente 4/5, la condensation et la longueur de la bielle qui n'est que 4 fois la manivelle, il convient d'adopter le coefficient K = 8000, au lieu de 7619, indiqué par la table pour le même cas, mais avec la bielle égale à 5 fois la manivelle.

Faisant l'emploi de la formule, nous trouvons :

$$n = \frac{0,002741 \times (3,5)^2 \times (50)^3 \times 2780^k}{8000 \times 20^{ch.}} = 73.$$

Ainsi, en marche dans les conditions de puissance nominale, cette machine pourrait acquérir, par son volant puissant, une régularité telle, que sa vitesse ne s'écarterait pas, du plus au moins, de 1/73 de celle moyenne déduite du nombre de tours, à condition que la résistance à vaincre fût elle-même sensiblement fixe.

Deuxième exemple. — Mais admettons que cette puissance soit élevée à 30 chevaux, en réglant la durée de la détente au 1/3 environ de la course du piston, au lieu des 4/5, et en modifiant convenablement la pression de la vapeur. Le coefficient K aurait alors pour valeur approchée 7400, et celui n deviendrait :

$$n = 73 \times \frac{7000 \times 20}{7400 \times 30} = 46.$$

Sans s'arrêter d'une façon absolue aux chiffres proposés ici et aux résultats numériques qui en sont déduits, il demeure établi d'une manière générale que la précision dans le poids d'un volant n'a d'importance que pour ne pas s'écarter des limites indiquées en pratique, afin d'éviter les accidents et ne pas dépenser de fonte et de force inutiles.

Troisième exemple. — Si, pour un motif quelconque, c'est la vitesse de régime qui doit changer, la variation de régularité est beaucoup plus sensible, puisque le coefficient n est proportionnel au cube du nombre de tours par minute.

Supposons que, tout en conservant la détente 1/5, la force de 30 chevaux soit obtenue en augmentant la vitesse de la machine dans le rapport correspondant, c'est-à-dire en la portant à 75 tours; la valeur de n deviendrait :

$$73 \times \frac{(75)^3 \times 20}{(50)^3 \times 30} = 164.$$

Il n'est donc aucunement possible de fixer *à priori* la valeur de ce coefficient, qui non-seulement n'a pas de valeur absolue, mais varie avec la même machine suivant ses conditions de marche variable. Il est d'autant moins facile d'en fixer la valeur que le poids du volant lui-même pourrait être théoriquement infini, et n'a de limite que celle indiquée par les accidents qui pourraient résulter d'un volant trop puissant, et l'excès de travail absorbé par le frottement de l'axe qui le porte.

Nous complétons cette étude par un tableau dans lequel nous avons réuni les conditions de marche de plusieurs machines à vapeur, dont la plupart ont été décrites dans cet ouvrage, avec les dimensions de leurs volants, la valeur du coefficient n qui en est déduite, et celle du coefficient K qui a été appliqué au calcul.

TABLEAU COMPARATIF

DE LA FORCE VIVE DES VOLANTS APPLIQUÉS A DIVERSES MACHINES EXISTANTES, EN PRENANT POUR BASE LA FORMULE GÉNÉRALE ET LE COEFFICIENT APPLICABLE A CHAQUE SYSTÈME PARTICULIER.

NUMÉROS.	CONSTRUCTEURS des machines.	DÉSIGNATION du système de la machine.	EMPLOI de la machine.	FORCE nominale en chevaux. N	VITESSE de rotation par 1' de l'arbre du volant. m	PRESSION initiale de la vapeur.	RAPPORT entre le volume de vapeur détendu et celui admis à pleine pression.	AVEC ou SANS condensation.	VOLANT. JANTE. Diamètre.	VOLANT. JANTE. Vitesse linéaire par seconde.	VOLANT. JANTE. Poids P	VOLANT. COEFFICIENTS. K	VOLANT. COEFFICIENTS. n
						atmosph.			mètres.	mètres.	kilogr.		
1	MM. Hick et Rothwell.	A 1 cyl. à balanc. simple.	Roue à élever l'eau......	40	18	1.2	0.0	Sans.	6.427	6.057	5184	5225	16.0
2	Cavé..........	Cylindre oscillant......	Moulin de 10 p. de meules.	40	30	6.5	6.0	Id.	8.000	12.560	11000	7800	167.0
3	Cail et C°......	Horizontale simple......	Distillation..............	8	52	5.0	6.0	Id.	3.000	8.168	1100	10000	47.7
4	Bréval..........	Id. id.	Tissage de grosses toiles...	20	50	4.6	5.0	Id.	3.500	9.162	2780	8000	73.0
5	Bourdon........	Horizon. double accouplée	Moulin de 12 p. de meules.	48	75	4.0	5.0	Id.	4.000	15.700	2000	1850	413.0
6	Legavrian......	Id. id.	Laminoirs à cuivre.......	35	38	3.5	10.0	Id.	6.000	11.938	9930	9000	171.0
7	Rouffet.........	Horizontale simple......	Moulin de 5 p. de meules.	20	45	5.0	5.0	Id.	4.300	10.125	2246	7620	68.5
8	Bourdon........	Id. id.	Exposition de 1835	25	30	3.5	5.0	Avec.	4.000	6.283	2500	7620	15.0
9	Powell.........	Woolf, double accouplée.	Filature de coton.........	140	22	2.5	6.25	Id.	7.500	8.639	12000	1500	93.0
10	Boyer..........	Id. id. id. .	Manufacture de Tabacs....	84	27	3.0	3.7	Id.	5.300	7.492	6000	1400	77.0
11	Legavrian......	Woolf, simple.........	....	60	24	3.5	4.25	Id.	5.920	7.440	7180	5500	28.0
12	Stehelin et C°...	Id. id.	Filature................	80	28	5.0	10.6	Id.	5.800	8.502	10000	6500	39.0
13	Boudier.........	Id. horiz. simple...	Exposition de Rouen......	16	40	4.0	7.0	Id.	3.200	6.702	1300	6000	24.0

Examen du tableau précédent. — Les résultats du tableau indiquent, pour ainsi dire, un désaccord presque complet entre la pratique et la théorie : la colonne réservée aux valeurs du coefficient n, déduites des conditions de marche de la machine et du coefficient K raisonnablement attribuable à son système, ne montre que des chiffres sans corrélation apparente. Il y a lieu de chercher s'il existe des motifs qui puissent justifier une semblable irrégularité.

Machine n° 6. — Prenons, pour premier exemple, cette machine (représentée pl. 25), dont le volant fournit 171 pour le coefficient régulateur n; est-ce à dire que l'on a cherché à obtenir ce degré extrême de régularité? Évidemment non. D'abord la machine est à détente variable et peut développer des puissances supérieures à celle nominale, ce qui suffit pour changer la valeur de n. Mais ensuite cette machine étant destinée à faire marcher des laminoirs, on a donné à son volant une énergie en rapport avec l'inégale résistance de ces outils qui ne possèdent pas de volant particulier; par conséquent le volant de la machine devant régulariser en même temps la puissance et la résistance, le coefficient K, supposé sur le tableau, et qui ne dépend que du système de la machine, *ne convient pas*; la valeur trouvée pour n ne serait donc vraie *que si la résistance se trouvait régularisée indépendamment du moteur*.

Machine n° 4. — La bielle de cette machine (représentée pl. 24) est courte : elle n'est que 4 fois la manivelle, ce qui justifie l'emploi du coefficient K = 8000. Néanmoins le volant est très-énergique, puisque $n = 73$.

Machine n° 5. — Passons à la machine de M. Bourdon, pour laquelle le coefficient n atteint la valeur hors de pratique 413. Ce moteur est formé de deux machines accouplées, avec manivelles à angle droit, et comme telle, le coefficient K = 1819 devait lui être appliqué. Mais elle commande un moulin à blé pour lequel l'énergie du volant doit être en rapport avec celle des meules, et non pas avec le système même de la machine. L'expérience a prouvé, d'ailleurs, que l'énergie de ce volant est trop considérable.

Machines n°s 2 et 7. — Le même raisonnement, sauf le défaut signalé tout à l'heure, est applicable à ces machines, qui commandent aussi des moulins.

Machine n° 1. — Cette machine, qui est celle de Saint-Ouen (représentée pl. 26), a au contraire un faible volant, puisque le coefficient n atteint seulement 16, tandis que Watt admettait au moins 32 dans les cas les plus ordinaires. Mais ici la machine fait mouvoir exclusivement une roue élévatoire hydraulique, qui fait volant par elle-même, et qui n'exige pas d'ailleurs une régularité excessive.

Machine n° 9. — La machine de M. Powell (représentée pl. 28) se rapproche beaucoup des conditions prévues en théorie; le coefficient n atteint 93 ; mais aussi cette machine a été construite de façon que la puissance puisse être presque doublée au besoin, dans lequel cas le volant n'aurait juste que le poids nécessaire, tout en tenant compte, ainsi qu'on l'a fait pour calculer n, de l'accouplement des deux machines.

Machine n° 10. — Nous nous arrêterons encore aux deux machines accouplées construites par M. Boyer pour la manufacture des tabacs de la ville de Lille.

Ces machines, dont les cylindres sont représentés pl. 34, et les conditions de marche complétement expliquées (p. 59), ont une force nominale collective de 40 chevaux, mais peuvent réellement développer une bien plus grande puissance, puisqu'aux expériences officielles on leur a fait développer 84 chevaux, dans les conditions de pression et de détente indiquées au tableau. Même en produisant cette puissance maximum, le volant est encore énergique, puisque le coefficient $n = 77$. Il semble, d'après cela, que le constructeur ne tienne pas compte de l'accouplement des machines qui diminue le poids des volants dans la proportion indiquée précédemment (p. 556). Mais ayant pris soin de conserver aux organes de transmission une résistance suffisante pour correspondre à l'excès d'énergie du volant, il n'y a pas à se plaindre de cet excès qui, autrement, ne peut être que profitable à la marche du moteur et des appareils qu'il commande.

En résumé, ce tableau, sans servir de confirmation à la théorie, renferme une révélation intéressante du degré d'énergie donné aux volants par les différents constructeurs les plus expérimentés.

DIAMÈTRE ET SECTION DE LA JANTE D'UN VOLANT

Pour compléter ce que nous pouvons dire ici des volants appliqués aux machines à vapeur, sans sortir des limites de notre cadre (1), il est nécessaire d'examiner les raisons qui conduisent à l'adoption du diamètre de la jante, et d'exposer les règles pratiques à l'aide desquelles on en détermine la section d'après ce diamètre et d'après le poids trouvé au moyen des règles précédentes.

La recherche des dimensions d'un volant se divise en plusieurs opérations principales que l'on peut résumer ainsi :

1° Détermination du diamètre D et de sa vitesse circonférentielle, qui dépendent l'un de l'autre quand la vitesse rotative est donnée ;

2° Détermination du produit $P V^2$ qui peut être obtenu par la seule connaissance de la puissance de la machine, son état de marche ou son système, sa vitesse de rotation et le degré de régularité à obtenir, indépendamment du diamètre du volant et de sa vitesse circonférentielle ;

3° Détermination de la section de la jante, d'après le poids et le diamètre.

DÉTERMINATION DU DIAMÈTRE. — Le diamètre d'un volant est théoriquement arbitraire ; mais il convient de rechercher celui qui s'accorde le mieux avec l'emplacement que la machine doit occuper, et qui conduit au minimum du poids sans atteindre les limites de vitesse où la force centrifuge deviendrait trop considérable.

A une époque où la réglementation des machines suivait une marche plus uniforme qu'aujourd'hui, on évaluait *à priori* le diamètre d'un volant, en le faisant égal à 3 fois ou 3 fois et demie la course du piston pour les machines à basse pres-

---

(1) Les volants régulateurs font l'objet d'un article très-complet du xiiie vol. de la *Publication industrielle*, dont celui-ci n'est qu'un extrait, et auquel ouvrage nous renvoyons les personnes qui désireraient étudier ce sujet plus à fond.

sion et à balancier, et à 4 fois ou 4,5 fois pour les machines à haute pression, à un seul cylindre. Actuellement que les machines à basse pression sont à peu près sans application, et qu'on adopte des vitesses de rotation très-différentes, on ne peut pas compter sur une règle fixe pour déterminer le diamètre des volants. Cependant en prenant les nombres ci-dessus pour points de départ, on peut voir dans quelles limites on doit les conserver ou s'en écarter, et ce qu'il est nécessaire de faire, suivant le cas proposé.

En consultant la table précédente, on remarque que les vitesses circonférentielles diffèrent, mais se maintiennent dans les limites de 6 à 12 mètres par seconde, vitesses qu'il convient en effet de ne pas dépasser de beaucoup, à moins que, par l'énergie excessive demandée, on soit conduit à des poids dépassant de bonnes conditions pratiques.

M. le général Morin conseille de ne pas dépasser, dans tous les cas, 25 à 30 mètres par 1″, vitesse d'ailleurs assez rare.

En fixant le diamètre du volant, on doit entendre, ainsi qu'on l'a dit, celui du cercle qui passe sur le milieu de la largeur de la jante dont on cherche le poids, et à condition que la section de cette dernière ait une forme symétrique par rapport à l'extérieur et à l'intérieur de ce cercle. Lorsque cette section est d'une telle forme, on ne commet aucune erreur sensible, pour la pratique, en adoptant son cercle moyen pour le calcul de la vitesse en fonction de la force vive de la masse en mouvement. Si elle n'était pas symétrique, qu'elle présentât, par exemple, une forme triangulaire ou ovoïde, on devrait au moins choisir, pour faire passer le cercle moyen, la ligne qui divise cette section en deux parties égales dans le sens du rayon, ou à peu près son centre de gravité, comme surface.

DÉTERMINATION DU POIDS D'APRÈS PV^2. — Après avoir trouvé le produit PV^2 pour une machine à l'égard de laquelle on ne peut pas fixer d'avance le diamètre du volant ni la vitesse V, la première recherche consiste à diviser ce produit PV^2 en deux facteurs qui attribuent aux poids et à la vitesse des valeurs convenables.

Comme l'une ou l'autre de ces valeurs, ou leur rapport, n'a rien d'absolu, la méthode la plus simple consiste à mettre le rayon du volant en rapport avec celui de la manivelle, et à admettre *à priori* que les deux rayons sont dans le rapport de 5 : 1 pour les machines simples à un seul cylindre.

Pour les machines doubles actionnant simultanément un même arbre par des manivelles d'équerre, comme la force vive du volant est à peu près réduite au quart, toutes choses égales d'ailleurs, le diamètre du volant peut supporter une part de la diminution. On adopterait alors le rapport 3,5 : 1.

PREMIER EXEMPLE. — Déterminer les dimensions du volant d'une machine de 30 chevaux, dont le rayon de la manivelle égale 0^m60 et qui fait 30 tours par minute, ses conditions de marche permettant d'adopter 7000 et 45 pour les coefficients K et n. On trouve pour PV^2 :

$$PV^2 = 7000 \times 45 \times \frac{30}{30} = 315000.$$

Le rayon de la manivelle étant 0^m60, le diamètre du volant serait 6 mètres, *à priori*; on trouve pour la vitesse V :

$$\frac{6 \times 3,1416 \times 30}{60} = 9^m4248.$$

D'où le poids cherché égale :

$$\frac{315000}{(9,4248)^2} = 3550 \text{ kilogrammes.}$$

Si l'on voulait réduire le volant à 5 mètres de diamètre au lieu de 6, il suffirait de dire (p. 547) :

$$3550 \times \left(\frac{6}{5}\right)^2 = 5112 \text{ kilogrammes.}$$

DEUXIÈME EXEMPLE. — Admettons maintenant que, l'ensemble des conditions restant le même, le moteur soit formé de deux machines accouplées sur le même arbre moteur. Au lieu de 7000, qui correspond à peu près à une machine à moyenne détente et à condensation, le coefficient K prend environ pour valeur 1800.

On trouve alors :

$$P V^2 = 1800 \times 45 \times \frac{30}{30} = 81000.$$

Pour fixer maintenant le diamètre du volant, il faut remarquer que les deux machines accouplées formant une même puissance totale que celle du premier exemple, les dimensions des cylindres et de la course des pistons par conséquent, seront réduites. Au lieu de 1^m20, cette course serait ramenée environ à 1 mètre, ce qui, d'après la donnée précédente, fournirait 3^m50 pour le diamètre du volant.

On trouverait alors, pour la vitesse à sa circonférence :

$$V = \frac{3,50 \times 3,1416 \times 30}{60} = 5^m50.$$

Soit, pour son poids :

$$P = \frac{81000}{(5,5)^2} = 2677 \text{ kilogrammes.}$$

Ce résultat indique que, sans dépasser la limite de vitesse circonférentielle la plus ordinaire, on pourrait augmenter un peu le diamètre, afin de réduire le poids trouvé.

Donnant par exemple 4 mètres au lieu de 3,50, le poids serait modifié ainsi :

$$2677 \times \left(\frac{3,50}{4,00}\right)^2 = 2049 \text{ kilogrammes.}$$

Il est important de ne pas se méprendre sur la portée de ces exemples, qui ont pour but, non pas d'indiquer les conditions à adopter dans tel ou tel cas proposé, mais seulement la marche à suivre dans les opérations à faire.

SECTION DE LA JANTE D'APRÈS LE POIDS ET LE DIAMÈTRE. — Cette opération ne présente aucune difficulté lorsqu'on connaît la densité de la matière avec laquelle le volant doit être fabriqué. Les volants appliqués aux moteurs à vapeur se font en fonte de fer dont la densité est 7,2 ou 7^k2 par décimètre cube.

La section d'une jante de volant présente généralement une forme rectangulaire ou courbe aplatie pour les raisons qui ont été données (p. 548).

Mais quelle que soit cette forme, le premier calcul doit aboutir à une section en unités superficielles que l'on divise ensuite en facteurs inégaux pour la ramener à un rectangle. Il devient facile de modifier ensuite cette figure pour en déduire un profil plus varié ou une forme courbe.

La règle simple pour trouver la section de la jante consiste donc à :

Diviser le poids trouvé, exprimé en kilogrammes, par le poids d'un décimètre cube de la matière employée et par la circonférence qui a servi dans le calcul du poids, en l'exprimant en décimètres linéaires, le quotient exprime la section cherchée en décimètres carrés.

EXEMPLE. — Trouver la section de la jante d'un volant en fonte de fer devant peser 2000 kilogr., et dont la circonférence moyenne égale 15 mètres.

On obtient :

$$\frac{2000^k}{150^d \times 7^k2} = 1,85 \text{ ou } 185 \text{ centimètres carrés.}$$

Si le diamètre était donné d'abord, il faudrait en déduire la circonférence, et le calcul prendrait la forme suivante :

$$\frac{P}{\pi D^2 \times 7,2}.$$

En admettant l'emploi exclusif de la fonte de fer, cette expression peut être simplifiée, et devient :

$$\frac{P^k}{D^d \times 3,1416 \times 7,2} = \frac{P^k}{22,62 \times D^d}.$$

Soit, par exemple, un volant de 5 mètres dont la jante doit peser 3000 kilogr., la section aurait :

$$\frac{3000}{22,62 \times 50} = 2,65 \text{ décimètres carrés.}$$

MISE EN ÉQUILIBRE DES VOLANTS. — Nous avons dit qu'un volant doit être parfaitement en équilibre sur son axe de rotation, et ne doit présenter aucun *pesant* d'un côté ou de l'autre, dans telle position qu'il occupe.

Lui-même étant un solide de révolution régulier et sensiblement homogène, on peut le regarder comme équilibré ; mais il n'en est pas ordinairement de même de son axe, qui porte souvent une manivelle à laquelle se rattache un mouvement de transmission. Ainsi, on peut considérer l'ensemble du poids de la manivelle, de la bielle et du piston comme un *pesant* qui nuirait à la régularité de la marche du volant si on ne l'équilibrait pas.

A cet effet, le plus souvent, on ménage dans la jante, au point *opposé* au côté de la manivelle, une cavité que l'on remplit de métal d'une densité supérieure à celle qui constitue le volant, du plomb pour les volants de fonte, de façon à faire contrepoids *au pesant*, en tenant compte, bien entendu, du rapport entre les rayons de la manivelle et de la jante.

Cette méthode, que l'on peut désigner par *équilibre par addition,* ou *positif,* peut également se faire par *soustraction* ou *négativement.*

Au lieu de ménager le vide dans la jante du côté *opposé* à la manivelle, on le réserve *du même côté;* mais alors, au lieu d'y mettre du plomb, on le laisse vide, ou on y introduit un morceau de bois pour le dissimuler. Le résultat obtenu est évidemment le même avec les deux méthodes.

RÉGULATEURS DE PUISSANCE ET DE VITESSE

Le volant régularise la vitesse d'un moteur qui surmonte des efforts inégaux, mais dont la somme équivaut néanmoins à un effort moyen uniforme correspondant à un travail équivalent à celui qu'il développe. Mais si le travail même subit des variations, ou que la distribution de la puissance même dans le récepteur éprouve des irrégularités, le volant ne peut plus maintenir *la même vitesse* uniforme; c'est dans ce cas qu'intervient *le régulateur de puissance,* et aussi *de vitesse,* dont le jeu a été amplement décrit dans le cours de cet ouvrage.

Nous avons rappelé qu'il existe beaucoup de systèmes de régulateurs différents, parmi lesquels on distingue surtout deux principes caractéristiques : les régulateurs *à force centrifuge* et ceux *à air.* Le système à force centrifuge est très-répandu, mais son efficacité est fort contestée, et nous avons cité les travaux de plusieurs constructeurs, particulièrement MM. Farcot, pour améliorer ses fonctions. Quant au régulateur à air, qui s'approche davantage du but à atteindre, il n'est pas comparativement d'une application aussi fréquente; mais cependant il tend à l'être tous les jours un peu plus, et nous inclinons à penser que cet ingénieux mécanisme sera prochainement d'un emploi très-général.

En somme, l'étude approfondie de la construction et de la théorie de ces deux organes mécaniques conduirait beaucoup trop loin pour qu'il nous fût permis de l'entreprendre ici.

D'ailleurs, dans le traité des *Moteurs hydrauliques* qui précède celui-ci, que nous considérons comme lui faisant suite dans l'ordre de cet enseignement, un chapitre tout entier est consacré aux régulateurs qui sont également applicables aux deux modes de force motrice.

Néanmoins, comme il peut arriver que l'on ne se trouve pas en même temps possesseur des deux parties de ce Traité qui s'adressent réellement à deux spécialités différentes, nous croyons devoir extraire des *Moteurs hydrauliques* les quelques notions admises, au moins jusqu'à ce jour, pour l'établissement des régulateurs de vitesse à force centrifuge.

PROPORTIONS DES RÉGULATEURS A FORCE CENTRIFUGE

Le modérateur à force centrifuge, qui prend aussi le nom de *pendule conique*, est comparé, en physique, au pendule circulaire, consistant, ainsi qu'on le sait, en un corps pesant suspendu à un fil avec lequel on le fait osciller d'après le point d'attache du fil, comme centre, et pour lequel il existe une relation très-bien établie entre la longueur de ce fil et la durée des oscillations.

La similitude entre les deux genres de pendule consiste en ce que : la durée d'une révolution entière du pendule conique est égale à celle de l'oscillation complète d'un pendule circulaire dont la longueur du fil correspond à la hauteur du pendule conique, cette hauteur étant celle du cône qui a pour base le plan horizontal passant par le centre des boules, et pour sommet le point de rencontre des lignes d'axe des bras avec l'axe vertical de rotation.

Par conséquent, faisant abstraction, pour un instant, de l'angle formé par les bras du modérateur, en marche normale, la distance verticale, du plan des boules au sommet formé par la rencontre des lignes d'axe des bras, sera déterminée par la même formule que celle qui sert à déterminer les conditions du pendule circulaire.

La formule qui établit la relation entre la longueur du pendule circulaire et la durée de ses oscillations simples est la suivante :

$$l = \frac{g\,t^2}{\pi^2}, \quad \text{ou,} \quad l = \frac{g}{\pi^2}\,t^2.$$

dans laquelle,

l représente la longueur du fil, en mètres ;
t » le temps d'une oscillation simple, en secondes ;
g » l'intensité de la pesanteur, égale à 9,8088 sous la latitude de Paris ;
π » le rapport du diamètre à la circonférence d'un cercle, ou 3,1416.

Cette relation, exprimée en langage vulgaire, revient à ceci :

Les longueurs différentes du pendule sont proportionnelles au carré des durées des oscillations simples correspondantes.

EXEMPLE. — Quelle doit être la longueur du pendule dont la durée d'une oscillation simple est égale, sous la latitude de Paris, à une seconde ?

On trouve :

$$l = \frac{9,8088}{3,1416^2} \times 1^{\prime\prime 2} = 0^{\mathrm{m}}994.$$

Puisque cette règle s'applique, sans modification, au pendule conique dont on veut connaître la hauteur d'après la durée d'une révolution ou du nombre de révolutions par minute, nous ajouterons seulement que, dans l'exemple précédent, un pendule conique de la hauteur trouvée devrait faire 30 tours par minute, puisque ce nombre correspond à celui des oscillations complètes du pendule circulaire, ou à la moitié du nombre de ses oscillations simples.

Mais il faut remarquer que l'on admet ordinairement qu'en marche normale les bras du modérateur doivent former avec l'axe de rotation un angle fixe de 30°; on sait, du reste, que la loi qui établit pour les deux genres de pendules la relation entre la hauteur et la durée des oscillations ou des révolutions, cesse d'être applicable lorsque l'amplitude de ces oscillations, pour le pendule circulaire, ou celle de l'angle formé par les bras du pendule conique, dépassent certaines limites.

Adoptant donc 30° pour l'angle normal qui mesure l'inclinaison des bras par rapport à l'axe, il s'ensuit que leur longueur l' peut être facilement déterminée, connaissant la hauteur verticale ci-dessus, par la relation suivante :

$$l' = \frac{l}{0,866}.$$

Cela revient à trouver le côté d'un triangle équilatéral dont on connaît la hauteur, en se basant sur cette relation géométrique invariable : que la hauteur d'un triangle équilatéral est égale aux 0,866 du côté.

Pour bien faire comprendre tout ce qui précède, prenons un exemple direct.

Exemple. — Quelles doivent être la hauteur d'un pendule conique et la longueur de ses bras, la vitesse normale n étant réglée à 50 tours par minute?

D'après ce qui a été dit ci-dessus, cette hauteur correspondra à la longueur du pendule circulaire accomplissant le double d'oscillations simples dans le même temps et dont la durée t, de chaque oscillation, sera égale, par conséquent, à 60″ ÷ 100, ou, en général, 60″ ÷ $2n$. On aura donc, pour la hauteur cherchée :

$$l = 0,994 \times \left(\frac{60}{100}\right)^2 = 0^m 358.$$

La longueur des bras, comptée du centre des boules à la rencontre de leurs lignes d'axe, avec celui de rotation devient :

$$l' = \frac{0,358}{0,866} = 0^m 413.$$

Il est très-important de remarquer que cette longueur attribuée aux bras du modérateur n'est pas réellement celle qu'ils possèdent, puisque leur articulation ne peut pas se trouver sur l'axe même de rotation où le sommet géométrique du cône est néanmoins situé.

Pour obtenir cette longueur véritable, on devra d'abord tracer le triangle exact suivant la hauteur trouvée, et les deux côtés qui partent du sommet formant entre eux un angle de 60 degrés; puis, ayant déterminé les dimensions des pièces qui constituent l'assemblage par articulation, on trouvera aisément à quelle distance au-dessous du sommet doit être situé l'axe horizontal passant par les centres des articulations des bras, et, par conséquent, la longueur de ces bras eux-mêmes.

Ce qui a été dit jusqu'ici permet de comprendre facilement le jeu, en quelque sorte théorique, du modérateur à force centrifuge.

Puisque la hauteur du plan des boules au sommet est une condition *sine qua non* de la vitesse, il est clair que, cette vitesse venant à changer, la hauteur se modifiera pour rétablir l'équilibre; et cette modification, qui s'opère par l'ouverture plus ou moins grande de l'angle des branches, est utilisée pour faire monter ou descendre le manchon qui communique avec la transmission.

Pour éviter les calculs nécessaires à la détermination du pendule conique, suivant les différentes vitesses proposées, nous avons dressé la table suivante, qui donne une série de vitesses de rotation, avec les hauteurs de pendules correspondantes.

Admettant l'angle de 30°, une colonne de la table donne les longueurs géométriques des bras pour chaque hauteur.

Enfin, pour apprécier plus aisément les changements de hauteurs qui surviennent pour chaque modérateur, d'après les variations de sa vitesse propre, une colonne indique les différences de hauteur pour chaque augmentation successive d'une révolution.

Nous n'avons pas cru nécessaire d'étendre cette table en deçà et au delà des limites de la pratique. Ainsi un modérateur faisant moins de 30 tours atteint une longueur impraticable. De même, au-dessus de 75 tours, ses dimensions sont tellement faibles que son énergie peut devenir insuffisante pour faire mouvoir le mécanisme du papillon obturateur. Néanmoins on trouve beaucoup d'exemples aujourd'hui de régulateurs tournant plus vite appliqués, il est vrai, à des machines de très-faible puissance.

Quant à l'usage de cette table, il n'offre rien qui nous semble mériter une explication, surtout après celles qui précèdent.

On remarquera seulement que la colonne des différences permet d'apprécier dans quelles limites un même régulateur peut fonctionner, au point de vue des différentes vitesses qu'il peut prendre et de l'amplitude des mouvements du manchon qui se rattache au mécanisme de la valve régulatrice.

Supposons un régulateur tournant à 50 révolutions, pour lequel la table indique une hauteur de 357 millim.; si la vitesse varie d'un tour, en plus ou en moins, on voit que le pendule se raccourcira de 14,7 millim. ou s'allongera de 14 millim. De 40 à 60 tours, la variation de hauteur par tour sera de 27 à 8 millimètres.

Par conséquent, le manchon s'élèvera ou s'abaissera des mêmes quantités. Les pièces sur lesquelles il agit devront donc être disposées en conséquence.

DIMENSIONS DES BOULES. — Le poids des boules, qui sont quelquefois remplacées par des lentilles montées sur les branches dans le sens de leur diamètre, demande à être fixé avec soin, d'après l'inertie des pièces que le modérateur est appelé à faire mouvoir.

Trop pesantes, les boules agissent trop brusquement; trop légères, elles n'agissent que tardivement ou d'une façon incomplète.

Comme il serait fort difficile d'en faire un calcul préalable, à cause de la direction même des efforts, et ensuite des résistances dues aux divers frottements, on préfère l'*essayer* en fixant d'abord aux branches des boules creuses que l'on remplit de plomb jusqu'à ce que l'effet soit obtenu.

Il ne reste alors qu'à connaître ce poids obtenu pratiquement, et à faire fondre des boules d'une pesanteur équivalente.

TABLE

RELATIVE AUX DIMENSIONS DU PENDULE CONIQUE OU MODÉRATEUR A FORCE CENTRIFUGE.

NOMBRE de révolutions par minute n	HAUTEUR du pendule l	DIFFÉRENCE de longueur pour une révolution.	LONGUEUR géométrique des bras sous l'angle de 30 degrés l'	NOMBRE de révolutions par minute n	HAUTEUR du pendule. l	DIFFÉRENCE de longueur pour une révolution.	LONGUEUR géométrique des bras sous l'angle de 30 degrés. l'
	centimètres.	cent.	cent.		cent.	cent.	cent.
30	94.4	6.3	114.7	53	34.8	1.2	36.7
31	93.1	5.7	107.4	54	30.6	1.1	35.4
32	87.3	5.2	100.8	55	29.5	1.0	34.4
33	82.1	4.7	94.8	56	28.5	1.0	32.9
34	77.4	4.	89.3	57	27.5	1.0	31.7
35	73.0	4.0	84.3	58	26.5	0.8	30.7
36	69.0	3.7	79.7	59	25.7	0.9	29.6
37	65.3	3.4	75.4	60	24.8	0.8	28.6
38	61.9	3.4	71.5	61	24.0	0.8	27.7
39	58.8	2.9	67.9	62	23.2	0.7	26.8
40	55.9	2.7	64.5	63	22.5	0.7	26.0
41	53.2	2.5	61.4	64	21.8	0.7	25.2
42	50.7	2.4	58.4	65	21.1	0.6	24.4
43	48.3	2.4	55.8	66	20.5	0.7	23.7
44	46.2	2.1	53 3	67	19.8	0.5	23.0
45	44.1	1.9	51.0	68	19.3	0.6	22.3
46	42.2	1.7	48.8	69	18.7	0.5	21.7
47	40.5	1.7	46.7	70	18.2	0.5	21.0
48	38.8	1.6	44.8	71	17.7	0.5	20.4
49	37.2	1.5	43.0	72	17.2	0.5	19.9
50	35.7	1.3	41.3	73	16.7	0.4	19.3
51	34.4	1.4	39.7	74	16.3	0.4	18.8
52	33.0		38.2	75	15.9		18.3

Faisons remarquer, en terminant, qu'un modérateur est d'autant plus sensible et peut agir dans des limites d'autant plus étendues qu'il est de grande dimension et que son fonctionnement a lieu avec les moindres changements angulaires. On doit donc éviter d'employer des régulateurs petits, et tournant par conséquent à de grandes vitesses.

Quant à l'angle de 30° adopté pour les branches, il est important de rappeler qu'il n'a rien d'absolu, et que si les variations probables le permettent on pourra supposer, sans inconvénient, un angle moyen moins ouvert.

OBSERVATIONS SUR LES MODÉRATEURS A BOULES

On reproche assez généralement à ces appareils de ne pas régler convenablement la vitesse de rotation du moteur, surtout lorsqu'ils sont de petites dimensions. Cet inconvénient provient de la disposition souvent adoptée dans la suspension des bras qui portent les boules à des points plus ou moins éloignés de la ligne d'axe de l'arbre vertical autour duquel ces bras doivent tourner, d'où il résulte, principalement pour des bras de faible longueur, que la *hauteur* proprement dite du *pendule*, c'est-à-dire la distance du point de suspension au plan horizontal passant par le centre des boules, est très-variable.

Or, le pendule conique ne peut être en équilibre, à une vitesse angulaire constante, pour toutes les positions, qu'autant que cette hauteur est elle-même constante.

On a cherché, il est vrai, à obtenir cette condition, en disposant les points de suspension des bras de telle façon que les boules en tournant autour de ces points décrivent des arcs de cercle qui, sur une certaine longueur, peuvent se confondre sensiblement avec les *segments de parabole* dont la *sous-normale*, ou la hauteur du pendule, est *constante*.

Nous avons montré combien MM. Farcot et fils ont apporté d'améliorations au modérateur à force centrifuge. Un habile ingénieur anglais, bien connu en France, M. Elwell, de l'ancienne maison Varall, Middleton et Elwell, à Paris, et qui s'est aussi beaucoup occupé de cette question importante, a cherché à obtenir le même résultat, en ajoutant au modérateur ordinaire un *poids compensateur* qu'il monte sur un levier dont la longueur varie en passant d'une extrémité à l'autre de sa course.

Ce poids et son levier sont disposés de façon que leur *moment* varie en changeant de position comme les *moments* des forces qui agissent sur les boules lorsqu'elles se rapprochent ou s'éloignent de l'arbre vertical ; de cette sorte, l'appareil se trouve en équilibre à des vitesses de rotation déterminées à l'avance dans toutes les positions des boules.

Ainsi, lorsque les boules sont près de l'arbre, l'appareil se trouve en équilibre à une vitesse V ; on s'impose la condition qu'il soit encore en équilibre à l'autre extrémité de la course des boules à une vitesse V + v ; on peut donner à v une valeur quelconque y compris la valeur v = 0.

On a pu lire à ce sujet dans un Bulletin de la Société de Mulhouse, publié en 1843, un intéressant mémoire de M. Charbonnier, ingénieur distingué qui a fait une étude théorique très-étendue sur les volants et les régulateurs à force centrifuge. Nous craindrions de sortir de notre cadre, essentiellement pratique, en reproduisant ce travail important auquel nous engageons d'avoir recours les personnes qui désireraient en faire l'étude complète.

FIN DU CHAPITRE QUATRIÈME.

CHAPITRE V

ÉVALUATION EXPÉRIMENTALE DE LA PUISSANCE DES MOTEURS A VAPEUR

APPAREILS D'EXPÉRIMENTATION

Évaluer pratiquement la puissance d'un moteur à vapeur et assigner une mesure exacte, par la vérification directe, aux effets prévus par la théorie, sont d'une grande importance qui ne peut être dépassée que par la manifestation réelle et utile des résultats immédiats du moteur même. Ainsi, s'il est par-dessus tout essentiel qu'une machine accomplisse un travail proposé, soit commander un outillage déterminé, entretenir la vitesse d'un convoi sur un chemin de fer, faire acquérir un sillage demandé à un navire, etc., il est encore du plus grand intérêt de savoir comment les fonctions de certains organes s'accomplissent, quelle valeur numérique on doit assigner à la puissance, et, en un mot, déterminer avec exactitude le rapport entre la quantité de travail utile et la dépense faite pour l'obtenir. Sans des investigations de ce genre, constamment répétées presque pour chaque machine nouvelle, il n'est pas de progrès possible, aussi bien dans l'industrie en général que dans la construction mécanique en particulier.

C'est parce qu'il fut bien pénétré de cela que le grand Watt fit faire des progrès si rapides à la machine à vapeur, en analysant avec soin les effets produits par chaque nouvel organe appliqué.

Enfin l'expérience, et toujours l'expérience, est le seul moyen d'avancer avec sûreté. Imaginez-vous un nouveau mode de distribution : recherchez par un essai direct si les passages de la vapeur s'effectuent comme vous vous l'êtes proposé et si les effets de cette vapeur sur le piston sont ce qu'ils doivent être. Si vous construisez un nouveau condenseur : ne manquez pas d'appliquer l'indicateur qui permet d'évaluer le degré de vide; mais en même temps mesurez exactement la quantité d'eau froide injectée et celle de vapeur réduite, afin de ne pas attribuer, par exemple, à la disposition de l'appareil des résultats bons ou mauvais qui dépendraient uniquement des conditions du mélange, etc., etc.

Nous nous proposons de faire connaître particulièrement les principaux moyens employés pour évaluer directement le travail de la vapeur, en prenant pour point de départ ses effets directs dans le cylindre moteur, auquel on rapporte toujours, comme on l'a vu jusqu'ici, la valeur du travail utile dont une partie plus ou moins

grande reste disponible sur l'arbre moteur après les diverses absorptions de la part
du mécanisme de transmission.

Les diverses opérations que nous allons décrire, et qui ont pour objet d'établir
exactement la puissance spécifique et absolue d'une machine à vapeur, comprennent :

1° La détermination de la puissance théorique par les procédés habituels de
calcul, en prenant pour termes : la pression de la vapeur mesurée par le manomètre de la chaudière; la contre-pression égale à celle de l'atmosphère, ou, dans
le cas d'un condenseur, mesurée par l'indicateur de vide; les dimensions du mécanisme, et le degré de détente caractérisé par la réglementation du tiroir; la vitesse
moyenne de la machine exprimée par le nombre de coups doubles de piston par
minute;

2° L'estimation exacte du travail de la vapeur sur le piston à l'aide de diagrammes
obtenus par *l'indicateur de pression* appelé indicateur de Watt;

3° La mesure du travail effectif ou disponible sur l'arbre de la manivelle, au
moyen du *frein* de Prony que l'on applique particulièrement aux machines fixes.

De ces trois opérations, nous avons montré un grand nombre d'exemples du
calcul théorique, et l'emploi du frein a été très-amplement expliqué dans la partie
de cet ouvrage concernant les *Moteurs hydrauliques :* nous n'avons donc plus à nous
occuper réellement que des épreuves faites à l'aide des indicateurs de pression.

DESCRIPTION ET EMPLOI DE L'INDICATEUR DE WATT

Perfectionné par M. MACNAUGHT, puis par M. GARNIER

Cet instrument, dont l'idée première est due à Watt qui en a fait un très-utile
emploi, consiste, en principe, dans une sorte de manomètre ayant pour âme un
ressort, et qui s'applique sur un cylindre à vapeur dont il fait connaître à chaque
instant la pression intérieure, à chaque moment même de l'action de la vapeur sur
le piston; mais au lieu que son office se réduise à cette simple indication, comme
le ferait un véritable manomètre, il *enregistre* des indications successives, et, pour
achever cette définition de principe, il fait produire à la vapeur même cette figure,
dont il a été question bien des fois, mais qui n'était présentée jusqu'ici que comme
expression théorique et préventive de son travail (t. 1er, p. 79).

La fig. 185, qui représente la principale disposition de l'indicateur adoptée par
Watt, permettra d'en comprendre complétement la fonction ainsi que de celle des
appareils perfectionnés que nous décrivons plus loin.

Cet appareil comprend un cylindre de bronze alésé A, de 4 à 5 centimètres de
diamètre sur 20 de longueur, et renfermant un piston B dont la tige est entourée
d'un ressort à boudin qui s'appuie d'un bout sur le piston lui-même et de l'autre
contre une oreille fixe *a*, appartenant au bâti de l'appareil. Le cylindre est fermé,

à la partie inférieure, par un robinet C, terminé par un taraudage à l'aide duquel on monte l'instrument sur le couvercle ou le fond du cylindre à vapeur soumis à l'expérience.

Cet appareil se trouvant en effet disposé comme il vient d'être dit, tant que le robinet C reste fermé, le piston B, dont le dessus communique librement avec l'atmosphère, est en équilibre de pression et reste immobile ainsi que le ressort qui entoure sa tige; mais aussitôt que l'on établit la communication entre le cylindre de la machine et celui de l'indicateur, en ouvrant le robinet C, la pression qui règne dans le cylindre à vapeur vient s'établir au-dessous du petit piston B, et suivant que cette pression est supérieure ou inférieure à celle de l'atmosphère, le piston B est repoussé en comprimant le ressort, ou rentre dans le cylindre en faisant, au contraire, céder ce ressort à l'extension.

Si le ressort est construit de façon à rendre ses flexions proportionnelles aux efforts différents qu'il supporte, la tige du piston étant munie d'un index qui correspond à une échelle divisée en parties égales, on comprend que le déplacement de cette tige fera connaître, comme le ferait un manomètre, l'état de la pression dans le cylindre, les flexions du ressort ayant été mesurées d'avance, et sachant, par conséquent, qu'une division de l'échelle correspond à un certain effort par unité de surface du petit piston B.

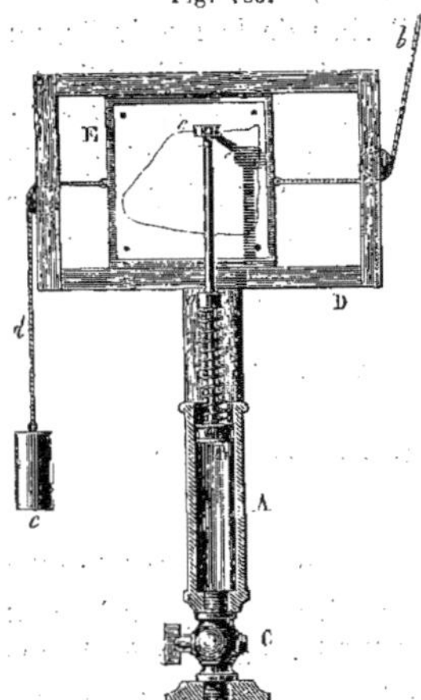

Fig. 185.

Cette fonction, à laquelle se réduisait, dans l'origine, l'indicateur de Watt, fut modifiée de la façon la plus heureuse par l'adjonction d'un enregistreur, appelé *curvo-trace*, et dont l'invention est attribuée à un Anglais nommé Field.

Cette disposition additionnelle, qui est celle indiquée sur la fig. 185, consistait dans un cadre fixe D, solidaire de l'instrument, et dans lequel se plaçait une planchette mobile E, disposée de façon à recevoir un mouvement de transport horizontal dans le cadre D. La mobilité de cette planchette était produite au moyen d'une cordelette b passant sur une poulie montée sur le cadre, et dont l'autre extrémité se rattachait à un point convenablement choisi sur l'une des pièces de la machine animée d'un mouvement alternatif. Par conséquent, pendant l'une des pulsations simples du piston, la planchette était tirée vers l'une des extrémités du cadre, et pendant la pulsation suivante, elle se trouvait rappelée vers l'autre bout par un poids c suspendu à une seconde cordelette d, disposée comme la précédente.

En somme, la planchette était animée du même mouvement alternatif que le piston moteur, mais en accomplissant une course plus faible, limitée à environ 15 centimètres, suivant la position du point d'attache de la corde b que l'on prenait ordinairement sur le balancier ou le parallélogramme de la machine.

Il est facile maintenant de comprendre les effets combinés des mouvements de la planchette et de la tige du piston B.

Cette planchette étant recouverte d'une feuille de papier, et la tige du piston munie à son extrémité d'un porte-crayon *e*, avec un ressort qui le maintient en contact avec le papier, ce dernier reçoit une trace dont nous allons examiner les propriétés.

Si l'ensemble restait complétement immobile, le crayon ne donnerait qu'un point ;

Si la planchette est immobile et que le piston se déplace, le crayon trace une *droite verticale;*

Si la planchette se meut et que le piston soit au contraire immobile, le crayon décrit une *droite horizontale;*

Enfin si les deux organes se meuvent ensemble, le crayon trace une courbe ou des droites obliques, suivant la relation des vitesses. De plus, si les mouvements de l'un et de l'autre sont pareils pour chaque évolution complète du piston moteur, le crayon repassera toujours sur la même trace, dont le caractère général sera une figure curviligne fermée, résultant du mouvement alternatif même de la planchette.

Pour se rendre compte exactement de la nature indicative de cette trace, dont une image est donnée sur la vignette (fig. 185), il faut suivre l'action de la vapeur sur le piston et le mouvement qu'il en reçoit.

Admettons que le piston moteur soit au commencement de sa course et que le robinet de l'indicateur n'ait pas encore été ouvert, cet instrument sera à l'état neutre; son piston étant en équilibre avec la pression atmosphérique, si l'on faisait marcher la planchette, le crayon tracerait une droite horizontale qui exprimerait, en effet, le degré atmosphérique de l'échelle des pressions, et, en la supposant tracée, elle va devenir le zéro des pressions successives accusées par l'indicateur.

Si maintenant on ouvre simultanément le robinet de l'indicateur et l'introduction de la vapeur dans le cylindre, la pression, que nous supposons plus élevée qu'une atmosphère, repousse très-rapidement le piston de l'indicateur et le mouvement de la planchette commence en même temps que celui du piston de la machine. Comme ce dernier mouvement est dans la période de la plus faible vitesse rectiligne, tandis que le piston de l'indicateur s'est mis presque instantanément en équilibre avec la pression, il en résulte que le crayon a tracé une droite presque verticale, et se maintient ensuite à une hauteur qui, mesurée au-dessus de la ligne atmosphérique, correspond à l'excès même de la pression de la vapeur sur 1 atmosphère.

Le piston continuant de s'avancer ainsi que la planchette, si la pression intérieure n'augmente pas, ce qui a ordinairement lieu, mais reste néanmoins fixe, le crayon trace une partie de ligne droite horizontale, et, si la détente était nulle, cette horizontalité devrait se maintenir pendant toute la durée de l'introduction.

Le piston moteur s'approchant de la fin de sa course, le tiroir ouvre à l'échappement, ainsi qu'on le sait, un peu avant la fin. La pression venant à diminuer le piston de l'indicateur baisse de suite, et le crayon, décrivant une courbe plus ou moins rapide, revient à la hauteur qui correspond à la contre-pression due au milieu d'échappement; si c'est l'atmosphère, il revient à la hauteur de son point de départ de tout à l'heure, c'est-à-dire à la ligne atmosphérique; mais si c'est un condenseur, il s'abaisse au-dessous de cette ligne, et, suivant la constance plus ou moins réelle de cette contre-pression, revient, par une ligne plus ou moins différente d'une droite horizontale, vers la droite verticale qu'il a décrite au moment de l'introduction. Un nouveau coup de piston commençant, le crayon s'élève, et, avant d'atteindre la hauteur de pression maximum, rencontre la ligne atmosphérique et ferme enfin la courbe.

Inutile de répéter qu'en continuant le crayon va décrire une série de pareilles courbes, qui se superposeraient complétement avec la précédente, si la réglementation de la machine était assez parfaite pour que tous les coups de piston fussent dans des conditions identiques.

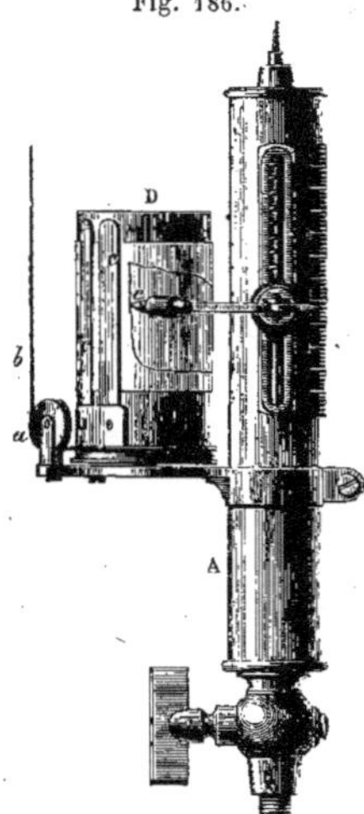

Fig. 186.

La courbe, ou *diagramme*, dont on vient de suivre la formation pas à pas, est relative au jeu de la vapeur *d'un seul côté du piston*; et comme il est précisément du plus grand intérêt de comparer les effets de la réglementation sur les deux, il faudrait que deux appareils semblables fussent appliqués en même temps aux extrémités du cylindre, afin de comparer ensuite les deux courbes obtenues. Mais on peut également n'employer qu'un seul instrument, à condition de le faire communiquer alternativement avec les deux bouts du cylindre; les courbes ainsi obtenues se croisent comme nous en donnons des exemples plus loin.

Avant de nous livrer à l'examen des courbes différentes que l'on obtient ainsi, nous allons dire quelques mots des perfectionnements apportés à l'appareil lui-même, et de la forme sous laquelle il est employé aujourd'hui.

La fig. 186 représente un indicateur de Watt avec la disposition spéciale qui lui a été donnée plus tard par un ingénieur anglais, M. Macnaught.

La différence essentielle par laquelle cet appareil se distingue du précédent est dans l'application d'un tambour mobile D, autour duquel s'enroule le papier destiné à recevoir la trace de l'index *e*, qui se meut suivant les flexions du ressort.

Ce tambour, qui est formé d'une lame métallique tournée cylindrique très-exactement, est monté sur une tige verticale fixée sur une platine qui fait corps avec le tube principal A, et peut tourner sur cette tige comme centre; il est terminé à la partie inférieure par une poulie à gorge sur laquelle est enroulée un fil *b* qui remplit le même office que dans le premier appareil, et dont l'extrémité opposée doit être rattachée au mécanisme de la machine : une petite poulie de renvoi *a* est nécessaire pour transformer sa direction.

Comme ce tambour doit être animé, ainsi que la planchette de l'autre appareil,

d'un mouvement alternatif, le fil lui transmet, par traction, la première période
de ce mouvement, et un ressort en spirale, monté dans son intérieur, le ramène et
lui fait accomplir la période de retour, comme le contre-poids de l'instrument
primitif.

Le tube A est divisé intérieurement en deux parties dont celle inférieure est
le cylindre qui renferme le piston, et l'autre contient le ressort qui, entourant la
tige, s'appuie d'un bout sur une embase qu'elle porte et de l'autre contre le fond
du tube A. Cette même embase est munie d'une petite tige qui traverse la rainure
pratiquée dans le tube et porte extérieurement l'index *e* qui s'y trouve monté par
articulation, avec ressort de pression, de façon à maintenir le crayon en contact
doux avec la bande de papier. L'extrémité opposée de l'index forme aussi une
flèche indicative qui correspond à une échelle tracée sur le cylindre, et dont les
degrés correspondent aux pressions transmises au piston et équilibrées par la
flexion du ressort.

L'appareil est du reste muni, comme le premier, d'un robinet avec partie taraudée
pour se fixer sur le couvercle du cylindre.

Pour faire fonctionner cet instrument on entoure le tambour D d'une bande de
papier, contre lequel elle est retenue simplement par deux lames de ressort *c* qui en
pincent les extrémités; puis on attache le fil au mécanisme de la machine en un
point tel que l'amplitude du mouvement circulaire communiqué au tambour soit
égale à la partie de sa circonférence restée disponible pour recevoir la trace sur la
bande de papier. Mettant ensuite l'appareil en rapport avec le cylindre, on opère
ainsi qu'on l'a expliqué précédemment et le résultat en est le même.

Cet appareil a, comme le premier, l'inconvénient de ne donner qu'une courbe et
de terminer son indication en un tour de la machine, car si l'on continuait on
obtiendrait des courbes qui se superposent et s'embrouillent de façon qu'il faut
réellement changer autant de fois le papier que l'on désire faire d'épreuves nettes.
Ce changement se fait en isolant l'appareil de la machine, qui doit continuer sa
marche; on ferme d'abord le robinet de communication et on interrompt ensuite
la transmission par le fil. Les appareils perfectionnés de M. Garnier sont disposés
de façon à rendre ces opérations faciles.

C'est en considération de ce fait que M. le général Morin, si expert en ce genre de
recherches, a construit un appareil dans lequel la bande de papier est sans fin et
reçoit un mouvement continu qui lui est encore communiqué par la machine même,
de façon que leurs vitesses respectives restent bien proportionnelles. On obtient, au
moyen de cet ingénieux instrument, une courbe continue correspondant à une
durée de marche aussi prolongée qu'il est nécessaire.

Néanmoins, M. Morin lui-même fait observer que cet appareil, très-utile, si ce
n'est indispensable, pour des observations scientifiques, conviendrait difficilement,
à cause de son importance comme volume et comme installation, pour les épreuves
ordinaires de recette, dans lequel cas l'indicateur simple donne des résultats
suffisants.

C'est en effet l'indicateur, dit de Watt, augmenté de quelques perfectionnements, qui est appliqué journellement et dont l'emploi figure principalement dans les épreuves de recette des machines marines commandées par le gouvernement.

L'indicateur employé par les ingénieurs de la marine porte le nom du constructeur, M. Garnier, qui, comme nous l'avons dit, lui a apporté de très-importantes modifications. L'une des plus remarquables consiste dans l'emploi de deux ressorts, au lieu d'un seul, qui entourent la tige du piston et se trouvent placés de chaque côté de son embase; il en résulte que ces deux ressorts ne résistent qu'à des efforts de compression et donnent des indications plus exactes.

Lorsqu'on expérimente au moyen de l'indicateur, comme avec le frein de Prony, il est indispensable de compter avec exactitude le nombre de tours de la machine afin de pouvoir rapporter le travail développé à l'unité de temps, ce qui constitue la base de la puissance nominale ou spécifique de la machine. Faute de mieux, on emploie pour cela la montre à secondes, procédé qui peut suffire néanmoins pour une expérience au frein dont le régime se maintient pendant un temps assez prolongé. Mais avec l'indicateur, dont les données sont intermittentes et correspondent chacune à un temps très-court, il faut pouvoir déterminer, non pas la vitesse moyenne de la machine prise sur une marche de quelque durée, mais pour ainsi dire la durée exacte de chaque expérience.

Dans un cas comme dans l'autre, il n'y a rien de mieux que d'appliquer un *compteur de tours*, appareil qui a le mérite d'enregistrer avec exactitude le nombre de tours d'une machine pendant un temps très-long, sans autre préoccupation de la part de l'opérateur que de le bien installer.

S'il s'agit, par exemple, d'une épreuve au frein, on note exactement l'heure au commencement de l'expérience, et on laisse marcher le compteur; puis, si l'on veut la prolonger, même plusieurs heures, on relève à la fois, en arrêtant, l'heure et le nombre total des tours accusé par cet instrument; divisant ce nombre par le temps, c'est-à-dire par le nombre total de minutes (durée de l'expérience) on a la moyenne exacte de la vitesse par minute prise pour unité.

A l'égard de l'emploi de l'indicateur, on relève un diagramme à intervalle de temps déterminé, soit de cinq en cinq minutes ou de quart d'heure en quart d'heure, et à chaque expérience on note les indications du compteur. On arrive ainsi à connaître la vitesse moyenne qui correspond à chaque opération, de façon à en déduire ensuite une moyenne générale des vitesses et des quantités de travail.

Notre intention n'est pas d'entrer dans tous les détails de ces opérations ni de ceux des instruments à l'aide desquels elles s'effectuent; nous renvoyons pour cela aux traités spéciaux, et principalement aux ouvrages de M. le général Morin (1).

On y trouve également la description d'un ingénieux appareil appelé *planimètre*, qui permet d'effectuer très-rapidement la quadrature des diagrammes obtenus avec l'indicateur et dont la surface exprime proportionnellement, comme nous allons le démontrer, la quantité de travail développée pendant la durée de l'expérience.

---

(1) La plupart des instruments de ce genre se trouvent aussi décrits, avec les applications, dans le recueil *La Publication industrielle*, tomes IIIe et VIe.

Nous désirons maintenant faire connaître, en principe, la nature des diagrammes que l'on obtient avec les principaux systèmes de machines à vapeur, et indiquer les conséquences que l'on en tire, ainsi que les notions relatives à leur évaluation numérique. Nous entendons par principaux systèmes :

1° Les machines sans détente ni condensation ;

2° Les machines avec détente sans condensation ;

3° Les machines à détente et à condensation ;

4° Et les machines à deux cylindres du système de Woolf.

MACHINES SANS DÉTENTE NI CONDENSATION. — Avec les machines réglées sur ce régime la pression de la vapeur est nécessairement plus élevée que 1 atmosphère, et la contre-pression atteint ce chiffre, au minimum, puisque l'on sait que, suivant la réglementation plus ou moins parfaite du tiroir et la section plus ou moins libre des passages, l'échappement peut être grevé de résistances additionnelles, ce qui arrive du reste indubitablement, mais avec plus ou moins d'intensité, suivant le degré de perfection du fonctionnement.

Appliquant l'indicateur à une telle machine et connaissant sa marche, on peut prévoir d'avance la forme du diagramme à obtenir.

L'index partant du point où il correspond à la pression atmosphérique s'élève de suite à celle de la vapeur introduite, et, puisqu'il n'y a pas de détente, le crayon, conservant cette hauteur pendant toute la course, trace une parallèle à la ligne de l'atmosphère, que nous appellerons *le zéro de l'indicateur et du diagramme*. La course terminée et l'échappement ouvert, l'index doit redescendre brusquement et reviendrait juste au zéro s'il n'y avait pas de résistance accidentelle ajoutée à celle même de l'atmosphère où se fait l'échappement. Comme nous devons compter sur une augmentation quelconque, si faible qu'elle soit, nous dirons que le crayon, ou *style*, tracera, pendant le retour du piston, une ligne parallèle à celle du zéro, mais *un peu au-dessus*, puisque le piston de l'indicateur supporte, comme celui de la machine, une pression un peu plus élevée que 1 atmosphère.

En somme, le diagramme ainsi obtenu serait un véritable rectangle, si les choses se passaient comme nous venons de le supposer, c'est-à-dire si les changements de pressions avaient lieu instantanément et avec toute la rigueur mathématique.

Il n'en est pas ainsi, puisque le tiroir qui livre le passage a une marche progressive, et le véritable diagramme obtenu est une figure *à peu près rectangulaire avec les angles arrondis*.

La fig. 187 représente la forme des deux diagrammes que l'on obtiendrait en opérant sur les deux bouts du cylindre d'une machine sans détente ni condensation parfaitement réglée, mais possédant de l'avance à l'introduction et à la sortie.

Admettant, pour l'instant, que la réglementation est parfaitement symétrique des deux côtés du piston, ces deux diagrammes seraient semblables, mais tournés en sens inverse. Prenons celui qui correspond, suivant la désignation habituelle, *au-dessus du piston,* pour en examiner la structure.

La ligne *at* représentant le zéro de l'instrument et la vapeur étant à 4 atmosphères dans la chaudière, si le piston est prêt à descendre et le robinet de l'indicateur ouvert, comme il y a de l'avance, la vapeur a dû établir sa pression et le style s'est élevé en A, c'est-à-dire à la hauteur qui correspond à la flexion du ressort de l'instrument pour 3 atmosphères en plus de la pression extérieure.

Le piston se mettant en marche, et avec lui la bande de papier, le style doit tracer une parallèle à *at*, tant que dure l'admission.

Mais avant que la course soit terminée, cette admission cesse, puisqu'il y a avance à l'échappement, et si ce moment est en B, à partir de là le style s'abaisse aussi rapidement que le tiroir livre passage à la sortie, et enfin le minimum de contre-

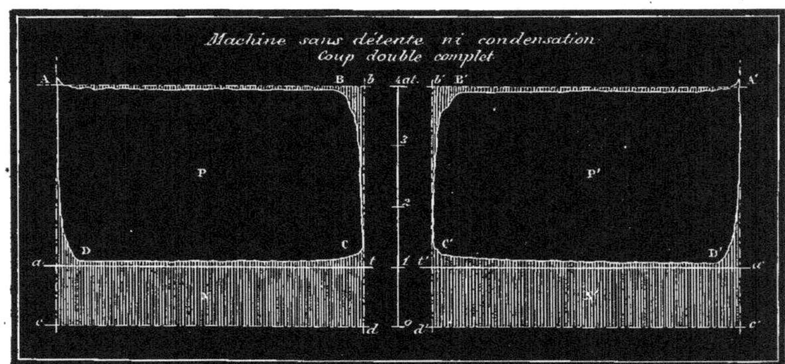

pression doit être presque atteint, si le fonctionnement est bon, lorsque le piston repart en sens inverse.

Comme nous admettons ici, ce qui ne peut guère être évité, qu'il existe une certaine résistance en plus de la pression extérieure, le style trace, pendant le retour du piston et à partir de C, une ligne au-dessus de celle *at*, mais à peu de distance et parallèle, si l'échappement se fait régulièrement.

Maintenant, comme il y a avance à l'introduction, si c'est en D que le tiroir commence à démasquer l'orifice, la pression se relève, et finalement le style décrit une courbe ascendante rapide, indiquant que la pression s'est établie de nouveau complétement sur le piston avant qu'il n'ait recommencé le parcours suivant.

Cet aperçu général permet de faire apprécier tout le parti que l'on tire déjà d'une semblable opération pour juger la réglementation d'une distribution de vapeur et apprendre si ces fonctions s'effectuent dans les mêmes conditions pour les deux côtés du cylindre. Il est important d'ajouter que l'on peut se croire dans de bonnes conditions, sans atteindre à cette régularité des tracés précédents qui ne résultent pas d'un essai direct. Cependant on peut voir, dans les ouvrages de M. Morin, quelques diagrammes qui sont d'une régularité vraiment remarquable.

Mais la plupart du temps on n'arrive pas à ce résultat pour des causes d'irrégularités attribuables à la machine et même à l'instrument. Souvent les lignes tracées par le crayon présentent des ondulations qui résultent en effet du fonctionnement imparfait de l'appareil, et que l'on peut néanmoins rectifier en y substituant des lignes moyennes régulières que l'on adopte pour la forme réelle du diagramme. Avec les machines à grande vitesse et à haute pression, le piston de l'indicateur reçoit des impulsions violentes qui rendent les flexions du ressort inconstantes, de façon qu'il est souvent difficile d'obtenir des traces assez correctes pour en déduire un résultat sur lequel on puisse compter.

Voyons maintenant la marche à suivre pour calculer les quantités de travail accusées par ces diagrammes.

Si l'on trace au-dessous de la ligne at une parallèle cd à la distance qui correspond à la flexion du ressort pour 1 atmosphère, et que l'on considère ce rectangle encadrant la figure A B C D, et qui a cd pour base et cA pour hauteur, on en déduit que le travail absolu de la vapeur, pour ce coup simple de A en b, abstraction faite de toute perte ou contre-pression, est proportionnel à la surface de ce rectangle, dont la hauteur cA représente en effet la pression 4 atmosphères, de la vapeur, et la base cd la course du piston à une certaine échelle réduite.

Opérant de même pour le diagramme du coup complémentaire, on dirait que le travail théorique de la vapeur, par coup double de piston, est représenté par la somme de ces deux rectangles.

Mais tandis que la vapeur travaille activement de A en B, admission en dessus, elle éprouve la contre-pression inférieure qui, dans le second diagramme, est représentée par la partie hachée N'; réciproquement, pendant l'admission en dessous, de A' en B', il règne la contre-pression du dessus représentée de même par N du premier diagramme.

Par conséquent, si l'on tient compte encore des parties de la surface de ces deux rectangles qui se trouvent en dehors des figures A B C D et A'B'C'D', et qui marquent des quantités de travail nulles, par suite de la dépression qui se manifeste à l'ouverture et à la fermeture des orifices, il ne reste de travail positif ou utile que celui représenté par la superficie même des deux diagrammes.

On peut donc conclure, sans autre opération auxiliaire, que :

La quantité de travail utile développée par coup double de piston est proportionnelle A LA SOMME DES SURFACES P + P' DES DEUX DIAGRAMMES.

L'évaluation numérique de cette quantité n'est plus qu'une question d'échelle que la tare même de l'instrument détermine.

Pour donner une idée de cette opération, prenons un exemple.

Admettons que les diagrammes précédents aient été relevés sur une machine ayant les dimensions suivantes :

Diamètre du piston............................. $0^m 60$
Superficie. . ... 2827 cent. car.
Course... $1^m 00$
Pression de la vapeur.......................... 4 atmosp.

Adoptons encore que le ressort de l'instrument fléchisse de 2 centimètres par atmosphère et que la course de la bande de papier soit de 15 centimètres.

En faisant la quadrature de ces diagrammes obtenus sur de telles bases, il pourrait bien se faire que l'on trouvât, par exemple, 16000 millimètres carrés pour la somme de leurs surfaces P + P'. Il ne reste qu'à trouver le nombre de kilogrammètres auquel cela répond d'après les dimensions de la machine.

Une flexion de 2 centimètres correspondant à 1 atmosphère, ou, en nombre rond, à 1 kilogramme par centimètre carré du piston, la superficie de ce dernier étant 2827, il s'ensuit que 2 centimètres, ou 20 millimètres des ordonnées du diagramme, correspondent à un effort total de 2827 kilogrammes sur le piston.

D'autre part, la ligne des abscisses ayant 15 centimètres, qui représentent 1 mètre, la course du piston moteur, il en advient, en résumé, qu'un élément rectangle de la surface des diagrammes ayant 20 millimètres sur 150 = 3000 millimètres carrés, représente 2827 kilogrammètres.

En résumé, la superficie totale ci-dessus représente donc :

$$\frac{16000}{3000} \times 2827 = 15077 \text{ kilogrammètres.}$$

On pourrait prendre des moyens un peu différents, mais qui conduiraient d'ailleurs au même résultat que cette méthode qui est des plus simples. De quelque façon que l'on s'y prenne, l'habitude est nécessaire pour opérer avec précision.

Quant à la quadrature des surfaces, si l'on ne possède pas de planimètre, on pourra faire usage de la méthode dite de Simpson, pour laquelle nous renvoyons aux traités spéciaux de mécanique.

MACHINES A DÉTENTE SANS CONDENSATION. — Les notions précédentes vont nous permettre de passer rapidement en revue les diagrammes que l'on obtient sur les machines de réglementation différente, car si la forme de la courbe change, le principe en est le même.

La fig. 188 représente le type de diagramme que l'on obtiendrait sur une machine à détente sans condensation, les fonctions supposées parfaitement régulières.

La ligne at correspondant encore au zéro de l'instrument, c'est-à-dire à la pression atmosphérique, ca exprimerait, comme ci-dessus, l'équivalent de cette pression en flexion du ressort, et cA équivaut de même à la pression absolue de la vapeur, telle qu'elle s'établit dans le cylindre à l'origine de la course du piston.

Puisqu'il y a détente, l'horizontalité de la ligne supérieure du diagramme doit se maintenir seulement pendant la durée de l'admission à pleine vapeur, puis au point E, choisi ici pour le moment où le tiroir commence à masquer notablement l'orifice, la pression commence à décroître, et la course s'achève sous des pressions rapidement décroissantes, dont la courbe EB marque la progression. De B en C l'échappement est ouvert et la pression baisse encore pour se maintenir, comme précédemment, égale, ou un peu supérieure, à la pression atmosphérique, jusqu'à ce que l'admission soit de nouveau ouverte en D.

Le principe de ce diagramme sera très-bien compris en se reportant à la courbe théorique (t. 1er, p. 79) du travail de la détente, laquelle est du reste répétée ici en A·ef. Cette dernière figure exprimerait en effet le travail théorique de la vapeur dont le diagramme donné par l'indicateur révèle au contraire l'effet dynamique réel.

On se rappelle que cette représentation graphique du travail de la vapeur avec détente est basée sur le principe de la loi de Mariotte (t. 1er, p. 76), que l'emploi de l'in-

Fig. 188.

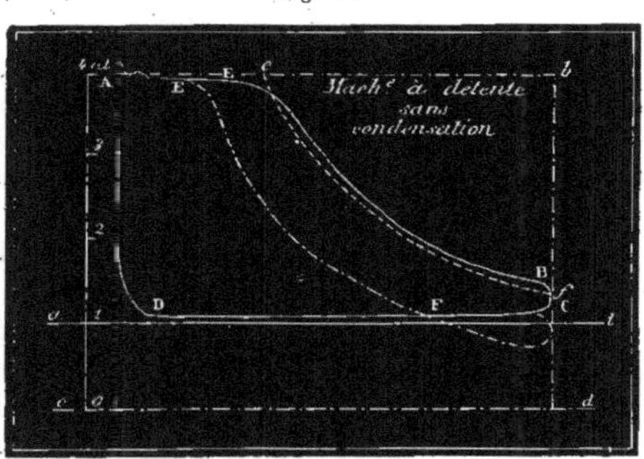

dicateur permet ainsi de vérifier dans son application au travail de la vapeur. C'est principalement à M. Morin que l'on doit les plus sérieux essais exécutés précisément en vue de cette vérification. Les résultats qui en sont publiés dans les *Leçons* du savant professeur, montrent que la concordance de cette loi avec les effets pratiques est assez parfaite pour que l'on puisse l'adopter.

Le fonctionnement et l'utilisation seront donc d'autant meilleurs que ces deux figures, qui se ressemblent, se rapprochent d'une superposition parfaite.

Il est bien entendu que cela ne peut avoir lieu absolument, car le mécanisme même de la machine s'y oppose. Ainsi, le commencement de la détente ne peut avoir lieu qu'en vertu du fonctionnement de l'organe distributeur, dont l'action a une durée qui ne peut être nulle; pour interrompre théoriquement l'admission en e, il faut commencer à fermer l'orifice un peu avant pour ne le masquer complétement qu'un peu après, d'où la pression décroît avant le moment déterminé et se maintient après quelques instants encore un peu plus élevée que ne l'indique la courbe théorique. Enfin, les périodes extrêmes d'ouverture et de fermeture des orifices donnent lieu aux mêmes observations que pour les diagrammes précédents.

Néanmoins des essais exécutés sur des machines, apparemment très-bien réglées, ont montré une remarquable coïncidence entre la courbe théorique et le diagramme, tenant compte, bien entendu, des écarts prévus et inévitables. D'autres fois, au contraire, soit par la mauvaise réglementation, soit à cause de la grande vitesse, l'irrégularité du diagramme est telle qu'une comparaison n'est plus possible.

A propos d'essais sur les machines à détente, c'est le cas de tenir compte des espaces perdus ou nuisibles, car la vapeur qu'ils renferment produit un certain travail sur lequel on ne comptait pas et dont le diagramme portera nécessairement l'indice. C'est une question dont il a été dit déjà quelques mots (p. 476).

L'évaluation des quantités de travail se fera de même que précédemment; il sera d'ailleurs toujours nécessaire d'obtenir un diagramme pour chaque côté du piston, autant pour tenir compte des différences éventuelles dans les quantités de travail développé que pour vérifier les effets directs de la réglementation du tiroir pour une révolution complète de la machine.

Nous avons à faire ici une observation importante.

En construisant le diagramme (fig. 188), nous avons évidemment supposé, ce qui doit être, que la pression à la fin de la détente est encore supérieure à celle de l'atmosphère qui constitue la contre-pression, puisqu'il n'y a point de condenseur; la quantité de travail utile est donc toujours exprimée par la superficie de la figure A E B C D.

Mais si cette détente, ayant été mal combinée, se terminait par une pression finale moindre que celle de l'atmosphère, le diagramme présenterait ce caractère singulier analogue à ce que représente, sur cette même fig. 188, la courbe nouée A E′ F D.

En effet, tant que l'échappement n'est pas ouvert la pression baissera, et la courbe descendra au-dessous du degré at; mais une fois la communication avec l'atmosphère établie, il est naturel que la pression se relève et devienne, pendant toute la durée de l'échappement, ce qu'elle est dans le premier cas. Par conséquent, la courbe revenant sur elle-même croisera en F sa première trace et pourra redevenir ce qu'elle a été déjà supposée.

Avec cette condition de marche, qui n'est pas du reste pratique, la quantité de travail utile serait proportionnelle à la surface limitée par A E′ F D.

Machines a détente et condensation. — Dans ces machines, le diagramme aura le même caractère que le précédent; la seule différence que l'on y remarque, c'est que la ligne atmosphérique at traverse la courbe, puisque les pressions utiles sont successivement supérieures et inférieures à celles de l'atmosphère, car même dans les machines dites à basse pression la tension initiale de la vapeur est plus élevée que 1 atmosphère.

Nous donnons pour exemple (fig. 189) de ces diagrammes l'un de ceux qui ont été relevés le 5 novembre 1859 sur l'appareil à vapeur du yacht *l'Aigle*, décrit précédemment; c'est en outre un spécimen de ces diagrammes pris simultanément des deux côtés du piston avec le même indicateur.

Cette figure est la reproduction aussi exacte que possible, aux 2/3 de grandeur naturelle, de l'un des quatre diagrammes pris sur chacun des deux cylindres à vapeur et auquel nous avons ajouté la ligne correspondant au vide parfait, ainsi que l'échelle des pressions et des divisions dans le sens de la course, afin d'en rendre l'examen plus facile.

La tare de l'indicateur correspondait à des flexions du ressort de 3 centimètres par atmosphère; la ligne *at* marque le zéro de l'instrument comme ci-dessus, et

Fig. 189.

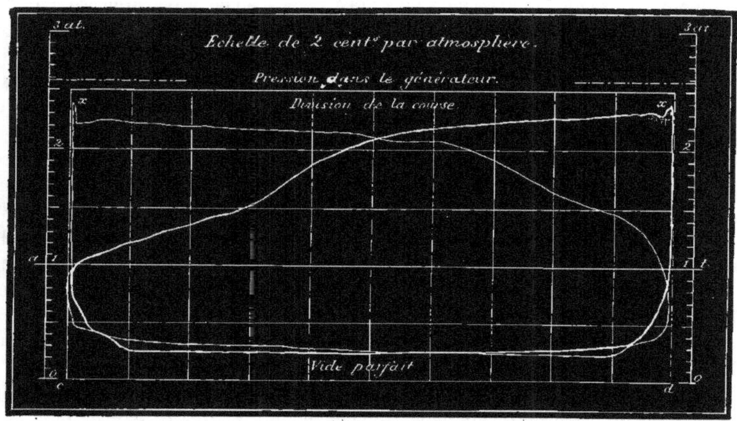

celle *c d*, tracée à 3 centimètres au-dessous, correspondrait à 0 pression, c'est-à-dire au vide parfait dans le condenseur.

Pendant ces expériences, dont il a déjà été question (p. 357), le nombre de tours moyen de la machine était de 25,70 par minute;

Le sillage du bâtiment, 13,32 nœuds;

La pression dans le générateur s'est élevée à 120 centimètres de mercure en plus de l'atmosphère, soit, en langage ordinaire,

$$\frac{120 + 76}{76} = 2^{\text{at}}\,58.$$

L'examen des diagrammes indique d'abord que la pression dans les cylindres était un peu inférieure à celle de la chaudière et qu'elle ne dépassait pas en moyenne, pendant l'introduction à pleine vapeur, $2^{\text{at}}\,25$ environ.

On reconnaît ensuite par la distance qui sépare la partie inférieure du diagramme de la ligne *cd*, de vide parfait, que la contre-pression s'est maintenue sensiblement à 1/4 d'atmosphère.

Les effets de la détente ne se font pas sentir ici d'une façon aussi tranchée que dans la plupart des autres machines; la pression, qui se maintient peu fixe du reste dans la période d'introduction, s'abaisse ensuite plus vivement au milieu de la course où la détente commence, mais néanmoins avec peu de rapidité; l'un des deux coups présente même une courbe de détente convexe, au lieu de la concavité qui la caractérise ordinairement, et cette différence entre les deux diagrammes d'un même coup double est parfaitement constante dans les huit essais qui ont été produits dans la durée de cette expérience. Si l'on se reporte à la description et aux dessins de cette machine (pl. 42 et 43), et que l'on examine l'ensemble du mécanisme qui commande le tiroir, on comprend que de pareilles irrégularités, qui n'ont du reste aucun caractère nuisible à la marche de la machine, sont difficiles à empêcher.

Ces courbes montrent au contraire par leur netteté, comme lignes, que la distribution de la vapeur se fait très-normalement, sans ressauts ni contractions brusques; de plus, si l'on compare les huit diagrammes doubles correspondant à huit coups doubles différents, on est frappé de leur conformité presque complète.

Nous devons faire remarquer, en passant, une particularité qui se rencontre très-souvent dans les diagrammes recueillis au moyen de l'indicateur; c'est un petit ressaut en x, au commencement de l'introduction, et qui est souvent suivi d'une ou deux ondes, plus ou moins allongées, avant que la pression n'ait acquis son régime constant. Cette légère irrégularité provient du choc reçu par le ressort de l'instrument lorsque la vapeur s'introduit et de ce que, le tiroir ayant de l'avance, le piston n'est pas encore parti.

Nous complétons cet examen des diagrammes pris sur l'appareil de l'*Aigle* par l'évaluation de la quantité de travail développé qu'ils accusent.

La quadrature des surfaces de ces deux diagrammes, correspondant à un coup double de l'un des pistons, donne très-sensiblement une superficie totale de :

14324 millimètres carrés.

On se rappelle que les pistons de cet appareil ont 1^m800 de diamètre sur 1^m900 de course. Par conséquent 1 atmosphère de pression correspond à un effort total par piston égal à :

$$\frac{\pi \times (1.8)^2}{4} \times 1^k 033 = 26286,7 \text{ kilogrammes.}$$

D'autre part, 1 atmosphère était représentée sur le diagramme par une ordonnée de 30 millimètres, et la course du piston, qui égale 1^m9, par une abscisse de 150 millimètres, il s'ensuit que la superficie correspondante, qui égale 4500 millimètres carrés, représente :

$$26286^k 7 \times 1^m 9 = 49844,73 \text{ kilogrammètres.}$$

Or, la quadrature totale pour un coup double étant, comme nous l'avons dit, de 14324 millimètres carrés, elle représente un travail total de :

$$\frac{14324}{4500} \times 49844,73 = 158661,3 \text{ kilogrammètres.}$$

Enfin, la vitesse moyenne, pendant lesdites expériences, ayant été de 25,7 tours par minute, et le résultat précédent correspondant à 1 cylindre, on trouve pour les deux et en chevaux de 75 kilogrammètres :

$$2 \left(\frac{158661,3 \times 25,7}{60 \times 75} \right) = 1812 \text{ chevaux-vapeur.}$$

Ce résultat est parfaitement conforme à celui que nous avons dit déjà avoir été constaté (p. 355) et qui se trouve mentionné dans le nouvel ouvrage de M. A. Ledieu, sur les machines marines.

Nous ferons une observation sur un fait dont nous n'avons pas encore parlé, mais qui peut avoir ici une certaine importance.

La tige du piston en réduit nécessairement la section d'un côté, ce qui, à moins d'une régulation compensatrice, diminue la quantité de travail développé de ce côté. Dans la machine actuelle, dont toutes les dimensions sont généralement considérables, la tige surtout est proportionnellement très-forte, à cause du système oscillant : elle a donc une influence sensible dont il est facile de donner une idée.

Cette tige a 22 centimètres de diamètre ; par suite la section correspondante égale 380 centimètres carrés. Celle du cylindre étant de 25446, leur rapport est de :

$$\frac{380}{25446} = \frac{1}{66,9}$$

Elle réduit donc d'une même fraction le travail développé de son côté, ce qui, rapporté au travail total des deux cylindres, représente une diminution de :

$$\frac{1812}{2} \times \frac{1}{66,9} = 13,5 \text{ chevaux.}$$

En réalité, cette différence peut être facilement évitée en prolongeant quelque peu l'admission à pleine vapeur du côté de la tige ; mais quoi qu'il en soit, les deux tiges n'en représentent pas moins, par leur grand volume, ce qu'on nous permettra d'appeler une puissance négative de près de 14 chevaux.

Machines a deux cylindres de Woolf. — Pour expérimenter ces machines au moyen de l'indicateur, il en faut nécessairement appliquer un sur chaque cylindre, et toujours opérer simultanément. On obtient deux diagrammes (ou deux croisés pour chaque cylindre) dont il est aisé de prévoir la nature.

Pour le petit cylindre, la partie supérieure du diagramme sera comme pour une machine simple, avec la condition variable de pleine vapeur ou détente ; mais la partie inférieure accusera une contre-pression *variable* décroissante.

La partie supérieure du diagramme du grand indiquera une pression décroissante dès l'origine, et la partie inférieure la contre-pression ordinaire d'un condenseur.

La fig. 190 représente deux tracés analogues à ceux qui seraient obtenus ainsi avec deux instruments d'une tare identique ; les courbes en lignes pleines figurent le résultat de l'épreuve en supposant que la détente s'effectue exclusivement par le

grand cylindre, et celles en ponctué, ce que l'on trouverait si la détente commençait au contraire dans le petit cylindre; dans les deux cas, ce ne sont que des
courbes théoriques, et, en réalité, celles obtenues montrent que les pressions dans
le grand cylindre sont inférieures à ce qu'elles devraient être, à cause principalement des espaces que la vapeur remplit en passant d'un cylindre dans l'autre, et
où elle éprouve un commencement de détente plus ou moins considérable, suivant
que ces espaces nuisibles ont été plus ou moins restreints.

Le diagramme A, figuré en lignes pleines, correspondant au petit cylindre, présente, à sa partie supérieure horizontale, l'introduction à pleine vapeur maintenue
pendant la course entière; la courbe inférieure, engendrée pendant le retour,

Fig. 190.

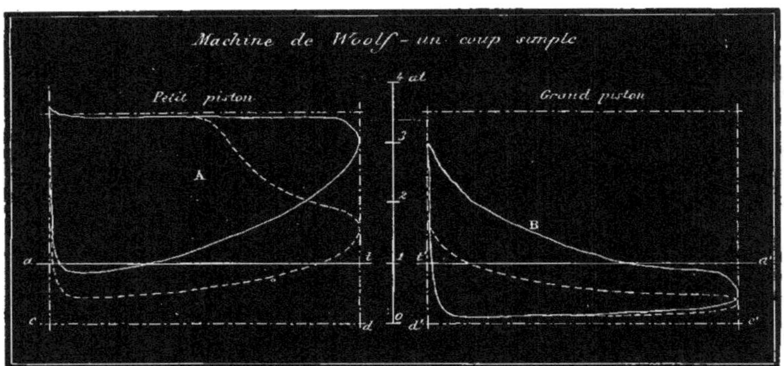

s'abaisse très-rapidement, puisqu'elle est l'indice de la décroissance de la pression
dans le grand cylindre.

Le diagramme B, supposé relevé sur le grand cylindre, est, au contraire, limité
en dessus par cette courbe descendante qui part de l'origine même de la course,
attendu que la pression décroît immédiatement, ainsi qu'on le sait; quant à la
partie inférieure, elle est déterminée par la ligne à peu près horizontale qui résulte, comme précédemment, de la contre-pression constante du condenseur.

Si la détente commence dans le petit cylindre, les courbes ponctuées montrent
le caractère des diagrammes obtenus, que tout ce qui précède permettra de comprendre parfaitement.

Enfin, la méthode pour le calcul du travail n'est pas différente de ce qui a été
expliqué jusqu'ici. Chaque diagramme représente encore, par sa surface intérieure,
le travail utile développé, à chaque coup simple, par le piston correspondant. Il faut
donc faire la quadrature des deux diagrammes et calculer le travail séparément
pour les deux pistons, qui ont des courses et des diamètres différents; puis faire la
somme afin d'obtenir le travail total de la machine.

En abordant ce sujet, nous avons eu surtout pour but de faire comprendre l'intérêt qu'offrent ces moyens d'investigation employés pour l'étude et la réception des machines à vapeur, et nous répétons qu'on ne saurait trop les vulgariser et en faire des opérations véritablement usuelles.

L'emploi du frein est assez répandu, quoiqu'on n'apporte pas toujours, néanmoins, les soins indispensables pour en obtenir des indications certaines : ainsi, le frein est quelquefois construit à la hâte, inexactement équilibré et dépourvu d'une disposition qui en rende la manœuvre facile et non dangereuse ; le plus généralement le compteur de tours fait défaut, etc.

L'emploi de l'indicateur est, au contraire, plutôt accidentel, et pourtant il nous semblerait aussi important de se rendre compte de l'état de fonctionnement du cylindre et de la distribution, que d'obtenir l'état de la pression dans le générateur et d'estimer le rendement sur l'arbre à manivelle, rendement qui peut tout aussi bien dépendre de l'appareil de distribution et du cylindre que de la somme des résistances passives entre cette *âme* de la machine et l'organe récepteur final.

Pour donner une idée de l'importance de cette observation, nous citerons un fait qui certainement s'est renouvelé bien des fois : un constructeur bien connu pour sa bonne exécution avait livré une machine à vapeur pour l'une de nos colonies françaises, et, sur l'avis que le fabricant avait un personnel assez intelligent, il n'avait pas envoyé de monteur pour mettre l'appareil en marche. Cependant la machine montée ne put fonctionner, et le colon avait cru devoir l'abandonner, lorsque après quelques années le fils du constructeur, allant dans la colonie, reconnut que l'on n'avait pas su régler la position du tiroir de distribution. A peine y passa-t-il quelques heures, et la machine fonctionna parfaitement.

Il nous paraît donc désirable de voir ce genre d'essai à l'indicateur plus pratiqué qu'il ne l'est jusqu'à présent, et nous pensons que les constructeurs feraient bien d'en faciliter l'exécution en réservant d'avance, sur chaque machine nouvelle, des points d'*attente*, pour appliquer l'indicateur et le mettre rapidement en état de fonctionner au jour de la réception, ou pour eux-mêmes, avant de livrer définitivement ; il en résulterait certainement un avantage pour les deux parties.

Il est vrai que l'instrument actuel ne fonctionne peut-être pas aussi régulièrement qu'il le faudrait avec les grandes vitesses auxquelles sont réglées maintenant un grand nombre de machines ; mais si son emploi devenait général, il n'est pas douteux qu'on lui trouverait bientôt une disposition capable d'atteindre le but proposé dans les différentes circonstances particulières.

Nous aurions pu donner en terminant ce chapitre un grand nombre d'expériences faites sur divers systèmes de machines exécutées ; mais comme nous en avons déjà cité plusieurs dans le cours de cet ouvrage, il suffira de les revoir pour reconnaître qu'en définitive les bonnes machines, à grande détente et condensation, ne doivent pas consommer, en travail courant, plus de 1 kil. 1/2 de houille par heure et par cheval utile de 75 kilogrammètres, en admettant d'ailleurs les grandes puissances.

FIN DU CHAPITRE CINQUIÈME

CHAPITRE VI

EXPÉRIENCES SUR LES GÉNÉRATEURS A VAPEUR

En nous occupant très-longuement des chaudières à vapeur dans le 1er vol. de ce Traité, nous nous étions proposé de terminer ce sujet par un résumé des principales expériences dont ces importants appareils ont été l'objet; mais des essais se trouvant alors en cours d'exécution sous la direction d'ingénieurs de mérite, nous avons cru devoir reporter notre résumé à la fin de l'ouvrage, afin de le compléter avec les derniers résultats obtenus.

Après avoir réuni les notions complémentaires générales sur la construction des moteurs à vapeur, il nous a paru, du reste, que celles relatives aux générateurs devaient naturellement trouver place dans la même section.

Les expériences que nous allons citer correspondent à trois époques différentes, dont l'une est déjà loin de nous; les deux autres sont au contraire très-récentes.

Les premières sont celles que fit M. Cavé, de 1843 à 1844, et acquirent une certaine notoriété;

Celles qui suivent ont été faites en Angleterre, vers 1857, par un manufacturier connu, M. J. Graham;

Enfin les dernières montrent les résultats du remarquable concours ouvert à Mulhouse en 1859 par la Société industrielle de cette ville.

Ces diverses expériences ont eu pour but commun de déterminer le rendement des générateurs de divers systèmes, en poids spécifique d'eau vaporisée, et de rechercher les dispositions les plus favorables ou les modifications à apporter à celles qui sont ordinairement en usage.

En comparant ces résultats obtenus au moyen d'appareils de construction souvent bien différents, et datant d'époques parfois très-éloignées l'une de l'autre, on est surpris de ne pas trouver de différences plus sensibles au point de vue économique de la combustion, tandis que la construction s'est néanmoins grandement améliorée. Ainsi, une chaudière à tombeau de Watt pouvait faire produire au combustible, mais avec des soins, autant de vapeur que les chaudières cylindriques actuelles, dans les conditions habituelles. Il est vrai de dire que maintenant les générateurs ont une résistance que les anciens n'avaient pas, et permettent de s'élever, avec sécurité, à de très-hautes pressions.

Nous avons fait remarquer, du reste, que le système tubulaire dépasse souvent la production ordinaire des précédents; mais aussi il exige un entretien soutenu, e en service courant, cette supériorité, tout en se maintenant d'une façon absolue, ne paraît pas encore se prononcer très-notablement.

On pourra apprécier très-facilement cet état de choses après avoir pris connaissance de la relation suivante. Nous engageons le lecteur à se reporter également aux résultats des expériences de M. Wicksteed, en Angleterre, qui sont mentionnés dans le 1er vol., p. 203, à propos des générateurs du système à foyer intérieur, dit de Cornwall.

EXPÉRIENCES SUR LES GÉNÉRATEURS A VAPEUR

Exécutées par M. CAVÉ en 1843 et 1844.

A cette époque, où la construction des générateurs était nécessairement moins arrêtée qu'aujourd'hui, M. Cavé, le célèbre mécanicien auquel on doit une grande partie des progrès accomplis en France dans les grandes constructions, entreprit de nombreuses expériences en vue de connaître les meilleures dispositions à adopter pour l'établissement des générateurs à vapeur fixes : il s'agissait surtout de se prononcer sur les mérites comparatifs des chaudières avec ou sans bouilleurs, et sur la disposition des conduits de flammes ou carneaux, sous le double point de vue de leur développement et de leur forme qui caractérise aussi la répartition des surfaces de chauffe.

Ces expériences, prolongées pendant dix mois, portèrent principalement sur deux générateurs distincts dont l'un était formé d'un seul corps cylindrique, et l'autre d'un corps principal et de deux bouilleurs. Dans les deux cas la disposition des carneaux a été variée ainsi que la dimension et la forme de la grille. On a également fait usage d'un tube réchauffeur pour l'eau d'alimentation.

DISPOSITIONS DES GÉNÉRATEURS D'EXPÉRIENCES

CHAUDIÈRE SANS BOUILLEURS. — Les premiers essais ont été faits sur chacun des deux générateurs que représente la fig. 191, disposés l'un à côté de l'autre dans un même fourneau.

Le premier, sans bouilleurs, est composé d'un seul corps cylindrique A, de 1 mètre de diamètre sur 8 mètres de longueur. La grille, d'abord du système à barreaux ordinaires et ensuite du système dit *en talus*, dont nous parlerons tout à l'heure, a 1m10 de largeur sur 0m75 de profondeur. On lui en a aussi substitué une autre de même largeur, mais d'une longueur double.

La circulation des produits de la combustion est établie par deux carneaux C, formés par une cloison centrale, en brique, qui sépare le fourneau en deux parties égales dans le sens de la largeur, laquelle est un peu plus grande que le diamètre de la chaudière.

Par conséquent, l'action du foyer s'exerce d'abord directement sous l'étendue complète de la demi-circonférence de la chaudière, et suivant la longueur propre de la grille ; à partir de là, les produits gazeux s'introduisent dans le carneau C de gauche, qui a seul issue dans le foyer, puis, après l'avoir parcouru dans toute sa longueur, ils pénètrent dans le deuxième qui les ramène sur le devant du fourneau où ils s'échappent par une ouverture D, débouchant dans le conduit central qui les dirige à la cheminée. Mais, en parcourant ce dernier canal, ils abandonnent encore du calorique au profit d'un tube G, dans lequel la pompe alimentaire refoule l'eau destinée au générateur.

Fig. 191.

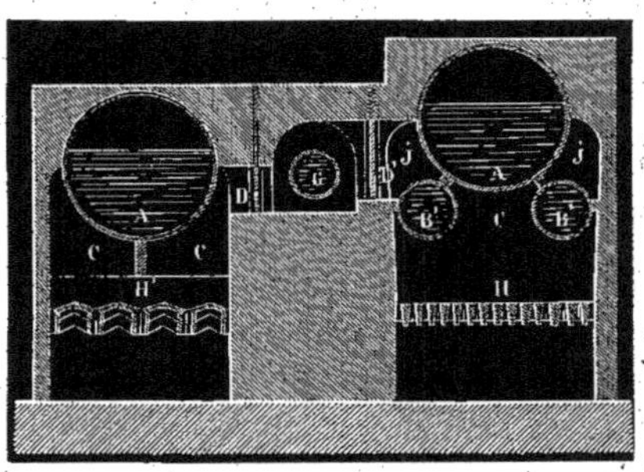

En résumant ces diverses conditions, pour apprécier la situation des choses, nous voyons que les produits de la combustion parcourent en deux passages l'étendue complète de la moitié de la surface du corps cylindrique A, moins l'épaisseur de la cloison séparative, qui peut être négligée : autrement dit, la surface de chauffe évaporatoire est égale à la moitié de celle totale du générateur, surface qui est égale à :

$$\frac{1}{2}\,(1^{m} \times 3,1416 \times 8^{m}) = 12^{m.q} 56.$$

On trouve, pour la surface de la grille à barreaux ordinaires et de la plus petite dimension adoptée :

$$1^{m}10 \times 0,75 = 0^{m.q} 8250.$$

Les barreaux étaient dans les mêmes conditions que ceux aujourd'hui en usage, de façon que la section libre des passages équivalait au 1/4 de la surface totale.

GRILLE EN TALUS. — Dans ces expériences nous avons dit que l'on avait fait usage alternativement de grilles à barreaux ordinaires et d'une autre dite *en talus*, proposée par M. Schodel.

La fig. 192 représente, en coupe verticale et en plan horizontal, une partie de cette grille composée de larges barreaux en fonte. Chaque barreau est formé d'une partie supérieure de 22 centimètres de largeur présentant deux plans inclinés, et de deux nervures verticales en dessous. Des ouvertures rectangulaires ont été ménagées sur l'arête d'intersection des deux faces inclinées pour le passage de l'air nécessaire à la combustion. Le surplus des passages libres se trouve constitué par l'intervalle même des barreaux qui ne se touchent que par les extrémités, ou en trois points, suivant leur longueur, comme ceux ordinaires.

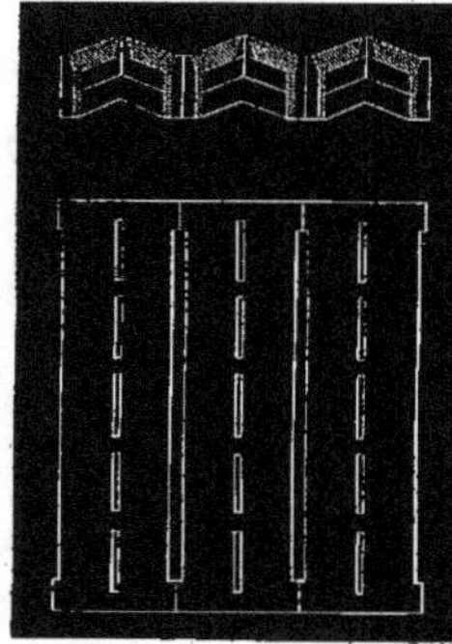

Fig. 192.

Seulement chaque barreau ayant une très-grande largeur, l'aire des passages est considérablement réduite proportionnellement à la surface totale, et se trouve à peine la moitié de celle que présente une grille à barreaux minces ordinaires.

Ce système, avec lequel l'auteur espérait produire une combustion très-active en raison de la réduction des passages, ne s'est aucunement propagé, et même, pour les expériences dont nous nous occupons, n'a pas donné de résultats exceptionnels. Nous n'en avons donc parlé que pour mémoire et pour n'y pas revenir.

CHAUDIÈRE AVEC DEUX BOUILLEURS. — Le deuxième générateur accolé au précédent, et représenté sur la même fig. 191, est composé d'un corps cylindrique principal A, de 1 mètre de diamètre sur 8ᵐ32 de longueur, et de deux bouilleurs B', de 0ᵐ40 sur 8ᵐ10 de longueur. Le premier passage des produits de la combustion s'effectue directement sous les deux bouilleurs et la chaudière, le carneau C correspondant étant déterminé par deux blocages en brique entre les bouilleurs et les parois du fourneau, et par deux cloisons établies entre chacun des bouilleurs et la chaudière. Ces deux cloisons déterminent les deux carneaux latéraux J, que les produits de la combustion parcourent après s'être divisés à l'extrémité du premier passage, en C. L'issue commune des deux carneaux J est l'ouverture D', correspondant au canal central où se trouve le tube réchauffeur G.

Cette deuxième chaudière d'expérience présentait 32ᵐ·ᵍ18 de surface de chauffe, composée de la moitié de celle de la chaudière, plus celle totale des deux bouilleurs, moins les parties masquées par les cloisons en brique.

MODIFICATIONS AUX DISPOSITIONS PRÉCÉDENTES. — Les mêmes expériences ont été faites sur deux générateurs de même forme que les deux précédents, mais avec d'autres dispositions de carneaux et des dimensions plus petites à l'égard de celle à deux bouilleurs.

La fig. 193 fait connaître ces nouvelles dispositions.

Le générateur sans bouilleurs a les mêmes dimensions que le précédent. Mais au lieu que la circulation s'établisse par deux carneaux et le canal intermédiaire muni du tube réchauffeur, l'espace vide au-dessous de la chaudière n'est point divisé, et les produits de la combustion le parcourent directement pour se rendre à la cheminée, et en chauffant d'un seul coup la chaudière dans toute l'étendue de sa demi-circonférence.

La chaudière à deux bouilleurs est plus petite que celle du fourneau précédent. Elle a 0ᵐ 80 de diamètre sur 5ᵐ 88 de longueur.

Les bouilleurs ont 0ᵐ 40 de diamètre comme précédemment, mais seulement 5ᵐ 90 de longueur.

La surface de chauffe de ce quatrième générateur est, d'après cela, de 21ᵐ·ᵠ 36.

L'échappement des produits de la combustion s'opère aussi sans retour de flamme, en léchant, d'un seul passage, la circonférence complète des bouilleurs et la moitié de celle de la chaudière.

Fig. 193

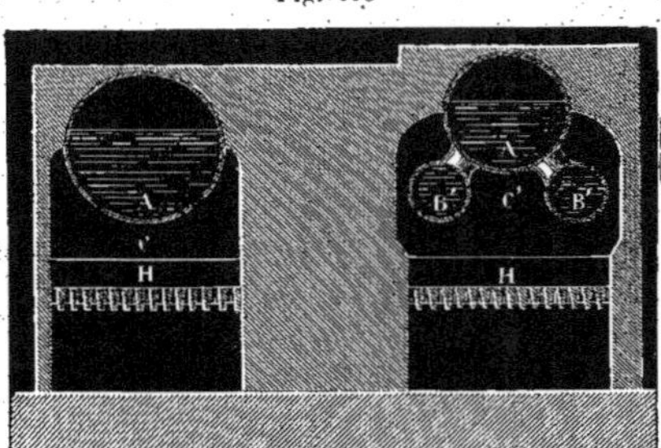

Les résultats d'expériences n'ayant pas été aussi favorables avec ces dispositions de carneaux qu'avec celles ci-dessus, M. Cavé les a fait reconstruire, et, tout en conservant les mêmes générateurs, il a rétabli la circulation du calorique comme elle avait lieu dans le premier cas.

Par conséquent, pour avoir une idée nette de la dernière partie des expériences, il suffit de se reporter à la fig. 191 pour la disposition des galeries et l'application du tube réchauffeur, et à celle 193 pour la dimension des générateurs dont celui à deux bouilleurs diffère seul, du reste, du premier décrit et employé.

RÉSULTATS DES EXPÉRIENCES

D'après ce qui précède, nous avons à donner les résultats obtenus sur six dispositions appliquées à deux générateurs différents qui ont été respectivement modifiés de formes et de dimensions, particulièrement dans les galeries et la grandeur des grilles.

Voici le résumé de ces expériences, moins toutefois les résultats relatifs à l'emploi des grilles en talus-Schodet qui ne les modifient que très-peu, attendu que ces grilles ont donné tantôt plus, tantôt moins que celles à barreaux ordinaires.

RÉSUMÉ MOYEN

DES EXPÉRIENCES EXÉCUTÉES PAR M. CAVÉ SUR LES CHAUDIÈRES CYLINDRIQUES AVEC ET SANS BOUILLEURS.

NUMÉROS des séries.	DÉSIGNATION DE L'ESPÈCE DE GÉNÉRATEUR	POIDS MOYEN d'eau vaporisée par kilogramme de houille.
		kilogr.
1	Générateur sans bouilleurs de $12^{m.q.}50$ de surface de chauffe, avec circulation double et tube réchauffeur (fig. 191)........................	7,237
2	Générateur sans bouilleurs avec un seul passage de flamme et sans tube réchauffeur (fig. 193)........................	5,950
3	Générateur à deux bouilleurs de $32^{m.q.}18$ de surface de chauffe avec retour de flamme et tube réchauffeur (fig. 191)........................	6,570
4	Générateur à deux bouilleurs de $21^{m.q.}36$ de surface de chauffe, avec retour de flamme et tube réchauffeur........................	6,260
5	Même générateur que le précédent, mais sans retour de flamme ni tube réchauffeur........................	6,420

Observations. — En général, la houille employée était de la gaillette de Denain quelquefois mélangée de Saint-Étienne.

La série n° 1 correspond à la moyenne de 34 expériences. Le rendement maximum s'est élevé à 8 kilogr. de vapeur pour 1 kilogr. de houille brûlée. Les meilleurs résultats ont été obtenus généralement avec la grille de 1^m50 de longueur substituée à celle de 0,75.

La série n° 2 est une moyenne de 10 expériences. Elle correspond aux résultats les plus faibles, ce qui est attribuable à l'absence de retour de flamme et du tube réchauffeur.

Les séries suivantes, 3, 4 et 5, correspondent respectivement à 7, 5 et 3 expériences. Tous les rendements indiqués correspondent aux poids réels de charbon brûlé, sans déduction des cendres et escarbilles.

RÉSUMÉ

Le détail de ces expériences, ainsi que leurs résultats moyens ci-dessus, sembleraient donner un avantage marqué aux générateurs sans bouilleurs. Néanmoins, on sait aujourd'hui que l'on peut obtenir des rendements équivalents, c'est-à-dire 7 kilogr. de vapeur par kilogramme de houille, avec les générateurs qui possèdent un ou deux bouilleurs. D'autre part, il est évident que, pour des générateurs d'une surface de chauffe très-étendue, la suppression des bouilleurs conduirait à des longueurs très-considérables et gênantes pour l'établissement de l'appareil.

Quant à la comparaison des résultats correspondants aux dernières séries d'expériences pour les chaudières à bouilleurs, il y a là une contradiction qui ne peut provenir que de la méthode employée pour établir chaque moyenne, par la réunion de celles qui sont défectueuses ou trop élevées par des causes accidentelles. Cette contradiction n'existe, du reste, que pour les séries 4 et 5, qui attribuent au générateur avec retour de flamme le plus faible résultat.

Mais sans nous arrêter davantage sur ces divergences qui ont reçu actuellement une solution par l'expérience de 18 années, faisons remarquer que les recherches de M. Cavé, surtout par leur détail, ont permis de constater dès lors :

1° Que l'adjonction des bouilleurs n'influe pas d'une manière sensible sur le produit de la vaporisation, et que, sans prendre pour base absolue l'excès trouvé en faveur de leur suppression, on peut au moins en conclure que, lorsque les dimensions générales le permettent, on peut sans crainte employer le générateur sans bouilleurs, et que le rendement moyen avec de bonne houille doit se rapprocher, dans tous les cas, de 7 kilogrammes d'eau vaporisée pour 1 kilogramme de houille brûlée ;

2° Que les essais partiels opérés avec les plus grandes grilles ont donné les résultats les plus élevés, et qu'il y a par conséquent avantage à adopter des grilles d'une grande étendue comparativement à la surface de chauffe présentée par le générateur ;

3° Que l'emploi d'un tube réchauffeur pour l'eau d'alimentation présente des avantages, qui n'ont cependant pas été très-notables. (Aujourd'hui cette application est très-générale) ;

4° Que la production de vapeur par mètre carré de surface de chauffe, avec les chaudières sans bouilleurs, peut atteindre 35 à 40 kilogrammes par heure, en raison de la plus grande étendue de chauffe directe, mais qu'en travail courant on admet au plus 20 kilogrammes. (Maintenant on admet moins encore, ainsi qu'on l'a vu t. 1er, p. 137) ;

5° Que la consommation de houille pouvait aisément s'élever à 75 ou 80 kilogrammes par mètre carré de grille et par heure, mais que la marche ordinaire était plutôt 40 à 45. (Actuellement on adopte volontiers 50 avec le tirage simple et 100 avec un tirage forcé.)

Les recherches de M. Cavé ont donc eu le mérite de faire connaître presque complétement les meilleures conditions de marche des générateurs cylindriques ordinaires et leur produit maximum, car si aujourd'hui on peut dépasser les résultats qu'il a trouvés, ce n'est qu'à l'aide des générateurs tubulaires ou par des dispositions particulières du foyer, en conduisant le feu d'une façon intelligente et avec infiniment de soin.

EXPÉRIENCES FAITES SUR LES GÉNÉRATEURS A VAPEUR

Par **M. J. GRAHAM**, manufacturier, en Angleterre.

Une très-longue suite d'expériences a été entreprise récemment, en Angleterre, par M. John Graham qui a fait part des résultats qu'il a obtenus à la Société des ingénieurs civils de Londres. Nous ne pouvons en faire ici la reproduction complète; mais nous allons essayer d'en donner un résumé.

Comme ensemble, on est forcé de reconnaître que ces expériences n'ont point mis en lumière de faits nouveaux, mais elles permettront peut-être de donner une nouvelle consécration aux données préexistantes.

D'abord l'expérimentateur n'a pas compris dans ses recherches les générateurs ordinaires à deux bouilleurs, si répandus en France, ni sur ceux du système tubulaire. C'était généralement des générateurs cylindriques simples ou à bouilleurs intérieurs et celui dit *en tombeau*, de Watt. On a bien opéré sur un générateur à trois bouilleurs, mais les résultats ont été trouvés défectueux et rejetés.

Les expériences sur le pouvoir vaporisant de chaudières de divers systèmes ont été précédées d'autres ayant pour objet de déterminer dans quel rapport l'intensité de la vaporisation varie pour un même appareil, au fur et à mesure que l'on s'éloigne de l'action directe du foyer. Nous commençons par dire quelques mots des résultats obtenus à cet égard.

EXPÉRIENCES SUR L'INTENSITÉ DE LA VAPORISATION

On voulait reconnaître dans quelles proportions un développement plus ou moins grand des carneaux peut avoir d'influence sur le résultat de la vaporisation comme intensité, autrement dit dans quelle proportion la vaporisation totale est répartie sur chacune des parties de la surface de chauffe.

Dans ce but on a disposé quatre petites chaudières distinctes à la suite les unes des autres, ouvertes à l'air libre, dans un même fourneau et chauffées par un même foyer, de la même façon que pour un corps unique.

Les quatre capacités étaient égales, ayant chacune 305 millimètres en tous sens.

Le foyer était à 28 centimètres au-dessous du fond des chaudières, et il est remarquable que son étendue était exactement correspondante à la dimension du corps situé au-dessus de lui, c'est-à-dire 1/4 de la superficie des fonds des quatre corps réunis.

Les produits de la combustion circulaient dans un carneau qui enveloppait les chaudières jusqu'à moitié de leur hauteur, laissant un passage de flamme de 10 à 12 centimètres de largeur.

II.   76

Le chauffage de ce générateur divisé a donné les résultats suivants :

1er corps de chaudière. — Intensité de la vaporisation....   67,6
  2e   id.   —   id.   id.   18,2
  3e   id.   —   id.   id.   8,8
  4e   id.   —   id.   id.   5,4
                                                              100,0

Ce résumé signifie que, pour 100 d'eau évaporée en totalité par les quatre capacités distinctes, le 1er corps, le plus près du foyer, a produit 67,6 ; le 2e, 18,2 ; le 3e, 8,8 ; et le 4e, celui chauffé uniquement par l'air chaud, 5,4.

Par conséquent il reste bien établi, d'après cela, que la partie d'un générateur située directement au-dessus du foyer produit à elle seule en vapeur plus du double de toute l'étendue restante, en admettant que la grille occupe 1/4 de la longueur totale du générateur. D'autre part, le dernier quart ne peut compter que pour 1/20 de la production totale.

Une seconde série d'expériences a été faite, dans le même but, sur un générateur composé de 3 parties cylindriques distinctes, encore ouvertes à l'air libre et toujours disposées dans un même carneau, les unes au bout des autres. Le diamètre commun des 3 corps cylindriques était 0^m915, et ils avaient aussi chacun 0^m915 de longueur. La grille avait 0^m610 de largeur et la longueur exacte de l'un des corps, soit 1/3 de la longueur totale des 3 corps cylindriques.

Ces expériences ont fourni, en moyenne, les résultats suivants :

1er corps. — Intensité de la vaporisation................. 100
  2me id. —   id.   id.   34,7
  3me id. —   id.   id.   .... 16.

Ainsi, la longueur totale du corps étant trois fois celle de la grille, la vaporisation par le dernier tiers s'élève à 1/6 environ de celle due au premier tiers, tandis que la grille n'étant que 1/4 de la longueur totale du générateur, l'intensité du dernier quart est environ 1/13 de celle du premier.

Nous pensons que le principal enseignement à tirer de ces expériences, c'est celui proposé dès le principe, de connaître purement et simplement l'intensité de la vaporisation en divers points du développement d'un générateur. Mais il n'y a rien là de concluant, quant à la question économique, ou pour le meilleur mode de construction à adopter.

En effet, s'il s'agissait de construire un générateur produisant beaucoup de vapeur en peu de temps, sans se préoccuper de l'économie de combustible, et au minimum de volume, il est clair que l'on devrait donner à la grille une très-grande dimension par rapport à la surface du générateur directement exposée à son action. Nous nous mettons en dehors, pour l'instant, du système tubulaire, ainsi qu'on l'a fait dans les expériences précitées. Mais dans tout autre cas, si les parties d'un générateur, prolongées loin du foyer, produisent peu, elles produisent néanmoins ; il s'agit seulement de s'arranger pour en faire, comme nous l'avons dit (t. 1er, p. 309),

et si cela est possible, des capacités distinctes formant des réchauffeurs où l'on utilisera très-bien une certaine quantité de chaleur au profit de l'eau d'alimentation.

EXPÉRIENCES RELATIVES A L'UTILISATION DU COMBUSTIBLE

EMPLOI D'UN RÉCHAUFFEUR. — L'auteur a fait usage d'un générateur formé d'un
seul corps cylindrique de 3m05 de longueur sur environ 0m75 de diamètre, sans
retour de flamme, mais muni à son extrémité d'un vase réchauffeur d'un même
diamètre sur 1m75 de hauteur, placé verticalement entre le bout du corps principal
et l'entrée de la cheminée.

On a reconnu que l'eau pouvait être ainsi maintenue à 82 ou 88 degrés. M. Graham estime que, sur 100 de la quantité de chaleur absorbée par l'ensemble du
générateur, le corps principal peut être compris pour 78,5 et le réchauffeur
pour 21,5.

GÉNÉRATEUR A UN BOUILLEUR ET DEUX FOYERS INTÉRIEURS. — On a expérimenté un
générateur qui se compose d'un corps cylindrique de 2m44 de diamètre sur 7 mètres
de longueur, à l'intérieur duquel se trouve un bouilleur de 1m45 de diamètre, qui
se bifurque sur l'avant pour former deux foyers séparés. C'est ce que l'on appelle en
Angleterre, ou au moins dans la localité où elle était située, *une chaudière à culotte*.
D'après les dimensions ci-dessus, ce générateur pouvait présenter une surface de
chauffe totale de 60 mètres carrés.

Les expériences, prolongées pendant près d'une année sur ce système de générateur, ont montré une production de 5k90 d'eau à 29°, vaporisée à 5 atmosphères,
par kilogramme de houille. C'est à peu près correspondant à 5k60, en ramenant la
température de l'eau d'alimentation à 15 degrés comme nous l'avons fait jusqu'ici.

Ce résultat a été trouvé faible par l'expérimentateur lui-même, qui l'attribuait à
la dimension restreinte des foyers. Il pourrait bien se faire que cela dépendît en
effet de l'énorme quantité de travail que l'on faisait faire à l'appareil dans lequel la
quantité d'eau vaporisée par mètre carré de surface de chauffe atteignait plus de
30 kilogrammes par heure.

CHAUDIÈRE EN TOMBEAU DE WATT. — Les expériences de M. Graham sur un générateur de ce système lui ont fourni un résultat économique de production que
l'on peut, à bon droit, trouver exceptionnel, comparativement aux autres
résultats.

Suivant ces expériences, la production se serait élevée à 8k80 d'eau vaporisée par
kilogramme de houille, la température de l'eau d'alimentation étant de 16°.

Cependant on a pu voir (t. 1er, p. 203) que M. Wicksteed avait trouvé presque
autant avec ce même système, mais dans des circonstances où des chaudières de
Cornwall à foyer intérieur avaient donné des résultats analogues, c'est-à-dire avec
des surfaces de chauffe extrêmement étendues comparativement à la production
totale. Comme M. Graham ne s'explique pas sur ce dernier point, quant à ses expé-

riences sur la chaudière de Watt, il n'est pas possible d'établir à ce sujet une juste comparaison.

CHAUDIÈRES CYLINDRIQUES SIMPLES. — Deux générateurs à foyer intérieur, composés chacun d'un unique corps cylindrique, mais de dimensions différentes, ont été soumis aux mêmes expériences. La chauffe avait lieu directement sur une moitié de la circonférence, sans retour de flamme.

L'un des deux présentait une surface de chauffe totale de 27 mètres carrés. Il a produit, au maximum, 6ᵏ09 de vapeur par kilogramme de combustible, l'eau d'alimentation prise à 16°. Le travail était considérable et égal à 38 et 55 kilogrammes d'eau évaporée par mètre de surface de chauffe.

Le second générateur était plus grand. Sa surface de chauffe était de 37 mètres carrés. La production moyenne s'est trouvée égale à 6ᵏ46 d'eau à 16° vaporisée par kilogramme de houille. Rien n'indique, dans la mention de ces expériences, à quoi l'on peut attribuer cette différence, légère du reste, entre ces deux générateurs, qui ne diffèrent que par les dimensions, l'un étant de 27 et l'autre de 37 mètres carrés de surface de chauffe.

CHAUDIÈRE DE BUTTERLY. — Ce système de générateur consiste en un corps cylindrique, avec conduit intérieur pour la flamme, mais dont l'avant-bout du corps extérieur est échancré et présente une partie concave qui forme le ciel du foyer, lequel se trouve alors extérieur et appuyé sur la maçonnerie, comme dans les générateurs cylindriques ordinaires chauffés extérieurement. L'action du foyer s'exerce alors directement sur la partie rentrante du corps principal, puis les produits de la combustion suivent le conduit intérieur, et, à leur sortie, s'échappent dans un carneau qui entoure le corps extérieur jusqu'à la hauteur de son centre.

Il y a donc là une circulation complète du calorique, exactement de la même façon que dans les chaudières cylindriques de Cornwall.

C'est aussi cette disposition qui a donné à M. Graham les meilleurs résultats, après le système de Watt. Le générateur expérimenté présentait une surface de chauffe totale de 38 mètres carrés.

La production en vapeur s'est élevée à 8ᵏ33 de vapeur par kilogramme de houille, l'eau d'alimentation à 16°. Le travail total était, du reste, moins excessif que précédemment, puisque la vaporisation ne dépassait guère 26 kilogrammes par mètre carré de chauffe et par heure.

Ainsi, pour nous, les meilleurs résultats obtenus dans le cours de ces diverses expériences semblent correspondre aux circonstances où le travail des surfaces de chauffe était modéré et en même temps à l'emploi d'un retour de flamme. Il est vrai que nous avons constaté autre part des rendements satisfaisants avec des chaudières sans bouilleurs avec un seul passage direct de flamme; mais on sait que, dans ce cas, on forme souvent un retour pour y placer le réchauffeur de l'eau d'alimentation, ce qui remplace avec avantage des surfaces plus développées du corps principal.

M. Graham a fait de ses expériences un résumé raisonné dans lequel nous remarquons les quelques observations suivantes :

1° L'adjonction d'un réchauffeur formé de plusieurs tubes de fonte, à un générateur simple, peut fournir une économie de combustible qui s'élève à 27 p. 100, si l'on a le soin d'en maintenir les surfaces extérieures exemptes de suie et parfaitement propres ;

2° Une couche de suie atteignant seulement de 3 à 4 millimètres d'épaisseur sur la surface des carneaux, suffit pour annuler presque entièrement leur pouvoir vaporisant ;

3° Parmi les causes qui augmentent les difficultés de la conduite d'un fourneau on doit placer en première ligne les grilles de trop grandes dimensions, qu'un chauffeur peut avec peine maintenir également couvertes ;

4° Le mode de conduite d'un foyer qui donne les meilleurs résultats, c'est un feu modérément épais, actif avec un tirage rapide. On a trouvé que la couche de combustible devrait avoir de 15 à 18 centimètres d'épaisseur pour être sûr que la grille soit toujours régulièrement couverte ; de plus, on ajoute que cette condition de régularité non remplie est une des causes les plus défavorables à l'économie du combustible ;

5° A propos d'essais tentés pour la combustion de la fumée, on a pu se convaincre que la perte directe en combustible par la fumée noire est à peu près négligeable. En faisant passer les produits de la combustion d'un foyer qui en produisait beaucoup, dans un appareil laveur où les gaz étaient très-exactement dépouillés du noir en suspension, on a estimé que la quantité de carbone, proprement dit, enlevé à l'état de fumée, ne dépassait pas en poids la millième partie du combustible dépensé.

Voilà à peu près ce que nous pouvons reproduire ici des expériences de **M.** Graham, lesquelles nous semblent avoir été exécutées avec intelligence, mais peut-être aussi avec peu de précision, sous le rapport d'un grand nombre de faits qu'il eût été nécessaire de bien constater pour donner aux résultats une véritable autorité.

Ainsi, lorsqu'on veut connaître la production exacte d'un combustible en vapeur avec un système donné de générateur, il est essentiel de constater s'il y a de l'eau entraînée avec la vapeur, la quantité de cendres que donne le combustible pour établir sa qualité comparative, la température de l'air à la sortie des carneaux, etc.

Néanmoins, ces observations ont probablement été faites ; mais il eût été nécessaire d'en établir la constatation dans le compte rendu, pour qu'il ne puisse rester aucun doute sur les résultats. Nous y trouvons seulement la mention d'un essai de la température de l'air dans la cheminée qui était éprouvée au moyen du plomb et du zinc, et qui se trouvait assez élevée pour fondre seulement le premier de ces deux métaux. La température de l'air, à sa sortie des carneaux, était donc plus élevée que 300° sans dépasser de beaucoup cette température. Mais on sait que c'est là un maximum, et que l'on peut arriver à refroidir l'air, à son entrée dans la cheminée, jusqu'à 250° environ sans nuire au tirage.

Ajoutons, en terminant, une remarque sur la façon adoptée par M. Graham pour évaluer le pouvoir vaporisant du combustible ou du générateur. Cet ingénieur fixe ce chiffre en évaluant la quantité de chaleur fournie à l'eau depuis 100°, au lieu de partir de 0°, comme on le fait dans les essais rigoureux, ou à partir de 15°, qui est la température moyenne de l'eau froide d'alimentation.

Ainsi, comme exemple, après avoir établi, comme nous le faisons ci-dessus d'après lui, le chiffre de 8ᵏ80 pour le rendement de la chaudière de Watt, l'eau d'alimentation prise à 16°, il ajoute un sixième à cette valeur pour poser son résultat définitif, et conclut en disant : *la chaudière en tombeau de Watt évapore, par kilogramme de houille,* **10ᵏ26** *d'eau à* **100°**.

CONCOURS OUVERT PAR LA SOCIÉTÉ INDUSTRIELLE
DE MULHOUSE

La Société industrielle de Mulhouse avait mis au concours, pour l'année 1859, le programme suivant :

« Médaille d'or, à laquelle sera ajoutée une somme de 6,000 fr. (portée plus tard à 7,500 fr.) pour celui qui aura fait fonctionner, le premier, dans le Haut-Rhin, une chaudière à vapeur dont le rendement dépassera 7 1/2 litres d'eau évaporée par kilog. de houille de Ronchamp, qualité moyenne.

« La chaudière à vapeur présentée devra fonctionner à une pression d'au moins 5 atmosphères; elle devra évaporer au minimum 10000 litres d'eau par 12 heures. Le chiffre 7 1/2 kilog. est entendu pour de l'eau réduite à 0°. La quantité de houille consommée pour l'allumage du matin, lorsque la chaudière aura été arrêtée la veille, sera additionnée avec la consommation totale de la journée pour la détermination du chiffre de rendement. Les essais pour la constatation de ce dernier chiffre devront porter sur au moins douze jours de marche consécutifs de douze heures chacun.

« La chaudière ne devra pas entraîner plus d'eau que celles à bouilleurs actuellement employées en Alsace, c'est-à-dire 5 à 6 p. 100 du poids de la vapeur formée.

« Le système pourra être quelconque, seulement on demande que son emploi soit simple et pratique, et n'exige pas des nettoyages et réparations fréquents et difficiles.

« Le prix pourra être décerné à l'inventeur d'un appareil nouveau, lequel, appliqué sur une chaudière du système actuel, amènerait au rendement indiqué.

« Une médaille d'argent et une somme de 2000 fr. seront accordées à celui qui sera arrivé au chiffre de 7 au lieu de 7 1/2, et le quart de cette somme seulement, avec la médaille, à celui qui aura obtenu 6 3/4. »

Les générateurs qui subirent les épreuves proposées sont les suivants :

Générateur tubulaire à vent forcé de MM. Molinos et Pronnier, dont on a donné la description complète dans cet ouvrage (t. 1er, p. 295, pl. 5);

Générateur tubulaire vertical de M. Zambaux, mentionné t. 1er, p. 222;

Générateur cylindrique avec corps et tubes réchauffeurs, de M. A. Prouvost, manufacturier de Lille, et dont nous faisons connaître plus loin la disposition.

Ces trois générateurs ont fonctionné en même temps qu'une chaudière cylindrique, à trois bouilleurs, établie en 1842 par MM. J.-J. Meyer et Ce, pour la maison Dollfus, Mieg et Ce, et qui devait servir de comparaison comme ancien type.

Ces expériences ont été exécutées avec un soin extrême sous la direction éclairée de MM. E. Burnat et G. Dubied, qui en ont fait aussi un rapport très-étendu dans le *Bulletin de la Société industrielle de Mulhouse*, et auquel nous empruntons le court extrait actuel (1).

DISPOSITION DU GÉNÉRATEUR DE M. PROUVOST

Ce générateur est un appareil mixte, dans lequel la flamme, après avoir passé sous un corps cylindrique, entoure successivement deux réchauffeurs en tôle, et pénètre, avant son entrée dans la cheminée, dans des tubes contenus dans un cylindre en tôle dont elle a préalablement chauffé la surface extérieure. Il est monté dans un fourneau en brique dont le foyer contient une grille ordinaire.

Après avoir franchi l'autel, la flamme pénètre dans un canal qui entoure la moitié du corps cylindrique principal, et dont le sol est formé de 2 tubes réchauffeurs et d'une fraction du contour d'un cylindre à fonds plats, traversé intérieurement par 145 tubes en laiton de 50 millim. de diamètre; ce dernier cylindre est disposé vers l'arrière-bout du corps principal, avec lequel il communique par 2 tubulures.

A l'aide de carneaux en briques convenablement disposés, la circulation des gaz chauds s'établit de la façon suivante :

A partir de la grille, ils suivent, comme nous l'avons dit, la partie inférieure du corps principal renfermant la plus grande masse d'eau et la chambre de vapeur, et touchent, en même temps, les réchauffeurs latéraux ainsi qu'une partie du corps tubulaire; ayant accompli ce premier parcours, ils reviennent vers l'avant-bout, en suivant et entourant simultanément les deux réchauffeurs et le corps central tubulaire; enfin, reprenant leur première direction, ils s'introduisent dans les 145 tubes que renferme ce corps et parviennent à la cheminée.

Quant à l'eau d'alimentation, elle est introduite d'abord dans l'un des réchauffeurs latéraux, et de là dans le corps tubulaire d'où elle s'élève dans la chaudière principale.

____

(1) Le rapport original a été reproduit en grande partie dans le xive vol. du recueil la *Publication industrielle.*

PROCÉDÉS D'EXPÉRIMENTATION

Pour ces expériences, qui ont été prolongées pendant au moins quatre mois, les soins les plus minutieux ont été apportés afin de laisser le moins de doute possible sur les résultats constatés.

La houille employée provenant des houillères de Ronchamp, et extraite du puits Saint-Joseph en mai 1859, a été spécialement analysée par M. Combes, directeur de l'École des mines.

Comme on a pu constater que le nombre de charges de combustible pour alimenter les foyers influent sur le rendement, un compteur a été disposé pour en prendre note : c'était une pince dans laquelle le chauffeur plaçait sa pelle chaque fois qu'il venait d'en faire usage, et qui, en s'ouvrant, faisait fonctionner un cadran à pointage.

La mesure de l'eau d'alimentation était nécessairement l'un des points les plus importants des expériences. Cette mesure a été déterminée au moyen d'une cuve bien jaugée, et dans laquelle l'eau était amenée par une pompe spéciale avant d'être reprise par la pompe alimentaire et refoulée dans le générateur en essai.

Ensuite, et conformément au programme du concours, le volume de l'eau ainsi mesuré, ainsi que sa température, était ramené à ce qu'il serait à 4 degrés ; puis, enfin, on en déduisait quel serait le poids d'eau évaporée, dans les mêmes conditions, si cette eau eût été à 4 degrés centigrades.

Mais on eut encore à se préoccuper de l'eau liquide qui pouvait être entraînée par la vapeur, et qui, n'étant pas connue, rendrait les résultats complétement faux : ce point formait d'ailleurs une des conditions du programme.

Divers moyens ont été essayés, et, sans les énumérer, nous dirons qu'il a été constaté que l'entraînement d'eau a été très-faible, et que, sous ce point de vue, les conditions imposées ont été remplies par les concurrents.

Des essais ont été également dirigés dans le but de s'assurer des conditions de marche des foyers.

Ainsi, au moyen de l'appareil connu sous le nom d'*anémomètre,* on s'est constamment rendu compte du volume absorbé par la combustion.

La température de la fumée a été estimée en mettant dans le courant un cylindre de fer que l'on refroidissait ensuite dans de l'eau, dont l'élévation de température, en tenant compte des capacités calorifiques respectives, indiquait, d'une façon approximative celle cherchée.

Enfin, on a déterminé le degré de fumivorité des foyers en observant la couleur de la fumée, et en notant le temps pendant lequel cette fumée se maintenait, après chaque nouvelle charge, *noire, légère* et *incolore.* Ces observations étaient rapportées chaque fois à 100 minutes.

Les résultats de ces remarquables expériences, dont il nous est impossible de rendre compte en détail ici, ont été consignés dans plusieurs tableaux dont nous reproduisons le résumé suivant.

TABLEAU

COMPARATIF RÉSUMANT LES PRINCIPALES DIMENSIONS DES CHAUDIÈRES, LEUR RENDEMENT,
ET QUELQUES CHIFFRES RELATIFS A LEUR MARCHE.

DIMENSIONS.	MOLINOS et PRONNIER.	ZAMBAUX.	PROUVOST.	DOLLFUS, MIEG et Compⁱᵉ.
Surface de chauffe totale.....................	49.46	19 00	103.24	27.25$^{\text{m.q.}}$
Surface de chauffe directe exposée au feu.......	5.99	7.25	2.35	2.48$^{\text{m.q.}}$
Rapport de la surface de chauffe totale à la surface directe.................................	8.26	12.30	44.00	19.90
Capacité totale.............................	5.03	3.95	6.50	8.76$^{\text{m.c.}}$
Volume occupé par l'eau.....................	3.09	3.24	5.28	7.19$^{\text{m.c.}}$
Volume occupé par la vapeur.................	1.94	0.71	1.22	1.57$^{\text{m.c.}}$
Surface totale de la grille.....................	1.23 0.95	1.22	1.80	1.32$^{\text{m.q.}}$
Surface pleine de la grille.....................	0.60	0.85	0.94	1.08$^{\text{m.q.}}$
Surface vide de la grille formée par les interstices des barreaux.................................	0.63	0.37	0.86	0.29$^{\text{m.q.}}$
Rapport de la surface de chauffe totale à la surface de la grille.................................	40.21	72.90	57.30	20.70
Surface de chauffe en mètres carrés par mètre cube d'eau contenue dans la chaudière............	16.00	27.40	19.55	3.79$^{\text{m.q.}}$

Observations. — **La surface de la grille de MM. Molinos et Pronnier a été réduite dans les derniers essais à 0$^{\text{m.q.}}$95.**

Résultats obtenus.

	MOLINOS et PRONNIER.	ZAMBAUX.	PROUVOST.	DOLLFUS, MIEG et Compⁱᵉ.
Eau évaporée par kil. de houille Ronchamp réduite à 0° quant au volume et à la température. — essais préliminaires.	6.94	7.43	6.99	
essais officiels......	7.73	7.68	7.69	6.74$^{\text{kil.}}$
moyenne générale..	7.34	7.56	7.40	
Résidus sortis du foyer et du cendrier par kilog. de houille brûlée, moyenne générale........	0.19	0.19	0.20	0.19$^{\text{kil.}}$
Nombre de kilog. de vapeur produite par mètre carré de surf. de chauffe totale, moyenne génér.	14.90	8.10	7.15	28.90
Température de l'air à son entrée dans le foyer, moyenne générale......................	19.40	18.80	16.60	22.40$^{\text{deg.}}$
Température de l'air à sa sortie du registre et à son entrée dans la cheminée, moyenne générale.	254.00	280.00	185.00	441.00$^{\text{deg.}}$
Houille brûlée par heure et par mètre carré de surface de grille...........................	770	720	500	800$^{\text{kil.}}$
Houille moyenne par charge..............	16.90	6.07	7.50	15.00$^{\text{kil.}}$
Air introduit sous le foyer par kilog. de houille, ramené à 0° et à 0ᵐ76 de pression..........	17.25	7.60	16.36	8.58$^{\text{m.c.}}$
Rapport au temps total, du temps où la fumée était complétement incolore................	0.69	0.37	0.48	0.52
Quantité de houille brûlée réduite à une force constante de 12 chevaux, et un nombre de tours de volant de 20,284 en 12 heures (en supprimant dans la moyenne de M. Zambaux la semaine du 22 août)...	1161	1120	1120	1273$^{\text{kil.}}$
PRIX de l'appareil : y compris le fourneau et la cheminée en briques, pour les chaudières Prouvost et Dollfus, Mieg et Compagnie..........	13,000	9,600	10,800	9,750$^{\text{fr.}}$

Ce tableau fait connaître que les trois chaudières tubulaires ont produit, dans la période indiquée des essais officiels, c'est-à-dire en dehors des essais préliminaires, 7,73, 7,68 et 7,69 kilogrammes de vapeur par kilogramme de houille, tandis que la chaudière à bouilleurs de MM. Dollfus, Mieg et Cᵉ, n'a produit que $6^k 71$. On remarque, comme justification de cette différence, que pour ce dernier générateur la fumée conservait encore 441 degrés dans la cheminée, tandis qu'avec les autres générateurs, qui sont tubulaires et offrent des passages plus divisés et plus nombreux, les gaz ont été refroidis jusqu'à 239 degrés en moyenne. Ce résultat ne doit pas surprendre, et en adoptant le système tubulaire, on espère, évidemment, une production de vapeur économique.

Il est même remarquable que le chiffre de vaporisation trouvé dans ces expériences est inférieur, surtout à l'égard du générateur de MM. Molinos et Pronnier, à ceux qui ont été constatés lors des essais antérieurs faits à Paris et à Oullins (t. 1ᵉʳ, p. 214). Mais il y a lieu de noter aussi que l'eau d'alimentation est ramenée, pour les dernières expériences, à son *maximum de densité,* qui correspond en effet à 4 degrés, et à cette température même, tandis que, dans les premiers essais rapportés, la production était basée sur 15 degrés; il est également juste de tenir compte de la qualité du combustible qui n'est pas la même dans les deux cas, puisqu'à Mulhouse le poids des résidus est de 19 à 20 p. 100, tandis que dans les expériences de Paris et d'Oullins, on a pu disposer de deux qualités de houille qui ne rendaient, l'une que 15, et l'autre que 6 p. 100 de cendres.

Par conséquent, il est naturel que les deux résultats soient différents, sans que nous prétendions néanmoins qu'ils deviendraient identiques en les ramenant à des bases uniformes. Mais, en résumé, les bases adoptées à Mulhouse nous semblent parfaitement rationnelles et pratiques, car ramener l'eau d'alimentation à 0° température, et baser la production de vapeur sur le poids de combustible brut, c'est ramener la production du générateur à l'unité et en déterminer le fonctionnement réellement pratique.

Que l'on alimente à l'eau chaude et que le combustible soit meilleur, il en résultera une amélioration du rendement qu'il est maintenant facile d'apprécier.

Il ne nous reste qu'à faire connaître la décision de la savante société, qui, sur la proposition de son comité de mécanique, et en constatant que les concurrents ont rempli les conditions du programme, a décerné les récompenses de la façon suivante :

1° A M. Zambeaux, de Saint-Denis, une médaille d'argent et une somme de 2750 fr.;

2° A MM. Molinos et Pronnier, de Paris, une récompense identique;

3° A M. Prouvost, de Lille, une médaille de bronze et une somme de 2000 fr.

FIN DU CHAPITRE SIXIÈME ET DE LA HUITIÈME SECTION.

APPENDICE

TABLEAUX SYNOPTIQUES

DES DIMENSIONS PRINCIPALES DES MACHINES LOCOMOTIVES ET DES APPAREILS DE NAVIGATION

A HÉLICE ET A ROUES DE DIVERS SYSTÈMES

En terminant ce Traité, nous pensons rendre service à nos lecteurs en leur offrant les tableaux suivants dans lesquels nous avons rassemblé les dimensions principales de quinze machines locomotives, de dix-sept machines de navigation appliquées à des bâtiments à hélice, et de douze autres appareils appartenant à des navires à roues.

Bien qu'empruntées, pour la plupart, aux Traités spéciaux de MM. Flachat et Petiet, pour les locomotives, et à ceux de MM. Paris, de Fréminville, Ledieu, etc., pour les appareils de navigation, les dimensions que nous donnons dans ces tables ne présentent nulle part ce rapprochement méthodique qui permet de faire d'un seul coup d'œil les comparaisons désirables; et ce n'est qu'au bout d'un travail long de recherches et de soins que nous sommes nous-même parvenu à cette réalisation.

C'est enfin dans l'espoir d'être utile à ceux qui désireraient se faire une idée prompte et nette des proportions générales adoptées en pratique dans ces deux genres importants de moteurs à vapeur, que nous nous sommes imposé cette tâche.

Quant à des explications particulières pour chaque machine, aucune ne devient nécessaire en se reportant aux notions renfermées dans le cours de ce Traité.

Nous n'avons pas non plus cru nécessaire de dresser des tableaux analogues pour les machines fixes, après tous ceux qui précèdent, et qui permettent de juger très-promptement des dimensions qui conviennent pour chaque puissance donnée.

TABLE

DES DIMENSIONS PRINCIPALES ET CONDITIONS DE MARCHE DE 15 TYPES DE MACHINES LOCOMOTIVES
EN CIRCULATION SUR LES CHEMINS DE FER FRANÇAIS.

		DÉSIGNATION du système de la machine et du chemin sur lequel elle circule.	NOM du CONSTRUCTEUR.	PISTONS MOTEURS. Diamètre	Course.	DIAMÈTRE DES ROUES par chaque essieu énuméré de l'avant à l'arrière de la machine. 1er essieu	2e essieu	3e essieu	4e essieu	5e essieu	6e essieu
VOYAGEURS	1	Est (1847). — Cyl. ext., foyer en porte-à-faux	Derosne et Cail..	0,380	0,560	1,000	1,680	1,000			
	2	Orleans (1854). — Cyl. ext.	Polonceau	0,400	0,600	1,247	2,027	1,247			
	3	Lyon (1856). — Cyl. ext., essieu portant à l'arrière du foyer	Cail et Cᵉ	0,400	0,600	1,340	1,810	1,110			
	4	Nord (1849). — Système Crampton.	Derosne et Cail..	0,400	0,550	1,350	1,220	.2,100			
	5	Nord (1861). — Mach. tender, 4 cyl. ext., 5 essieux, dont 2 moteurs..	Gouin	0,360	0,340	1,600	1,000	1,000	1,000	1,600	
MIXTES	6	Lyon (1849). — Cyl. int., essieu portant à l'arrière du foyer	Gouin	0,400	0,560	1,600	1,600	1,100			
	7	Orléans (1849). — Cyl. int., essieu portant à l'avant	Polonceau	0,440	0,600	1,080	1,500	1,500			
	8	Ouest (1860). — Mach.-tender, cyl. int., essieu portant à l'avant	Buddicom	0,420	0,560	1,080	1,630	1,630			
MARCHANDISES ET FORTES RAMPES	9	Orléans (1845). — Cyl. int. (Mammouth)	Stephenson	0,380	0,610	1,450	1,450	1,450			
	10	Orléans (1855). — Cyl. int.	Polonceau	0,420	0,650	0,377	1,377	1,377			
	11	Bourbonnais (1855). — Cyl. ext.	Ateliers d'Oullins.	0,430	0,650	1,260	1,260	1,260			
	12	Nord (1856). — Système Engerth, 4 essieux, cyl. ext.	Creusot	0,500	0,660	1,258	1,258	1,258	1,258		
	13	Nord (1858). — Mach.-tender pour fortes rampes, 4 ess., cyl. ext.	Gouin	0,480	0,480	1,065	1,065	1,065	1,065		
	14	Apennins (1859). — Syst. Beugniot pr fortes rampes, 4 ess., cyl. ext.	A. Kœchlin	0,540	0,560	1,200	1,200	1,200	1,200		
	15	Nord (1861). — Machine-tender, 4 cyl. ext., 6 essieux moteurs	Gouin	0,420	0,440	1,065	1,065	1,065	1,065	1,065	1,065

SUITE DE LA TABLE

DES DIMENSIONS PRINCIPALES ET CONDITIONS DE MARCHE DE 15 TYPES DE MACHINES LOCOMOTIVES EN CIRCULATION SUR LES CHEMINS DE FER FRANÇAIS.

	N°	RÉPARTITION DE LA CHARGE en état de marche sur les mêmes essieux.	POIDS adhérent ou moteur.	POIDS total de la machine en marche.	NOMBRE de tubes.	SURFACE DE CHAUFFE par les tubes.	par le foyer.	totale.	SURFACE de la grille.
		1er essieu / 2e essieu / 3e essieu	kilog.	kilog.		mèt. car.	mèt. car.	mèt. car.	mèt. car.
VOYAGEURS.	1	7480 / 10313 / 3133	10313	23926	125	69,59	5,00	74,59	0,845
	2	9260 / 12330 / 3730	12330	25320	182	72,80	6,13	78,93	1,10
	3	12340 / 12640 / 3580	12640	28560	156	83,51	6,78	90,29	1,20
	4	10200 / 7000 / 13000	10000	27200	177	93,55	7,00	100,55	1,42
	5	1er 10000 / 2e 8300 / 3e 9000 / 4e 9600 / 5e 11100	21400	48350	356	144,76	10,06	166,82 (1)	2,62
MIXTES.	6	9097 / 11059 / 5270	20156	25126	155	77,60	7,86	85,46	1,25
	7	7275 / 10028 / 8568	18596	25871	180	90,40	6,25	96,65	1,02
	8	8450 / 11550 / 14560	23110	31560	141	87,42	6,02	93,44	1,04
MARCHANDISES ET FORTES RAMPES.	9	5812 / 8436 / 8347	22295	22295	139	63,71	5,09	68,80	0,88
	10	9905 / 10790 / 10015	30710	30710	204	114,90	7,30	122,20	1,21
	11	10875 / 10795 / 10608	32278	32278	197	124,90	8,02	132,92	1,36
	12	1er 10100 / 2e 9200 / 3e 9900 / 4e 11100	40300	40300	235	186,69	9,71	196,40	1,94
	13	9375 / 9375 / 9375 / 9375	37500	37500	284	117,00	6,68	123,68	1,76
	14	11800 / 11800 / 11800 / 11900	47300	47300	222	163,60	9,40	173,00	1,75
	15	1er 9162 / 2e 9162 / 3e 9162 / 4e 10038 / 5e 10038 / 6e 10038	57600	57600	464	189,00	10,00	213,35 (2)	3,33

(1) Y compris un sécheur de 12 mètres carrés. — (2) Y compris un sécheur de 1m.q. 35.

TABLE DES DIMENSIONS PRINCIPALES ET CONDITIONS DE MARCHE DE 17 MACHINES MARINES

MONTÉES SUR DES BATIMENTS A HÉLICE.

DÉSIGNATION du BATIMENT.	NOM du CONSTRUCTEUR.	SYSTÈME.	PUISSANCE nominale. (chev.)	PUISSANCE à l'indicateur. (chev.)	PISTONS Diamètre. (mèt.)	PISTONS Course. (mèt.)	PISTONS Nombre de coups doubles par 1'.	HÉLICE Diamètre. (mèt.)	HÉLICE Pas de sortie. (mèt.)	HÉLICE Fraction de pas.	HÉLICE Nombre d'ailes.	HÉLICE Nombre de tours par 1'.	COQUE Déplacement. (tonn.)	COQUE Tirant d'eau normal. (mèt.)	COQUE Section plongée du maître couple. (mèt. q.)
1. Cannonière	Forges et Chant.	1 cyl. à pilon, haute pression.	12	59	0,350	0,300	200	1,168	1,420	0,326	4	200	»	1,416	5,24
2. Ville de Pontaudemer, petit paqueb.	Nillus	2 cyl. vert. renv., bielle en retour, comm. de l'hél. par eng.	22	»	0,450	0,400	80	1,250	2,330	0,27	3	200	120	1,500	6,50
3. Notre-Dame-de-Grâce, petit paqueb.	Nillus	2 cyl. horiz., bielle en retour, comm. de l'hélice directe.	30	80	0,500	0,350	110	1,800	4,830	0,20	3	110	182	2,000	8,75
4. Biche, corvette-aviso	Mazeline	2 cyl. horiz., bielle en retour, comm. de l'hélice par engr.	120	245	0,950	0,900	52	3,000	3,500	»	2	80	»	3,845	20,90
5. Frégate mixte	Creuzot	2 cyl. horiz., bielle en retour.	230	825	1,230	0,890	55	4,600	6,416	0,25	(1) 2	55	2440	6,275	62,00
6. Phlégéton, corvette	Ateliers d'Indret.	2 cyl. horiz., commande de l'hélice par engrenages.	400	972	1,800	1,100	32	»	»	»	»	»	1556	»	38,50
7. Vaisseau mixte	Mazeline	2 cyl. horiz., bielle en retour.	450	1414	1,650	1,000	50	5,100	8,300	0,20	(2) 2	50	4135	7,400	84,33
8. Charlemagne, vaisseau 3e rang	Barns	4 cyl. horiz., bielle directe.	450	1206	1,300	1,000	52	5,000	7,000	0,286	2	52	4124	»	91,00
9. Donawerth, vaisseau 3e rang	Mazeline	2 cyl. horiz., bielle en retour.	450	1175	1,650	1,000	48	»	»	»	»	»	4093	»	88,30
10. Vaisseau mixte	Ateliers de Toulon.	2 cyl. horiz., type Dupuy de Lôme.	600	1490	1,800	1,100	50	5,400	8,500	0,234	2	50	4440	7,873	103,43
11. Isly, frégate 2e rang	Cavé	4 cyl. horizontaux.	650	1530	1,560	0,800	52	»	»	»	»	»	2915	»	51,65
12. Vaisseau rapide	Ateliers d'Indret.	2 cyl. horiz. à fourreau.	800	2316	2,500	1,100	40	5,800	11,000	0,240	2	40	5267	7,544	89,04
13. Souverain, frégate 1er rang	Mazeline	4 cyl. horizontaux.	800	2228	1,520	1,100	48	»	»	»	»	»	5096	»	104,74
14. Napoléon, vaisseau 2e rang	Ateliers d'Indret.	2 cyl. horiz., comm. de l'hélice par engrenages.	900	1798	2,490	1,630	23	5,800	9,400	»	4	45	5420	»	99,80
15. Vaisseau rapide	Ateliers d'Indret.	4 cyl. horiz., bielle directe.	9 0	2075	1,700	1,100	42	6,000	10,000	0,246	2	42	5030	7,000	86,80
16. Frégates cuirassées	Mazeline	Type Mazeline de 1861.	1000	»	2,100	1,300	50	»	»	»	2	50	»	»	»
17. Bretagne, vaisseau 1er rang	Ateliers d'Indret.	4 cyl. horiz., bielle directe.	1200	3327	1,900	1,200	45	»	»	»	»	45	6873	»	120,00

(1) Ailes triples. — (2) Ailes doubles.

TABLE DES DIMENSIONS PRINCIPALES ET CONDITIONS DE MARCHE DE 12 MACHINES MARINES

MONTÉES SUR DES BATIMENTS A ROUES.

DÉSIGNATION du BATIMENT.	NOM du CONSTRUCTEUR.	SYSTÈME.	PUISSANCE		PISTONS.			ROUES.		PALES.			COQUE DU NAVIRE.		
			nominale.	à l'indicateur.	Diamètre.	Course.	Nombre de cours doubles par 1'.	Diamètre extérieur.	Largeur.	Nombre.	Hauteur radiale.	Immersion.	Déplacement.	Tirant d'eau normal.	Section plongée du maître couple.
			chev.	chev.	mèt.	mèt.		mèt.	mèt.		mèt.	mèt.	ton.	mèt.	mèt. q.
1. Chamois, petit paquebot	Nillus	Cyl. oscil., système de Penn, pales articulées	58	150	0,735	0,760	42	4,210	1,340	12	0,510	0,850	»	1,350	5,C0
2. Abeille, aviso	Ateliers d'Indret	Id., pales fixes	100	234	1,100	1,000	24	5,000	2,100	16	0,480	0,632	458	2,246	14,74
3. Sphynx, aviso	Fawcett	A balancier	160	»	1,224	1,448	22	5,940	2,438	16	0,660	0,700	»	»	»
4. Goeland, aviso	Gâche	A guides, d'Oliver Evans	200	482	1,428	1,080	28,5	»	»	»	»	»	550	»	17,C0
5. Cuvier, corvette	Miller	A bielle directe	320	618	1,730	1,524	21	»	»	»	»	»	1786	»	39,94
6. Prony, corvette	Ateliers d'Indret	A double traverse	320	853	1,760	1,560	19	»	»	»	»	»	1365	»	32,30
7. Gomer, frégate	Hubert	A balancier	450	»	1,930	2,300	16	»	»	»	»	»	2987	»	54,00
8. Ulloa, frégate	Cavé	A balancier	450	»	1,930	2,280	»	9,000	3,000	24	0,700	»	»	»	»
9. Aigle, yacht	Mazeline	Cyl. oscil., système de Penn, pales articulées	500	1812	1,800	1,900	25	8,000	3,200	12	1,340	1,800	1860	4,000	36,00
10. Vauban, frégate	Mazeline	Cyl. inclinés, bielles directes	540	1313	2,080	2,280	16	»	»	»	»	»	2860	»	54,50
11. Mogador, frégate	Creusot	Cyl. oscillants	650	1695	1,800	3,000	19	»	»	»	»	»	2987	»	53,81
12. Vanderbilt, paquebot	Allaire	A balancier supérieur	1000	3000	2,800	3,600	15	12,460	3,040	40	0,800	2,132	5100	6,074	78,80

CONCLUSIONS GÉNÉRALES

LES MOTEURS A VAPEUR

Nous terminions ce Traité, lorsqu'une nouvelle Exposition universelle s'est ouverte à Londres, et devait tout naturellement nous permettre d'apprécier si notre œuvre peut prétendre à représenter l'art actuel de la construction des machines à vapeur, non-seulement en France, mais même dans le monde entier. Reproduire tous les types des moteurs à vapeur exécutés jusqu'ici eût été certainement une tâche impossible, à moins de donner à un seul et même ouvrage l'importance de tous ceux publiés réunis ensemble; mais des types différents ou des formes diverses ne constituent pas toujours des principes nouveaux ou particuliers, et pour fournir à l'enseignement sur ce genre de machines un fond vraiment profitable, il devait suffire d'exposer clairement chacun de ces principes, en n'en négligeant aucun.

Il nous était réservé, en visitant l'exhibition de l'année 1862, de retrouver, dans la plupart des machines exposées, les principaux modèles que le lecteur pourra aisément reconnaître comme ayant été décrits dans cet ouvrage. Il est juste de dire que si depuis quelques années de nombreux et intelligents essais ont été tentés, il n'en est pas résulté néanmoins de modifications très-marquées dans la construction générale et l'emploi des moteurs à vapeur; à part quelques perfectionnements de détail ou quelques applications spéciales, il ne nous paraît pas qu'aucun principe fondamental nouveau ait été introduit dans cette branche de la mécanique, et, à cet égard, l'Exposition universelle de 1855 était infiniment plus remarquable.

Néanmoins, l'Exposition de 1862 donne encore matière à bien des observations intéressantes, et comme les moteurs à vapeur constituent une famille nombreuse comprenant plusieurs genres très-distincts, nous avons cru ne pas devoir fermer ce volume sans les passer en revue, au moins d'une manière succincte. De cet examen général, nous pourrons conclure une fois de plus que quels que soient d'ailleurs les soins apportés à l'étranger dans l'exécution des machines à vapeur, les constructeurs français ne sont pas restés au-dessous de leurs devanciers, et que si en Angleterre on exécute quelquefois à meilleur marché, nous pouvons ajouter avec certitude qu'en France on fait mieux, en économisant le combustible.

MACHINES ET GÉNÉRATEURS FIXES. — Le système horizontal, nonobstant les reproches plus ou moins exagérés dont il a été l'objet, a décidément fait son chemin partout;

nous le voyons, en effet, plus que jamais entré dans les habitudes de tous les pays. Les Anglais ont exposé un assez grand nombre de machines horizontales, mais généralement, à la vérité, de faible puissance, et ils paraissent tout disposés à en livrer le plus possible à l'industrie. On a remarqué, dans la galerie anglaise, beaucoup de ces petites machines actionnant directement des outils, et, entre autres exemples, un moulin de trois paires de meules, d'une exécution soignée, par MM. Whitmore et fils; ce moulin est mis directement en jeu par une machine horizontale de 10 chevaux, comme le faisait M. Chapelle, de Paris, il y a quelques années, et comme on le fait depuis longtemps, d'ailleurs, en Belgique.

Nous ne devons pas insister sur ces nombreuses machines qui sont presque toutes du même genre et dont les dispositions sont du reste parfaitement connues; mais arrêtons-nous un instant sur celle exposée par MM. Farcot, et qui, quoique également bien connue (puisqu'elle est à peu de chose près semblable au modèle que nous avons décrit (t. 1er, pl. 22 et 23), attire toujours l'attention lorsqu'on la *voit* marcher, car on ne l'entend pas. On peut dire que cette belle machine, d'une puissance d'environ 50 chevaux, résume ce qu'il est possible de faire de mieux en ce genre; sa marche est si régulière et tellement exempte de bruit, qu'en s'y adossant on ne peut se douter qu'on a derrière soi un puissant moteur en pleine activité, mettant en mouvement une partie de la grande transmission établie dans la galerie française. Il ne faut pas oublier cependant que les machines appliquées à cette transmission sont fort peu chargées et que l'appareil de condensation, pour celles qui en possèdent un, est supprimé à l'Exposition où il ne serait pas possible de leur fournir de l'eau; on conçoit d'autant mieux, d'après cela, la douceur de marche exceptionnelle de ces machines (1).

Comme grande machine du même type, nous pourrions citer celle de M. Lecouteux dans laquelle on retrouve ces qualités d'élégance et de proportions harmonieuses qui caractérisent assez généralement la construction des principaux ateliers parisiens. Telles sont également les machines horizontales envoyées par MM. Elwell et Poulot, par la maison Cail et Cᵉ, par M. Bréval, etc., chacune avec son cachet particulier de forme ou de disposition, mais sans différence essentielle de principe, et pour lesquelles nous renvoyons à ce Traité même où elles sont décrites avec beaucoup de détails. A l'égard de celle exposée par MM. Cail, c'est le type que nous avons vu à l'exposition de Rouen en 1859 et qui diffère de celui représenté sur les pl. 18 et 19, en ce que le bâti s'élargit pour recevoir l'arbre moteur qui est coudé sur un angle très-ouvert et peut recevoir une poulie volant à chaque extrémité.

Enfin, comme système horizontal différant assez notablement de ceux qui ont été passés en revue dans le cours de cet ouvrage, nous avons remarqué deux machines prussiennes dont l'une provient des ateliers de Sprottau ; le cylindre de cette machine est appliqué sur le côté du bâti, lequel possède assez sensiblement la forme

(1) A propos de transmission, on remarquait à l'Exposition que la plupart des courroies étaient en caoutchouc, d'environ 8 millimètres d'épaisseur.

N'oublions pas, par la même occasion, le système de courroie formée de petits morceaux de cuir articulés, façon chaîne de Galle, ingénieuse invention d'un Français, M. Roullier, à Paris.

d'un banc de tour; il en résulte que son mécanisme fonctionne d'une manière analogue à celui d'une locomotive. Si nous en exceptons l'appareil distributeur qui consiste en quatre obturateurs·oscillants et qui peut avoir des propriétés spéciales, nous ne saurions dire ce que cette disposition présente d'avantageux, quoiqu'elle soit, paraît-il, très-répandue en Prusse.

Jusqu'ici nous n'avons cité que des machines horizontales à un seul cylindre, mais il y en a aussi du système de Woolf, et avec deux cylindres travaillant séparément et actionnant l'arbre moteur par des manivelles placées à angle droit. Ce dernier système n'a d'autre effet que celui bien connu d'obtenir une vitesse régulière en réduisant l'énergie du volant, et en même temps, dans certains cas, de produire promptement un renversement du sens de la rotation.

M. Scribe, de Gand, a exposé une machine horizontale de 30 chevaux, dont la disposition repose sur le même principe que celui de la machine verticale à deux cylindres représentée pl. 32, fig. 7, mais avec les modifications de détail nécessitées par ce changement, et qui en font une machine relativement simple, exécutée dans de bonnes proportions.

Nous avons également rencontré, dans la section anglaise, une machine construite par MM. May et Cᵉ, de Birmingham, laquelle peut être considérée comme une reproduction de celle de MM. Boudier frères (pl. 33), à l'exception, toutefois, de la marche des pistons qui est *croisée*, les manivelles étant à angle droit, ce qui nécessite un réservoir réchauffeur intermédiaire, ainsi que nous l'avons expliqué ailleurs, et comme l'a imaginé M. Verrier dans un but identique (p. 392). Cette machine se distingue aussi par l'application d'un condenseur à surfaces.

Quant aux machines à balancier, elles sont peu nombreuses, et ne donnent pas lieu à des remarques importantes; elles ne diffèrent pas, en effet, comme ensemble, du type connu antérieurement. Néanmoins, nous ne sommes pas fâché de voir dans plusieurs la classique bielle en fonte remplacée par la bielle d'une résistance plus certaine, en fer forgé à corps rond et tourné, telle qu'on l'établit habituellement pour les machines à directrices. On a dû remarquer plus particulièrement deux machines envoyées par la Compagnie Lilleshall, commandant des cylindres soufflants et verticaux, comme on le faisait autrefois; ces deux machines étaient accouplées sur un même arbre rotatif muni d'un volant; pour cela, le balancier se trouvait prolongé en dehors du cylindre moteur et cette extrémité, à laquelle s'attache la bielle, se trouvait relevée suivant une courbe dans l'intention évidente d'augmenter la longueur de cette dernière, sans abaisser l'arbre de la manivelle ou donner un excédant de hauteur totale à la machine.

Le système oscillant nous paraît presque complétement disparu dans ses applications aux machines fixes, tandis que nous le retrouvons toujours employé avec avantage pour la navigation. Quant aux machines rotatives, qui ne sont guère représentées que par quelques rares spécimens et sur de petites dimensions, rien ne fait présager encore de progrès sérieux dans cette voie.

En somme, la machine à vapeur fixe peut être considérée comme ayant atteint, en quelque sorte, un degré de perfectionnement au-dessus duquel elle ne pourrait s'élever que par l'introduction de quelque principe radical nouveau amenant avec lui une transformation obligée de ses organes constitutifs.

Cependant le jury a cru devoir signaler quelques progrès à son égard, mais qui concernent plutôt ses applications comme machines de navigation et surtout les générateurs à vapeur. Ces appareils ont en effet reçu, depuis une dizaine d'années, bien des améliorations que nous avons fait connaître, et que l'Exposition nous fournit l'occasion de rappeler.

En général, on s'est beaucoup occupé de la fumivorité des foyers, et tout en persistant dans l'emploi de la houille naturelle, on paraît s'être très-approché du but.

L'application du système tubulaire s'est propagé, et, comme conséquence immédiate de cette tendance, sa construction a été perfectionnée. Parmi les premiers et principaux innovateurs en ce genre, sont MM. Thomas et Laurens dont les appareils ont été décrits dans le cours de cet ouvrage (1).

Enfin, nous devons signaler à l'attention de nos lecteurs les appareils automoteurs d'alimentation. C'est peut-être l'une des applications les plus heureuses qui aient été faites, dans cette période décennale, aux moteurs à vapeur. A Londres, les locomotives françaises et étrangères, ainsi que beaucoup d'autres générateurs, sont pourvus de l'injecteur Giffard, dont le succès est complet. Les mécaniciens anglais, qui ont obtenu le privilége d'établir de ces injecteurs, en ont exposé une collection, et parfaitement construits.

Les générateurs établis au palais de Kensington pour fournir la vapeur aux machines en mouvement se distinguent par leurs grandes dimensions.

Ces appareils consistent en deux séries dont la première, la plus importante, comprend six corps cylindriques à foyer intérieur du système de *Cornwall*, très-répandu en Angleterre, et dont nous avons fait connaître les dispositions dans le Ier volume. Construits par MM. Benjamin Hick et fils, de Bolton, ils se font remarquer par leur exécution soignée et même luxueuse.

Ils représentent ensemble une force collective d'environ 200 chevaux-vapeur (2); chaque générateur est formé d'un corps cylindrique extérieur ayant 2 mètres de diamètre et 9^{m}15 de longueur, et renferme deux bouilleurs-foyers de 0^{m}813 de diamètre.

La porte de chaque foyer est percée d'une ouverture munie d'un papillon à l'aide duquel on règle l'introduction d'un courant d'air frais au-dessus de la couche de combustible en ignition, ce qui rend ces foyers fumivores.

La seconde série de générateurs, qui a été ajoutée après coup, comprend deux

____

(1) On connaît la part importante que MM. Thomas et Laurens ont pris aux perfectionnements apportés depuis longtemps aux machines à vapeur et à leur application. Ainsi, nous avons rappelé, dans le cours de cet ouvrage, qu'ils ont, des premiers, signalé l'efficacité des enveloppes de vapeur aux cylindres ; que l'emploi des machines à grande vitesse figure dans leurs plus anciens travaux, et que c'est à eux que l'on doit en partie l'application des moteurs à action directe dans les forges, etc., etc.

(2) La maison Cail et Ce a aussi exécuté des chaudières de grandes dimensions, capables d'alimenter des machines de 100 à 200 chevaux, mais en adoptant, comme nous l'avons fait voir, le système à tubes qui permet d'obtenir de grandes surfaces de chauffe sans prendre des diamètres de cylindres trop exagérés qui ne pourraient être admis en France, à cause de l'épaisseur exigée pour les feuilles de tôle.

corps analogues aux précédents, mais avec une disposition tubulaire, le tout d'une construction très-étudiée.

Ce qu'il importe de signaler, c'est le grand diamètre du corps extérieur des générateurs de la première série, et le peu d'épaisseur de la tôle qui le constitue comparativement à la pression qui y règne. Cette épaisseur n'est pas de plus 12 millimètres, tandis que la pression de la vapeur atteint plus de 5 atmosphères, conditions pour lesquelles les règlements français ne permettent pas d'adopter une épaisseur moindre de 18 millimètres; les constructeurs de ces générateurs affirment qu'ils peuvent résister, *avec sûreté*, à une pression de 200 liv. par pouce carré, soit 14 kilogr. par centimètre carré. Nous n'insistons sur ce point que pour rappeler combien il est nécessaire aujourd'hui de réviser les règles administratives que l'on suit en France pour l'établissement des chaudières, et qui conduiraient, parfois, à employer des tôles dont l'épaisseur exagérée est plutôt un sujet de crainte, à cause du doute sur la qualité, que si elles étaient plus minces, mais plus sûrement saines et homogènes.

Nous ne voyons pas non plus pourquoi on ne chercherait pas à employer davantage chez nous ce système de générateur, qui est d'une construction assez simple et dont les expériences de M. Wicksteed ont démontré le bon fonctionnement (t. 1er, p. 203). Nous avons, il est vrai, fait nous-même ressortir les craintes que le bouilleur-foyer inspire lorsqu'il n'est pas à l'abri de l'écrasement; mais précisément pour empêcher ce grave inconvénient, qui fut la cause de bien des accidents en Angleterre, ceux de l'Exposition de Londres ont été établis en réunissant les viroles de tôle qui les constituent au moyen de cercles ou anneaux en fer à cornières avec lesquelles les pinces sont rivées, ce qui donne à l'ensemble du bouilleur cette résistance nécessaire contre la pression extérieure qui tend à l'écraser.

A propos de générateurs, il n'est pas sans intérêt de signaler un nouveau mode de construction pour lequel un mécanicien anglais, M. Wright, s'est fait patenter récemment, et en a exposé un spécimen. Ce mode consiste à composer un corps cylindrique en feuilles de tôle disposées *diagonalement* ou en hélice, au lieu de former des viroles cylindriques, comme on l'a fait jusqu'à présent. Suivant l'auteur, qui désigne ce système par *principle of diagonal seams* (principe des joints en diagonale), on obtiendrait ainsi une augmentation de 40 p. 100 de résistance, à épaisseur égale, et il serait applicable, par conséquent, aux plus hautes pressions usitées. Une pareille amélioration aurait d'autant plus de chance de succès, si elle est réelle, que l'on cherche aujourd'hui à faire marcher les machines à des pressions plus élevées que celles ordinairement usitées, afin d'arriver à une réduction sensible des dimensions du mécanisme. Qu'il nous suffise d'appeler l'attention sur cette idée nouvelle, laissant au temps et à l'expérience à prononcer sur la réalité de son mérite.

Avant de clore ce que nous nous proposions de dire au sujet des machines fixes, il nous paraît utile de rappeler que quelques machines à air chaud ont été présentées, mais qu'elles n'ont pu être admises à fonctionner à l'intérieur des bâtiments, à cause du danger d'incendie. Néanmoins, nous avons pu voir marcher deux de ces machines, l'une en ville et l'autre dans les cours du palais où sont établis les générateurs.

Nous n'avons que peu de chose à en dire, si ce n'est que tout étant parvenu à simplifier beaucoup ce système de moteur, et surtout en se rapprochant sensiblement de la structure des machines à vapeur ordinaires, on n'a pas encore atteint le degré d'économie que ces dernières présentent et surtout leur grande puissance sous un faible volume.

Machines marines. — En nous proposant de passer en revue les appareils de navigation exposés à Londres, le but de notre recherche était principalement d'apprendre si, parmi les nombreux types différents essayés dans ces dernières années, et surtout depuis l'introduction du propulseur à hélice, on est enfin parvenu à se mettre d'accord et à apporter un peu d'uniformité dans les dispositions adoptées. Nous avons acquis la preuve qu'en effet la roue à pales et l'hélice possèdent maintenant leur moteur particulier, bien mieux défini et moins changeant de caractère que par le passé (nous entendons un passé de dix ans), au moins en ce qui concerne les véritables appareils de mer et de grande puissance.

Quant aux bâtiments à roues, il faut reconnaître que le type oscillant, dit *de Penn*, prédomine véritablement, et si l'on en excepte une machine à cylindres fixes inclinés, du principe à deux cylindres de Woolf, exposée par MM. Escher, Wyss et Cᵉ, les autres modèles sont de ce type, parmi lesquels on en remarquait un, à une petite échelle, d'une *puissance indiquée* (p. 288) de plus de 4000 chevaux.

Mais les appareils à hélice offraient réellement plus de variété, et se trouvaient d'ailleurs en bien plus grand nombre.

En général, on peut dire que c'est le système dit *à bielle en retour*, deux cylindres contigus, comme les machines de MM. Mazeline et Nillus, du Havre, qui paraît préféré aujourd'hui. Il est bien entendu que la commande de l'hélice par engrenages est complétement disparue.

Tel était l'appareil de 800 chevaux sortant des ateliers de MM. Maudslay fils et Field, et destiné à la frégate blindée le *Valiant*.

Cette machine, d'une exécution soignée et luxueuse, était bien, comme ensemble, analogue au type de 1861 de M. Mazeline; mais on y reconnaît ces différences de détails, impossibles à définir sans dessin, et qui sont propres à chaque constructeur spécial. Signalons toutefois l'application d'enveloppes aux cylindres et à leurs couvercles, et la commande des pompes à air au moyen de tiges qui se relient directement aux pistons à vapeur et traversent le couvercle par une boîte à étoupe. La commande des tiroirs, qui sont doubles pour chaque cylindre, a lieu au moyen d'excentriques circulaires avec coulisse de changement de marche dite de Stephenson, agissant par l'intermédiaire d'un mécanisme de renversement assez analogue à celui dont on a pu remarquer la disposition dans l'appareil construit par M. Nillus (pl. 46). Enfin, un système de détente s'y trouve appliqué et consiste en obturateurs tournants analogues à ceux dont on a vu un exemple dans la machine de M. Mazeline (pl. 44 et 45).

Cependant ce type si simple n'est pas exclusivement adopté; il a pour rival le système à fourreau dont la maison Penn et fils, de Greenwich, avait exposé un remarquable spécimen consistant en un appareil de 600 chevaux, accompagné des pièces principales détachées d'un appareil de 1250, destiné à la frégate anglaise blindée qui doit s'appeler l'*Achille.* Ce genre d'appareil, dont nous avons fait connaître le principe, n'est pas sans détracteurs, à cause de l'énorme diamètre des cylindres et du refroidissement auquel ils sont exposés par l'intérieur du fourreau, qui, pour la machine de 1250 chevaux, n'a pas moins de 1^{m}041 de diamètre, le cylindre ayant lui-même 2^{m}845 et 1^{m}220 de course.

Parmi les pièces de l'*Achille,* on a pu remarquer une bielle motrice, admirable et colossale pièce, dont les coussinets en bronze présentent intérieurement des cavités ou évidements remplies de métal blanc dit *anti-friction.* Cette méthode répond à l'objection de M. le contre-amiral Paris, qui a fait observer qu'un coussinet soumis à des efforts alternatifs et opposés, et fait exclusivement de ce métal, ne tarderait pas à s'ovaliser et ne présenterait pas, par conséquent, de sécurité suffisante.

Comme appareil à hélice de grande puissance, on a pu remarquer encore la machine de 400 chevaux exposée par MM. Humphry et Tennant, et celle de même force envoyée par les ateliers français les Forges et Chantiers de la Méditerranée.

Le premier de ces deux appareils était à tige simple et bielle directe, l'ensemble ayant d'ailleurs l'aspect général de ceux cités précédemment. Mais dans la machine de MM. Humphry et Tennant, ainsi que plusieurs autres dont on avait exposé des modèles à une petite échelle, nous avons remarqué un système de glissières que nous n'avons pas encore eu l'occasion de citer. La tige du piston est armée d'une tête qui porte de véritables coulisseaux triangulaires comme ceux d'un chariot de tour, et qui sont maintenus par la même méthode. On désigne volontiers cette disposition par le nom de *guide à savate.* On conçoit cette construction lorsqu'on remarque qu'une machine marine, quoique susceptible de tourner dans les deux sens, tourne normalement dans celui qui correspond à la marche en *avant,* tandis que le sens opposé est accidentel et ne se présente qu'en manœuvrant, et à faible vitesse; par conséquent, l'effort décomposé de la bielle ne s'exerce avec une véritable énergie que dans un seul sens, auquel on fait correspondre alors la large surface de glissière.

Quant à l'appareil français de la même puissance, il résume sensiblement les arrangements perfectionnés qui caractérisent les systèmes Dupuy de Lôme, Mazeline, etc. Ainsi, on y retrouve le système de distribution et de changement de marche appliqué à l'appareil de 1000 (pl. 44 et 45), et la disposition des cylindres à double tige, bielle renversée, etc. Mais les glissières des pistons à vapeur sont d'un caractère particulier. La crosse de la tige est tournée cylindriquement et suit deux glissières ou *gouttières* de même forme, qui sont conformées au moyen de l'alésoir, puisqu'elles ont un centre commun. Cette disposition, qui a le mérite de bien retenir l'huile lubrificative, a déjà été appliquée par plusieurs constructeurs à des machines fixes, et particulièrement par M. Bréval, que nous avons cité plusieurs fois.

Il ne nous serait pas possible de décrire toutes les machines marines de l'Exposition de Londres, ni d'expliquer tous les détails qui caractérisent chacune d'elles. Néanmoins, nous parlerons encore, comme machines de faible puissance, de celle de MM. Tod et Mac-Grégor, et enfin de l'appareil exposé par M. Nillus.

La machine à hélice de MM. Tod et Mac-Grégor est du système que nous appelons en France à *pilon* (p. 342), et d'une force de 60 chevaux. A part son admirable exécution, cette machine renferme l'un des perfectionnements que le jury a signalés comme l'un des plus importants de cette classe. Il s'agit de l'introduction, pour les machines marines, du condenseur à *surface* (t. 1er, p. 469), qui, pour cette application spéciale deviendrait d'une très-grande importance s'il arrivait à une véritable condition pratique. On conçoit facilement que, s'il en était ainsi, et que l'on pût éviter de mélanger la vapeur échappée avec l'eau de condensation, qui est prise à la mer et saturée de sel, on pourrait, en faisant servir continuellement la même eau, successivement vaporisée et condensée, à l'alimentation du générateur, diminuer considérablement les incrustations salines, qui ne résulteraient plus que de la légère quantité d'eau salée additionnelle pour réparer les pertes.

La machine de M. Nillus constituait, avec celle des Forges et Chantiers citée précédemment, toute l'exposition française en ce genre. Pour connaître sa structure, il suffit de se reporter au petit appareil de 30 chevaux, représenté pl. 46, à quelques modifications près qu'il est très-facile d'expliquer. D'abord celle exposée est de 40 chevaux; ensuite elle possède deux pompes à air ayant chacune exactement la même disposition que celle de l'appareil auquel nous comparons celui-ci. Ajoutons que ce dernier est d'une exécution très-soignée et n'est pas moins remarquable par sa simplicité et par la facilité d'en visiter toutes les parties.

Mentionnons encore le bel appareil l'*Aigle* (pl. 42 et 43), qui, ne pouvant figurer en exécution, puisqu'il est en fonction depuis quelque temps, était néanmoins représenté par des dessins coloriés, à une grande échelle, ce qui n'a pas néanmoins privé l'auteur de la récompense accordée aux constructeurs qui ont pu exposer les appareils mêmes.

Locomotives. — Parmi les vingt locomotives envoyées à Londres, nous croyons utile de nous arrêter seulement à plusieurs types qui offrent exclusivement des particularités à observer.

En première ligne nous placerons les machines présentées par la Compagnie du chemin de fer du Nord français, et dont la construction diffère entièrement de celles en circulation jusqu'alors sur tous les chemins de l'Europe.

Il faut dire, d'abord, que le point principal à signaler aujourd'hui dans les locomotives, c'est la tendance, que nous avons fait remarquer du reste, à augmenter leur puissance en vue de leur faire gravir des rampes de plus en plus rapides, et de les disposer pour passer dans des courbes très-accentuées, afin de réduire, autant que possible, les nivellements et les alignements des voies, surtout lorsqu'il s'agit des embranchements nouveaux dont l'établissement est parfois très-onéreux, comparativement à l'importance du trafic que l'on en espère.

Les trois types présentés par la Compagnie du Nord, dont un seul figure en exécution et les deux autres sur plans seulement, comprennent une machine à voyageurs, une à marchandises, et une dite à forte rampe, celle qui figure en exécution. Les deux premiers ont 4 cylindres répartis deux par deux aux extrémités du cadre de la machine; la machine à voyageurs possède 5 essieux, dont deux moteurs, et celle à marchandises 6, en deux groupes de 3, séparés et accouplés, et, par conséquent, tous moteurs; quant à celle dite de forte rampe, elle est munie seulement de 2 cylindres et de 4 essieux accouplés.

Mais toutes trois se distinguent par des particularités communes, telles que : adhérence du tender; vaste foyer, du système de M. Belpaire permettant l'emploi de combustibles communs, surface de chauffe très-étendue, y compris un appareil sécheur dans lequel la vapeur circule avant de se rendre aux cylindres, etc.

MM. les ingénieurs de la Compagnie du Nord ont eu pour motifs principaux la grande puissance à obtenir, ce qui signifie grande étendue de surface de foyer et de chauffe, et grand poids adhérent supporté par le plus de points possible. A l'égard de la machine à voyageurs, qui est munie de quatre cylindres actionnant, par paire, deux essieux moteurs, les auteurs font observer que, pour les lourds trains de voyageurs, marchant à moyenne vitesse, on peut employer les machines à deux paires de roues couplées, qui ne sont plus applicables aux trains à grande vitesse à cause de l'usure inégale des deux paires de roues motrices, ce qui fait que pour ces trains on était obligé d'en revenir aux machines à un seul essieu moteur, telles que les *Crampton,* mais dont l'adhérence est généralement insuffisante, et restreint par trop le poids des trains auxquels on les adapte. L'application de 4 cylindres et de 2 essieux moteurs *indépendants* est appelée à résoudre ce problème de l'entraînement de trains express relativement lourds, ou sur des pentes que les autres ne franchissent que difficilement.

Nous ne pouvons que mentionner ici ces remarquables machines dont les dimensions sont inscrites, du reste, sur le tableau résumatif donné précédemment, pages 612 et 613.

Puisque nous venons de parler de machines à 4 cylindres, c'est le moment de citer celle qui a été envoyée par la Société impériale des chemins de fer autrichiens, et dont la construction est due à M. Haswell, de Vienne. Cette machine, destinée aux trains express, est remarquable par ses 4 cylindres fondus par paire et disposés ainsi d'un même bout de la machine. Les deux cylindres d'un même côté sont placés au-dessus l'un de l'autre et agissent sur la même roue motrice par leurs tiges de piston, qui convergent toutes deux au centre de l'axe; mais les boutons auxquels elles se rattachent sont placés diamétralement, de façon que ces deux pistons ont une marche exactement renversée. Le but de cette disposition est de mieux équilibrer le poids propre des pièces mouvantes, et aussi de contre-balancer les efforts de traction que l'axe de la paire de roues supporte, puisque ces pistons agissent toujours simultanément en sens opposé par rapport au centre de cet axe.

Parmi les autres locomotives, nous n'avons point remarqué de particularités qui les distinguassent notablement de toutes celles en usage, et dont nous avons fait connaître les principaux types. Comme machines à voyageurs, on peut noter, néanmoins, l'augmentation du diamètre des roues motrices, qui, toujours pour la voie étroite normale, dépasse généralement 2 mètres. On constate également que le système à cylindres extérieurs prédomine, car la presque totalité des locomotives exposées est de ce système. On signale aussi l'emploi, plus général que par le passé, de foyers disposés spécialement pour brûler de la houille.

Nous nous arrêterons plus particulièrement sur la machine anglaise de M. Ramsbottom, qui présente certains points intéressants et fait naître des réflexions assez sérieuses. Cette machine, appelée la *Dame du lac*, est un spécimen des locomotives à grande vitesse du *London and North Western Railway*. Les cylindres sont extérieurs et ont 406 millimètres de diamètre et 610 de course ; le diamètre des roues motrices est de 2^{m}286. Prête à fonctionner, elle pèse environ 27 tonnes, dont 9^{t}8 sont supportées par les roues motrices. La surface de chauffe totale est de 93 mètres carrés. Enfin, elle ne possède pas de pompes alimentaires, qui sont remplacées par l'injecteur Giffard.

Le tender de cette machine est pourvu d'un appareil tout particulier et imaginé, paraît-il, par M. Ramsbottom. C'est un *puisoir* ou aspirateur fonctionnant à peu près comme la pompe dite d'Appold, et à l'aide duquel on peut *faire de l'eau* en marche, moyennant un long réservoir d'eau découvert ménagé dans la voie même. Près de Conway, sur l'embranchement Chester et Holyhead du London and North Western Railway, il a été placé entre chacune des deux voies un auget ou chenal rempli d'eau, d'environ 254 mil. de largeur sur 125 de profondeur et 400 mètres de longueur ; en restreignant la vitesse de la machine à 35 kilomètres à l'heure, au moment où elle va en franchir la longueur, elle peut y puiser, à l'aide de l'appareil ci-dessus, le volume énorme de 4 mètres cubes d'eau. C'est par cette ingénieuse disposition que la poste irlandaise effectue régulièrement, d'une seule traite, la distance de Chester à Holyhead, qui est de 135 kilomètres, 1 de moins que de Paris à Rouen. Enfin on ajoute que, grâce à ce procédé, la réponse du gouvernement américain, relativement à l'affaire des commissaires du Sud, MM. Mason et Slidell, a été transportée le 7 janvier 1862 de Holyhead à Stafford, dont la distance est de 240 kilomètres, par une machine semblable à la *Dame du lac*, en 2 heures 25 minutes, *sans aucun arrêt*, ce qui correspond à une vitesse de 87 kilomètres à l'heure. C'est assurément la plus grande course qui ait été fournie d'une seule traite par une locomotive.

Nous étions désireux de signaler en passant cette particularité originale dont le résultat est, du reste, immédiatement appréciable. Nous ne sachons pas qu'une pareille disposition ait été essayée en France, et nous laissons, bien entendu, aux ingénieurs spéciaux, le soin d'en juger l'opportunité.

N'oublions pas de mentionner les essais très-sérieux faits récemment en Angleterre pour arriver enfin à construire des machines locomotives propres à opérer la traction sur les routes ordinaires. Il y a seulement quelques mois une machine semblable a été employée à convoyer dans les rues de Londres même une très-forte ferme de métal destiné à une grande construction.

En ce genre on a pu remarquer, à l'Exposition de Londres, le modèle et la photographie d'une très-curieuse machine locomotive de M. Nathaniel Grew, de Londres, construite spécialement pour marcher sur la glace. A cet effet, l'ensemble, machine et tender, est porté sur une paire de roues motrices et sur deux longs patins placés à l'avant; la circonférence des roues motrices est munie de mordants pour créer une adhérence suffisante, et l'avant est armé d'un mécanisme à l'aide duquel on donne la direction. Le poids de la machine en état de marche est de 12 tonnes; les cylindres ont 254 millimètres de diamètre et 560 de course.

Cette machine a été employée en Russie dans l'hiver de 1861, sur la Neva, au transport des voyageurs et des marchandises entre Cronstadt et Saint-Pétersbourg, durant le temps que la navigation était empêchée par la gelée.

LOCOMOBILES. — Après les locomotives viendraient se placer les machines *loco-mobiles* et portatives, si nous avions pu découvrir des particularités nouvelles que nous n'ayons pas encore décrites. Comme il ne peut être question ici des formes diverses, évidemment très-nombreuses, et qu'il ne nous paraît pas que le principe en lui-même ait subi de modifications importantes, nous croyons ne pas devoir prolonger davantage cette relation déjà étendue.

Disons néanmoins que si la locomobile simple a généralement conservé la structure que nous lui connaissons, de nouvelles machines locomobiles spécialement applicables aux outils aratoires, tels que charrues, faucheuses, moissonneuses, etc., se répandent beaucoup chez nos voisins d'outre-Manche, et pas encore assez chez nous, ce que nous espérons pourtant voir dans un temps peu éloigné, car les résultats obtenus avec les machines à labourer sont assez satisfaisants pour pouvoir présager qu'elles sont appelées à rendre avant peu de grands services à la grande culture.

Tel est le résumé succinct des notions qu'il nous a été donné de recueillir dans une courte visite à l'Exposition de Londres, en 1862, parmi l'immense agglomération de produits venus de tous les points du monde, et dont une véritable nomenclature, seulement en ce qui concerne notre objet actuel, serait, on le comprend, impossible à moins d'un volumineux traité spécial.

Nous disions, en commençant cette notice, que notre désir était de collationner notre humble travail avec le grand livre universel; sans doute nous y trouvons des lacunes, mais qui peut prétendre ne rien oublier, et quelle serait l'importance de l'ouvrage qui dirait tout? D'ailleurs l'histoire industrielle d'hier est déjà vieille aujourd'hui; c'est donc un chapitre sans fin dont chacun peut écrire un paragraphe, mais le compléter, jamais!

FIN DES MOTEURS A VAPEUR.

NOTE.

Cet ouvrage devait se terminer par une section relative à l'étude de la résistance des matériaux appliquée plus spécialement à la construction des machines à vapeur; mais ce travail n'était pas achevé que nous fûmes à même de reconnaître que l'espace nous faisait défaut, et qu'à moins d'en faire un trop court extrait ou de supprimer d'autres notions plus importantes pour notre objet actuel cet ouvrage, d'une étendue déjà plus grande que nous ne nous le proposions, devrait acquérir une importance qu'il ne nous était pas permis d'atteindre; nous nous sommes donc vu obligé de supprimer ce complément plutôt que de le rendre insuffisant ou de retrancher des éléments qui concernent essentiellement l'étude que nous avions entreprise; mais nous en faisons l'objet d'un nouvel ouvrage qui pourra recevoir alors toute l'étendue nécessaire, et qui est actuellement en préparation.

TABLE DES MATIÈRES

CHAPITRE VIII

MACHINES A VAPEUR A DEUX CYLINDRES DU SYSTÈME DE WOOLF

(PLANCHES 28 A 33)

CHAPITRE IX

MACHINES A SIMPLE EFFET

(PLANCHES 34 ET 35)

CHAPITRE X

MACHINES LOCOMOBILES ET MACHINES PORTATIVES OU DEMI-FIXES

(PLANCHES 36 ET 37)

CHAPITRE XI

MACHINES OSCILLANTES

CHAPITRE XII

MACHINES ROTATIVES

CINQUIÈME SECTION

APPLICATION DE LA PUISSANCE DE LA VAPEUR D'EAU AUX MACHINES LOCOMOTIVES

CHAPITRE PREMIER

APERÇU HISTORIQUE DES LOCOMOTIVES ET DES CHEMINS DE FER

CHAPITRE II

THÉORIE DES FONCTIONS DES LOCOMOTIVES

CHAPITRE III

MACHINES LOCOMOTIVES DE TYPES ET D'EMPLOIS DIFFÉRENTS

CHAPITRE IV

MACHINES-TENDERS

(PLANCHES 38 A 40)

CHAPITRE V

LOCOMOTIVES DE MONTAGNE

(PLANCHE 41)

SIXIÈME SECTION

APPLICATION DE LA PUISSANCE DE LA VAPEUR D'EAU
AUX MACHINES DE NAVIGATION

CHAPITRE PREMIER

APERÇU HISTORIQUE SUR LA NAVIGATION PAR LA VAPEUR

CHAPITRE II

PUISSANCE DÉPENSÉE POUR LA PROPULSION DES NAVIRES

CHAPITRE III

PROPULSION DES NAVIRES PAR LES ROUES A PALES

CHAPITRE IV

PROPULSION DES NAVIRES PAR LES HÉLICES

CHAPITRE V

TYPES DIFFÉRENTS DE MACHINES MARINES

CHAPITRE VI

CONSTRUCTION DES MACHINES MARINES A ROUES ET A HÉLICE

(PLANCHES 42 A 46)

CHAPITRE VII

APPAREILS ÉVAPORATOIRES DE MARINE

(PLANCHE 47)

SEPTIÈME SECTION

MOTEURS A VAPEUR DE DIVERS SYSTÈMES ET MOTEURS DÉRIVÉS
AYANT POUR BASE L'UTILISATION DIRECTE DU CALORIQUE

CHAPITRE PREMIER

MACHINES A VAPEUR DE CONSTRUCTIONS PARTICULIÈRES

CHAPITRE II

MACHINES A VAPEUR DITES A ACTION DIRECTE OU OUTILS A VAPEUR

(PLANCHE 48)

CHAPITRE III

MOTEURS FONCTIONNANT PAR L'EXPANSION DE L'AIR OU DES GAZ OU PAR LA VAPEUR DE DIVERS LIQUIDES

(PLANCHES 49 ET 50)

HUITIÈME SECTION

PROPORTIONS GÉNÉRALES DES MOTEURS A VAPEUR
EXPÉRIENCES SUR LES MACHINES ET SUR LES GÉNÉRATEURS

CHAPITRE PREMIER

CONSOMMATION DE VAPEUR ET DE COMBUSTIBLE
SUIVANT LES DIFFÉRENTS SYSTÈMES

CHAPITRE II

PROPORTIONS GÉNÉRALES DES CYLINDRES, DES ORIFICES
ET CONDUITS DISTRIBUTEURS

CHAPITRE III

PROPORTIONS DES CONDENSEURS ET DES POMPES A AIR ET ALIMENTAIRES

APPENDICE

TABLEAUX SYNOPTIQUES

DES DIMENSIONS PRINCIPALES DES MACHINES LOCOMOTIVES
ET DES APPAREILS DE NAVIGATION A HÉLICE ET A ROUES DE DIVERS SYSTÈMES

FIN DE LA TABLE DES MATIÈRES.

ERRATA

PREMIER VOLUME (Addition)

Page 294, ligne 10, en descendant, *au lieu de* : $+$ 5; *lisez :* $\times$ 5
» 519, » 20, id. » 19,140; » 30,690.
» 550, » 17, id. » 1930; » 9930.

DEUXIÈME VOLUME

Page 40, ligne 11, en montant, *au lieu de :* S h' = $s\,h$; *lisez :* S h' — $s\,h$.
» 225, » 2, id. » M. Lagrange; » M. Desgranges.

PARIS. — IMPRIMERIE DE J. CLAYE, RUE SAINT-BENOIT, 7

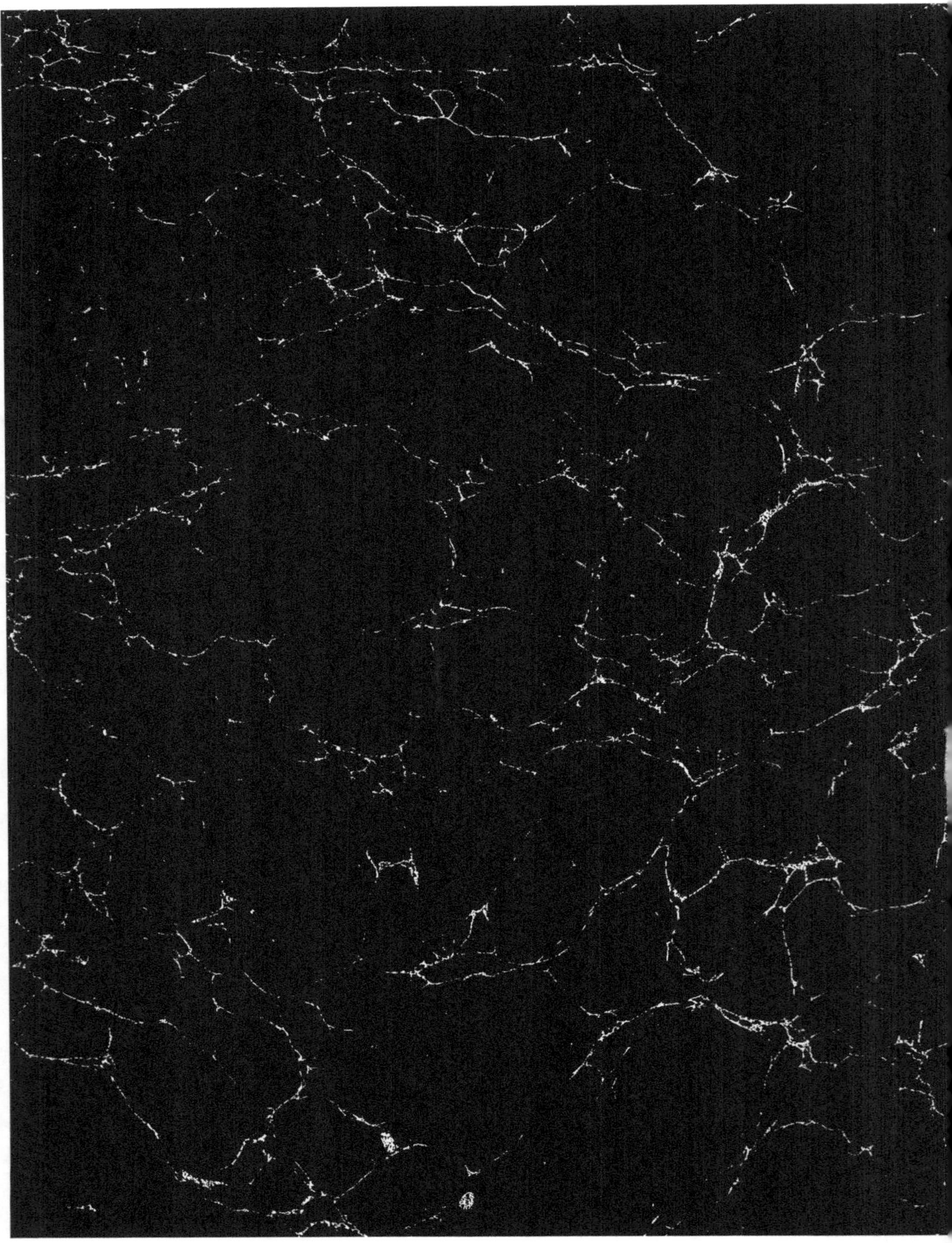